U0193569

有限元法
理论、格式与求解方法

（2019年版）·下·

Finite Element Procedures

[德] Klaus-Jürgen Bathe 著
轩建平 译

高等教育出版社·北京

YOUXIANYUAN FA LILUN GESHI YU QIUJIE FANGFA

内容简介

有限元法对于当今工程分析和科学研究不可或缺，在科学计算领域，有限元法不仅实用、高效，而且应用广泛．全书共 12 章，分为上、下两册，上册包括第 1—5 章，下册包括第 6—12 章．本册主要内容：基于固体力学和结构力学的非线性有限元分析，传热、场和不可压缩流体流动问题的有限元分析，静态分析中平衡方程组的求解，动力学分析中平衡方程求解，特征问题的求解基础，特征问题的解法和有限元法的实现．本书所介绍的方法通用、可靠和有效，虽然是最基本的，但在将来很长一段时间仍会得到不断应用，这些方法也将成为该领域最新发展的基础．本书原著作者 Klaus-Jürgen Bathe 教授在美国麻省理工学院 (MIT) 的网页有大量的资料，如学术论文、讲课视频、习题解答和电子教案等，读者可学习、研究和使用．

本书内容全面，实例丰富，可供高年级本科生和研究生的课程学习，也可作为从事有限元研究的专业人员和工程技术人员的参考资料，还可供模拟科学和工程领域的应用数学家和工程师阅读使用．

作者简介

摄于 2016 年 2 月

Klaus-Jürgen Bathe　博士　出生于第二次世界大战期间, 在战后德国长大, 少年时离开家乡, 探险式地来到非洲, 到开普敦大学读书, 然后在加拿大和美国取得硕士和博士学位. 在拥有许多不平凡的经历后最终成为麻省理工学院的教授, 主要从事力学和计算工程方面的教学和科研. 由于在这两方面的杰出工作, Bathe教授获得了很多的荣誉. 在麻省理工学院任教授期间, 创立 ADINA R&D 公司, 开发了著名的 ADINA 软件. 目前, 在世界范围内该软件被广泛应用于工程设计中的分析模拟和自然物理现象的预测.

Bathe 教授研究兴趣主要集中在固体和结构、流体、电磁场和多物理问题分析的先进计算方法, 特别注重通用性、可靠性和计算效率. 其主要成就有: 有限元程序的高效设计、频率计算的子空间迭代法、大位移和大应变单元格式、壳单元构造、接触问题求解方法、非弹性分析方法、热传递、流动和固流耦合问题的求解算法, 以及瞬态分析的时间积分方法. Bathe 教授被认为是有限元分析和应用的创始人之一, 是一位工程学科的巨人, Bathe 教授是 ISI 高引用作者之一, 曾任德国科学委员会的委员, 本书也是他的主要贡献之一.

轩建平　博士　华中科技大学教授, 博士生导师, 麻省理工学院客座科学家, 1999 年毕业于华中理工大学, 并获得机械工程博士学位, 2001 年在华中科技大学自动控制系博士后流动站出站, 留校工作至今. 其间, 在香港城市大学制造工程与工程管理系任 Research Fellow 半年; 美国麻省理工学院任 Visiting Scientist 一年, 师从该校机械系教授 Klaus-Jürgen Bathe 博士. 轩建平教授现任中国振动工程学会理事、湖北省机械工程学会设备与维护工程专业委员会理事会理事, 是国家自然科学基金评审专家, 北京市、浙江省和湖南省自然科学基金评审专家, 主要从事机械动力学、缺陷机理分析及有限元计算, 时间序列、小波、时频信号分析, 机电系统状态监测和故障诊断等方面教学和科研.

给我的学生

新型结构设计的进步将是无限的.

—— K. J. Bathe 本科生时所写的《计算机在结构分析中的应用》中的最后一句话, 该论文发表于 *Impact, Journal of the University of Cape Town Engineering Society*, 1967, 57–61.

中文版序言

有限元法今天已广泛地应用于科学和工程问题分析之中, 而且其应用还将不断扩展. 因此, 该领域需要各种教科书. 我希望中国关注有限元法的学生、研究人员和从业人员能够发现本书(*Finite Element Procedures*)的价值, 特别是该书现在有了中文版.

2013 年本书译者轩建平教授在我的 MIT 研究团队访学一年, 而本书的翻译工作在此之前就已经开始. 我非常感谢轩教授无比热忱地完成此译著并不断完善, 这项工作需要良好的专业知识和艰辛的努力. 同时, 我对本书第 2 版在中国广泛发行感到非常欣慰.

K. J. Bathe

前言

目前，有限元法是工程分析和科学研究必不可少的重要方法. 有限元计算机软件广泛应用于分析结构、固体、流体和多物理问题的工程与科学的各个领域.

本书的构想

本书第 1 版 1996 年出版, 迄今已经重印 20 多次. 近 20 年来, 我没有更新过该书, 现在决定按本书的构想进行部分更新和改进, 且不至于扩充过多的篇幅.

本书的基本出发点是作为教材, 所以尽量不介绍有限元法的综述, 因为这些内容需要大量的篇幅. 因此, 本书将重点阐述基本的有限元法, 即在工程和科学实践中十分有用、并将在若干年后可能还一直使用的方法. 有限元法的一个重要方面是它的可靠性, 这一特性可以使我们能够充分地应用有限元法. 本书聚焦工程分析和科学研究中通用、可靠和有效的有限元法.

只有充分注重有限元法的物理和数学意义, 我们才能透彻地理解有限元法. 物理和数学相互交融极大地增强了我们应用和进一步发展有限元法的信心, 本书十分重视这种交融.

最近几十年出版的有限元法研究和进展的论文汗牛充栋, 然而本书 1996 版重点阐述的有限元基本格式和方法几乎没有改变, 因此, 1996 版仍然受到欢迎. 我并不打算大量更新 1996 版内容, 读者将看到本书只简要地介绍一些重要的、最近的研究工作, 以及用一些最新的方法取代早期的内容 (按该书的构想).

我非常高兴写了这本书, 而这本书的工作需要我多年的巨大努力.

致谢

我十分感谢麻省理工学院机械工程系 40 年来给我提供了从事教学、科研和学术写作的良好环境.

要编写 1960 年代开始出现、并经历了巨大发展的、具有显著深度和广度主题的教材, 只有与该领域的许多人进行过有益交流的作者才能实现.

我真的非常幸运能和许多麻省理工学院的杰出学生一起工作, 对此我十分感谢他们, 很荣幸成为他们的教师并与他们一起工作. 在我的公司 ADINA R&D, 我一直密切参与有限元法的工业应用开发, 这些工作具有极大的价值.

我要感谢我所有的学生、同事和朋友对我增进有限元法的知识和理解所给予的帮助. 我与本书参考文献所列出的合作者共同取得了成绩, 我对此感到非常骄傲, 也请参见我写的《丰富人生》(*To Enrich Life*).

修改章节的排版和本书的印刷是在 ADINA R&D 公司的帮助下完成的, 我要特别感谢该公司 Victor Lee 的帮助.

结语

我希望本书对那些希望提高自己对有限元法理解的学生和专业人员是有价值的. 在这个意义上, 我想引用莎士比亚的话结束前言 —— 知识是我们飞向天堂的翅膀.

Klaus-Jürgen Bathe
MIT

第 1 版前言

目前, 有限元法是工程分析和设计必不可少的重要组成部分. 有限元计算机软件现已广泛应用于结构、固体和流体分析工程的各个领域.

我写这本书的目的是为高年级本科生和研究生学习有限元分析课程提供教材, 并为科技工作者自学提供参考书.

为此目的, 我根据我的早期出版物《工程分析中的有限元法》(*Finite Element Procedures in Engineering Analysis*) (Prentice-Hall, 1982) 扩充成本书. 我保持了同样的表述方式, 但是统一、更新和增强了早期版本, 以适应有限元法发展的现状. 另外, 我增添了新的章节, 为表述完整性而增加了一些重要的主题, 同时 (通过练习) 有利于本书所讨论内容的课堂教学.

本书并没有给出有限元法的综述. 对这些内容, 需要大量的篇幅. 因而, 本书专注于某些有限元法, 即我认为在工程实践中十分有用、并将在若干年后可能还一直使用的方法. 同时, 采用对学生教学效果好、新鲜有趣的方式介绍这些方法.

有限元法的一个重要方面是它的可靠性, 因而要确保这种方法可在计算机辅助设计中可信地应用. 本书自始至终重点阐述对工程分析来说是通用且可靠的有限元法.

因此, 本书只介绍某些有限元法, 并且按某种方式介绍这些方法, 明显地有所取舍. 在这点上, 本书反映了我对讲授和应用有限元法的思考.

本书的基本主题强调数学方法, 只有充分注重方法的物理和数学意义, 才能获得对工程应用中的有限元法的兴趣和透彻理解. 物理和数学相结合的全面理解极大地增强了我们应用和进一步发展有限元法的信心, 因而在本书中得到重点关注.

这些思想还表明, 在工程师和数学家之间的合作对加深我们对有限元法的理解和进一步推动该领域的研究发展具有极大的益处. 在此我十分感谢数学家 Franco Brezzi 为秉持此精神而进行的合作研究和对本书提出的有价值的建议.

我认为对教育工作者来说, 写一本有价值的书是最大的成就之一. 在当代, 各个工程领域日新月异, 实际上, 所有工程领域的学生都需要新的书籍. 我因此感谢麻省理工学院机械工程系给我提供了从事教学、科研和学术写作的良好环境. 写这本书对我来说需要巨大的努力, 但我把完成该任务作为对我过去的和将来的学生、对该领域感兴趣的教育者和研究人员的承诺，当然，也是为了提高我在 MIT 的教学工作.

我已经非常幸运地与麻省理工学院的许多杰出的学生一起工作，我很感激他们. 成为他们的教师和与他们一起工作是我莫大的荣幸. 在我的公司 ADINA R&D，我一直密切参与有限元法的工业应用开发，这些工作具有极大的价值. 这种参与对我的教学、科研和撰写本书也是十分有益的.

要编写只出现几十年和经历了巨大发展的主题，并且具有显著深度和广度的教材，只有得到该领域的许多人帮助并做过有益交流的作者才能实现. 我要感谢我所有的学生和朋友已经和将要继续对我有限元法的知识和理解所作出的贡献，与他们的交流给了我很大的快乐和满足.

我也要感谢我的秘书 Kristan Raymond，她特别努力地完成本手稿的录入工作.

最后，我感谢我的妻子 Zorka、孩子 Ingrid 和 Mark，他们对我的爱和对我努力工作的理解支持我写作这本书.

Klaus-Jürgen Bathe

目录

·上·

第 1 章

有限元法应用导论 …… 1

1.1 引言 …… 1
1.2 物理问题、数学模型和有限元解 …… 2
1.3 有限元分析是计算机辅助设计的重要组成部分 …… 9
1.4 一些最新研究成果 …… 12

第 2 章

向量、矩阵和张量 …… 15

2.1 引言 …… 15
2.2 矩阵概述 …… 15
2.3 向量空间 …… 32
2.4 张量的定义 …… 38
2.5 对称特征问题 $\mathbf{Av} = \lambda\mathbf{v}$ …… 49
2.6 Rayleigh 商和特征值的极小极大特性 …… 59
2.7 向量模和矩阵模 …… 66
2.8 习题 …… 73

第 3 章

工程分析的基本概念及有限元法导论 …… 77

3.1 引言 …… 77
3.2 离散系统数学模型求解 …… 78
3.2.1 稳态问题 …… 78
3.2.2 传播问题 …… 87
3.2.3 特征值问题 …… 89
3.2.4 关于解的性质 …… 95
3.2.5 习题 …… 99

3.3 连续系统数学模型的求解 · · · 102
3.3.1 微分形式 · · · 102
3.3.2 变分形式 · · · 106
3.3.3 加权余量法和里茨法 · · · 112
3.3.4 微分形式、Galerkin 形式、虚位移原理和有限元求解简介 · · · 119
3.3.5 有限差分法和能量法 · · · 124
3.3.6 习题 · · · 133
3.4 约束的施加 · · · 137
3.4.1 Lagrange 乘子法和罚函数法概述 · · · 138
3.4.2 习题 · · · 141

第 4 章
有限元法的构造: 固体力学和结构力学中的线性分析 · · · 143

4.1 引言 · · · 143
4.2 基于位移的有限元方法构造 · · · 143
4.2.1 有限元平衡方程组的一般推导 · · · 148
4.2.2 位移边界条件的施加 · · · 178
4.2.3 某些具体问题的广义坐标模型 · · · 183
4.2.4 结构特性和载荷的集中 · · · 201
4.2.5 习题 · · · 203
4.3 分析结果的收敛性 · · · 213
4.3.1 模型问题和收敛性的定义 · · · 213
4.3.2 单调收敛准则 · · · 217
4.3.3 单调收敛有限元解: Ritz 解 · · · 220
4.3.4 有限元解的性质 · · · 222
4.3.5 收敛速率 · · · 230
4.3.6 应力计算和误差估计 · · · 238
4.3.7 习题 · · · 243
4.4 非协调有限元和混合有限元模型 · · · 245
4.4.1 基于位移的非协调模型 · · · 246
4.4.2 混合格式 · · · 252
4.4.3 不可压缩分析的混合插值位移/压力格式 · · · 259
4.4.4 习题 · · · 276
4.5 不可压缩介质和结构问题分析的 inf-sup 条件 · · · 280
4.5.1 从收敛性导出 inf-sup 条件 · · · 280
4.5.2 从矩阵方程推导 inf-sup 条件 · · · 291
4.5.3 常 (物理) 压力模式 · · · 294
4.5.4 伪压力模式: 完全不可压缩情况 · · · 295

4.5.5 伪压力模式: 几乎不可压缩情况 · · · 297
4.5.6 Inf-sup 检验 · · · 301
4.5.7 在结构单元中的应用: 等参梁元 · · · 308
4.5.8 习题 · · · 312

第 5 章

等参有限单元矩阵的构造与计算 · · · 317

5.1 引言 · · · 317
5.2 杆单元等参刚度矩阵的推导 · · · 317
5.3 连续介质单元的构造 · · · 319
5.3.1 四边形单元 · · · 320
5.3.2 三角形元 · · · 341
5.3.3 收敛性考虑 · · · 354
5.3.4 总体坐标系中的单元矩阵 · · · 363
5.3.5 不可压缩介质的基于位移/压力的单元 · · · 365
5.3.6 习题 · · · 365
5.4 结构单元的构造 · · · 373
5.4.1 梁单元和轴对称壳单元 · · · 374
5.4.2 板单元和一般壳单元 · · · 395
5.4.3 习题 · · · 423
5.5 数值积分 · · · 428
5.5.1 使用多项式插值 · · · 429
5.5.2 牛顿 – 柯特斯公式 (一维积分) · · · 430
5.5.3 高斯公式 (一维积分) · · · 434
5.5.4 二重和三重积分 · · · 437
5.5.5 适当的数值积分阶 · · · 440
5.5.6 降阶积分和选择积分 · · · 448
5.5.7 习题 · · · 451
5.6 等参有限元计算机程序的实现 · · · 452

参考文献 · · · 459

索引 · · · 491

译者后记 · · · 513

* One-Dimensional Integration. —— 译者注

· 下 ·

第 6 章

基于固体力学和结构力学的非线性有限元分析 · · · · · · · · · · · · · 1

6.1 非线性分析引言 · 1
6.2 连续介质力学增量运动方程的推导 · 12
6.2.1 基本问题 · 13
6.2.2 变形梯度、应变张量和应力张量 · 16
6.2.3 连续介质力学的增量完全和更新 Lagrange 格式, 仅材料非线性分析 · 37
6.2.4 习题 · 43
6.3 基于位移的等参连续介质有限单元 · 53
6.3.1 对有限单元变量进行虚功原理线性化 · · · · · · · · · · · · · · · · · · 53
6.3.2 基于位移的连续介质单元的一般矩阵方程 · · · · · · · · · · · · · · 55
6.3.3 桁架单元和缆线单元 · 58
6.3.4 二维轴对称单元、平面应变单元和平面应力单元 · · · · · · · · · · 65
6.3.5 三维固体单元 · 70
6.3.6 习题 · 73
6.4 大变形的位移/压力格式 · 77
6.4.1 完全 Lagrange 格式 · 77
6.4.2 更新 Lagrange 格式 · 81
6.4.3 习题 · 82
6.5 结构单元 · 84
6.5.1 梁单元和轴对称壳单元 · 84
6.5.2 板单元和一般壳单元 · 91
6.5.3 习题 · 94
6.6 本构关系的使用 · 97
6.6.1 弹性材料特性: 广义 Hooke 定律 · 99
6.6.2 类橡胶材料特性 · 109
6.6.3 非弹性材料特性: 弹塑性、蠕变和黏塑性 · · · · · · · · · · · · · · · 111
6.6.4 大应变弹塑性 · 129
6.6.5 习题 · 133
6.7 接触状态 · 139
6.7.1 连续介质力学方程 · 139
6.7.2 接触问题的一种求解方法: 约束函数法 · · · · · · · · · · · · · · · · · 143
6.7.3 习题 · 145
6.8 一些实际考虑 · 145
6.8.1 非线性分析的一般方法 · 145
6.8.2 坍塌和屈曲分析 · 146

6.8.3 单元扭曲的影响 · · · 152
6.8.4 数值积分阶的影响 · · · 152
6.8.5 习题 · · · 155

第 7 章
传热、场和不可压缩流体流动问题的有限元分析 · · · 157

7.1 引言 · · · 157
7.2 传热分析 · · · 157
7.2.1 传热基本方程 · · · 157
7.2.2 增量方程 · · · 161
7.2.3 传热方程组的有限元离散化 · · · 165
7.2.4 习题 · · · 173
7.3 场问题分析 · · · 176
7.3.1 渗流 · · · 176
7.3.2 不可压缩无黏性流体 · · · 177
7.3.3 扭转 · · · 178
7.3.4 声流体 · · · 180
7.3.5 习题 · · · 184
7.4 黏性不可压缩流体流动的分析 · · · 186
7.4.1 连续介质力学方程 · · · 188
7.4.2 有限元控制方程 · · · 191
7.4.3 高 Reynolds 数和高 Péclet 数的流动 · · · 196
7.4.4 流固耦合 · · · 203
7.4.5 习题 · · · 204

第 8 章
静态分析中平衡方程组的求解 · · · 209

8.1 引言 · · · 209
8.2 基于 Gauss 消元法的直接求解法 · · · 210
8.2.1 Gauss 消元法概述 · · · 210
8.2.2 $\mathbf{LDL}^{\mathrm{T}}$ 解法 · · · 218
8.2.3 Gauss 消元法的计算机实现: 活动列求解法 · · · 221
8.2.4 Cholesky 分解、静态凝聚法、子结构法和波前法 · · · 231
8.2.5 正定、半正定和 Sturm 序列性质 · · · 240
8.2.6 解的误差 · · · 248
8.2.7 习题 · · · 256

8.3 迭代求解方法 · · · 259
8.3.1 Gauss-Seidel 法 · · · 261
8.3.2 带预处理的共轭梯度法 · · · 264
8.3.3 习题 · · · 267
8.4 非线性方程组的求解 · · · 268
8.4.1 Newton-Raphson 方法 · · · 269
8.4.2 BFGS 法 · · · 273
8.4.3 载荷 – 位移 – 约束方法 · · · 275
8.4.4 收敛准则 · · · 278
8.4.5 习题 · · · 279

第 9 章
动力学分析中平衡方程求解 · · · 283

9.1 引言 · · · 283
9.2 直接积分法 · · · 284
9.2.1 中心差分法 · · · 284
9.2.2 Houbolt 法 · · · 289
9.2.3 Newmark 法 · · · 292
9.2.4 Bathe 法 · · · 294
9.2.5 不同积分算子的组合 · · · 298
9.2.6 习题 · · · 299
9.3 模态叠加法 · · · 300
9.3.1 广义模态位移的基变换 · · · 301
9.3.2 无阻尼分析 · · · 304
9.3.3 有阻尼分析 · · · 311
9.3.4 习题 · · · 316
9.4 直接积分法的分析 · · · 316
9.4.1 直接积分的近似算子和载荷算子 · · · 318
9.4.2 稳定性分析 · · · 321
9.4.3 精度分析 · · · 325
9.4.4 一些实际的考虑 · · · 327
9.4.5 习题 · · · 335
9.5 在动态分析中非线性方程的求解 · · · 337
9.5.1 显式积分 · · · 337
9.5.2 隐式积分 · · · 339
9.5.3 使用模态叠加求解 · · · 341
9.5.4 习题 · · · 342

9.6 非结构问题的求解: 传热和流体流动 · · · 343
9.6.1 时间积分的 α 法 · · · 343
9.6.2 习题 · · · 348

第 10 章
特征问题的求解基础 · · · 351

10.1 引言 · · · 351
10.2 求解特征系统所用的基本性质 · · · 353
10.2.1 特征向量的性质 · · · 353
10.2.2 特征问题 $\mathbf{K}\boldsymbol{\varphi} = \lambda\mathbf{M}\boldsymbol{\varphi}$ 及其相伴约束问题的特征多项式 · · · 358
10.2.3 平移 · · · 364
10.2.4 零质量的影响 · · · 366
10.2.5 将 $\mathbf{K}\boldsymbol{\varphi} = \lambda\mathbf{M}\boldsymbol{\varphi}$ 的广义特征问题转换为标准形式 · · · 367
10.2.6 习题 · · · 373
10.3 近似求解方法 · · · 374
10.3.1 静态凝聚 · · · 375
10.3.2 Rayleigh-Ritz 分析 · · · 382
10.3.3 部件模态综合法 · · · 390
10.3.4 习题 · · · 393
10.4 求解误差 · · · 394
10.4.1 误差界 · · · 394
10.4.2 习题 · · · 401

第 11 章
特征问题的解法 · · · 403

11.1 引言 · · · 403
11.2 向量迭代法 · · · 405
11.2.1 逆迭代法 · · · 405
11.2.2 正迭代法 · · · 413
11.2.3 向量迭代法中的平移 · · · 415
11.2.4 Rayleigh 商迭代 · · · 420
11.2.5 矩阵收缩与 Gram-Schmidt 正交化 · · · 423
11.2.6 关于向量迭代法的一些实际考虑 · · · 425
11.2.7 习题 · · · 426
11.3 变换方法 · · · 428
11.3.1 Jacobi 法 · · · 429
11.3.2 广义 Jacobi 法 · · · 436
11.3.3 Householder-QR 逆迭代法 · · · 446

11.3.4 习题 · · · 458
11.4 多项式迭代和 Sturm 序列方法 · · · 458
11.4.1 显式多项式迭代法 · · · 459
11.4.2 隐式多项式迭代法 · · · 460
11.4.3 基于 Sturm 序列性质的迭代法 · · · 464
11.4.4 习题 · · · 466
11.5 Lanczos 迭代法 · · · 466
11.5.1 Lanczos 变换 · · · 467
11.5.2 Lanczos 变换迭代法 · · · 472
11.5.3 习题 · · · 475
11.6 子空间迭代法 · · · 476
11.6.1 基本考虑因素 · · · 477
11.6.2 子空间迭代 · · · 480
11.6.3 初始迭代向量 · · · 483
11.6.4 收敛性 · · · 485
11.6.5 子空间迭代法的实现 · · · 486
11.6.6 习题 · · · 505

第 12 章

有限元法的实现 · · · 507

12.1 引言 · · · 507
12.2 计算系统矩阵的计算机程序结构 · · · 508
12.2.1 节点和单元信息的读入 · · · 508
12.2.2 单元刚度、单元质量和单元等效节点力的计算 · · · 511
12.2.3 矩阵组装 · · · 511
12.3 单元应力的计算 · · · 514
12.4 示例程序 STAP · · · 515
12.4.1 计算机程序 STAP 的数据输入 · · · 517
12.4.2 STAP 源代码 · · · 520
12.5 习题与项目 · · · 542
12.5.1 习题 · · · 542
12.5.2 项目 · · · 543

参考文献 · · · 547

索引 · · · 579

译者后记 · · · 601

第 6 章 [485]

基于固体力学和结构力学的非线性有限元分析

6.1 非线性分析引言

在第 4.2 节给出的有限元构造方法中, 我们假设有限元组合体的位移是无限小, 且材料是线弹性的. 另外, 我们还假设在给有限元组合体施加载荷的过程中, 边界条件的性质保持不变. 通过这些假设, 可以推导出用于静态分析的有限元平衡方程

$$\mathbf{KU} = \mathbf{R} \tag{6.1}$$

以上方程对应的是结构问题的线性分析, 因为位移响应 $\mathbf{U}$ 是施加的载荷向量 $\mathbf{R}$ 的一个线性函数; 即如果以载荷 $\alpha\mathbf{R}$ 替代 $\mathbf{R}$, 其中 α 是常数, 对应的位移就是 $\alpha\mathbf{U}$. 如果不是这种情况, 则需要进行非线性分析.

响应预测的线性依赖上述假设, 详细讨论这些假设出现在平衡方程式 (6.1) 中的位置是有指导意义的. 首先, 因为所有的积分是在有限单元初始体积上进行的, 并且假设每个单元的应变–位移矩阵 $\mathbf{B}$ 是常数且独立于单元的位移, 所以位移很小的情况已经在矩阵 $\mathbf{K}$ 和载荷向量 $\mathbf{R}$ 的计算中加以考虑; 其次, 线弹性材料的假设隐含在常应力–应变矩阵 $\mathbf{C}$ 的使用中; 最后, 边界条件保持不变的假设反映在整个响应的常约束关系 (见式 (4.43) 至式 (4.46)) 的使用中. 如果在加载过程中需要改变位移边界条件, 例如一个不受约束的自由度变为受到一定大小载荷的约束, 则只有在边界条件变化前的响应是线性的. 这种情况发生在例如接触问题 (见例 6.2 和第 6.7 节) 的分析中.

上述关于线性分析中所使用的基本假设的讨论, 说明了如何定义非线性分析, 并且也提出了如何分类不同非线性分析的思路. 表 6.1 给出了一个方便使用的分类方法. 因为这种方法是将材料非线性影响和运动学非线性影响分开进行考虑的, 表 6.1 列出了将在本章讨论的格式.

如表 6.1 所列, 图 6.1 给出了可能遇到的问题类型的说明. 我们应指出, [486]
在仅材料非线性的分析中, 非线性影响仅存在于非线性应力–应变关系中, 位

表 6.1 非线性分析的分类

分析类型	说明	使用的典型格式[①]	应力和应变度量
仅材料非线性	无限小的位移和应变; 应力–应变关系是非线性的	仅材料非线性 (MNO)	工程应力和工程应变
大位移、大转角和小应变	纤维的位移和转角大, 但纤维之间的伸缩和角度变化小; 应力–应变关系是线性或非线性的	完全 Lagrange (TL) 更新 Lagrange (UL)	第二 Piola-Kirchhoff 应力, Green-Lagrange 应变 Cauchy 应力, Almansi 应变
大位移、大转角和大应变	纤维之间的伸缩和角度变化大, 纤维的位移和转角也大; 应力–应变关系可为线性或非线性的	完全 Lagrange (TL) 更新 Lagrange (UL)	第二 Piola-Kirchhoff 应力, Green-Lagrange 应变 Cauchy 应力, 对数应变

移和应变都是无限小的, 因此, 通常的工程应力和工程应变度量可以用于描述响应. 考虑大位移、小应变条件的话, 我们注意到本质上材料会受到随体坐标系 $x'y'$ 中测量出的无限小的应变, 此时该坐标系经受大的刚体位移和转角. 材料的应力–应变关系可以是线性或非线性的.

如图 6.1 和表 6.1 所示, 最常见的分析情况是材料受到大位移和大应变. 在这种情况中, 应力–应变关系一般也是非线性的.

另外, 在表 6.1 和图 6.1 中列出的分析类别说明了另一种非线性分析的类型, 即所分析的物体在运动过程中, 边界条件发生了改变. 这种情况出现在特定的接触问题分析中, 如图 6.1(e) 所示的简单例子. 一般来说, 边界条件的这种改变可能会在表 6.1 中总结的任意一类分析中遇到.

[487] 在实际分析中, 确定一个问题属于哪一类分析是很重要的, 这决定了使用哪些单元格式来描述实际的物理状态. 反过来也可以说, 通过使用具体的单元格式来设想实际物理状态的模型, 而单元格式的选择是整个建模过程的一部分. 诚然, 使用最一般的大应变单元格式 "总是正确的"; 但使用更严格的单元格式可使计算更加有效, 能为响应预测提供更好的结果.

在讨论非线性分析的一般格式前, 我们通过两个简单例子来说明表 6.1 中列出的一些特征, 这将是有指导意义的.

例 6.1: 一根两端刚性支撑的杆受到如图 E6.1(a) 所示的轴向载荷. 图 E6.1(b) 和图 E6.1(c) 分别给出了应力–应变和载荷–时间的曲线关系. 假设位移和应变都很小, 且载荷为缓慢施加, 计算载荷作用处的位移.

① 有限元分析使用的典型表述 (formulation) 也称为典型格式, 本书采用后者. —— 译者注

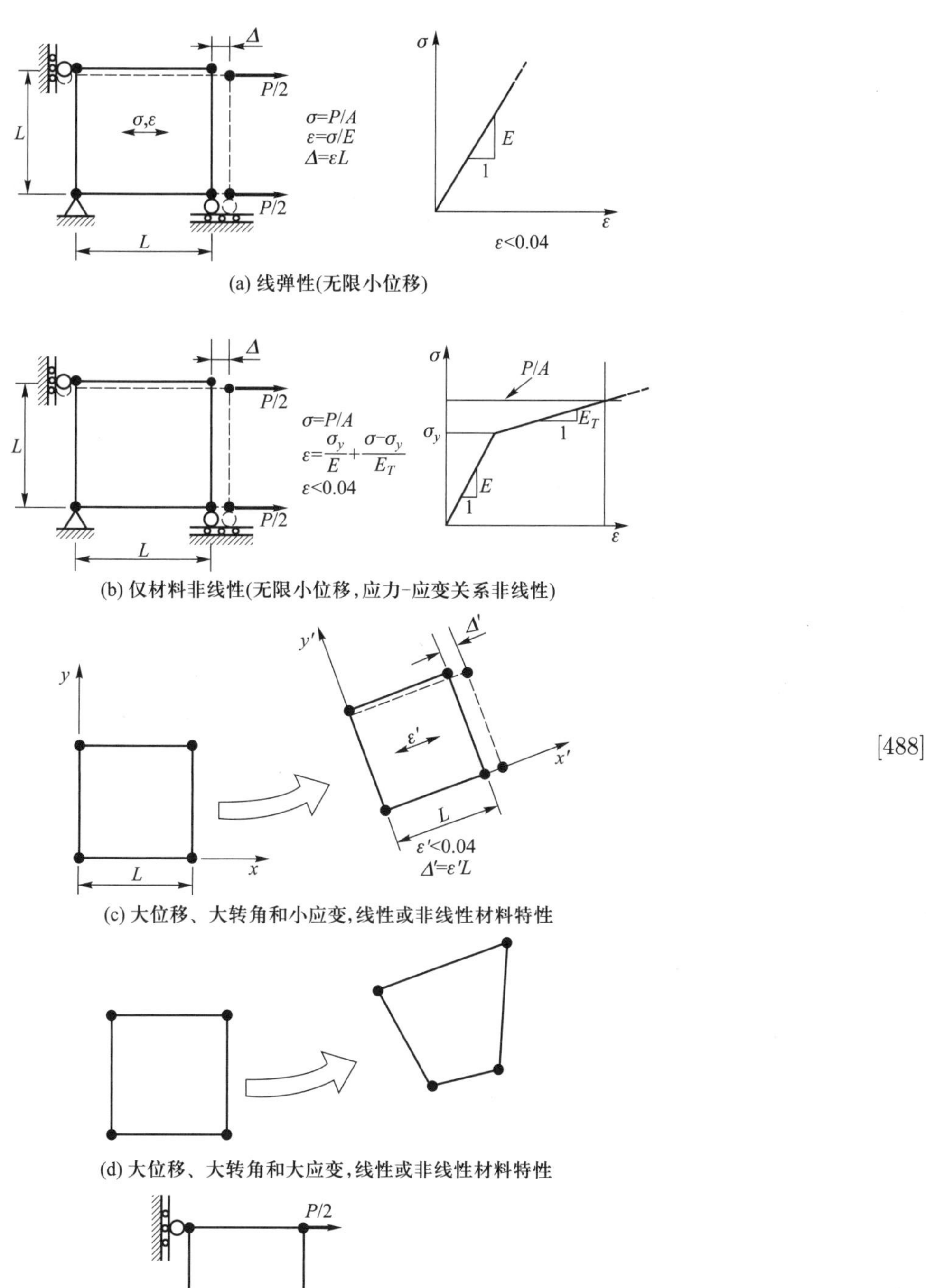

(a) 线弹性(无限小位移)

(b) 仅材料非线性(无限小位移，应力-应变关系非线性)

(c) 大位移、大转角和小应变，线性或非线性材料特性

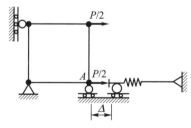

(d) 大位移、大转角和大应变，线性或非线性材料特性

(e) 位移Δ处边界条件的改变

[488]

图 6.1 分析的类别

[489]

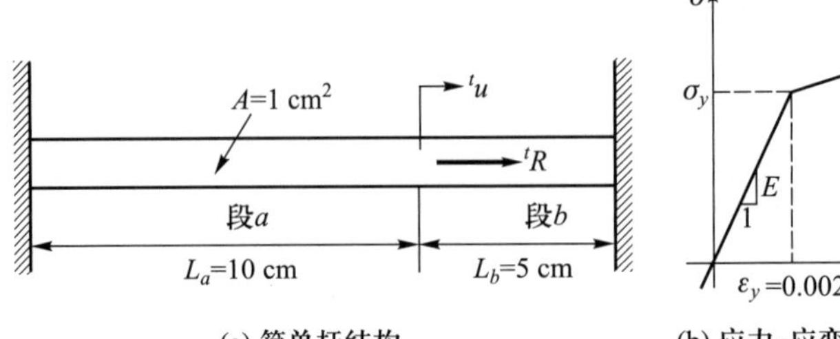

(a) 简单杆结构

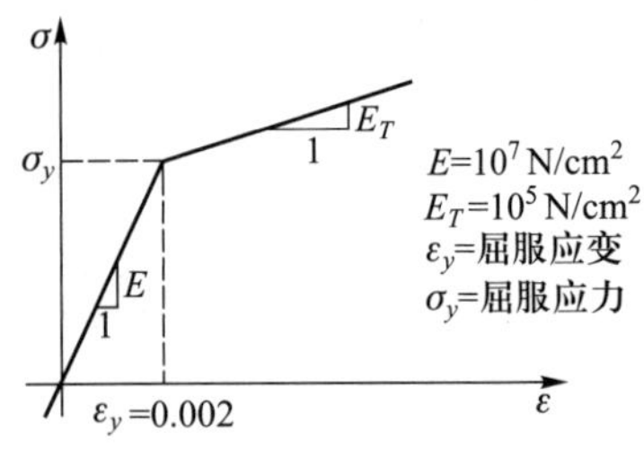

(b) 应力-应变关系(在伸缩和受压条件下)

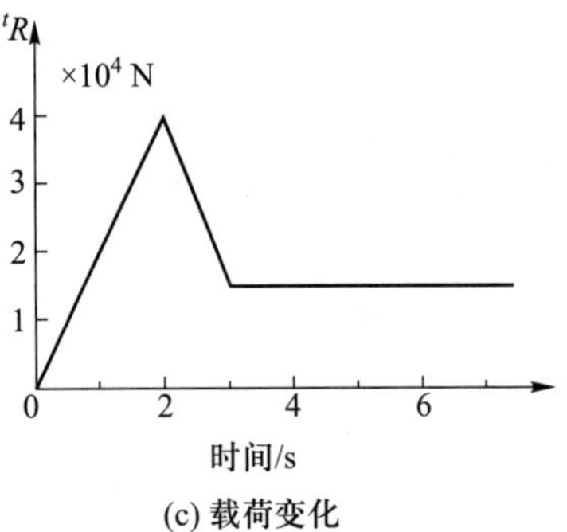

(c) 载荷变化

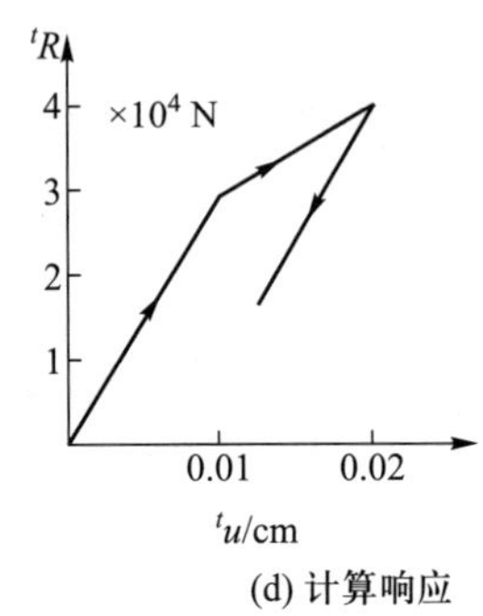

(d) 计算响应

图 E6.1　简单杆结构的分析①

由于载荷是缓慢施加且位移和应变都小, 我们可以使用静力分析计算出仅材料非线性杆的响应. 对段 a 和段 b, 应变关系为

$$^t\varepsilon_a = \frac{^tu}{L_a}; \quad ^t\varepsilon_b = -\frac{^tu}{L_b} \tag{a}$$

平衡式为

$$^tR + {^t\sigma_b} A = {^t\sigma_a} A \tag{b}$$

在施加载荷的条件下, 本构关系为

$$\begin{aligned} ^t\varepsilon &= \frac{^t\sigma}{E} && \text{在弹性区间} \\ ^t\varepsilon &= \varepsilon_y + \frac{^t\sigma - \sigma_y}{E_T} && \text{在塑性区间} \end{aligned} \tag{c}$$

在没有施加载荷时

$$\Delta\varepsilon = \frac{\Delta\sigma}{E}$$

在这些关系式中, 上标 t 表示 "时刻 t".

(I) 段 a 和段 b 都是弹性的

在施加载荷的初始阶段中, 段 a 和段 b 都是弹性的. 所以通过式 (a) 至式 (c) 得到

$$^tR = EA\,^tu\left(\frac{1}{L_a} + \frac{1}{L_b}\right)$$

① 对于图中原书未给出单位的情况, 应为各自对应的国际单位制单位. 下同. —— 译者注

将图 E6.1 中给定的值代入式中, 得到 [490]

$$ {}^{t}u = \frac{{}^{t}R}{3\times 10^{6}} $$

且

$$ {}^{t}\sigma_a = \frac{{}^{t}R}{3A};\quad {}^{t}\sigma_b = -\frac{2}{3}\frac{{}^{t}R}{A} \tag{d} $$

(II) 段 a 是弹性的而段 b 是塑性的

当使用式 (d) 时, 段 b 将在时刻 t^* 变为塑性的

$$ {}^{t^*}R = \frac{3}{2}\sigma_y A $$

因此, 得到

$$ \begin{aligned} {}^{t}\sigma_a &= E\frac{{}^{t}u}{L_a} \\ {}^{t}\sigma_b &= -E_T\left(\frac{{}^{t}u}{L_b} - \varepsilon_y\right) - \sigma_y \end{aligned} \tag{e} $$

通过式 (e), 可以得到 $t \geqslant t^*$ 时

$$ {}^{t}R = \frac{EA{}^{t}u}{L_a} + \frac{E_T A{}^{t}u}{L_b} - E_T\varepsilon_y A + \sigma_y A $$

因此

$$ \begin{aligned} {}^{t}u &= \frac{{}^{t}R/A + E_T\varepsilon_y - \sigma_y}{(E/L_a) + (E_T/L_b)} \\ &= \frac{{}^{t}R}{1.02\times 10^{6}} - 1.941\,2\times 10^{-2} \end{aligned} $$

我们注意到, 段 a 在 ${}^{t}\sigma_a = \sigma_y$ 或 ${}^{t}R = 4.02\times 10^{4}$ N 时会变为塑性的. 由于载荷没有达到这个值 (见图 E6.1(c)), 段 a 在整个响应过程中保持弹性.

(III) 卸载过程中两段都是弹性的

得到

$$ \Delta u = \frac{\Delta R}{EA[(1/L_a) + (1/L_b)]} $$

如图 E6.1(d) 所示是计算的响应.

例 6.2: 如图 E6.2(a) 所示一根先张 (预紧) 的缆线在支撑中间受到横向载荷作用. 一根弹簧被放置在载荷下方相距 w_{gap} 处. 假设位移很小以使缆线中的力保持恒定, 且缓慢施加载荷. 计算载荷下的位移, 即载荷强度的函数. [491]

如在例 6.1 中, 我们忽略惯性力且假设小位移. 只要载荷下的位移 ${}^{t}w$ 比 w_{gap} 小, 对 ${}^{t}w$, 垂直方向上的平衡要求

$$ {}^{t}R = 2H\frac{{}^{t}w}{L} \tag{a} $$

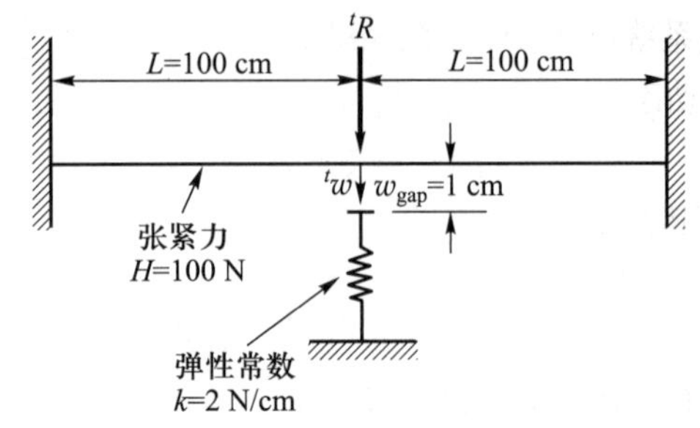

(a) 受到横向载荷的预紧缆线

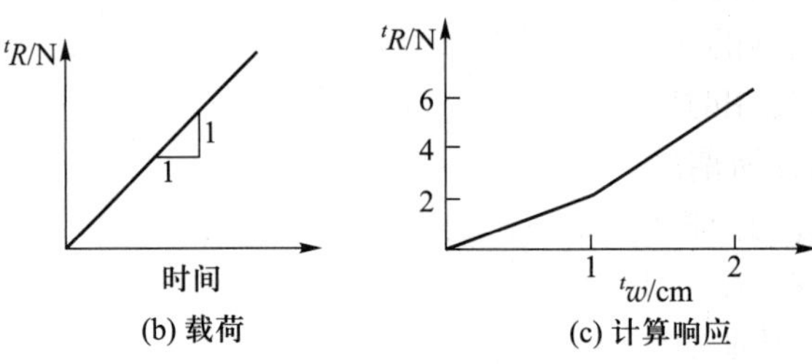

(b) 载荷　(c) 计算响应

图 E6.2　弹簧支撑的预紧缆线分析

一旦位移大于 w_{gap}, 下面的平衡方程成立

$$^tR = 2H\frac{^tw}{L} + k(^tw - w_{\text{gap}}) \tag{b}$$

图 E6.2(c) 显示了式 (a) 和式 (b) 中给出的力位移关系.

应指出, 在该分析中我们忽略了缆线的弹性; 因此响应的计算仅使用了平衡方程 (a) 和式 (b), 唯一的非线性是由于 $^tw \geqslant w_{\text{gap}}$ 时确立的接触条件.

虽然这些例子只是两个非常简单的问题, 但得出的解说明了一些重要的特性. 一般非线性分析中的基本问题是找到对应作用载荷的物体平衡状态. 假设外部作用载荷是时间的函数, 如例 6.1 和例 6.2, 建模所考虑物体的有限元系统的平衡条件可以表达为

$$^t\mathbf{R} - {}^t\mathbf{F} = \mathbf{0} \tag{6.2}$$

其中, 向量 $^t\mathbf{R}$ 列出了位形在时刻 t 的外部作用节点力, 向量 $^t\mathbf{F}$ 列出了位形中对应单元应力的节点力. 因此, 使用第 4 章的符号以及式 (4.18)、式 (4.20) 至式 (4.22), 得到

$$^t\mathbf{R} = {}^t\mathbf{R}_B + {}^t\mathbf{R}_S + {}^t\mathbf{R}_C \tag{6.3}$$

[492] 把当前应力作为初始应力, $\mathbf{R}_I = {}^t\mathbf{F}$

$$^t\mathbf{F} = \sum_m \int_{^tV^{(m)}} {}^t\mathbf{B}^{(m)\mathrm{T}}\,{}^t\boldsymbol{\tau}^{(m)}\,{}^t\mathrm{d}V^{(m)} \tag{6.4}$$

其中, 在一般的大变形分析中物体时刻 t 的应力和体积是未知的.

式 (6.2) 应表达系统在当前几何变形情况下的平衡, 同时适当考虑各种非线性因素. 另外, 在动态分析中, 向量 ${}^{t}\mathbf{R}$ 还会包括惯性和阻尼力, 如第 4.2.1 节中所讨论的.

考虑到非线性响应的解, 我们认识到平衡关系式 (6.2) 应在整个加载过程中得到满足, 即时间变量 t 可能取任何从零到感兴趣的最大时间的值 (见例 6.1 和例 6.2). 在除了定义载荷大小外没有其他时间影响的静态分析中 (如没有蠕变影响, 见第 6.6.3 节), 时间是表示不同载荷作用大小及其不同位形的唯一方便的变量. 但是, 在与时间相关的材料特性的动态分析和静态分析中, 时间变量是一个实际的变量, 应适当地用于实际物理状态的建模中. 基于这些考虑, 我们认为使用时间变量来描述载荷作用和解的变化过程是非常一般的表示方法, 与前面所谓的 "动态分析就是计入惯性影响的静态分析" 一致.

至于要计算的分析结果, 在许多的解中只要求在特定载荷大小或特定时刻的应力和位移. 在一些非线性静态分析中, 对应这些载荷强度的平衡位形可以不同时求解其他平衡位形来计算. 但是, 当分析包含与路径有关的非线性几何或材料条件, 或者与时间有关的现象时, 需要在整个感兴趣的时间范围内求解平衡式 (6.2). 此响应可通过逐步增量求解方法进行有效计算, 这样, 如果在与时间无关的静态求解中, 所有载荷共同作用, 仅对应载荷的位形需要计算的话, 则该方法可转化为单步分析. 但是, 我们应该看到, 由于计算方面的原因, 在实际中即使这样一种情况的分析, 也经常要求增量求解, 通过大量逐步加载最终达到总载荷的方式自动地进行计算 (也见第 8.4 节).

增量逐步求解的基本方法是假设已知离散时刻 t 的解, 而要求离散时刻 $(t+\Delta t)$ 的解, 其中, Δt 是一个适当选定的时间增量. 因此, 考虑式 (6.2) 在时刻 $t+\Delta t$ 的情况, 我们有

$$ {}^{t+\Delta t}\mathbf{R} - {}^{t+\Delta t}\mathbf{F} = \mathbf{0} \tag{6.5} $$

其中, 左上标表示 "在时刻 $t+\Delta t$". 假设 ${}^{t+\Delta t}\mathbf{R}$ 独立于变形. 由于时刻 t 的解已知, 我们可以写

$$ {}^{t+\Delta t}\mathbf{F} = {}^{t}\mathbf{F} + \mathbf{F} \tag{6.6} $$

其中, $\mathbf{F}$ 是从时刻 t 到 $t+\Delta t$ 对应单元位移和应力的节点力增量. 该向量可 [493]
以近似使用对应时刻 t 的几何和材料条件的切线刚度矩阵 ${}^{t}\mathbf{K}$

$$ \mathbf{F} \doteq {}^{t}\mathbf{K}\mathbf{U} \tag{6.7} $$

其中, $\mathbf{U}$ 是节点位移向量增量, 且

$$ {}^{t}\mathbf{K} = \frac{\partial\, {}^{t}\mathbf{F}}{\partial\, {}^{t}\mathbf{U}} \tag{6.8} $$

因此, 此切线刚度矩阵对应关于节点位移 ${}^{t}\mathbf{U}$ 的单元内部节点力 ${}^{t}\mathbf{F}$ 的导数.

将式 (6.7) 和式 (6.6) 代入式 (6.5), 得到

$$ {}^{t}\mathbf{K}\mathbf{U} = {}^{t+\Delta t}\mathbf{R} - {}^{t}\mathbf{F} \tag{6.9} $$

为了求解 $\mathbf{U}$, 我们可以计算时刻 $t+\Delta t$ 位移的近似值

$$ {}^{t+\Delta t}\mathbf{U} \doteq {}^{t}\mathbf{U} + \mathbf{U} \tag{6.10} $$

时刻 $t+\Delta t$ 的精确位移是施加载荷 ${}^{t+\Delta t}\mathbf{R}$ 所对应的位移. 因为使用了式 (6.7), 我们在式 (6.10) 中只计算这些位移的近似值.

本章将重点讨论正确和有效地计算 ${}^{t}\mathbf{F}$ 和 ${}^{t}\mathbf{K}$ 的方法.

计算了时刻 $t+\Delta t$ 的位移近似值之后, 我们现在可以求解在时刻 $t+\Delta t$ 的应力近似值及其节点力近似值, 然后继续下一个时间增量的计算. 但是, 由于式 (6.7) 中的假设, 这样的解可能存在非常大的误差, 根据所用的时间或载荷步长, 解可能会不稳定. 在实际中, 因此有必要进行迭代, 直到式 (6.5) 的解达到充分的精确度.

有限元分析中广泛使用的迭代方法是基于经典的 Newton-Raphson 法 (如见 C. E. Fröberg [A] 或者见 N. Bićanić 和 K. H. Johnson [A]), 我们将在第 8.4 节中进行详细推导. 此方法是式 (6.9) 和式 (6.10) 中给出的简单增量法的推广. 即在算出定义一个新的总位移向量的节点位移增量后, 我们可以用当前已知的总位移代替时刻 t 的位移, 进行增量迭代求解.

Newton-Raphson 迭代中使用的方程是

$$ \begin{aligned} {}^{t+\Delta t}\mathbf{K}^{(i-1)}\Delta\mathbf{U}^{(i)} &= {}^{t+\Delta t}\mathbf{R} - {}^{t+\Delta t}\mathbf{F}^{(i-1)} \\ {}^{t+\Delta t}\mathbf{U}^{(i)} &= {}^{t+\Delta t}\mathbf{U}^{(i-1)} + \Delta\mathbf{U}^{(i)} \end{aligned} \tag{6.11} $$

其中 $i = 1, 2, 3, \cdots$, 初始条件为

$$ {}^{t+\Delta t}\mathbf{U}^{(0)} = {}^{t}\mathbf{U}; \quad {}^{t+\Delta t}\mathbf{K}^{(0)} = {}^{t}\mathbf{K}; \quad {}^{t+\Delta t}\mathbf{F}^{(0)} = {}^{t}\mathbf{F} \tag{6.12} $$

注意在第一次迭代中, 式 (6.11) 转化为式 (6.9) 和式 (6.10). 接着在后续
[494] 迭代中, 使用最后的节点位移估计值计算相应的单元应力、节点力 ${}^{t+\Delta t}\mathbf{F}^{(i-1)}$ 和切线刚度矩阵 ${}^{t+\Delta t}\mathbf{K}^{(i-1)}$.

不平衡载荷向量 ${}^{t+\Delta t}\mathbf{R} - {}^{t+\Delta t}\mathbf{F}^{(i-1)}$ 对应还没有与单元应力平衡的载荷向量, 因此需要节点位移的增量. 此迭代中, 节点位移的更新将一直到不平衡载荷和位移增量很小时停止.

我们下面总结关于 Newton-Raphson 迭代法的一些重要的考虑.

很重要的一点在于, 由 ${}^{t+\Delta t}\mathbf{U}^{(i-1)}$ 正确计算 ${}^{t+\Delta t}\mathbf{F}^{(i-1)}$ 是决定性的. 该计算的任何错误将导致不正确的响应预测.

切线刚度矩阵 ${}^{t+\Delta t}\mathbf{K}^{(i-1)}$ 的正确计算也是很重要的. 使用合适的切线刚度矩阵对于收敛性很重要, 一般来说, 只需很少的迭代就可收敛.

但是, 由于计算和分解一个新的切线刚度矩阵很费时, 在实际中, 根据当前分析中的非线性因素, 只在某些时刻计算新的切线刚度矩阵可能更加高效. 特别是在改进的 Newton-Raphson 法中, 新的切线刚度矩阵仅在每个载荷加载开始时进行计算, 在拟 Newton 法中用割线刚度矩阵代替切线刚度矩阵 (见第 8.4 节). 我们注意到, 只要实现收敛, 使用何种方法只是计算效率的问题.

迭代法的使用要求合适的收敛准则. 如果使用不合适的准则, 则在必要的求解精度达到之前, 或在已经达到求解精度很久之后, 迭代才停止.

我们将在第 8.4 节中讨论这些数值问题, 但这里应指出, 无论使用哪种迭代法, 基本的要求是: ① 对应给定状态的 (切线) 刚度矩阵的计算; ② 对应该状态 (由 ${}^{t}\mathbf{U}$ 或 ${}^{t+\Delta t}\mathbf{U}^{(i-1)}$ 给出该状态) 应力的节点力向量的计算. 因此, 我们本章将介绍在一般情况下, 如何利用时刻 t 的状态以及各种单元和材料应力–应变关系, 计算切线刚度矩阵 ${}^{t}\mathbf{K}$ 和力向量 ${}^{t}\mathbf{F}$.

我们用以下两个例子说明这些概念.

例 6.3: 把如图 E6.3(a) 所示的简易拱结构建模为一个双杆单元的组合体. 假设其中一个杆单元的力由 ${}^{t}F_{\text{bar}} = k\,{}^{t}\delta$ 给定, 其中 k 是常数且 ${}^{t}\delta$ 是时刻 t 杆的伸长量 (k 是常数的假设只在杆小变形时是有效的, 但为简化分析我们使用该假设). 对该问题建立平衡式 (6.5).

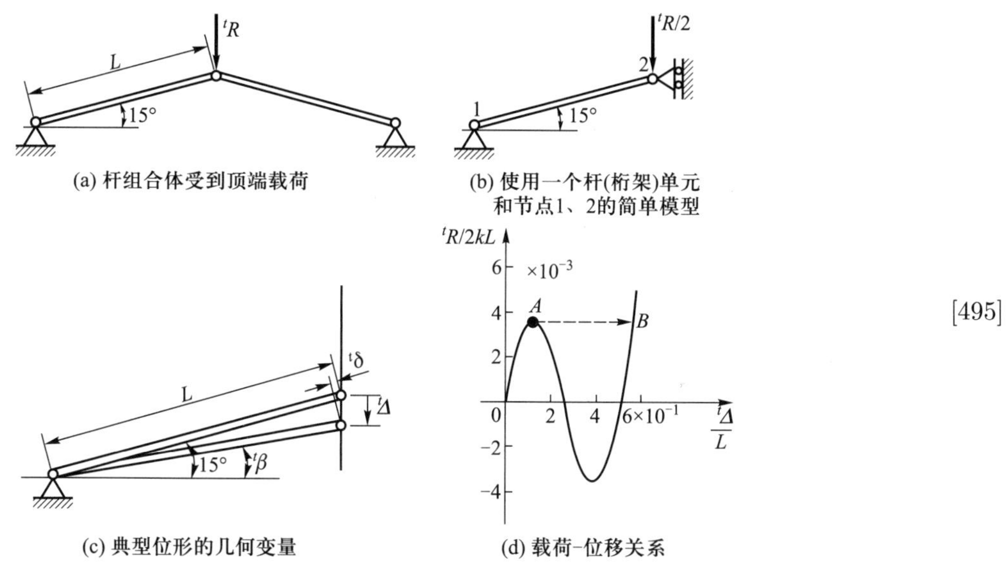

图 E6.3 简单拱结构

[495]

这是一个大位移问题, 通过集中关注对应典型时刻 t 位形的杆组合体平衡来计算响应. 通过图 E6.3(b)、(c) 中所示的对称性, 可以得到

$$(L - {}^{t}\delta)\cos{}^{t}\beta = L\cos 15^\circ$$

$$(L - {}^{t}\delta)\sin{}^{t}\beta = L\sin 15^\circ - {}^{t}\Delta$$

因此,

$$
{}^t\delta = L - \sqrt{L^2 - 2L\,{}^t\Delta \sin 15^\circ + {}^t\Delta^2}
$$
$$
\sin{}^t\beta = \frac{L\sin 15^\circ - {}^t\Delta}{L - {}^t\delta}
$$

时刻 t 的平衡要求

$$
2\,{}^tF_{\text{bar}} \sin{}^t\beta = {}^tR
$$

因此, 式 (6.5) 是

$$
\frac{{}^tR}{2kL} = \left\{ -1 + \frac{1}{\left[1 - 2\frac{{}^t\Delta}{L}\sin 15^\circ + \left(\frac{{}^t\Delta}{L}\right)^2\right]^{1/2}} \right\} \left(\sin 15^\circ - \frac{{}^t\Delta}{L}\right) \qquad \text{(a)}
$$

图 E6.3(d) 显示了式 (a) 中确立的力–位移关系. 应指出的是在点 A 和点 B 之间, 对给定的载荷大小, 我们有两种可能的位移位形. 如果结构受到单调增加的载荷 ${}^tR$, 则图 E6.3(d) 中从点 A 到点 B 的带有跳跃的位移路径很可能在实际物理状态中出现.

例 6.4: 使用改进的 Newton-Raphson 迭代法计算例 6.1 中的杆组合体的响应. 使用两个相等的载荷步长直至达到最大作用载荷.

在改进 Newton-Raphson 迭代法中, 我们使用式 (6.11) 和式 (6.12), 但只在每一步的开始计算新的切线刚度矩阵. 因此, 在这个分析中, 迭代方程是

$$
\begin{aligned}
({}^tK_a + {}^tK_b)\Delta u^{(i)} &= {}^{t+\Delta t}R - {}^{t+\Delta t}F_a^{(i-1)} - {}^{t+\Delta t}F_b^{(i-1)} \\
{}^{t+\Delta t}u^{(i)} &= {}^{t+\Delta t}u^{(i-1)} + \Delta u^{(i)}
\end{aligned} \qquad \text{(a)}
$$

[496] 且

$$
\begin{aligned}
{}^{t+\Delta t}u^{(0)} &= {}^tu \\
{}^{t+\Delta t}F_a^{(0)} &= {}^tF_a; \quad {}^{t+\Delta t}F_b^{(0)} = {}^tF_b
\end{aligned} \qquad \text{(b)}
$$

其中,

$$
{}^tK_a = \frac{{}^tCA}{L_a}; \quad {}^tK_b = \frac{{}^tCA}{L_b};
$$
$$
{}^tC \begin{cases} = E; & \text{如果该段是弹性的} \\ = E_T; & \text{如果该段是塑性的} \end{cases}
$$

对于弹性段

$$
{}^{t+\Delta t}F^{(i-1)} = EA\,{}^{t+\Delta t}\varepsilon^{(i-1)} \qquad \text{(c)}
$$

对于塑性段

$$
{}^{t+\Delta t}F^{(i-1)} = A[E_T({}^{t+\Delta t}\varepsilon^{(i-1)} - \varepsilon_y) + \sigma_y] \qquad \text{(d)}
$$

段中的应变是

$$
\begin{aligned}
{}^{t+\Delta t}\varepsilon_a^{(i-1)} &= \frac{{}^{t+\Delta t}u^{(i-1)}}{L_a} \\
{}^{t+\Delta t}\varepsilon_b^{(i-1)} &= \frac{{}^{t+\Delta t}u^{(i-1)}}{L_b}
\end{aligned}
\tag{e}
$$

在第一个载荷步中, 有 $t=0$ 和 $\Delta t=1$. 因此, 式 (a) 代入到式 (e), 给出:

$t=1$,

$$
\begin{aligned}
({}^0K_a+{}^0K_b)\Delta u^{(1)} &= {}^1R-{}^1F_a^{(0)}-{}^1F_b^{(0)} \\
\Delta u^{(1)} &= \frac{2\times 10^4}{10^7\left(\dfrac{1}{10}+\dfrac{1}{5}\right)}=6.666\,7\times 10^{-3}\ \text{cm} \\
(i=1)\quad {}^1u^{(1)} &= {}^1u^{(0)}+\Delta u^{(1)}=6.666\,7\times 10^{-3}\ \text{cm} \\
{}^1\varepsilon_a^{(1)} &= \frac{{}^1u^{(1)}}{L_a}=6.666\,7\times 10^{-4}<\varepsilon_y\rightarrow \text{段 } a \text{ 是弹性的} \\
{}^1\varepsilon_b^{(1)} &= \frac{{}^1u^{(1)}}{L_b}=1.333\,3\times 10^{-3}<\varepsilon_y\rightarrow \text{段 } b \text{ 是弹性的} \\
{}^1F_a^{(1)} &= 6.666\,7\times 10^{3}\ \text{N} \\
{}^1F_b^{(1)} &= 1.333\,3\times 10^{4}\ \text{N} \\
({}^0K_a+{}^0K_b)\Delta u^{(2)} &= {}^1R-{}^1F_a^{(1)}-{}^1F_a^{(1)} \\
&= 0
\end{aligned}
$$

∴ 一次迭代就实现收敛

$$
{}^1u=6.666\,7\times 10^{-3}\ \text{cm}
$$

$t=2$,

$$
\begin{aligned}
{}^1K_a &= \frac{EA}{L_a};\quad {}^1K_b=\frac{EA}{L_b} \\
{}^2F_a^{(0)} &= {}^1F_a;\quad {}^2F_b^{(0)}={}^1F_b \\
({}^1K_a+{}^1K_b)\Delta u^{(1)} &= {}^2R-{}^2F_a^{(0)}-{}^2F_b^{(0)} \\
\Delta u^{(1)} &= \frac{(4\times 10^4)-(6.666\,7\times 10^3)-(1.333\,3\times 10^4)}{10^7\left(\dfrac{1}{10}+\dfrac{1}{5}\right)} \\
&= 6.666\,7\times 10^{-3}\ \text{cm} \\
(i=1)\quad {}^2u^{(1)} &= {}^2u^{(0)}+\Delta u^{(1)}=1.333\,3\times 10^{-2}\ \text{cm} \\
{}^2\varepsilon_a^{(1)} &= 1.333\,3\times 10^{-3}<\varepsilon_y\rightarrow \text{段 } a \text{ 是弹性的} \\
{}^2\varepsilon_b^{(1)} &= 2.666\,7\times 10^{-3}>\varepsilon_y\rightarrow \text{段 } b \text{ 是塑性的} \\
{}^2F_a^{(1)} &= 1.333\,3\times 10^{4}\ \text{N} \\
{}^2F_b^{(1)} &= [E_T({}^2\varepsilon_b^{(1)}-\varepsilon_y)+\sigma_y]A=2.006\,7\times 10^{4}\ \text{N} \\
({}^1K_a+{}^1K_b)\Delta u^{(2)} &= {}^2R-{}^2F_a^{(1)}-{}^2F_a^{(1)}
\end{aligned}
$$

[497]

$$\Delta u^{(2)} = 2.2 \times 10^{-3}\ \text{cm}$$

$$(i=2) \quad {}^{2}u^{(2)} = {}^{2}u^{(1)} + \Delta u^{(2)} = 1.553\,3 \times 10^{-2}\ \text{cm}$$

$${}^{2}\varepsilon_a^{(2)} = 1.553\,3 \times 10^{-3} < \varepsilon_y$$

$${}^{2}\varepsilon_b^{(2)} = 3.106\,6 \times 10^{-3} > \varepsilon_y$$

$$\therefore {}^{2}F_a^{(2)} = 1.553\,3 \times 10^{4}\ \text{N}$$

$${}^{2}F_b^{(2)} = 2.011\,1 \times 10^{4}\ \text{N}$$

$$({}^{1}K_a + {}^{1}K_b)\Delta u^{(3)} = {}^{2}R - {}^{2}F_a^{(2)} - {}^{2}F_a^{(2)}$$

$$\Delta u^{(3)} = 1.452\,1 \times 10^{-3}\ \text{cm}$$

过程是迭代进行的, 且连续迭代的结果见表 E6.4.

表 E6.4 单位: cm

i	$\Delta u^{(i)}$	${}^{2}u^{(i)}$
3	$1.452\,1 \times 10^{-3}$	$1.698\,5 \times 10^{-2}$
4	$9.583\,2 \times 10^{-4}$	$1.794\,4 \times 10^{-2}$
5	$6.324\,9 \times 10^{-4}$	$1.857\,6 \times 10^{-2}$
6	$4.174\,4 \times 10^{-4}$	$1.899\,4 \times 10^{-2}$
7	$2.755\,1 \times 10^{-4}$	$1.926\,9 \times 10^{-2}$

7 次迭代之后, 得到

$${}^{2}u \doteq {}^{2}u^{(7)} = 1.926\,9 \times 10^{-2}\ \text{cm}$$

6.2 连续介质力学增量运动方程的推导

在第 6.1 节中介绍性地讨论了非线性分析的目的是描述各种非线性因素
以及用于分析结构系统的非线性响应的基本有限元方程形式. 为了说明分析
[498] 步骤, 我们简要介绍了有限元方程, 讨论了它们的解, 并且给出了物理意义,
说明使用这些方程为什么可以恰当地预测非线性响应. 我们利用了两个非常
简单问题的求解说明该方法的适用性, 但只是给出所用分析步骤的一些介绍.
在每个分析中, 适用的有限元矩阵和向量都是利用物理参量开发的.

在例 6.3 和例 6.4 中所用的物理分析方法是很有意义的, 可加深理解; 但是, 当考虑一个更复杂的解时, 应该使用基于连续介质力学的统一方法来建立有限元控制方程. 本节的目的是介绍基于位移的有限元解的连续介质力学控制方程, 如在第 4.2.1 节一样, 我们使用虚功原理, 而现在要计入所考虑物体可能经历的大位移、大转角和大应变, 以及应力–应变非线性关系. 因此, 将要介绍的连续介质力学控制方程可被认为是基本方程式 (4.7) 的扩展. 在一般

物体的线性分析中, 使用方程 (4.7) 作为建立线性有限元控制方程的基础 (式 (4.17) 至式 (4.27) 给出). 考虑一般物体的非线性分析, 在建立适当的连续介质力学方程后, 我们将采用完全类似的方式建立非线性有限元方程, 以控制物体的非线性响应 (见第 6.3 节).

6.2.1 基本问题

在第 6.1 节中我们强调, 在非线性分析中应在当前的位形中建立所考虑物体的平衡. 也指出通常采用增量格式的必要性和使用时间变量描述载荷和物体运动的简便性.

在接下来的推导中, 我们考虑一般物体在固定笛卡儿坐标系中的运动, 如图 6.2 所示, 假设物体可以经历大位移、大应变和非线性本构关系的响应, 目的是在离散时间点 $0, \Delta t, 2\Delta t, 3\Delta t, \cdots$, 计算整个物体的平衡位置, 其中, Δt 是一个时间增量. 为了推导求解方法, 假设已经求得从时刻 0 到时刻 t 对所有时步上的静态变量和动态变量. 则下一个对应时刻 $t+\Delta t$ 的平衡位置的求解过程是类似的, 如此进行迭代直到求出整个解的轨迹. 因此, 在分析中我们跟踪物体的所有点从初始位形到最终位形的运动, 这意味着我们采用该问题的 Lagrange 表述①. 这种方法与通常用于流体力学问题中的 Euler 描述不同, Euler 描述注重于通过固定控制体积的材料运动. 考虑固体和结构的分析, Lagrange 描述通常比 Euler 描述更加自然和高效. 例如, 对大位移的结构问题, 若使用 Euler 描述, 则必须创建新的控制体积 (因为固体的边界连续改变), 并且很难处理对流加速度项的非线性现象 (见第 7.4 节). [499]

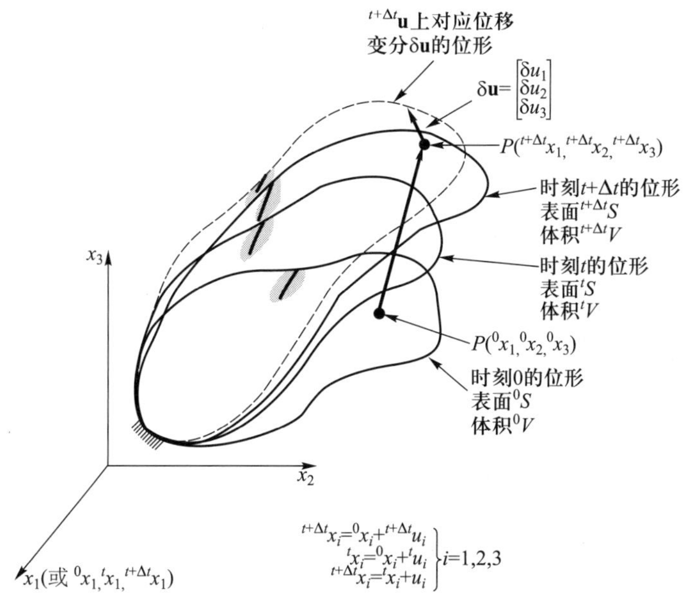

图 6.2　笛卡儿坐标系中物体运动

① 教材中习惯用 Lagrange 描述, 以下均使用描述. —— 译者注

在 Lagrange 增量分析方法中, 我们使用虚位移原理描述在时刻 $t+\Delta t$ 物体的平衡. 使用张量符号 (见第 2.4 节), 这个原理要求

$$\int_{t+\Delta t_V} {}^{t+\Delta t}\tau_{ij}\delta_{t+\Delta t}e_{ij}\mathrm{d}^{t+\Delta t}V = {}^{t+\Delta t}\Re \tag{6.13}$$

其中,

${}^{t+\Delta t}\tau_{ij}$　Cauchy 应力张量的笛卡儿分量 (变形位形中的每单位面积的力)

$\delta_{t+\Delta t}e_{ij} = \frac{1}{2}\left(\frac{\partial \delta u_i}{\partial\, {}^{t+\Delta t}x_j} + \frac{\partial \delta u_j}{\partial\, {}^{t+\Delta t}x_i}\right)$　对应虚位移的应变张量

δu_i　在时刻 $t+\Delta t$ 作用于位形上的虚位移分量, 是 ${}^{t+\Delta t}x_j$ 的函数, $j=1,2,3$

${}^{t+\Delta t}x_i$　在时刻 $t+\Delta t$ 质点的笛卡儿坐标

${}^{t+\Delta t}V$　时刻 $t+\Delta t$ 的体积

[500] 且

$${}^{t+\Delta t}\Re = \int_{t+\Delta t_V} {}^{t+\Delta t}f_i^B \delta u_i \mathrm{d}^{t+\Delta t}V + \int_{t+\Delta t_{S_f}} {}^{t+\Delta t}f_i^S \delta u_i^S \mathrm{d}^{t+\Delta t}S \tag{6.14}$$

其中,

${}^{t+\Delta t}f_i^B$ = 时刻 $t+\Delta t$ 的每单位体积的外部作用力的分量

${}^{t+\Delta t}f_i^S$ = 时刻 $t+\Delta t$ 的每单位面积的外部作用力的分量

${}^{t+\Delta t}S_f$ = 外部面力作用在时刻 $t+\Delta t$ 的表面积

δu_i^S = 在表面 ${}^{t+\Delta t}S_f$ 上计算的 δu_i(δu_i 的分量在和对应指定表面 ${}^{t+\Delta t}S_u$ 上位移为零)

在式 (6.13) 中, 等式左边是内部虚功而等式右边是外部虚功. 在线性无穷小位移分析中已导出该关系 (见例 4.2), 但使用时刻 $t+\Delta t$ 的当前位形 (使用此时刻的应力和力). 因此, 式 (6.13) 的推导是基于以下平衡方程的.

在 ${}^{t+\Delta t}V$ 内, 当 $i=1,2,3$ 时, 有

$$\frac{\partial\, {}^{t+\Delta t}\tau_{ij}}{\partial\, {}^{t+\Delta t}x_j} + {}^{t+\Delta t}f_i^B = 0 \quad \text{对 } j=1,2,3 \text{ 求和} \tag{6.15a}$$

在表面 ${}^{t+\Delta t}S_f$ 上, 当 $i=1,2,3$ 时, 有

$${}^{t+\Delta t}\tau_{ij}\,{}^{t+\Delta t}n_j = {}^{t+\Delta t}f_i^S \quad \text{对 } j=1,2,3 \text{ 求和} \tag{6.15b}$$

其中, ${}^{t+\Delta t}n_j$ 是表面 ${}^{t+\Delta t}S_j$ 在时刻 $t+\Delta t$ 的单位法向量的分量.

正如例 4.2 中所示, 式 (6.15a) 乘以处于和对应指定位移为零的任意连续虚位移 δu_i. 从式 (6.15a) 得到表达式在时刻 $t+\Delta t$ 的相应整个体积的积分, 并使用散度定理, 则式 (6.15b) 可直接得出式 (6.13).

我们注意到, 对应施加虚位移的应变张量分量 $\delta_{t+\Delta t}e_{ij}$ 类似于无穷小应变张量的分量, 但导数是对应时刻 $t+\Delta t$ 的当前坐标. 式 (6.13) 中的应变张量 $\delta_{t+\Delta t}e_{ij}$ 是用于推导式 (6.13) 过程中的散度定理变换的直接结果, 且该应变张量与虚位移的大小无关.

我们现在认识到, 虚位移 δu_i 可以被当做实位移 ${}^{t+\Delta t}u_i$ (受到这些变量在与对应指定位移处必为零的约束) 的一个变分. 这些位移变分产生出物体当前应变的变分, 我们将特别在后面要使用对应 δu_i 的 Green-Lagrange 应变分量的变分 (见例 6.10).

最重要的是认识到, 式 (6.13) 所描述的虚功原理只是 (用于线性分析中的) 式 (4.7) 对时刻 $t+\Delta t$ 位形中所考虑物体的一种应用. 因此, 可以直接应用所有前面讨论的关于线性分析所用的虚功原理的结果, 只要注意针对的是时刻 $t+\Delta t$ 的当前位形[①]. [501]

式 (6.13) 的一般应用有一个基本问题, 即物体在时刻 $t+\Delta t$ 的位形是未知的. 相较于线性分析, 由于假设位移无限小, 故式 (6.13) 至式 (6.15) 可使用初始位形, 这是一个很重要的区别. 物体位形的连续变化会带来一些推导增量分析方法的重要结果. 例如, 一个重要的考虑是, 时刻 $t+\Delta t$ 的 Cauchy 应力不能简单地通过时刻 t 的 Cauchy 应力加上由于材料的应变而产生的应力增量得到. 即由于当物体只有刚体转动时, Cauchy 应力张量的分量也发生变化, 因此时刻 $t+\Delta t$ 的 Cauchy 应力的计算也应考虑材料的刚体转动影响.

物体位形在大变形分析时连续变化的情况, 涉及使用适当的应力度量、应变度量和本构关系 (在第 7 章详细讨论) 的巧妙方法进行处理, 这将在下面几节进行讨论.

针对下面的讨论, 我们认为一般大位移变形分析的连续介质力学关系推导的难点是使用一套有效的符号, 因为有很多不同的量需要处理. 使用的符号应表示所有必要的信息, 并且以一种紧凑、有序的方式可使方程简洁易读. 为有效使用符号, 理解所用的符号约定是有益的, 为此目的, 我们这里简要总结了一些基本内容和符号的使用约定.

在分析中, 我们考虑物体在如图 6.2 所示的固定 (稳定) 的笛卡儿坐标系中运动. 所有的运动和静态变量都在该坐标系中度量, 自始至终我们使用张量符号.

在时刻 0 物体中任一点 P 的坐标是 ${}^0x_1, {}^0x_2, {}^0x_3$; 在时刻 t, 则为 ${}^tx_1, {}^tx_2, {}^tx_3$; 在时刻 $t+\Delta t$, 它们是 ${}^{t+\Delta t}x_1, {}^{t+\Delta t}x_2, {}^{t+\Delta t}x_3$, 其中, 左上标表示物体的位

① 我们可以想象, 考虑一个运动物体, 在时刻 $t+\Delta t$ 拍照, 然后把虚位移原理应用于该相片中物体的状态上.

形, 右下标表示坐标轴.

物体位移的符号与坐标的符号很相似: 在时刻 t 的位移是 ${}^{t}u_i, i = 1,2,3$, 在时刻 $t+\Delta t$ 的位移是 ${}^{t+\Delta t}u_i, i = 1,2,3$. 因此, 得到

$$\left.\begin{array}{r}{}^{t}x_i = {}^{0}x_i + {}^{t}u_i \\ {}^{t+\Delta t}x_i = {}^{0}x_i + {}^{t+\Delta t}u_i\end{array}\right\} \quad i = 1,2,3 \tag{6.16}$$

从时刻 t 到 $t+\Delta t$ 的位移增量可以表示为

$$u_i = {}^{t+\Delta t}u_i - {}^{t}u_i; \quad i = 1,2,3 \tag{6.17}$$

在物体运动过程中, 它的体积、面积、质量密度、应力和应变是连续变化的. 我们用 ${}^{0}\rho, {}^{t}\rho, {}^{t+\Delta t}\rho$、${}^{0}A, {}^{t}A, {}^{t+\Delta t}A$ 和 ${}^{0}V, {}^{t}V, {}^{t+\Delta t}V$ 分别表示在时刻 $0, t$ 和 $t+\Delta t$ 的物体质量密度、面积和体积.

由于物体在时刻 $t+\Delta t$ 的位形未知, 我们将对已知的平衡位形考虑作
[502] 用力、应力和应变. 与用来表示坐标和位移的符号类似, 左上标表示物理量 (体力、面力、应力等) 出现的位形, 左下标表示该物理量在哪一个位形中进行度量. 例如, 在时刻 $t+\Delta t$ 面力和体力的分量, 但在位形 0 中度量的是 ${}^{t+\Delta t}_{\ \ 0}f_i^S, {}^{t+\Delta t}_{\ \ 0}f_i^B, i = 1,2,3$. 这里我们有一个例外, 如果所考虑的量出现在相同的度量位形中, 则左下标可以不写出, 例如, 对于 Cauchy 应力, 有

$${}^{t+\Delta t}\tau_{ij} \equiv {}^{t+\Delta t}_{t+\Delta t}\tau_{ij}$$

在平衡控制方程的公式中, 我们也需要考虑位移和坐标的导数. 在我们的符号中, 逗号表示对后面坐标的微分, 左下标表示时间, 指明该坐标是在哪个位形的度量; 因此, 有

$${}^{t+\Delta t}_{\ \ 0}u_{i,j} = \frac{\partial\, {}^{t+\Delta t}u_i}{\partial\, {}^{0}x_j}$$

和

$${}^{\ \ 0}_{t+\Delta t}x_{m,n} = \frac{\partial\, {}^{0}x_m}{\partial\, {}^{t+\Delta t}x_n} \tag{6.18}$$

我们将使用这些约定来定义第一次遇到的新符号.

6.2.2 变形梯度、应变张量和应力张量

我们在前几节中提到在大变形分析中, 应特别注意物体的位形在不断变化. 这种位形的变化可以通过定义辅助应力和应变度量的巧妙方法来处理. 定义它们的目的是按已知的积分体积表示式 (6.13) 中的内部虚功, 且以有效的方式分解应力和应变增量. 在原则上可以使用各种不同的应力和应变张量 (见 L. E. Malvern [A], Y. C. Fung [A], A. E. Green 和 W. Zerna [A], 以及 R. Hill [A]). 但是, 如果目标是获得有效的全局有限元求解方法, 则只需要考虑少数几种应力和应变度量, 见 E. N. Dvorkin 和 M. B. Goldschmit [A]. 下面我

们首先考虑一般物体的运动和定义运动的运动学度量. 接着引入适当的应变及其应力张量. 这些在后面的章节中用于推导一般有限元增量方程.

如图 6.2 所示, 考虑任一时刻 t 的物体. 物体变形的一个基本度量是变形梯度, 定义为① [503]

$$ {}_0^t\mathbf{X} = \begin{bmatrix} \dfrac{\partial\, {}^t x_1}{\partial\, {}^0 x_1} & \dfrac{\partial\, {}^t x_1}{\partial\, {}^0 x_2} & \dfrac{\partial\, {}^t x_1}{\partial\, {}^0 x_3} \\ \dfrac{\partial\, {}^t x_2}{\partial\, {}^0 x_1} & \dfrac{\partial\, {}^t x_2}{\partial\, {}^0 x_2} & \dfrac{\partial\, {}^t x_2}{\partial\, {}^0 x_3} \\ \dfrac{\partial\, {}^t x_3}{\partial\, {}^0 x_1} & \dfrac{\partial\, {}^t x_3}{\partial\, {}^0 x_2} & \dfrac{\partial\, {}^t x_3}{\partial\, {}^0 x_3} \end{bmatrix} \tag{6.19} $$

或者

$$ {}_0^t\mathbf{X} = ({}_0\nabla\, {}^t\mathbf{x}^{\mathrm{T}})^{\mathrm{T}} \tag{6.20} $$

其中, ${}_0\nabla$ 是梯度算子

$$ {}_0\nabla = \begin{bmatrix} \dfrac{\partial}{\partial\, {}^0 x_1} \\ \dfrac{\partial}{\partial\, {}^0 x_2} \\ \dfrac{\partial}{\partial\, {}^0 x_3} \end{bmatrix}; \quad {}^t\mathbf{x}^{\mathrm{T}} = [{}^t x_1 \quad {}^t x_2 \quad {}^t x_3] \tag{6.21} $$

变形梯度描述了材料纤维从时刻 0 到时刻 t 经历的伸缩和旋转. 即令 $\mathrm{d}^0\mathbf{x}$ 为时刻 0 材料纤维的微分; 然后, 通过微分的链式法则, 时刻 t 的材料纤维给出

$$ \mathrm{d}^t\mathbf{x} = {}_0^t\mathbf{X}\mathrm{d}^0\mathbf{x} \tag{6.22} $$

使用微分的链式法则, 也可表示为

$$ \mathrm{d}^0\mathbf{x} = {}_t^0\mathbf{X}\mathrm{d}^t\mathbf{x} \tag{6.23} $$

其中, ${}_t^0\mathbf{X}$ 是逆变形梯度. 从式 (6.22) 和式 (6.23), 可以得到

$$ \mathrm{d}^0\mathbf{x} = ({}_t^0\mathbf{X})({}_0^t\mathbf{X})\mathrm{d}^0\mathbf{x} \tag{6.24} $$

因此 (因为式 (6.24) 对任何微元长度 $\mathrm{d}^0\mathbf{x}$ 应成立), 得到

$$ {}_t^0\mathbf{X} = ({}_0^t\mathbf{X})^{-1} \tag{6.25} $$

所以, 逆变形梯度 ${}_t^0\mathbf{X}$ 实际上是变形梯度 ${}_0^t\mathbf{X}$ 的逆阵.

通过计算物体在时刻 t 的质量密度 ${}^t\rho$, 给出了式 (6.18) 的一个应用

$$ {}^t\rho = \frac{{}^0\rho}{\det({}_0^t\mathbf{X})} \tag{6.26} $$

① 变形梯度在其他书籍定义为 $\mathbf{F}$, 但我们在本书中都使用符号 ${}_0^t\mathbf{X}$, 因为该符号更自然地表示了关于坐标 ${}^0x_i$ 对坐标 ${}^tx_i$ 进行微分.

我们通过下例证明和说明这个关系.

[504] **例 6.5**: 考虑如图 6.2 所示的物体的一般运动, 建立物体的质量密度随变形梯度行列式变化的函数

$$^{t}\rho = \frac{^{0}\rho}{\det(^{t}_{0}\mathbf{X})}$$

在时刻 0 和 t 的无穷小量如图 E6.5 所示.

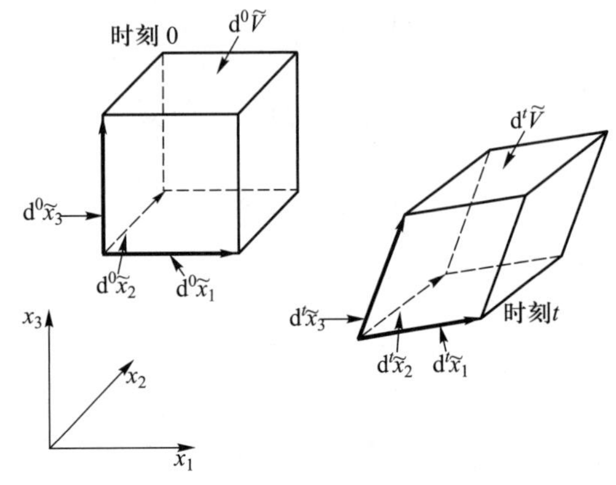

图 E6.5 在时刻 0 和 t 的无穷小量

在时刻 0 任何无穷小的材料的体积可使用下式表示

$$\mathrm{d}^{0}\widetilde{\mathbf{x}}_1 = \begin{bmatrix} 1 \\ 0 \\ 0 \end{bmatrix} \mathrm{d}s_1; \quad \mathrm{d}^{0}\widetilde{\mathbf{x}}_2 = \begin{bmatrix} 0 \\ 1 \\ 0 \end{bmatrix} \mathrm{d}s_2; \quad \mathrm{d}^{0}\widetilde{\mathbf{x}}_3 = \begin{bmatrix} 0 \\ 0 \\ 1 \end{bmatrix} \mathrm{d}s_3$$

$$\mathrm{d}^{0}\widetilde{\mathbf{V}} = \mathrm{d}s_1\mathrm{d}s_2\mathrm{d}s_3$$

使用式 (6.22), 变形后, 有

$$\mathrm{d}^{t}\widetilde{\mathbf{x}}_i = {}^{t}_{0}\mathbf{X}\mathrm{d}^{0}\widetilde{\mathbf{x}}_i; \quad i = 1, 2, 3$$

其中, 注意到相同的变形梯度应用于无限小体积的所有材料纤维上, 得到

$$\begin{aligned} \mathrm{d}^{t}\widetilde{\mathbf{V}} &= (\mathrm{d}^{t}\widetilde{\mathbf{x}}_1 \times \mathrm{d}^{t}\widetilde{\mathbf{x}}_2) \cdot \mathrm{d}^{t}\widetilde{\mathbf{x}}_3 \\ &= (\det {}^{t}_{0}\mathbf{X})\mathrm{d}s_1\mathrm{d}s_2\mathrm{d}s_3 \\ &= \det {}^{t}_{0}\mathbf{X}\mathrm{d}^{0}\widetilde{\mathbf{V}} \end{aligned}$$

而如果我们假设在变形过程中质量守恒, 则有

$$^{t}\rho\mathrm{d}^{t}\widetilde{\mathbf{V}} = {}^{0}\rho\mathrm{d}^{0}\widetilde{\mathbf{V}}$$

因此,

$$^{t}\rho = \frac{^{0}\rho}{\det(^{t}_{0}\mathbf{X})}$$

例 6.6: 考虑如图 E6.6 所示单元. 计算时刻 t 的位形所对应的变形梯度和质量密度. [505]

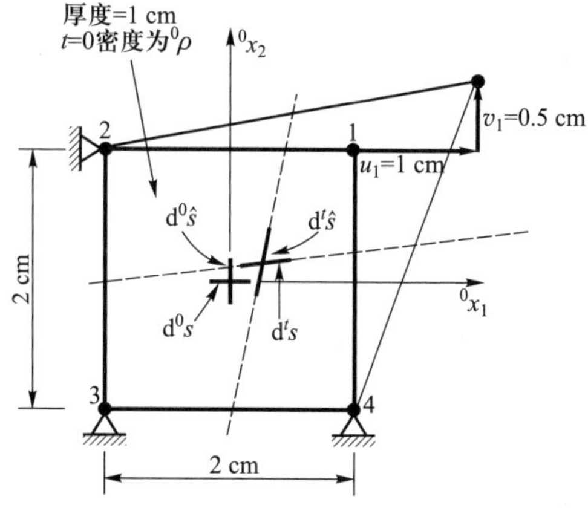

图 E6.6　大变形下的 4 节点单元

在图 5.4 中已给出该单元的位移插值函数. 由于 ${}^0x_1$、${}^0x_2$ 是分别相对于 r、s 轴的, 因此有

$$h_1 = \frac{1}{4}(1 + {}^0x_1)(1 + {}^0x_2); \quad h_2 = \frac{1}{4}(1 - {}^0x_1)(1 + {}^0x_2)$$

$$h_3 = \frac{1}{4}(1 - {}^0x_1)(1 - {}^0x_2); \quad h_4 = \frac{1}{4}(1 + {}^0x_1)(1 - {}^0x_2)$$

和

$$\frac{\partial h_1}{\partial {}^0x_1} = \frac{1}{4}(1 + {}^0x_2); \quad \frac{\partial h_2}{\partial {}^0x_1} = -\frac{1}{4}(1 + {}^0x_2)$$

$$\frac{\partial h_3}{\partial {}^0x_1} = -\frac{1}{4}(1 - {}^0x_2); \quad \frac{\partial h_4}{\partial {}^0x_1} = \frac{1}{4}(1 - {}^0x_2)$$

$$\frac{\partial h_1}{\partial {}^0x_2} = \frac{1}{4}(1 + {}^0x_1); \quad \frac{\partial h_2}{\partial {}^0x_2} = \frac{1}{4}(1 - {}^0x_1)$$

$$\frac{\partial h_3}{\partial {}^0x_2} = -\frac{1}{4}(1 - {}^0x_1); \quad \frac{\partial h_4}{\partial {}^0x_2} = -\frac{1}{4}(1 + {}^0x_1)$$

利用

$${}^tx_i = \sum_{k=1}^{4} h_k\, {}^tx_i^k$$

因此

$$\frac{\partial\, {}^tx_i}{\partial\, {}^0x_j} = \sum_{k=1}^{4} \left(\frac{\partial h_k}{\partial\, {}^0x_j}\right) {}^tx_i^k$$

时刻 t 节点坐标为

$${}^tx_1^1 = 2; \quad {}^tx_2^1 = 1.5; \quad {}^tx_1^2 = -1; \quad {}^tx_2^2 = 1$$

$${}^tx_1^3 = -1; \quad {}^tx_2^3 = -1; \quad {}^tx_1^4 = 1; \quad {}^tx_2^4 = -1$$

[506] 因此, 有

$$\frac{\partial\, {}^t x_1}{\partial\, {}^0 x_1} = \frac{1}{4}[(1+{}^0x_2)(2)-(1+{}^0x_2)(-1)-(1-{}^0x_2)(-1)+(1-{}^0x_2)(1)] \\ = \frac{1}{4}(5+{}^0x_2)$$

和

$$\frac{\partial\, {}^t x_1}{\partial\, {}^0 x_2} = \frac{1}{4}(1+{}^0x_1); \quad \frac{\partial\, {}^t x_2}{\partial\, {}^0 x_1} = \frac{1}{8}(1+{}^0x_2)$$

$$\frac{\partial\, {}^t x_2}{\partial\, {}^0 x_2} = \frac{1}{8}(9+{}^0x_1)$$

因此, 变形梯度为

$${}_0^t\mathbf{X} = \frac{1}{4}\begin{bmatrix} (5+{}^0x_2) & (1+{}^0x_1) \\ \frac{1}{2}(1+{}^0x_2) & \frac{1}{2}(9+{}^0x_1) \end{bmatrix}$$

利用式 (6.26), 变形位形的质量密度为

$${}^t\rho = \frac{32\,{}^0\rho}{(5+{}^0x_2)(9+{}^0x_1)-(1+{}^0x_1)(1+{}^0x_2)}$$

变形梯度也用于度量材料纤维的伸缩性能和变形导致的材料纤维之间的角度变化. 在计算中, 我们使用右 Cauchy-Green 变形张量, 即

$${}_0^t\mathbf{C} = {}_0^t\mathbf{X}^{\mathrm{T}}\,{}_0^t\mathbf{X} \tag{6.27}$$

注意 ${}_0^t\mathbf{C}$ 一般不等于左 Cauchy-Green 变形张量, 即

$${}_0^t\mathbf{B} = {}_0^t\mathbf{X}\,{}_0^t\mathbf{X}^{\mathrm{T}} \tag{6.28}$$

例 6.7: 一般物体运动中的线元伸缩量 ${}^t\lambda$ 被定义为 ${}^t\lambda = \mathrm{d}^ts/\mathrm{d}^0s$, 其中, d^0s 为线元初始长度, d^ts 为线元当前长度, 如图 E6.7 所示. 证明

[507]

$${}^t\lambda = ({}^0\mathbf{n}^{\mathrm{T}}\,{}_0^t\mathbf{C}\,{}^0\mathbf{n})^{1/2} \tag{a}$$

其中, ${}^0\mathbf{n}$ 为时刻 0 线元方向余弦向量. 另外, 假设两个线元是从同一质点作为起始点, 在时刻 t 两个线元之间的角度 ${}^t\theta$ 为

$$\cos{}^t\theta = \frac{{}^0\mathbf{n}^{\mathrm{T}}\,{}_0^t\mathbf{C}\,{}^0\widehat{\mathbf{n}}}{{}^t\lambda\,{}^t\widehat{\lambda}} \tag{b}$$

其中, 帽形上标表示第二个线元 (见图 E6.7).

作为一个实例, 我们应用公式 (a) 和 (b) 计算如图 E6.6 所示线微元 d^0s 和 $\mathrm{d}^t\widehat{s}$ 的伸缩量和线微元之间的角度变形.

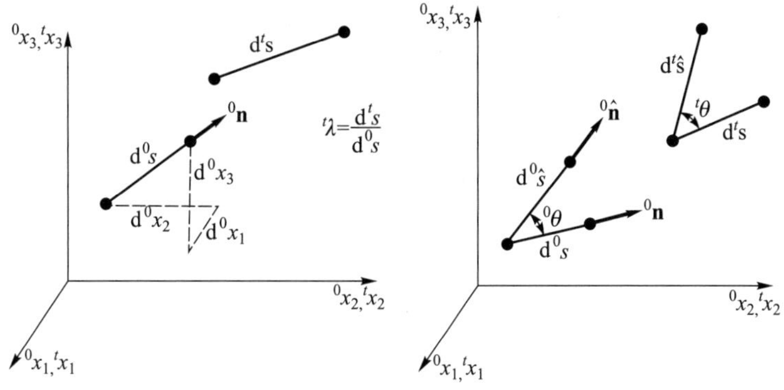

图 E6.7　线元的伸缩和旋转

要证明式 (a), 有

$$(\mathrm{d}\,{}^ts)^2 = \mathrm{d}^t\mathbf{x}^{\mathrm{T}}\mathrm{d}^t\mathbf{x};\quad \mathrm{d}^t\mathbf{x} = {}_0^t\mathbf{X}\mathrm{d}^0\mathbf{x}$$

利用式 (6.27), 有

$$(\mathrm{d}\,{}^ts)^2 = \mathrm{d}^0\mathbf{x}^{\mathrm{T}}{}_0^t\mathbf{C}\mathrm{d}^0\mathbf{x}$$

因此,

$${}^t\lambda^2 = \frac{\mathrm{d}^0\mathbf{x}^{\mathrm{T}}}{\mathrm{d}^0s}{}_0^t\mathbf{C}\frac{\mathrm{d}^0\mathbf{x}}{\mathrm{d}^0s}$$

由于

$${}^0\mathbf{n} = \frac{\mathrm{d}^0\mathbf{x}}{\mathrm{d}^0s}$$

所以有

$${}^t\lambda = ({}^0\mathbf{n}^{\mathrm{T}}{}_0^t\mathbf{C}\,{}^0\mathbf{n})^{1/2}$$

要证明式 (b), 我们利用式 (2.50)

$$\mathrm{d}^t\mathbf{x}^{\mathrm{T}}\mathrm{d}^t\widehat{\mathbf{x}} = (\mathrm{d}^ts)(\mathrm{d}^t\widehat{s})\cos{}^t\theta$$

因此, 有

$$\cos{}^t\theta = \frac{\mathrm{d}^0\mathbf{x}^{\mathrm{T}}{}_0^t\mathbf{X}^{\mathrm{T}}{}_0^t\widehat{\mathbf{X}}\mathrm{d}^0\widehat{\mathbf{x}}}{(\mathrm{d}^ts)(\mathrm{d}^t\widehat{s})} \tag{c}$$

由于 ${}_0^t\mathbf{X} \equiv {}_0^t\widehat{\mathbf{X}}$ (这是在线微元处的变形梯度), 我们可以从式 (c) 中得到

$$\cos{}^t\theta = \frac{{}^0\mathbf{n}^{\mathrm{T}}{}_0^t\mathbf{C}\,{}^0\widehat{\mathbf{n}}}{{}^t\lambda{}^t\widehat{\lambda}}$$

应指出, 式 (a) 和式 (b) 说明当 ${}_0^t\mathbf{C} = \mathbf{I}$ 时, 线微元的伸长量等于 1, 线微元之间的角度在运动的过程中没有改变. 因此, 当 Cauchy-Green 变形张量等于单位矩阵时, 运动就变成了刚体运动.

如果将式 (a) 和式 (b) 应用于图 E6.6 所描述的线元, 当 ${}^0x_1 = 0, {}^0x_2 = 0$ (见例 6.6) 时, 有

$$
{}_0^t\mathbf{C} = \frac{1}{16}\begin{bmatrix} 25.25 & 7.25 \\ 7.25 & 21.25 \end{bmatrix}
$$

$$
{}^0\mathbf{n} = \begin{bmatrix} 1 \\ 0 \end{bmatrix}; \quad {}^0\widehat{\mathbf{n}} = \begin{bmatrix} 0 \\ 1 \end{bmatrix}
$$

因此, 由式 (a), 有

$$
{}^t\lambda = 1.256; \quad {}^t\widehat{\lambda} = 1.152
$$

由式 (b), 有

$$
\cos{}^t\theta = 0.313; \quad {}^t\theta = 71.75^\circ
$$

[508] 所以, 从时刻 0 至时刻 t 由于运动所导致的线微元 d^0s 和 $\mathrm{d}^t\widehat{s}$ 之间的角度变形量为 18.25°.

变形梯度最重要的一个特征就是可被分解成两个矩阵的乘积, 一个对称伸缩矩阵 ${}_0^t\mathbf{U}$ 和一个对应旋转的正交矩阵 ${}_0^t\mathbf{R}$, 使得

$$
{}_0^t\mathbf{X} = {}_0^t\mathbf{R}{}_0^t\mathbf{U} \tag{6.29}
$$

我们可以想象把式 (6.29) 解释为总变形量是先伸缩再旋转实现的. 因此, 式 (6.29) 也可以写成 ${}_0^t\mathbf{X} = {}_\tau^t\mathbf{R}{}_0^\tau\mathbf{U}$, 其中, τ 对应于一个中间 (想象中的) 时间. 因此, 我们可以认为该分解实际上是链式法则 ${}_0^t\mathbf{X} = {}_\tau^t\mathbf{X}{}_0^\tau\mathbf{X}$ 的应用, 其中, ${}_\tau^t\mathbf{X} \equiv {}_\tau^t\mathbf{R}, {}_0^\tau\mathbf{X} \equiv {}_0^\tau\mathbf{U}$. 而对应 τ 的状态只是想象的, 所以我们常使用式 (6.29) 的符号.

式 (6.29) 称为变形梯度的极分解, 在例 6.8 中我们将证明和应用这个特性.

在稍后对连续介质力学关系式的讨论中, 为了简化表达式, 我们常不写出上标 t 和下标 0 而总隐含有之, 当可能产生歧义时, 我们还是写出上下标. 例如, 式 (6.29) 可以被简写成 $\mathbf{X} = \mathbf{RU}$.

例 6.8: 变形梯度 $\mathbf{X}$ 总是能够被分解为

$$
\mathbf{X} = \mathbf{RU} \tag{a}
$$

其中, $\mathbf{R}$ 是正交 (旋转) 矩阵, $\mathbf{U}$ 是伸缩 (对称) 矩阵.

要证明式 (a), 设 Cauchy-Green 变形张量为 $\mathbf{C}$, 且用它表示主坐标轴上的张量. 为了这一目标, 我们求解特征问题, 有

$$
\mathbf{Cp} = \lambda\mathbf{p} \tag{b}
$$

式 (b) 的完整解可以写成 (见第 2.5 节)

$$\mathbf{CP} = \mathbf{PC}'$$

其中, 矩阵 $\mathbf{P}$ 的列向量为矩阵 $\mathbf{C}$ 的特征向量, 矩阵 $\mathbf{C}'$ 是一个存储着对应特征值的对角矩阵. 还有

$$\mathbf{P}^{\mathrm{T}}\mathbf{CP} = \mathbf{C}' \tag{c}$$

其中, $\mathbf{C}'$ 表示主坐标轴上的 Cauchy-Green 变形张量. 该坐标系中的变形梯度记为 $\mathbf{X}'$, 类似地, 有

$$\mathbf{X}' = \mathbf{P}^{\mathrm{T}}\mathbf{XP} \tag{d}$$

我们记式 (c) 和式 (d) 为从原始坐标系到新坐标系的张量变换.

利用这些关系式和 $\mathbf{C} = \mathbf{X}^{\mathrm{T}}\mathbf{X}$, 可以得出

$$\mathbf{C}' = \mathbf{X}'^{\mathrm{T}}\mathbf{X}'$$

记矩阵

$$\mathbf{R}' = \mathbf{X}'(\mathbf{C}')^{-1/2}$$

为一个正交矩阵; 即, $\mathbf{R}'^{\mathrm{T}}\mathbf{R}' = \mathbf{I}$. 因此, 可以写为 [509]

$$\mathbf{X}' = \mathbf{R}'\mathbf{U}' \tag{e}$$

其中,

$$\mathbf{U}' = (\mathbf{C}')^{1/2}$$

我们使用矩阵 $\mathbf{C}'$ 的对角线元素的正平方根计算矩阵 $\mathbf{U}'$. 应使用正平方根是因为矩阵 $\mathbf{U}'$ 的对角元素表示新坐标系中的伸长量.

式 (e) 是将变形梯度矩阵 $\mathbf{X}'$ 分解成正交矩阵 $\mathbf{R}'$ 和伸缩矩阵 $\mathbf{U}'$. 这一分解是在 $\mathbf{C}$ 的主坐标轴上完成的, 但是在任何其他 (容许) 坐标系中依然有效, 因为变形梯度是一个张量 (见第 2.4 节). 实际上, 对应分解式 (a), 可以直接得到矩阵 $\mathbf{R}$ 和 $\mathbf{U}$, 即

$$\mathbf{R} = \mathbf{PR}'\mathbf{P}^{\mathrm{T}}$$
$$\mathbf{U} = \mathbf{PU}'\mathbf{P}^{\mathrm{T}}$$

其中, 使用式 (d) 的逆变换.

例 6.9: 如图 E6.9 所示, 考虑该 4 节点单元和它的变形.

(a) 计算在时刻 t 的变形梯度和它的极分解;

(b) 假设在时刻 t 到 $t+\Delta t$ 的运动只包含一个逆时针旋转 45° 的刚体的转动, 计算新的变形梯度.

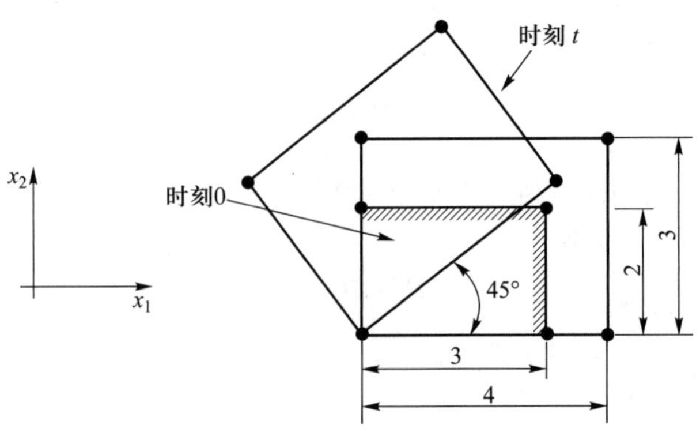

图 E6.9　受到伸缩和旋转的 4 节点单元

要计算时刻 t 的变形梯度, 我们可以方便使用 ${}_0^t\mathbf{X} = {}_\tau^t\mathbf{R}\,{}_0^\tau\mathbf{U}$, 式中, 假设 (想象) 的位形 τ 只对应着纤维的伸长. 因此, 有

$$ {}_\tau^t\mathbf{R} = \begin{bmatrix} \dfrac{\sqrt{3}}{2} & -\dfrac{1}{2} \\ \dfrac{1}{2} & \dfrac{\sqrt{3}}{2} \end{bmatrix}; \quad {}_0^\tau\mathbf{U} = \begin{bmatrix} \dfrac{4}{3} & 0 \\ 0 & \dfrac{3}{2} \end{bmatrix} $$

和

[510]

$$ {}_0^t\mathbf{X} = \begin{bmatrix} \dfrac{2}{\sqrt{3}} & -\dfrac{3}{4} \\ \dfrac{2}{3} & \dfrac{3\sqrt{3}}{4} \end{bmatrix} $$

当然, 利用式 (6.19) ${}_0^t\mathbf{X}$ 的定义, 将 ${}^t x_i$ 写成 ${}^0 x_j$ 的表达式也可以得到相同的结果, 其中, $i = 1, 2; j = 1, 2$.

下面讨论受到逆时针 45° 方向旋转的单元, 变形梯度为

$$ \begin{aligned} {}_0^{t+\Delta t}\mathbf{X} &= \begin{bmatrix} \cos 45^\circ & -\sin 45^\circ \\ \sin 45^\circ & \cos 45^\circ \end{bmatrix} \begin{bmatrix} \dfrac{2}{\sqrt{3}} & -\dfrac{3}{4} \\ \dfrac{2}{3} & \dfrac{3\sqrt{3}}{4} \end{bmatrix} \\ &= \frac{1}{\sqrt{2}} \begin{bmatrix} \dfrac{2\sqrt{3}-2}{3} & -\dfrac{3+3\sqrt{3}}{4} \\ \dfrac{2\sqrt{3}+2}{3} & \dfrac{-3+3\sqrt{3}}{4} \end{bmatrix} \end{aligned} $$

例 6.8 的证明还表明可将任意变形梯度分解成式 (6.29) 的积. 假设已给定矩阵 $\mathbf{X}$, 我们需要求出 $\mathbf{R}$ 和 $\mathbf{U}$, 可先计算 $\mathbf{C} = \mathbf{X}^{\mathrm{T}}\mathbf{X} = \mathbf{U}^2$, 利用式 (2.109), (当 $n = 2$ 或 3 时) 得到 $\mathbf{U} = \sum_{i=1}^{n} \sqrt{\lambda_i}\mathbf{p}_i\mathbf{p}_i^{\mathrm{T}}$, 且 $\mathbf{C}\mathbf{p}_i = \lambda_i\mathbf{p}_i$. $\mathbf{U}$ 已知, 我们就能利用式 $\mathbf{R} = \mathbf{X}\mathbf{U}^{-1}$ 得到矩阵 $\mathbf{R}$.

前面讨论的式子现可用于计算描述刚体运动的其他运动关系. 即可证明 (见例 6.7), 有

$$\mathbf{X} = \mathbf{V}\mathbf{R}^{①} \tag{6.30}$$

其中, $\mathbf{V}$ 也是一个对称矩阵, 有

$$\mathbf{V} = \mathbf{R}\mathbf{U}\mathbf{R}^{\mathrm{T}} \tag{6.31}$$

其中, $\mathbf{U}$ 是一个右伸缩矩阵, $\mathbf{V}$ 是一个左伸缩矩阵.

例 6.8 说明我们能够得到 $\mathbf{U}$ 的谱分解式, 即有

$$\mathbf{U} = \mathbf{R}_L\mathbf{\Lambda}\mathbf{R}_L^{\mathrm{T}} \tag{6.32}$$

其中, $\mathbf{\Lambda}$ 对应主伸缩, $\mathbf{R}_L$ 存储主伸缩的方向, 且不考虑刚体的旋转, 因为 $\mathbf{R}$ 已经包含该旋转 (在例 6.8 中, 矩阵 $\mathbf{P}$ 等于矩阵 $\mathbf{R}_L$). 我们可以得到

$$\mathbf{V} = \mathbf{R}_E\mathbf{\Lambda}\mathbf{R}_E^{\mathrm{T}} \tag{6.33}$$

其中,

$$\mathbf{R}_E = \mathbf{R}\mathbf{R}_L \tag{6.34}$$

我们注意到 $\mathbf{R}_E$ 由固定坐标系 x_i 主伸缩的基向量组成.

为了进一步描述物体中质点的运动, 我们考虑上述所定义的量随时间的 [511]
变化率. 因此, 定义

$$\dot{\mathbf{R}} = \mathbf{\Omega}_R\mathbf{R} \tag{6.35}$$

$$\dot{\mathbf{R}}_L = \mathbf{R}_L\mathbf{\Omega}_L \tag{6.36}$$

$$\dot{\mathbf{R}}_E = \mathbf{R}_E\mathbf{\Omega}_E \tag{6.37}$$

其中, $\mathbf{\Omega}_R$、$\mathbf{\Omega}_L$ 和 $\mathbf{\Omega}_E$ 是斜对称旋转张量. 显然, 利用式 (6.34), 可以得到

$$\mathbf{\Omega}_R = \mathbf{R}_E(\mathbf{\Omega}_E - \mathbf{\Omega}_L)\mathbf{R}_E^{\mathrm{T}} \tag{6.38}$$

速度梯度 $\mathbf{L}$ 被定义为相对于质点当前位置 ${}^t x_j$ 的速度场的梯度, 即有

$$\mathbf{L} = \left[\frac{\partial\, {}^t\dot{u}_i}{\partial\, {}^t x_j}\right] \tag{6.39}$$

或

$$\mathbf{L} = \dot{\mathbf{X}}\mathbf{X}^{-1} \tag{6.40}$$

$\mathbf{L}$ 中的对称部分是速度应变张量 $\mathbf{D}$ (也称为变形率张量或伸缩张量), 斜对称部分是旋转张量 $\mathbf{W}$ (也称为涡旋张量). 因此, 有

$$\mathbf{L} = \mathbf{D} + \mathbf{W} \tag{6.41}$$

---

① 注意: 由于可以把式 (6.30) 想象写为 ${}_0^t\mathbf{X} = {}_\tau^t\mathbf{V}_0^\tau\mathbf{R}$, 纤维元可看做先旋转后伸缩 (对照式 (6.29) 形象化解释).

利用矩阵 $\mathbf{X}$ 的极分解, 从式 (6.40) 中可以得到

$$\mathbf{D}=\frac{1}{2}\mathbf{R}(\dot{\mathbf{U}}\mathbf{U}^{-1}+\mathbf{U}^{-1}\dot{\mathbf{U}})\mathbf{R}^{\mathrm{T}} \tag{6.42}$$

$$\mathbf{W}=\boldsymbol{\Omega}_R+\frac{1}{2}\mathbf{R}(\dot{\mathbf{U}}\mathbf{U}^{-1}-\mathbf{U}^{-1}\dot{\mathbf{U}})\mathbf{R}^{\mathrm{T}} \tag{6.43}$$

利用式 (6.32) 代入矩阵 $\mathbf{U}$, 可以得到

$$\mathbf{D}=\mathbf{R}_E\mathbf{D}_E\mathbf{R}_E^{\mathrm{T}} \tag{6.44}$$

$$\mathbf{W}=\mathbf{R}_E\mathbf{W}_E\mathbf{R}_E^{\mathrm{T}} \tag{6.45}$$

其中,

$$\mathbf{D}_E=\dot{\boldsymbol{\Lambda}}\boldsymbol{\Lambda}^{-1}+\frac{1}{2}(\boldsymbol{\Lambda}^{-1}\boldsymbol{\Omega}_L\boldsymbol{\Lambda}-\boldsymbol{\Lambda}\boldsymbol{\Omega}_L\boldsymbol{\Lambda}^{-1}) \tag{6.46}$$

$$\mathbf{W}_E=\boldsymbol{\Omega}_E-\frac{1}{2}(\boldsymbol{\Lambda}^{-1}\boldsymbol{\Omega}_L\boldsymbol{\Lambda}+\boldsymbol{\Lambda}\boldsymbol{\Omega}_L\boldsymbol{\Lambda}^{-1}) \tag{6.47}$$

因此, 可以得到 $\dot{\boldsymbol{\Lambda}}$ 中的元素为

$$[\dot{\boldsymbol{\Lambda}}]_{\alpha\alpha}=\lambda_\alpha[\mathbf{D}_E]_{\alpha\alpha}\ \text{对}\ \alpha\ \text{不求和} \tag{6.48}$$

其中, λ_α 为伸缩量, 对于 $\boldsymbol{\Omega}_L$ 和 $\boldsymbol{\Omega}_E$ 的元素, 假设 $\lambda_\alpha\neq\lambda_\beta$, 则有

$$[\boldsymbol{\Omega}_L]_{\alpha\beta}=\frac{2\lambda_\alpha\lambda_\beta}{\lambda_\beta^2-\lambda_\alpha^2}[\mathbf{D}_E]_{\alpha\beta} \tag{6.49}$$

$$[\boldsymbol{\Omega}_E]_{\alpha\beta}=[\mathbf{W}_E]_{\alpha\beta}+\frac{\lambda_\beta^2+\lambda_\alpha^2}{\lambda_\beta^2-\lambda_\alpha^2}[\mathbf{D}_E]_{\alpha\beta} \tag{6.50}$$

注意到 $\mathbf{D}_E$ 和 $\mathbf{W}_E$ 是时刻 t 在变形主轴上的速度应变和旋转张量. 因此, 通过 $\mathbf{R}_E$ 的基表示速度应变和旋转张量, 我们可以得到直接用于计算 $\dot{\boldsymbol{\Lambda}}$、$\boldsymbol{\Omega}_L$ 和 $\boldsymbol{\Omega}_E$ 分量的关系式.

[512] 我们现在要定义在有限元中很有用的应变张量. Green-Lagrange 应变张量被定义为

$${}_0^t\boldsymbol{\varepsilon}={}_0^t\mathbf{R}_L\left[\frac{1}{2}({}^t\boldsymbol{\Lambda}^2-\mathbf{I})\right]{}_0^t\mathbf{R}_L^{\mathrm{T}} \tag{6.51}$$

Hencky (对数) 变形张量被定义为

$${}_0^t\mathbf{E}^{\mathrm{H}}={}_0^t\mathbf{R}_L(\ln{}^t\boldsymbol{\Lambda}){}_0^t\mathbf{R}_L^{\mathrm{T}} \tag{6.52}$$

应指出因为 ${}_0^t\mathbf{R}$ 没有包含在定义式 (6.51) 和式 (6.52) 中, 所以应变张量独立于质点的刚体运动.

Green-Lagrange 应变张量常被写为右伸缩张量 ${}_0^t\mathbf{U}$ 的形式, 因此利用式 (6.51), 可得

$$\begin{aligned}{}_0^t\boldsymbol{\varepsilon}&=\frac{1}{2}[({}_0^t\mathbf{R}_L{}^t\boldsymbol{\Lambda}{}_0^t\mathbf{R}_L^{\mathrm{T}})({}_0^t\mathbf{R}_L{}^t\boldsymbol{\Lambda}{}_0^t\mathbf{R}_L^{T})-\mathbf{I}]\\&=\frac{1}{2}({}_0^t\mathbf{U}{}_0^t\mathbf{U}-\mathbf{I})\end{aligned} \tag{6.53}$$

类似地, 我们可以把 Green-Lagrange 应变张量写成 Cauchy-Green 变形张量的形式

$$\begin{aligned} {}_0^t\boldsymbol{\varepsilon} &= \frac{1}{2}({}_0^t\mathbf{U}{}_0^t\mathbf{R}^{\mathrm{T}}{}_0^t\mathbf{R}{}_0^t\mathbf{U} - \mathbf{I}) \\ &= \frac{1}{2}({}_0^t\mathbf{X}^{\mathrm{T}}{}_0^t\mathbf{X} - \mathbf{I}) \\ &= \frac{1}{2}({}_0^t\mathbf{C} - \mathbf{I}) \end{aligned} \tag{6.54}$$

而且计算由位移表示的分量, 即在式 (6.54) 中使用式 (6.16) 和式 (6.19), 有

$${}_0^t\varepsilon_{ij} = \frac{1}{2}({}_0^tu_{i,j} + {}_0^tu_{j,i} + {}_0^tu_{k,i}\,{}_0^tu_{k,j}) \tag{6.55}$$

应指出, 在上述 Green-Lagrange 应变张量表达式中, 所有的导数都是关于质点初始坐标的. 由于这个原因, 我们说 Green-Lagrange 应变张量是按物体初始坐标定义的. 也应该指出, 尽管在式 (6.55) 中只出现最高为二阶的位移导数, 但它仍是一个完备的应变张量, 即我们没有忽略任何高阶项.

Green-Lagrange 应变张量和 Hencky 应变张量显然是一般形式的

$$\mathbf{E}_g = \mathbf{R}_L g(\boldsymbol{\Lambda})\mathbf{R}_L^{\mathrm{T}} \tag{6.56}$$

的特例. 其中, $g(\boldsymbol{\Lambda}) = \mathrm{diag}[g(\lambda_i)]$. 因此, 应变变化率张量可以写为

$$\dot{\mathbf{E}}_g = \mathbf{R}_L\dot{\mathbf{E}}_L\mathbf{R}_L^{\mathrm{T}} \tag{6.57}$$

其中, 有

$$\dot{\mathbf{E}}_L = \dot{\boldsymbol{\Lambda}}g'(\boldsymbol{\Lambda}) + \boldsymbol{\Omega}_L g(\boldsymbol{\Lambda}) - g(\boldsymbol{\Lambda})\boldsymbol{\Omega}_L \tag{6.58}$$

对该式进一步展开, 我们可以将 $\dot{\mathbf{E}}_L$ 定义为

$$[\dot{\mathbf{E}}_L]_{\alpha\beta} = \gamma_{\alpha\beta}[\mathbf{D}_E]_{\alpha\beta} \tag{6.59}$$

其中, 对于 Green-Lagrange 应变张量, 有 [513]

$$\gamma_{\alpha\beta} = \lambda_\alpha\lambda_\beta \tag{6.60}$$

对于 Hencky 应变张量, 有

$$\gamma_{\alpha\beta} = \begin{cases} 1; & \text{如果 } \lambda_\alpha = \lambda_\beta \\ \dfrac{2\lambda_\alpha\lambda_\beta}{\lambda_\beta^2 - \lambda_\alpha^2}\ln\dfrac{\lambda_\beta}{\lambda_\alpha}; & \text{其他} \end{cases} \tag{6.61}$$

利用式 (6.57) 和式 (6.59), 可以建立 Green-Lagrange 应变张量的时间变化率 ${}_0^t\dot{\boldsymbol{\varepsilon}}$ 和速度应变张量 ${}^t\mathbf{D}$ 之间的重要关系. 利用式 (6.57)、式 (6.59)、式 (6.60) 和式 (6.44), 可以得到

$${}_0^t\mathbf{R}_L^{\mathrm{T}}{}_0^t\dot{\boldsymbol{\varepsilon}}{}_0^t\mathbf{R}_L = {}^t\boldsymbol{\Lambda}{}_0^t\mathbf{R}_E^{\mathrm{T}}{}^t\mathbf{D}{}_0^t\mathbf{R}_E{}^t\boldsymbol{\Lambda} \tag{6.62}$$

因此, 利用式 (6.32) 和式 (6.34), 有

$$
\begin{aligned}
{}_0^t\dot{\boldsymbol{\varepsilon}} &= {}_0^t\mathbf{X}^{\mathrm{T}\,t}\mathbf{D}\,{}_0^t\mathbf{X} \quad (\text{称为“逆变换”}) \\
{}^t\mathbf{D} &= {}_t^0\mathbf{X}^{\mathrm{T}}\,{}_0^t\dot{\boldsymbol{\varepsilon}}\,{}_t^0\mathbf{X} \quad (\text{称为“正变换”})
\end{aligned}
\tag{6.63}
$$

或写为分量形式 (使用上下标), 有

$$
\begin{aligned}
{}_0^t\dot{\varepsilon}_{ij} &= {}_0^t x_{m,i}\;{}_0^t x_{n,j}\;{}^t D_{mn} \\
{}^t D_{mn} &= {}_t^0 x_{i,m}\;{}_t^0 x_{j,n}\;{}_0^t\dot{\varepsilon}_{ij}
\end{aligned}
\tag{6.64}
$$

当然, 只通过关于时间对 Green-Lagrange 应变张量进行微分, 我们可很容易得到相同的结果, 即

$$
{}_0^t\dot{\boldsymbol{\varepsilon}} = \frac{1}{2}({}_0^t\dot{\mathbf{X}}^{\mathrm{T}}\,{}_0^t\mathbf{X} + {}_0^t\mathbf{X}^{\mathrm{T}}\,{}_0^t\dot{\mathbf{X}}) \tag{6.65}
$$

将式 (6.40) 和式 (6.41) 代入式 (6.65), 可以直接得到式 (6.63). 通过下面的例子, 我们将介绍虚位移增量或当前位移变分的推导.

例 6.10: 考虑在时刻 t 物体的变形位形, 如图 E6.10 所示. 物体质点的当前坐标为 ${}^t x_i, i=1,2,3$, 当前位移为 ${}^t u_i = {}^t x_i - {}^0 x_i$.

假设一个虚位移场起作用, 我们定义为 δu_i (如图 E6.10). 这个虚位移场可以想象成当前位移的变分, 因此, 可以得出 $\delta u_i \equiv \delta\,{}^t u_i$. 但当前位移的变分应对应当前 Green-Lagrange 应变分量的变分 $\delta\,{}_0^t\varepsilon_{ij}$, 也必须对应参考当前位形的小应变张量 $\delta\,{}_t e_{mn}$. 计算变分 $\delta\,{}_0^t\varepsilon_{ij}$, 可以得到

$$
\delta\,{}_0^t\varepsilon_{ij} = {}_0^t x_{m,i}\;{}_0^t x_{n,j}\;\delta\,{}_t e_{mn} \tag{a}
$$

[514]

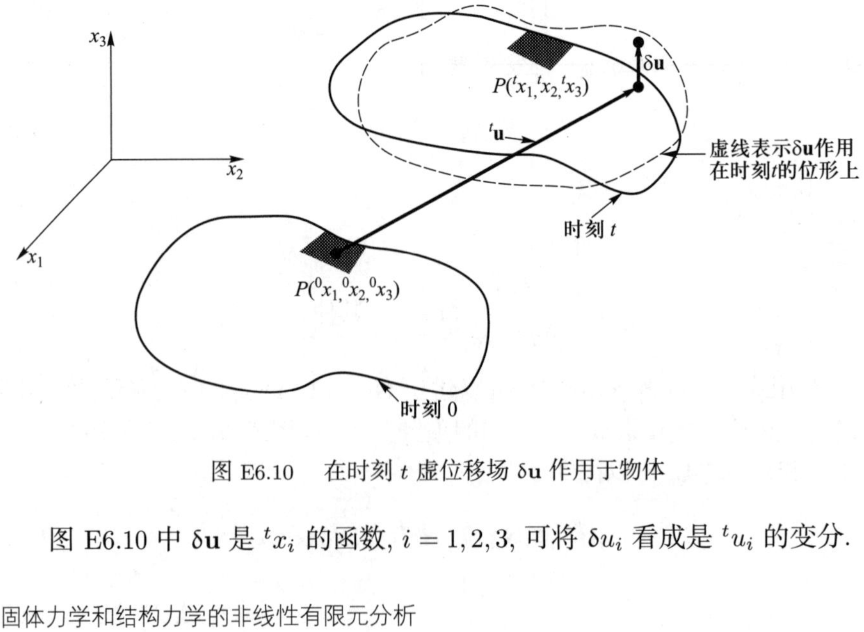

图 E6.10　在时刻 t 虚位移场 $\delta\mathbf{u}$ 作用于物体

图 E6.10 中 $\delta\mathbf{u}$ 是 ${}^t x_i$ 的函数, $i=1,2,3$, 可将 δu_i 看成是 ${}^t u_i$ 的变分.

其中, 有

$$\delta_t e_{mn} = \frac{1}{2}\left(\frac{\partial \delta u_m}{\partial\, {}^t x_n} + \frac{\partial \delta u_n}{\partial\, {}^t x_m}\right)$$

利用式 (6.54) 中 Green-Lagrange 应变的定义, 可以得到

$$\delta {}_0^t\boldsymbol{\varepsilon} = \frac{1}{2}[(\delta {}_0^t\mathbf{X}^{\mathrm{T}})({}_0^t\mathbf{X}) + ({}_0^t\mathbf{X}^{\mathrm{T}})(\delta {}_0^t\mathbf{X})] \tag{b}$$

定义 $\delta_t\mathbf{u}$ 为

$$\delta_t\mathbf{u} = \begin{bmatrix} \dfrac{\partial \delta u_1}{\partial\, {}^t x_1} & \dfrac{\partial \delta u_1}{\partial\, {}^t x_2} & \cdots \\ \dfrac{\partial \delta u_2}{\partial\, {}^t x_1} & \dfrac{\partial \delta u_2}{\partial\, {}^t x_2} & \cdots \\ & \cdots & \end{bmatrix}$$

所以有

$$\delta {}_0^t\mathbf{X} = \delta_t\mathbf{u}\, {}_0^t\mathbf{X}$$

因此, 式 (b) 可以写成同式 (a) 一样的矩阵形式, 即

$$\begin{aligned} \delta {}_0^t\boldsymbol{\varepsilon} &= \frac{1}{2}[{}_0^t\mathbf{X}^{\mathrm{T}}(\delta_t\mathbf{u})^{\mathrm{T}}{}_0^t\mathbf{X} + {}_0^t\mathbf{X}^{\mathrm{T}}(\delta_t\mathbf{u}){}_0^t\mathbf{X}] \\ &= {}_0^t\mathbf{X}^{\mathrm{T}}\left\{\frac{1}{2}[(\delta_t\mathbf{u})^{\mathrm{T}} + \delta_t\mathbf{u}]\right\}{}_0^t\mathbf{X} \\ &= {}_0^t\mathbf{X}^{\mathrm{T}}\delta_t\mathbf{e}\,{}_0^t\mathbf{X} \end{aligned}$$

注意到不能建立 Hencky 应变张量对时间的变化率与速度应变张量对时间的变化率之间的简单封闭关系 (由于式 (6.61) 的复杂表达形式). 我们将只使用 Hencky 应变度量分析非弹性大变形, 在功共轭性的基础上 (见第 6.6.4 节) 去评价它们之间合理的关系.

我们常使用 Green-Lagrange 应变张量, 现在需要定义一种对应该应变张量的应力张量. 所使用的应力度量即为第二 Piola-Kirchhoff 应力张量 ${}_0^t\mathbf{S}$, 该量与 Green-Lagrange 应变张量是功共轭的①. [515]

考虑单位参考体积的应力功率 ${}^tJ\,{}^t\boldsymbol{\tau}\cdot{}^t\mathbf{D}$②, 式中 ${}^t\boldsymbol{\tau}$ 为 Cauchy 应力张量, ${}^tJ = \det {}_0^t\mathbf{X}$. 则可以得到第二 Piola-Kirchhoff 应力张量 ${}_0^t\mathbf{S}$ 为

$${}^tJ\,{}^t\boldsymbol{\tau}\cdot{}^t\mathbf{D} = {}_0^t\mathbf{S}\cdot{}_0^t\dot{\boldsymbol{\varepsilon}} \tag{6.66}$$

为得到显式 ${}_0^t\mathbf{S}$, 我们将式 (6.63) 代入式 (6.66) 中, 可得到

$${}^tJ\,{}^t\boldsymbol{\tau}\cdot{}^t\mathbf{D} = {}_0^t\mathbf{S}\cdot({}_0^t\mathbf{X}^{\mathrm{T}}\,{}^t\mathbf{D}\,{}_0^t\mathbf{X}) \tag{6.67}$$

---

① 在本书中我们广泛使用了式 (6.66) 和式 (6.68) 定义的第二 Piola-Kirchhoff 应力张量 ${}_0^t\mathbf{S}$. 第一 Piola-Kirchhoff 应力张量是指 ${}_0^t\mathbf{S}\,{}_0^t\mathbf{X}^{\mathrm{T}}$ (或转置). 另外, 也使用 ${}^tJ\,{}^t\boldsymbol{\tau}$ 表示 Kirchhoff 应力张量 (如见 L. E. Malvern [A]).

② 说明在此处及后续描述中, 我们将使用如下符号: 对二阶张量 $\mathbf{a}$ 和 $\mathbf{b}$, 有 $\mathbf{a}\cdot\mathbf{b} = \mathbf{a}_{ij}\mathbf{b}_{ij}$ [对所有的 i, j 取和; 见式 (2.79)].

由于该式应对所有的 ${}^t\mathbf{D}$ 都成立, 所以有[①]

$$
\begin{aligned}
{}_0^t\mathbf{S} &= \frac{{}^0\rho}{{}^t\rho}{}_t^0\mathbf{X}\,{}^t\boldsymbol{\tau}\,{}_t^0\mathbf{X}^{\mathrm{T}} \quad (\text{称为“逆变换”}) \\
{}^t\boldsymbol{\tau} &= \frac{{}^t\rho}{{}^0\rho}{}_0^t\mathbf{X}\,{}_0^t\mathbf{S}\,{}_0^t\mathbf{X}^{\mathrm{T}} \quad (\text{称为“正变换”})
\end{aligned}
\tag{6.68}
$$

或者写成分量的形式

$$
\begin{aligned}
{}_0^tS_{ij} &= \frac{{}^0\rho}{{}^t\rho}{}_t^0x_{i,m}\;{}_t^0x_{j,n}\;{}^t\tau_{mn} \\
{}^t\tau_{mn} &= \frac{{}^t\rho}{{}^0\rho}{}_0^tx_{m,i}\;{}_0^tx_{n,j}\;{}_0^tS_{ij}
\end{aligned}
\tag{6.69}
$$

对第二 Piola-Kirchhoff 应力张量的物理特性有很多的讨论. 尽管有可能将式 (6.68) 中讨论的 Cauchy 应力张量与下面将要讨论的例子中某些几何参量联系起来, 我们还应指出第二 Piola-Kirchhoff 应力张量几乎没有什么物理意义, 实际上, 应计算 Cauchy 应力.

[516] **例 6.11**: 如图 E6.11 所示是物体在时刻 0 和时刻 t 的位形. 令 $\mathrm{d}^t\mathbf{T}$ 表示作用在时刻 t 的位形表面 d^tS 上的实际力, 定义一个 (虚拟) 力为

$$
\mathrm{d}^0\mathbf{T} = {}_t^0\mathbf{X}\mathrm{d}^t\mathbf{T};\quad {}_t^0\mathbf{X} = \left[\frac{\partial\,{}^0x_i}{\partial\,{}^tx_j}\right] \tag{a}
$$

该力作用在表面 d^0S 上, 其中, d^0S 变化为 d^tS 时, ${}_t^0\mathbf{X}$ 是变形梯度的逆, 即 ${}_t^0\mathbf{X} = {}_0^t\mathbf{X}^{-1}$. 证明在初始位形中度量的第二 Piola-Kirchhoff 应力是对应 $\mathrm{d}^0\mathbf{T}$ 的应力分量.

令表面 d^0S 和 d^tS 的单位法向量分别为 ${}^0\mathbf{n}$ 和 ${}^t\mathbf{n}$. 时刻 t 位形的力平衡 (如图 E6.11 中的楔形 ABC) 要求

$$
\mathrm{d}^t\mathbf{T} = {}^t\boldsymbol{\tau}^{\mathrm{T}}\,{}^t\mathbf{n}\mathrm{d}^tS \tag{b}
$$

类似地, 在时刻 0 位形的力平衡为

$$
\mathrm{d}^0\mathbf{T} = {}_0^t\mathbf{S}^{\mathrm{T}}\,{}^0\mathbf{n}\mathrm{d}^0S \tag{c}
$$

式 (b) 和式 (c) 称为 Cauchy 公式. 可以证明下面的运动关系是存在的

$$
{}^t\mathbf{n}\mathrm{d}^tS = \frac{{}^0\rho}{{}^t\rho}{}_t^0\mathbf{X}^{\mathrm{T}}\,{}^0\mathbf{n}\mathrm{d}^0S \tag{d}
$$

这个公式称为 Nanson 公式. 现在使用式 (a) 至式 (d), 可以得到

$$
{}_0^t\mathbf{S}^{\mathrm{T}}\,{}^0\mathbf{n}\mathrm{d}^0S = {}_t^0\mathbf{X}\,{}^t\boldsymbol{\tau}^{\mathrm{T}}\frac{{}^0\rho}{{}^t\rho}{}_t^0\mathbf{X}^{\mathrm{T}}\,{}^0\mathbf{n}\mathrm{d}^0S
$$

① 此处我们使用 ${}_0^t\mathbf{S}\cdot({}_0^t\mathbf{X}^{\mathrm{T}}\,{}^t\mathbf{D}\,{}_0^t\mathbf{X}) = ({}_0^t\mathbf{X}\,{}_0^t\mathbf{S}\,{}_0^t\mathbf{X}^{\mathrm{T}})\cdot{}^t\mathbf{D}$, 通过将矩阵写成分量形式可以很容易得到证明 (见习题 2.14).

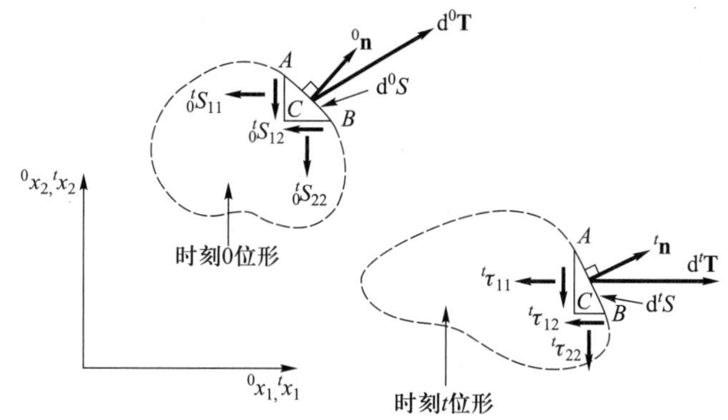

图 E6.11　二维受力的第二 Piola-Kirchhoff 应力和 Cauchy 应力

或者

$$\left({}^t_0\mathbf{S}^{\mathrm{T}} - \frac{{}^0\rho}{{}^t\rho}{}^0_t\mathbf{X}\,{}^t\boldsymbol{\tau}^{\mathrm{T}}\,{}^0_t\mathbf{X}^{\mathrm{T}}\right){}^0\mathbf{n}\mathrm{d}^0S = \mathbf{0}$$

但该式应对所有表面以及物体被切分形成的所有内部表面都成立. 因此, 法向量 ${}^0\mathbf{n}$ 是任意的, 可以依次选择与坐标单位向量相等的向量. 它应该满足 [517]

$${}^t_0\mathbf{S} = \frac{{}^0\rho}{{}^t\rho}{}^0_t\mathbf{X}\,{}^t\boldsymbol{\tau}\,{}^0_t\mathbf{X}^{\mathrm{T}}$$

这里我们利用了 ${}^t\boldsymbol{\tau}$ 和 ${}^t_0\mathbf{S}$ 都是对称矩阵的性质.

最后, 我们可以解释式 (a) 中定义的力. 注意到, 力 $\mathrm{d}^0\mathbf{T}$, 就是在楔形 ABC 中与第二 Piola-Kirchhoff 应力平衡的力, 与实际的力 $\mathrm{d}^t\mathbf{T}$ 关联起来, 方式与原纤维元在 d^0S 中变形相同, 即

$$\mathrm{d}^0\mathbf{x} = {}^0_t\mathbf{X}\mathrm{d}^t\mathbf{x}$$

因此, 我们可以说, 利用式 (a) 得到 $\mathrm{d}^0\mathbf{T}$, 将力 $\mathrm{d}^t\mathbf{T}$ 经伸缩和旋转的方式与将 $\mathrm{d}^t\mathbf{x}$ 经伸缩和旋转变换为 $\mathrm{d}^0\mathbf{x}$ 的方式是相同的.

我们应该指出, 当物体只做刚体的平移运动时, Green-Lagrange 应变张量的分量以及第二 Piola-Kirchhoff 应力张量都不会改变, 因为这种运动不会影响变形梯度.

第二 Piola-Kirchhoff 应力张量的定义还意味着物体在进行刚体旋转运动时应力分量不变化. 因此, Green-Lagrange 应变张量的分量以及第二 Piola-Kirchhoff 应力张量分量在刚体转动中的不变性有着重要的意义, 在下面的四个例子中我们将说明这些性质.

当然, 对于刚体转动中的 Green-Lagrange 应变张量分量的不变性已满足式 (6.53), 正如我们前面指出的, 由于纤维元的刚体转动由矩阵 ${}^t_0\mathbf{R}$ 表示, 而矩阵 ${}^t_0\mathbf{R}$ 并没有包含在定义式 (6.53) 中. 为加深理解, 请看下面的例子.

例 6.12: 证明物体做刚体转动的 Green-Lagrange 应变张量分量的不变性.

令时刻 t 的 Green-Lagrange 应变张量的分量为

$$ {}_0^t\boldsymbol{\varepsilon} = \frac{1}{2}({}_0^t\mathbf{X}^{\mathrm{T}}{}_0^t\mathbf{X} - \mathbf{I}) \tag{a} $$

其中, ${}_0^t\mathbf{X}$ 是时刻 t 对应固定坐标系 $x_i, i = 1, 2, 3$ 的变形梯度.

假设在时刻 t 到 $t+\Delta t$ 之间, 物体做刚体转动, 因此, 对于固定坐标系 x_i, 可得到

$$ {}_0^{t+\Delta t}\mathbf{X} = \mathbf{R}{}_0^t\mathbf{X} \tag{b} $$

矩阵 $\mathbf{R}$ 对应着转动, 因此

$$ {}_0^{t+\Delta t}\boldsymbol{\varepsilon} = \frac{1}{2}({}_0^{t+\Delta t}\mathbf{X}^{\mathrm{T}}{}_0^{t+\Delta t}\mathbf{X} - \mathbf{I}) \tag{c} $$

将式 (b) 代入到式 (c) 中, 然后与式 (a) 中结果进行对比, 可以得到

$$ {}_0^{t+\Delta t}\boldsymbol{\varepsilon} = {}_0^t\boldsymbol{\varepsilon} $$

[518] **例 6.13**: 一个 4 节点单元被拉伸直到时刻 t, 在时刻 t 到时刻 $t+\Delta t$ 之间进行刚体旋转, 如图 E6.13 所示. 显式证明在时刻 t 和 $t+\Delta t$ 的 Green-Lagrange 应变张量的分量是完全相等的.

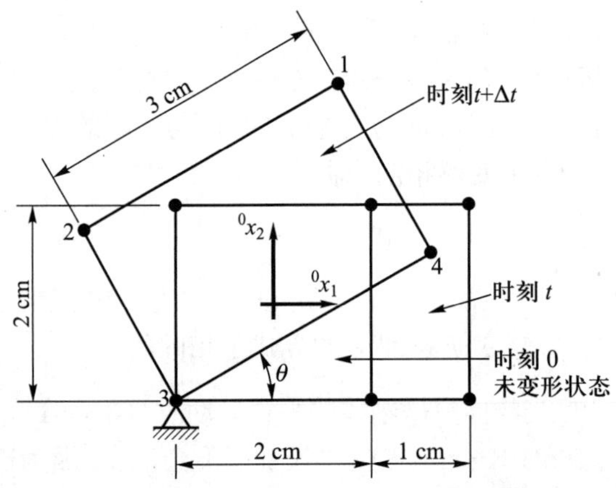

图 E6.13　单元拉伸后经历大转角的刚体旋转

时刻 t 的 Green-Lagrange 应变分量可以用式 (6.51) 来计算, 即有

$$ {}_0^t\varepsilon_{22} = 0; \quad {}_0^t\varepsilon_{12} = {}_0^t\varepsilon_{21} = 0 $$

并且 ${}_0^t\varepsilon_{11} = \dfrac{1}{2}\left[\left(\dfrac{3}{2}\right)^2 - 1\right] = \dfrac{5}{8}$

因此, 有

$$ {}_0^t\boldsymbol{\varepsilon} = \begin{bmatrix} \dfrac{5}{8} & 0 \\ 0 & 0 \end{bmatrix} $$

另外我们也使用式 (6.54), 按照例 6.6 所述首先计算变形梯度, 有

$$
{}_0^t\mathbf{X} = \begin{bmatrix} \frac{3}{2} & 0 \\ 0 & 1 \end{bmatrix}
$$

因此, 有

$$
{}_0^t\mathbf{C} = \begin{bmatrix} \frac{9}{4} & 0 \\ 0 & 1 \end{bmatrix}
$$

如前式, 有

$$
{}_0^t\boldsymbol{\varepsilon} = \begin{bmatrix} \frac{5}{8} & 0 \\ 0 & 0 \end{bmatrix} \tag{a}
$$

在进行刚体旋转之后, 节点坐标见表 E6.13.

表 E6.13

节点	${}^{t+\Delta t}x_1$	${}^{t+\Delta t}x_2$
1	$3\cos\theta - 1 - 2\sin\theta$	$3\sin\theta - 1 + 2\cos\theta$
2	$-1 - 2\sin\theta$	$2\cos\theta - 1$
3	-1	-1
4	$3\cos\theta - 1$	$3\sin\theta - 1$

因此, 再次利用例 6.6 的方法计算变形梯度, 可以得到 [519]

$$
{}_0^{t+\Delta t}\mathbf{X} = \frac{1}{4}\left[\begin{array}{c:c}
\begin{aligned}&(1+{}^0x_2)(3\cos\theta-1-2\sin\theta)-\\&(1+{}^0x_2)(-1-2\sin\theta)-\\&(1-{}^0x_2)(-1)+\\&(1-{}^0x_2)(3\cos\theta-1)\end{aligned} & \begin{aligned}&(1+{}^0x_1)(3\cos\theta-1-2\sin\theta)+\\&(1-{}^0x_1)(-1-2\sin\theta)-\\&(1-{}^0x_1)(-1)-\\&(1+{}^0x_1)(3\cos\theta-1)\end{aligned} \\ \hdashline
\begin{aligned}&(1+{}^0x_2)(3\sin\theta-1+2\cos\theta)-\\&(1+{}^0x_2)(2\cos\theta-1)-\\&(1-{}^0x_2)(-1)+\\&(1-{}^0x_2)(3\sin\theta-1)\end{aligned} & \begin{aligned}&(1+{}^0x_1)(3\sin\theta-1+2\cos\theta)+\\&(1-{}^0x_1)(2\cos\theta-1)-\\&(1-{}^0x_1)(-1)-\\&(1+{}^0x_1)(3\sin\theta-1)\end{aligned}
\end{array}\right] \tag{b}
$$

或者

$$
{}_0^{t+\Delta t}\mathbf{X} = \begin{bmatrix} \frac{3}{2}\cos\theta & -\sin\theta \\ \frac{3}{2}\sin\theta & \cos\theta \end{bmatrix} \tag{c}
$$

参见式 (6.29), 注意到变形梯度可以写成

$$
{}_0^{t+\Delta t}\mathbf{X} = {}_t^{t+\Delta t}\mathbf{R}\,{}_0^t\mathbf{U} \tag{d}
$$

其中,

$$ {}^{t+\Delta t}_{t}\mathbf{R} = \begin{bmatrix} \cos\theta & -\sin\theta \\ \sin\theta & \cos\theta \end{bmatrix}; \quad {}^{t}_{0}\mathbf{U} = \begin{bmatrix} \dfrac{3}{2} & 0 \\ 0 & 1 \end{bmatrix} $$

这一分解对应实际物理情况, 也就是在 ${}^{0}x_1$ 方向测量拉伸量, 接着测量旋转量. 因此, 为建立 ${}^{t+\Delta t}_{0}\mathbf{X}$, 使用式 (d) 而不用进行导出式 (b) 和式 (c) 所有的计算.

使用式 (d) 和式 (6.27), 得到

$$ {}^{t+\Delta t}_{0}\mathbf{C} = \begin{bmatrix} \dfrac{9}{4} & 0 \\ 0 & 1 \end{bmatrix} $$

然后, 利用式 (6.54), 有

$$ {}^{t+\Delta t}_{0}\boldsymbol{\varepsilon} = \begin{bmatrix} \dfrac{5}{8} & 0 \\ 0 & 0 \end{bmatrix} \tag{e} $$

因此, 式 (a) 中的 ${}^{t}_{0}\boldsymbol{\varepsilon}$ 与式 (e) 中的 ${}^{t+\Delta t}_{0}\boldsymbol{\varepsilon}$ 是相等的, 这也就说明了 Green-Lagrange 应变分量在刚体转动下不会改变.

例 6.14: 证明第二 Piola-Kirchhoff 应力张量在物体做刚体转动过程中是不变的.

这里, 我们考虑固定坐标系 $x_i, i = 1, 2, 3$, 并且假设 ${}^{t}_{0}S$ 就是给定的第二 Piola-Kirchhoff 应力分量. 设时刻 t 的 Cauchy 应力、变形梯度和质量密度分别为 ${}^{t}\boldsymbol{\tau}$、${}^{t}_{0}\mathbf{X}$ 和 ${}^{t}\rho$. 因此, 有

$$ {}^{t}_{0}\mathbf{S} = \frac{{}^{0}\rho}{{}^{t}\rho} {}^{0}_{t}\mathbf{X} {}^{t}\boldsymbol{\tau} {}^{0}_{t}\mathbf{X}^{\mathrm{T}} \tag{a} $$

其中, 矩阵 ${}^{0}_{t}\mathbf{X}$ 就是变形梯度的逆矩阵.

如果刚体的转动在时刻 t 到时刻 $t+\Delta t$ 之间出现, 则材料的变形梯度就变化为

$$ {}^{t+\Delta t}_{0}\mathbf{X} = \mathbf{R} {}^{t}_{0}\mathbf{X} $$

其中, $\mathbf{R}$ 是一个正交 (旋转) 矩阵, 因此有

$$ {}_{t+\Delta t}^{0}\mathbf{X} = {}^{0}_{t}\mathbf{X}\mathbf{R}^{\mathrm{T}} \tag{b} $$

式 (a) 和式 (b) 表明

[520] $$ {}^{t+\Delta t}_{0}\mathbf{S} = \frac{{}^{0}\rho}{{}^{t}\rho} {}^{0}_{t}\mathbf{X}\mathbf{R}^{\mathrm{T}} \, {}^{t+\Delta t}\boldsymbol{\tau} \mathbf{R} {}^{0}_{t}\mathbf{X}^{\mathrm{T}} \tag{c} $$

在物体做刚体转动过程中, 应力分量在旋转坐标系中保持常量. 因此, 时刻 $t+\Delta t$ 的 Cauchy 应力处于固定坐标系中, 即有

$$ {}^{t+\Delta t}\boldsymbol{\tau} = \mathbf{R}\,{}^{t}\boldsymbol{\tau}\mathbf{R}^{\mathrm{T}} $$

将式 (d) 代入到式 (c) 中, 可以得到

$$ {}^{t+\Delta t}_{\ \ 0}\mathbf{S} = \frac{{}^{0}\rho}{{}^{t}\rho}\,{}^{0}_{t}\mathbf{X}\,{}^{t}\boldsymbol{\tau}\,{}^{0}_{t}\mathbf{X}^{\mathrm{T}} $$

证明完毕. 注意第二 Piola-Kirchhoff 应力分量不改变的原因是在式 (b) 和式 (d) 中使用相同的矩阵 $\mathbf{R}$.

例 6.15: 如图 E6.15 所示为一个 4 节点单元在时刻 0 的位形. 该单元受到应力 (初始力) ${}^{0}\tau_{11}$ 的作用. 假设在时刻 0 到 Δt, 该单元做刚体旋转大角度 θ 的运动, 且该应力在与刚体固连的坐标系中没有变化. 因此, 图 E6.15 中力 ${}^{\Delta t}\overline{\tau}_{11}$ 的大小等于 ${}^{0}\tau_{11}$. 证明第二 Piola-Kirchhoff 应变张量的分量在物体做刚体转动后不变.

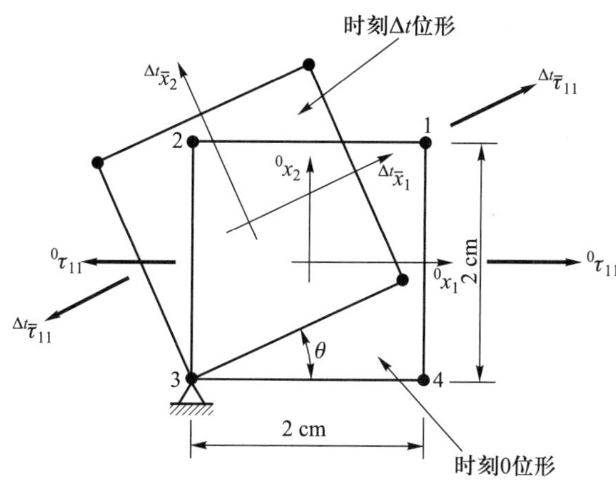

图 E6.15　初始应力作用下的大转角 4 节点单元

在时刻 0, 由于单元的变形为 0, 故第二 Piola-Kirchhoff 应力张量等于 Cauchy 应力张量, 即

$$ {}^{0}_{0}\mathbf{S} = \begin{bmatrix} {}^{0}\tau_{11} & 0 \\ 0 & 0 \end{bmatrix} \tag{a} $$

在时刻 Δt 用坐标轴 ${}^{0}x_1$ 和 ${}^{0}x_2$ 表示的 Cauchy 应力张量为

$$ {}^{\Delta t}\boldsymbol{\tau} = \begin{bmatrix} \cos\theta & -\sin\theta \\ \sin\theta & \cos\theta \end{bmatrix} \begin{bmatrix} {}^{\Delta t}\overline{\tau}_{11} & 0 \\ 0 & 0 \end{bmatrix} \begin{bmatrix} \cos\theta & \sin\theta \\ -\sin\theta & \cos\theta \end{bmatrix} \tag{b} $$

该变换对应分量 ${}^{\Delta t}\overline{\tau}_{ij}$ 从随体坐标轴 ${}^{\Delta t}\overline{x}_1$、${}^{\Delta t}\overline{x}_2$ 到固定坐标轴 ${}^{0}x_1$、${}^{0}x_2$ (见第 2.4 节) 的二阶张量变换. [521]

根据式 (6.68), Cauchy 应力和第二 Piola-Kirchhoff 应力在时刻 Δt 的关系为

$$
{}^{\Delta t}\boldsymbol{\tau} = \frac{{}^{\Delta t}\rho}{{}^{0}\rho}\, {}^{\Delta t}_{0}\mathbf{X}\, {}^{\Delta t}_{0}\mathbf{S}\, {}^{\Delta t}_{0}\mathbf{X}^{\mathrm{T}} \tag{c}
$$

在这种情况下, ${}^{\Delta t}\rho/{}^{0}\rho = 1$. 变形梯度可以按照例 6.6 所示进行计算, 我们注意到在时刻 t, 节点坐标为

$$
\begin{aligned}
&{}^{\Delta t}x_1^1 = 2\cos\theta - 1 - 2\sin\theta; &&{}^{\Delta t}x_2^1 = 2\sin\theta - 1 + 2\cos\theta \\
&{}^{\Delta t}x_1^2 = -1 - 2\sin\theta; &&{}^{\Delta t}x_2^2 = 2\cos\theta - 1 \\
&{}^{\Delta t}x_1^3 = -1; &&{}^{\Delta t}x_2^3 = -1 \\
&{}^{\Delta t}x_1^4 = 2\cos\theta - 1; &&{}^{\Delta t}x_2^4 = 2\sin\theta - 1
\end{aligned}
$$

因此, 利用例 6.6 中给出的插值函数的导数, 可以得到

$$
{}^{\Delta t}_{0}\mathbf{X} = \frac{1}{4}\left[\begin{array}{l:l}
\begin{array}{l}(1+{}^{0}x_2)(2\cos\theta - 1 - 2\sin\theta) - \\ (1+{}^{0}x_2)(-1-2\sin\theta) - \\ (1-{}^{0}x_2)(-1) + \\ (1-{}^{0}x_2)(2\cos\theta - 1)\end{array} &
\begin{array}{l}(1+{}^{0}x_1)(2\cos\theta - 1 - 2\sin\theta) + \\ (1-{}^{0}x_1)(-1-2\sin\theta) - \\ (1-{}^{0}x_1)(-1) - \\ (1+{}^{0}x_1)(2\cos\theta - 1)\end{array} \\
\hdashline
\begin{array}{l}(1+{}^{0}x_2)(2\sin\theta - 1 + 2\cos\theta) - \\ (1+{}^{0}x_2)(2\cos\theta - 1) - \\ (1-{}^{0}x_2)(-1) + \\ (1-{}^{0}x_2)(2\sin\theta - 1)\end{array} &
\begin{array}{l}(1+{}^{0}x_1)(2\sin\theta - 1 + 2\cos\theta) + \\ (1-{}^{0}x_1)(2\cos\theta - 1) - \\ (1-{}^{0}x_1)(-1) - \\ (1+{}^{0}x_1)(2\sin\theta - 1)\end{array}
\end{array}\right]
$$

或者

$$
{}^{\Delta t}_{0}\mathbf{X} = \begin{bmatrix} \cos\theta & -\sin\theta \\ \sin\theta & \cos\theta \end{bmatrix} \tag{d}
$$

将式 (b) 和式 (d) 代入式 (c), 可得

$$
{}^{\Delta t}_{0}\mathbf{S} = \begin{bmatrix} {}^{\Delta t}\overline{\tau}_{11} & 0 \\ 0 & 0 \end{bmatrix} \tag{e}
$$

由于 ${}^{\Delta t}\overline{\tau}_{11}$ 等于 ${}^{0}\tau_{11}$, 所以式 (a) 和式 (e) 表明第二 Piola-Kirchhoff 应力张量在刚体转动中不会改变. 第二 Piola-Kirchhoff 应力张量不改变的原因是此时变形梯度对应变换式 (b) 中所用的旋转矩阵.

应着重指出, 在这些例子中我们考虑坐标系保持固定而物体在该坐标系运动. 这种情况当然与在新的坐标系中表示给定应力和应变张量是很不同的.

以上关于应力和应变的关系表明, 利用式 (6.69) 进行应力变换和利用式
[522] (6.64) 进行应变变换 (但是, 如例 6.10 所示, 使用应变的变分而不是时间的导

数), 我们可以得到

$$\begin{aligned}\int_{^tV} {}^t\tau_{kl}\delta_t e_{kl}\mathrm{d}^tV &= \int_{^tV}\left(\frac{^t\rho}{^0\rho}{}^t_0S_{ij}\,{}^t_0x_{k,i}\,{}^t_0x_{l,j}\right)({}^0_tx_{m,k}\,{}^0_tx_{n,l}\,\delta^t_0\varepsilon_{mn})\mathrm{d}^tV \\ &= \int_{^tV}\frac{^t\rho}{^0\rho}{}^t_0S_{ij}\delta_{mi}\delta_{nj}\delta^t_0\varepsilon_{mn}\mathrm{d}^tV = \int_{^0V}{}^t_0S_{ij}\delta^t_0\varepsilon_{ij}\mathrm{d}^0V \qquad (6.70)\end{aligned}$$

其中, 使用了 ${}^t\rho\ \mathrm{d}^t\mathrm{V} = {}^0\rho\ \mathrm{d}^0\mathrm{V}$.

当然, 式 (6.70) 也遵循式 (6.66) 中对第二 Piola-Kirchhoff 应力张量的定义, 事实上, 式 (6.70) 是式 (6.66) 在物体体积上的积分形式 (写成应变变分).

式 (6.70) 使用了指定的笛卡儿坐标系, 应指出式 (6.70) 是一般的张量方程的分量形式, 我们也可以选用其他合适的坐标系 (见式 (6.178)).

式 (6.70) 是在固体和结构的增量分析中所使用的完全和更新 Lagrange 格式的基本表达式, 接下来对其进行分析. 式 (6.70) 一个很重要的问题是, 在最终表达式中积分是对物体初始体积进行的. 除了初始位形外, 可以使用任何其他的已计算的位形, 并按该位形定义第二 Piola-Kirchhoff 应力和 Green-Lagrange 应变. 具体来说, 如果要使用时刻 τ 的位形, $\tau < t$, 我们就用 ${}^\tau x_i$ 表示在该时刻的坐标, 因此, 可以利用式

$$\int_{^tV}{}^t\tau_{mn}\delta_t e_{mn}\mathrm{d}^tV = \int_{^\tau V}{}^t_\tau S_{ij}\delta\,{}^t_\tau\varepsilon_{ij}\mathrm{d}^\tau V \qquad (6.71)$$

其中, 第二 Piola-Kirchhoff 应力 ${}^t_\tau S_{ij}$ 和 Green-Lagrange 应变 ${}^t_\tau\varepsilon_{ij}$ 的定义与先前讨论的一样, 但不用 ${}^0x_i$, 而用对应时刻 τ 位形的坐标 ${}^\tau x_i$. 在下面几节中我们将经常使用式 (6.70) 和式 (6.71).

到目前为止, 我们已经定义了所有可能用到的应力张量和应变张量, 关于选用合适的本构关系表达式将会在第 6.6 节中讨论.

6.2.3 连续介质力学的增量完全和更新 Lagrange 格式, 仅材料非线性分析

在第 6.1 节和 6.2.1 节我们讨论了分析一般非线性问题的基本难点和解决方法, 从中我们可以得出结论, 对于一个有效的增量分析, 要选择适当的应力和应变度量. 正因为如此, 在第 6.2.2 节中介绍了在实际中得到有效应用的应力张量和应变张量, 然后阐述了按第二 Piola-Kirchhoff 应力和 Green-Lagrange 应变张量表示的虚位移原理. 现在我们应用这些基本结果, 推导两个非线性问题的一般连续介质力学增量格式. 本节我们只考虑不针对具体的有限元求解方法的连续介质力学方程. 对这些结果和一般有限元求解变量的增量格式进行推广的应用将在第 6.3.1 节 (及此后几节) 进行讨论.

我们要求解的基本方程是式 (6.13), 该式表达了对应时刻 $t + \Delta t$ 的位形 [523]
一般物体的平衡和协调要求 (本构方程也体现在式 (6.13) 中, 即体现在应力

的计算中). 一般地, 由于刚体可能经历大位移和大应变, 以及本构关系是非线性的, 因此不能直接求解式 (6.13); 但在先前计算的已知平衡位形上考虑所有变量, 且线性化相应方程, 我们可以得到一个近似解. 通过迭代可以提高求解精度.

要推导线性控制方程, 我们回想已经计算时刻 $0, \Delta t, 2\Delta t, \cdots, t$ 的解, 使用式 (6.70) 和式 (6.71) 且采用这些已知的一个平衡位形中的应力和应变. 原则上, 可以使用任何一个已经算出的平衡位形. 但实际上, 我们的选择只集中在两个格式上, 即完全 Lagrange (TL) 和更新 Lagrange (UL) 格式 (见 K. J. Bathe、E. Ramm 和 E. L. Wilson [A]). 完全 Lagrange 格式 (TL) 也叫做 Lagrange 格式. 按这种求解方法, 所有静态和动态变量都对应时刻 0 的初始位形. UL 格式与 TL 格式基于相同的方法, 在 UL 格式中, 所有静态和动态变量都对应最后算出的时刻 t 的位形. TL 格式和 UL 格式都计入由于大位移、大转角和大应变而产生的非线性运动学影响, 至于对大应变性质的建模是否合理取决于具体的本构关系 (见第 6.6 节). 使用哪一个格式更好是根据计算效率而定的.

利用式 (6.70), 在 TL 格式中, 考虑基本方程

$$\int_{{}^0V} {}^{t+\Delta t}_{\ \ 0}S_{ij}\,\delta\,{}^{t+\Delta t}_{\ \ 0}\varepsilon_{ij}\,\mathrm{d}^0V = {}^{t+\Delta t}\Re \tag{6.72}$$

而在 UL 格式中, 考虑

$$\int_{{}^tV} {}^{t+\Delta t}_{\ \ t}S_{ij}\,\delta\,{}^{t+\Delta t}_{\ \ t}\varepsilon_{ij}\,\mathrm{d}^tV = {}^{t+\Delta t}\Re \tag{6.73}$$

其中, ${}^{t+\Delta t}\Re$ 就是在式 (6.14) 中给出的外部虚功. 该式通常依赖于所考虑物体的表面积和体积. 但为了讨论的简便性, 我们暂时假设加载是与变形无关的, 例如一种很重要的加载形式就是集中力, 它的方向和大小独立于结构响应. 稍后我们将讨论怎样在分析中加入与变形有关的载荷 (见式 (6.83) 和式 (6.84)).

表 6.2 和表 6.3 总结了在 TL 和 UL 格式中用来得出在时刻 t 状态的运动线性化方程的关系式. 在 TL 格式中, 该线性化方程为

$$\int_{{}^0V} {}_0C_{ijrs}\,{}_0e_{rs}\,\delta_0e_{ij}\,\mathrm{d}^0V + \int_{{}^0V} {}^t_0S_{ij}\,\delta_0\eta_{ij}\,\mathrm{d}^0V = {}^{t+\Delta t}\Re - \int_{{}^0V} {}^t_0S_{ij}\,\delta_0e_{ij}\,\mathrm{d}^0V \tag{6.74}$$

在 UL 格式中, 该线性化方程为

[524]

$$\int_{{}^tV} {}_tC_{ijrs}\,{}_te_{rs}\,\delta_te_{ij}\,\mathrm{d}^tV + \int_{{}^tV} {}^t\tau_{ij}\,\delta_t\eta_{ij}\,\mathrm{d}^tV = {}^{t+\Delta t}\Re - \int_{{}^tV} {}^t\tau_{ij}\,\delta_te_{ij}\,\mathrm{d}^tV \tag{6.75}$$

[525] 其中, ${}_0C_{ijrs}$ 和 ${}_tC_{ijrs}$ 分别是相对时刻 0 和 t 的位形在时刻 t 的应力–应变张量增量. 关于各种材料 ${}_0C_{ijrs}$ 和 ${}_tC_{ijrs}$ 的推导将在第 6.6 节讨论. 我们应指出在式 (6.74) 和式 (6.75) 中, ${}^t_0S_{ij}$ 和 ${}^t\tau_{ij}$ 是时刻 t 已知的第二 Piola-Kirchhoff 和 Cauchy 应力; ${}_0e_{ij}$、${}_0\eta_{ij}$ 和 ${}_te_{ij}$、${}_t\eta_{ij}$ 分别是相对时刻 0 和 t 位形的线性和非线性应变增量.

表 6.2 连续介质力学的增量分解: 完全 Lagrange 格式

步骤	内容
1. 运动方程	$$\int_{^0V} {}^{t+\Delta t}_{0}S_{ij}\delta^{t+\Delta t}_{0}\varepsilon_{ij}\mathrm{d}^0V = {}^{t+\Delta t}\Re$$ 其中, $${}^{t+\Delta t}_{0}S_{ij} = \frac{^0\rho}{^{t+\Delta t}\rho}{}_{t+\Delta t}^{0}x_{i,m}{}^{t+\Delta t}\tau_{mn}{}_{t+\Delta t}^{0}x_{j,n}$$ $$\delta^{t+\Delta t}_{0}\varepsilon_{ij} = \delta\frac{1}{2}({}^{t+\Delta t}_{0}u_{i,j} + {}^{t+\Delta t}_{0}u_{j,i} + {}^{t+\Delta t}_{0}u_{k,i}{}^{t+\Delta t}_{0}u_{k,j})$$
2. 增量分解	(a) 应力 $${}^{t+\Delta t}_{0}S_{ij} = {}^{t}_{0}S_{ij} + {}_{0}S_{ij}$$ (b) 应变 $${}^{t+\Delta t}_{0}\varepsilon_{ij} = {}^{t}_{0}\varepsilon_{ij} + {}_{0}\varepsilon_{ij};\quad {}_{0}\varepsilon_{ij} = {}_{0}e_{ij} + {}_{0}\eta_{ij}$$ $${}_{0}e_{ij} = \frac{1}{2}({}_{0}u_{i,j} + {}_{0}u_{j,i} + \underbrace{{}^{t}_{0}u_{k,i}{}_{0}u_{k,j} + {}_{0}u_{k,i}{}^{t}_{0}u_{k,j}}_{\text{初始位移影响}});\quad {}_{0}\eta_{ij} = \frac{1}{2}{}_{0}u_{k,i}{}_{0}u_{k,j}$$
3. 增量分解运动方程	注意 $\delta^{t+\Delta t}_{0}\varepsilon_{ij} = \delta_0\varepsilon_{ij}$, 运动方程为 $$\int_{^0V} {}_{0}S_{ij}\delta_0\varepsilon_{ij}\mathrm{d}^0V + \int_{^0V} {}^{t}_{0}S_{ij}\delta_0\eta_{ij}\mathrm{d}^0V = {}^{t+\Delta t}\Re - \int_{^0V} {}^{t}_{0}S_{ij}\delta_0 e_{ij}\mathrm{d}^0V$$
4. 运动方程的线性化	使用近似 ${}_{0}S_{ij} = {}_{0}C_{ijrs}{}_{0}e_{rs}, \delta_0\varepsilon_{ij} = \delta_0 e_{ij}$, 得到运动方程的近似解 $$\int_{^0V} {}_{0}C_{ijrs}{}_{0}e_{rs}\delta_0 e_{ij}\mathrm{d}^0V + \int_{^0V} {}^{t}_{0}S_{ij}\delta_0\eta_{ij}\mathrm{d}^0V = {}^{t+\Delta t}\Re - \int_{^0V} {}^{t}_{0}S_{ij}\delta_0 e_{ij}\mathrm{d}^0V$$

我们详细地讨论表 6.2 中进行的步骤, 表 6.3 也以类似的步骤进行.

在步骤 2 中, 我们增量地分解应力和应变, 这样做是可行的, 因为所有的应力和应变包括增量部分都是相对初始 (同一) 位形的. 同样, 在表 6.2 中, 直接使用 ${}_{0}\varepsilon_{ij} = {}^{t+\Delta t}_{0}\varepsilon_{ij} - {}^{t}_{0}\varepsilon_{ij}$, 按位移表示 ${}^{t+\Delta t}_{0}\varepsilon_{ij}$ 和 ${}^{t}_{0}\varepsilon_{ij}$, 其中 ${}^{t+\Delta t}u_i = {}^{t}u_i + u_i$, 得到 Green-Lagrange 应变分量增量.

在步骤 3 中, 使用 $\delta_0^{t+\Delta t}\varepsilon_{ij} = \delta({}^{t}_{0}\varepsilon_{ij} + {}_{0}\varepsilon_{ij}) = \delta_0\varepsilon_{ij}$; 即这里 $\delta^{t}_{0}\varepsilon_{ij} = 0$, 是因为对时刻 $t+\Delta t$ 位形取变分, 并把所有的已知量移到虚功原理方程的右边. 注意, 任意给定一个位移变分, 式 $\int_{^0V} {}^{t}_{0}S_{ij}\delta_0 e_{ij}\mathrm{d}^0V$ 是已知的. 到目前为止, 我们还没有做出任何假设, 只是重写了原有的虚功原理方程.

一般来说, 步骤 3 中给出的虚功原理方程, 左边的位移增量 u_i 是高度非线性的. 在步骤 4 中, 我们线性化该式, 这种线性化是通过以下方法实现的.

我们注意到 $\int_{^0V} {}^{t}_{0}S_{ij}\delta_0\eta_{ij}\mathrm{d}^0V$ 项对于增量位移已是线性的. 因此, 我们保

表 6.3　连续介质力学的增量分解: 更新 Lagrange 格式

步骤	内容
1. 运动方程	$$\int_{{}^tV} {}^{t+\Delta t}_{\ t}S_{ij}\delta^{t+\Delta t}_{\ t}\varepsilon_{ij}\mathrm{d}^tV = {}^{t+\Delta t}\Re$$ 其中, $${}^{t+\Delta t}_{\ t}S_{ij} = \frac{{}^t\rho}{{}^{t+\Delta t}\rho}{}^{\ t}_{t+\Delta t}x_{i,m}{}^{t+\Delta t}\tau_{mn}{}^{\ t}_{t+\Delta t}x_{j,n}$$ $$\delta^{t+\Delta t}_{\ t}\varepsilon_{ij} = \delta\frac{1}{2}({}_tu_{i,j} + {}_tu_{j,i} + {}_tu_{k,i}{}_tu_{k,j})$$
2. 增量分解	(a) 应力 $${}^{t+\Delta t}_{\ t}S_{ij} = {}^t\tau_{ij} + {}_tS_{ij},\quad 注意\ {}^t_tS_{ij} \equiv {}^t\tau_{ij}$$ (b) 应变 $${}^{t+\Delta t}_{\ t}\varepsilon_{ij} = {}_t\varepsilon_{ij};\qquad {}_t\varepsilon_{ij} = {}_te_{ij} + {}_t\eta_{ij}$$ $${}_te_{ij} = \frac{1}{2}({}_tu_{i,j} + {}_tu_{j,i});\quad {}_t\eta_{ij} = \frac{1}{2}{}_tu_{k,i}{}_tu_{k,j}$$
3. 增量分解运动方程	运动方程为 $$\int_{{}^tV} {}_tS_{ij}\delta_t\varepsilon_{ij}\mathrm{d}^tV + \int_{{}^tV} {}^t\tau_{ij}\delta_t\eta_{ij}\mathrm{d}^tV = {}^{t+\Delta t}\Re - \int_{{}^tV} {}^t\tau_{ij}\delta_te_{ij}\mathrm{d}^tV$$
4. 运动方程的线性化	利用近似关系 ${}_tS_{ij} = {}_tC_{ijrs}{}_te_{rs}, \delta_t\varepsilon_{ij} = \delta_te_{ij}$, 可以得到近似运动方程 $$\int_{{}^tV} {}_tC_{ijrs}{}_te_{rs}\delta_te_{ij}\mathrm{d}^tV + \int_{{}^tV} {}^t\tau_{ij}\delta_t\eta_{ij}\mathrm{d}^tV = {}^{t+\Delta t}\Re - \int_{{}^tV} {}^t\tau_{ij}\delta_te_{ij}\mathrm{d}^tV$$

持这些项不变. 方程的非线性影响是由于项 $\int_{{}^0V} {}_0S_{ij}\delta_0\varepsilon_{ij}\mathrm{d}^0V$ 引起的, 我们通过泰勒 (Taylor) 级数展开使之线性化.

$$\begin{aligned}
\int_{{}^0V} {}_0S_{ij}\delta_0\varepsilon_{ij}\mathrm{d}^0V &= \int_{{}^0V}\left(\left.\frac{\partial\,{}^t_0S_{ij}}{\partial\,{}^t_0\varepsilon_{rs}}\right|_t {}_0\varepsilon_{rs} + \text{高阶项}\right)\delta({}_0e_{ij} + {}_0\eta_{ij})\mathrm{d}^0V \\
&= \int_{{}^0V}\left(\underbrace{\left.\frac{\partial\,{}^t_0S_{ij}}{\partial\,{}^t_0\varepsilon_{rs}}\right|_t}_{{}_0C_{ijrs}}({}_0e_{rs} + \underbrace{{}_0\eta_{rs}}_{\text{忽略}}) + \underbrace{\text{高阶项}}_{\text{忽略}}\right)\delta({}_0e_{ij} + \underbrace{{}_0\eta_{ij}}_{\text{忽略}})\mathrm{d}^0V \\
&= \int_{{}^0V} {}_0C_{ijrs}{}_0e_{rs}\delta_0e_{ij}\mathrm{d}^0V
\end{aligned}$$

该项对位移增量是线性的, 因为 $\delta_0\varepsilon_{ij}$ 独立于 u_i.

比较表 6.2 和表 6.3 中的 UL 格式和 TL 格式, 我们注意到, 它们十分相似, 事实上, 这两个格式唯一的理论区别在于为动态和静态变量选取的参考位形的不同. 事实上, 如果在数值解中采用适当的本构张量, 则可以得到相同的

结果 (见第 6.6 节).

在有限元求解中, 选择使用 UL 或者 TL 格式实际上取决于它们的相对数值效率, 而这反过来又依赖所用的有限单元和本构关系. 但从表 6.2 和表 6.3 中可以得出一般性的结论, 即 TL 格式中的线性应变增量 ${}_0e_{ij}$ 包含初始位移影响, 带来比 UL 格式更加复杂的应变–位移矩阵.

式 (6.74) 和式 (6.75) 可以用于计算位移增量, 该增量随后又可以用来计算对应时刻 $(t+\Delta t)$ 的位移、应力和应变的近似解. 对应时刻 $(t+\Delta t)$ 的位移近似值可通过在时刻 t 的位移中加入算出的增量得到; 应变近似值利用运动学关系 (如, TL 格式中的式 (6.54)) 从位移中算出. 但是, 对应时刻 $(t+\Delta t)$ 应力的计算仍依赖于所使用的具体的本构关系, 在第 6.6 节将详细讨论. [526]

假设已经求得近似位移、应变和应力, 我们就可以检验时刻 $(t+\Delta t)$ 由静态和动态变量计算的内部虚功和外部虚功之间的差别到底有多大. 用上标 (1) 表示预期的近似值, 迭代一般是必要的. 在 TL 格式中线性化引起的误差是

$$\text{误差} = {}^{t+\Delta t}\Re - \int_{{}^0V} {}^{t+\Delta t}_{\ \ 0}S_{ij}^{(1)}\delta\, {}^{t+\Delta t}_{\ \ 0}\varepsilon_{ij}^{(1)}\, \mathrm{d}^0V \tag{6.76}$$

在 UL 格式中是

$$\text{误差} = {}^{t+\Delta t}\Re - \int_{{}^{t+\Delta t}V^{(1)}} {}^{t+\Delta t}\tau_{ij}^{(1)}\delta_{t+\Delta t}e_{ij}^{(1)}\, \mathrm{d}^{t+\Delta t}V \tag{6.77}$$

我们应指出式 (6.76) 和式 (6.77) 的右边分别与式 (6.74) 和式 (6.75) 的右边相等, 但在两种情况下, 使用相应应力和应变变量的当前位形. 在 UL 格式中, 也能直接看到这种对应性, 但在 TL 格式中, 应认识到当使用同样的当前位移时, δ_0e_{ij} 与 $\delta\, {}^{t+\Delta t}_{\ \ 0}\varepsilon_{ij}^{(1)}$ 相等 (见习题 6.29).

这些考虑表明, 式 (6.74) 和式 (6.75) 的右端表示在位移增量的计算前的 "不平衡的虚功"; 而式 (6.76) 和式 (6.77) 的右端表示求解后的 "不平衡的虚功", 这是线性化带来的结果. 为了进一步减少 "不平衡虚功", 我们需要进行迭代, 在迭代中, 上述求解步骤重复进行直到外部虚功和内部虚功之间的误差在可忽略的收敛范围内. 使用 TL 格式, 重复迭代方程为, $k=1,2,3,\cdots$

$$\begin{aligned}&\int_{{}^0V} {}_0C_{ijrs}^{(k-1)}\Delta_0e_{rs}^{(k)}\delta_0e_{ij}\,\mathrm{d}^0V + \int_{{}^0V} {}^{t+\Delta t}_{\ \ 0}S_{ij}^{(k-1)}\delta\Delta_0\eta_{ij}^{(k)}\,\mathrm{d}^0V\\ &= {}^{t+\Delta t}\Re - \int_{{}^0V} {}^{t+\Delta t}_{\ \ 0}S_{ij}^{(k-1)}\delta\, {}^{t+\Delta t}_{\ \ 0}\varepsilon_{ij}^{(k-1)}\,\mathrm{d}^0V\end{aligned} \tag{6.78}$$

使用 UL 格式, 方程为

$$\begin{aligned}&\int_{{}^{t+\Delta t}V^{(k-1)}} {}_{t+\Delta t}C_{ijrs}^{(k-1)}\Delta_{t+\Delta t}e_{rs}^{(k)}\delta_{t+\Delta t}e_{ij}\,\mathrm{d}^{t+\Delta t}V +\\ &\int_{{}^{t+\Delta t}V^{(k-1)}} {}^{t+\Delta t}\tau_{ij}^{(k-1)}\delta\Delta_{t+\Delta t}\eta_{ij}^{(k)}\,\mathrm{d}^{t+\Delta t}V\\ &= {}^{t+\Delta t}\Re - \int_{{}^{t+\Delta t}V^{(k-1)}} {}^{t+\Delta t}\tau_{ij}^{(k-1)}\delta_{t+\Delta t}e_{ij}^{(k-1)}\,\mathrm{d}^{t+\Delta t}V\end{aligned} \tag{6.79}$$

[527] 其中, $k=1$ 的情况对应式 (6.74) 和式 (6.75), 位移更新如下

$$^{t+\Delta t}u_i^{(k)} = {}^{t+\Delta t}u_i^{(k-1)} + \Delta u_i^{(k)}; \quad {}^{t+\Delta t}u^{(0)} = {}^{t}u \tag{6.80}$$

式 (6.78) 至式 (6.80) 对应第 6.1 节已介绍的 Newton-Raphson 迭代. 所以, 可以计算对应当前已知位移及其应力的所有积分式. 注意式 (6.79) 中的 Cauchy 应力、切线本构关系和应变增量都是对应时刻 $(t+\Delta t)$ 在 $(k-1)$ 次迭代结束处的位形和体积; 即所有量对应 $^{t+\Delta t}V^{(k-1)}$, 其中当 $k=1$, $^{t+\Delta t}V^{(0)} = {}^{t}V$.

在本节概述中再次提到非常重要的一点, 即我们的目标是求解平衡式 (6.13), 它可以被视为线性分析中虚功原理的推广. 我们看到, 对于一般的增量分析, 可以有效利用某些应力和应变量度, 把式 (6.13) 化为更新和完全 Lagrange 格式. 这些方程线性化得到式 (6.78) 和式 (6.79). 重要的是要认识到无论式 (6.78) 或式 (6.79) 的解都是对应式 (6.13) 的解. 即, 如果使用适当的本构关系, 使用式 (6.78) 或式 (6.79) 求解都会取得相同的数值结果. 正如前面提到的, 使用 TL 或者 UL 格式实际上只取决于这两种解法的相对数值有效性.

到目前为止, 我们假设载荷是与变形无关的, 可以在增量分析之前指定其大小. 因此, 我们假定式 (6.14) 可以使用以下形式计算

$$^{t+\Delta t}\Re = \int_{^0V} {}^{t+\Delta t}_{\ \ 0}f_i^B \delta u_i \mathrm{d}^0V + \int_{^0S_f} {}^{t+\Delta t}_{\ \ 0}f_i^S \delta u_i^S \mathrm{d}^0S \tag{6.81}$$

但这只对某些类型的载荷适用, 例如不改变方向的集中载荷可作为变形的函数. 使用基于位移的等参单元, 另一个可用式 (6.81) 建模的重要载荷条件是计入动态分析中的惯性力载荷. 在这种情况下, 我们有

$$\int_{^{t+\Delta t}V} {}^{t+\Delta t}\rho \, {}^{t+\Delta t}\ddot{u}_i \delta u_i \mathrm{d}^{t+\Delta t}V = \int_{^0V} {}^0\rho \, {}^{t+\Delta t}\ddot{u}_i \delta u_i \mathrm{d}^0V \tag{6.82}$$

因此, 可以使用初始位形计算质量矩阵. 实际结果是, 在动态分析中, 等参单元的质量矩阵可以在逐步求解之前计算.

现在假设外部虚功是与变形相关的, 且无法用式 (6.81) 计算. 如果载荷 (或时间) 步长足够小, 则外部虚功就可以使用对应时刻 $(t+\Delta t)$ 的载荷大小进行足够高精度的近似, 但在迭代中最后计算体积和面积的积分

$$\int_{^{t+\Delta t}V} {}^{t+\Delta t}f_i^B \delta u_i \mathrm{d}^{t+\Delta t}V \doteq \int_{^{t+\Delta t}V^{(k-1)}} {}^{t+\Delta t}f_i^B \delta u_i \mathrm{d}^{t+\Delta t}V \tag{6.83}$$

[528]

$$\int_{^{t+\Delta t}S_f} {}^{t+\Delta t}f_i^S \delta u_i^S \mathrm{d}^{t+\Delta t}S \doteq \int_{^{t+\Delta t}S_f^{(k-1)}} {}^{t+\Delta t}f_i^S \delta u_i^S \mathrm{d}^{t+\Delta t}S \tag{6.84}$$

为得到只迭代几次就收敛的迭代法, 将载荷项的未知位移增量的影响包含于刚度矩阵中. 根据所考虑的载荷, 得到在每次迭代中实际上可能需要更多的计算的非对称刚度矩阵 (如见 K. Schweizerhof 和 E. Ramm [A]).

完全和更新 Lagrange 格式是增量连续介质力学方程, 计入了大位移、大应变和材料非线性带来的非线性影响. 但实际中, 只考虑非线性材料的影响就足够了. 在这种情况下, 非线性应变分量和表面积与体积的任何更新在格式中都可以忽略. 所以, 式 (6.78) 和式 (6.79) 为同一运动方程, 即

$$\int_V C_{ijrs}^{(k-1)}\Delta e_{rs}^{(k)}\delta e_{ij}\mathrm{d}V = {}^{t+\Delta t}\Re - \int_V {}^{t+\Delta t}\sigma_{ij}^{(k-1)}\delta e_{ij}\mathrm{d}V \tag{6.85}$$

式中, ${}^{t+\Delta t}\sigma_{ij}^{(k-1)}$ 是 $(k-1)$ 次迭代末时刻 $(t+\Delta t)$ 实际的物理应力. 在此分析中, 假设物体的体积不变, 所以 ${}^{t+\Delta t}_{\ \ \ \ 0}S_{ij} \equiv {}^{t+\Delta t}\tau_{ij} \equiv {}^{t+\Delta t}\sigma_{ij}$, 且载荷不是变形的函数. 因为式 (6.85) 没有考虑运动非线性, 所以它也遵循: 如果材料是线弹性, 则式 (6.85) 与第 4.2.1 节所讨论的虚功原理是相同的, 将得到线性有限元解.

在上述格式中, 我们假设所提出的迭代收敛, 所以才可以进行增量分析. 第 8.4 节将详细讨论这个问题. 此外, 假设在格式中, 进行静态分析或者利用隐式时间积分法进行动态分析 (见第 9.5.2 节). 如果使用显式时间积分法进行动态分析, 则采用 TL 格式的连续介质力学控制方程是

$$\int_{{}^0V} {}^t_0S_{ij}\delta {}^t_0\varepsilon_{ij}\mathrm{d}{}^0V = {}^t\Re \tag{6.86}$$

采用 UL 格式是

$$\int_{{}^tV} {}^t\tau_{ij}\delta_t e_{ij}\mathrm{d}{}^tV = {}^t\Re \tag{6.87}$$

使用仅材料非线性分析为

$$\int_V {}^t\sigma_{ij}\delta e_{ij}\mathrm{d}V = {}^t\Re \tag{6.88}$$

其中, 应力应变张量如前定义, 考虑的是时刻 t 的平衡. 在这些分析中, 外部虚功应包括时刻 t 的惯性力, 并且增量解对应一种无平衡迭代的前向算法. 由于这些原因, 只通过更新载荷大小和使用 ${}^t\Re$ 的计算中新的位形, 就可以直接引入与变形相关的载荷. 实际的逐步求解细节将在第 9.5.1 节讨论.

6.2.4 习题 [529]

6.1 一个 4 节点平面应变有限单元承受如图 Ex.6.1 所示变形. 该单元原来是正方形的, 单元密度 ${}^0\rho$ 是 0.05, 并且 $\mathrm{d}{}^0\mathbf{x}$ 和 $\mathrm{d}{}^0\hat{\mathbf{x}}$ 是无穷小纤维. 对于时刻 t 的变形位形:

(a) 计算单元内是 ${}^0x_1$ 和 ${}^0x_2$ 函数的质点位移;

(b) 计算变形梯度 ${}^t_0\mathbf{X}$, 右 Cauchy-Green 应变张量 ${}^t_0\mathbf{C}$, 是 ${}^0x_1$ 和 ${}^0x_2$ 函数的质量密度 ${}^t\rho$.

6.2 对习题 6.1 中的单元, 计算线段 $\mathrm{d}{}^0\mathbf{x}$ 和 $\mathrm{d}{}^0\hat{\mathbf{x}}$ 的伸缩 ${}^t\lambda$ 和 ${}^t\hat{\lambda}$, 以及这些线段之间的角变形.

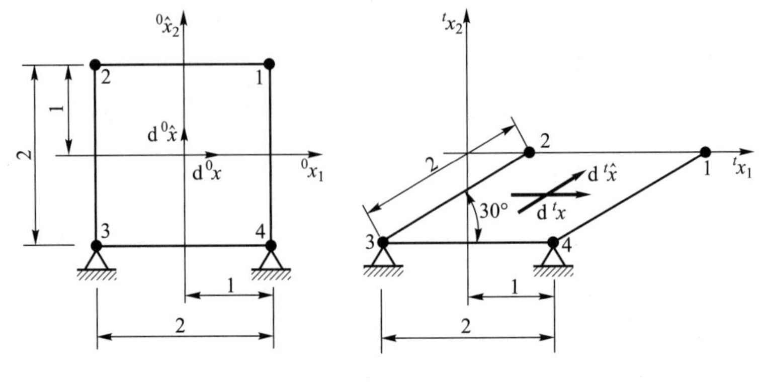

图 Ex.6.1

6.3 考虑如图 Ex.6.3 所示 4 节点平面应变单元. 计算时刻 Δt 和 $2\Delta t$ 的变形梯度.

提示: 建立 (通过观察) 矩阵 ${}_0^t\mathbf{R}$ 和 ${}_0^t\mathbf{U}$ 使得 ${}_0^t\mathbf{X} = {}_0^t\mathbf{R}{}_0^t\mathbf{U}$, 其中 ${}_0^t\mathbf{R}$ 是正交 (旋转) 矩阵, ${}_0^t\mathbf{U}$ 是对称 (伸缩) 矩阵.

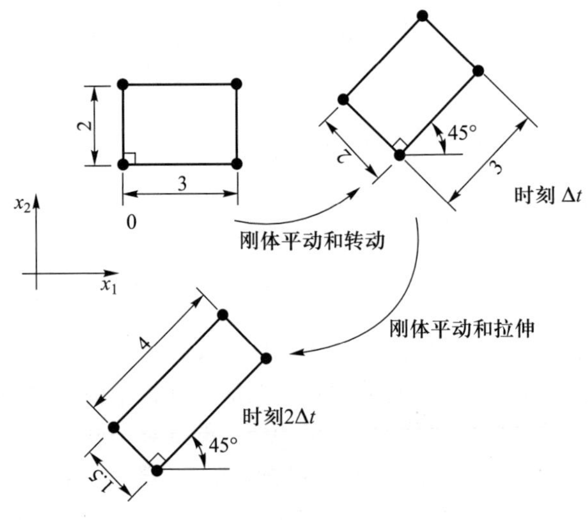

图 Ex.6.3

[530] 6.4 如图 Ex.6.4 所示由不可压缩材料构成的 4 节点应力单元, 首先沿着 x_1 和 x_2 方向拉伸, 然后刚体旋转 30°.

(a) 计算单元质点的变形梯度 ${}^{2\Delta t}_{\ \ 0}\mathbf{X}$;

(b) 计算线元 d^0s_1 和 d^0s_2 的拉伸.

6.5 考虑习题 6.4 中的 4 节点单元及其时刻 Δt 的变形, 如图 Ex.6.5 所示. 假设时刻 Δt 变形梯度由坐标轴 $\overline{x}_1$、$\overline{x}_2$ 表示. 计算变形梯度 ${}^{\Delta t}_{\ 0}\overline{\mathbf{X}}$, 并证明 ${}^{\Delta t}_{\ 0}\overline{\mathbf{X}}$ 不等于习题 6.4 中的变形梯度 ${}^{2\Delta t}_{\ \ 0}\mathbf{X}$.

提示: 在习题 6.4 中, 单元被拉伸和旋转, 在本题中, 单元只被拉伸.

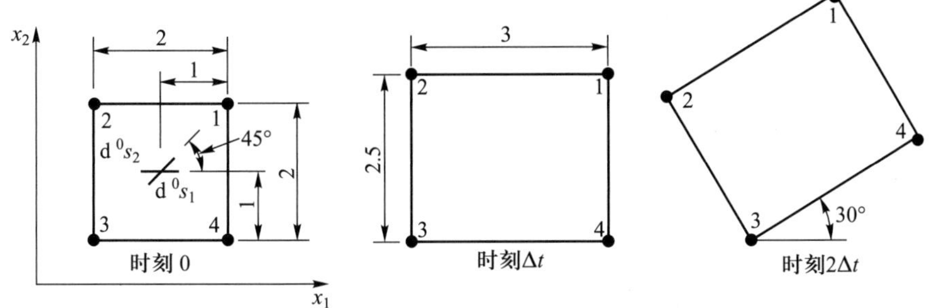

图 Ex.6.4

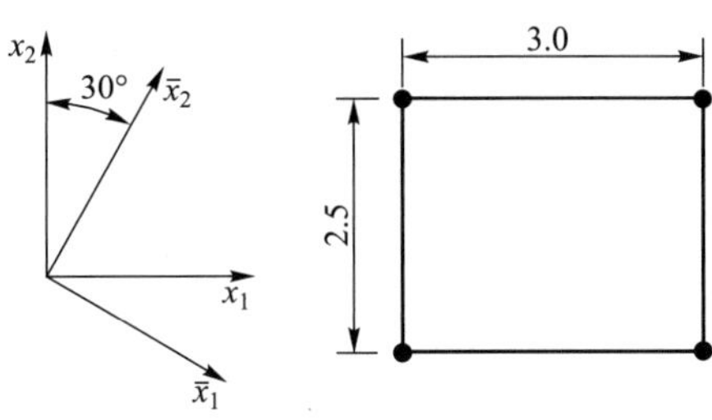

图 Ex.6.5

6.6　考虑二维连续介质中两个无限小纤维的运动. 在时刻 0, 纤维元是

$$\mathrm{d}^0\mathbf{x} = \frac{1}{\sqrt{2}}\begin{bmatrix}1\\1\end{bmatrix}\mathrm{d}^0s; \quad \mathrm{d}^0\widehat{\mathbf{x}} = \begin{bmatrix}0\\1\end{bmatrix}\mathrm{d}^0\widehat{s}$$

在时刻 t, 纤维元是

$$\mathrm{d}^t\mathbf{x} = \begin{bmatrix}2\\1\end{bmatrix}\mathrm{d}^0s; \quad \mathrm{d}^t\widehat{\mathbf{x}} = \begin{bmatrix}-1\\1\end{bmatrix}\mathrm{d}^0\widehat{s}$$

两段纤维元都源于同一质点.

(a) 计算该质点处的变形梯度 ${}_0^t\mathbf{X}$;

(b) 计算该质点处的逆变形梯度 ${}_t^0\mathbf{X}$: (I) 通过求逆 ${}_0^t\mathbf{X}$ 和 (II) 通过不求逆 ${}_0^t\mathbf{X}$;

(c) 计算该质点处的质量密度比 ${}^t\rho/{}^0\rho$.

6.7　证明变形梯度 $\mathbf{X}$ 总是可以被分解为 $\mathbf{X} = \mathbf{VR}$ 的形式, 其中, $\mathbf{V}$ 是对称矩阵, $\mathbf{R}$ 是正交矩阵. 为习题 6.4 中的变形建立 $\mathbf{V}$ 和 $\mathbf{R}$ 矩阵.

6.8　一个 4 节点平面应变单元受到如下变形, [531]

从时刻 0 到时刻 Δt : ${}_0^{\Delta t}\mathbf{U} = \begin{bmatrix}2 & 0.5\\0.5 & 0.5\end{bmatrix}$

从时刻 Δt 到时刻 $2\Delta t$: ${}_{\Delta t}^{2\Delta t}\mathbf{R} = \begin{bmatrix}\cos 30^\circ & -\sin 30^\circ\\ \sin 30^\circ & \cos 30^\circ\end{bmatrix}$

(a) 描绘该单元及其运动, 建立变形梯度矩阵 ${}^{2\Delta t}_{\ 0}\mathbf{X}$;

(b) 根据式 (6.32) 计算 ${}^{\Delta t}_{\ 0}\mathbf{U}$ 的谱分解;

(c) 计算该单元的 $\mathbf{X} = \mathbf{VR}$ 分解并且从物理意义上解释这种分解.

6.9 考虑如图 Ex.6.9 所示 4 节点轴对称单元. 计算变形梯度和左右伸缩张量 $\mathbf{U}$、$\mathbf{V}$.

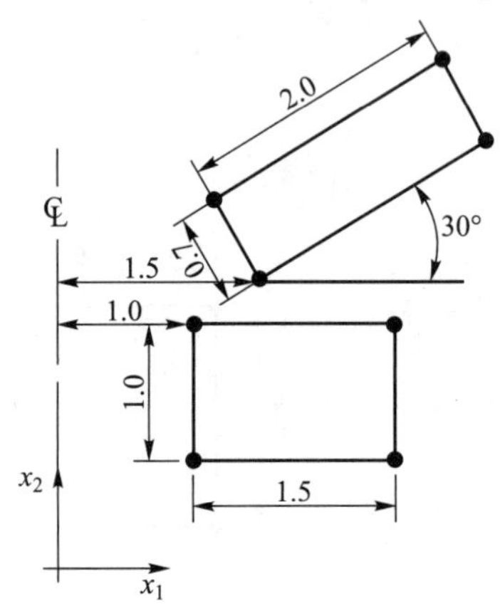

图 Ex.6.9

6.10 考虑图 Ex.6.10 所示 4 节点有限单元的运动. 计算时刻 t:

(a) 变形梯度、极分解 $\mathbf{X} = \mathbf{RU}$ 和 $\mathbf{X} = \mathbf{VR}$;

(b) 式 (6.32)、式 (6.33) 中 $\mathbf{U}$ 和 $\mathbf{V}$ 的谱分解;

(c) 式 (6.42)、式 (6.43) 中的速度应变和旋转张量.

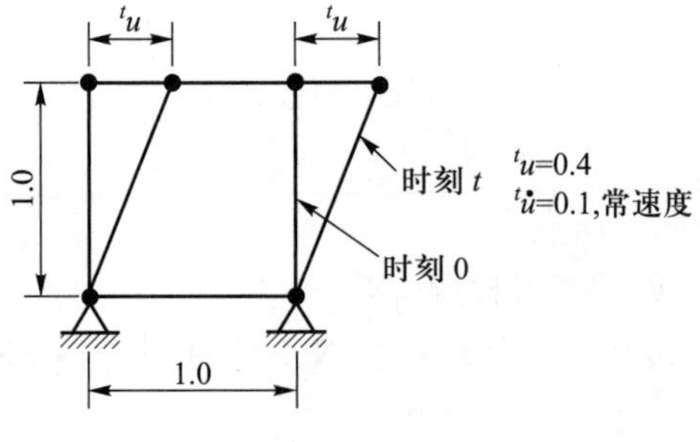

图 Ex.6.10

6.11 证明式 (6.48) 至式 (6.50).

6.12 证明式 (6.56) 至式 (6.61).

6.13 考虑习题 6.10 中 4 节点单元的运动. 使用式 (6.48) 至式 (6.50) 计算 $[\dot{\mathbf{\Lambda}}]_{\alpha\alpha}$、$[\mathbf{\Omega}_L]_{\alpha\beta}$ 和 $[\mathbf{\Omega}_E]_{\alpha\beta}$. 验证式 (6.46) 和式 (6.48) 成立.

6.14 计算习题 6.1、6.3 和 6.4 中单元及其变形的 Green-Lagrange 应变

[532] 张量分量. 在每种情况下, 建立式 (6.51)、式 (6.53) 至式 (6.55).

6.15 计算习题 6.1、习题 6.3 和习题 6.4 中单元及其变形的 Hencky 应变张量分量式 (6.52).

6.16 考虑习题 6.10 中的单元及其运动. 对 Green-Lagrange 应变和 Hencky 应变张量, 通过直接微分式 (6.56) 计算式 (6.57) 中的 $\dot{\mathbf{E}}_g$. 并且运用式 (6.59) 至式 (6.61) 中的详细关系建立 $\dot{\mathbf{E}}_g$.

6.17 考虑物体中材料纤维元 $\mathrm{d}^0\mathbf{x}$ 的运动.

(a) 使用 Green-Lagrange 应变张量, 证明材料纤维元的下述关系成立

$$ {}_0^t\varepsilon_{ij}\mathrm{d}^0x_i\mathrm{d}^0x_j = \frac{1}{2}[(\mathrm{d}^ts)^2 - (\mathrm{d}^0s)^2] $$

式中, $(\mathrm{d}^ts)^2 = \mathrm{d}^tx_i\mathrm{d}^tx_i, (\mathrm{d}^0s)^2 = \mathrm{d}^0x_i\mathrm{d}^0x_i$, 以及式 (6.22) 是适用的.

(b) 在变形体的 A 点, Green-Lagrange 应变张量是

$$ {}_0^t\boldsymbol{\varepsilon} = \begin{bmatrix} 0.6 & 0.2 \\ 0.2 & -0.3 \end{bmatrix} $$

确定如图 Ex.6.17 所示线纤维元 $\mathrm{d}^0s = \|\mathrm{d}^0\mathbf{x}\|_2$ 的伸缩 ${}^t\lambda$. 是否可以计算该线元的旋转? 并解释结论.

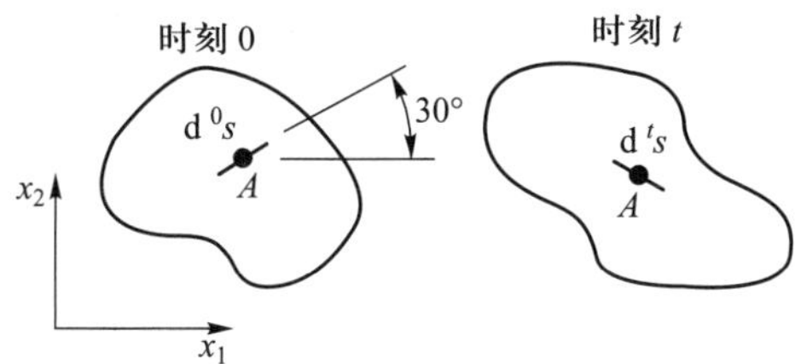

图 Ex.6.17

6.18 4 节点单元的节点速度如图 Ex.6.18 所示. 使用单元插值函数, 计算该单元的速度应变张量分量和旋转张量分量. 从物理意义上解释为什么答案是正确的.

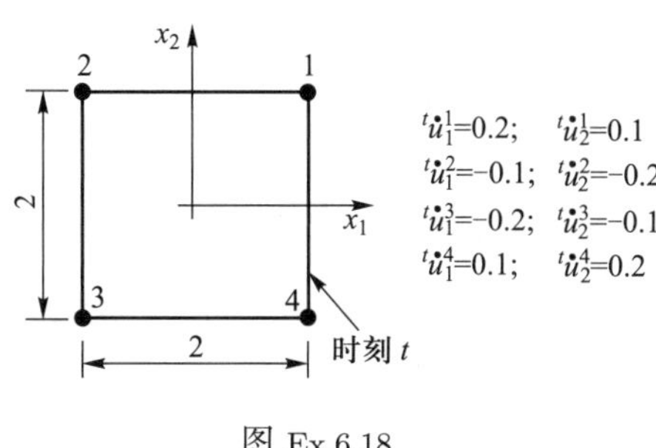

图 Ex.6.18

6.19 考虑习题 6.10 中的 4 节点平面应变单元及其运动. 使用式 (6.64) 计算 ${}^tD_{mn}$ 分量.

[533]　6.20　考虑如图 Ex.6.20 所示 4 节点平面应变单元. 计算节点 1 处对应虚位移 $\delta u_1^1 = \Delta$ 的张量分量 $\delta_t e_{mn}$ 是 ${}^0x_1$ 和 ${}^0x_2$ 的函数.

提示: 所有其他 $\delta u_j^k = 0$.

写出所求的所有矩阵表达式但不必进行运算.

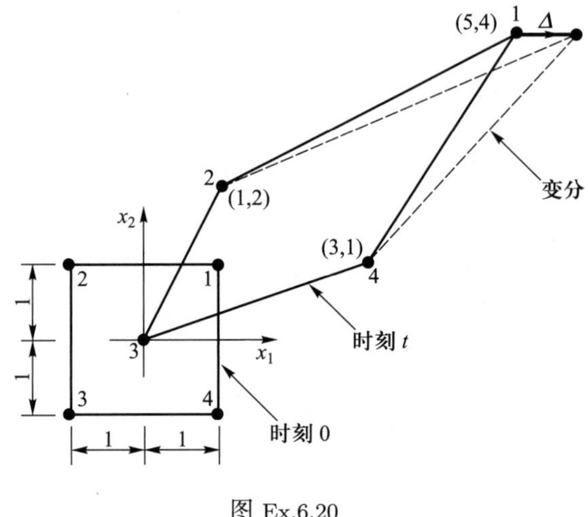

图 Ex.6.20

6.21　考虑如图 Ex.6.21 所示 4 节点单元, 受到初始应力为

$$\begin{matrix}\text{初始应力}\\ \text{(在时刻 0)}\end{matrix} = {}_0^0\mathbf{S} \equiv {}^0\boldsymbol{\tau} = \begin{bmatrix} 200 & 100 \\ 100 & 300 \end{bmatrix}$$

该单元在初始位形中未变形. 假设该单元从时刻 0 到时刻 Δt 经历 30° 逆时针的刚性旋转.

(a) 计算对应固定坐标系 x_1x_2 的 Cauchy 应力 ${}^{\Delta t}\boldsymbol{\tau}$;

(b) 计算对应坐标系 x_1x_2 的第二 Piola-Kirchhoff 应力 ${}_0^{\Delta t}\mathbf{S}$;

(c) 计算变形梯度 ${}_0^{\Delta t}\mathbf{X}$;

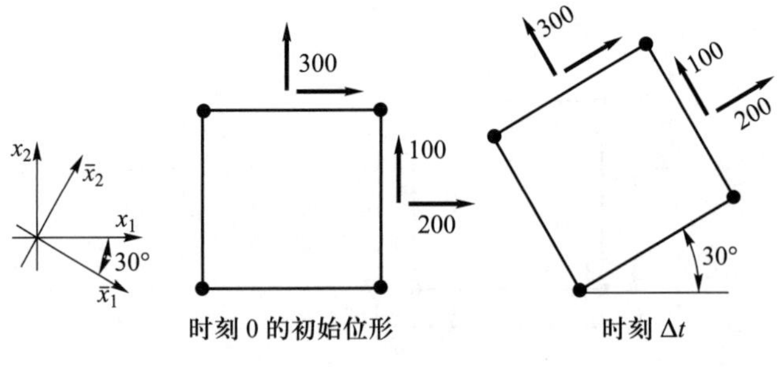

图 Ex.6.21

接下来, 假设该单元保持初始位形, 而坐标系顺时针旋转 30°.

(d) 计算对应 $\bar{x}_1\bar{x}_2$ 坐标系的 Cauchy 应力 ${}^0\boldsymbol{\tau}$;

(e) 计算对应 $\bar{x}_1\bar{x}_2$ 坐标系的第二 Piola-Kirchhoff 应力 ${}_0^0\overline{\mathbf{S}}$;

(f) 计算对应 $\bar{x}_1\bar{x}_2$ 坐标系的变形梯度 ${}_0^0\overline{\mathbf{X}}$.

6.22 如图 Ex.6.22 所示的 4 节点平面应变有限单元在时刻 t 的第二 Piola-Kirchhoff 应力为 [534]

$$
{}_0^t\mathbf{S} = \begin{bmatrix} 100 & 50 & 0 \\ 50 & 200 & 0 \\ 0 & 0 & 100 \end{bmatrix}
$$

时刻 t 的变形梯度是

$$
{}_0^t\mathbf{X} = \begin{bmatrix} 2 & 1 & 0 \\ 0 & 2 & 0 \\ 0 & 0 & 1 \end{bmatrix}
$$

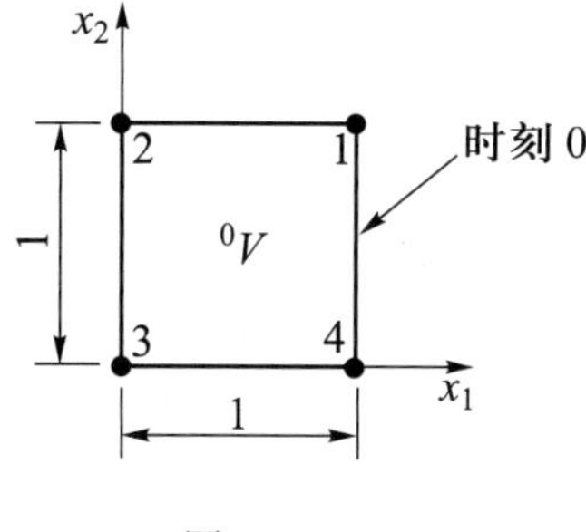

图 Ex.6.22

(a) 描绘时刻 t 的变形位形;

(b) 从时刻 t 到时刻 $t+\Delta t$, 该单元逆时针刚体旋转 30°. 描绘时刻 $t+\Delta t$ 位形;

(c) 计算相对固定笛卡儿坐标系: (Ⅰ) 时刻 t 的 Cauchy 应力, (Ⅱ) 时刻 $t+\Delta t$ 的 Cauchy 应力, (Ⅲ) 时刻 $t+\Delta t$ 第二 Piola-Kirchhoff 应力.

6.23 如图 Ex.6.23 所示 4 节点平面应变单元的第二 Piola-Kirchhoff 应力 ${}_0^t\mathbf{S}$.

(a) 计算时刻 t 的 Cauchy 应力;

(b) 计算时刻 $t+\Delta t$ 第二 Piola-Kirchhoff 应力 ${}^{t+\Delta t}_{\ \ \ 0}\mathbf{S}$, Cauchy 应力 ${}^{t+\Delta t}\boldsymbol{\tau}$.

所有应力分量在固定坐标系 x_1x_2 下度量.

6.24 使用计算机程序进行如图 Ex.6.24 所示的有限单元分析.

需要验证该程序工作良好. 作为验证的一部分, 考虑单元①的位移: [535]

(a) 计算该单元重心处的 2 × 2 变形梯度 ${}_0^t\mathbf{X}$. 提示: 记住 ${}_0^t\mathbf{X} = {}_t^0\mathbf{X}^{-1}$.

(b) 该程序输出单元重心处的 Cauchy 应力

$$
\begin{bmatrix} {}^t\tau_{11} \\ {}^t\tau_{22} \\ {}^t\tau_{12} \end{bmatrix} = \begin{bmatrix} 20.50 \\ 20.50 \\ 12.50 \end{bmatrix}
$$

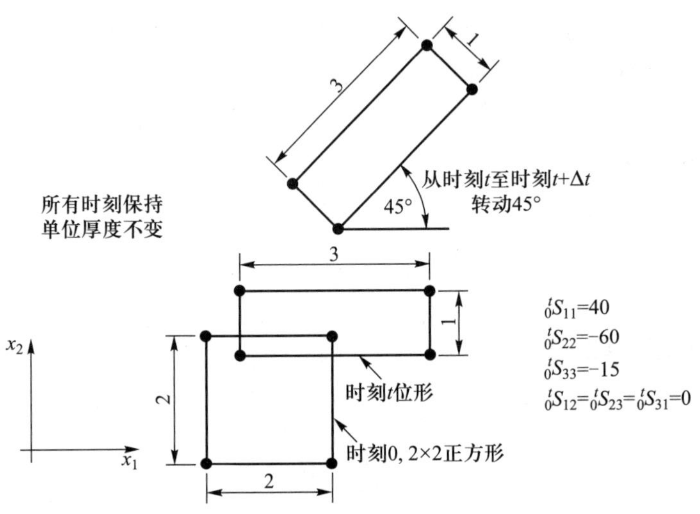

图 Ex.6.23

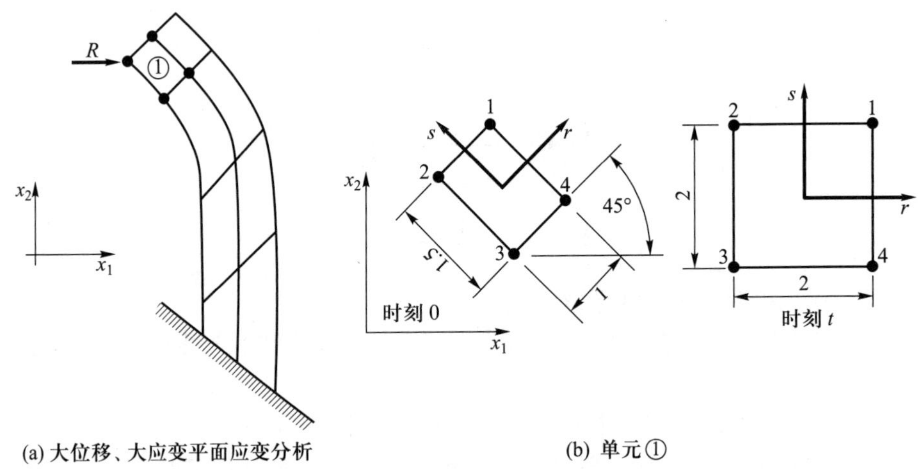

图 Ex.6.24

分析中使用的材料律如下

$$\begin{bmatrix} {}^t_0S_{11} \\ {}^t_0S_{22} \\ {}^t_0S_{12} \end{bmatrix} = \begin{bmatrix} 11 & 7 & 0 \\ 7 & 11 & 0 \\ 0 & 0 & 9 \end{bmatrix} \begin{bmatrix} {}^t_0\varepsilon_{11} \\ {}^t_0\varepsilon_{22} \\ {}^t_0\varepsilon_{12} \end{bmatrix}$$

证明程序输出的 Cauchy 应力是不正确的, 并计算基于所给单元位移的正确的 Cauchy 应力. 可以确认程序错误吗?

[536] 6.25 考虑如图 Ex.6.25 所示的材料板, 这里

$${}^tu_1 = -\frac{1}{2}{}^0x_1 + 3; \quad {}^tu_2 = \frac{1}{2}{}^0x_2 + 2.5$$

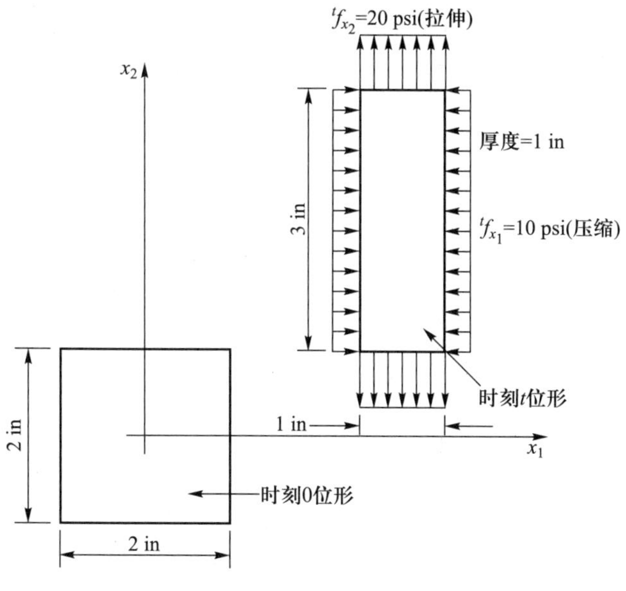

图 Ex.6.25[①]

应力是

$$
\begin{aligned}
{}^t\tau_{11} &= -10 \text{ psi} \\
{}^t\tau_{22} &= 20 \text{ psi} \\
{}^t\tau_{12} &= 0
\end{aligned}
$$

确定 6 个简单独立的虚位移模式, 并证明虚功原理对这些模式都是满足的.

6.26 考虑如图 Ex.6.26 所示杆的一维大应变分析.

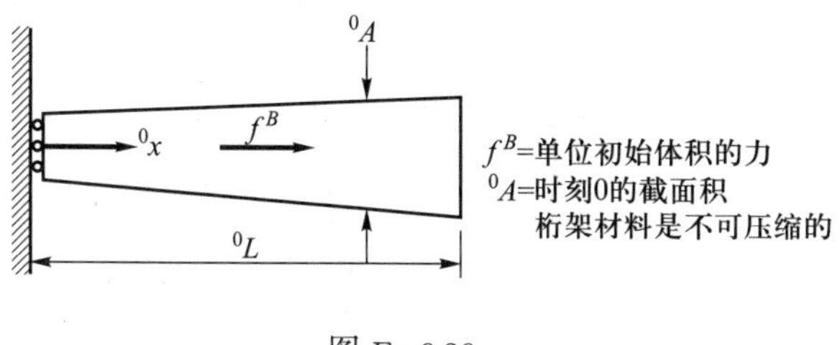

图 Ex.6.26

(a) 对杆截面, 推导第二 Piola-Kirchhoff 应力的表达式, 它是 Cauchy 应力、面积比 ${}^tA/{}^0A$ 和变形梯度的函数.

(b) 从虚功原理出发, 按相对原始位形的各种物理量推导控制平衡微分方程, 并确定边界条件.

(c) 重写相对于当前位形的各种物理量表示的微分方程, 比较该方程与小应变分析的微分方程的异同点.

① 1 psi = 6.895×10^{-3} MPa, 1 in = 25.4 mm. —— 译者注

[537] 6.27 考虑如图 Ex.6.27 所示薄圆盘绕着它的对称轴以常角速度 ω 旋转. 圆盘经历大位移. 针对本题, 具体写出表 6.2 和表 6.3 中虚功原理的一般方程. 在此分析中, 只考虑圆盘在 x_1 方向的位移.

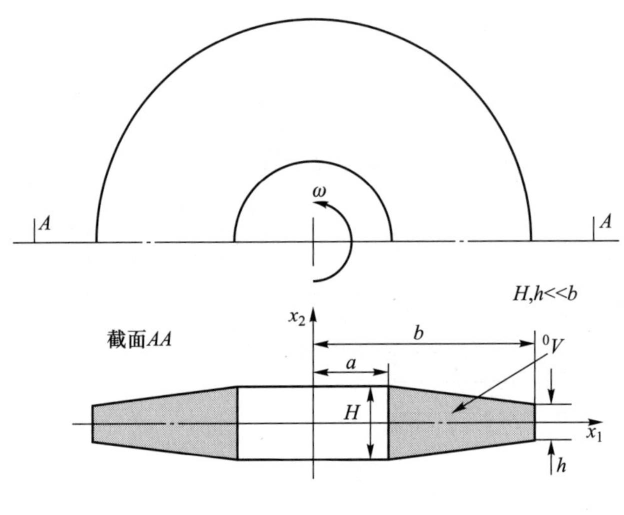

图 Ex.6.27

6.28 考虑 4 节点平面应变单元. 在时刻 t 和 $t+\Delta t$ 的节点位移如图 Ex.6.28 所示. 计算从时刻 t 到 $t+\Delta t$ 的增量 Green-Lagrange 应变张量分量 ${}_0\varepsilon$.

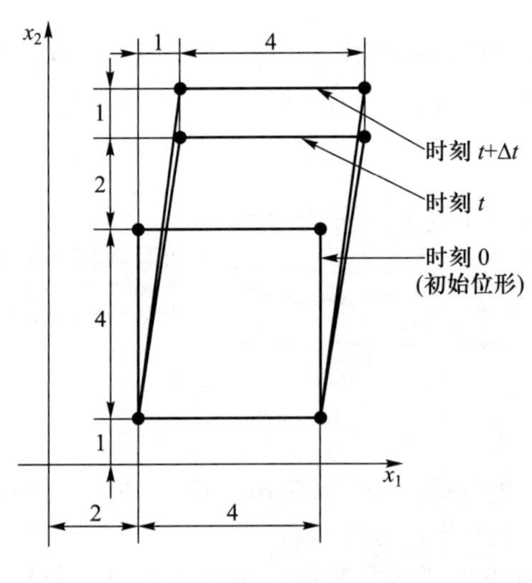

图 Ex.6.28

6.29 在第 6.2.3 节的推导中, 使用了如下形式

$$\int_{{}^0V} {}^{t+\Delta t}_{\ \ 0}S_{ij}\,\delta\,{}^{t+\Delta t}_{\ \ 0}\varepsilon_{ij}\,\mathrm{d}{}^0V = \int_{{}^0V} {}^{t+\Delta t}_{\ \ 0}S_{ij}\,\delta\,{}_0\varepsilon_{ij}\,\mathrm{d}{}^0V$$

其中, $\delta {}_0^t\varepsilon_{ij} = 0$. 也使用了

$$\int_{^0V} {}_0^tS_{ij}\delta_0 e_{ij}\mathrm{d}^0V = \int_{^0V} {}_0^tS_{ij}\delta {}_0^t\varepsilon_{ij}\mathrm{d}^0V$$

其中, $\delta_0 e_{ij} = \delta {}_0^t\varepsilon_{ij}$, 显然 $\delta {}_0^t\varepsilon_{ij} \neq 0$. 简要讨论为什么这些方程都是正确的. [538]

6.30 建立习题 6.27 中圆盘的第二 Piola-Kirchhoff 应力 ${}_0^tS_{ij}$ 和 Green-Lagrange 应变变分 $\delta {}_0^t\varepsilon_{ij}$. 对这种情况, 显式证明

$$\int_{^tV} {}^t\tau_{ij}\delta_t e_{ij}\mathrm{d}^tV = \int_{^0V} {}_0^tS_{ij}\delta {}_0^t\varepsilon_{ij}\mathrm{d}^0V$$

成立.

6.3 基于位移的等参连续介质有限单元

在第 6.2 节, 我们推导了连续介质形式的线性化虚位移原理 (在时刻 t 状态线性化). 方程中唯一的变量是质点的位移.

如果考虑只有节点位移自由度的有限单元, 则我们可以通过使用第 6.2 节的方程直接得到对应时刻 t 状态完全线性化的虚位移原理的有限单元控制矩阵. 要注意的关键点是此种情况下单元的自由度, 即单元位移, 就是关于一般虚位移原理的已经线性化的位移变量. 我们考虑如下推导以强化这一概念. 该推导还将表明, 如果不使用位移自由度, 如使用结构单元中的转角或者混合格式中的应力, 则通过这些变量的直接 Taylor 级数展开, 更加容易对该有限单元自由度实现线性化.

6.3.1 对有限单元变量进行虚功原理线性化

虚位移原理用完全 Lagrange 格式表示是

$$\int_{^0V} {}^{t+\Delta t}_{\ \ \ \ 0}S_{ij}\delta {}^{t+\Delta t}_{\ \ \ \ 0}\varepsilon_{ij}\mathrm{d}^0V = {}^{t+\Delta t}\Re \tag{6.89}$$

我们对一般有限单元节点自由度 ${}^ta_k$ 线性化该式, ${}^ta_k$ 可能是位移或转角. 假设 ${}^{t+\Delta t}\Re$ 独立于变形, 使用 Taylor 级数展开式, 有

$${}^{t+\Delta t}_{\ \ \ \ 0}S_{ij}\delta {}^{t+\Delta t}_{\ \ \ \ 0}\varepsilon_{ij} \doteq {}_0^tS_{ij}\delta {}_0^t\varepsilon_{ij} + \frac{\partial}{\partial {}^ta_k}({}_0^tS_{ij}\delta {}_0^t\varepsilon_{ij})\mathrm{d}a_k \tag{6.90}$$

其中, $\mathrm{d}a_k$ 是 ${}^ta_k$ 中的一个微分增量. 注意到

$$\delta {}_0^t\varepsilon_{ij} = \frac{\partial {}_0^t\varepsilon_{ij}}{\partial {}^ta_l}\delta a_l \tag{6.91}$$

其中, δa_l 是 ${}^t a_l$ 的变分. 因此, 该变分是对节点参数 ${}^t a_l$ 在时刻 t 的位形取的.

[539] 对式 (6.90) 中的第二项进行链式微分, 得到

$$
\begin{aligned}
&\frac{\partial}{\partial\, {}^t a_k}({}_0^t S_{ij}\delta{}_0^t\varepsilon_{ij})\mathrm{d}a_k \\
&= \frac{\partial\, {}_0^t S_{ij}}{\partial\, {}^t a_k}\delta{}_0^t\varepsilon_{ij}\mathrm{d}a_k + {}_0^t S_{ij}\frac{\partial}{\partial\, {}^t a_k}(\delta{}_0^t\varepsilon_{ij})\mathrm{d}a_k \\
&= \left(\frac{\partial\, {}_0^t S_{ij}}{\partial\, {}_0^t\varepsilon_{rs}}\frac{\partial\, {}_0^t\varepsilon_{rs}}{\partial\, {}^t a_k}\right)\left(\frac{\partial\, {}_0^t\varepsilon_{ij}}{\partial\, {}^t a_l}\delta a_l\right)\mathrm{d}a_k + {}_0^t S_{ij}\frac{\partial}{\partial\, {}^t a_k}\left(\frac{\partial\, {}_0^t\varepsilon_{ij}}{\partial\, {}^t a_l}\delta a_l\right)\mathrm{d}a_k \\
&= {}_0C_{ijrs}\frac{\partial\, {}_0^t\varepsilon_{rs}}{\partial\, {}^t a_k}\frac{\partial\, {}_0^t\varepsilon_{ij}}{\partial\, {}^t a_l}\delta a_l\mathrm{d}a_k + {}_0^t S_{ij}\frac{\partial^2\, {}_0^t\varepsilon_{ij}}{\partial\, {}^t a_k\partial\, {}^t a_l}\delta a_l\mathrm{d}a_k
\end{aligned}
\tag{6.92}
$$

其中, 在最后一步使用

$$
\frac{\partial\, {}_0^t S_{ij}}{\partial\, {}_0^t\varepsilon_{rs}} = {}_0C_{ijrs} \tag{6.93}
$$

运用 Green-Lagrange 应变的定义, 进一步得到

$$
\frac{\partial\, {}_0^t\varepsilon_{ij}}{\partial\, {}^t a_k} = \frac{1}{2}\left(\frac{\partial\, {}_0^t u_{i,j}}{\partial\, {}^t a_k} + \frac{\partial\, {}_0^t u_{j,i}}{\partial\, {}^t a_k} + {}_0^t u_{m,i}\frac{\partial\, {}_0^t u_{m,j}}{\partial\, {}^t a_k} + {}_0^t u_{m,j}\frac{\partial\, {}_0^t u_{m,i}}{\partial\, {}^t a_k}\right) \tag{6.94}
$$

和

$$
\begin{aligned}
\frac{\partial^2\, {}_0^t\varepsilon_{ij}}{\partial\, {}^t a_k\partial\, {}^t a_l} = \frac{1}{2}\Bigg(&{}_0^t x_{m,i}\frac{\partial^2\, {}_0^t u_{m,j}}{\partial\, {}^t a_k\partial\, {}^t a_l} + \\
&{}_0^t x_{m,j}\frac{\partial^2\, {}_0^t u_{m,i}}{\partial\, {}^t a_k\partial\, {}^t a_l} + \frac{\partial\, {}_0^t u_{m,i}}{\partial\, {}^t a_k}\frac{\partial\, {}_0^t u_{m,j}}{\partial\, {}^t a_l} + \frac{\partial\, {}_0^t u_{m,i}}{\partial\, {}^t a_l}\frac{\partial\, {}_0^t u_{m,j}}{\partial\, {}^t a_k}\Bigg)
\end{aligned}
\tag{6.95}
$$

将式 (6.90) 和式 (6.92) 代入虚位移原理式 (6.89), 给出

$$
\begin{aligned}
&\left\{\int_{{}^0V} {}_0C_{ijrs}\frac{\partial\, {}_0^t\varepsilon_{rs}}{\partial\, {}^t a_k}\frac{\partial\, {}_0^t\varepsilon_{ij}}{\partial\, {}^t a_l}\mathrm{d}^0V + \int_{{}^0V} {}_0^t S_{ij}\frac{\partial^2\, {}_0^t\varepsilon_{ij}}{\partial\, {}^t a_k\partial\, {}^t a_l}\mathrm{d}^0V\right\}\mathrm{d}a_k\delta a_l \\
&= {}^{t+\Delta t}\Re_l - \left(\int_{{}^0V} {}_0^t S_{ij}\frac{\partial\, {}_0^t\varepsilon_{ij}}{\partial\, {}^t a_l}\mathrm{d}^0V\right)\delta a_l
\end{aligned}
\tag{6.96}
$$

式中, ${}^{t+\Delta t}\Re_l$ 表示对 δa_l 的外部虚功.

如果比较式 (6.96)(使用式 (6.94) 和式 (6.95)) 和表 6.2 中线性化的虚位移原理表达式, 我们注意到, 对于只有节点位移自由度的基于位移的等参连续介质单元, 可以直接应用两个表达式得到相同的有限单元方程. 但是, 对于具有转角自由度的单元, 式 (6.96) 或许可以更加直接地导出完全线性化的有限单元方程. 即, 式 (6.95) 中出现的节点变量的位移梯度的第二阶导数非零, 并且还要考虑它们的影响. 因此, 如果使用表 6.2 和表 6.3 中的连续介质线性化, 应指出, 当 ${}_0e_{ij}$ 和 ${}_te_{ij}$ 不是节点变量的线性函数时, 方程右边的 ${}_0^t S_{ij}\delta{}_0e_{ij}$ 项和 ${}^t\tau_{ij}\delta{}_te_{ij}$ 项仍然是刚度矩阵的一部分 (见第 6.5 节).

另外, 如果不使用位移和转角单元自由度, 则上述线性化方法是非常有效的 (见第 6.4 节位移/压力格式的推导).

这里我们虽然只讨论完全 Lagrange 格式, 但是应了解, 同样的线性化步骤对于更新 Lagrange 格式也适用, 并且对所有具有不同材料特性的格式都适用. 如果载荷是变形的函数, 也可以用同样的步骤线性化式 (6.89) 中的外部虚功项.

6.3.2 基于位移的连续介质单元的一般矩阵方程 [540]

现在我们更加详细地研究只有位移自由度的连续介质等参有限单元的矩阵.

有限单元控制方程推导中的基本步骤与线性分析中使用的相同: 首先是插值函数的选取, 在连续介质力学控制方程中对单元坐标和位移使用同样的插值函数进行插值. 接着依次对每个节点位移应用线性化的虚位移原理, 即可获得有限单元方程. 正如线性分析一样, 在推导中我们只考虑特定类型的一个单元, 因为可通过直接刚度法构建单元组合体的平衡控制方程.

应指出, 在考虑单元坐标和位移插值时, 在单元运动的整个过程中对所有时刻使用同样的坐标和位移插值函数是很重要的. 由于新的单元坐标是通过向原有坐标中添加单元位移得到的, 所以要求对位移和坐标使用同一插值函数表示一致求解方法, 这也意味着第 4.3 节和第 5.3.3 节有关收敛的讨论可直接应用于增量分析. 特别是, 它确保在初始位形中跨单元边界位移协调的单元组合体在随后的所有位形中仍保持这种协调性.

在第 6.2.3 和第 6.3.1 节, 我们推导了有限单元格式的基本增量方程. 实际应用中迭代是必要的, 表 6.2、表 6.3 和第 6.3.1 节的方程就是迭代中用到的基本方程式. 因此, 在下述介绍中, 我们只需要关注表 6.2 和表 6.3 (第 6.3.1 节讨论的) 导出的, 以及在式 (6.74) 和式 (6.75) 所总结的基本增量方程.

将单元坐标和位移插值代入这些方程, 就像线性分析中一样, 对单元组合体中的单个单元, 得到:

在仅材料非线性分析中,

静态分析

$$ {}^{t}\mathbf{K}\mathbf{U} = {}^{t+\Delta t}\mathbf{R} - {}^{t}\mathbf{F} \tag{6.97} $$

动态分析, 隐式时间积分

$$ \mathbf{M}^{t+\Delta t}\ddot{\mathbf{U}} + {}^{t}\mathbf{K}\mathbf{U} = {}^{t+\Delta t}\mathbf{R} - {}^{t}\mathbf{F} \tag{6.98} $$

动态分析, 显式时间积分

$$ \mathbf{M}^{t}\ddot{\mathbf{U}} = {}^{t}\mathbf{R} - {}^{t}\mathbf{F} \tag{6.99} $$

使用 TL 格式,

静态分析

$$ ({}_{0}^{t}\mathbf{K}_{L} + {}_{0}^{t}\mathbf{K}_{NL})\mathbf{U} = {}^{t+\Delta t}\mathbf{R} - {}_{0}^{t}\mathbf{F} \tag{6.100} $$

[541] 动态分析, 隐式时间积分

$$\mathbf{M}^{t+\Delta t}\ddot{\mathbf{U}} + ({}_0^t\mathbf{K}_L + {}_0^t\mathbf{K}_{NL})\mathbf{U} = {}^{t+\Delta t}\mathbf{R} - {}_0^t\mathbf{F} \tag{6.101}$$

动态分析, 显式时间积分

$$\mathbf{M}^t\ddot{\mathbf{U}} = {}^t\mathbf{R} - {}_0^t\mathbf{F} \tag{6.102}$$

使用 UL 格式,

静态分析

$$({}_t^t\mathbf{K}_L + {}_t^t\mathbf{K}_{NL})\mathbf{U} = {}^{t+\Delta t}\mathbf{R} - {}_t^t\mathbf{F} \tag{6.103}$$

动态分析, 隐式时间积分

$$\mathbf{M}^{t+\Delta t}\ddot{\mathbf{U}} + ({}_t^t\mathbf{K}_L + {}_t^t\mathbf{K}_{NL})\mathbf{U} = {}^{t+\Delta t}\mathbf{R} - {}_t^t\mathbf{F} \tag{6.104}$$

动态分析, 显式时间积分

$$\mathbf{M}^t\ddot{\mathbf{U}} = {}^t\mathbf{R} - {}_t^t\mathbf{F} \tag{6.105}$$

其中,

$\mathbf{M}$　独立于时间的质量矩阵;

${}^t\mathbf{K}$　线性应变刚度矩阵增量, 不计入初始位移影响;

${}_0^t\mathbf{K}_L$、${}_t^t\mathbf{K}_L$　线性应变刚度矩阵增量;

${}_0^t\mathbf{K}_{NL}$、${}_t^t\mathbf{K}_{NL}$　非线性应变 (几何或初始应力) 刚度矩阵增量;

${}^{t+\Delta t}\mathbf{R}$　时刻 $t+\Delta t$, 外部作用节点载荷的向量, 该向量也用于时刻 t 的显式时间积分中;

${}^t\mathbf{F}$、${}_0^t\mathbf{F}$、${}_t^t\mathbf{F}$　与时刻 t 单元应力相平衡的节点力向量;

$\mathbf{U}$　节点位移的增量向量;

${}^t\ddot{\mathbf{U}}$、${}^{t+\Delta t}\ddot{\mathbf{U}}$　时刻 t 和 $t+\Delta t$ 的节点加速度向量.

在上面的有限单元离散化中, 我们假设阻尼影响可以忽略或在非线性本构关系中考虑 (例如, 使用与应变率有关的材料律). 还假设外部载荷是独立于变形的, 因此对应所有载荷 (或时间) 步长的载荷向量可在增量分析前计算. 如果载荷包含与变形有关的分量, 就有必要像第 6.2.3 节简要讨论的一样对载荷向量进行更新和迭代.

上述有限单元矩阵是与线性分析一样进行计算的. 表 6.4 总结了单个单元的基本积分及其矩阵计算. 下面的符号用于单元矩阵的计算:

$\mathbf{H}^S$、$\mathbf{H}$　表面–位移插值矩阵、体积–位移插值矩阵;

${}^{t+\Delta t}_{\ 0}\mathbf{f}^S$、${}^{t+\Delta t}_{\ 0}\mathbf{f}^B$　时刻 0 单元单位面积的面力向量、单位体积的体力向量;

$\mathbf{B}_L$、${}_0^t\mathbf{B}_L$、${}_t^t\mathbf{B}_L$　线性应变–位移变换矩阵, 忽略初始位移影响时, $\mathbf{B}_L$ 等于 ${}_0^t\mathbf{B}_L$;

${}_0^t\mathbf{B}_{NL}$、${}_t^t\mathbf{B}_{BL}$　非线性应变–位移变换矩阵;

$\mathbf{C}$　应力–应变材料属性矩阵 (增量或完全);

${}_0\mathbf{C}$、${}_t\mathbf{C}$　应力–应变材料属性增量矩阵;

${}^t\boldsymbol{\tau}$、${}^t\widehat{\boldsymbol{\tau}}$　Cauchy 应力矩阵和向量;

${}_0^t\mathbf{S}$、${}_0^t\widehat{\mathbf{S}}$　第二 Piola-Kirchhoff 应力矩阵和向量;

${}^t\widehat{\boldsymbol{\Sigma}}$　仅材料非线性分析中的应力向量.

表 6.4　有限单元矩阵　[542]

分析类型	积分	矩阵计算
所有分析	$\int_{{}^0V} {}^0\rho\, {}^{t+\Delta t}\ddot{u}_i \delta u_i \mathrm{d}^0V$ ${}^{t+\Delta t}\Re = \int_{{}^0S_f} {}^{t+\Delta t}_{\ 0}f_i^S \delta u_i^S \mathrm{d}^0S +$ $\int_{{}^0V} {}^{t+\Delta t}_{\ 0}f_i^B \delta u_i \mathrm{d}^0V$	$\mathbf{M}^{t+\Delta t}\ddot{\widehat{\mathbf{u}}} = \left(\int_{{}^0V} {}^0\rho \mathbf{H}^{\mathrm{T}}\mathbf{H}\mathrm{d}^0V\right) {}^{t+\Delta t}\ddot{\widehat{\mathbf{u}}}$ ${}^{t+\Delta t}\mathbf{R} = \int_{{}^0S_f} \mathbf{H}^{S^{\mathrm{T}}}\, {}^{t+\Delta t}_{\ 0}\mathbf{f}^S \mathrm{d}^0S +$ $\int_{{}^0V} \mathbf{H}^{\mathrm{T}}\, {}^{t+\Delta t}_{\ 0}\mathbf{f}^B \mathrm{d}^0V$
仅材料非线性	$\int_V C_{ijrs} e_{rs} \delta e_{ij} \mathrm{d}V$ $\int_V {}^t\sigma_{ij} \delta e_{ij} \mathrm{d}V$	${}^t\mathbf{K}\widehat{\mathbf{u}} = \left(\int_V \mathbf{B}_L^{\mathrm{T}}\mathbf{C}\mathbf{B}_L \mathrm{d}V\right)\widehat{\mathbf{u}}$ ${}^t\mathbf{F} = \int_V \mathbf{B}_L^{\mathrm{T}}\, {}^t\widehat{\boldsymbol{\Sigma}} \mathrm{d}V$
完全 Lagrange 格式	$\int_{{}^0V} {}_0C_{ijrs}\, {}_0e_{rs} \delta_0 e_{ij} \mathrm{d}^0V$ $\int_{{}^0V} {}_0^tS_{ij} \delta_0\eta_{ij} \mathrm{d}^0V$ $\int_{{}^0V} {}_0^tS_{ij} \delta_0 e_{ij} \mathrm{d}^0V$	${}_0^t\mathbf{K}_L\widehat{\mathbf{u}} = \left(\int_{{}^0V} {}_0^t\mathbf{B}_L^{\mathrm{T}}\, {}_0\mathbf{C}\, {}_0^t\mathbf{B}_L \mathrm{d}^0V\right)\widehat{\mathbf{u}}$ ${}_0^t\mathbf{K}_{NL}\widehat{\mathbf{u}} = \left(\int_{{}^0V} {}_0^t\mathbf{B}_{NL}^{\mathrm{T}}\, {}_0^t\mathbf{S}\, {}_0^t\mathbf{B}_{NL} \mathrm{d}^0V\right)\widehat{\mathbf{u}}$ ${}_0^t\mathbf{F} = \int_{{}^0V} {}_0^t\mathbf{B}_L^{\mathrm{T}}\, {}_0^t\widehat{\mathbf{S}} \mathrm{d}^0V$
更新 Lagrange 格式	$\int_{{}^tV} {}_tC_{ijrs}\, {}_te_{rs} \delta_t e_{ij} \mathrm{d}^tV$ $\int_{{}^tV} {}^t\tau_{ij} \delta_t\eta_{ij} \mathrm{d}^tV$ $\int_{{}^tV} {}^t\tau_{ij} \delta_t e_{ij} \mathrm{d}^tV$	${}_t^t\mathbf{K}_L\widehat{\mathbf{u}} = \left(\int_{{}^tV} {}_t^t\mathbf{B}_L^{\mathrm{T}}\, {}_t\mathbf{C}\, {}_t^t\mathbf{B}_L \mathrm{d}^tV\right)\widehat{\mathbf{u}}$ ${}_t^t\mathbf{K}_{NL}\widehat{\mathbf{u}} = \left(\int_{{}^tV} {}_t^t\mathbf{B}_{NL}^{\mathrm{T}}\, {}^t\boldsymbol{\tau}\, {}_t^t\mathbf{B}_{NL} \mathrm{d}^tV\right)\widehat{\mathbf{u}}$ ${}_t^t\mathbf{F} = \int_{{}^tV} {}_t^t\mathbf{B}_L^{\mathrm{T}}\, {}^t\widehat{\boldsymbol{\tau}} \mathrm{d}^tV$

这些矩阵依赖于所考虑的具体单元. 位移插值矩阵与线性分析一样从位移插值函数得到. 在接下来的几节, 我们将讨论与前面在第 5 章线性分析中讨论的连续介质单元所对应的应变–位移和应力矩阵和向量的计算. 我们简要进行讨论, 因为在非线性有限矩阵计算中所使用的基本数值步骤是我们已经阐述过的. 例如, 我们再次考虑变节点数单元, 此前已经给出它的插值函数. 与前面一样, 位移插值和应变位移矩阵是用等参坐标表示的. 表 6.4 中积分与第 5.5 节所解释的一样进行.

在下面的讨论中, 我们将只考虑 UL 和 TL 格式, 因为可以从这些格式中直接得到仅材料非线性分析中的矩阵, 同时我们只关心必要的运动学关系式. 单元应力和应力–应变矩阵的计算与使用的材料模型有关. 这些内容将在第 6.6 节讨论.

[543]

6.3.3 桁架单元和缆线单元

正如前面第 4.2.3 节所讨论的, 桁架单元是只能沿着垂直于横截面的法向传递应力的结构件. 假设横截面上的法向应力是常数.

下面我们将讨论空间任意方向的桁架单元. 该单元用 2 ~ 4 个节点描述, 如图 6.3 所示, 经受大位移和大应变. 该单元节点的总体坐标在时刻 0 是 ${}^0x_1^k$、${}^0x_2^k$、${}^0x_3^k$, 在时刻 t 是 ${}^tx_1^k$、${}^tx_2^k$、${}^tx_3^k$, $k = 1, \cdots, N$, N 是节点数 ($2 \leqslant N \leqslant 4$). 节点坐标用来确定桁架在时刻 0 和 t 的空间位形.

$$
{}^0x_1(r) = \sum_{k=1}^{N} h_k\,{}^0x_1^k; \quad {}^0x_2(r) = \sum_{k=1}^{N} h_k\,{}^0x_2^k; \quad {}^0x_3(r) = \sum_{k=1}^{N} h_k\,{}^0x_3^k \tag{6.106}
$$

和

$$
{}^tx_1(r) = \sum_{k=1}^{N} h_k\,{}^tx_1^k; \quad {}^tx_2(r) = \sum_{k=1}^{N} h_k\,{}^tx_2^k; \quad {}^tx_3(r) = \sum_{k=1}^{N} h_k\,{}^tx_3^k \tag{6.107}
$$

其中, 插值函数 $h_k(r)$ 在图 5.3 中已定义. 使用式 (6.106) 和式 (6.107), 它满足

$$
{}^tu_i(r) = \sum_{k=1}^{N} h_k\,{}^tu_i^k \tag{6.108}
$$

和

$$
u_i(r) = \sum_{k=1}^{N} h_k u_i^k, \quad i = 1, 2, 3 \tag{6.109}
$$

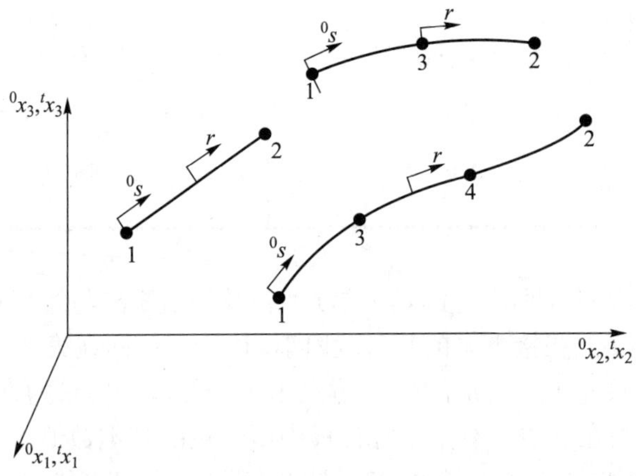

图 6.3　2 ~ 4 节点桁架单元

因为对于桁架单元而言, 唯一的应力就是横截面上的法向应力, 所以我们只考虑对应的纵向应变. 通过波浪号来表示单元局部纵向应变, 在 TL 格式中, 有

$$
{}_0^t\widetilde{\varepsilon}_{11} = \frac{\mathrm{d}\,{}^0x_i}{\mathrm{d}\,{}^0s}\frac{\mathrm{d}\,{}^tu_i}{\mathrm{d}\,{}^0s} + \frac{1}{2}\frac{\mathrm{d}\,{}^tu_i}{\mathrm{d}\,{}^0s}\frac{\mathrm{d}\,{}^tu_i}{\mathrm{d}\,{}^0s} \tag{6.110}
$$

其中, ${}^0s(r)$ 是时刻 0 质点 ${}^0x_1(r)$、${}^0x_2(r)$、${}^0x_3(r)$ 的弧长, 由式 (6.111) 给出 [544]

$$
{}^0s(r)=\sum_{k=1}^{N}h_k{}^0s_k \tag{6.111}
$$

应变分量 ${}_0^t\widetilde{\varepsilon}_{11}$ 的增量表示为 ${}_0\widetilde{\varepsilon}_{11}$, 其中, ${}_0\widetilde{\varepsilon}_{11}={}_0\widetilde{e}_{11}+{}_0\widetilde{\eta}_{11}$

$$
{}_0\widetilde{e}_{11}=\frac{\mathrm{d}^0x_i}{\mathrm{d}^0s}\frac{\mathrm{d}u_i}{\mathrm{d}^0s}+\frac{\mathrm{d}^tu_i}{\mathrm{d}^0s}\frac{\mathrm{d}u_i}{\mathrm{d}^0s} \tag{6.112}
$$

$$
{}_0\widetilde{\eta}_{11}=\frac{1}{2}\frac{\mathrm{d}u_i}{\mathrm{d}^0s}\frac{\mathrm{d}u_i}{\mathrm{d}^0s} \tag{6.113}
$$

对应变–位移矩阵, 定义

$$
{}^0\widehat{\mathbf{x}}^{\mathrm{T}}=[{}^0x_1^1\quad {}^0x_2^1\quad {}^0x_3^1\quad \cdots\quad {}^0x_1^N\quad {}^0x_2^N\quad {}^0x_3^N] \tag{6.114}
$$

$$
\begin{aligned}
{}^t\widehat{\mathbf{u}}^{\mathrm{T}}&=[{}^tu_1^1\quad {}^tu_2^1\quad {}^tu_3^1\quad \cdots\quad {}^tu_1^N\quad {}^tu_2^N\quad {}^tu_3^N]\\
\widehat{\mathbf{u}}^{\mathrm{T}}&=[u_1^1\quad u_2^1\quad u_3^1\quad \cdots\quad u_1^N\quad u_2^N\quad u_3^N]
\end{aligned} \tag{6.115}
$$

$$
\mathbf{H}=[h_1\mathbf{I}_3\ \vdots\ \cdots\ \vdots\ h_N\mathbf{I}_3];\quad \mathbf{I}_3=\begin{bmatrix}1&0&0\\0&1&0\\0&0&1\end{bmatrix} \tag{6.116}
$$

因此, 使用式 (6.112) 和式 (6.113) 有

$$
{}_0^t\mathbf{B}_L=({}^0J^{-1})^2({}^0\widehat{\mathbf{x}}^{\mathrm{T}}\mathbf{H}_{,r}^{\mathrm{T}}\mathbf{H}_{,r}+{}^t\widehat{\mathbf{u}}^{\mathrm{T}}\mathbf{H}_{,r}^{\mathrm{T}}\mathbf{H}_{,r}) \tag{6.117}
$$

和

$$
{}_0^t\mathbf{B}_{NL}={}^0J^{-1}\mathbf{H}_{,r} \tag{6.118}
$$

其中, ${}^0J^{-1}=\mathrm{d}r/\mathrm{d}^0s$. 注意到, 因为 ${}_0^t\mathbf{B}_{NL}$ 独立于单元的方向, 所以 ${}_0^t\mathbf{K}_{NL}$ 矩阵也是如此.

唯一的非零应力分量是 ${}_0^t\widetilde{S}_{11}$, 我们假设它是 Green-Lagrange 应变 ${}_0^t\widetilde{\varepsilon}_{11}$ 在时刻 t 的函数 (见第 6.6 节). 因而, 切线应力–应变关系是

$$
{}_0\tilde{C}_{1111}=\frac{\partial{}_0^t\widetilde{S}_{11}}{\partial{}_0^t\tilde{\varepsilon}_{11}} \tag{6.119}
$$

使用式 (6.114) 至式 (6.119), 可由表 6.4 直接算得桁架单元矩阵. 参照表 6.2 至表 6.4, 上述关系可以直接用于推导 UL 格式和仅材料非线性格式. 考虑下面的例子.

例 6.16: 两节点桁架单元如图 E6.16 所示, 推导时刻 t 位形的切线刚度矩阵和力向量. 考虑大位移、大应变情况.

注意到该单元是直的, 在时刻 0 与 ${}^0x_1$ 轴重合. 因此, 不必对应力、应变分量使用波浪号, 且该格式的方程比式 (6.110) 至式 (6.119) 简单. 接下来使用两种方法介绍一些重点内容.

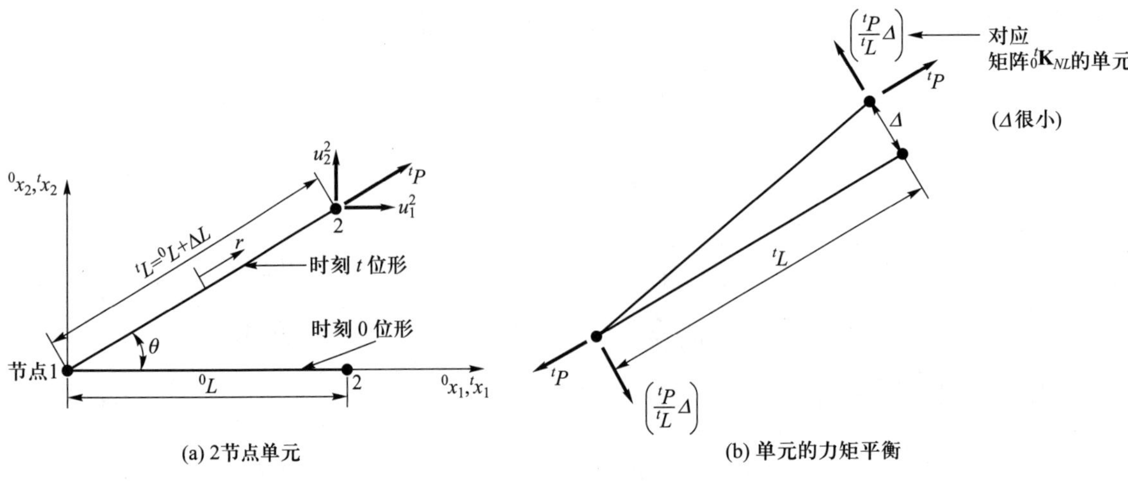

图 E6.16　2 节点桁架单元的构造

[545] **第一种方法：使用表 6.4 的单元矩阵进行计算**

使用 TL 格式我们需要按照单元位移函数表示表 6.2 (式 (6.112) 和式 (6.113)) 中给出的应力 ${}_0e_{11}$ 和 ${}_0\eta_{11}$. 由于桁架单元只在 ${}^0x_1{}^0x_2$ 平面内经历了位移, 有

$$
{}_0e_{11} = \frac{\partial u_1}{\partial\, {}^0x_1} + \frac{\partial\, {}^tu_1}{\partial\, {}^0x_1}\frac{\partial u_1}{\partial\, {}^0x_1} + \frac{\partial\, {}^tu_2}{\partial\, {}^0x_1}\frac{\partial u_2}{\partial\, {}^0x_1}
$$

$$
{}_0\eta_{11} = \frac{1}{2}\left[\left(\frac{\partial u_1}{\partial\, {}^0x_1}\right)^2 + \left(\frac{\partial u_2}{\partial\, {}^0x_1}\right)^2\right]
$$

由几何关系, 或者使用 ${}^tu_i = \sum_{k=1}^{2} h_k\, {}^tu_i^k$, 以及 ${}^tu_1^1 = 0, {}^tu_2^1 = 0$, ${}^tu_1^2 = ({}^0L + \Delta L)\cos\theta - {}^0L$, ${}^tu_2^2 = ({}^0L + \Delta L)\sin\theta, {}^0J = {}^0L/2$ 和图 5.3 给出的插值函数, 得到

$$
\frac{\partial\, {}^tu_1}{\partial\, {}^0x_1} = \frac{({}^0L + \Delta L)\cos\theta}{{}^0L} - 1; \quad \frac{\partial\, {}^tu_2}{\partial\, {}^0x_1} = \frac{({}^0L + \Delta L)\sin\theta}{{}^0L}
$$

[546] 因此, 有

$$
{}_0e_{11} = \frac{1}{{}^0L}\left\{[-1 \quad 0 \quad 1 \quad 0] + \left(\frac{{}^0L + \Delta L}{{}^0L}\cos\theta - 1\right)[-1 \quad 0 \quad 1 \quad 0] + \left(\frac{{}^0L + \Delta L}{{}^0L}\sin\theta\right)[0 \quad -1 \quad 0 \quad 1]\right\}\begin{bmatrix} u_1^1 \\ u_2^1 \\ u_1^2 \\ u_2^2 \end{bmatrix}
$$

$$= \frac{{}^0L + \Delta L}{({}^0L)^2}[-\cos\theta \quad -\sin\theta \quad \cos\theta \quad \sin\theta]\begin{bmatrix} u_1^1 \\ u_2^1 \\ u_1^2 \\ u_2^2 \end{bmatrix}$$

故,

$${}_0^t\mathbf{B}_L = \frac{{}^0L + \Delta L}{({}^0L)^2}[-\cos\theta \quad -\sin\theta \quad \cos\theta \quad \sin\theta]$$

当然, 使用式 (6.117) 也可以获得 ${}_0^t\mathbf{B}_L$ 同样的结果. 非线性应变位移矩阵为 (来自式 (6.118))

$${}_0^t\mathbf{B}_{NL} = \frac{1}{{}^0L}\begin{bmatrix} -1 & 0 & 1 & 0 \\ 0 & -1 & 0 & 1 \end{bmatrix}$$

在完全 Lagrange 格式中, 假设 ${}_0^tS_{11}$ 按 ${}_0^t\varepsilon_{11}$ 给出, 有

$${}_0C_{1111} = \frac{\partial\, {}_0^tS_{11}}{\partial\, {}_0^t\varepsilon_{11}}$$

如果使用 ${}_0^tS_{11} = E{}_0^t\varepsilon_{11}$, 仍然可得到 ${}_0C_{1111} = E$. 因此, 可得切线刚度矩阵和力向量

$${}_0^t\mathbf{K} = {}_0C_{1111}\frac{({}^0L + \Delta L)^2}{({}^0L)^3}\,{}^0A\begin{bmatrix} \cos^2\theta & \cos\theta\sin\theta & -\cos^2\theta & -\cos\theta\sin\theta \\ & \sin^2\theta & -\sin\theta\cos\theta & -\sin^2\theta \\ & & \cos^2\theta & \sin\theta\cos\theta \\ \text{对称} & & & \sin^2\theta \end{bmatrix} +$$

$$\frac{{}^tP}{{}^0L + \Delta L}\begin{bmatrix} 1 & 0 & -1 & 0 \\ 0 & 1 & 0 & -1 \\ -1 & 0 & 1 & 0 \\ 0 & -1 & 0 & 1 \end{bmatrix} \qquad \text{(a)}$$

$${}_0^t\mathbf{F} = {}^tP\begin{bmatrix} -\cos\theta \\ -\sin\theta \\ \cos\theta \\ \sin\theta \end{bmatrix}$$

其中, ${}^tP$ 是当前桁架单元所承受的力. 这里 Cauchy 应力等于 ${}^tP/{}^tA$, 我们使用了 [547]

$${}_0^tS_{11} = \frac{{}^0\rho}{{}^t\rho}\left(\frac{{}^0L}{{}^0L + \Delta L}\right)^2\frac{{}^tP}{{}^tA}; \quad {}_0^t\varepsilon_{11} = \frac{\Delta L}{{}^0L} + \frac{1}{2}\left(\frac{\Delta L}{{}^0L}\right)^2$$

$${}^0\rho\,{}^0L\,{}^0A = {}^t\rho({}^0L + \Delta L)\,{}^tA; \quad {}_0^tS_{11} = \frac{{}^0L}{{}^0L + \Delta L}\frac{{}^tP}{{}^0A} \qquad \text{(b)}$$

$${}^tP = {}_0^tS_{11}\,{}^0A\frac{{}^0L + \Delta L}{{}^0L}$$

式 (a) 中第一项表示线性应变刚度矩阵, 第二项为非线性应变刚度矩阵, 如前面所述, 独立于角 θ.

第二种方法: 对力向量 ${}_0^t\mathbf{F}$ 进行求导

任何单元的切线刚度矩阵可以由直接对其力向量 ${}_0^t\mathbf{F}$ 进行求导得到 (见第 6.3.1 节), 即

$$ {}_0^t\mathbf{K} = \frac{\partial\, {}_0^t\mathbf{F}}{\partial\, {}^t\widehat{\mathbf{u}}} \tag{c}$$

其中, ${}^t\widehat{\mathbf{u}}$ 是对应时刻 t 的节点位移向量. 对式 (6.106) 至式 (6.119) 中的一般桁架单元的格式, ${}_0^t\mathbf{F} = \int_{{}^0V} {}_0^t\mathbf{B}_L^{\mathrm{T}}\,{}_0^t\widetilde{S}_{11}\mathrm{d}^0V$, 因此

$$\frac{\partial\, {}_0^t\mathbf{F}}{\partial\, {}^t\widehat{\mathbf{u}}} = \int_{{}^0V} {}_0^t\mathbf{B}_L^{\mathrm{T}} \frac{\partial\, {}_0^t\widetilde{S}_{11}}{\partial\, {}_0^t\widetilde{\varepsilon}_{11}} \frac{\partial\, {}_0^t\widetilde{\varepsilon}_{11}}{\partial\, {}^t\widehat{\mathbf{u}}} \mathrm{d}^0V + \int_{{}^0V} \frac{\partial\, {}_0^t\mathbf{B}_L^{\mathrm{T}}}{\partial\, {}^t\widehat{\mathbf{u}}}\, {}_0^t\widetilde{S}_{11}\mathrm{d}^0V \tag{d}$$

使用式 (6.117) 和式 (6.118), 有

$$\frac{\partial\, {}_0^t\mathbf{B}_L^{\mathrm{T}}}{\partial\, {}^t\widehat{\mathbf{u}}} = ({}^0J^{-1})^2\mathbf{H}_{,r}^{\mathrm{T}}\mathbf{H}_{,r} = {}_0^t\mathbf{B}_{NL}^{\mathrm{T}}\,{}_0^t\mathbf{B}_{NL}$$

因此, 式 (d) 中第二项给出矩阵 ${}_0^t\mathbf{K}_{NL}$. 同样, 使用式 (6.110) 和式 (6.117), 可以直接得到

$$\frac{\partial\, {}_0^t\widetilde{\varepsilon}_{11}}{\partial\, {}^t\widehat{\mathbf{u}}} = {}_0^t\mathbf{B}_L$$

因此, 式 (d) 中第一项给出矩阵 ${}_0^t\mathbf{K}_L$.

为更好地理解, 使用下述方法介绍图 E6.16 中 2 节点桁架单元的式 (c) 中 ${}_0^t\mathbf{K}$ 的推导.

对于 2 节点单元, ${}_0^t\mathbf{F}$ 由简单平衡方程给出

$${}_0^t\mathbf{F} = {}^tP\begin{bmatrix} -\cos\theta \\ -\sin\theta \\ \cos\theta \\ \sin\theta \end{bmatrix}$$

其中, ${}^tP$ 是单元当前所受的力 (拉伸方向为正向), 则可得

$${}^t\widehat{\mathbf{u}}^{\mathrm{T}} = [{}^tu_1^1 \quad {}^tu_2^1 \quad {}^tu_1^2 \quad {}^tu_2^2]$$

[548] 我们考虑刚度矩阵的第三列和第四列 (从中第一列和第二列也可以推出来). 有

$$\begin{aligned} {}^tu_1^2 &= ({}^0L + \Delta L)\cos\theta - {}^0L \\ {}^tu_2^2 &= ({}^0L + \Delta L)\sin\theta \end{aligned}$$

因此,

$$\begin{bmatrix} \dfrac{\partial}{\partial(\Delta L)} \\ \dfrac{\partial}{\partial\theta} \end{bmatrix} = \begin{bmatrix} \cos\theta & \sin\theta \\ -({}^0L+\Delta L)\sin\theta & ({}^0L+\Delta L)\cos\theta \end{bmatrix} \begin{bmatrix} \dfrac{\partial}{\partial\,{}^tu_1^2} \\ \dfrac{\partial}{\partial\,{}^tu_2^2} \end{bmatrix}$$

由上式

$$\begin{bmatrix} \dfrac{\partial}{\partial\,{}^tu_1^2} \\ \dfrac{\partial}{\partial\,{}^tu_2^2} \end{bmatrix} = \begin{bmatrix} \cos\theta & -\dfrac{\sin\theta}{{}^0L+\Delta L} \\ \sin\theta & \dfrac{\cos\theta}{{}^0L+\Delta L} \end{bmatrix} \begin{bmatrix} \dfrac{\partial}{\partial(\Delta L)} \\ \dfrac{\partial}{\partial\theta} \end{bmatrix}$$

因此, ${}_0^t\mathbf{K}$ 的第三项是由下式给出[①]

$$\begin{aligned} \frac{\partial\,{}_0^t\mathbf{F}}{\partial\,{}^tu_1^2} &= \frac{\partial\,{}_0^t\mathbf{F}}{\partial(\Delta L)}\frac{\partial(\Delta L)}{\partial\,{}^tu_1^2} + \frac{\partial\,{}_0^t\mathbf{F}}{\partial\theta}\frac{\partial\theta}{\partial\,{}^tu_1^2} \\ &= \frac{\partial\,{}^tP}{\partial(\Delta L)} \begin{bmatrix} -\cos\theta \\ -\sin\theta \\ \cos\theta \\ \sin\theta \end{bmatrix} \cos\theta + {}^tP \begin{bmatrix} \sin\theta \\ -\cos\theta \\ -\sin\theta \\ \cos\theta \end{bmatrix} \left(\frac{-\sin\theta}{{}^0L+\Delta L}\right) \qquad \text{(e)} \\ &= \frac{\partial\left(\dfrac{{}^tP}{{}^0L+\Delta L}\right)}{\partial(\Delta L)}({}^0L+\Delta L) \begin{bmatrix} -\cos^2\theta \\ -\sin\theta\cos\theta \\ \cos^2\theta \\ \sin\theta\cos\theta \end{bmatrix} + \frac{{}^tP}{{}^0L+\Delta L} \begin{bmatrix} -1 \\ 0 \\ 1 \\ 0 \end{bmatrix} \end{aligned}$$

类似地, 对于 ${}_0^t\mathbf{K}$ 的第四列, 有

$$\begin{aligned} \frac{\partial\,{}_0^t\mathbf{F}}{\partial\,{}^tu_2^2} &= \frac{\partial\,{}_0^t\mathbf{F}}{\partial(\Delta L)}\frac{\partial(\Delta L)}{\partial\,{}^tu_2^2} + \frac{\partial\,{}_0^t\mathbf{F}}{\partial\theta}\frac{\partial\theta}{\partial\,{}^tu_2^2} \\ &= \frac{\partial\left(\dfrac{{}^tP}{{}^0L+\Delta L}\right)}{\partial(\Delta L)}({}^0L+\Delta L) \begin{bmatrix} -\cos\theta\sin\theta \\ -\sin^2\theta \\ \sin\theta\cos\theta \\ \sin^2\theta \end{bmatrix} + \frac{{}^tP}{{}^0L+\Delta L} \begin{bmatrix} 0 \\ -1 \\ 0 \\ 1 \end{bmatrix} \qquad \text{(f)} \end{aligned}$$

然而, 使用式 (b)

$$\begin{aligned} \frac{\partial\left(\dfrac{{}^tP}{{}^0L+\Delta L}\right)}{\partial(\Delta L)}({}^0L+\Delta L) &= \frac{\partial\,{}_0^tS_{11}}{\partial(\Delta L)}\frac{{}^0L+\Delta L}{{}^0L}{}^0A \\ &= \frac{\partial\,{}_0^tS_{11}}{\partial\,{}_0^t\varepsilon_{11}}\frac{\partial\,{}_0^t\varepsilon_{11}}{\partial(\Delta L)}\frac{{}^0L+\Delta L}{{}^0L}{}^0A = \frac{\partial\,{}_0^tS_{11}}{\partial\,{}_0^t\varepsilon_{11}}\frac{({}^0L+\Delta L)^2}{{}^0L^3}{}^0A \\ &= {}_0C_{1111}\frac{({}^0L+\Delta L)^2}{{}^0L^3}{}^0A \end{aligned}$$

① 注意到如果材料应力–应变关系使得 ${}^tP$ 随 ΔL 变化而保持常数, 则该方程只有第二行的第二项非零.

[549] 因此, 式 (e) 和式 (f) 的结果已由式 (a) 给出.

应指出非线性刚度矩阵的元素也可以直接由图 E6.16(b) 中的平衡条件得出.

更新 Lagrange 格式也可以使用下式从由式 (a) 的结果得到 (见例 6.23)

$$ {}_0C_{1111} = \frac{{}^0\rho}{{}^t\rho}\left(\frac{{}^0L}{{}^0L+\Delta L}\right)^4 {}_tC_{1111} $$

因此, 在式 (a) 中

$$ {}_0C_{1111}\frac{({}^0L+\Delta L)^2}{({}^0L)^3}{}^0A = {}_tC_{1111}\frac{{}^tA}{{}^0L+\Delta L} \tag{g} $$

我们还应指出, 如果对无限小的位移, 线性应变刚度矩阵化为众所周知的桁架单元矩阵 (见例 4.1), 并认识到用式 (g) 的结果代替式 (a), 即更新 Lagrange 刚度矩阵实际上是我们从物理条件中得到的.

例 6.17: 建立用于例 6.3 中所考虑的简单拱结构的非线性分析的平衡方程, 使用改进的 Newton-Raphson 迭代法进行求解.

在改进的 Newton-Raphson 迭代中, 我们使用式 (6.11) 和式 (6.12), 但只在每一步的开始计算新的切线刚度矩阵.

如在例 6.3 中一样, 我们将使用桁架单元对结构进行建模 (见图 E6.3(b)). 由于节点 1 的位移是 0, 则只需要考虑节点 2 的位移. 使用例 6.16 中给出的求导式, 当 $\theta = {}^t\beta$ 时, 有

$$ {}_0^t\mathbf{K}_L = \frac{EA}{L}\begin{bmatrix} (\cos{}^t\beta)^2 & \sin{}^t\beta\cos{}^t\beta \\ \sin{}^t\beta\cos{}^t\beta & (\sin{}^t\beta)^2 \end{bmatrix} $$

$$ {}_0^t\mathbf{K}_{NL} = \frac{{}^tP}{L}\begin{bmatrix} 1 & 0 \\ 0 & 1 \end{bmatrix} $$

$$ {}_0^t\mathbf{F} = {}^tP\begin{bmatrix} \cos{}^t\beta \\ \sin{}^t\beta \end{bmatrix} $$

其中, 假设在刚度表达式中 L 和 EA/L 在整个响应阶段一直是常数.

该矩阵对应在节点 2 的全局位移 ${}^tu_1^2$ 和 ${}^tu_2^2$. 但 ${}^tu_1^2$ 是 0, 因此控制平衡方程是

$$ \left[\frac{EA}{L}(\sin{}^t\beta)^2 + \frac{{}^tP}{L}\right]\Delta u_1^{2(i)} = -\frac{{}^{t+\Delta t}R}{2} - {}^{t+\Delta t}P^{(i-1)}\sin({}^{t+\Delta t}\beta^{(i-1)}) $$

其中, ${}^{t+\Delta t}R/2$ 和图 E6.3(b) 中所示的一样为正, 而 ${}^{t+\Delta t}P^{(i-1)}$ 是杆中的力 (拉伸方向为正) 且对应时刻 $(t+\Delta t)$ 在第 $(i-1)$ 次迭代结束时的位移.

6.3.4 二维轴对称单元、平面应变单元和平面应力单元

为推导所需的矩阵和向量, 我们考虑一个典型二维单元, 经历从时刻 0 到时刻 t 的位形, 如图 6.4 所示的 9 节点单元. 单元节点的总体坐标是在时刻 0、${}^0x_1^k$、${}^0x_2^k$ 和时刻 t、${}^tx_1^k$、${}^tx_2^k$, 此处 $k=1,2,\cdots,N$, N 代表单元节点总数. [550]

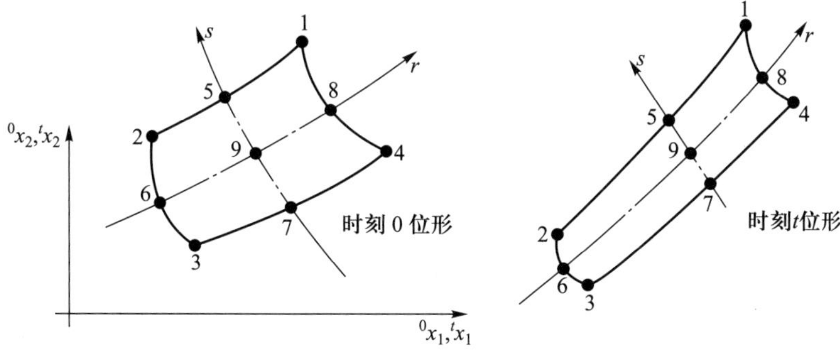

图 6.4　总体坐标 ${}^tx_1$ ${}^tx_2$ 平面中的二维单元

使用第 5.3 节所讨论的插值概念, 在时刻 0 得到,

$$ {}^0x_1 = \sum_{k=1}^{N} h_k {}^0x_1^k; \quad {}^0x_2 = \sum_{k=1}^{N} h_k {}^0x_2^k \tag{6.120} $$

在时刻 t

$$ {}^tx_1 = \sum_{k=1}^{N} h_k {}^tx_1^k; \quad {}^tx_2 = \sum_{k=1}^{N} h_k {}^tx_2^k \tag{6.121} $$

其中, h_k 是图 5.4 所示的插值函数.

由于使用等参有限单元离散化, 故单元位移与几何坐标同样方式进行插值, 即

$$ {}^tu_1 = \sum_{k=1}^{N} h_k {}^tu_1^k; \quad {}^tu_2 = \sum_{k=1}^{N} h_k {}^tu_2^k \tag{6.122} $$

$$ u_1 = \sum_{k=1}^{N} h_k u_1^k; \quad u_2 = \sum_{k=1}^{N} h_k u_2^k \tag{6.123} $$

应变的计算需要下列导数

$$ \frac{\partial\, {}^tu_i}{\partial\, {}^0x_j} = \sum_{k=1}^{N} \left(\frac{\partial h_k}{\partial\, {}^0x_j} \right) {}^tu_i^k \tag{6.124} $$

$$ \frac{\partial u_i}{\partial\, {}^0x_j} = \sum_{k=1}^{N} \left(\frac{\partial h_k}{\partial\, {}^0x_j} \right) u_i^k; \quad \begin{array}{l} i=1,2 \\ j=1,2 \end{array} \tag{6.125} $$

$$ \frac{\partial u_i}{\partial\, {}^tx_j} = \sum_{k=1}^{N} \left(\frac{\partial h_k}{\partial\, {}^tx_j} \right) u_i^k \tag{6.126} $$

这些导数的计算方法是与线性分析一样, 使用 Jacobi 行列式变换. 作为一个例子, 简要说明如何求出式 (6.126) 中的导数. 其他导数的求解也可以使用类似的方式.

[551] 链式法则将对 r、s 导数与对 ${}^t x_1$、${}^t x_2$ 导数联系起来, 如下

$$\begin{bmatrix} \dfrac{\partial}{\partial r} \\ \dfrac{\partial}{\partial s} \end{bmatrix} = {}^t\mathbf{J} \begin{bmatrix} \dfrac{\partial}{\partial\, {}^t x_1} \\ \dfrac{\partial}{\partial\, {}^t x_2} \end{bmatrix}$$

其中,

$${}^t\mathbf{J} = \begin{bmatrix} \dfrac{\partial\, {}^t x_1}{\partial r} & \dfrac{\partial\, {}^t x_2}{\partial r} \\ \dfrac{\partial\, {}^t x_1}{\partial s} & \dfrac{\partial\, {}^t x_2}{\partial s} \end{bmatrix}$$

对 Jacobi 算子 $\mathbf{J}$ 求逆, 得到

$$\begin{bmatrix} \dfrac{\partial}{\partial\, {}^t x_1} \\ \dfrac{\partial}{\partial\, {}^t x_2} \end{bmatrix} = \frac{1}{\det {}^t\mathbf{J}} \begin{bmatrix} \dfrac{\partial\, {}^t x_2}{\partial s} & -\dfrac{\partial\, {}^t x_2}{\partial r} \\ -\dfrac{\partial\, {}^t x_1}{\partial s} & \dfrac{\partial\, {}^t x_1}{\partial r} \end{bmatrix} \begin{bmatrix} \dfrac{\partial}{\partial r} \\ \dfrac{\partial}{\partial s} \end{bmatrix}$$

其中, Jacobi 行列式为

$$\det {}^t\mathbf{J} = \frac{\partial\, {}^t x_1}{\partial r}\frac{\partial\, {}^t x_2}{\partial s} - \frac{\partial\, {}^t x_1}{\partial s}\frac{\partial\, {}^t x_2}{\partial r}$$

以及对 r 和 s 坐标的导数如通常使用式 (6.121) 求得

$$\frac{\partial\, {}^t x_1}{\partial r} = \sum_{k=1}^{N} \frac{\partial h_k}{\partial r}\, {}^t x_1^k$$

定义了所有需要的导数后, 现在可以确立单元的应变–位移变换矩阵. 表 6.5 给出了 UL 和 TL 格式所需的矩阵. 这些矩阵的数值积分是在 Gauss 积分点上计算的 (见第 5.5 节).

[552] **表 6.5** 二维单元格式中所用矩阵

格式	矩阵
A. 完全 Lagrange 格式	1. 增量应变 ${}_0\varepsilon_{11} = {}_0u_{1,1} + {}_0^t u_{1,1}\,{}_0u_{1,1} + {}_0^t u_{2,1}\,{}_0u_{2,1} + \frac{1}{2}(({}_0u_{1,1})^2 + ({}_0u_{2,1})^2)$ ${}_0\varepsilon_{22} = {}_0u_{2,2} + {}_0^t u_{1,2}\,{}_0u_{1,2} + {}_0^t u_{2,2}\,{}_0u_{2,2} + \frac{1}{2}(({}_0u_{1,2})^2 + ({}_0u_{2,2})^2)$ ${}_0\varepsilon_{12} = \frac{1}{2}({}_0u_{1,2} + {}_0u_{2,1}) + \frac{1}{2}({}_0^t u_{1,1}\,{}_0u_{1,2} + {}_0^t u_{2,1}\,{}_0u_{2,2} + {}_0^t u_{1,2}\,{}_0u_{1,1} + {}_0^t u_{2,2}\,{}_0u_{2,1}) +$ $\frac{1}{2}({}_0u_{1,1}\,{}_0u_{1,2} + {}_0u_{2,1}\,{}_0u_{2,2})$ 对轴对称分析 ${}_0\varepsilon_{33} = \dfrac{u_1}{{}^0x_1} + \dfrac{{}^t u_1 u_1}{({}^0x_1)^2} + \dfrac{1}{2}\left(\dfrac{u_1}{{}^0x_1}\right)^2$ 其中, ${}_0u_{i,j} = \dfrac{\partial u_i}{\partial\, {}^0x_j};\quad {}_0^t u_{i,j} = \dfrac{\partial\, {}^t u_i}{\partial\, {}^0x_j}$

续表

<table>
<tr><th>格式</th><th>矩阵</th></tr>
<tr><td>A. 完全 Lagrange 格式</td><td>2. 线性应变–位移变换矩阵
使用
$${}_0\mathbf{e} = {}_0^t\mathbf{B}_L\hat{\mathbf{u}}$$
其中，
$${}_0\mathbf{e}^{\mathrm{T}} = [{}_0e_{11} \quad {}_0e_{22} \quad 2{}_0e_{12} \quad {}_0e_{33}]; \quad \hat{\mathbf{u}}^{\mathrm{T}} = [u_1^1 \quad u_2^1 \quad u_1^2 \quad u_2^2 \quad \cdots \quad u_1^N \quad u_2^N]$$
和
$${}_0^t\mathbf{B}_L = {}_0^t\mathbf{B}_{L0} + {}_0^t\mathbf{B}_{L1}$$
$${}_0^t\mathbf{B}_{L0} = \begin{bmatrix} {}_0h_{1,1} & 0 & {}_0h_{2,1} & 0 & {}_0h_{3,1} & 0 & \cdots & {}_0h_{N,1} & 0 \\ 0 & {}_0h_{1,2} & 0 & {}_0h_{2,2} & 0 & {}_0h_{3,2} & \cdots & 0 & {}_0h_{N,2} \\ {}_0h_{1,2} & {}_0h_{1,1} & {}_0h_{2,2} & {}_0h_{2,1} & {}_0h_{3,2} & {}_0h_{3,1} & \cdots & {}_0h_{N,2} & {}_0h_{N,1} \\ \dfrac{h_1}{{}^0\overline{x}_1} & 0 & \dfrac{h_2}{{}^0\overline{x}_1} & 0 & \dfrac{h_3}{{}^0\overline{x}_1} & 0 & \cdots & \dfrac{h_N}{{}^0\overline{x}_1} & 0 \end{bmatrix}$$
其中，${}_0h_{k,j} = \dfrac{\partial h_k}{\partial {}^0x_j}$; $u_j^k = {}^{t+\Delta t}u_j^k - {}^tu_j^k$; ${}^0\overline{x}_1 = \sum_{k=1}^N h_k {}^0x_1^k$; $N =$ 节点数
和
$${}_0^t\mathbf{B}_{L1} = \begin{bmatrix} l_{11\,0}h_{1,1} & l_{21\,0}h_{1,1} & l_{11\,0}h_{2,1} & l_{21\,0}h_{2,1} & \cdots & l_{11\,0}h_{N,1} & l_{21\,0}h_{N,1} \\ l_{12\,0}h_{1,2} & l_{22\,0}h_{1,2} & l_{12\,0}h_{2,2} & l_{22\,0}h_{2,2} & \cdots & l_{12\,0}h_{N,2} & l_{22\,0}h_{N,2} \\ (l_{11\,0}h_{1,2} + l_{12\,0}h_{1,1}) & (l_{21\,0}h_{1,2} + l_{22\,0}h_{1,1}) & (l_{11\,0}h_{2,2} + l_{12\,0}h_{2,1}) & (l_{21\,0}h_{2,2} + l_{22\,0}h_{2,1}) & \cdots & (l_{11\,0}h_{N,2} + l_{12\,0}h_{N,1}) & (l_{21\,0}h_{N,2} + l_{22\,0}h_{N,1}) \\ l_{33}\dfrac{h_1}{{}^0\overline{x}_1} & 0 & l_{33}\dfrac{h_2}{{}^0\overline{x}_1} & 0 & \cdots & l_{33}\dfrac{h_N}{{}^0\overline{x}_1} & 0 \end{bmatrix}$$
其中，
$$l_{11} = \sum_{k=1}^N {}_0h_{k,1}{}^tu_1^k; \quad l_{22} = \sum_{k=1}^N {}_0h_{k,2}{}^tu_2^k; \quad l_{21} = \sum_{k=1}^N {}_0h_{k,1}{}^tu_2^k$$
$$l_{12} = \sum_{k=1}^N {}_0h_{k,2}{}^tu_1^k; \quad l_{33} = \frac{\sum_{k=1}^N h_k{}^tu_1^k}{{}^0\overline{x}_1}$$
3. 非线性应变–位移变换矩阵
$${}_0^t\mathbf{B}_{NL} = \begin{bmatrix} {}_0h_{1,1} & 0 & {}_0h_{2,1} & 0 & {}_0h_{3,1} & 0 & \cdots & {}_0h_{N,1} & 0 \\ {}_0h_{1,2} & 0 & {}_0h_{2,2} & 0 & {}_0h_{3,2} & 0 & \cdots & {}_0h_{N,2} & 0 \\ 0 & {}_0h_{1,1} & 0 & {}_0h_{2,1} & 0 & {}_0h_{3,1} & \cdots & 0 & {}_0h_{N,1} \\ 0 & {}_0h_{1,2} & 0 & {}_0h_{2,2} & 0 & {}_0h_{3,2} & \cdots & 0 & {}_0h_{N,2} \\ \dfrac{h_1}{{}^0\overline{x}_1} & 0 & \dfrac{h_2}{{}^0\overline{x}_1} & 0 & \dfrac{h_3}{{}^0\overline{x}_1} & 0 & \cdots & \dfrac{h_N}{{}^0\overline{x}_1} & 0 \end{bmatrix}$$</td></tr>
</table>

[553]

续表

格式	矩阵
A. 完全 Lagrange 格式	4. 第二 Piola-Kirchhoff 应力矩阵和向量 $${}_0^t\mathbf{S} = \begin{bmatrix} {}_0^tS_{11} & {}_0^tS_{12} & 0 & 0 & 0 \\ {}_0^tS_{21} & {}_0^tS_{22} & 0 & 0 & 0 \\ 0 & 0 & {}_0^tS_{11} & {}_0^tS_{12} & 0 \\ 0 & 0 & {}_0^tS_{21} & {}_0^tS_{22} & 0 \\ 0 & 0 & 0 & 0 & {}_0^tS_{33} \end{bmatrix}; \quad {}_0^t\widehat{\mathbf{S}} = \begin{bmatrix} {}_0^tS_{11} \\ {}_0^tS_{22} \\ {}_0^tS_{12} \\ {}_0^tS_{33} \end{bmatrix}$$
B. 更新 Lagrange 格式	1. 增量应变 $${}_t\varepsilon_{11} = {}_tu_{1,1} + \frac{1}{2}(({}_tu_{1,1})^2 + ({}_tu_{2,1})^2)$$ $${}_t\varepsilon_{22} = {}_tu_{2,2} + \frac{1}{2}(({}_tu_{1,2})^2 + ({}_tu_{2,2})^2)$$ $${}_t\varepsilon_{12} = \frac{1}{2}({}_tu_{1,2} + {}_tu_{2,1}) + \frac{1}{2}({}_tu_{1,1}{}_tu_{1,2} + {}_tu_{2,1}{}_tu_{2,2})$$ 对轴对称分析 ${}_t\varepsilon_{33} = \frac{u_1}{{}^tx_1} + \frac{1}{2}\left(\frac{u_1}{{}^tx_1}\right)^2$; 其中, ${}_tu_{i,j} = \frac{\partial u_i}{\partial\,{}^tx_j}$ 2. 线性应变–位移变换矩阵 使用 $${}_t\mathbf{e} = {}_t^t\mathbf{B}_L\widehat{\mathbf{u}}$$ 其中, $${}_t\mathbf{e}^{\mathrm{T}} = [{}_te_{11} \quad {}_te_{22} \quad 2{}_te_{12} \quad {}_te_{33}]; \quad \widehat{\mathbf{u}}^{\mathrm{T}} = [u_1^1 \quad u_2^1 \quad u_1^2 \quad u_2^2 \quad \cdots \quad u_1^N \quad u_2^N]$$ $${}_t^t\mathbf{B}_L = \begin{bmatrix} {}_th_{1,1} & 0 & {}_th_{2,1} & 0 & {}_th_{3,1} & 0 & \cdots & {}_th_{N,1} & 0 \\ 0 & {}_th_{1,2} & 0 & {}_th_{2,2} & 0 & {}_th_{3,2} & \cdots & 0 & {}_th_{N,2} \\ {}_th_{1,2} & {}_th_{1,1} & {}_th_{2,2} & {}_th_{2,1} & {}_th_{3,2} & {}_th_{3,1} & \cdots & {}_th_{N,2} & {}_th_{N,1} \\ \frac{h_1}{{}^t\overline{x}_1} & 0 & \frac{h_2}{{}^t\overline{x}_1} & 0 & \frac{h_3}{{}^t\overline{x}_1} & 0 & \cdots & \frac{h_N}{{}^t\overline{x}_1} & 0 \end{bmatrix}$$ 其中, ${}_th_{k,j} = \frac{\partial h_k}{\partial\,{}^tx_j}$; $u_j^k = {}^{t+\Delta t}u_j^k - {}^tu_j^k$; ${}^t\overline{x}_1 = \sum_{k=1}^N h_k\,{}^tx_1^k$; $N=$ 节点数 3. 非线性应变–位移变换矩阵 $${}_t^t\mathbf{B}_{NL} = \begin{bmatrix} {}_th_{1,1} & 0 & {}_th_{2,1} & 0 & {}_th_{3,1} & 0 & \cdots & {}_th_{N,1} & 0 \\ {}_th_{1,2} & 0 & {}_th_{2,2} & 0 & {}_th_{3,2} & 0 & \cdots & {}_th_{N,2} & 0 \\ 0 & {}_th_{1,1} & 0 & {}_th_{2,1} & 0 & {}_th_{3,1} & \cdots & 0 & {}_th_{N,1} \\ 0 & {}_th_{1,2} & 0 & {}_th_{2,2} & 0 & {}_th_{3,2} & \cdots & 0 & {}_th_{N,2} \\ \frac{h_1}{{}^t\overline{x}_1} & 0 & \frac{h_2}{{}^t\overline{x}_1} & 0 & \frac{h_3}{{}^t\overline{x}_1} & 0 & \cdots & \frac{h_N}{{}^t\overline{x}_1} & 0 \end{bmatrix}$$ 4. Cauchy 应力矩阵和 Cauchy 应力向量 $${}^t\boldsymbol{\tau} = \begin{bmatrix} {}^t\tau_{11} & {}^t\tau_{12} & 0 & 0 & 0 \\ {}^t\tau_{21} & {}^t\tau_{22} & 0 & 0 & 0 \\ 0 & 0 & {}^t\tau_{11} & {}^t\tau_{12} & 0 \\ 0 & 0 & {}^t\tau_{21} & {}^t\tau_{22} & 0 \\ 0 & 0 & 0 & 0 & {}^t\tau_{33} \end{bmatrix}; \quad {}_0^t\widehat{\boldsymbol{\tau}} = \begin{bmatrix} {}^t\tau_{11} \\ {}^t\tau_{22} \\ {}^t\tau_{12} \\ {}^t\tau_{33} \end{bmatrix}$$

正如我们在前面指出的, TL 和 UL 格式的选择中基本上根据相对的数值有效性. 表 6.5 说明除了 ${}_{0}^{t}\mathbf{B}_L$ 是非稀疏阵而 ${}_{t}^{t}\mathbf{B}_L$ 是稀疏的外, 这两个格式的所有其他的矩阵都有相应的零元素模式. 应变–位移变换矩阵 ${}_{0}^{t}\mathbf{B}_L$ 是非稀疏阵, 这是由于线性应变项上的初始位移影响 (见表 6.2 和表 6.3). 因此, 在 UL 格式中矩阵乘积 ${}_{t}^{t}\mathbf{B}_{L}^{\mathrm{T}}{}_{t}\mathbf{C}_{t}^{t}\mathbf{B}_L$ 的计算, 需要的时间比在 TL 格式中计算矩阵乘积 ${}_{0}^{t}\mathbf{B}_{L}^{\mathrm{T}}{}_{0}\mathbf{C}_{0}^{t}\mathbf{B}_L$ 的时间要少.

两个格式的第二个数值区别是 TL 格式中所有插值函数的导数对应初始坐标, 而 UL 格式中插值函数对应时刻 t 的坐标. 因此, 在 TL 格式中只在第一加载步长计算一次导数, 并将其存储在备份存储器中, 以便用于所有后续加载步骤. 但实际上, 这种存储是非常昂贵的, 在计算机实现中, 插值函数的导数一般最好能在每个时间步上重新计算.

例 6.18: 建立与如图 E6.18 所示的二维平面应力单元的 TL 格式对应的矩阵 ${}_{0}^{t}\mathbf{B}_{L0}$、${}_{0}^{t}\mathbf{B}_{L1}$ 和 ${}_{0}^{t}\mathbf{B}_{NL}$. [554]

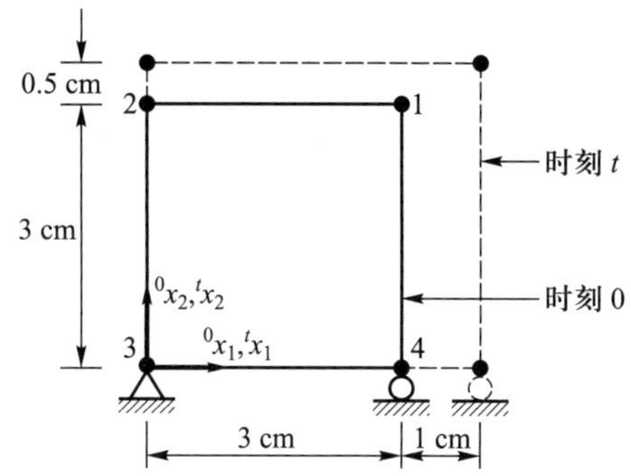

图 E6.18　大位移、大应变条件下的 4 节点平面应力单元

在这个例子, 我们可以直接使用表 6.5 中给出的信息

$$
\begin{aligned}
&{}^tu_1^1 = 1;\quad {}^tu_2^1 = 0.5;\\
&{}^tu_1^2 = 0;\quad {}^tu_2^2 = 0.5;\\
&{}^tu_1^3 = 0;\quad {}^tu_2^3 = 0;\\
&{}^tu_1^4 = 1;\quad {}^tu_2^4 = 0;
\end{aligned}
\qquad
{}^0\mathbf{J} = \begin{bmatrix} \dfrac{3}{2} & 0 \\ 0 & \dfrac{3}{2} \end{bmatrix}
$$

已在图 5.4 中给出 4 节点单元的插值函数 (需要同例 5.5 一样给出导数), 所以得到

$$
{}_{0}^{t}\mathbf{B}_{L0} = \frac{1}{6}\begin{bmatrix}
(1+s) & 0 & -(1+s) & 0 & -(1-s) & 0 & (1-s) & 0 \\
0 & (1+r) & 0 & (1-r) & 0 & -(1-r) & 0 & -(1+r) \\
(1+r) & (1+s) & (1-r) & -(1+s) & -(1-r) & -(1-s) & -(1+r) & (1-s)
\end{bmatrix}
$$

为计算 ${}_0^t\mathbf{B}_{L1}$, 还要知道 l_{ij} 的值, 其中

$$l_{11}=\sum_{k=1}^{4}{}_0h_{k,1}{}^tu_1^k=\frac{2}{3}\{h_{1,r}{}^tu_1^1+h_{4,r}{}^tu_1^4\}=\frac{1}{3}$$

$$l_{12}=\sum_{k=1}^{4}{}_0h_{k,2}{}^tu_1^k=\frac{2}{3}\{h_{1,s}{}^tu_1^1+h_{4,s}{}^tu_1^4\}=0$$

$$l_{21}=\sum_{k=1}^{4}{}_0h_{k,1}{}^tu_2^k=\frac{2}{3}\{h_{1,r}{}^tu_2^1+h_{2,r}{}^tu_2^2\}=0$$

$$l_{22}=\sum_{k=1}^{4}{}_0h_{k,2}{}^tu_2^k=\frac{2}{3}\{h_{1,s}{}^tu_2^1+h_{2,s}{}^tu_2^2\}=\frac{1}{6}$$

因此, 有

$${}_0^t\mathbf{B}_{L1}=\frac{1}{36}\begin{bmatrix}2(1+s) & 0 & -2(1+s) & 0 & -2(1-s) & 0 & 2(1-s) & 0\\ 0 & (1+r) & 0 & (1-r) & 0 & -(1-r) & 0 & -(1+r)\\ 2(1+r) & (1+s) & 2(1-r) & -(1+s) & -2(1-r) & -(1-s) & -2(1+r) & (1-s)\end{bmatrix}$$

[555] 使用插值函数和 Jacobi 矩阵, 还可以直接构造非线性应变–位移矩阵

$${}_0^t\mathbf{B}_{NL}=\frac{1}{6}\begin{bmatrix}(1+s) & 0 & -(1+s) & 0 & -(1-s) & 0 & (1-s) & 0\\ (1+r) & 0 & (1-r) & 0 & -(1-r) & 0 & -(1+r) & 0\\ 0 & (1+s) & 0 & -(1+s) & 0 & -(1-s) & 0 & (1-s)\\ 0 & (1+r) & 0 & (1-r) & 0 & -(1-r) & 0 & -(1+r)\end{bmatrix}$$

6.3.5 三维固体单元

三维等参有限单元分析中所要求的矩阵计算可使用与二维分析同样的方法实现. 因此, 见第 6.3.4 节, 我们简要指出, 对典型单元, 现在使用坐标插值函数和位移插值函数

$${}^0x_i=\sum_{k=1}^{N}h_k{}^0x_i^k;\quad {}^tx_i=\sum_{k=1}^{N}h_k{}^tx_i^k;\quad i=1,2,3 \tag{6.127}$$

$${}^tu_i=\sum_{k=1}^{N}h_k{}^tu_i^k;\quad u_i=\sum_{k=1}^{N}h_ku_i^k;\quad i=1,2,3 \tag{6.128}$$

其中, 单元插值函数 h_k 由图 5.5 给出. 使用式 (6.127) 和式 (6.128), 与二维分析中的方法一样, 我们可以推导出用于三维分析的 TL 和 UL 格式中的相关单元矩阵 (见表 6.6).

表 6.6　三维单元格式中的矩阵

<table>
<tr><th>格式</th><th>矩阵</th></tr>
<tr><td>A. 完全 Lagrange 格式</td><td>

1. 增量应变

$$ {}_0\varepsilon_{ij} = \frac{1}{2}({}_0u_{i,j} + {}_0u_{j,i}) + \frac{1}{2}({}_0^t u_{k,i}\,{}_0u_{k,j} + {}_0u_{k,i}\,{}_0^t u_{k,j}) + \frac{1}{2}({}_0u_{k,i}\,{}_0u_{k,j}); \quad i,j,k = 1,2,3 $$

其中, ${}_0u_{i,j} = \dfrac{\partial u_i}{\partial\, {}^0x_j}$

2. 线性应力–位移变换矩阵

使用 ${}_0\mathbf{e} = {}_0^t\mathbf{B}_L \widehat{\mathbf{u}}$

其中,

$$ {}_0\mathbf{e}^{\mathrm{T}} = [{}_0e_{11} \quad {}_0e_{22} \quad {}_0e_{33} \quad 2{}_0e_{12} \quad 2{}_0e_{23} \quad 2{}_0e_{31}]; $$

$$ \widehat{\mathbf{u}}^{\mathrm{T}} = [u_1^1 \quad u_2^1 \quad u_3^1 \quad u_1^2 \quad u_2^2 \quad u_3^2 \quad \cdots \quad u_1^N \quad u_2^N \quad u_3^N]; $$

$$ {}_0^t\mathbf{B}_L = {}_0^t\mathbf{B}_{L0} + {}_0^t\mathbf{B}_{L1} $$

$$ {}_0^t\mathbf{B}_{L0} = \begin{bmatrix} {}_0h_{1,1} & 0 & 0 & {}_0h_{2,1} & \cdots & 0 \\ 0 & {}_0h_{1,2} & 0 & 0 & \cdots & 0 \\ 0 & 0 & {}_0h_{1,3} & 0 & \cdots & {}_0h_{N,3} \\ {}_0h_{1,2} & {}_0h_{1,1} & 0 & {}_0h_{2,2} & \cdots & 0 \\ 0 & {}_0h_{1,3} & {}_0h_{1,2} & 0 & \cdots & {}_0h_{N,2} \\ {}_0h_{1,3} & 0 & {}_0h_{1,1} & {}_0h_{2,3} & \cdots & {}_0h_{N,1} \end{bmatrix} $$

其中,

$$ {}_0h_{k,j} = \frac{\partial h_k}{\partial\, {}^0x_j}; \quad u_j^k = {}^{t+\Delta t}u_j^k - {}^t u_j^k $$

[556]

$$ {}_0^t\mathbf{B}_{L1} = \begin{bmatrix} l_{11}\,{}_0h_{1,1} & l_{21}\,{}_0h_{1,1} & l_{31}\,{}_0h_{1,1} & l_{11}\,{}_0h_{2,1} & \cdots & l_{31}\,{}_0h_{N,1} \\ l_{12}\,{}_0h_{1,2} & l_{22}\,{}_0h_{1,2} & l_{32}\,{}_0h_{1,2} & l_{12}\,{}_0h_{2,2} & \cdots & l_{32}\,{}_0h_{N,2} \\ l_{13}\,{}_0h_{1,3} & l_{23}\,{}_0h_{1,3} & l_{33}\,{}_0h_{1,3} & l_{13}\,{}_0h_{2,3} & \cdots & l_{33}\,{}_0h_{N,3} \\ (l_{11}\,{}_0h_{1,2} + l_{12}\,{}_0h_{1,1}) & (l_{21}\,{}_0h_{1,2} + l_{22}\,{}_0h_{1,1}) & (l_{31}\,{}_0h_{1,2} + l_{32}\,{}_0h_{1,1}) & (l_{11}\,{}_0h_{2,2} + l_{12}\,{}_0h_{2,1}) & \cdots & (l_{31}\,{}_0h_{N,2} + l_{32}\,{}_0h_{N,1}) \\ (l_{12}\,{}_0h_{1,3} + l_{13}\,{}_0h_{1,2}) & (l_{22}\,{}_0h_{1,3} + l_{23}\,{}_0h_{1,2}) & (l_{32}\,{}_0h_{1,3} + l_{33}\,{}_0h_{1,2}) & (l_{12}\,{}_0h_{2,3} + l_{13}\,{}_0h_{2,2}) & \cdots & (l_{32}\,{}_0h_{N,3} + l_{33}\,{}_0h_{N,2}) \\ (l_{11}\,{}_0h_{1,3} + l_{13}\,{}_0h_{1,1}) & (l_{21}\,{}_0h_{1,3} + l_{23}\,{}_0h_{1,1}) & (l_{31}\,{}_0h_{1,3} + l_{33}\,{}_0h_{1,1}) & (l_{11}\,{}_0h_{2,3} + l_{13}\,{}_0h_{2,1}) & \cdots & (l_{31}\,{}_0h_{N,3} + l_{33}\,{}_0h_{N,1}) \end{bmatrix} $$

其中, $l_{ij} = \sum_{k=1}^{N} {}_0h_{k,j}\,{}^t u_i^k$

</td></tr>
</table>

续表

<table>
<tr><th>格式</th><th>矩阵</th></tr>
<tr><td>A. 完全 Lagrange 格式</td><td>

3. 非线性应变–位移变换矩阵

$$
{}_0^t\mathbf{B}_{NL}=\begin{bmatrix} {}_0^t\widetilde{\mathbf{B}}_{NL} & \widetilde{\mathbf{0}} & \widetilde{\mathbf{0}} \\ \widetilde{\mathbf{0}} & {}_0^t\widetilde{\mathbf{B}}_{NL} & \widetilde{\mathbf{0}} \\ \widetilde{\mathbf{0}} & \widetilde{\mathbf{0}} & {}_0^t\widetilde{\mathbf{B}}_{NL} \end{bmatrix};\quad \widetilde{\mathbf{0}}=\begin{bmatrix} 0 \\ 0 \\ 0 \end{bmatrix}
$$

其中,

$$
{}_0^t\widetilde{\mathbf{B}}_{NL}=\begin{bmatrix} {}_0h_{1,1} & 0 & 0 & {}_0h_{2,1} & \cdots & {}_0h_{N,1} \\ {}_0h_{1,2} & 0 & 0 & {}_0h_{2,2} & \cdots & {}_0h_{N,2} \\ {}_0h_{1,3} & 0 & 0 & {}_0h_{2,3} & \cdots & {}_0h_{N,3} \end{bmatrix}
$$

4. 第二 Piola-Kirchhoff 应力矩阵和向量

$$
{}_0^t\mathbf{S}=\begin{bmatrix} {}_0^t\widetilde{\mathbf{S}} & \overline{\mathbf{0}} & \overline{\mathbf{0}} \\ \widetilde{\mathbf{0}} & {}_0^t\widetilde{\mathbf{S}} & \overline{\mathbf{0}} \\ \overline{\mathbf{0}} & \overline{\mathbf{0}} & {}_0^t\widetilde{\mathbf{S}} \end{bmatrix};\quad \overline{\mathbf{0}}=\begin{bmatrix} 0 & 0 & 0 \\ 0 & 0 & 0 \\ 0 & 0 & 0 \end{bmatrix}
$$

$$
{}_0^t\widehat{\mathbf{S}}^{\mathrm{T}}=[{}_0^tS_{11}\quad {}_0^tS_{22}\quad {}_0^tS_{33}\quad {}_0^tS_{12}\quad {}_0^tS_{23}\quad {}_0^tS_{31}]
$$

其中,

$$
{}_0^t\widetilde{\mathbf{S}}=\begin{bmatrix} {}_0^tS_{11} & {}_0^tS_{12} & {}_0^tS_{13} \\ {}_0^tS_{21} & {}_0^tS_{22} & {}_0^tS_{23} \\ {}_0^tS_{31} & {}_0^tS_{32} & {}_0^tS_{33} \end{bmatrix}
$$

</td></tr>
<tr><td>B. 更新 Lagrange 格式</td><td>

1. 增量应变

$$
{}_t\varepsilon_{ij}=\frac{1}{2}({}_tu_{i,j}+{}_tu_{j,i})+\frac{1}{2}({}_tu_{k,i}\,{}_tu_{k,j})\quad i=1,2,3;j=1,2,3;k=1,2,3
$$

其中, ${}_tu_{i,j}=\dfrac{\partial u_i}{\partial\, {}^tx_j}$

2. 线性应力–位移变换矩阵

使用 ${}_t\mathbf{e}={}_t^t\mathbf{B}_L\widehat{\mathbf{u}}$

其中,

$$
{}_t\mathbf{e}^{\mathrm{T}}=[{}_te_{11}\quad {}_te_{22}\quad {}_te_{33}\quad 2{}_te_{12}\quad 2{}_te_{23}\quad 2{}_te_{31}];
$$

$$
\widehat{\mathbf{u}}^{\mathrm{T}}=[u_1^1\quad u_2^1\quad u_3^1\quad u_1^2\quad u_2^2\quad u_3^2\quad \cdots\quad u_1^N\quad u_2^N\quad u_3^N];
$$

$$
{}_t^t\mathbf{B}_L=\begin{bmatrix} {}_th_{1,1} & 0 & 0 & {}_th_{2,1} & \cdots & 0 \\ 0 & {}_th_{1,2} & 0 & 0 & \cdots & 0 \\ 0 & 0 & {}_th_{1,3} & 0 & \cdots & {}_th_{N,3} \\ {}_th_{1,2} & {}_th_{1,1} & 0 & {}_th_{2,2} & \cdots & 0 \\ 0 & {}_th_{1,3} & {}_th_{1,2} & 0 & \cdots & {}_th_{N,2} \\ {}_th_{1,3} & 0 & {}_th_{1,1} & {}_th_{2,3} & \cdots & {}_th_{N,1} \end{bmatrix}
$$

其中, ${}_th_{k,j}=\dfrac{\partial h_k}{\partial\, {}^tx_j}$; $u_j^k={}^{t+\Delta t}u_j^k-{}^tu_j^k$; $N=$ 节点数

</td></tr>
</table>

续表

格式	矩阵
B. 更新 Lagrange 格式	3. 非线性应变–位移变换矩阵 $${}^t_t\mathbf{B}_{NL} = \begin{bmatrix} {}^t_t\widetilde{\mathbf{B}}_{NL} & \widetilde{\mathbf{0}} & \widetilde{\mathbf{0}} \\ \widetilde{\mathbf{0}} & {}^t_t\widetilde{\mathbf{B}}_{NL} & \widetilde{\mathbf{0}} \\ \widetilde{\mathbf{0}} & \widetilde{\mathbf{0}} & {}^t_t\widetilde{\mathbf{B}}_{NL} \end{bmatrix}; \quad \widetilde{\mathbf{0}} = \begin{bmatrix} 0 \\ 0 \\ 0 \end{bmatrix}$$ 其中, $${}^t_t\widetilde{\mathbf{B}}_{NL} = \begin{bmatrix} {}_th_{1,1} & 0 & 0 & {}_th_{2,1} & \cdots & {}_th_{N,1} \\ {}_th_{1,2} & 0 & 0 & {}_th_{2,2} & \cdots & {}_th_{N,2} \\ {}_th_{1,3} & 0 & 0 & {}_th_{2,3} & \cdots & {}_th_{N,3} \end{bmatrix}$$ [557] 4. Cauchy 应力矩阵和 Cauchy 应力向量 $${}^t\boldsymbol{\tau} = \begin{bmatrix} {}^t\widetilde{\boldsymbol{\tau}} & \overline{\mathbf{0}} & \overline{\mathbf{0}} \\ \overline{\mathbf{0}} & {}^t\widetilde{\boldsymbol{\tau}} & \overline{\mathbf{0}} \\ \overline{\mathbf{0}} & \overline{\mathbf{0}} & {}^t\widetilde{\boldsymbol{\tau}} \end{bmatrix}; \quad {}^t\hat{\boldsymbol{\tau}} = \begin{bmatrix} {}^t\tau_{11} \\ {}^t\tau_{22} \\ {}^t\tau_{33} \\ {}^t\tau_{12} \\ {}^t\tau_{23} \\ {}^t\tau_{31} \end{bmatrix}; \quad \overline{\mathbf{0}} = \begin{bmatrix} 0 & 0 & 0 \\ 0 & 0 & 0 \\ 0 & 0 & 0 \end{bmatrix}$$ 其中, $${}^t\widetilde{\boldsymbol{\tau}} = \begin{bmatrix} {}^t\tau_{11} & {}^t\tau_{12} & {}^t\tau_{13} \\ {}^t\tau_{21} & {}^t\tau_{22} & {}^t\tau_{23} \\ {}^t\tau_{31} & {}^t\tau_{32} & {}^t\tau_{33} \end{bmatrix}$$

6.3.6 习题

6.31 考虑如图 Ex.6.31 所示问题, 计算下列给定数据的值: ${}_0e_{ij}$, ${}_0\eta_{ij}$, ${}^t_0u_{k,i}$, ${}_0u_{k,j}$, ${}^t_0x_{i,k}$.

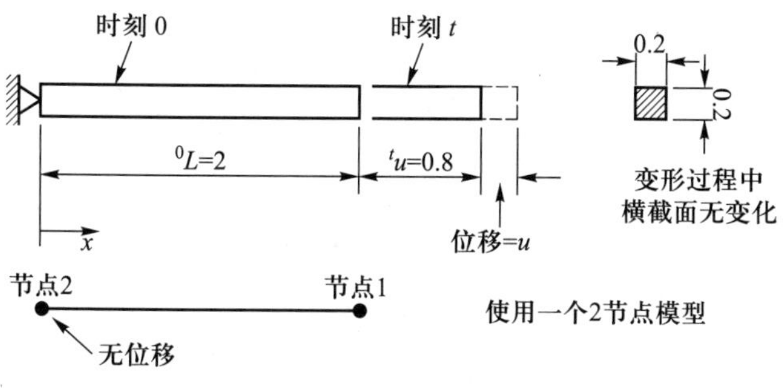

图 Ex.6.31

6.32 考虑如图 Ex.6.32 所示桁架单元. 桁架横截面积为 A 和杨氏模量为 E. 假设在小应变条件下, 即 $\Delta/{}^0L \ll 1$.

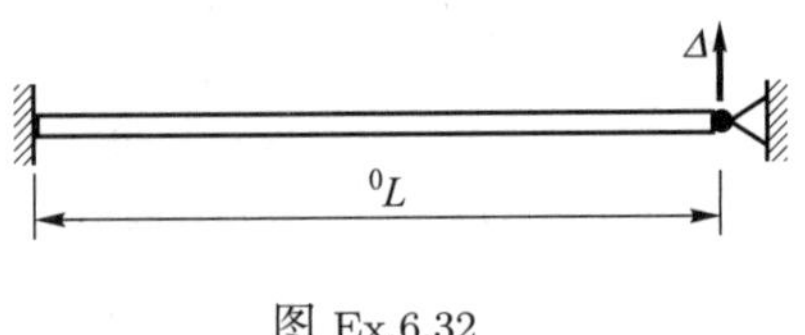

图 Ex.6.32

(a) 计算作为 Δ 函数的总刚度矩阵, 画出作为 Δ 函数的线性应变刚度矩阵元素 ${}_0^t\mathbf{K}_L$ 和非线性应变刚度矩阵元素 ${}_0^t\mathbf{K}_{NL}$.

(b) 令 R 为外部作用载荷以得到位移 Δ. 画出力 R(作为 Δ 的函数).

[558] 6.33 考虑如图 Ex.6.33 所示无应力初始位形的瞬动拨转机构. 假设为小应变条件, 每个单元都有横截面积 A 和杨氏模量 E.

(a) 对于每一个单元, 计算线性应变刚度矩阵 ${}_0^t\mathbf{K}_L$ 和非线性应变刚度矩阵 ${}_0^t\mathbf{K}_{NL}$ 和力向量 ${}_0^t\mathbf{F}$.

(b) 计算整个机构的线性应变刚度矩阵 ${}_0^t\mathbf{K}_L$、非线性应变刚度矩阵 ${}_0^t\mathbf{K}_{NL}$ 和力向量 ${}_0^t\mathbf{F}$, 消去指定的自由度.

(c) 使用问题 (b) 的结果, 建立 Δ 的力–挠度曲线.

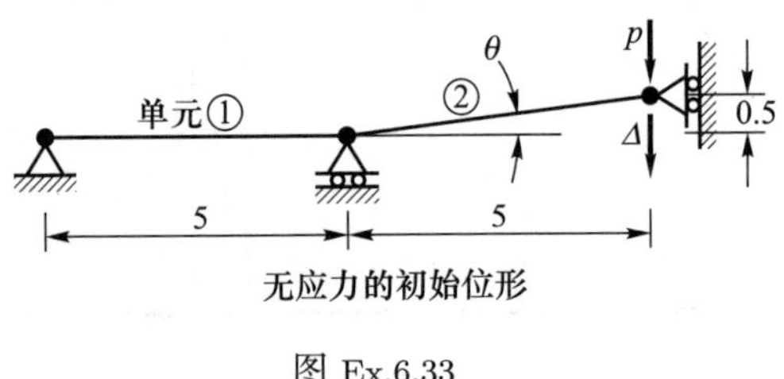

图 Ex.6.33

6.34 考虑如图 Ex.6.34 所示三单元桁架结构. 考虑大位移、大转角和大应变, 推导对应时刻 t 位形的切线刚度矩阵和力向量 ${}_0^t\mathbf{F}$. 假设本构关系为 ${}_0^tS_{11} = C{}_0^t\varepsilon_{11}$ 且 C 是应变的函数.

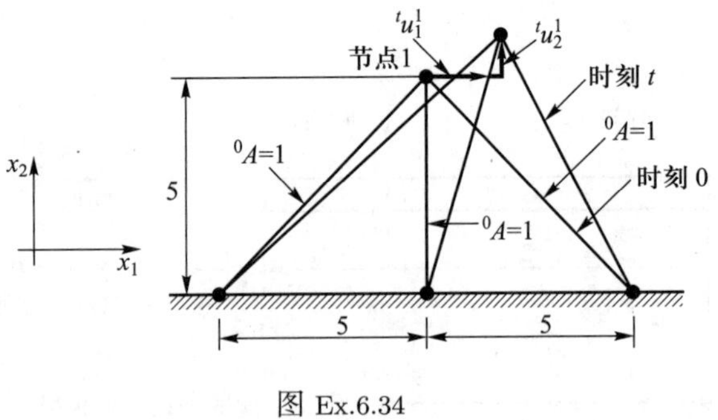

图 Ex.6.34

6.35 考虑如图 Ex.6.35 所示 4 节点单元的刚度矩阵的计算, 利用表 6.5 给出计算格式. 令二维单元在节点 1 与节点 2 之间受到与变形有关的压力作用. 假设压力的影响计入线性化以得到精确的切线刚度矩阵, 试建立应添加到刚度矩阵的项. 考虑平面应力、平面应变和轴对称条件.

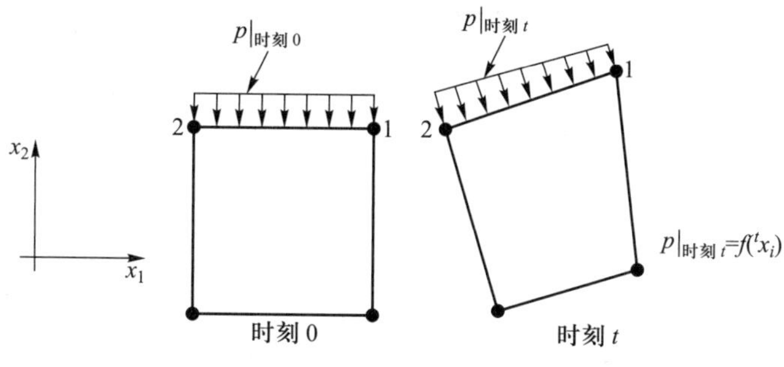

图 Ex.6.35

6.36　4 节点平面应变单元的初始位形和时刻 t 的位形如图 Ex.6.36 所示. 材料律为线性, ${}_0^tS_{ij} = {}_0^tC_{ijrs}\,{}_0^t\varepsilon_{rs}$, 其中 $E = 20\,000\ \mathrm{N/m^2}$ 和 $\nu = 0.3$. [559]

(a) 计算节点力, 保证该单元在时刻 t 平衡. 使用适当的有限元格式.

(b) 如果单元现在从时刻 t 到时刻 $t + \Delta t$ 逆时针刚性转动 90°, 计算对应时刻 $t + \Delta t$ 位形的新节点力.

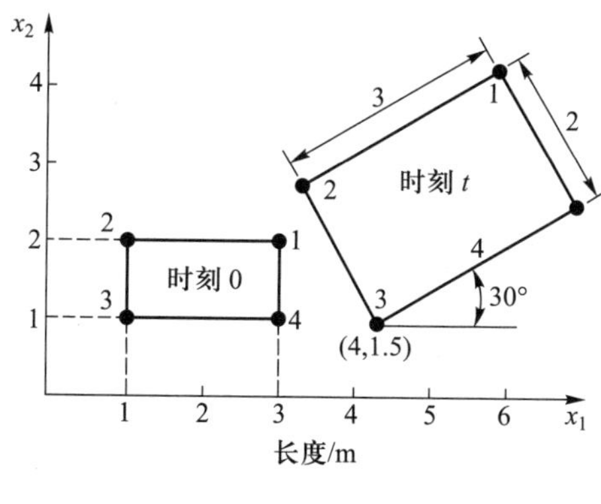

图 Ex.6.36

6.37　在 TL 分析中, 平面应变单元变形如图 Ex.6.37 所示.

不计入 ${}^t\tau_{zz}$ 的应力状态为

$$
{}^t\boldsymbol{\tau} = \begin{bmatrix} 5.849 \times 10^7 & 6.971 \times 10^7 \\ 6.971 \times 10^7 & 1.514 \times 10^8 \end{bmatrix} \mathrm{Pa}
$$

泊松比 $\nu = 0.3$ 且切线杨氏模量为 E. 计算 ${}_0^tK_{11}$.

6.38　如图 Ex.6.38 所示为二维 4 节点等参有限单元用于轴对称分析. 计算在质点 P 处对应 TL 和 UL 格式 ${}_0^t\mathbf{B}_L$、${}_0^t\mathbf{B}_{NL}$ 和 ${}_t^t\mathbf{B}_L$、${}_t^t\mathbf{B}_{NL}$ 矩阵的最后一行. 应变–位移矩阵的最后一行对应周向应变. [560]

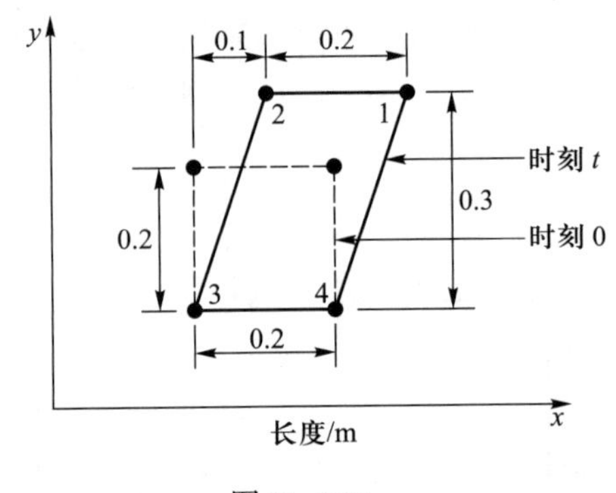

图 Ex.6.37

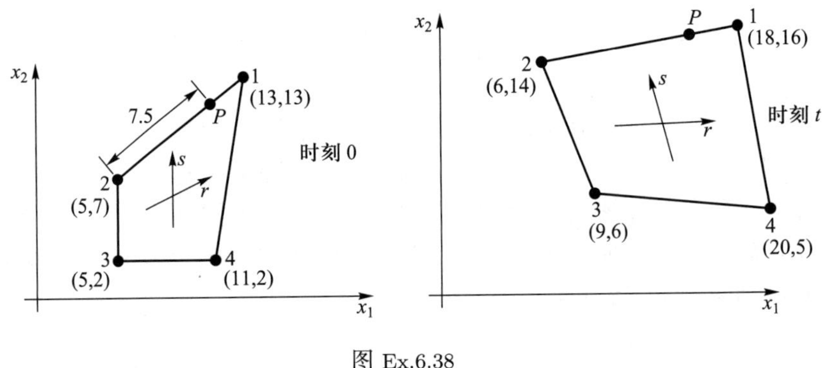

图 Ex.6.38

6.39 考虑如图 Ex.6.39 所示 4 节点平面应力单元. 使用完全 Lagrange 格式计算下列问题.

(a) 对应位移增量 u_1^1 的切线刚度矩阵单元, 即计算矩阵 $({}_0^t\mathbf{K}_L + {}_0^t\mathbf{K}_{NL})$ 元素 $(1,1)$.

(b) 对应 u_1^1 的单元力向量 ${}_0^t\mathbf{F}$, 计算 ${}_0^t\mathbf{F}$ 的元素 (1), 其中 ${}_0^t\mathbf{F}$ 是对应当前单元应力的力向量.

假设在时刻 0 与第二 Piola-Kirchhoff 应力增量和 Green-Lagrange 应变增量有关的杨氏模量为 E, 泊松比 $\nu = 0.3$ 且假设厚度为 h.

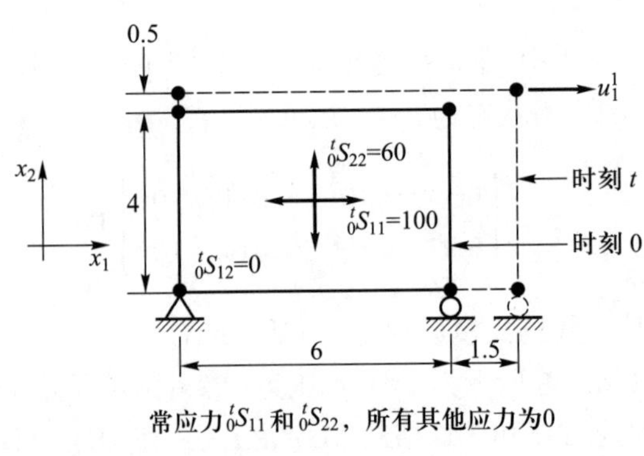

图 Ex.6.39

6.40 构造一个大应变扭转问题的 2 节点有限单元模型. 如图 Ex.6.40 所示该单元有一个圆截面, 且是平直的, 所有的横截面都平行于 x_1x_2 平面.

该单元所采用的运动假设是每个圆截面绕其中心刚性旋转. 如图 Ex.6.40(b) 所示. 注意, 纤维 AA 的总转角由 ${}^t\theta_3$ 表示, 且纤维转角大. 同时, 注意纤维 AA 不拉伸或收缩, 纤维的中点 (点 C) 保持固定.

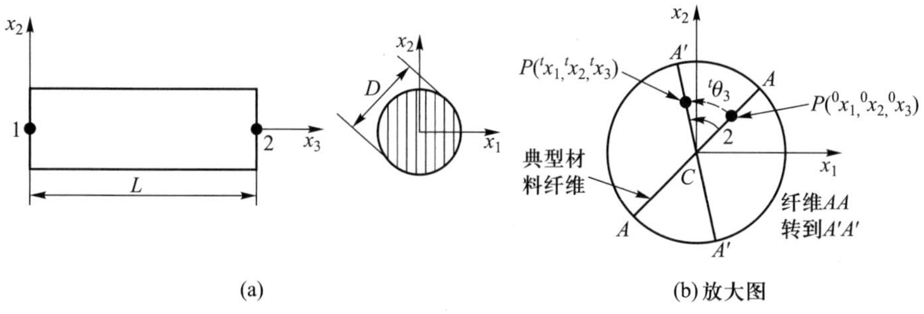

(a)　　(b) 放大图

图 Ex.6.40

(a) 根据初始坐标和 ${}^t\theta_3$, 计算变形梯度矩阵 ${}_0^t\mathbf{X}$. [561]

(b) 计算 Green-Lagrange 应变张量 ${}_0^t\boldsymbol{\varepsilon}$, 显式确定与大应变的影响相关的项.

(c) 根据初始坐标和 ${}^t\theta_3$, 计算质量密度比 ${}^t\rho/{}^0\rho$.

(d) 确定单元应变–位移矩阵.

6.4 大变形的位移/压力格式

正如第 4.4.3 节所讨论的, 对 (几乎) 不可压缩的分析, 基于纯位移的方法通常不是有效的, 而位移/压力格式则有效. 处在大变形中的材料常具有几乎不可压缩特性, 因此, 重要的是, 把前面几节介绍的完全和更新 Lagrange 格式推广到不可压缩的分析. 典型的应用是橡胶材料的大应变分析和金属的大应变非弹性分析.

这里介绍的格式是第 6.3 节中给出的基于纯位移大变形格式, 以及第 4.4.3 节和第 5.3.5 节所讨论的线性分析的压力/位移格式直接、自然的扩展.

6.4.1 完全 Lagrange 格式

我们的基本假定是所用的材料特征有一个位势增量 $\mathrm{d}_0^t\overline{W}$ 使得

$$\mathrm{d}_0^t\overline{W} = {}_0^t\overline{S}_{ij}\mathrm{d}_0^t\varepsilon_{ij} \tag{6.129}$$

因此有

$$ {}_0^t\overline{S}_{ij} = \frac{\partial\, {}_0^t\overline{W}}{\partial\, {}_0^t\varepsilon_{ij}} \tag{6.130} $$

其中, $\mathrm{d}_0^t\overline{W}$ 和第二 Piola-Kirchhoff 应力 (和其他量在下面讨论) 中的上画线表示, 该量只从位移场计算. 由于我们将独立插值位移和压力, 故实际应力 ${}_0^tS_{ij}$ 还将包含插值压力.

[562] 我们指出只要正交法则成立, 则给出弹性材料和非弹性材料的增量位势. 式 (6.129) 的结果是张量

$$ {}_0\overline{C}_{ijrs} = \frac{\partial\, {}_0^t\overline{S}_{ij}}{\partial\, {}_0^t\varepsilon_{rs}} = \frac{\partial^2\, {}_0^t\overline{W}}{\partial\, {}_0^t\varepsilon_{rs}\partial\, {}_0^t\varepsilon_{ij}} \tag{6.131} $$

具有对称性 ${}_0\overline{C}_{ijrs} = {}_0\overline{C}_{rsij}$, 纯位移格式和位移/压力格式产生对称系数矩阵.

使用式 (6.130), 时刻 t 的虚位移在完全 Lagrange 形式中以位移作为唯一的变量, 其原理可以写成

$$ \begin{aligned} \int_{{}^0V} \frac{\partial\, {}_0^t\overline{W}}{\partial\, {}_0^t\varepsilon_{ij}} \delta_0^t\varepsilon_{ij}\mathrm{d}^0V &= \int_{{}^0V} \delta_0^t\overline{W}\mathrm{d}^0V \\ &= \delta\left(\int_{{}^0V} {}_0^t\overline{W}\mathrm{d}^0V\right) = {}^t\Re \end{aligned} \tag{6.132} $$

线性化和有限元离散化式 (6.132) 在第 6.3 节中介绍. 现在使用式 (6.132) 为初始方程推导大变形位移/压力格式.

我们将使用的单元基本插值函数是

$$ {}^tu_i = \sum_{k=1}^{N} h_k\, {}^tu_i^k; \quad {}^t\widetilde{p} = \sum_{k=1}^{q} g_i\, {}^t\widehat{p}_i \tag{6.133} $$

其中, h_k 是位移插值函数, g_i 是压力插值函数, 在时刻 t 单元总压力为 ${}^t\widetilde{p}$. 注意到压力插值函数可能对应 u/p 或 u/p-c 格式 (见第 5.3.5 节).

建立位移/压力格式的关键一步是正确地修改可能计入插值压力影响的位势. 为此, 我们给位势 ${}_0^t\overline{W}$ 增加一个适当选择的位势 ${}_0^tQ$, 它是位移和独立插值压力 ${}^t\widetilde{p}$ 的函数 (参见 T. Sussman 和 K. J. Bathe [B]). 则给出的虚功原理是

$$ \delta\left(\int_{{}^0V} {}_0^tW\mathrm{d}^0V\right) = {}^t\Re \tag{6.134} $$

其中

$$ {}_0^tW = {}_0^t\overline{W} + {}_0^tQ \tag{6.135} $$

我们现在考虑对插值的位移和压力的变分.

修改后的位势 ${}_0^tW$ 应满足要求: 使用式 (6.134) 得出 ${}^t\widetilde{p}$ 作为压力的实际解, 同时也产生在插值压力与只从位移算出的压力之间物理上合理的约束.

满足后来所考虑的各向同性材料要求的位势

$$ {}_0^tW = {}_0^t\overline{W} - \frac{1}{2\kappa}({}^t\overline{p} - {}^t\widetilde{p})^2 \tag{6.136} $$

其中, κ 是材料的常体积模量. 使用式 (6.136), 有限元控制方程可以用第 6.3.1 节所介绍的线性化方法推导出来. 因此, 对一个典型单元, 得到 [563]

$$ \begin{bmatrix} {}^t\mathbf{KUU} & {}^t\mathbf{KUP} \\ {}^t\mathbf{KPU} & {}^t\mathbf{KPP} \end{bmatrix} \begin{bmatrix} \widehat{\mathbf{u}} \\ \widehat{\mathbf{p}} \end{bmatrix} = \begin{bmatrix} {}^{t+\Delta t}\mathbf{R} \\ \mathbf{0} \end{bmatrix} - \begin{bmatrix} {}^t\mathbf{FU} \\ {}^t\mathbf{FP} \end{bmatrix} \tag{6.137} $$

其中, $\widehat{\mathbf{u}}$ 和 $\widehat{\mathbf{p}}$ 分别是节点位移 ${}^t\widehat{u}_i$ 和节点或单元内部压力变量 ${}^t\widehat{p}_i$ 的增量向量 (注意这里的 ${}^t\widehat{u}_i$ 是式 (6.122)、式 (6.128) 和式 (6.133) 中分量 ${}^t\widehat{u}_i^k$ 的任何一个). 该向量 ${}^t\mathbf{FU}$ 和 ${}^t\mathbf{FP}$ 包含元素

$$ \begin{aligned} {}^tFU_i &= \frac{\partial}{\partial\, {}^t\widehat{u}_i}\left(\int_{{}^0V} {}_0^tW \mathrm{d}^0V\right) \\ {}^tFP_i &= \frac{\partial}{\partial\, {}^t\widehat{p}_i}\left(\int_{{}^0V} {}_0^tW \mathrm{d}^0V\right) \end{aligned} \tag{6.138} $$

矩阵 ${}^t\mathbf{KUU}$、${}^t\mathbf{KUP}$、${}^t\mathbf{KPU}$ 和 ${}^t\mathbf{KPP}$ 包含元素

$$ \begin{aligned} {}^tKUU_{ij} &= \frac{\partial\, {}^tFU_i}{\partial\, {}^t\widehat{u}_j} \\ {}^tKUP_{ij} &= \frac{\partial\, {}^tFU_i}{\partial\, {}^t\widehat{p}_j} = \frac{\partial\, {}^tFP_j}{\partial\, {}^t\widehat{u}_i} = {}^tKPU_{ji} \\ {}^tKPP_{ij} &= \frac{\partial\, {}^tFP_i}{\partial\, {}^t\widehat{p}_j} \end{aligned} \tag{6.139} $$

经过链式法则, 得到

$$ \begin{aligned} {}^tFU_i &= \int_{{}^0V} {}_0^tS_{kl} \frac{\partial\, {}_0^t\varepsilon_{kl}}{\partial\, {}^t\widehat{u}_i} \mathrm{d}^0V \\ {}^tFP_i &= \int_{{}^0V} \frac{1}{\kappa}({}^t\overline{p} - {}^t\widetilde{p}) \frac{\partial\, {}^t\widetilde{p}}{\partial\, {}^t\widehat{p}_i} \mathrm{d}^0V \\ {}^tKUU_{ij} &= \int_{{}^0V} {}_0CUU_{klrs} \frac{\partial\, {}_0^t\varepsilon_{kl}}{\partial\, {}^t\widehat{u}_i} \frac{\partial\, {}_0^t\varepsilon_{rs}}{\partial\, {}^t\widehat{u}_j} \mathrm{d}^0V + \int_{{}^0V} {}_0^tS_{kl} \frac{\partial^2\, {}_0^t\varepsilon_{kl}}{\partial\, {}^t\widehat{u}_i \partial\, {}^t\widehat{u}_j} \mathrm{d}^0V \\ {}^tKUP_{ij} &= \int_{{}^0V} {}_0CUP_{kl} \frac{\partial\, {}_0^t\varepsilon_{kl}}{\partial\, {}^t\widehat{u}_i} \frac{\partial\, {}^t\widetilde{p}}{\partial\, {}^t\widehat{p}_j} \mathrm{d}^0V \\ {}^tKPP_{ij} &= \int_{{}^0V} -\frac{1}{\kappa} \frac{\partial\, {}^t\widetilde{p}}{\partial\, {}^t\widehat{p}_i} \frac{\partial\, {}^t\widetilde{p}}{\partial\, {}^t\widehat{p}_j} \mathrm{d}^0V \end{aligned} \tag{6.140} $$

其中,

$$ \begin{aligned} {}_0^tS_{kl} &= {}_0^t\overline{S}_{kl} - \frac{1}{\kappa}({}^t\overline{p} - {}^t\widetilde{p}) \frac{\partial\, {}^t\overline{p}}{\partial\, {}_0^t\varepsilon_{kl}} \\ {}_0CUU_{klrs} &= {}_0\overline{C}_{klrs} - \frac{1}{\kappa} \frac{\partial\, {}^t\overline{p}}{\partial\, {}_0^t\varepsilon_{kl}} \frac{\partial\, {}^t\overline{p}}{\partial\, {}_0^t\varepsilon_{rs}} - \frac{1}{\kappa}({}^t\overline{p} - {}^t\widetilde{p}) \frac{\partial^2\, {}^t\overline{p}}{\partial\, {}_0^t\varepsilon_{kl} \partial\, {}_0^t\varepsilon_{rs}} \\ {}_0CUP_{kl} &= \frac{1}{\kappa} \frac{\partial\, {}^t\overline{p}}{\partial\, {}_0^t\varepsilon_{kl}} \end{aligned} \tag{6.141} $$

[564] 注意在式 (6.141) 中, 有

$$
\begin{aligned}
{}_0^t\overline{S}_{kl} &= \frac{1}{2}\left(\frac{\partial\, {}_0^t\overline{W}}{\partial\, {}_0^t\varepsilon_{kl}} + \frac{\partial\, {}_0^t\overline{W}}{\partial\, {}_0^t\varepsilon_{lk}}\right) \\
{}_0^t\overline{C}_{klrs} &= \frac{1}{2}\left(\frac{\partial\, {}_0^t\overline{S}_{kl}}{\partial\, {}_0^t\varepsilon_{rs}} + \frac{\partial\, {}_0^t\overline{S}_{kl}}{\partial\, {}_0^t\varepsilon_{sr}}\right)
\end{aligned}
\tag{6.142}
$$

而且, 注意到插值式 (6.133), 有

$$
\frac{\partial\, {}^t\widetilde{p}}{\partial\, {}^t\widehat{p}_i} = g_i \tag{6.143}
$$

和 (见习题 6.42)

$$
\frac{\partial\, {}_0^t\varepsilon_{kl}}{\partial\, {}^tu_n^L} = \frac{1}{2}({}_0^tx_{n,k}\ {}_0h_{L,l} + {}_0^tx_{n,l}\ {}_0h_{L,k}) \tag{6.144}
$$

$$
\frac{\partial^2\, {}_0^t\varepsilon_{kl}}{\partial\, {}^tu_n^L\partial\, {}^tu_m^M} = \frac{1}{2}({}_0h_{L,k}\ {}_0h_{M,l} + {}_0h_{L,l}\ {}_0h_{M,k})\delta_{nm} \tag{6.145}
$$

其中, 一个典型的节点位移用 ${}^tu_n^L$ 表示 (带有适当的索引 n 和 L). 这些应变导数的作用同表 6.2 中的 ${}_0e_{ij}$ 和 ${}_0\eta_{ij}$ 相同.

上面关系式的研究表明, 如果不考虑压力插值, 该方程可转换为第 6.2.3 节已介绍的完全 Lagrange 格式 (参见习题 6.43).

位移/压力格式对分析大应变类橡胶材料是十分有效的. 在这种情况下, 可以使用 Mooney-Rivlin 或 Ogden 材料特性, 其中显式定义每单位体积的应变能密度 ${}_0^tW$ (见第 6.6.2 节).

我们将说明当用于小应变弹性分析时, 这个格式可转换为第 5.3.5 节已讨论的格式.

例 6.19: 当考虑小位移和小应变各向同性线弹性时, 说明上面讨论的位移/压力格式可转换为第 5.3.5 节已讨论的格式.

考虑到一般方程式 (6.137) 至式 (6.145), 我们注意以下这种情况:

① 第二 Piola-Kirchhoff 应力 ${}_0^tS_{kl}$ 可转换为工程应力度量 ${}^t\sigma_{kl}$;

② Green-Lagrange 应变 ${}_0^t\varepsilon_{kl}$ 可转换为无穷小的工程应变 ${}^te_{kl}$;

③ 忽略式 (6.140) 中非线性应变刚度矩阵;

④ 积分是在体积 V (等于 ${}^0V$) 上的, 也不需要下标为 0 的本构张量.

在这种情况下, 有

$$
\overline{C}_{klrs} = \lambda\delta_{kl}\delta_{rs} + \mu(\delta_{kr}\delta_{ls} + \delta_{ks}\delta_{lr})
$$

其中, λ 和 μ 是 Lamé常数

$$
\lambda = \frac{E\nu}{(1+\nu)(1-2\nu)}; \quad \mu = \frac{E}{2(1+\nu)}
$$

[565] 杨氏模量为 E, 泊松比为 ν, 体积模量 κ 是

$$\kappa = \frac{E}{3(1-2\nu)}$$

有

$$\begin{aligned}
{}^{t}\overline{p} &= -\kappa\,{}^{t}e_{mm} \\
\frac{\partial\,{}^{t}\overline{p}}{\partial\,{}^{t}e_{kl}} &= -\kappa\delta_{kl} \\
\frac{\partial^{2t}\overline{p}}{\partial\,{}^{t}e_{kl}\partial\,{}^{t}e_{rs}} &= 0
\end{aligned}$$

所以,

$$\begin{aligned}
{}^{t}\sigma_{kl} &= {}^{t}S_{kl} - {}^{t}\widetilde{p}\delta_{kl} \\
CUU_{klrs} &= \overline{C}_{klrs} - \kappa\delta_{kl}\delta_{rs} \\
CUP_{kl} &= -\delta_{kl}
\end{aligned}$$

当把这些量代入式 (6.137) 中, 注意到该一般格式可转换为第 4.4.3 和第 5.3.5 节已经介绍的格式.

6.4.2 更新 Lagrange 格式

正如第 6.2.3 节已经介绍的一样, 更新 Lagrange 格式在概念上与完全 Lagrange 格式相同, 只是使用时刻 t 位形作为参考位形. 此时, ${}^{t}_{T}S_{ij} = {}^{t}\tau_{ij}$ 和 $\mathrm{d}^{t}_{T}\varepsilon_{ij} = \mathrm{d}_{t}e_{ij}$, 其中下标 T 表示位形①, 它是固定的且作为参考位形, 以及

$$\mathrm{d}_{t}e_{ij} = \frac{1}{2}\left(\frac{\partial \mathrm{d}u_i}{\partial\,{}^{t}x_j} + \frac{\partial \mathrm{d}u_j}{\partial\,{}^{t}x_i}\right) \tag{6.146}$$

根据第 6.4.1 节的介绍, 可以得到

$$\mathrm{d}^{t}_{T}\overline{W} = {}^{t}\overline{\tau}_{ij}\mathrm{d}_{t}e_{ij} \tag{6.147}$$

并且注意到

$${}^{t}_{T}\overline{W}\mathrm{d}^{T}V = {}^{t}_{0}\overline{W}\mathrm{d}^{0}V \tag{6.148}$$

如果还使用

$${}^{t}_{T}Q\mathrm{d}^{T}V = {}^{t}_{0}Q\mathrm{d}^{0}V; \quad \frac{\mathrm{d}^{T}V}{\mathrm{d}^{0}V} = \det{}^{T}_{0}\mathbf{X} \tag{6.149}$$

我们可以将虚功原理式 (6.134) 写为

$$\delta\int_{^{T}V}({}^{t}_{T}\overline{W} + {}^{t}_{T}Q)\mathrm{d}^{T}V = {}^{t}\Re \tag{6.150}$$

注意, 如果我们使用第 6.4.1 节中修改的总位势 ${}^{t}_{0}\overline{W}$, 则

$${}^{t}_{0}Q = -\frac{1}{2\kappa}({}^{t}\overline{p} - {}^{t}\widetilde{p})^2 \tag{6.151}$$

---

① 我们用大写字母 T 作为固定在时刻 t 的参考位形, 所以当进行微分运算时, 要意识到该位形不容许变分.

则

[566]

$$ {}_T^tQ = -\frac{1}{2\kappa^*}({}^t\overline{p} - {}^t\widetilde{p})^2 \tag{6.152} $$

且

$$ \kappa^* = \kappa \det {}_0^T\mathbf{X} \tag{6.153} $$

现在可以运用链式法则导出有限元控制方程, 只要使用相同的物理材料描述, 可以按完全 Lagrange 格式得到一致的有限元方程. T. Sussman 和 K. J. Bathe [B] 给出了详细推导.

6.4.3 习题

6.41 证明使用式 (6.136), 可由独立插值的 ${}^t\widetilde{p}$ 给出压力的实际解.

6.42 令 ${}^tu_n = \sum_L h_L {}^tu_n^L$. 证明式 (6.144) 和式 (6.145) 是成立的. 其中可能用到式子

$$ \frac{\partial(A_{M,i}{}^tu_i^M)}{\partial\, {}^tu_k^L} = A_{M,i}\delta_{ik}\delta_{ML} = A_{L,k} $$

其中, δ_{ik} 是 Kronecker delta 函数.

6.43 显式证明如果不包括压力插值, 则压力/位移混合格式可转换为基于纯位移的格式.

6.44 证明式 (6.140) 和式 (6.141).

6.45 考虑如图 Ex.6.45 所示 4/1 平面应变单元. 详细推导出式 (6.137) 中矩阵的计算式, 假设大应变分析, 但不进行积分运算. 提示: 可以见例 4.32.

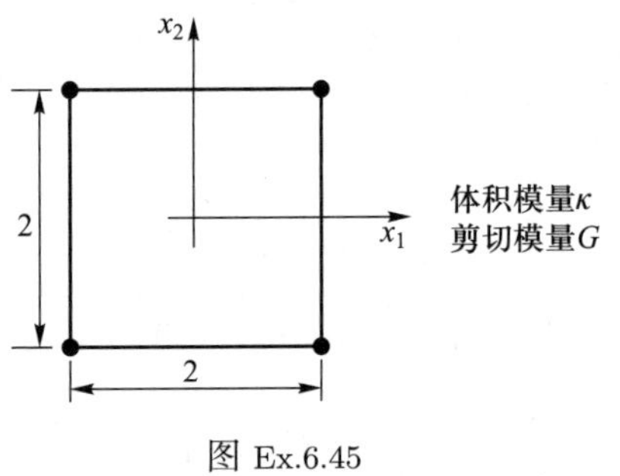

图 Ex.6.45

6.46 考虑习题 6.45 中 4/1 单元, 对应更新 Lagrange 格式, 详细推导出式 (6.137) 中矩阵的计算表达式, 但不进行积分运算.

6.47 为了对计算机程序在平面应变分析中采用切线刚度矩阵进行深入理解, 考虑处在如图 Ex.6.47 所示变形状态中 9 节点单元. 假设计算的应力和力向量 ${}^t\mathbf{F}$ 是正确的, 设计一个检验节点 1 是否正确的刚度矩阵. 对这种情况, u/p 格式 (9/3 单元) 可能是高效的 (见式 ${}^t\mathbf{K} = \partial\,{}^t\mathbf{F}/\partial\,{}^t\mathbf{U}$).

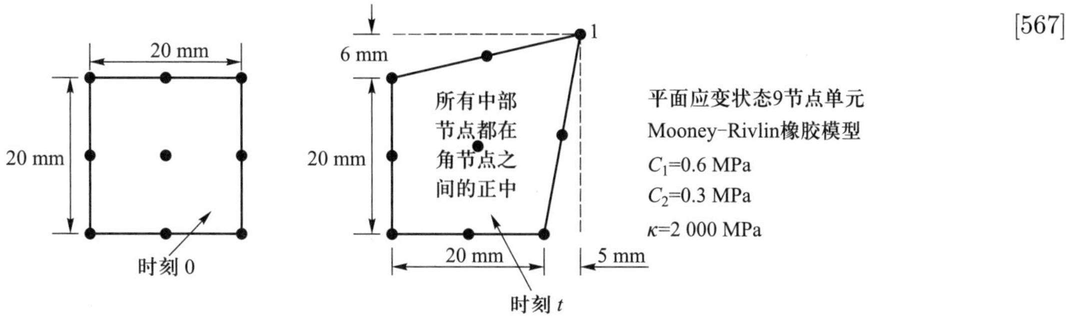

图 Ex.6.47

6.48 对如图 Ex.6.48 所示的轴对称单元进行习题 6.47 中的数值实验验证.

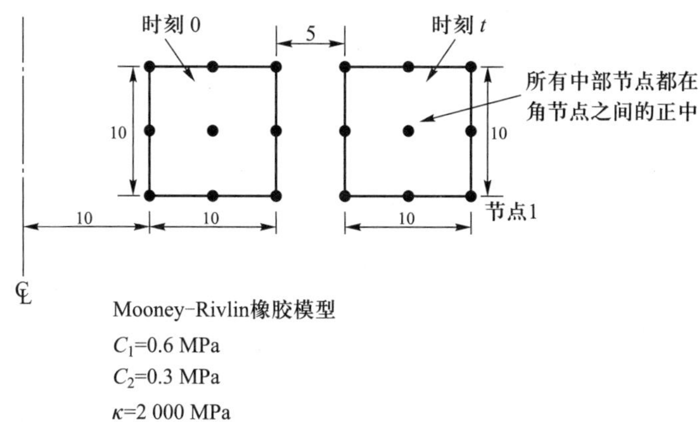

图 Ex.6.48

6.49 应用计算机程序对如图 Ex.6.49 所示厚盘进行分析. 均匀增加作用压力, 分析要求达到最大位移为 3 in.

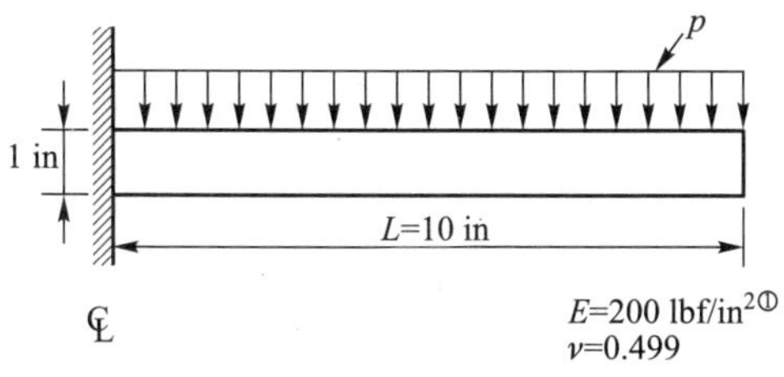

图 Ex.6.49

6.50 应用计算机程序对如图 Ex.6.50 所示有圆孔的板进行分析, 该板在右端受到一个均匀的水平位移而拉伸.

① $1\ \mathrm{lbf/in}^2 = 6894.757$ Pa. —— 译者注

[568]

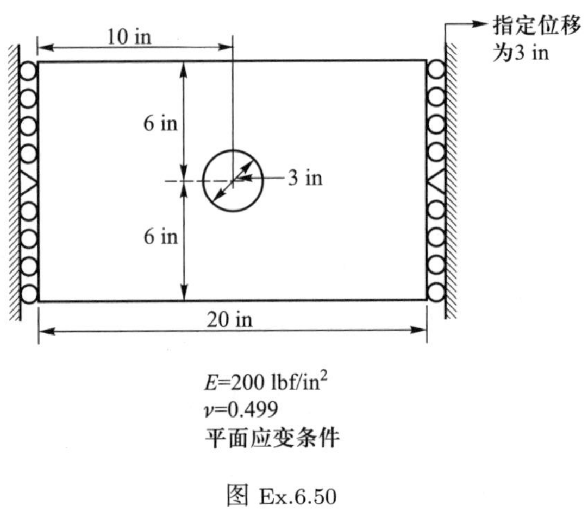

图 Ex.6.50

6.5 结构单元

我们已经提出了大量用于非线性分析的梁、板和壳单元 (如见 A. K. Noor [A]). 我们的目的并不是对各种文献中提出的单元进行综述, 而是为了简要地介绍第 5.4 节中已经讨论过的、用于线性分析的这些单元. 这些梁、板和壳单元是从等参格式发展而来, 并且由于格式的一致性、单元的通用性以及计算的高效性, 也使得这些单元特别有吸引力.

在下面的讨论中, 我们首先考虑梁和轴对称壳单元, 然后再讨论板和一般壳单元.

6.5.1 梁单元和轴对称壳单元

本节我们考虑已经在第 5.4 节线性分析中所讨论到的一维弯曲单元, 在那里考虑了平面应力及平面应变的平面梁单元、轴对称壳单元和一般的三维梁单元. 我们注意到平面梁单元和轴对称壳单元的格式很容易由一般三维梁单元格式推导出来. 因此, 现在考虑一般矩形截面梁的大位移–大转角单元矩阵的计算. 所给出的关系还可直接用于得到与平面梁单元和轴对称壳单元对应的矩阵 (见例 6.20 和例 6.21).

图 6.5 表示了一个典型单元在初始位形和时刻 t 的位置. 为描述单元性质, 我们采用与线性分析相同的假设 (即初始与中性轴垂直的横截面保持平
[569] 面状态, 且只有纵向应力和两个剪应力为非零), 但单元的位移和转角现在可以是任意大的. 单元应变仍假设是小的, 这意味着横截面积不变①. 对大多数的类梁结构的几何非线性分析来说, 该假设比较合适.

① 为使单元表述适用于大应变情况, 需要计算沿单元长度方向上厚度和宽度的变化. 这些变化取决于单元应力–应变材料的本构关系.

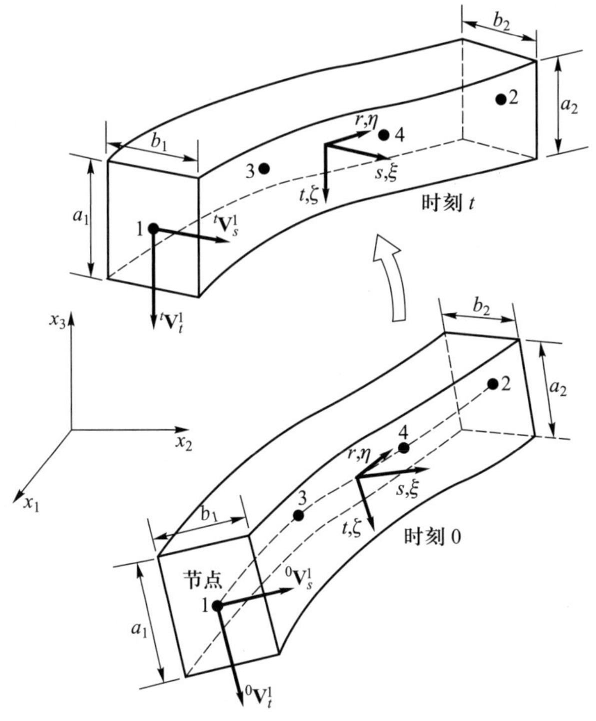

图 6.5　经历大位移和大转角的梁单元

第 6.2 节介绍了非线性分析的一般连续介质力学方程, 利用这些方程, 可直接扩展第 5.4.1 节所给出的格式, 计算非线性分析的梁单元矩阵. 所做计算与只有位移自由度的有限单元矩阵的计算类似 (见第 5.4 和 6.3 节).

利用第 5.4.1 节同样的符号, 在时刻 t 的梁单元的几何坐标为

$$ {}^t x_i = \sum_{k=1}^{q} h_k \, {}^t x_i^k + \frac{t}{2} \sum_{k=1}^{q} a_k h_k \, {}^t V_{ti}^k + \frac{s}{2} \sum_{k=1}^{q} b_k h_k \, {}^t V_{si}^k; \quad i = 1, 2, 3 \tag{6.154} $$

其中, 在梁中任意点的坐标是 ${}^t x_1, {}^t x_2, {}^t x_3$.

考虑单元在时刻 0、t 和 $t + \Delta t$ 位形, 位移分量是

$$ {}^t u_i = {}^t x_i - {}^0 x_i \tag{6.155} $$ [570]

和

$$ u_i = {}^{t+\Delta t} x_i - {}^t x_i \tag{6.156} $$

将式 (6.154) 代入式 (6.155) 和式 (6.156) 中, 我们可以得到按节点位移和节点方向向量的方向余弦变化表示的位移分量表达式; 即

$$ {}^t u_i = \sum_{k=1}^{q} h_k \, {}^t u_i^k + \frac{t}{2} \sum_{k=1}^{q} a_k h_k ({}^t V_{ti}^k - {}^0 V_{ti}^k) + \frac{s}{2} \sum_{k=1}^{q} b_k h_k ({}^t V_{si}^k - {}^0 V_{si}^k) \tag{6.157} $$

和

$$ u_i = \sum_{k=1}^{q} h_k u_i^k + \frac{t}{2} \sum_{k=1}^{q} a_k h_k V_{ti}^k + \frac{s}{2} \sum_{k=1}^{q} b_k h_k V_{si}^k \tag{6.158} $$

其中,

$$V_{ti}^k = {}^{t+\Delta t}V_{ti}^k - {}^tV_{ti}^k \tag{6.159}$$

$$V_{si}^k = {}^{t+\Delta t}V_{si}^k - {}^tV_{si}^k \tag{6.160}$$

式 (6.157) 可直接用来计算适用 UL 和 TL 格式的总位移和总应变 (因此也可得总应力), 且对任何大小的位移分量都成立.

我们在虚功原理的线性化中使用式 (6.158), 需要按节点转角自由度表示向量 $\mathbf{V}_t^k$、$\mathbf{V}_s^k$ 的分量 V_{ti}^k 和 V_{si}^k. 根据增量的步长, 对应向量 $\mathbf{V}_t^k$、$\mathbf{V}_s^k$ 的实际转角可能是大转角, 因此不能用绕笛卡儿坐标的向量分量转角来表示. 但我们的目的是通过有限单元自由度和相应的插值函数表示表 6.2 和表 6.3 中的连续介质线性和非线性应变增量, 从而实现虚功原理的充分线性化 (见第 6.3.1 节). 为此, 我们用笛卡儿坐标下度量的分量定义节点转角自由度向量 $\boldsymbol{\theta}_k$, 使用二阶近似 (见习题 6.56)

$$\mathbf{V}_t^k = \boldsymbol{\theta}_k \times {}^t\mathbf{V}_t^k + \frac{1}{2}\boldsymbol{\theta}_k \times (\boldsymbol{\theta}_k \times {}^t\mathbf{V}_t^k) \tag{6.161}$$

$$\mathbf{V}_s^k = \boldsymbol{\theta}_k \times {}^t\mathbf{V}_s^k + \frac{1}{2}\boldsymbol{\theta}_k \times (\boldsymbol{\theta}_k \times {}^t\mathbf{V}_s^k) \tag{6.162}$$

使用 $\boldsymbol{\theta}_k$ 的唯一目的是为了计算 (或是近似计算) 新的方向向量, 此后将不再使用 $\boldsymbol{\theta}_k$ 了.

把式 (6.161) 和式 (6.162) 代入到式 (6.158) 中, 我们可以得到 u_i 的表达式, 用它来计算表 6.2 和表 6.3 中连续介质线性和非线性应变张量增量. 由于式 (6.161) 和式 (6.162) 会涉及二次表达式, 我们可以忽略解变量中的所有高阶项, 从而获得虚功原理方程的充分线性化形式, 即对解变量 (节点位移和
[571] 转角) 在时刻 t 状态下的线性化. 在这一过程中, 可以得到精确的切线刚度矩阵, 并用于增量有限元求解中. 但我们应指出, 表 6.2 和表 6.3 中的连续介质线性应变增量会包括二次转角项, 因此, 式 (6.74) 和式 (6.75) 中的右手项

$$\int_{^0V} {}_0^tS_{ij}\delta_0 e_{ij}\mathrm{d}^0V \quad \text{和} \quad \int_{^tV} {}^t\tau_{ij}\delta_t e_{ij}\mathrm{d}^tV$$

对 TL 和 UL 格式的切线刚度矩阵是有贡献的. 如果我们使用第 6.3.1 节中的方法推导这些方程, 则可以得到相同的增量方程.

在该插值中的运动学假设是 "平截面保持为平面", 因此这里没有计入翘曲. 但翘曲位移可以像第 5.4.1 节中讨论的一样加入假设变形中.

运用线性分析中的方法, 现在可以计算对应 UL 格式梁单元的线性和非线性应变位移矩阵. 即使用式 (6.158) 计算对应全局坐标轴中的应变分量, 然后通过变换得到对应局部梁坐标 (η, ξ, ζ) 的应变分量. 由于使用数值积分计算单元刚度矩阵, 因此在每个积分点进行数值积分过程中应进行全局到局部应变分量的转换.

对于 TL 格式, 首先要求类似用于 UL 格式中的导数, 是对时刻 0 的坐标求导的. 其次, 为了计入初始位移的影响, 对初始坐标在时刻 t 位移求导是必要的. 这些导数可用式 (6.157) 计算.

上述插值可导出第 5.4.1 节中讨论过的基于位移的有限元格式, 这些插值会产生收敛非常慢的离散化. 为获得一种有效的体系, 可使用混合插值. 以梁格式为例, 这种插值相当于在 r 方向上采用适当阶的 Gauss 积分: 即对 2 节点单元进行单点积分, 对 3 节点单元进行两点积分, 对 4 节点单元进行三点积分.

从而可以得到如下的有限元方程

$$ {}^{t}\mathbf{K}\begin{bmatrix} \vdots \\ \mathbf{u}_k \\ \boldsymbol{\theta}_k \\ \vdots \end{bmatrix} = {}^{t+\Delta t}\mathbf{R} - {}^{t}\mathbf{F} \tag{6.163} $$

在已经求出式 (6.163) 中 $\mathbf{u}_k$ 和 $\boldsymbol{\theta}_k$, 我们可以通过使用下列式子得到在时刻 $t+\Delta t$ 节点位移和方向向量的近似值:

$$ {}^{t+\Delta t}\mathbf{u}_k = {}^{t}\mathbf{u}_k + \mathbf{u}_k \tag{6.164} $$

和

$$ {}^{t+\Delta t}\mathbf{V}_t^k = {}^{t}\mathbf{V}_t^k + \int_{\boldsymbol{\theta}_k} \mathrm{d}\boldsymbol{\theta}_k \times {}^{\tau}\mathbf{V}_t^k \tag{6.165} $$

$$ {}^{t+\Delta t}\mathbf{V}_s^k = {}^{t}\mathbf{V}_s^k + \int_{\boldsymbol{\theta}_k} \mathrm{d}\boldsymbol{\theta}_k \times {}^{\tau}\mathbf{V}_s^k \tag{6.166} $$

式 (6.165) 和式 (6.166) 中的积分可通过在一个步长中使用正交矩阵的有限次 [572]
转动求解 (见 J. H. Argyris [B] 和习题 6.55), 也可以在多个步长中使用简单的 Euler 法求解 (见第 9.6 节). 当然, $\boldsymbol{\theta}_k$ (和 $\mathbf{u}_k$) 是实际所求增量的近似值 (由于虚功原理的线性化), 但利用式 (6.165) 和式 (6.166) 中的积分, 我们往往得到一个比直接代入式 (6.161) 和式 (6.162) 中更准确的新方向向量.

上述过程对应常用的 Newton-Raphson 迭代求解过程中的第一次迭代, 或对应当使用最后算出的坐标值和方向向量的一次典型迭代.

应指出, 该梁单元格式不仅允许非常大的位移和转角, 而且它与基于 Hermite 位移插值的直梁单元相比有一个重要的优势: 所有单个位移分量都可以用相同的函数表示, 因为这些位移表达式都是从几何插值导出的. 因此在位移插值中是没有方向性的, 带有不断变形梁结构的几何变化比使用基于 Hermite 函数的直梁单元可以更加准确地进行建模, 如见由 K. J. Bathe 和 S. Bolourchi [A] 给出的例子.

我们前面提到, 这种一般梁的格式可用于导出在平面应力和平面应变条件下平面梁单元或轴对称壳单元的矩阵方程. 在下面的例子中将说明该推导.

例 6.20: 考虑如图 E6.20 所示的 2 节点梁单元. 计算 UL 格式和 TL 格式的应变–位移矩阵的坐标和位移插值和导数.

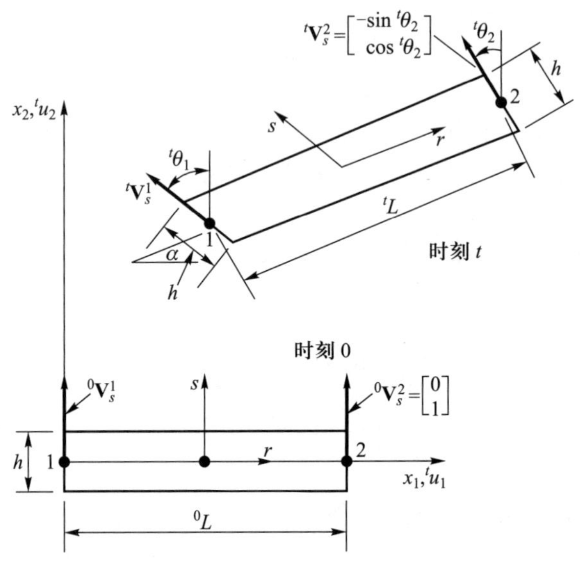

图 E6.20 大位移和大转角中的 2 节点梁单元

用图 E6.20 中的变量, 对应式 (6.154), 有

[573]

$$
\begin{aligned}
{}^tx_1 &= \left(\frac{1-r}{2}\right){}^tx_1^1 + \left(\frac{1+r}{2}\right){}^tx_1^2 - \frac{sh}{2}\left(\frac{1-r}{2}\right)\sin{}^t\theta_1 - \frac{sh}{2}\left(\frac{1+r}{2}\right)\sin{}^t\theta_2 \\
{}^tx_2 &= \left(\frac{1-r}{2}\right){}^tx_2^1 + \left(\frac{1+r}{2}\right){}^tx_2^2 + \frac{sh}{2}\left(\frac{1-r}{2}\right)\cos{}^t\theta_1 + \frac{sh}{2}\left(\frac{1+r}{2}\right)\cos{}^t\theta_2 \\
{}^0x_1 &= \left(\frac{1+r}{2}\right){}^0L \\
{}^0x_2 &= \frac{sh}{2}
\end{aligned}
$$

因此, 可以得到在时刻 t 任意点的位移分量

$$
\begin{aligned}
{}^tu_1 = &\left(\frac{{}^tx_1^1+{}^tx_1^2-{}^0L}{2}\right) + \left(\frac{{}^tx_1^2-{}^tx_1^1-{}^0L}{2}\right)r - \\
&\frac{sh}{2}\left[\left(\frac{1-r}{2}\right)\sin{}^t\theta_1 + \left(\frac{1+r}{2}\right)\sin{}^t\theta_2\right] \\
{}^tu_2 = &\left(\frac{{}^tx_2^1+{}^tx_2^2}{2}\right) + \left(\frac{{}^tx_2^2-{}^tx_2^1}{2}\right)r + \\
&\frac{sh}{2}\left[\left(\frac{1-r}{2}\right)\cos{}^t\theta_1 + \left(\frac{1+r}{2}\right)\cos{}^t\theta_2 - 1\right]
\end{aligned}
$$

式 (6.158) 已经给出了位移增量, 因此

$$u_1 = \frac{1-r}{2}u_1^1 + \frac{1+r}{2}u_1^2 + \frac{sh}{2}\left(\frac{1-r}{2}\right)\left[(-\cos{}^t\theta_1)\theta_1 + \underline{\frac{1}{2}\sin{}^t\theta_1(\theta_1)^2}\right] +$$

$$\frac{sh}{2}\left(\frac{1+r}{2}\right)\left[(-\cos{}^t\theta_2)\theta_2 + \underline{\frac{1}{2}\sin{}^t\theta_2(\theta_2)^2}\right] \tag{a}$$

$$u_2 = \frac{1-r}{2}u_2^1 + \frac{1+r}{2}u_2^2 + \frac{sh}{2}\left(\frac{1-r}{2}\right)\left[(-\sin{}^t\theta_1)\theta_1 - \underline{\frac{1}{2}\cos{}^t\theta_1(\theta_1)^2}\right] +$$

$$\frac{sh}{2}\left(\frac{1+r}{2}\right)\left[(-\sin{}^t\theta_2)\theta_2 - \underline{\frac{1}{2}\cos{}^t\theta_2(\theta_2)^2}\right] \tag{b}$$

我们注意到节点转角的二次项, 下面是用下划虚线标注的. 使用式 (a) 和式 (b), 可计算出表 6.2 和表 6.3 中的 ${}_0e_{ij}$、${}_te_{ij}$、${}_0\eta_{ij}$ 和 ${}_t\eta_{ij}$ 的连续介质应变增量, 而完全线性化的有限元方程可通过在 $\int_{{}^0V} {}_0^tS_{ij}\delta_0e_{ij}\mathrm{d}^0V$ 和 $\int_{{}^tV} {}^t\tau_{ij}\delta_te_{ij}\mathrm{d}^tV$ 算式中计入上面下划线项得到. 对于结构单元, 这些项构成了非线性应变刚度矩阵. 但这些转角二次项对其他积分的线性形式没有作用, 因为它们在这些积分中产生了高阶项, 在线性化中被忽略掉了.

在考虑 UL 格式时, 对 Jacobi 阵所求的导数是

$$\begin{aligned}
\frac{\partial\,{}^tx_1}{\partial r} &= \frac{L\cos\alpha}{2} - \frac{sh}{4}(\sin{}^t\theta_2 - \sin{}^t\theta_1)\\
\frac{\partial\,{}^tx_1}{\partial s} &= \left(-\frac{h}{2}\right)\left[\left(\frac{1-r}{2}\right)\sin{}^t\theta_1 + \left(\frac{1+r}{2}\right)\sin{}^t\theta_2\right]\\
\frac{\partial\,{}^tx_2}{\partial r} &= \frac{L\sin\alpha}{2} + \frac{sh}{4}(\cos{}^t\theta_2 - \cos{}^t\theta_1)\\
\frac{\partial\,{}^tx_2}{\partial s} &= \frac{h}{2}\left[\left(\frac{1-r}{2}\right)\cos{}^t\theta_1 + \left(\frac{1+r}{2}\right)\cos{}^t\theta_2\right]
\end{aligned}$$ [574]

其中, 假设 ${}^tL = {}^0L = L$.

下面考虑 TL 格式. 这里使用

$${}^0\mathbf{J} = \begin{bmatrix} \dfrac{{}^0L}{2} & 0 \\ 0 & \dfrac{h}{2} \end{bmatrix}$$

同样, 使用以下导数, 考虑初始位移的影响

$$\begin{aligned}
{}_0^tu_{1,1} &= (\cos\alpha - 1) - \frac{sh}{2L}(\sin{}^t\theta_2 - \sin{}^t\theta_1)\\
{}_0^tu_{1,2} &= -\left(\frac{1-r}{2}\right)\sin{}^t\theta_1 - \left(\frac{1+r}{2}\right)\sin{}^t\theta_2
\end{aligned}$$

$$
\begin{aligned}
{}_0^t u_{2,1} &= \sin\alpha + \frac{sh}{2L}(\cos{}^t\theta_2 - \cos{}^t\theta_1) \\
{}_0^t u_{2,2} &= \left(\frac{1-r}{2}\right)\cos{}^t\theta_1 - \left(\frac{1+r}{2}\right)\cos{}^t\theta_2 - 1
\end{aligned}
$$

其中, 再次假设 ${}^tL = {}^0L = L$.

在每一种情况下, 我们注意到, 这些表达式可得到对应全局固定坐标系的应变项. 为构造单元的应变–位移结构矩阵, 应将这些项转换到局部 η, ξ 轴.

最后, 我们应指出, 该单元可用于平面应力和平面应变状态, 这取决于所使用的应力–应变关系 (见第 4.2.3 节). 在平面应力分析中, 应给出单元厚度 (垂直于 x_1x_2 平面, 在平面应变分析中该厚度假设为单位长度).

例 6.21: 在例 6.20 中 2 节点单元是用于轴对称条件下的壳单元. 讨论除了那些在 6.20 例中所给的之外, 还有哪些项需要计入 TL 格式的应变–位移矩阵的构造中.

在轴对称分析中, 在 1 弧度上进行积分和计入周向应变的影响 (见例 5.9). 表 6.5 给出了周向应变增量 ${}_0\varepsilon_{33}, {}_0\varepsilon_{33}$ 应使用在例 6.20 中介绍的应变–位移矩阵 ${}_0^t\mathbf{B}_{L0}$ 和 ${}_0^t\mathbf{B}_{L1}$ 的第三行给出插值函数计算. 矩阵 ${}_0^t\mathbf{B}_{L0}$ 的第三行对应项 $u_1/{}^0x_1$, 因此

$$
{}_0^t\mathbf{B}_{L0} = \left[\begin{array}{c|c|c|c|c|c}
\cdots & \cdots & \cdots & \cdots & \cdots & \cdots \\
\cdots & \cdots & \cdots & \cdots & \cdots & \cdots \\
\dfrac{1-r}{2\,{}^0x_1} & 0 & \dfrac{-sh}{2}\left(\dfrac{1-r}{2}\right)\dfrac{\cos{}^t\theta_1}{{}^0x_1} & \dfrac{1+r}{2\,{}^0x_1} & 0 & \dfrac{-sh}{2}\left(\dfrac{1+r}{2}\right)\dfrac{\cos{}^t\theta_2}{{}^0x_1}
\end{array}\right]
$$

其中, 我们用到了下面解向量的节点变量的排序

$$
\widehat{\mathbf{u}}^{\mathrm{T}} = [u_1^1 \quad u_2^1 \quad \theta_1 \quad u_1^2 \quad u_2^2 \quad \theta_2]
$$

和 ${}^0x_1 = [(1+r)/2]L$. 矩阵 ${}_0^t\mathbf{B}_{L1}$ 的第三行对应应变项 ${}^tu_1u_1/({}^0x_1)^2$, 对计算来说, ${}^tu_1$、${}^0x_1$ 和 u_1 所用的插值函数是类似的.

[575] 对应 ${}_0^tS_{33}$ 的非线性应变刚度矩阵的项可以通过下式求得

$$
\begin{aligned}
&{}_0^tS_{33}\Bigg\{\delta\theta_1\left[\frac{sh}{2}\left(\frac{1-r}{2}\right)\frac{\sin{}^t\theta_1}{{}^0x_1}\left(1+\frac{{}^tu_1}{{}^0x_1}\right)\right]\theta_1+\delta\theta_2\left[\frac{sh}{2}\left(\frac{1+r}{2}\right)\frac{\sin{}^t\theta_2}{{}^0x_1}\left(1+\frac{{}^tu_1}{{}^0x_1}\right)\right]\theta_2+ \\
&\left(\frac{1-r}{2\,{}^0x_1}\delta u_1^1-\left[\frac{sh}{2}\left(\frac{1-r}{2}\right)\frac{\cos{}^t\theta_1}{{}^0x_1}\right]\delta\theta_1+\frac{1+r}{2\,{}^0x_1}\delta u_1^2-\left[\frac{sh}{2}\left(\frac{1+r}{2}\right)\frac{\cos{}^t\theta_2}{{}^0x_1}\right]\delta\theta_2\right)\times \\
&\left(\frac{1-r}{2\,{}^0x_1}u_1^1-\left[\frac{sh}{2}\left(\frac{1-r}{2}\right)\frac{\cos{}^t\theta_1}{{}^0x_1}\right]\theta_1+\frac{1+r}{2\,{}^0x_1}u_1^2-\left[\frac{sh}{2}\left(\frac{1+r}{2}\right)\frac{\cos{}^t\theta_2}{{}^0x_1}\right]\theta_2\right)\Bigg\}
\end{aligned}
$$

该表达式具有 $\delta\widehat{\mathbf{u}}^{\mathrm{T}}({}_0^t\mathbf{K}_{NL}^*)\widehat{\mathbf{u}}$ 的形式, 其中 $\mathbf{K}_{NL}^*$ 表示对单元非线性应变刚度矩阵的贡献.

6.5.2 板单元和一般壳单元

前文已经提出过很多板单元和壳单元, 用于板、特定壳结构和一般壳结构的非线性分析. 然而, 与第 6.5.1 节中讨论的梁单元一样, 非线性分析的板单元和壳单元的等参格式是非常有吸引力的, 因为这些格式都是一致的和一般的, 并且这些单元可以有效地用于各种板壳的分析. 与线性分析一样, 由于壳单元格式使用了本质上非常一般的壳理论, 所以壳单元原则上也适用于任何板和壳结构的分析.

我们认识到, 对承受大挠度的板, 一旦板有显著的挠曲, 其结构所产生的作用实际上相当于一个壳的作用; 即此时该结构是弯曲的, 且薄膜应力和弯曲应力都很显著. 因此在下面的讨论中, 我们只考虑一般壳单元, 其中我们隐含, 如果特定单元初始是平的, 则它代表板.

在下面的介绍中, 我们考虑第 5.4.2 节线性分析中讨论到的 MITC 壳单元的非线性格式. 图 6.6 显示了一个典型的 9 节点单元的初始位置和时刻 t 的位形. 单元的状态是基于线性分析中所采用的同样假设, 即由节点方向向量 (它通常给出的直线在初始位形中接近壳中面的法线) 定义的直线在单元发生变形时保持直线, 并且在方向向量的方向上没有横向正应力. 然而, 这里给出的非线性格式的确允许壳单元经历任意大位移和大转角①.

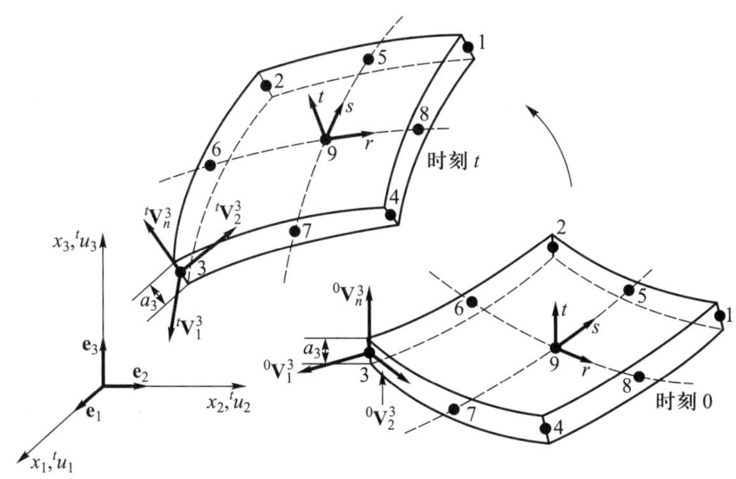

图 6.6 承受大位移和大转角的壳单元

壳单元的 TL 格式和 UL 格式都是基于第 6.2.3 节中介绍的一般连续介 [576]
质力学方程, 且是线性分析方程的直接推广. 此外, 单元矩阵的计算与用于梁单元的计算很类似 (见第 6.5.1 节).

使用第 5.4.2 节中相同的符号, 经历非常大的位移和转角的壳单元中一般

① 如第 6.5.1 节的梁格式一样, 为使单元格式适用于大应变状态, 仍然需要计算厚度在单元表面的变化. 厚度的变化取决于单元的材料应力–应变本构关系.

点的坐标现在是 (见 K. J. Bathe 和 S. Bolourchi [B])

$$ {}^t x_i = \sum_{k=1}^{q} h_k \, {}^t x_i^k + \frac{t}{2} \sum_{k=1}^{q} a_k h_k \, {}^t V_{ni}^k \tag{6.167} $$

利用在时刻 0、t 和 $t + \Delta t$ 的式 (6.167), 得到

$$ {}^t u_i = {}^t x_i - {}^0 x_i \tag{6.168} $$

$$ u_i = {}^{t+\Delta t} x_i - {}^t x_i \tag{6.169} $$

将式 (6.167) 代入式 (6.168) 和式 (6.169) 中, 得到

$$ {}^t u_i = \sum_{k=1}^{q} h_k \, {}^t u_i^k + \frac{t}{2} \sum_{k=1}^{q} a_k h_k ({}^t V_{ni}^k - {}^0 V_{ni}^k) \tag{6.170} $$

和

$$ u_i = \sum_{k=1}^{q} h_k u_i^k + \frac{t}{2} \sum_{k=1}^{q} a_k h_k V_{ni}^k \tag{6.171} $$

其中,

$$ V_{ni}^k = {}^{t+\Delta t} V_{ni}^k - {}^t V_{ni}^k \tag{6.172} $$

式 (6.170) 是用于计算单元中质点的总位移和总应变 (因此就是 TL 格式和 UL 格式的总应力). 为应用式 (6.171), 如用于梁单元格式中的式 (6.158)、式 (6.161) 和式 (6.162) 的思想同样是适用的.

现在我们按与 ${}^t\mathbf{V}_n^k$ 正交的两个转动表示向量分量 V_{ni}^k. 两个向量 ${}^t\mathbf{V}_1^k$ 和 ${}^t\mathbf{V}_2^k$ 在时刻 0 (与在线性分析中的一样) 可以定义为

$$ {}^0\mathbf{V}_1^k = \frac{\mathbf{e}_2 \times {}^0\mathbf{V}_n^k}{\|\mathbf{e}_2 \times {}^0\mathbf{V}_n^k\|_2} \tag{6.173} $$

$$ {}^0\mathbf{V}_2^k = {}^0\mathbf{V}_n^k \times {}^0\mathbf{V}_1^k \tag{6.174} $$

其中, 如果 ${}^0\mathbf{V}_n^k$ 与 $\mathbf{e}_2$ 平行, 则令 ${}^0\mathbf{V}_1^k$ 等于 $\mathbf{e}_3$. 根据式 (6.177) 中的方向向量所描述的积分过程可以得到时刻 t 的向量.

[577] 令 α_k 和 β_k 为时刻 t 位形中的方向向量 ${}^t\mathbf{V}_n^k$ 关于 ${}^t\mathbf{V}_1^k$ 和 ${}^t\mathbf{V}_2^k$ 的转角. 则对小的转角 α_k 和 β_k, 计入二阶转动影响 (见习题 6.57), 有

$$ \mathbf{V}_n^k = -{}^t\mathbf{V}_2^k \alpha_k + {}^t\mathbf{V}_1^k \beta_k - \frac{1}{2}(\alpha_k^2 + \beta_k^2)\, {}^t\mathbf{V}_n^k \tag{6.175} $$

我们计入转角的二次项, 因为要得到一致切线刚度矩阵, 这些项对非线性应变刚度的影响是有意义的. 即将式 (6.175) 代入式 (6.171) 中, 得到

$$ u_i = \sum_{k=1}^{q} h_k u_i^k + \frac{t}{2} \sum_{k=1}^{q} a_k h_k \left[-{}^t V_{2i}^k \alpha_k + {}^t V_{1i}^k \beta_k - \frac{1}{2}(\alpha_k^2 + \beta_k^2)\, {}^t V_{ni}^k \right] \tag{6.176} $$

利用该表达式计算表 6.2 和表 6.3 中的连续介质项, 我们注意到项 $\int_{{}^tV} {}^t\tau_{ij}\delta_t e_{ij}\mathrm{d}^tV$ 和 $\int_{{}^0V} {}^t_0S_{ij}\delta_0 e_{ij}\mathrm{d}^0V$ 由于 (6.176) 中的二次项产生刚度响应, 我们自然会把该二次项加入非线性应变刚度矩阵的其他项中.

我们得到了一个与第 6.5.1 节讨论的等参梁元格式类似的结果 (见式 (6.161) 和式 (6.162) 和随后的讨论).

有限元解将得到节点变量 u_i^k、α_k 和 β_k, 这些节点变量可以用于计算 ${}^{t+\Delta t}\mathbf{V}_n^k$, 得到

$$
{}^{t+\Delta t}\mathbf{V}_n^k = {}^t\mathbf{V}_n^k + \int_{\alpha_k,\beta_k} -{}^\tau\mathbf{V}_2^k\mathrm{d}\alpha_k + {}^\tau\mathbf{V}_1^k\mathrm{d}\beta_k \tag{6.177}
$$

该积分可以使用有限次转动的正交矩阵, 在一个步长上进行 (如见 J. H. Argyris [B] 和习题 6.57) 或使用 Euler 前向法 (见第 9.6 节).

式 (6.167) 和式 (6.176) 可以直接用于建立基于位移的壳单元的应变–位移矩阵. 但如第 5.4.2 节中讨论的一样, 这些单元由于会出现剪切和薄膜闭锁现象而效率不高. 在第 5.4.2 节中, 我们介绍了线性分析的混合插值单元, 这些单元的一个重要特征是它们可以直接推广到非线性分析中去 (事实上, 这些单元的格式最初用于非线性分析, 而简单地忽略所有非线性项就能得到线性分析单元).

格式的起点是按应变协变分量和应力逆变分量写出的虚功原理. 按完全 Lagrange 格式, 我们使用

$$
\int_{{}^0V} {}^{t+\Delta t}_{\ \ 0}\widetilde{S}^{ij}\,\delta\,{}^{t+\Delta t}_{\ \ 0}\widetilde{\varepsilon}_{ij}\mathrm{d}^0V = {}^{t+\Delta t}\Re \tag{6.178}
$$

而按更新 Lagrange 格式, 我们使用

$$
\int_{{}^tV} {}^{t+\Delta t}_{\ \ t}\widetilde{S}^{ij}\,\delta\,{}^{t+\Delta t}_{\ \ t}\widetilde{\varepsilon}_{ij}\mathrm{d}^tV = {}^{t+\Delta t}\Re \tag{6.179}
$$

增量形式是根据表 6.2 和表 6.3 给出的形式, 但这里采用应变协变分量和应力逆变分量.

如第 5.4.2 节中讨论的, MITC 壳元格式的基本步骤是假设应变插值, 并 [578]
把它们与从位移插值得到的应变绑定起来.

应变插值如在第 5.4.2 节中详细讨论的一样, 但插值现在是为了得到用于 Green-Lagrange 应变分量 ${}^{t+\Delta t}_{\ \ 0}\widetilde{\varepsilon}_{ij}^{\mathrm{AS}}$ 和 ${}^{t+\Delta t}_{\ \ t}\widetilde{\varepsilon}_{ij}^{\mathrm{AS}}$, 其中上标 AS 表示假设的应变. 这些假设应变分量与应变 ${}^{t+\Delta t}_{\ \ 0}\widetilde{\varepsilon}_{ij}^{\mathrm{DI}}$ 和 ${}^{t+\Delta t}_{\ \ t}\widetilde{\varepsilon}_{ij}^{\mathrm{DI}}$ 绑定起来, 标有 DI 上角标的应变是从位移插值式 (6.170) 和式 (6.171) 得到的.

协应变分量 ${}^{t+\Delta t}_{\ \ 0}\widetilde{\varepsilon}_{ij}^{\mathrm{DI}}$ 和 ${}^{t+\Delta t}_{\ \ t}\widetilde{\varepsilon}_{ij}^{\mathrm{DI}}$ 是用基向量的基本表达式算出来的

$$
{}^{t+\Delta t}_{\ \ 0}\widetilde{\varepsilon}_{ij}^{\mathrm{DI}} = \frac{1}{2}({}^{t+\Delta t}\mathbf{g}_i\cdot{}^{t+\Delta t}\mathbf{g}_j - {}^0\mathbf{g}_i\cdot{}^0\mathbf{g}_j) \tag{6.180}
$$

和

$$
{}^{t+\Delta t}_{\ \ t}\widetilde{\varepsilon}_{ij}^{\mathrm{DI}} = \frac{1}{2}({}^{t+\Delta t}\mathbf{g}_i\cdot{}^{t+\Delta t}\mathbf{g}_j - {}^t\mathbf{g}_i\cdot{}^t\mathbf{g}_j) \tag{6.181}
$$

其中,

$$ {}^{t+\Delta t}\mathbf{g}_i = \frac{\partial\, {}^{t+\Delta t}\mathbf{x}}{\partial r_i};\quad {}^{t}\mathbf{g}_i = \frac{\partial\, {}^{t}\mathbf{x}}{\partial r_i};\quad {}^{0}\mathbf{g}_i = \frac{\partial\, {}^{0}\mathbf{x}}{\partial r_i} \tag{6.182} $$

利用 $r_1 \equiv r, r_2 \equiv s, r_3 \equiv t$, 因此

$$ {}^{t+\Delta t}\mathbf{x} = {}^{0}\mathbf{x} + {}^{t+\Delta t}\mathbf{u};\quad {}^{t}\mathbf{x} = {}^{0}\mathbf{x} + {}^{t}\mathbf{u} \tag{6.183} $$

使用第 5.4.2 节中讨论的插值, 以及上述应变分量, 现在就可以得到第 5.4.2 节线性分析中已经介绍的 MITC 壳元, 其中计入了大位移、大转角的影响. 这些单元满足第 5.4.2 节中列举的可靠性和有效性准则.

上面讨论的壳单元是一般单元, 因为在格式中没有使用特定的壳理论. 事实上, 一般的增量虚功方程仅使用两个基本假设 —— 初始垂直于壳中面的法线保持直线和横向正应力保持为零 (更准确地说, 实际使用了方向向量的方向), 等价于使用了一般的非线性壳理论. 在线性分析中, 这就是壳的一般数学模型, 由 D. Chapelle 和 K. J. Bathe [C, E] 建立. 通过放松这些约束和容许充分的三维运动, 该格式变得更为一般, 见 M. Bishoff 和 E. Ramm [A], W. B. Krätzig 和 D. Jun [A], D. Chapelle、A. Ferent 和 K. J. Bathe [A], 以及 D. N. Kim 和 K. J. Bathe [A], 还可建模很大的变形和应变, 见 T. Sussman 和 K. J. Bathe [D].

6.5.3 习题

6.51 考察如图 Ex.6.51 所示 2 节点梁元.

(a) 画出质点对应 ${}^tu_1^2$、${}^tu_2^2$ 和 ${}^t\theta_2$ 的位移, 并计算对应 $r = s = 0$ 处位移的 Green-Lagrange 应变分量;

(b) 建立对应节点位移增量 u_1^2、u_2^2 和转角增量 θ_2 的导数 ${}_0u_{i,j}$ (即 $\partial u_i/\partial\, {}^0x_j$)$i = 1, 2$; $j = 1, 2$, 节点 1 的位移和转角为 0, 节点 2 的 ${}^tu_1^2 = 0, {}^tu_2^2 = 2, {}^t\theta_2 = 10°$.

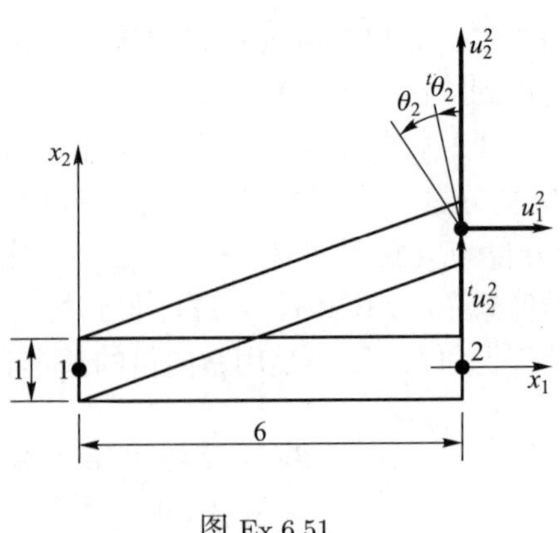

图 Ex.6.51

6.52 考虑如图 Ex.6.52 所示 2 节点梁元, 对自由度 u_1^2、u_2^2 和 θ_2, 利用完全 Lagrange 格式计算刚度矩阵 ${}^t\mathbf{K}$ 和力向量 ${}^t\mathbf{F}$. [579]

(a) 使用位移法和解析积分;

(b) 在 r 方向使用单点 Gauss 积分.

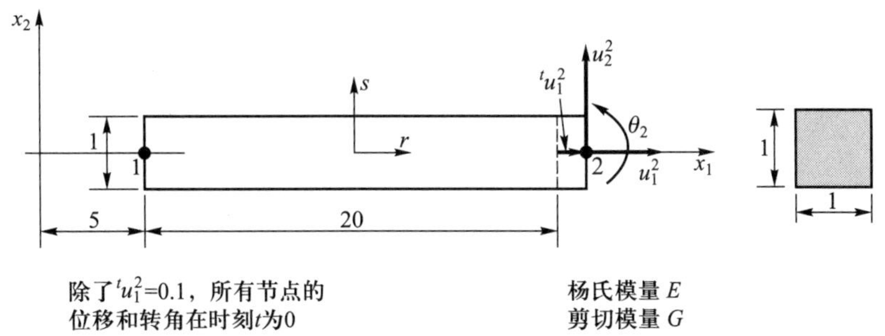

图 Ex.6.52

6.53 进行习题 6.52 中同样的计算, 但现在假设该单元是轴对称壳单元, 且 x_2 轴是旋转轴.

6.54 考察习题 6.52 中的梁单元. 使用位移、转角和常横向剪应变的混合插值, 计算节点 2 自由度的刚度矩阵 ${}^t\mathbf{K}$ 和力向量 ${}^t\mathbf{F}$ (见第 5.4.1 节).

6.55 考察如图 Ex.6.55 所示 4 节点的壳单元. 计算在时刻 t 给定的节点位移和方向向量的单元中的质点位移. 画出这些单元的初始几何位移.

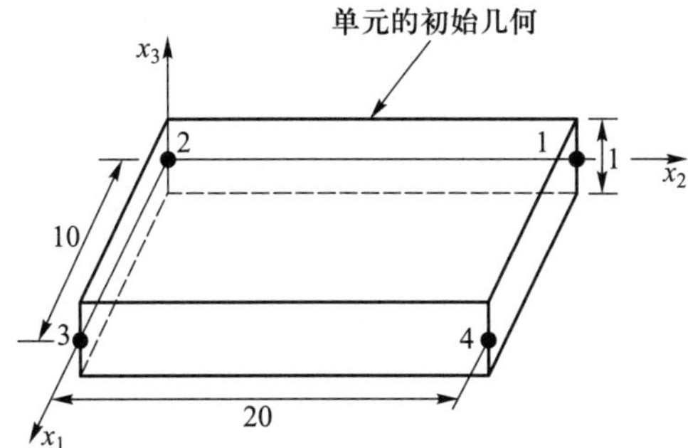

图 Ex.6.55

$$
{}^tu_i^k = 0 \quad i = 1,2,3; \quad k = 1,2,3
$$

$$
{}^t\mathbf{V}_n^k = \begin{bmatrix} 0 \\ 0 \\ 1 \end{bmatrix}; \quad k = 1,2,3
$$

$$
{}^tu_1^4 = 0.1; \quad {}^tu_2^4 = 0.1; \quad {}^tu_3^4 = 1
$$

$$
{}^t\mathbf{V}_n^4 = \frac{1}{2}\begin{bmatrix} 0 \\ -1 \\ \sqrt{3} \end{bmatrix}
$$

[580] 6.56 证明式 (6.161) 和式 (6.162) 中包含的所有 $\boldsymbol{\theta}_k$ 中的二阶项, 以得到方向向量的增量. 通过简单的几何参数和转角由旋转矩阵 $\mathbf{Q}$ 表示, 可以得到该结果, 如见 J. H. Argyris [B], 其中,

$$\mathbf{Q}=\mathbf{I}+\frac{\sin\gamma_k}{\gamma_k}\mathbf{S}_k+\frac{1}{2}\left(\frac{\sin\dfrac{\gamma_k}{2}}{\dfrac{\gamma_k}{2}}\right)^2\mathbf{S}_k^2;\quad \gamma_k=(\theta_{k1}^2+\theta_{k2}^2+\theta_{k3}^2)^{\frac{1}{2}}$$

和

$$\mathbf{S}_k=\begin{bmatrix}0 & -\theta_{k3} & \theta_{k2}\\ \theta_{k3} & 0 & -\theta_{k1}\\ -\theta_{k2} & \theta_{k1} & 0\end{bmatrix}$$

6.57 证明表达式 (6.175) 包括 α_k 和 β_k 所有的二阶项, 以求出方向向量 ${}^t\mathbf{V}_n^k$ 的增量. 可以通过简单的几何参数并使用习题 6.56 中的 $\mathbf{Q}$ 矩阵且用下式得到该结果

$$\gamma_k=(\alpha_k^2+\beta_k^2)^{\frac{1}{2}};\quad \mathbf{S}_k=\begin{bmatrix}0 & 0 & \beta_k\\ 0 & 0 & -\alpha_k\\ -\beta_k & \alpha_k & 0\end{bmatrix}$$

6.58 计算习题 6.56 中给出的单元及其变形的协应变 ${}_0^t\tilde{\varepsilon}_{ij}^{\mathrm{DI}}$.

6.59 使用计算机程序求解如图 Ex.6.59 所示的悬臂梁的位移响应, 分析梁端转 π (180°) 转角的结构, 并将所求的位移和应力结果与理论解比较.

提示: 4 节点等参混合插值梁单元在分析中执行得特别好.

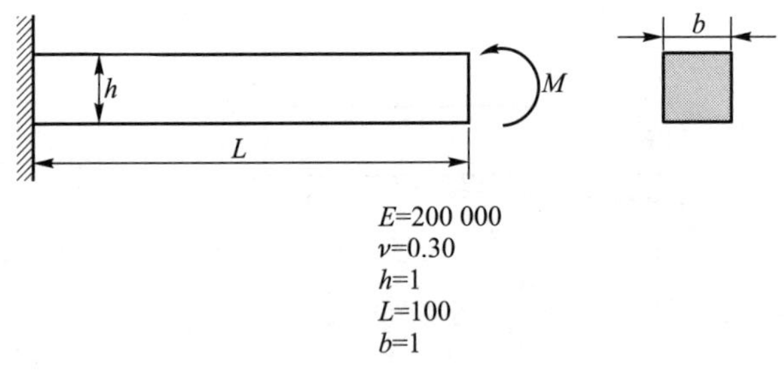

图 Ex.6.59

6.60 使用计算机程序求解如图 Ex.6.60 所示球壳结构的响应, 准确计算位移和应力.

提示: 该结构的计算方法已被广泛用于壳单元的计算中, 见例 E. N. Dvorkin 和 K. J. Bathe [A].

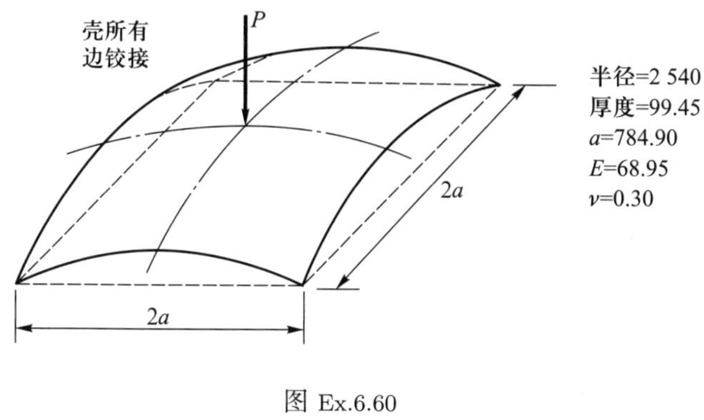

图 Ex.6.60

6.6 本构关系的使用 [581]

在第 6.3—6.5 节中, 讨论了各种单元的位移和应变–位移关系式的计算. 应指出, 这些运动学关系式可以准确地表示大变形 (二维和三维连续介质单元中考虑大应变).

因而, 单元格式中的运动描述是非常一般的. 但应指出的是, 为了使单元格式适用于具体的响应预测, 也需要使用适当的本构描述. 显然, 有限元平衡方程包含位移和应变–位移矩阵以及材料的本构矩阵 (见表 6.4). 因此, 为了使格式能适用于某些响应预测, 它的运动学描述和本构描述应是适当的. 例如, 假设 TL 格式用于描述二维单元的运动学性质, 而所使用的材料律只适用于小应变条件. 在这种情况下, 尽管 TL 格式允许大应变, 但该分析模型仍只适用于小应变.

本节的目的是介绍关于非线性有限元分析法中材料律使用的一些基本情况. 在实践中有许多不同的材料律, 我们并不打算综述和总结这些模型. 而我们的目的是, 讨论与某些类别的材料模型一起有效地得到实用的应力张量和应变张量, 并介绍有关的材料模型、实现方式和使用方法的一些重要和一般的内容.

我们在下面几节所考虑的三类模型是在实践中广泛应用的模型, 即弹性材料模型、弹塑性材料模型和蠕变材料模型. 表 6.7 已经给出了这些材料描述的一些基本性质, 提供了大量材料性质的简要介绍.

在材料模型应用的讨论中, 我们需要注意的是如何实现整个非线性增量分析. 参照前面几节, 特别是式 (6.11)、式 (6.78)、式 (6.79) 和第 6.2.3 节, 可以总结出完整步骤, 见表 6.8.

该表说明, 该材料关系用于求解过程中有两点: 应力的计算和切线应力–应变矩阵的计算. 该应力用于节点力向量和非线性应变刚度矩阵的计算, 而切线应力–应变矩阵则用于线性应变刚度矩阵的计算. 正如我们前面所指出的

[582] **表 6.7　一些材料说明的概述**

材料模型	特征	例子
弹性, 线性或非线性	应力只是应变的函数; 在加载和卸载时有同样的应力路径 $^t\sigma_{ij} = {^tC_{ijrs}}{^te_{rs}}$ 线弹性: $^tC_{ijrs}$ 是常数 非线性弹性: $^tC_{ijrs}$ 是应变的函数	几乎所有材料, 只要应力足够小: 钢、铸铁、玻璃、岩石和木头等, 在屈服或断裂之前
超弹性	应力通过应变能函数 W 计算, ${^t_0S_{ij}} = \dfrac{\partial W}{\partial\, {^t_0\varepsilon_{ij}}}$	类橡胶材料, 如 Mooney-Rivlin 和 Ogden 模型
次弹性	应力增量通过应变增量计算 $\mathrm{d}\sigma_{ij} = C_{ijrs}\mathrm{d}e_{rs}$ 材料模量 C_{ijrs} 定义为应力、应变、断裂准则、加载和卸载参数, 到达的最大应变等的函数	混凝土, 如见 K. J. Bathe、J. Walczak、A. Welch 和 N. Mistry [A]
弹塑性	屈服前线弹性, 屈服条件的使用, 流动法则, 以及计算应力和塑性应变增量的硬化法则; 塑性应变增量是即时的	承受高应力的金属、土壤、岩石
蠕变	在常载荷下应变逐渐增加, 或常变形下应力逐渐减小的时间效应, 蠕变应变增量是非即时的	高温下的金属
黏塑性	与时间相关的非弹性应变; 计入速率影响	聚合物、金属

(见第 6.1 节), 应力应进行高精度计算, 否则求解结果是不正确的, 更重要的是该刚度矩阵是真正的切线矩阵, 反之, 一般来说, 收敛时的迭代次数比必要的多.

表 6.8 中给出了在应力和切线应力–应变矩阵计算时的基本步骤如下:

给出所有应力分量 $^t\boldsymbol{\sigma}$ 和应变分量 $^t\mathbf{e}$ 以及任何内部材料变量 $^t\kappa_i$, 全部对应时刻 t,

$$\{{^t\boldsymbol{\sigma}}, {^t\mathbf{e}}, {^t\kappa_1}, {^t\kappa_2}, \cdots\}$$

同样, 给出了对应时刻 $(t+\Delta t)$ 和 $(i-1)$ 次迭代末所有的应力分量, 定义为 ${^{t+\Delta t}\mathbf{e}^{(i-1)}}$. 计算对应 ${^{t+\Delta t}\mathbf{e}^{(i-1)}}$ 的所有应力分量、内部材料变量和切线应力–应变矩阵

$$\{{^{t+\Delta t}\boldsymbol{\sigma}^{(i-1)}}, \mathbf{C}^{(i-1)}, {^{t+\Delta t}\kappa_1^{(i-1)}}, {^{t+\Delta t}\kappa_2^{(i-1)}}, \cdots\}$$

因此, 我们将在以下讨论中假设应变是已知的, 对应所需的应力和应力–应变切线关系的状态. 为了便于书写, 我们经常不列出上标 $(i-1)$, 只把当前应变状态表示为 ${^{t+\Delta t}\mathbf{e}}$. 该约定意味着进行平衡迭代.

表 6.8　非线性有限元增量分析求解过程 [583]

步骤	求解过程
1. 已知	在时刻 t 已知量: 应力 ${}^{t}\boldsymbol{\sigma}$, 应变 ${}^{t}\mathbf{e}$, 材料内部参数 ${}^{t}\kappa_1, {}^{t}\kappa_2, \cdots$ 节点变量 ${}^{t+\Delta t}\mathbf{U}^{(i-1)}$ 和单元应变 ${}^{t+\Delta t}\mathbf{e}^{(i-1)}$
2. 计算	应力 ${}^{t+\Delta t}\boldsymbol{\sigma}^{(i-1)}$ 对应 ${}^{t+\Delta t}\boldsymbol{\sigma}^{(i-1)}$ 的切线应力–应变矩阵, 称为 $\mathbf{C}^{(i-1)}$ 材料内部参数 ${}^{t+\Delta t}\kappa_1^{(i-1)}, {}^{t+\Delta t}\kappa_2^{(i-1)}, \cdots$ a. 弹性分析中: 应变 ${}^{t+\Delta t}\mathbf{e}^{(k-1)}$ 直接给出应力 ${}^{t+\Delta t}\boldsymbol{\sigma}^{(i-1)}$ 和应力–应变矩阵 $\mathbf{C}^{(i-1)}$ b. 非弹性分析中: 对应力 ${}^{t+\Delta t}\boldsymbol{\sigma}^{(i-1)} = {}^{t}\boldsymbol{\sigma} + \int_{t}^{t+\Delta t^{(i-1)}} \mathrm{d}\boldsymbol{\sigma}$ 进行积分 对应状态 $t+\Delta t$ 和 $(i-1)$ 次迭代末的切线应力–应变矩阵 $\mathbf{C}^{(i-1)}$, 与积分过程同步进行计算. 在等参有限元分析中, 为建立用于第 3 步的方程, 在网格的所有积分点上计算该应力和应变
3. 计算	使用 ${}^{t+\Delta t}\mathbf{K}^{(i-1)}\Delta\mathbf{U}^{(i)} = {}^{t+\Delta t}\mathbf{R} - {}^{t+\Delta t}\mathbf{F}^{(i-1)}$ 计算节点变量 $\Delta\mathbf{U}^{(i)}$, 则 ${}^{t+\Delta t}\mathbf{U}^{(i)} = {}^{t+\Delta t}\mathbf{U}^{(i-1)} + \Delta\mathbf{U}^{(i)}$
4. 循环	重复步骤 $1 \sim 3$ 直到收敛

由于无论是否使用平衡迭代, 应力和切线应力–应变矩阵的求解过程是相同的, 所以我们不需要列出迭代上标. 重要的是, 在时刻 $t+\Delta t$ 的状态是完全已知的, 已算出当前应变和当前材料内部参数的新应变状态, 以及将计算新的切线应力–应变矩阵.

应指出, 在单元刚度矩阵和力向量的数值计算中, 应力和切线应力–应变矩阵的计算是在单元的每个积分点上进行的. 因此, 它应尽可能高效地进行这些计算.

在非弹性分析中, 虽然从时刻 t 到当前应变状态的积分过程是必要的, 但弹性分析中不需要应力的积分 (因为我们采用的是总应变格式, 而不是一个速率型格式, 见例 6.24). 在弹性分析中, 可以直接计算给定的应变状态下的应力和切线应力–应变矩阵. 因此, 在下面的讨论中我们考虑弹性条件 (第 6.6.1 节和第 6.6.2 节), 同时, 为了书写的方便, 只考虑时刻 t 的应变状态, 并计算此时相应的应力和切线应力–应变矩阵 (相同的方法也适用于任何时刻, 当然也包括时刻 $t+\Delta t$).

6.6.1　弹性材料特性: 广义 Hooke 定律

将第 4 章 (见表 4.3) 归纳的线弹性关系推广到 TL 格式, 得到在大变形分析中广泛使用的简单弹性材料描述

$$
{}_0^tS_{ij} = {}_0^tC_{ijrs}\,{}_0^t\varepsilon_{rs} \tag{6.184}
$$

[584] 其中, ${}_0^tS_{ij}$ 和 ${}_0^t\varepsilon_{rs}$ 是第二 Piola-Kirchhoff 应力和 Green-Lagrange 应变张量的分量, 而 ${}_0^tC_{ijrs}$ 是常弹性张量的分量.

考虑三维应力条件, 有

$$ {}_0^tC_{ijrs} = \lambda\delta_{ij}\delta_{rs} + \mu(\delta_{ir}\delta_{js} + \delta_{is}\delta_{jr}) \tag{6.185} $$

其中, λ 和 μ 是 Lamé常数, δ_{ij} 是 Kronecker delta 符号. 有

$$ \lambda = \frac{E\nu}{(1+\nu)(1-2\nu)}; \quad \mu = \frac{E}{2(1+\nu)} $$

$$ \delta_{ij} = \begin{cases} 0; & i \neq j \\ 1; & i = j \end{cases} $$

式 (6.185) 中给出的弹性张量的分量与表 4.3 中给出的值 (见习题 2.10) 是相同的.

考虑这种材料描述, 我们可以得出一些重要的结论. 可以看出, 在无限小的位移分析中, 式 (6.184) 转换为线弹性分析中所用的描述, 因为在这些条件下, 该应力和应变度量转换为工程应力和应变的度量. 一个重要的事实是, 在大位移、大转角但小应变分析中, 式 (6.184) 提供了更自然的材料描述, 因为在刚体转动时, 第二类 Piola-Kirchhoff 应力分量和 Green-Lagrange 应变张量的分量是不变的 (见第 6.2.2 节和例 6.12 至例 6.15). 因此, 只有材料的实际应变产生应力张量的分量的增加, 只要这种材料应变 (伴随着大转角和大位移) 是小的, 在无穷小位移的情况下利用式 (6.184) 是与使用 Hooke 定律是完全等价的.

"当材料进行刚体运动时, 在一个固定坐标系中度量的第二类 Piola-Kirchhoff 应力和 Green-Lagrange 应变分量不变" 的基本事实, 不仅仅只对弹性分析来说是重要的. 事实上, 它意味着, 只要使用第二类 Piola-Kirchhoff 应力和 Green-Lagrange 应变, 使用工程应力和应变度量的无穷小位移分析时的任何材料描述, 可以直接适用于大位移、大转角和小应变分析中. 图 6.7 说明了这个基本事实. 实际结果是, 例如弹塑性发生缓慢变化的材料模型 (见第 6.6.3 节) 可直接用于大位移、大转角和无限小应变分析中, 而只需用第二类 Piola-Kirchhoff 应力和 Green-Lagrange 应变替代工程应力和应变度量.

上面的事实是特别重要的, 这是由于在实际中 Hooke 定律只适用于小应变, 还由于许多工程问题遇到的是大位移、大转角, 但只是小应变状态. 这是经常出现的情况, 例如细长 (梁或壳) 结构的弹性屈曲和坍塌分析.

式 (6.184) 给出应力–应变描述隐含假设 TL 格式用于分析物理问题. 现在, 假设要采用 UL 格式, 但我们给出的本构关系式是式 (6.184). 在这种情况下, 将式 (6.184) 代入式 (6.72), 可写为

$$ \int_{{}^0V} {}_0^tC_{ijrs}\,{}_0^t\varepsilon_{rs}\,\delta{}_0^t\varepsilon_{ij}\,\mathrm{d}{}^0V = {}^t\Re \tag{6.186} $$

[585]

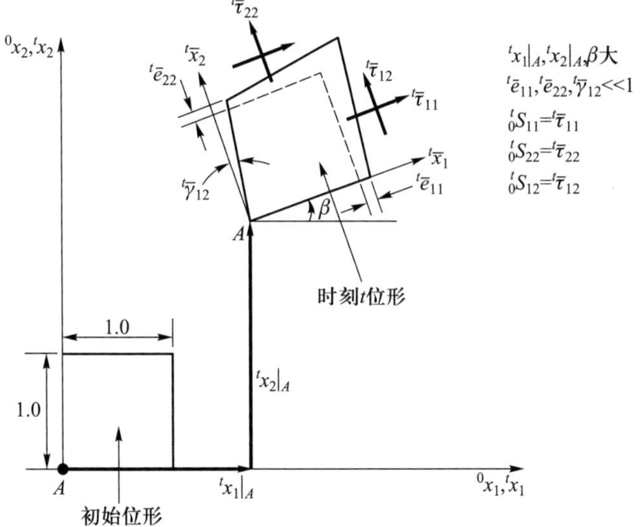

图 6.7　大位移、大转角和小应变条件

因此, 如果定义一个新的本构张量

$$ {}_t^tC_{mnpq} = \frac{{}^t\rho}{{}^0\rho}\,{}_0^tx_{m,i}\,{}_0^tx_{n,j}\,{}_0^tC_{ijrs}\,{}_0^tx_{p,r}\,{}_0^tx_{q,s} \tag{6.187} $$

即

$$ {}_0^tC_{ijrs} = \frac{{}^0\rho}{{}^t\rho}\,{}_t^0x_{i,m}\,{}_t^0x_{j,n}\,{}_t^tC_{mnpq}\,{}_t^0x_{r,p}\,{}_t^0x_{s,q} \tag{6.188} $$

如果我们用 (如例 6.10)

$$ \delta_t e_{mn} = {}_t^0x_{i,m}\,{}_t^0x_{j,n}\,\delta\,{}_0^t\varepsilon_{ij} \tag{6.189} $$

看出式 (6.186) 可写为

$$ \int_{{}^tV} {}_t^tC_{mnpq}\,{}_t^t\varepsilon^A_{pq}\,\delta_t e_{mn}\,\mathrm{d}^tV = {}^t\mathfrak{R} \tag{6.190} $$

其中,

$$ {}^t\tau_{mn} = {}_t^tC_{mnpq}\,{}_t^t\varepsilon^A_{pq} \tag{6.191} $$

${}_t^t\varepsilon^A_{pq}$ 是 Almansi 应变张量的分量

$$ {}_t^t\varepsilon^A_{pq} = {}_t^0x_{r,p}\,{}_t^0x_{s,q}\,{}_0^t\varepsilon_{rs} \tag{6.192} $$

与 Green-Lagrange 应变张量相同, Almansi 应变张量可定义为多种但完全等价的形式①, 即

$$ {}_t^t\varepsilon^A_{ij} = \frac{1}{2}\left({}_tu_{i,j} + {}_tu_{j,i} - {}_tu_{k,i}\,{}_tu_{k,j}\right) \tag{6.193} $$

① 与 Green-Lagrange 应变张量不同, Almansi 应变张量的分量在材料刚体旋转时是变化的.

还有

$$ {}_{t}^{t}\varepsilon_{ij}^{A}\mathrm{d}^{t}x_i\mathrm{d}^{t}x_j = \frac{1}{2}\{(\mathrm{d}^{t}s)^2 - (\mathrm{d}^{0}s)^2\} \tag{6.194} $$

[586] **例 6.22**: 证明式 (6.192) 至式 (6.194) 给出的 Almansi 应变张量定义都是等价的.

式 (6.192) 可写为矩阵形式

$$ {}_{t}^{t}\boldsymbol{\varepsilon}^{A} = {}_{t}^{0}\mathbf{X}^{\mathrm{T}}{}_{0}^{t}\boldsymbol{\varepsilon}{}_{t}^{0}\mathbf{X} \tag{a} $$

用式 (6.54) 替换式 (a) 中 ${}_{0}^{t}\boldsymbol{\varepsilon}$, 并注意到

$$ {}_{t}^{0}\mathbf{X}\,{}_{0}^{t}\mathbf{X} = \mathbf{I} $$

我们得到

$$ {}_{t}^{t}\boldsymbol{\varepsilon}^{A} = \frac{1}{2}(\mathbf{I} - {}_{t}^{0}\mathbf{X}^{\mathrm{T}}{}_{t}^{0}\mathbf{X}) \tag{b} $$

但有

$$ {}_{t}^{0}\mathbf{X} = [{}_{t}\nabla{}^{0}\mathbf{x}^{\mathrm{T}}]^{\mathrm{T}} $$

其中, 与式 (6.21) 一致

$$ {}_{t}\nabla = \begin{bmatrix} \dfrac{\partial}{\partial\,{}^{t}x_1} \\ \dfrac{\partial}{\partial\,{}^{t}x_2} \\ \dfrac{\partial}{\partial\,{}^{t}x_3} \end{bmatrix}; \quad {}^{0}\mathbf{x}^{\mathrm{T}} = [{}^{0}x_1 \quad {}^{0}x_2 \quad {}^{0}x_3] $$

代入式 (b), 有

$$ {}_{t}^{t}\boldsymbol{\varepsilon}^{A} = \frac{1}{2}\{\mathbf{I} - [{}_{t}\nabla({}^{t}\mathbf{x}^{\mathrm{T}} - {}^{t}\mathbf{u}^{\mathrm{T}})][{}_{t}\nabla({}^{t}\mathbf{x}^{\mathrm{T}} - {}^{t}\mathbf{u}^{\mathrm{T}})]^{\mathrm{T}}\} $$

由于

$$ {}_{t}\nabla{}^{t}\mathbf{x}^{\mathrm{T}} = \mathbf{I} $$

故得到

$$ {}_{t}^{t}\boldsymbol{\varepsilon}^{A} = \frac{1}{2}[\mathbf{I} - (\mathbf{I} - {}_{t}\nabla{}^{t}\mathbf{u}^{\mathrm{T}})](\mathbf{I} - {}_{t}\nabla{}^{t}\mathbf{u}^{\mathrm{T}})^{\mathrm{T}}] $$

或

$$ {}_{t}^{t}\boldsymbol{\varepsilon}^{A} = \frac{1}{2}[{}_{t}\nabla{}^{t}\mathbf{u}^{\mathrm{T}} + ({}_{t}\nabla{}^{t}\mathbf{u}^{\mathrm{T}})^{\mathrm{T}} - ({}_{t}\nabla{}^{t}\mathbf{u}^{\mathrm{T}})({}_{t}\nabla{}^{t}\mathbf{u}^{\mathrm{T}})^{\mathrm{T}}] \tag{c} $$

式 (c) 中 ${}_{t}^{t}\boldsymbol{\varepsilon}^{A}$ 分量是式 (6.193).

为证明式 (6.193) 同时成立, 使用式 (b), 得到

$$ \mathrm{d}^{t}\mathbf{x}^{\mathrm{T}}{}_{t}^{t}\boldsymbol{\varepsilon}^{A}\mathrm{d}^{t}\mathbf{x} = \frac{1}{2}(\mathrm{d}^{t}\mathbf{x}^{\mathrm{T}}\mathrm{d}^{t}\mathbf{x} - \mathrm{d}^{0}\mathbf{x}^{\mathrm{T}}\mathrm{d}^{0}\mathbf{x}) \tag{d} $$

因为

$$\mathrm{d}^0\mathbf{x} = {}_t^0\mathbf{X}\mathrm{d}^t\mathbf{x}$$

而式 (d) 还可写为

$$\mathrm{d}^t\mathbf{x}^{\mathrm{T}}{}_t^t\boldsymbol{\varepsilon}^A\mathrm{d}^t\mathbf{x} = \frac{1}{2}[(\mathrm{d}^t s)^2 - (\mathrm{d}^0 s)^2] \tag{e}$$

因为

$$\mathrm{d}^t\mathbf{x}^{\mathrm{T}}\mathrm{d}^t\mathbf{x} = (\mathrm{d}^t s)^2; \quad \mathrm{d}^0\mathbf{x}^{\mathrm{T}}\mathrm{d}^0\mathbf{x} = (\mathrm{d}^0 s)^2$$

故式 (e) 与式 (6.194) 等价.

显然, 使用式 (6.190) 和 Almansi 应变及本构张量 ${}_t^tC_{mnpq}$, 与把第二 Piola-Kirchhoff 应力 ${}_0^tS_{ij}$ (由 ${}_0^tS_{ij} = {}_0^tC_{ijrs}{}_0^t\varepsilon_{rs}$ 得到) 转换为 Cauchy 应力, 再用式 (6.13) 计算 ${}^t\Re$ 是完全相同的. 事实上, 如果 ${}_0^tC_{ijrs}$ 已知, 该计算过程会更高效, 式 (6.190) 和 Almansi 应变的定义和使用可被认为只有理论意义.

但是, 在接下来的例子中我们会证明一个重要结论, 可总结为如下形式.

考虑表 6.2 和表 6.3 中的 TL 和 UL 格式

$$\int_{{}^0V} {}_0C_{ijrs}{}_0e_{rs}\delta_0e_{ij}\mathrm{d}^0V + \int_{{}^0V} {}_0^tS_{ij}\delta_0\eta_{ij}\mathrm{d}^0V = {}^{t+\Delta t}\Re - \int_{{}^0V} {}_0^tS_{ij}\delta_0e_{ij}\mathrm{d}^0V \tag{6.195}$$

$$\int_{{}^tV} {}_tC_{ijrs}{}_te_{rs}\delta_te_{ij}\mathrm{d}^tV + \int_{{}^tV} {}^t\tau_{ij}\delta_t\eta_{ij}\mathrm{d}^tV = {}^{t+\Delta t}\Re - \int_{{}^tV} {}^t\tau_{ij}\delta_te_{ij}\mathrm{d}^tV \tag{6.196}$$ [587]

式中对应的积分项是相同的, 只要使用式 (6.69) 中给出的应力和式 (6.187) 中给出的本构张量. 因此, 我们选择 TL 还是 UL 连续介质格式仅仅由计算效率决定.

例 6.23: 考虑在增量形式下完全和更新 Lagrange 格式 (表 6.2 和表 6.3).

(a) 推导张量 ${}_0C_{ijrs}$ 和 ${}_tC_{ijrs}$ 之间应满足的关系, 使得增量

$${}_0S_{ij} = {}_0C_{ijrs}{}_0\varepsilon_{rs} \tag{a}$$

和

$${}_tS_{ij} = {}_tC_{ijrs}{}_t\varepsilon_{rs} \tag{b}$$

为相同的物理材料响应;

(b) 证明当满足问题 (a) 中导出的关系式时, 线性化的 TL 格式中每一个积分项与 UL 格式中对应项相同.

本构律把应力度量与应变度量联系起来. 由于有不同的应力及其应变, 本构律对给定材料会有不同的形式, 但这些形式都是描述给定的相同材料. 因此, 如果方程式 (a) 和式 (b) 描述的是相同的材料, 则 ${}_0C_{ijrs}$ 和 ${}_tC_{ijrs}$ 应有纯运动学变换关系.

为导出运动学变换式, 我们将 ${}_tS_{ij}$ 表示成 ${}_0S_{ij}$ 形式, ${}_t\varepsilon_{rs}$ 表示为 ${}_0\varepsilon_{rs}$ 形式.

则有

$$ {}_tS_{ij} = {}^{t+\Delta t}_{\quad\ t}S_{ij} - {}^t\tau_{ij} \tag{c} $$

用

$$ {}^t\tau_{ij} = \frac{{}^t\rho}{{}^0\rho}\,{}^t_0x_{i,r}\,{}^t_0S_{rs}\,{}^t_0x_{j,s} \tag{d} $$

和

$$ {}^{t+\Delta t}_{\quad\ t}S_{ij} = \frac{{}^t\rho}{{}^0\rho}\,{}^t_0x_{i,r}\,{}^{t+\Delta t}_{\quad\ 0}S_{rs}\,{}^t_0x_{j,s} $$

和式 (c), 得到

$$ {}_tS_{ij} = \frac{{}^t\rho}{{}^0\rho}\,{}^t_0x_{i,r}\,{}^t_0x_{j,s}\,{}_0S_{rs} \tag{e} $$

对应变项, 有

$$ {}_0\varepsilon_{ij} = {}^{t+\Delta t}_{\quad\ 0}\varepsilon_{ij} - {}^t_0\varepsilon_{ij} $$

和

$$ {}_t\varepsilon_{ij} = {}^{t+\Delta t}_{\quad\ t}\varepsilon_{ij} $$

因此有

$$ {}_0\varepsilon_{ij} = \frac{1}{2}\left({}^{t+\Delta t}_{\quad\ 0}x_{k,i}\,{}^{t+\Delta t}_{\quad\ 0}x_{k,j} - {}^t_0x_{k,i}\,{}^t_0x_{k,j}\right) \tag{f} $$

和

$$ {}_t\varepsilon_{ij} = \frac{1}{2}\left({}^{t+\Delta t}_{\quad\ t}x_{k,i}\,{}^{t+\Delta t}_{\quad\ t}x_{k,j} - \delta_{ij}\right) \tag{g} $$

我们在此应指出, ${}_t\varepsilon_{ij}$ 是基于时刻 t 到 $t+\Delta t$ 的位移且时刻 t 参考位形的 Green-Lagrange 应变①.

[588] 通过式 (f) 和式 (g), 得到

$$ \begin{aligned} {}_0\varepsilon_{ij} &= \frac{1}{2}\,{}^t_0x_{p,i}\,{}^t_0x_{q,j}\left({}^{t+\Delta t}_{\quad\ t}x_{k,p}\,{}^{t+\Delta t}_{\quad\ t}x_{k,q} - \delta_{pq}\right) \\ &= {}^t_0x_{p,i}\,{}^t_0x_{q,j}\,{}_t\varepsilon_{pq} \end{aligned} \tag{h} $$

我们现可在材料律式 (b) 中应用式 (e) 和式 (h), 有

$$ \frac{{}^t\rho}{{}^0\rho}\,{}^t_0x_{i,a}\,{}^t_0x_{j,b}\,{}_0S_{ab} = {}_tC_{ijrs}\,{}^0_tx_{p,r}\,{}^0_tx_{q,s}\,{}_0\varepsilon_{pq} $$

或

$$ {}_0S_{ij} = \left(\frac{{}^0\rho}{{}^t\rho}\,{}^0_tx_{i,m}\,{}^0_tx_{j,n}\,{}_tC_{mnpq}\,{}^0_tx_{r,p}\,{}^0_tx_{s,q}\right){}_0\varepsilon_{rs} $$

因此, 对要描述的相同材料, 本构张量之间的关系为

$$ {}_0C_{ijrs} = \frac{{}^0\rho}{{}^t\rho}\,{}^0_tx_{i,m}\,{}^0_tx_{j,n}\,{}_tC_{mnpq}\,{}^0_tx_{r,p}\,{}^0_tx_{s,q} \tag{i} $$

① 例如, ${}^t_t\varepsilon_{ij} = 0$, 该应变度量不应该与式 (6.192) 定义的 Almansi 应变 ${}^t_t\varepsilon^A_{ij}$ 相混淆.

注意到, 当 ${}_tC_{ijrs}$ 已知, 采用 TL 格式和方程式 (a) 时, 则我们应用与式 (6.188) 中所示相同的材料律变换. 当然, 如果已知 ${}_0C_{ijrs}$ 且采用 UL 格式, 则变换式 (6.187) 是适用的.

接下来, 我们想说明 TL 格式中的每一项与其在 UL 格式中的对应项是等同的. 考虑等式右边, ${}^{t+\Delta t}\Re$ 在两式中显然相同, 且

$$\int_{{}^0V} {}_0^tS_{ij}\delta_0e_{ij}\mathrm{d}^0V = \int_{{}^tV} {}^t\tau_{ij}\delta_te_{ij}\mathrm{d}^tV$$

因为 $\delta_0e_{ij} = \delta_0^t\varepsilon_{ij}$.

需要对等式 $\delta_0e_{ij} = \delta_0^t\varepsilon_{ij}$ 做些解释. 在计算 $\delta_0^t\varepsilon_{ij}$ 时, 我们计算出与时刻 t 位形相对应的 Green-Lagrange 应变的变分, 方程表明该值与对应的虚位移 δu_i 的线性应变增量相同. 回想到当在时刻 $t+\Delta t$ 的位形取变分时, 我们使用 $\delta^{t+\Delta t}{}_0\varepsilon_{ij} = \delta_0e_{ij} + \delta_0\eta_{ij}$ (表 6.2). 如果位移增量为零, 如 $u_i = 0$, 则在时刻 $t+\Delta t$ 位形与时刻 t 的位形是相同的.

因此

$$\delta^{t+\Delta t}{}_0\varepsilon_{ij}|_{u_i=0} = \delta_0^t\varepsilon_{ij}$$

由此, 将 δu_i 当做 u_i 的变分

$$\begin{aligned}\delta^{t+\Delta t}{}_0\varepsilon_{ij}|_{u_i=0} &= \delta_0^t\varepsilon_{ij} + \delta_0\varepsilon_{ij}|_{u_i=0}\\ &= \delta_0\varepsilon_{ij}|_{u_i=0};\quad \text{这里 } \delta_0^t\varepsilon_{ij}=0,\ \text{因为 } {}_0^t\varepsilon_{ij} \text{ 独立于 } u_i\\ &= \delta_0e_{ij}|_{u_i=0} + \delta_0\eta_{ij}|_{u_i=0}\\ &= \delta_0e_{ij}\end{aligned}$$

因为 $\delta_0\eta_{ij}$ 是 u_i 的线性函数, 因此, $\delta_0\eta_{ij}|_{u_i=0} = 0$.

接着, 证明

$$\int_{{}^0V} {}_0^tS_{ij}\delta_0\eta_{ij}\mathrm{d}^0V = \int_{{}^tV} {}^t\tau_{ij}\delta_t\eta_{ij}\mathrm{d}^tV \tag{j}$$

由于可以由式 (h) 得到, 把增量位移 u_i 的非线性项分成组

$${}_0\eta_{ij} = {}_0^tx_{p,i}\,{}_0^tx_{q,j}\,{}_t\eta_{pq}$$ [589]

则有

$$\delta_0\eta_{ij} = {}_0^tx_{p,i}\,{}_0^tx_{q,j}\,\delta_t\eta_{pq} \tag{k}$$

将式 (d) 和式 (k) 代入式 (j), 通过适当改变索引, 直接验证式 (j).

最后可证明

$$\int_{{}^0V} {}_0C_{ijrs}\,{}_0e_{rs}\delta_0e_{ij}\mathrm{d}^0V = \int_{{}^tV} {}_tC_{ijrs}\,{}_te_{rs}\delta_te_{ij}\mathrm{d}^tV \tag{l}$$

在此, 再次使用式 (h), 有

$${}_0e_{ij} = {}_0^tx_{p,i}\,{}_0^tx_{q,j}\,{}_te_{ij} \tag{m}$$

由此,

$$\delta_0 e_{ij} = {}_0^t x_{p,i} {}_0^t x_{q,j} \delta_t e_{ij} \tag{n}$$

将式 (i)、式 (m)、和式 (n) 适当改变索引代入式 (l) 验证, 也可以直接验证式 (1).

综上所述, 我们指出如果在增量应力–应变关系式 (a) 和式 (b) 中, ${}_0C_{ijrs}$ 和 ${}_tC_{ijrs}$ 是表示同样的物理响应的材料关系, 则此时 TL 和 UL 增量连续介质力学格式是等同的. 该结论不仅适用于弹性材料, 而且是一般的, 对任何材料都是成立的.

前面的讨论表明, 如果对应 TL 格式的本构关系是已知的则可以使用 UL 格式 (该结论对任何可写为 TL 格式形式的材料律成立), 反之亦然. UL 与 TL 格式之间的等价关系对任意大小的应变都成立, 但在大多数实际分析中, 线弹性材料特性 (Hooke 定律) 只有在小应变的条件下才是有效的. 在此情况下, 对于各向同性的弹性材料, 利用式 (6.184) 和式 (6.185) 的结果, 或者直接

$$ {}^t\tau_{ij} = {}_t^t C_{ijrs} {}_t^t \varepsilon_{rs}^A \tag{6.197}$$

$$\begin{aligned} {}_t^t C_{ijrs} &= \lambda \delta_{ij} \delta_{rs} + \mu(\delta_{ir}\delta_{js} + \delta_{is}\delta_{jr}) \\ \lambda &= \frac{E\nu}{(1+\nu)(1-2\nu)}; \quad \mu = \frac{E}{2(1+\nu)} \end{aligned} \tag{6.198}$$

其中, λ 和 μ 是与式 (6.185) 中相同的常数, 实际上是同样的. 因此我们可以用同样的常数定义完全和更新 Lagrange 格式的材料律, 而且只要应变小, 对大位移和大转角的求解结果只有很小的不同. 原因是在于考虑大位移和大转角而小应变时, 式 (6.187) 和式 (6.188) 给出的本构张量的变换转化为只有转角. 所以当材料各向同性时, 变换不会改变本构张量的分量, 并且式 (6.184) 和式 (6.185) 或式 (6.197) 和式 (6.198) 用于描述材料响应是完全等价的.

但是, 当用式 (6.184) 和式 (6.197) 和相同弹性材料常数为大应变建模时, 会有完全不同的响应结果. 图 6.8 给出了这种情况下一个简单的分析. 我们注意到力–位移响应在用这两种描述方式是完全不同的, 在位移为 $(-2+3/\sqrt{3})$ 时, TL 格式中会有不稳定点.

显然, 如果无论对哪个适用的式 (6.187) 或式 (6.188) 进行变换, 则不论是使用完全还是更新 Lagrange 格式都会得到相同的力–位移响应曲线 (例 6.62).

在例 6.24 中我们进一步说明, 对相同材料常数使用不同的应力–应变度量会得到不同的响应.

例 6.24: 考虑如图 E6.24 所示 4 节点单元. 假设单元位移是时间的函数. 用以下两种应力度量计算 Cauchy 应力:

(Ⅰ) 使用第二 Piola-Kirchhoff 应力和 Green-Lagrange 应变张量完全格式

$${}_0^t S_{ij} = {}_0^t C_{ijrs} {}_0^t \varepsilon_{rs} \tag{a}$$

[590]

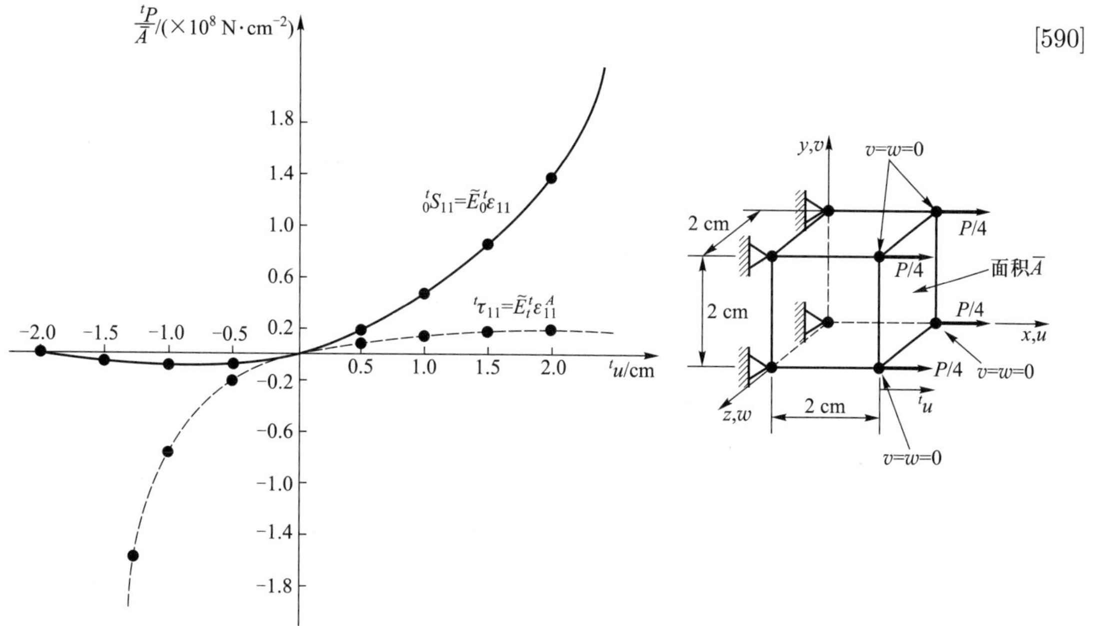

(a) **受到均匀加载的 8 节点单元的力–位移响应** ($E = 10^7$ N/cm^2, $\nu = 0.30$), $\overline{A}$ **限制为常数**

$$\widetilde{E} = \frac{E(1-\nu)}{(1+\nu)(1-2\nu)}$$

(Ⅰ) 使用 ${}_0^tS_{11} = \widetilde{E}{}_0^t\epsilon_{11}$

$${}^tP = \frac{\widetilde{E}\overline{A}}{2}\left(1+\frac{{}^tu}{{}^0L}\right)\left(\left(1+\frac{{}^tu}{{}^0L}\right)^2 - 1\right)$$

(Ⅱ) 使用 ${}^t\tau_{11} = \widetilde{E}{}_t^t\epsilon_{11}^A$

$${}^tP = \frac{\widetilde{E}\overline{A}}{2}\left(1-\left(\frac{{}^0L}{{}^0L+{}^tu}\right)^2\right)$$

(b) **基本关系**

图 6.8　一维响应分析

(Ⅱ) 使用 Jaumann 应力率和速度应变张量的率公式 (见 L. E. Malvern [A]) [591]

$${}^t\overset{\nabla}{\tau}_{ij} = {}_tC_{ijrs}{}^tD_{rs} \tag{b}$$

且令本构张量 ${}_0^tC_{ijrs}$ 和 ${}_tC_{ijrs}$ 与表 4.2 给出的矩阵相同.

我们注意到 Jaumann 应力率张量的分量由下式给出 (L. E. Malvern [A])

$${}^t\overset{\nabla}{\tau}_{ij} = {}^t\dot{\tau}_{ij} + {}^t\tau_{ip}{}^tW_{pj} + {}^t\tau_{jp}{}^tW_{pi} \tag{c}$$

其中, ${}^tW_{ij}$ 是旋转张量的分量 (见式 (6.43)). 式 (c) 表示 Cauchy 应力 ${}^t\tau_{ij}$ 的变化率与 Jaumann 应力率 (给出了由于材料应变的 Cauchy 应力变化率) 和材料刚体转动速率的影响 (因此, 应力的转动速率) 相等. 虽然此率格式会产生计算误差和非实际现象, 但在实际中仍使用 Jaumann 应力率 (见第 6.6 节、M. Kojić 和 K. J. Bathe [A]).

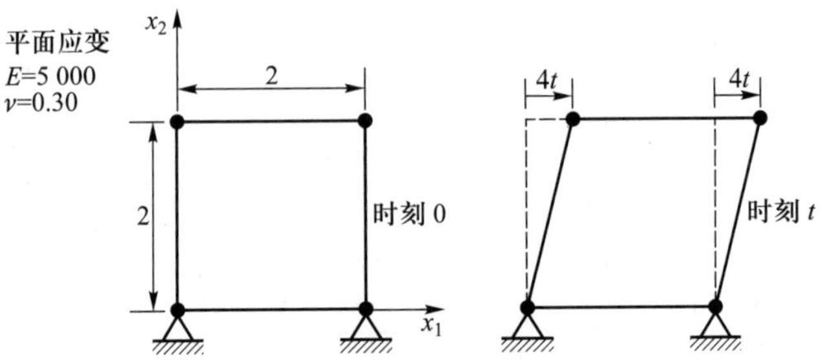

图 E6.24　经历变形的 4 节点单元

情况 1　变形梯度为

$$
{}_0^t\mathbf{X} = \begin{bmatrix} 1 & 2t \\ 0 & 1 \end{bmatrix}
$$

因此,

$$
{}_0^t\boldsymbol{\varepsilon} = \begin{bmatrix} 0 & t \\ t & 2t^2 \end{bmatrix}
$$

利用表 4.2 的变量和已知的 E 和 ν 的值, 我们得到非零值

$$
C_{1111} = 6\ 731, C_{2211} = C_{1122} = 2\ 885, C_{2222} = 6\ 731, C_{1212} = 1\ 923.
$$

使用完全 Lagrange 格式, 有

$$
{}_0^tS_{11} = 5\ 770t^2;\quad {}_0^tS_{22} = 13\ 462t^2;\quad {}_0^tS_{12} = 3\ 846t
$$

使用第二 Piola-Kirchhoff 应力和 Cauchy 应力之间的标准变换 (取两位有效数字), 有

$$
\begin{bmatrix} {}^t\tau_{11} \\ {}^t\tau_{22} \\ {}^t\tau_{12} \end{bmatrix} = \begin{bmatrix} 21\ 000t^2 + 54\ 000t^4 \\ 13\ 000t^2 \\ 3\ 800t + 27\ 000t^3 \end{bmatrix} \tag{d}
$$

[592] **情况 2**　速度应变张量 ${}^t\mathbf{D}$ 是根据式 (6.42) 计算, 有

$$
{}^t\mathbf{L} = \begin{bmatrix} 0 & 2 \\ 0 & 0 \end{bmatrix};\quad {}^t\mathbf{D} = \begin{bmatrix} 0 & 1 \\ 1 & 0 \end{bmatrix};\quad {}^t\mathbf{W} = \begin{bmatrix} 0 & +1 \\ -1 & 0 \end{bmatrix}
$$

现在使用同样的本构矩阵 $\mathbf{C}$, 有

$$
\begin{bmatrix} {}^t\overset{\nabla}{\tau}_{11} \\ {}^t\overset{\nabla}{\tau}_{22} \\ {}^t\overset{\nabla}{\tau}_{12} \end{bmatrix} = \begin{bmatrix} 0 \\ 0 \\ 3846 \end{bmatrix}
$$

我们注意到 Jaumann 应力率是独立于时间的. 但是, 材料同时如 ${}^t\mathbf{W}$ 所述转动, 且 Cauchy 应力分量时间率由下式给出

$$\begin{bmatrix} {}^t\dot{\tau}_{11} \\ {}^t\dot{\tau}_{22} \\ {}^t\dot{\tau}_{12} \end{bmatrix} = \begin{bmatrix} 2\,{}^t\tau_{12} \\ -2\,{}^t\tau_{12} \\ 3\,846 + {}^t\tau_{22} - {}^t\tau_{11} \end{bmatrix}$$

解该微分方程可得 (精确到两位有效数字, 故使用 $G = \dfrac{E}{2(1+\nu)} \doteq 1\,900$)

$$\begin{bmatrix} {}^t\tau_{11} \\ {}^t\tau_{22} \\ {}^t\tau_{12} \end{bmatrix} = \begin{bmatrix} 1\,900(1-\cos 2t) \\ -1\,900(1-\cos 2t) \\ 1\,900\sin 2t \end{bmatrix} \tag{e}$$

我们注意到式 (d) 和式 (e) 给出的结果在 t 大于 0.1 时有很大的不同, 在每种材料描述下产生了正应力 (该值应为零, 当假设无限小应变时). 且式 (e) 中 Cauchy 应力的周期为 π 的振荡特性是独有的.

6.6.2 类橡胶材料特性

我们在第 6.4 节中介绍的位移/压力格式适用于类橡胶材料的分析, 因为这类材料表现出了几乎不可压缩的响应. 这些格式中的基本要素是应变能密度 ${}_0^t\overline{W}$, 由所采用的具体材料模型定义.

对 ${}_0^t\overline{W}$ 有很多种不同的定义, 但最常用的两种模型是 Mooney-Rivlin 和 Ogden 模型 (见 R. S. Rivlin [A] 和 R. W. Ogden [A]).

常规的 Mooney-Rivlin 材料模型由每单位初始体积的应变能密度描述

$${}_0^t\widetilde{W} = C_1({}_0^tI_1 - 3) + C_2({}_0^tI_2 - 3); \quad {}_0^tI_3 = 1 \tag{6.199}$$

其中, C_1 和 C_2 是材料常数, 不变量 ${}_0^tI_i$ 以 Cauchy-Green 变形张量分量的形式给出 (见式 (6.27))

$$\begin{aligned} {}_0^tI_1 &= {}_0^tC_{kk} \\ {}_0^tI_2 &= \frac{1}{2}[({}_0^tI_1)^2 - {}_0^tC_{ij}\,{}_0^tC_{ij}] \\ {}_0^tI_3 &= \det {}_0^t\mathbf{C} \end{aligned} \tag{6.200}$$

注意式 (6.199) 中 ${}_0^t\widetilde{W}$ 的值并不是我们在格式中用到的应变能密度 ${}_0^t\overline{W}$. [593]

注意到所谓的新 Hooke 材料模型是在 $C_2 = 0$ 时得到的, 如果考虑小应变, 则 $2(C_1 + C_2)$ 为剪切模量, $6(C_1 + C_2)$ 为杨氏模量.

例 6.25: 考虑如图 E6.25 所示杆的一维响应. 画出以下两种情况时的力–位移关系:

(Ⅰ) $C_1=100, C_2=0$ 和 (Ⅱ) $C_1=75, C_2=25$.

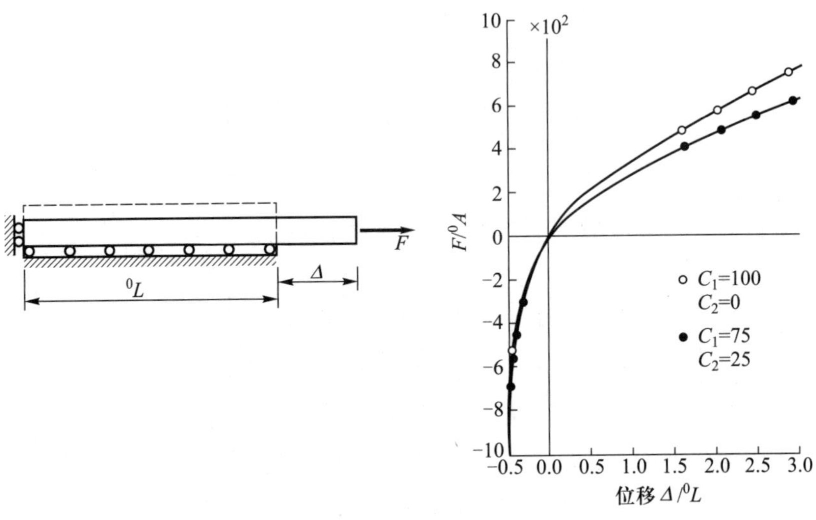

图 E6.25　橡胶杆的一维响应

把 ${}_0^tS_{ij}=\partial\,{}_0^t\widetilde{W}/\partial\,{}_0^t\varepsilon_{ij}$ (见式 (6.129)) 和 Mooney-Rivlin 材料模型式 (6.199) 具体应用于所考虑情况, 得到 (把伸长 λ 作为计算 ${}_0^t\widetilde{W}$ 的唯一变量)

$$F=2\,{}^0A[C_1(\lambda-\lambda^{-2})+C_2(1-\lambda^{-3})]$$

$$\lambda=1+\frac{\Delta}{{}^0L}$$

代入 C_1 和 C_2 的值, 得到如图 E6.25 所示曲线.

式 (6.199) 中的描述假设材料是完全不可压缩的 (由于 ${}_0^tI_3=1$). 另外一个更好的假设是, 体积模量是剪切模量的几千倍, 此时意味着材料是几乎不可压缩的. 该假设利用去掉限制 ${}_0^tI_3=1$, 且在应变能函数中添加静压功项而得到

$$ {}_0^t\widetilde{\widetilde{W}}=C_1({}_0^tI_1-3)+C_2({}_0^tI_2-3)+W_H({}_0^tI_3) \tag{6.201}$$

但这个表达式不能直接用于位移/压力格式, 因为所有三项都会对压力有影响. 为得到合适的表达式, 定义降阶不变量

[594]

$$\begin{aligned}{}_0^tJ_1&={}_0^tI_1({}_0^tI_3)^{-1/3}\\ {}_0^tJ_2&={}_0^tI_2({}_0^tI_3)^{-2/3}\\ {}_0^tJ_3&=({}_0^tI_3)^{1/2}\end{aligned}\tag{6.202}$$

接着利用

$$ {}_0^t\overline{W}=C_1({}_0^tJ_1-3)+C_2({}_0^tJ_2-3)+\frac{1}{2}\kappa({}_0^tJ_3-1)^2 \tag{6.203}$$

其中, κ 是体积模量. 注意到

$$^{t}\overline{p}=-\kappa({}_{0}^{t}J_{3}-1) \tag{6.204}$$

根据链式法则, 式 (6.203) 和式 (6.204) 用于计算第 6.4 节位移/压力格式所有需要的导数.

基本 (三项) Ogden 材料描述使用以下形式

$${}_{0}^{t}\widetilde{W}=\sum_{n=1}^{3}\frac{\mu_{n}}{\alpha_{n}}(\lambda_{1}^{\alpha_{n}}+\lambda_{2}^{\alpha_{n}}+\lambda_{3}^{\alpha_{n}}-3);\quad \lambda_{1}\lambda_{2}\lambda_{3}=1 \tag{6.205}$$

其中, λ_i 是伸缩张量 ${}_{0}^{t}\mathbf{U}$ 的主值, μ_i 和 α_i 是材料常数. 注意 $\dfrac{1}{2}\sum_{n=1}^{3}\alpha_{n}\mu_{n}$ 是小应变剪切模量.

使用 ${}_{0}^{t}\mathbf{C}$ 的主值 L_i 时 (代替 ${}_{0}^{t}\mathbf{U}$ 的主值, 其中 ${}_{0}^{t}\mathbf{C}=({}_{0}^{t}\mathbf{U})^{2}$), 对材料进行描述会更有效. 有

$${}_{0}^{t}\widetilde{W}=\sum_{n=1}^{3}\frac{\mu_{n}}{\alpha_{n}}(L_{1}^{\alpha_{n}/2}+L_{2}^{\alpha_{n}/2}+L_{3}^{\alpha_{n}/2}-3);\quad L_{1}L_{2}L_{3}=1 \tag{6.206}$$

至于 Mooney-Rivlin 材料模型, 现假设类橡胶材料是几乎不可压缩的, 使用 $L_i(L_1L_2L_3)^{-1/3}$ 代替 L_i, 以此使这三项在求和符号中不受体积变形的影响. 调整后的 Ogden 材料描述如下

$${}_{0}^{t}\overline{W}=\sum_{n=1}^{3}\left\{\frac{\mu_{n}}{\alpha_{n}}[(L_{1}^{\alpha_{n}/2}+L_{2}^{\alpha_{n}/2}+L_{3}^{\alpha_{n}/2})(L_{1}L_{2}L_{3})^{-\alpha_{n}/6}-3]\right\}+\frac{1}{2}\kappa({}_{0}^{t}J_{3}-1)^{2} \tag{6.207}$$

利用式 (6.207) 和式 (6.204), 我们可以直接得到第 6.4 节给出的位移/压力格式中的所有项 (见 T. Sussman 和 K. J. Bathe [B]).

在上述介绍中, 我们隐含假设采用完全 Lagrange 格式进行分析. 由于包含材料常数的应变能密度是为此公式定义的, 所以采用完全 Lagrange 解是很自然的和有效的. 但还可以使用给出了上述 ${}_{0}^{t}\overline{W}$ 值的更新 Lagrange 解, 并且如果遵循第 6.4.2 节或第 6.6.2 节中所述的变换规则, 可以得到同样的数值解.

最后, 应指出基本 Mooney-Rivlin 和 Ogden 材料模型可直接推广到高阶模型, 只需在 ${}^{t}\widetilde{W}$ 的表达式中添加更多项 (见习题 6.69), 见 T. Sussman 和 K. J. Bathe [C] 中的相关方法.

6.6.3 非弹性材料特性: 弹塑性、蠕变和黏塑性 [595]

比较弹性分析和非弹性分析得出的一个基本事实是, 在弹性解中, 总应力的值可以仅由总应变求出 (见式 (6.184) 和式 (6.191)); 而在非弹性响应计算中, 某一时刻 t 的总应力还取决于应力和应变历程. 典型的非弹性现象有

弹塑性、蠕变和黏塑性, 为描述这一材料响应而提出了大量的材料模型. 本节的目的不是总结或综述现有的模型, 而是介绍在非弹性响应计算中所用到的基本有限元法. 主要涉及非弹性有限元分析所采用的一般方法, 以得到有效使用的单元格式和数值方法.

在非弹性响应的增量分析中, 基本上会遇到三种运动学状态.

① *小位移和小应变状态*: 在这个条件下, 使用仅材料非线性的公式, 并假设无限小的位移和转角且只考虑材料非线性. 只要材料是弹性的, 使用该公式得出的解与第 4.2 节中讨论的线弹性解是相同的.

② *大位移和大转角但小应变*: 在这种条件下, 使用完全 Lagrange 格式非常有效. 如在第 6.2.3 节中讨论过的, 运动学假设允许大位移、大转角和大应变. 而假设小应变, 用于仅材料非线性分析的材料模型可以直接应用于大位移和大转角分析的 TL 格式, 只需要简单地将第二 Piola-Kirchhoff 应力和 Green-Lagrange 应变换成小位移工程应力和应变量度 (见第 6.6.1 节图 6.7). 如果满足材料应变硬化小, 则大应变分析计算更稳定, 实际上也更精确.

③ *大位移和大应变*: 在这种条件下, 使用完全或更新 Lagrange 格式非常有效. 然而, 尽管该基本本构公式是仅材料非线性以及大位移–小应变情况的直接扩展, 但它们更复杂. 对于大应变分析的情况, 有一些问题需要单独讨论, 因此我们把介绍推迟到第 6.6.4 节.

由于从计算的角度来看, 大位移–小应变情况表示仅材料非线性情况的简单扩展, 我们在本节仅考虑小位移和小应变的非弹性条件. 而表 6.9 显示了一些稍后将要进一步讨论的弹塑性分析中的主要方程, 仅仅使用了第二 Piola-Kirchhoff 应力和 Green-Lagrange 应变, 包括了大位移影响.

[596] **表 6.9** 连续介质弹塑性格式

格式	公式
仅材料非线性格式 (无限小位移)	$\int_V C_{ijrs}^{EP} e_{rs} \delta e_{ij} \mathrm{d}V = {}^{t+\Delta t}\Re - \int_V {}^t\sigma_{ij} \delta e_{ij} \mathrm{d}V$ ${}^tF({}^t\sigma_{ij}, {}^t\kappa, \cdots) = 0; \quad \mathrm{d}e_{ij}^P = \mathrm{d}\lambda \dfrac{\partial\, {}^tF}{\partial\, {}^t\sigma_{ij}};$ $\mathrm{d}\sigma_{ij} = C_{ijrs}^E (\mathrm{d}e_{rs} - \mathrm{d}e_{rs}^P); \quad {}^{t+\mathrm{d}t}\sigma_{ij} = {}^t\sigma_{ij} + \mathrm{d}\sigma_{ij}$
完全 Lagrange 格式 (大位移和大转角但小应变) ${}_0^t\bar{\varepsilon}^P = \int_0^t [2/3\mathrm{d}_0\varepsilon_{ij}^P \mathrm{d}_0\varepsilon_{ij}^P]^{1/2} < 2\%$	$\int_{{}^0V} {}_0C_{ijrs}^{EP} {}_0e_{rs} \delta_0 e_{ij} \mathrm{d}^0V + \int_{{}^0V} {}_0^tS_{ij} \delta_0\eta_{ij} \mathrm{d}^0V = {}^{t+\Delta t}\Re - \int_{{}^0V} {}_0^tS_{ij} \delta_0 e_{ij} \mathrm{d}^0V$ ${}^tF({}_0^tS_{ij}, {}^t\kappa, \cdots) = 0; \quad \mathrm{d}_0\varepsilon_{ij}^P = \mathrm{d}\lambda \dfrac{\partial\, {}^tF}{\partial\, {}_0^tS_{ij}};$ $\mathrm{d}_0S_{ij} = {}_0C_{ijrs}^E (\mathrm{d}_0\varepsilon_{rs} - \mathrm{d}_0\varepsilon_{rs}^P); \quad {}_0^{t+\mathrm{d}t}S_{ij} = {}_0^tS_{ij} + \mathrm{d}_0S_{ij}$

根据表 6.8 中的计算总结, 我们假设已经准确得到时刻 t 的结果, 并且算出与时刻 $t+\Delta t$ 对应的总应变 ${}^{t+\Delta t}e_{rs}$ (我们现在忽略迭代上标). 因此, 假设

可准确得到时刻 t 的所有应力、非弹性应变和状态变量. 则对求解方法有两个基本要求:

① 对应时刻 $t+\Delta t$ 总应变的应力、非弹性应变和状态变量的计算;

② 对应上述已算出的状态的切线本构关系的计算, 在仅材料非线性分析中可写为

$$C_{ijrs}^{\mathrm{IN}}=\frac{\partial\,{}^{t+\Delta t}\sigma_{ij}}{\partial\,{}^{t+\Delta t}e_{rs}} \tag{6.208}$$

在切线刚度矩阵的计算中应用切线应力–应变律. 如果用于刚度矩阵中的应力–应变关系不是真正的相切关系, 则下一个计算出的位移 (以及应变) 增量一般不会给出精确的近似解 (会降低平衡迭代收敛率, 见第 8.4 节).

一个至关重要的要求是应准确地计算新状态的应力. 如果我们把算出的总应变表示为 ${}^{t+\Delta t}\mathbf{e}$, 则我们的要求就是得到准确的应力 ${}^{t+\Delta t}\boldsymbol{\sigma}$. 应指出, 一般的, 在 ${}^{t+\Delta t}\boldsymbol{\sigma}$ 计算时引入的任何误差都无法在以后的求解中由一些校正迭代法进行补偿. 而在时刻 $t+\Delta t$, 应力和塑性应变以及状态变量中存在的误差, 一般来说会不可避免地劣化随后的响应预测.

我们应指出在一个平衡迭代中, 式 (6.10) 中的切线本构关系需要对应当前状态进行计算, 并且要计算的应力对给定应变 ${}^{t+\Delta t}\mathbf{e}^{(i-1)}$ 来说是 ${}^{t+\Delta t}\boldsymbol{\sigma}^{(i-1)}$ (见第 8.4 节).

在下述介绍中, 我们首先考虑弹塑性情况下的基本计算方法, 然后简要 [597]
地考虑蠕变和黏塑性情况.

1. 弹塑性

我们假设弹塑性响应遵循基于 Prandtl-Reuss 方程的经典塑性增量理论 (见 L. E. Malvern [A], R. Hill [B], A. Mendelson [A] 和 M. Życzkowski [A]).

利用应变的加法分解, $\mathrm{d}e_{ij}=\mathrm{d}e_{ij}^{E}+\mathrm{d}e_{ij}^{P}$, 应力增量由如下基本关系式给出

$$\mathrm{d}\sigma_{ij}=C_{ijrs}^{E}(\mathrm{d}e_{rs}-\mathrm{d}e_{rs}^{P}) \tag{6.209}$$

其中, C_{ijrs}^{E} 表示弹性本构张量的分量, $\mathrm{d}e_{ij}$、$\mathrm{d}e_{ij}^{E}$ 和 $\mathrm{d}e_{ij}^{P}$ 分别表示总应变增量、弹性应变增量和塑性应变增量的分量. 该增量关系在整个非弹性响应中保持. 为计算塑性应变, 我们使用三个性质描述材料特性:

① 屈服函数, 提供屈服条件, 该条件指定对应塑性流动开始的多向应力状态;

② 流动法则, 将塑性应变增量与当前应力与应力增量联系起来;

③ 硬化法则, 规定在塑性流动中如何修改屈服函数.

屈服函数在时刻 t 具有如下的一般形式

$${}^{t}f_{y}({}^{t}\sigma_{ij},{}^{t}e_{ij}^{P},\cdots) \tag{6.210}$$

式中 “$\cdots$” 表示基于材料特性的状态变量. 如果

$$ {}^{t}f_y < 0 \tag{6.211} $$

瞬时的材料响应是弹性的. 如果

$$ {}^{t}f_y = 0 \tag{6.212} $$

瞬时的材料响应是弹性或塑性取决于载荷条件. 其中, ${}^{t}f_y > 0$ 是不允许的. 因此式 (6.212) 表示整个塑性响应应遵从的屈服条件.

假设对材料来说, 在塑性响应过程中相关的流动法则是适用的, 我们在流动法则中使用 ${}^{t}f_y$ 函数得到塑性应变增量

$$ \mathrm{d}e_{ij}^{P} = \mathrm{d}\lambda \frac{\partial\, {}^{t}f_y}{\partial\, {}^{t}\sigma_{ij}} \tag{6.213} $$

其中, $\mathrm{d}\lambda$ 代表一个待定标量 (依赖式 (6.213) 中出现的另外一个状态变量). 作
[598] 为塑性流动的结果, 硬化法则 (也依赖所使用的特定材料模型) 改变 ${}^{t}f_y$ 中的状态变量, 因而改变了响应过程中的屈服条件.

我们结合各向同性硬化和一般的三维应力状态考虑 von Mises 塑性. 下面, 我们介绍被广泛使用并被称为径向返回法 (见 M. L. Wilkins [A]、R. D. Krieg 和 D. B. Krieg [A]) 的简单求解方法. 我们的目的是介绍该方法, 可以被看做求解非弹性应力状态的一般方法的基础.

由于在 von Mises 塑性中, 塑性体积应变是零 (原因下文将述及), 将时刻 $t+\Delta t$ 的一般的应力–应变关系写为如下的形式很有效 (见式 (4.125) 至式 (4.133))

$$ {}^{t+\Delta t}\mathbf{S} = \frac{E}{1+\nu}\left({}^{t+\Delta t}\mathbf{e}' - {}^{t+\Delta t}\mathbf{e}^{P}\right) \tag{6.214} $$

$$ {}^{t+\Delta t}\sigma_m = \frac{E}{1-2\nu}\,{}^{t+\Delta t}e_m \tag{6.215} $$

其中, ${}^{t+\Delta t}\mathbf{S}$ 是偏应力张量, 其分量为①

$$ {}^{t+\Delta t}S_{ij} = {}^{t+\Delta t}\sigma_{ij} - {}^{t+\Delta t}\sigma_m \delta_{ij} \tag{6.216} $$

${}^{t+\Delta t}\sigma_m$ 是平均应力

$$ {}^{t+\Delta t}\sigma_m = \frac{{}^{t+\Delta t}\sigma_{ii}}{3} \tag{6.217} $$

${}^{t+\Delta t}\mathbf{e}'$ 是偏应变张量, 其分量为

$$ {}^{t+\Delta t}e_{ij}' = {}^{t+\Delta t}e_{ij} - {}^{t+\Delta t}e_m \delta_{ij} \tag{6.218} $$

① 注意到偏应力不带下标 0, 而第二 Piola-Kirchhoff 应力带之.

${}^{t+\Delta t}e_m$ 是平均应变

$$
{}^{t+\Delta t}e_m = \frac{{}^{t+\Delta t}e_{ii}}{3} \tag{6.219}
$$

${}^{t+\Delta t}\mathbf{e}^P$ 是塑性应变张量, 其分量为 ${}^{t+\Delta t}e_{ij}^P$. 注意在式 (6.214) 中我们在等号的两边有 3×3 矩阵和张量的分量. 我们应该回想起在时刻 $t + \Delta t$ 的总应变是已知的 (见表 6.8), 因此 ${}^{t+\Delta t}\mathbf{e}'$ 和 ${}^{t+\Delta t}e_m$ 是已知的.

式 (6.214) 和式 (6.215) 是式 (6.219) 的积分形式, 式中我们注意到偏应力依赖于塑性应变, 而后者一般很大程度上依赖于应力历程, 平均应力独立于塑性应变 (因为平均塑性应变为零, 即塑性变形是等体积的). 因此, ${}^{t+\Delta t}\sigma_m$ 由式 (6.215) 直接给出, 我们现在的任务就是计算 ${}^{t+\Delta t}\mathbf{e}^P$ 和 ${}^{t+\Delta t}\mathbf{S}$.

由于假设时刻 t 的整个应力和应变条件是已知的, 可以将式 (6.214) 改写为下面的形式

$$
{}^{t+\Delta t}\mathbf{S} = \frac{E}{1+\nu}({}^{t+\Delta t}\mathbf{e}'' - \Delta\mathbf{e}^P) \tag{6.220}
$$

式中,

$$
{}^{t+\Delta t}\mathbf{e}'' = {}^{t+\Delta t}\mathbf{e}' - {}^{t}\mathbf{e}^P \tag{6.221}
$$

是已知量.

因此, 整合本构关系的任务现在转化为确定受到屈服条件、流动法则和 [599]
硬化法则约束的式 (6.220) 中应力 ${}^{t+\Delta t}\mathbf{S}$ 和塑性增量应变 $\Delta\mathbf{e}^P$.

按 von Mises 塑性, 屈服条件是在时刻 $t + \Delta t$,

$$
{}^{t+\Delta t}f_y^{vM} = \frac{1}{2}{}^{t+\Delta t}\mathbf{S} \cdot {}^{t+\Delta t}\mathbf{S} - \frac{1}{3}({}^{t+\Delta t}\sigma_y)^2 = 0 \tag{6.222}
$$
①

其中, ${}^{t+\Delta t}\sigma_y$ 是在时刻 $(t + \Delta t)$ 的屈服应力. 这个应力是有效塑性应变的函数, 定义了材料的硬化.

$$
{}^{t+\Delta t}\sigma_y = f_e({}^{t+\Delta t}\overline{e}^P) \tag{6.223}
$$

式中

$$
{}^{t+\Delta t}\overline{e}^P = \int_0^{t+\Delta t} \sqrt{\frac{2}{3}\mathrm{d}e^P \cdot \mathrm{d}e^P} \tag{6.224}
$$

图 6.9 显示了屈服曲线.

有限步长的流动法则给出

$$
\Delta\mathbf{e}^P = \lambda \frac{\partial\, {}^{t+\Delta t}f_y^{vM}}{\partial\, {}^{t+\Delta t}\boldsymbol{\sigma}} = \lambda\, {}^{t+\Delta t}\mathbf{S} \tag{6.225}
$$

几何上, 这个方程意味着 $\Delta\mathbf{e}^P$ 在 ${}^{t+\Delta t}\mathbf{S}$ 的方向上, 且体积塑性应变为零 (${}^{t+\Delta t}\mathbf{S}$ 的迹为零).

① 注意到这里以及后面, 对第二阶张量 $\mathbf{a}$ 和 $\mathbf{b}$, 我们使用记号 $\mathbf{a} \cdot \mathbf{b} = a_{ij}b_{ij}$ (对所有 i, j 求和, 见式 (2.79)).

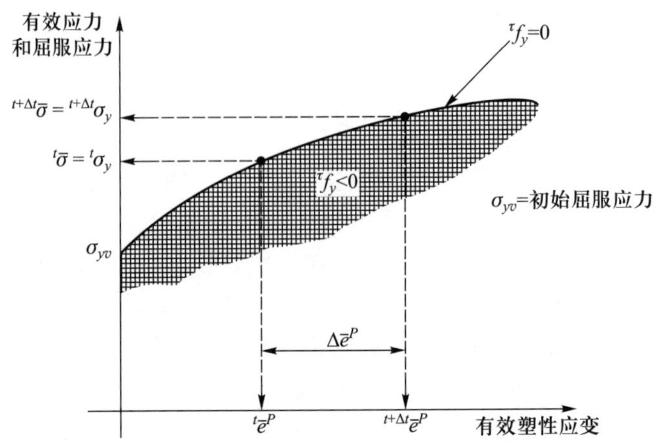

图 6.9　一般的屈服曲线

屈服假设发生在时刻 t 和 $t+\Delta t$. 在时刻 τ, 令 ${}^{\tau}f_y={}^{\tau}\overline{\sigma}-{}^{\tau}\sigma_y$, 则响应应满足 ${}^{\tau}f_y\leqslant 0, \dot{\overline{e}}^P\geqslant 0, \dot{\overline{e}}^{P\,\tau}f_y=0$.

为确定 λ, 我们对式 (6.225) 两边的张量分量取点积以得到[①]

$$\Delta\overline{e}^P=\frac{2}{3}\lambda^{t+\Delta t}\overline{\sigma} \tag{6.226}$$

其中, $\Delta\overline{e}^P$ 是有效塑性应变的增量, ${}^{t+\Delta t}\overline{\sigma}$ 是有效应力 · 有

$$\Delta\overline{e}^P=\sqrt{\frac{2}{3}\Delta\mathbf{e}^P\cdot\Delta\mathbf{e}^P};\quad {}^{t+\Delta t}\overline{\sigma}=\sqrt{\frac{2}{3}{}^{t+\Delta t}\mathbf{S}\cdot{}^{t+\Delta t}\mathbf{S}} \tag{6.227}$$

[600] 式 (6.227) 对应单轴应力条件下塑性应变和应力 (见习题 6.73), 使用式 (6.225), 一般三维分析中, 塑性功 ${}^{t}\sigma_{ij}\mathrm{d}e_{ij}^P$ 由 ${}^{t}\overline{\sigma}\mathrm{d}\overline{e}^P$ 给出. 从式 (6.226) 可得

$$\lambda=\frac{3}{2}\frac{\Delta\overline{e}^P}{{}^{t+\Delta t}\overline{\sigma}} \tag{6.228}$$

但是, 利用要求在屈服过程中屈服应力与有效应力相等 (因为满足屈服条件), 我们可以在时刻 $t+\Delta t$ 将 $\Delta\overline{e}^P$ 与有效应力 (和其他已知变量) 联系起来. 其关系如图 6.9 中所示的有效应力–有效塑性应变关系曲线表示.

我们再将式 (6.225) 代入式 (6.220), 得到

$${}^{t+\Delta t}\mathbf{S}=\frac{1}{a_E+\lambda}{}^{t+\Delta t}\mathbf{e}'' \tag{6.229}$$

所以 ${}^{t+\Delta t}\mathbf{e}''$ 也在 ${}^{t+\Delta t}\mathbf{S}$ 的方向上. 为计算式 (6.229) 的比例因子, 可以对式 (6.229) 两边的张量进行点积, 得到

$$a^{2\,t+\Delta t}\overline{\sigma}^2-d^2=0 \tag{6.230}$$

① 注意到几何上 λ 直接给出 $\Delta\mathbf{e}^P$ 和 ${}^{t+\Delta t}\mathbf{S}$ “长度” 上的差.

其中,

$$a = a_E + \lambda; \quad a_E = \frac{1+\nu}{E} \tag{6.231}$$

$$d^2 = \frac{3}{2}\ {}^{t+\Delta t}\mathbf{e}'' \cdot {}^{t+\Delta t}\mathbf{e}'' \tag{6.232}$$

注意到系数 d 是常数, 而系数 a 随着 λ 和 ${}^{t+\Delta t}\overline{\sigma}$ 改变.

我们定义一个函数

$$f(\overline{\sigma}^*) = a^2(\overline{\sigma}^*)^2 - d^2 \tag{6.233}$$

称 $f(\overline{\sigma}^*)$ 为有效应力函数. 从式 (6.230) 可以看出, 当 $\overline{\sigma}^* = {}^{t+\Delta t}\overline{\sigma}$ 时 $f = 0$. 因此, 求解有效应力函数的零值可以求解 ${}^{t+\Delta t}\overline{\sigma}$ 和 λ. 同样, 可以求解当前应力状态 ${}^{t+\Delta t}\mathbf{S}$ 和塑性应变增量 $\Delta\mathbf{e}^P$, 见式 (6.225). 由于此处和更复杂的非弹性分析中求解的关键是求函数 $f(\overline{\sigma}^*)$ 的零点, 因此整个求解算法就叫做有效应力函数 (ESF) 算法 (见 K. J. Bathe、A. B. Chaudhary、E. N. Dvorkin 和 M. Kojic [A], 为求解更复杂的热弹塑性和蠕变而引入的).

ESF 算法的优势就在于它具有一般性和适用性. 有效应力函数可能会十分复杂 (由于复杂的有效应力–有效塑性应变关系) 或者由于热和蠕变效应 (后面要考虑). 函数零点通常由数值二分法求出, 由于函数只有一个未知量有效应力, 所以这种方法非常稳定.

但是, 如果材料是双线性的 (见图 6.10), 则有效应力–有效应变关系是一条坡度为 E_p 的直线, 可直接求解时刻 $t+\Delta t$ 的有效应力. 即

$$\Delta\overline{e}^P = \frac{{}^{t+\Delta t}\overline{\sigma} - {}^t\sigma_y}{E_p} \tag{6.234}$$

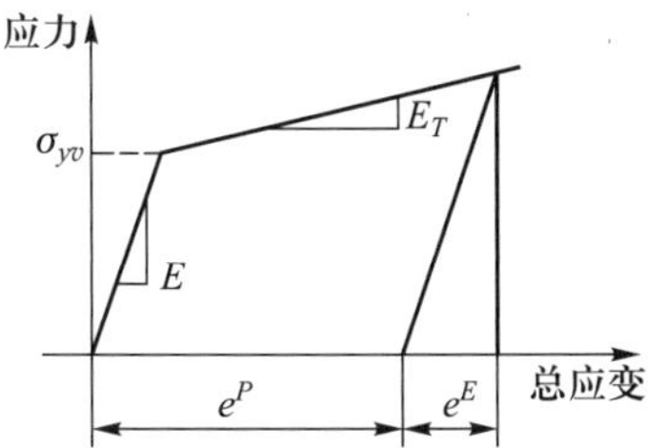

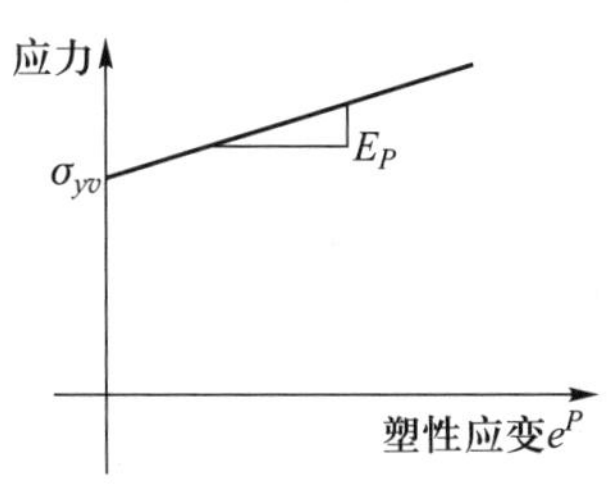

[601]

图 6.10 双线性弹塑性材料模型

且

$$E_p = \frac{EE_T}{E - E_T} \tag{6.235}$$

其中, E_T 是切线模量, 因此

$${}^{t+\Delta t}\overline{\sigma} = \frac{2E_p d + 3\,{}^t\sigma_y}{2E_p a_E + 3} \tag{6.236}$$

当完全塑性 $E_p = 0, {}^{t+\Delta t}\overline{\sigma} = \sigma_{yv}$, 由式 (6.230) 可得

$$\lambda = \frac{d}{\sigma_{yv}} - a_E \tag{6.237}$$

弹塑性计算是首先判断从时刻 t 到时刻 $t + \Delta t$ 材料是否屈服开始的. 假设 ${}^{t+\Delta t}\overline{\sigma}^E > {}^t\sigma_y$, 则在该时间段屈服一直存在, 其中 ${}^{t+\Delta t}\overline{\sigma}^E$ 是弹性应力的解

$$ {}^{t+\Delta t}\overline{\sigma}^E = \frac{d}{a_E} \tag{6.238}$$

以上求解过程可以分为以下步骤, 首先, 预测弹性应力 (其中假设 $\Delta \mathbf{e}^P$ 为 0); 然后, 如果预测应力在对应于时刻 t 屈服面之外, 则修正应力. 图 6.11 从几何上说明了求解过程.

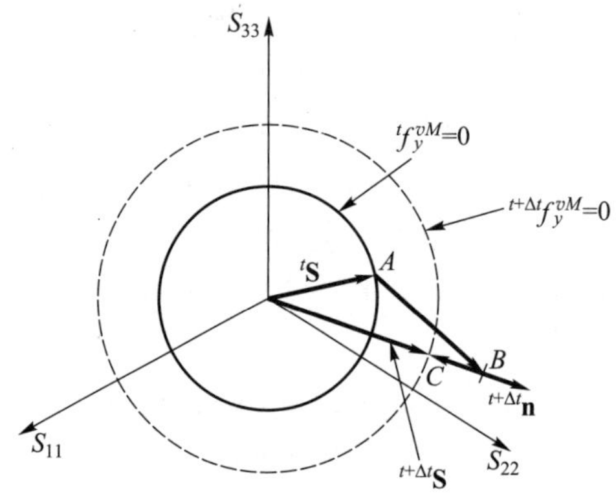

图 6.11 弹塑性分析中应力求解的几何说明 (使用主应力方向)

点 A 对应时刻 t 的应力, 点 B 对应弹性应力预测, 由式 (6.220) 可知

[602]

$$ {}^{t+\Delta t}\mathbf{S}^E = \frac{E}{1+\nu}({}^{t+\Delta t}\mathbf{e}'') \tag{6.239}$$

应力修正量对应向量 **BC**, 是

$$ {}^{t+\Delta t}\mathbf{S}^c = \frac{E}{1+\nu}(-\Delta \mathbf{e}^P) \tag{6.240}$$

其中, $\Delta \mathbf{e}^P$ 由式 (6.225) 给出.

由于 ${}^{t+\Delta t}\mathbf{S}$ 和 ${}^{t+\Delta t}\mathbf{S}^c$ 在同一方向上, 并且 ${}^{t+\Delta t}\mathbf{S} = {}^{t+\Delta t}\mathbf{S}^E + {}^{t+\Delta t}\mathbf{S}^c$, 我们注意到法向量 ${}^{t+\Delta t}\mathbf{n}$ 在 ${}^{t+\Delta t}\mathbf{S}^E$ (以及 ${}^{t+\Delta t}\mathbf{S}$、$\Delta \mathbf{e}^P$ 和 ${}^{t+\Delta t}\mathbf{e}''$) 的方向上, 且

$$ {}^{t+\Delta t}\mathbf{n} = \frac{{}^{t+\Delta t}\mathbf{e}''}{\|{}^{t+\Delta t}\mathbf{e}''\|_2} \tag{6.241}$$

由于沿该向量方向的修正应力径向返回到屈服面上的应力状态, 故该方法又称为径向回归法, 见 R. D. Krieg 和 D. B. Krieg [A].

对求解方法的解释给出求解过程中数值误差产生的原因. 我们看到在离散求解时刻, 精确满足屈服条件和硬化法则, 但是由式 (6.225) 得出的塑性应变的大小是通过基于流动法则的 Euler 后向积分法的计算而得到的. 如果偏应力向量的方向没有变化 (因此 ${}^{\tau}\mathbf{n}$ 对所有 τ 是常量), 则求解就很精确, 但是在该应力向量的方向一旦有任何变化, 这都将增大数值误差. 一些求解误差的研究见 R. D. Krieg 和 D. B. Krieg [A], H. L. Schreyer、R. F. Kulak 和 J. M. Kramer [A], M. Ortiz 和 E. P. Popov [A], N. S. Lee 和 K. J. Bathe [B]. 这些研究表明使用该算法求解精度高.

我们已经指出, 计算方法的第二个重要要求是精确计算刚度矩阵的切线应力–应变关系. 该应力–应变切线矩阵应与所用应力数值积分法一致, 以利用 Newton-Raphson 迭代的充分收敛优点. 考虑与对应时刻 $t+\Delta t$ 的切线材料矩阵. 我们假设图 6.9 中的屈服曲线是适用的.

为书写简便, 定义应力和应变向量

$$\begin{aligned}{}^{t+\Delta t}\boldsymbol{\sigma}^{\mathrm{T}} &= [{}^{t+\Delta t}\sigma_{11} \quad {}^{t+\Delta t}\sigma_{22} \quad {}^{t+\Delta t}\sigma_{33} \quad {}^{t+\Delta t}\sigma_{12} \quad {}^{t+\Delta t}\sigma_{23} \quad {}^{t+\Delta t}\sigma_{31}] \\ &= [{}^{t+\Delta t}\sigma_{1} \quad {}^{t+\Delta t}\sigma_{2} \quad {}^{t+\Delta t}\sigma_{3} \quad {}^{t+\Delta t}\sigma_{4} \quad {}^{t+\Delta t}\sigma_{5} \quad {}^{t+\Delta t}\sigma_{6}] \end{aligned} \tag{6.242}$$

$$\begin{aligned}{}^{t+\Delta t}\mathbf{e}^{\mathrm{T}} &= [{}^{t+\Delta t}e_{11} \quad {}^{t+\Delta t}e_{22} \quad {}^{t+\Delta t}e_{33} \quad {}^{t+\Delta t}\gamma_{12} \quad {}^{t+\Delta t}\gamma_{23} \quad {}^{t+\Delta t}\gamma_{31}] \\ &= [{}^{t+\Delta t}e_{1} \quad {}^{t+\Delta t}e_{2} \quad {}^{t+\Delta t}e_{3} \quad {}^{t+\Delta t}e_{4} \quad {}^{t+\Delta t}e_{5} \quad {}^{t+\Delta t}e_{6}] \end{aligned} \tag{6.243}$$

其中, 使用工程剪切应变 ${}^{t+\Delta t}\gamma_{ij} = {}^{t+\Delta t}e_{ij} + {}^{t+\Delta t}e_{ji}$. 则时刻 $t+\Delta t$ 的切线应力–应变矩阵由应力关于应变的导数给出, 可以写为

$$\mathbf{C}^{EP} = \frac{\partial\, {}^{t+\Delta t}\boldsymbol{\sigma}}{\partial\, {}^{t+\Delta t}\mathbf{e}} \tag{6.244}$$

现在我们需要使用上述应力积分假设, 特别是有效应力 (有效塑性应变) 独自确定当前的应力状态, 以此来建立式 (6.244) 中的导数. 由此, 通过应力积分假设, 使得 ${}^{t+\Delta t}\boldsymbol{\sigma}$ 是 ${}^{t+\Delta t}\mathbf{e}$ 和 ${}^{t+\Delta t}\overline{\sigma}$ 的函数 [603]

$$\mathbf{C}^{EP} = \left.\frac{\partial^{t+\Delta t}\boldsymbol{\sigma}}{\partial^{t+\Delta t}\mathbf{e}}\right|_{{}^{t+\Delta t}\overline{\sigma}=\text{常数}} + \frac{\partial^{t+\Delta t}\boldsymbol{\sigma}}{\partial^{t+\Delta t}\overline{\sigma}}\frac{\partial^{t+\Delta t}\overline{\sigma}}{\partial^{t+\Delta t}\mathbf{e}} \tag{6.245}$$

也可以用有效应变代替有效应力.

通过审慎微分, 可以完成求导. 我们使用式 (6.242) 和式 (6.243) 中所有应力和应变符号约定, 介绍初始步骤.

利用前面建立的关系, 我们有

$$\left.\begin{aligned} &{}^{t+\Delta t}\sigma_i = {}^{t+\Delta t}S_i + {}^{t+\Delta t}\sigma_m; \quad i=1,2,3 \\ &{}^{t+\Delta t}\sigma_i = {}^{t+\Delta t}S_i; \quad i=4,5,6 \end{aligned}\right\} \tag{6.246}$$

通过式 (6.244), 得到单元的切线应力–应变矩阵的元素

$$\left.\begin{aligned} &C_{ij}^{EP} = C'_{ij} + \frac{E}{3(1-2\nu)}; \quad 1 \leqslant i,j \leqslant 3 \\ &C_{ij}^{EP} = C'_{ij}; \quad \text{其他} \end{aligned}\right\} \tag{6.247}$$

其中,

$$C'_{ij} = \frac{\partial\, {}^{t+\Delta t}S_i}{\partial\, {}^{t+\Delta t}e_j} \tag{6.248}$$

而 ${}^{t+\Delta t}S_i$ 由式 (6.229) 给出, λ 由式 (6.228) 给出, a_E 是常数. 因而式 (6.248) 最终涉及 λ 的微分. 使用链式法则, 得到

$$\frac{\partial\, {}^{t+\Delta t}S_i}{\partial\, {}^{t+\Delta t}e_j} = \frac{\partial\, {}^{t+\Delta t}S_i}{\partial\, {}^{t+\Delta t}e''_k}\frac{\partial\, {}^{t+\Delta t}e''_k}{\partial\, {}^{t+\Delta t}e'_l}\frac{\partial\, {}^{t+\Delta t}e'_l}{\partial\, {}^{t+\Delta t}e_j} \tag{6.249}$$

从式 (6.221) 有

$$\frac{\partial\, {}^{t+\Delta t}e''_k}{\partial\, {}^{t+\Delta t}e'_l} = \delta_{kl} \tag{6.250}$$

从式 (6.218) 有

$$\left.\begin{aligned} &\left[\frac{\partial\, {}^{t+\Delta t}e'_l}{\partial\, {}^{t+\Delta t}e_j}\right] = \frac{1}{3}\begin{bmatrix} 2 & -1 & -1 \\ -1 & 2 & -1 \\ -1 & -1 & 2 \end{bmatrix}; \quad 1 \leqslant l, j \leqslant 3 \\ &\frac{\partial\, {}^{t+\Delta t}e'_l}{\partial\, {}^{t+\Delta t}e_j} = \delta_{lj}; \qquad\qquad\qquad\qquad \text{其他} \end{aligned}\right\} \tag{6.251}$$

同样, 通过式 (6.229), 得到

$$\frac{\partial\, {}^{t+\Delta t}S_i}{\partial\, {}^{t+\Delta t}e''_k} = \frac{1}{a_E+\lambda}\delta_{ik} - \frac{1}{(a_E+\lambda)^2}\frac{\partial\lambda}{\partial\, {}^{t+\Delta t}e''_k}{}^{t+\Delta t}e''_i \tag{6.252}$$

[604] 为完成求导过程, 在 $\partial\lambda/\partial\, {}^{t+\Delta t}e''_k$ 计算过程中, 我们使用式 (6.228), 已给定的材料有效应力对有效塑性应变关系, 以及有效应力函数应为 0 的条件.

当然, 在上述讨论中我们考虑十分特别但广泛使用的弹塑性材料假设. 也考虑一般的三维应力状态. 但是利用以上过程, 可直接导出其他应力和应变条件的应力积分和切线应力–应变关系. 如在轴对称和平面应变条件下, 适当的应变变量应直接设为 0. 对于平面应力状态, 通过厚度的应力设为 0, 等等 (如图 4.5 所示).

我们已经介绍各向同性硬化的 von Mises 塑性的求解方法, 但该算法还可直接用于随动硬化以及各向同性–随动组合 (即混合) 硬化 (见 M. Kojic 和 K. J. Bathe [B], A. L. Eterovic 和 K. J. Bathe [A], 以及 K. J. Bathe 和 F. J. Montáns [A]).

这里用到的塑性模型的显著特征是, 只需从控制方程 (有效应力函数方程) 求解单个状态变量 (有效应力), 以得到整个应力状态. 该求解方法也适用于更复杂的塑性模型, 在该模型中, 大量内部状态变量或控制参数定义该应力状态. 此时, 我们需要建立并求解适当的状态变量方程, 求解方式与上述的有效应力函数方程类似.

为说明该求解方法同样适用于另一个易于处理的材料律, 我们在下例中考虑 Drucker-Prager 材料模型, 这个模型被广泛用于描述土壤和岩石结构.

例 6.26: 考虑 Drucker-Prager 材料模型, 假设屈服函数在时刻 $t+\Delta t$ 由下式给出 (见 D. C. Drucker 和 W. Prager [A], C. S. Desai 和 H. J. Siriwardane [A])

$$ {}^{t+\Delta t}f_y^{\mathrm{DP}} = \alpha\, {}^{t+\Delta t}I_1 + \sqrt{{}^{t+\Delta t}J_2} - k \tag{a} $$

其中, ${}^{t+\Delta t}I_1 = {}^{t+\Delta t}\sigma_{ii}$ 和 ${}^{t+\Delta t}J_2 = \dfrac{1}{2}\,{}^{t+\Delta t}S_{ij}\,{}^{t+\Delta t}S_{ij}$, 且 α、k 是材料特性参数, 如图 E6.26 所示. 例如, 如果材料的黏聚力 c 和摩擦角 θ 由三轴压力试验测出, 我们有

$$ \alpha = \frac{2\sin\theta}{\sqrt{3}(3-\sin\theta)} $$

$$ k = \frac{6c\cos\theta}{\sqrt{3}(3-\sin\theta)} $$

考虑到理想塑性情况, 即 c 和 θ 为常数, 导出应力积分关系式.

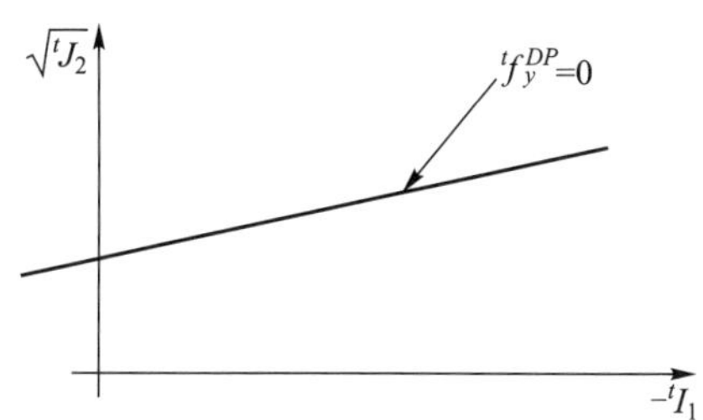

图 E6.26　Drucker-Prager 屈服函数

比较 Drucker-Prager 材料模型和 von Mises 材料模型的屈服函数, 我们注意到, 式 (a) 中出现平均应力. 因此, 用 Drucker-Prager 材料模型时, 响应中出现的是体积塑性应变. [605]

该材料的本构关系是

$$ {}^{t+\Delta t}S_{ij} = \frac{1}{a_E}\left({}^{t+\Delta t}e'_{ij} - {}^te_{ij}^{P\prime} - \Delta e_{ij}^{P\prime}\right) \tag{b} $$

$$ {}^{t+\Delta t}\sigma_m = \frac{1}{a_m}\left({}^{t+\Delta t}e_m - {}^te_m^P - \Delta e_m^P\right) \tag{c} $$

其中, ${}^te_{ij}^{P\prime}$ 和 $\Delta e_{ij}^{P\prime}$ 是在时刻 t 的塑性偏应变及其增量, ${}^te_m^P$ 和 Δe_m^P 是在时刻 t 的平均塑性应变及其增量, $a_m = (1-2\nu)/E$.

流动法则式 (6.213) 给出

$$ \Delta e_{ij}^P = \lambda\alpha\delta_{ij} + \lambda\frac{{}^{t+\Delta t}S_{ij}}{2\sqrt{{}^{t+\Delta t}J_2}} $$

因此,

$$\Delta e_m^P = \frac{1}{3}\Delta e_{ii}^P = \lambda\alpha \tag{d}$$

并且,

$$\Delta e_{ij}^{P\prime} = \Delta e_{ij}^P - \Delta e_m^P \delta_{ij} = \lambda \frac{{}^{t+\Delta t}S_{ij}}{2\sqrt{{}^{t+\Delta t}J_2}} \tag{e}$$

现在, 我们的目标是计算 λ. 由于该材料不再被硬化, 故根据已知量, 可以解析地算得 λ. 一旦 λ 已知, 就可以直接算出时刻 $t+\Delta t$ 的应力.

使用本构关系和流动法则, 我们把式 (e) 代入式 (b) 中, 求解 ${}^{t+\Delta t}S_{ij}$, 并在相应方程的两边取标量积, 得到

$$\lambda = \sqrt{2}{}^{t+\Delta t}d - 2a_E\sqrt{{}^{t+\Delta t}J_2} \tag{f}$$

其中,

$${}^{t+\Delta t}d^2 = {}^{t+\Delta t}e_{ij}'' \cdot {}^{t+\Delta t}e_{ij}''$$

和

$${}^{t+\Delta t}e_{ij}'' = {}^{t+\Delta t}e_{ij}' - {}^{t}e_{ij}^{P\prime}$$

我们还能把式 (d) 代入式 (c) 得到

$${}^{t+\Delta t}\sigma_m = \frac{1}{a_m}({}^{t+\Delta t}e_m'' - \lambda\alpha) \tag{g}$$

其中,

$${}^{t+\Delta t}e_m'' = {}^{t+\Delta t}e_m - {}^{t}e_m^P$$

最后, 我们使用屈服条件 ${}^{t+\Delta t}f_y^{\mathrm{DP}} = 0$ 并在式 (f) 及式 (g) 代入 ${}^{t+\Delta t}I_1$ 和 $\sqrt{{}^{t+\Delta t}J_2}$, 得到

$$\lambda = \frac{\dfrac{3\alpha}{a_m}{}^{t+\Delta t}e_m'' + \dfrac{{}^{t+\Delta t}d}{\sqrt{2}a_E} - k}{3\dfrac{\alpha^2}{a_m} + \dfrac{1}{2a_E}}$$

当 λ 已知, 我们现在可以直接从式 (b)、式 (d) 和式 (e) 计算塑性应变增量 (其中, 使用式 (f) 代入式 (e) 中求 $\sqrt{{}^{t+\Delta t}J_2}$). 从式 (b) 和式 (c) 中可以得到时刻 $t+\Delta t$ 的应力.

[606] **2. 热弹塑性和蠕变**

上面介绍的有效应力函数算法最初是为复杂情况下的热弹塑性和蠕变设计的 (见 K. J. Bathe、A. B. Chaudhary、E. N. Dvorkin 和 M. Kojić [A]). 在这种情况下, 需要推广前面介绍的关系式, 得到

$${}^{t+\Delta t}\mathbf{S} = \frac{{}^{t+\Delta t}E}{1+{}^{t+\Delta t}\nu}({}^{t+\Delta t}\mathbf{e}' - {}^{t+\Delta t}\mathbf{e}^P - {}^{t+\Delta t}\mathbf{e}^C) \tag{6.253}$$

$${}^{t+\Delta t}\sigma_m = \frac{{}^{t+\Delta t}E}{1-2{}^{t+\Delta t}\nu}({}^{t+\Delta t}e_m - {}^{t+\Delta t}e^{TH}) \tag{6.254}$$

其中, 杨氏模量和泊松比现在是温度的函数 (其中模型为时间的函数, 在每个时步指定温度), ${}^{t+\Delta t}\mathbf{e}^C$ 和 ${}^{t+\Delta t}e^{TH}$ 分别代表蠕变应变和热应变. 热应变的计算如下

$$ {}^{t+\Delta t}e^{TH} = {}^{t+\Delta t}\alpha_m({}^{t+\Delta t}\theta - \theta_{\mathrm{ref}}) \tag{6.255} $$

其中, ${}^{t+\Delta t}\alpha_m$ 是平均热膨胀系数, θ_{ref} 是参考温度. 式 (6.220) 变为

$$ {}^{t+\Delta t}\mathbf{S} = \frac{{}^{t+\Delta t}E}{1+{}^{t+\Delta t}\nu}({}^{t+\Delta t}\mathbf{e}'' - \Delta\mathbf{e}^P - \Delta\mathbf{e}^C) \tag{6.256} $$

其中, 已知应变是

$$ {}^{t+\Delta t}\mathbf{e}'' = {}^{t+\Delta t}\mathbf{e}' - {}^{t}\mathbf{e}^P - {}^{t}\mathbf{e}^C \tag{6.257} $$

我们再次考虑 von Mises 屈服条件和各向同性硬化. 塑性应变增量 $\Delta\mathbf{e}^P$ 除了现在有效应力–有效塑性应变曲线是与温度相关的之外 (参见图 6.12), 其计算方法与上面所介绍的相同. 因此, 所有导出的关系式直接适用, 但材料"常数" 是温度的函数.

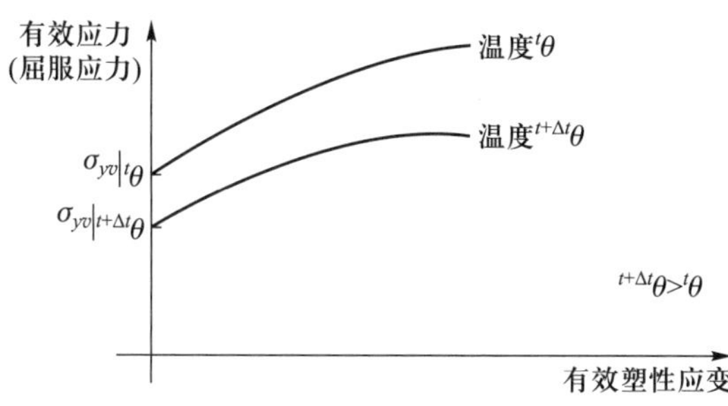

图 6.12　在不同温度下的有效应力–有效塑性应变曲线 (示意图)

蠕变应变增量 $\Delta\mathbf{e}^C$ 的计算方法与塑性应变增量是十分类似的 (如见 M. Kojić 和 K. J. Bathe [C]). 使用时间积分 α 法 (见 M. D. Snyder 和 K. J. Bathe [A] 和第 9.6 节), 我们得到

$$ \Delta\mathbf{e}^C = \Delta t^{\tau}\gamma^{\tau}\mathbf{S} \tag{6.258} $$

其中,

$$ {}^{\tau}\mathbf{S} = (1-\alpha)^{t}\mathbf{S} + \alpha^{t+\Delta t}\mathbf{S} \tag{6.259} $$ [607]

且 α 是积分参数 $(0 \leqslant \alpha \leqslant 1)$.

由式 (6.260) 给出函数 ${}^{\tau}\gamma$

$$ {}^{\tau}\gamma = \frac{3}{2}\frac{{}^{\tau}\dot{\bar{e}}^C}{{}^{\tau}\bar{\sigma}} \tag{6.260} $$

其中, 有效蠕变应变增量是

$$ \Delta\bar{e}^C = \sqrt{\frac{2}{3}\Delta\mathbf{e}^C \cdot \Delta\mathbf{e}^C} \tag{6.261} $$

加权有效应力如下

$$ {}^{\tau}\overline{\sigma} = (1-\alpha)^{t}\overline{\sigma} + \alpha^{t+\Delta t}\overline{\sigma} \tag{6.262} $$

由于材料假设是蠕变不可压缩的, 在单轴应力条件下, ${}^{t}\overline{\sigma} = {}^{t}\sigma_{11}$ 且 ${}^{t}\overline{e}^{C} = {}^{t}e_{11}^{C}$.

这些关系式与用于计算塑性应变增量的类似, 但在这种情况下, 我们采用 $\alpha = 1$ 进行积分 (Euler 后向法).

根据蠕变律, 用标量函数 ${}^{\tau}\gamma$ 计算. 实际上典型的单轴蠕变律如下

$$ {}^{t}e^{C} = a_0 {}^{t}\sigma^{a_1} t^{a_2} e^{-a_3/({}^{t}\theta+273.16)} \tag{6.263} $$

其中, ${}^{t}e^{C}$ 和 ${}^{t}\sigma$ 分别是蠕变应变和应力, ${}^{t}\theta$ 是摄氏温度, a_0、a_1、a_2、a_3 是常数. 把式 (6.263) 推广到多轴状态是通过把有效应力和有效蠕变应变替代单轴变量实现的

$$ {}^{t}\overline{e}^{C} = a_0 {}^{t}\overline{\sigma}^{a_1} t^{a_2} e^{-a_3/({}^{t}\theta+273.16)} \tag{6.264} $$

该方程和其他蠕变律具有形式

$$ {}^{t}\overline{e}^{C} = f_1({}^{t}\overline{\sigma}) f_2(t) f_3({}^{t}\theta) \tag{6.265} $$

使用

$$ \Delta\overline{e}^{C} = \Delta t f_1({}^{\tau}\overline{\sigma}) \dot{f}_2(\tau) f_3({}^{\tau}\theta) \tag{6.266} $$

其中,

$$ {}^{\tau}\theta = (1-\alpha)^{t}\theta + \alpha^{t+\Delta t}\theta \tag{6.267} $$

和 $\tau = t + \alpha\Delta t$. 式 (6.266) 的增量蠕变律是建立在实验的基础上, 只对应函数 f_2 的时间微分.

使用式 (6.266) 和式 (6.262), 对给定值 ${}^{\tau}\overline{\sigma}$, 可以确定函数 ${}^{\tau}\gamma$, 并可以计算蠕变应变增量. 该方法对应所谓的时间硬化过程. 但实际观测表明, 应变硬化方法的使用在可变应力状态下的结果较好. 在应变硬化方法中, 蠕变应变率按有效蠕变应变 ${}^{t}\overline{e}^{C}$, 而不是采用时刻 τ 表示. 从方程式 (6.265) 和式 (6.266) 可以得到拟时刻 τ_p, 有

$$ {}^{t}\overline{e}^{C} + f_1({}^{\tau}\overline{\sigma}) f_3({}^{\tau}\theta)[\alpha\Delta t \dot{f}_2(\tau_p) - f_2(\tau_p)] = 0 \tag{6.268} $$

[608] 一般地, 需要数值求解 τ_p 的方程. 蠕变应变增量 ${}^{t}\overline{e}^{C}$ 可以从方程 (6.266), 通过 τ_p 取代 τ 算出. 图 6.13 给出了在蠕变应变计算中时间和应变硬化假设之间差异的示意图.

我们应指出, 在循环加载条件下, 同时考虑应力的逆向作用是必要的 (见 M. Kojić 和 K. J. Bathe [C]).

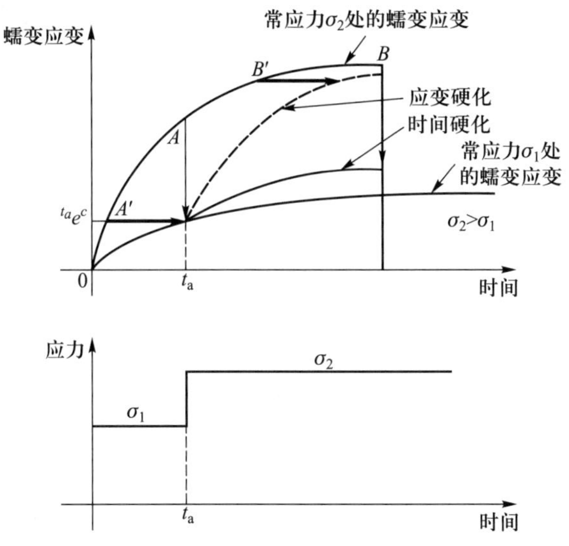

图 6.13　时间硬化和应变硬化的蠕变应变假设

在时间硬化假设中, 曲线 AB 定义了时间硬化增量从时刻 t_a 开始. 在应变硬化假设中, 曲线 $A'B'$ 定义了蠕变应变硬化增量从时刻 t_a 开始.

上述计算的关键是, 非弹性应变增量只是一个未知有效应力 ${}^{t+\Delta t}\overline{\sigma}$ 的函数. 为求解该压力值, 我们使用有效应力函数.

把方程式 (6.225) 的 $\Delta\mathbf{e}^P$ 和式 (6.258) 的 $\Delta\mathbf{e}^C$ 代入方程式 (6.256). 由于现在所有的材料属性是温度的函数, 得到

$$ {}^{t+\Delta t}\mathbf{S} = \frac{1}{{}^{t+\Delta t}a_E + \alpha\Delta t^{\tau}\gamma + \lambda}[{}^{t+\Delta t}\mathbf{e}'' - (1-\alpha)\Delta t^{\tau}\gamma^{t}\mathbf{S}] \tag{6.269} $$

其中,

$$ {}^{t+\Delta t}a_E = \frac{1 + {}^{t+\Delta t}\nu}{{}^{t+\Delta t}E} \tag{6.270} $$

在式 (6.269) 两边取标量积, 未知有效应力满足

$$ a^{2t+\Delta t}\overline{\sigma}^2 + b^{\tau}\gamma - c^{2\tau}\gamma^2 - d^2 = 0 \tag{6.271} $$

其中,

$$ a = {}^{t+\Delta t}a_E + \alpha\Delta t^{\tau}\gamma + \lambda $$ [609]

$$ \begin{aligned} b &= 3(1-\alpha)\Delta t^{t+\Delta t}\mathbf{e}'' \cdot {}^{t}\mathbf{S} \\ c &= (1-\alpha)\Delta t^{t}\overline{\sigma} \\ d^2 &= \frac{3}{2}{}^{t+\Delta t}\mathbf{e}'' \cdot {}^{t+\Delta t}\mathbf{e}'' \end{aligned} \tag{6.272} $$

系数 b、c 和 d 为常数, 仅依赖于已知值, 而系数 a 是 ${}^{t+\Delta t}\overline{\sigma}$ 的函数. 由于 ${}^{t+\Delta t}\overline{\sigma}$ 是要求的变量, 故定义有效应力函数

$$ f(\overline{\sigma}^*) = a^2(\overline{\sigma}^*)^2 + b^{\tau}\gamma - c^{2\tau}\gamma^2 - d^2 \tag{6.273} $$

在 ${}^{t+\Delta t}\overline{\sigma}$ 处函数 $f(\overline{\sigma}^*)$ 是零, 如图 6.14 所示. 因此一般来说, ${}^{t+\Delta t}\overline{\sigma}$ 的值可以通过任何数值迭代法计算, 即计算出一个函数的零点值, 例如, 采用稳定和高效率的二分法. 一旦 ${}^{t+\Delta t}\overline{\sigma}$ 是已知的, 可以使用上面的方程计算时刻 $t+\Delta t$ 非弹性应变和应力.

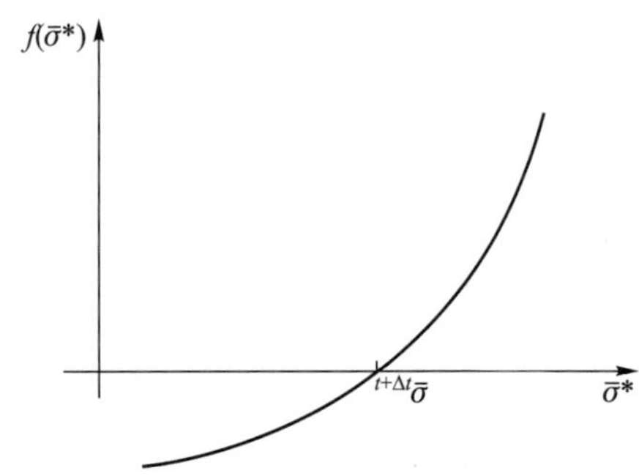

图 6.14　在 ${}^{t+\Delta t}\overline{\sigma}$ 处零值的有效应力函数示意图

热塑性和蠕变非弹性响应的求解法显然是等温塑性应变计算方法的扩展. 因此, 前面给出的关于求解法精度的结论在这里也是适用的. 但为了计算蠕变应变, 增量关系中采用 α (积分) 法, $0 \leqslant \alpha \leqslant 1$. 事实上, 稳定性的考虑通常要求 $\alpha \geqslant 1/2$ (在线性分析中, 只要 $\alpha \geqslant 1/2$, α 法是无条件稳定的), 常使用 $\alpha = 1$. 我们将在第 9.6 节详细介绍时间积分 α 法.

在前面的介绍中, 我们讨论了怎样计算在时刻 $t+\Delta t$ 的应力, 但没有介绍切线应力–应变关系的计算. 该计算要求应力关于应变的导数 (见式 (6.244)), 我们推荐参考下一节末给出的评述, 其中我们考虑黏塑性应变.

3. 黏塑性

上面所考虑的塑性模型并没有计入实际上会出现的时间影响. 这种影响可能是很重要的, 黏塑性材料模型可能更适合表征材料的响应. 我们考虑一个相当广泛应用的黏塑性本构模型, 由 P. Perzyna [A] 提出. 该模型使用 von
[610] Mises 塑性模型的概念, 但引入时间率的影响. 黏塑性理论的一个重要问题是不存在屈服条件, 而代之以非弹性响应的速率是由有效应力和 "材料" 有效应力之间的瞬时差确定的.

该模型的实现具有黏塑性模型的代表性, 可以使用已经介绍的方法得到.

我们考虑没有温度影响的 Perzyna 模型. 模型假设在任何时刻, 应变增量是

$$\mathrm{d}e_{ij} = \mathrm{d}e_{ij}^{E} + \mathrm{d}e_{ij}^{VP} \tag{6.274}$$

其中, 上标 E 和 VP 表示弹性和黏塑性应变增量. 弹性应变增量计算如通常

一样, 在时刻 t 的黏塑性应变增量是

$$\mathrm{d}e_{ij}^{VP} = \begin{cases} \beta\varphi({}^t\overline{\sigma})\dfrac{3}{2\,{}^t\overline{\sigma}}\,{}^tS_{ij}\mathrm{d}t; & \text{如果 } {}^t\overline{\sigma} > {}^t\overline{\sigma}_0 \\ 0; & \text{如果 } {}^t\overline{\sigma} \leqslant {}^t\overline{\sigma}_0 \end{cases} \tag{6.275}$$

其中, β 是材料常数, ${}^t\overline{\sigma}$ 是当前有效应力, 则

$$\varphi({}^t\overline{\sigma}) = \left(\frac{{}^t\overline{\sigma} - {}^t\overline{\sigma}_0}{{}^t\overline{\sigma}_0}\right)^N \tag{6.276}$$

其中, ${}^t\overline{\sigma}_0$ 是材料有效应力, 即有效应力对应累积有效黏塑性应变 ${}^t\overline{e}^{VP}$ (参照图 6.15), 而 N 是另一个材料常数. 前面已给出计算偏应力、有效应力和有效的非弹性应变的关系, 见式 (6.216)、式 (6.227) 和式 (6.224). 我们注意到, 在式 (6.275) 中黏塑性应变的表达式是蠕变应变 (见式 (6.258)) 和塑性应变 (见式 (6.225)) 的形式, 因为所有这些应变分量的物理现象基础都是类似的 (不同时间尺度均适用). 结果是, 黏塑性应变也对应不可压缩响应 (如在式 (6.225) 和式 (6.258) 里的塑性和蠕变的应变分量一样).

该模型要求弹性模量 E (杨氏模量) 和 ν (泊松比), 材料常数 β、N 和曲线如图 6.15 所示. 我们注意到 β (单位为 1/时间) 和 N 确定材料的速率性质. 即只要该有效应力大于材料的有效应力, 以及该累积率是由 β 和 N 确定, 则黏塑性应变是累积的.

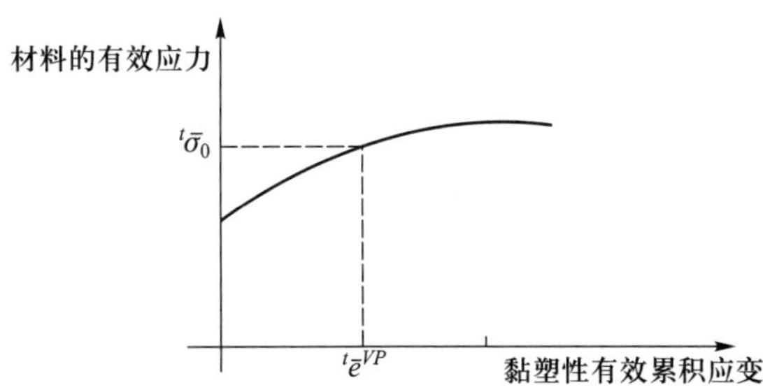

图 6.15　材料的有效应力与黏塑性有效累积应变的示意图

现在, 我们考虑在时刻 $t+\Delta t$ 的应力计算. 按照塑性和蠕变那样进行. 假设对应时刻 $t+\Delta t$ 的总应变以及所有对应时刻 t 的应力和应变变量是已知的, 我们有 (如塑性和蠕变情况下)

$$^{t+\Delta t}\sigma_m = \frac{E}{1-2\nu}\,^{t+\Delta t}e_m \tag{6.277}$$ [611]

$$^{t+\Delta t}\mathbf{S} = \frac{E}{1+\nu}(^{t+\Delta t}\mathbf{e}'' - \Delta\mathbf{e}^{VP}) \tag{6.278}$$

$$^{t+\Delta t}\mathbf{e}'' = {}^{t+\Delta t}\mathbf{e}' - {}^t\mathbf{e}^{VP} \tag{6.279}$$

其中, 变量是式 (6.214) 至式 (6.221) 中的, 但考虑黏塑性变形而不是塑性变形.

黏塑性应变增量由式 (6.280) 给出 (比较式 (6.258))

$$\Delta\mathbf{e}^{VP} = \Delta t^{\tau}\gamma^{\tau}\mathbf{S} \tag{6.280}$$

其中, 使用 α 积分法

$$^{\tau}\mathbf{S} = (1-\alpha)^{t}\mathbf{S} + \alpha^{t+\Delta t}\mathbf{S} \tag{6.281}$$

标量 $^{\tau}\gamma$ 由式 (6.282) 给出

$$^{\tau}\gamma = \begin{cases} \beta^{\tau}\varphi\dfrac{3}{2^{t}\overline{\sigma}} & \text{如果 } ^{\tau}\overline{\sigma} > {}^{\tau}\overline{\sigma}_0 \\ 0 & \text{如果 } ^{\tau}\overline{\sigma} \leqslant {}^{\tau}\overline{\sigma}_0 \end{cases} \tag{6.282}$$

我们注意到, $^{\tau}\gamma$ 依赖于 $^{\tau}\overline{\sigma}$ 和 $^{\tau}\overline{\sigma}_0$, 其中 $^{\tau}\overline{\sigma}_0$ 决定于黏塑性有效累积应变, 如图 6.15 所示. 因此, 在蠕变响应的分析中, 上述关系表示单参数方程组的有效应力 $^{t+\Delta t}\overline{\sigma}$, 这是由有效应力函数的零点得到的.

$$f(\overline{\sigma}^*) = a^2(\overline{\sigma}^*)^2 + b^{\tau}\gamma - c^{2\tau}\gamma^2 - d^2 \tag{6.283}$$

其中,

$$\begin{aligned} a &= a_E + \alpha\Delta t^{\tau}\gamma \\ b &= 3(1-\alpha)\Delta t^{t+\Delta t}\mathbf{e}'' \cdot {}^{t}\mathbf{S} \\ c &= (1-\alpha)\Delta t^{t}\overline{\sigma} \\ d^2 &= \frac{3}{2}{}^{t+\Delta t}\mathbf{e}'' \cdot {}^{t+\Delta t}\mathbf{e}'' \\ a_E &= \frac{1+\nu}{E} \end{aligned} \tag{6.284}$$

此函数在热塑性和蠕变情况下得到, 见式 (6.271) 和式 (6.272), 但忽略所有的温度依赖性和塑性参数 λ (由于黏塑性应变通过计算蠕变应变所用的方法得出). 当然, 可以直接计入依赖于温度的材料特性. 事实上, 黏塑性模型中使用的一个重要因素是, 在计算中可以直接计入各种函数的依赖关系. 可以使用这种方便计算方法的基本原因是, 不存在显式的屈服条件. 相反, 是通过积分非弹性应变, 直到有效应力等于材料有效应力而得到解 (由有效的黏塑性
[612] 应变给出). 该积分使用 α 积分法高效进行, 因为 $\alpha \geqslant 1/2$, 积分可以在比较大的时间间隔里进行 (见第 9.6 节).

我们在上述热弹塑性、蠕变和黏塑性的讨论中, 只考虑对应给定的总应变的应力的计算. 如对塑性所讨论的那样, 计算一致切线本构矩阵, 但一般的, 只要使用易处理的非弹性应变函数关系, 该本构矩阵只可得到解析形式. 如果解析推导是不可能的, 则切线本构关系的数值计算可以通过使用有限差分法计算所需式 (6.208) 微分得到 (如见 M. Kojić 和 K. J. Bathe [B]).

6.6.4 大应变弹塑性

在第 6.6.3 节讨论的非弹性响应方程已经给出具有小应变, 或小或大位移的响应. 另外需要着重考虑的是, 大应变建模问题.

无穷小应变塑性理论扩展到处理大应变可通过许多方法实现 (如见 A. E. Green 和 P. M. Naghdi [A], E. H. Lee [A], J. Lubliner [A], J. C. Simo [A], G. Weber 和 L. Anand [A], A. L. Eterovic 和 K. J. Bathe [A], D. N. Kim、F. J. Montáns 和 K. J. Bathe [A], 以及 M. A. Caminero、F. J. Montáns 和 K. J. Bathe [A]). 而我们的目的是介绍一些基本问题, 因此, 只简要地讨论一个格式, 即基于 Cauchy 应力和对数应变的完全应变格式. 该格式之所以非常有吸引力, 是因为如下的原因.

任何格式的基本考虑是适当的应力和应变度量的选择、弹性特性的描述及塑性流动的合理描述.

任何有效的大应变方法在小应变时, 可以转换为在第 6.6.3 节介绍的格式. 而一个仅材料非线性和大位移小应变分析方法的重要特征是, 这些格式具有总应变, 而不是率型的格式. 即平衡方程是对时刻 $t+\Delta t$ 列出的, 计算该时刻的总应变. 因此, 数值积分只用于从时刻 t 到时刻 $t+\Delta t$ 非弹性应变的计算. 而使用率型表述, 应力率、应变率和转动影响是相互关联的, 将导致额外的数值误差, 为得到精确解, 总应变公式的求解需要有极小的步长.

对大变形分析, 率型表述通常是基于 Jaumann 应力率–速度应变描述 (见例 6.24). 除了数值积分误差, 这样的次弹性应力–应变描述也导致非守恒性, 因此在纯弹性周期运动中出现非物理的响应预测 (见 M. Kojić 和 K. J. Bathe [A]). 这种非物理的响应可能是小的, 但不是由于数值积分误差所造成的.

基于大应变弹塑性微观力学问题的一个自然的方法是根据超弹性材料描述且变形梯度分解为弹性和塑性部分之积 (见 E. H. Lee [A], J. R. Rice [A] 和 R. J. Asaro [A]). 该方法也适合于完全格式, 就是在上一节所讨论的无限小应变格式的自然扩展.

大应变弹塑性分析的一个重要特征是, 单轴应力–应变律用于描述由柯西
(Cauchy) 应力–对数应变关系给出的响应, 如图 6.16 所示. 屈服条件、流动法 [613]
则和硬化法则用于 Cauchy 应力.

使用变形梯度乘法分解 (以表征物体的大应变弹塑性变形), 我们得到

$$\mathbf{X} = \mathbf{X}^E \mathbf{X}^P \tag{6.285}$$

其中, $\mathbf{X}^E$ 和 $\mathbf{X}^P$ 分别表示弹性和塑性变形梯度. 假定式 (6.285) 在整个的响应过程中成立, 但为方便, 没有写出左侧上标和下标 (直到我们在实际计算过程中才写), 如 $\mathbf{X} \equiv {}_0^t\mathbf{X}$.

式 (6.285) 是大应变弹塑性格式的重要方程. 在时刻 t, 式 (6.285) 为 ${}_0^t\mathbf{X} =$

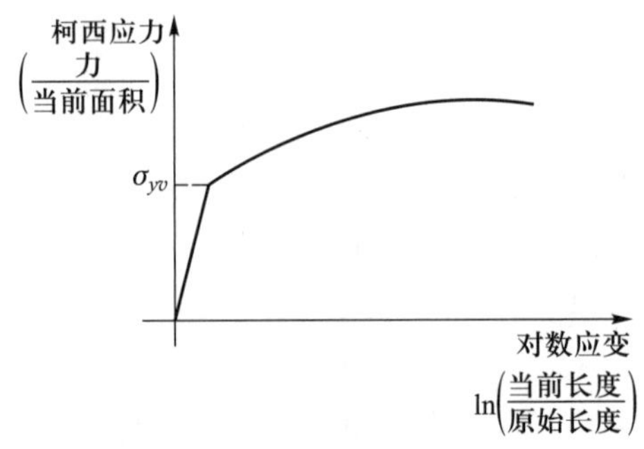

图 6.16　大应变弹塑性一维响应模型

${}_0^t\mathbf{X}^{E}{}_0^t\mathbf{X}^P$, 或我们可以如式 (6.29) 中提到的和例 6.9 中所使用的, 写为 ${}_0^t\mathbf{X} = {}_\tau^t\mathbf{X}^{E}{}_0^\tau\mathbf{X}^P$, 以从概念上进行理解. 因此, 所使用的方法是在概念上基于一个弛豫的假设位形 (对应 τ), 对每个质点通过材料从当前位形卸载到零应力状态得到, 其间没有出现非弹性过程. 塑性变形梯度 $\mathbf{X}^P$ 对应从初始位形到该假设位形的变形. 因此, 弹性变形、应力使用 $\mathbf{X}^E$ 度量, 这被认为是在弛豫位形 τ 测得的变形梯度.

如第 6.6.3 节一样, 我们使用 von Mises 屈服条件和各向同性硬化描述材料. 因此在下面的讨论中, 我们唯一的目标是把第 6.6.3 节的塑性格式推广到大应变.

正如在小应变塑性一样, 我们假设塑性变形是不可压缩的, 因此,

$$\det \mathbf{X}^P = 1 \tag{6.286}$$

[614] 和 $J = \det \mathbf{X} = \det \mathbf{X}^E = {}^0\rho/{}^t\rho$. 如果暂时假设 $\mathbf{X}^P$ 是已知的, 则有

$$\mathbf{X}^E = \mathbf{X}(\mathbf{X}^P)^{-1} \tag{6.287}$$

另外, 由于速度梯度 $\mathbf{L} = \dot{\mathbf{X}}\mathbf{X}^{-1}$ (见式 (6.40)), 我们可以写

$$\mathbf{L} = \mathbf{L}^E + \mathbf{L}^P \tag{6.288}$$

其中, 通过代入式 (6.285), 速度梯度的弹性和塑性部分分别是

$$\mathbf{L}^E = \dot{\mathbf{X}}^E(\mathbf{X}^E)^{-1}; \quad \mathbf{L}^P = \mathbf{X}^E\dot{\mathbf{X}}^P(\mathbf{X}^P)^{-1}(\mathbf{X}^E)^{-1} \tag{6.289}$$

因此, 描述大应变弹塑性响应的变量是 $\mathbf{X}$、$\mathbf{X}^P$、$\boldsymbol{\tau}$ 和 σ_y, 其中, $\boldsymbol{\tau}$ 是 Cauchy 应力, σ_y 是当前的屈服应力 (包括硬化的影响). $\boldsymbol{\tau}$ 应根据 $\mathbf{X}^P$ 和 σ_y 的演化方程计算 (其中, 对比小应变塑性, 用 $\mathbf{X}^P$ 而不是 $\mathbf{e}^P$). 由于在整个求解过程中计算 Cauchy 应力, 故本构描述在更新 Lagrange 格式中得到有效利用.

由于 $\det \mathbf{X}^P = 1$, 我们有 $J = \det \mathbf{X}^E > 0$, 故可以计算出极分解

$$\mathbf{X}^E = \mathbf{R}^E\mathbf{U}^E \tag{6.290}$$

由于在一维大应变响应特性 (见图 6.16) 中使用对数应变, 因此, 在 Cauchy 应力的多维表征中自然地使用弹性 Hencky 应变或对数应变

$$\mathbf{E}^E = \ln \mathbf{U}^E \tag{6.291}$$

我们注意到, 计算 $\mathbf{E}^E$ 需要 $\mathbf{U}^E$ 的谱分解, 见式 (6.32) 和式 (6.52).

由于 $\mathbf{E}^E$ 是与 (想象的) 中间位形 τ 有关的, 故下面我们定义一个应力度量 $\boldsymbol{\tau}$, 对应该位形

$$\overline{\boldsymbol{\tau}} = J(\mathbf{R}^E)^{\mathrm{T}}\boldsymbol{\tau}\mathbf{R}^E \tag{6.292}$$

对于这些应力和应变度量, 我们有弹性功共轭 (见 S. N. Atluri [A] 和习题 6.86)

$$\overline{\boldsymbol{\tau}} \cdot \dot{\mathbf{E}}^E = J\boldsymbol{\tau} \cdot \mathbf{D}^E \tag{6.293}$$

其中, $\mathbf{D}^E = \mathrm{sym}(\mathbf{L}^E)$. 则使用适当的塑性速度梯度[①]

$$\begin{aligned}\overline{\mathbf{L}}^P &= (\mathbf{X}^E)^{-1}\mathbf{L}^P\mathbf{X}^E \\ &= \dot{\mathbf{X}}^P(\mathbf{X}^P)^{-1}\end{aligned} \tag{6.294}$$

由通常各向同性弹性的应力–应变关系给出应力 $\boldsymbol{\tau}$. 设 $\overline{\mathbf{S}}$ 为偏应力分量, $\overline{\sigma}_m$ 是平均应力, 则 [615]

$$\overline{\mathbf{S}} = 2\mu\mathbf{E}^{E'}; \quad \overline{\sigma}_m = 3\kappa E_m^E \tag{6.295}$$

其中, 弹性偏应变分量按 $\mathbf{E}^{E'}$ 给出, E_m^E 是平均弹性应变分量. 该 (超弹性) 应力–应变律的选择使用弹性总应变, 即使当弹性应变是中等大小的, 仍具有对应力很好描述的优点 (见 L. Anand [A]).

屈服条件类似式 (6.296), 但使用偏 Cauchy 应力 $\mathbf{S}$, 因此, 有[②]

$$\begin{aligned}\overline{\sigma} &= \sqrt{\frac{3}{2}\mathbf{S}\cdot\mathbf{S}} \\ &= J^{-1}\sqrt{\frac{3}{2}\overline{\mathbf{S}}\cdot\overline{\mathbf{S}}}\end{aligned} \tag{6.296}$$

其中, $\overline{\mathbf{S}}$ 是对应弛豫位形的偏应力, $\overline{\mathbf{S}} = J(\mathbf{R}^E)^{\mathrm{T}}\mathbf{S}\mathbf{R}^E$. 我们还注意到, 在假想的弛豫位形的屈服面的单位法向量是

$$\overline{\mathbf{n}} = \sqrt{\frac{3}{2}}\frac{\overline{\mathbf{S}}}{J\overline{\sigma}} \tag{6.297}$$

---

① 我们可以证明利用式 (6.292) 的 $\boldsymbol{\tau}$ 和式 (6.294) 的 $\overline{\mathbf{L}}^P$ 的定义, 可以得出

$$J\boldsymbol{\tau}\cdot\mathbf{D} = \overline{\boldsymbol{\tau}}\cdot\dot{\mathbf{E}}^E + \overline{\boldsymbol{\tau}}\cdot\overline{\mathbf{D}}^P$$

其中, $\mathbf{D}$ 是 (总) 速度应变 (见式 (6.41)) 和式 (6.298) 给出的 $\overline{\mathbf{D}}^P$ (见习题 6.87).

② 注意, 有效应力带有式 (6.227) 中定义的上横杠.

为得到塑性变形梯度的演化方程, 我们使用式 (6.293) 和塑性速度应变张量

$$\overline{\mathbf{D}}^P = \mathrm{sym}(\overline{\mathbf{L}}^P) \tag{6.298}$$

该应变张量从流动法则得到, 类似式 (6.225)①

$$\overline{\mathbf{D}}^P = \sqrt{\frac{3}{2}}\dot{\bar{e}}^P \overline{\mathbf{n}} \tag{6.299}$$

其中,

$$\dot{\bar{e}}^P = \sqrt{\frac{3}{2}\overline{\mathbf{D}}^P \cdot \overline{\mathbf{D}}^P} \tag{6.300}$$

把式 (6.297) 代入式 (6.299) 对应式 (6.225) 中小应变情况. 当然, 式 $\dot{\bar{\sigma}} = f(\dot{\bar{e}}^P)$ 是从图 6.16 中单轴应力–应变得到的. 与其他假设一致, 改进的塑性旋转张量 $\overline{\mathbf{W}}^P = \mathrm{skw}(\overline{\mathbf{L}}^P)$ 假设为零.

因此, 我们注意到, 通过使用图 6.16 中 Cauchy 应力–对数应变关系、相应的 Cauchy 应力和对数 (Hencky) 应变的弹性应力–应变律、表示非弹性响应的塑性变形梯度和在假想位形上度量的变形, 用于无限小应变问题的求解的基本方程已推广到大应变情形. 由于大应变格式是用于小应变格式的直接推广 (参见习题 6.84), 所以前面讨论过的计算方法直接适用, 表 6.10 总结了求解步骤 (也见 A. L. Eterovic 和 K. J. Bathe [A], 以及 F. J. Montáns 和 K. J. Bathe [A]).

[616] **表 6.10** 大应变弹塑性更新 Lagrange Hencky 格式

步骤	内容
试验弹性状态	获取试验弹性变形梯度 $\mathbf{X}_*^E = {}_0^{t+\Delta t}\mathbf{X}({}_0^t\mathbf{X}^P)^{-1}$ 进行极分解 $\mathbf{X}_*^E = \mathbf{R}_*^E\mathbf{U}_*^E$ 获取试验弹性应变的张量 $\mathbf{E}_*^E = \ln \mathbf{U}_*^E$ 使用平均应力和偏应力方程, 得到试验弹性应力张量 $\boldsymbol{\tau}_*$ $\mathrm{tr}(\overline{\boldsymbol{\tau}}_*) = 3\kappa\,\mathrm{tr}(\mathbf{E}_*^E)$ $\overline{\mathbf{S}}_* = 2\mu\mathbf{E}_*^{E'}$ 得到试验等效拉应力 $\bar{\sigma}_* = J^{-1}\sqrt{\frac{3}{2}\overline{\mathbf{S}}_* \cdot \overline{\mathbf{S}}_*}$

① 该流动法则关系可以从最大塑性耗散原理中得出, 见 J. Lubliner [A], A. L. Eterovic 和 K. J. Bathe [B].

续表

步骤	内容
检验求解步长是否对应于弹性条件	如果 $\overline{\sigma}_* < {}^t\sigma_y$, 则求解步是弹性的, 通过设定 $${}^{t+\Delta t}\overline{\sigma} = \overline{\sigma}_*;\quad {}^{t+\Delta t}\sigma_y = {}^t\sigma_y;\quad {}^{t+\Delta t}\mathbf{E}^E = \mathbf{E}^E_*;$$ $${}^{t+\Delta t}\overline{\boldsymbol{\tau}} = \overline{\boldsymbol{\tau}}_*;\quad {}^{t+\Delta t}\boldsymbol{\tau} = ({}^{t+\Delta t}J)^{-1}\mathbf{R}^E_*\overline{\boldsymbol{\tau}}_*(\mathbf{R}^E_*)^{\mathrm{T}}$$ 结束求解步骤 否则, 将继续如下
塑性求解步骤	利用有效–应力–函数算法计算 ${}^{t+\Delta t}\overline{\sigma}$ 和 ${}^{t+\Delta t}\overline{e}^P$ (见式 6.233) 计算 ${}^{t+\Delta t}\overline{\boldsymbol{\tau}}$ 的应力偏量 $$\lambda = \frac{3}{2}\frac{{}^{t+\Delta t}\overline{e}^P - {}^t\overline{e}^P}{{}^{t+\Delta t}J\,{}^{t+\Delta t}\overline{\sigma}};\quad {}^{t+\Delta t}\mathbf{S} = \frac{\overline{\mathbf{S}}_*}{1+2\mu\lambda}$$ 计算 ${}^{t+\Delta t}\overline{\boldsymbol{\tau}}$ $${}^{t+\Delta t}\overline{\boldsymbol{\tau}} = {}^{t+\Delta t}\overline{\mathbf{S}} + \frac{1}{3}\mathrm{tr}(\overline{\boldsymbol{\tau}}_*)\mathbf{I}$$ 计算 Cauchy 应力 $${}^{t+\Delta t}\boldsymbol{\tau} = ({}^{t+\Delta t}J)^{-1}\mathbf{R}^E_*\,{}^{t+\Delta t}\overline{\boldsymbol{\tau}}(\mathbf{R}^E_*)^{\mathrm{T}}$$ 通过积分式 (6.294), 更新塑性变形梯度 $${}^{t+\Delta t}_{\ 0}\mathbf{X}^P = \exp(\lambda\,{}^{t+\Delta t}\overline{\mathbf{S}})\,{}^t_0\mathbf{X}^P$$

在前面的讨论中, 我们假设为一般三维响应, 但可以直接在二维分析中使用该格式, 即在平面应力、平面应变和轴对称的情况下, 可以通过对所考虑的具体二维响应施加基本限制条件来实现 (如图 4.5 所示).

梁和壳的分析也可以采用这些方程, 但在第 6.5 节的运动学关系应考虑单元厚度变化的影响.

上面介绍了弹塑性响应的大应变格式, 但注意到, 由于与第 6.6.3 节提到的相似, 如果做适当的变量替换和利用实验得出的公式, 该方法也适用于蠕变和黏塑性的响应 (见习题 6.90).

我们最后应指出, 由于非弹性变形有不可压缩性的约束式 (6.286), 当分析二维平面应变、轴对称或完全三维的响应情况时, 采用第 6.4 节中的位移/压力格式是重要的. 该结论对小应变弹塑性成立, 特别对大应变条件下也适用. 即使在小应变分析时, 塑性应变通常远远大于弹性应变, 在大应变条件下更是 [617]
如此.

6.6.5 习题

6.61 考虑如图 6.8 所示的 8 节点砖形单元. 绘制 y 和 z 方向的平面应力状态的力–位移响应.

6.62 考虑如图 6.8 所示的 8 节点砖形单元. 显式证明使用式 (6.188) 按图中完全 Lagrange 格式 (I) 变换 $\widetilde{E}(\equiv {}^t_tC_{ijrs})$, 力–位移响应按图中 (II) 计算.

另外, 说明使用式 (6.187) 按该图中更新 Lagrange 格式 (Ⅱ) 变换 $\widetilde{E}(\equiv {}_t^tC_{ijrs})$ 和力–位移响应按图中公式 (Ⅰ) 计算.

6.63　4 节点单元绕其中心以常角速度 ω 旋转, 如图 Ex.6.63 所示. 使用 Jaumann 应力率为零的条件计算任意时刻 t 的 Cauchy 应力 (对应轴 x_1 和 x_2).

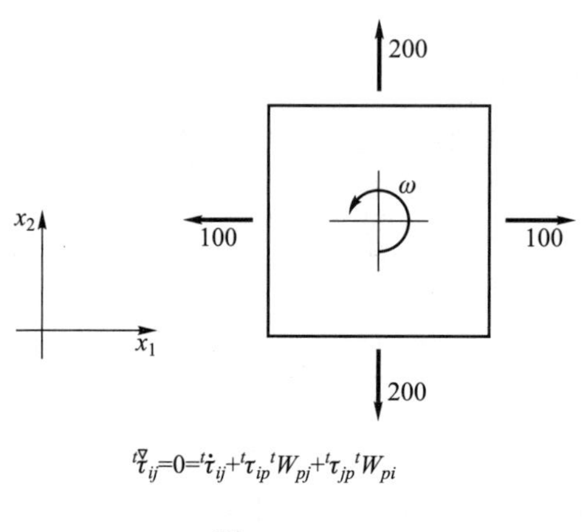

图 Ex.6.63

6.64　考虑式 (6.199) 中 Mooney-Rivlin 材料描述. 证明该公式得到的压力值取决于 ${}_0^tI_1$ 和 ${}_0^tI_2$. 证明式 (6.203) 中只有包含体积模量的最后项产生压力.

6.65　考虑式 (6.205) 中 Ogden 材料的三项描述. 证明该公式得出压力是伸长量的函数, 而在式 (6.207) 中求和符号下的项不影响压力.

6.66　证明对两项 Mooney-Rivlin 模型式 (6.199), 在小应变时, 由 $6(C_1+C_2)$ 给出杨氏模量, 由 $2(C_1+C_2)$ 给出剪切模量. 并证明 Ogden 模型式 (6.205) 的模量分别由值 $\dfrac{3}{2}\sum_{n=1}^3\alpha_n\mu_n$ 和 $\dfrac{1}{2}\sum_{n=1}^3\alpha_n\mu_n$ 给出.

[618] 6.67　考虑如图 Ex.6.67 所示平面应变条件下的 4 节点单元. 对情况 1 和情况 2, 计算力–位移响应. 假设体积模量 κ 很大.

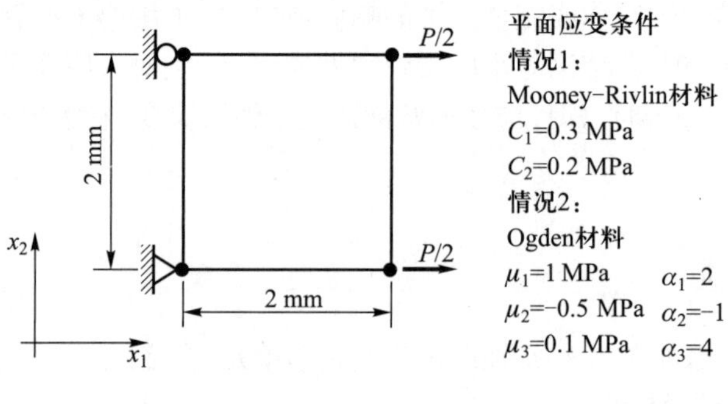

图 Ex.6.67

6.68　考虑如图 Ex.6.68 所示 4 节点单元的变形. 计算力–位移响应. 假

设体积模量 κ 很大.

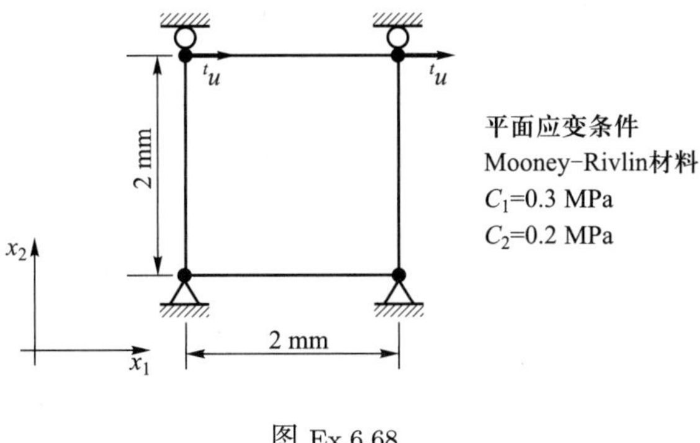

图 Ex.6.68

6.69 假设不使用式 (6.199), 而使用高阶 Mooney-Rivlin 材料模型:

$$ {}_0^t\widetilde{W} = C_1({}_0^tI_1-3)+C_2({}_0^tI_2-3)+C_3({}_0^tI_1-3)^2+C_4({}_0^tI_1-3)({}_0^tI_2-3)+C_5({}_0^tI_2-3)^2 $$

其中, $C_1 = 75; C_2 = 25; C_3 = 10; C_4 = 10; C_5 = 10$

画出图 E6.25 中一维杆问题的力–位移的关系.

6.70 在不可压缩的平面应力响应解中, 我们可以使用有限元分析的纯位移法和调整单元的厚度使得始终满足不可压缩性约束. 使用此方法, 导出式 (6.199) 中 Mooney-Rivlin 律的应力–应变关系 ${}_0^tS_{ij} = {}_0^tC_{ijrs}{}_0^t\varepsilon_{rs}$ 和切线本构关系张量 ${}_0C_{ijrs}$.

6.71 使用计算机程序分析如图 Ex.6.71 所示的厚壁圆筒. 由 Mooney-Rivlin 律式 (6.203) 给出本构关系, 其中 $C_1 = 0.6$ MPa, $C_2 = 0.3$ MPa 和 $\kappa = 2000$ MPa.

均匀地增加内部压力, 直至达到 10 mm 的最大位移.

使用充分精细的网格, 以获得精确解. 提示: 9/3 单元比 4/1 单元更有效.

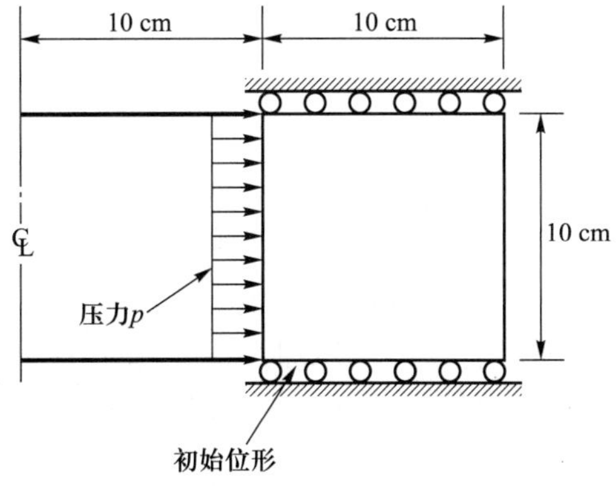

图 Ex.6.71

[619] 6.72 如图 Ex.6.72 所示, 使用计算机程序求解弹性圆厚板在其中心处受到集中载荷的响应. 增加载荷 P, 直至在此载荷下的挠度是 2 cm. 提示: 这里 u/p 格式的轴对称单元是有效的.

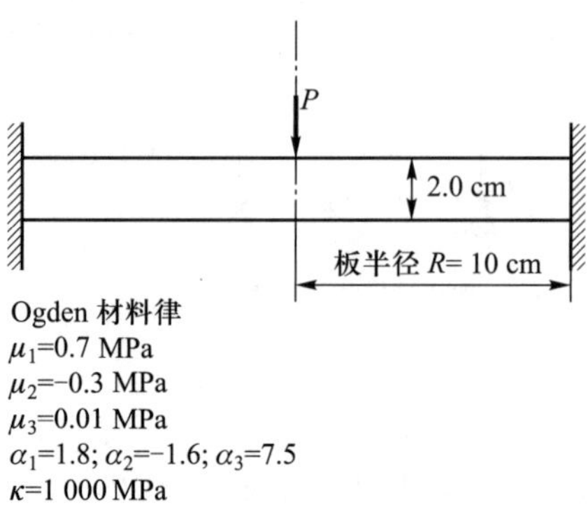

图 Ex.6.72

6.73 证明在单轴应力条件下, 有效应力 ${}^t\bar{\sigma}$ 和有效塑性应变 ${}^t\bar{e}^P$ 转换为单轴 (非零) 应力及其塑性应变. 接着假设在单轴应力实验中, 应力按点 1 至点 6 如图 Ex.6.73 所示变化. 画出应力路径的应力–有效塑性应变的关系图.

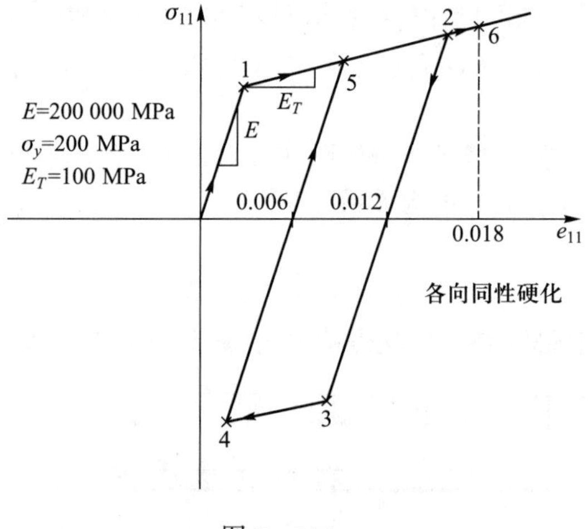

图 Ex.6.73

[620] 6.74 证明对由 von Mises 屈服条件和流动法则描述的双线性弹塑性材料, 有效应力函数法给出了解式 (6.236). 如果在时刻 t 的整个状态已知且已算得时刻 $t+\Delta t$ 的变形, 说明怎样计算时刻 $t+\Delta t$ 的应力状态.

6.75 证明有效应力函数式 (6.233) 也可按照等效塑性应变写为

$$\widetilde{f}(e_*^P) = 3\mu(e_*^P - {}^te^P) + \sigma_y(e_*^P) - \overline{\sigma}^*$$

其中, 解 $\widetilde{f}(e_*^P) = 0$ 对应 $e_*^P = {}^{t+\Delta t}e^P$, $\sigma_y(\cdot)$ 表示屈服应力函数, $\overline{\sigma}^*$ 是对应弹性应力预测有效应力, 见式 (6.239).

6.76 考虑在三维应力状态下等温 von Mises 塑性与随动硬化, 其屈服条件是

$$^{t+\Delta t}f_y^{vM} = \frac{1}{2}{}^{t+\Delta t}\widetilde{\mathbf{S}} \cdot {}^{t+\Delta t}\widetilde{\mathbf{S}} - \frac{1}{3}(\sigma_{yv})^2 = 0$$

其中, ${}^{t+\Delta t}\widetilde{\mathbf{S}}$ 是由于背应力 ${}^{t+\Delta t}\boldsymbol{\alpha}$ 产生的平移偏应力

$$^{t+\Delta t}\widetilde{\mathbf{S}} = {}^{t+\Delta t}\mathbf{S} - {}^{t+\Delta t}\boldsymbol{\alpha}$$

且 σ_{yv} 是常 (初始的) 屈服应力. 假设是小应变状态, 推导出这种状态的有效应力函数算法.

6.77 假设考虑在图 6.10 中双线性弹塑性 von Mises 材料且各向同性硬化. 推导出与式 (6.245) 至式 (6.252) 中介绍的有效应力函数算法相一致的切线应力–应变矩阵.

6.78 考虑蠕变律式 (6.263), 其中, $a_0 = 6.4 \times 10^{-18}$, $a_1 = 4.4, a_2 = 2.0$, $a_3 = 0.0$. 应力状态是当 $0 \leqslant t < 4$ h, $\sigma = 100$ MPa; 当 $t \geqslant 4$ h, $\sigma = 200$ MPa. 对 $0 \leqslant t \leqslant 10$ h, 通过时间硬化和应变硬化计算和画出蠕变应变响应图.

6.79 推导式 (6.268).

6.80 推导式 (6.273) 给出的有效应力函数, 证明在解的附近, 该函数具有如图 6.14 所示的曲率.

6.81 通过 $\dot{\varepsilon}^{VP} = \widehat{\gamma}[\sigma - (\sigma_{yv} + E_{VP}\varepsilon^{VP})]$ 定义一维黏塑性响应. 像通常一样由 $e^E = \sigma/E$ 给出弹性应变响应.

当作用应力 $\sigma_{作用} > \sigma_{yv}$ 时分析计算总应变. 考虑 $E_{VP} > 0$ 和 $E_{VP} = 0$ 情况; $\widehat{\gamma} =$ 常数.

6.82 4 节点平面应力单元的本构特性由黏塑性材料模型式 (6.275) 给出, $\beta = 10^{-4}\ \mathrm{s}^{-1}$, $N = 1$. 另外, $E = 20\,000$ MPa, $\nu = 0.3$, 在图 Ex.6.82 给出了材料的有效应力–黏塑性应变曲线.

假设一维应力状态, 在时刻 0 的应力是零, 如图 Ex.6.82 所示作用常载荷. 计算单元的黏塑性应变和位移响应.

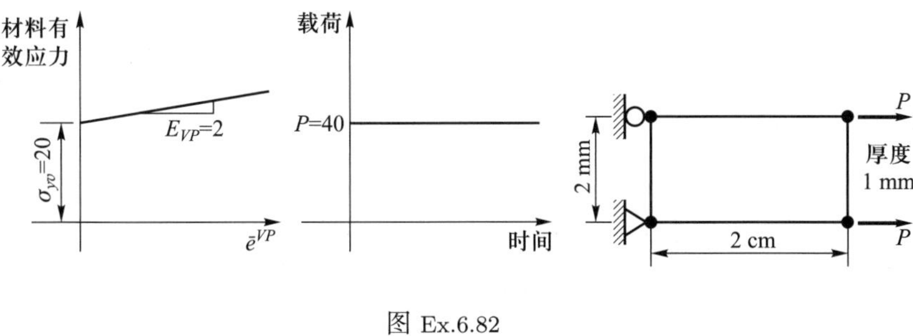

图 Ex.6.82

6.83 考虑第 6.6.4 节中一般大应变弹塑性格式. 从这些一般方程中推导图 6.16 中杆的一维响应的所有方程.

[621] 6.84 显式证明对表 6.10 中每个方程, 如果是小位移和应变, 则大应变弹塑性格式化为仅材料非线性分析的格式.

6.85 考虑如图 6.8 所示的 8 节点砖形单元. 假设弹性模量 $E = 10^7\ \mathrm{N/cm^2}$ 和 $\nu = 0.30$, 并使用在第 6.6.4 节的更新 Lagrange Hencky 格式, 画出力–位移响应. 绘制 y 和 z 方向的平面应力条件的响应.

6.86 考虑弹性材料, 证明具有第 6.6.4 节中定义的应力和应变度量的式 (6.293) 成立. 请参阅第 6.2.2 节给出一般连续介质力学的关系式.

6.87 使用第 6.6.4 节中的定义, 证明 $J\boldsymbol{\tau}\cdot\mathbf{D} = \overline{\boldsymbol{\tau}}\cdot\dot{\mathbf{E}}^E + \overline{\boldsymbol{\tau}}\cdot\overline{\mathbf{D}}^P$, 其中, $\mathbf{D} = \dfrac{1}{2}(\mathbf{L}+\mathbf{L}^{\mathrm{T}})$ (见式 (6.41)).

6.88 计算机程序使用大应变弹塑性选项, 计算如图 Ex.6.88 所示 4 节点平面应力单元对应下面路径的应力响应: 在图 Ex.6.88(a) 中单元被拉伸, 图 Ex.6.88(b) 中单元被倾斜, 图 Ex.6.88(c) 中倾斜单元被压下, 图 Ex.6.88(d) 中单元恢复原位形. 说明计算结果是否有物理意义.

$$\text{假设}\ \varDelta = \frac{1}{100},\quad E = 200\,000,\quad \nu = 0.3,\quad \sigma_{yv} = 4000.$$

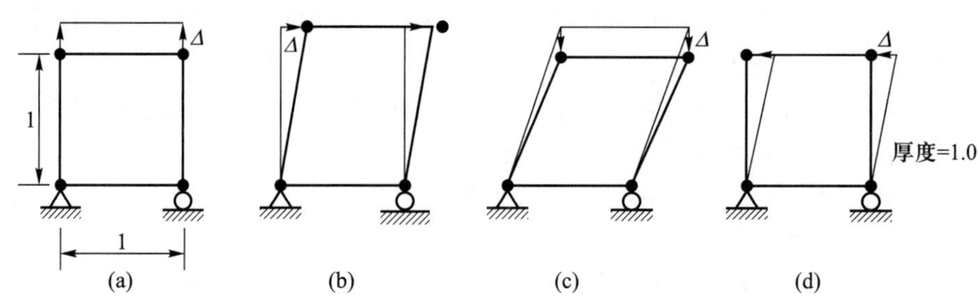

图 Ex.6.88

6.89 使用计算机程序计算如图 Ex.6.89 所示平面应变悬臂梁的弹塑性大应变响应.

令 $E = 200\,000$ MPa, $\nu = 0.3$, $E_T = 200$ MPa, $\sigma_y = 200$ MPa 并把 δ 增加到 $L/2$. 画出力–位移关系和在 $\delta = L/1000$, $\delta = L/10$, $\delta = L/2$ 处的应力. 细化有限元模型, 以得出较精确的应力预测. 提示: 在大应变分析中 9/3 单元性能良好.

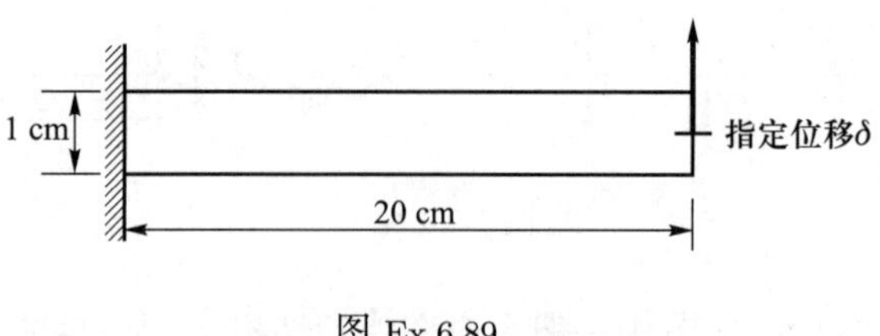

图 Ex.6.89

6.90 假设材料的大应变蠕变响应可以通过第 6.6.4 节理论中用蠕变变

形给出的非弹性变形梯度 $\mathbf{X}^{\text{IN}}$ 取代 $\mathbf{X}^{P}$ 而算出. 修改对应蠕变解的表 6.10 中元素.

然后使用计算机程序计算如图 Ex.6.90 所示厚壁圆筒的大应变蠕变响应. [622]
获得各种内部压力 p 值的精确应力预测.

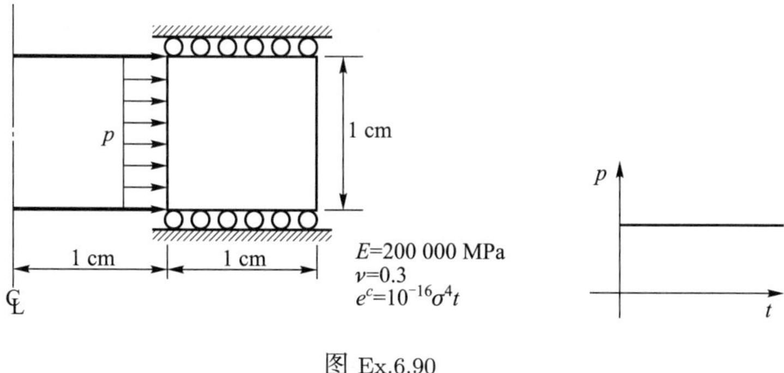

图 Ex.6.90

6.7 接触状态

两个或多个物体之间的接触是特别难分析的非线性现象. 接触问题包括从小位移的无摩擦接触到一般的大应变非弹性条件下的摩擦接触. 虽然所有这些情况下接触状态的公式是相同的, 但接触非线性问题的求解随情况不同而产生的困难是不一样的. 分析问题的非线性现在不仅由迄今为止考虑的几何形状和材料的非线性确定, 而且还要由接触状态确定.

本节的目的是简要阐述有限元分析中的接触条件, 并介绍求解的一般方法.

6.7.1 连续介质力学方程

考虑在时刻 t 有 N 个物体相接触. 令 ${}^tS_c$ 是每个物体接触的整个面积. $L=1,\cdots,N$, 则在时刻 t 给出 N 个物体的虚功原理

$$\sum_{L=1}^{N}\left\{\int_{{}^tV}{}^t\tau_{ij}\delta_t e_{ij}\mathrm{d}^tV\right\}=\sum_{L=1}^{N}\left\{\int_{{}^tV}\delta u_i{}^tf_i^B\mathrm{d}^tV+\int_{{}^tS_f}\delta u_i^{S\,t}f_i^S\mathrm{d}^tS\right\}+\sum_{L=1}^{N}\int_{{}^tS_c}\delta u_i^{c\,t}f_i^c\mathrm{d}^tS \tag{6.301}$$

其中, 在大括号内给出的项对应通常的项 (见第 6.2.3 节), 而最后求和项给出接触力的项. 我们注意到, 接触力的影响是基于作为外部作用的面力. 接触面力的分量记为 ${}^tf_i^c$ 和作用于面积 ${}^tS_c$, 且已知的外部作用的面力分量记为 ${}^tf_i^S$

和作用于面积 ${}^tS_f$. 我们可假设面积 ${}^tS_f$ 不属于面积 ${}^tS_c$, 尽管这样的假设是没有必要的.

图 6.17 简要说明了两个物体接触的情况, 我们将要详细阐述. 下面给出的概念可以直接推广到多体接触.

[623]

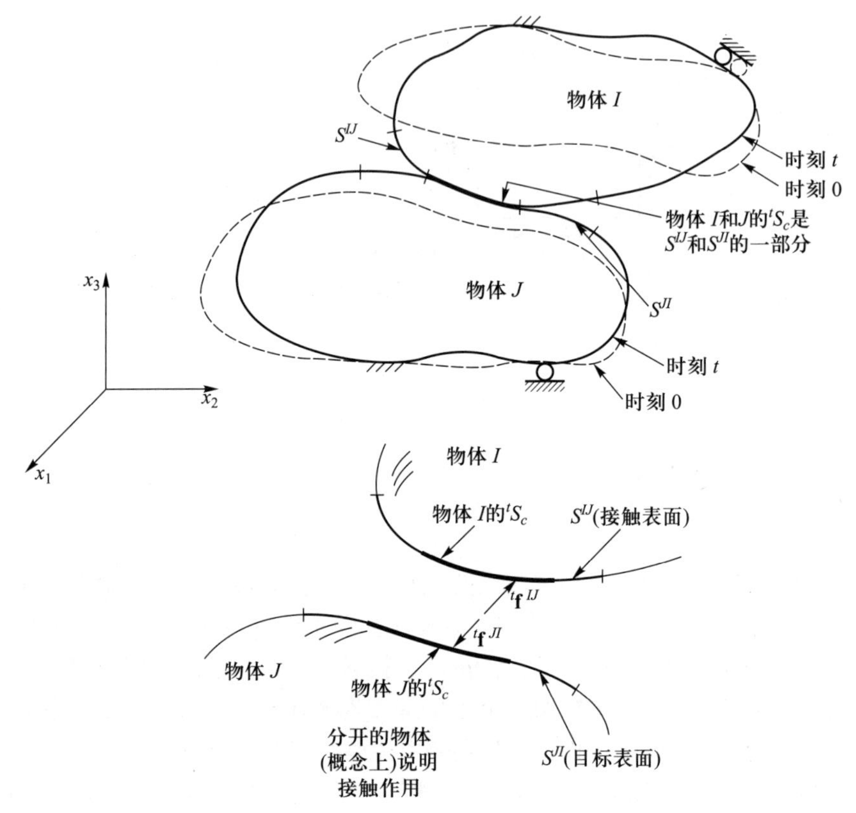

图 6.17　时刻 t 接触的两个物体

在图 6.17 中, 我们把两个物体记为 I 和 J. 注意每个物体被适当支撑确保没有接触就不可能发生刚体运动. 令 ${}^t\mathbf{f}^{IJ}$ 是物体 I 上由于与物体 J 接触而产生的接触面力, 则 ${}^t\mathbf{f}^{IJ} = -{}^t\mathbf{f}^{JI}$. 因此, 式 (6.301) 接触面积的虚功可以写为

$$\int_{S^{IJ}} \delta u_i^{I\,t} f_i^{IJ} \mathrm{d}S^{IJ} + \int_{S^{JI}} \delta u_i^{J\,t} f_i^{JI} \mathrm{d}S^{JI} = \int_{S^{IJ}} \delta u_i^{IJ\,t} f_i^{IJ} \mathrm{d}S^{IJ} \tag{6.302}$$

其中, δu_i^I 和 δu_i^J 分别是物体 I 和 J 的接触表面上虚位移分量, 并且

$$\delta u_i^{IJ} = \delta u_i^I - \delta u_i^J \tag{6.303}$$

[624] 我们称一对表面 S^{IJ} 和 S^{JI} 为 "接触表面对", 且注意到这些表面不一定是大小相等的. 在时刻 t 的实际接触面积, 对物体 I 是物体 I 的 ${}^tS_c$, 对物体 J 是物体 J 的 ${}^tS_c$, 并在任意一种情况下, 该接触表面是 S^{IJ} 和 S^{JI} 中的

一部分, 如图 6.17 所示. 为方便起见, 把 S^{IJ} 叫做接触表面, S^{JI} 叫做目标表面. 因此, 式 (6.302) 的右半部分可以解释为虚功, 即接触面力乘以在接触面对上的产生相对虚位移.

在下面, 我们分析式 (6.302) 的右手端.

设 $\mathbf{n}$ 为 S^{JI} 的单位外法线, 令 $\mathbf{s}$ 为一个向量使得 $\mathbf{n}$、$\mathbf{s}$ 形成一个右手系基 (见图 6.18). 我们可以把 S^{IJ} 上接触面力 ${}^{t}\mathbf{f}^{IJ}$ 分解为对应 S^{JI} 上 $\mathbf{n}$ 和 $\mathbf{s}$ 的法向和切向分量

$$ {}^{t}\mathbf{f}^{IJ} = \lambda\mathbf{n} + t\mathbf{s} \tag{6.304} $$

其中, λ 和 t 是法向和切向面力的分量 (为符号简便, 我们不使用上标). 因此

$$ \lambda = ({}^{t}\mathbf{f}^{IJ})^{\mathrm{T}}\mathbf{n}; \quad t = ({}^{t}\mathbf{f}^{IJ})^{\mathrm{T}}\mathbf{s} \tag{6.305} $$

为定义使用在接触计算中的实际值 $\mathbf{n}$ 和 $\mathbf{s}$, 考虑 S^{IJ} 上任意点 $\mathbf{x}$, 令 $\mathbf{y}^{*}(\mathbf{x},t)$ 是 S^{JI} 上的点满足

$$ \|\mathbf{x} - \mathbf{y}^{*}(\mathbf{x},t)\|_2 = \min_{y \in S^{JI}} \{\|\mathbf{x} - \mathbf{y}\|_2\} \tag{6.306} $$

从 $\mathbf{x}$ 到 S^{JI} 的 (标记的) 距离由式 (6.307) 给出

$$ g(\mathbf{x},t) = (\mathbf{x} - \mathbf{y}^{*})^{\mathrm{T}}\mathbf{n}^{*} \tag{6.307} $$

其中, $\mathbf{n}^{*}$ 是用于 $\mathbf{y}^{*}(\mathbf{x},t)$ 的单位 "法线向量", 如图 6.18 所示, 且 $\mathbf{n}^{*}$、$\mathbf{s}^{*}$ 用于式 (6.304), 对应点 $\mathbf{x}$; 函数 g 是接触表面对的间隙函数.

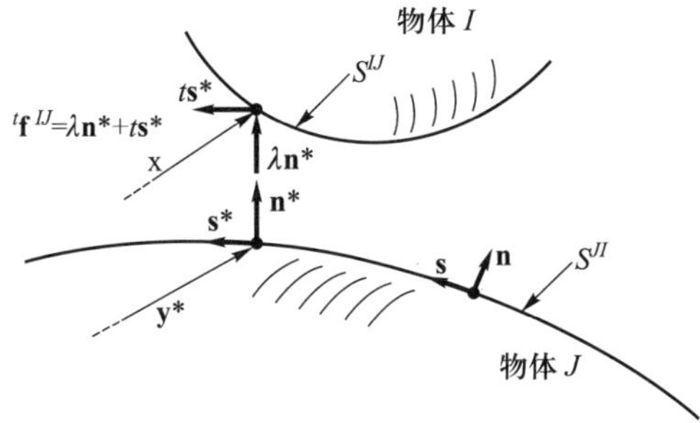

图 6.18　用于接触分析中的定义

有了这些定义, 在法向接触的条件下, 我们可以写出

$$ g \geqslant 0; \quad \lambda \geqslant 0; \quad g\lambda = 0 \tag{6.308} $$

其中最后一个方程表示一个事实, 即如果 $g > 0$, 则必有 $\lambda = 0$, 反之亦然.

为计入摩擦状态, 假设摩擦库仑 (Coulomb) 定律在接触表面上逐点成立, μ 是摩擦系数.

[625] 当然, 该假设意味着以非常简单的方式计入摩擦影响 (更多细节见如 E. Rabinowicz [A]). 定义一个无量纲变量 τ, 为

$$\tau = \frac{t}{\mu\lambda} \tag{6.309}$$

其中, $\mu\lambda$ 是 "摩擦阻力", 且相对切向加速度的大小

$$\dot{u}(\mathbf{x}, t) = (\dot{\mathbf{u}}^J|_{\mathbf{y}^*(\mathbf{x},t)} - \dot{\mathbf{u}}^I|_{(\mathbf{x},t)}) \cdot \mathbf{s}^* \tag{6.310}$$

对应在 $\mathbf{y}^*(\mathbf{x}, t)$ 的单位切向量 $\mathbf{s}$, 因此, $\mathbf{y}^*(\mathbf{x}, t)$ 是时刻 t 质点在 $\mathbf{y}^*$ 点相对 $\mathbf{x}$ 处质点的切向速度. 由这些定义及库仑摩擦定律可得

$$\left.\begin{array}{ll} & |\tau| \leqslant 1 \\ \text{和} & |\tau| < 1 \text{ 意味着 } \dot{u} = 0 \\ \text{而} & |\tau| = 1 \text{ 意味着 } \mathrm{sign}(\dot{u}) = \mathrm{sign}(\tau) \end{array}\right\} \tag{6.311}$$

图 6.19 说明了这些界面状态.

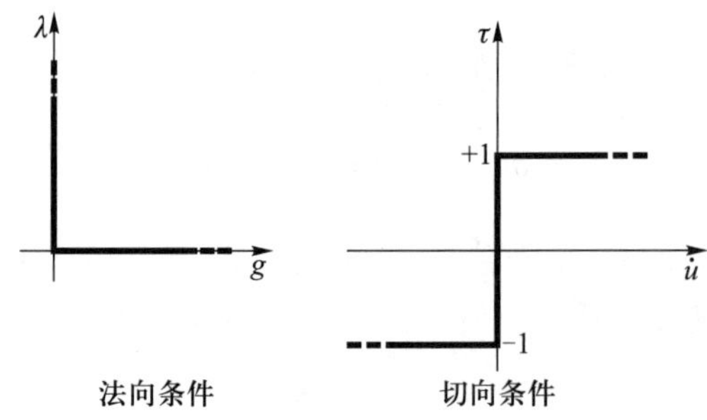

图 6.19　接触分析中界面条件

因此, 图 6.17 中接触问题需要求解虚功方程 (6.301)(对物体 I 和 J 具体化), 且满足条件式 (6.308) 和式 (6.311).

在上述方程中, 我们实际上考虑的稳态 (伪稳态) 接触条件. 在动态分析中, 分布体力包括惯性力的影响, 应在所有时刻满足运动学边界条件.

已经有很多算法求解一般接触问题, 见 P. Wriggers [A]、N. El-Abbasi 和 K. J. Bathe [A] 及其中的参考文献. 最简单的情况, 假设满足完全胶合条件, 这里不同网格本质上紧固地胶合在一起. 选择适当的网格, 尽管网格很不同, 我们仍得到完全协调性. 容许无摩擦滑移和间隙张开, 通常假设小位移条件, 该求解比仿真静态或动态的有摩擦滑移的大运动情况简单得多. 需要特别注
[626] 意约束的变化和病态条件的可能性, 见 K. J. Bathe [A], A. B. Chaudhary [B], G. Zavarise、P. Wriggers 和 B. A. Schrefler [A], K. J. Bathe 和 P. A. Bouzinov [A], D. Pantuso、K. J. Bathe 和 P. A. Bouzinov [A], 通过数学分析的深入研究见 K. J. Bathe 和 F. Brezzi [C].

为举例说明接触问题的求解, 我们将在第 6.7.2 节求解方法中考虑如何施加接触约束 (见 A. L. Eterovic 和 K. J. Bathe [C]).

6.7.2 接触问题的一种求解方法: 约束函数法

令 w 是 g 和 λ 的函数, 使得 $w(g,\lambda)=0$ 的解满足条件式 (6.308), 类似地, 定义 v 是 τ 和 $\dot{u}$ 的函数, 使得 $v(\dot{u},\tau)=0$ 的解满足条件式 (6.311), 给出接触条件为

$$w(g,\lambda)=0 \tag{6.312}$$

$$v(\dot{u},\tau)=0 \tag{6.313}$$

这些条件现在可以利用罚方法或 Lagrange 乘子法施加在虚功原理方程中 (见第 3.4 节). 变量 λ 和 τ 可以认为是 Lagrange 乘子, 所以, 我们可以令 $\delta\lambda$ 和 $\delta\tau$ 是这些量的变分 (见第 4.4.2 节).

将式 (6.312) 乘以 $\delta\lambda$, 式 (6.313) 乘以 $\delta\tau$, 并在 S^{IJ} 上积分, 得到

$$\int_{S^{IJ}}[\delta\lambda w(g,\lambda)+\delta\tau v(\dot{u},\tau)]\mathrm{d}S^{IJ}=0 \tag{6.314}$$

总的来说, 求解图 6.17 中两体接触问题的控制方程是通过外部作用力 (未知) 计入接触面力的影响加上约束方程的一般虚功原理方程. 当然, 虚功原理式 (6.301) 只是针对物体 I 和 J 的两体接触问题, 且接触力项也由式 (6.302) 和式 (6.303) 给出.

连续介质力学控制方程的有限元求解是通过使用虚功原理的离散方法得到, 另外还要离散化接触条件.

为举例说明有限元控制方程建立的过程, 我们考虑如图 6.20 所示的接触物体和目标物体的二维情况. 注意到 k_1 和 k_2 定义为一个直线边界, 但并不一定是单元的中心节点. 它们是在目标物体上的任何相邻节点.

[627]

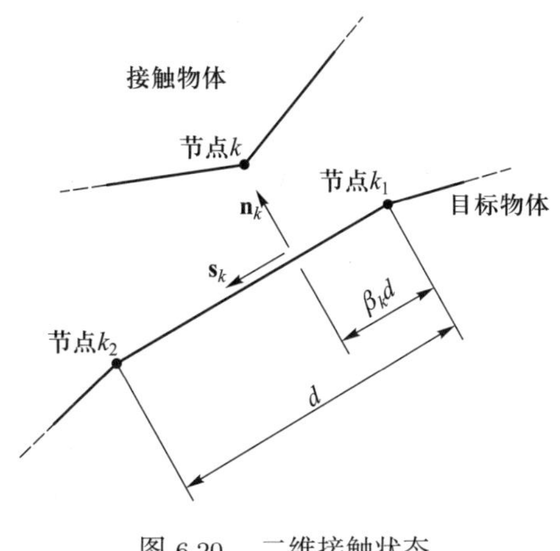

图 6.20 二维接触状态

对应时刻 $(t+\Delta t)$ 状态的连续介质力学方程 (6.301) 和式 (6.304) 的离散化给出

$$^{t+\Delta t}\mathbf{F}(^{t+\Delta t}\mathbf{U}) = {}^{t+\Delta t}\mathbf{R} - {}^{t+\Delta t}\mathbf{R}_c(^{t+\Delta t}\mathbf{U}, {}^{t+\Delta t}\boldsymbol{\tau}) \tag{6.315}$$

和

$$^{t+\Delta t}\mathbf{F}_c(^{t+\Delta t}\mathbf{U}, {}^{t+\Delta t}\boldsymbol{\tau}) = \mathbf{0} \tag{6.316}$$

其中, 具有 m 个接触体节点

$$^{t+\Delta t}\boldsymbol{\tau}^{\mathrm{T}} = [\lambda_1, \tau_1, \cdots, \lambda_k, \tau_k, \cdots, \lambda_m, \tau_m] \tag{6.317}$$

注意, 相对速度和间隙函数按节点位移表示.

向量 $^{t+\Delta t}\mathbf{R}_c$ 是通过聚合所有 m 个接触节点, $k = 1, 2, \cdots, m$, 由于接触而产生的节点力向量. 对接触体节点 k 和相应的目标体节点, 节点力向量为

$$^{t+\Delta t}\mathbf{R}_k^c = \begin{bmatrix} -\lambda_k(\mathbf{n}_k + \mu\tau_k\mathbf{s}_k) \\ (1-\beta_k)\lambda_k(\mathbf{n}_k + \mu\tau_k\mathbf{s}_k) \\ \beta_k\lambda_k(\mathbf{n}_k + \mu\tau_k\mathbf{s}_k) \end{bmatrix} \tag{6.318}$$

其中, β_k、$\mathbf{n}_k$、$\mathbf{s}_k$ 在图 6.20 中已定义.

向量 $^{t+\Delta t}\mathbf{F}_c$ 可以写成

$$^{t+\Delta t}\mathbf{F}_c^{\mathrm{T}} = [^{t+\Delta t}\mathbf{F}_1^{c\mathrm{T}}, \cdots, {}^{t+\Delta t}\mathbf{F}_m^{c\mathrm{T}}] \tag{6.319}$$

其中,

$$^{t+\Delta t}\mathbf{F}_k^c = \begin{bmatrix} w(g_k, \lambda_k) \\ v(\dot{u}_k, \tau_k) \end{bmatrix} \tag{6.320}$$

式 (6.315) 和式 (6.316) 求解的增量方程是通过线性化最后计算出的状态而得到的. 按照第 6.3.1 节中所讨论的方法, 对应时刻 t 状态线性化的相应方程是

$$\begin{bmatrix} (^t\mathbf{K} + {}^t\mathbf{K}_{uu}^c) & ^t\mathbf{K}_{u\tau}^c \\ ^t\mathbf{K}_{\tau u}^c & ^t\mathbf{K}_{\tau\tau}^c \end{bmatrix} \begin{bmatrix} \Delta\mathbf{U} \\ \Delta\boldsymbol{\tau} \end{bmatrix} = \begin{bmatrix} ^{t+\Delta t}\mathbf{R} - {}^t\mathbf{F} - {}^t\mathbf{R}_c \\ -{}^t\mathbf{F}_c \end{bmatrix} \tag{6.321}$$

其中, $\Delta\mathbf{U}$ 和 $\Delta\boldsymbol{\tau}$ 是求解变量 $^t\mathbf{U}$ 和 $^t\boldsymbol{\tau}$ 的增量, $^t\mathbf{K}_{uu}^c$、$^t\mathbf{K}_{u\tau}^c$、$^t\mathbf{K}_{\tau u}^c$、$^t\mathbf{K}_{\tau\tau}^c$ 是接触刚度矩阵

$$\left.\begin{aligned} ^t\mathbf{K}_{uu}^c = \frac{\partial\, ^t\mathbf{R}_c}{\partial\, ^t\mathbf{U}}; \quad ^t\mathbf{K}_{u\tau}^c = \frac{\partial\, ^t\mathbf{R}_c}{\partial\, ^t\boldsymbol{\tau}} \\ ^t\mathbf{K}_{\tau u}^c = \frac{\partial\, ^t\mathbf{F}_c}{\partial\, ^t\mathbf{U}}; \quad ^t\mathbf{K}_{\tau\tau}^c = \frac{\partial\, ^t\mathbf{F}_c}{\partial\, ^t\boldsymbol{\tau}} \end{aligned}\right\} \tag{6.322}$$

这些矩阵的详细表达式取决于所用的实际约束函数. 在实践中, 我们使用非常接近约束的函数, 如图 6.19 所示, 但如式 (6.332) 所要求的, 是可微的.

对变形和本构关系的一般条件, 第 6.7.1 节已给出了连续介质力学格式 [628]
(但假设 Coulomb 摩擦定律). 当然, 该格式也适用于无摩擦接触. 需要施加唯一的约束是式 (6.308), 有限元方程组只有在接触节点的法向力是未知的. 注意, 式 (6.321) 中包括摩擦条件的系数矩阵一般是非对称的, 但忽略摩擦时, 是一个对称矩阵.

当分析复杂的几何形状、变形和接触条件时, 接触问题的求解中需特别关注的是算法收敛性. 应当指出, 虽然增量方程 (6.321) 对应一个充分的线性化, 但使用过大的步长增量可能会导致平衡的迭代收敛困难, 因为预测的中间状态与实际解相差很大. 当切线系数矩阵的变化不是充分光滑, 如目标物体表面上的几何扭结, 靠近解处可能不会观察到充分的二次收敛性.

6.7.3 习题

6.91 证明使用式 (6.303) 至式 (6.310) 中的符号约定, 式 (6.308) 和式 (6.311) 中的摩擦接触关系是正确的.

6.92 考虑两体无摩擦接触. 使用罚函数方法 (见第 3.4.1 节) 和施加约束方程式 (6.312), 推导一般的有限元控制方程.

6.93 对约束函数算法提出下列约束函数 $w(g,\lambda)$

$$w(g,\lambda)=\frac{g+\lambda}{2}-\sqrt{\left(\frac{g-\lambda}{2}\right)^2+\varepsilon}$$

其中, ε 非常小但大于 0. 画出对不同的 ε 的函数值并证明 $w(g,\lambda)$ 确实是一个适合的函数.

6.94 设计函数 $v(\dot{u},\tau)$, 如用于式 (6.313), 以施加式 (6.311) 给出的摩擦约束.

6.8 一些实际考虑

为了分析工程问题, 建立合适的数学模型很大程度取决于对所考虑问题的充分理解, 以及可用于有限元求解方法的相关知识. 该结论特别适用于非线性分析, 因为需要选择适当的非线性运动学方程、材料模型和求解策略.

本节的目的是简要地讨论关于一些重要的实践问题, 如何选择非线性分析的合适模型和求解方法.

6.8.1 非线性分析的一般方法 [629]

在实际工程分析中, 对问题进行非线性分析前, 先进行线性分析是很好的做法, 故非线性分析被认为是线性分析假设的整个分析方法的扩展. 在基于线性响应求解的基础上, 分析人员能够预测哪些非线性是显著的, 如何最恰当考虑这些非线性. 即线性分析结果可能指明几何非线性可能的重要区域, 以及材料超过其弹性限制的区域.

遗憾的是, 进行一些非线性分析时, 经常有这样一个倾向: 立即选择大量的单元, 将最一般的非线性格式用于要建模的问题. 用于准备模型的工程时间多, 分析模型所需的计算时间也很长, 产生了很多不能被充分消化和解释的数据. 如果有大量建模或程序的输入错误, 分析人员在分析过程中也可能在 “绝望中放弃”, 因为数额较大的资金已经花在了分析上, 还是没有得到重要的结果, 分析人员不能实事求是地估计得到可能产生的重大结果还会花多少费用.

重要的一点是, 我们不推荐采用这种方法进行非线性有限元分析. 而应该首先建立线性模型, 其中包含分析问题的一些重要特性. 已经进行了线性分析、深入理解所考虑的问题后, 应通过选择合适的非线性方程和材料模型, 再考虑这些非线性 (并不一定立即对所有想得到的非线性问题). 这里应指出, 通过采用在第 5 章和本章讨论的格式, 使用线性分析假设构造的有限单元, 仅材料非线性的格式, 以及 TL 与 UL 格式都可以用于有限元理想化. 如果该有限元网格是线性分析中的协调网格, 则单元将在非线性分析中保持位移协调性. 整个有限元理想化细分为不同的非线性格式控制的单元只意味着, 在分析中不同的非线性建模结构的不同部分. 在分析中, 一种有效的引入不同非线性的方法是利用线性和非线性单元组.

完整的分析过程, 可以比做实验室中的一系列实验, 其中在每一个实验中做出一系列不同的假设 —— 在有限元分析中这些实验在具有有限元软件的计算机上进行.

[630] 在线性分析后审慎地选择非线性分析的优点是, 第一, 可以更容易解释引入每个非线性的影响; 第二, 建立线性分析结果的可靠性; 第三, 在整个分析期间积累有用的知识.

除了上面给出的对非线性有限元分析的一般性建议外, 一些实际问题更加重要, 将在下面几节进行简要讨论.

6.8.2 坍塌和屈曲分析

在某些情况下, 非线性分析的目的是估算结构在失稳或坍塌之前可承受的最大载荷. 在分析中, 结构上的载荷分布是已知的, 但结构可以承受的载荷大小是未知的.

图 6.21 给出了一些结构坍塌或屈曲的分析示意图. 在各种情况下, 只考虑运动非线性, 如果出现材料非线性, 则响应是不同的.

薄板没有一个坍塌点, 因为膜的作用, 随着该板位移的增长其刚度增加. 但对特定的几何参数, 如果载荷增加, 拱将会坍塌. 如图 6.21(a) 所示, 在坍塌点 A 以外的响应被称作后屈曲行为. 在实际中, 当载荷增加时, 在点 A 外的响应是一个动态的响应. 但是, (理想的) 静态后屈曲响应的预测也很重要, 因

为如果点 A 和 A' 互相非常接近, 则对应 A 点的坍塌载荷在设计中可能不是一个严格限制, 尽管一般来说, 求解从 A 点以后的动态响应可能更恰当.

如图 6.21(b) 所示立柱的响应取决于 β 值. 该参数表示柱的几何形状的缺陷以及材料特性或载荷的作用 (从正垂直的方向). 我们注意到, 随着 β 变得非常小, 只有端点压载荷, 十分直的立柱才趋近分岔屈曲响应.

在所有分析的情况下, 只要随结构响应在后屈曲区域起支配作用而载荷减少时, 可通过增量分析计算响应. 因此, 我们应考虑以下一般问题的提法.

令 ${}^{\Delta t}\mathbf{R}$ 为定义了载荷分布的向量. 此向量对应第一载荷时步. 同时, 令 ${}^{\tau}\beta$ 是任意时刻 τ 的对载荷向量 ${}^{\Delta t}\mathbf{R}$ 的载荷乘子, 使得在时刻 τ 的载荷是 ${}^{\tau}\beta{}^{\Delta t}\mathbf{R}$. 在实践中, 我们感兴趣的是随 τ 的增加, 计算结构的响应. 如图 6.21(a) 所示, 当计算结构响应时, 该任务需要载荷乘子 ${}^{\tau}\beta$ 随 τ 增加而减少.

我们介绍一个具体的算法, 求解载荷乘子 ${}^{\tau}\beta$ 和第 8.4.3 节中的结构响应. 由该求解方法, 算得的结构系统响应如图 6.21 所示.

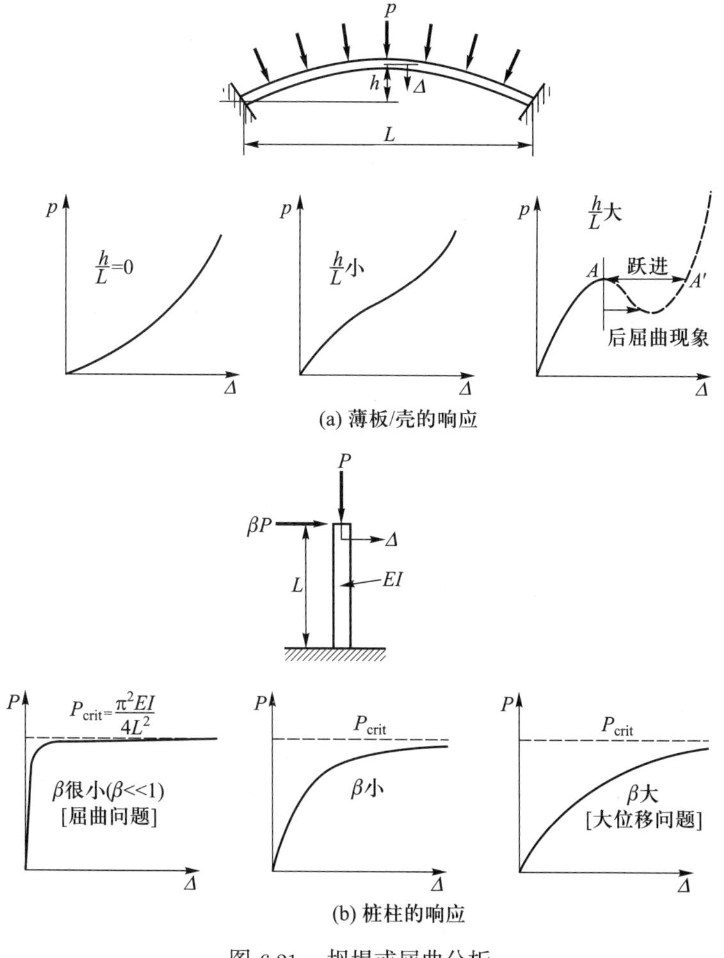

图 6.21　坍塌或屈曲分析

但是, 结构直到坍塌及以后的整个非线性增量求解法耗费昂贵, 最低屈曲载荷的线性屈曲分析可能是有价值的 (见第 3.2.3 节). 计算的最低屈曲载荷可能是实际坍塌载荷的较好估计 (但仅当预屈曲位移小), 使用屈曲模式定义结构的几何缺陷可能是重要的. 即如果对应最低屈曲模式的缺陷施加到结构
[631] 模型的 “完美” 的几何上, 则该承载能力可能会显著降低, 这是实际物理结构承载能力的更好表示.

考虑线性屈曲载荷的计算. 在时刻 $t-\Delta t$ 和 t 的刚度矩阵是 ${}^{t-\Delta t}\mathbf{K}$ 和 ${}^{t}\mathbf{K}$, 外部作用载荷相应的向量是 ${}^{t-\Delta t}\mathbf{R}$ 和 ${}^{t}\mathbf{R}$. 在线性化的屈曲分析中, 我们假设在任何时刻 τ

$$
{}^{\tau}\mathbf{K} = {}^{t-\Delta t}\mathbf{K} + \lambda({}^{t}\mathbf{K} - {}^{t-\Delta t}\mathbf{K}) \tag{6.323}
$$

$$
{}^{\tau}\mathbf{R} = {}^{t-\Delta t}\mathbf{R} + \lambda({}^{t}\mathbf{R} - {}^{t-\Delta t}\mathbf{R}) \tag{6.324}
$$

其中, λ 是一个比例因子, 我们感兴趣的是那些 λ 大于 1 时的值.

[632] 坍塌或屈曲的切线刚度矩阵是奇异的, 因此, 计算 λ 的条件是

$$
\det {}^{\tau}\mathbf{K} = 0 \tag{6.325}
$$

或等价 (见第 10.2 节)

$$
{}^{\tau}\mathbf{K}\boldsymbol{\varphi} = \mathbf{0} \tag{6.326}
$$

其中, $\boldsymbol{\varphi}$ 是一个非零向量, 将式 (6.323) 代入到式 (6.326), 得到

$$
{}^{t-\Delta t}\mathbf{K}\boldsymbol{\varphi} = \lambda({}^{t-\Delta t}\mathbf{K} - {}^{t}\mathbf{K})\boldsymbol{\varphi} \tag{6.327}
$$

特征值 $\lambda_i, i=1,\cdots,n$ 给出屈曲载荷 (通过使用式 (6.324)), 特征向量 $\boldsymbol{\varphi}_i$ 表示相应的屈曲模式, 我们假设 ${}^{t}\mathbf{K}$ 和 ${}^{t-\Delta t}\mathbf{K}$ 都是正定矩阵, 但一般情况下 ${}^{t-\Delta t}\mathbf{K} - {}^{t}\mathbf{K}$ 不是正定的. 因此, 特征值问题有正解和负解 (即一些特征值是负的). 我们关心的是最小的正特征值, 因此将式 (6.327) 重写为

$$
{}^{t}\mathbf{K}\boldsymbol{\varphi} = \gamma\, {}^{t-\Delta t}\mathbf{K}\boldsymbol{\varphi} \tag{6.328}
$$

$$
\gamma = \frac{\lambda - 1}{\lambda} \tag{6.329}
$$

式 (6.328) 的特征值 γ_i 全为正, 通常情况下我们关心最小的特征值 $\gamma_1, \gamma_2, \cdots$. 即 γ_1 对应问题中 λ 的最小正值.

一个重要的考虑因素是可以直接采用第 11 章中介绍的标准特征解方法可以求解式 (6.328) 中最小特征值及其向量, 因为式 (6.328) 中的两个矩阵假设是正定的. 但式 (6.329) 表明 γ_i 间隔很近, 所以采用一个有效的平移策略可能是很重要的 (见第 10.2.3 节和第 11.2.3 节).

已算出 γ_1 后, 我们从式 (6.329) 中得到 λ_1, 则屈曲 (或坍塌) 的载荷由式 (6.324) 给出

$$
\mathbf{R}_{\text{屈曲}} = {}^{t-\Delta t}\mathbf{R} + \lambda_1({}^{t}\mathbf{R} - {}^{t-\Delta t}\mathbf{R}) \tag{6.330}
$$

类似地, 我们计算对应 $\gamma_i, i>1$ 的线性屈曲载荷. [633]

实际上, 更多的情况是时刻 $t-\Delta t$ 对应时刻 0 (具有 ${}^0\mathbf{R}=0$ 的初始位形) 和 t 对应 Δt (具有 ${}^{\Delta t}\mathbf{R}$ 的第一载荷步长). 而上面的方程适用于坍塌之前任意载荷步长. 另外, 式 (6.323) 和式 (6.324) 表明当考虑几何或材料的非线性, 该分析同样进行得很好.

用于线性化的屈曲分析的假设体现在式 (6.323) 和式 (6.324) 中, 即假设刚度矩阵的元素从时刻 $t-\Delta t$ 后线性变化, 变化的斜率由时刻 $t-\Delta t$ 到 t 的差给出. 只有当坍塌前位移相对较小 (材料特性的变化不是显著地违反线性假设), 则线性化屈曲分析给出一个合理的坍塌载荷估计值, 图 6.22 给出两个分析结果, 说明了这个事实. 在柱的分析中, 屈曲前位移是可以忽略不计的, 并可以获得良好的结果.

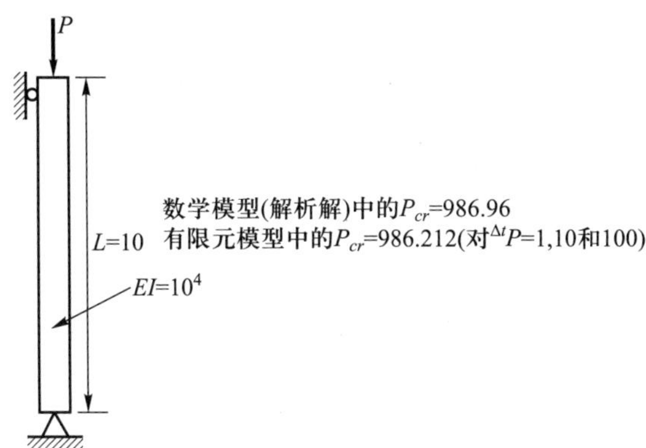

(a) 柱体的线性屈服分析：在K.J.Bathe 和 S.Bolourchi[A]中所讨论的两个Hermite梁单元用于柱体的建模

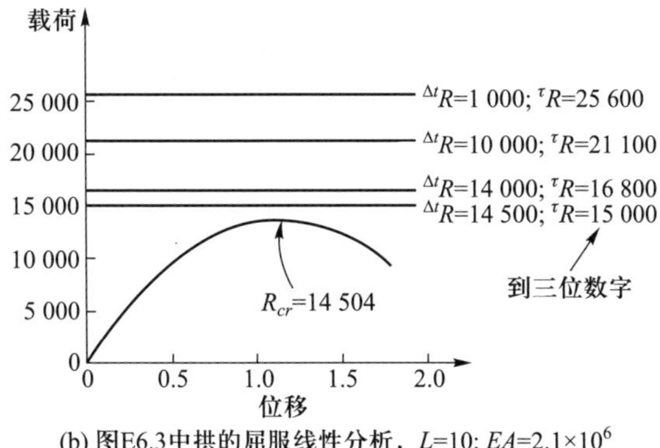

(b) 图E6.3中拱的屈服线性分析，L=10; EA=2.1×10^6

图 6.22 两个结构的线性屈服分析, 两种情况中时刻 $t-\Delta t$ 对应时刻 0 (无应力状态)

另一方面, 在拱分析中, 屈服前位移大, 除非对应时刻 Δt 的载荷状态已接近该载荷, 否则线性屈曲分析过高估计坍塌载荷. 一般地, 如果结构表现出类似柱体的屈曲性质, 则线性屈曲分析就可以给出好的结果. [634]

但是, 正如前面已经提到的, 即使线性化的屈曲载荷不能用做结构实际坍塌载荷的估计, 它仍可能是很重要的, 即把屈曲模式作为一个缺陷施加在结构模型上. 该缺陷可能是存在于实际的物理结构, 如果影响是显著的, 则它应该在分析中被考虑.

为说明这些思想, 考虑如图 6.23 所示拱的分析. 整个结构使用了 10 个 2 节点等参梁单元.

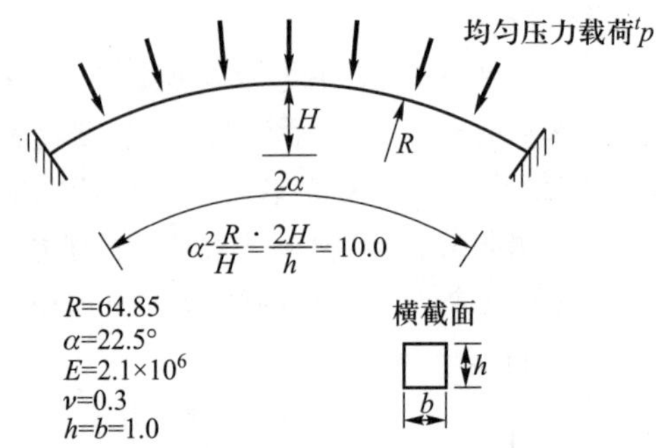

(a) 所考虑的拱:10个2节点等参梁单元用于建模整个结构

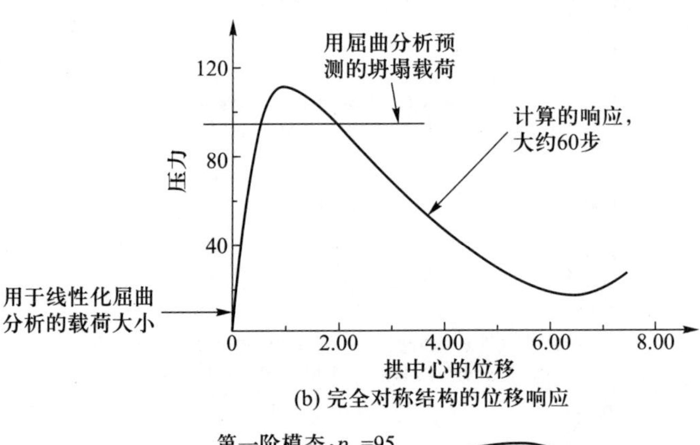

[635]

(b) 完全对称结构的位移响应

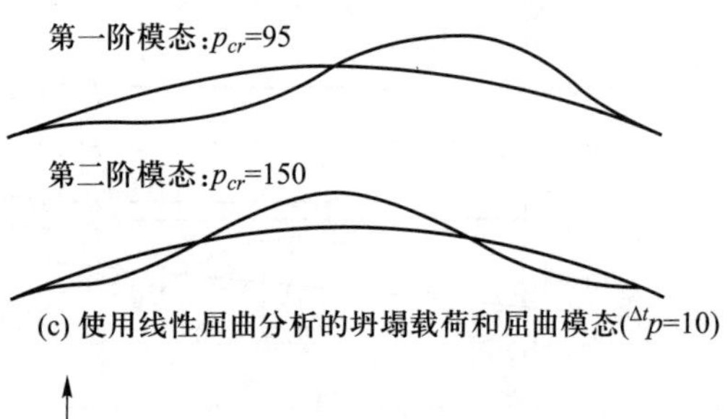

(c) 使用线性屈曲分析的坍塌载荷和屈曲模态($^{\Delta t}p$=10)

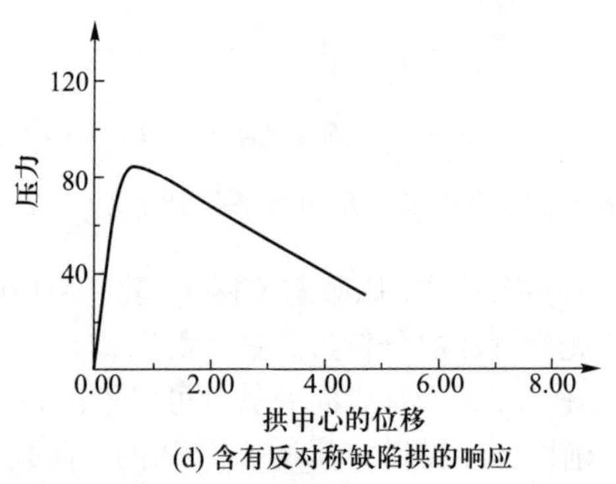

(d) 含有反对称缺陷拱的响应

图 6.23　拱的坍塌分析

在分析中, 没有使用对称条件, 从而保证模型的反对称性质. 其目的是预测坍塌和坍塌后的响应.

图 6.23(b) 说明了使用第 8.4.3 节中描述的载荷–位移–约束法计算的响应. 线性屈曲分析采用无应力状态时刻 $(t-\Delta t)$ 的位形和对应压力值为 10 的状态 Δt 的位形. 在图 6.23(c) 中显示了两个最小的临界压力及其屈曲模态. 我们注意到对应反对称屈曲位移的最小临界压力. 假设拱完全对称, 则得到图 6.23(b) 中的响应, 因此在每个求解步骤中, 计算对称变形.

反对称线性屈曲变形表明, 结构对反对称缺陷是敏感的. 因此, 我们在拱的模型中通过添加第一阶屈曲模态 $\boldsymbol{\varphi}_1$ 的乘子引入缺陷到变形拱的几何中. 另外, 模型按比例缩放以使缺陷的大小是小于 0.01 的 (横截面深度的百分之一).

图 6.23(d) 说明计算的响应 (再次使用第 8.4.3 节讨论的响应–载荷–位移约束的方法). 我们注意到, 目前预测的坍塌载荷比图 6.23(b) 给定的值更小. 该坍塌载荷中的减少与结构模型的非对称性有关, 由于施加几何缺陷, 该非对称模型是有可能形成的.

结构的屈服分析一般要求载荷增量分析, 其中应包括几何和材料非线性. 前面的讨论指出结构缺陷也可以对结构的承载能力的预测有重大影响. 因此, 当想要考虑这样的情况时, 应在结构模型中引入缺陷. 在这里, 我们考虑几何缺陷和一个简单的例子. 在复杂结构的分析中, 也把第二阶、第三阶 …… 屈曲的倍数模态增加到几何中, 但这可能是适当的: 在材料特性或作用载荷中 [636]
引入扰动, 这些扰动用于激起结构发生对应最小承载能力的变形路径.

在本章中, 我们已经介绍了增量方程的格式, 在第 8 章和第 11 章将分别讨论这些方程的求解和屈曲特征问题的求解.

最后, 值得一提的是, 除了静态屈曲分析外, 动态的求解也可能需要考虑. 动态屈曲或坍塌分析需要对给定的不同载荷大小 (当然也包括缺陷可能产生的影响) 进行完整的动态增量分析. 图 6.24 说明了该分析过程. 结构模型对压力大小 $p^{(1)}$ 和 $p^{(2)}$ 是稳定的, 但对 $p^{(3)}$ 是不稳定的. 如果 $p^{(2)}$ 和 $p^{(3)}$ 之间

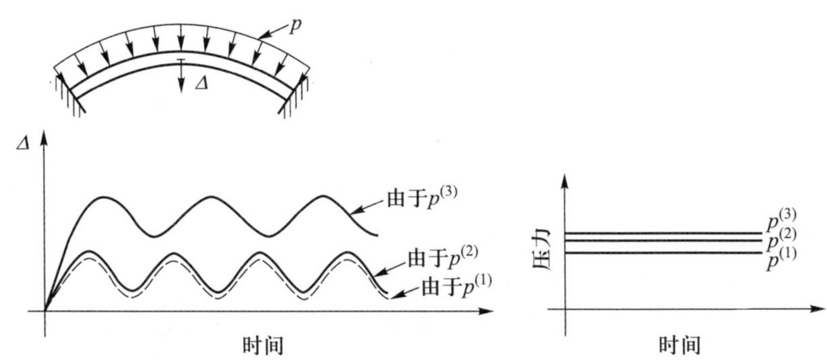

图 6.24　拱的动态屈曲

结构显示了由于压力大小 $p^{(1)}$ 和 $p^{(2)}$ 的动态响应, 和由于 $p^{(3)}$ 的更大响应.

的差异小, 由 $p^{(2)}$ 给出坍塌载荷良好的估计, 否则需要进一步分析以降低该结构仍然是稳定和不稳定的载荷大小之差, 使用第 9 章中所描述的方法, 可以得到该动态解.

6.8.3 单元扭曲的影响

我们在第 5.3.3 节和第 5.5.5 节提到当有限单元未扭曲时, 该有限单元预测位移和压力一般是最有效的. 但实际上, 为提供网格分级和对复杂几何形
[637] 状有效进行网格化, 单元一般大多是具有角度扭曲的直边形状 (例如, 在二维分析中使用四边形单元).

为建模曲线边界, 还需要使用单元曲边和曲面. 此外, 在几何非线性分析中, 由于单元非角节点的运动, 显著的角度扭曲和曲边扭曲可能产生变形的后果. 随着所有这些单元扭曲造成实际求解误差的增加, 只要扭曲较 "小" (第 5.3.3 节中所讨论的), 收敛阶不会受到影响. 我们也应指出, Lagrange 单元往往比没有内部节点的单元更有效.

使用大位移格式, 虚位移原理作用在当前位形, 而不是线性分析中的初始位形. 因此, 单元扭曲当然类似于线性分析的方式, 影响非线性响应预测的精度, 但现在有关第 5.3.3 节总结的线性分析的单元扭曲的考虑, 是适用于网格的整个响应过程的. 因此, 在分析中, 监控每个单元形状的变化是必要的, 如果单元的扭曲造成对响应预测的不利影响, 则对几何非线性分析来说可能需要一个不同的、更精细的网格. 另外, 在某些重要时间点上重新划分网格, 目的是靠近只有角度扭曲的单元布局. 在这些网格结构中, 可有效地使用 Lagrange 单元 (见 N. S. Lee 和 K. J. Bathe [A, B]).

还应该指出, 这些考虑对 TL 和 UL 格式也同样适用, 因为除了某些本构假设, 这两种格式是完全等效的 (见例 6.23).

6.8.4 数值积分阶的影响

为选择合适的数值积分法和非线性分析中的积分阶, 第 5.5.5 节中所没有讨论过的其他方法也是重要的.

在上述和第 5.5.5 节中所给出的, 对未扭曲和扭曲单元的积分阶数据的基础上, 我们可以直接得出结论, 几何非线性分析中至少应采用线性分析中相同的积分阶.

但是, 比线性分析中所用的更高的积分阶可能在仅材料非线性响应的分析中需要, 这是为了足够精确地捕捉材料非线性状态的发生和扩展. 具体地说, 由于材料非线性仅在单元的积分点上度量, 使用相对低的积分阶可能意味着, 不能精确地表示跨越单元的材料非线性状态. 这种考虑在梁、板和壳结构的非线性分析中是特别重要的, 因此也得到一个的结论是, 由于刚度和应力

计算的积分点是在单元边界上 (如, 在壳的上或下表面), Newton-Cotes 法可能是有效的 (例如对某些方向上的积分).

图 6.25 给出了使用 8 节点平面应力单元表示的梁横截面的 Gauss 积分不同阶的结果. 单元受到不断增加的弯矩作用, 数值预测的响应与使用梁理论计算出的响应进行比较. 此分析说明为准确预测材料非线性响应, 梁厚度方向上积分阶比线性分析所需要的大. 下述例子说明在非线性分析中使用不同积分阶的影响.

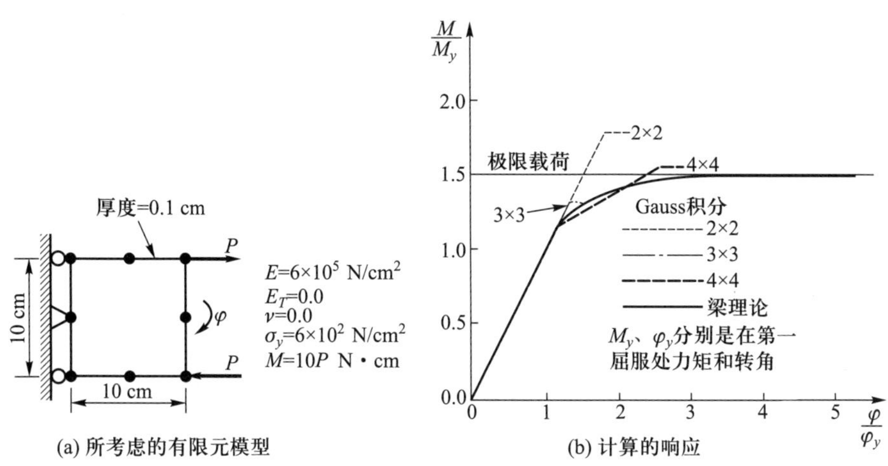

图 6.25 梁横截面的弹–塑性变形中积分阶的影响

例 6.27: 考虑例 4.5 中的单元 2, 并假设在弹塑性分析中时刻 t 的应力使得, 对 $0 \leqslant x \leqslant 40$, 材料的切线模量为 $E/100$, 对 $40 < x \leqslant 80$, 材料的切线模量等于 E, 如图 E6.27 所示. 使用一、二、三、四个 Gauss 积分点计算切线刚度矩阵 ${}^t\mathbf{K}$, 并把结果与精确刚度矩阵进行比较 (只考虑材料的非线性). [638]

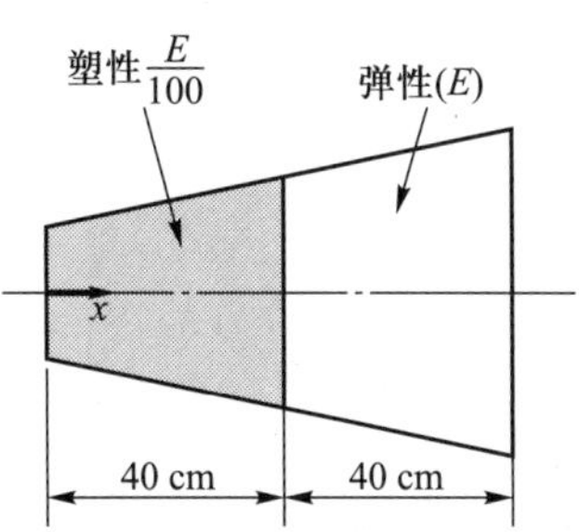

图 E6.27 弹–塑性状态中例 4.5 的单元 2

为计算矩阵 ${}^t\mathbf{K}$, 使用例 4.5 和表 5.6 中所给数据, 我们可以得到如下结果. [639]

一点积分

$$ {}^{t}\mathbf{K} = 2\times 40\begin{bmatrix} -\dfrac{1}{80} \\ \dfrac{1}{80} \end{bmatrix}\frac{E}{100}\begin{bmatrix} -\dfrac{1}{80} & \dfrac{1}{80} \end{bmatrix}(1+1)^2 = 0.0005E\begin{bmatrix} 1 & -1 \\ -1 & 1 \end{bmatrix} $$

二点积分

$$ \begin{aligned} {}^{t}\mathbf{K} = & 1\times 40\begin{bmatrix} -\dfrac{1}{80} \\ \dfrac{1}{80} \end{bmatrix}\frac{E}{100}\begin{bmatrix} -\dfrac{1}{80} & \dfrac{1}{80} \end{bmatrix}\left(1+1-\frac{1}{\sqrt{3}}\right)^2 + \\ & 1\times 40\begin{bmatrix} -\dfrac{1}{80} \\ \dfrac{1}{80} \end{bmatrix}E\begin{bmatrix} -\dfrac{1}{80} & \dfrac{1}{80} \end{bmatrix}\left(1+1+\frac{1}{\sqrt{3}}\right)^2 \\ = & 0.04164E\begin{bmatrix} 1 & -1 \\ -1 & 1 \end{bmatrix} \end{aligned} $$

三点积分

$$ \begin{aligned} {}^{t}\mathbf{K} = & \frac{5}{9}\times 40\begin{bmatrix} -\dfrac{1}{80} \\ \dfrac{1}{80} \end{bmatrix}\frac{E}{100}\begin{bmatrix} -\dfrac{1}{80} & \dfrac{1}{80} \end{bmatrix}\left(1+1-\frac{\sqrt{3}}{5}\right)^2 + \\ & \frac{8}{9}\times 40\begin{bmatrix} -\dfrac{1}{80} \\ \dfrac{1}{80} \end{bmatrix}\frac{E}{100}\begin{bmatrix} -\dfrac{1}{80} & \dfrac{1}{80} \end{bmatrix}(1+1)^2 + \\ & \frac{5}{9}\times 40\begin{bmatrix} -\dfrac{1}{80} \\ \dfrac{1}{80} \end{bmatrix}E\begin{bmatrix} -\dfrac{1}{80} & \dfrac{1}{80} \end{bmatrix}(1+1+\sqrt{3}/5)^2 \end{aligned} $$

$$ {}^{t}\mathbf{K} = 0.02700E\begin{bmatrix} 1 & -1 \\ -1 & 1 \end{bmatrix} $$

四点积分

	r_i	α_i
$n=4$	$\pm 0.8611\cdots$	$0.3478\cdots$
	$\pm 0.3399\cdots$	$0.6521\cdots$

$$ {}^{t}\mathbf{K} = 0.378\cdots(40)\begin{bmatrix} -\dfrac{1}{80} \\ \dfrac{1}{80} \end{bmatrix}\frac{E}{100}\begin{bmatrix} -\dfrac{1}{80} & \dfrac{1}{80} \end{bmatrix}(1+1-0.8611\cdots)^2 + $$

$$ \cdots\cdots\cdots\cdots $$

$$ {}^{t}\mathbf{K} = 0.04026E\begin{bmatrix} 1 & -1 \\ -1 & 1 \end{bmatrix} $$

精确刚度矩阵为 [640]

$$
{}^t\mathbf{K} = \begin{bmatrix} -\dfrac{1}{80} \\ \dfrac{1}{80} \end{bmatrix} \frac{E}{100} \begin{bmatrix} -\dfrac{1}{80} & \dfrac{1}{80} \end{bmatrix} \left\{ \int_0^{40} \left(1+\frac{y}{40}\right)^2 \mathrm{d}y + \int_{40}^{80} 100\left(1+\frac{y}{40}\right)^2 \mathrm{d}y \right\}
$$

$$
= \begin{bmatrix} -\dfrac{1}{80} \\ \dfrac{1}{80} \end{bmatrix} E \begin{bmatrix} -\dfrac{1}{80} & \dfrac{1}{80} \end{bmatrix} \left\{ \frac{40}{300}\left(1+\frac{y}{40}\right)^3 \Bigg|_0^{40} + \frac{40}{3}\left(1+\frac{y}{40}\right)^3 \Bigg|_{40}^{80} \right\}
$$

$$
{}^t\mathbf{K} = 0.03973E \begin{bmatrix} 1 & -1 \\ -1 & 1 \end{bmatrix}
$$

应着重指出, 在这种情况下, 两点积分比三点积分更精确, 使用四点积分得到了精确刚度矩阵的良好近似解.

上述评述表明, 非线性分析比线性分析使用更高的积分阶是适当的. 更高的积分阶可以用于基于位移和混合的有限元. 因此, 参照第 5.5.6 节中我们简要提到使用降阶和选择的积分法, 该节中所给出的建议也适合非线性分析, 或至少是同等重要的. 总之, 应该采用只有良好的基于位移和混合格式的单元. 为有效计算混合格式的单元矩阵, 在一些特殊的情况下, 可以使用具有特殊积分法的基于位移的格式. 不过, 我们应该指出这种对应关系只对线性分析成立, 重要的是, 对非线性分析, 应针对具体情况研究其对应关系.

6.8.5 习题

6.95 使用计算机程序求解如图 Ex.6.95 所示柱结构的线性屈曲载荷.

并将计算结果与解析解进行比较.

提示: 这里可以使用 Hermite 梁单元、等参梁单元或平面应力单元, 建模该柱结构.

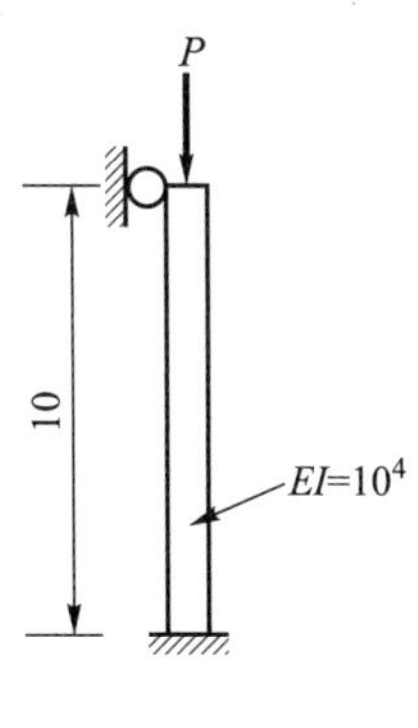

图 Ex.6.95

[641] 6.96 使用计算机程序求解如图 Ex.6.96 所示悬臂梁的大位移响应①. 把计算结果与解析解进行比较 (见例 J. T. Holden [A]).

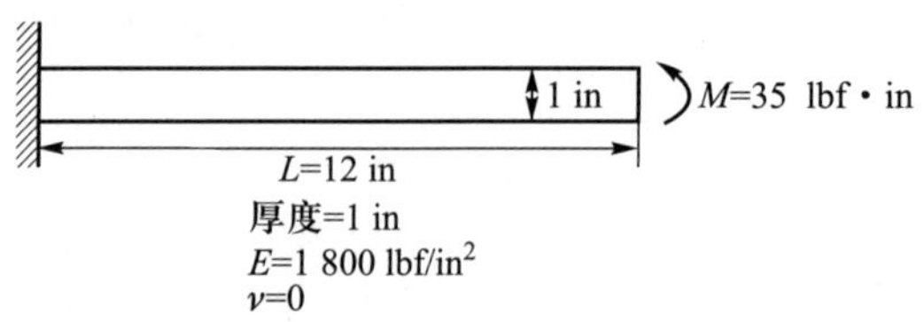

图 Ex.6.96

6.97 使用计算机程序分析如图 6.23 所示拱.

(a) 进行图 6.23 所描述的分析;

(b) 然后改变几何, 考虑 $2H/h = 20.0$, 重复该分析.

6.98 验证图 6.25 所给结果.

---

① 1 in = 25.4 mm, 1 lb = 0.453 592 37 kg, 1 lbf/in^2 = 6 894.757 Pa. —— 译者注

第 7 章

传热、场和不可压缩流体流动问题的有限元分析

[642]

7.1 引言

在前几章, 我们考虑了固体和结构的应力分析中有限元构造和求解问题. 然而, 有限元分析方法目前也广泛应用于非结构问题的求解, 尤其是在传热、场和流体流动问题中.

在以下几节, 我们将主要讨论有限元在这类问题中的应用. 由于前面几章介绍的许多有限元方法是可以直接应用的, 所以在本章我们通常简略地加以介绍. 除了注重一些实用的解法外, 还注重所采用的一般方法, 这些方法可用来说明各种问题有限元构造法的共性. 我们这样做也是希望有限元方法可应用于这里没有讨论的问题 (如流固耦合问题和一般非牛顿流动状态).

7.2 传热分析

在对传热问题有限元分析的研究中, 首先回顾支配要分析的传热状态的微分和变分方程是有益的. 这些方程提供了传热问题的有限元构造和求解基础, 我们下面对此进行讨论.

7.2.1 传热基本方程

考虑传热状态中一个三维体, 如图 7.1 所示, 首先考虑稳定状态. 对于传热分析, 我们假设材料遵守热传导的 Fourier 定律 (如见 J. H. Lienhare [A]).

$$q_x = -k_x \frac{\partial \theta}{\partial x}; \quad q_y = -k_y \frac{\partial \theta}{\partial y}; \quad q_z = -k_z \frac{\partial \theta}{\partial z}$$

其中, q_x、q_y 和 q_z 表示通过单位面积的热流率, θ 是物体的温度, k_x、k_y 和 k_z

[643]

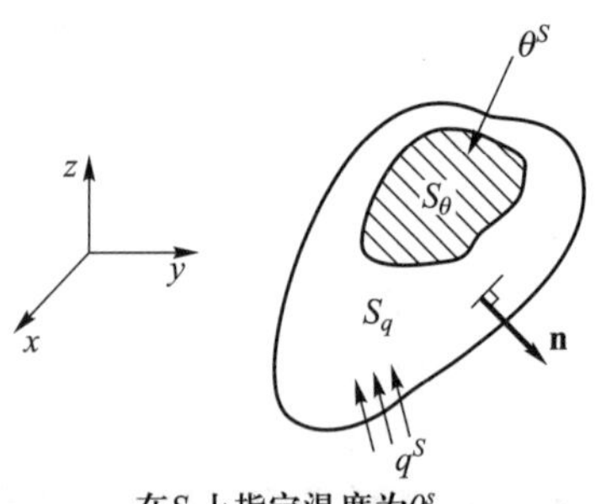

图 7.1　经历传热的三维体

分别对应坐标轴 x、y 和 z 的导热系数. 考虑物体内部的热流率平衡, 得

$$\frac{\partial}{\partial x}\left(k_x\frac{\partial\theta}{\partial x}\right)+\frac{\partial}{\partial y}\left(k_y\frac{\partial\theta}{\partial y}\right)+\frac{\partial}{\partial z}\left(k_z\frac{\partial\theta}{\partial z}\right)=-q^B \tag{7.1}$$

其中, q^B 是单位体积产生的热流率. 在物体表面上, 应满足下列条件

$$\theta|_{S_\theta}=\theta^S \tag{7.2}$$

$$k_n\frac{\partial\theta}{\partial n}\bigg|_{S_q}=q^S \tag{7.3}$$

其中, θ^S 是 S_θ 上已知表面温度, k_n 是物体的导热系数, n 指曲面的单位法向量 $\mathbf{n}$ (指向外) 方向上的坐标轴, q^S 是物体的表面 S_q 上指定的输入热通量, $S_\theta\cup S_q=S$, $S_\theta\cap S_q=0$.

式 (7.1) 至式 (7.3) 成立需要一些重要的假设. 其中一个主要的假设是物体的质点是静止的. 因此我们考虑的是固体和结构中的热传导状态. 如果要分析运动流体中的传热, 式 (7.1) 需要增加一项以考虑通过介质的对流传热 (详见第 7.4 节). 另外一个假设是传热状态可以与应力状态解耦后分析. 这个假设在很多结构分析中是有效的, 但可能是不适当的, 例如, 在金属成形过程中, 变形产生热, 从而改变温度场. 这类改变反过来会影响材料特性而进一步导致变形. 还有一个假设是没有相变和潜热的影响 (见例 7.5 如何考虑这些影响的). 在下面的方程中, 我们假设材料参数与温度有关.

[644] 在传热分析中将遇到以下边界条件:

温度条件

在物体特定的点和面上可以指定温度, 用式 (7.2) 中的 S_θ 表示.

热流率条件

在物体特定的点和面上可以指定热流率输入, 热流率边界条件在式 (7.3) 中定义.

对流边界条件

对流边界条件也在式 (7.3) 中定义, 有

$$q^S=h(\theta_e-\theta^S) \tag{7.4}$$

其中, h 是对流系数, 其可以与温度有关. 这里环境温度 θ_e 已知, 而表面温度 θ^S 未知.

辐射边界条件

辐射边界条件同样在式 (7.3) 中定义, 有

$$q^S = \kappa(\theta_r - \theta^S) \tag{7.5}$$

其中, θ_r 为外界辐射源的已知温度, κ 用绝对温度计算的一个系数

$$\kappa = h_r[(\theta_r)^2 + (\theta^S)^2](\theta_r + \theta^S) \tag{7.6}$$

其中, 变量 h_r 由 Stefan-Boltzmann 常数、辐射和吸收材料的辐射系数及几何形状因子确定.

我们这里假设 θ_r 为已知. 另一方面, 如果我们考虑两个物体互相辐射热量的情况, 则分析是相当复杂的 (见例 7.6 就是这样一种情况).

除了要定义上述的边界条件外, 在瞬态分析中还要指定温度的初始条件.

对传热问题的有限元解, 我们利用如下的虚温度原理

$$\int_V \bar{\boldsymbol{\theta}}'^{\mathrm{T}} \mathbf{k} \boldsymbol{\theta}' \mathrm{d}V = \int_V \bar{\theta} q^B \mathrm{d}V + \int_{S_q} \bar{\theta}^S q^S \mathrm{d}S + \sum_i \bar{\theta}^i Q^i \tag{7.7}$$

其中,

$$\boldsymbol{\theta}'^{\mathrm{T}} = \left[\frac{\partial\theta}{\partial x} \frac{\partial\theta}{\partial y} \frac{\partial\theta}{\partial z}\right] \tag{7.8}$$

$$\mathbf{k} = \begin{bmatrix} k_x & 0 & 0 \\ 0 & k_y & 0 \\ 0 & 0 & k_z \end{bmatrix} \tag{7.9}$$

Q^i 是集中的热流率输入. 每个 Q^i 相当于在一个很小面积上的热通量输入. 温度 θ 上的横杠说明考虑的是虚温度分布.

虚温度原理是热流率平衡方程: θ 是物体内温度的解, 式 (7.7) 应对任意 [645]
虚温度 (在 S_θ 上虚温度为零) 分布成立.

注意到虚温度原理的表达式与应力分析中的虚位移原理类似 (见第 4.2 节). 按虚位移原理同样的方式应用虚温度原理. 可以直接应用第 4 章和第 5 章中讨论的所有方法, 只不过现在要求解的未知温度是标量, 而在先前的讨论中求解的未知位移是向量.

为了进一步深化对虚温度原理的理解, 我们通过下例来推导表达式 (7.7) (推导过程与例 4.2 介绍的类似).

例 7.1: 从基本微分方程式 (7.1) 至式 (7.3) 推导虚温度原理.

这里我们沿用例 4.2 的步骤 (也可以参见第 3.3.4 节).

用指标记号表示传热方程，令 $x_1 \equiv x$, $x_2 \equiv y$, $x_3 \equiv z$, 沿用前面的定义，我们得到下面的结果.

在整个区域，热流率平衡微分方程满足

$$(k_i\theta_{,i})_{,i} + q^B = 0; \quad \text{在括号内对 } i \text{ 不求和} \tag{a}$$

本质边界条件

$$\theta = \theta^S; \quad \text{在 } S_\theta \text{ 上} \tag{b}$$

自然边界条件

$$k_n\theta_{,n} = q^S; \quad \text{在 } S_q \text{ 上} \tag{c}$$

其中，$S = S_\theta \cup S_q, S_\theta \cap S_q = 0$.

考虑任意选择的连续温度分布 $\bar{\theta}$, 在 S_θ 上 $\bar{\theta} = 0$, 则有

$$\int_V [(k_i\theta_{,i})_{,i} + q^B]\bar{\theta}\mathrm{d}V = 0 \tag{d}$$

我们称 $\bar{\theta}$ 为 "虚温度分布". 因为 $\bar{\theta}$ 是任意的，当且仅当中括号中的量为零时，式 (d) 成立. 因此，式 (d) 等价于式 (a).

我们的目标是变换 (d) 以降低该积分中导数的阶次 (从二阶变成一阶)，以及引入自然边界条件式 (c).

为此，根据数学恒等式

$$[\bar{\theta}(k_i\theta_{,i})]_{,i} = \bar{\theta}_{,i}(k_i\theta_{,i}) + \bar{\theta}(k_i\theta_{,i})_{,i}$$

变换式 (d), 有

$$\int_V \{[\bar{\theta}(k_i\theta_{,i})]_{,i} - \bar{\theta}_{,i}(k_i\theta_{,i}) + q^B\bar{\theta}\}\mathrm{d}V = 0 \tag{e}$$

[646] 我们的目标可通过散度定理来实现 (也可参见例 4.2), 有

$$\int_V [\bar{\theta}(k_i\theta_{,i})]_{,i}\mathrm{d}V = \int_S [\bar{\theta}(k_i\theta_{,i})]n_i\mathrm{d}S = \int_S \bar{\theta}(k_n\theta_{,n})\mathrm{d}S$$

从式 (e) 可以推导出

$$\int_V [-\bar{\theta}_{,i}(k_i\theta_{,i}) + q^B\bar{\theta}]\mathrm{d}V + \int_S \bar{\theta}(k_n\theta_{,n})\mathrm{d}S = 0$$

根据式 (c) 和条件 S_θ 上 $\bar{\theta} = 0$, 可以得到所要求的结果

$$\int_V \bar{\theta}_{,i}(k_i\theta_{,i})\mathrm{d}V = \int_V \bar{\theta}q^B\mathrm{d}V + \int_{S_q} \bar{\theta}^S q^S\mathrm{d}S$$

其中应指出，指定的热通量条件 (自然边界条件) 以载荷项出现在方程右边.

同时值得注意的是，虚温度原理对应下面泛函的驻值条件

$$\Pi = \int_V \frac{1}{2}\left[k_x\left(\frac{\partial\theta}{\partial x}\right)^2 + k_y\left(\frac{\partial\theta}{\partial y}\right)^2 + k_z\left(\frac{\partial\theta}{\partial z}\right)^2\right]\mathrm{d}V - \int_V \theta q^B \mathrm{d}V - \int_{S_q} \theta^S q^S \mathrm{d}S - \sum_i \theta^i Q^i \tag{7.10}$$

即，取驻值 $\delta\Pi = 0$，有

$$\int_V \delta\boldsymbol{\theta}'^{\mathrm{T}}\mathbf{k}\boldsymbol{\theta}'\mathrm{d}V = \int_V \delta\theta q^B \mathrm{d}V + \int_{S_q} \delta\theta^S q^S \mathrm{d}S + \sum_i \delta\theta^i Q^i \tag{7.11}$$

其中，$\delta\theta$ 可以是任意的，但 S_θ 上 $\delta\theta$ 应为零. 对式 (7.11)，采用分部积分 (即散度定理) 可以得到平衡的基本微分方程式 (7.1) 和热流率边界条件式 (7.3) (本质上对应例 7.1 的逆过程；也可以参见例 3.18). 然而，对比式 (7.11) 和式 (7.7)，可以看出式 (7.11) 就是在 $\delta\theta \equiv \bar{\theta}$ 情况下的虚温度原理.

对于上面讨论的传热问题，我们假设为稳态条件. 但是，当热流率输入在较短的时间内出现显著的变化 (由于边界条件或者物体内生热率的任意变化)，而所谓较短的时间段是通过系统的固有时间常数度量 (由热特征值给出，见第 9 章)，则计入材料吸热率的项是很重要的. 该吸热率为

$$q^c = \rho c\dot{\theta} \tag{7.12}$$

其中，c 是材料比热容. 变量 q^c 可以理解为生热率的一部分. q^c 应从另外的生热率 q^B 中减去，因为它是储热，该效应可导致瞬态响应解.

7.2.2 增量方程

虚温度原理描述了所有感兴趣的时间点上的热流率平衡. 为了得到可以求解线性和非线性、稳态和瞬态问题的一般方法，我们的目的是发展增量平衡方程组.

与增量有限元应力分析类似 (见第 6.1 节)，假设已算出时刻 t 的状态，以及要确定时刻 $t+\Delta t$ 的温度，其中 Δt 为时间增量. [647]

1. 稳态情况

首先考虑稳态情况，这时时间步长仅仅用于描述热流载荷，在时刻 $t+\Delta t$ 应用虚温度原理可得

$$\int_V \bar{\boldsymbol{\theta}}'^{\mathrm{T}}\,{}^{t+\Delta t}\mathbf{k}\,{}^{t+\Delta t}\boldsymbol{\theta}'\mathrm{d}V = {}^{t+\Delta t}\mathfrak{S} + \int_{S_c} \bar{\theta}^S\,{}^{t+\Delta t}h({}^{t+\Delta t}\theta_e - {}^{t+\Delta t}\theta^S)\mathrm{d}S + \int_{S_r} \bar{\theta}^S\,{}^{t+\Delta t}\kappa({}^{t+\Delta t}\theta_r - {}^{t+\Delta t}\theta^S)\mathrm{d}S \tag{7.13}$$

其中，上标 “$t+\Delta t$” 表示 “在时刻 $t+\Delta t$”，S_c 和 S_r 分别是在对流和辐射边界条件下的表面，${}^{t+\Delta t}\mathfrak{S}$ 对应在时刻 $t+\Delta t$ 新增加的外部热流率输入. 应指

出, 在式 (7.13) 中温度 ${}^{t+\Delta t}\theta_e$ 和 ${}^{t+\Delta t}\theta_r$ 是已知的, 而 ${}^{t+\Delta t}\theta^S$ 是 S_r 和 S_c 上未知的表面温度. 量 ${}^{t+\Delta t}\Im$ 包括内部生热率 ${}^{t+\Delta t}q^B$ 、表面热通量输入 ${}^{t+\Delta t}q^S$ (没有包含在对流和辐射边界条件内) 和集中热流率输入 ${}^{t+\Delta t}Q^i$ 的影响, 有

$$
{}^{t+\Delta t}\Im = \int_V \bar{\theta}^{t+\Delta t}q^B \mathrm{d}V + \int_{S_q} \bar{\theta}^{S\ t+\Delta t}q^S \mathrm{d}S + \sum_i \bar{\theta}^{i\ t+\Delta t}Q^i \tag{7.14}
$$

考虑式 (7.13) 中一般热流率平衡关系, 我们注意到在线性分析 ${}^{t+\Delta t}\mathbf{k}$ 和 ${}^{t+\Delta t}h$ 是常数, 热辐射边界条件不包括在内. 因此, 在线性分析中, 重新调整式 (7.13), 得到

$$
\int_V \bar{\boldsymbol{\theta}}'^{\mathrm{T}}\mathbf{k}^{t+\Delta t}\boldsymbol{\theta}'\mathrm{d}V + \int_{S_c} \bar{\theta}^S h^{t+\Delta t}\theta^S \mathrm{d}S = {}^{t+\Delta t}\Im + \int_{S_c} \bar{\theta}^S h^{t+\Delta t}\theta_e \mathrm{d}S \tag{7.15}
$$

直接求解未知温度 ${}^{t+\Delta t}\theta$ 是可能的。

在一般非线性传热分析中, 式 (7.13) 是在时刻 $t+\Delta t$ 的未知温度的非线性方程. 如表 7.1 总结的, 可以通过增量分解式 (7.13) 的方法求未知温度近似解. 如同应力分析 (见第 6.1 节) 一样, 这种分解可以理解为热流平衡方程的 Newton-Raphson 迭代方法的第 1 步, 其中

$$
{}^{t+\Delta t}\theta^{(i)} = {}^{t+\Delta t}\theta^{(i-1)} + \Delta\theta^{(i)} \tag{7.16}
$$

其中, ${}^{t+\Delta t}\theta^{(i-1)}$ 是在第 $(i-1)$ 步迭代完成时的温度分布, $\Delta\theta^{(i)}$ 在第 i 步迭代时的温度增量; 此外 ${}^{t+\Delta t}\theta^{(0)} = {}^t\theta$. 在表 7.1 中, 我们用 θ 描述 $\Delta\theta^{(1)}$, 是平衡方程的第 1 次迭代.

通过式 (7.16), 每次迭代更新表 7.1 的增量方程中的所有变量, 完全 Newton-Raphson 迭代方法可以获得式 (7.13) 的精确解.

[648] **表 7.1** 非线性热流率平衡增量方程

求解步骤	方程
1. 在时刻 $t+\Delta t$ 的平衡方程	$\int_V \bar{\boldsymbol{\theta}}'^{\mathrm{T}\ t+\Delta t}\mathbf{k}^{t+\Delta t}\boldsymbol{\theta}'\mathrm{d}V$ $= {}^{t+\Delta t}\Im + \int_{S_c} \bar{\theta}^{S\ t+\Delta t}h({}^{t+\Delta t}\theta_e - {}^{t+\Delta t}\theta^S)\mathrm{d}S + \int_{S_r} \bar{\theta}^{S\ t+\Delta t}\kappa({}^{t+\Delta t}\theta_r - {}^{t+\Delta t}\theta^S)\mathrm{d}S$
2. 方程的线性化	利用 ${}^{t+\Delta t}\theta = {}^t\theta + \theta; {}^{t+\Delta t}\boldsymbol{\theta}' = {}^t\boldsymbol{\theta}' + \boldsymbol{\theta}'$; ${}^t\widetilde{\kappa} = 4{}^th_r({}^t\theta^S)^3$ ${}^t\kappa = {}^th_r(({}^{t+\Delta t}\theta_r)^2 + ({}^t\theta^S)^2)({}^{t+\Delta t}\theta_r + {}^t\theta^S)$ 代入热流率平衡方程, 得 $\int_V \bar{\boldsymbol{\theta}}'^{\mathrm{T}\ t}\mathbf{k}\boldsymbol{\theta}'\mathrm{d}V + \int_{S_c} \bar{\theta}^{S\ t}h\theta^S\mathrm{d}S + \int_{S_r} \bar{\theta}^{S\ t}\widetilde{\kappa}\theta^S\mathrm{d}S$ $= {}^{t+\Delta t}\Im + \int_{S_c} \bar{\theta}^{S t}h({}^{t+\Delta t}\theta_e - {}^t\theta^S)\mathrm{d}S + \int_{S_r} \bar{\theta}^{S t}\kappa({}^{t+\Delta t}\theta_r - {}^t\theta^S)\mathrm{d}S - \int_V \bar{\boldsymbol{\theta}}'^{\mathrm{T} t}\mathbf{k}^t\boldsymbol{\theta}'\mathrm{d}V$

因此, 对 $i=1,2,\cdots$, 求解

$$\int_V \overline{\boldsymbol{\theta}}'^{\mathrm{T}}\, {}^{t+\Delta t}\mathbf{k}^{(i-1)}\Delta\boldsymbol{\theta}'^{(i)}\mathrm{d}V+\int_{S_c}\bar{\theta}^{S\,t+\Delta t}h^{(i-1)}\Delta\theta^{S(i)}\mathrm{d}S+\int_{S_r}\bar{\theta}^{S\,t+\Delta t}\widetilde{\kappa}^{(i-1)}\theta^{S(i)}\mathrm{d}S$$
$$={}^{t+\Delta t}\Im+\int_{S_c}\bar{\theta}^{S\,t+\Delta t}h^{(i-1)}({}^{t+\Delta t}\theta_e-{}^{t+\Delta t}\theta^{S(i-1)})\mathrm{d}S+\int_{S_r}\bar{\theta}^{S\,t+\Delta t}\kappa^{(i-1)}({}^{t+\Delta t}\theta_r-{}^{t+\Delta t}\theta^{S(i-1)})\mathrm{d}S-\int_V \overline{\boldsymbol{\theta}}'^{\mathrm{T}}\,{}^{t+\Delta t}\mathbf{k}^{(i-1)}\,{}^{t+\Delta t}\boldsymbol{\theta}'^{(i-1)}\mathrm{d}V \tag{7.17}$$

其中, ${}^{t+\Delta t}h^{(i-1)}$、${}^{t+\Delta t}\kappa^{(i-1)}$ 和 ${}^{t+\Delta t}\mathbf{k}^{(i-1)}$ 分别是对应温度 ${}^{t+\Delta t}\theta^{(i-1)}$ 的对流系数、辐射系数和导热系数本构矩阵.

在实际应用中通常采用改进的 Newton-Raphson 迭代法, 这种方法仅在时步开始时计算式 (7.17) 的左侧, 直到下一个时间增量才更新 (见第 8.4.1 节).

虽然在表 7.1 中可以得到热流平衡方程的实际线性化, 进一步的研究表明, 表中的方程组只是对应一种近似的线性化. 相应地, 式 (7.17) 一般也不是最后一步迭代的完全线性化. 困难在于材料常数的切线关系, 即热传导、热对流、热辐射系数与温度相关时需要在线性化中考虑, 而这只在材料特性与温度具有解析函数关系才能实现. 我们将在下例中说明这一观点.

例 7.2: 分析如图 E7.2 所示的平板, 建立改进的 Newton-Raphson 迭代法和完全 Newton-Raphson 迭代法的虚温度原理的增量形式.

[649]

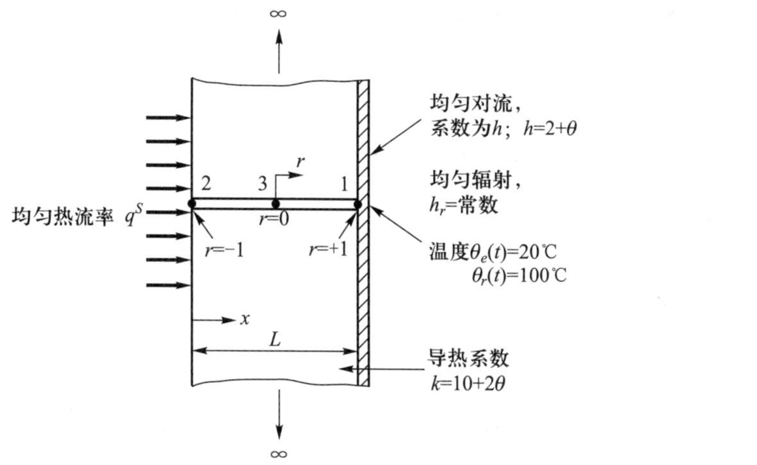

图 E7.2　无限大平板的分析

单位截面积的平板是一维问题, 其虚温度原理的形式

$$\int_0^L \bar{\theta}'\,{}^{t+\Delta t}k\,{}^{t+\Delta t}\theta'\mathrm{d}x=[\bar{\theta}^S q^S]|_{x=0}+[\bar{\theta}^{S\,t+\Delta t}h({}^{t+\Delta t}\theta_e-{}^{t+\Delta t}\theta^S)]|_{x=L}+[\bar{\theta}^{S\,t+\Delta t}\kappa({}^{t+\Delta t}\theta_r-{}^{t+\Delta t}\theta^S)]|_{x=L} \tag{a}$$

其中, ${}^{t+\Delta t}\theta' = \partial^{t+\Delta t}\theta/\partial x$, $\bar{\theta}' = \partial\bar{\theta}/\partial x$ 和 ${}^{t+\Delta t}\kappa$ 用开氏温度计算.

基于表 7.1 中给出的分解, 改进 Newton-Raphson 迭代的增量形式为

$$\begin{aligned}
&\int_0^L \bar{\theta}'(10+2^t\theta)\Delta\theta'^{(i)}\mathrm{d}x+[\bar{\theta}^S(2+{}^t\theta^S)\Delta\theta^{S(i)}]|_{x=L}+[\bar{\theta}^S 4h_r({}^t\theta^S)^3\Delta\theta^{S(i)}]|_{x=L}\\
&=[\bar{\theta}^S q^S]|_{x=0}+[\bar{\theta}^S(2+{}^{t+\Delta t}\theta^{S(i-1)})(20-{}^{t+\Delta t}\theta^{S(i-1)})]|_{x=L}+\\
&\{\bar{\theta}^{S\,t+\Delta t}\kappa^{(i-1)}[100-{}^{t+\Delta t}\theta^{S(i-1)}]\}|_{x=L}-\\
&\int_0^L \bar{\theta}'(10+2^{t+\Delta t}\theta^{(i-1)})^{t+\Delta t}\theta'^{(i-1)}\mathrm{d}x
\end{aligned} \tag{b}$$

在完全 Newton-Raphson 迭代方法中, 等号右边保持不变, 而左手端形式如下

$$\begin{aligned}
\text{左手端}=&\int_0^L \bar{\theta}'(10+2^{t+\Delta t}\theta^{(i-1)})\Delta\theta'^{(i)}\mathrm{d}x+[\bar{\theta}^S(2+{}^{t+\Delta t}\theta^{S(i-1)})\Delta\theta^{S(i)}]|_{x=L}+\\
&[\bar{\theta}^S 4h_r({}^{t+\Delta t}\theta^{S(i-1)})^3\Delta\theta^{S(i)}]|_{x=L}
\end{aligned} \tag{c}$$

在实际线性化中, 我们通过对最后计算状态的虚温度原理方程两边微分, 并采用解析形式.

[650] 考虑式 (a) 中的热传导项, 采用第 6.3.1 节中在时刻 t 状态的线性化步骤. 因此, 利用泰勒级数展开

$$\bar{\theta}'\,{}^{t+\Delta t}q \doteq \bar{\theta}'\,{}^t q+\frac{\partial}{\partial\theta}(\bar{\theta}'\,{}^t q)\mathrm{d}\theta$$

由于 $\partial\bar{\theta}'/\partial\theta=0$, 有

$$\frac{\partial}{\partial\theta}(\bar{\theta}'\,{}^t_q)\mathrm{d}\theta=\left[\bar{\theta}'\frac{\partial}{\partial\theta}({}^t q)\right]\mathrm{d}\theta$$

代入 ${}^t q=-(10+2^t\theta)(\partial^t\theta/\partial x)$, 得

$$\bar{\theta}'\,{}^{t+\Delta t}q \doteq -\bar{\theta}'\left(\underbrace{[10+2^t\theta]\frac{\partial^t\theta}{\partial x}}_{\text{项 1}}+\underbrace{2\frac{\partial^t\theta}{\partial x}\mathrm{d}x}_{\text{项 2}}+\underbrace{(10+2^t\theta)\mathrm{d}\theta'}_{\text{项 3}}\right) \tag{d}$$

注意式 (d) 等号右边的项 1 和项 3 也出现在式 (b) 和式 (c) 中给出的虚温度原理增量公式中, 但项 2 是没有在式 (b)、式 (c) 和表 7.1 中考虑的表达式. 对于平板的有限元解, 项 2 可能会引起非对称切线导热系数矩阵.

按类似方式, 还可以获得对流项和辐射项的实际线性化. 该推导表明可以忽略与温度相关的热对流部分, 而热辐射部分线性化是完整的, 这是因为在本例中系数 h_r 与温度无关 (见习题 7.2).

根据上面具体例子的分析, 关于最后一个计算的温度状态下, 式 (7.17) 一般情况下不对应虚温度原理的精确线性化. 但是, 式 (7.17) 表达了一般性的

迭代方法, 这种方法特别适用于材料关系给定为温度的分段线性函数 (在使用通用程序求解时, 不是基于材料特性的具体解析式, 故这样的定义较为方便). 如果迭代得到收敛, 就可以计算出式 (7.7) 虚温度原理的精确解 (因为当式 (7.17) 等号右边为零时, 方程 (7.7) 得到满足), 在计算时, 如果时间 (载荷) 步长大小合理, 则通常只需要几次迭代.

当然, 如果运用材料常数的具体解析关系, 而且式 (7.17) 存在收敛困难, 则在迭代求解中使用虚温度原理的精确线性化可能更有优势 (见习题 7.3).

2. 瞬态条件

瞬态分析时, 所包含的热容影响与应力分析中引入的惯性力十分相似 (见第 4.2.1 节和第 6.2.3 节).

在时刻 $(t+\Delta t)$ 的虚温度原理为

$$\begin{aligned}&\int_V \bar{\theta}^{\mathrm{T}\,t+\Delta t}(\rho c)^{t+\Delta t}\dot{\theta}\,\mathrm{d}V + \int_V \bar{\boldsymbol{\theta}}'^{\mathrm{T}\,t+\Delta t}\mathbf{k}^{t+\Delta t}\boldsymbol{\theta}'\,\mathrm{d}V\\ &= {}^{t+\Delta t}\Im + \int_{S_c}\bar{\theta}^{S\,t+\Delta t}h({}^{t+\Delta t}\theta_e - {}^{t+\Delta t}\theta^S)\,\mathrm{d}S + \int_{S_r}\bar{\theta}^{S\,t+\Delta t}\kappa({}^{t+\Delta t}\theta_r - {}^{t+\Delta t}\theta^S)\,\mathrm{d}S\end{aligned} \tag{7.18}$$

其中, ${}^{t+\Delta t}\Im$ 与式 (7.14) 定义相同, 而 ${}^{t+\Delta t}q^B$ 现在是去除热容影响的生热率. [651]

当利用隐式时间积分法 (如 Euler 后向法) 时, 可以采用式 (7.18) 计算时刻 $t+\Delta t$ 的温度. 另一方面, 在显式时间积分法中, 在时刻 t, 利用虚温度原理计算时刻 $t+\Delta t$ 的未知温度 (见第 7.2.3 节和第 9.6 节). 当在隐式积分中, 采用引入热容影响的 Newton-Raphson 迭代法, 可以采用无需迭代的简单显式前向积分.

7.2.3 传热方程组的有限元离散化

利用类似应力分析中的步骤可以求解传热基本方程组的有限元解. 我们首先考虑稳态条件. 假设要研究的整个物体已被建模为有限单元组合体, 类似于应力分析, 对于单元 m 在时刻 $t+\Delta t$, 有

$$\begin{aligned}{}^{t+\Delta t}\theta^{(m)} &= \mathbf{H}^{(m)\,t+\Delta t}\boldsymbol{\theta}\\ {}^{t+\Delta t}\theta^{S(m)} &= \mathbf{H}^{S(m)\,t+\Delta t}\boldsymbol{\theta}\\ {}^{t+\Delta t}\boldsymbol{\theta}'^{(m)} &= \mathbf{B}^{(m)\,t+\Delta t}\boldsymbol{\theta}\end{aligned} \tag{7.19}$$

其中, 上标 (m) 表示单元 m, ${}^{t+\Delta t}\boldsymbol{\theta}$ 是所有节点在时刻 $t+\Delta t$ 的温度向量, 有

$${}^{t+\Delta t}\boldsymbol{\theta}^{\mathrm{T}} = [{}^{t+\Delta t}\theta_1 \quad {}^{t+\Delta t}\theta_2 \quad \cdots \quad {}^{t+\Delta t}\theta_n] \tag{7.20}$$

矩阵 $\mathbf{H}^{(m)}$ 和 $\mathbf{B}^{(m)}$ 分别为单元温度和温度梯度的插值矩阵, 矩阵 $\mathbf{H}^{S(m)}$ 是表面温度插值矩阵. 我们计算式 (7.19) 中在时刻 $t+\Delta t$ 的单元温度和温度

梯度, 也可采用同样的插值矩阵计算其他任意时刻的单元温度状态, 因此可以得到温度增量和温度梯度增量.

1. 线性稳态条件

使用式 (7.19), 并将其代入式 (7.15), 得到线性传热分析中的有限元控制方程组

$$(\mathbf{K}^k+\mathbf{K}^c)^{t+\Delta t}\boldsymbol{\theta}={}^{t+\Delta t}\mathbf{Q}+{}^{t+\Delta t}\mathbf{Q}^e \tag{7.21}$$

其中, $\mathbf{K}^k$ 是导热系数矩阵

$$\mathbf{K}^k=\sum_m\int_{V^{(m)}}\mathbf{B}^{(m)\mathrm{T}}\mathbf{k}^{(m)}\mathbf{B}^{(m)}\mathrm{d}V^{(m)} \tag{7.22}$$

$\mathbf{K}^c$ 是热对流矩阵

$$\mathbf{K}^c=\sum_m\int_{S_c^{(m)}}h^{(m)}\mathbf{H}^{S(m)T}\mathbf{H}^{S(m)}\mathrm{d}S^{(m)} \tag{7.23}$$

[652] 节点热流率输入向量 ${}^{t+\Delta t}\mathbf{Q}$

$${}^{t+\Delta t}\mathbf{Q}={}^{t+\Delta t}\mathbf{Q}_B+{}^{t+\Delta t}\mathbf{Q}_S+{}^{t+\Delta t}\mathbf{Q}_C \tag{7.24}$$

其中,

$${}^{t+\Delta t}\mathbf{Q}_B=\sum_m\int_{V^{(m)}}\mathbf{H}^{(m)\mathrm{T}}\,{}^{t+\Delta t}q^{B(m)}\mathrm{d}V^{(m)} \tag{7.25}$$

$${}^{t+\Delta t}\mathbf{Q}_S=\sum_m\int_{S_q^{(m)}}\mathbf{H}^{S(m)\mathrm{T}}\,{}^{t+\Delta t}q^{S(m)}\mathrm{d}S^{(m)} \tag{7.26}$$

${}^{t+\Delta t}\mathbf{Q}_C$ 是集中节点热流率输入向量. 节点热流率输入贡献 ${}^{t+\Delta t}\mathbf{Q}^e$ 是由于对流边界条件所产生的. 采用单元表面温度插值, 按给定的单元节点环境温度 ${}^{t+\Delta t}\boldsymbol{\theta}_e$ 定义单元表面上环境温度 ${}^{t+\Delta t}\boldsymbol{\theta}_e$, 有

$${}^{t+\Delta t}\mathbf{Q}^e=\sum_m\int_{S_c^{(m)}}h^{(m)}\mathbf{H}^{S(m)\mathrm{T}}\mathbf{H}^{S(m)t+\Delta t}\boldsymbol{\theta}_e\mathrm{d}S^{(m)} \tag{7.27}$$

上面的构造方法可以有效应用于第 5 章中所讨论的变节点数等参单元. 我们将通过例 7.3 说明上述单元矩阵的计算.

例 7.3: 考虑如图 E7.3 所示的 4 节点等参单元, 讨论导热系数矩阵 $\mathbf{K}^k$、热对流矩阵 $\mathbf{K}^c$, 以及热流率输入向量 ${}^{t+\Delta t}\mathbf{Q}_B$ 和 ${}^{t+\Delta t}\mathbf{Q}^e$ 的计算.

为了计算上述矩阵, 我们需要计算 $\mathbf{H}$、$\mathbf{B}$、$\mathbf{H}^S$ 和 $\mathbf{k}$. 温度插值矩阵 $\mathbf{H}$ 由图 5.4 中定义的插值函数组成

$$\mathbf{H}=\frac{1}{4}[(1+r)(1+s)\quad(1-r)(1+s)\quad(1-r)(1-s)\quad(1+r)(1-s)]$$

在 $r=1$, 由 $\mathbf{H}$ 计算 $\mathbf{H}^S$, 所以

$$\mathbf{H}^S=\frac{1}{2}[(1+s)\ \ 0\ \ 0\ \ (1-s)]$$

为计算 **B**, 首先计算 Jacobi 算子 **J** (见例 5.3)

$$\mathbf{J} = \begin{bmatrix} 1 & \dfrac{1+s}{4} \\ 0 & \dfrac{3+r}{4} \end{bmatrix}$$

得

$$\begin{aligned}\mathbf{B} &= \frac{1}{4}\begin{bmatrix} 1 & -\left(\dfrac{1+s}{3+r}\right) \\ 0 & \dfrac{4}{(3+r)} \end{bmatrix}\begin{bmatrix} (1+s) & -(1+s) & -(1-s) & (1-s) \\ (1+r) & (1-r) & -(1-r) & -(1+r) \end{bmatrix} \\ &= \frac{1}{4(3+r)}\begin{bmatrix} 2(1+s) & -4(1+s) & 2(2s-r-1) & 2(2+r-s) \\ 4(1+r) & 4(1-r) & -4(1-r) & -4(1+r) \end{bmatrix}\end{aligned}$$

最后, 有

$$\mathbf{k} = \begin{bmatrix} k & 0 \\ 0 & k \end{bmatrix}$$

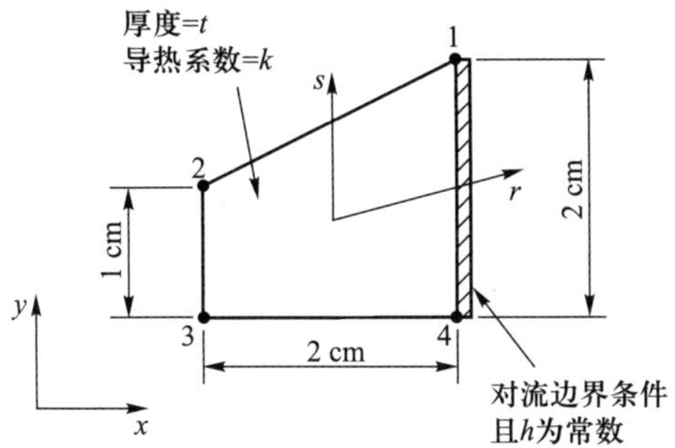

[653]

图 E7.3　传热情况下的 4 节点单元

现在可以利用固体和结构分析中的数值积分计算上述的单元矩阵 (见第 5 章).

2. 非线性稳态条件

对于一般非线性分析, 将式 (7.19) 中的温度和温度梯度插值函数代入到热流率平衡方程式 (7.17), 得

$$\begin{aligned}&({}^{t+\Delta t}\mathbf{K}^{k(i-1)} + {}^{t+\Delta t}\mathbf{K}^{c(i-1)} + {}^{t+\Delta t}\mathbf{K}^{r(i-1)})\Delta\boldsymbol{\theta}^{(i)} \\ &= {}^{t+\Delta t}\mathbf{Q} + {}^{t+\Delta t}\mathbf{Q}^{c(i-1)} + {}^{t+\Delta t}\mathbf{Q}^{r(i-1)} - {}^{t+\Delta t}\mathbf{Q}^{k(i-1)}\end{aligned} \tag{7.28}$$

其中, 在第 i 次迭代完成后节点温度为

$${}^{t+\Delta t}\boldsymbol{\theta}^{(i)} = {}^{t+\Delta t}\boldsymbol{\theta}^{(i-1)} + \Delta\boldsymbol{\theta}^{(i)} \tag{7.29}$$

式 (7.28) 中所用的矩阵和向量可以直接从式 (7.17) 中的单独项中获得, 见表 7.2 中的定义. 节点热流率输入向量 ${}^{t+\Delta t}\mathbf{Q}$ 已在式 (7.24) 中定义.

表 7.2 非线性传热分析中的有限元矩阵

积分	有限元计算
$\int_V \bar{\boldsymbol{\theta}}'^{\mathrm{T}}\ {}^{t+\Delta t}\mathbf{k}^{(i-1)}\Delta\boldsymbol{\theta}'^{(i)}\mathrm{d}V$	${}^{t+\Delta t}\mathbf{K}^{k(i-1)}\Delta\boldsymbol{\theta}^{(i)}$ $=\left(\sum_m \int_{V^{(m)}} \mathbf{B}^{(m)\mathrm{T}}\ {}^{t+\Delta t}\mathbf{k}^{(m)(i-1)}\mathbf{B}^{(m)}\mathrm{d}V^{(m)}\right)\Delta\boldsymbol{\theta}^{(i)}$
$\int_{S_c} \bar{\theta}^S\ {}^{t+\Delta t}h^{(i-1)}\Delta\theta^{S(i)}\mathrm{d}S$	${}^{t+\Delta t}\mathbf{K}^{c(i-1)}\Delta\boldsymbol{\theta}^{(i)}$ $=\left(\sum_m \int_{S_c^{(m)}} {}^{t+\Delta t}h^{(m)(i-1)}\mathbf{H}^{S(m)\mathrm{T}}\mathbf{H}^{S(m)}\mathrm{d}S^{(m)}\right)\Delta\boldsymbol{\theta}^{(i)}$
$\int_{S_r} \bar{\theta}^S\ {}^{t+\Delta t}\widetilde{\kappa}^{(i-1)}\Delta\theta^{S(i)}\mathrm{d}S$	${}^{t+\Delta t}\mathbf{K}^{r(i-1)}\Delta\boldsymbol{\theta}^{(i)}$ $=\left(\sum_m \int_{S_r^{(m)}} {}^{t+\Delta t}\widetilde{\kappa}^{(m)(i-1)}\mathbf{H}^{S(m)\mathrm{T}}\mathbf{H}^{S(m)}\mathrm{d}S^{(m)}\right)\Delta\boldsymbol{\theta}^{(i)}$
$\int_{S_c} \bar{\theta}^S\ {}^{t+\Delta t}h^{(i-1)}({}^{t+\Delta t}\theta_e - {}^{t+\Delta t}\theta^{S(i-1)})\mathrm{d}S$	${}^{t+\Delta t}\mathbf{Q}^{c(i-1)}$ $=\sum_m \int_{S_c^{(m)}} {}^{t+\Delta t}h^{(m)(i-1)}\mathbf{H}^{S(m)\mathrm{T}}[\mathbf{H}^{S(m)}({}^{t+\Delta t}\boldsymbol{\theta}_e - {}^{t+\Delta t}\boldsymbol{\theta}^{(i-1)})]\mathrm{d}S^{(m)}$
$\int_{S_r} \bar{\theta}^S\ {}^{t+\Delta t}\kappa^{(i-1)}({}^{t+\Delta t}\theta_r - {}^{t+\Delta t}\theta^{S(i-1)})\mathrm{d}S$	${}^{t+\Delta t}\mathbf{Q}^{r(i-1)}$ $=\sum_m \int_{S_r^{(m)}} {}^{t+\Delta t}\kappa^{(m)(i-1)}\mathbf{H}^{S(m)\mathrm{T}}[\mathbf{H}^{S(m)}({}^{t+\Delta t}\boldsymbol{\theta}_r - {}^{t+\Delta t}\boldsymbol{\theta}^{(i-1)})]\mathrm{d}S^{(m)}$
$\int_V \bar{\boldsymbol{\theta}}'^{\mathrm{T}}\ {}^{t+\Delta t}\mathbf{k}^{(i-1)}\,{}^{t+\Delta t}\boldsymbol{\theta}'^{(i-1)}\mathrm{d}V$	${}^{t+\Delta t}\mathbf{Q}^{k(i-1)}$ $=\sum_m \int_{V^{(m)}} \mathbf{B}^{(m)\mathrm{T}}[{}^{t+\Delta t}\mathbf{k}^{(m)(i-1)}\mathbf{B}^{(m)}\,{}^{t+\Delta t}\boldsymbol{\theta}^{(i-1)}]\mathrm{d}V^{(m)}$

[654]

3. 指定温度

除了热对流和热辐射边界条件外, 也可以指定节点温度. 可以以类似应力分析中指定节点位移的方式施加这些边界条件.

一种常见的方法是将已知节点温度代入热流率平衡方程式 (7.21) 和式 (7.28), 从待求解的方程中删除对应方程 (见第 4.2.2 节). 但是, 另一种更有效施加节点温度的方法可能是施加对流边界条件所采用的方法, 即通过给热对流系数 h 赋予一个非常大的值, 使 h 远远大于材料的导热系数, 因此表面节点温度将等于已指定的环境节点温度.

例 7.4: 建立如图 E7.2 所示无限平行侧板分析的有限元基本方程组, 忽略热辐射影响. 采用改进 Newton-Raphson 法, 只用一个一维抛物线单元模拟平板 (实际中根据分析要预测的温度梯度大小, 可能需要更多的单元).

从式 (7.28) 可以得到该问题的基本方程

$$({}^t\mathbf{K}^k + {}^t\mathbf{K}^c)\Delta\boldsymbol{\theta}^{(i)} = {}^{t+\Delta t}\mathbf{Q} + {}^{t+\Delta t}\mathbf{Q}^{c(i-1)} - {}^{t+\Delta t}\mathbf{Q}^{k(i-1)} \tag{a}$$

其中,

$${}^t\mathbf{K}^k = \int_V \mathbf{B}^{\mathrm{T}}\,{}^t k\mathbf{B}\mathrm{d}V$$

$$
\begin{aligned}
{}^{t}\mathbf{K}^{c} &= \int_{S_c} {}^{t}h\mathbf{H}^{S^{\mathrm{T}}}\mathbf{H}^{S}\mathrm{d}S \\
{}^{t+\Delta t}\mathbf{Q}^{c(i-1)} &= \int_{S_c} {}^{t+\Delta t}h^{(i-1)}\mathbf{H}^{S^{\mathrm{T}}}[\mathbf{H}^{S}({}^{t+\Delta t}\boldsymbol{\theta}_{e} - {}^{t+\Delta t}\boldsymbol{\theta}^{(i-1)})]\mathrm{d}S \\
{}^{t+\Delta t}\mathbf{Q}^{k(i-1)} &= \int_{V} \mathbf{B}^{\mathrm{T}}[{}^{t+\Delta t}k^{(i-1)}\mathbf{B}^{t+\Delta t}\boldsymbol{\theta}^{(i-1)}]\mathrm{d}V \\
{}^{t+\Delta t}\mathbf{Q}^{\mathrm{T}} &= [0 \ \ q^{S} \ \ 0]
\end{aligned}
$$

和

$$
\begin{aligned}
\Delta\boldsymbol{\theta}^{(i)^{\mathrm{T}}} &= [\Delta\theta_1^{(i)} \ \ \Delta\theta_2^{(i)} \ \ \Delta\theta_3^{(i)}] \\
{}^{t+\Delta t}\boldsymbol{\theta}^{(i-1)^{\mathrm{T}}} &= [{}^{t+\Delta t}\theta_1^{(i-1)} \ \ {}^{t+\Delta t}\theta_2^{(i-1)} \ \ {}^{t+\Delta t}\theta_3^{(i-1)}] \\
{}^{t+\Delta t}\boldsymbol{\theta}_e^{\mathrm{T}} &= [20 \ \ 0 \ \ 0]
\end{aligned}
$$

对一维抛物线单元, 我们采用图 5.3 中的插值函数 h_1、h_2 和 h_3 构造 $\mathbf{H}$. 有

$$
\mathbf{H} = \left[\frac{1}{2}r(1+r) \quad -\frac{1}{2}r(1-r) \quad (1-r^2)\right] \tag{b}
$$

$\mathbf{H}^S$ 对应节点 1, 相当于在 $r=+1$ 处算得的 $\mathbf{H}$

$$
\mathbf{H}^S = [1 \ \ 0 \ \ 0]
$$

因 $J = L/2$, 所以 [655]

$$
\mathbf{B} = \frac{2}{L}\left[\frac{1}{2}(1+2r) \quad -\frac{1}{2}(1-2r) \quad -2r\right]
$$

此外, 材料的导热系数, 对时刻 t

$$
{}^{t}k = 10 + 2\sum_{i=1}^{3} h_i{}^{t}\theta_i
$$

类似地, 对于对流系数, 有

$$
{}^{t}h|_{r=+1} = 2 + {}^{t}\theta_1
$$

当上述的量都定义后, 现在可以计算式 (a) 中所有矩阵并进行温度分析. 注意: 这里用 $S_c = 1, V = 1 \times L$.

习题 7.6 中的分析考虑了热辐射影响.

4. 瞬态分析

如上所述, 在瞬态传热分析中, 热容影响作为生热率的一部分予以考虑. 但正如结构分析一样, 求解方程依赖于采用隐式还是显式时间积分 (见第 9 章, K. J. Bathe 和M. R. Khoshgoftaar [A]).

如果采用 Euler 后向隐式时间积分方法, 可以直接从支配稳态条件方程组得到热流率平衡方程 (见式 (7.18)). 即对单元 m

$$\dot{\boldsymbol{\theta}}^{(m)}(x,y,z,t) = \mathbf{H}^{(m)}(x,y,z,t)\dot{\boldsymbol{\theta}}(t) \tag{7.30}$$

由式 (7.12) 和式 (7.28), 有

$$^{t+\Delta t}\mathbf{Q}_B = \sum_m \int_{V^{(m)}} \mathbf{H}^{(m)\mathrm{T}}(^{t+\Delta t}q^{B(m)} - {}^{t+\Delta t}(\rho c)^{(m)}\mathbf{H}^{(m)t+\Delta t}\dot{\boldsymbol{\theta}})\mathrm{d}V^{(m)} \tag{7.31}$$

其中, $^{t+\Delta t}q^{B(m)}$ 不再包括材料吸热率. 因此对线性分析, 瞬态条件下有限元热流率平衡方程为

$$\mathbf{C}^{t+\Delta t}\dot{\boldsymbol{\theta}} + (\mathbf{K}^k + \mathbf{K}^c)^{t+\Delta t}\boldsymbol{\theta} = {}^{t+\Delta t}\mathbf{Q} + {}^{t+\Delta t}\mathbf{Q}^e \tag{7.32}$$

对非线性分析 (采用完全 Newton-Raphson 迭代, 但不对热容影响线性化, 见第 9.6 节)

$$\begin{aligned}&{}^{t+\Delta t}\mathbf{C}^{(i)t+\Delta t}\dot{\boldsymbol{\theta}}^{(i)} + (^{t+\Delta t}\mathbf{K}^{k(i-1)} + {}^{t+\Delta t}\mathbf{K}^{c(i-1)} + {}^{t+\Delta t}\mathbf{K}^{r(i-1)})\Delta\boldsymbol{\theta}^{(i)}\\ &= {}^{t+\Delta t}\mathbf{Q} + {}^{t+\Delta t}\mathbf{Q}^{c(i-1)} + {}^{t+\Delta t}\mathbf{Q}^{r(i-1)} - {}^{t+\Delta t}\mathbf{Q}^{k(i-1)}\end{aligned} \tag{7.33}$$

其中, $\mathbf{C}$、$^{t+\Delta t}\mathbf{C}^{(i)}$ 是热容矩阵

$$\begin{aligned}\mathbf{C} &= \sum_m \int_{V^{(m)}} \mathbf{H}^{(m)\mathrm{T}}\rho c^{(m)}\mathbf{H}^{(m)}\mathrm{d}V^{(m)}\\ {}^{t+\Delta t}\mathbf{C}^{(i)} &= \sum_m \int_{V^{(m)}} \mathbf{H}^{(m)\mathrm{T}}\,{}^{t+\Delta t}(\rho c)^{(m)(i)}\mathbf{H}^{(m)}\mathrm{d}V^{(m)}\end{aligned} \tag{7.34}$$

[656] 式 (7.34) 中定义的矩阵是一致热容矩阵, 因为同样的单元插值方法应用于温度及温度的时间导数. 按照位移分析中的概念, 也可以使用集中热容矩阵和集中热流率输入向量, 利用适当的有效面积, 把热容和热流率输入集中到单元节点计算 (见第 4.2.4 节).

另一方面, 使用 Euler 前向显式时间积分, 通过时刻 t 的热流率平衡方程求解时刻 $t+\Delta t$ 的未知温度. 在时刻 t, 将温度、温度梯度及温度对时间的导数的有限元插值矩阵代入式 (7.7), 分别在线性和非线性分析中得到

$$\mathbf{C}^t\dot{\boldsymbol{\theta}} = {}^t\mathbf{Q} + {}^t\mathbf{Q}^c - {}^t\mathbf{Q}^k \tag{7.35}$$

$$^t\mathbf{C}^t\dot{\boldsymbol{\theta}} = {}^t\mathbf{Q} + {}^t\mathbf{Q}^c + {}^t\mathbf{Q}^r - {}^t\mathbf{Q}^k \tag{7.36}$$

其中, 式 (7.35) 和式 (7.36) 等号右边的节点热流率输入向量在表 7.2 中定义 (但未使用上标 $i-1$, 用 t 替代 $t+\Delta t$), 只在使用集中热容矩阵时, 显式时间积分求解才有效.

最后, 在上述方程中我们均未考虑相变和潜热生热率, 以及物体之间的热辐射. 我们将在下例中考虑这些影响, 并进行简要说明. 我们将在第 9.6 节讨论作为时间函数的控制方程的解.

例 7.5: 考虑如图 E7.2 所示的平板, 假设其初始温度为 θ_i, 小于相变温度 θ_{ph}. 当平板受热使温度跨越 θ_{ph}, 而产生相变. 假设平板由单一材料构成, 单位质量潜热为 l, 常质量密度为 ρ, 比热容为 c. 我们下面将说明如何在平板的瞬态分析中计入潜热的影响.

求解这类问题时, 下面的边界条件在相变界面处应满足

$$\left.\begin{aligned}\theta &= \theta_{\mathrm{ph}} \\ \Delta q^S \mathrm{d}S &= -\rho l \frac{\mathrm{d}V}{\mathrm{d}t}\end{aligned}\right\} \quad \text{在 } S_{\mathrm{ph}} \text{ 上} \tag{a}$$

其中, $\mathrm{d}V/\mathrm{d}t$ 是在 S_{ph} 上当前相变的体积率. 式 (a) 说明隔离两相的交界处, 吸热率与材料相变的体积率成正比.

在本例中需要进行瞬态分析, 采用简单的 3 节点单元模型和集中热容矩阵 (单位截面积), 有

$$\mathbf{C} = \begin{bmatrix} \rho c\dfrac{L}{4} & & \\ & \rho c\dfrac{L}{2} & \\ & & \rho c\dfrac{L}{4} \end{bmatrix} \tag{b}$$

也可以采用 Euler 后向时间积分法 (见第 9.6 节), 常时间步长 Δt, 其中 [657]

$$^{t+\Delta t}\dot{\boldsymbol{\theta}}^{(i)} = \frac{^{t+\Delta t}\boldsymbol{\theta}^{(i)} - {}^{t}\boldsymbol{\theta}}{\Delta t} = \frac{\boldsymbol{\theta}^{(i)}}{\Delta t} \tag{c}$$

采用给定初始条件的式 (b) 和式 (c) 及例 7.4 中定义的矩阵, 不考虑潜热影响, 可以直接进行瞬态分析.

但是, 为了在式 (a) 引入边界条件, 我们要计算每个节点的 "潜热贡献", 得到向量 $\mathbf{H}_l$

$$\mathbf{H}_l^{\mathrm{T}} = \begin{bmatrix} \rho l\dfrac{L}{4} & \rho l\dfrac{L}{2} & \rho l\dfrac{L}{4} \end{bmatrix} \tag{d}$$

定义 $H_{l,\mathrm{total},k}$ 为节点 k 处 $\mathbf{H}_l$ 的元素. 考虑潜热影响的瞬态分析如下:

只要逐步计算的 $^{t+\Delta t}\theta_k^{(i)}$ 小于 θ_{ph} 时, 不必考虑潜热影响解.

考虑当新的时间步 $^{t}\theta_k + \Delta\theta_k^{(1)} = {}^{t+\Delta t}\theta_k^{(1)} \geqslant \theta_{\mathrm{ph}}$ 开始时, 为潜热做如下调整, 节点温度的投影 (不可接受的) 增量 $\Delta\theta_k^{(i)} > 0$. 则跨越引起相变的第一步, 我们计算

$$\begin{aligned}\widetilde{\theta}_k &= \theta_{\mathrm{ph}} - {}^{t}\theta_k \\ \Delta Q_{l,k}^{(1)} &= \int_{V_k} \frac{1}{\Delta t}\rho c(\Delta\theta_k^{(1)} - \widetilde{\theta}_k)\mathrm{d}V \\ \Delta Q_{l,k}^{(i)} &= \int_{V_k} \frac{1}{\Delta t}\rho c\Delta\theta_k^{(i)}\mathrm{d}V; \quad i = 2, 3, \cdots\end{aligned} \tag{e}$$

对随后的所有时步和跨相变的迭代

$$\Delta Q_{l,k}^{(i)} = \int_{V_k} \frac{1}{\Delta t}\rho c \Delta\theta_k^{(i)} \mathrm{dV};\quad i = 1,2,3,\cdots$$

其中, 与有限元节点 k 有关的体积 V_k 上进行体积积分, 直到

$$\sum_{\substack{\text{steps,}\\ \text{iterations}}} \Delta Q_{l,k}^{(i)} \Delta t = H_{l,\text{total},k} \tag{f}$$

在最后一步迭代, 只有 $\Delta Q_{l,k}^{(i)}\Delta t$ 值的部分被用来得到 $H_{l,\text{total},k}$.

上述步骤是基于以下条件, 只要 $\Delta Q_{l,k}^{(i)}$ 值适用, 节点 k 处的温度增量采用式 (e) 中的 $\widetilde{\theta}_k$ 定义, 而不是通常使用所有 $\Delta\theta_k^{(i)}$ 的和. 只有当条件式 (f) 满足后, 才能如通常那样把温度增量加到当前的温度上. 因此, 节点温度增量实际上受限于相变温度 θ_{ph}, 直到 $H_{l,\text{total},k}$ 被应用到节点上为止. 类似的概念可以应用于冷却过程中的相变及非纯净的物质 (这种情况下温度在相变时不是恒定的). W. D. Rolph III 和K. J. Bathe [A] 给出了更多的关于此方法的细节.

[658] **例 7.6**: 如图 E7.6 所示考虑两块平板, 相互之间有热辐射, 假设为灰体表面漫辐射, 构建两个平板之间热量流动问题的方程.

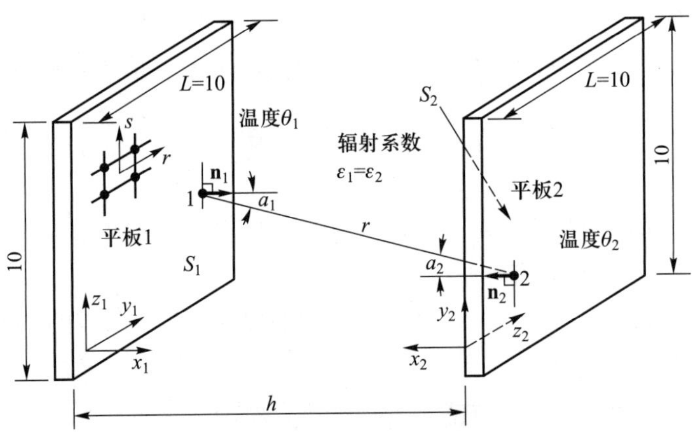

图 E7.6 相互之间有热辐射的两块平板

在本例中, 我们假设已知两个平板的温度. 当然在实际分析中需要计算平板表面的温度. 为了计算由于热辐射而引起的两个平板之间的热流率, 我们引入了温度之外的变量, 即辐射度. 两个辐射面 (分别称为辐射面 1 和辐射面 2) 的辐射度方程是基于 Lambert 余弦定律的 (见 E. M. Sparrow 和 R. D. Cess [A]).

$$R_1(y_1,z_1) = \varepsilon_1\sigma\theta_1^4(y_1,z_1) + \rho_1 \iint_{S_2} R_2(y_2,z_2)\frac{\cos\alpha_1(y_1,z_1)\cos\alpha_2(y_2,z_2)}{\pi r^2(y_1,z_1,y_2,z_2)}\mathrm{d}y_2\mathrm{d}z_2 \tag{a}$$

$$R_2(y_2,z_2)=\varepsilon_2\sigma\theta_2^4(y_2,z_2)+\rho_2\iint_{S_1}R_1(y_1,z_1)\frac{\cos\alpha_1(y_1,z_1)\cos\alpha_2(y_2,z_2)}{\pi r^2(y_1,z_1,y_2,z_2)}\mathrm{d}y_1\mathrm{d}z_1 \tag{b}$$

其中, ε_1 和 ε_2 为两个辐射面的辐射系数, σ 为 Stefan-Boltzman 常数, ρ_1 和 ρ_2 是反射率 (对于灰体漫辐射 $\rho_1=1-\varepsilon_1$, $\rho_2=1-\varepsilon_2$), α_1、α_2 是考虑两点间辐射射线与法向的夹角. 射线段的长度为 r. 若已知板面的辐射度, 从面 i 上辐射的点 (y_i,z_i) 的热通量为

$$q_i(y_i,z_i)=\frac{\varepsilon_i}{\rho_i}(\sigma\theta_i^4-R_i)|_{y_i,z_i} \tag{c}$$

对辐射度的有限元解, 我们采用 Galerkin 法, 式 (a) 的权重 ∂R_1, 式 (b) 的权重 ∂R_2 (见式 (3.14)). 采用通常的方法离散两个表面, 例如, 对于表面 1 采用 4 节点单元, 则每个单元 [659]

$$y_1=\sum_{k=1}^{4}h_k(r,s)y_1^k$$

$$z_1=\sum_{k=1}^{4}h_k(r,s)z_1^k$$

$$R_1=\sum_{k=1}^{4}h_k(r,s)R_1^k$$

其中, R_1^k 是表面 1 上未知单元节点辐射度.

按有限元展开的 Galerkin 法给出方程

$$\mathbf{K}_R\mathbf{R}=\mathbf{Q}^\varepsilon \tag{d}$$

其中, 向量 $\mathbf{R}$ 包含 (两个表面) 所有节点辐射度变量, $\mathbf{Q}^\varepsilon$ 是对应辐射到表面能量 $(\varepsilon_1/\rho_1)\sigma\theta_1^4$ 和 $(\varepsilon_2/\rho_2)\sigma\theta_2^4$ 的载荷向量. 由式 (d) 算出表面的辐射度, 再由式 (c) 计算传到表面的热流率. 注意, 在 $\mathbf{K}_R$ 中元素的计算是通过数值积分完成, 其中包括 $(\cos\alpha_1\cos\alpha_2)/\pi r^2$ 项的计算.

实际分析时, 该方法也可包含一般曲面或者障碍物, 在这种情况下, 要测试检查两个不同面 (如积分点的贡献面) 能否 "看见彼此". 当然, 正如我们已经指出的, 实际中, 辐射面温度是未知的, 也需要计算.

7.2.4 习题

7.1 考虑如图 Ex.7.1 所示正方形立柱, 假设为平面热流率条件 (xy 平面), 满足式 (7.7) 虚温度原理. 试依据虚温度原理, 推导柱体内及其表面的热流率的基本微分方程.

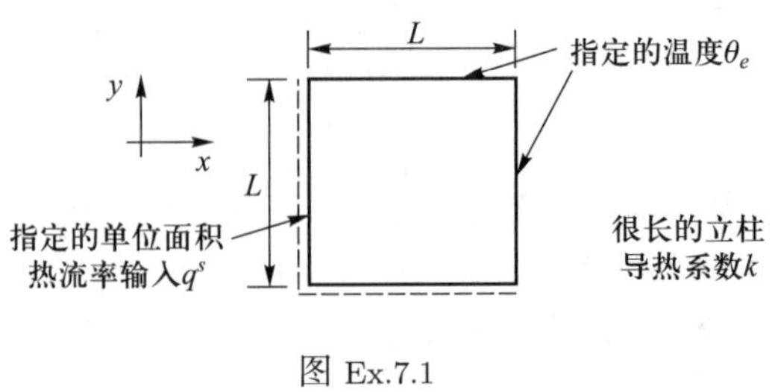

图 Ex.7.1

7.2　考虑例 7.2, 建立在 $t+\Delta t$ 状态、迭代 $i-1$ 次虚温度原理的实际线性化方程. 提示: 例 7.2 给出了热传导项的实际线性化方程.

[660]　7.3　假设如图 Ex.7.3 所示平板, 满足稳态条件, 用完全 Newton-Raphson 迭代法分析. 根据对应表 7.1 中的一般方程建立虚温度原理的增量方程, 并确定其他需要增加的项, 从而在完全 Newton-Raphson 解中实现完全线性化.

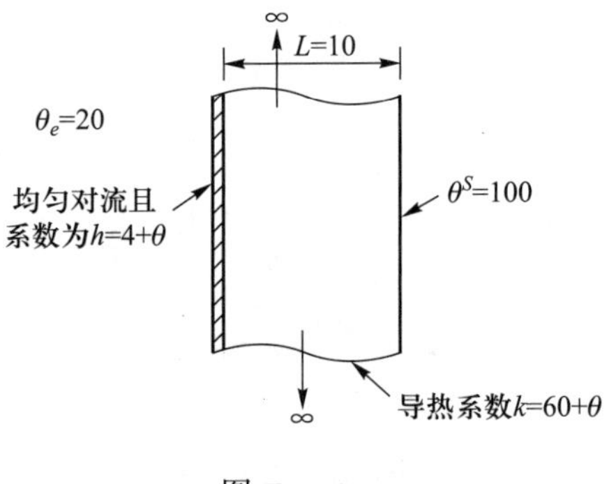

图 Ex.7.3

7.4　用如图 Ex.7.4 所示的 4 节点等参单元分析线性瞬态传热过程. 建立所有需要的表达式和矩阵, 以计算热容矩阵、导热系数矩阵、对流矩阵、热流率载荷向量, 不进行任何积分运算.

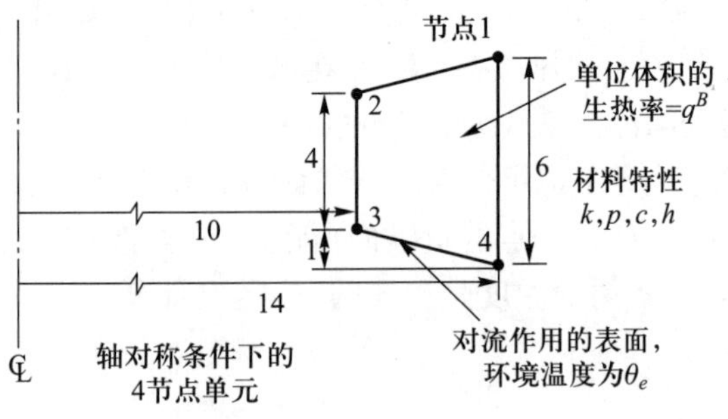

图 Ex.7.4

7.5　考虑采用如图 Ex.7.5 所示 9 节点等参单元进行传热分析, 计算对应 θ_1 的导热系数矩阵元素 $K(1,1)$ 和热容矩阵元素 $C(1,1)$.

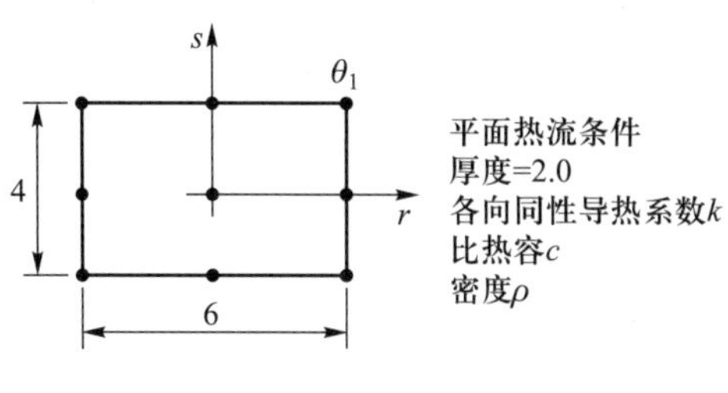

图 Ex.7.5

7.6 考虑例 7.4, 如图 E7.2 所示, 计算考虑辐射影响的所有附加矩阵. [661]

7.7 使用计算机软件求解如图 Ex.7.7 所示正方形立柱的稳态温度和热流率分布①, 验证已得到的是精确解. 提示: 可以用热流率等值带表示误差, 见第 4.3.6 节.

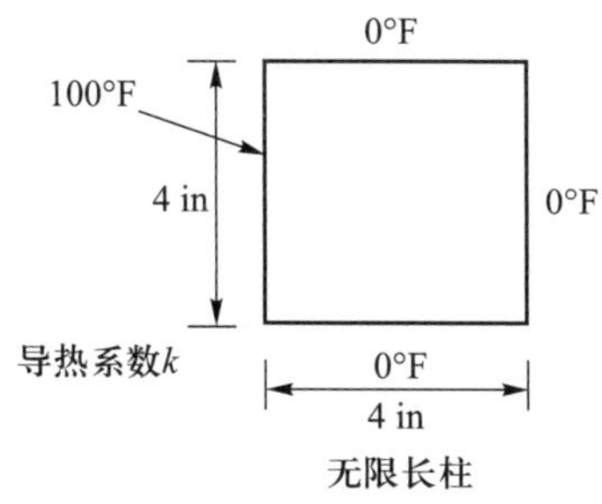

图 Ex.7.7

7.8 使用计算机程序计算如图 Ex.7.8 所示半无限大板状流体的固化②(见例 7.5, 采用一维模型).

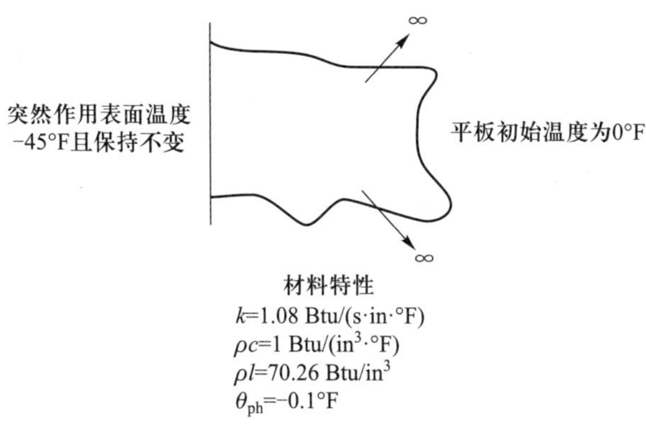

图 Ex.7.8

① 1 °F=$\frac{5}{9}$ K, 1 in=25.4 mm. —— 译者注

② 1 Btu/(s · in ·°F) = 74 717.74 W/(m · K), 1 Btu = 1 055.056 J, 1 in^3 = 16.387 064 cm^3. —— 译者注

7.3 场问题分析

第 7.2 节中我们采用有限元方法得到的传热控制方程, 可直接适用于一些场问题. 表 7.3 总结了这种类似性. 因此在实际应用中若有限元程序可以用于传热分析, 则也可以直接应用于一些其他分析中, 只需对合适的场变量进行处理. 我们将在下面详细讨论几个场问题.

[662] **表 7.3** 场分析中的类似性

问题	变量 θ	常数 k_x, k_y, k_z	输入 q^B	输入 q^S
传热	温度	导热系数	内部生热率	指定的热流率
渗流	总水头	渗透系数	内部生成流量	指定的流量
扭转	应力函数	(剪切模量)$^{-1}$	2×(扭转角)	—
无黏性不可压缩无旋流	位势函数	1	源或汇	指定的速度
电传导	电压	导电系数	内部电流源	指定的电流
静电场分析	场位势	介电系数	电荷密度	指定的场

7.3.1 渗流

只要考虑的是受限流动状态, 第 7.2.1 节所讨论的方程都可以直接适用于渗流分析. 在这种情况下, 已知所有的边界表面和边界条件. 要求解未受限流动状态, 应计算自由面的位置. 为此, 需要采用特殊的求解方法 (见 C. S. Desai [A], K. J. Bathe 和 M. R. Khoshgoftaar [B]).

在渗流分析中最基本的定律就是 Darcy 定律, 即给出按总位势的梯度来描述通过多孔介质的流动 (见 A. Verruijt [A]).

$$q_x = -k_x \frac{\partial \varphi}{\partial x}; \quad q_y = -k_y \frac{\partial \varphi}{\partial y}; \quad q_z = -k_z \frac{\partial \varphi}{\partial z} \tag{7.37}$$

由流动连续性条件得到方程

$$\frac{\partial}{\partial x}\left(k_x \frac{\partial \varphi}{\partial x}\right) + \frac{\partial}{\partial y}\left(k_y \frac{\partial \varphi}{\partial y}\right) + \frac{\partial}{\partial z}\left(k_z \frac{\partial \varphi}{\partial z}\right) = -q^B \tag{7.38}$$

其中, k_x、k_y 和 k_z 是介质的渗透系数, q^B 是单位体积产生的流量. 边界条件是在面 S_φ 上的指定总位势 φ

$$\varphi|_{S_\varphi} = \varphi^S \tag{7.39}$$

以及沿面 S_q 指定的流量条件

$$k_n \frac{\partial \varphi}{\partial n}\bigg|_{S_q} = q^S \tag{7.40}$$

其中, n 表示面上单位法向量方向 (向外) 的坐标轴. 在式 (7.38) 至式 (7.40) 中, 采用与式 (7.1) 至式 (7.3) 中一致的符号. 对比上述方程组, 可看出第 7.2 节中的传热条件和这里的渗流条件完全类似. 图 7.2 介绍了渗流问题的有限元分析. [663]

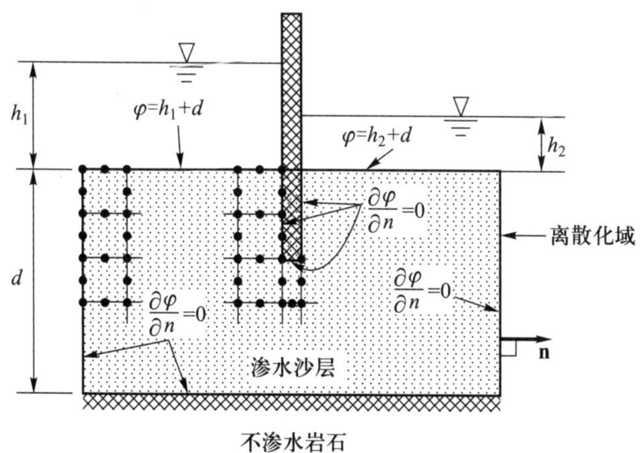

图 7.2　坝下渗流状态的分析

7.3.2　不可压缩无黏性流体

考虑二维无旋流动状态下的不可压缩流体. 在这种情况下, 旋度为零, 所以 (如见 F. M. White [A])

$$\frac{\partial v_x}{\partial y}-\frac{\partial v_y}{\partial x}=0 \tag{7.41}$$

其中, v_x 和 v_y 分别是流体在 x 和 y 方向的流速, 连续性条件如下

$$\frac{\partial v_x}{\partial x}+\frac{\partial v_y}{\partial y}=0 \tag{7.42}$$

为求解式 (7.41) 和式 (7.42), 定义位势函数 $\varphi(x,y)$, 使得

$$v_x=\frac{\partial\varphi}{\partial x};\quad v_y=\frac{\partial\varphi}{\partial y} \tag{7.43}$$

则式 (7.41) 显然成立, 式 (7.42) 化简为

$$\frac{\partial^2\varphi}{\partial x^2}+\frac{\partial^2\varphi}{\partial y^2}=0 \tag{7.44}$$

使用式 (7.43) 和式 (7.45), 施加所有边界法向速度 v_n^s

$$\left.\frac{\partial\varphi}{\partial n}\right|_S=v_n^S \tag{7.45}$$

其中, $\partial\varphi/\partial n$ 表示 φ 沿边界上单位法向 (向外) 上的导数. 另外, 需要在任意
[664] 点上指定任意值 φ, 因为式 (7.44) 和式 (7.45) 的解只有在 φ 的一个值固定后才能确定.

在边界条件下式 (7.44) 的解与传热问题的解类似. 只要算出位势函数 φ 的值, 我们就可以利用 Bernoulli 方程计算流体中的压力分布. 图 7.3 描述了河道中流体绕过小岛的有限元分析. v_p 是指定的流速. 注意, 在边界 AA' 流入条件要求施加负梯度的 φ, 而在边界 BB' 指定正梯度. (使用传热程序, 对向右流动, 边界条件在 AA' 上是 $q^s = v_p$, 在 BB' 上是 $q^s = -v_p$, 因为流量正比于位势函数的负梯度.)

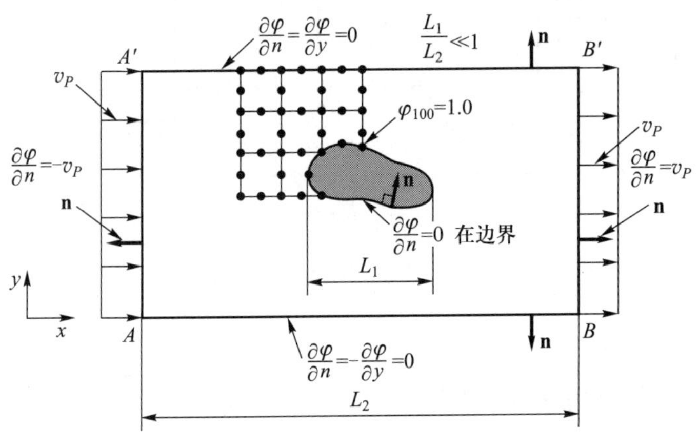

图 7.3　河道中的小岛绕流分析

7.3.3　扭转

引入应力函数 φ, 轴的弹性扭转特性可以用下面的控制方程表示 (如见 Y. C. Fung [A])

$$\frac{\partial^2\varphi}{\partial x^2}+\frac{\partial^2\varphi}{\partial y^2}+2G\theta=0 \tag{7.46}$$

其中, θ 是单位长度的扭转角, G 是轴材料的剪切模量. 任意点的剪切应力的分量可以通过式 (7.47) 计算

$$\tau_{zx}=\frac{\partial\varphi}{\partial y};\quad \tau_{zy}=-\frac{\partial\varphi}{\partial x} \tag{7.47}$$

通过式 (7.48) 给出作用扭矩

$$T=2\int_A \varphi \mathrm{d}A \tag{7.48}$$

[665] 其中, A 是轴的横截面积. φ 的边界条件是在轴的边界上 φ 值为零. 因此, 只要使用合适的场变量, 式 (7.1) 和式 (7.2) 中的传热方程就可以描述轴的扭转特性.

例 7.7: 如图 E7.7 所示, 用两个不同的有限元网格, 计算方轴的扭转刚度.

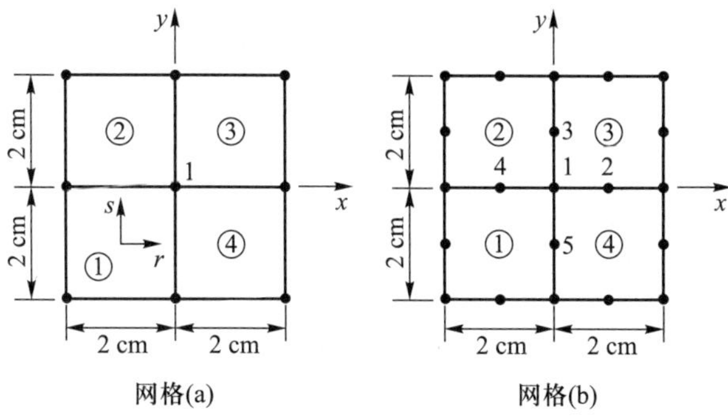

图 E7.7　用于计算方轴扭转刚度的有限元网格

利用扭矩问题和传热问题的相似性, 以及第 7.2.3 节中介绍的有限元控制方程, 有求解方程

$$\left[\sum_m \int_{V^{(m)}} \mathbf{B}^{(m)\mathrm{T}} \mathbf{k}^{*(m)} \mathbf{B}^{(m)} \mathrm{d}V^{(m)}\right] \boldsymbol{\varphi} = \sum_m \int_{V^{(m)}} \mathbf{H}^{(m)\mathrm{T}} \theta \mathrm{d}V^{(m)} \tag{a}$$

其中,

$$\varphi^{(m)} = \mathbf{H}^{(m)} \boldsymbol{\varphi}$$

$$\boldsymbol{\varphi}^{\mathrm{T}} = [\varphi_1 \ \ \varphi_2 \ \ \cdots \ \ \varphi_n]$$

$$\mathbf{k}^{*(m)} = \begin{bmatrix} \dfrac{1}{2G} & 0 \\ 0 & \dfrac{1}{2G} \end{bmatrix}$$

$$\boldsymbol{\varphi}'^{(m)} = \begin{bmatrix} -\tau_{zy} \\ \tau_{zx} \end{bmatrix} = \mathbf{B}^{(m)} \boldsymbol{\varphi}$$

和

$$T = \sum_m \int_{A^{(m)}} 2\varphi^{(m)} \mathrm{d}A^{(m)} \tag{b}$$

由于对称条件, 在分析时对这两种情况只需考虑一个单元. 对单元 1 使用网格 (a), 有

$$\varphi = \frac{1}{4}(1+r)(1+s)\varphi_1$$

和 [666]

$$\begin{bmatrix} \dfrac{\partial \varphi}{\partial r} \\ \dfrac{\partial \varphi}{\partial s} \end{bmatrix} = \frac{1}{4} \begin{bmatrix} (1+s) \\ (1+r) \end{bmatrix} \varphi_1$$

因此, 方程 (a) 可以化为 (考虑单元长度的轴)

$$\left\{4\int_{-1}^{+1}\int_{-1}^{+1}\frac{1}{4}[(1+s)\quad(1+r)]\frac{1}{2G}\frac{1}{4}\begin{bmatrix}(1+s)\\(1+r)\end{bmatrix}\det\mathbf{J}\mathrm{d}r\mathrm{d}s\right\}\varphi_1$$

$$=4\theta\int_{-1}^{+1}\int_{-1}^{+1}\frac{1}{4}(1+r)(1+s)\det\mathbf{J}\mathrm{d}r\mathrm{d}s;\quad \det\mathbf{J}=1$$

或

$$\frac{1}{3G}\varphi_1=\theta$$

因此

$$\varphi_1=3G\theta$$

由式 (b), 得

$$T=4\int_{-1}^{+1}\int_{-1}^{+1}\frac{1}{2}(1+r)(1+s)(3G\theta)\mathrm{d}r\mathrm{d}s=24G\theta$$

所以

$$\frac{T}{\theta}=24G$$

下面考虑网格 (b), 我们已知 φ 的值在边界上为零, 对于单元 1, 有 $\varphi_4=\varphi_5$. 所以, 我们只需要计算两个未知量 φ_1 和 φ_4. 图 5.5 给出了 8 节点单元的插值函数. 采用与网格 (a) 相同的方法, 得

$$\varphi_1=2.157G\theta$$

$$\varphi_4=1.921G\theta$$

$$T=35.2G\theta$$

所以

$$\frac{T}{\theta}=35.2G$$

对 T/θ, 式 (7.46) 的精确解为 $36.1G$. 因此, 网格 (a) 的分析结果误差为 33.5%, 而网格 (b) 的结果误差为 2.5%.[①]

7.3.4 声流体

考虑无黏性的等熵流体, 流体质点运动位移很小. 忽略体力的作用影响, 流体响应的控制方程为动量方程 (见 F. M. White [A]).

$$\rho\dot{\mathbf{v}}+\nabla p=\mathbf{0} \tag{7.49}$$

① 注意, 该有限元分析低估了应力函数值 (对施加的扭转角 θ), 得到扭转刚度的下界, 而使用第 4 章的方法, 位移和应力分析将得到 T/θ 的上界 (只要满足第 4.3.2 节的单调收敛要求).

和本构方程 [667]

$$\beta \nabla \cdot \mathbf{v} + \dot{p} = 0 \tag{7.50}$$

其中, $\mathbf{v}$ 是流体质点的速度, p 是压强, β 是体积模量. 边界条件如下.

在边界 S_v 上, 流体边界的单位法向量 $\mathbf{n}$ 方向上的指定的速度 v_n^S:

$$\mathbf{v} \cdot \mathbf{n}\big|_{S_v} = v_n^S \tag{7.51}$$

在边界 S_f 上, 指定的压力 p^S:

$$p\big|_{S_f} = p^S \tag{7.52}$$

为了方便求解流体的运动情况, 引入速度位势 φ

$$\mathbf{v} = \nabla \varphi; \quad p = -\rho \dot{\varphi} \tag{7.53}$$

这样定义后, 式 (7.49) 同样成立 (忽略式 (7.49) 中的密度变化), 式 (7.50) 变成声波方程

$$\nabla^2 \varphi = \frac{1}{c^2} \ddot{\varphi} \tag{7.54}$$

其中, 声速 $c = \sqrt{\beta / \rho}$. 现在边界条件为

$$\left.\frac{\partial \varphi}{\partial n}\right|_{S_v} = v_n^S \tag{7.55}$$

和

$$-\rho \dot{\varphi}\big|_{S_f} = p^S \tag{7.56}$$

对比式 (7.54) 至式 (7.56) 控制方程与传热控制方程, 两者存在很大的类似性. 但在流体分析中, 解变量是二阶时间导数而不是传热分析中的一阶时间导数. 例如, 在用传热程序计算声场的频率时, 所求频率为计算频率的平方根. 我们将在下例中说明这个事实.

例 7.8: 考虑如图 E7.8 所示的封闭刚性容器内的声流体. 采用 8 节点单元, 2×2 的网格, 建模流体并计算流体振动的最低频率.

由流体控制方程 (7.54) 和边界条件式 (7.55), 通过模拟虚温度原理的推导过程 (例 7.1), 得出适当的变分方程为

$$\int_V \delta\varphi \frac{1}{c^2} \ddot{\varphi} \mathrm{d}V + \int_V (\nabla \delta\varphi) \cdot (\nabla \varphi) \mathrm{d}V = 0 \tag{a}$$

把有限元插值代入式 (a), 得

$$\mathbf{M}\ddot{\boldsymbol{\varphi}} + \mathbf{K}\boldsymbol{\varphi} = \mathbf{0} \tag{b}$$

[668]

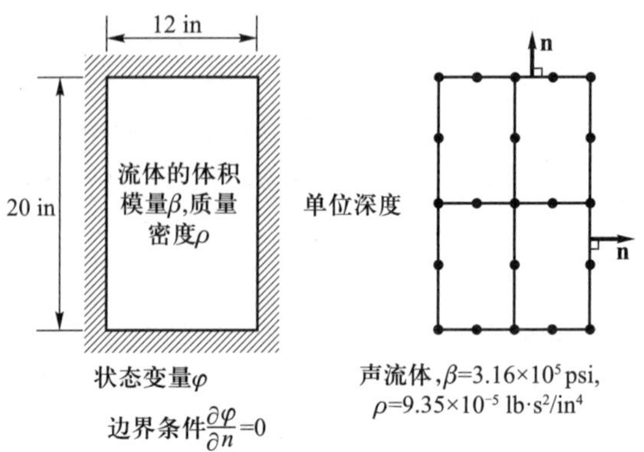

图 E7.8　刚性容器内流体问题与有限元离散化①

其中, $\mathbf{M}\ddot{\boldsymbol{\varphi}}$ 对应应变能, $\mathbf{K}\boldsymbol{\varphi}$ 对应动能. 相应的特征值问题为

$$\mathbf{K}\boldsymbol{\varphi} = \omega^2\mathbf{M}\boldsymbol{\varphi} \tag{c}$$

矩阵 **K** 和 **M** 的计算类似传热分析 (热传导矩阵 **K** (所有方向上的材料的单位导热系数) 对应式 (b) 中的矩阵 **K**, 热容矩阵 **C** (用声场中的 $1/c^2$ 代替传热中的 ρc) 对应式 (b) 中的矩阵 **M**).

问题式 (c) 可以直接由传热分析程序求解, 该程序可以计算问题 $\mathbf{K}\boldsymbol{\theta} = \lambda\mathbf{C}\boldsymbol{\theta}$ 的特征值 (见第 9.6 节). 对于采用 8 节点单元, 2×2 的网格, 特征值为 $\lambda_1 = 0$, $\lambda_2 = (9\ 166)^2$, $\lambda_3 = (15\ 277)^2$. 因此, 问题式 (c) 计算出的最小非零频率为 $\omega_2 = 9\ 166$. 应注意当频率为零时, φ 是常数. 该问题的解析解频率为 $\omega_2 = 9\ 132$.

式 (7.54) 至式 (7.56) 可以用于构造有限单元格式、模拟声流体与结构的相互作用 (见 G. C. Everstine [A], L. G. Olson 和 K. J. Bathe [A] 以及例 7.9). 另外, 分析方法也已推广到流体质点大位移运动 (见 C. Nitikitpaboon 和 K. J. Bathe [B]).

例 7.9: 考虑如图 E7.9 所示模型并求解问题. 计算流固耦合问题的矩阵及其振动的最小频率.

该问题的分析需要耦合流体的响应与弹簧的响应.

对于活塞/弹簧的虚功原理

$$\overline{u}m\ddot{u} + \overline{u}ku = \overline{u}f^F + \overline{u}R(t) \tag{a}$$

[669] 其中, f^F 对应流体作用在活塞/弹簧上的力.

流体的 "虚位势原理" 是

$$\int_{V_f} \overline{\varphi}\frac{1}{c^2}\ddot{\varphi}\mathrm{d}V_f + \int_{V_f} (\nabla\overline{\varphi})\cdot(\nabla\varphi)\mathrm{d}V_f = \int_I \overline{\varphi}^I \dot{u}_n \mathrm{d}I \tag{b}$$

① 1 1b · s²/in⁴=1.068 689 610 254 167e+7 Ns²/m⁴. —— 译者注

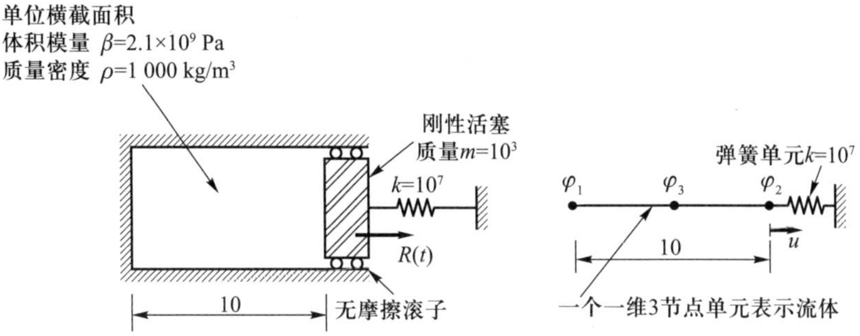

图 E7.9　具有活塞的腔体中声流体

其中, I 代表 (流体端) 流固界面, $\dot{u}_n$ 是界面 (活塞端) 的速度. 注意到式 (b) 由式 (7.54) 导出, 这点我们在例 7.1 提过 (对虚温度原理). 另外, 有 $\partial\varphi/\partial n|_I = \dot{u}_n$, n 是指流体区域的单位法向量的方向 (指向域外).

现用 3 节点单元表示流体区域, 使用第 5 章的推导 (特别是第 5.3 节), 对应于式 (b), 有

$$\mathbf{M}_F\ddot{\boldsymbol{\varphi}} + \mathbf{K}_F\boldsymbol{\varphi} = \mathbf{R}_{\dot{u}}$$

其中, $\mathbf{M}_F$、$\mathbf{K}_F$ 和 $\mathbf{R}_{\dot{u}}$ 定义如下

$$\frac{1}{c^2}\begin{bmatrix} \frac{4}{3} & -\frac{1}{3} & \frac{2}{3} \\ & \frac{4}{3} & \frac{2}{3} \\ \text{对称} & & \frac{16}{3} \end{bmatrix}\begin{bmatrix} \ddot{\varphi}_1 \\ \ddot{\varphi}_2 \\ \ddot{\varphi}_3 \end{bmatrix} + \begin{bmatrix} \frac{7}{30} & \frac{1}{30} & \frac{-8}{30} \\ & \frac{7}{30} & \frac{-8}{30} \\ \text{对称} & & \frac{16}{30} \end{bmatrix}\begin{bmatrix} \varphi_1 \\ \varphi_2 \\ \varphi_3 \end{bmatrix} = \begin{bmatrix} 0 \\ \dot{u}_n \\ 0 \end{bmatrix} \tag{c}$$

通过注意式 (c) 中的 $\dot{u}_n$ 等于式 (a) 中位移 u 对时间的导数, 式 (a) 中的 f^F 是流体中的压力, 把式 (a) 和式 (c) 耦合起来, 有

$$f^F = -\rho_F\dot{\varphi}|_I = -\rho_F\dot{\varphi}_2$$

其中腔体有单位横截面积.

流固耦合方程为

$$\begin{bmatrix} m & 0 & 0 & 0 \\ 0 & & & \\ 0 & & -\rho_F\ \mathbf{M}_F & \\ 0 & & & \end{bmatrix}\begin{bmatrix} \ddot{u} \\ \ddot{\varphi}_1 \\ \ddot{\varphi}_2 \\ \ddot{\varphi}_3 \end{bmatrix} + \begin{bmatrix} 0 & 0 & \rho_F & 0 \\ 0 & 0 & 0 & 0 \\ \rho_F & 0 & 0 & 0 \\ 0 & 0 & 0 & 0 \end{bmatrix}\begin{bmatrix} \dot{u} \\ \dot{\varphi}_1 \\ \dot{\varphi}_2 \\ \dot{\varphi}_3 \end{bmatrix} + \begin{bmatrix} k & 0 & 0 & 0 \\ 0 & & & \\ 0 & & -\rho_F\ \mathbf{K}_F & \\ 0 & & & \end{bmatrix}\begin{bmatrix} u \\ \varphi_1 \\ \varphi_2 \\ \varphi_3 \end{bmatrix} = \begin{bmatrix} R(t) \\ 0 \\ 0 \\ 0 \end{bmatrix} \tag{d}$$

[670] 注意为使式 (d) 可以得到对称的系数矩阵, 在式 (c) 两边同时乘以 $-\rho_F$. 此外, 也要注意到式 (d) 中节点变量的一阶时间导数的系数矩阵并不是一个阻尼矩阵, 而只是耦合了流体和结构的响应. 该问题中没有物理阻尼.

采用动态响应的时间积分, 例如梯形法, 可以得到本问题的解 (见第 9.2.4 节). 计算流固系统的自由振动的频率, 比较流体和固体各自单独自由振动的频率是有意义的, 结果见表 E7.9. 注意在流固系统, 因为流体的缘故, 结构振动 (最低频率) 出现在 112% 的高频上. 这个频率可以写成 $\omega_2 = \sqrt{(k+k')/(m+m')}$. 其中, k' 和 m' 是由于流体而造成的刚度增量和质量增量. 注意到 $\omega_1 = 0$ 对应刚体运动模式, 且 $u = 0$, $\varphi_1 = \varphi_2 = \varphi_3 =$ 常数.

表 E7.9 图 E7.9 中流固模型的频率

耦合系统	无流体的活塞	无活塞的流体, 开腔	平稳活塞的流体, $k=\infty$
$\omega_1 = 0$		0	0
$\omega_2 = 212$	$\omega = \sqrt{k/m} = 100$	229	502
$\omega_3 = 744$		822	1 122

关于这个方法的更多细节见 L. G. Olson 和 K. J. Bathe [A], 以及 C. Nitikitpaiboon 和 K. J. Bathe [B].

7.3.5 习题

7.9 采用计算机程序求解如图 Ex.7.9 所示的渗流问题.① 假设坝体很大, 并验证所得解的精确响应.

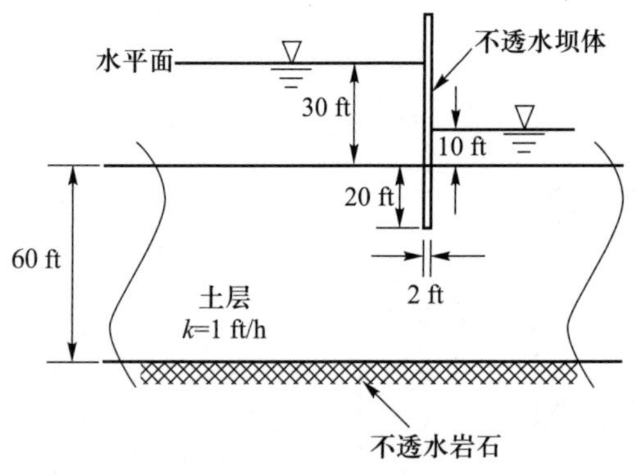

图 Ex.7.9

7.10 采用计算机程序求解如图 Ex.7.10 所示绕圆形物体流动的精确解, 假设流体为无黏性且为平面流动状态.

① 1 ft=0.304 8 m. —— 译者注

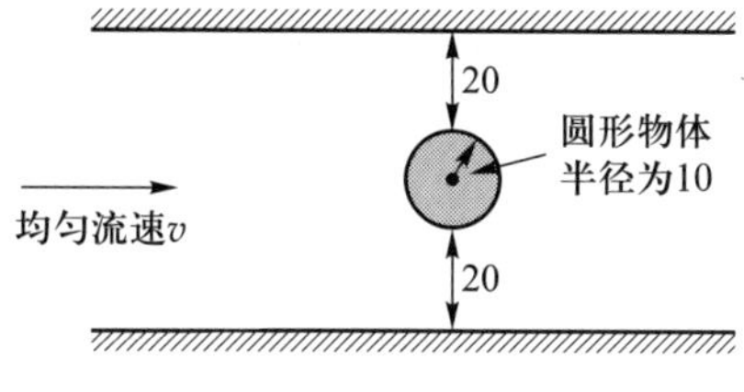

图 Ex.7.10

[671]

7.11　采用计算机程序计算例 7.7 中所考虑轴的扭转刚度.

7.12　计算如图 Ex.7.12 所示样本中的电压稳态分布. 这类问题的解可用于监测裂纹的扩展 (见 R. O. Ritchie 和 K. J. Bathe [A]).

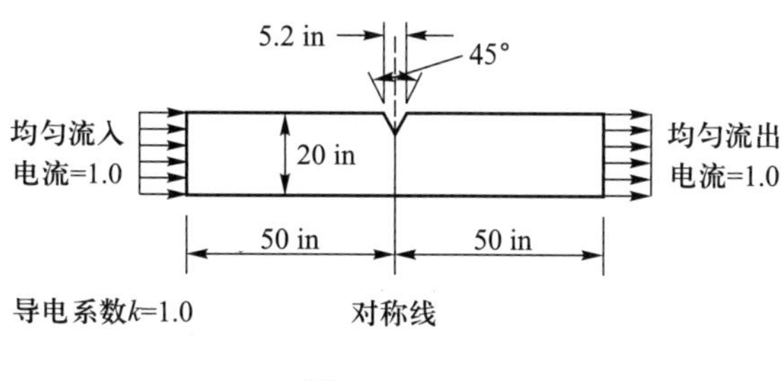

图 Ex.7.12

7.13　采用计算机程序计算例 7.9 中所考虑的流体–弹簧系统的三个最小频率. 分别采用粗大和精细两种网格离散化, 对比其结果.

7.14　采用计算机程序计算如图 Ex.7.14 所示腔体内水中圆柱体振荡的频率. 提示: 在第 7.3.4 节中 φ 公式是有效的.

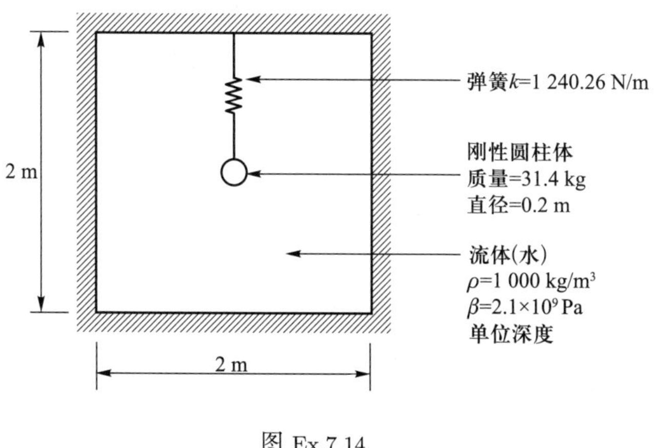

图 Ex.7.14

7.4 黏性不可压缩流体流动的分析

[672] 分析流体力学问题通常遵循的方法是, 对特定的流动、几何形状和边界条件建立微分控制方程, 然后采用有限差分法求解这些方程.

但是, 在过去的几十年间, 一般流体流动问题的有限元方法取得了很大进展, 现在也可以求解非常复杂的流体问题. 无黏性的和黏性的、可压缩的和不可压缩的, 有或没有传热的流体都可以进行分析, 还可以考虑流固耦合响应 (见 K. J. Bathe、H. Zhang 和 M. H. Wang [A]).

本节的目的是简要讨论如何将前面介绍的有限元方法也可以应用于流体流动问题的分析中, 并介绍在求解流体流动实际问题时需要的其他一些重要方法. 我们考虑在有或没有传热时不可压缩黏性流体流动的大应用领域. 适用于该领域的分析方法也可以直接应用于可压缩流体的求解, 尽管在分析可压缩流体时, 有其他的复杂分析现象 (特别是冲击阵面的计算) 需要解决.

为了明确在固体力学和流体力学中基本有限单元格式的相似点和不同点, 考虑表 7.4 给出的连续介质力学控制方程的总结. 在表中及后续的讨论中, 我们采用了第 6 章的指标表示法. 考虑黏性流体流动的动力学, 流体质点可以经历很大的运动, 作为一般性的描述, 采用 Euler 描述是比较有效的方法. Euler 描述的本质就是针对一个固定的控制体积上, 我们利用该体积来度量流体质点的平衡和质量连续性. 这意味着在 Euler 描述中, 需要单独的关系式用于表示质量守恒关系, 而在使用 Lagrange 描述时, 该关系体现在变形梯度的行列式中. 这进一步说明惯性力涉及对流项, 在数值计算时, 该对流项得到的非对称系数矩阵依赖于要计算的速度.

Euler 描述的一个优点在于可使用简单的应力和应变率度量, 即在无限小位移分析中使用的度量, 只是要计算速度而不是位移. 但是, 如果求解区域发生变化, 例如自由表面问题, 纯 Euler 描述需要创建新的控制体积, 这时使用任意的 Lagrange-Euler 描述更为有效, 这将在下面进行简要说明 (表 7.4).

在 Lagrange 描述中 (如第 6 章的讨论), 网格随 (网格黏结于) 质点移动. 因此, 同一质点总会在同样的单元网格点上 (在等参单元中由 r, s, t 坐标给出). 在有限元纯 Euler 描述中, 网格点是固定的, 质点通过有限单元网格运动, 其中流动条件控制运动方式. 在任意 Lagrange-Euler 描述中, 网格点并不一定随质点运动. 事实上, 网格的移动对应于问题的性质, 由解法确定. 当有限元网格在整个求解过程覆盖整个分析范围时, 其边界随自由面和结构 (固体) 边界的移动而移动, 流体质点相对于网格点移动. 这种方法可以模拟一般自由面及流体与固体的耦合作用 (如见 J. Donea、S. Giuliani 和 J. P. Halleux [A], A. Huerta 和 W. K. Liu [A], C. Nitikitpaiboon 和 K. J. Bathe [B], K. J. Bathe、H. Zhang 和 M. H. Wang [A], 以及 S. Rugonyi 和 K. J. Bathe [A]).

表 7.4 使用 Lagrange 和 Euler 描述的连续介质力学基本方程 [673]

Lagrange 描述	Euler 描述
几何表示 ${}^0x_3, {}^tx_3$；${}^tV, {}^tS$；${}^0V, {}^0S$；${}^0x_2, {}^tx_2$；${}^0x_1, {}^tx_1$ ${}^tx_i = {}^0x_i + {}^tu_i$	几何表示 x_3；控制体积；x_2；x_1；${}^tx_i \equiv x_i$ $\frac{D}{Dt}(\ ) = \frac{\partial}{\partial t}(\ ) + {}^tv_j\frac{\partial}{\partial x_j}(\ )$
质量守恒 $m = \int_{{}^0V} {}^0\rho \mathrm{d}^0V = \int_{{}^tV} {}^t\rho \mathrm{d}^tV \Rightarrow \frac{{}^0\rho}{{}^t\rho} = \det({}^t_0\mathbf{X})$	质量守恒 $m = \int_{{}^0V} {}^0\rho \mathrm{d}^0V = \int_{{}^tV} {}^t\rho \mathrm{d}^tV \Rightarrow \frac{D}{Dt}({}^t\rho) + {}^t\rho\frac{\partial^t v_i}{\partial x_i} = 0$ 不可压缩流动: ${}^tv_{i,i} = 0$
运动方程 $\frac{\partial}{\partial^t x_j}({}^t\tau_{ij}) + {}^t\widetilde{f}_i^B = 0;\quad {}^t\widetilde{f}_i^B = {}^tf_i^B - {}^t\rho^t\ddot{u}_i$	运动方程 $\frac{\partial}{\partial x_j}({}^t\tau_{ij}) + {}^t\widetilde{f}_i^B = 0;\quad {}^t\widetilde{f}_i^B = {}^tf_i^B - {}^t\rho\frac{D}{Dt}({}^tv_i)$
虚位移原理 $\int_{{}^tV} {}^t\tau_{ij}\delta_t e_{ij}\mathrm{d}^tV = \int_{{}^tV} {}^t\widetilde{f}_i^B\delta u_i\mathrm{d}^tV + \int_{{}^tS} {}^tf_i^S\delta u_i^S\mathrm{d}^tS$ 完全 Lagrange 描述 $\int_{{}^0V} {}^t_0S_{ij}\delta{}^t_0\varepsilon_{ij}\mathrm{d}^0V = {}^t\Re$	虚速度原理 $\int_V {}^t\tau_{ij}\delta e_{ij}\mathrm{d}V = \int_V {}^t\widetilde{f}_i^B\delta v_i\mathrm{d}V + \int_S {}^tf_i^S\delta v_i^S\mathrm{d}S$ ${}^t\tau_{ij} = -{}^tp\delta_{ij} + 2\mu{}^te_{ij};\quad {}^te_{ij} = \frac{1}{2}({}^tv_{i,j} + {}^tv_{j,i})$

我们将通过下例 7.10 讨论 Lagrange 描述和 Euler 描述之间的不同. [674]

例 7.10: 导管内的流体质点的运动方程如下

$$
{}^tx_1 = -5 + \sqrt{25 + 10{}^0x_1 + ({}^0x_1)^2 + 4t} \tag{a}
$$

(I) 计算质点的速度和加速度, 结果用 Lagrange 的形式表达 ${}^t\dot{u}_1 = f_1({}^0x_1, t)$, ${}^t\ddot{u}_1 = f_2({}^0x_1, t)$.

(II) 消去 (I) 式中的 ${}^0x_1$, 得到速度和加速度的空间表示.

(III) 证明 (II) 中的加速度表达式可以由局部加速度和对流加速度叠加而得 (即使用通常的 Euler 描述).

为了得到 (I) 要求的结果, 我们对式 (a) 进行时间的微分, 注意 $\mathrm{d}^tx_1/\mathrm{d}t = \mathrm{d}^tu_1/\mathrm{d}t$ (因为 $\mathrm{d}^0x_1/\mathrm{d}t = 0$)

$$
\frac{\mathrm{d}^tu_1}{\mathrm{d}t} = \frac{2}{[25 + 10{}^0x_1 + ({}^0x_1)^2 + 4t]^{1/2}} \tag{b}
$$

类似地,

$$\frac{\mathrm{d}^2{}^t u_1}{\mathrm{d}t^2} = \frac{-4}{[25+10{}^0x_1+({}^0x_1)^2+4t]^{3/2}} \tag{c}$$

为了以 ${}^t x_1$ 表示式 (b) 和式 (c), 从式 (a) 求出以 ${}^t x_1$ 和t 表示的 ${}^0 x_1$. 但在本例中, 我们注意到

$${}^t x_1 + 5 = \sqrt{25+10{}^0x_1+({}^0x_1)^2+4t}$$

因此

$$\frac{\mathrm{d}^t u_1}{\mathrm{d}t} = \frac{2}{{}^t x_1+5}; \quad \frac{\mathrm{d}^2{}^t u_1}{\mathrm{d}t^2} = \frac{-4}{({}^t x_1+5)^3} \tag{d}$$

在 Euler 描述中, 直接写为 $x_1 \equiv {}^t x_1$, 这意味着 x_1 可以为任意坐标值. 当然, 式 (d) 对任何时间成立. 我们应该认识到在式 (d) 中主要关注坐标 x_1, 当质点通过该坐标时, 度量质点速度和加速度. 本例中, 我们并未利用 (通常并不关心知道) 质点的初始位置.

另外, 如果使用式 (b) 和式 (c), 我们将关注已知初始位置的质点, 计算在给定具体的时间点度量这些质点的速度和加速度.

我们可以由加速度的一般 Euler 描述中得到式 (d) 中的加速度 (见表 7.4). 在这里采用 (不使用上标)

$$\frac{Dv}{Dt} = \frac{\partial v}{\partial t} + \frac{\partial v}{\partial x}v; \quad v \equiv \frac{\mathrm{d}^t u_1}{\mathrm{d}x_1}; \quad x_1 \equiv x$$

从而, 得

$$\frac{Dv}{Dt} = \frac{\partial}{\partial t}\left(\frac{2}{x+5}\right) + \left[\frac{\partial}{\partial x}\left(\frac{2}{x+5}\right)\right]\left(\frac{2}{x+5}\right) = 0 - \frac{4}{(x+5)^3}$$

所以, 速度的局部导数为零, 加速度的对流部分为 $-4/(x+5)^3$.

[675]

7.4.1 连续介质力学方程

我们归纳计入传热的不可压缩流体流动的连续介质力学方程. 这些方程在流体力学一般教科书中有详细推导 (如见 F. M. White [A] 或 H. Schlichting [A]). 这里我们总结这些方程以说明相关符号, 并为有限元控制方程的推导提供基础. 需要注意的是, 在某些方面, 下面的符号与前面在固体力学问题分析中使用的符号有所不同 (见第 6 章). 例如, 现在速度 v_i 是需要计算的基本运动学变量, 而在固体中表示需要求解的是位移.

在固定的笛卡儿参考坐标系 ($x_i, i = 1, 2, 3$) 中, 采用指标符号和通常的求和约定, 考虑时刻 t 的状态, 不写出上标 t (用于表 7.4), 区域 V 内不可压缩流体流动的控制方程为

动量方程

$$\rho\left(\frac{\partial v_i}{\partial t}+v_{i,j}v_j\right)=\tau_{ij,j}+f_i^B \tag{7.57}$$

本构方程

$$\tau_{ij}=-p\delta_{ij}+2\mu e_{ij} \tag{7.58}$$

连续性方程

$$v_{i,i}=0 \tag{7.59}$$

传热方程

$$\rho c_p\left(\frac{\partial \theta}{\partial t}+\theta_{,i}v_i\right)=(k\theta_{,i})_{,i}+q^B \tag{7.60}$$

在这里, 有:

v_i 流体在 x_i 方向的速度;

ρ 质量密度;

τ_{ij} 应力张量的分量;

f_i^B 体力向量的分量;

p 压力;

δ_{ij} Kronecker 符号;

μ 流体 (层流的) 的黏度;

e_{ij} 速度应变张量 $=\dfrac{1}{2}(v_{i,j}+v_{j,i})$ 的分量;

c_p 常压下的比热容;

θ 温度;

k 导热系数;

q^B 单位体积生成的热流率 (该项还包括热耗散率 $(=2\mu e_{ij}e_{ij})$).

对应式 (7.57) 至式 (7.60) 的边界条件是:

面 S_v 上指定的流体速度 v_i^S

$$v_i|_{S_v}=v_i^S \tag{7.61}$$

面 S_f 上指定的面力 f_i^S [676]

$$\tau_{ij}n_j|_{S_f}=f_i^S \tag{7.62}$$

其中, n_j 是流体表面的单位法向量 $\mathbf{n}$ (向外) 的分量, f_i^S 是 (实际作用的) 面力向量的分量.

面 S_θ 上指定的温度 θ^S, 有

$$\theta|_{S_\theta}=\theta^S \tag{7.63}$$

通过面 S_q 指定的热通量

$$k\left.\frac{\partial \theta}{\partial n}\right|_{S_q}=q^S \tag{7.64}$$

其中, q^S 为输入到物体的热通量. 第 4.2.1 节和第 7.2.1 节中的内容可以直接适用于式 (7.61) 至式 (7.64).

式 (7.64) 中的热通量包括实际作用的热流率分布, 以及对流和辐射等传热的影响. 这些作用的热通量如第 7.2 节所讨论的一样计入分析中.

如果动量方程还包括连续性条件, 则可以得到式 (7.57) 的另一种形式, 见例 7.12. 这种形式被称为守恒形式 (因为显式地采用了动量守恒), 在有限体积离散化方法中得到了广泛应用, 见 S. V. Patankar [A].

式 (7.57) 至式 (7.60) 是标准的 Navier-Stokes 方程, 支配着具有传热的黏性不可压缩流体的层流运动. 固有的非线性是由于式 (7.57) 和式 (7.60) 中的对流项以及式 (7.64) 中的辐射边界条件. 如果黏性系数与温度或速度应变有关, 比热容 c_p、导热系数 k 和对流和辐射系数与温度有关, 当然引入湍流描述的话, 则产生附加的非线性 (如见 W. Rodi [A]).

在推导有限元方程之前, 我们假设 μ、c_p 和 k 为常数, 把式 (7.57) 至式 (7.60) 改写为标准形式, 可以反映出流体流动的一些重要的特点. 如果将式 (7.58) 和式 (7.59) 代入到式 (7.57), 得

$$\rho(\dot{v}_i + v_{i,j}v_j) = -p_{,i} + f_i^B + \mu v_{i,jj} \tag{7.65}$$

因此, 式 (7.65) 是包含不可压缩状态的动量方程.

现在定义无量纲的变量

$$\begin{aligned} &x_i^* = \frac{x_i}{L}; \quad v_i^* = \frac{v_i}{v}; \quad t^* = \frac{tv}{L} \\ &p^* = \frac{p}{\rho v^2}; \quad f_i^{B^*} = \frac{f_i^B L}{\rho v^2} \\ &\theta^* = \frac{\theta - \theta_0}{\Delta\theta}; \quad q^{B^*} = \frac{q^B L}{\rho c_p \Delta\theta v} \end{aligned} \tag{7.66}$$

[677] 其中, L、v、θ_0 和 $\Delta\theta$ 是所考虑问题的长度、速度、温度和温度差, 为特征量. 采用无量纲变量, 动量和能量方程也可以写成下列形式.

$$\dot{v}_i^* + \underbrace{v_{i,j}^* v_j^*}_{\text{对流}} = -p_{,i}^* + f_i^{B^*} + \underbrace{\frac{1}{Re} v_{i,jj}^*}_{\text{扩散}} \tag{7.67}$$

和

$$\dot{\theta}^* + \underbrace{\theta_{,i}^* v_i^*}_{\text{对流}} = q^{B^*} + \underbrace{\frac{1}{Pe} \theta_{,ii}^*}_{\text{扩散}} \tag{7.68}$$

其中, Re 为雷诺 (Reynolds) 数

$$Re = \frac{vL}{\nu}; \quad \nu = \frac{\mu}{\rho} \tag{7.69}$$

Pe 为贝克来 (Péclet) 数

$$P_e = \frac{vL}{\alpha}; \quad \alpha = \frac{k}{\rho c_p} \tag{7.70}$$

其中, v 为流体的运动黏度, α 为扩散率. 现在使用普朗特 (Prandtl) 数 $Pr = v/\alpha$, 有 $Pe = (Pr)(Re)$.

式 (7.67) 和式 (7.68) 指出了在流体流动问题求解中的一个基本难点: 当 Reynolds 数增加时, 流体流动主要由式 (7.67) 中的对流项决定; 类似地, 当 Péclet 数增加时, 流体的传热主要由式 (7.68) 中的对流项决定. 一般的分析方法应能够求解在 Reynolds 数和 Péclet 数较小时主要由扩散支配的响应, 以及 Reynolds 数和 Péclet 数较大时主要由对流支配的响应. 我们在第 7.4.3 节中会再提到这些内容.

7.4.2 有限元控制方程

采用 Galerkin 法, 通过建立方程的弱形式, 得到支配流体流动的连续介质力学的有限元解 (见第 3.3.4 节、例 4.2 和例 7.1). 动量方程由速度加权, 连续性方程由压力加权, 传热方程由温度加权. 在区域 V 内积分, 采用散度定理, 以降低表达式中导数的阶数, 施加自然边界条件为载荷项, 得到变分方程组, 并利用有限元插值函数进行离散化.

动量

$$\int_V \overline{v}_i \rho(\dot{v}_i + v_{i,j}v_j)\mathrm{d}V + \int_V \overline{e}_{ij}\tau_{ij}\mathrm{d}V = \int_V \overline{v}_i f_i^B \mathrm{d}V + \int_{S_f} \overline{v}_i^S f_i^S \mathrm{d}S \tag{7.71}$$

连续性

$$\int_V \overline{p} v_{i,i}\mathrm{d}V = 0 \tag{7.72}$$

传热 [678]

$$\int_V \bar{\theta}\rho c_p(\dot{\theta} + \theta_{,i}v_i)\mathrm{d}V + \int_V k\bar{\theta}_{,i}\theta_{,i}\mathrm{d}V = \int_V \bar{\theta} q^B \mathrm{d}V + \int_{S_q} \bar{\theta}^S q^S \mathrm{d}S \tag{7.73}$$

其中, 上画杠表示虚量.

我们可以把式 (7.71) 称为虚速度原理, 式 (7.73) 表示虚温度原理 (见式 (7.7)). 式 (7.71) 至式 (7.73) 与在第 4.2 节和第 7.2 节中的固体应力和温度分析中的方程类似. 但是式 (7.71) 和式 (7.73) 的 Euler 描述包含对流项. 同时, 对于不可压缩状态, 在第 4.4.3 节和第 4.5 节中的有限元格式及其讨论现在就非常重要. 我们可以直接使用第 4.4.3 节中的混合格式, 而把速度 (取代位移) 和压力作为变量.

假设采用第 4.4.3 节中的任意一个单元对式 (7.71) 至式 (7.73) 进行有限单元离散化, 把速度和压力作为变量, 在所有速度节点上另加温度变量 (计算

中, 我们采用等参单元, 见第 5.3.5 节). 对一个单元的矩阵控制方程为

$$\mathbf{M}_v\dot{\hat{\mathbf{v}}} + (\mathbf{K}_{\mu vv} + \mathbf{K}_{vv})\hat{\mathbf{v}} + \mathbf{K}_{vp}\hat{\mathbf{p}} = \mathbf{R}_B + \mathbf{R}_S \tag{7.74}$$

$$\mathbf{K}_{vp}^{\mathrm{T}}\hat{\mathbf{v}} = \mathbf{0} \tag{7.75}$$

$$\mathbf{C}\dot{\hat{\boldsymbol{\theta}}} + (\mathbf{K}_{v\theta} + \mathbf{K}_{\theta\theta})\hat{\boldsymbol{\theta}} = \mathbf{Q}_B + \mathbf{Q}_S \tag{7.76}$$

其中, $\hat{\mathbf{v}}$、$\hat{\boldsymbol{\theta}}$ 和 $\hat{\mathbf{p}}$ 分别为未知节点的速度变量、温度变量和节点或者单元内部的压力变量.

例如, 在二维平面流动分析中, 对 x_2x_3 平面上的单元, 有

$$\begin{bmatrix} \mathbf{M}_{v_2} & & & \text{零} \\ & \mathbf{M}_{v_3} & & \\ & & \mathbf{0} & \\ \text{对称} & & & \mathbf{C} \end{bmatrix} \begin{bmatrix} \dot{\hat{\mathbf{v}}}_2 \\ \dot{\hat{\mathbf{v}}}_3 \\ \dot{\hat{\mathbf{p}}} \\ \dot{\hat{\boldsymbol{\theta}}} \end{bmatrix} +$$

$$\begin{bmatrix} \mathbf{K}_{\mu v_2 v_2} + \mathbf{K}_{vv_2} & \mathbf{K}_{\mu v_2 v_3} & \mathbf{K}_{v_2 p} & \mathbf{0} \\ \mathbf{K}_{\mu v_2 v_3}^{\mathrm{T}} & \mathbf{K}_{\mu v_3 v_3} + \mathbf{K}_{vv_3} & \mathbf{K}_{v_3 p} & \mathbf{0} \\ \mathbf{K}_{v_2 p}^{\mathrm{T}} & \mathbf{K}_{v_3 p}^{\mathrm{T}} & \mathbf{0} & \mathbf{0} \\ \mathbf{0} & \mathbf{0} & \mathbf{0} & \mathbf{K}_{v\theta} + \mathbf{K}_{\theta\theta} \end{bmatrix} \begin{bmatrix} \hat{\mathbf{v}}_2 \\ \hat{\mathbf{v}}_3 \\ \hat{\mathbf{p}} \\ \hat{\boldsymbol{\theta}} \end{bmatrix}$$

$$= \begin{bmatrix} \mathbf{R}_{B_2} + \mathbf{R}_{S_2} \\ \mathbf{R}_{B_3} + \mathbf{R}_{S_3} \\ \mathbf{0} \\ \mathbf{Q}_B + \mathbf{Q}_S \end{bmatrix} \tag{7.77}$$

假设 $\mathbf{H}$ 和 $\widetilde{\mathbf{H}}$ 分别包含对应速度和压力的插值函数, 则

$$\mathbf{M}_{v_2} = \mathbf{M}_{v_3} = \rho\int_V \mathbf{H}^{\mathrm{T}}\mathbf{H}\mathrm{d}V \tag{7.78}$$

$$\mathbf{K}_{\mu v_2 v_2} = \int_V (2\mu\mathbf{H}_{,x_2}^{\mathrm{T}}\mathbf{H}_{,x_2} + \mu\mathbf{H}_{,x_3}^{\mathrm{T}}\mathbf{H}_{,x_3})\mathrm{d}V$$

$$\mathbf{K}_{\mu v_2 v_3} = \int_V (\mu\mathbf{H}_{,x_3}^{\mathrm{T}}\mathbf{H}_{,x_2})\mathrm{d}V \tag{7.79}$$

[679]

$$\mathbf{K}_{\mu v_3 v_3} = \int_V (2\mu\mathbf{H}_{,x_3}^{\mathrm{T}}\mathbf{H}_{,x_3} + \mu\mathbf{H}_{,x_2}^{\mathrm{T}}\mathbf{H}_{,x_2})\mathrm{d}V$$

$$\mathbf{K}_{vv_2} = \mathbf{K}_{vv_3} = \rho\int_V (\mathbf{H}^{\mathrm{T}}\mathbf{H}\hat{\mathbf{v}}_2\mathbf{H}_{,x_2} + \mathbf{H}^{\mathrm{T}}\mathbf{H}\hat{\mathbf{v}}_3\mathbf{H}_{,x_3})\mathrm{d}V \tag{7.80}$$

$$\mathbf{K}_{v_2 p} = -\int_V \mathbf{H}_{,x_2}^{\mathrm{T}}\widetilde{\mathbf{H}}\mathrm{d}V \tag{7.81}$$

$$\mathbf{K}_{v_3 p} = -\int_V \mathbf{H}_{,x_3}^{\mathrm{T}}\widetilde{\mathbf{H}}\mathrm{d}V \tag{7.82}$$

$$\mathbf{R}_B = \int_V \mathbf{H}^{\mathrm{T}}\mathbf{f}^B\mathrm{d}V \tag{7.83}$$

$$\mathbf{R}_S = \int_{S_f} \mathbf{H}^{S\mathrm{T}} \mathbf{f}^S \mathrm{d}S \tag{7.84}$$

$$\mathbf{C} = \rho \int_V c_p \mathbf{H}^\mathrm{T} \mathbf{H} \mathrm{d}V \tag{7.85}$$

$$\mathbf{K}_{\theta\theta} = \int_V k(\mathbf{H}^\mathrm{T}_{,x_2} \mathbf{H}_{,x_2} + \mathbf{H}^\mathrm{T}_{,x_3} \mathbf{H}_{,x_3}) \mathrm{d}V \tag{7.86}$$

$$\mathbf{K}_{v\theta} = \rho \int_V c_p \mathbf{H}^\mathrm{T} \mathbf{H} \widehat{\mathbf{v}}_2 \mathbf{H}_{,x_2} \mathrm{d}V + \rho \int_V c_p \mathbf{H}^\mathrm{T} \mathbf{H} \widehat{\mathbf{v}}_3 \mathbf{H}_{,x_3} \mathrm{d}V \tag{7.87}$$

$$\mathbf{Q}_B = \int_V \mathbf{H}^\mathrm{T} q^B \mathrm{d}V \tag{7.88}$$

$$\mathbf{Q}_S = \int_{S_q} \mathbf{H}^{S\mathrm{T}} q^S \mathrm{d}S \tag{7.89}$$

这里我们应指出, 对于直边界条件, $\mathbf{f}^S$ 的分量为

$$f_n = -p + 2\mu \frac{\partial v_n}{\partial n} \tag{7.90}$$

$$f_t = \mu \left(\frac{\partial v_t}{\partial n} + \frac{\partial v_n}{\partial t} \right) \tag{7.91}$$

其中, n 和 t 表示边界在法向方向和切向方向上的坐标轴. v_n 和 v_t 分别是边界法向和切向速度.

应指出由于要考虑完全不可压缩状态, 对应压力变量的矩阵对角线元素为零. 因此, 即使 $\tilde{\mathbf{p}}$ 中压力变量对应单元内部变量而非节点变量 (如 u/p 格式, 见第 4.4.3 节), 压力变量也不能在单元级上静态凝聚. 为了能使用这一方法, 我们应考虑几乎不可压缩条件, 这意味着式 (7.72) 需要被式 (7.92) 代替 (见第 4.4.3 节和第 4.5 节).

$$\int_V \overline{p} \left(\frac{\dot{p}}{\kappa} + v_{i,i} \right) \mathrm{d}V = 0 \tag{7.92}$$

其中, κ (是相当大的) 为体积模量.

我们现在可以参考第 4 章和第 5 章中讨论的所有方法, 它们都可以直接适用于流体流动控制方程的适当有限元离散化 (也可以参考本节末的习题). [680]
当然, 需要注意相应的有限元方程一般为高度非线性方程 (见式 (7.77)), 因为对流项和辐射边界条件, 以及一般情况下材料特性不是常数 (例如, 黏度 μ 显著地与温度 θ 有关).

对式 (7.77) 中一个二维单元, 流体流动的有限元控制方程, 也可以写成

$$\mathbf{R} - \mathbf{F} = \mathbf{0} \tag{7.93}$$

正如第 6 章和第 9 章所讨论的, 该关系式应对所有的时间均成立, 其解对时间 $\Delta t, 2\Delta t, \cdots$, 可递增得到. 在稳态分析时, 可以忽略 $\mathbf{M}\dot{\mathbf{v}}$ 和 $\mathbf{C}\dot{\boldsymbol{\theta}}$ 项, 采用

Newton-Raphson 迭代方法对时刻 $t+\Delta t$ 做增量分析, 则时间只表示载荷大小 (见第 6 章). 在瞬态分析时, 使用隐式积分, 对每个时步进行 Newton-Raphson 迭代. 可以对速度和温度为变量进行显式积分, 而不可压缩性约束要求对压力方程进行隐式积分.

流体流动问题求解的主要难点是解变量的数目通常非常大 (为了获得流体响应的实际解, 需要非常精细的有限元网格), 以及系数矩阵不对称. 因此, 显式积分法不需要求解方程组 (见第 9.5.1 和 9.6.1 节) 和使用迭代法求解 (见第 8.3 节) 是非常有吸引力的.

最后, 需要说明为什么采用式 (7.57) 和式 (7.60) 推导有限元方程而不是采用式 (7.67) 和式 (7.68). 一个原因是式 (7.57) 和式 (7.60) 可以直接适用于变材料特性的流体流动. 另一个原因, 使用 Galerkin 法求解动量方程式 (7.57), 可以产生面 [积] 力向量, 其包含在式 (7.90) 和式 (7.91) 中给出的实际面力, 而如果采用式 (7.67), 相应的面力向量将包含非实际分量 (见例 7.11). 所以, 以式 (7.57) 为基础的格式通常更为一般和自然, 特别是用于分析自由表面流动, 和流固耦合问题而推导 Lagrange-Euler 格式. 当然, 有限单元矩阵方程式 (7.74) 至式 (7.76) 可以适用于任意一套统一单位下流体流动和传热问题, 包括无量纲变量的使用.

在例 7.11 中, 我们考虑另外两种可以用于进行有限元求解的 Navier-Stokes 方程.

例 7.11: Navier-Stokes 方程求解 [(见式 (7.67))],

$$v_{i,j}v_j = -p_{,i} + \frac{1}{Re}v_{i,jj}; \quad i,j=1,2$$

[681] 使用 Galerkin 法, 用速度对方程加权, 推导出自动产生的边界条件项. 考虑二维分析, 并将其与实际面力表达式的项进行比较.

使用 Galerkin 法, 得

$$\int_V \overline{v}_i \left(v_{i,j}v_j + p_{,i} - \frac{1}{Re}v_{i,jj} \right) \mathrm{d}V = 0 \tag{a}$$

如例 4.2 和例 7.1 类似, 建立边界项. 这里采用恒等式

$$\overline{v}_i p_{,j}\delta_{ij} = (\overline{v}_i p\delta_{ij})_{,j} - \overline{v}_{i,j}p\delta_{ij}$$
$$\overline{v}_i v_{i,jj} = (\overline{v}_i v_{i,j})_{,j} - \overline{v}_{i,j}v_{i,j}$$

因此, 根据散度定理, 由式 (a) 得边界项

$$\int_S \overline{v}_i \left(-p\delta_{ij} + \frac{1}{Re}v_{i,j} \right) n_j \mathrm{d}S$$

上式也可写成

$$\int_S \overline{v}_i \widetilde{f}_i \mathrm{d}S$$

其中,

$$\widetilde{f}_i = \left(-p\delta_{ij} + \frac{1}{Re}v_{i,j}\right)n_j$$

分析直边界, 有

$$\begin{aligned}\widetilde{f}_n &= -p + \frac{1}{Re}\frac{\partial v_n}{\partial n} \\ \widetilde{f}_t &= \frac{1}{Re}\frac{\partial v_t}{\partial n}\end{aligned} \tag{b}$$

其中, n 和 t 分别表示表面边界的法向和切向上的坐标轴.

式 (7.67) 推导时采用无量纲变量, 对给定的特征速度和长度, 有 $1/Re \sim \nu$. 因此, 我们可以看到式 (b) 并不等于式 (7.90) 和式 (7.91) 中的实际力表达式.

例 7.12: 证明动量方程 (7.57) 也可以写成

$$\rho\frac{\partial v_i}{\partial t} + F_{ij,j} = f_i^B \tag{a}$$

其中,

$$F_{ij} = \rho v_j v_i - \tau_{ij} \tag{b}$$

为得到有限元控制方程, 确定在 Galerkin 法中采用式 (a) 而不用式 (7.57) 而产生的差别.

由式 (b), 得

$$F_{ij,j} = (\rho v_j v_i - \tau_{ij})_{,j} = \rho v_{j,j} v_i + \rho v_j v_{i,j} - \tau_{ij,j} = \rho v_{i,j} v_j - \tau_{ij,j} \tag{c}$$

因此, 通过观察, 我们把式 (c) 代入式 (a) 得到式 (7.57).

式 (a) 也被称为动量方程的守恒形式, 利用散度定理, 对于流体的任意子空间 V_{SD}, 有

$$\int_{V_{SD}} F_{ij,j}\mathrm{d}V = \int_{S_{SD}} F_{ij}n_j\mathrm{d}S$$

其中, S_{SD} 为 V_{SD} 的表面面积, n_j 为 S_{SD} 的单位法向量分量. 类似地, 能量方程可以写成守恒的形式.

为了确定有限单元网格划分的差异, 我们只需要比较项 $\int_V \overline{v}_i(v_j v_i)_{,j}\mathrm{d}V$
和 $\int_V \overline{v}_i(v_{i,j}v_j)\mathrm{d}V$, 这是因为其他项均一样, 不同项为 $\int_V \overline{v}_i(v_i v_{j,j})\mathrm{d}V$. 式 (a) [682]
中动量方程的形式经常应用于有限体积法 (见 S. V. Patankar [A]). 注意, 如果式 (a) 用于有限元 (Galerkin 法) 格式时, 散度定理的使用会在表面 S_f 上给出通常的面力项 (见例 4.2) 和涉及未知速度的附加项.

7.4.3 高 Reynolds 数和高 Péclet 数的流动

在第 7.4.2 节中提到的流体流动的有限元格式是前面在固体分析中所考虑的格式的自然发展. 运动和传热的微分方程中使用的标准 Galerkin 法, 可以得到 “虚速度原理” 和 “虚温度原理”. 通过使用具有不可压缩约束的稳定收敛有限单元可得到适当的有限元离散化. 因此, 我们使用满足 inf-sup 条件的, 如第 4.4.3 节和第 4.5 节中讨论的单元. 采用这类单元, 对于低雷诺 (Reynolds) 数的流动 (特别是 Stokes 流) 可以得到很好的结果.

但是, 正如在第 7.4.2 节中指出的那样, 对于流体流动和固体分析的方程, 其主要差别在于流体流动的 Euler 描述有对流项. 对流项会引起有限元系数矩阵的不对称, 当对流项较强 (按 Reynolds 数和佩克莱 (Péclet) 数定义, 见下面的讨论), 方程组是非常不对称的, 会引起其他的数值计算问题.

在讨论这个困难之前, 我们已知道它与分析的流体有关, 当 Reynolds 数逐渐增大到一定范围时, 流体状态从层流变成湍流. 理论上, 湍流仍然可以通过求解第 7.4.2 节中的 Navier-Stokes 方程计算, 但是这种求解方法需要非常精细的网格模拟湍流的细节. 对于实际流动状态, 相应的有限元系统对于目前的软件和硬件条件来说太大. 所以, 常见的做法是通过求解平均流的 Navier-Stokes 方程和借助湍流黏性系数和导热系数表示湍流影响, 以及使用壁面函数描述近壁行为.

建模湍流是一个应用很广的重要领域 (见 W. Rodi [A]). 前面我们提到的有限元法在很多方面可以直接适用. 但是, 该有限元方法中一个重要因素是应确保对应高 Reynolds 数和高 Péclet 数的层流 Navier-Stokes 方程 (具有合理网格) 可以求解, 此解为求出湍流解提供基础.

因此, 下面我们简单介绍在高 Reynolds 数 (或高 Péclet 数) 且为层流条件下的困难. 为此, 我们考虑可能是最简单的情况, 但揭示了一般流动状态下我们遇到的难点. 存在难点的原因是式 (7.67) 和式 (7.68) 中的扩散项与对流项的相对大小. 因此, 我们考虑一维流动的建模问题, 指定的流速为 v, 如图
[683] 7.4所示. 温度在两点上指定, 即在 $x=0$ 和 $x=L$ 处, 我们要计算 $0<x<L$ 的温度.

从式 (7.60) 得微分控制方程

$$\rho c_p \frac{\mathrm{d}\theta}{\mathrm{d}x} v = k \frac{\mathrm{d}^2\theta}{\mathrm{d}x^2} \tag{7.94}$$

具有边界条件

$$\begin{aligned} \theta &= \theta_L; \quad \text{在 } x=0 \text{ 处} \\ \theta &= \theta_R; \quad \text{在 } x=L \text{ 处} \end{aligned} \tag{7.95}$$

式 (7.94) 等号的左边表示对流项, 右边为扩散项.

该对流项和扩散项与 Navier-Stokes 方程 (见式 (7.67)) 中出现的形式类似, 也是一维最简单形式. 但是, 相应的微分方程对于 v 是非线性的, 对于 θ

式 (7.94) 则是线性的. 由于式 (7.94) 的求解说明了主要的困难, 我们更希望考虑式 (7.94), 但要认识到这些基本方法也可适用于 Navier-Stokes 方程的求解.

图 7.4 中给出不同的 Péclet 数 Pe, $Pe = vL/\alpha$. 问题式 (7.94) 的精确解 [684]

$$\frac{\theta - \theta_L}{\theta_R - \theta_L} = \frac{\exp\left(\dfrac{Pe}{L}x\right) - 1}{\exp(Pe) - 1} \tag{7.96}$$

因此, 当 Pe 数增大, 精确解曲线在 $x = L$ 处有强边界层.

为了说明有限元解内在的困难, 我们采用两节点单元, 长度为 h, 温度在每个单元上线性变化. 如果我们采用对应式 (7.73) 的虚温度原理 (即使用 [标准的] Galerkin 方法), 得到有限单元节点 i 的控制方程

$$\left(-1 - \frac{Pe^e}{2}\right)\theta_{i-1} + 2\theta_i + \left(\frac{Pe^e}{2} - 1\right)\theta_{i+1} = 0 \tag{7.97}$$

其中, 单元 Péclet 数是 $Pe^e = vh/\alpha$.

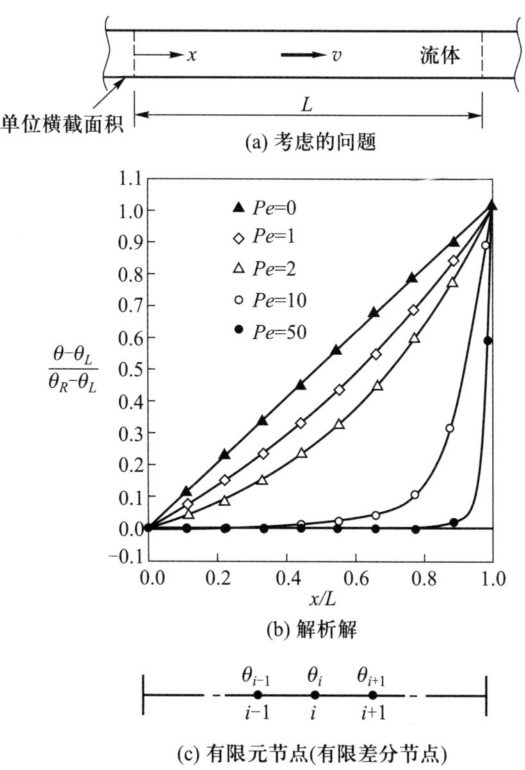

图 7.4　一维流动状态下的传热

指定的速度 v; $q^B = 0$; $Pe = vL/\alpha$, $\alpha = k/\rho c_p$

因此

$$\theta_i = \left(\frac{1 - Pe^e/2}{2}\right)\theta_{i+1} + \left(\frac{1 + Pe^e/2}{2}\right)\theta_{i-1} \tag{7.98}$$

该方程已经说明对于 Pe^e 较大时，得到了物理不可实现的结果. 例如，如果 $\theta_{i-1} = 0$ 和 $\theta_{i+1} = 100$，则有 $\theta_i = 50(1 - Pe^e/2)$，如果 $Pe^e > 2$，结果为负值!

当 $Pe^e = 20$，采用 2 节点单元，当网格不断变细时，图 7.5 给出了由图 7.4 中模型问题的解得到的结果. 实际上，式 (7.97) 的解析解表明要获得一个比较合理的响应预测，我们要求 $Pe^e < 2$. 图 7.5 也反映出这一点，说明当 Pe 较大时，需要更精细的网格. 实际分析中，需要求解 Péclet 数和 Reynolds 数非常大 ($Re \sim 10^6$) 的流动情况，第 7.4.2 节讨论的有限元离散化方法需要改进以能够适用于这些问题.

[685]

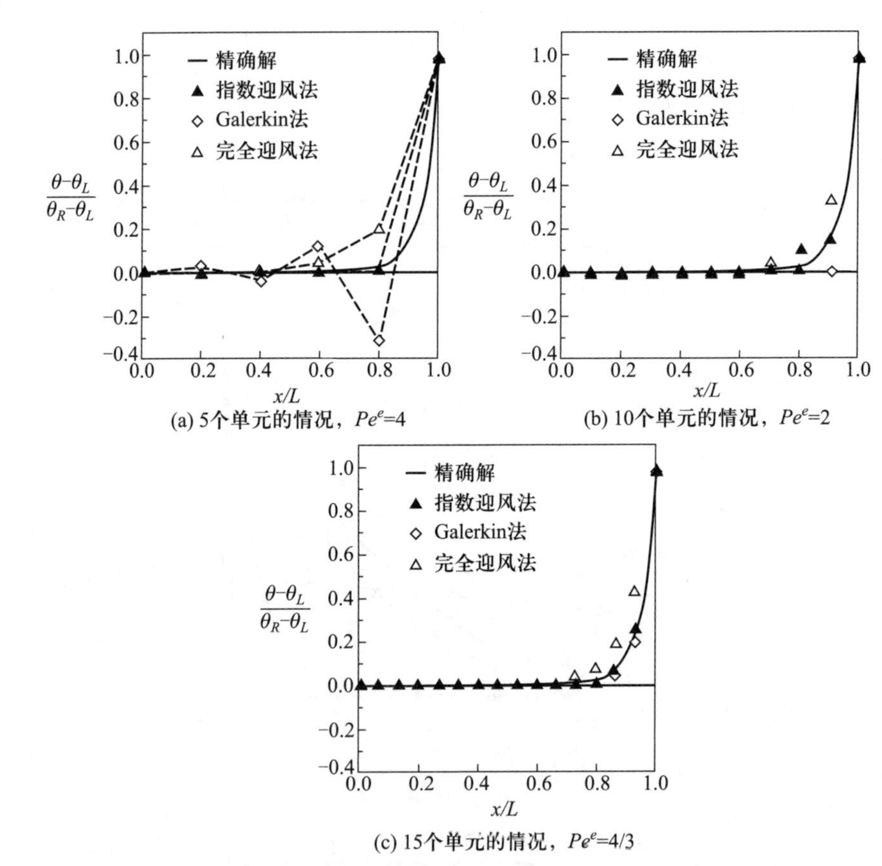

(a) 5个单元的情况，Pe^e=4

(b) 10个单元的情况，Pe^e=2

(c) 15个单元的情况，Pe^e=4/3

图 7.5　使用 2 节点单元图 7.4 中问题的解

$Pe = 20$，指数迎风法、Galerkin 法、完全迎风法给出节点的精确解.

已经认识到上面显露的不足, 在早期主要是通过有限差分法解决 (见 R. Courant、E. Isaacson 和 M. Rees [A]). 即考虑式 (7.79), 我们认识到也可以通过中心差分法求解式 (9.94) 而得到该方程 (见第 3.3.5 节). 当通常使用中心差分法求解式 (7.94) 时, 同样得到不精确的解.

克服上述困难的方法是采用迎风. 在有限差分迎风法中, 采用

$$\begin{aligned} \left.\frac{\mathrm{d}\theta}{\mathrm{d}x}\right|_i &\doteq \frac{\theta_i-\theta_{i-1}}{h}, \quad \text{如果 } v>0 \\ \left.\frac{\mathrm{d}\theta}{\mathrm{d}x}\right|_i &\doteq \frac{\theta_{i+1}-\theta_i}{h}, \quad \text{如果 } v<0 \end{aligned} \tag{7.99}$$

在下面讨论中, 我们首先假设 $v>0$, 再将结果推广到任意的 v 值 (见式 (7.115)). [686]

如果 $v>0$, 式 (7.94) 的有限差分近似为

$$(-1-Pe^e)\theta_{i-1}+(2+Pe^e)\theta_i-\theta_{i+1}=0 \tag{7.100}$$

图 7.5 表示对所考虑的问题, 采用迎风方法 (称为 "完全迎风" 法) 得到的结果, 解不再出现震荡问题.

方程解的改进可由 (精确) 解析解的性质解释: 如果流动的方向为 x 正方向, 则 θ 的值受上游 θ_L 影响比下游 θ_R 的大. 的确, 当 Pe 较大时, θ 的值在解较大范围内接近 θ_L. 当流动方向为 x 负方向时, 有相同的结果, 当然此时 θ_R 为上游值.

这个事实直接意味着在式 (7.94) 的有限差分离散化中, 给上游值更大的权重结果更好, 这点基本上在式 (7.100) 中实现. 当然, 为了更进一步提高解的精度, 对比较简单的 (一维) 方程式 (7.94), 还可以使用其他方法进行改进. 下面我们简单介绍三种不同的方法, 它们实际上密切相关的, 在一维分析的情况下可以获得非常精确的解. 但是, 把上述方法推广到在一般的二维和三维的流动状态, 并且使用相对较粗大的网格以获得较小的解误差是件困难的事情.

1. 指数方法

指数方法的基本思想就是把数值解和解析解进行匹配, 对这里我们所考虑的问题, 解析解是已知的 (见 D. B. Spalding [A] 和 S. V. Patankar [A] 发展的控制体积有限差分法).

为了引入指数方法, 我们重写式 (7.94) 为

$$\frac{\mathrm{d}f}{\mathrm{d}x}=0 \tag{7.101}$$

其中, 通量 f 由对流项减去扩散部分给出

$$f=v\theta-\alpha\frac{\mathrm{d}\theta}{\mathrm{d}x} \tag{7.102}$$

对第 i 节点, 式 (7.101) 的有限差分法近似为

$$f|_{i+1/2} - f|_{i-1/2} = 0 \tag{7.103}$$

该方程当然对应第 $(i+1/2)$ 和 $(i-1/2)$ 节点之间的控制体积满足流量平衡.

[687] 现在我们使用式 (7.96) 的精确解, 按节点 $i-1$, i, $i+1$ 的温度值表示 $f_{i+1/2}$ 和 $f_{i-1/2}$. 因此, 使用式 (7.96), 对间隔 i 到 $i+1$, 得

$$f_{i+1/2} = v\left[\theta_i + \frac{\theta_i - \theta_{i+1}}{\exp(Pe^e) - 1}\right] \tag{7.104}$$

类似地, 我们也可得到对 $f_{i-1/2}$ 的表达式, 则式 (7.103) 给出

$$(-1-c)\theta_{i-1} + (2+c)\theta_i - \theta_{i+1} = 0 \tag{7.105}$$

其中,

$$c = \exp(Pe^e) - 1 \tag{7.106}$$

我们注意到对 $Pe^e = 0$, 式 (7.105) 可以化为仅有扩散项对应的中心差分法 (和 Galerkin 法) 的使用 (因为对流项为零), 还注意到式 (7.100) 用 c 代替 Pe^e, 则式 (7.105) 具有式 (7.100) 的形式. 这种方法是基于图 7.4 中问题的解析解, 即使仅使用几个单元离散化时, 仍然可以得到精确解 (见图 7.5). 这种方法在速度 v 沿分析域的长度变化且考虑源项时也可以得到精确解. 计算方面的不足在于需要计算指数函数, 在实际计算时, 采用多项式近似而非解析式往往更有效, 且有足够的准确率, 该方法被称为幂律法.

2. 带参数的 Petrov-Galerkin 法

第 7.2 节中提出和使用的虚温度原理, 给出了经典 Galerkin 法的一个应用. 在经典 Galerkin 法中的同一试函数分别用于表示权重和解展开 (见第 3.3.3 节). 但是在原则上, 可以使用不同的函数, 而对某些类型的问题, 这类方法会增加解的精度.

在 Petrov-Galerkin 法中, 不同的函数用于表示加权函数而不用于解展开. 假设我们仍采用 2 节点单元离散图 7.4 中问题的区域. 则第 i 个方程为

$$\int_{-h}^{+h} \widetilde{h}_i v \frac{\mathrm{d}h_j}{\mathrm{d}x}\theta_j \mathrm{d}x + \int_{-h}^{+h} \frac{\mathrm{d}\widetilde{h}_i}{\mathrm{d}x}\alpha\frac{\mathrm{d}h_j}{\mathrm{d}x}\theta_j \mathrm{d}x = 0 \quad j = i-1, i, i+1 \tag{7.107}$$

其中, $\widetilde{h}_i$ 代表权函数, h_j 是结点 $i-1, i, i+1$ 之间常用的线性温度分布, 如图 7.6 所示.

[688] 其基本思想是现在选择 $\widetilde{h}_i$ 以得到最优的精度. 一个高效的方法是采用

$$\begin{aligned} \widetilde{h}_i &= h_i + \gamma\frac{h}{2}\frac{\mathrm{d}h_i}{\mathrm{d}x}; \text{ 对 } v > 0 \\ \widetilde{h}_i &= h_i - \gamma\frac{h}{2}\frac{\mathrm{d}h_i}{\mathrm{d}x}; \text{ 对 } v < 0 \end{aligned} \tag{7.108}$$

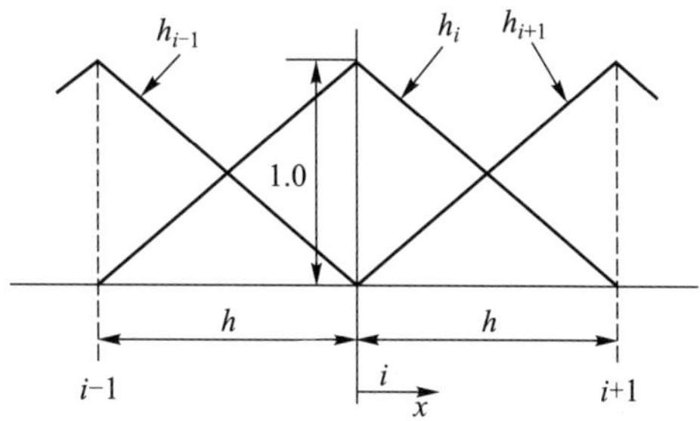

图 7.6　用于式 (7.107) 的有限元函数

采用式 (7.107) 中的权函数, 对情况 $v>0$, 得

$$\left[-1-\frac{Pe^e}{2}(\gamma+1)\right]\theta_{i-1}+(2+\gamma Pe^e)\theta_i+\left[-\frac{Pe^e}{2}(\gamma-1)-1\right]\theta_{i+1}=0 \quad (7.109)$$

我们注意到当 $\gamma=0$ 就是标准 Galerkin 有限元方程式 (7.97), 当 $\gamma=1$, 得到完全迎风有限元方程 (7.100).

可以计算变量 γ, 使得对所有 Pe^e 值得到精确的节点值 (见 I. Christie、D. F. Griffiths、A. R. Mitchell 和 O. C. Zienkiewicz [A], 习题 7.19)

$$\gamma=\coth\left(\frac{Pe^e}{2}\right)-\frac{2}{Pe^e} \quad (7.110)$$

类似地求解当 $v<0$ 情况. 当然, 当 γ 采用上式的值, 并使用 Petrov-Galerkin 方法求解图 7.5 中测试问题, 结果与使用指数迎风法相同.

3. 基于流动状态的插值法

由于该问题的一维解析解是已知的, 我们可直接使用它们作为有限元插值函数. 在基于流动状态的插值法中, 这是一种基本方法, 见 K. J. Bathe 和 H. Zhang[A]. 该方法中, 平流变量 θ 的插值函数根据流动速度状态选定.

使用 2 节点单元, 第 i 个控制方程由 Petrov-Galerkin 公式给出

$$\int_{-h}^{+h} h_i v\frac{\mathrm{d}\widetilde{h}_j}{\mathrm{d}x}\theta_j\mathrm{d}x+\int_{-h}^{+h}\frac{\mathrm{d}h_i}{\mathrm{d}x}\alpha\frac{\mathrm{d}h_j}{\mathrm{d}x}\theta_j\mathrm{d}x=0 \quad j=i-1,i,i+1 \quad (7.111)$$

其中, 单元中解变量 θ 根据式 (7.96) 且利用 $\widetilde{h}_j$ 和 $q=Pe^e/h$ 进行插值, 有

$$\widetilde{h}_j=1-\frac{\exp(qx)-1}{\exp(Pe^e)-1}\ (\text{左节点}) \quad \text{或} \quad \widetilde{h}_j=\frac{\exp(qx)-1}{\exp(Pe^e)-1}\ (\text{右节点}) \quad (7.112)$$

4. 方法比较

上述每个方法给出了式 (7.94) 和式 (7.95) 一维问题的精确节点解. 当施加源项和用于多维时, 这些方法会有一些差别.

另外一个有趣的事实及其有价值的解释是, 所有这些方法在本质上都等 [689]

价于有一个附加扩散项的 Galerkin 近似. 即加上一个附加的扩散项 $\alpha\beta$, 得

$$\int_{-h}^{+h}\left[h_i v\frac{\mathrm{d}h_j}{\mathrm{d}x}\theta_j+\frac{\mathrm{d}h_i}{\mathrm{d}x}(1+\beta)\alpha\frac{\mathrm{d}h_j}{\mathrm{d}x}\theta_j\right]\mathrm{d}x=0;\quad j=i-1,i,i+1 \tag{7.113}$$

其中, β 为无量纲常数, 考虑 v 可能为正数或负数.

式 (7.113) 的解

$$-(1+q)\theta_{i-1}+2\theta_i-(1-q)\theta_{i+1}=0 \tag{7.114}$$

其中,

$$q=\frac{Pe^e}{2}\frac{1}{1+\beta} \tag{7.115}$$

β 的值与使用的方法有关. 当然, $\beta=0$ 为标准的 Galerkin 法. 应指出该事实并不建议利用扩散系数 $(1+\beta)\alpha$ 求解式 (7.94). 相反, 该事实说明, 为了得到式 (7.94) 的精确解, 上述迎风法与带扩散系数 $(1+\beta)\alpha$ 的 Galerkin 法一起给出了离散化方程.

5. 多维方法的推广

利用一维求解方法得到的良好结果, 使得拓展二维和三维流动状态的求解方法更加具有吸引力. 当然, 在流动分析中, 使用 Reynolds 数而不是 Péclet 数. 但是, 对二维和三维复杂流, 很难得到有效的和精确的解, 困难在于求解的稳定性和良好的精度.

在有限差分控制体积法中, 指数法和幂律法采用各自的流体速度直接应用于不同坐标方向. 这些方法已得到了推广, 如见 W. J. Minkowycz、E. M. Sparrow、G. E. Schneider 和 R. H. Pletcher [A].

对有限元分析, Petrov-Galerkin 法已对一般二维和三维求解进一步推广, 实际上是沿着单元流线应用一维分析方法而得到流线迎风 Petrov-Galerkin (SuPG) 法 (见 A. N. Brooks 和 T. J. R. Hughes [A], C. Johnson、U. Nävert 和 J. Pitäranta [A]). 使用精细网格时, 该方法得到相当精确和有效的结果. 但不是很稳定, 特别当求解流固耦合问题时, 此时流体域边界发生变化.

在这些分析中, 基于流动状态方法可能更有效. 这里流动状态对沿单元边缘的平流项建立插值函数 (见上面), 接着在单元域进行插值, 见 K. J. Bathe 和 H. Zhang [A], H. Kohno 和 K. J. Bathe [A,B]. 另外, 带有 FCBI 的控制体积类的方法也可用于 Galerkin 格式. 例如, 对传热方程

$$\int_V w\left[\nabla\cdot\left(v\varphi-\frac{1}{Pe}\nabla\theta\right)\right]\mathrm{d}V=0 \tag{7.116}$$

[690] 其中, w 是对应该节点控制体积 V 上的常权函数. 该方法强化了动量条件, 直接作用于网格的节点 (满足固体力学中类似的节点和单元性质, 见第 4.2.1 节), 进一步提高了稳定性 (见 K. J. Bathe 和 H. Zhang [A], B. Banijamali 和 K. J. Bathe [A]).

7.4.4 流固耦合

基于固体、流体问题的求解方法, 我们可简要说明怎样求解流固耦合 (FSI) 问题. 对于该问题已有大量研究, 如见 S. Rugonyi 和 K. J. Bathe [A], K. J. Bathe 和 H. Zhang [A], 以及 X. Wang [A] 及其中的文献, 有多种方法进行求解. 我们这里重点放在本书所介绍有限元法的一些自然发展. 流体流动和结构的离散化需要耦合在一起满足沿流固边界的平衡 (动量传递) 条件和协调性.

因为一般地, 流固边界会移动, 用于结构和流体的网格有很大不同, 故会出现一些特殊的问题. 对结构而言, Lagrange 格式用于跟踪质点和边界的场合 (有限单元附着在空间中移动的质点上).

对 FSI 问题, 无需特殊考虑. 但对流体, 纯 Euler 格式是不够的, 因为边界应是静止的 (控制体积及其描述单元在空间上是固定的). 另外, 流体求解通常比固体求解需要更精细的网格.

在一般 FSI 求解中, 由于流体域像结构变形一样变化, 我们可采用任意的 Lagrange-Euler (ALE) 格式, 如见 C. Nitikitpaiboon 和 K. J. Bathe [B]. 令 v 是流速, $\widehat{v}$ 是参考域的速度, 连续方程、动量方程和能量方程中的时间导数可通过考虑参考域的任意体积 V 得到. 例如, 连续方程为

$$\frac{\partial}{\partial t}\int_V \rho \mathrm{d}V + \int_S \rho(v-\widehat{v})\cdot \mathbf{n}\mathrm{d}S = 0 \tag{7.117}$$

其中, S 是 V 的表面, $\mathbf{n}$ 是该表面向外单位法向量. 实际中, 参考域的速度是所用有限元网格的速度, 对边界的大运动, 该网格在 FSI 问题的有限元中需要逐次移动, 甚至新生成. 基于 Laplace 方程和弹簧模型的特殊算法用于计算流体网格中新的节点位置, 可直接应用上述讨论的流固耦合的求解方法.

在求解过程中, 需要满足流固边界条件, 如图 7.7 所示, 流体网格节点限制在固体边界上, 它们可沿固体单元滑动 (保持良好的流体网格质量), 但应与边界接触, 来自单元 m 的流体应力的面力作为流体的节点力

$${}^t\mathbf{F}_f^{(m)} = \int_{V^{(m)}} \mathbf{B}^{\mathrm{T}\,t}\boldsymbol{\tau}^{(m)}\mathrm{d}V^{(m)} \tag{7.118}$$

使用虚功原理, 这些力作用于结构上. 按此方法, 流固有限元单元组合体 [691]
的基本分片检验得到满足, 见 K. J. Bathe 和 G. A. Ledezma [A].

对 FSI 问题的求解, 整个控制方程导出

$$\begin{bmatrix} {}^t\mathbf{F}_f \\ {}^t\mathbf{F}_{s-f} \\ {}^t\mathbf{F}_s \end{bmatrix} = \begin{bmatrix} {}^t\mathbf{R}_f \\ {}^t\mathbf{R}_{s-f} \\ {}^t\mathbf{R}_s \end{bmatrix} \tag{7.119}$$

其中, 下标 f 和 s 分别表示流体域和固体域, $s-f$ 表示流固边界.

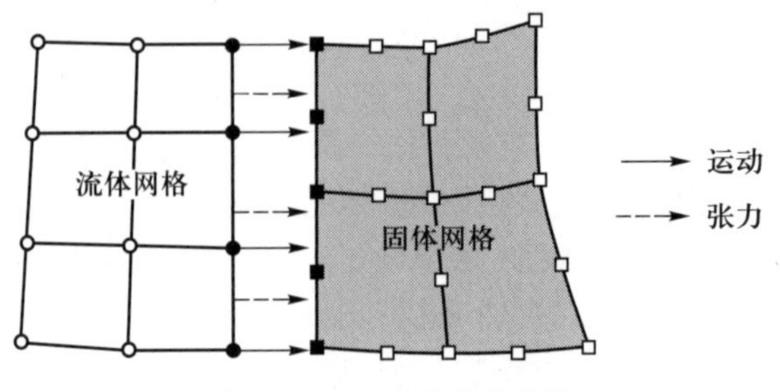

图 7.7　FSI 边界条件简图

这里边界条件含在式 (7.119). 未知量是固体或结构内的节点位移 (转角, 如适用)、节点流速、流体单元或节点压力、节点温度和流体网格节点位置 (分开求解). 式 (7.119) 利用迭代法求解, 其中完全 Newton-Raphson 直接稀疏求解法需要大的系数矩阵和更多的内存和机时. 与所使用的迭代法无关, 充分耦合的求解法一次就能获得满足式 (7.119) 的收敛, 见 K. J. Bathe、H. Zhang 和 S. Ji [A], 以及 K. J. Bathe 和 H. Zhang [B].

上述方法是很一般的, 因为所有的力学条件得到满足. 在一些分析中, 可采用简化假设. 例如, 如果结构刚度大, 则可假设流体域保持不变. 可首先进行整个流体分析, 然后流体作用于结构上 (称为单向耦合).

对耦合不强的系统, 使用分时求解方法是充分的, 其中, 结构域和流体域分开求解, 滞后一个求解步长进行耦合计算.

7.4.5　习题

7.15　由基本方程 (7.57) 至式 (7.60), 推导式 (7.65), 再推导式 (7.67) 和式 (7.68).

7.16　详细证明式 (7.77) 至式 (7.89) 对二维平面流动状态下的矩阵表达式是正确的.

[692] 7.17　用完全 Newton-Raphson 迭代法求解在稳态下的式 (7.77) 中的矩阵方程. 推导系数矩阵, 给出计算需要的所有细节.

7.18　推导式 (7.105) 和式 (7.106) 迎风表达式.

7.19　推导式 (7.109) 和式 (7.110) 迎风表达式.

7.20　利用 FCBI 法建立式 (7.111) 中节点 i 的方程式.

7.21　采用解析的方法证明式 (7.105)、式 (7.109) 和式 (7.113) 有相同的解.

7.22　证明式 (7.113) 的解由式 (7.114) 和式 (7.115) 给出, 给出式 (7.109) 的 β 值.

7.23　证明 ALE 方程 (7.117) 是正确的, 推导动量方程和能量方程.

7.24　如图 Ex.7.24 所示, 试推导 2 节点单元组合体中节点 20 的式 (7.94) 解的有限元控制方程.

(a) 采用 FCBI 法;

(b) 采用完全迎风法.

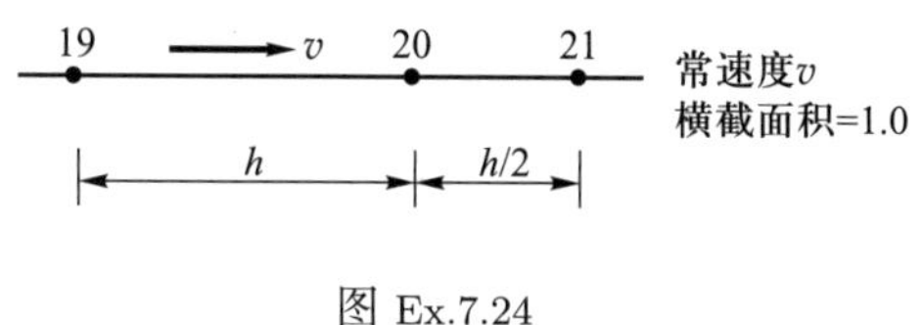

图 Ex.7.24

7.25　为求解式 (7.94), 考虑采用一维 3 节点单元, 如图 Ex.7.25 所示, 证明气泡函数 $\widetilde{h}_3$ 本质上相当于单元中引入迎风. 提示: 对单元采用 Galerkin 法, 比较和式 (7.113) 一起建立的方程, 计算 β 值, 见 F. Brezzi 和 A. Russo [A].

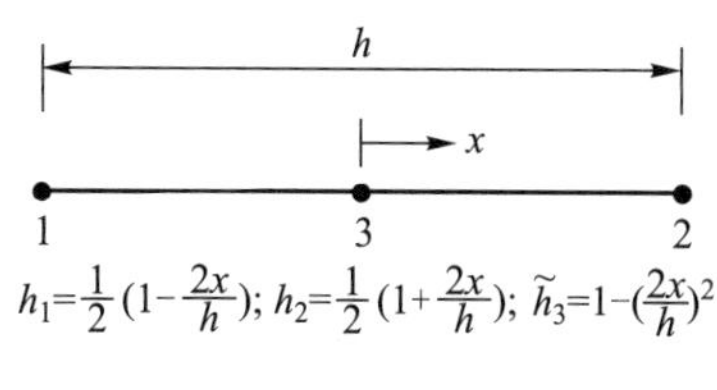

图 Ex.7.25

7.26　考虑如图 Ex.7.26 所示二维单元. 利用式 (7.116) 进行传热分析, 推导该单元基于流动状态的方程. 其中沿对面单元边缘和跨边缘的线性变化使用方程式 (7.112).

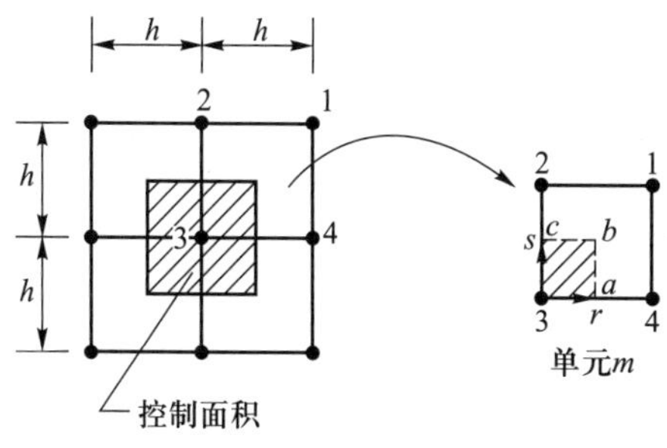

图 Ex.7.26

7.27　考虑充满水的腔体, 重力作用其上, 如图 Ex.7.27 所示. 使用计算机程序计算 (采用粗大网格) 速度 (当然, 要被计算的结果为零) 和水中的压力分布, 在边界上的速度指定为零 (但计算区域内的未知速度). [693]

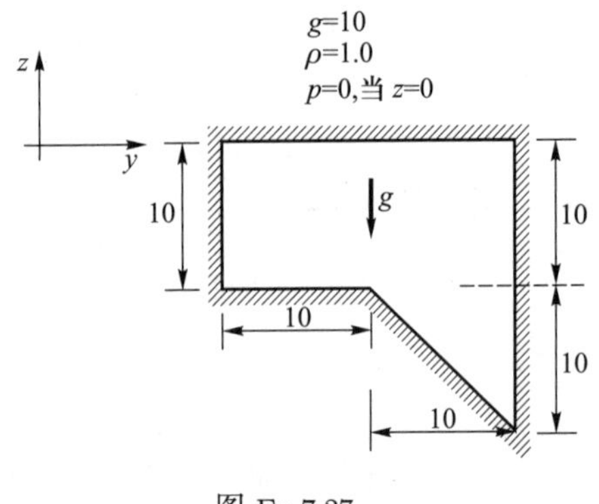

图 Ex.7.27

7.28 使用计算机程序分析如图 Ex.7.28 所示的两个同轴心圆筒之间的充分形成的流动, 两个圆柱的转速分别为 ω_1 和 ω_2. 验证得到了精确解.

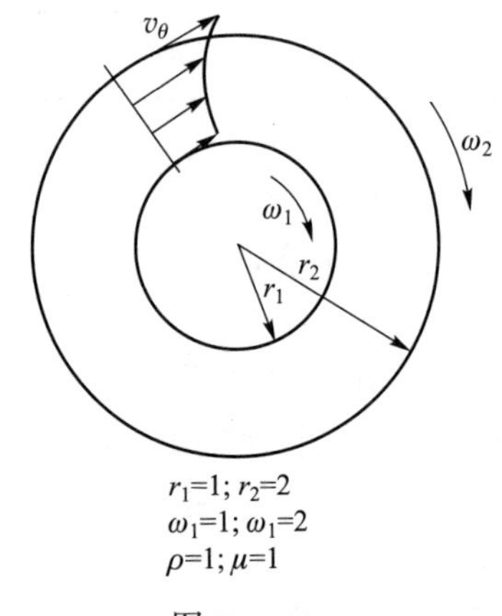

图 Ex.7.28

[694] 7.29 使用计算机程序分析如图 Ex.7.29 所示两个平行板之间的强迫对流稳态流动. 验证得到了精确解.

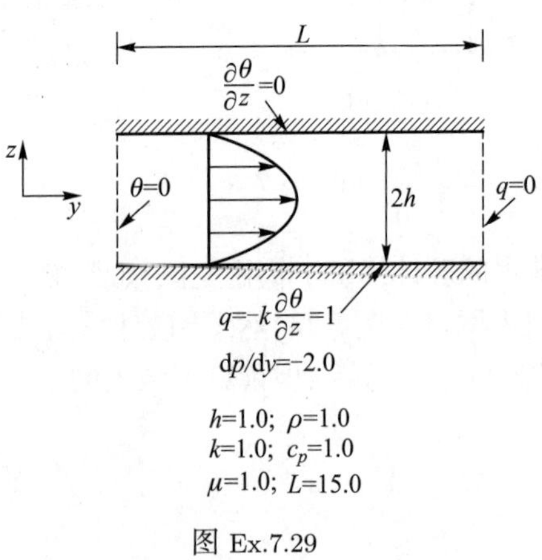

图 Ex.7.29

7.30 使用计算机程序分析管中稳态变化的耦合传热, 分析问题如图 Ex.7.30 所示. 验证得到了精确的结果 (见 J. H. Lienhard).

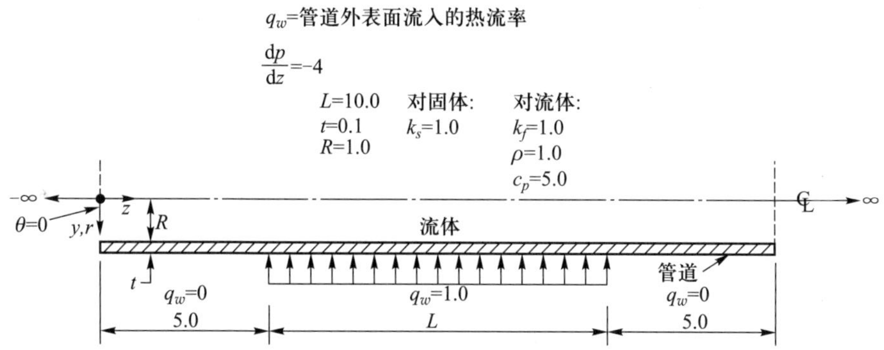

图 Ex.7.30

第 8 章 [695]

静态分析中平衡方程组的求解

8.1 引言

迄今为止, 我们已经介绍了有限元系统平衡方程组的推导和计算, 包括有效单元的选择和计算, 以及把单元矩阵高效组装到整体有限元系统矩阵的方法. 但是, 有限元分析的效率很大程度上取决于求解系统平衡方程组的数值方法. 正如在前面所讨论的, 如果使用更精细的有限元网格, 则一般可以提高分析的精度. 因此, 分析人员在实践中往往采用越来越大的有限元系统来近似实际结构. 但是, 这意味着更昂贵的分析成本, 事实上, 实际可行性很大程度上取决于相应系统方程的求解. 由于求解大系统的需求, 于是对方程求解算法的优化进行了大量的研究. 在有限元方法早期使用的过程中, 很多实例中出现的 10 000 阶的方程组就被认为是大系统了. 而现在, 求解 100 000 阶的方程组也没有太大问题.

根据单元组合体中单元的类型、数量和有限元网格的结构, 在线性静态分析中, 求解平衡方程组所需的时间在总体求解时间中占了很大比例, 而在动态分析或者非线性分析中, 这个比例更高. 因此, 如果使用了不适当的方法求解平衡方程组, 会对分析的总费用有很大的影响, 可能是几倍甚至 100 倍, 大大超过所需费用.

除了考虑到实际计算工作量主要花在了平衡方程的求解外, 还应特别注意, 如果使用了不合适的数值方法, 可能会造成无法完成分析. 这可能是因为使用较慢的求解方法而使得计算成本太大. 更不可接受的是求解方法的不稳 [696]
定而导致分析不可能完成. 我们下面将看到求解方法的稳定性在动态分析中是特别重要的.

本章中我们将讨论在结构和固体静态分析中的联立方程组. 首先, 我们详细地讨论 (见第 8.2 节和第 8.3 节) 线性分析中方程组的求解.

$$\mathbf{KU} = \mathbf{R} \tag{8.1}$$

其中, $\mathbf{K}$ 是有限元系统的刚度矩阵, $\mathbf{U}$ 是位移向量, $\mathbf{R}$ 是载荷向量. 由于 $\mathbf{R}$ 和 $\mathbf{U}$ 可能是时间 t 的函数, 则我们也可以把式 (8.1) 看做忽略惯性力和速度阻尼力的有限元系统的动态平衡方程. 应该指出, 由于式 (8.1) 中没有速度和加速度, 故我们可计算任意时刻与位移无关的位移, 这与动态分析不同 (见第 9 章). 但用于计算式 (8.1) 中 $\mathbf{U}$ 的算法可作为动态分析求解算法的组成部分. 的确如此, 在下面几章中, 我们这里讨论的方法是特征求解和直接逐步积分法中算法的基础. 更进一步地说, 如同第 6 章已经说明的且在第 8.4 节中进一步要讨论的, 式 (8.1) 的求解也是非线性分析中的十分重要的基础. 因此, 详细研究式 (8.1) 的求解方法是十分重要的.

尽管在本章中我们具体针对固体和结构中平衡方程的求解, 但这些方法是很一般的, 可直接适用于对称 (正定的) 系数矩阵 (见第 3 章和第 7 章) 的分析中. 我们先前介绍的方程组中没有详细讨论解法, 只在不可压缩黏性流体流动分析中讨论了方程组的解法 (第 7.4 节), 因为所得的系数矩阵是非对称的. 除了这种情况外, 下面给出的大部分概念和方法都是适用的和可以直接扩展的 (习题 8.11).

从本质上来看, 对式 (8.1) 有两种不同的求解方法: 直接求解法和迭代求解法. 在直接求解法中, 通过一系列预先精确定义的步骤和运算求解式 (8.1); 而迭代求解法中, 则是通过迭代实现. 这两种方法都有一定优点, 我们将会在本章进行讨论. 现在, 大多数情况下采用的是直接求解法, 而对大系统来说, 迭代法会更有效.

8.2 基于 Gauss 消元法的直接求解法

现在使用的最有效的直接求解法主要是应用 Gauss 消元法, 该方法是由 Gauss 在 19 世纪提出的 (见 C. F. Gauss [A]). 尽管基本的 Gauss 消元法几乎可以用于任意的线性联立方程组 (如见 J. H. Wilkinson [A], B. Noble [A] 以及 R. S. Martin、G. Peters 和 J. H. Wilkinson [A]), 但有限元分析的效率取决于有限元刚度矩阵的具体性质: 对称性、正定性和带宽.

[697] 下面首先介绍 Gauss 消元法, 用于求解对称、正定和带状矩阵. 在第 8.2.5 节我们简单介绍对称非正定系统的求解.

8.2.1 Gauss 消元法概述

我们通过研究从例 3.27 得到的方程 $\mathbf{KU} = \mathbf{R}$ 的解, 其中参数 $L = 5, EI = 1$, 开始介绍 Gauss 消元法. 即

$$\begin{bmatrix} 5 & -4 & 1 & 0 \\ -4 & 6 & -4 & 1 \\ 1 & -4 & 6 & -4 \\ 0 & 1 & -4 & 5 \end{bmatrix} \begin{bmatrix} U_1 \\ U_2 \\ U_3 \\ U_4 \end{bmatrix} = \begin{bmatrix} 0 \\ 1 \\ 0 \\ 0 \end{bmatrix} \tag{8.2}$$

在这个例子中, 刚度矩阵 $\mathbf{K}$ 对应有 4 个平移自由度的简支梁, 如图 8.1 所示 (我们应知道通过有限差分法可得到该平衡方程组, 但在本例中, 它们与有限元分析一样有相同的性质).

1. 数学运算

我们首先介绍 Gauss 消元法的基本数学运算, 可以通过下面系统化的步骤进行, 如图 8.1 所示.

步骤 1: 在式 (8.2) 中, 从第二个方程和第三个方程中减去第一个方程乘以某个数, 从而得到矩阵 $\mathbf{K}$ 第一列为零的元素. 也就是第二行减去第一行乘以 $-4/5$, 第三行减去第一行乘以 $1/5$. 结果为

$$\begin{bmatrix} 5 & -4 & 1 & 0 \\ 0 & \frac{14}{5} & -\frac{16}{5} & 1 \\ 0 & -\frac{16}{5} & \frac{29}{5} & -4 \\ 0 & 1 & -4 & 5 \end{bmatrix} \begin{bmatrix} U_1 \\ U_2 \\ U_3 \\ U_4 \end{bmatrix} = \begin{bmatrix} 0 \\ 1 \\ 0 \\ 0 \end{bmatrix} \tag{8.3}$$

步骤 2: 接着考虑方程组 (8.3), 第三行减去第二行乘以 $-16/14$, 第四行减去第二行乘以 $5/14$. 结果为

$$\begin{bmatrix} 5 & -4 & 1 & 0 \\ 0 & \frac{14}{5} & -\frac{16}{5} & 1 \\ 0 & 0 & \frac{15}{7} & -\frac{20}{7} \\ 0 & 0 & -\frac{20}{7} & \frac{65}{14} \end{bmatrix} \begin{bmatrix} U_1 \\ U_2 \\ U_3 \\ U_4 \end{bmatrix} = \begin{bmatrix} 0 \\ 1 \\ \frac{8}{7} \\ -\frac{5}{14} \end{bmatrix} \tag{8.4}$$

步骤 3: 在式 (8.4) 中从第四行减去第三行乘以 $-20/15$, 得 [698]

$$\begin{bmatrix} 5 & -4 & 1 & 0 \\ 0 & \frac{14}{5} & -\frac{16}{5} & 1 \\ 0 & 0 & \frac{15}{7} & -\frac{20}{7} \\ 0 & 0 & 0 & \frac{5}{6} \end{bmatrix} \begin{bmatrix} U_1 \\ U_2 \\ U_3 \\ U_4 \end{bmatrix} = \begin{bmatrix} 0 \\ 1 \\ \frac{8}{7} \\ \frac{7}{6} \end{bmatrix} \tag{8.5}$$

现在, 由式 (8.5) 可以求解出未知数 U_4、U_3、U_2 和 U_1, 有

$$U_4 = \frac{\frac{7}{6}}{\frac{5}{6}} = \frac{7}{5}; \quad U_3 = \frac{\frac{8}{7} - \left(-\frac{20}{7}\right) U_4}{\frac{15}{7}} = \frac{12}{5}$$

$$U_2 = \frac{1-\left(-\dfrac{16}{5}\right)U_3-(1)U_4}{\dfrac{14}{5}} = \frac{13}{5} \tag{8.6}$$

$$U_1 = \frac{0-(-4)\dfrac{13}{5}-(1)\dfrac{12}{5}-(0)\dfrac{7}{5}}{5} = \frac{8}{5}$$

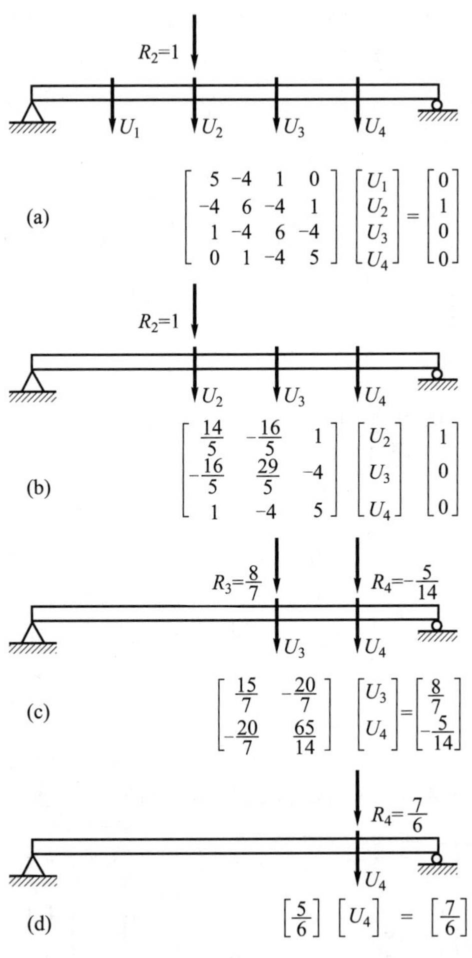

图 8.1　简支梁的 Gauss 消元法所考虑的刚度矩阵和载荷向量

(b)、(c) 和 (d) 中的刚度矩阵分别是式 (8.3)、式 (8.4) 和式 (8.5) 中虚线下的元素.

[699] 求解过程在第 i 步时, 逐次从方程 $i+1, i+2, \cdots, n, n-1$ 减去方程 i 的乘子, 其中 $i=1,2,\cdots,n-1$. 按同样的方式, 可以把方程组的系数矩阵 $\mathbf{K}$ 化简为上三角形式, 即对角元素下的所有元素为零. 从最后一个方程开始, 便可以依次求解出未知量 $U_n, U_{n-1}, \cdots, U_1$.

应着重指出, 在步骤 i 结束时, 右下方的 $n-i$ 阶子矩阵是对称的 (如式 (8.3) 至式 (8.5) 中的虚线所示). 因此包括对角线上的所有上方元素可给出求解过程中的所有时刻的系数矩阵. 在第 8.2.3 节, 我们将看到计算机实现中只用矩阵的上三角部分.

另一个重要事实是, 该方法假设在 i 步时, 当前系数矩阵的第 i 个对角元素不为零. 这才可能把对角线以下元素化简为零. 同时在求解位移回代过程中, 也要除以系数矩阵上的对角元素. 幸运的是在基于位移的有限元系统分析中, 系数矩阵的对角元素在求解过程中始终为正数, 这一特性使得 Gauss 消元法特别有效 (当采用混合格式或者有限差分法推导刚度矩阵时, 该性质不一定存在, 见第 3.3.4 节和第 4.4.2 节). 在第 8.2.5 节中, 我们将证明对角元素一定大于零, 该性质可以通过 Gauss 消元法的实际过程中看到.

2. 物理过程

为验证对应数学运算的 Gauss 消元法的物理过程, 首先注意到对系数矩阵 $\mathbf{K}$ 的运算与载荷向量 $\mathbf{R}$ 无关. 因此, 现在仅考虑系数矩阵的运算, 为简单起见, 仍采用上面的例子和图 8.1. 在无载荷作用时, 有

$$\begin{bmatrix} 5 & -4 & 1 & 0 \\ -4 & 6 & -4 & 1 \\ 1 & -4 & 6 & -4 \\ 0 & 1 & -4 & 5 \end{bmatrix} \begin{bmatrix} U_1 \\ U_2 \\ U_3 \\ U_4 \end{bmatrix} = \begin{bmatrix} 0 \\ 0 \\ 0 \\ 0 \end{bmatrix} \tag{8.7}$$

使用第一个方程给出的条件, 则 [700]

$$5U_1 - 4U_2 + U_3 = 0$$

也可以写成

$$U_1 = \frac{4}{5}U_2 - \frac{1}{5}U_3 \tag{8.8}$$

从式 (8.7) 中剩下的三个方程中消除 U_1, 得

$$\begin{aligned} -4\left(\frac{4}{5}U_2 - \frac{1}{5}U_3\right) + 6U_2 - 4U_3 + U_4 &= 0 \\ \left(\frac{4}{5}U_2 - \frac{1}{5}U_3\right) - 4U_2 + 6U_3 - 4U_4 &= 0 \\ U_2 - 4U_3 + 5U_4 &= 0 \end{aligned}$$

采用矩阵的形式为

$$\begin{bmatrix} \dfrac{14}{5} & -\dfrac{16}{5} & 1 \\ -\dfrac{16}{5} & \dfrac{29}{5} & -4 \\ 1 & -4 & 5 \end{bmatrix} \begin{bmatrix} U_2 \\ U_3 \\ U_4 \end{bmatrix} = \begin{bmatrix} 0 \\ 0 \\ 0 \end{bmatrix} \tag{8.9}$$

对比式 (8.9) 和式 (8.3), 可以发现式 (8.9) 中系数矩阵实际上就是式 (8.3) 的系数矩阵的右下方的 3×3 的子矩阵. 但由式 (8.7) 和条件式 (8.8) 得到式

(8.9) 中的系数矩阵, 这表明在梁的自由度 1 上没有外力作用. 式 (8.9) 的系数矩阵是当没有外力作用自由度 1 时对应于自由度 2、3 和 4 的梁的刚度矩阵, 即自由度 1 被 “释放” (也称静态凝聚). 同理, 当两个自由度被释放时, 我们得到式 (8.4) 中梁的刚度矩阵; 当自由度 1、2、3 被释放后, 在式 (8.5) 中系数矩阵的元素 (4,4) 表示梁的刚度矩阵, 对应于自由度 4. 图 8.1(b) 至 (d) 给出了刚度矩阵.

为进一步深入理解 Gauss 消元法, 现在考虑 (假设的) 实验室试验, 即思想实验. 假设我们构建了对应图 8.1 所示模型的一个实际的梁. 在图 8.1(a) 中需要测量自由度的位置上, 将带有测力装置的夹钳固支在梁上, 如图 8.2 所示. 现在利用夹钳迫使梁产生如图 8.3(a) 至 (d) 的位移, 并同时利用夹钳测量需要的力, 这些力对应式 (8.2) 中刚度矩阵的列 (当然, 这与数学模型的合适度、数值表示精度和试验测量精度有关, 测得的力可能会有细微的误差, 但在思想实验中我们忽略这些误差). 注意在图 8.3(a) 和图 8.3(d) 结果中梁的力为零对所给曲率是不可能的, 但力的值是如此小以致可忽略之.

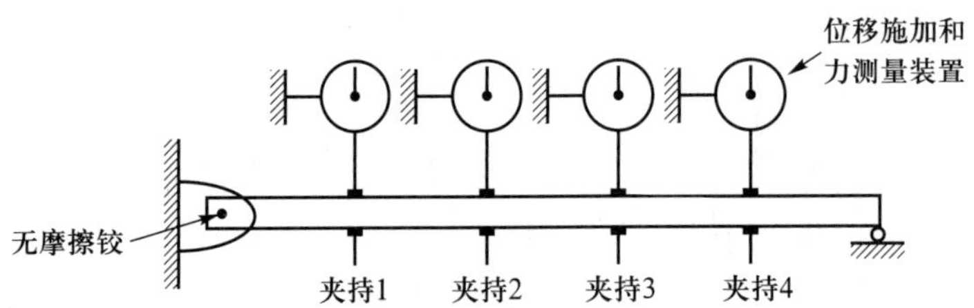

图 8.2　对梁进行测量的实验设置

[701]

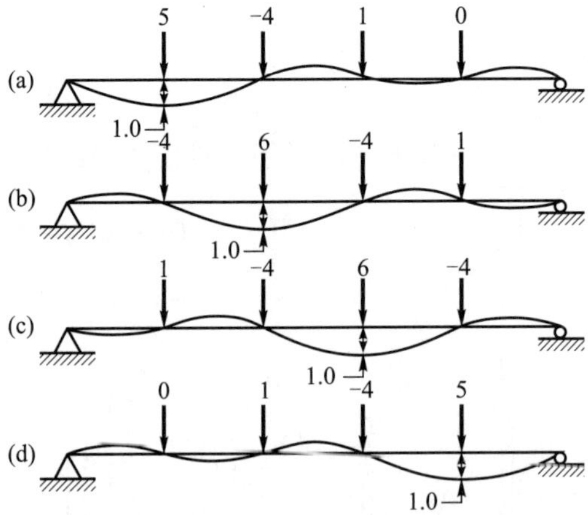

图 8.3　由单位位移引起的夹持处的力的实验结果 (给出一位数字)

现去掉夹持 1, 对同样的实体梁在实验室重复实验, 结果如图 8.4 所示, 此时测得的力对应式 (8.9) 中的刚度矩阵的列. 去掉夹持 2, 重复实验得到的力的结果如图 8.5 所示, 对应图 8.1(c) 中的刚度矩阵. 最后去掉夹持 3, 力测量结果如图 8.6 所示, 对应图 8.1(d) 的刚度矩阵.

[702]

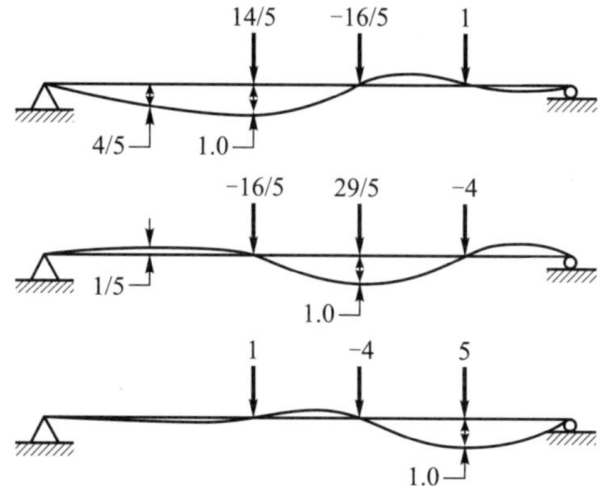

图 8.4　没有夹持 1 时, 由单位位移形成的夹持处力的实验结果

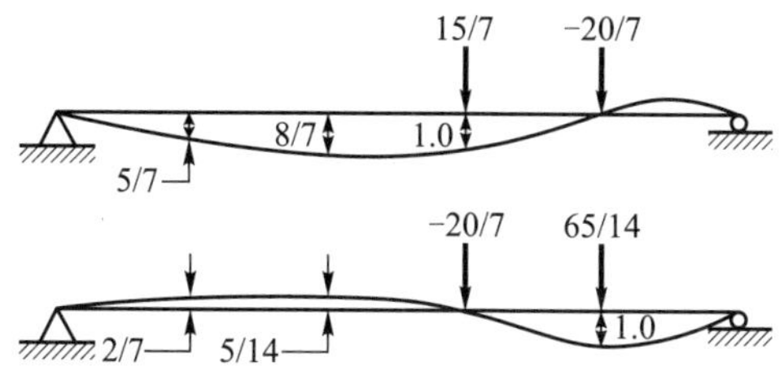

图 8.5　没有夹持 1 和 2 时, 由单位位移形成的夹持处力的实验结果

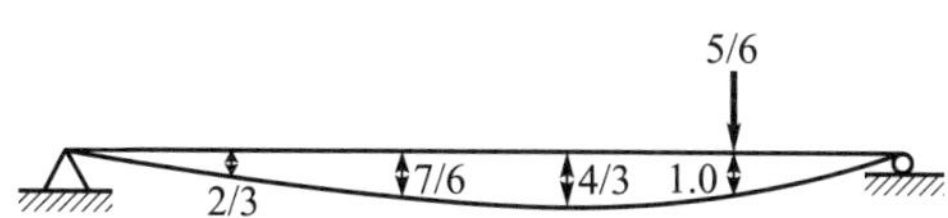

图 8.6　没有夹持 1、2 和 3 时, 由单位位移形成的夹持处力的实验结果

思想实验的要点是 Gauss 消元法的数学运算对应自由度的释放, 每次释放一个自由度, 直到只剩一个为止 (如例中的 U_4). 自由度的释放过程对应物理过程就是移去相应的夹持. 因此, 在 Gauss 消元法的每个步骤中, 建立同一个物理结构的新的刚度矩阵, 而该刚度矩阵比先前所用的自由度要少.

当然, 在实验室试验中, 我们可自由地建立对应任意选择的自由度的结构刚度矩阵. 考虑如图 8.2 所示的梁, 可以根据测量的结果首先建立图 8.1(d) 中的刚度矩阵, 其次是图 8.1(c) 中的刚度矩阵, 然后是图 8.1(b) 中的刚度矩阵, 最后是图 8.1 (a) 中的刚度矩阵, 或者采用其他的测量顺序. 另外, 我们可 [703]
以移动夹持到其他位置或者引入更多的夹持, 然后建立对应位移自由度的刚度矩阵. 但是, 在有限元分析中需要一定数量的自由度来描述结构的性质 (见

第 4.3 节), 得到一个具体的有限元模型, 然后可建立释放一定自由度的有限元模型的刚度矩阵. Gauss 消元法就是一个释放自由度的过程.

例 8.1: 假设您认识一名实验员, 他/她对有限单元和方程求解一无所知. 但是, 他/她已经在实验室使用夹钳测量实验室梁结构上的力, 如图 E8.1 所示. 通过移动夹钳到 "单位长度" 和 "零" 位置, 测量下列力的大小.

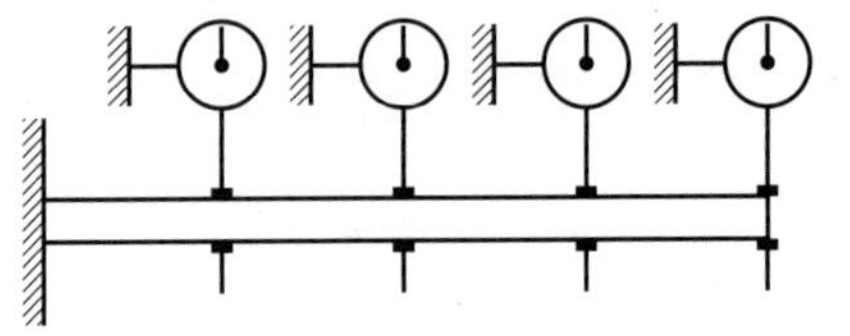

图 E8.1　带有夹持的梁

第一次试验的结果为 U_1

由 $U_1=1$ 和 $U_2=U_3=U_4=0$ 引起的夹持处的力

$$
\begin{array}{c} \\ F_1 \\ F_2 \\ F_3 \\ F_4 \end{array}
\begin{array}{c} \begin{array}{cccc} U_1 & U_2 & U_3 & U_4 \end{array} \\ \begin{bmatrix} 7 & -4 & 1 & 0 \\ -4 & 6 & -4 & 1 \\ 1 & -4 & 5 & -2 \\ 0 & 1 & -2 & 1 \end{bmatrix} \end{array}
\qquad \text{(a)}
$$

实验员在第二次试验中为 U_2 移去夹持, 重复测量得到下列力.

第二次试验的结果为

由 $U_1=1$ 和 $U_3=U_4=0$ 引起的夹持处的力

$$
\begin{array}{c} \\ F_1 \\ F_3 \\ F_4 \end{array}
\begin{array}{c} \begin{array}{ccc} U_1 & U_3 & U_4 \end{array} \\ \begin{bmatrix} \frac{13}{3} & \frac{-5}{3} & \frac{2}{3} \\ \frac{-5}{3} & \frac{10}{3} & \frac{-4}{3} \\ \frac{2}{3} & \frac{-4}{3} & \frac{5}{6} \end{bmatrix} \end{array}
\qquad \text{(b)}
$$

您或许怀疑其在第二次实验所测的力大小的正确性. 假设第一次完全正确, 验证第二次测量是否正确.

如果刚度矩阵式 (b) 是式 (a) 在移除自由度 U_2 后得到的, 则刚度矩阵式 (b) 是正确的. 从矩阵式 (a), 对 U_2 进行 Gauss 消元, 得到

$$
\mathbf{K}=\begin{bmatrix} \frac{13}{3} & -\frac{5}{3} & \frac{2}{3} \\ -\frac{5}{3} & \frac{7}{3} & -\frac{4}{3} \\ \frac{2}{3} & -\frac{4}{3} & \frac{5}{6} \end{bmatrix}
$$

可以看到当 $U_3=1, U_1=U_4=0$ 时, 在夹持 3 位置测量的力的结果有误. [704]

迄今为止, 我们假设没有载荷加载到结构上, 因为刚度矩阵的运算与载荷向量的运算无关. 当载荷向量不是零向量时, 自由度的消去仍如上述方式进行, 但此时用于消去剩下的方程中的位移变量的方程中含有载荷项. 在消元过程中, 此载荷的影响会传递给其余的自由度. 因此总的说来, Gauss 消元法的物理过程是建立了对应于同一物理系统的最后 $n-i$ 个自由度, $i=0,1,2,\cdots,n-1$ 的, 阶数分别为 $n, n-1, \cdots, 1$ 的 n 个刚度矩阵. 另外, 计算出对应适当的载荷向量的 n 个矩阵. 这些载荷向量使得在未释放自由度上对应的位移是由所有 n 个自由度描述的系统所算出的位移. 未知位移则通过逐次考虑只有$1,2,\cdots$ 自由度 (这些自由度对应最后$1,2,\cdots$ 初始自由度数) 的系统求得.

现在我们可以从物理意义上解释 Gauss 消元法中所有对角线元素应为正的原因. 这是因为当系统的最开始 $i-1$ 个自由度被释放时, 最后第 i 个对角线元素是第 i 个自由度上的刚度, 而刚度应为正. 如果在 Gauss 消元法中对角线上出现一个零 (或者负数) , 则该结构是不稳定的. 图 8.7 给出了此种情况的一个例子, 当释放了自由度 U_1、U_2 和 U_3 后, 最后一个对角线元素为零.

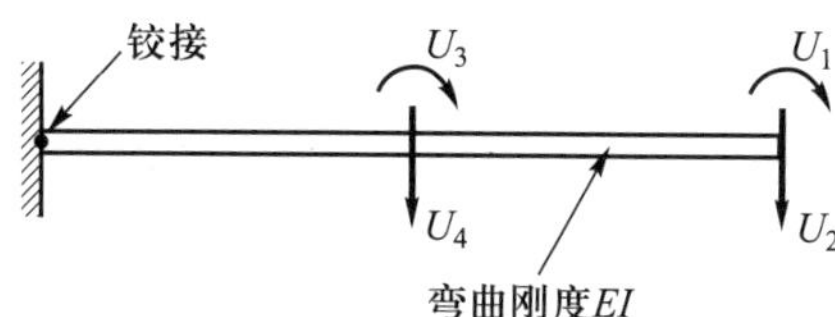

图 8.7　不稳定结构示例

迄今为止, 我们已经讨论了逐次从第 1 个到第 $n-1$ 个自由度进行的 Gauss 消元法. 但我们也可以用同样的方法后向进行 (从最后 1 个到第 2 个自由度), 也可选择任意希望的顺序进行, 这点我们在图 8.2 中的物理实验中已经说明.

例 8.2: 按照 U_3、U_2、U_4 的顺序消去位移变量, 求解图 8.1 中的梁的平衡方程. [705]

我们可以在消去过程中分别写出每个单独的方程或者直接按照指定顺序进行 Gauss 消元. 按后者, 首先通过消去 U_3, 得到

$$\begin{bmatrix} \frac{29}{6} & -\frac{10}{3} & 0 & \frac{2}{3} \\ -\frac{10}{3} & \frac{10}{3} & 0 & -\frac{5}{3} \\ 1 & -4 & 6 & -4 \\ \frac{2}{3} & -\frac{5}{3} & 0 & \frac{7}{3} \end{bmatrix} \begin{bmatrix} U_1 \\ U_2 \\ U_3 \\ U_4 \end{bmatrix} = \begin{bmatrix} 0 \\ 1 \\ 0 \\ 0 \end{bmatrix}$$

然后消去 U_2, 得

$$\begin{bmatrix} \frac{3}{2} & 0 & 0 & -1 \\ -\frac{10}{3} & \frac{10}{3} & 0 & -\frac{5}{3} \\ 1 & -4 & 6 & -4 \\ -1 & 0 & 0 & \frac{3}{2} \end{bmatrix} \begin{bmatrix} U_1 \\ U_2 \\ U_3 \\ U_4 \end{bmatrix} = \begin{bmatrix} 1 \\ 1 \\ 0 \\ \frac{1}{2} \end{bmatrix}$$

最后消去 U_4, 得

$$\begin{bmatrix} \frac{5}{6} & 0 & 0 & 0 \\ -\frac{10}{3} & \frac{10}{3} & 0 & -\frac{5}{3} \\ 1 & -4 & 6 & -4 \\ -1 & 0 & 0 & \frac{3}{2} \end{bmatrix} \begin{bmatrix} U_1 \\ U_2 \\ U_3 \\ U_4 \end{bmatrix} = \begin{bmatrix} \frac{4}{3} \\ 1 \\ 0 \\ \frac{1}{2} \end{bmatrix}$$

求解出的位移如下

$$U_1 = \frac{8}{5}$$

$$U_4 = \frac{\frac{1}{2} - (-1)\frac{8}{5}}{\frac{3}{2}} = \frac{7}{5}$$

$$U_2 = \frac{1 - \left(-\frac{10}{3}\right)\frac{8}{5} - \left(-\frac{5}{3}\right)\frac{7}{5}}{\frac{10}{3}} = \frac{13}{5}$$

$$U_3 = \frac{0 - (1)\frac{8}{5} - (-4)\frac{7}{5} - (-4)\frac{13}{5}}{6} = \frac{12}{5}$$

和前面求解的结果相同.

8.2.2 LDL^{T} 解法

在第 8.2.1 节中我们看到 Gauss 消元法的基本步骤就是将方程化简为对应的上三角系数矩阵, 从系数矩阵由回代法算出未知位移 $\mathbf{U}$. 现在我们希望通过合适的矩阵运算使上述求解方法程序化. 另外一个重要的目的是引入一个符号可以在下面整个介绍中使用. 第 8.2.3 节将给出实用的计算机实现.

考虑第 8.2.1 节介绍的 Gauss 消元法, 把刚度矩阵 $\mathbf{K}$ 化简为上三角矩阵的形式, 可写为

$$\mathbf{L}_{n-1}^{-1} \cdots \mathbf{L}_2^{-1} \mathbf{L}_1^{-1} \mathbf{K} = \mathbf{S} \tag{8.10}$$

其中, $\mathbf{S}$ 是最后的上三角矩阵且 [706]

$$\mathbf{L}_i^{-1}=\begin{bmatrix}1 & & & & \\ & \ddots & & \text{未显示的元素为零}^{①} & \\ & & 1 & & \\ & & -l_{i+1,i} & & \\ & & -l_{i+2,i} & & \\ & & \vdots & \ddots & \\ & & -l_{ni} & & 1\end{bmatrix};\quad l_{i+j,i}=\frac{k_{i+j,i}^{(i)}}{k_{ii}^{(i)}} \tag{8.11}$$

元素 $l_{i+j,i}$ 是 Gauss 乘子, 右上标 (i) 表示使用矩阵 $\mathbf{L}_{i-1}^{-1}\cdots\mathbf{L}_2^{-1}\mathbf{L}_1^{-1}\mathbf{K}$ 的一个元素.

现在注意到 $\mathbf{L}_i$ 可由 $\mathbf{L}_i^{-1}$ 的非对角的元素直接反号得到. 因此, 有

$$\mathbf{K}=\mathbf{L}_1\mathbf{L}_2\cdots\mathbf{L}_{n-1}\mathbf{S} \tag{8.12}$$

其中,

$$\mathbf{L}_i=\begin{bmatrix}1 & & & & \\ & \ddots & & & \\ & & 1 & & \\ & & l_{i+1,i} & & \\ & & l_{i+2,i} & & \\ & & \vdots & \ddots & \\ & & l_{ni} & & 1\end{bmatrix} \tag{8.13}$$

因此, 可写为

$$\mathbf{K}=\mathbf{LS} \tag{8.14}$$

其中, $\mathbf{L}=\mathbf{L}_1\mathbf{L}_2\cdots\mathbf{L}_{n-1}$, 即 $\mathbf{L}$ 是单位下三角矩阵.

$$\mathbf{L}=\begin{bmatrix}1 & & & & & \\ l_{21} & 1 & & & & \\ l_{31} & l_{32} & 1 & & & \\ l_{41} & l_{42} & & 1 & & \\ \vdots & \vdots & & & \ddots & \\ & & & & 1 & \\ l_{ni} & & \cdots & & l_{n,n-1} & 1\end{bmatrix} \tag{8.15}$$

由于 $\mathbf{S}$ 是上三角矩阵, 对角元素是 Gauss 消元法的主元, 故可写为 $\mathbf{S}=\mathbf{D}\widetilde{\mathbf{S}}$, 其中, $\mathbf{D}$ 是存放 $\mathbf{S}$ 的对角元素的对角矩阵, 即 $d_{ii}=s_{ii}$. 将 $\mathbf{S}$ 代入到式

① 本书中, 矩阵中未显示元素都是零.

[707] (8.14) 中, 并注意到 $\mathbf{K}$ 是对称矩阵, 且分解是唯一的, 可得 $\widetilde{\mathbf{S}}=\mathbf{L}^{\mathrm{T}}$, 因此, 得

$$\mathbf{K}=\mathbf{L}\mathbf{D}\mathbf{L}^{\mathrm{T}} \tag{8.16}$$

$\mathbf{K}$ 的分解 $\mathbf{L}\mathbf{D}\mathbf{L}^{\mathrm{T}}$ 可按下面两步就有效地用于得到式 (8.1) 的解, 得

$$\mathbf{L}\mathbf{V}=\mathbf{R} \tag{8.17}$$

$$\mathbf{D}\mathbf{L}^{\mathrm{T}}\mathbf{U}=\mathbf{V} \tag{8.18}$$

其中, 式 (8.17) 中载荷向量 $\mathbf{R}$ 被化简以得到 $\mathbf{V}$

$$\mathbf{V}=\mathbf{L}_{n-1}^{-1}\cdots\mathbf{L}_{2}^{-1}\mathbf{L}_{1}^{-1}\mathbf{R} \tag{8.19}$$

在式 (8.18) 中, 通过回代法得到 $\mathbf{U}$

$$\mathbf{L}^{\mathrm{T}}\mathbf{U}=\mathbf{D}^{-1}\mathbf{V} \tag{8.20}$$

实际中, 计算矩阵 $\mathbf{L}_i^{-1}$ 的同时, 常计算向量 $\mathbf{V}$. 第 8.2.1 节中简支梁的计算就是这种情况.

应该指出, 通常不进行矩阵乘法以得到式 (8.15) 中的 $\mathbf{L}$ 和式 (8.19) 中的 $\mathbf{V}$, 而通过直接修改 $\mathbf{K}$ 和 $\mathbf{R}$ 建立 $\mathbf{L}$ 和 $\mathbf{V}$. 在第 8.2.3 节中将会进一步讨论, 并介绍求解方法的计算机实现. 但是, 在进行之前, 考虑第 8.2.1 节中推导上述定义的矩阵的例子.

例 8.3: 建立对应第 8.2.1 节所考虑的简支梁的刚度矩阵和载荷向量的矩阵 $\mathbf{L}_i^{-1}$, $i=1,2,3$, $\mathbf{S}$、$\mathbf{L}$ 和 $\mathbf{D}$, 以及向量 $\mathbf{V}$.

使用第 8.2.1 节中的数据, 可以直接写出下面所求的矩阵

$$\mathbf{L}_1^{-1}=\begin{bmatrix}1&&&\\ \frac{4}{5}&1&&\\ -\frac{1}{5}&0&1&\\ 0&0&0&1\end{bmatrix};\quad \mathbf{L}_2^{-1}=\begin{bmatrix}1&&&\\ 0&1&&\\ 0&\frac{8}{7}&1&\\ 0&-\frac{5}{14}&0&1\end{bmatrix}$$

$$\mathbf{L}_3^{-1}=\begin{bmatrix}1&&&\\ 0&1&&\\ 0&0&1&\\ 0&0&\frac{4}{3}&1\end{bmatrix};\quad \mathbf{S}=\begin{bmatrix}5&-4&1&0\\ &\frac{14}{5}&-\frac{16}{5}&1\\ &&\frac{15}{7}&-\frac{20}{7}\\ &&&\frac{5}{6}\end{bmatrix}$$

其中, 矩阵 $\mathbf{L}_i^{-1}$ 的第 i 列保存用于 Gauss 消元法中消去第 i 个方程的乘子, 矩阵 $\mathbf{S}$ 为式 (8.5) 中得到的上三角矩阵. 矩阵 $\mathbf{D}$ 是主元在对角线上的对角矩

阵. 在本例中

$$\mathbf{D}=\begin{bmatrix}5 & & & \\ & \frac{14}{5} & & \\ & & \frac{15}{7} & \\ & & & \frac{5}{6}\end{bmatrix}$$

为得到 **L**, 使用式 (8.15), 因此 [708]

$$\mathbf{L}=\begin{bmatrix}1 & & & \\ -\frac{4}{5} & 1 & & \\ \frac{1}{5} & -\frac{8}{7} & 1 & \\ 0 & \frac{5}{14} & -\frac{4}{3} & 1\end{bmatrix}$$

并且可以验证 $\mathbf{S}=\mathbf{D}\mathbf{L}^{\mathrm{T}}$.

得到式 (8.5) 中的向量 **V**

$$\mathbf{V}=\begin{bmatrix}0\\ 1\\ \frac{8}{7}\\ \frac{7}{6}\end{bmatrix}$$

8.2.3 Gauss 消元法的计算机实现: 活动列求解法

Gauss 消元法计算机实现的目的是所需的求解时间较短. 除此之外, 所需高速内存空间应尽量小, 以避免使用外部辅助存储器. 但对大系统来说, 仍然需要使用外部辅助存储器, 基于这个原因, 把求解算法修改为有效的外存求解法也应该是可能的.

有限元分析的一个优势是单元组合体的刚度矩阵不仅是对称和正定的, 而且是带状的, 即对 $j>i+m_{\mathrm{K}}$ 时, $k_{ij}=0$, 其中, m_{K} 是系统的半带宽 (见图 2.1). 事实上在有限元分析中, 由于所有非零的单元都集中在系统矩阵的对角线上, 故减少了求解过程中所需的运算量和高速内存空间. 但是, 这一性质取决于有限元网格的节点编号, 分析人员应小心地进行有效的节点编号 (见第 12 章).

假设对给定的有限元组合体确定了具体的节点编号, 也算出了对应的列高和刚度矩阵 **K** (见第 12.2.3 节). 可以依次考虑每列而有效得到 **K** 的 $\mathbf{LDL}^{\mathrm{T}}$ 的分解, 即尽管 Gauss 消元法是通过行进行的, 但 **D** 和 **L** 的最后的元素是通过列计算的. 使用 $d_{11}=k_{11}$, 对于 $j=2,3,\cdots,n$, 计算第 j 列元素 l_{ij} 和 d_{jj} 的算法是

$$\left.\begin{aligned} g_{m_j,j} &= k_{m_j,j} \\ g_{ij} &= k_{ij} - \sum_{r=m_m}^{i-1} l_{ri} g_{rj} \quad i = m_j+1,\cdots,j-1 \end{aligned}\right\} \tag{8.21}$$

其中, m_j 是第 j 列中第一个非零元素的行号, $m_m=\max\{m_i,m_j\}$ (见图 12.2). 变量 m_i, $i=1,2,\cdots,n$, 定义矩阵的特征顶线, 而值 $i-m_i$ 是列高, 最大的列高等于半带宽 $m_{\rm K}$. 在式 (8.21) 中的元素 g_{ij} 仅被定义成中间量, 计算可以通
[709] 过下式完成

$$l_{ij} = \frac{g_{ij}}{d_{ii}} \quad i = m_j,\cdots,j-1 \tag{8.22}$$

$$d_{jj} = k_{jj} - \sum_{r=m_j}^{j-1} l_{rj} g_{rj} \tag{8.23}$$

应指出, 在式 (8.21) 和式 (8.23) 中的求和不包括与矩阵特征顶线外的零元素相乘, l_{ij} 是矩阵 $\mathbf{L}^{\rm T}$ 的元素而不是 $\mathbf{L}$ 的元素. 我们把式 (8.21) 至式 (8.23) (实际用式 (8.24) 和式 (8.25)) 的求解算法叫做*活动列解法*或*特征顶线 (或列) 化简法*.

考虑化简时的存储器分配, 当算出用于式 (8.23) 的元素 l_{ij} 立即代替 g_{ij}, d_{jj} 代替 k_{jj}. 因此, 化简后, 元素 d_{jj} 放在原来存放 k_{jj} 的位置上, l_{rj} 放在原来存放 k_{rj} 的位置上, $j>r$.

为了熟悉上面的求解算法, 现在分析下面的例子.

例 8.4: 采用式 (8.21) 至式 (8.23) 中给出的求解算法, 计算例 8.3 中所考虑梁的刚度矩阵的三角因子 $\mathbf{D}$ 和 $\mathbf{L}^{\rm T}$.

所考虑的初始元素为 (当把这些元素写在各自矩阵位置时)

$$\begin{bmatrix} 5 & -4 & 1 & \\ & 6 & -4 & 1 \\ & & 6 & -4 \\ & & & 5 \end{bmatrix}$$

且 $m_1 - 1$, $m_2=1$, $m_3=1$ 和 $m_4=2$. 利用式 (8.21) 至式 (8.23), 对 j=2, 有

$$d_{11} = k_{11} = 5$$

$$g_{12} = k_{12} = -4$$
$$l_{12} = \frac{g_{12}}{d_{11}} = -\frac{4}{5}$$
$$d_{22} = k_{22} - l_{12} g_{12} = 6 - (-4)\left(-\frac{4}{5}\right) = \frac{14}{5}$$

因此, 使用虚线把未化简的列与已化简的列分离, 最后的矩阵元素如下

$$\left[\begin{array}{cc|cc} 5 & -\frac{4}{5} & 1 & \\ & \frac{14}{5} & -4 & 1 \\ & & 6 & -4 \\ & & & 5 \end{array}\right]$$

当 $j=3$, 有

$$\begin{aligned} g_{13} &= k_{13} = 1 \\ g_{23} &= k_{23} - l_{12}g_{13} = -4 - \left(-\frac{4}{5}\right)(1) = -\frac{16}{5} \\ l_{13} &= \frac{g_{13}}{d_{11}} = \frac{1}{5} \\ l_{23} &= \frac{g_{23}}{d_{22}} = \frac{-\frac{16}{5}}{\frac{14}{5}} = -\frac{8}{7} \end{aligned}$$

[710]

$$d_{33} = k_{33} - l_{13}g_{13} - l_{23}g_{23} = 6 - \left(\frac{1}{5}\right)(1) - \left(-\frac{8}{7}\right)\left(-\frac{16}{5}\right) = \frac{15}{7}$$

相应的矩阵元素为

$$\left[\begin{array}{ccc|c} 5 & -\frac{4}{5} & \frac{1}{5} & \\ & \frac{14}{5} & -\frac{8}{7} & 1 \\ & & \frac{15}{7} & -4 \\ & & & 5 \end{array}\right]$$

当 $j=4$ 时, 有

$$\begin{aligned} g_{24} &= k_{24} = 1 \\ g_{34} &= k_{34} - l_{23}g_{24} = -4 - \left(-\frac{8}{7}\right)(1) = -\frac{20}{7} \\ l_{24} &= \frac{g_{24}}{d_{22}} = \frac{1}{\frac{14}{5}} = \frac{5}{14} \\ l_{34} &= \frac{g_{34}}{d_{33}} = \frac{-\frac{20}{7}}{\frac{15}{7}} = -\frac{4}{3} \\ d_{44} &= k_{44} - l_{24}g_{24} - l_{34}g_{34} = 5 - \left(\frac{5}{14}\right)(1) - \left(-\frac{4}{3}\right)\left(-\frac{20}{7}\right) = \frac{5}{6} \end{aligned}$$

最后存储的元素是

$$\begin{bmatrix} 5 & -\frac{4}{5} & \frac{1}{5} & \\ & \frac{14}{5} & -\frac{8}{7} & \frac{5}{14} \\ & & \frac{15}{7} & -\frac{4}{3} \\ & & & \frac{5}{6} \end{bmatrix}$$

应该指出 $\mathbf{D}$ 的元素都存储在对角线上, 元素 l_{ij} 取代了 $k_{ij}, j > i$.

尽管例 8.4 已经说明了求解过程的细节, 由于特征顶线和带重合, 并没有显示出使用列化简方法的重要性. 特征顶线化简法的有效性在下面的矩阵分解中表现得更加明显.

例 8.5: 使用式 (8.21) 至式 (8.23) 给出的求解算法, 计算刚度矩阵 $\mathbf{K}$ 的三角矩阵 $\mathbf{D}$ 和 $\mathbf{L}^{\mathrm{T}}$, 其中

$$\mathbf{K} = \begin{bmatrix} 2 & -2 & & & -1 \\ & 3 & -2 & & 0 \\ & & 5 & -3 & 0 \\ & \text{对称} & & 10 & 4 \\ & & & & 10 \end{bmatrix}$$

对于此矩阵, 有 $m_1 = 1, m_2 = 1, m_3 = 2, m_4 = 3$ 和 $m_5 = 1$.

[711] 对 $j = 2, d_{11} = 2$ 情况, 由算法得

$$\begin{aligned} g_{12} &= k_{12} = -2 \\ l_{12} &= \frac{g_{12}}{d_{11}} = \frac{-2}{2} = -1 \\ d_{22} &= k_{22} - l_{12} g_{12} = 3 - (-1)(-2) = 1 \end{aligned}$$

因此, 最后的矩阵元素为

$$\left[\begin{array}{cc:ccc} 2 & -1 & & & -1 \\ & 1 & -2 & & 0 \\ & & 5 & -3 & 0 \\ & & & 10 & 4 \\ & & & & 10 \end{array}\right]$$

对 j=3, 有

$$\begin{aligned} g_{23} &= k_{23} = -2 \\ l_{23} &= \frac{g_{23}}{d_{22}} = \frac{-2}{1} = -2 \\ d_{33} &= k_{33} - l_{23} g_{23} = 5 - (-2)(-2) = 1 \end{aligned}$$

系数数组为

$$
\begin{bmatrix}
2 & -1 & & & -1 \\
 & 1 & -2 & & 0 \\
 & & 1 & -3 & 0 \\
 & & & 10 & 4 \\
 & & & & 10
\end{bmatrix}
$$

对 j=4 时, 有

$$
\begin{aligned}
g_{34} &= k_{34} = -3 \\
l_{34} &= \frac{g_{34}}{d_{33}} = \frac{-3}{1} = -3 \\
d_{44} &= k_{44} - l_{34}g_{34} = 10 - (-3)(-3) = 1
\end{aligned}
$$

最后的矩阵元素为

$$
\begin{bmatrix}
2 & -1 & & & -1 \\
 & 1 & -2 & & 0 \\
 & & 1 & -3 & 0 \\
 & & & 1 & 4 \\
 & & & & 10
\end{bmatrix}
$$

最终, 对 $j = 5$ 时, 有

$$
\begin{aligned}
g_{15} &= k_{15} = -1 \\
g_{25} &= k_{25} - l_{12}g_{15} = 0 - (-1)(-1) = -1 \\
g_{35} &= k_{35} - l_{23}g_{25} = 0 - (-2)(-1) = -2 \\
g_{45} &= k_{45} - l_{34}g_{35} = +4 - (-3)(-2) = -2 \\
l_{15} &= \frac{g_{15}}{d_{11}} = \frac{-1}{2} = -\frac{1}{2}
\end{aligned}
$$ [712]

$$
\begin{aligned}
l_{25} &= \frac{g_{25}}{d_{22}} = \frac{-1}{1} = -1 \\
l_{35} &= \frac{g_{35}}{d_{33}} = \frac{-2}{1} = -2 \\
l_{45} &= \frac{g_{45}}{d_{44}} = \frac{-2}{1} = -2 \\
d_{55} &= k_{55} - l_{15}g_{15} - l_{25}g_{25} - l_{35}g_{35} - l_{45}g_{45} \\
&= 10 - \left(-\frac{1}{2}\right)(-1) - (-1)(-1) - (-2)(-2) - (-2)(-2) = \frac{1}{2}
\end{aligned}
$$

最后的矩阵元素为

$$
\begin{bmatrix}
2 & -1 & & & -\frac{1}{2} \\
 & 1 & -2 & & -1 \\
 & & 1 & -3 & -2 \\
 & & & 1 & -2 \\
 & & & & \frac{1}{2}
\end{bmatrix}
$$

如例 8.4 一样, 分别用矩阵 $\mathbf{D}$ 和 $\mathbf{L}^{\mathrm{T}}$ 的元素代替初始矩阵 $\mathbf{K}$ 的元素 k_{ii} 和 k_{ij}, $j > i$.

在上面的讨论中, 我们只考虑了刚度矩阵的分解, 这是方程求解的主要工作量. 一旦得到 $\mathbf{K}$ 的因子 $\mathbf{L}$ 和 $\mathbf{D}$ 后, 便可以通过式 (8.19) 和式 (8.20) 计算 $\mathbf{U}$. 其中要注意 $\mathbf{R}$ 的化简与刚度矩阵 $\mathbf{K}$ 的分解同时进行, 或者后来分开进行. 方程的应用类似式 (8.23), 即有 $V_1 = R_1$, 当 $i = 2, \cdots, n$, 计算

$$V_i = R_i - \sum_{r=m_i}^{i-1} l_{ri} V_r \tag{8.24}$$

其中, R_i 和 V_i 是 $\mathbf{R}$ 和 $\mathbf{V}$ 的第 i 个元素. 考虑到存储器分配, 用 V_i 代替 R_i.

在式 (8.20) 的回代中通过逐次计算 $U_n, U_{n-1}, \cdots, U_1$. 这首先通过计算 $\overline{\mathbf{V}}$ 得到, 其中, $\overline{\mathbf{V}} = \mathbf{D}^{-1}\mathbf{V}$. 在利用 $\overline{\mathbf{V}}^{(n)} = \overline{\mathbf{V}}$, 有 $U_n = \overline{V}_n^{(n)}$, 则当 $i = n, \cdots, 2$, 计算

$$\left.\begin{aligned} \overline{V}_r^{(i-1)} &= \overline{V}_r^{(i)} - l_{ri} U_i; \quad r = m_i, \cdots, i-1 \\ U_{i-1} &= \overline{V}_{i-1}^{(i-1)} \end{aligned}\right\} \tag{8.25}$$

其中, 上标 $(i-1)$ 指明计算 U_{i-1} 时要求的元素. 应指出, 对所有 $j, \overline{V}_k^{(j)}$ 存储在 V_k 的存储位置, 即 R_k 的初始存储位置.

[713] **例 8.6**: 采用式 (8.24) 和式 (8.25) 的算法计算问题 $\mathbf{KU} = \mathbf{R}$ 的解, 其中, $\mathbf{K}$ 是例 8.5 中所考虑的刚度矩阵.

$$\mathbf{R} = \begin{bmatrix} 0 \\ 1 \\ 0 \\ 0 \\ 0 \end{bmatrix}$$

在求解过程中, 利用例 8.5 中算得的 $\mathbf{K}$ 的因式 $\mathbf{D}$ 和 $\mathbf{L}^{\mathrm{T}}$. 采用式 (8.24) 进一步化简, 得到

$$\begin{aligned} V_1 &= R_1 = 0 \\ V_2 &= R_2 - l_{12} V_1 = 1 - 0 = 1 \\ V_3 &= R_3 - l_{23} V_2 = 0 - (-2)(1) = 2 \\ V_4 &= R_4 - l_{34} V_3 = 0 - (-3)(2) = 6 \\ V_5 &= R_5 - l_{15} V_1 - l_{25} V_2 - l_{35} V_3 - l_{45} V_4 \\ &= 0 - 0 - (-1)(1) - (-2)(2) - (-2)(6) = 17 \end{aligned}$$

在计算 V_i 后, 就取代 R_i 的元素. 因此, 得到原先存放载荷的向量

$$\mathbf{V}=\begin{bmatrix}0\\1\\2\\6\\17\end{bmatrix}$$

回代的第一步是计算 $\overline{\mathbf{V}}$, 其中 $\overline{\mathbf{V}}=\mathbf{D}^{-1}\mathbf{V}$. 这里得

$$\overline{\mathbf{V}}=\begin{bmatrix}0\\1\\2\\6\\34\end{bmatrix}$$

因此,

$$U_5=\overline{V}_5=34$$

采用式 (8.25) 和式 (a) 的 $\overline{\mathbf{V}}^{(5)}=\overline{\mathbf{V}}$. 因此, 对于 $i=5$, 有

$$\begin{aligned}\overline{V}_1^{(4)}&=\overline{V}_1^{(5)}-l_{15}U_5=0-\left(-\frac{1}{2}\right)(34)=17\\ \overline{V}_2^{(4)}&=\overline{V}_2^{(5)}-l_{25}U_5=1-(-1)(34)=35\\ \overline{V}_3^{(4)}&=\overline{V}_3^{(5)}-l_{35}U_5=2-(-2)(34)=70\\ \overline{V}_4^{(4)}&=\overline{V}_4^{(5)}-l_{45}U_5=6-(-2)(34)=74\end{aligned}$$

同时

$$U_4=\overline{V}_4^{(4)}=74$$

对 $i=4$

$$\overline{V}_3^{(3)}=\overline{V}_3^{(4)}-l_{34}U_4=70-(-3)(74)=292$$ [714]

和

$$U_3=\overline{V}_3^{(3)}=292$$

对 $i=3$

$$\overline{V}_2^{(2)}=\overline{V}_2^{(3)}-l_{23}U_3=35-(-2)(292)=619$$

和

$$U_2=\overline{V}_2^{(2)}=619$$

对 $i=2$

$$\overline{V}_1^{(1)}=\overline{V}_1^{(2)}-l_{12}U_2=17-(-1)(619)=636$$

和

$$U_1 = \overline{V}_1^{(1)} = 636$$

存放在该向量中的元素原先存放第 $i = 5, 4, 3, 2$ 后的载荷, 分别为

$$\begin{bmatrix} 17 \\ 35 \\ 70 \\ 74 \\ 34 \end{bmatrix}; \begin{bmatrix} 17 \\ 35 \\ 292 \\ 74 \\ 34 \end{bmatrix}; \begin{bmatrix} 17 \\ 619 \\ 292 \\ 74 \\ 34 \end{bmatrix}; \begin{bmatrix} 636 \\ 619 \\ 292 \\ 74 \\ 34 \end{bmatrix}$$

其中, 最后一个向量给出解 $\mathbf{U}$.

关于活动列求解算法的有效性, 我们应指出, 对一个具体的矩阵 $\mathbf{K}$, 由于对特征顶线外的元素没有进行运算, 并且只有特征顶线下面的元素需要存储, 故该算法往往可以高效地得到一个解. 但进行的总运算量不是最小的, 这是因为虽然式 (8.21) 至式 (8.25) 对所有 l_{ri} 或 g_{rj} 为零时乘法可以跳过, 但这些跳过需要另外的逻辑判断, 如果这种跳过有很多时, 则非常有效, 这是稀疏求解器的主要基础. 这些求解器在大型三维问题求解时非常有效, 避免了存储零元素并且跳过了相关的运算, 见例 A. George、J. R. Gilbert 和 J. W. H. Liu [A].

为计算活动列求解法的效率, 我们考虑具有常列高的系统, 即半带宽 m_{K} 使得对所有 $i, i > m_{\mathrm{K}}$ 有 $m_{\mathrm{K}} = i - m_i$. 根据式 (8.16) 至式 (8.25) 进行运算计数. 我们定义一次运算包括一次乘法或除法, 往往随后总有一次加法. 这种情形下, $\mathbf{K}$ 的 $\mathbf{LDL}^{\mathrm{T}}$ 的分解所需运算的次数大约为 $n[m_{\mathrm{K}} + (m_{\mathrm{K}} - 1) + \cdots + 1] = \dfrac{1}{2} n m_{\mathrm{K}}^2$, 对载荷向量的化简和回代, 还需要大约 $2nm_{\mathrm{K}}$ 次运算. 实际上很少遇到精确的常列高, 因此这些运算次数应分别修改为 $\dfrac{1}{2}\sum_i (i - m_i)^2$ 和 $2\sum_i (i - m_i)$. 但我们经常仍使用只有平均或有效半带宽的常半带宽公式, 得到所需计算量的估计.

因为运算次数由矩阵中非零元素的模式决定, 提出的算法可以对方程再排序, 从而增加方程求解的效率. 当采用活动列求解法时, 再排序是降低列高以有效求解的方法 (见 E. Cuthill 和 J. McKee [A], N. E. Gibbs、W. G. Poole
[715] Jr. 和 P. K. Stockmeyer [A]), 而当使用一个稀疏求解器时, 再排序可降低运算的总次数, 因为在整个求解过程中对保持为零的元素不进行运算. 对于稀疏求解器, 该要求意味着矩阵中填零元素 (由零变为非零的元素) 的个数是很少的 (见 A. George、J. R. Gilbert 和 J. W. H. Liu [A]). 这些再排序的使用 (一般并没有给出方程的实际最优顺序) 是十分重要的, 因为实际中, 得到方程的初始顺序常常与方程求解的效率无关, 只与模型定义的有效性有关.

式 (8.21) 至式 (8.25) 的求解算法已经以二维矩阵方式介绍过, 即 $\mathbf{K}$ 矩阵的元素 (r, j) 用 k_{rj} 标识. 同时, 为说明算法的运行过程, 在例 8.4 和例 8.5 化

简中所考虑的元素已显示在矩阵中的对应位置上. 但实际计算机求解时, 矩阵 **K** 的活动列有效存储在一维数组. 假设使用第 12 章所讨论的存储格式, 即 **K** 的相关元素存储在一个长度为 NWK 一维数组 A, **K** 的对角元素的地址存储在 $MAXA$. 下面给出一个有效的子程序, 该程序采用上述的算法 (即式 (8.21) 至式 (8.25)), 同时采用该存储格式, 对刚度矩阵进行运算.

子程序 COLSOL. 子程序 COLSOL 是一个活动列求解器, 可求得刚度矩阵的分解 $\mathbf{LDL}^{\mathrm{T}}$ 或者化简和回代力向量. 整个过程给出有限元平衡方程的解. 通过程序中的注释行给出子程序的变量及使用方法.

```
      SUBROUTINE COLSOL (A,V,MAXA,NN,NWK,NNM,KKK,IOUT)                    COL00001
C .......................................................................COL00002
C .                                                                     . COL00003
C .   P R O G R A M .                                                   . COL00004
C .      TO SOLVE FINITE ELEMENT STATIC EQUILIBRIUM EQUATIONS IN         . COL00005
C .      CORE, USING COMPACTED STORAGE AND COLUMN REDUCTION SCHEME       . COL00006
C .                                                                     . COL00007
C .   - - INPUT VARIABLES - -                                           . COL00008
C .      A(NWK)      = STIFFNESS MATRIX STORED IN COMPACTED FORM         . COL00009
C .      V(NN)         = RIGHT-HAND-SIDE LOAD VECTOR                     . COL00010
C .      MAXA(NNM) = VECTOR CONTAINING ADDRESSES OF DIAGONAL             . COL00011
C .                             ELEMENTS OF STIFFNESS MATRIX IN A        . COL00012
C .      NN            = NUMBER OF EQUATIONS                             . COL00013
C .      NWK          = NUMBER OF ELEMENTS BELOW SKYLINE OF MATRIX       . COL00014
C .      NNM          = NN + 1                                          . COL00015
C .      KKK          = INPUT FLAG                                       . COL00016
C .             EQ. 1      TRIANGULARIZATION OF STIFFNESS MATRIX         . COL00017
C .             EQ. 2      REDUCTION AND BACK-SUBSTITUTION OF LOAD VECTOR . COL00018
C .             IOUT      = UNIT NUMBER USED FOR OUTPUT                  . COL00019
C .                                                                     . COL00020
C .   - - OUTPUT - -                                                    . COL00021
C .            A(NWK)      = D AND L - FACTORS OF STIFFNESS MATRIX       . COL00022
C .            V(NN)       = DISPLACEMENT VECTOR                         . COL00023
C .                                                                     . COL00024
C .......................................................................COL00025
      IMPLICIT DOUBLE PRECISION (A-H,O-Z)                                 COL00026
C .......................................................................COL00027
C .    THIS PROGRAM IS USED IN SINGLE PRECISION ARITHMETIC ON CRAY      . COL00028
C .    EQUIPMENT AND DOUBLE PRECISION ARITHMETIC ON IBM MACHINES,       . COL00029
C .    ENGINEERING WORKSTATIONS AND PCS. DEACTIVATE ABOVE LINE FOR      . COL00030
C .    SINGLE PRECISION ARITHMETIC.                                     . COL00031
C .......................................................................COL00032
      DIMENSION A(NWK),V(NN),MAXA(NNM)                                    COL00033
C                                                                         COL00034
C     PERFORM L*D*L(T) FACTORIZATION OF STIFFNESS MATRIX                  COL00035
C                                                                         COL00036
      IF (KKK-2) 40,150,150                                               COL00037
   40 DO 140 N=1,NN                                                       COL00038
      KN=MAXA(N)                                                          COL00039
      KL=KN + 1                                                           COL00040
       KU=MAXA(N+1) - 1                                                   COL00041
      KH=KU - KL                                                          COL00042
      IF (KH) 110,90,50                                                   COL00043
   50 K=N - KH                                                            COL00044
```

[716]

```
      IC=0
      KLT=KU
      DO 80 J=1,KH
      IC=IC + 1
      KLT=KLT - 1
      KI=MAXA(K)
      ND=MAXA(K+1) - KI - 1
      IF (ND) 80,80,60
   60 KK=MIN0(IC,ND)
      C=0.
      DO 70 L=1,KK
   70 C=C + A(KI+L)*A(KLT+L)
      A(KLT)=A(KLT) - C
   80 K=K + 1
   90 K=N
      B=0.
      DO 100 KK=KL,KU
      K=K - 1
      KI=MAXA(K)
      C=A(KK)/A(KI)
      B=B + C*A(KK)
  100 A(KK)=C
      A(KN)=A(KN) - B
  110 IF (A(KN)) 120,120,140
  120 WRITE (IOUT,2000) N,A(KN)
      GO TO 800
  140 CONTINUE
      GO TO 900
C
C     REDUCE RIGHT-HAND-SIDE LOAD VECTOR
C
  150 DO 180 N=1,NN
      KL=MAXA(N) + 1
      KU=MAXA(N+1) - 1
      IF (KU-KL) 180,160,160
  160 K=N
      C=0.
      DO 170 KK=KL,KU
      K=K - 1
  170 C=C + A(KK)*V(K)
      V(N)=V(N) - C
  180 CONTINUE
C
C     BACK-SUBSTITUTE
C
      DO 200 N=1,NN
      K=MAXA(N)
  200 V(N)-V(N)/A(K)
      IF (NN.EQ.1) GO TO 900
      N=NN
      DO 230 L=2,NN
      KL=MAXA(N) + 1
      KU=MAXA(N+1) - 1
      IF (KU-KL) 230,210,210
  210 K=N
      DO 220 KK=KL,KU
```

```
      K=K - 1                                                        COL00101
  220 V(K)=V(K) - A(KK)*V(N)                                         COL00102
  230 N=N - 1                                                        COL00103
      GO TO 900                                                      COL00104
C                                                                    COL00105
  800 STOP                                                           COL00106
  900 RETURN                                                         COL00107
C                                                                    COL00108
 2000 FORMAT (//' STOP - STIFFNESS MATRIX NOT POSITIVE DEFINITE',//, COL00109
     1          ' NONPOSITIVE PIVOT FOR EQUATION ',I8,//,            COL00110
     2          ' PIVOT = ',E20.12 )                                 COL00111
      END                                                            COL00112
```

8.2.4 Cholesky 分解、静态凝聚法、子结构法和波前法 [717]

除了前几节介绍的 $\mathbf{LDL}^{\mathrm{T}}$ 分解外, 还可以使用其他几种方法, 它们都密切相关. 所有方法都是基本 Gauss 消元法的应用.

在 Cholesky 因数分解法中, 刚度矩阵分解如下

$$\mathbf{K} = \widetilde{\mathbf{L}}\widetilde{\mathbf{L}}^{\mathrm{T}} \tag{8.26}$$

$$\widetilde{\mathbf{L}} = \mathbf{L}\mathbf{D}^{1/2} \tag{8.27}$$

因此, Cholesky 因式可以通过 $\mathbf{D}$ 和 $\mathbf{L}$ 因式算出, 但是, 更一般的情况是, 可直接计算 $\widetilde{\mathbf{L}}$ 的元素. 运算次数表明如果采用 Cholesky 分解而不是 $\mathbf{LDL}^{\mathrm{T}}$ 分解, 方程求解时间要稍微长些. 除此之外, Cholesky 分解只适用于正定系统的求解, 即其对角元素 d_{ii} 均为正数, 否则需要复杂的运算. 另外, $\mathbf{LDL}^{\mathrm{T}}$ 分解在非正定系统中也非常有效 (见第 8.2.5 节).

考虑 Cholesky 因数分解的一个主要应用, 该分解可以有效用于把广义特征问题变换为标准形式 (见第 10.2.5 节).

例 8.7: 计算第 8.2.1 节和例 8.2 至例 8.4 中简支梁刚度矩阵 $\mathbf{K}$ 的 Cholesky 因子 $\widetilde{\mathbf{L}}$.

在例 8.3 中已给出梁刚度矩阵的因子 $\mathbf{L}$ 和 $\mathbf{D}$, 保留三位有效小数, 有

$$\mathbf{L} = \begin{bmatrix} 1.000 & & & \\ -0.800 & 1.000 & & \\ 0.200 & -1.143 & 1.000 & \\ 0.000 & 0.357 & -1.333 & 1.000 \end{bmatrix}; \quad \mathbf{D} = \begin{bmatrix} 5.000 & & & \\ & 2.800 & & \\ & & 2.143 & \\ & & & 0.833 \end{bmatrix}$$

因此,

$$\widetilde{\mathbf{L}} = \begin{bmatrix} 1.000 & & & \\ -0.800 & 1.000 & & \\ 0.200 & -1.143 & 1.000 & \\ 0.000 & 0.357 & -1.333 & 1.000 \end{bmatrix} \begin{bmatrix} 2.236 & & & \\ & 1.673 & & \\ & & 1.464 & \\ & & & 0.913 \end{bmatrix}$$

或

$$
\widetilde{\mathbf{L}} = \begin{bmatrix} 2.236 & & & \\ -1.789 & 1.673 & & \\ 0.447 & -1.912 & 1.464 & \\ 0 & 0.597 & -1.952 & 0.913 \end{bmatrix}
$$

在某些情况下, 静态凝聚法是求解平衡方程的一种有效的算法 (见 E. L. Wilson [B]). "静态凝聚" 是相对于动态分析说的, 动态分析的求解方法会在第 10.3.1 节中介绍. 静态凝聚法用于减少单元自由度的个数. 因此, 实际上是
[718] 在组装结构矩阵 $\mathbf{K}$ 和 $\mathbf{R}$ 之前, 对整体有限元系统的平衡方程进行部分求解. 考虑例 8.8 中的 3 节点的桁架单元. 由于中间节点的自由度不与其他单元的自由度对应, 我们可以消除这个自由度, 从而得到只对应自由度 1 和 3 的单元刚度矩阵. 自由度 2 的消除从本质上来说还是 Gauss 消元法的应用, 见第 8.2.1 节中例 8.1.

为建立用于静态凝聚法的方程, 假设单元刚度矩阵及对应的位移和力向量可以划分为如下形式

$$
\begin{bmatrix} \mathbf{K}_{aa} & \mathbf{K}_{ac} \\ \mathbf{K}_{ca} & \mathbf{K}_{cc} \end{bmatrix} \begin{bmatrix} \mathbf{U}_a \\ \mathbf{U}_c \end{bmatrix} = \begin{bmatrix} \mathbf{R}_a \\ \mathbf{R}_c \end{bmatrix} \tag{8.28}
$$

其中, $\mathbf{U}_a$ 和 $\mathbf{U}_c$ 分别是要保留和要凝聚掉的位移向量, 矩阵 $\mathbf{K}_{aa}$、$\mathbf{K}_{ac}$、$\mathbf{K}_{cc}$ 和向量 $\mathbf{R}_a$、$\mathbf{R}_c$ 与位移向量 $\mathbf{U}_a$、$\mathbf{U}_c$ 对应.

根据式 (8.28) 中第二个矩阵方程, 得

$$
\mathbf{U}_c = \mathbf{K}_{cc}^{-1}(\mathbf{R}_c - \mathbf{K}_{ca}\mathbf{U}_a) \tag{8.29}
$$

式 (8.29) 用于把 $\mathbf{U}_c$ 代入到式 (8.28) 中得到凝聚方程组

$$
(\mathbf{K}_{aa} - \mathbf{K}_{ac}\mathbf{K}_{cc}^{-1}\mathbf{K}_{ca})\mathbf{U}_a = \mathbf{R}_a - \mathbf{K}_{ac}\mathbf{K}_{cc}^{-1}\mathbf{R}_c \tag{8.30}
$$

把式 (8.30) 与第 8.2.1 节介绍的 Gauss 消元法相比, 可以看出静态凝聚法本质上是对自由度 $\mathbf{U}_c$ 的 Gauss 消元法 (见例 8.8). 因此, 实际中不是按照式 (8.28) 至式 (8.30) 中给出的形式上的矩阵方法, 而是在每个需要凝聚的自由度上依次采用 Gauss 消元法会更加有效, 所以了解 Gauss 消元法的物理含义是有价值的 (见第 8.2.1 节). 由于系统刚度矩阵是通过单元刚度矩阵的直接相加得到的, 故当对内部自由度凝聚时, 实际上总体 Gauss 消元法在单元水平上已得到部分进行.

在单元水平上采用静态凝聚法的一个优点是减低了系统矩阵的阶, 这等于无需使用外部存储空间. 除此之外, 如果后续单元是相同的, 则只需推导第一个单元的刚度矩阵, 对单元内部自由度进行静态凝聚也减少了计算机所需的运算量. 应指出, 尽管如果实际中对每个单元进行了静态凝聚 (没有利用可

能相同单元的优点), 则涉及所有单元刚度矩阵的静态凝聚法和最后组装平衡方程的 Gauss 消元法的计算量, 实际上与不采用凝聚单元刚度矩阵而建立的系统方程的 Gauss 消元法的计算量一样多.

例 8.8: 下面给出图 E8.8 中的桁架单元的刚度矩阵, 利用式 (8.28) 至式 (8.30) 中给出的静态凝聚法消去单元内部的自由度. 再直接对内部自由度进行 Gauss 消元. [719]

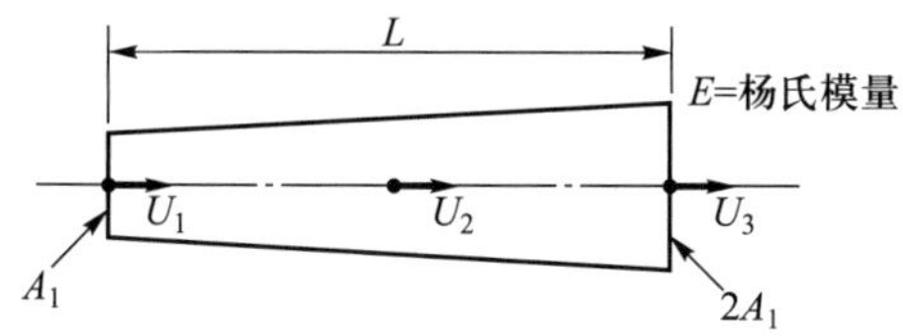

图 E8.8　面积线性变化的桁架单元

对单元, 有

$$\frac{EA_1}{6L}\begin{bmatrix} 17 & -20 & 3 \\ -20 & 48 & -28 \\ 3 & -28 & 25 \end{bmatrix}\begin{bmatrix} U_1 \\ U_2 \\ U_3 \end{bmatrix} = \begin{bmatrix} R_1 \\ R_2 \\ R_3 \end{bmatrix} \tag{a}$$

为了应用式 (8.28) 至式 (8. 30), 重排式 (a), 有

$$\frac{EA_1}{6L}\begin{bmatrix} 17 & 3 & -20 \\ 3 & 25 & -28 \\ -20 & -28 & 48 \end{bmatrix}\begin{bmatrix} U_1 \\ U_3 \\ U_2 \end{bmatrix} = \begin{bmatrix} R_1 \\ R_3 \\ R_2 \end{bmatrix}$$

根据式 (8. 30), 有

$$\frac{EA_1}{6L}\left\{\begin{bmatrix} 17 & 3 \\ 3 & 25 \end{bmatrix} - \begin{bmatrix} -20 \\ -28 \end{bmatrix}\begin{bmatrix} \frac{1}{48} \end{bmatrix}[-20 \quad -28]\right\}\begin{bmatrix} U_1 \\ U_3 \end{bmatrix} = \begin{bmatrix} R_1 + \frac{20}{48}R_2 \\ R_3 + \frac{28}{48}R_2 \end{bmatrix}$$

或

$$\frac{13}{9}\frac{EA_1}{L}\begin{bmatrix} 1 & -1 \\ -1 & 1 \end{bmatrix}\begin{bmatrix} U_1 \\ U_3 \end{bmatrix} = \begin{bmatrix} R_1 + \frac{5}{12}R_2 \\ R_3 + \frac{7}{12}R_2 \end{bmatrix}$$

同理, 由式 (8. 29), 得

$$U_2 = \frac{1}{24}\left(\frac{3L}{EA_1}R_2 + 10U_1 + 14U_3\right) \tag{b}$$

对 U_2 直接使用 Gauss 消元法, 得到

$$\frac{EA_1}{6L}\begin{bmatrix} 17-\dfrac{(20)(20)}{48} & 0 & 3-\dfrac{(20)(28)}{48} \\ -20 & 48 & -28 \\ 3-\dfrac{(20)(28)}{48} & 0 & 25-\dfrac{(28)(28)}{48} \end{bmatrix}\begin{bmatrix} U_1 \\ U_2 \\ U_3 \end{bmatrix}=\begin{bmatrix} R_1+\dfrac{20}{48}R_2 \\ R_2 \\ R_3+\dfrac{28}{48}R_2 \end{bmatrix} \tag{c}$$

将方程中 U_1 和 U_3 与 U_2 分离, 方程 (c) 可以写成

$$\frac{13}{9}\frac{EA_1}{L}\begin{bmatrix} 1 & -1 \\ -1 & 1 \end{bmatrix}\begin{bmatrix} U_1 \\ U_3 \end{bmatrix}=\begin{bmatrix} R_1+\dfrac{5}{12}R_2 \\ R_3+\dfrac{7}{12}R_2 \end{bmatrix}$$

和

$$U_2=\frac{1}{24}\left(\frac{3L}{EA_1}R_2+10U_1+14U_3\right)$$

这就是通过形式上的静态凝聚法得到的方程.

[720] **例 8.9**: 采用例 8.8 中的 3 自由度桁架单元的刚度矩阵建立如图 E8.9 所示结构的平衡方程组. 直接对自由度 U_2 和 U_4 采用 Gauss 消元法. 证明最后的平衡方程与例 8.8 (内部自由度已经被静态凝聚掉) 中导出的 2 自由度桁架单元刚度矩阵用于组装对应 U_1、U_3 和 U_5 的刚度矩阵所得到的结果相同.

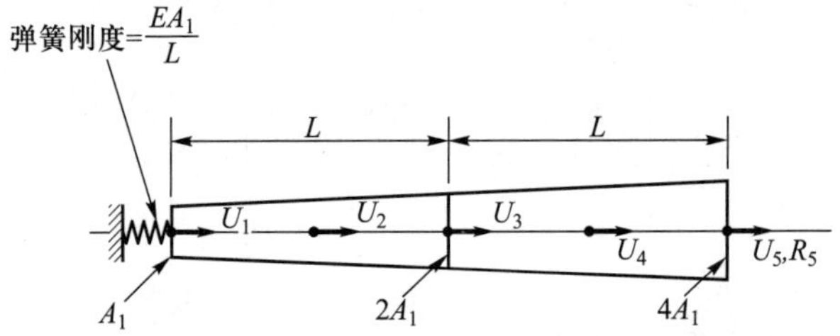

图 E8.9　由图 E8.8 两个桁架单元和一个支撑弹簧组成的结构

图 E8.9 中三单元组合体的刚度矩阵是使用直接刚度法得到的, 即计算

$$\mathbf{K}=\sum_{m=1}^{3}\mathbf{K}^{(m)} \tag{a}$$

其中,

$$\mathbf{K}^{(1)}=\frac{EA_1}{6L}\begin{bmatrix} 6 & 0 & 0 & 0 & 0 \\ 0 & 0 & 0 & 0 & 0 \\ 0 & 0 & 0 & 0 & 0 \\ 0 & 0 & 0 & 0 & 0 \\ 0 & 0 & 0 & 0 & 0 \end{bmatrix}$$

$$\mathbf{K}^{(2)} = \frac{EA_1}{6L}\begin{bmatrix} 17 & -20 & 3 & 0 & 0 \\ -20 & 48 & -28 & 0 & 0 \\ 3 & -28 & 25 & 0 & 0 \\ 0 & 0 & 0 & 0 & 0 \\ 0 & 0 & 0 & 0 & 0 \end{bmatrix}$$

$$\mathbf{K}^{(3)} = \frac{EA_1}{6L}\begin{bmatrix} 0 & 0 & 0 & 0 & 0 \\ 0 & 0 & 0 & 0 & 0 \\ 0 & 0 & 34 & -40 & 6 \\ 0 & 0 & -40 & 96 & -56 \\ 0 & 0 & 6 & -56 & 50 \end{bmatrix}$$

因此, 结构的平衡方程为

$$\frac{EA_1}{6L}\begin{bmatrix} 23 & -20 & 3 & 0 & 0 \\ -20 & 48 & -28 & 0 & 0 \\ 3 & -28 & 59 & -40 & 6 \\ 0 & 0 & -40 & 96 & -56 \\ 0 & 0 & 6 & -56 & 50 \end{bmatrix}\begin{bmatrix} U_1 \\ U_2 \\ U_3 \\ U_4 \\ U_5 \end{bmatrix} = \begin{bmatrix} 0 \\ 0 \\ 0 \\ 0 \\ R_5 \end{bmatrix}$$

对自由度 U_2 和 U_4, 采用 Gauss 消元法, 得 [721]

$$\frac{EA_1}{6L}\begin{bmatrix} 23-\frac{(20)(20)}{48} & 0 & 3-\frac{(20)(28)}{48} & 0 & 0 \\ -20 & 48 & -28 & 0 & 0 \\ 3-\frac{(20)(28)}{48} & 0 & 59-\frac{(28)(28)}{48}-\frac{(40)(40)}{96} & 0 & 6-\frac{(40)(56)}{96} \\ 0 & 0 & -40 & 96 & -56 \\ 0 & 0 & 6-\frac{(40)(56)}{96} & 0 & 50-\frac{(56)(56)}{96} \end{bmatrix}\begin{bmatrix} U_1 \\ U_2 \\ U_3 \\ U_4 \\ U_5 \end{bmatrix}$$

$$= \begin{bmatrix} 0 \\ 0 \\ 0 \\ 0 \\ R_5 \end{bmatrix} \tag{b}$$

把对应自由度 1,3,5 和自由度 2,4 的平衡方程分离, 有

$$\frac{13}{9}\frac{EA_1}{L}\begin{bmatrix} \frac{22}{13} & -1 & 0 \\ -1 & 3 & -2 \\ 0 & -2 & 2 \end{bmatrix}\begin{bmatrix} U_1 \\ U_3 \\ U_5 \end{bmatrix} = \begin{bmatrix} 0 \\ 0 \\ R_5 \end{bmatrix} \tag{c}$$

和

$$
\begin{aligned}
U_2 &= \frac{1}{12}[5U_1 + 7U_3] \\
U_4 &= \frac{1}{12}[5U_3 + 7U_5]
\end{aligned}
\tag{d}
$$

但是, 使用例 8.8 中导出的 2 自由度桁架单元的刚度矩阵直接组装对应自由度 1,3,5 的结构刚度矩阵, 用做式 (a) 中的单元刚度矩阵

$$
\mathbf{K}^{(1)} = \frac{13}{9}\frac{EA_1}{L}\begin{bmatrix} \frac{9}{13} & 0 & 0 \\ 0 & 0 & 0 \\ 0 & 0 & 0 \end{bmatrix}
$$

$$
\mathbf{K}^{(2)} = \frac{13}{9}\frac{EA_1}{L}\begin{bmatrix} 1 & -1 & 0 \\ -1 & 1 & 0 \\ 0 & 0 & 0 \end{bmatrix}
\tag{e}
$$

$$
\mathbf{K}^{(3)} = \frac{13}{9}\frac{EA_1}{L}\begin{bmatrix} 0 & 0 & 0 \\ 0 & 2 & -2 \\ 0 & -2 & 2 \end{bmatrix}
\tag{f}
$$

得到式 (c) 中的刚度矩阵. 同时例 8.8 中式 (b) 对应本例中的式 (d). 应指出, 采用凝聚掉的桁架单元的刚度矩阵求解平衡方程所需的计算量要小于原来的 3 自由度单元刚度矩阵所用的计算量, 这是因为前者内部自由度仅被静态凝聚掉一次, 而在式 (b) 中内部自由度被静态凝聚掉两次. 而采用式 (e) 和式 (f) 中凝聚过的刚度矩阵的直接求解是可能的, 这只因为这些刚度矩阵彼此之间是倍数关系.

如例 8.9 所示, 当多次使用同一单元时, 采用静态凝聚法是特别有效的. 子结构分析就可应用静态凝聚法, 其中整个结构看成子结构的组合体 (如见 J. S. Przemieniechi [A] 和 M. F. Rubinstein [A]). 每个子结构都依次被建模为有限单元的组合体, 其他所有内部自由度都被静态凝聚. 整个结构的刚度由组装被凝聚后的子结构刚度矩阵而形成. 因此, 本质上, 一个子结构与一个在
[722] 单元组装之前静态凝聚掉内部自由度单元的有限单元一样的方式被使用. 如果有许多子结构是同样的, 则建立一个由凝聚过的整个子结构刚度矩阵形成的子结构库是非常有效的.

应指出, 在子结构分析时, 不计算没化简的整个结构的刚度矩阵, 对库中的每个子结构来说, 仅仅需要输入数据和构成整个结构的子结构组合体的信息. 采用子结构的有限元分析的典型应用常见于建筑物和船体的分析中, 在该领域, 这些子结构分析可以降低大型有限元系统的分析成本. 在局部非线性和动态响应计算的结构分析中, 使用子结构也是非常有效的 (见 K. J. Bathe 和 S. Gracewski [A]).

例 8.9 作为子结构分析的一个简单例子, 其中每个子结构仅有一个单元组成, 一个典型子结构的未凝聚和凝聚的刚度矩阵在例 8.8 中给出.

采用上面提到的基本子结构概念分析的效果在很多情况下还可以通过定义不同级别的子结构而改进, 即因为每个子结构都可以看成一个 "超有限单元", 则可以定义第二级、第三级等级别的子结构. 按同样的方式, 两个子结构也可以结合而成下一个更高级别的子结构, 直到最后一个子结构实际上就是所考虑的实际分析的结构. 该方法可以应用于一维、二维和三维分析中, 正如前面所指出的一样, 该方法是 Gauss 消元法的一种有效的应用, 其优势在于重复利用子矩阵, 即对应相同子结构的刚度矩阵. 因此, 此法的有效性取决于结构是否由重复的子结构组成, 这也是该方法在专用程序中非常有效的原因.

例 8.10: 使用子结构计算如图 E8.10 所示杆的端节点自由度 U_1 和 U_9 对应的刚度矩阵和载荷向量. [723]

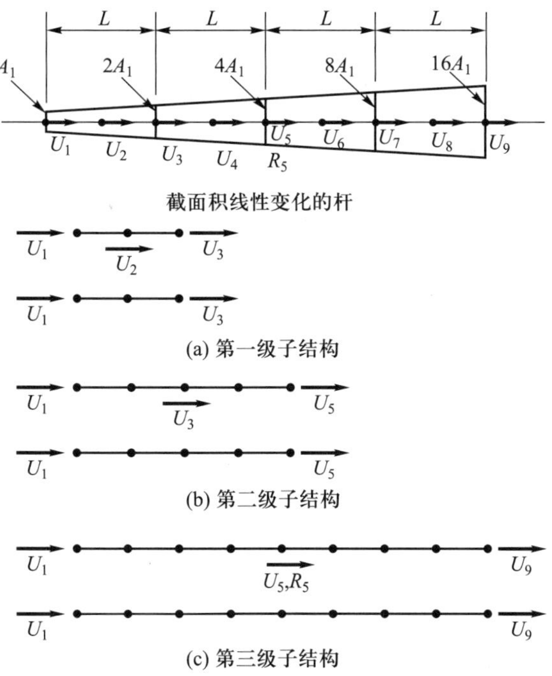

图 E8.10 使用子结构的杆的分析

杆的基本组成单元为例 8.8 中考虑的 3 自由度桁架单元. 图 E8.10 中所示的 U_1 和 U_3 2 自由度对应单元的平衡方程如下

$$\frac{13}{9}\frac{A_1E}{L}\begin{bmatrix}1 & -1\\ -1 & 1\end{bmatrix}\begin{bmatrix}U_1\\ U_3\end{bmatrix}=\begin{bmatrix}R_1+\dfrac{5}{12}R_2\\ R_3+\dfrac{7}{12}R_2\end{bmatrix}\tag{a}$$

由于为获得平衡关系式 (a), 内部自由度 U_2 已经被静态凝聚, 我们可把

2 自由度单元作为第一级子结构. 应了解一旦算出 U_1 和 U_3 后, 则可利用例 8.8 中的式 (b), 计算 U_2

$$U_2 = \frac{1}{24}\left(\frac{3L}{EA_1}R_2 + 10U_1 + 14U_3\right) \tag{b}$$

现可有效计算杆对应自由度 U_1 和 U_5 的第二级子结构. 为此, 则需要采用式 (a) 中的刚度矩阵和载荷向量计算对应 U_1、U_3 和 U_5 的平衡式

$$\frac{13}{9}\frac{EA_1}{L}\begin{bmatrix} 1 & -1 & 0 \\ -1 & 3 & -2 \\ 0 & -2 & 2 \end{bmatrix}\begin{bmatrix} U_1 \\ U_3 \\ U_5 \end{bmatrix} = \begin{bmatrix} R_1 + \frac{5}{12}R_2 \\ R_3 + \frac{7}{12}R_2 + \frac{5}{12}R_4 \\ R_5 + \frac{7}{12}R_4 \end{bmatrix} \tag{c}$$

计算 U_4 的关系式类似于式 (b)

$$U_4 = \frac{1}{24}\left(\frac{3L}{2EA_1}R_4 + 10U_3 + 14U_5\right)$$

对方程 (c), 采用 Gauss 消元法凝聚掉 U_3, 得

$$\frac{13}{9}\frac{A_1E}{L}\begin{bmatrix} \frac{2}{3} & 0 & -\frac{2}{3} \\ -1 & 3 & -2 \\ -\frac{2}{3} & 0 & \frac{2}{3} \end{bmatrix}\begin{bmatrix} U_1 \\ U_3 \\ U_5 \end{bmatrix} = \begin{bmatrix} R_1 + \frac{22}{36}R_2 + \frac{1}{3}R_3 + \frac{5}{36}R_4 \\ R_3 + \frac{7}{12}R_2 + \frac{5}{12}R_4 \\ \frac{14}{36}R_2 + \frac{2}{3}R_3 + \frac{31}{36}R_4 + R_5 \end{bmatrix}$$

[724] 或

$$\left(\frac{2}{3}\right)\left(\frac{13}{9}\right)\frac{A_1E}{L}\begin{bmatrix} 1 & -1 \\ -1 & 1 \end{bmatrix}\begin{bmatrix} U_1 \\ U_5 \end{bmatrix} = \begin{bmatrix} R_1 + \frac{22}{36}R_2 + \frac{1}{3}R_3 + \frac{5}{36}R_4 \\ \frac{14}{36}R_2 + \frac{2}{3}R_3 + \frac{31}{36}R_4 + R_5 \end{bmatrix} \tag{d}$$

和

$$U_3 = \frac{1}{3}\left[\frac{9}{13}\frac{L}{A_1E}\left(R_3 + \frac{7}{12}R_2 + \frac{5}{12}R_4\right) + U_1 + 2U_5\right]$$

应指出式 (d) 的第二级子结构的刚度矩阵仅是式 (a) 中第一级刚度矩阵的 2/3. 因此, 继续采用类似的方法构建更高级别的子结构, 即第 n 级子结构的刚度矩阵仅是式 (a) 中给出的刚度矩阵的分数倍.

在大多数情况下载荷仅作用在子结构之间的边界自由度上, 如本例. 采用第二级子结构的刚度矩阵组装本例中的整根杆的刚度矩阵和载荷向量, 得

$$\frac{2}{3}\left(\frac{13}{9}\right)\frac{A_1E}{L}\begin{bmatrix} 1 & -1 & 0 \\ -1 & 5 & -4 \\ 0 & -4 & 4 \end{bmatrix}\begin{bmatrix} U_1 \\ U_5 \\ U_9 \end{bmatrix} = \begin{bmatrix} 0 \\ R_5 \\ 0 \end{bmatrix}$$

消去 U_5, 有

$$\left(\frac{4}{5}\right)\left(\frac{2}{3}\right)\left(\frac{13}{9}\right)\frac{A_1E}{L}\begin{bmatrix}1 & -1\\ -1 & 1\end{bmatrix}\begin{bmatrix}U_1\\ U_9\end{bmatrix}=\begin{bmatrix}\frac{1}{5}R_5\\ \frac{4}{5}R_5\end{bmatrix}$$

其中, 刚度矩阵就是对应上述算法的第三级子结构的, 有

$$U_5=\frac{1}{5}\left(\frac{27}{36}\frac{L}{A_1E}R_5+U_1+4U_9\right)$$

为求解特定位移, 需要对杆施加边界条件, 因此, 得到 U_1 和 U_9, 则采用前面推出的关系式得到杆的内部位移. 应指出, 对应的关系式还可以用于计算 U_6 和 U_8.

迄今为止, 我们还没介绍在高速内存器不能容纳整个系统矩阵时求解的情况. 如果采用子结构法, 则有效的方法是需要使每个未凝聚子结构的刚度矩阵维数足够小, 从而可在高速存储器内进行内部自由度的静态凝聚. 因此, 磁盘存储器主要用于存储计算式 (8.29) 中的子结构内部节点位移所需的数据.

但是, 为了用高速存储器求解最后方程, 也可能使用多级子结构 (即定义子结构的子结构).

通常, 有效地利用磁盘存储器是很重要的, 这是因为大量读写操作的计算代价高昂, 而由于没有足够的备份存储器可以使用, 可能限制要求解系统的规模. 在外存求解法中, 用于求解系统平衡方程的特定方法与将单元刚度矩阵组装成整体刚度矩阵的方法充分地交织在一起. 在很多程序中, 结构刚度矩阵是在 Gauss 求解之前组装. 在 ADINA 软件中, 方程按块考虑, 存入高速存储器中. 块的大小 (每块的列数) 由程序自动确定, 这与可利用的高速存储器 [725]
有关. 求解系统方程组的有效方法是, 首先按块化简刚度矩阵块和载荷向量, 然后再进行回代运算. 很多分析软件都采用类似的方法.

我们同时对方程进行组装和化简, 而不是先组装整个结构的刚度矩阵. B. M. Iron 提出了一个具体的求解法称为波前法, 此方法非常有效. 在求解时, 只对需要实际要消去特定自由度的方程进行组装, 并且静态凝聚掉所考虑的自由度, 等等.

作为一个例子, 考虑图 8.8 中板的平面应力有限元模型的分析. 有限单元网格的每个节点有两个方程, 分别对应位移 U 和 V. 在波前求解法中, 方程按照单元顺序被静态凝聚掉; 所考虑的第一个方程对应的是节点 $1, 2, \cdots$ 的方程. 为能够消去节点 1 自由度, 仅需要组装对应该节点的最后一个方程. 这意味着仅需计算单元 1 的刚度矩阵, 然后把对应节点 1 的自由度静态凝聚掉. 接着 (为消去对应节点 2 的自由度) 需要对应节点 2 的自由度的最终方程, 意味着需要计算单元 2 的刚度矩阵, 然后再加到先前的化简矩阵. 现在对应节点 2 的自由度被静态凝聚掉, 等等.

实际上, 整个过程就是自由度一个接一个地被静态凝聚掉, 而且总是只组装在静态凝聚过程中实际需要的方程 (或更确切些是单元刚度矩阵). 如图 8.8 所示, 将对应特定节点的方程进行静态凝聚所考虑的单元定义为该时刻的波前.

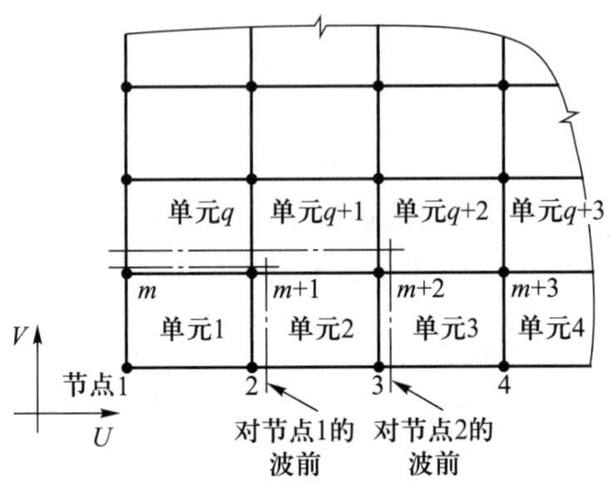

图 8.8　平面应力有限元模型的波前求解法

[726] 本质上看, 波前求解法也是 Gauss 消元法, 它的一个重要问题是具体的计算机实现. 由于方程是按单元顺序进行组装, 故波前的长度及其半带宽由单元编号确定. 因此, 需要一种有效的单元编号, 我们注意到, 如果波前法的单元编号对应活动列求解法的节点编号 (见第 8.2.3 节), 则两种方法的基本 (不包括索引) 数值运算次数相同. 波前法的一个优点是较容易增加单元, 因为不需要对节点重新编号以保持一个小带宽. 它的一个缺点是波前太大时, 所要求的高速内存空间可能大大超过现有的存储器, 这种情况下就需要其他的外存储运算, 会大幅降低该方法的计算效率. 同时, 活动列求解法是通过独立紧凑求解器实现的, 与采用的有限元无关, 而波前法与有限元紧密结合, 可能在求解时需要更多的索引编号.

8.2.5　正定、半正定和 Sturm 序列性质

到目前为止, 在所讨论的 Gauss 消元法, 我们都假设刚度矩阵 $\mathbf{K}$ 是正定的, 即所考虑的结构是适当约束的、稳定的. 正如在第 2.5 节和第 2.6 节中所讨论的, 刚度矩阵正定意味着对任意位移向量 $\mathbf{U}$, 有

$$\mathbf{U}^{\mathrm{T}}\mathbf{K}\mathbf{U} > 0 \tag{8.31}$$

由于对位移向量 $\mathbf{U}$, 系统内的应变能为 $1/2\mathbf{U}^{\mathrm{T}}\mathbf{K}\mathbf{U}$, 故式 (8.31) 表明对任意位移向量 $\mathbf{U}$, 具有正定刚度矩阵的系统应变能为正.

注意到如果单元没有适当约束, 不能限制刚体运动, 则有限单元的刚度矩阵就不是正定的. 一个没有受到约束的有限单元, 其刚度矩阵是半正定的

$$\mathbf{U}^{\mathrm{T}}\mathbf{K}\mathbf{U} \geqslant 0 \tag{8.32}$$

其中, 当 $\mathbf{U}$ 对应刚体运动模式时, $\mathbf{U}^{\mathrm{T}}\mathbf{K}\mathbf{U}=0$. 考虑有限元的组装过程, 应该看出单元半正定矩阵相加得到对应整体结构的半正定刚度矩阵. 结构的刚度矩阵通过消去对应约束的自由度的行和列而变为正定矩阵, 即消除结构进行刚体运动的可能性.

详细考虑结构刚度矩阵的正定性的意义是有益的. 在第 2.5 节中, 我们讨论过由特征值和特征向量表示一个矩阵. 按照第 2.5 节给出的推导, 刚度矩阵 $\mathbf{K}$ 的特征问题可写为

$$\mathbf{K}\boldsymbol{\varphi}=\lambda\boldsymbol{\varphi} \tag{8.33}$$

式 (8.33) 的解是特征对 $(\lambda_i,\boldsymbol{\varphi}_i)$, $i=1,\cdots,n$, 整个解可以写成 [727]

$$\mathbf{K}\boldsymbol{\Phi}=\boldsymbol{\Phi}\boldsymbol{\Lambda}$$

其中, $\boldsymbol{\Phi}$ 是正交化特征向量的矩阵, $\boldsymbol{\Phi}=[\boldsymbol{\varphi}_1,\cdots,\boldsymbol{\varphi}_n]$, $\boldsymbol{\Lambda}$ 是相应特征值的对角矩阵, $\boldsymbol{\Lambda}=\mathrm{diag}(\lambda_i)$. 由于 $\boldsymbol{\Phi}^{\mathrm{T}}\boldsymbol{\Phi}=\boldsymbol{\Phi}\boldsymbol{\Phi}^{\mathrm{T}}=\mathbf{I}$, 有

$$\boldsymbol{\Phi}^{\mathrm{T}}\mathbf{K}\boldsymbol{\Phi}=\boldsymbol{\Lambda} \tag{8.34}$$

$$\mathbf{K}=\boldsymbol{\Phi}\boldsymbol{\Lambda}\boldsymbol{\Phi}^{\mathrm{T}} \tag{8.35}$$

参考第 2.6 节, 我们知道当特征向量 $\boldsymbol{\varphi}_1,\cdots,\boldsymbol{\varphi}_{i-1}$ 满足规范正交性约束时, 则 $\mathbf{K}$ 的 λ_i 表示由 Rayleigh 系数可达到的最小值

$$\left.\begin{aligned}&\lambda_i=\min\left\{\frac{\boldsymbol{\varphi}^{\mathrm{T}}\mathbf{K}\boldsymbol{\varphi}}{\boldsymbol{\varphi}^{\mathrm{T}}\boldsymbol{\varphi}}\right\}\\&\text{且 }\boldsymbol{\varphi}^{\mathrm{T}}\boldsymbol{\varphi}_r=0;\quad r=1,2,\cdots,i-1\end{aligned}\right\} \tag{8.36}$$

因此, $\frac{1}{2}\lambda_1$ 是单元组合体中能够存储的最小应变能, 其对应的位移向量为 $\boldsymbol{\varphi}_1$. 对一个正定系统的刚度矩阵, 因此有 $\lambda_1>0$. 另一方面, 对一个无约束系统的刚度矩阵, 有 $\lambda_1=\lambda_2=\cdots=\lambda_m=0$. 其中, m 是出现刚体运动模式的个数, $m<n$. 当系统被约束时, 每消去一个自由度时, $\mathbf{K}$ 就减少一个特征值. 如果约束消除一个刚体运动模式, 则减少一个零特征值.

例 8.11: 确定如图 E8.11 所示平面应力单元的 4 个自由度的消去是否产生刚体运动模式的消去.

平面应力单元有三个刚体运动模式: ① 均匀水平移动, ② 均匀垂直移动和 ③ 面内转动. 如图 E8.11 所示, 考虑逐次消去自由度. 消去 U_4, 则消除了刚体水平移动模式; 类似地, 消去 V_4, 则消除了刚体垂直移动模式. 但是, 再消去 V_1 并不能消除了最后一个 (面内转动) 刚体运动模式; 即消除面内转动的刚体运动模式还需消去 U_2. 因此,U_4、V_4、V_1 和 U_2 都消去时, 才能消除单元的所有刚体运动模式, 尽管实际上我们注意到只删除 U_4、V_4 和 U_2 也可以获得相同的结果.

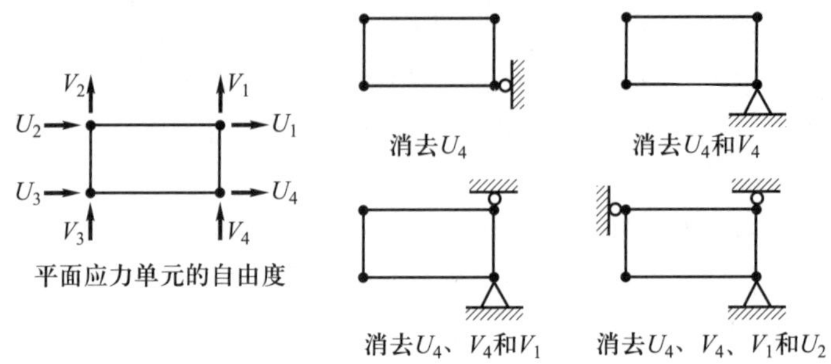

图 E8.11 平面应力单元的自由度的消去

[728] 式 (8.34) 的变换有重要的意义. 考虑该式和参考第 2.5 节, 我们看出式 (8.34) 进行基的变换. 新的基向量是对应 $\mathbf{K}$ 的特征向量的有限元插值函数, 在这个基中, 算子由对角元素为 $\mathbf{K}$ 的特征值的对角矩阵表示. 因此, 当用于式 (4.7) 中虚功原理的有限元位移函数是对应节点位移 $\boldsymbol{\varphi}_i, i=1,\cdots,n$, 而不是单位节点位移 $U_i, i=1,\cdots,n$ 函数, 我们可把 $\boldsymbol{\Lambda}$ 视做系统的刚度矩阵 (见第 4.2.1 节). 式 (8.34) 是产生对角刚度矩阵的虚功形式. 如果所考虑的系统是适当约束的, 则 $\boldsymbol{\Lambda}$ 中所有刚度系数均为正数, 即刚度矩阵 $\boldsymbol{\Lambda}$ (因此 $\mathbf{K}$) 是正定矩阵, 而对一个未受约束的系统, 矩阵 $\boldsymbol{\Lambda}$ 的对角元素是零.

在研究方程的非正定系统求解之前, 应讨论另一个很重要的事实. 在第 2.6 节, 我们介绍了矩阵的前主子式的 Sturm 序列性质. 我们应指出 Sturm 序列的物理含义. 令 $\mathbf{K}^{(r)}$ 是删除 $\mathbf{K}$ 的最后 r 行和 r 列而得到 $(n-r)$ 阶的矩阵, 考虑特征问题

$$\mathbf{K}^{(r)}\boldsymbol{\varphi}^{(r)}=\lambda^{(r)}\boldsymbol{\varphi}^{(r)} \tag{8.37}$$

其中, $\boldsymbol{\varphi}^{(r)}$ 是 $(n-r)$ 维的向量. 式 (8.37) 是问题 $\mathbf{K}\boldsymbol{\varphi}=\lambda\boldsymbol{\varphi}$ 第 r 个相伴约束问题的特征问题. 第 2.6 节中我们已经说明可把第 $(r+1)$ 个约束问题的特征值与第 r 个约束问题的特征值分离出来

$$\lambda_1^{(r)}\leqslant\lambda_1^{(r+1)}\leqslant\lambda_2^{(r)}\leqslant\lambda_2^{(r+1)}\leqslant\cdots\leqslant\lambda_{n-r-1}^{(r)}\leqslant\lambda_{n-r-1}^{(r+1)}\leqslant\lambda_{n-r}^{(r)} \tag{8.38}$$

作为一个例子, 我们考虑第 8.2.1 节中所讨论的简支梁的特征问题及其相伴约束问题. 图 8.9 给出了算出的特征值和特别是显示了它们的分离性质. 应指出, 通过引入 $(n-r)$ 个自由度从 $(r+1)$ 个约束问题进行到第 r 个约束问题, 新的系统有一个小于 (或等于) 第 $(r+1)$ 个约束问题的最小特征值的特征值, 同时也有一个大于 (或等于) 第 $(r+1)$ 个约束问题的最大特征值的特征值.

利用特征值的分离性质, 并注意到 $\mathbf{K}$ 的任意行或列都可进行互换而变为最后一行或最后一列, 就可得出如果对应 n 个自由度的刚度矩阵是正定的 (即 $\lambda_1>0$), 那么删除任意列或行仍是正定的. 而且, 新矩阵的最小特征值只

会增加, 最大的特征值只可能减小. 这个结论也可适用 $\mathbf{K}$ 是半正定矩阵, 也可适用非正定矩阵, 因为特征值分离定理可以适用于所有的对称矩阵.

[729]

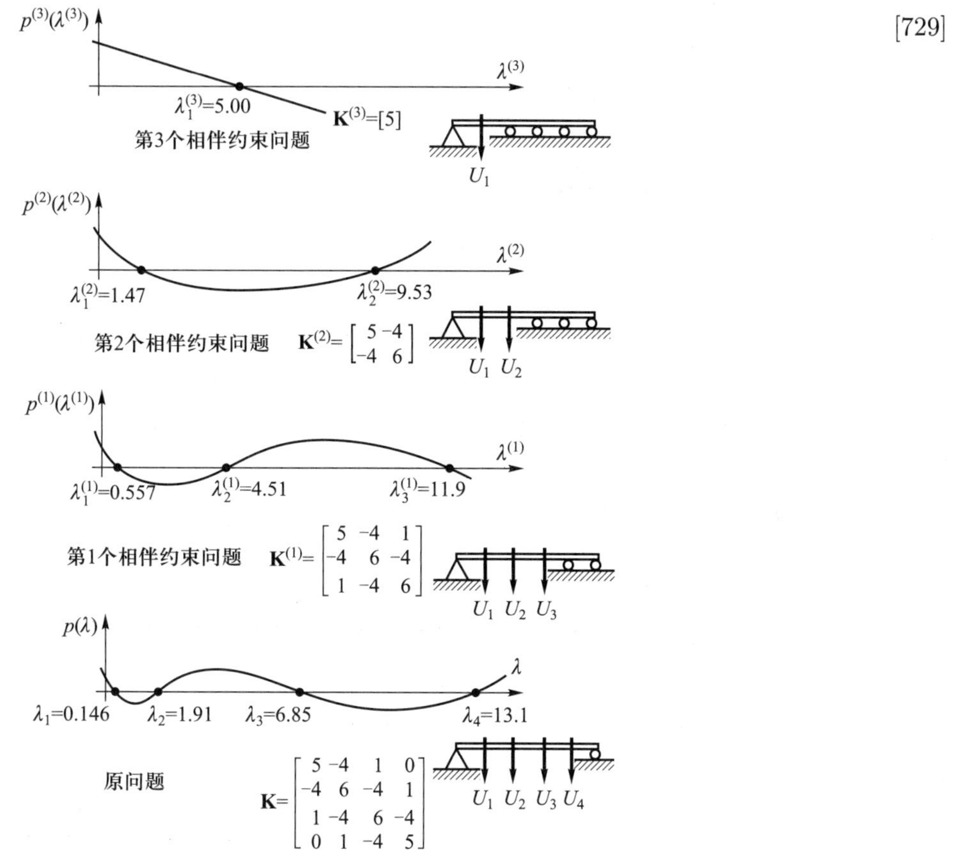

图 8.9 简支梁及其相伴约束问题的特征值求解

我们在特征值求解算法的设计中会遇到更多的前主子式的 Sturm 序列性质的应用 (见第 11 章). 但接下来, 我们利用该性质对具有对称正定、半正定和非正定系数矩阵联立方程的求解进行更深入的理解. 在特征问题求解过程中会遇到非正定系数矩阵.

在第 8.2.1 节和第 8.2.2 节中, 我们证明如果 $\mathbf{K}$ 是受适当约束的结构刚度矩阵, 则可将 $\mathbf{K}$ 分解成如下形式

$$\mathbf{K} = \mathbf{L}\mathbf{D}\mathbf{L}^{\mathrm{T}} \tag{8.39}$$

其中, $\mathbf{L}$ 是下三角单位矩阵, $\mathbf{D}$ 是对角矩阵, 且 $d_{ii} > 0$, 有 [730]

$$\begin{aligned} \det \mathbf{K} &= \det \mathbf{L} \det \mathbf{D} \det \mathbf{L}^{\mathrm{T}} \\ &= \prod_{i=1}^{n} d_{ii} > 0 \end{aligned} \tag{8.40}$$

也可以通过 $\mathbf{K}$ 的特征多项式得到该结果, 定义如下

$$p(\lambda)=\det(\mathbf{K}-\lambda\mathbf{I}) \tag{8.41}$$

由于对正定矩阵 $\mathbf{K}$, λ_1 是 $p(\lambda)$ 的最小根且 $\lambda_1>0$, 故得到 $\det\mathbf{K}>0$. 但对所有的 i, 还得不出 $d_{ii}>0$.

为了形式上证明当 $\mathbf{K}$ 为正定矩阵时, $d_{ii}>0, i=1,2,\cdots,n$, 以及确定在 $\mathbf{K}$ 的分解过程中出现什么情况, 应比较 $\mathbf{K}$ 和 $\mathbf{K}^{(i)}$ 的三角因子, 其中 $\mathbf{K}^{(i)}$ 是与第 i 个相伴约束问题的刚度矩阵. 假设已计算出 $\mathbf{K}$ 的因子 $\mathbf{L}$ 和 $\mathbf{D}$, 对相伴约束问题, 有

$$\mathbf{K}^{(i)}=\mathbf{L}^{(i)}\mathbf{D}^{(i)}\mathbf{L}^{(i)\mathrm{T}};\quad i=1,\cdots,n-1 \tag{8.42}$$

其中类似地, $\mathbf{L}^{(i)}$ 和 $\mathbf{D}^{(i)}$ 是 $\mathbf{K}^{(i)}$ 因子. 由于 $\mathbf{L}$ 是下三角单位矩阵, $\mathbf{D}$ 是对角矩阵, 因子 $\mathbf{L}^{(i)}$ 和 $\mathbf{D}^{(i)}$ 是通过 $\mathbf{L}$ 和 $\mathbf{D}$ 除去最后 i 行和 i 列得到的. 因此 $\mathbf{L}^{(i)}$ 和 $\mathbf{D}^{(i)}$ 分别是 $\mathbf{L}$ 和 $\mathbf{D}$ 的前主子矩阵, 在 $\mathbf{K}$ 的分解过程中实际计算它们. 但是, 由于 $\lambda_1^{(i)}>0$, 故可以使用式 (8.39) 和式 (8.40) 的结论, 从 $i=n-1$ 开始, 对所有 i 证明 $d_{ii}>0$. 因此, 如果 $\mathbf{K}$ 是正定的, 把 $\mathbf{K}$ 分解成 $\mathbf{LDL}^{\mathrm{T}}$ 是完全可能的. 我们通过下例说明这个结论.

例 8.12: 考虑如图 8.9 所示简支梁和相伴约束问题. 使用第 8.2.1 节中的同一梁, 建立矩阵 $\mathbf{K}^{(i)}$ 的 $\mathbf{L}^{(i)}$ 和 $\mathbf{D}^{(i)}$ 因子, $i=1,2,3$, 证明因为 $\lambda_1>0$, 所以必有 $d_{ii}>0$.

所需的三角分解为

$$[5]=[1][5][1] \tag{a}$$

$$\begin{bmatrix}5 & -4\\ -4 & 6\end{bmatrix}=\begin{bmatrix}1 & 0\\ -\frac{4}{5} & 1\end{bmatrix}\begin{bmatrix}5 & 0\\ 0 & \frac{14}{5}\end{bmatrix}\begin{bmatrix}1 & -\frac{4}{5}\\ 0 & 1\end{bmatrix} \tag{b}$$

$$\begin{bmatrix}5 & -4 & 1\\ -4 & 6 & -4\\ 1 & -4 & 6\end{bmatrix}=\begin{bmatrix}1 & 0 & 0\\ -\frac{4}{5} & 1 & 0\\ \frac{1}{5} & -\frac{8}{7} & 1\end{bmatrix}\begin{bmatrix}5 & 0 & 0\\ 0 & \frac{14}{5} & 0\\ 0 & 0 & \frac{15}{7}\end{bmatrix}\begin{bmatrix}1 & -\frac{4}{5} & \frac{1}{5}\\ 0 & 1 & -\frac{8}{7}\\ 0 & 0 & 1\end{bmatrix} \tag{c}$$

其中, 矩阵 $\mathbf{L}^{(i)}$ 和 $\mathbf{D}^{(i)}$ 是通过例 8.3 给出的因式 $\mathbf{L}$ 和 $\mathbf{D}$ 中除去最后 i 行和 i 列得到的 (为了验证, 可以计算式 (a) 至式 (c) 中等式右边矩阵的乘积可得到等式左边的矩阵).

考虑元素 $d_{ii}>0$, 有 $\lambda_1^{(3)}\geqslant\lambda_1^{(2)}\geqslant\lambda_1^{(1)}\geqslant\lambda_1>0$. 但使用式 (a), 有 $\lambda_1^{(3)}=d_{11}$; 因此 $d_{ii}>0$. 下面考虑 $\mathbf{K}^{(2)}$. 由于 $\lambda_1^{(2)}>0$, 由式 (8.39) 和式 (8.40), $d_{11}d_{22}>0$, 则 $d_{22}>0$; 类似地, 考虑 $\mathbf{K}^{(1)}$, 有 $\lambda_1^{(1)}>0$, 因此 $d_{11}d_{22}d_{33}>0$, 从中得到 $d_{33}>0$. 最后考虑 $\mathbf{K}$, 有 $\lambda_1>0$, 因此 $d_{11}d_{22}d_{33}d_{44}>0$, 因此 $d_{44}>0$.

接着假设矩阵 $\mathbf{K}$ 是无约束的有限元组合体的刚度矩阵. 在这种情形下, $\mathbf{K}$ 是半正定的, $\lambda = 0.0$ 是一个根, $\det \mathbf{K} = 0$, 意味着由式 (8.40) 对 i 为某些值时, 有 d_{ii} 为零. 因此正如前面所介绍的, 由于有一个主元为零, 故 $\mathbf{K}$ 的分解通常是不可能的. 现在我们需要考虑相伴约束问题是有益的. 当 $\mathbf{K}$ 为半正定时, 对应 $\mathbf{K}^{(i)}$ 的特征多项式有一个零特征值, 而这个零特征值会存在于所有的矩阵 $\mathbf{K}^{(i-1)}, \cdots, \mathbf{K}$ 中. 这是因为 Sturm 序列性质保证了 $\mathbf{K}^{(i-1)}$ 的最小特征值小于或者等于 $\mathbf{K}^{(i)}$ 的最小特征值, 而 $\mathbf{K}$ 没有负的特征值. 因而对于第 i 个相伴约束问题, 有 [731]

$$\det(\mathbf{L}^{(i)}\mathbf{D}^{(i)}\mathbf{L}^{(i)^{\mathrm{T}}}) = 0 \tag{8.43}$$

从式 (8.43) 得到 $\mathbf{D}^{(i)}$ 的一个元素为零. 但假设零根仅出现在第 i 个相伴约束问题 (即对 $r > i$, $\det(\mathbf{L}^{(i)}\mathbf{D}^{(i)}\mathbf{L}^{(i)\mathrm{T}}) > 0$) 时, 则得出 $d_{n-i,n-i}$ 为零. 总之, 如果 $\mathbf{K}$ 为半正定, 则在遇到零对角元素 d_{kk} 时, $\mathbf{K}$ 的 $\mathbf{LDL}^{\mathrm{T}}$ 分解 (即 Gauss 消元法) 将中断, 这意味着具有零特征值的第 $(n-k)$ 个相伴约束问题将阻止分解过程的继续进行.

在半正定矩阵情况下, 在分解过程中肯定会遇到零对角元素. 但非正定矩阵的分解 (即矩阵的一些特征值为正数, 一些特征值为负数), 只要一个相伴约束问题的特征值为零, 就会遇到零对角元素. 即正如半正定矩阵情况一样, 如果第 $(n-k)$ 个相伴约束问题有一个特征值为零, 则 d_{kk} 为零. 但如果没有一个相伴约束问题的特征值为零, 则所有的 d_{ii} 不为零, 故在精确的算术分解中不会遇到什么问题. 在特征问题的求解中我们将进一步讨论非正定系数矩阵的分解 (见第 11.4.2 节). 图 8.10 给出了典型的情况, 采用图 8.9 中弹性支撑的简支梁, 则在矩阵分解中我们会也可能不会遇到零对角元素.

假设在 Gauss 消元法中遇到零对角元素 d_{ii}. 为了能够进行求解, 则需要把第 i 行互换为另外一行, 如第 j 行, 其中 $j > i$. 新的对角元素不应为零, 为了增加求解的精度, 它应该很大 (见第 8.2.6 节). 该行互换对应方程的重新排列, 应指出行互换会引起系数矩阵不再是对称的. 另一方面, 如果我们不仅互换第 i 和第 j 行, 同时互换对应的列以得到第 i 行的非零的对角元素 (但这并不总是可能的), 则可以保持对称性 (见例 10.4). 事实上, 列互换和行互换对应相伴约束问题的重新排列, 以使它们有非零的特征值.

假设行互换措施能够得到非零的对角元素. 事实上这总是成立的, 除非矩阵有 m 重零特征值和 $i = n - m + 1$. 在这种情况下, 矩阵是奇异的, d_{ii} 为 0, 但系数矩阵的上三角因子最后 m 行的其他元素也都为零, 则已完成矩阵的分解. 换言之, 由于仅由零元素构成的行数等于零特征值的重数 m, 故无法计算也无需计算式 (8.10) 的最后 $(m-1)$ 个矩阵 $\mathbf{L}_{n-1}^{-1}$, $\mathbf{L}_{n-2}^{-1}$, $\cdots$, $\mathbf{L}_{n-m+1}^{-1}$. 因此, 我们对求解向量的最后 m 个元素设定一些合适的值, 求解 m 个线性无关的解.

[732]

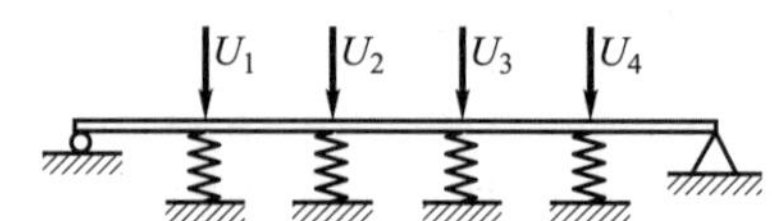

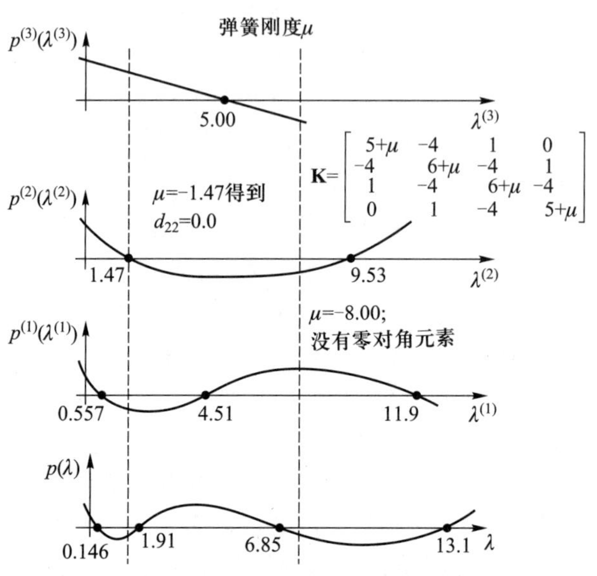

图 8.10　弹簧支撑的简支梁, 负的刚度使得求解困难

看下面的例子.

例 8.13: 考虑如图 E8.13 所示的梁单元, 单元的矩阵刚度如下

$$\mathbf{K}=\begin{bmatrix} 12 & -6 & -12 & -6 \\ -6 & 4 & 6 & 2 \\ -12 & 6 & 12 & 6 \\ -6 & 2 & 6 & 4 \end{bmatrix}$$

证明采用 Gauss 消元法得到只有零元素的第三行和第四行, 并从形式上计算刚体运动模式的位移.

[733]

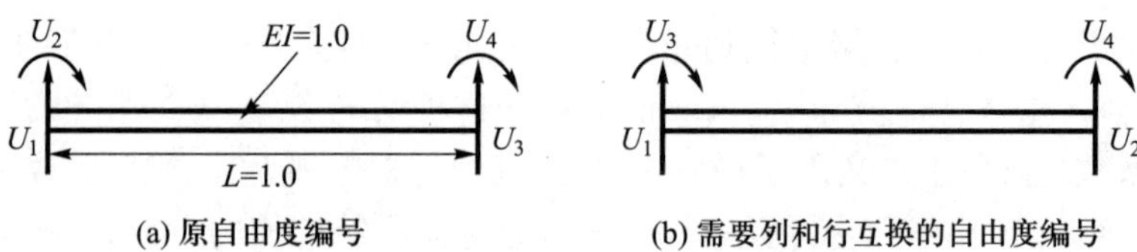

图 E8.13　具有两种刚体运动模式的梁单元

采用式 (8.10) 中的步骤, 我们会得到最后两行仅含有零元素的矩阵 $\mathbf{S}$, 因为梁单元有分别对应垂直移动和转动的两种刚体运动模式. 有

$$\mathbf{L}_1^{-1} = \begin{bmatrix} 1 & & & \\ \frac{1}{2} & 1 & & \\ 1 & 0 & 1 & \\ \frac{1}{2} & 0 & 0 & 1 \end{bmatrix}$$

因此,

$$\mathbf{L}_1^{-1}\mathbf{K} = \begin{bmatrix} 12 & -6 & -12 & -6 \\ 0 & 1 & 0 & -1 \\ 0 & 0 & 0 & 0 \\ 0 & -1 & 0 & 1 \end{bmatrix}$$

则

$$\mathbf{L}_2^{-1} = \begin{bmatrix} 1 & & & \\ 0 & 1 & & \\ 0 & 0 & 1 & \\ 0 & 1 & 0 & 1 \end{bmatrix}$$

和

$$\mathbf{S} = \mathbf{L}_2^{-1}\mathbf{L}_1^{-1}\mathbf{K} = \begin{bmatrix} 12 & -6 & -12 & -6 \\ 0 & 1 & 0 & -1 \\ 0 & 0 & 0 & 0 \\ 0 & 0 & 0 & 0 \end{bmatrix} \tag{a}$$

因此, 正如预期的那样, $\mathbf{S}$ 的最后两行含有零元素, $\mathbf{L}_3^{-1}$ 不能计算也不必计算. 应指出如果梁单元的自由度的初始编号如图 E8.13(b) 所示, 为能够把三角化继续进行, 我们需要把第 2 行与第 3 行互换和把第 2 列与第 3 列互换. 而这等价于使用我们开始涉及的自由度编号, 如图 E8.13(a) 中的编号.

采用式 (a) 中的矩阵 $\mathbf{S}$, 我们现可形式上计算梁的刚体运动模式的位移, 即求解方程 $\mathbf{KU} = \mathbf{0}$ 以得到 $\mathbf{U}$ 的两个线性无关的解.

首先, 假设 $U_4 = 1$ 和 $U_3 = 0$, 则由 $\mathbf{S}$, 得

$$\begin{aligned} 12U_1 - 6U_2 &= 6 \\ U_2 &= 1 \end{aligned}$$

因此,

$$U_1 = 1, \quad U_2 = 1, \quad U_3 = 0, \quad U_4 = 1$$

假设 $U_4 = 0$, $U_3 = 1$, 得

$$\begin{aligned} 12U_1 - 6U_2 &= 12 \\ U_2 &= 0 \end{aligned}$$

[734] 因此,

$$U_1 = 1, \quad U_2 = 0, \quad U_3 = 1, \quad U_4 = 0$$

应指出刚体位移向量并不唯一, 但由两个线性无关的刚体模式向量张成的二维子空间则是唯一的. 因此, 任何刚体位移向量可以写为

$$\begin{bmatrix} U_1 \\ U_2 \\ U_3 \\ U_4 \end{bmatrix} = \gamma_1 \begin{bmatrix} 1 \\ 1 \\ 0 \\ 1 \end{bmatrix} + \gamma_2 \begin{bmatrix} 1 \\ 0 \\ 1 \\ 0 \end{bmatrix} \tag{b}$$

其中, γ_1、γ_2 为常数. 注意 $\mathbf{K}$ 的秩为 2, $\mathbf{K}$ 的核空间由式 (b) 中的两个基向量给出 (见第 2.3 节).

8.2.6 解的误差

前面几节介绍了求解 $\mathbf{KU} = \mathbf{R}$ 的各种算法. 为帮助读者掌握, 我们将这些求解法应用在一些小型问题中, 但在实际分析中, 利用数字计算机可把这些方法用于大型方程组中. 但应着重指出, 矩阵的元素和计算结果只能保留到几位固定的数字, 这就会在解中引入误差. 本节的目的是要讨论 Gauss 消元法中出现的求解误差, 并给出避免造成大误差的准则.

为了确定误差的来源, 首先假设所使用的计算机采用 t 位单精度数字表示一个数. 为了提高计算的精度, 也可采用双精度算术运算, 此时用约 $2t$ (或更多) 位的数字表示一个数. 例如, 在 IBM 计算机中单精度数用 6 位数字表示, 而双精度数是 16 位数字.

考虑到有限位算术运算, 不同计算机中 t 可能有很大的不同. 但大多数计算机在进行算术运算后都会舍去多余的位数. 因此, 为了说明的目的, 在本节中我们假设所用的计算机对两个数精确地进行加、减、乘和除的运算, 接着得到有限精度结果, 舍去了 t 位以外的所有数字.

为了说明有限精度运算, 假设要求解下面的方程组

$$\begin{bmatrix} 3.425\,21 & -3.425\,21 \\ -3.425\,21 & 101.243\,1 \end{bmatrix} \begin{bmatrix} U_1 \\ U_2 \end{bmatrix} = \begin{bmatrix} 1.302\,1 \\ 0.0 \end{bmatrix} \tag{8.44}$$

其中, “精确” 给出 $\mathbf{K}$ 和 $\mathbf{R}$. 精确解 (保留到 10 位数字) 为

$$U_1 = 0.393\,463\,344\,9; \quad U_2 = 0.013\,311\,470\,9 \tag{8.45}$$

现假设手头有一台 t=3 的 (假想) 计算机, 则每个数仅有 3 位数字. 方程式 (8.44) 的解是首先通过按 3 个数字的数表示 $\mathbf{K}$ 和 $\mathbf{R}$, 然后总是只保留 3 个数字而舍去后面多余的数字而计算得到的. 利用基本 Gauss 消元法 (见第

8.2.1 节), 求解过程如下 [735]

$$\begin{bmatrix} 3.42 & -3.42 \\ -3.42 & 101 \end{bmatrix} \begin{bmatrix} \widehat{U}_1 \\ \widehat{U}_2 \end{bmatrix} = \begin{bmatrix} 1.30 \\ 0 \end{bmatrix} \tag{8.46}$$

其中, U_1 和 U_2 上面的帽子符号表示式 (8.46) 的解不同于式 (8.44), 对每个数仅保留 3 个数字.

$$101 - \left(\frac{-3.42}{3.42}\right)(-3.42) = 101 - (-1)(-3.42) = 97.5$$

得到

$$\begin{bmatrix} 3.42 & -3.42 \\ 0.0 & 97.5 \end{bmatrix} \begin{bmatrix} \overline{U}_1 \\ \overline{U}_2 \end{bmatrix} = \begin{bmatrix} 1.30 \\ 1.30 \end{bmatrix} \tag{8.47}$$

其中, U_1 和 U_2 上横杠表示我们只是近似求解式 (8.46). 继续使用 3 位有效数字的算术运算, 有

$$\left.\begin{aligned} &\overline{U}_2 = \frac{1.30}{97.5} = 0.013\,3 \\ &\text{和} \\ &\overline{U}_1 = \frac{1}{3.42}[1.30 - (-3.42)(0.013\,3)] = \frac{1}{3.42}(1.34) = 0.391 \end{aligned}\right\} \tag{8.48}$$

根据上面的例子, 我们可以确定两种不同的误差: 截断误差和舍去误差. 截断误差是由于在式 (8.44) 中精确的矩阵 **K** 和向量 **R** 仅由 3 位精度表示而产生的误差, 如式 (8.46) 所给出的. 舍入误差是在式 (8.46) 的求解过程中出现的误差, 因为只使用 3 位数字进行运算. 考虑那种各类误差都可能很大的情况, 我们注意到如果矩阵 **K** 的元素包括绝对值变化很大的对角元素, 则截断误差可能大; 如果使用小的对角元素 d_{ii} 而产生大的乘子 l_{ij}, 则舍入误差可能大. 上述条件下, 截断误差和舍去误差大的原因是分解过程中的基本运算是从主行下面的行减去主行的数倍. 如果在该基本运算中, 大小相差很大的数相减, 却只能表示为固定位的数, 则基本运算后产生的误差就会较大.

为了单独确定在本例中的舍入误差和截断误差, 我们需要精确求解式 (8.46), 其中, 有

$$\begin{bmatrix} 3.42 & -3.42 \\ 0.0 & 97.58 \end{bmatrix} \begin{bmatrix} \widehat{U}_1 \\ \widehat{U}_2 \end{bmatrix} = \begin{bmatrix} 1.30 \\ 1.30 \end{bmatrix} \tag{8.49}$$

和

$$\begin{aligned} \widehat{U}_1 &= 0.393\,439\,361\,3 \\ \widehat{U}_2 &= 0.013\,322\,402\,0 \end{aligned} \tag{8.50}$$

因此, 从初始截断产生的求解误差为

$$\widehat{\mathbf{r}} = \begin{bmatrix} U_1 \\ U_2 \end{bmatrix} - \begin{bmatrix} \widehat{U}_1 \\ \widehat{U}_2 \end{bmatrix} = \begin{bmatrix} 0.000\,023\,983\,6 \\ -0.000\,010\,931\,1 \end{bmatrix} \tag{8.51}$$

[736] 舍入误差为

$$\overline{\mathbf{r}} = \begin{bmatrix} \widehat{U}_1 \\ \widehat{U}_2 \end{bmatrix} - \begin{bmatrix} \overline{U}_1 \\ \overline{U}_2 \end{bmatrix} = \begin{bmatrix} 0.002\,439\,361\,3 \\ 0.000\,022\,402\,0 \end{bmatrix} \tag{8.52}$$

总的误差 $\mathbf{r}$ 为 $\overline{\mathbf{r}}$ 和 $\widehat{\mathbf{r}}$ 的和, 或

$$\mathbf{r} = \begin{bmatrix} U_1 \\ U_2 \end{bmatrix} - \begin{bmatrix} \overline{U}_1 \\ \overline{U}_2 \end{bmatrix} = \begin{bmatrix} 0.002\,463\,344\,9 \\ 0.000\,011\,470\,9 \end{bmatrix} \tag{8.53}$$

在求解误差的计算中, 我们对式 (8.44) 和式 (8.49) 进行精确求解. 在实际的分析中, 不能得到这些精确解; 而采用双精度算法可以得到更好的近似解.

现在考虑在一个具体分析中, 方程组 $\mathbf{KU} = \mathbf{R}$ 的解为 $\overline{\mathbf{U}}$. 即因为截断误差和舍入误差, 计算 $\overline{\mathbf{U}}$ 而非 $\mathbf{U}$. 解的误差可以通过计算残差 $\boldsymbol{\Delta}\mathbf{R}$ 得到, 其中

$$\boldsymbol{\Delta}\mathbf{R} = \mathbf{R} - \mathbf{K}\overline{\mathbf{U}} \tag{8.54}$$

实际上, 可以采用双精度算术计算 $\boldsymbol{\Delta}\mathbf{R}$. 把式 (8.54) 中的 $\mathbf{R}$ 换成 $\mathbf{KU}$, 对解的误差 $\mathbf{r} = \mathbf{U} - \overline{\mathbf{U}}$, 有

$$\mathbf{r} = \mathbf{K}^{-1}\boldsymbol{\Delta}\mathbf{R} \tag{8.55}$$

尽管 $\boldsymbol{\Delta}\mathbf{R}$ 可能非常小, 但解误差却仍然可能很大. 另外, 对于一个精确解, $\boldsymbol{\Delta}\mathbf{R}$ 一定很小. 因此, 一个小的残差值 $\boldsymbol{\Delta}\mathbf{R}$ 是精确解的必要但不是充分条件.

例 8.14: 对上面所考虑的介绍例子, 计算 $\boldsymbol{\Delta}\mathbf{R}$ 和 $\mathbf{r}$.

采用式 (8.44) 和式 (8.48) 中给出的 $\mathbf{R}$、$\mathbf{K}$ 和 $\overline{\mathbf{U}}$. 利用式 (8.54) 有

$$\boldsymbol{\Delta}\mathbf{R} = \begin{bmatrix} 1.3021 \\ 0 \end{bmatrix} - \begin{bmatrix} 3.425\,21 & -3.425\,21 \\ -3.425\,21 & 101.243\,1 \end{bmatrix} \begin{bmatrix} 0.391 \\ 0.0133 \end{bmatrix}$$

或

$$\boldsymbol{\Delta}\mathbf{R} = \begin{bmatrix} 0.008\,398\,18 \\ -0.007\,276\,12 \end{bmatrix}$$

因此, 采用式 (8.55), 有

$$\mathbf{r} = \begin{bmatrix} 0.002\,463\,34 \\ 0.000\,011\,47 \end{bmatrix}$$

在本例中, $\boldsymbol{\Delta}\mathbf{R}$ 和 $\mathbf{r}$ 都较小, 因为 $\mathbf{K}$ 是良态的.

例 8.15: 考虑下面的方程组

$$\begin{bmatrix} 4.855 & -4 & 1 & 0 \\ -4 & 5.855 & -4 & 1 \\ 1 & -4 & 5.855 & -4 \\ 0 & 1 & -4 & 4.855 \end{bmatrix} \begin{bmatrix} U_1 \\ U_2 \\ U_3 \\ U_4 \end{bmatrix} = \begin{bmatrix} -1.59 \\ 1 \\ 1 \\ -1.64 \end{bmatrix}$$

采用带截断的 6 位有效数字求解.

按照基本的 Gauss 消元步骤, 有 [737]

$$
\begin{bmatrix} 4.855\,00 & -4 & 1 & 0 \\ 0 & 2.559\,44 & -3.176\,10 & 1 \\ 0 & -3.176\,10 & 5.649\,02 & -4 \\ 0 & 1 & -4 & 4.855\,00 \end{bmatrix} \begin{bmatrix} \overline{U}_1 \\ \overline{U}_2 \\ \overline{U}_3 \\ \overline{U}_4 \end{bmatrix} = \begin{bmatrix} -1.590\,00 \\ -0.309\,980 \\ 1.327\,19 \\ -1.640\,00 \end{bmatrix}
$$

$$
\begin{bmatrix} 4.855\,00 & -4 & 1 & 0 \\ 0 & 2.559\,44 & -3.176\,10 & 1 \\ 0 & 0 & 1.707\,71 & -2.759\,07 \\ 0 & 0 & -2.759\,07 & 4.464\,29 \end{bmatrix} \begin{bmatrix} \overline{U}_1 \\ \overline{U}_2 \\ \overline{U}_3 \\ \overline{U}_4 \end{bmatrix} = \begin{bmatrix} -1.590\,00 \\ -0.309\,980 \\ 0.942\,827 \\ -1.518\,88 \end{bmatrix}
$$

$$
\begin{bmatrix} 4.855\,00 & -4 & 1 & 0 \\ & 2.559\,44 & -3.176\,10 & 1 \\ & & 1.707\,71 & -2.759\,07 \\ & & & 0.006\,600 \end{bmatrix} \begin{bmatrix} \overline{U}_1 \\ \overline{U}_2 \\ \overline{U}_3 \\ \overline{U}_4 \end{bmatrix} = \begin{bmatrix} -1.590\,00 \\ -0.309\,980 \\ 0.942\,827 \\ 0.004\,390 \end{bmatrix}
$$

回代, 得

$$
\overline{\mathbf{U}} = \begin{bmatrix} 0.686\,706 \\ 1.637\,68 \\ 1.626\,74 \\ 0.665\,151 \end{bmatrix}
$$

精确解 (保留到 7 位数字) 为

$$
\mathbf{U} = \begin{bmatrix} 0.703\,724\,7 \\ 1.665\,225\,6 \\ 1.654\,283\,1 \\ 0.682\,156\,7 \end{bmatrix}
$$

根据式 (8.54) 给出的计算 $\boldsymbol{\Delta}\mathbf{R}$, 得

$$
\boldsymbol{\Delta}\mathbf{R} = \begin{bmatrix} -1.59 \\ 1 \\ 1 \\ -1.64 \end{bmatrix} - \begin{bmatrix} -1.590\,022\,37 \\ 0.999\,983\,40 \\ 0.999\,944\,70 \\ -1.639\,971\,895 \end{bmatrix} = \begin{bmatrix} 0.000\,022\,37 \\ 0.000\,016\,60 \\ 0.000\,055\,30 \\ -0.000\,028\,105 \end{bmatrix}
$$

再计算 $\mathbf{r}$, 为

$$
\mathbf{r} = \begin{bmatrix} 0.017\,02 \\ 0.027\,56 \\ 0.027\,54 \\ 0.017\,01 \end{bmatrix}
$$

因此, 可以看到 $\mathbf{\Delta R}$ 比 $\mathbf{r}$ 小很多. 尽管载荷误差似乎表明方程有一个精确解, 但位移误差仍为 1%~2%.

考虑式 (8.55), 我们应预见到在 $\mathbf{K}$ 的最小特征值非常小甚至接近零时, 很难得到精确解; 即系统几乎可能进行刚体运动. 即在这种情形下, 尽管 $\mathbf{\Delta R}$ 很小, 但 $\mathbf{K}^{-1}$ 中的元素很大, 解的误差仍可能很大. 还看出如果 $\mathbf{K}$ 的 λ_1 较小, 则方程组 $\mathbf{KU}=\mathbf{R}$ 的求解可以看做具有接近 λ_1 的平移的一步逆迭代. 但
[738] 是在第 11.2.1 节中的分析表明, 方程的解往往含有对应特征向量的分量. 这些分量显然是解的误差.

为了获得关于解误差的更多信息而进行的分析表明, 决定解误差的 $\mathbf{K}$ 的特征值 λ_1 不仅很小 (接近零), 而且 $\mathbf{K}$ 的最大特征值和最小特征值之比大. 即在方程组 $\mathbf{KU}=\mathbf{R}$ 的求解中, 由于截断误差和舍入误差, 我们可以假设实际上是在求解方程组

$$(\mathbf{K}+\delta\mathbf{K})(\mathbf{U}+\delta\mathbf{U})=\mathbf{R} \tag{8.56}$$

假设 $\delta\mathbf{K}$ 和 $\delta\mathbf{U}$ 相对于其他项很小, 近似有

$$\delta\mathbf{U}=-\mathbf{K}^{-1}\delta\mathbf{K}\mathbf{U} \tag{8.57}$$

或, 取模

$$\frac{\|\delta\mathbf{U}\|}{\|\mathbf{U}\|}\leqslant \text{cond}(\mathbf{K})\frac{\|\delta\mathbf{K}\|}{\|\mathbf{K}\|} \tag{8.58}$$

其中, $\text{cond}(\mathbf{K})$ 是 $\mathbf{K}$ 的条件数, 有

$$\text{cond}(\mathbf{K})=\frac{\lambda_n}{\lambda_1} \tag{8.59}$$

因此, 条件数大意味着解误差大. 为了估计解误差的大小, 假设对 t 位数字精度的计算机

$$\frac{\|\delta\mathbf{K}\|}{\|\mathbf{K}\|}=10^{-t} \tag{8.60}$$

同时, 假设解的有效位数为 s 时, 有

$$\frac{\|\delta\mathbf{U}\|}{\|\mathbf{U}\|}=10^{-s} \tag{8.61}$$

把式 (8.60) 和式 (8.61) 代入式 (8.58), 得到求解中得出的准确位数的估计

$$s\geqslant t-\lg[\text{cond}(\mathbf{K})] \tag{8.62}$$

例 8.16: 计算例 8.15 矩阵 $\mathbf{K}$ 的条件数. 估计方程组求解精度.

在本例中, 有

$$\lambda_1=0.000\,898$$

$$\lambda_4=12.945\,2$$

因此

$$\text{cond}(\mathbf{K}) = 14\,415.6$$

和

$$\lg[\text{cond}(\mathbf{K})] = 4.158\,83$$

因此, 利用 6 位精度的算术运算, 根据式 (8.62) 预测的精确数字位数为

$$s \geqslant 6 - 4.16$$

约得到 1 到 2 位的精度. 比较例 8.15 中的结果, 可看出的确只有 1 到 2 位的精度.

$\mathbf{K}$ 的条件数实际中可以通过计算 λ_n 的上界 (记为 λ_n^u) 而近似得到 [739]

$$\lambda_n^u = \|\mathbf{K}\| \tag{8.63}$$

其中可以使用矩阵的任意范数 (见例 8.17), 采用逆迭代 (见第 11.2.1 节) 计算 λ_1 的下界, 记为 λ_1^l, 有

$$\text{cond}(\mathbf{K}) \doteq \frac{\lambda_n^u}{\lambda_1^l} \tag{8.64}$$

例 8.17: 计算例 8.15 中的矩阵 $\mathbf{K}$ 的条件数的估计值.

在这里用无穷大范数 (见第 2.7 节)

$$\|\mathbf{K}\|_\infty = 14.855$$

通过逆迭代, 得 $\lambda_1 = 0.000\,9$. 因此

$$\lg[\text{cond}(\mathbf{K})] = 4.217\,6$$

例 8.16 中的得到的结论还是有效的.

上面关于舍入误差和截断误差的介绍可以得到下面两个重要的结论:

① 如果所分析结构的刚度变化很大, 则两种误差可能都比较大. 因此, 不同的材料弹性模量和有限元模型都可能会引起较大的刚度误差. 如果是有限元模型的原因, 则通常可以选择一个更有效的模型. 这可通过采用大小基本相等的, 各个方向长度相当的单元, 采用主从自由度, 即约束方程组 (见第 4.2.2 节和例 8.19) 和相对自由度 (见例 8.20) 实现.

② 由于截断误差更为显著, 为了提高求解精度, 需要采用双精度计算刚度矩阵 $\mathbf{K}$ 和求解方程组 $\mathbf{KU} = \mathbf{R}$. 下列方法都是不充分的: (a) 采用单精度计算 $\mathbf{K}$, 再采用双精度求解方程 (例 8.18); 或者 (b) 采用单精度计算 $\mathbf{K}$, 用 Gauss 消元法单精度求解方程, 再在求解迭代时采用如 Gauss-Seidel 法改进结果.

我们将通过下面几个简例说明上述两个结论.

例 8.18: 考虑如图 E8.18 所示简单弹簧系统. 当 $k=1, K=10\,000$ 时, 采用 4 位精度的算术计算位移. 系统的平衡方程如下

$$\begin{bmatrix} K & -K & 0 \\ -K & 2K & -K \\ 0 & -K & K+k \end{bmatrix} \begin{bmatrix} U_1 \\ U_2 \\ U_3 \end{bmatrix} = \begin{bmatrix} 1 \\ 0 \\ 1 \end{bmatrix}$$

[740]

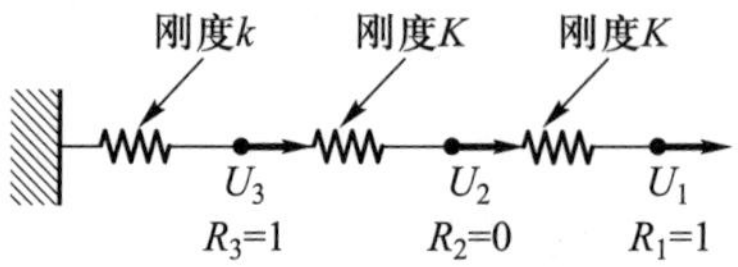

图 E8.18　简单弹簧系统

把 $K=10\,000, k=1$ 代入上式, 采用 4 位精度计算, 有

$$\begin{bmatrix} 10\,000 & -10\,000 & 0 \\ -10\,000 & 20\,000 & -10\,000 \\ 0 & -10\,000 & 10\,000 \end{bmatrix} \begin{bmatrix} U_1 \\ U_2 \\ U_3 \end{bmatrix} = \begin{bmatrix} 1 \\ 0 \\ 1 \end{bmatrix}$$

系数矩阵的三角化给出

$$\begin{bmatrix} 10\,000 & -10\,000 & 0 \\ 0 & 10\,000 & -10\,000 \\ 0 & 0 & 0 \end{bmatrix} \begin{bmatrix} U_1 \\ U_2 \\ U_3 \end{bmatrix} = \begin{bmatrix} 1.0 \\ 1.0 \\ 2.0 \end{bmatrix}$$

但由于 $d_{nn}=0.0$, 无法进行求解.

为了能够得到方程的解, 我们可以采用更高精度的算术计算, 也就是采用双精度运算, 即采用 8 位而不是 4 位精度.

采用 8 位精度 (实际上 5 位就足够了), 可以得到如下的解

$$\begin{bmatrix} 10\,000 & -10\,000 & 0 \\ -10\,000 & 20\,000 & -10\,000 \\ 0 & -10\,000 & 10\,001 \end{bmatrix} \begin{bmatrix} U_1 \\ U_2 \\ U_3 \end{bmatrix} = \begin{bmatrix} 1 \\ 0 \\ 1 \end{bmatrix}$$

$$\begin{bmatrix} 10\,000 & -10\,000 & 0 \\ 0 & 10\,000 & -10\,000 \\ 0 & 0 & 1 \end{bmatrix} \begin{bmatrix} U_1 \\ U_2 \\ U_3 \end{bmatrix} = \begin{bmatrix} 1.0 \\ 1.0 \\ 2.0 \end{bmatrix}$$

因此

$$\mathbf{U} = \begin{bmatrix} 2.000\,2 \\ 2.000\,1 \\ 2.0 \end{bmatrix}$$

此例说明算术中采用足够的位数对于不出现求解失败是非常重要的.

例 8.19: 采用主从求解法分析如图 E8.18 所示的系统.

主从分析法的基本假设是约束方程使用

$$U_1 = U_2 = U_3$$

系统的控制平衡方程为

$$kU_1 = 2$$

把 k 的值代入方程, 得

$$U_1 = 2$$

完整解为 [741]

$$\mathbf{U} = \begin{bmatrix} 2.0 \\ 2.0 \\ 2.0 \end{bmatrix}$$

这个解是近似的. 但与真实解比较, 可看出 $\boldsymbol{\varphi}^{(r)}$ 主响应得到适当预测.

例 8.20: 对如图 E8.18 所示系统采用相关自由度进行分析.

采用相关自由度, 位移自由度定义为 U_3、$\varDelta_1$ 和$\varDelta_2$, 其中

$$U_2 = U_3 + \varDelta_2$$

$$U_1 = U_2 + \varDelta_1$$

或有

$$\begin{bmatrix} U_1 \\ U_2 \\ U_3 \end{bmatrix} = \begin{bmatrix} 1 & 1 & 1 \\ 0 & 1 & 1 \\ 0 & 0 & 1 \end{bmatrix} \begin{bmatrix} \varDelta_1 \\ \varDelta_2 \\ U_3 \end{bmatrix} \tag{a}$$

矩阵 $\mathbf{T}$ 把自由度 $\varDelta_1$、$\varDelta_2$ 和 U_3 与自由度 U_1、U_2 和 U_3 联立起来. 采用相关自由度的系统平衡方程为 $(\mathbf{T}^{\mathrm{T}}\mathbf{K}\mathbf{T})\mathbf{U}_{\mathrm{rel}} = \mathbf{T}^{\mathrm{T}}\mathbf{R}$; 即平衡方程为

$$\begin{bmatrix} 10\,000 & 0 & 0 \\ 0 & 10\,000 & 0 \\ 0 & 0 & 1.0 \end{bmatrix} \begin{bmatrix} \varDelta_1 \\ \varDelta_2 \\ U_3 \end{bmatrix} = \begin{bmatrix} 1.0 \\ 1.0 \\ 2.0 \end{bmatrix} \tag{b}$$

解为

$$\varDelta_1 = 0.000\,1$$

$$\varDelta_2 = 0.000\,1$$

$$U_3 = 2.0$$

因此, 有

$$U_1 = 2.000\,2$$
$$U_2 = 2.000\,1$$
$$U_3 = 2.000\,0$$

因此, 利用 4 位精度的运算, 如果采用有关自由度, 则可以获得系统的精确解 (见例 8.18). 但应该指出应直接形成对应有关自由度的平衡方程, 即本例中没有进行变换.

8.2.7 习题

8.1 考虑例 8.1 中的悬臂梁, 已给定刚度矩阵. 计算在实验室实验中, 希望得到的梁刚度矩阵的结果, 如图 8.3 至图 8.6 中所讨论的简支梁. 即对应下列四种情况下的刚度测量, 求出简支梁在夹持处的力和挠曲形状: 保持所有四个夹持, 移除夹持 1, 移除夹持 1 和 2, 移除夹持 1、2 和 3.

8.2 已知例 8.1 中的悬臂梁的刚度矩阵, 只计算对应 U_2 和 U_4 的刚度
[742] 矩阵, 即释放自由度 U_1 和 U_3. 然后计算并画出当 $U_2 = 1, U_4 = 0$ 时和当 $U_2 = 0, U_4 = 1$ 时, 只由 U_2 和 U_4 描述梁的挠曲形状.

8.3 进行实验室实验得到结构的刚度矩阵. 使用如图 Ex.8.3 所示的夹具, 下面 4×4 的刚度矩阵已测出:

$$\mathbf{K} = \begin{bmatrix} 14 & -6 & 1 & 0 \\ -6 & 14 & -7 & 1 \\ 1 & -7 & 16 & -8 \\ 0 & 1 & -8 & 18 \end{bmatrix}$$

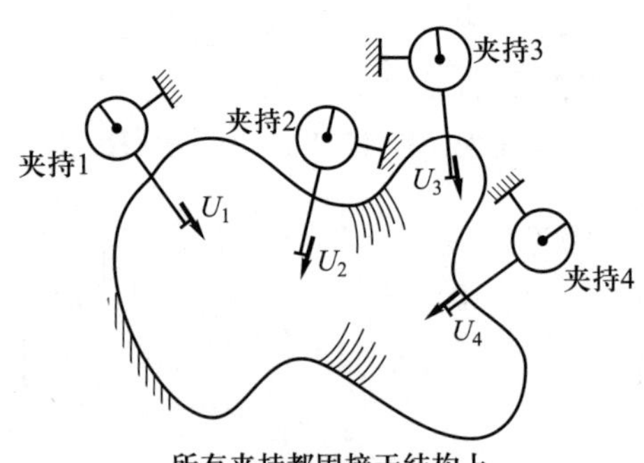

图 Ex.8.3

再移除夹持 2, 测出一个 3×3 的刚度矩阵

$$
\widetilde{\mathbf{K}}=\begin{bmatrix}\dfrac{80}{7} & -2 & \dfrac{3}{7}\\ -2 & \dfrac{25}{2} & -\dfrac{15}{2}\\ \dfrac{3}{7} & -\dfrac{15}{2} & 17\end{bmatrix}
$$

当确定已正确建立矩阵 $\mathbf{K}$, 则仍无法确定 $\widetilde{\mathbf{K}}$ 是否测量正确, 因为夹持 3 可能没起作用. 检查刚度矩阵 $\widetilde{\mathbf{K}}$ 是否正确, 如果有错误, 请给出错误的细节.

8.4 如图 Ex.8.4(a) 所示的梁单元的刚度矩阵如下

$$
\begin{array}{c} \\ \mathbf{K}=EI \end{array}
\begin{array}{c} \begin{matrix} U_1 & U_2 & U_3 & U_4 \end{matrix} \\ \begin{bmatrix} 12 & -6 & -12 & -6\\ -6 & 4 & 6 & 2\\ -12 & 6 & 12 & 6\\ -6 & 2 & 6 & 4\end{bmatrix}\end{array}
$$

计算只对应自由度 θ 的如图 Ex.8.4 (b) 所示单元组合体的刚度. [743]

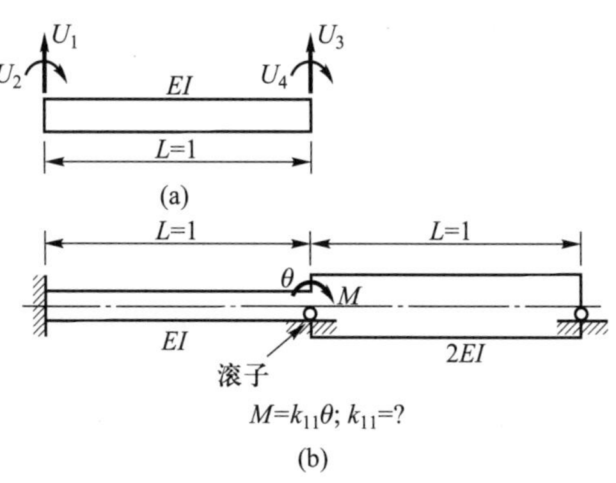

图 Ex.8.4

8.5 例 8.1 的悬臂梁在 U_2 自由度上施加了一个集中力, 因此, 控制方程如下

$$
\begin{bmatrix} 7 & -4 & 1 & 0\\ -4 & 6 & -4 & 1\\ 1 & -4 & 5 & -2\\ 0 & 1 & -2 & 1\end{bmatrix}\begin{bmatrix}U_1\\U_2\\U_3\\U_4\end{bmatrix}=\begin{bmatrix}0\\1\\0\\0\end{bmatrix}
$$

对于位移变量按 U_4、U_3、U_1 的顺序采用 Gauss 消元法计算位移解.

8.6 考虑如图 Ex.8.6 所示的 4 节点单元及其边界条件. 假定按照通常顺序 $U_1, U_2, \cdots$, 等等, 即从最低自由度到最高自由度进行 Gauss 消元. 确定对情况 1 至情况 3 在消去过程中是否会遇到零对角元素, 如果是, 在求解的哪个阶段会遇到.

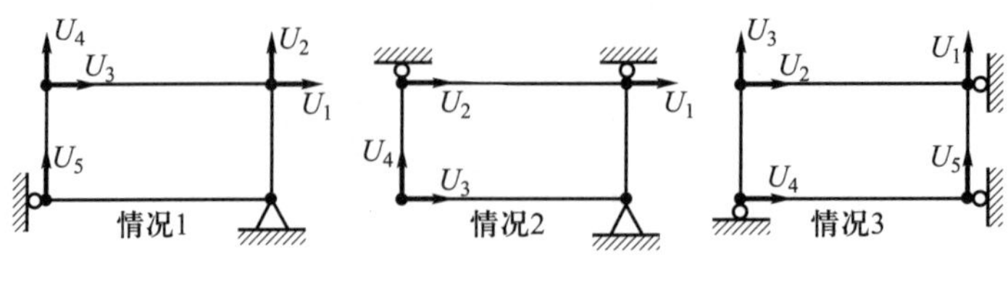

图 Ex.8.6

8.7　建立例 8.1 中的悬臂梁的刚度矩阵 $\mathbf{K}$ 的 $\mathbf{LDL}^{\mathrm{T}}$ 分解 ($\mathbf{K}$ 是第一次实验结果, 见习题 8.5). 采用该分解计算 $\det\mathbf{K}$ 和 $\mathbf{K}$ 的 Cholesky 因子 $\widetilde{\mathbf{L}}$.

8.8　证明对应式 (8.10) 和式 (8.14), 确实有 $\mathbf{S}=\mathbf{D}\widetilde{\mathbf{S}}$ 和 $\widetilde{\mathbf{S}}=\mathbf{L}^{\mathrm{T}}$.

[744]　8.9　考虑下列方程组

$$\begin{bmatrix} 2 & -1 & 0 \\ -1 & 2 & -1 \\ 0 & -1 & 2 \end{bmatrix}\begin{bmatrix} U_1 \\ U_2 \\ U_3 \end{bmatrix}=\begin{bmatrix} 1 \\ 0 \\ 0 \end{bmatrix}$$

建立系数矩阵的 $\mathbf{LDL}^{\mathrm{T}}$ 分解, 并根据式 (8.19) 和式 (8.20) 求解该方程组. 最后计算系数矩阵的 Cholesky 因子 $\widetilde{\mathbf{L}}$.

8.10　考虑方程组

$$\begin{bmatrix} 2 & -1 & 0 \\ -1 & 2 & -1 \\ 0 & -1 & 2+k \end{bmatrix}\begin{bmatrix} U_1 \\ U_2 \\ U_3 \end{bmatrix}=\begin{bmatrix} 1 \\ 0 \\ 0 \end{bmatrix}$$

对下列情况求出 k 的值: (a) 矩阵系数是不定的, (b) 方程不能求解.

8.11　采用第 8.2.1 节中 Gauss 消元法的基本步骤求解下列非对称方程组. 然后证明这些解能写成式 (8.10) 至式 (8.20) 的形式, 只是我们需要用一个上三角单位矩阵 $\mathbf{L}_u$ 取代方程中的 $\mathbf{L}^{\mathrm{T}}$. 推导 $\mathbf{L}_u$.

$$\begin{bmatrix} 3 & -1 & 0 \\ -2 & 4 & -1 \\ 0 & -2 & 3 \end{bmatrix}\begin{bmatrix} U_1 \\ U_2 \\ U_3 \end{bmatrix}=\begin{bmatrix} 0 \\ 1 \\ 0 \end{bmatrix}$$

8.12　采用下列方程组, 做习题 8.11

$$\begin{bmatrix} 4 & -1 & 0 \\ 2 & 6 & -2 \\ 0 & -1 & 4 \end{bmatrix}\begin{bmatrix} U_1 \\ U_2 \\ U_3 \end{bmatrix}=\begin{bmatrix} 1 \\ 0 \\ 0 \end{bmatrix}$$

8.13　推导下列方程组的 $\mathbf{LDL}^{\mathrm{T}}$ 分解

$$\left[\begin{array}{ccc:c} 2 & -1 & 0 & -1 \\ -1 & 2 & -1 & 0 \\ 0 & -1 & 2 & 1 \\ \hdashline -1 & 0 & 1 & 0 \end{array}\right]\begin{bmatrix} U_1 \\ U_2 \\ U_3 \\ \lambda \end{bmatrix}=\left[\begin{array}{c} 0 \\ 1 \\ 0 \\ \hdashline 0 \end{array}\right]$$

其中, U_1、U_2 和 U_3 都是位移, λ 是 Lagrange 乘子 (力) (见第 3.4.1 节).

同时建立一个简单的有限元模型, 其响应由这些方程控制.

8.14 对于下列方程组

$$\begin{bmatrix} \mathbf{K} & \mathbf{K}_\lambda^{\mathrm{T}} \\ \mathbf{K}_\lambda & \mathbf{0} \end{bmatrix} \begin{bmatrix} \mathbf{U} \\ \boldsymbol{\lambda} \end{bmatrix} = \begin{bmatrix} \mathbf{R} \\ \mathbf{R}_\lambda \end{bmatrix}$$

其中, $\mathbf{K}$ 为阶数为 n 的正定对称矩阵 ($\mathbf{K}$ 对应一个被适当支撑而没有刚体运动模式的有限元模型), 矩阵 $\mathbf{K}_\lambda$ 和向量 $\mathbf{R}_\lambda$ 对应 p 个约束方程组 (如在接触分析中遇到的, 见第 6.7 节), 向量 $\boldsymbol{\lambda}$ 包含 Lagrange 乘子.

证明只要约束方程组是线性无关的, 且 $p < n$, 我们可以采用式 (8.10) 至式 (8.20) 的方法, 求解未知位移和 Lagrange 乘子.

8.15 考虑例 8.9 中的结构模型, 假设刚度 $k_i = (EA_1/L) \times i$ 加到自由度 [745]
u_i, $i = 1, 2, \cdots, 5$. 因此, 这些刚度值仅加到例 8.9 中所给的初始刚度矩阵的对角元素上. 利用子结构法求解仅由 U_1、U_3 和 U_5 自由度定义结构的刚度矩阵.

8.16 采用子结构法求解图 E8.10 中对应 U_1、U_7 和 U_9 自由度的杆结构的 3×3 的刚度矩阵及其力向量.

8.17 考虑例 8.1 中的悬臂梁及其刚度矩阵 (在第一个实验中给出的结果, 见习题 8.5). 计算原问题和相伴约束问题的特征值, 并证明本例中的 Sturm 序列性质成立. 提示: 见图 8.9.

8.18 考虑习题 8.4 中的刚度矩阵, 计算原问题的特征值和相伴约束问题, 并证明本例中的 Sturm 序列性质成立. 提示: 见图 8.9.

8.19 考虑下面的矩阵

$$\begin{bmatrix} 10 & -10 & 0 \\ -10 & 10+k & -k \\ 0 & -k & 10+k \end{bmatrix}$$

计算 k 的值使得矩阵的条件数大概在 10^8.

8.20 计算图 8.1(a) 中简支梁刚度矩阵的精确条件数和利用范数计算其条件数近似值. 提示: 见图 8.9 和式 (8.63).

8.3 迭代求解方法

在许多分析中, 采用基于 Gauss 消元法的一些直接法求解平衡方程 $\mathbf{KU} = \mathbf{R}$ 是非常有效的 (见第 8.2 节). 但是值得注意的是, 在有限元法发展的早期阶段, 就已开始使用迭代求解算法 (见 R. W. Clough 和 E. L. Wilson [A]).

迭代求解法有一个主要的缺点, 由于收敛所需的迭代次数依赖于矩阵 $\mathbf{K}$ 的条件数, 故很难估计求解的时间, 同时也无法判断在所考虑的具体情况中所用的加速方法是否有效. 这也就是为什么在 20 世纪六七十年代基本不再使用迭代求解法的原因, 因为此时直接求解法已经得到完善, 并且很有效 (见第 8.2 节).

但是, 考虑大型的有限元系统, 直接法需要大量的存储空间和机时. 基本原因是需要的存储空间与 nm_{K} 成正比, 其中, n 为方程的个数, m_{K} 为半带宽, 运算的次数大概为 $\dfrac{1}{2}nm_{\mathrm{K}}^2$. 由于半带宽 (大约) 与 $\sqrt{n}$ 成正比, 当 n 增大时, 对存储空间和机时的需求会变得很大. 实际中常常由于可利用的计算机存储能力限制了能求解的有限元系统的规模.

而在迭代求解中所需的存储空间要小得多, 这是因为我们只需要保存矩
阵的特征顶线下的非零元素, 一个指示每个非零元素位置的指针数组, 还有少
[746] 量如预调理器和迭代向量的 nm_{K} 值的估计值的一些数组. 特征顶线下的非
零矩阵元素只是特征顶线下元素的一小部分, 这点我们将在下例给予说明.

例 8.21: 考虑如图 E8.21 所示的三维单元组成的有限元模型, 估计特征顶线下矩阵元素个数 (存储在直接求解法中) 和实际非零矩阵元素的个数 (在迭代解法中需要保存的元素).

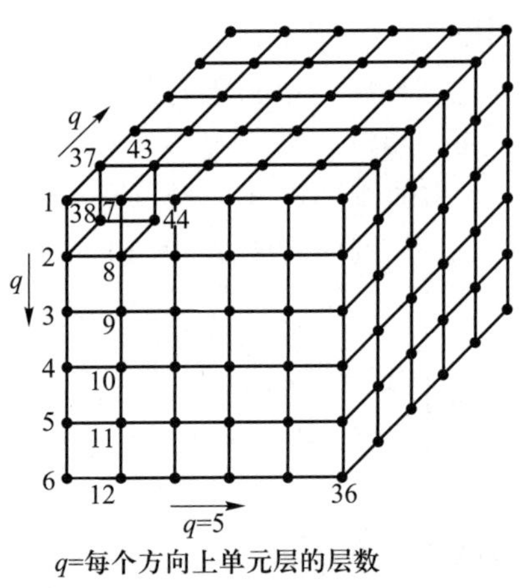

图 E8.21　8 节点三维单元的组合体, 每节点 3 个自由度

半带宽由一个单元的节点号的最大差给出. 这里, 对每个方向 q 片单元层, 有

$$m_{\mathrm{K}} = [(q+1)^2 + q + 3] \times 3 - 1$$

当 q 大时

$$m_{\mathrm{K}} \doteq 3q^2 \tag{a}$$

对所考虑的问题, 列高实际上是常数, 因此特征顶线下单元个数大约有

$$nm_{\mathrm{K}} \doteq (3q^3)(3q^2) = 9q^5$$

另一方面, 特征顶线下的实际非零元素的个数由只直接与周围节点实际耦合的节点 i 确定. 对一个内部节点和 8 节点单元, 与 28 个节点有耦合关系, 因此, "压缩" 的半带宽为

$$m_{\mathrm{K}}|_{\text{压缩}} = \frac{27}{2} \times 3 \sim 40 \tag{b}$$

我们注意到此结果与模型中单元和节点的个数无关. 即式 (b) 中的结果只与一个典型节点耦合的单元个数有关. 比较式 (a) 和式 (b), 我们看出特征顶线下的非零元素个数只与 n 呈线性增长, 当 q 较大时, 非零元素个数相对于所有特征顶线下的元素的所占比例非常小.

迭代求解可以节省很大部分的存储空间, 该特点吸引了大量的研究工作以发展更加有效的迭代法. 而有效性的关键当然是在一个适当的迭代次数内就实现收敛. [747]

正如我们将看到的, 迭代法的关键点在于当收敛缓慢时, 可以加速收敛. 在许多应用中已出现有效的加速方法, 这使得迭代法非常具有吸引力.

在下面几节中, 我们将首先考虑采用经典 Gauss-Seidel 迭代法和共轭梯度法. Gauss-Seidel 方法在有限元方法的早期就得到应用 (见 R. W. Clough 和 E. L. Wilson) 并将继续得到应用. 这里介绍的共轭梯度法是特别有吸引力的.

8.3.1 Gauss-Seidel 法

我们的目标是通过迭代求解方程 $\mathbf{KU} = \mathbf{R}$. 把 $\mathbf{U}^{(1)}$ 记为位移 $\mathbf{U}$ 的初始估计值. 如果没有更好的值, 则 $\mathbf{U}^{(1)}$ 可以是零向量.

在 Gauss-Seidel 迭代时 (见 L. Seidel [A] 和 R. S. Varga [A]), 当 $s = 1, 2, \cdots$, 计算

$$U_i^{(s+1)} = k_{ii}^{-1}\left(R_i - \sum_{j=1}^{i-1} k_{ij}U_j^{(s+1)} - \sum_{j=i+1}^{n} k_{ij}U_j^{(s)}\right) \tag{8.65}$$

其中, $U_i^{(s)}$ 和 R_i 是 $\mathbf{U}$ 和 $\mathbf{R}$ 的第 i 个分量, s 表示迭代循环. 我们也可以写成如下矩阵形式

$$\mathbf{U}^{(s+1)} = \mathbf{K}_D^{-1}\left(\mathbf{R} - \mathbf{K}_L\mathbf{U}^{(s+1)} - \mathbf{K}_L^{\mathrm{T}}\mathbf{U}^{(s)}\right) \tag{8.66}$$

其中, $\mathbf{K}_D$ 是对角矩阵, $\mathbf{K}_D = \operatorname{diag}(k_{ii})$, $\mathbf{K}_L$ 是下三角矩阵, 且元素 k_{ij} 使得

$$\mathbf{K} = \mathbf{K}_L + \mathbf{K}_D + \mathbf{K}_L^{\mathrm{T}} \tag{8.67}$$

迭代不断进行, 直到位移向量的当前估计值变化足够小, 即

$$\frac{\|\mathbf{U}^{(s+1)} - \mathbf{U}^{(s)}\|_2}{\|\mathbf{U}^{(s+1)}\|_2} < \varepsilon \tag{8.68}$$

其中, ε 是收敛容许值. 迭代的次数与初始向量的质量和矩阵 $\mathbf{K}$ 的条件数有关. 但着重指出只要 $\mathbf{K}$ 为正定矩阵, 迭代一定会收敛. 可以通过超松弛方法加速收敛, 此时迭代如下

$$\mathbf{U}^{(s+1)} = \mathbf{U}^{(s)} + \beta \mathbf{K}_D^{-1}(\mathbf{R} - \mathbf{K}_L \mathbf{U}^{(s+1)} - \mathbf{K}_D \mathbf{U}^{(s)} - \mathbf{K}_L^{\mathrm{T}} \mathbf{U}^{(s)}) \tag{8.69}$$

其中, β 是超松弛因子. β 的最佳值与矩阵 $\mathbf{K}$ 有关, 但通常在 1.3~1.9 之间.

[748] **例 8.22**: 采用 Gauss-Seidel 迭代法求解例 8.2.1 节中的方程组.

要求解的方程如下

$$\begin{bmatrix} 5 & -4 & 1 & 0 \\ -4 & 6 & -4 & 1 \\ 1 & -4 & 6 & -4 \\ 0 & 1 & -4 & 5 \end{bmatrix} \begin{bmatrix} U_1 \\ U_2 \\ U_3 \\ U_4 \end{bmatrix} = \begin{bmatrix} 0 \\ 1 \\ 0 \\ 0 \end{bmatrix}$$

采用式 (8.69) 求解, 则方程组变形如下

$$\begin{bmatrix} U_1 \\ U_2 \\ U_3 \\ U_4 \end{bmatrix}^{(s+1)} = \begin{bmatrix} U_1 \\ U_2 \\ U_3 \\ U_4 \end{bmatrix}^{(s)} + \beta \begin{bmatrix} \frac{1}{5} & & & \\ & \frac{1}{6} & & \\ & & \frac{1}{6} & \\ & & & \frac{1}{5} \end{bmatrix} \times$$

$$\left\{ \begin{bmatrix} 0 \\ 1 \\ 0 \\ 0 \end{bmatrix} - \begin{bmatrix} 0 & & & \\ -4 & 0 & & \\ 1 & -4 & 0 & \\ 0 & 1 & -4 & 0 \end{bmatrix} \begin{bmatrix} U_1 \\ U_2 \\ U_3 \\ U_4 \end{bmatrix}^{(s+1)} - \right.$$

$$\left. \begin{bmatrix} 5 & -4 & 1 & 0 \\ & 6 & -4 & 1 \\ & & 6 & -4 \\ & & & 5 \end{bmatrix} \begin{bmatrix} U_1 \\ U_2 \\ U_3 \\ U_4 \end{bmatrix}^{(s)} \right\}$$

使用初始估计值为

$$\mathbf{U}^{(1)} = \begin{bmatrix} 0 \\ 0 \\ 0 \\ 0 \end{bmatrix}$$

不用超松弛法求解, 即 $\beta=1$ 时, 得

$$\begin{bmatrix} U_1 \\ U_2 \\ U_3 \\ U_4 \end{bmatrix}^{(2)} = \begin{bmatrix} 0 \\ 0.167 \\ 0.111 \\ 0.0556 \end{bmatrix}; \quad \begin{bmatrix} U_1 \\ U_2 \\ U_3 \\ U_4 \end{bmatrix}^{(3)} = \begin{bmatrix} 0.111 \\ 0.305 \\ 0.222 \\ 0.116 \end{bmatrix}$$

采用式 (8.68) 中的收敛允许值为 $\varepsilon=0.001$, 在迭代了 104 次后收敛, 此时的位移向量为

$$\begin{bmatrix} U_1 \\ U_2 \\ U_3 \\ U_4 \end{bmatrix}^{(104)} = \begin{bmatrix} 1.59 \\ 2.59 \\ 2.39 \\ 1.39 \end{bmatrix}$$

而精确解为

$$\begin{bmatrix} U_1 \\ U_2 \\ U_3 \\ U_4 \end{bmatrix} = \begin{bmatrix} 1.60 \\ 2.60 \\ 2.40 \\ 1.40 \end{bmatrix}$$

现改变 β 值重新计算. 下面给出了当 $\varepsilon=0.001$ 时, 作为 β 函数所要求 [749]
的迭代次数为:

β	1.0	1.1	1.2	1.3	1.4	1.5	1.6	1.7	1.8	1.9
迭代次数	104	88	74	61	49	37	23	30	43	82

因此, 对该例得出, 在 $\beta=1.6$ 迭代次数最少.

探究求解步骤所遵循的物理过程是有益的. 为此, 注意到对于式 (8.69) 等号右边, 计算对应自由度 i 的非平衡力

$$Q_i^{(s)} = R_i - \sum_{j=1}^{i-1} k_{ij} U_j^{(s+1)} - \sum_{j=i}^{n} k_{ij} U_j^{(s)} \tag{8.70}$$

接着计算对应的位移分量 $U_i^{(s+1)}$ 的修正值

$$U_i^{(s+1)} = U_i^{(s)} + \beta k_{ii}^{-1} Q_i^{(s)} \tag{8.71}$$

其中, $i=1,\cdots,n$. 假设 $\beta=1$, 计算式 (8.71) 中 $U_i^{(s)}$ 的修正值是通过把非平衡力施加于第 i 个自由度且其他节点保持固定而实现的. 该方法与矩分布方法相同, 已广泛应用于框架的人工计算分析中 (见 E. Lightfoot [A]). 而采用加速因子 β 可以得到更快的收敛率.

在上述方程组中, 对所有非对角元素求和 (见式 (8.65) 和式 (8.70)). 但是, 实际上只需要对刚度矩阵中的非零元素对应的自由度进行求和. 正如前面指出的, 只对矩阵非零元素进行存储和运算.

8.3.2 带预处理的共轭梯度法

一种求解方程 $\mathbf{KU} = \mathbf{R}$ 最简单有效的迭代法 (使用预处理), 就是 M. R. Hestenes 和 E. Stiefel 提出的共轭梯度算法 (见 J. K. Reid [A], G. H. Golub 和 C. F. van Loan [A]).

该算法是根据最小化总势能 $\prod = \frac{1}{2}\mathbf{U}^{\mathrm{T}}\mathbf{KU} - \mathbf{U}^{\mathrm{T}}\mathbf{R}$ 求解方程 $\mathbf{KU} = \mathbf{R}$ (见式 (4.96) 至式 (4.98)). 因此, 迭代的主要目的是给出总势能为 $\mathbf{\Pi}^{(s)}$ 的 $\mathbf{U}$ 的近似值 $\mathbf{U}^{(s)}$, 寻找更好的近似值 $\mathbf{U}^{(s+1)}$ 使得 $\mathbf{\Pi}^{(s+1)} < \mathbf{\Pi}^{(s)}$. 我们不仅希望总势能在每次迭代时都降低, 同时希望可以更高效计算 $\mathbf{U}^{(s+1)}$, 从而使总势能快速下降. 因此, 迭代快速收敛.

在共轭梯度法中, 第 s 次迭代时采用线性无关向量 $\mathbf{p}^{(1)}, \mathbf{p}^{(2)}, \mathbf{p}^{(3)}, \cdots, \mathbf{p}^{(s)}$, 计算由这些向量张成空间的最小总势能. 这给出 $\mathbf{U}^{(s+1)}$ (见习题 8.23). 同时, 得到了附加基向量 $\mathbf{p}^{(s+1)}$, 用于下一次迭代.

[750] 该算法可以总结如下:

选择初始迭代向量 $\mathbf{U}^{(1)}$ (通常 $\mathbf{U}^{(1)}$ 是个零向量).

计算残差 $\mathbf{r}^{(1)} = \mathbf{R} - \mathbf{KU}^{(1)}$. 若 $\mathbf{r}^{(1)} = \mathbf{0}$, 则退出.

否则,

令 $\mathbf{p}^{(1)} = \mathbf{r}^{(1)}$.

计算 $s = 1, 2, \cdots$,

$$\begin{aligned}
\alpha_s &= \frac{\mathbf{r}^{(s)^{\mathrm{T}}}\mathbf{r}^{(s)}}{\mathbf{p}^{(s)^{\mathrm{T}}}\mathbf{K}\mathbf{p}^{(s)}} \\
\mathbf{U}^{(s+1)} &= \mathbf{U}^{(s)} + \alpha_s \mathbf{p}^{(s)} \\
\mathbf{r}^{(s+1)} &= \mathbf{r}^{(s)} - \alpha_s \mathbf{K}\mathbf{p}^{(s)} \\
\beta_s &= \frac{\mathbf{r}^{(s+1)^{\mathrm{T}}}\mathbf{r}^{(s+1)}}{\mathbf{r}^{(s)^{\mathrm{T}}}\mathbf{r}^{(s)}} \\
\mathbf{p}^{(s+1)} &= \mathbf{r}^{(s+1)} + \beta_s \mathbf{p}^{(s)}
\end{aligned} \tag{8.72}$$

不断迭代直到 $\|\mathbf{r}^{(s)}\| \leqslant \varepsilon$, 其中, ε 是收敛容许值. 也可以采用对 $\|\mathbf{U}^{(s)}\|$ 的收敛准则.

共轭梯度法满足关于方向向量 $\mathbf{p}^{(i)}$ 和残值向量 $\mathbf{r}^{(i)}$ 两个重要的正交性条件, 即有 (见习题 8.22)

$$\mathbf{p}^{(i)^{\mathrm{T}}}\mathbf{K}\mathbf{p}^{(j)} = 0, \text{ 除了 } i \neq j \text{ 所有 } i, j \tag{8.73}$$

和

$$\mathbf{p}^{(j)^{\mathrm{T}}}\mathbf{r}^{(j+1)} = \mathbf{0} \tag{8.74}$$

其中,

$$\mathbf{P}^{(j)}=[\mathbf{p}^{(1)},\cdots,\mathbf{p}^{(j)}] \tag{8.75}$$

式 (8.73) 中的正交性意味着由 $\mathbf{p}^{(1)},\mathbf{p}^{(2)},\mathbf{p}^{(3)},\cdots,\mathbf{p}^{(s)}$ 张成空间的最小总势能, 可通过由 $\mathbf{p}^{(1)},\mathbf{p}^{(2)},\mathbf{p}^{(3)},\cdots,\mathbf{p}^{(s-1)}$ (上次迭代的解) 张成空间的最小总势能和只关于 $\mathbf{p}^{(s)}$ 的乘子对该总势能进行极小化而得到. 这一过程给出 α_s 和改进的迭代解 $\mathbf{U}^{(s+1)}$.

式 (8.74) 中的正交性意味着 $(j+1)$ 次迭代后的残差与所有方向向量正交. 该方程说明可以得到解 $\mathbf{U}$ 的收敛, 按精确算术运算, 收敛最多需要 n 次迭代. 当然, 实际中我们希望收敛需要的迭代次数远远小于 n (收敛于适当的允许值).

共轭梯度算法的收敛率与矩阵 $\mathbf{K}$ 的条件数有关, 定义为 $\operatorname{cond}(\mathbf{K})=\lambda_n/\lambda_1$, 其中 λ_1 是 $\mathbf{K}$ 的最小特征值, 而 λ_n 是最大特征值 (见第 8.2.6 节). 条件数越大, 收敛越慢, 实际上, 当矩阵病态时, 收敛非常慢. 因此, 式 (8.72) 给出的共轭梯度算法几乎无效.

此时, 应指出上面列举的性质仅在精确算术运算中是有效的. 实际上, 因 [751]
为有限精度的算法, 很难精确满足式 (8.73) 和式 (8.74) 中正交性条件, 但该正交性的缺失不是不利的.

为了提高求解算法的收敛率, 需要使用预处理. 基本思想是不求解 $\mathbf{KU}=\mathbf{R}$, 而求解

$$\widetilde{\mathbf{K}}\widetilde{\mathbf{U}}=\widetilde{\mathbf{R}} \tag{8.76}$$

其中,

$$\begin{aligned}\widetilde{\mathbf{K}}&=\mathbf{C}_L^{-1}\mathbf{K}\mathbf{C}_R^{-1}\\ \widetilde{\mathbf{U}}&=\mathbf{C}_R\mathbf{U}\\ \widetilde{\mathbf{R}}&=\mathbf{C}_L^{-1}\mathbf{R}\end{aligned} \tag{8.77}$$

非奇异矩阵 $\mathbf{K}_p=\mathbf{C}_L\mathbf{C}_R$ 被称为预处理算子. 变换的目的是得到具有更好条件数的矩阵 $\widetilde{\mathbf{K}}$. 已有多种预处理算子被提出 (见 G. H. Golub 和 C. F. van Loan [A], T. A. Manteuffel [A], J. A. Meijerink 和 H. A. van der Vorst [A]), 但有一个方法特别有价值, 即采用 $\mathbf{K}$ 的一些不完备 Cholesky 因子.

在该方法中, 从通过 $\mathbf{K}$ 的不精确因子得到合理的矩阵 $\mathbf{K}_p$, 使得以 $\mathbf{K}_p$ 为系数矩阵的方程求解非常有效. 原则上, 可以计算 $\mathbf{K}$ 的许多不完备的 Cholesky 因子. 其中有一个方法, 是通过如第 8.2 节中所介绍的分解得到 $\mathbf{K}$ 的不完备 Cholesky 因子, 但只考虑和只对 $\mathbf{K}$ 的非零元素所在位置进行运算. 因此, 所有的在特征顶线下初始为零且始终为零的矩阵元素在分解过程中不需要存储.

我们也可以不考虑 $\mathbf{K}$ 中所有初始非零的元素, 只计入那些比某一阈值大的元素, 并将其他元素置为零. 该方法可以进一步减少存储空间. 另外, 在进行不完备分解前, 对所有与非对角元素有联系的对角元素调整尺度, 这样做

更有效, 当然我们也可以采用 $\mathbf{K}$ 的某些子矩阵的精确分解以确定不完备因子 (见习题 8.27 和习题 8.28). 显而易见, 有很多的可能性, 可以导出不同方法的相互关系 (如见 G. H. Golub 和 C. F. van Loan [A]).

令 $\overline{\mathbf{L}}$ 和 $\overline{\mathbf{L}}^{\mathrm{T}}$ 为 $\mathbf{K}$ 的不完备 Cholesky 因子, 再采用矩阵 $\mathbf{K}_p = \overline{\mathbf{L}}\,\overline{\mathbf{L}}^{\mathrm{T}}$ 且 $\mathbf{C}_L = \overline{\mathbf{L}}$ 和 $\mathbf{C}_{\mathbf{R}} = \overline{\mathbf{L}}^{\mathrm{T}}$ 进行预处理.

无论是否采用预处理器 $\mathbf{K}_p$, 对问题式 (8.76) 采用共轭梯度算法, 我们得到下面的算法:

选择初始迭代向量 $\mathbf{U}^{(1)}$.

计算残差 $\mathbf{r}^{(1)} = \mathbf{R} - \mathbf{K}\mathbf{U}^{(1)}$. 如果 $\mathbf{r}^{(1)} = \mathbf{0}$, 则退出.

否则,

计算 $\mathbf{z}^{(1)} = \mathbf{K}_p^{-1}\mathbf{r}^{(1)}$.

令 $\mathbf{p}^{(1)} = \mathbf{z}^{(1)}$.

[752] 计算 $s = 1, 2, \cdots$, 直到达到收敛容许值

$$
\begin{aligned}
\alpha_s &= \frac{\mathbf{z}^{(s)^{\mathrm{T}}}\mathbf{r}^{(s)}}{\mathbf{p}^{(s)^{\mathrm{T}}}\mathbf{K}\mathbf{p}^{(s)}} \\
\mathbf{U}^{(s+1)} &= \mathbf{U}^{(s)} + \alpha_s\mathbf{p}^{(s)} \\
\mathbf{r}^{(s+1)} &= \mathbf{r}^{(s)} - \alpha_s\mathbf{K}\mathbf{p}^{(s)} \\
\mathbf{z}^{(s+1)} &= \mathbf{K}_p^{-1}\mathbf{r}^{(s+1)} \\
\beta_s &= \frac{\mathbf{z}^{(s+1)^{\mathrm{T}}}\mathbf{r}^{(s+1)}}{\mathbf{z}^{(s)^{\mathrm{T}}}\mathbf{r}^{(s)}} \\
\mathbf{p}^{(s+1)} &= \mathbf{z}^{(s+1)} + \beta_s\mathbf{p}^{(s)}
\end{aligned}
\tag{8.78}
$$

该迭代法中我们定义中间向量 $\mathbf{z}^{(s)}$, 如果不采用预处理 (即当 $\mathbf{K}_p = \mathbf{I}$), $\mathbf{z}^{(s)}$ 与 $\mathbf{r}^{(s)}$ 相等. 当然, 不必计算矩阵 $\mathbf{K}_p$, 而直接采用 $\mathbf{r}^{(s+1)}$ 计算 $\mathbf{z}^{(s+1)}$. 此外, 所有与 $\mathbf{K}$ 的乘法都是对矩阵的非零元素进行运算. 注意到当不采用预处理, 迭代式 (8.78) 转换为迭代式 (8.72), 如果 $\mathbf{K}_p$ 等于 $\mathbf{K}$, 则直接收敛.

假设在迭代中 $\mathbf{K}_p$ 是非奇异的. 在实际中, 该条件一般是满足的, 如果不能, 通过稍微调整系数矩阵 (或更确切些是它的因子) 也可以求解得到 $\mathbf{z}^{(s)}$.

当我们还不能预测迭代中会得到多快的收敛率时, 采用式 (8.78) 迭代法的实际经验表明通常可以节省大量的存储空间和机时 (见 K. J. Bathe、J. Walczak 和 H. Zhang [A]). 当然, 所需的迭代次数依赖于矩阵 $\mathbf{K}$ 的结构及其条件数、所用的预处理方法和要达到的精度.

在本节中, 我们仅考虑对称系数矩阵情况, 同时应指出对非对称系数矩阵的方程 (如在流体流动的分析中遇到的) 的迭代求解有很大兴趣. 这里甚至可以节省很多的存储空间和机时. 对于非对称系数矩阵, 已推广了共轭梯度法, 提出和研究了其他迭代法, 特别是最小残差法 (GMRes) (如见 R. Fletcher [A], Y. Saad 和 M. H. Schultz [A], 以及 Y. Saad [A]).

最后, 我们应强调结合上述讨论的直接法和迭代法是可能的. 作为一个例子, 第 8.2.4 节中讨论的子结构方法可用于组装控制方程 (在子结构的内部自由度静态凝聚后), 并用共轭梯度法求解该控制方程. 这样的结合可以导出很多方法, 在某些应用中具有相当大的优势.

8.3.3 习题

8.21 采用 Gauss-Seidel 迭代法求解所给的方程组, 采用超松弛因子 β, 当 β 从 1.0~2.0 变化时, 研究收敛性. [753]

$$\begin{bmatrix} 3 & -1 & 0 \\ -1 & 2 & -1 \\ 0 & -1 & 1 \end{bmatrix} \begin{bmatrix} U_1 \\ U_2 \\ U_3 \end{bmatrix} = \begin{bmatrix} 0 \\ 1 \\ 0 \end{bmatrix}$$

8.22 证明共轭梯度迭代法中正交性式 (8.73) 和式 (8.74) 成立 (采用精确算术运算).

8.23 采用式 (8.72) 中的共轭梯度算法, 证明利用由向量 $\mathbf{p}^{(1)}, \cdots, \mathbf{p}^{(s-1)}$ 张成空间的 Π 最小值和该算法给出参数 α_s 的解得到由向量 $\mathbf{p}^{(1)}, \cdots, \mathbf{p}^{(s)}$ 组成空间的 Π 最小值.

8.24 从式 (8.72) 的标准算法推导式 (8.78) 中预处理的不完备 Cholesky 共轭梯度算法.

8.25 采用共轭梯度算法 (无预处理), 求解习题 8.21 中的方程组.

8.26 采用有预处理器的共轭梯度算法, 使用如下预处理器求解习题 8.21 中的方程

$$\mathbf{K}_p = \begin{bmatrix} 3 & & \\ & 2 & \\ & & 1 \end{bmatrix}$$

8.27 对下面的方程组

$$\begin{bmatrix} 5 & -1 & -1 & -1 \\ -1 & 2 & 0 & 0 \\ -1 & 0 & 2 & 0 \\ -1 & 0 & 0 & 2 \end{bmatrix} \begin{bmatrix} U_1 \\ U_2 \\ U_3 \\ U_4 \end{bmatrix} = \begin{bmatrix} 0 \\ 0 \\ 0 \\ 1 \end{bmatrix}$$

(a) 采用带有预处理的共轭梯度算法求解方程且 $\mathbf{K}_p$ 对应不完备 Cholesky 因子, 该因子按照通常方法通过对 $\mathbf{K}$ 进行分解且不计所有的零元素而得到;

(b) 采用下面预处理器的共轭梯度法求解方程

$$\mathbf{K}_p = \begin{bmatrix} 5 & -1 & & \\ -1 & 2 & & \\ & & 2 & \\ & & & 2 \end{bmatrix}$$

8.28 考虑例 8.1 中的简支梁, 其控制方程如下:

$$\begin{bmatrix} 5 & -4 & 1 & 0 \\ -4 & 6 & -4 & 1 \\ 1 & -4 & 6 & -4 \\ 0 & 1 & -4 & 5 \end{bmatrix} \begin{bmatrix} U_1 \\ U_2 \\ U_3 \\ U_4 \end{bmatrix} = \begin{bmatrix} 0 \\ 1 \\ 0 \\ 0 \end{bmatrix}$$

采用两个不同预处理算子的共轭梯度法求解方程组.

[754] 8.29 考虑例 8.1 中的悬臂梁且对应自由度 U_4 上有集中载荷. 控制方程如下:

$$\begin{bmatrix} 7 & -4 & 1 & 0 \\ -4 & 6 & -4 & 1 \\ 1 & -4 & 5 & -2 \\ 0 & 1 & -2 & 1 \end{bmatrix} \begin{bmatrix} U_1 \\ U_2 \\ U_3 \\ U_4 \end{bmatrix} = \begin{bmatrix} 0 \\ 0 \\ 0 \\ 1 \end{bmatrix}$$

采用两个不同预处理算子的共轭梯度法求解该方程组.

8.30 假设如图 E8.21 所示的 8 节点单元由 20 节点三维单元替代. 估计特征顶线下的矩阵元素个数 (采用直接法存储) 和实际非零矩阵元素的个数 (采用迭代法存储).

8.4 非线性方程组的求解

在第 6.1 节和第 6.2 节中我们讨论的所要求解的非线性分析中基本方程, 在时刻 $t+\Delta t$ 为

$$^{t+\Delta t}\mathbf{R} - ^{t+\Delta t}\mathbf{F} = \mathbf{0} \tag{8.79}$$

其中, 向量 $^{t+\Delta t}\mathbf{R}$ 存放节点外部作用载荷, $^{t+\Delta t}\mathbf{F}$ 是节点力的向量, 与单元应力等价. 式 (8.79) 中的两个向量均采用虚位移原理计算. 因为节点力 $^{t+\Delta t}\mathbf{F}$ 与节点位移呈非线性关系, 故有必要通过迭代求解式 (8.79). 我们引入第 6.1 节中的 Newton-Raphson 迭代法, 假设载荷与变形无关, 当 $i = 1, 2, 3, \cdots$, 求解

$$\Delta\mathbf{R}^{(i-1)} = {}^{t+\Delta t}\mathbf{R} - {}^{t+\Delta t}\mathbf{F}^{(i-1)} \tag{8.80}$$

$$^{t+\Delta t}\mathbf{K}^{(i-1)}\Delta\mathbf{U}^{(i)} = \Delta\mathbf{R}^{(i-1)} \tag{8.81}$$

$$^{t+\Delta t}\mathbf{U}^{(i)} = {}^{t+\Delta t}\mathbf{U}^{(i-1)} + \Delta\mathbf{U}^{(i)} \tag{8.82}$$

且

$$^{t+\Delta t}\mathbf{U}^{(0)} = {}^{t}\mathbf{U}; \quad ^{t+\Delta t}\mathbf{F}^{(0)} = {}^{t}\mathbf{F} \tag{8.83}$$

在时刻 $t+\Delta t$, 迭代第 $(i-1)$ 次, 对有限元系统的响应进行线性化得到这些方程. 每次迭代时, 通过式 (8.80) 计算不平衡载荷向量, 并由式 (8.81)

得出位移的增量, 重复此迭代直到不平衡载荷向量 $\Delta\mathbf{R}^{(i-1)}$ 或者位移的增量 $\Delta\mathbf{U}^{(i)}$ 足够小为止.

本节的目的是详细讨论上面的迭代法或者其他方法求解式 (8.81). 下面介绍所有求解法的关键部分, 向量 ${}^{t+\Delta t}\mathbf{F}^{(i)}$ 和切线刚度矩阵 ${}^{t+\Delta t}\mathbf{K}^{(i-1)}$ 的计算及其方程式 (8.81) 的求解. 第 6 章我们讨论了如何合理计算节点力向量和切线刚度矩阵, 第 8.2 节和第 8.3 节介绍了线性方程组式 (8.81) 的求解; 因此, 现在唯一且很重要的问题是如何构造式 (8.80) 至 (8.82) 迭代法, 使之具有很好的收敛性, 并且能被有效应用.

这里我们介绍的方法都是很基本的方法, 可以自适应方式进行组合, 即实 [755]
际中根据所分析的问题及所要求的精度, 自动选择载荷步长、迭代方法和收敛准则.

8.4.1 Newton-Raphson 方法

求解非线性有限元方程组最常用的迭代法是式 (8.80) 至式 (8.83) 给出的 Newton-Raphson 迭代法及其密切相关的方法. 因为 Newton-Raphson 法的重要性, 我们现在用更正式的形式推导这一方法.

有限元的平衡要求等价于求下列方程的解

$$\mathbf{f}(\mathbf{U}^*) = \mathbf{0} \tag{8.84}$$

其中,

$$\mathbf{f}(\mathbf{U}^*) = {}^{t+\Delta t}\mathbf{R}(\mathbf{U}^*) - {}^{t+\Delta t}\mathbf{F}(\mathbf{U}^*) \tag{8.85}$$

在这里及接下来我们用 $\mathbf{U}^*$ 表示解的整个数组, 但注意到该向量可能包含非位移的其他变量, 如压力和转角变量 (见第 6.4 节和第 6.5 节).

假设在迭代求解时, 已经算出 ${}^{t+\Delta t}\mathbf{U}^{(i-1)}$, 则泰勒级数展开给出

$$\mathbf{f}(\mathbf{U}^*) = \mathbf{f}({}^{t+\Delta t}\mathbf{U}^{(i-1)}) + \left[\frac{\partial \mathbf{f}}{\partial \mathbf{U}}\right]\bigg|_{{}^{t+\Delta t}\mathbf{U}^{(i-1)}} (\mathbf{U}^* - {}^{t+\Delta t}\mathbf{U}^{(i-1)}) + \text{高阶项} \tag{8.86}$$

把式 (8.85) 代入式 (8.86), 再由式 (8.84), 得

$$\left[\frac{\partial \mathbf{F}}{\partial \mathbf{U}}\right]\bigg|_{{}^{t+\Delta t}\mathbf{U}^{(i-1)}} (\mathbf{U}^* - {}^{t+\Delta t}\mathbf{U}^{(i-1)}) + \text{高阶项} = {}^{t+\Delta t}\mathbf{R} - {}^{t+\Delta t}\mathbf{F}^{(i-1)} \tag{8.87}$$

其中, 我们假设外部作用载荷与变形无关 (见式 (8.83) 和式 (8.84) 关于与变形有关的载荷).

忽略式 (8.87) 中的高阶项, 计算位移的增量

$${}^{t+\Delta t}\mathbf{K}^{(i-1)}\Delta\mathbf{U}^{(i)} = {}^{t+\Delta t}\mathbf{R} - {}^{t+\Delta t}\mathbf{F}^{(i-1)} \tag{8.88}$$

其中, ${}^{t+\Delta t}\mathbf{K}^{(i-1)}$ 是当前的切线刚度矩阵

$${}^{t+\Delta t}\mathbf{K}^{(i-1)} = \left[\frac{\partial \mathbf{F}}{\partial \mathbf{U}}\right]\bigg|_{{}^{t+\Delta t}\mathbf{U}^{(i-1)}} \tag{8.89}$$

则修正的位移解为

$$ {}^{t+\Delta t}\mathbf{U}^{(i)} = {}^{t+\Delta t}\mathbf{U}^{(i-1)} + \Delta\mathbf{U}^{(i)} \tag{8.90} $$

式 (8.88) 和式 (8.90) 构成了式 (8.79) 的 Newton-Raphson 求解. 由于增量的分析伴随时间 (载荷) 步长进行 (见第 6 章), 这一迭代中的初始条件为 ${}^{t+\Delta t}\mathbf{K}^{(0)} = {}^{t}\mathbf{K}$ 和 ${}^{t+\Delta t}\mathbf{U}^{(0)} = {}^{t}\mathbf{U}$. 迭代一直进行直到满足合适的收敛准则为止, 见第 8.4.4 节中的讨论.

[756] 该迭代的特点是每次迭代都要算出新的切线刚度矩阵, 这就是该方法也被称为完全 Newton-Raphson 法的原因. 我们下面提到的方法中, 不使用当前的切线刚度矩阵, 因此这些方法不是完全 Newton-Raphson 法 (但相关).

图 8.11 说明了单自由度系统的求解过程, 非线性响应特性使得求解快速收敛. 但我们可以考虑一个更为复杂的响应特性, 即迭代初始点使得该方法不收敛 (见习题 8.31). 图 8.11 的表示相当简单, 因为只考虑了特殊的情况: 一个性质良好的单自由度系统. 在求解有许多自由度系统时, 响应曲线一般更不平滑也更复杂.

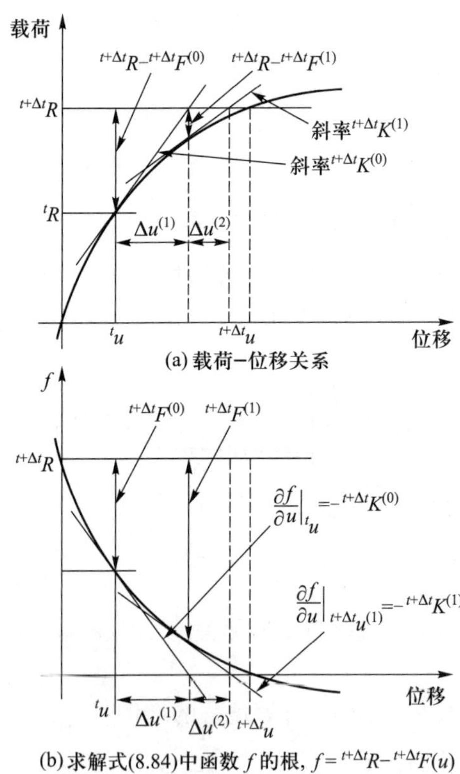

图 8.11　单自由度系统求解的 Newton-Raphson 迭代法说明

下面通过一个简单问题的求解介绍 Newton-Raphson 迭代法.

例 8.23: 对一个单自由度的系统, 有 [757]

$$^{t+\Delta t}R = 10; \quad ^{t+\Delta t}F = 4 + 2|(^{t+\Delta t}U)^{1/2}|$$

且 $^{t}U = 1$. 由 Newton-Raphson 迭代法计算 $^{t+\Delta t}U$.

对应式 (8.88), 此时, 控制方程为

$$\left(\frac{1}{|(^{t+\Delta t}U^{(i-1)})^{1/2}|}\right)\Delta U^{(i)} = 6 - 2|\sqrt{^{t+\Delta t}U^{(i-1)}}| \tag{a}$$

当 $^{t+\Delta t}U^{(0)} = 1$, 由式 (a), 得

$$^{t+\Delta t}U^{(1)} = 5.000\,0; \quad ^{t+\Delta t}U^{(2)} = 8.416\,4$$
$$^{t+\Delta t}U^{(3)} = 8.990\,2; \quad ^{t+\Delta t}U^{(4)} = 9.000\,0$$

通过 4 次迭代实现收敛.

由于 Newton-Raphson 迭代法广泛用于有限元分析, 是非线性有限元方程组的主要求解方法, 所以我们应该总结该方法的主要性质 (见 D. P. Bertsekas [A]).

① 第一个性质:

如果切线刚度矩阵 $^{t+\Delta t}\mathbf{K}^{(i-1)}$ 是非奇异的, $\mathbf{f}$ 及其关于解变量 (即切线刚度矩阵的元素) 的一阶导数在 $\mathbf{U}^*$ 的邻域是连续的, 且 $^{t+\Delta t}\mathbf{U}^{(i-1)}$ 也在 $\mathbf{U}^*$ 的邻域中, 则 $^{t+\Delta t}\mathbf{U}^{(i)}$ 比 $^{t+\Delta t}\mathbf{U}^{(i-1)}$ 更接近 $\mathbf{U}^*$, 通过算法式 (8.88) 至式 (8.90) 产生的迭代解的序列收敛于 $\mathbf{U}^*$.

② 第二个性质:

如果切线刚度矩阵还满足

$$\|^{t+\Delta t}\mathbf{K}|_{\mathbf{U}_1} - {}^{t+\Delta t}\mathbf{K}|_{\mathbf{U}_2}\| \leqslant L\,\|\mathbf{U}_1 - \mathbf{U}_2\| \tag{8.91}$$

对 $\mathbf{U}^*$ 邻域的所有 $\mathbf{U}_1$ 和 $\mathbf{U}_2$ 且 $L > 0$, 则收敛是二次的. 这意味着如果迭代 i 次后的误差是 ε 阶的, 则第 $(i+1)$ 次迭代后的误差必为 ε^2 阶的. 条件式 (8.91) 也被称为 *Lipschitz* 连续性; 该条件比刚度矩阵纯连续性条件强, 但比刚度矩阵的可微性条件弱.

这些性质的实际结果是, 如果当前解迭代足够接近解 $\mathbf{U}^*$ 且切线刚度矩阵不会剧烈变化, 则会快速 (即二次) 收敛. 当然, 假设在迭代时使用精确的切线刚度矩阵; 即应满足式 (8.89), 这意味着计算 $^{t+\Delta t}\mathbf{K}^{(i-1)}$ 应与 $^{t+\Delta t}\mathbf{F}^{(i-1)}$ [758] 的计算一致 (见第 6 章和特别是第 6.3.1 节和第 6.6.3 节). 另一方法, 如果当前解迭代并不是足够接近 $\mathbf{U}^*$ 和/或所用的刚度矩阵不是精确的切线刚度矩阵和/或变化剧烈, 则迭代可能发散.

在高效的有限元程序中, 如果可能, 应使用精确的切线刚度矩阵. 因此, 为达到收敛的主要方法是降低每步载荷的大小.

我们看出, Newton-Raphson 迭代法的每次迭代的主要计算成本通常取决 [759] 于切线刚度矩阵的计算和分解. 因为在分析大系统时, 这些计算成本很高, 故采用改进的完全 Newton-Raphson 算法更为有效.

其中一个改进是通过在式 (8.88) 中采用初始刚度矩阵 ${}^{0}\mathbf{K}$, 对下面方程组进行运算

$$
{}^{0}\mathbf{K}\Delta\mathbf{U}^{(i)} = {}^{t+\Delta t}\mathbf{R} - {}^{t+\Delta t}\mathbf{F}^{(i-1)} \tag{8.92}
$$

且初始条件为 ${}^{t+\Delta t}\mathbf{F}^{(0)} = {}^{t}\mathbf{F}$, ${}^{t+\Delta t}\mathbf{U}^{(0)} = {}^{t}\mathbf{U}$. 此时只需分解矩阵 ${}^{0}\mathbf{K}$, 因此避免了多次计算和分解式 (8.88) 中系数矩阵的计算量. *初始应力法*对应关于有限元系统初始位形响应的线性化, 收敛可能会很慢, 甚至发散.

在改进的 Newton-Raphson 迭代法中, 采用了一种介于完全 Newton-Raphson 迭代法和初始应力法之间的一种方法. 在该方法中, 采用

$$
{}^{\tau}\mathbf{K}\Delta\mathbf{U}^{(i)} = {}^{t+\Delta t}\mathbf{R} - {}^{t+\Delta t}\mathbf{F}^{(i-1)} \tag{8.93}
$$

且初始条件为 ${}^{t+\Delta t}\mathbf{F}^{(0)} = {}^{t}\mathbf{F}$, ${}^{t+\Delta t}\mathbf{U}^{(0)} = {}^{t}\mathbf{U}$, τ 对应在时刻 0, Δt, $2\Delta t$, $\cdots$, 或者 t 的可接受的平衡位形之一. 改进的 Newton-Raphson 迭代法比完全 Newton-Raphson 迭代法涉及更少的刚度修正, 并让刚度矩阵更新建立在可接受的平衡位形上. 当刚度矩阵需要更新时, 时间步长的选择取决于系统响应的非线性程度; 即响应越是非线性, 则通常越需要进行更多的更新.

针对图 8.11 所示的单自由度系统, 图 8.12 给出了初始应力法和改进的 Newton-Raphson 法的解决说明.

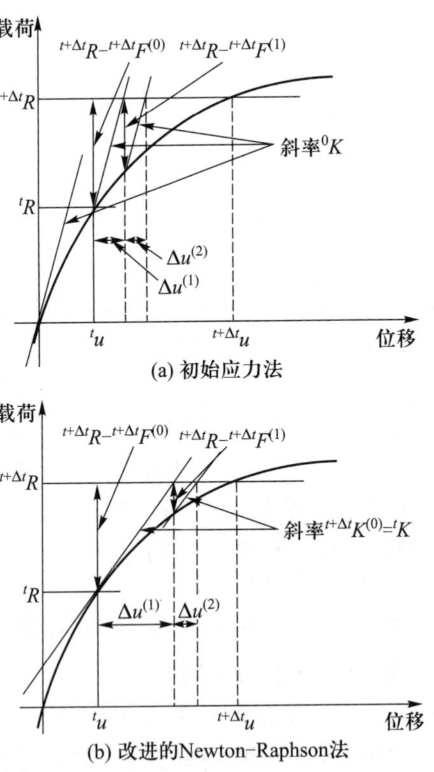

图 8.12　初始应力法和改进的 Newton-Raphson 法的说明

在工程分析中可能会遇到各种各样的系统特性和非线性, 我们发现上述方法的有效性与所考虑的具体问题有关. 实现收敛最好的方法是式 (8.88) 至式 (8.90) 中的完全 Newton-Raphson 迭代, 如果可以采用初始应力法或者改进 Newton-Raphson 法时, 则计算成本则会显著降低. 因此, 在实际操作中, 这些求解选项都是很有价值的, 一种可以自适应选择有效方法的自动过程是很有吸引力的.

8.4.2 BFGS 法

Newton-Raphson 迭代法的另一类形式, 叫做矩阵更新方法或者拟 Newton 方法也被用以迭代求解非线性方程组 (见 J. E. Dennis, Jr. [A]). 这些方法包括更新系数矩阵 (或准确地, 是它的逆矩阵) 从第 $(i-1)$ 到 i 次迭代提供矩阵的割线逼近. 即定义位移的增量

$$\boldsymbol{\delta}^{(i)} = {}^{t+\Delta t}\mathbf{U}^{(i)} - {}^{t+\Delta t}\mathbf{U}^{(i-1)} \tag{8.94}$$

非平衡载荷的增量, 采用式 (8.80)

$$\boldsymbol{\gamma}^{(i)} = \Delta\mathbf{R}^{(i-1)} - \Delta\mathbf{R}^{(i)} \tag{8.95}$$

更新后的矩阵 ${}^{t+\Delta t}\mathbf{K}^{(i)}$ 应满足拟 Newton 方程

$${}^{t+\Delta t}\mathbf{K}^{(i)}\boldsymbol{\delta}^{(i)} = \boldsymbol{\gamma}^{(i)} \tag{8.96}$$

该拟 Newton 法在完全 Newton-Raphson 法中进行刚度矩阵的完全更新与如同改进 Newton-Raphson 法中所做的使用上次位形的刚度矩阵之间折中. 在这些可利用的拟 Newton 方法中, BFGS (Broyden-Fletcher-Goldfarb- [760] Shanno) 显然最有效.

在 BFGS 法里, 在迭代 (i) 采用下面的方法计算 ${}^{t+\Delta t}\mathbf{U}^{(i)}$ 和 ${}^{t+\Delta t}\mathbf{K}^{(i)}$, 其中, ${}^{t+\Delta t}\mathbf{K}^{(0)} = {}^{\tau}\mathbf{K}$ (见 H. Matthies 和 G. Strang [A], K. J. Bathe 和 A. P. Cimento [A]).

步骤 1: 计算位移向量的增量

$$\Delta\overline{\mathbf{U}} = ({}^{t+\Delta t}\mathbf{K}^{-1})^{(i-1)}({}^{t+\Delta t}\mathbf{R} - {}^{t+\Delta t}\mathbf{F}^{(i-1)}) \tag{8.97}$$

位移向量也定义了实际位移增量的方向.

步骤 2: 沿 $\Delta\overline{\mathbf{U}}$ 方向进行线搜索满足该方向上的平衡条件. 线搜索时, 计算位移向量

$${}^{t+\Delta t}\mathbf{U}^{(i)} = {}^{t+\Delta t}\mathbf{U}^{(i-1)} + \beta\Delta\overline{\mathbf{U}} \tag{8.98}$$

其中, β 为标量乘子, 计算对应位移 $({}^{t+\Delta t}\mathbf{R} - {}^{t+\Delta t}\mathbf{F}^{(i)})$ 的非平衡载荷. 参数 β 一直在变化直到非平衡载荷在 $\Delta\overline{\mathbf{U}}$ 方向上的分量, 定义为 $\Delta\overline{\mathbf{U}}^{\mathrm{T}}({}^{t+\Delta t}\mathbf{R} - {}^{t+\Delta t}$

$\mathbf{F}^{(i)})$ 很小. 该条件是满足的, 如果对收敛容许值 STOL, 下面的方程得到满足

$$\Delta\overline{\mathbf{U}}^{\mathrm{T}}({}^{t+\Delta t}\mathbf{R}-{}^{t+\Delta t}\mathbf{F}^{(i)}) \leqslant \mathrm{STOL}\ \Delta\overline{\mathbf{U}}^{\mathrm{T}}({}^{t+\Delta t}\mathbf{R}-{}^{t+\Delta t}\mathbf{F}^{(i-1)}) \tag{8.99}$$

满足式 (8.99) 的最终值 β 确定式 (8.98) 中的 ${}^{t+\Delta t}\mathbf{U}^{(i)}$. 我们现在可以分别采用式 (8.94) 和式 (8.95) 计算 $\boldsymbol{\delta}^{(i)}$ 和 $\boldsymbol{\gamma}^{(i)}$, 以继续计算满足式 (8.96) 的矩阵更新.

步骤 3: 计算刚度矩阵的修正值. 在 BFGS 法中, 可按矩阵乘积的形式表示更新矩阵

$$({}^{t+\Delta t}\mathbf{K}^{-1})^{(i)} = \mathbf{A}^{(i)\mathrm{T}}({}^{t+\Delta t}\mathbf{K}^{-1})^{(i-1)}\mathbf{A}^{(i)} \tag{8.100}$$

其中, 矩阵 $\mathbf{A}^{(i)}$ 是一个 $n\times n$ 的简单形式矩阵

$$\mathbf{A}^{(i)} = \mathbf{I} + \mathbf{v}^{(i)}\mathbf{w}^{(i)\mathrm{T}} \tag{8.101}$$

利用已知节点力和位移, 根据式 (8.102) 计算向量 $\mathbf{v}^{(i)}$ 和 $\mathbf{w}^{(i)}$

$$\mathbf{v}^{(i)} = -\left(\frac{\boldsymbol{\delta}^{(i)\mathrm{T}}\boldsymbol{\gamma}^{(i)}}{\boldsymbol{\delta}^{(i)\mathrm{T}}\,{}^{t+\Delta t}\mathbf{K}^{(i-1)}\boldsymbol{\delta}^{(i)}}\right)^{1/2} {}^{t+\Delta t}\mathbf{K}^{(i-1)}\boldsymbol{\delta}^{(i)} - \boldsymbol{\gamma}^{(i)} \tag{8.102}$$

和

$$\mathbf{w}^{(i)} = \frac{\boldsymbol{\delta}^{(i)}}{\boldsymbol{\delta}^{(i)\mathrm{T}}\boldsymbol{\gamma}^{(i)}} \tag{8.103}$$

在式 (8.102) 中的向量 ${}^{t+\Delta t}\mathbf{K}^{(i-1)}\boldsymbol{\delta}^{(i)}$ 等于 $\beta({}^{t+\Delta t}\mathbf{R}-{}^{t+\Delta t}\mathbf{F}^{(i-1)})$, 并且已算出.

由于式 (8.100) 中的积是正定的和对称的, 为了避免错误的数值更新, 由式 (8.104) 计算更新矩阵 $\mathbf{A}^{(i)}$ 的条件数 $c^{(i)}$

$$c^{(i)} = \left(\frac{\boldsymbol{\delta}^{(i)\mathrm{T}}\boldsymbol{\gamma}^{(i)}}{\boldsymbol{\delta}^{(i)\mathrm{T}}\,{}^{t+\Delta t}\mathbf{K}^{(i-1)}\boldsymbol{\delta}^{(i)}}\right)^{1/2} \tag{8.104}$$

[761] 接着, 该条件数与先前设置的比较大的容许值比较, 如果条件数超过该容许值, 则不进行更新.

考虑到涉及的实际计算, 应注意使用上面定义的矩阵更新, 式 (8.97) 中搜索方向的计算可以写为

$$\begin{aligned}\Delta\overline{\mathbf{U}} = {} & (\mathbf{I}+\mathbf{w}^{(i-1)}\mathbf{v}^{(i-1)\mathrm{T}})\cdots(\mathbf{I}+\mathbf{w}^{(1)}\mathbf{v}^{(1)\mathrm{T}})\,{}^{\tau}\mathbf{K}^{-1}(\mathbf{I}+\mathbf{v}^{(1)}\mathbf{w}^{(1)\mathrm{T}})\cdots \\ & (\mathbf{I}+\mathbf{v}^{(i-1)}\mathbf{w}^{(i-1)\mathrm{T}})({}^{t+\Delta t}\mathbf{R}-{}^{t+\Delta t}\mathbf{F}^{(i-1)})\end{aligned} \tag{8.105}$$

因此, 计算搜索方向不必显式计算更新矩阵, 也不必进行完全 Newton-Raphson 法中所需的额外的耗时的矩阵分解.

正如上面所指出的, 线搜索是求解方法必不可少的部分. 当然, 式 (8.98) 和式 (8.99) 中的线搜索也可以应用于第 8.4.1 节中介绍的 Newton-Raphson

法. 在第 i 次迭代中采用线搜索, 则迭代的成本增加, 但是收敛所需的迭代次数减少. 同时线搜索可防止迭代发散, 实际上增加了方法的鲁棒性, 这就是线搜索通常有效的主要原因.

我们将在下面简单的例子中说明 BFGS 迭代法.

例 8.24: 采用 BFGS 迭代法求解例 8.23 中系统的 ${}^{t+\Delta t}U$. 在求解时不采用线搜索.

由于是单自由度系统, 只要 STOL 是足够小的收敛容许值, 只需线搜索求解 ${}^{t+\Delta t}U$, 即使用式 (8.99). 但为了充分说明 BFGS 法的基本步骤 (采用式 (8.94) 至式 (8.96)), 我们在迭代求解时不采用线搜索.

式 (8.97) 化为

$$\Delta\overline{U} = ({}^{t+\Delta t}K^{-1})^{(i-1)}(6 - 2\left|\sqrt{{}^{t+\Delta t}U^{(i-1)}}\right|)$$

其中, $({}^{t+\Delta t}K^{-1})^{(0)} = 1, {}^{t+\Delta t}U^{(0)} = 1$, 使用 $\beta = 1.0$. 得到如下的值

i	${}^{t+\Delta t}U^{(i-1)}$	$\Delta\overline{U} = \delta^{(i)}$	${}^{t+\Delta t}U^{(i)}$	$\gamma^{(i)}$	$({}^{t+\Delta t}K^{-1})^{(i)}$
1	1.000	4.000	5.000	2.472	1.618
2	5.000	2.472	7.472	0.995	2.485
3	7.472	1.324	8.796	0.465	2.850
4	8.796	0.194	8.991	0.065	2.982
5	8.991	0.009	9.000	0.003	2.999

5 次迭代后结果收敛.

8.4.3 载荷–位移–约束方法

非线性分析中一个重要应用是要计算结构的坍塌载荷. 图 8.13 说明了我们所要求的结构模型的响应. 对于小载荷, 载荷–位移响应是线性的. [762]

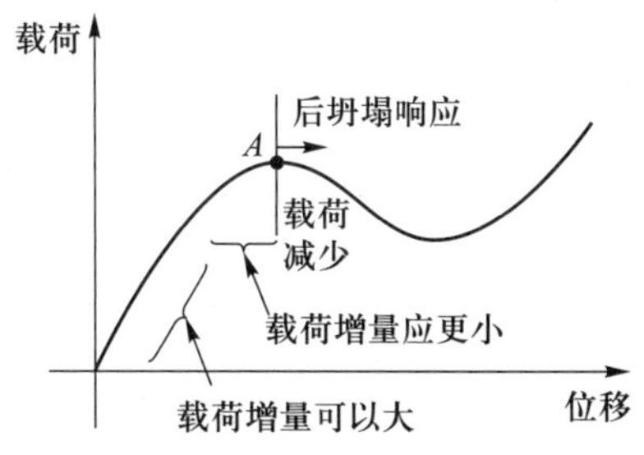

图 8.13 结构模型的坍塌响应 (该图显示了结构所承受的载荷)

当载荷增加时, 结构响应会逐渐变成非线性, 在 A 点达到坍塌载荷. 当响应超过 A 点后我们称为后坍塌或后屈曲响应. 如图 8.13 所示, 在这一阶段,

当位移增加时, 载荷开始减小, 接着又增加. 当然, 图 8.13 描述的响应是一个简单而一般的情况, 这是因为在多自由度系统的分析中, 应想象成多维的响应曲面, 而图 8.13 显示了我们要求的实质.

为了计算图 8.13 中的响应, 开始采用较大载荷增量, 但当接近结构模型坍塌点时, 载荷增量应变小, 可是跨越坍塌点仍有困难. 在坍塌点上, 刚度矩阵是奇异的 (载荷–位移响应曲线的斜率为零), 超过坍塌点有一个特别的求解方法可以考虑, 即减小载荷和增大位移, 计算随后的响应.

为了求解图 8.13 中所示的响应, 可使用载荷–位移–约束方法, 最初由 E. Riks [A] 提出. 这种方法的基本思想是引入载荷乘子, 增大或者减小作用载荷的强度, 以使得每个载荷步快速收敛, 也能够跨越坍塌点, 计算后坍塌响应.

已经提出了一些有效的方法, 它们的数值计算细节是非常重要的 (见 M. A. Crisfield [A], E. Ramm [A], K. J. Bathe 和 E. N. Dvorkin [C]). 但是, 接下来我们将介绍这些方法中的一般解法, 忽略那些可在参考文献中找到的一些细节.

分析中一个基本假设是计算响应时载荷向量线性变化. 在时刻 $t+\Delta t$, 有限元控制方程为

$$^{t+\Delta t}\lambda\mathbf{R} - {}^{t+\Delta t}\mathbf{F} = \mathbf{0} \tag{8.106}$$

其中, $^{t+\Delta t}\lambda$ 是未知待定的 (标量) 载荷乘子, $\mathbf{R}$ 是有限元模型的 n 个自由度的参考载荷向量. 这个向量包含结构上任意载荷, 但在计算响应过程中始终为常量. 向量 $^{t+\Delta t}\mathbf{F}$ 是时刻 $t+\Delta t$ 对应单元应力的通常的 n 个节点力向量 (见式 (8.79)). 可以增加或减少载荷乘子的值, 每步的增量一般也应变化, 这取决于结构的响应特性.

[763] 由于式 (8.106) 表示 n 个方程有 $(n+1)$ 个未知数, 需要增加一个方程用于确定载荷乘子. 如果采用先前介绍的方法求解式 (8.106), 得

$$^{\tau}\mathbf{K}\Delta\mathbf{U}^{(i)} = ({}^{t+\Delta t}\lambda^{(i-1)} + \Delta\lambda^{(i)})\mathbf{R} - {}^{t+\Delta t}\mathbf{F}^{(i-1)} \tag{8.107}$$

其中, 系数矩阵 $^{\tau}\mathbf{K}$ 对应前面几节中所讨论的求解法.

式 (8.107) 中 n 个方程的未知量是位移增量[1] 向量 $\Delta\mathbf{U}^{(i)}$ 和载荷乘子的增量 $\Delta\lambda^{(i)}$. 求解方程所需的附加方程是 $\Delta\lambda^{(i)}$ 与 $\Delta\mathbf{U}^{(i)}$ 之间的约束方程, 形式如下

$$f(\Delta\lambda^{(i)}, \Delta\mathbf{U}^{(i)}) = 0 \tag{8.108}$$

在一个载荷步中, 定义

$$\mathbf{U}^{(i)} = {}^{t+\Delta t}\mathbf{U}^{(i)} - {}^{t}\mathbf{U} \tag{8.109}$$

和

$$\lambda^{(i)} = {}^{t+\Delta t}\lambda^{(i)} - {}^{t}\lambda \tag{8.110}$$

[1] 当然, 该向量一般还包含如转角和压力等其他变量, 且 $\mathbf{R}$ 和 $^{t+\Delta t}\mathbf{F}^{(i-1)}$ 包含相应的元素.

因此, $\mathbf{U}^{(i)}$ 表示位移在载荷步内总位移增量 (直到第 i 次迭代), $\lambda^{(i)}$ 表示相应的总载荷乘子增量. 通过球面常弧长准则给出一个有效的约束方程 (见 M. A. Crisfield [A] 和 E. Ramm [A])

$$(\lambda^{(i)})^2 + \frac{\mathbf{U}^{(i)^{\mathrm{T}}}\mathbf{U}^{(i)}}{\beta} = (\Delta l)^2 \tag{8.111}$$

其中, Δl 是载荷步的弧长, β 是规一化因子 (使变量无量纲化). 图 8.14(a) 给出了这个准则. 实际上, Δl 大小是根据上一步的迭代过程进行选择, 如果遇到收敛困难, 则减小. 一般地, 当响应几乎是线性的, Δl 应该比较大; 当响应高度非线性时, Δl 要小.

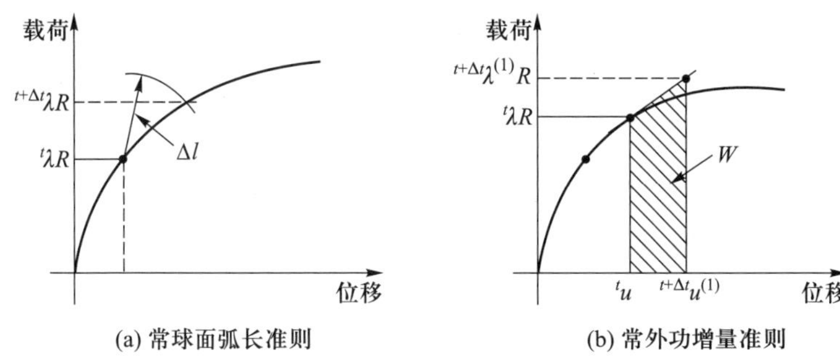

图 8.14　载荷–位移–约束准则 (单自由度简化)

另外一个有效的约束方程 (见 K. J. Bathe 和 E. N. Dvorkin [C]) 是常外功增量法, 由式 (8.112) 给出 [764]

$$\left({}^{t}\lambda + \frac{1}{2}\Delta\lambda^{(1)}\right)\mathbf{R}^{\mathrm{T}}\Delta\mathbf{U}^{(1)} = W \tag{8.112}$$

和

$$\left({}^{t+\Delta t}\lambda^{(i-1)} + \frac{1}{2}\Delta\lambda^{(i)}\right)\mathbf{R}^{\mathrm{T}}\Delta\mathbf{U}^{(i)} = 0; \quad i = 2, 3, \cdots$$

其中, W 是根据上一次增量步的迭代结果而选择的. 图 8.14(b) 说明了该约束方程. 在坍塌点附近, 这种方法是特别有效的.

为了求解控制方程, 改写式 (8.107) 得

$${}^{\tau}\mathbf{K}\Delta\overline{\mathbf{U}}^{(i)} = {}^{t+\Delta t}\lambda^{(i-1)}\mathbf{R} - {}^{t+\Delta t}\mathbf{F}^{(i-1)} \tag{8.113}$$

$${}^{\tau}\mathbf{K}\Delta\overline{\overline{\mathbf{U}}} = \mathbf{R} \tag{8.114}$$

因此

$$\Delta\mathbf{U}^{(i)} = \Delta\overline{\mathbf{U}}^{(i)} + \Delta\lambda^{(i)}\Delta\overline{\overline{\mathbf{U}}} \tag{8.115}$$

采用常球面弧长准则式 (8.111), 有

$$\lambda^{(i)} = \lambda^{(i-1)} + \Delta\lambda^{(i)} \tag{8.116}$$

和

$$\mathbf{U}^{(i)}=\mathbf{U}^{(i-1)}+\Delta\overline{\mathbf{U}}^{(i)}+\Delta\lambda^{(i)}\Delta\overline{\overline{\mathbf{U}}} \tag{8.117}$$

把式 (8.116) 和式 (8.117) 代入式 (8.111) 给出了关于 $\Delta\lambda^{(i)}$ 二次方程. 我们可选择适当的值进行求解 (见习题 8.35).

对使用常外功增量准则, 直接由式 (8.112) 计算 $\Delta\lambda^{(1)}$, 再由式 (8.112) 计算 $i=2,3\cdots$, 的 $\Delta\lambda^{(i)}$

$$\Delta\lambda^{(i)}=-\frac{\mathbf{R}^{\mathrm{T}}\Delta\overline{\mathbf{U}}^{(i)}}{\mathbf{R}^{\mathrm{T}}\Delta\overline{\overline{\mathbf{U}}}} \tag{8.118}$$

式 (8.112) 还有解 ${}^{t+\Delta t}\lambda^{(i)}=-{}^{t+\Delta t}\lambda^{(i-1)}$, 但这个解对应载荷的反号, 应舍去.

基于上面载荷–位移–约束方法的完整求解算法还包括启动增量求解的特别方法, 应能够自适应选择 l 及 W 的方法. 另外, 当接近收敛时, 算法应停止迭代, 接着当有新的迭代参数时, 应重新启动迭代. 具有这些功能的完整求解方法是很有价值的, 通常用于结构坍塌响应的分析中.

8.4.4 收敛准则

如果基于迭代法的增量求解方法有效, 则实用的准则应该用于迭代的终止. 在每次迭代结尾, 应检验所得解是否收敛于容许值或迭代是否发散. 如果收敛容许值太宽, 则得到不精确的解; 如果容许值过窄, 则花很大的代价得到不必要的高精度解. 类似地, 当解实际未发散或强迫迭代搜索难到达的解时, 无效的发散检查也会终止迭代. 本节的目的是简要讨论一些收敛准则.

由于我们搜索对应时刻 $t+\Delta t$ 的位移位形, 故自然地要求在每次迭代结束求得的位移解在真实位移解某一邻域内. 因此, 实际的收敛准则为

$$\frac{\|\Delta\mathbf{U}^{(i)}\|_2}{\|{}^{t+\Delta t}\mathbf{U}\|_2}\leqslant\varepsilon_D \tag{8.119}$$

[765] 其中, ε_D 是位移收敛容许值. 向量 ${}^{t+\Delta t}\mathbf{U}$ 未知, 应近似计算. 一般地, 在式 (8.119) 中利用最后一次算出的 ${}^{t+\Delta t}\mathbf{U}^{(i)}$ 作为 ${}^{t+\Delta t}\mathbf{U}$ 近似值和一个充分小的 ε_D 是合适的. 但某些分析中, 当采用式 (8.119) 及 ${}^{t+\Delta t}\mathbf{U}^{(i)}$ 估计收敛性时, 得到的值与实际解相差太大. 当每次迭代所算得的位移变化很小但会在很多次迭代中继续发生变化, 就是这种情况, 例如, 当使用改进 Newton-Raphson 迭代法时, 在加载条件下的弹塑性分析中就会出现这种情况.

第二个收敛准则是通过估计非平衡载荷向量得到的. 例如, 我们要求, 非平衡载荷向量的范数在初始载荷增量的一个预设的容许值 ε_F 内

$$\|{}^{t+\Delta t}\mathbf{R}-{}^{t+\Delta t}\mathbf{F}^{(i)}\|_2\leqslant\varepsilon_F\|{}^{t+\Delta t}\mathbf{R}-{}^{t}\mathbf{F}\|_2 \tag{8.120}$$

该准则的一个问题是, 位移解不在中止准则限内. 为说明这一难点, 考虑一个弹塑性的桁架且在弹性区域内其应变硬化模量很小. 此时, 非平衡载荷

可能非常小而位移误差还很大. 因此, 式 (8.119) 和式 (8.120) 的收敛准则就不得不使用小的 ε_D 和 ε_F. 同时当度量不同单位的量时 (如位移、转角、压力等), 应适当修改表达式.

为了给在什么时候位移和力接近于它们的平衡值提供一些标志, 在每次迭代过程中把内能的增量 (非平衡载荷在位移增量上做的功) 与初始的内能增量进行比较, 则第三种收敛准则会很有用. 假设可收敛于预设的能量容许值 ε_E 内, 当下式满足

$$\Delta\mathbf{U}^{(i)^{\mathrm{T}}}({}^{t+\Delta t}\mathbf{R} - {}^{t+\Delta t}\mathbf{F}^{(i-1)}) \leqslant \varepsilon_E(\Delta\mathbf{U}^{(1)^{\mathrm{T}}}({}^{t+\Delta t}\mathbf{R} - {}^{t}\mathbf{F})) \tag{8.121}$$

由于该收敛准则包含位移和力, 故在实际应用中是一个有吸引力的度量. K. J. Bathe 和 A. P. Cimento [A] 给出了这些收敛度量的经验. 重要的一点是, 为得到良好的求解精度, 在某些解中收敛容许值 ε_D、ε_F 和 ε_E 可能须很小. 通常, 在增量求解时, 如果收敛, 则使用完全 Newton-Raphson 法比改进 Newton-Raphson 法可以得到更为精确的解, 是因为完全 Newton-Raphson 法在最后的几次迭代中解的误差会迅速减小 (见习题 8.40 和习题 9.31).

8.4.5 习题

8.31 考虑如图 Ex.8.31 所示的单自由度系统.

(a) 采用完全 Newton-Raphson 迭代法, 初始应力法和 BFGS 法计算系统响应;

(b) 求解常数 c, 使得完全 Newton-Raphson 法不收敛.

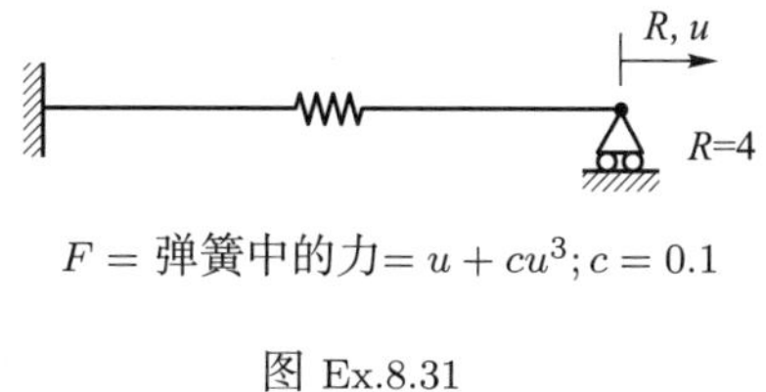

F = 弹簧中的力 $= u + cu^3; c = 0.1$

图 Ex.8.31

8.32 考虑习题 8.31 中的单自由度系统, 但 $F = \sin(u/L)$, $L = 1.0$ 和 [766]
$R = 0.5$. 按习题 8.31(a) 进行求解.

8.33 考虑习题 8.31 中的单自由度系统, 只通过线搜索求解响应. 提示: 不需要进行任何类 Newton 法的迭代.

8.34 对于图Ex.8.34 所示的 4 节点平面单元.

(a) 采用计算机程序计算对应位移 u_1^1 的刚度系数; 提示: 采用有限差分式 (8.89).

(b) 采用第 6 章给出的格式计算该刚度系数.

8.35 采用常球面弧长准则推导 $\Delta\lambda^{(i)}$ 的二次方程, 并计算方程的根. 讨论所得解, 并给出在实际应用中会选择哪一个解.

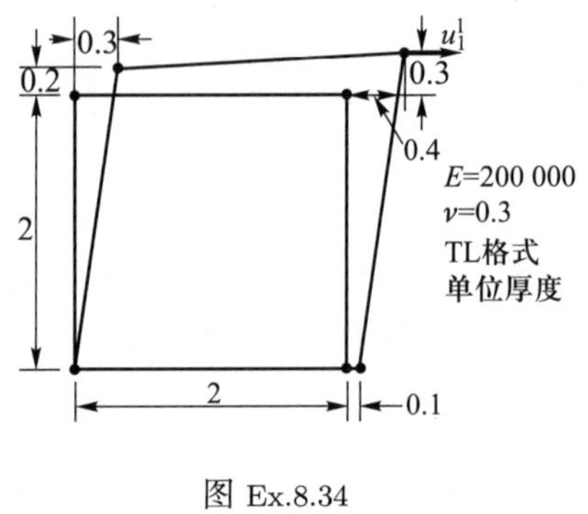

图 Ex.8.34

8.36　采用计算机程序求解例 6.3 中考虑的简单弧形结构的坍塌响应和后屈曲响应.

8.37　采用计算机程序求解如图 Ex8.37 所示的三个杆单元桁架的坍塌响应, 并把所得结果与解析解比较. 提示: 采用大位移格式和载荷–位移–约束求解法, 可以参考 P. G. Hodge、K. J. Bathe 和 E. N. Dvorkin [A].

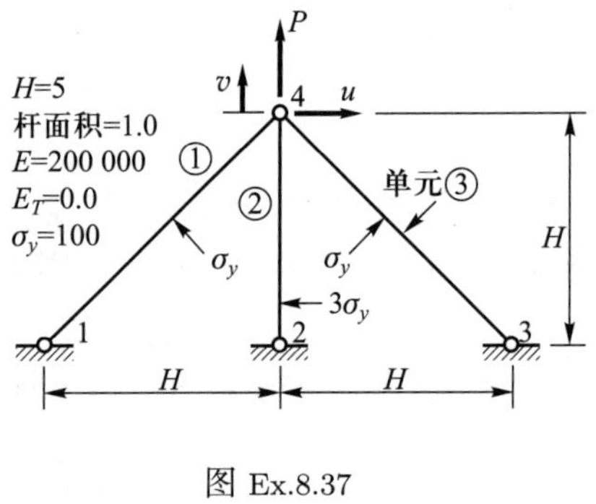

图 Ex.8.37

[767]　8.38　采用计算机程序计算如图 Ex.8.38 所示结构的坍塌响应和后坍塌响应. 考虑选择不同的面积 A_1.

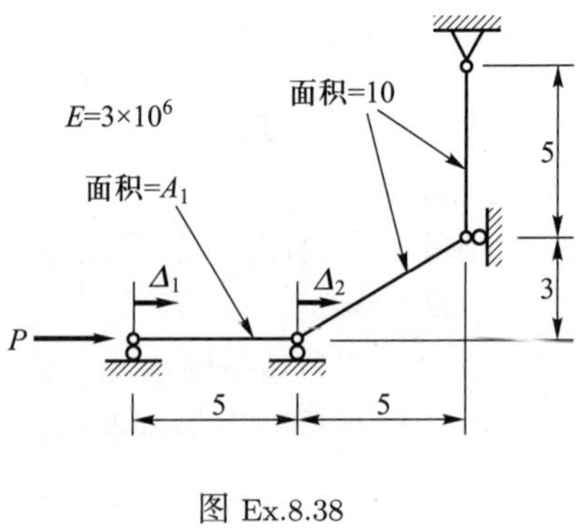

图 Ex.8.38

8.39　采用计算机程序计算如图 Ex.8.39 所示的平面应力悬臂梁的响应. 利用各向同性硬化的 von Mises 屈服条件, 增大载荷 p 直到结构完全坍塌为止. 比较完全 Newton-Raphson 法、改进 Newton-Raphson 法、BFGS 法和载荷–位移–约束法求解效率.

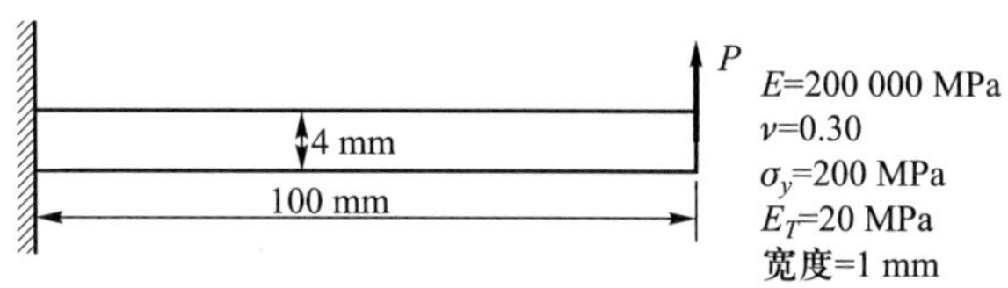

图 Ex.8.39

8.40　采用计算机程序求解如图 Ex.8.40 所示悬臂梁的大位移响应. 增大 P 使端点挠度到达 $\Delta \doteq 10$ in. 当采用完全 Newton-Raphson 法与改进 Newton-Raphson 法且采用或不采用线搜索和 BFGS 法时, 比较求解效率.

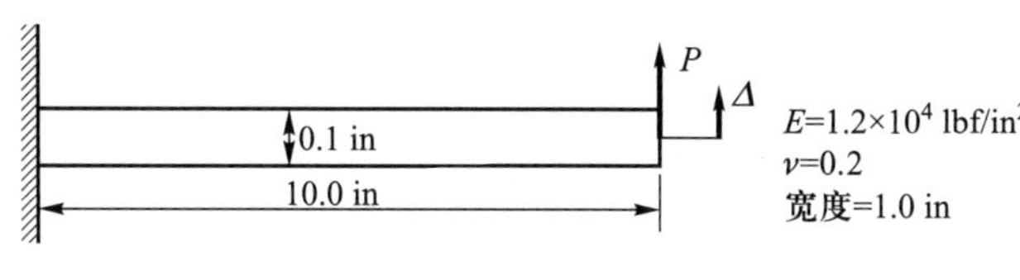

图 Ex.8.40

第 9 章 [768]

动力学分析中平衡方程求解

9.1 引言

在第 4.2.1 节, 我们导出了控制有限元系统线性动态响应的平衡方程

$$\mathbf{M}\ddot{\mathbf{U}} + \mathbf{C}\dot{\mathbf{U}} + \mathbf{K}\mathbf{U} = \mathbf{R} \tag{9.1}$$

其中, $\mathbf{M}$、$\mathbf{C}$ 和 $\mathbf{K}$ 分别是质量矩阵、阻尼矩阵和刚度矩阵, $\mathbf{R}$ 是外部作用载荷向量, $\mathbf{U}$、$\dot{\mathbf{U}}$ 和 $\ddot{\mathbf{U}}$ 分别对应有限元组合体的位移、速度和加速度向量. 我们应注意, 式 (9.1) 是考虑在时刻 t 的静态下导出的, 因此式 (9.1) 也可以写为

$$\mathbf{F}_I(t) + \mathbf{F}_D(t) + \mathbf{F}_E(t) = \mathbf{R}(t) \tag{9.2}$$

其中, $\mathbf{F}_I(t)$ 是惯性力, $\mathbf{F}_I(t) = \mathbf{M}\ddot{\mathbf{U}}$; $\mathbf{F}_D(t)$ 是阻尼力, $\mathbf{F}_D(t) = \mathbf{C}\dot{\mathbf{U}}$; $\mathbf{F}_E(t)$ 是弹性力, $\mathbf{F}_E(t) = \mathbf{K}\mathbf{U}$, 所有这些量都与时间相关. 因此, 在动态分析中, 原则上在时刻 t 的静态平衡中, 要考虑与加速度有关的惯性力和与速度有关的阻尼力的影响. 反之, 式 (9.1) 中的运动方程在静态分析中可以考虑忽略惯性和阻尼的影响.

选择静态分析还是动态分析 (即在分析中是否计入或忽略与速度和加速度有关的力) 通常由工程评估确定, 目的是减少分析所需的工作量. 但应指出, 静态分析的假设需要足够的理由, 否则分析结果就没有意义. 事实上, 在非线性分析中, 忽略惯性力和阻尼力假设的后果可能很严重, 甚至导致求解可能产生困难或不可能获得解.

从数学上说, 式 (9.1) 表示了一个二阶线性微分方程组, 原则上, 可以通过使用常系数微分方程求解的标准方法获得上述方程的解(如见 L. Collatz [A]). 但是, 如果矩阵的阶数高 —— 除非 $\mathbf{K}$、$\mathbf{C}$、$\mathbf{M}$ 系数矩阵具有特殊性质而对求解特别有利, 否则所采用的一般微分方程组的求解方法是十分昂贵的. 因此 [769]
在实际有限元分析中, 我们主要对一些有效的方法感兴趣, 在以下几节中将重点介绍这些方法. 我们将要考虑的求解方法分为两类: 直接积分法和模态叠加法. 尽管这两种方法乍看起来似乎相当不同, 实际上它们密切相关, 选择前者还是后者只是由数值的有效性来确定.

下面我们首先考虑线性平衡方程 (9.1) 的求解 (见式 (9.2) 至式 (9.4)), 然后我们讨论理想化的结构和固体 (见式 (9.5)) 有限元系统的非线性方程求解问题. 最后我们在第 9.6 节说明上面讨论的基本概念是如何直接适用于传热和流体流动分析.

9.2 直接积分法

在直接积分法中, 对方程式 (9.1) 使用逐步数值方法进行积分, 所谓的 "直接" 意味着数值积分前没有把方程变换为其他形式. 事实上, 直接数值积分基于两个想法. 第一, 不是在任意时刻 t 满足式 (9.1), 而是只在每隔一个时间区间 Δt 的离散点上满足式 (9.1). 这意味着, 计入惯性力和阻尼力影响的静态平衡, 基本上是在解区间内离散时间点上取得的. 因此, 在直接积分中也可以有效应用在静态分析中使用的求解方法. 直接积分法所依据的第二个想法是在每个时间段 Δt 内, 设定位移、速度和加速度的变化形式. 正如将要详细讨论到的, 在每个时间间隔内位移、速度和加速度变化的假设形式决定了求解过程的精度、稳定性和求解时间.

下面假设在时刻 0 的位移、速度和加速度向量分别用 ${}^{0}\mathbf{U}$、${}^{0}\dot{\mathbf{U}}$ 和 ${}^{0}\ddot{\mathbf{U}}$ 表示, 为已知量, 且令式 (9.1) 的解是从时刻 0 到 T 的. 在求解中考虑的时间跨度 T 被分为 n 等分间隔 Δt (即 $\Delta t = T/n$), 所用的积分法在时刻 Δt, $2\Delta t$, $3\Delta t$, $\cdots$, t, $t+\Delta t$, $\cdots$, T 建立近似解. 由于算法是在先前考虑的前一时刻的解计算下一时刻的解, 我们通过假设解在 0, Δt, $2\Delta t$, $3\Delta t$, $\cdots$, t 是已知的, 接着要求时刻 $(t+\Delta t)$ 的解. 计算比当前时刻滞后 Δt 的解而得到时刻 $(t+\Delta t)$ 的解所进行的计算是有代表性的, 由此可以用于建立计算所有离散时间点处解的一般算法.

在下面几节, 将介绍一些常用、有效的直接积分法. 只介绍在指定时刻整体动态平衡方程的求解方法, 且只使用这些时刻上的值, 其他方法如 Wilson θ 法 (见 E. L. Wilson、I. Farhoomand 和 K. J. Bathe [A])、HHT 法 (见 H. M. Hilber、T. J. R. Hughes 和 R. L. Taylor [A]) 和广义 α 法 (见 J. Chung 和 G. M. Hulbert [A]) 及其改进方法, 都有一些不足的性质 (如见 J. M. Benitez 和 F. J. Montáns [A]). 我们还假设常步长, 当然该限制很容易除去.

[770] 9.2.1 中心差分法

如果式 (9.1) 中的平衡关系被看做是常系数常微分方程组, 则可以使用任何合适的有限差分格式通过位移近似表示加速度和速度. 因此, 许多不同的有限差分表达式在理论上都是可用的. 但求解格式应确实有效, 因此下面只考虑几种这样的格式. 一种广泛使用的简单方法 (尽管有些缺点, 见 G. Noh 和 K. J. Bathe [A]) 是中心差分法, 其中假设

$$^{t}\ddot{\mathbf{U}}=\frac{1}{\Delta t^{2}}\left(^{t-\Delta t}\mathbf{U}-2^{t}\mathbf{U}+^{t+\Delta t}\mathbf{U}\right) \tag{9.3}$$

式 (9.3) 的误差是 $(\Delta t)^2$ 阶的, 为使速度的展开式有同样的误差阶数, 可以使用

$$^{t}\dot{\mathbf{U}}=\frac{1}{2\Delta t}\left(-^{t-\Delta t}\mathbf{U}+^{t+\Delta t}\mathbf{U}\right) \tag{9.4}$$

对于时刻 $(t+\Delta t)$ 的位移的解通过考虑时刻 t 按式 (9.1) 求取, 即

$$\mathbf{M}^{t}\ddot{\mathbf{U}}+\mathbf{C}^{t}\dot{\mathbf{U}}+\mathbf{K}^{t}\mathbf{U}={}^{t}\mathbf{R} \tag{9.5}$$

将式 (9.3) 和式 (9.4) 中对 $^{t}\ddot{\mathbf{U}}$, $^{t}\dot{\mathbf{U}}$ 的关系式分别代入式 (9.5), 可以得到

$$\left(\frac{1}{\Delta t^{2}}\mathbf{M}+\frac{1}{2\Delta t}\mathbf{C}\right)^{t+\Delta t}\mathbf{U}={}^{t}\mathbf{R}-\left(\mathbf{K}-\frac{2}{\Delta t^{2}}\mathbf{M}\right)^{t}\mathbf{U}-\left(\frac{1}{\Delta t^{2}}\mathbf{M}-\frac{1}{2\Delta t}\mathbf{C}\right)^{t-\Delta t}\mathbf{U} \tag{9.6}$$

从中可以求解 $^{t+\Delta t}\mathbf{U}$. 应指出 $^{t+\Delta t}\mathbf{U}$ 的解是使用时刻 t 的平衡条件, 即 $^{t+\Delta t}\mathbf{U}$ 通过使用式 (9.5) 计算的. 由于这个缘故, 该积分法被称为*显式积分法*, 注意到在逐步求解中该积分法并不需要对 (有效的) 刚度矩阵进行因式分解. 而在下面几节中考虑的 Houbolt 法、Newmark 法和 Bathe 法都使用时刻 $(t+\Delta t)$ 的平衡条件称为隐式积分法.

第二个事实是使用中心差分法, 计算 $^{t+\Delta t}\mathbf{U}$ 时要涉及 $^{t}\mathbf{U}$ 和 $^{t-\Delta t}\mathbf{U}$. 因此, 为了计算时刻 Δt 的解, 应使用一个特殊的初始化程序. 由于 $^{0}\mathbf{U}$、$^{0}\dot{\mathbf{U}}$ 和 $^{0}\ddot{\mathbf{U}}$ 是已知的 (注意到由于 $^{0}\mathbf{U}$、$^{0}\dot{\mathbf{U}}$ 已知, 则 $^{0}\ddot{\mathbf{U}}$ 可以在时刻 0 通过使用式 (9.1) 计算得到, 见例 9.1), 利用式 (9.3) 和式 (9.4) 可以求取 $^{-\Delta t}\mathbf{U}$, 即有

$$^{-\Delta t}U_i={}^{0}U_i-\Delta t^{0}\dot{U}_i+\frac{\Delta t^{2}}{2}{}^{0}\ddot{U}_i \tag{9.7}$$

其中, 下标 i 表示所考虑向量的第 i 元素. 表 9.1 总结了可在计算机中使用的时间积分法中的中心差分法.

表 9.1 使用中心差分法逐步求解方法 (一般质量矩阵和阻尼矩阵) [771]

步骤	求解方法
A. 初始计算	1. 建立刚度矩阵 $\mathbf{K}$、质量矩阵 $\mathbf{M}$ 和阻尼矩阵 $\mathbf{C}$ 2. 初始化 $^{0}\mathbf{U}$、$^{0}\dot{\mathbf{U}}$ 和 $^{0}\ddot{\mathbf{U}}$ 3. 选择时间步长 Δt, 且 $\Delta t\leqslant\Delta t_{cr}$, 计算积分常数: $a_0=\frac{1}{\Delta t^{2}};\quad a_1=\frac{1}{2\Delta t};\quad a_2=2a_0;\quad a_3=\frac{1}{a_2}$

续表

步骤	求解方法
A. 初始计算	4. 计算 ${}^{-\Delta t}\mathbf{U} = {}^0\mathbf{U} - \Delta t\,{}^0\dot{\mathbf{U}} + a_3\,{}^0\ddot{\mathbf{U}}$ 5. 建立有效的质量矩阵 $\widehat{\mathbf{M}} = a_0\mathbf{M} + a_1\mathbf{C}$ 6. 三角化 $\widehat{\mathbf{M}}: \widehat{\mathbf{M}} = \mathbf{LDL}^{\mathrm{T}}$
B. 对于每一个时间步长	1. 计算在时刻 t 的有效载荷 $${}^t\widehat{\mathbf{R}} = {}^t\mathbf{R} - (\mathbf{K} - a_2\mathbf{M}){}^t\mathbf{U} - (a_0\mathbf{M} - a_1\mathbf{C}){}^{t-\Delta t}\mathbf{U}$$ 2. 求解在时刻 $t+\Delta t$ 处的位移 $$\mathbf{LDL}^{\mathrm{T}\,t+\Delta t}\mathbf{U} = {}^t\widehat{\mathbf{R}}$$ 3. 如果需要, 计算时刻 t 的加速度和速度 $${}^t\ddot{\mathbf{U}} = a_0({}^{t-\Delta t}\mathbf{U} - 2\,{}^t\dot{\mathbf{U}} + {}^{t+\Delta t}\mathbf{U})$$ $${}^t\dot{\mathbf{U}} = a_1(-{}^{t-\Delta t}\mathbf{U} + {}^{t+\Delta t}\mathbf{U})$$

我们下面只讨论有效的求解方法, 即对每一个时间步长, 可以高效求解 (因为时间步长小, 因而通常需要使用大量的时步数). 基于这个原因, 只有在假设是集中质量矩阵和忽略与速度有关的阻尼时, 该方法才大量应用. 因此, 式 (9.6) 可以简化为

$$\left(\frac{1}{\Delta t^2}\mathbf{M}\right){}^{t+\Delta t}\mathbf{U} = {}^t\widehat{\mathbf{R}} \tag{9.8}$$

其中,

$${}^t\widehat{\mathbf{R}} = {}^t\mathbf{R} - \left(\mathbf{K} - \frac{2}{\Delta t^2}\mathbf{M}\right){}^t\mathbf{U} - \left(\frac{1}{\Delta t^2}\mathbf{M}\right){}^{t-\Delta t}\mathbf{U} \tag{9.9}$$

所以, 如果质量矩阵是对角的, 可以不需要分解矩阵就可以求解方程组 (9.1), 即在通过下式求得位移分量后, 只需矩阵乘法就得到右侧的有效载荷向量 ${}^t\widehat{\mathbf{R}}$, 有

$${}^{t+\Delta t}U_i = {}^t\widehat{R}_i\left(\frac{\Delta t^2}{m_{ii}}\right) \tag{9.10}$$

其中, ${}^{t+\Delta t}U_i$ 和 ${}^t\widehat{R}_i$ 分别表示向量 ${}^{t+\Delta t}\mathbf{U}$ 和 ${}^t\widehat{\mathbf{R}}$ 的第 i 分量, m_{ii} 是质量矩阵第 i 对角元素, 假设 $m_{ii} > 0$.

如果单元组合体的刚度矩阵不是三角化的, 则没有必要去组装矩阵. 在第 4.2.1 节已经说明 (见式 (4.30))

$$\mathbf{K}{}^t\mathbf{U} = \sum_i \mathbf{K}^{(i)}{}^t\mathbf{U} = \sum_i {}^t\mathbf{F}^{(i)} \tag{9.11}$$

[772] 也就是说, 在式 (9.9) 中要求的 $\mathbf{K}{}^t\mathbf{U}$ 在单元的层次上可以通过每一个单元对有效载荷向量的贡献求和计算. 因此, ${}^t\widehat{\mathbf{R}}$ 可以使用下式有效地进行计算

$${}^t\widehat{\mathbf{R}} = {}^t\mathbf{R} - \sum_i {}^t\mathbf{F}^{(i)} - \frac{1}{\Delta t^2}\mathbf{M}({}^{t-\Delta t}\mathbf{U} - 2\,{}^t\mathbf{U}) \tag{9.12}$$

其中, ${}^{t}\mathbf{F}^{(i)}$ 是按紧凑形式相加计算得到的 (见第 12.2.3 节).

在式 (9.10) 给定的形式中, 使用中心差分法的另一个优势现在变得明显了. 由于不需要计算整个单元组合体的刚度矩阵, 实际上是在单元层次上进行求解, 相对来说需要很少的高速存储空间. 使用这种方法, 也能很有效地求解高阶的方程组.

然而我们已经提到, 对求解来说, 通常使用一个较小的时间步长. 实际上, 在使用中心差分法时的一个重要考虑是, 积分法要求时间步长 Δt 比临界值 Δt_{cr} 小, 该临界值可以从整个单元组合体的质量和刚度性质中计算出. 更具体地说, 我们将在第 9.4.2 节证明, 为获得一个有效解, 需满足

$$\Delta t \leqslant \Delta t_{cr} = \frac{T_n}{\pi} \tag{9.13}$$

其中, T_n 是 n 个自由度的有限元组合体的最小周期. 周期 T_n 可以使用在第 11 章中所讨论的任何一种方法计算, 或者使用一个模 (见第 2.7 节) 计算 T_n 的下界. 在实际中, 常使用在第 9.4.4 节中给出的方法建立一个合适的时间步长 Δt.

在利用式 (9.10) 求解时, 已经假设对所有的 i, $m_{ii} > 0$. 在式 (9.13) 中的关系再次重申了该要求, 因为在对角质量矩阵中有一个零对角元素, 意味着有限元组合体有一个为零的周期 (见第 10.2.4 节). 一般都假设质量矩阵的所有对角元素大于零, 式 (9.13) 给出了用于积分中的时间步长 Δt 的限制. 在分析某些问题 (如波的传播问题) 中, 式 (9.13) 并不要求不必要的、太小的时间步长, 但是, 在一些其他的情况 (如结构动力学问题), 对于满足积分精度的足够小时间步长也比式 (9.13) 中给出的 Δt_{cr} 要大很多倍.

这些想法指出了为求得动态解建立一个有效的有限元离散化和时间步长的重要性. 我们将在第 9.4 节讨论这些问题, 但现在考虑下列情况.

假设我们使用中心差分法求解一个大型的平衡方程组. 可以使用式 (9.13) 选择时间步长. 假设我们改变质量矩阵的最小对角元素使其非常小, 几乎接近 0. 正如上面所介绍的, 质量矩阵中的一个对角元素不可能精确为零, 因为 T_n 为零时不可能求积分. 但随着质量矩阵的对角元素趋近于零, 系统的最小周期也趋近于零, 因此 Δt_{cr} 趋近于零. 所以, 一个元素 m_{ii} 的减小将促使用于积分中的时间步长急剧减小. 另一方面, 由于系统的阶数高, 当最小元素 m_{ii} 减小, 甚至为零时, 我们很难设想在确定的动态载荷作用下, 单元组合体 [773]
的响应会发生非常大的变化. 因此在该情况下, 只是因为在质量矩阵中有一个非常小的对角元素, 分析的代价就不必要地增加了很多. 当刚度矩阵中一个元素变大时, 也会出现同样的情况.

积分格式要求选用的时间步长 Δt 小于临界时间步长 Δt_{cr}, 例如中心差分法, 我们称该积分格式是有条件稳定的. 如果时间步长大于 Δt_{cr}, 则该积分是不稳定的, 这意味着在大多数情况下会使得计算响应值没有意义, 例如, 计算机中的舍入造成的误差增加. 积分稳定性概念是很重要的, 我们将在第 9.4

节进行讨论. 但现阶段考虑下例是很有益的.

例 9.1: 考虑下列简单的系统, 其控制平衡方程组为

$$\begin{bmatrix} 2 & 0 \\ 0 & 1 \end{bmatrix} \begin{bmatrix} \ddot{U}_1 \\ \ddot{U}_2 \end{bmatrix} + \begin{bmatrix} 6 & -2 \\ -2 & 4 \end{bmatrix} \begin{bmatrix} U_1 \\ U_2 \end{bmatrix} = \begin{bmatrix} 0 \\ 10 \end{bmatrix} \tag{a}$$

系统的自由振动周期由例 9.6 中给出, 其中已知 $T_1 = 4.45, T_2 = 2.8$. 在直接积分中使用中心差分法, 按时间步长: ① $\Delta t = T_2/10$ 和 ② $\Delta t = 10T_2$ 计算 12 步系统的响应. 假设 ${}^0\mathbf{U} = \mathbf{0}$ 和 ${}^0\dot{\mathbf{U}} = \mathbf{0}$.

首先是用方程 (a) 计算时刻 0 的 ${}^0\ddot{\mathbf{U}}$, 即使用

$$\begin{bmatrix} 2 & 0 \\ 0 & 1 \end{bmatrix} {}^0\ddot{\mathbf{U}} + \begin{bmatrix} 6 & -2 \\ -2 & 4 \end{bmatrix} \begin{bmatrix} 0 \\ 0 \end{bmatrix} = \begin{bmatrix} 0 \\ 10 \end{bmatrix}$$

因此

$${}^0\ddot{\mathbf{U}} = \begin{bmatrix} 0 \\ 10 \end{bmatrix}$$

然后按表 9.1 计算.

考虑情况 ①, 其中 $\Delta t = 0.28$. 有 (保留到三位数字)

$$a_0 = \frac{1}{(0.28)^2} = 12.8; \quad a_1 = \frac{1}{(2)(0.28)} = 1.79$$
$$a_2 = 2a_0 = 25.5; \qquad a_3 = \frac{1}{a_2} = 0.039\ 2$$

因此

$${}^{-\Delta t}\mathbf{U} = \begin{bmatrix} 0 \\ 0 \end{bmatrix} - 0.28 \begin{bmatrix} 0 \\ 0 \end{bmatrix} + 0.039\ 2 \begin{bmatrix} 0 \\ 10 \end{bmatrix} = \begin{bmatrix} 0 \\ 0.392 \end{bmatrix}$$
$$\widehat{\mathbf{M}} = 12.8 \begin{bmatrix} 2 & 0 \\ 0 & 1 \end{bmatrix} + 1.79 \begin{bmatrix} 0 & 0 \\ 0 & 0 \end{bmatrix} = \begin{bmatrix} 25.5 & 0 \\ 0 & 12.8 \end{bmatrix}$$

在时刻 t 的有效载荷是

$${}^t\widehat{\mathbf{R}} = \begin{bmatrix} 0 \\ 10 \end{bmatrix} + \begin{bmatrix} 45.0 & 2 \\ 2 & 21.5 \end{bmatrix} {}^t\mathbf{U} - \begin{bmatrix} 25.5 & 0 \\ 0 & 12.8 \end{bmatrix} {}^{t-\Delta t}\mathbf{U}$$

因此, 需要对每一个时间步长求解下面方程

$$\begin{bmatrix} 25.5 & 0 \\ 0 & 12.8 \end{bmatrix} {}^{t+\Delta t}\mathbf{U} = {}^t\widehat{\mathbf{R}} \tag{b}$$

[774] 因为系数矩阵是对角的, 方程 (b) 的解是简单的. 对每一个时间步长计算式 (b) 的解, 我们得到 (表 E9.1):

表 E9.1

时间	Δt	$2\Delta t$	$3\Delta t$	$4\Delta t$	$5\Delta t$	$6\Delta t$	$7\Delta t$	$8\Delta t$	$9\Delta t$	$10\Delta t$	$11\Delta t$	$12\Delta t$
${}^t\mathbf{U}$	0	0.0307	0.168	0.487	1.02	1.70	2.40	2.91	3.07	2.77	2.04	1.02
	0.392	1.45	2.83	4.14	5.02	5.26	4.90	4.17	3.37	2.78	2.54	2.60

该求解结果与例 9.7 中的精确解进行比较.

考虑情况 ②, 其中 $\Delta t = 28$. 通过同样的计算, 可以求出

$$
{}^{\Delta t}\mathbf{U} = \begin{bmatrix} 0 \\ 3.83 \times 10^3 \end{bmatrix}; \quad {}^{2\Delta t}\mathbf{U} = \begin{bmatrix} 3.03 \times 10^6 \\ -1.21 \times 10^7 \end{bmatrix}
$$

且计算的位移连续增加. 由于时间步长 Δt 比 T_1 大约大 6 倍, 比 T_2 大 10 倍, 我们当然不能要求数值积分有很高的精度. 但特别要注意的是, 计算的值是减小还是增加. 在这个例子中值的增加是由于时间积分法不稳定的结果. 正如上面所指出的, 在使用中心差分法时, 为使积分稳定, 时间步长 Δt 应不大于 Δt_{cr}, 其中 $\Delta t_{cr} = (1/\pi)T_2$ 时. 在这个例子中, 时间步长 Δt 很大, 计算的响应值无限增加. 这就是典型的不稳定现象. 我们将在例 9.2 到例 9.4 看到, 当使用无条件稳定的 Houbolt 法、Newmark 法和 Bathe 法时, 当 $\Delta t = 28$ 时所求的响应也是不准确的, 但没有增大.

上面讨论了中心差分法的主要缺点: 该方法只是条件稳定的. 另一个缺点是解包含了显著的虚假振荡. 由 G. Noh 和 K. J. Bathe [A] 提出一种显式法可减少这种误差. 由于有条件稳定方法的有效使用仅局限于某些问题, 因而在下面几节我们探讨无条件稳定方法. 使用这些方法, 时间步长 Δt 的选择没有类似式 (9.13) 的限制, 可自由选择, 即只是基于精度要求, 大多数情况下 Δt 是比式 (9.13) 所容许的值大几个数量级. 但下面讨论的积分法是隐式的, 即要求对包含 $\mathbf{K}$ 的有限元刚度矩阵进行三角分解用于求解.

9.2.2 Houbolt 法

Houbolt 积分法在某种程度上与前面讨论的中心差分法有联系, 这是由于标准的有限差分表达式利用位移分量近似表示加速度分量和速度分量. Houbolt 积分法采用下面有限差分格式 (见 J. C. Houbolt [A])

$$
{}^{t+\Delta t}\ddot{\mathbf{U}} = \frac{1}{\Delta t^2}(2\,{}^{t+\Delta t}\mathbf{U} - 5\,{}^{t}\mathbf{U} + 4\,{}^{t-\Delta t}\mathbf{U} - {}^{t-2\Delta t}\mathbf{U}) \tag{9.14}
$$

和 [775]

$$
{}^{t+\Delta t}\dot{\mathbf{U}} = \frac{1}{6\Delta t}(11\,{}^{t+\Delta t}\mathbf{U} - 18\,{}^{t}\mathbf{U} + 9\,{}^{t-\Delta t}\mathbf{U} - 2\,{}^{t-2\Delta t}\mathbf{U}) \tag{9.15}
$$

是两个具有误差阶为 $(\Delta t)^2$ 的后向差分公式.

为了得到时刻 $t + \Delta t$ 的解, 考虑在式 (9.1) 中在时刻 $t + \Delta t$ (而不是中心差分法的时刻 t), 给出式 (9.16)

$$
\mathbf{M}\,{}^{t+\Delta t}\ddot{\mathbf{U}} + \mathbf{C}\,{}^{t+\Delta t}\dot{\mathbf{U}} + \mathbf{K}\,{}^{t+\Delta t}\mathbf{U} = {}^{t+\Delta t}\mathbf{R} \tag{9.16}
$$

把式 (9.14) 和式 (9.15) 代入式 (9.16), 并把所有已知的向量移到等式右边, 得到 ${}^{t+\Delta t}\mathbf{U}$ 的解

$$
\begin{aligned}
&\left(\frac{2}{\Delta t^2}\mathbf{M}+\frac{11}{6\Delta t}\mathbf{C}+\mathbf{K}\right){}^{t+\Delta t}\mathbf{U}\\
&={}^{t+\Delta t}\mathbf{R}+\left(\frac{5}{\Delta t^2}\mathbf{M}+\frac{3}{\Delta t}\mathbf{C}\right){}^{t}\mathbf{U}-\left(\frac{4}{\Delta t^2}\mathbf{M}+\frac{3}{2\Delta t}\mathbf{C}\right){}^{t-\Delta t}\mathbf{U}+\\
&\left(\frac{1}{\Delta t^2}\mathbf{M}+\frac{1}{3\Delta t}\mathbf{C}\right){}^{t-2\Delta t}\mathbf{U}
\end{aligned}
\tag{9.17}
$$

正如式 (9.17) 中所示, ${}^{t+\Delta t}\mathbf{U}$ 的求解需要已知量 ${}^{t}\mathbf{U}$、${}^{t-\Delta t}\mathbf{U}$ 和 ${}^{t-2\Delta t}\mathbf{U}$. 尽管已知 ${}^{0}\mathbf{U}$、${}^{0}\dot{\mathbf{U}}$ 和 ${}^{0}\ddot{\mathbf{U}}$ 对于开始计算 Houbolt 积分是有用的, 但采用其他方法计算 ${}^{\Delta t}\mathbf{U}$ 和 ${}^{2\Delta t}\mathbf{U}$ 更准确, 例如我们使用特定的初始化程序. 为积分式 (9.1), 求解 ${}^{\Delta t}\mathbf{U}$ 和 ${}^{2\Delta t}\mathbf{U}$ 的一种处理方法是采用一个不同的积分法, 它可能是一个条件稳定的方法, 如采用 Δt 的一半作为时间步长的中心差分法 (见例 9.2). 表 9.2 总结了 Houbolt 积分法在计算机程序中的使用.

表 9.2 使用 Houbolt 积分法逐步求解

步骤	求解内容
A. 初始计算	1. 建立刚度矩阵 $\mathbf{K}$、质量矩阵 $\mathbf{M}$ 和阻尼矩阵 $\mathbf{C}$ 2. 初始化 ${}^{0}\mathbf{U}$、${}^{0}\dot{\mathbf{U}}$ 和 ${}^{0}\ddot{\mathbf{U}}$ 3. 选择时间步长 Δt 和计算积分常数 $a_0=\dfrac{2}{\Delta t^2};\quad a_1=\dfrac{11}{6\Delta t};\quad a_2=\dfrac{5}{\Delta t^2};\quad a_3=\dfrac{3}{\Delta t};\quad a_4=-2a_0;$ $a_5=\dfrac{-a_3}{2};\quad a_6=\dfrac{a_0}{2};\quad a_7=\dfrac{a_3}{9};$ 4. 使用特别的初始化程序去计算 ${}^{\Delta t}\mathbf{U}$ 和 ${}^{2\Delta t}\mathbf{U}$ 5. 计算有效刚度矩阵 $\widehat{\mathbf{K}}:\widehat{\mathbf{K}}=\mathbf{K}+a_0\mathbf{M}+a_1\mathbf{C}$ 6. 三角化 $\widehat{\mathbf{K}}:\widehat{\mathbf{K}}=\mathbf{LDL}^{\mathrm{T}}$
B. 对于每一个时间步长	1. 计算时刻 $t+\Delta t$ 的有效载荷 ${}^{t+\Delta t}\widehat{\mathbf{R}}={}^{t+\Delta t}\mathbf{R}+\mathbf{M}(a_2{}^{t}\mathbf{U}+a_4{}^{t-\Delta t}\mathbf{U}+a_6{}^{t-2\Delta t}\mathbf{U})$ $+\mathbf{C}(a_3{}^{t}\mathbf{U}+a_5{}^{t-\Delta t}\mathbf{U}+a_7{}^{t-2\Delta t}\mathbf{U})$ 2. 求解时刻 $(t+\Delta t)$ 的位移 $\mathbf{LDL}^{\mathrm{T}\,t+\Delta t}\mathbf{U}={}^{t+\Delta t}\widehat{\mathbf{R}}$ 3. 如果需要, 计算时刻 $(t+\Delta t)$ 的加速度和速度 ${}^{t+\Delta t}\ddot{\mathbf{U}}=a_0{}^{t+\Delta t}\mathbf{U}-a_2{}^{t}\mathbf{U}-a_4{}^{t-\Delta t}\mathbf{U}-a_6{}^{t-2\Delta t}\mathbf{U}$ ${}^{t+\Delta t}\dot{\mathbf{U}}=a_1{}^{t+\Delta t}\mathbf{U}-a_3{}^{t}\mathbf{U}-a_5{}^{t-\Delta t}\mathbf{U}-a_7{}^{t-2\Delta t}\mathbf{U}$

表 9.2 中的 Houbolt 法和表 9.1 中的中心差分法之间的根本区别是刚度
[776] 矩阵 $\mathbf{K}$ 是作为要求的位移 ${}^{t+\Delta t}\mathbf{U}$ 的一个系数出现的. 项 $\mathbf{K}{}^{t+\Delta t}\mathbf{U}$ 出现是由

于在式 (9.16) 中平衡考虑的是在时刻 $t+\Delta t$ 而不是像在中心差分法中考虑的是时刻 t. 因此,Houbolt 法是隐式积分法, 而中心差分法是显式求解法. 对用于积分的时间步长 Δt, 则没有临界时间步长的限制, Δt 通常选得比在中心差分法式 (9.13) 中给定的值要大一些.

值得注意的一点是, 基于 Houbolt 算法的逐步求解法在质量和阻尼的影响忽略不计时可以直接简化为静态分析, 但不能采用表 9.1 中的中心差分法. 换句话说, 如果 $\mathbf{C}=0$ 和 $\mathbf{M}=0$, 则表 9.2 中的求解方法给出与时间有关载荷的静态解.

例 9.2: 使用 Houbolt 直接积分法计算例 9.1 中所考虑系统的响应.

首先, 考虑 $\Delta t=0.28$ 的情况. 按表 9.2, 采用三位数字, 有

$$\begin{aligned}&a_0=25.5; \quad a_1=6.55; \quad a_2=63.8; \quad a_3=10.7;\\&a_4=-51.0; \quad a_5=-5.36; \quad a_6=12.8; \quad a_7=1.19\end{aligned}$$

为了初始化积分, 需要知道 ${}^{\Delta t}\mathbf{U}$ 和 ${}^{2\Delta t}\mathbf{U}$. 这里直接使用例 9.1 中心差分法计算的值, 即

$${}^{\Delta t}\mathbf{U}=\begin{bmatrix}0.0\\0.392\end{bmatrix}; \quad {}^{2\Delta t}\mathbf{U}=\begin{bmatrix}0.030\,7\\1.45\end{bmatrix}$$

接着计算 $\widehat{\mathbf{K}}$, 得到

$$\widehat{\mathbf{K}}=\begin{bmatrix}6&-2\\-2&4\end{bmatrix}+25.5\begin{bmatrix}2&0\\0&1\end{bmatrix}=\begin{bmatrix}57&-2\\-2&29.5\end{bmatrix}$$

对于每一个时间步长, 需要 ${}^{t+\Delta t}\widehat{\mathbf{R}}$, 此时为

$${}^{t+\Delta t}\widehat{\mathbf{R}}=\begin{bmatrix}0\\10\end{bmatrix}+\begin{bmatrix}2&0\\0&1\end{bmatrix}(63.8{}^{t}\mathbf{U}-51.0{}^{t-\Delta t}\mathbf{U}+12.8{}^{t-2\Delta t}\mathbf{U})$$

求解 12 个时间步长的 $\widehat{\mathbf{K}}{}^{t+\Delta t}\mathbf{U}={}^{t+\Delta t}\widehat{\mathbf{R}}$, 结果见表 E9.2(a).

表 E9.2(a)

时间	Δt	$2\Delta t$	$3\Delta t$	$4\Delta t$	$5\Delta t$	$6\Delta t$	$7\Delta t$	$8\Delta t$	$9\Delta t$	$10\Delta t$	$11\Delta t$	$12\Delta t$
${}^{t}\mathbf{U}$	0	0.030 7	0.167	0.461	0.923	1.50	2.11	2.60	2.86	2.80	2.40	1.72
	0.392	1.45	2.80	4.08	5.02	5.43	5.31	4.77	4.01	3.24	2.63	2.28

该求解结果与例 9.7 中的精确解进行比较.

下面为了考察 Houbolt 算子的无条件稳定性, 考虑 $\Delta t=28$ 的例子. 为启动积分, 我们使用时刻 Δt 和 $2\Delta t$ 的精确响应 (见例 9.7)

$${}^{\Delta t}\mathbf{U}=\begin{bmatrix}2.19\\2.24\end{bmatrix}; \quad {}^{2\Delta t}\mathbf{U}=\begin{bmatrix}2.92\\3.12\end{bmatrix}$$

[777] 比较 $\widehat{\mathbf{K}}$ 与 $\mathbf{K}$ 是有意义的

$$\widehat{\mathbf{K}}=\begin{bmatrix}6 & -2\\ -2 & 4\end{bmatrix}+0.002\,55\begin{bmatrix}2 & 0\\ 0 & 1\end{bmatrix}=\begin{bmatrix}6.005\,1 & -2.000\,0\\ -2.000\,0 & 4.002\,55\end{bmatrix}$$

其中注意到 $\widehat{\mathbf{K}}$ 与 $\mathbf{K}$ 几乎相等.

12 次时间步长的位移响应见表 E9.2(b).

表 E9.2(b)

时间	Δt	$2\Delta t$	$3\Delta t$	$4\Delta t$	$5\Delta t$	$6\Delta t$	$7\Delta t$	$8\Delta t$	$9\Delta t$	$10\Delta t$	$11\Delta t$	$12\Delta t$
${}^{t}\mathbf{U}$	2.19	2.92	1.00	1.00	1.00	1.00	1.00	1.00	1.00	1.00	1.00	1.00
	2.24	3.12	3.00	3.00	3.00	3.00	3.00	3.00	3.00	3.00	3.00	3.00

稳态解是

$${}^{t}\mathbf{U}=\begin{bmatrix}1.0\\ 3.0\end{bmatrix}$$

因此, 该位移响应非常快速地趋近于稳态解.

9.2.3 Newmark 法

Newmark 积分法采用下面的假设 (见 N. W. Newmark [A])

$${}^{t+\Delta t}\dot{\mathbf{U}}={}^{t}\dot{\mathbf{U}}+[(1-\delta)\,{}^{t}\ddot{\mathbf{U}}+\delta\,{}^{t+\Delta t}\ddot{\mathbf{U}}]\Delta t \tag{9.18}$$

$${}^{t+\Delta t}\mathbf{U}={}^{t}\mathbf{U}+{}^{t}\dot{\mathbf{U}}\Delta t+\left[\left(\frac{1}{2}-\alpha\right){}^{t}\ddot{\mathbf{U}}+\alpha\,{}^{t+\Delta t}\ddot{\mathbf{U}}\right]\Delta t^2 \tag{9.19}$$

其中, α 和 δ 是根据所需积分精度和稳定性来确定的参数. 当 $\delta=\dfrac{1}{2}$, $\alpha=\dfrac{1}{6}$ 时, 我们得到线性加速度法. Newmark 法起初作为一个无条件稳定的方法提出, 即常平均加速度法 (也叫做梯形法, 简做 TR), 其中 $\delta=\dfrac{1}{2}$, $\alpha=\dfrac{1}{4}$. 图 9.1 和图 9.2 中的加速度假设按 τ 积分, 就会得到这些积分法.

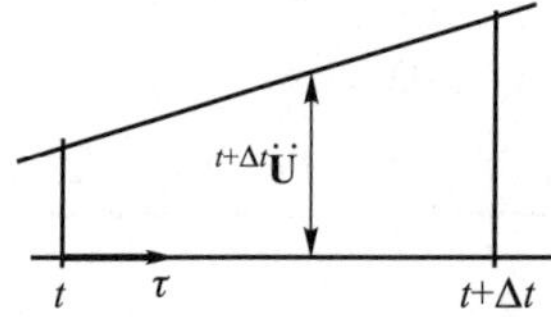

图 9.1 线性加速度法

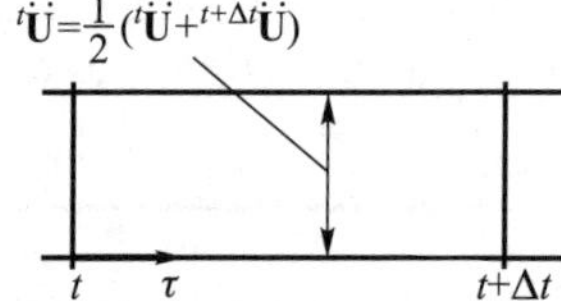

图 9.2 TR 法

为求解时刻 $t+\Delta t$ 的位移、速度和加速度, 除式 (9.18) 和式 (9.19) 外, 还要考虑在时刻 $t+\Delta t$ 的平衡方程 (9.1), 有

$$\mathbf{M}\,{}^{t+\Delta t}\ddot{\mathbf{U}}+\mathbf{C}\,{}^{t+\Delta t}\dot{\mathbf{U}}+\mathbf{K}\,{}^{t+\Delta t}\mathbf{U}={}^{t+\Delta t}\mathbf{R} \tag{9.20}$$

首先, 考虑较多应用的梯形法, 按 ${}^{t+\Delta t}\mathbf{U}$ 从式 (9.18) 和式 (9.19) 求解 ${}^{t+\Delta t}\dot{\mathbf{U}}$ 和 ${}^{t+\Delta t}\ddot{\mathbf{U}}$, 在每个步长求解 [778]

$$\left(\frac{4}{\Delta t^2}\mathbf{M}+\frac{2}{\Delta t}\mathbf{C}+\mathbf{K}\right){}^{t+\Delta t}\mathbf{U}$$
$$={}^{t+\Delta t}\mathbf{R}+\mathbf{M}\left(\frac{4}{\Delta t^2}{}^{t}\mathbf{U}+\frac{4}{\Delta t}{}^{t}\dot{\mathbf{U}}+{}^{t}\ddot{\mathbf{U}}\right)+\mathbf{C}\left(\frac{2}{\Delta t}{}^{t}\mathbf{U}+{}^{t}\dot{\mathbf{U}}\right)\tag{9.21}$$

然后计算 ${}^{t+\Delta t}\ddot{\mathbf{U}}$ 和 ${}^{t+\Delta t}\dot{\mathbf{U}}$. 表 9.3 中给出了使用 Newmark 积分法的完整算法. 求解例子见例 9.3.

表 9.3 用 Newmark 积分法迭代求解

步骤	求解内容
A. 初始计算	1. 建立刚度矩阵 $\mathbf{K}$、质量矩阵 $\mathbf{M}$ 和阻尼矩阵 $\mathbf{C}$ 2. 初始化 ${}^{0}\mathbf{U}$、${}^{0}\dot{\mathbf{U}}$ 和 ${}^{0}\ddot{\mathbf{U}}$ 3. 选择时间步长 Δt 和参数 α 和 δ, 计算积分常数 $\delta\geqslant 0.50;\quad \alpha\geqslant 0.25(0.5+\delta)^2$ $a_0=\frac{1}{\alpha\Delta t^2};\ a_1=\frac{\delta}{\alpha\Delta t};\quad a_2=\frac{1}{\alpha\Delta t};\quad a_3=\frac{1}{2\alpha}-1;$ $a_4=\frac{\delta}{\alpha}-1;\ a_5=\frac{\Delta t}{2}\left(\frac{\delta}{\alpha}-2\right);\ a_6=\Delta t(1-\delta);\ a_7=\delta\Delta t$ 4. 计算有效刚度矩阵 $\widehat{\mathbf{K}}$ $\widehat{\mathbf{K}}=\mathbf{K}+a_0\mathbf{M}+a_1\mathbf{C}$ 5. 三角化 $\widehat{\mathbf{K}}$ $\widehat{\mathbf{K}}=\mathbf{LDL}^{\mathrm{T}}$
B. 对于每一个时间步长	1. 计算时刻 $t+\Delta t$ 的有效载荷 ${}^{t+\Delta t}\widehat{\mathbf{R}}={}^{t+\Delta t}\mathbf{R}+\mathbf{M}(a_0{}^{t}\mathbf{U}+a_2{}^{t}\dot{\mathbf{U}}+a_3{}^{t}\ddot{\mathbf{U}})+\mathbf{C}(a_1{}^{t}\mathbf{U}+a_4{}^{t}\dot{\mathbf{U}}+a_5{}^{t}\ddot{\mathbf{U}})$ 2. 求解时刻 $t+\Delta t$ 的位移 $\mathbf{LDL}^{\mathrm{T}}{}^{t+\Delta t}\mathbf{U}={}^{t+\Delta t}\widehat{\mathbf{R}}$ 3. 计算时刻 $t+\Delta t$ 的加速度和速度 ${}^{t+\Delta t}\ddot{\mathbf{U}}=a_0({}^{t+\Delta t}\mathbf{U}-{}^{t}\mathbf{U})-a_2{}^{t}\dot{\mathbf{U}}-a_3{}^{t}\ddot{\mathbf{U}}$ ${}^{t+\Delta t}\dot{\mathbf{U}}={}^{t}\dot{\mathbf{U}}+a_6{}^{t}\ddot{\mathbf{U}}+a_7{}^{t+\Delta t}\ddot{\mathbf{U}}$

例 9.3: 使用 Newmark 法计算在例 9.1 到例 9.3 中系统的位移响应. 使用 $\alpha=0.25$, $\delta=0.5$.

考虑第一种情况 $\Delta t=0.28$. 按照表 9.3 中计算步骤, 有

$${}^{0}\mathbf{U}=\begin{bmatrix}0\\0\end{bmatrix};\quad {}^{0}\dot{\mathbf{U}}=\begin{bmatrix}0\\0\end{bmatrix};\quad {}^{0}\ddot{\mathbf{U}}=\begin{bmatrix}0\\10\end{bmatrix}$$

积分常数是 (显示三位数字)

$$a_0=51.0;\quad a_1=7.14;\quad a_2=14.3;\quad a_3=1.00;$$
$$a_4=1.00;\quad a_5=0.00;\quad a_6=0.14;\quad a_7=0.14$$
[779]

因此有效刚度矩阵

$$\widehat{\mathbf{K}}=\begin{bmatrix}6&-2\\-2&4\end{bmatrix}+51.0\begin{bmatrix}2&0\\0&1\end{bmatrix}=\begin{bmatrix}108&-2\\-2&55\end{bmatrix}$$

对每一个时间步长, 需要计算

$${}^{t+\Delta t}\widehat{\mathbf{R}}=\begin{bmatrix}0\\10\end{bmatrix}+\begin{bmatrix}2&0\\0&1\end{bmatrix}(51{}^{t}\mathbf{U}+14.3{}^{t}\dot{\mathbf{U}}+1.0{}^{t}\ddot{\mathbf{U}})$$

则

$$\widehat{\mathbf{K}}{}^{t+\Delta t}\mathbf{U}={}^{t+\Delta t}\widehat{\mathbf{R}}$$

和

$${}^{t+\Delta t}\ddot{\mathbf{U}}=51.0({}^{t+\Delta t}\mathbf{U}-{}^{t}\mathbf{U})-14.3{}^{t}\dot{\mathbf{U}}-1.0{}^{t}\ddot{\mathbf{U}}$$

$${}^{t+\Delta t}\dot{\mathbf{U}}={}^{t}\dot{\mathbf{U}}+0.14{}^{t}\ddot{\mathbf{U}}+0.14{}^{t+\Delta t}\ddot{\mathbf{U}}$$

通过这些计算, 得到结果见表 E9.3.

表 E9.3

时间	Δt	$2\Delta t$	$3\Delta t$	$4\Delta t$	$5\Delta t$	$6\Delta t$	$7\Delta t$	$8\Delta t$	$9\Delta t$	$10\Delta t$	$11\Delta t$	$12\Delta t$
${}^{t}\mathbf{U}$	0.006 73	0.050 5	0.189	0.485	0.961	1.58	2.23	2.76	3.00	2.85	2.28	1.40
	0.364	1.35	2.68	4.00	4.95	5.34	5.13	4.48	3.64	2.90	2.44	2.31

该求解结果与例 9.7 中的精确解进行比较.

接着考虑使用情况 $\Delta t=28$, 原以为会很快得到稳态解, 见例 9.2. 但我们发现当位移在 $12\Delta t$ 是 0.894(不是 1) 和 1.45(不是 3), 求解是很不精确的. 如果初始加速度置为 0, 可得到更近似的稳态解 (但稳态解第 12 步后的误差比第 1 步后的大, 而第 1 步后的误差是非常小的).

9.2.4 Bathe 法

Bathe 法在每个积分步长使用 2 个亚步长. 在第 1 个亚步长使用梯形法, 在第 2 个亚步长使用 3 点 Euler 后向法 (见 K. J. Bathe[F]). 尽管可使用不同长度的亚步长 (见 K. J. Bathe 和 M. I. Baig [A]), 但这里为清楚起见, 使用两个相等的亚步长 (当使用不同亚步长, 积分法是一样的). 对第 1 个亚步长使用梯形法

$${}^{t+\Delta t/2}\dot{\mathbf{U}}={}^{t}\dot{\mathbf{U}}+\left[\frac{\Delta t}{4}\right]({}^{t}\ddot{\mathbf{U}}+{}^{t+\Delta t/2}\ddot{\mathbf{U}}) \tag{9.22}$$

$${}^{t+\Delta t/2}\mathbf{U}={}^{t}\mathbf{U}+\left[\frac{\Delta t}{4}\right]({}^{t}\dot{\mathbf{U}}+{}^{t+\Delta t/2}\dot{\mathbf{U}}) \tag{9.23}$$

对第 2 个亚步长使用

$$
{}^{t+\Delta t}\dot{\mathbf{U}} = \frac{1}{\Delta t}{}^{t}\mathbf{U} - \frac{4}{\Delta t}{}^{t+\Delta t/2}\mathbf{U} + \frac{3}{\Delta t}{}^{t+\Delta t}\mathbf{U} \tag{9.24}
$$

[780]

$$
{}^{t+\Delta t}\ddot{\mathbf{U}} = \frac{1}{\Delta t}{}^{t}\dot{\mathbf{U}} - \frac{4}{\Delta t}{}^{t+\Delta t/2}\dot{\mathbf{U}} + \frac{3}{\Delta t}{}^{t+\Delta t}\dot{\mathbf{U}} \tag{9.25}
$$

利用式 (9.22) 和式 (9.23) 以及在时刻 $t+\Delta t/2$ 的有限元平衡方程即式 (9.16), 接着利用式 (9.24) 和式 (9.25), 以及在时刻 $t+\Delta t$ 的有限元平衡方程式 (9.16), 我们得到

$$
\left(\frac{16}{\Delta t^2}\mathbf{M} + \frac{4}{\Delta t}\mathbf{C} + \mathbf{K}\right){}^{t+\Delta t/2}\mathbf{U} = {}^{t+\Delta t/2}\widehat{\mathbf{R}} \tag{9.26}
$$

$$
{}^{t+\Delta t/2}\widehat{\mathbf{R}} = {}^{t+\Delta t/2}\mathbf{R} + \mathbf{M}\left(\frac{16}{\Delta t^2}{}^{t}\mathbf{U} + \frac{8}{\Delta t}{}^{t}\dot{\mathbf{U}} + {}^{t}\ddot{\mathbf{U}}\right) + \mathbf{C}\left(\frac{4}{\Delta t}{}^{t}\mathbf{U} + {}^{t}\dot{\mathbf{U}}\right) \tag{9.27}
$$

$$
\left(\frac{9}{\Delta t^2}\mathbf{M} + \frac{3}{\Delta t}\mathbf{C} + \mathbf{K}\right){}^{t+\Delta t}\mathbf{U} = {}^{t+\Delta t}\widehat{\mathbf{R}} \tag{9.28}
$$

$$
\begin{aligned}
{}^{t+\Delta t}\widehat{\mathbf{R}} = {}^{t+\Delta t}\mathbf{R} &+ \mathbf{M}\left(\frac{12}{\Delta t^2}{}^{t+\Delta t/2}\mathbf{U} - \frac{3}{\Delta t^2}{}^{t}\mathbf{U} + \frac{4}{\Delta t}{}^{t+\Delta t/2}\dot{\mathbf{U}} - \frac{1}{\Delta t}{}^{t}\dot{\mathbf{U}}\right) + \\
&\mathbf{C}\left(\frac{4}{\Delta t}{}^{t+\Delta t/2}\mathbf{U} - \frac{1}{\Delta t}{}^{t}\mathbf{U}\right)
\end{aligned} \tag{9.29}
$$

完整的求解步骤见表 9.4, 其中求解耗时几乎是梯形法的两倍, 但事实上其精度和稳定性满足更大的时间步长. 该方法一般来说相当有效, 特别是在非线性求解中, 见 K. J. Bathe [F], K. J. Bathe 和 G. Noh [A], 以及 G. Noh、S. Ham 和 K. J. Bathe [A].

表 9.4 Bathe 积分法逐步求解

步骤	求解内容
A. 初始计算	1. 建立刚度矩阵 $\mathbf{K}$、质量矩阵 $\mathbf{M}$ 和阻尼矩阵 $\mathbf{C}$ 2. 初始化 ${}^{0}\mathbf{U}$、${}^{0}\dot{\mathbf{U}}$ 和 ${}^{0}\ddot{\mathbf{U}}$ 3. 选择时间步长 Δt 和计算积分常数 $a_0 = \frac{16}{\Delta t^2};\quad a_1 = \frac{4}{\Delta t};\quad a_2 = \frac{9}{\Delta t^2};\quad a_3 = \frac{3}{\Delta t};$ $a_4 = 2a_1;\quad a_5 = \frac{12}{\Delta t^2};\quad a_6 = -\frac{3}{\Delta t^2};\quad a_7 = -\frac{1}{\Delta t}$ 4. 计算有效刚度矩阵 $\widehat{\mathbf{K}}_1$ 和 $\widehat{\mathbf{K}}_2$ $\widehat{\mathbf{K}}_1 = \mathbf{K} + a_0\mathbf{M} + a_1\mathbf{C};\quad \widehat{\mathbf{K}}_2 = \mathbf{K} + a_2\mathbf{M} + a_3\mathbf{C}$ 5. 三角化 $\widehat{\mathbf{K}}_1$ 和 $\widehat{\mathbf{K}}_2$ $\widehat{\mathbf{K}}_1 = \mathbf{L}_1\mathbf{D}_1\mathbf{L}_1^{\mathrm{T}};\quad \widehat{\mathbf{K}}_2 = \mathbf{L}_2\mathbf{D}_2\mathbf{L}_2^{\mathrm{T}}$

续表

[781]

步骤	求解内容
B. 对于每一个时间步长	第 1 个亚步长 1. 计算时刻 $t+\Delta t/2$ 的有效载荷 $^{t+\Delta t/2}\widehat{\mathbf{R}} = {}^{t+\Delta t/2}\mathbf{R} + \mathbf{M}(a_0{}^t\mathbf{U} + a_4{}^t\dot{\mathbf{U}} + {}^t\ddot{\mathbf{U}}) + \mathbf{C}(a_1{}^t\mathbf{U} + {}^t\dot{\mathbf{U}})$ 2. 求解时刻 $t+\Delta t/2$ 的位移 $\mathbf{L}_1\mathbf{D}_1\mathbf{L}_1^{\mathrm{T}}{}^{t+\Delta t/2}\mathbf{U} = {}^{t+\Delta t/2}\widehat{\mathbf{R}}$ 3. 计算时刻 $t+\Delta t/2$ 的速度 $^{t+\Delta t/2}\dot{\mathbf{U}} = a_1({}^{t+\Delta t/2}\mathbf{U} - {}^t\mathbf{U}) - {}^t\dot{\mathbf{U}}$ 4. 如必要, 计算时刻 $t+\Delta t/2$ 的加速度 $^{t+\Delta t/2}\ddot{\mathbf{U}} = a_1({}^{t+\Delta t/2}\dot{\mathbf{U}} - {}^t\dot{\mathbf{U}}) - {}^t\ddot{\mathbf{U}}$ 第 2 个亚步长 1. 计算时刻 $t+\Delta t$ 的有效载荷 $^{t+\Delta t}\widehat{\mathbf{R}} = {}^{t+\Delta t}\mathbf{R} + \mathbf{M}(a_5{}^{t+\Delta t/2}\mathbf{U} + a_6{}^t\mathbf{U} + a_1{}^{t+\Delta t/2}\dot{\mathbf{U}} + a_7{}^t\dot{\mathbf{U}})$ $+\mathbf{C}(a_1{}^{t+\Delta t/2}\mathbf{U} + a_7{}^t\mathbf{U})$ 2. 求解时刻 $t+\Delta t$ 的位移 $\mathbf{L}_2\mathbf{D}_2\mathbf{L}_2^{\mathrm{T}}{}^{t+\Delta t}\mathbf{U} = {}^{t+\Delta t}\widehat{\mathbf{R}}$ 3. 计算时刻 $t+\Delta t$ 的速度和加速度 $^{t+\Delta t}\dot{\mathbf{U}} = -a_7{}^t\mathbf{U} - a_1{}^{t+\Delta t/2}\mathbf{U} + a_3{}^{t+\Delta t}\mathbf{U}$ $^{t+\Delta t}\ddot{\mathbf{U}} = -a_7{}^t\dot{\mathbf{U}} - a_1{}^{t+\Delta t/2}\dot{\mathbf{U}} + a_3{}^{t+\Delta t}\dot{\mathbf{U}}$

例 9.4: 使用 Bathe 法计算在例 9.1 至例 9.3 中系统的位移响应.

首先, 考虑情况 $\Delta t = 0.28$. 按照表 9.4 中计算步骤中, 有

$$^0\mathbf{U} = \begin{bmatrix} 0 \\ 0 \end{bmatrix}; \quad ^0\dot{\mathbf{U}} = \begin{bmatrix} 0 \\ 0 \end{bmatrix}; \quad ^0\ddot{\mathbf{U}} = \begin{bmatrix} 0 \\ 10 \end{bmatrix}$$

积分常数是 (显示三位数字)

$$a_0 = 204; \quad a_1 = 14.3; \quad a_2 = 114; \quad a_3 = 10.7;$$
$$a_4 = 28.6; \quad a_5 = 153; \quad a_6 = -38.3; \quad a_7 = -3.57$$

因此, 有效刚度矩阵是

$$\widehat{\mathbf{K}}_1 = \begin{bmatrix} 414 & -2 \\ -2 & 208 \end{bmatrix}; \quad \widehat{\mathbf{K}}_2 = \begin{bmatrix} 235 & -2 \\ -2 & 118 \end{bmatrix}$$

对每一个时间步长, 在第 1 个亚步长, 先计算

$$\widehat{\mathbf{K}}_1{}^{t+\Delta t/2}\mathbf{U} = \begin{bmatrix} 0 \\ 10 \end{bmatrix} + \begin{bmatrix} 2 & 0 \\ 0 & 1 \end{bmatrix}(204{}^t\mathbf{U} + 28.6{}^t\dot{\mathbf{U}} + {}^t\ddot{\mathbf{U}})$$

则

$$^{t+\Delta t/2}\dot{\mathbf{U}} = 204(^{t+\Delta t/2}\mathbf{U} - {}^{t}\mathbf{U}) - {}^{t}\dot{\mathbf{U}}$$

在第 2 个亚步长, 计算 [782]

$$\widehat{\mathbf{K}}_2 {}^{t+\Delta t}\mathbf{U} = \begin{bmatrix} 0 \\ 10 \end{bmatrix} + \begin{bmatrix} 2 & 0 \\ 0 & 1 \end{bmatrix} (153^{t+\Delta t/2}\mathbf{U} - 38.3^{t}\mathbf{U} + 14.3^{t+\Delta t/2}\dot{\mathbf{U}} - 3.57^{t}\dot{\mathbf{U}})$$

则得到

$$^{t+\Delta t}\dot{\mathbf{U}} = 3.57^{t}\mathbf{U} - 14.3^{t+\Delta t/2}\mathbf{U} + 10.7^{t+\Delta t}\mathbf{U}$$

$$^{t+\Delta t}\ddot{\mathbf{U}} = 3.57^{t}\dot{\mathbf{U}} - 14.3^{t+\Delta t/2}\dot{\mathbf{U}} + 10.7^{t+\Delta t}\dot{\mathbf{U}}$$

通过这些计算, 得到见表 E9.4.

表 E9.4

时间	Δt	$2\Delta t$	$3\Delta t$	$4\Delta t$	$5\Delta t$	$6\Delta t$	$7\Delta t$	$8\Delta t$	$9\Delta t$	$10\Delta t$	$11\Delta t$	$12\Delta t$
$^{t}\mathbf{U}$	0.004 58	0.044 5	0.183	0.486	0.979	1.62	2.28	2.81	3.03	2.83	2.21	1.28
	0.373	1.38	2.73	4.04	4.97	5.31	5.06	4.38	3.55	2.85	2.46	2.40

其次, 考虑时间步长 $\Delta t = 28.0$, 其解很快接近稳态解, 从 $4\Delta t$ 之后, 正如所期望的, 精确解等于稳态解.

这里介绍的方法需要使用两个有效刚度矩阵, 见式 (9.26) 和式 (9.27). 如果第 1 个亚步长是 $\gamma\Delta t$, 其中 $\gamma = 2 - \sqrt{2}$, 则所得矩阵相同, 见 K. J. Bathe 和 M. M. I. Baig [A]. 因此, 在线性分析中, 使用亚步长 $\gamma\Delta t$ 和 $(1 - \gamma\Delta t)$ 最有效, 而精度性质相当接近于使用相等亚步长的方法, 见 K. J. Bathe 和 G. Noh [A].

在非线性分析中, 使用不同的矩阵并不是一个劣势, 这是因为在 Newton-Raphson 迭代过程中, 在任何情况下都可以建立新的切线刚度矩阵, 见第 9.5.2 节. 考虑非线性解, 不同于 0.5 的其他 γ 值也可使用, 但最优值是与具体问题有关的. 特定问题的最优 γ 值可根据指定的求解精度得到最小的计算代价 (按 Newton-Raphson 总迭代数衡量). 对一大类问题, 理想的 γ 值应独立于所要求 (合理) 的求解精度. 考虑非线性问题的求解, 不同的 γ 值由 K. J. Bathe [L] 给出.

Bathe 法最初为大变形、大时长的非线性分析而提出的, 此时使用梯形法表现出不稳定的性质, 见 K. J. Bathe 和 M. M. I. Baig [A], 以及 K. J. Bathe [F]. 但是, 在实际分析中, 发现在线性分析时也有效. 在结构动力学, 伪振荡 (由于人为刚度单元) 可从解中除去, 见 K. J. Bathe 和 G. Noh [A]. 在波传播中, 空间域不能分辨的模式自动地不出现在响应预测中, 见 G. Noh、S. Ham 和 K. J. Bathe [A].

9.2.5　不同积分算子的组合

到目前为止, 我们假设采用同样的时间积分法求解所有的动态平衡方程.
[783] 正如在第 9.4 节中所讨论的, 选择使用哪种方法来得到有效解依赖于要分析的具体问题. 然而, 对于某些类型的问题, 在整个单元组合体的不同区域使用不同的算子进行积分得到响应可能更为有利, 特别地, 显式法和隐式法可在一次求解中组合使用. 这在整个单元组合体的刚度和质量特性 (即特征时间常数) 在单元组合体的不同部分是不相同的情况下尤其如此. 一个例子是流体–结构系统的分析, 其中与结构的刚度相比, 流体是非常柔性的. 采用条件稳定的中心差分法求解流体响应的显式时间积分和计算结构响应的无条件稳定隐式时间积分 (例如用 Newmark 方法) 可能是很自然的选择 (见第 9.4 节). 究其原因, 首先要分析的物理现象可能是在流体中的波传播和结构的振动; 其次, 流体响应显式时间积分的临界时间步长通常比结构响应显式时间积分的时间步长要大. 结果可能在于通过适当选择的流体与结构有限元理想化, 流体响应的显式时间积分和结构响应的隐式时间积分可以采用一个相对要大但仍足够小的时间步长, 以得到一个稳定和精确的解. 当然, 对显式和隐式积分采用不同的时间步长也是有效的, 即一个时间步长是另一个时间步长的倍数.

这种对动态响应使用组合的算法, 产生了选择哪种方法以及怎样组合的问题. 有许多种可能性, 但一般选择方法时主要取决于稳定性和精度, 包括由于算法组合产生的影响以及相应时间积分的全局有效性. 我们通过例 9.1 至例 9.4 中所考虑的简单问题的分析说明显式–隐式积分的使用.

例 9.5: 求解例 9.1 中所考虑简单系统中的 U_1 和 U_2, 使用显式中心差分法求取 U_1 和隐式梯形法求解 U_2 $\left(\text{Newmark 法 } \alpha = \dfrac{1}{4} \text{ 和 } \delta = \dfrac{1}{2}\right)$.

在显式积分中, 考虑时刻 t 的平衡计算时刻 $(t+\Delta t)$ 的位移. 对自由度 1, 有

$$2\,{}^{t}\ddot{U}_1 + 6\,{}^{t}U_1 - 2\,{}^{t}U_2 = 0 \tag{a}$$

在隐式积分中, 考虑时刻 $t+\Delta t$ 的平衡来计算时刻 $t+\Delta t$ 的位移, 对自由度 2, 得到

$${}^{t+\Delta t}\ddot{U}_2 - 2\,{}^{t+\Delta t}U_1 + 4\,{}^{t+\Delta t}U_2 = 10 \tag{b}$$

对式 (a), 使用中心差分法

$${}^{t}\ddot{U}_1 = \frac{{}^{t+\Delta t}U_1 - 2\,{}^{t}U_1 + {}^{t-\Delta t}U_1}{(\Delta t)^2} \tag{c}$$

对式 (b), 使用梯形法

$$
\begin{aligned}
{}^{t+\Delta t}\dot{U}_2 &= {}^{t}\dot{U}_2 + \frac{\Delta t}{2}({}^{t}\ddot{U}_2 + {}^{t+\Delta t}\ddot{U}_2) \\
{}^{t+\Delta t}U_2 &= {}^{t}U_2 + {}^{t}\dot{U}_2\Delta t + \frac{(\Delta t)^2}{4}({}^{t}\ddot{U}_2 + {}^{t+\Delta t}\ddot{U}_2)
\end{aligned} \tag{d}
$$

初始条件是 [784]

$$
{}^{0}U_1 = {}^{0}\dot{U}_1 = {}^{0}\ddot{U}_1 = {}^{0}U_2 = {}^{0}\dot{U}_2 = 0; \quad {}^{0}\ddot{U}_2 = 10
$$

因此, 使用式 (9.7) 得到初始值 ${}^{-\Delta t}U_1$, 即得到 ${}^{-\Delta t}U_1 = 0$.

现在对于每一个时间步长使用式 (a) 和式 (c) 求 ${}^{t+\Delta t}U_1$, 然后用式 (b) 和式 (d) 求 ${}^{t+\Delta t}U_2$. 应指出, 在这个解中我们先通过自由度 1 在时刻 t 的平衡位形中计算 ${}^{t+\Delta t}U_1$, 然后接受这个 ${}^{t+\Delta t}U_1$ 计算 ${}^{t+\Delta t}U_2$. 使用该方法, 得到在 $\Delta t = 0.28$ 时的数据 (表 E9.5).

表 E9.5

时间	Δt	$2\Delta t$	$3\Delta t$	$4\Delta t$	$5\Delta t$	$6\Delta t$	$7\Delta t$	$8\Delta t$	$9\Delta t$	$10\Delta t$	$11\Delta t$	$12\Delta t$
${}^{t}\mathbf{U}$	0.0	0.028 5	0.156	0.457	0.962	1.63	2.33	2.88	3.11	2.90	2.24	1.25
	0.364	1.35	2.68	3.98	4.93	5.32	5.12	4.50	3.70	2.99	2.54	2.39

所求结果与例 9.1 中计算的响应进行比较. 但如果现在试求 $\Delta t = 28$ 的解, 会发现解是不稳定的, 即预测的位移增加很快而溢出.

这里组合了显式和隐式积分法, 而在另外一类求解方法中, 单个隐式积分法可以用于整个求解域, 但很柔性部分的刚度不加到系数矩阵中, 通过迭代满足动态平衡 (如见 K. J. Bathe 和 V. Sonnad [A] 和第 8.3.2 节). 最后, 在整个响应求解过程中交替使用显式法和隐式法也很有效.

9.2.6 习题

9.1 考虑 2 个自由度系统

$$
\begin{bmatrix} 1 & 0 \\ 0 & 2 \end{bmatrix}\begin{bmatrix} \ddot{U}_1 \\ \ddot{U}_2 \end{bmatrix} + \begin{bmatrix} 8 & -3 \\ -3 & 4 \end{bmatrix}\begin{bmatrix} U_1 \\ U_2 \end{bmatrix} = \begin{bmatrix} 10 \\ 0 \end{bmatrix}
$$

初始条件 ${}^{0}\mathbf{U} = {}^{0}\dot{\mathbf{U}} = \mathbf{0}$. 使用中心差分法, 按合理的精度计算从时刻 0~4 系统的响应.

9.2 考虑在例 9.1 中同样的系统方程, 但用梯形法计算系统的响应.

9.3 导出一个计算方法, Wilson θ 法和梯形法是其特例. 给出计算方法的表格形式 (对 Newmark 法见表 9.3). 见 E. L. Wilson、I. Farhoomand 和 K. J. Bathe [A].

9.4 在 Bathe 法中使用第 1 亚步长 ($\gamma = 2 - \sqrt{2}$), (用于表 9.4) 两个系数矩阵是相同的.

9.5 考虑单自由度系统方程

$$2\ddot{U} + 4U = 0; \quad {}^0U = 10^{-12}; \quad {}^0\dot{U} = 0$$

(在习题 9.1 中通过设定 $U_1 = 0$ 得出).

假设时间积分中的时间步长是 $1.01 \times \Delta t_{cr}$. 估计经过多少次迭代, 结果会溢出 (对所使用的计算机给定 10^{30}).

[785] 9.6 通过使用中心差分法对 U_1 的时间积分和采用梯形法对 U_2 的时间积分, 求解例 9.1 中所给方程.

9.3 模态叠加法

表 9.2 至表 9.4 总结了隐式直接积分法, 说明如果假设对角质量矩阵且无阻尼, 则一个时间步长的运算次数 (粗略估计) 稍微大于 $2nm_{\mathrm{K}}$, 其中 n 和 m_{K} 分别是所考虑刚度矩阵的阶数和半带宽 (假设一个常列高或者一个平均带宽, 见第 8.2.3 节). 对每个步长, 求解系统方程, 需要 $2nm_{\mathrm{K}}$ 次运算. 有效刚度矩阵的初始三角分解需要额外的运算. 如果在分析中使用一致质量矩阵或者包含一个阻尼矩阵, 则在每一个时间步长中需要与 nm_{K} 成正比例的额外运算. 因此, 忽略初始计算的运算, 整个积分需要 $\alpha nm_{\mathrm{K}}s$ 次运算, 其中 α 与所用矩阵的特性有关, s 是时间步长数.

使用中心差分法, 每一步的运算次数通常比较少 (第 9.2.1 节给出了原因).

这些考虑表明, 在直接积分法中所要求的运算次数与时间步长数成正比, 以及当要求计算一个较短时长 (即对不太多时间步长数) 的响应时, 使用隐式直接积分会更有效. 如果积分需要很多的迭代次数, 则首先将式 (9.1) 的平衡方程变换为逐步求解代价较小的形式可能更有效. 特别是, 由于所要求的运算次数与刚度矩阵的半带宽 m_{K} 成正比, 而 m_{K} 的减小可以相应减少逐步求解的开销.

在这个阶段充分认识我们要追求什么是很重要的. 我们回想式 (9.1) 是在对虚功原理方程式 (4.7) 的计算中使用有限元插值函数而获得的平衡方程 (见第 4.2.1 节), 得到的矩阵 $\mathbf{K}$、$\mathbf{M}$ 和 $\mathbf{C}$ 的带宽是有限元节点编号决定的. 因此, 有限元网格的结构决定了系统矩阵的阶数和带宽. 为了减少系统矩阵的带宽, 我们可以重排节点的编号; 但用这种方法获得的最小带宽有一个限度, 因此我们开始采用下面不同的方法.

9.3.1 广义模态位移的基变换

为直接积分, 我们提出通过使用下面对 $\mathbf{U}$ 中 n 个有限元节点位移的变换, 把平衡方程化为更有效的形式

$$\mathbf{U}(t)=\mathbf{P}\mathbf{X}(t) \tag{9.30}$$

其中, $\mathbf{P}$ 是一个 $n\times n$ 的方阵, $\mathbf{X}(t)$ 是一个与时间有关的 n 阶向量. 变换矩阵 [786]
$\mathbf{P}$ 未知, 有待确定. $\mathbf{X}$ 的分量被称为广义位移. 将式 (9.30) 代入式 (9.1), 左乘 $\mathbf{P}^{\mathrm{T}}$, 得到

$$\widetilde{\mathbf{M}}\ddot{\mathbf{X}}(t)+\widetilde{\mathbf{C}}\dot{\mathbf{X}}(t)+\widetilde{\mathbf{K}}\mathbf{X}(t)=\widetilde{\mathbf{R}}(t) \tag{9.31}$$

其中,

$$\widetilde{\mathbf{M}}=\mathbf{P}^{\mathrm{T}}\mathbf{M}\mathbf{P};\quad \widetilde{\mathbf{C}}=\mathbf{P}^{\mathrm{T}}\mathbf{C}\mathbf{P};\quad \widetilde{\mathbf{K}}=\mathbf{P}^{\mathrm{T}}\mathbf{K}\mathbf{P};\quad \widetilde{\mathbf{R}}=\mathbf{P}^{\mathrm{T}}\mathbf{R} \tag{9.32}$$

应指出该变换是通过将式 (9.30) 代入式 (4.8) 按广义位移表示的单元位移而得到的

$$\mathbf{u}^{(m)}(x,y,z,t)=\mathbf{H}^{(m)}\mathbf{P}\mathbf{X}(t) \tag{9.33}$$

则在虚功原理式 (4.7) 中使用式 (9.33). 所以, 为了从式 (9.1) 中得到式 (9.3), 实际上进行了一次由有限元位移基到广义位移基的变换 (见第 2.5 节).

该变换的目的是为了得到一个比原系统的带宽小的新系统刚度矩阵 $\widetilde{\mathbf{K}}$、质量矩阵 $\widetilde{\mathbf{M}}$ 和阻尼矩阵 $\widetilde{\mathbf{C}}$, 相应地, 选择变换矩阵 $\mathbf{P}$. 此外, 应指出 $\mathbf{P}$ 必须是非奇异的 (即 $\mathbf{P}$ 的秩应为 n), 使得在式 (9.30) 中的任何向量 $\mathbf{U}$ 和 $\mathbf{X}$ 之间的关系是唯一的.

理论上, 有许多不同的减小系统矩阵带宽的变换矩阵 $\mathbf{P}$. 但实际上, 一个有效的变换矩阵是通过使用忽略阻尼的自由振动平衡方程的位移解建立的

$$\mathbf{M}\ddot{\mathbf{U}}+\mathbf{K}\mathbf{U}=\mathbf{0} \tag{9.34}$$

假设式 (9.34) 的解为下面的形式

$$\mathbf{U}=\boldsymbol{\varphi}\sin\omega(t-t_0) \tag{9.35}$$

其中, $\boldsymbol{\varphi}$ 是 n 阶的向量, t 是时间变量, t_0 是一个时间常数, ω 是表示向量 $\boldsymbol{\varphi}$ 的振动频率 (rad/s) 的一个要确定的常数.

将式 (9.35) 代入式 (9.34) 中, 得到广义特征问题, 从中确定 $\boldsymbol{\varphi}$ 和 ω

$$\mathbf{K}\boldsymbol{\varphi}=\omega^2\mathbf{M}\boldsymbol{\varphi} \tag{9.36}$$

式 (9.36) 中的特征值问题得到了 n 个特征对 $(\omega_1^2,\boldsymbol{\varphi}_1),(\omega_2^2,\boldsymbol{\varphi}_2),\cdots,(\omega_n^2,\boldsymbol{\varphi}_n)$, 其中特征向量是 $\mathbf{M}$ 规范正交的 (见第 10.2.1 节), 即

$$\boldsymbol{\varphi}_i^{\mathrm{T}}\mathbf{M}\boldsymbol{\varphi}_j\begin{cases}=1, & i=j\\ =0, & i\neq j\end{cases} \tag{9.37}$$

且

$$0 \leqslant \omega_1^2 \leqslant \omega_2^2 \leqslant \omega_3^2 \leqslant \cdots \leqslant \omega_n^2 \tag{9.38}$$

向量 $\boldsymbol{\varphi}_i$ 称为第 i 个振形向量, ω_i 是相应的振动频率 (rad/s). 需要强调的是, 使用任何 n 个位移解 $\boldsymbol{\varphi}_i \sin\omega_i(t-t_0), i=1,2,\cdots,n$, 式 (9.34) 都是满足的. 关于 ω_i 和 $\boldsymbol{\varphi}_i$ 的物理解释见例 9.6 与习题 9.8.

[787] 定义列是特征向量 $\boldsymbol{\varphi}_i$ 的矩阵 $\boldsymbol{\Phi}$ 和对角矩阵 $\boldsymbol{\Omega}^2$, 其中特征值 ω_i^2 在它的对角线上, 即

$$\boldsymbol{\Phi} = [\boldsymbol{\varphi}_1, \boldsymbol{\varphi}_2, \cdots, \boldsymbol{\varphi}_n]; \quad \boldsymbol{\Omega}^2 = \begin{bmatrix} \omega_1^2 & & & \\ & \omega_2^2 & & \\ & & \ddots & \\ & & & \omega_n^2 \end{bmatrix} \tag{9.39}$$

可以把式 (9.36) 的解表示为

$$\mathbf{K}\boldsymbol{\Phi} = \mathbf{M}\boldsymbol{\Phi}\boldsymbol{\Omega}^2 \tag{9.40}$$

由于特征向量是 $\mathbf{M}$ 规范正交的, 得到

$$\boldsymbol{\Phi}^{\mathrm{T}}\mathbf{K}\boldsymbol{\Phi} = \boldsymbol{\Omega}^2; \quad \boldsymbol{\Phi}^{\mathrm{T}}\mathbf{M}\boldsymbol{\Phi} = \mathbf{I} \tag{9.41}$$

现在很明显矩阵 $\boldsymbol{\Phi}$ 是式 (9.30) 中很适合的变换矩阵 $\mathbf{P}$.. 使用

$$\mathbf{U}(t) = \boldsymbol{\Phi}\mathbf{X}(t) \tag{9.42}$$

得到对应广义模态位移的平衡方程

$$\ddot{\mathbf{X}}(t) + \boldsymbol{\Phi}^{\mathrm{T}}\mathbf{C}\boldsymbol{\Phi}\dot{\mathbf{X}}(t) + \boldsymbol{\Omega}^2\mathbf{X}(t) = \boldsymbol{\Phi}^{\mathrm{T}}\mathbf{R}(t) \tag{9.43}$$

使用式 (9.42) 和 $\boldsymbol{\Phi}$ 的 $\mathbf{M}$ 规范正交性, 得到 $\mathbf{X}(t)$ 上的初始条件, 即在时刻 0 有

$${}^0\mathbf{X} = \boldsymbol{\Phi}^{\mathrm{T}}\mathbf{M}\,{}^0\mathbf{U}; \quad {}^0\dot{\mathbf{X}} = \boldsymbol{\Phi}^{\mathrm{T}}\mathbf{M}\,{}^0\dot{\mathbf{U}} \tag{9.44}$$

方程式 (9.43) 表明如果分析中不计阻尼矩阵, 则当在变换矩阵 $\mathbf{P}$ 中使用有限元系统的自由振动振形时有限元平衡方程是解耦的. 由于在很多情况下不能显式地导出阻尼矩阵, 而只能近似考虑阻尼影响, 因此使用计入所有要求的影响但同时允许得到平衡方程有效解的阻尼矩阵是合理的. 在很多分析中, 阻尼的影响是完全被忽略的, 这是我们下面首先讨论的情况, 见 J. W. Tedesco、W. G. McDougal 和 C. A. Ross [A].

例 9.6: 对例 9.1 至例 9.4 中所考虑的问题, 计算变换矩阵 $\boldsymbol{\Phi}$, 在振形向量的基础上建立解耦平衡方程.

对所考虑的系统, 有

$$\mathbf{K}=\begin{bmatrix}6 & -2\\ -2 & 4\end{bmatrix};\quad \mathbf{M}=\begin{bmatrix}2 & 0\\ 0 & 1\end{bmatrix};\quad \mathbf{R}=\begin{bmatrix}0\\ 10\end{bmatrix}$$

因此要求解的广义特征值问题是

$$\begin{bmatrix}6 & -2\\ -2 & 4\end{bmatrix}\boldsymbol{\varphi}=\omega^2\begin{bmatrix}2 & 0\\ 0 & 1\end{bmatrix}\boldsymbol{\varphi}$$

采用在第 10 章和第 11 章所给出的其中一种方法可求该解. 这里不经过 [788]
推导直接给出其中两个解

$$\omega_1^2=2;\quad \boldsymbol{\varphi}_1=\begin{bmatrix}\dfrac{1}{\sqrt{3}}\\ \dfrac{1}{\sqrt{3}}\end{bmatrix}$$

$$\omega_2^2=5;\quad \boldsymbol{\varphi}_2=\begin{bmatrix}\dfrac{1}{2}\sqrt{\dfrac{2}{3}}\\ -\sqrt{\dfrac{2}{3}}\end{bmatrix}$$

因此, 考虑系统的自由振动平衡方程

$$\begin{bmatrix}2 & 0\\ 0 & 1\end{bmatrix}\ddot{\mathbf{U}}(t)+\begin{bmatrix}6 & -2\\ -2 & 4\end{bmatrix}\mathbf{U}(t)=\mathbf{0} \tag{a}$$

下面是两个可能的解

$$\mathbf{U}_1(t)=\begin{bmatrix}\dfrac{1}{\sqrt{3}}\\ \dfrac{1}{\sqrt{3}}\end{bmatrix}\sin\sqrt{2}(t-t_0^1)\quad 和\quad \mathbf{U}_2(t)=\begin{bmatrix}\dfrac{1}{2}\sqrt{\dfrac{2}{3}}\\ -\sqrt{\dfrac{2}{3}}\end{bmatrix}\sin\sqrt{5}(t-t_0^2)$$

可以直接通过将 $\mathbf{U}_1$ 和 $\mathbf{U}_2$ 代入平衡方程证明向量 $\mathbf{U}_1(t)$ 和 $\mathbf{U}_2(t)$ 确实满足式 (a). 式 (a) 中实际解的形式是

$$\mathbf{U}(t)=\alpha\begin{bmatrix}\dfrac{1}{\sqrt{3}}\\ \dfrac{1}{\sqrt{3}}\end{bmatrix}\sin\sqrt{2}(t-t_0^1)+\beta\begin{bmatrix}\dfrac{1}{2}\sqrt{\dfrac{2}{3}}\\ -\sqrt{\dfrac{2}{3}}\end{bmatrix}\sin\sqrt{5}(t-t_0^2) \tag{b}$$

其中, α、β、t_0^1 和 t_0^2 是由 $\mathbf{U}$ 和 $\dot{\mathbf{U}}$ 上的初始条件确定的. 特别地, 如果只加上对应 α (或者 β) 的初始条件, 我们发现系统按对应频率为 $\sqrt{2}$ rad/s (或者 $\sqrt{5}$ rad/s) 的特征向量振动. 在第 9.3.2 节将讨论求解 α、β、t_0^1 和 t_0^2 的一般方法.

在计算完例 9.1 至例 9.4 问题中的 $(\omega_1^2, \boldsymbol{\varphi}_1)$ 和 $(\omega_1^2, \boldsymbol{\varphi}_2)$ 后, 得到下面按特征向量基表示的平衡方程

$$\ddot{\mathbf{X}}(t)+\begin{bmatrix}2 & 0\\0 & 5\end{bmatrix}\mathbf{X}(t)=\begin{bmatrix}\dfrac{1}{\sqrt{3}} & \dfrac{1}{\sqrt{3}}\\ \dfrac{1}{2}\sqrt{\dfrac{2}{3}} & -\sqrt{\dfrac{2}{3}}\end{bmatrix}\begin{bmatrix}0\\10\end{bmatrix}$$

或者

$$\ddot{\mathbf{X}}(t)+\begin{bmatrix}2 & 0\\0 & 5\end{bmatrix}\mathbf{X}(t)=\begin{bmatrix}\dfrac{10}{\sqrt{3}}\\ -10\sqrt{\dfrac{2}{3}}\end{bmatrix}$$

[789]

9.3.2 无阻尼分析

如果在分析中不计入与速度有关的阻尼作用, 则式 (9.43) 化为

$$\ddot{\mathbf{X}}(t)+\boldsymbol{\Omega}^2\mathbf{X}(t)=\boldsymbol{\Phi}^{\mathrm{T}}\mathbf{R}(t) \tag{9.45}$$

即, n 个独立的方程形式

$$\left.\begin{aligned}\ddot{x}_i(t)+\omega_i^2 x_i(t)=r_i(t)\\ r_i(t)=\boldsymbol{\varphi}_i^{\mathrm{T}}\mathbf{R}(t)\end{aligned}\right\}\quad i=1,2,\cdots,n \tag{9.46}$$

且

$$\begin{aligned}x_i|_{t=0}&=\boldsymbol{\varphi}_i^{\mathrm{T}}\mathbf{M}\,{}^0\mathbf{U}\\ \dot{x}_i|_{t=0}&=\boldsymbol{\varphi}_i^{\mathrm{T}}\mathbf{M}\,{}^0\dot{\mathbf{U}}\end{aligned}$$

注意到在式 (9.46) 中第 i 个典型方程是具有单位质量和刚度为 ω_i^2 的单自由度系统的平衡方程, 且从式 (9.44) 中建立初始条件. 在式 (9.46) 中每一个方程的解可以使用表 9.1 和表 9.4 中的积分算法求得或者通过 Duhamel 积分计算

$$x_i(t)=\frac{1}{\omega_i}\int_0^t r_i(\tau)\sin\omega_i(t-\tau)\mathrm{d}\tau+\alpha_i\sin\omega_i t+\beta_i\cos\omega_i t \tag{9.47}$$

其中, 由式 (9.46) 中的初始条件确定 α_i 和 β_i. 应使用数值计算 Duhamel 积分式 (9.47). 应指出, 在求解式 (9.46) 时也可以使用其他的积分法.

对于完整的响应, 应计算式 (9.46) 中的所有 n 个方程的解, $i=1,2,\cdots,n$, 接着可以通过每个模态的响应叠加得到有限元节点位移. 即使用式 (9.42), 得到

$$\mathbf{U}(t)=\sum_{i=1}^{n}\boldsymbol{\varphi}_i x_i(t) \tag{9.48}$$

总之, 通过模态叠加进行响应分析要求, 首先求解式 (9.36) 中问题的特征值和特征向量, 其次求解式 (9.46) 中解耦的平衡方程, 最后按式 (9.48) 中所表示的, 叠加每个特征向量的响应. 在分析中, 特征向量是有限元组合的自由振形. 如前所述, 选用模态叠加分析还是第 9.2 节中的直接积分只是数值有效性的问题. 使用两种方法所得到的解的所用时间积分法数值误差范围 (如果在直接积分和求解式 (9.46) 时使用相同的时间积分法, 则得到同样的数值误差) 和计算机的舍入误差是一致的.

例 9.7: 使用模态叠加法计算例 9.1 至例 9.4, 以及例 9.6 所考虑系统的位移响应.

(1) 通过精确地积分两个解耦的平衡方程计算精确的响应;

(2) 当时间步长 $\Delta t = 0.28$ 时, 使用 Newmark 法进行时间积分.

我们建立了例 9.6 中所考虑系统的解耦平衡方程; 即要求解的平衡方程 [790]
是

$$\ddot{x}_1 + 2x_1 = \frac{10}{\sqrt{3}}; \quad \ddot{x}_2 + 5x_2 = -10\sqrt{\frac{2}{3}} \tag{a}$$

系统的初始条件是 $\mathbf{U}|_{t=0} = \mathbf{0}$, $\dot{\mathbf{U}}|_{t=0} = \mathbf{0}$, 因此, 使用式 (9.46), 有

$$\begin{aligned} x_1|_{t=0} &= 0 \quad \dot{x}_1|_{t=0} = 0 \\ x_2|_{t=0} &= 0 \quad \dot{x}_2|_{t=0} = 0 \end{aligned} \tag{b}$$

同时, 为了求 $\mathbf{U}$, 需要使用式 (9.42), 其中使用在例 9.6 中计算的特征向量, 给出

$$\mathbf{U}(t) = \begin{bmatrix} \dfrac{1}{\sqrt{3}} & \dfrac{1}{2}\sqrt{\dfrac{2}{3}} \\ \dfrac{1}{\sqrt{3}} & -\sqrt{\dfrac{2}{3}} \end{bmatrix} \mathbf{X}(t) \tag{c}$$

方程 (a) 和式 (b) 的精确解是

$$x_1(t) = \frac{5}{\sqrt{3}}(1 - \cos\sqrt{2}t); \quad x_2(t) = 2\sqrt{\frac{2}{3}}(-1 + \cos\sqrt{5}t) \tag{d}$$

因此, 使用式 (c), 有

$$\mathbf{U}(t) = \begin{bmatrix} \dfrac{1}{\sqrt{3}} & \dfrac{1}{2}\sqrt{\dfrac{2}{3}} \\ \dfrac{1}{\sqrt{3}} & -\sqrt{\dfrac{2}{3}} \end{bmatrix} \begin{bmatrix} \dfrac{5}{\sqrt{3}}(1 - \cos\sqrt{2}t) \\ 2\sqrt{\dfrac{2}{3}}(-1 + \cos\sqrt{5}t) \end{bmatrix} \tag{e}$$

从式 (e) 中计算时刻 $\Delta t, 2\Delta t, \cdots, 12\Delta t$ 的位移, 其中, $\Delta t = 0.28$ 时, 得到的结果见表 E9.7(a).

表 E9.7(a)

时间	Δt	$2\Delta t$	$3\Delta t$	$4\Delta t$	$5\Delta t$	$6\Delta t$	$7\Delta t$	$8\Delta t$	$9\Delta t$	$10\Delta t$	$11\Delta t$	$12\Delta t$
${}^{t}\mathbf{U}$	0.003	0.038	0.176	0.486	0.996	1.66	2.338	2.861	3.052	2.806	2.131	1.157
	0.382	1.41	2.78	4.09	5.00	5.29	4.986	4.277	3.457	2.806	2.484	2.489

在图 E9.7 中, 将所得结果与例 9.1 至例 9.4 中使用中心差分法、Houbolt、Newmark 和 Bathe 法得到的预测响应分别做了比较. 在第 9.4 节的讨论将说明, 对直接积分选择的时间步长比较大, 了解这点就可以注意到直接积分法的预测与系统的精确响应相当接近.

除了如式 (d) 中给出的那样计算精确响应, 我们可以使用数值积分法求解方程 (a). 这里采用 Newmark 法求解, 得到的结果见表 E9.7(b).

[791]

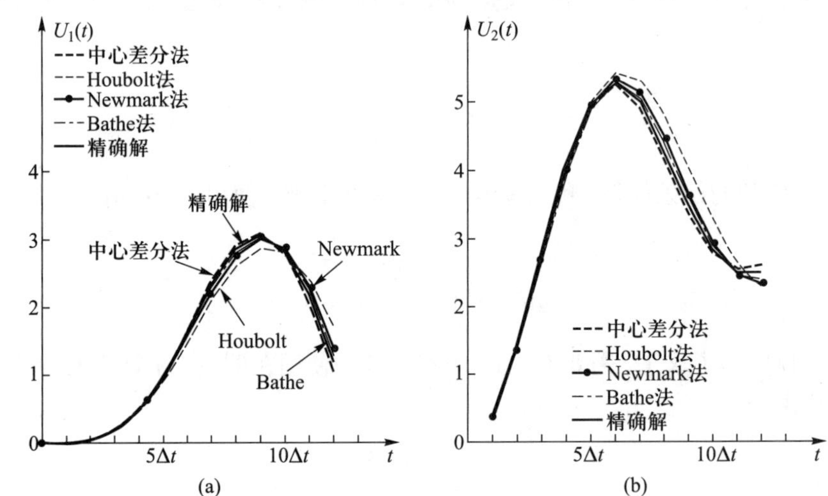

图 E9.7 在例 9.1、9.2、9.3、9.4 和 9.7 中考虑的系统的位移响应

表 E9.7(b)

时间	Δt	$2\Delta t$	$3\Delta t$	$4\Delta t$	$5\Delta t$	$6\Delta t$
$x_1(t)$	0.217 8	0.838 3	1.768	2.866	3.968	4.906
$x_2(t)$	−0.291 5	−1.062	−2.036	−2.867	−3.257	−3.067

时间	$7\Delta t$	$8\Delta t$	$9\Delta t$	$10\Delta t$	$11\Delta t$	$12\Delta t$
$x_1(t)$	5.540	5.773	5.571	4.964	4.043	2.948
$x_2(t)$	−2.365	−1.402	−0.521 6	−0.037 76	−0.123 4	−0.748 0

通过将式 (c) 代入 $\mathbf{X}(t)$ 计算 $U_1(t)$ 和 $U_2(t)$ 的解. 正如所希望的, 得到预测的位移响应与使用直接积分的 Newmark 法所得结果是一样的.

到目前为止, 所讨论的模态叠加与直接积分分析之间的唯一差别是在时间积分前是否进行了基的变换, 即从有限元坐标基变换为广义特征问题 $\mathbf{K\varphi}=\omega^2\mathbf{M\varphi}$ 的特征向量基. 由于在数学上如 n 个节点的有限单元位移一样, 通过 n 个特征向量展开相同的空间, 因此两种分析可以得到相同的解. 选择使用直接积分法还是模态叠加法, 将只由效果上的考虑确定. 但当模态叠加出现了其他的重要特性时, 则只选择模态叠加法. 该特性与载荷的分布和频率内容有关, 使得一些结构的模态叠加法比直接积分法的使用更有效.

考虑解耦平衡方程 (9.46). 注意到如果 $r_i(t)=0, i=1,\cdots,n$ 无论是初始位移 ${}^0\mathbf{U}$ 还是初始速度 ${}^0\dot{\mathbf{U}}$ 是 $\boldsymbol{\varphi}_j$ 倍数, 或只是 $\boldsymbol{\varphi}_j$, 则只有 $x_j(t)$ 是非零的, 结构只会按这个振形振动. 实际上, 这种瞬态响应会由于阻尼而衰减 (见第 9.3.3 节), 通常外部载荷的影响更加重要. [792]

接着考虑 ${}^0\mathbf{U}={}^0\dot{\mathbf{U}}=\mathbf{0}$, 载荷的形式是 $\mathbf{R}(t)=\mathbf{M}\boldsymbol{\varphi}_j f(t)$, 其中, $f(t)$ 是一个任意 t 的函数. 由于 $\boldsymbol{\varphi}_i^{\mathrm{T}}\mathbf{M}\boldsymbol{\varphi}_j=\delta_{ij}(\delta_{ij}=\text{Kronecker delta})$, 可得出只有 $x_j(t)$ 是非零的. 这些是相当严格的条件, 在一般的分析中, 这些条件很难恰好适用式 (9.46) 中的大多数方程, 因为载荷一般是任意的. 除了载荷几乎正交 $\boldsymbol{\varphi}_j$ 的情况, 还有载荷的频率决定了式 (9.46) 中的第 i 个方程是否将对响应作出显著的贡献. 即如果包含在 r_i 中的激励频率在 ω_i 附近, 则 $x_i(t)$ 的响应将比较大.

为了说明这些基本的问题, 我们介绍下面的例子.

例 9.8: 考虑一个单自由度的平衡系统

$$\ddot{x}(t)+\omega^2 x(t)=R\sin\widehat{\omega}t$$

和初始条件

$$x|_{t=0}=0,\quad \dot{x}|_{t=0}=1 \tag{a}$$

使用 Duhamel 积分计算位移响应.

我们注意到系统受到一个周期力的输入和一个非零的初速度的作用. 使用式 (9.47), 得到

$$x(t)=\frac{R}{\omega}\int_0^t \sin\widehat{\omega}\tau\sin\omega(t-\tau)\mathrm{d}\tau+\alpha\sin\omega t+\beta\cos\omega t$$

计算积分, 得到

$$x(t)=\frac{R/\omega^2}{1-\widehat{\omega}^2/\omega^2}\sin\widehat{\omega}t+\alpha\sin\omega t+\beta\cos\omega t \tag{b}$$

现在需要利用初始条件计算 α 和 β. 在时刻 $t=0$ 的解是

$$x|_{t=0}=\beta$$

$$\dot{x}|_{t=0}=\frac{R\widehat{\omega}/\omega^2}{1-\widehat{\omega}^2/\omega^2}+\alpha\omega$$

使用条件式 (a), 得到

$$\beta=0;\quad \alpha=\frac{1}{\omega}-\frac{R\widehat{\omega}/\omega^3}{1-\widehat{\omega}^2/\omega^2}$$

将 α 和 β 代入式 (b), 因此有

$$x(t)=\frac{R/\omega^2}{1-\widehat{\omega}^2/\omega^2}\sin\widehat{\omega}t+\left(\frac{1}{\omega}-\frac{R\widehat{\omega}/\omega^3}{1-\widehat{\omega}^2/\omega^2}\right)\sin\omega t$$

同时可以写为

$$x(t)=Dx_{\text{稳态}}+x_{\text{瞬态}}$$

[793] 其中, $x_{\text{稳态}}$ 是系统的稳态响应

$$x_{\text{稳态}}=\frac{R}{\omega^2}\sin\widehat{\omega}t$$

$x_{\text{瞬态}}$ 是瞬态响应

$$x_{\text{瞬态}}=\left(\frac{1}{\omega}-\frac{R\widehat{\omega}/\omega^3}{1-\widehat{\omega}^2/\omega^2}\right)\sin\omega t$$

D 是动态载荷因子, 当 $\widehat{\omega}=\omega$ 时, 出现共振

$$D=\frac{1}{1-\widehat{\omega}^2/\omega^2}$$

在该例中所考虑的单自由度系统的响应分析表明整个响应是以下两个部分的总和:

① 通过动态载荷因子 (这是控制微分方程的特解) 乘以稳态响应以获得动态响应;

② 一个附加的动态响应, 称之为瞬态响应.

这些事实也适用于多自由度系统的分析, 因为, 首先整个响应是叠加按每一个模态自由度度量的响应得到的; 其次, 实际载荷可以按 Fourier 分解展开为正弦函数和余弦函数的叠加. 所以, 上面两个事实适用于对应载荷的每个 Fourier 分量的模态响应.

但实际响应分析和例 9.8 中的解之间的一个重要的差别是在实际中应计入阻尼的影响, 正如第 9.3.3 节所讨论的那样. 阻尼的存在降低了动态载荷因子 (不能是无限大的), 并且减弱了瞬态响应.

图 9.3 说明了动态载荷因子作为 $\widehat{\omega}/\omega$ 的函数 (第 9.3.3 节讨论了阻尼比 ξ). 通过求解例 9.8 中的式 (9.54) 可以获得如图 9.3 所示的曲线. 如果把图中给出的数据应用于实际系统, 我们看出 $\widehat{\omega}/\omega$ 比值大的模态响应是可忽略的 (载荷变化太快致使系统来不及响应). 当 $\widehat{\omega}/\omega$ 接近 0 时, 得到稳态响应 (载荷变化太慢, 相对于系统只受到稳态载荷). 因此, 在分析多自由度系统时, 系统的高频 (比载荷中包含的最高频率要高很多) 的响应可以认为是稳态响应.

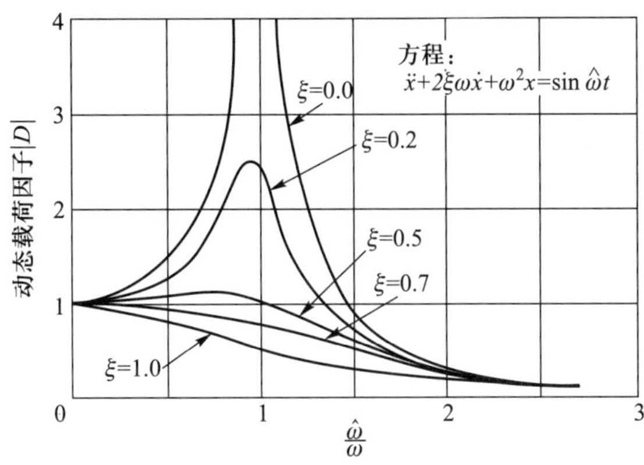

图 9.3　动态载荷因子的绝对值

动态响应的模态叠加解的实质是为了得到式 (9.1) 精确解的近似值, 只需要考虑整个解耦方程的一小部分方程. 大多数时候, 只需用到式 (9.46) 中的开始 p 个平衡方程, 即在分析中, 为了得到一个近似解, 只需计入 $i=1,2,\cdots,p$ 的方程式 (9.46), 其中 $p \ll n$. 这就意味着我们只需求解式 (9.36) 问题的最小 p 个特征值及其特征向量, 和将式 (9.48) 中最开始的 p 个模态中的响应相加, 即使用 [794]

$$\mathbf{U}^p(t)=\sum_{i=1}^{p}\boldsymbol{\varphi}_i x_i(t) \tag{9.49}$$

其中, $\mathbf{U}^p$ 近似等于 (9.1) 中 $\mathbf{U}$ 的精确解.

在实际的有限元分析中, 只需利用最小模态的原因在于动态分析的整个建模过程. 即到目前为止, 我们只是关心有限元平衡系统式 (9.1) 的精确解, 但真正想要得到的是在所考虑数学模型实际精确解的一个良好的近似解. 第 4.3.3 节已经证明, 在特定的条件下有限元分析可以用 Ritz 分析来理解. 此时得到数学模型的精确频率的上界. 即使当不满足单调收敛条件时, 有限元分析一般仍能很好逼近最低的精确频率, 但对高频及其振形的逼近精度很低或者根本不能逼近. 因此在分析中, 动态响应中计入高频模态振形的一般不太合理. 实际上, 有限元网格需要适当选择使得数学模型的所有重要的精确频率和振动模态振形得到很好的近似, 这样需要计算的解只包含这些振形的响应. 这可以只考虑有限元系统的主要模态, 通过使用模态叠加进行精确计算.

主要的原因是因为在模态叠加分析中只需考虑部分模态, 模态叠加法比直接积分法更有效. 但还要遵循的是模态叠加的有效性还依赖于在分析中包含的模态数. 一般的, 所考虑的结构和载荷的空间分布, 以及频率范围决定了使用的模态数. 对于地震载荷, 在某些情况下, 尽管系统的阶数 n 可能很大, 但只需考虑最低的 10 个模态. 而另一些情况, 对于爆炸或者冲击载荷, 一般 [795]
要考虑较多的模态, p 可能要大到 $2n/3$. 最后, 在振动激励分析中, 可以激励只有少数的中频分量, 如下限频率 ω_l 和上限频率 ω_u 之间的频率.

在模态叠加分析中考虑选择需要计入的模态数的问题时, 应注意的是要求出动态平衡方程式 (9.1) 的近似解. 因此, 如果没有考虑足够多的模态, 则求解方程式 (9.1) 就不够精确. 此时意味着, 实际上对所计算的近似响应, 计入惯性力的平衡是不满足的. 当考虑 p 个模态时, 模态叠加所预测的响应用 $\mathbf{U}^p$ 表示, 在任何时刻 t 的分析精度可以通过计算误差度量 ε^p 表示, 如

$$\varepsilon^p(t) = \frac{\|\mathbf{R}(t) - [\mathbf{M}\ddot{\mathbf{U}}^p(t) + \mathbf{K}\mathbf{U}^p(t)]\|_2}{\|\mathbf{R}(t)\|_2} \tag{9.50}$$

其中, 假设 $\|\mathbf{R}(t)\|_2 \neq 0$. 如果已经求得系统平衡方程式 (9.1) 的一个好的近似解, 则 ε^p 在任意时刻 t 都是小的. 但应通过对所考虑的 p 个模态的响应的精确计算得到 $\mathbf{U}^p(t)$, 因为这种方式下, 唯一的误差是由于在分析中没有计入足够多的模态.

计算的误差度量 ε^p 式 (9.50) 确定了计入惯性力的平衡方程的满足程度, 它也是惯性力和节点弹性力与节点载荷间不平衡的度量 (见式 (9.2)). 换句话说, 可以认为 ε^p 是在模态叠加分析中未计入部分外部载荷向量的度量. 由于有 $\mathbf{R} = \sum_{i=1}^{n} r_i \mathbf{M}\boldsymbol{\varphi}_i$, 可以计算

$$\Delta\mathbf{R} = \mathbf{R} - \sum_{i=1}^{p} r_i(\mathbf{M}\boldsymbol{\varphi}_i) \tag{9.51}$$

对合理建模的问题, 由 $\Delta\mathbf{R}$ 引起的响应最多应是稳态响应. 因此, 对模态叠加解 $\mathbf{U}^p$ 的好的修正 $\Delta\mathbf{U}$ 可以通过下式得到

$$\mathbf{K}\Delta\mathbf{U}(t) = \Delta\mathbf{R}(t) \tag{9.52}$$

其中, 式 (9.52) 的解只要求在测得最大响应处的某些时刻成立. 把从式 (9.52) 中算得的 $\Delta\mathbf{U}$ 称为稳态校正.

总之, 在模态叠加分析中, 假设精确求解解耦方程式 (9.46), 采用 $p < n$ 的误差是由于没有使用足够多的模态, 而在直接积分分析中误差来自于使用的时间步长过大.

从上面的讨论中可以看出, 模态叠加法相比直接积分法有一个本质的优势, 因为该分析没有计入对应有限元系统可能的不精确高阶频率响应. 而假设有限元分析中精确算出所有重要的频率, 意味着在没有精确算出的模态中计
[796] 算了可忽略的动态响应, 这些模态中包含的有限元系统的动态响应不会严重地影响解的精度. 另外, 在第 9.4 节中我们会讨论在隐式直接积分法中, 也可以利用式 (9.46) 前 p 项方程进行精确积分. 这可通过使用无条件稳定的直接积分法和选择合适的积分步长 Δt 实现, 该步长一般比在有条件稳定积分法中所采用的积分步长要大得多.

9.3.3 有阻尼分析

式 (9.43) 中给出了按特征向量 $\boldsymbol{\varphi}_i, i=1,\cdots,n$ 为基的有限元系统一般形式的平衡方程, 该式表明如果忽略阻尼影响, 则平衡方程是解耦的, 可以分别求得每一个方程的时间积分. 考虑不能忽略阻尼影响的系统分析, 我们仍然要处理在式 (9.43) 中的解耦平衡方程, 不管有无阻尼, 实际上使用同样的计算过程. 一般说来, 阻尼矩阵 $\mathbf{C}$ 不能通过单元阻尼矩阵, 如单元组合体的质量矩阵和刚度矩阵建立, 而是在系统响应过程中近似表示整个系统的能量耗散而引入 (如见 R. W. Clough 和 J. Penzien [A]). 如果假设阻尼是线性的, 则模态叠加分析将特别有效, 则

$$\boldsymbol{\varphi}_i^{\mathrm{T}}\mathbf{C}\boldsymbol{\varphi}_j = 2\omega_i\xi_i\delta_{ij} \tag{9.53}$$

其中, ξ_i 是模态阻尼参数, δ_{ij} 是 Kronecker 符号 (对 $i=j$, $\delta_{ij}=1$, 对 $i\neq j$, $\delta_{ij}=0$). 因此, 使用式 (9.53), 假设特征向量 $\boldsymbol{\varphi}_i$, $i=1,2,3,\cdots,n$ 是 $\mathbf{C}$ 正交的, 方程式 (9.43) 化为 n 个方程形式

$$\ddot{x}_i(t) + 2\omega_i\xi_i\dot{x}_i(t) + \omega_i^2 x_i(t) = r_i(t) \tag{9.54}$$

其中, $r_i(t)$ 和 $x_i(t)$ 的初始条件已经在式 (9.46) 中定义. 注意到当 ξ_i 是阻尼比时, 式 (9.54) 是式 (9.46) 中所考虑的单自由度系统的运动控制平衡方程.

如果式 (9.53) 用于考虑阻尼影响, 则有限元平衡方程式 (9.43) 的求解过程如忽略阻尼影响的情况一样, 除了每一个模态的响应是通过式 (9.54) 求得外 (见第 9.3.2 节). 该响应可通过使用表 9.1 至表 9.4 中给出的积分法或者通过计算 Duhamel 积分求出

$$x_i(t) = \frac{1}{\overline{\omega}_i}\int_0^t r_i(\tau)e^{-\xi_i\omega_i(t-\tau)}\sin\overline{\omega}_i(t-\tau)\mathrm{d}\tau + e^{-\xi_i\omega_i t}(\alpha_i\sin\overline{\omega}_i t + \beta_i\cos\overline{\omega}_i t) \tag{9.55}$$

其中

$$\overline{\omega}_i = \omega_i\sqrt{1-\xi_i^2}$$

且 α_i 和 β_i 使用在式 (9.46) 中的初始条件计算.

在考虑使用式 (9.53) 计入阻尼影响的意义时, 得到下面的结论. 首先, 假设式 (9.53) 意味着结构中的整个阻尼是每个模态中单个阻尼的和. 可以观测单个模态的阻尼, 如通过只给单个模态施加初始条件 (对模态 i, ${}^0\mathbf{U}=\boldsymbol{\varphi}_i$), 测 [797]
量其在有阻尼自由振动时的振幅衰减. 实际中, 测量阻尼比 ξ_i, 因此在许多情况下近似估计整个结构系统的实际阻尼影响能力是一个很重要的考虑. 第二个事实与模态叠加分析相关的是, 使用解耦方程式 (9.54) 数值求解有限元平衡方程式 (9.1) 时, 我们只计算刚度矩阵 $\mathbf{K}$ 和质量矩阵 $\mathbf{M}$, 而不计算阻尼矩阵 $\mathbf{C}$.

如果式 (9.53) 满足的话, 则模态叠加分析中会方便考虑阻尼的影响. 假设当实际的阻尼比 ξ_i, $i=1,\cdots,r$ 是已知的, 使用直接逐步积分数值将更加有效. 此时应显式计算矩阵 $\mathbf{C}$, 当其代入式 (9.53) 中得到阻尼比 ξ_i.. 如果 $r=2$, 假设 Rayleigh 阻尼有下面的形式

$$\mathbf{C}=\alpha\mathbf{M}+\beta\mathbf{K} \tag{9.56}$$

其中, α 和 β 是由两个给定的对应两个不等振动频率的阻尼比而确定的常数.

例 9.9: 假设一个多自由度系统 $\omega_1=2$, $\omega_2=3$, 在两个模态中我们分别要求 2% 和 10% 的临界阻尼, 即要求 $\xi_1=0.02$ 和 $\xi_2=0.10$. 为了能够使用直接逐步积分法, 建立对应 Rayleigh 阻尼的常数 α 和 β.

在 Rayleigh 阻尼中, 有

$$\mathbf{C}=\alpha\mathbf{M}+\beta\mathbf{K} \tag{a}$$

使用式 (9.53) 和式 (a)

$$\boldsymbol{\varphi}_i^{\mathrm{T}}(\alpha\mathbf{M}+\beta\mathbf{K})\boldsymbol{\varphi}_i=2\omega_i\xi_i$$

或

$$\alpha+\beta\omega_i^2=2\omega_i\xi_i \tag{b}$$

对于 ω_1、ξ_1 和 ω_2、ξ_2 使用该式, 得到 α 和 β 的两个等式

$$\begin{aligned}\alpha+4\beta&=0.08\\ \alpha+9\beta&=0.60\end{aligned} \tag{c}$$

式 (c) 的解是 $\alpha=-0.336$ 和 $\beta=0.104$. 因此要用的阻尼矩阵是

$$\mathbf{C}=-0.336\mathbf{M}+0.104\mathbf{K} \tag{d}$$

对于给定的阻尼矩阵, 当使用 Rayleigh 矩阵式 (d) 时, 我们现建立对应任意给定 ω_i 的阻尼比, 即式 (b) 为

$$\xi_i=\frac{-0.336+0.104\omega_i^2}{2\omega_i}$$

对应于所有的 ω_i.

在实际的分析中, 很可能已知两个频率以上的阻尼比. 此时两个平均值, 如 $\bar{\xi}_1$ 和 $\bar{\xi}_2$ 用于计算 α 和 β. 考虑下面的例子.

[798] **例 9.10**: 假设一个多自由度系统给定的近似阻尼如下:

$$\begin{aligned}&\xi_1=0.02;\quad \omega_1=2;\quad \xi_2=0.03;\quad \omega_2=3\\ &\xi_3=0.04;\quad \omega_3=7;\quad \xi_4=0.10;\quad \omega_4=15\\ &\xi_5=0.14;\quad \omega_5=19\end{aligned}$$

选择合适的 Rayleigh 阻尼参数 α 和 β.

如例 9.9, 从式 (a) 中得到 α 和 β

$$\alpha+\beta\omega_i^2=2\omega_i\xi_i \tag{a}$$

但只有两对值 $\bar{\xi}_1,\bar{\omega}_1$ 和 $\bar{\xi}_2,\bar{\omega}_2$ 确定 α 和 β. 考虑到频率的范围, 使用

$$\begin{aligned}\bar{\xi}_1&=0.03;\quad \bar{\omega}_1=4\\ \bar{\xi}_2&=0.12;\quad \bar{\omega}_2=17\end{aligned} \tag{b}$$

对在式 (b) 中获得的值, 使用式 (a)

$$\alpha+16\beta=0.24$$

$$\alpha+289\beta=4.08$$

因此, $\alpha=0.014\,98$ 和 $\beta=0.014\,05$, 得到

$$\mathbf{C}=0.014\,98\mathbf{M}+0.014\,05\mathbf{K} \tag{c}$$

当使用式 (c) 中阻尼矩阵 $\mathbf{C}$ 时, 现可计算实际所用的阻尼比. 从式 (a) 中, 得到

$$\xi_i=\frac{0.014\,98+0.014\,05\omega_i^2}{2\omega_i}$$

图 E9.10 表示阻尼比 ξ_i 是频率 ω_i 的函数关系, 其中基于式 (9.54) 中对 ξ_i 的使用, 我们可以指明 "质量比例" 和 "刚度比例" 的阻尼域.

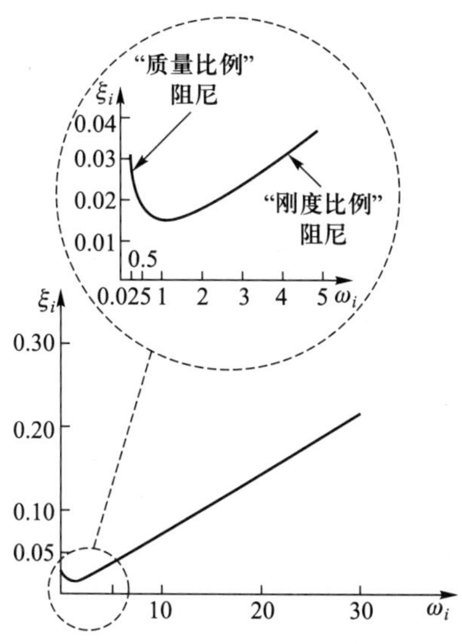

图 E9.10　阻尼是频率的函数

[799] 在例 9.9 和例 9.10 中的计算 α 和 β 的过程表明, 如果用多于两个的阻尼比建立 $\mathbf{C}$, 则要使用更一般的阻尼矩阵. 假设 r 个阻尼比 $\xi_i = 1, 2, \cdots, r$ 被用于定义 $\mathbf{C}$. 则满足式 (9.53) 的阻尼矩阵通过使用 Caughey 级数得到

$$\mathbf{C} = \mathbf{M} \sum_{k=0}^{r-1} a_k [\mathbf{M}^{-1}\mathbf{K}]^k \tag{9.57}$$

其中, 系数 a_k, $k = 0, \cdots, r-1$, 通过对 r 个联立方程计算得到

$$\xi_i = \frac{1}{2}\left(\frac{a_0}{\omega_i} + a_1\omega_i + a_2\omega_i^3 + \cdots + a_{r-1}\omega_i^{2r-3}\right)$$

我们应指出, 当 $r = 2$ 时, 式 (9.57) 转换为如式 (9.56) 所表示的 Rayleigh 阻尼. 一个重要的事实是如果 $r > 2$, 则阻尼矩阵 $\mathbf{C}$ 式 (9.57) 一般是满秩矩阵. 由于如果阻尼矩阵不是带状时, 分析的代价要显著增大, 所以在大多数的实际分析中使用直接积分法, 并假设使用 Rayleigh 阻尼. Rayleigh 阻尼的一个缺点是对选定的 Rayleigh 常数, 阶数越高模态的阻尼比低阶模态的大很多 (见例 9.10).

实际上, 在分析特定的结构时通常选择一个类似的典型结构, 利用它已知的阻尼特性数据得到合理的 Rayleigh 系数, 即同样的 α 和 β 值近似用于分析相似的结构. Rayleigh 系数的大小很大程度上取决于结构材料的能量耗散特性.

通过上面的讨论, 我们在模态叠加分析中或者在一个直接积分法中, 假设可以近似使用比例阻尼表示结构的阻尼特性. 在许多分析中, 比例阻尼的假设是足够的 (即式 (9.53) 是满足的). 但是, 在分析材料特性变化很大的结构时, 需要使用非线性阻尼. 例如, 在分析基础与结构相互作用的问题中, 在建立阻尼矩阵时, 对结构的不同部分使用不同的 Rayleigh 系数 α 和 β 是合理的, 这样将导致阻尼矩阵不满足式 (9.53). 当集中阻尼对应于一个特定自由度 (如结构的支点上) 时, 会遇到另外一种非线性的阻尼.

当有限元系统平衡方程具有非线性阻尼时, 一方面我们可以不需要修改
[800] 表 9.1 至表 9.4 中的直接积分法而直接进行求解, 因为阻尼矩阵的性质没有引入求解过程的推导中. 另一方面, 考虑到模态叠加方法中使用忽略阻尼的自由振动模态振形作为一个基向量, 我们看到在式 (9.43) 中的 $\mathbf{\Phi}^{\mathrm{T}}\mathbf{C}\mathbf{\Phi}$ 在非比例阻尼的情况下是满秩的. 即按模态振形向量基表示的平衡方程不再是解耦了. 但如果可以假设系统的主响应仍包含在 $\boldsymbol{\varphi}_1, \cdots, \boldsymbol{\varphi}_p$ 张成的子空间中, 则只需考虑式 (9.43) 的开始 p 个方程. 假设可以忽略在 x_i, $i = 1, 2, \cdots, p$ 与 x_i, $i = p+1, \cdots, n$ 之间的阻尼矩阵 $\mathbf{\Phi}^{\mathrm{T}}\mathbf{C}\mathbf{\Phi}$ 的耦合, 则与第 p+1 到 n 个方程解耦的, 式 (9.43) 中的最开始 p 个方程可以使用表 9.1 至表 9.4 中的算法通过直接积分法求解 (见例 9.11). 在其他的分析方法中, 有限元平衡方程的解耦是通过求解一个二次特征值问题得到的. 此时要计算复频率和振动模态振形 (见 J. H. Wilkinson [A]).

例 9.11: 考虑平衡方程的解

$$\begin{bmatrix} \frac{1}{2} & & \\ & 1 & \\ & & \frac{1}{2} \end{bmatrix} \ddot{\mathbf{U}} + \begin{bmatrix} 0.1 & & \\ & 0 & \\ & & 0.5 \end{bmatrix} \dot{\mathbf{U}} + \begin{bmatrix} 2 & -1 & 0 \\ -1 & 4 & -1 \\ 0 & -1 & 2 \end{bmatrix} \mathbf{U} = \mathbf{R}(t) \qquad \text{(a)}$$

例 10.4 计算了忽略阻尼的自由振动模态振形及其振动频率, 结果是

$$\mathbf{\Phi} = \begin{bmatrix} \frac{1}{\sqrt{2}} & 1 & -\frac{1}{\sqrt{2}} \\ \frac{1}{\sqrt{2}} & 0 & \frac{1}{\sqrt{2}} \\ \frac{1}{\sqrt{2}} & -1 & -\frac{1}{\sqrt{2}} \end{bmatrix}; \quad \mathbf{\Omega}^2 = \begin{bmatrix} 2 & & \\ & 4 & \\ & & 6 \end{bmatrix}$$

将平衡方程 (a) 变换到按模态振形基表示的平衡式中.

使用 $\mathbf{U} = \mathbf{\Phi X}$, 得到对应式 (9.43) 的平衡式

$$\ddot{\mathbf{X}}(t) + \begin{bmatrix} 0.3 & -0.2\sqrt{2} & -0.3 \\ -0.2\sqrt{2} & 0.6 & 0.2\sqrt{2} \\ -0.3 & 0.2\sqrt{2} & 0.3 \end{bmatrix} \dot{\mathbf{X}}(t) + \begin{bmatrix} 2 & & \\ & 4 & \\ & & 6 \end{bmatrix} \mathbf{X}(t)$$
$$= \begin{bmatrix} \frac{1}{\sqrt{2}} & \frac{1}{\sqrt{2}} & \frac{1}{\sqrt{2}} \\ 1 & 0 & -1 \\ -\frac{1}{\sqrt{2}} & \frac{1}{\sqrt{2}} & -\frac{1}{\sqrt{2}} \end{bmatrix} \mathbf{R}(t) \qquad \text{(b)}$$

如果已知由于作用的具体载荷, 主响应只出现在第一个模态中, 则可以通过只求解下式得出近似的响应

$$\ddot{x}_1(t) + 0.3\dot{x}_1(t) + 2x_1(t) = \begin{bmatrix} \frac{1}{\sqrt{2}} & \frac{1}{\sqrt{2}} & \frac{1}{\sqrt{2}} \end{bmatrix} \mathbf{R}(t) \qquad \text{(c)}$$

再计算 [801]

$$\mathbf{U}(t) = \begin{bmatrix} \frac{1}{\sqrt{2}} \\ \frac{1}{\sqrt{2}} \\ \frac{1}{\sqrt{2}} \end{bmatrix} x_1(t)$$

但是, 应指出由于式 (b) 中 $\mathbf{\Phi}^{\mathrm{T}}\mathbf{C\Phi}$ 是满秩的, 式 (c) 中给出的解 $x_1(t)$ 并没有给出第一阶模态真实的响应, 因为忽略了阻尼耦合影响.

9.3.4 习题

9.7 通过使用系统所有模态的模态叠加法求解习题 9.1 中的有限元方程的解 (见例 9.6).

9.8 考虑例 9.1 中的有限元系统,

(a) 建立一个载荷向量, 只激起系统的第二阶模态;

(b) 假设 $\mathbf{R} = \mathbf{0}$ 且 ${}^0\mathbf{U} = 0$ 但 ${}^0\dot{\mathbf{U}} \neq 0$. 建立 ${}^0\dot{\mathbf{U}}$ 的一个值 a, 使得系统只按第一阶模态振动.

9.9 计算图 9.3 中对应 $\xi = 0.2$ 的响应曲线.

9.10 进行习题 9.1 中所给方程的模态叠加求解, 但只使用最低阶的模态. 另外, 计算稳态校正值 (即在式 (9.51) 中 $p = 1$).

9.11 为在习题 9.1 中的系统建立阻尼矩阵 $\mathbf{C}$, 给出模态阻尼参数 $\xi_1 = 0.02, \xi_2 = 0.08$.

9.12 有限元系统有如下的频率: $\omega_1 = 1.2, \omega_2 = 2.3, \omega_3 = 2.9, \omega_4 = 3.1, \omega_5 = 4.9, \omega_6 = 10.1$. 在 ω_1 和 ω_4 处的模态阻尼参数分别是 $\xi_1 = 0.04, \xi_2 = 0.10$. 计算在其他频率处的 Rayleigh 阻尼矩阵和阻尼比.

9.4 直接积分法的分析

在前面几节, 我们介绍了两类用于求解动态平衡方程的基本方法

$$\mathbf{M}\ddot{\mathbf{U}}(t) + \mathbf{C}\dot{\mathbf{U}}(t) + \mathbf{K}\mathbf{U}(t) = \mathbf{R}(t) \tag{9.58}$$

其中, 第 9.1 节已经定义了矩阵和向量. 两类方法是模态叠加法和直接积分法. 所考虑的积分法是中心差分法、Houbolt 法、Newmark 法和 Bathe 积分法 (见表 9.1 至表 9.4). 我们介绍过采用中心差分法, 使用的时间步长 Δt 比临界时间步长 Δt_{cr} 要小. 但若使用其他 3 个积分法, 时间步长不再受到限制.

另一个重要的结论是求解时直接积分分析的开销 (例如运算要求的次数) 与时间步长数成正比例. 因此在直接积分中选择合适的时间步长是很重要的.
[802] 一方面, 时间步长应足够小以满足求解的精度; 而另一方面, 时间步长没有必要比要求的小太多, 因为这样的时间步长求解时的开销比实际要求的要多得多. 本节的目标是详细讨论选择直接积分合适的时间步长问题. 两个需要考虑的基本因素是积分法的稳定性和精度. 积分法的稳定性和精度特性的分析给选择合适的时间步长提供指导.

直接积分法分析的第一个基本事实是模态叠加和直接积分之间的关系. 在第 9.3 节中我们指出, 实际上使用任一方法, 都能通过数值积分得到解. 然而, 在模态叠加分析中, 从有限元节点位移到广义特征问题的特征向量基的变

换

$$\mathbf{K}\boldsymbol{\varphi}=\omega^2\mathbf{M}\boldsymbol{\varphi} \tag{9.59}$$

在时间积分之前进行, 写为

$$\mathbf{U}(t)=\boldsymbol{\Phi}\mathbf{X}(t) \tag{9.60}$$

其中, $\boldsymbol{\Phi}$ 的列向量是 $\mathbf{M}$ 规范正交的特征向量 (自由振动模态) $\boldsymbol{\varphi}_1,\cdots,\boldsymbol{\varphi}_n$, 将 $\mathbf{U}(t)$ 代入式 (9.58), 得到

$$\ddot{\mathbf{X}}(t)+\boldsymbol{\Delta}\dot{\mathbf{X}}(t)+\boldsymbol{\Omega}^2\mathbf{X}(t)=\boldsymbol{\Phi}^{\mathrm{T}}\mathbf{R}(t) \tag{9.61}$$

其中, $\boldsymbol{\Omega}^2$ 是列有式 (9.59) 中的特征值 $\omega_1^2,\cdots,\omega_n^2$ (自由振动频率的平方) 的对角矩阵. 假设阻尼是成比例的, $\boldsymbol{\Delta}$ 是对角矩阵, $\boldsymbol{\Delta}=\mathrm{diag}(2\omega_i\xi_i)$, 其中 ξ_i 是在第 i 个模态的阻尼比.

方程 (9.61) 是由 n 个解耦的方程组成的, 可以通过 Duhamel 积分求解. 也可以使用上面讨论的, 如直接积分法进行求解. 由于振动的周期 T_i, $i=1,\cdots,n$ 是已知的, 其中 $T_i=2\pi/\omega_i$, 式 (9.61) 中的每个方程的数值积分中, 我们可选择适当的时间步长保证要求的精度. 另外, 如果式 (9.61) 中的所有 n 个方程使用相同的时间步长 Δt 积分, 则在使用同样的积分法和同样时间步长 Δt 情况下模态叠加分析与直接积分法是完全等价的. 换句话说, 有限元系统的平衡方程使用任一方法得到的解都是相同的. 因此, 为了研究直接积分的精度, 可以只使用常规的时间步长 Δt 而不需要考虑式 (9.58), 我们将重点分析式 (9.61) 中方程的积分. 按这种方式, 现在直接积分法中考虑稳定性和精度时需要考虑的变量只有 Δt、ω_i 和 ξ_i, $i=1,\cdots,n$, 而不是刚度矩阵、质量矩阵和阻尼矩阵的所有元素. 而且, 由于在式 (9.61) 中的所有 n 个方程是相似的, 我们只需要研究式 (9.61) 中的一个典型行的积分, 故可以写为

$$\ddot{x}+2\xi\omega\dot{x}+\omega^2x=r \tag{9.62}$$

表示单自由度系统自由振动的平衡方程, 周期是 T, 阻尼率为 ξ, 作用载荷 r.

需要指出的是基的变换过程, 即使用变换式 (9.60), 也用于特征值和特征
向量求解方法的收敛性分析中 (见第 11.2 节). 第 11.2 节采用这个变换的原 [803]
因是相同的, 即在分析中只需考虑较少的变量.

关于直接积分法中的求解特性, 问题是估算在式 (9.62) 中的积分误差, 该误差是 Δt、T、ξ 和 r 的函数. 对这些研究, 可见 L. Collatz [A], R. D. Richtmyer 和 K. W. Morton [A] 的例子. 在接下来的讨论中, 我们将采用较简单的方法, 即第一步是估算近似算子和载荷算子, 建立起时刻 $t+\Delta t$ 所求未知变量与先前已计算量的显式关系 (见 K. J. Bathe 和 E. L. Wilson [A]).

9.4.1 直接积分的近似算子和载荷算子

正如在直接积分法推导中所讨论的那样 (见第 9.2 节), 假设我们已经得到了离散时刻 $0, \Delta t, 2\Delta t, 3\Delta t, \cdots, t-\Delta t, t$ 的解, 下一步求时刻 $t+\Delta t$ 的解. 则对所考虑的特定积分法, 我们旨在建立下面的递归关系

$$ {}^{t+\Delta t}\widehat{\mathbf{X}} = \mathbf{A}\,{}^{t}\widehat{\mathbf{X}} + \mathbf{L}({}^{t+v}r) \tag{9.63} $$

其中, ${}^{t+\Delta t}\widehat{\mathbf{X}}$ 和 ${}^{t}\widehat{\mathbf{X}}$ 是存有解物理量 (如位移和速度等) 的向量, ${}^{t+v}r$ 是时刻 $t+v$ 的载荷. 我们可以看出对所考虑的积分法 v 可以是 0, Δt 或者 $\theta\Delta t$. 矩阵 $\mathbf{A}$ 和向量 $\mathbf{L}$ 分别是积分近似算子和载荷算子, 式 (9.63) 中的量依赖所用的具体积分法. 但在对应不同积分法的矩阵和向量推导以前, 注意到式 (9.63) 可以用于计算在任意时刻 $t+n\Delta t$ 的解, 即迭代应用式 (9.63), 得到

$$ \begin{aligned} {}^{t+n\Delta t}\widehat{\mathbf{X}} = {} & \mathbf{A}^{n}\,{}^{t}\widehat{\mathbf{X}} + \mathbf{A}^{n-1}\mathbf{L}({}^{t+v}r) + \mathbf{A}^{n-2}\mathbf{L}({}^{t+\Delta t+v}r) + \cdots \\ & + \mathbf{A}\mathbf{L}({}^{t+(n-2)\Delta t+v}r) + \mathbf{L}({}^{t+(n-1)\Delta t+v}r) \end{aligned} \tag{9.64} $$

我们将利用这个关系式研究积分法的稳定性和精度. 以下几节, 将参考第 9.2.1 节至第 9.2.4 节所介绍各种积分法, 推导算子 $\mathbf{A}$ 和 $\mathbf{L}$.

1. 中心差分法

在中心差分法中, 我们使用式 (9.3) 和式 (9.4) 分别近似时刻 t 的加速度和速度. 考虑时刻 t 的平衡方程 (9.62), 即使用

$$ {}^{t}\ddot{x} + 2\xi\omega\,{}^{t}\dot{x} + \omega^{2}\,{}^{t}x = {}^{t}r \tag{9.65} $$

$$ {}^{t}\ddot{x} = \frac{1}{\Delta t^{2}}({}^{t-\Delta t}x - 2\,{}^{t}x + {}^{t+\Delta t}x) \tag{9.66} $$

$$ {}^{t}\dot{x} = \frac{1}{2\Delta t}(-{}^{t-\Delta t}x + {}^{t+\Delta t}x) \tag{9.67} $$

将式 (9.66) 和式 (9.67) 代入式 (9.65) 并求解 ${}^{t+\Delta t}x$, 得到

$$ {}^{t+\Delta t}x = \frac{2-\omega^{2}\Delta t^{2}}{1+\xi\omega\Delta t}\,{}^{t}x - \frac{1-\xi\omega\Delta t}{1+\xi\omega\Delta t}\,{}^{t-\Delta t}x + \frac{\Delta t^{2}}{1+\xi\omega\Delta t}\,{}^{t}r \tag{9.68} $$

[804] 式 (9.68) 的解也可以写为式 (9.63) 的形式, 即有

$$ \begin{bmatrix} {}^{t+\Delta t}x \\ {}^{t}x \end{bmatrix} = \mathbf{A} \begin{bmatrix} {}^{t}x \\ {}^{t-\Delta t}x \end{bmatrix} + \mathbf{L}\,{}^{t}r \tag{9.69} $$

其中,

$$ \mathbf{A} = \begin{bmatrix} \dfrac{2-\omega^{2}\Delta t^{2}}{1+\xi\omega\Delta t} & -\dfrac{1-\xi\omega\Delta t}{1+\xi\omega\Delta t} \\ 1 & 0 \end{bmatrix} \tag{9.70} $$

并且

$$ \mathbf{L} = \begin{bmatrix} \dfrac{\Delta t^{2}}{1+\xi\omega\Delta t} \\ 0 \end{bmatrix} \tag{9.71} $$

正如在第 9.2.1 节中所指出的, 在该方法中通常令 $\xi=0$.

2. Houbolt 法

在 Houbolt 积分法中, 考虑时刻 $t+\Delta t$ 的平衡方程 (9.62)

$$^{t+\Delta t}\ddot{x}+2\xi\omega^{t+\Delta t}\dot{x}+\omega^{2t+\Delta t}x={}^{t+\Delta t}r \tag{9.72}$$

$$^{t+\Delta t}\ddot{x}=\frac{1}{\Delta t^2}(2^{t+\Delta t}x-5^{t}x+4^{t-\Delta t}x-{}^{t-2\Delta t}x) \tag{9.73}$$

$$^{t+\Delta t}\dot{x}=\frac{1}{6\Delta t}(11^{t+\Delta t}x-18^{t}x+9^{t-\Delta t}x-2^{t-2\Delta t}x) \tag{9.74}$$

将式 (9.73) 和式 (9.74) 代入式 (9.72), 建立下面的关系式

$$\begin{bmatrix} ^{t+\Delta t}x \\ ^{t}x \\ ^{t-\Delta t}x \end{bmatrix}=\mathbf{A}\begin{bmatrix} ^{t}x \\ ^{t-\Delta t}x \\ ^{t-2\Delta t}x \end{bmatrix}+\mathbf{L}^{t+\Delta t}r \tag{9.75}$$

其中,

$$\mathbf{A}=\begin{bmatrix} \dfrac{5\beta}{\omega^2\Delta t^2}+6\kappa & -\left(\dfrac{4\beta}{\omega^2\Delta t^2}+3\kappa\right) & \dfrac{\beta}{\omega^2\Delta t^2}+\dfrac{2\kappa}{3} \\ 1 & 0 & 0 \\ 0 & 1 & 0 \end{bmatrix} \tag{9.76}$$

并且

$$\beta=\left(\frac{2}{\omega^2\Delta t^2}+\frac{11\xi}{3\omega\Delta t}+1\right)^{-1};\quad \kappa=\frac{\xi\beta}{\omega\Delta t} \tag{9.77}$$

$$\mathbf{L}=\begin{bmatrix} \dfrac{\beta}{\omega^2} \\ 0 \\ 0 \end{bmatrix} \tag{9.78}$$

3. Newmark 法 [805]

在 Newmark 积分法中, 考虑时刻 $t+\Delta t$ 的平衡方程 (9.62), 即使用

$$^{t+\Delta t}\ddot{x}+2\xi\omega^{t+\Delta t}\dot{x}+\omega^{2t+\Delta t}x={}^{t+\Delta t}r \tag{9.79}$$

采用下面的展开式用于求解时刻 $t+\Delta t$ 的速度和位移

$$^{t+\Delta t}\dot{x}={}^{t}\dot{x}+[(1-\delta)^{t}\ddot{x}+\delta^{t+\Delta t}\ddot{x}]\Delta t \tag{9.80}$$

$$^{t+\Delta t}x={}^{t}x+{}^{t}\dot{x}\Delta t+\left[\left(\frac{1}{2}-\alpha\right){}^{t}\ddot{x}+\alpha^{t+\Delta t}\ddot{x}\right]\Delta t^2 \tag{9.81}$$

其中, δ 和 α 是选择得到最佳稳定性和精度的参数. Newmark 法作为一种无条件稳定的方法和常平均加速度法, 此时 $\delta=1/2$ 和 $\alpha=1/4$.

将 ${}^{t+\Delta t}\dot{x}$ 和 ${}^{t+\Delta t}x$ 代入式 (9.79), 可以求解 ${}^{t+\Delta t}\ddot{x}$, 然后利用式 (9.80) 和式 (9.81) 计算 ${}^{t+\Delta t}\dot{x}$ 和 ${}^{t+\Delta t}x$. 因此可以建立下面的关系式

$$\begin{bmatrix} {}^{t+\Delta t}\ddot{x} \\ {}^{t+\Delta t}\dot{x} \\ {}^{t+\Delta t}x \end{bmatrix} = \mathbf{A} \begin{bmatrix} {}^{t}\ddot{x} \\ {}^{t}\dot{x} \\ {}^{t}x \end{bmatrix} + \mathbf{L}\,{}^{t+\Delta t}r \tag{9.82}$$

其中,

$$\mathbf{A} = \begin{bmatrix} -\left(\dfrac{1}{2}-\alpha\right)\beta - 2(1-\delta)\kappa & \dfrac{1}{\Delta t}(-\beta-2\kappa) & \dfrac{1}{\Delta t^2}(-\beta) \\ \Delta t\left[1-\delta-\left(\dfrac{1}{2}-\alpha\right)\delta\beta - 2(1-\delta)\delta\kappa\right] & 1-\beta\delta-2\delta\kappa & \dfrac{1}{\Delta t}(-\beta\delta) \\ \Delta t^2\left[\dfrac{1}{2}-\alpha-\left(\dfrac{1}{2}-\alpha\right)\alpha\beta - 2(1-\delta)\alpha\kappa\right] & \Delta t(1-\alpha\beta-2\alpha\kappa) & (1-\alpha\beta) \end{bmatrix} \tag{9.83}$$

$$\beta = \left(\frac{1}{\omega^2\Delta t^2} + \frac{2\xi\delta}{\omega\Delta t} + \alpha\right)^{-1}; \quad \kappa = \frac{\xi\beta}{\omega\Delta t} \tag{9.84}$$

和

$$\mathbf{L} = \begin{bmatrix} \dfrac{\beta}{\omega^2\Delta t^2} \\ \dfrac{\beta\delta}{\omega^2\Delta t^2} \\ \dfrac{\alpha\beta}{\omega^2} \end{bmatrix} \tag{9.85}$$

4. Bathe 法

在 Bathe 积分法中, 平衡方程 (9.62) 在时刻 $t+\Delta t$ 的解为

$$ {}^{t+\Delta t}\ddot{x} + 2\xi\omega\,{}^{t+\Delta t}\dot{x} + \omega^2\,{}^{t+\Delta t}x = {}^{t+\Delta t}r \tag{9.86}$$

利用两个亚步长, 在第 1 个亚步长使用梯形法

$$ {}^{t+\Delta t/2}\dot{x} = {}^{t}\dot{x} + \frac{\Delta t}{4}({}^{t}\ddot{x} + {}^{t+\Delta t/2}\ddot{x}) \tag{9.87}$$

[806]

$$ {}^{t+\Delta t/2}x = {}^{t}x + \frac{\Delta t}{4}({}^{t}\dot{x} + {}^{t+\Delta t/2}\dot{x}) \tag{9.88}$$

在第 2 个亚步长使用 3 点 Euler 后向法, 见 L. Collatz [A]

$$ {}^{t+\Delta t}\dot{x} = \frac{1}{\Delta t}{}^{t}x - \frac{4}{\Delta t}{}^{t+\Delta t/2}x + \frac{3}{\Delta t}{}^{t+\Delta t}x \tag{9.89}$$

$$ {}^{t+\Delta t}\ddot{x} = \frac{1}{\Delta t}{}^{t}\dot{x} - \frac{4}{\Delta t}{}^{t+\Delta t/2}\dot{x} + \frac{3}{\Delta t}{}^{t+\Delta t}\dot{x} \tag{9.90}$$

利用式 (9.87) 和式 (9.88), 以及时刻 $t+\Delta t/2$ 的平衡方程 (9.62). 接着使用式 (9.89)、式 (9.90) 和式 (9.86), 得到

$$\begin{bmatrix} {}^{t+\Delta t}\ddot{x} \\ {}^{t+\Delta t}\dot{x} \\ {}^{t+\Delta t}x \end{bmatrix} = \mathbf{A}\begin{bmatrix} {}^{t}\ddot{x} \\ {}^{t}\dot{x} \\ {}^{t}x \end{bmatrix} + \mathbf{L}_{\mathrm{a}}^{t+\Delta t/2}r + \mathbf{L}_{\mathrm{b}}^{t+\Delta t}r \tag{9.91}$$

其中, $\mathbf{A}$、$\mathbf{L}_{\mathrm{a}}$ 和 $\mathbf{L}_{\mathrm{b}}$ 分别是积分逼近算子和载荷算子,有

$$\mathbf{A} = \frac{1}{\beta_1\beta_2}\begin{bmatrix} -4\omega\Delta t(24\xi+7\omega\Delta t) & \omega(-288\xi+14\xi\omega^2\Delta t^2-144\omega\Delta t+5\omega^3\Delta t^3+48\xi^2\omega\Delta t) & \omega^2(24\xi\omega\Delta t+19\omega^2\Delta t^2-144) \\ -4\Delta t(-12+\omega^2\Delta t^2) & 144-47\omega^2\Delta t^2-8\xi\omega^3\Delta t^3-24\xi\omega\Delta t & \omega^2\Delta t(-96-24\xi\omega\Delta t+\omega^2\Delta t^2) \\ 4\Delta t^2(7+2\xi\omega\Delta t) & \Delta t(144-5\omega^2\Delta t^2+80\xi\omega\Delta t+16\xi^2\omega^2\Delta t^2) & -19\omega^2\Delta t^2+144+168\xi\omega\Delta t+48\xi^2\omega^2\Delta t^2-2\xi\omega^3\Delta t^3 \end{bmatrix} \tag{9.92}$$

$$\mathbf{L}_{\mathrm{a}} = \frac{1}{\beta_1\beta_2}\begin{bmatrix} -4\omega\Delta t(24\xi+7\omega\Delta t) \\ -4\Delta t(-12+\omega^2\Delta t^2) \\ 4\Delta t^2(7+2\xi\omega\Delta t) \end{bmatrix}; \quad \mathbf{L}_{\mathrm{b}} = \frac{1}{\beta_2}\begin{bmatrix} 9 \\ 3\Delta t \\ \Delta t^2 \end{bmatrix} \tag{9.93}$$

其中

$$\beta_1 = 16+8\xi\omega\Delta t+\omega^2\Delta t^2; \quad \beta_2 = 9+6\xi\omega\Delta t+\omega^2\Delta t^2 \tag{9.94}$$

当然, 使用更一般的中部时间位置, 即 $t+\gamma\Delta t$ 代替 $t+\Delta t/2$, 其中 γ 是一个参数, 值为

$$\gamma = 2-\sqrt{2} \tag{9.95}$$

振幅衰减在其最大值, 周期扩大在其最小值 (当 $\gamma=0.5$ 时, 区别不大), 见 K. J. Bathe 和 G. Noh [A]. 亚步长引入数值耗散的思想 (减小求解误差) 已用于设计显式积分法, 见 G. Noh 和 K. J. Bathe [A].

9.4.2 稳定性分析

有限元系统平衡方程的数值积分目的是为所考虑结构的动态响应算出良好的近似解. 为了准确预测结构的动态响应, 式 (9.58) 中所有的系统平衡方程需要高精度积分, 这就意味着式 (9.62) 中的所有的 n 个方程需要精确地积分. 由于式 (9.62) 中每一个方程直接积分的步长是相等的, 所以应按系统的最小周期选择 Δt, 也就意味着时间步长确实很小. 根据对所要求的 Δt 的估算, 如果最小的周期是 T_n, Δt 大约是 $T_n/10$ (或者更小, 见第 9.4.3 节). 但在第 9.3.2 节我们讨论到, 在许多分析中, 实际上动态响应主要在几个振动模态 [807]

上, 因此在模态叠加分析中只需考虑几个模态振形. 还应指出, 在许多分析中没有必要计入预测的高阶模态, 因为有限元网格的振形和频率只是对精确量粗略的近似. 因此, 应选择可以精确预测结构的最低 p 个频率和模态振形的有限元理想化模型, 其中 p 由载荷的分布和频率确定.

因此可以得出结论, 在许多分析中我们只对式 (9.61) 中 n 个方程的最开始的 p 个方程感兴趣. 这就意味着能够将 Δt 修改为 $T_P/10$, 即比刚开始估计的要大 T_P/T_n 倍. 实际分析中 T_P/T_n 比会很大, 如到 1 000, 意味着如果使用 $\Delta t = T_P/10$ 分析将更加有效. 但假设选择的时间步长 Δt 大小是 $T_P/10$, 则可以发现, 在直接积分中高阶模态的响应也自动地使用同样的时间步长积分. 由于对 Δt 大于自然周期 T 的一半的模态的响应, 不可能准确地积分, 一个重要的问题是: 当 $\Delta t/T$ 很大时, 式 (9.62) 中数值积分预测的响应是什么? 这实际上是一个积分法的稳定性问题. 积分法的稳定性意味着, 一个具有大的 $\Delta t/T$ 值的方程的初始条件不应人为地放大, 使得低阶的模态响应积分具有无价值的精度. 稳定性还意味着在时刻 t 初始条件下给定的位移、速度和加速度的误差 (可能是计算机舍入造成的) 在积分时不致扩大. 如果时间步长足够小, 使得对最高频率分量的响应也可以精确积分, 则可确保稳定性. 但这需要一个很小的步长, 正如前面提到的, 通过对有限元组合体预测的高频响应进行精确积分通常是不合理的, 也是没有必要的.

因此, 可以通过检查任意初始条件下数值解的性质来确定积分法的稳定性. 为此, 考虑当没有载荷的条件下式 (9.62) 积分, 即 $r = 0$. 对指定的初始条件, 从式 (9.64) 中得到的解是

$$^{t+n\Delta t}\widehat{\mathbf{X}} = \mathbf{A}^{n\,t}\widehat{\mathbf{X}} \tag{9.96}$$

考虑到积分法的稳定性, 采用无条件稳定和条件稳定的方法. *如果在任意初始条件下, 对任意时间步长 Δt, 特别是当 $\Delta t/T$ 很大时, 解都没有无限增加, 则该方法是无条件稳定的. 如果仅当 $\Delta t/T$ 小于或者等于某个值 (称为稳定极限) 时上面的结论才成立, 则这个方法是有条件稳定的.*

[808] 对稳定性分析, 可使用 $\mathbf{A}$ 的谱分解, 给定 $\mathbf{A} = \mathbf{PJP}^{-1}$, 其中, $\mathbf{P}$ 是 $\mathbf{A}$ 的特征向量组成的矩阵, $\mathbf{J}$ 是对角线处为 $\mathbf{A}$ 的特征值的若尔当 (Jordan) 标准型. 在第 2.5 节, 考虑 $\mathbf{A}$ 是对称的, 其中 $\mathbf{J} = \mathbf{\Lambda}$ (见式 (2.108)), $\mathbf{P} = \mathbf{V}$, 且 $\mathbf{P}^{-1} = \mathbf{V}^{\mathrm{T}}$. 而逼近算子 $\mathbf{A}$ 一般来说是一个不对称的矩阵, 因而, 应使用更一般的分解 $\mathbf{A} = \mathbf{PJP}^{-1}$, 其中 $\mathbf{J}$ 不一定是对角矩阵但在超对角线 (对应于多个特征值) 上有单位元素 (如见 J. H. Wilkinson [A]).

当然, 利用上面的谱分解, 有

$$\mathbf{A}^n = \mathbf{PJ}^n\mathbf{P}^{-1} \tag{9.97}$$

通过这个表达式, 可以确定该时间积分法的稳定性.

令 $\rho(\mathbf{A})$ 为 $\mathbf{A}$ 的谱半径, 定义为

$$\rho(\mathbf{A}) = \max_{i=1,2,\cdots} |\lambda_i| \tag{9.98}$$

其中绝对值符号要求在复数平面上对 λ_i 的绝对值大小进行计算. 则稳定性准则是:

① 如果所有的特征值都是不相同的, 一定有 $\rho(\mathbf{A}) \leqslant 1$, 或者;

② 如果 $\mathbf{A}$ 包含多重特征值, 要求这些特征值 (的模) 小于 1.[①]

如果满足稳定性准则, 则当 $n \to \infty$, $\mathbf{J}^n$、$\mathbf{A}^n$ 有界, 而且如果 $\rho(\mathbf{A}) < 1$, 有 $\mathbf{J}^n \to 0$, 因此, $\mathbf{A}^n \to 0$, 当 $\rho(\mathbf{A})$ 很小时, $\mathbf{A}^n$ 衰减很快.

由于积分法的稳定性只依赖于逼近算子的特征根, 故在计算特征值以前对 $\mathbf{A}$ 采用相似变换应更加方便. 在 Newmark 法中, 采用相似变换 $\mathbf{D}^{-1}\mathbf{A}\mathbf{D}$, 其中, $\mathbf{D}$ 是一个对角矩阵且 $d_{ii} = (\Delta t)^i$. 正如所预料的, 求出谱半径, 因而积分法的稳定性仅依赖于时间比 $\Delta t/T$ 和阻尼比 ξ, 以及所用的积分参数. 因此, 对给定的 $\Delta t/T$ 和 ξ, 为了获得最佳稳定性和精度特性, 在 Newmark 法和 Bathe 法中分别采用不同的参数 α、δ 和 γ 是可能的.

考虑下面中心差分法的稳定性分析的简单例子.

例 9.12: 分析中心差分法的积分稳定性. 考虑在式 (9.8) 至式 (9.12) 中使用的 $\xi = 0.0$ 的情况.

我们需要计算当 $\xi = 0$ 时, 式 (9.70) 中给定的近似算子的谱半径. 要求的特征值问题 $\mathbf{A}\mathbf{u} = \lambda\mathbf{u}$ 是

$$\begin{bmatrix} 2-\omega^2\Delta t^2 & -1 \\ 1 & 0 \end{bmatrix} \mathbf{u} = \lambda \mathbf{u} \tag{a}$$

特征值是特征多项式 $p(\lambda)$ 的根 (见第 2.5 节), 定义如下 [809]

$$p(\lambda) = (2-\omega^2\Delta t^2 - \lambda)(-\lambda) + 1 \tag{b}$$

因此,

$$\lambda_1 = \frac{2-\omega^2\Delta t^2}{2} + \sqrt{\frac{(2-\omega^2\Delta t^2)^2}{4} - 1}$$

$$\lambda_2 = \frac{2-\omega^2\Delta t^2}{2} - \sqrt{\frac{(2-\omega^2\Delta t^2)^2}{4} - 1}$$

---

① 2×2 的不对称矩阵且有二重特征值 λ Jordan 标准型是 $\mathbf{J} = \begin{bmatrix} \lambda & \alpha \\ 0 & \lambda \end{bmatrix}$, 且 $\alpha = 0$ 或 $\alpha = 1$. 因此, $\mathbf{J}^n = \begin{bmatrix} \lambda^n & \alpha n \lambda^{n-1} \\ 0 & \lambda^n \end{bmatrix}$, 当 $\alpha = 1$ 和 $|\lambda| = 1$ 时, $\mathbf{J}^n$ 是无界的. 在 $\alpha = 0$ 情况, 实际上可以允许 $|\lambda| = 1$.

对稳定性, 要求 λ_1 和 λ_2 的绝对值小于或者等于 1, 即式 (a) 中矩阵 $\mathbf{A}$ 的谱半径 $\rho(\mathbf{A})$ 应满足 $\rho(\mathbf{A}) \leqslant 1$ 的条件, 这给出条件 $\Delta t/T \leqslant 1/\pi$. 因此, 只要 $\Delta t \leqslant \Delta t_{cr}$, 其中, $\Delta t_{cr} = T_n/\pi$, 中心差分法是稳定的. 有意思的是当 $\xi > 0$ 时, 这个稳定性时间步长限也是适用的 (见习题 9.14).

通过使用例 9.12 中同样的方法, 也可以使用对应的近似算子分析 Houbolt 法、Newmark 法和 Bathe 法的稳定性, 图 9.4 说明了这些方法的稳定性. 应指出, 正如例 9.12 中所推导的, 中心差分法只是有条件稳定的, 而 Newmark 法、Houbolt 法和 Bathe 法都是无条件稳定的.

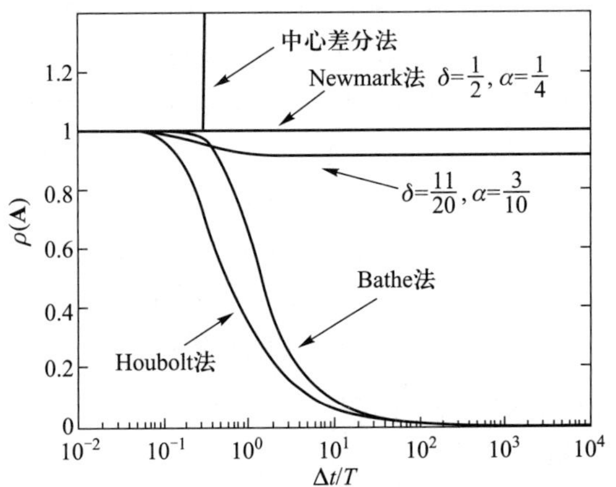

图 9.4　当 $\xi = 0.0$ 时, 近似算子的谱半径

图 9.5 重点比较了小时间步长不同参数的 Newmark 法、Houbolt 法和 Bathe 法, 以及 Wilson θ 法, 见 E. L. Wilson、I. Farhoomand 和 K. J. Bathe [A]. 所示范围中的性质是有趣的, 因为直到 $\Delta t/T = 0.3$ 所期望的谱半径接近于 1.0, 之后很快衰减到 0, 如图 9.4 和图 9.5Bathe 法所展示的那样.

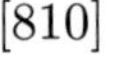
[810]

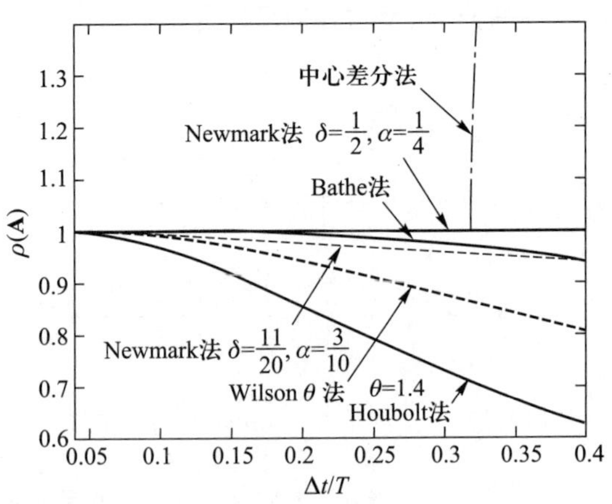

图 9.5　小时间步长的谱半径 $\rho(\mathbf{A})$

考虑 Newmark 法, 调节 α 和 δ 两个参数以获得最佳的稳定性和精度. 假设 $\delta \geqslant 0.5$ 且 $\alpha \geqslant 0.25(\delta+0.5)^2$, 则积分法是无条件稳定的. 在实际中, 大多 Newmark 法使用 $\delta=0.5$ 和 $\alpha=0.25$ (即梯形法), 我们将在第 9.4.3 节讨论该方法, 该方法在实际分析中展现出某些不良性质.

尽管只讨论了这些广泛使用的积分法, 上面的考虑已经表明分析者应选择使用哪种方法. 这个选择受到方法的精度特性影响, 即能够在给定的时间步长 Δt 上可实现的积分精度.

9.4.3 精度分析

在实际分析中, 使用哪种积分算子是由求解开销所决定, 而这反过来由积分中所要求的时间步数决定. 如果采用一个有条件稳定的算法如中心差分法, 对于所考虑的给定的时间范围, 则时间步长大小和时间步数由临界时间步长 Δt_{cr} 决定. 而使用无条件稳定的算子, 所选择的时间步长应能够得出一个精确和有效的解. 由于平衡方程 (9.58) 的直接积分与所有 n 个解耦方程 (9.62) 的同时积分是等价的, 我们可以通过估计式 (9.62) 积分精度是 $\Delta t/T$、ξ 和 r 的函数, 来评估式 (9.58) 所得解的积分精度. 式 (9.62) 的解由式 (9.64) 给出, 这是用于估计积分误差的方程.

考虑一个简单初值问题解的精度分析, 定义如下

$$\left.\begin{array}{c}\ddot{x}+\omega^2 x=0\\ {}^0x=1.0;\quad {}^0\dot{x}=0.0;\quad {}^0\ddot{x}=-\omega^2\end{array}\right\}\tag{9.99}$$

其精确解是 $x=\cos\omega t$. 对完整的分析, 我们应考虑对应 ${}^0x=0.0$, ${}^0\dot{x}=\omega$,
${}^0\ddot{x}=0$ 且精确解是 $x=\sin\omega t$ 的初值问题, 以及对一般的载荷条件的求解. 另 [811]
外, 需要研究阻尼系数 ξ 的影响. 但可通过只考虑式 (9.99) 中问题的数值解说明解的重要性质.

式 (9.99) 中给定的初始条件下直接使用 Newmark 和 Bathe 法. 但在 Houbolt 法中, 初始条件只由初始位移定义, 在下面的研究中, 已经使用通过 $x=\cos\omega t$ 的解得到精确的位移值 ${}^{\Delta t}x$ 和 ${}^{2\Delta t}x$.

使用不同积分法得到式 (9.99) 的数值解说明, 可从周期扩大和振幅衰减度量积分误差. 图 9.6 表示在所讨论的隐式积分法中周期扩大 (PE) 和振幅衰减 (AD) 的百分比是 $\Delta t/T$ 的函数. 这些关系通过计算式 (9.64) 和将数值解与 $x=\cos\omega t$ 的精确解做比较而得到, 见 K. J. Bathe 和 E. L. Wilson [A]. 周期扩大和振幅衰减的曲线和一些显式法见 K. J. Bathe 和 G. Noh [A], G. Noh 和 K. J. Bathe [A].

图 9.6 中的曲线表明一般说来, 当 $\Delta t/T$ 小于 0.01 时, 使用任何一种积分法都是精确的. 但当时间步长/周期比很大时, 不同的积分法表现出相当不同的性质. 特别是对给定的 $\Delta t/T$ 比, Bathe 法引起的振幅衰减和周期扩大比

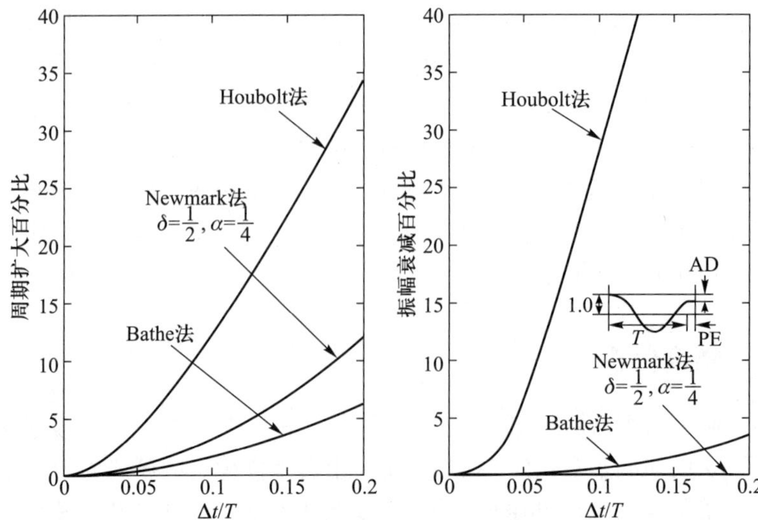

图 9.6　周期扩大和振幅衰减百分比

Houbolt 法要小, 而 Newmark 常平均加速度法只造成周期扩大, 没有振幅衰减, 对给定 Δt, 周期扩大依赖于 T, 在波传播求解中, 直接积分法引入数值频散, 见 G. Noh、S. Ham 和 K. J. Bathe [A].

如图 9.6 所示的积分误差特性可用于讨论式 (9.62) 中所有 n 个方程同时
[812] 积分, 如求解式 (9.61) 和式 (9.58) 中所要求的. 注意到, 当时间步长/周期比较小时, 可精确积分, 但当 $\Delta t/T$ 比较大时, 得到的响应却有较大误差.

需要考虑选择合适的时间步长 Δt. 使用中心差分法, 需要选择一个小于或等于如例 9.12 中算得的 Δt_{cr} 的时间步长 Δt. 只有在特殊情况下如载荷或者初始条件显著地激励出高频, 我们才需要使用一个比 Δt_{cr} 小得多的时间步长. 但使用无条件稳定方法, 注意到时间步长 Δt 可以大一些, 但精确计算只对整个结构响应有显著贡献的模态的响应时, 时间步长也应该足够小. 而对其他的模态响应分量一般不进行精确计算 (实际上, 对很好建立的网格不能精确计算, 见第 9.4.4 节), 通常快速衰减不影响总的响应预测.

作为一个例子, K. J. Bathe 和 G. Noh [A] 考虑了如图 9.7 所示的 "模型问题". 这里考虑很硬的弹簧连接很柔的弹簧, 尽管该问题十分简单, 却能说明包含多自由度复杂结构的刚性和柔性部件的本质特性.

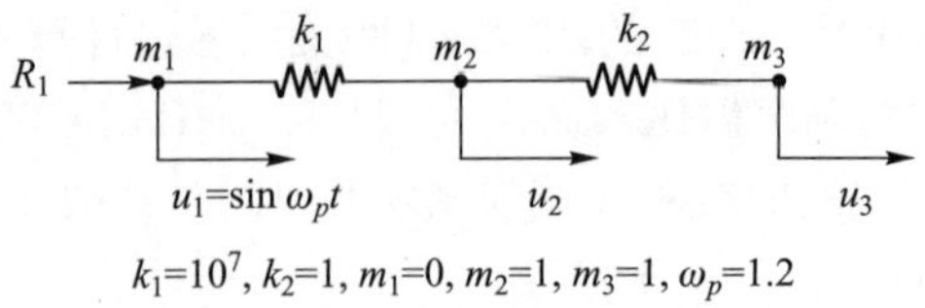

图 9.7　两个弹簧模型问题, 使用 $\Delta t = 0.261\ 8$ (因此 $\Delta t/T_p = 0.05$, $\Delta t/T_1 = 0.041\ 7$, $\Delta t/T_2 = 131.76$, 在节点 2 使用梯形法的加速度误差大, 而 Bathe 法给出精确结果)(对前半步, 最好使用参数 $\delta = 3/4$ 和 $\alpha = 1$)

大刚度弹簧表示刚性部件或约束 (由大刚度弹簧或梁引入), 而柔性弹簧 [813]
表示复杂结构的柔性部件. 当然, 在模态叠加解中, 很自然地没有引入刚性部件的微弱响应.

利用 Newmark 法和 Bathe 法, 很精确地预测了位移, 但利用梯形法, 质量 m_2 的加速度预测存在很大误差, 这意味着支反力的求解也很不精确. 这些误差可通过选择参数引入数值阻尼进行控制, 但最佳值与具体问题有关. 利用广义 α 法有类似的结果, 见 J. Chung 和 G. M. Hulbert [A].

这样一些系统的实际直接积分求解中, 使用隐式法更加有效, 本质上与模态叠加法类似, 因为它自动除去不需要的响应 —— 有限元模型可能人为地产生大刚度分量. 至于显式法, Noh-Bathe 法确实具有这种性质, 但只对某个临界步长有效, 因此该方法一般只对波传播分析有效, 见 G. Noh 和 K. J. Bathe [A].

9.4.4 一些实际的考虑

为了获得动态响应的有效解法, 选择合适的时间积分法是重要的. 这个选择取决于有限元理想化, 而该理想化取决于所分析的实际物理问题. 因此这就使得选择适当的有限元理想化和选择响应解法的有效积分法紧密相关, 且应同时加以考虑. 有限元模型和时间积分法选择的不同在于是求解动态结构问题还是波传播问题.

1. 结构动力学

选择结构动态问题适当有限元模型的最基本考虑是只有实际系统的若干最低阶的模态 (或者只有一些中间模态) 被载荷向量激励出来. 在第 9.3.2 节, 我们已经讨论过这个问题, 其中解决了在模态叠加分析中需要计入多少个模态的问题. 参考第 9.3.2 节得到结论, 如果输入动态载荷的 Fourier 分析说明在载荷中只包含低于 ω_u 的频率, 则有限元网格最多可以精确表示实际系统的频率是 $\omega_{co} = 4\omega_u$. 在有限元系统中, 没有必要精确表示实际系统的更高频率分量, 因为这些频率分量的响应是可以忽略的. 即在图 9.3 中 $\widehat{\omega}/\omega$ 的值小于 0.25 时, 几乎度量的都是稳态响应, 该响应直接计入动态响应计算的逐步直接积分中. 还应指出, 如果模态振形几乎与载荷向量正交且/或者频率较高时, 则在高阶模态中的稳态位移响应很小. 参看式 (9.46) (即, 当这些模态振形的结构刚度很大时). 当稳态响应小时, 使用 $\omega_{co} \rightarrow \omega_u$ 而不用 $\omega_{co} = 4\omega_u$ 是有利的. ω_{co} 的减少是可观的, 例如, 对某些结构的地震响应分析.

因此用于结构振动问题的完整建模过程如下:

① 确定载荷中包含的主要频率, 如有必要使用 Fourier 分析. 这些频率可能是时间变化的函数, 选择载荷中最高的主要频率是 ω_u;

② 选择可以精确表示稳态响应和能够精确表示直到 $\omega_{co} = 4\omega_u$ 的所有频率的有限元网格;

[814] ③ 进行直接积分分析. 求解的时间步长 Δt 应等于 $T_{co}/20$, 其中 $T_{co} = 2\pi/\omega_{co}$ (或, 当使用中心差分法时由于稳定性的考虑取较小步长).

注意到如果采用模态叠加法 (如在第 9.3 节所描述的), 则 ω_{co} 将是解的最高频率. 因此式 (9.49) 中的 p 与小于或者等于 ω_{co} 频率的模态数相等.

在大多数情况下, 当分析结构的动态问题时, 隐式无条件稳定的时间积分最有效. 时间步长 Δt 通常只需 $T_{co}/20$ (不能再小, 除非在非线性响应的计算中迭代时遇到收敛问题; 参看第 9.5.2 节). 如使用隐式时间积分, 高阶的有限元常常是有效的, 例如, 在二维和三维分析中分别使用 9 节点单元和 27 节点单元, 且是一致质量理想化 (见第 5.3 节). 在表示弯曲运动时高阶单元是有效的, 但一般需要采用一致载荷向量, 以便在分析时中间节点和边角节点承受适当的分布载荷.

在结构问题动态分析中, 采用高阶单元和隐式时间积分分析更有效, 与在稳态分析时采用高阶单元一般来说更高效的事实是一致的, 即结构动态问题可以看做是 "计入惯性力的稳态问题". 另外, 如果有限元理想化包含很多单元, 则使用具有集中质量矩阵的显式时间积分更有效, 在这种情况下无需组装和三角化有效刚度矩阵, 但在求解中一般应采用的较小的时间步长 Δt.

2. 波传播

结构动态问题和波传播问题之间的最大不同点在于波传播问题中系统激励出许多的频率. 需要遵循: 分析波传播问题的方法是使用足够高的截止频率 ω_{co} 来获得足够精确的解. 难点在于如何确定要用的截止频率和建立相应的有限元模型.

在波传播问题分析中, 不采用这些考虑得到合适的有限元网格, 而采用有限差分法的概念一般说来更有效.

如果我们假设要分析的临界波长是 L_w, 则波穿过一个点的总的传播时间是

$$t_w = \frac{L_w}{c} \tag{9.100}$$

其中, c 是波速. 假设用 n 个时间步长来表示波的传播

$$\Delta t = \frac{t_w}{n} \tag{9.101}$$

[815] 有限元的 "有效长度" 应该是

$$L_e = c\Delta t \tag{9.102}$$

该有效长度和相应的时间步长应能够精确完整地表示波的传播, 并且根据所用单元理想化的类型和时间积分法的不同而加以选择.

尽管是特例, 当利用中心差分法分析具有集中质量的一维杆时, 式 (9.102) 的有效性是显然的. 如果两端自由的均匀杆在受到一个突然的常阶跃载荷作用, 并理想化为 2 节点的桁架单元且长度为 $c\Delta t$, 则在模型的解中精确得到

波的传播响应. 值得注意的是, 在式 (9.102) 中所给定的时间步长 Δt 对应例 9.12 中导出的稳定 [性] 极限 T_n/π, 即, $\omega_n = 2c/L_e$, 且单个的无约束单元的非零 (最高的) 频率是 ω_n. 因此, 最精确的解是通过等于稳定 [性] 极限的时间步长积分得到的, 当采用较小的步长时解便不那么精确. 当使用相对粗大的空间离散化时, 在 Δt 比 Δt_{cr} 小的情况下所预测解的精度恶化最明显, G. Noh 和 K. J. Bathe [A] 对该问题进行了一定程度研究.

在更复杂的二维或三维分析中, 通常不能得到精确解, L_e 的选择依赖于是否采用了中心差分法还是一个隐式法进行求解.

如果采用显式中心差分法, 就需要采用集中质量矩阵, 在这种情况下低阶有限单元且均匀网格可能最有效, 即在图 5.4 和图 5.5 中的 4 节点单元和 8 节点单元经常分别用于二维和三维分析. 采用这些单元, 我们建立尽可能均匀的网格且 L_e 等于所用任意两个网格的节点间的最小距离. 该长度确定了式 (9.102) 给出的 Δt. 如果使用高阶的连续介质单元 (二次或三次), 则应用同样的度量 L_e 构造尽可能均匀的网格, 但时间步长应进一步减小, 因为内部节点比边角节点 "更刚". 另外, 如果在网格中包含结构单元 (梁、板或者壳), 则时间步长大小 Δt 可能受这些单元中弯曲模式支配, 以至于两节点间的距离单独不能确定 Δt (见表 9.5). 由于条件总是 $\Delta t \leqslant T_n/\pi$, 其中 T_n 是网格的最小周期, 为得到一个有效解, 我们的目的在于使用计算代价不大的 T_n 的下界. 如例 9.13 所示, 该下界是通过对网格中所有单元逐个考虑和度量的, 由所有单元中的最小周期 $T_n^{(m)}$ 给定.

例 9.13: 令 ω_n 是一个有限元组合体网格的最高频率并令 $\omega_n^{(m)}$ 是单元 m 的最高频率. 证明

$$\omega_n \leqslant \max_{(m)} \omega_n^{(m)} \tag{a}$$

其中, $\max\limits_{(m)} \omega_n^{(m)}$ 是网格中的所有单元中的最高单元频率.

因此, 对于中心差分法, 可以使用时间步长

$$\Delta t = \frac{2}{\max\limits_{(m)} \omega_n^{(m)}} \leqslant \Delta t_{cr}$$

使用 Rayleigh 商 (见第 2.6 节) 和式 (4.19)、式 (4.25) 中定义的 $\mathbf{K}^{(m)}$ 和 $\mathbf{M}^{(m)}$, 有 [816]

$$(\omega_n)^2 = \frac{\boldsymbol{\varphi}_n^{\mathrm{T}} \left(\sum\limits_m \mathbf{K}^{(m)} \right) \boldsymbol{\varphi}_n}{\boldsymbol{\varphi}_n^{\mathrm{T}} \left(\sum\limits_m \mathbf{M}^{(m)} \right) \boldsymbol{\varphi}_n} \tag{b}$$

令 $\mathcal{U}^{(m)} = \boldsymbol{\varphi}_n^{\mathrm{T}} \mathbf{K}^{(m)} \boldsymbol{\varphi}_n$ 和 $\mathcal{F}^{(m)} = \boldsymbol{\varphi}_n^{\mathrm{T}} \mathbf{M}^{(m)} \boldsymbol{\varphi}_n$, 则

$$(\omega_n)^2 = \frac{\sum_m \mathcal{U}^{(m)}}{\sum_m \mathcal{F}^{(m)}} \tag{c}$$

现在考虑对于单个单元的 Rayleigh 商

$$\rho^{(m)} = \frac{\boldsymbol{\varphi}_n^{\mathrm{T}} \mathbf{K}^{(m)} \boldsymbol{\varphi}_n}{\boldsymbol{\varphi}_n^{\mathrm{T}} \mathbf{M}^{(m)} \boldsymbol{\varphi}_n} = \frac{\mathcal{U}^{(m)}}{\mathcal{F}^{(m)}} \tag{d}$$

由于 $\mathbf{K}^{(m)}$、$\mathbf{M}^{(m)}$ 与 $\mathbf{K}$ 有同样的维数, 理论上可以认为 $\mathcal{U}^{(m)}$ 和 $\mathcal{F}^{(m)}$ 为零 (但不是对所有的 m). 在任意情况下对每一个单元, 我们有 (见第 2.6 节)

$$\mathcal{U}^{(m)} \leqslant (\omega_n^{(m)})^2 \mathcal{F}^{(m)}$$

则从式 (c) 中有

$$\begin{aligned}(\omega_n)^2 &\leqslant \frac{\sum_m (\omega_n^{(m)})^2 \mathcal{F}^{(m)}}{\sum_m \mathcal{F}^{(m)}} \\ &\leqslant [\max_m (\omega_n^{(m)})^2] \frac{\sum_m \mathcal{F}^{(m)}}{\sum_m \mathcal{F}^{(m)}}\end{aligned}$$

就证明了式 (a). 注意到在式 (b) 中我们使用了在式 (4.19) 和式 (4.25) 中定义的单元 m 的矩阵 $\mathbf{K}^{(m)}$ 和 $\mathbf{M}^{(m)}$, 移去了所有的边界条件 (其他单元的作用). 当然, 如果一些单元 (适用于单元组合体) 在某些自由度上受到约束, 证明同样也是适用的.

对某些单元, 最小周期可以准确得到解析解, 然而对很复杂的 (扭曲或者曲线) 单元, 需要使用 $T_n^{(m)}$ 的下界. 表 9.5 总结了一些结果.

条件 $\Delta t \leqslant$ (“单元长度”/波速) 是指在 R. Courant、K. Friedrichs 和 H. Lewy [A] 中的 CFL 条件. 我们在动态求解中使用 Courant (或者 CFL) 数 $\Delta t/\Delta t_{cr}$ 指明实际的时间步长大小.

如果使用隐式无条件稳定积分法, 则有效长度 L_c 和时间步长 Δt 的选择比较简单. 在这种情况下, 由于 $L_e = L_w/n$ 在波的传播方向上, 可以根据式 (9.100) 至式 (9.102) 选择 L_e, 且从式 (9.102) 中得到 Δt. 可以使用非均匀网格和低阶或者高阶单元, 当采用高阶单元时, 通常一致质量矩阵是合适的. 利用 Bathe 法的进一步研究见 G. Noh、S. Ham 和 K. J. Bathe [A].

这些考虑是对动态线性分析所提出来的, 但很大程度上对非线性分析也是适用的. 非线性分析的一个要点是在有限元系统中所表示的周期和波的传

播速度在响应中是变化的. 因此, 在结构动态问题中如显著激励的频率改变振幅, 以及波的传播问题中如式 (9.102) 中 c 值不是常数, 应考虑到时间步长的适当选择.

表 9.5 某些单元中心差分法的临界时间步长 $\Delta t_{cr}^{(m)} = T_n^{(m)}/\pi = 2/\omega_n^{(m)}$ [817]

单元名称	临界时间步长
2 节点桁架单元	$\mathbf{K}^{(m)} = \frac{AE}{L}\begin{bmatrix}1 & -1\\ -1 & 1\end{bmatrix}$; $\mathbf{M}^{(m)} = \frac{\rho L}{2}\begin{bmatrix}1 & 0\\ 0 & 1\end{bmatrix}$ $\Delta t_{cr}^{(m)} = \frac{L}{c}$;
2 节点梁单元 (见例 4.1)	$\mathbf{K}^{(m)} = \frac{EI}{L}\begin{bmatrix}\frac{12}{L^2} & -\frac{6}{L} & -\frac{12}{L^2} & -\frac{6}{L}\\ & 4 & \frac{6}{L} & 2\\ & \text{对称} & \frac{12}{L^2} & \frac{6}{L}\\ & & & 4\end{bmatrix}$ $\mathbf{M}^{(m)} = \frac{\rho AL}{24}\begin{bmatrix}12 & 0 & 0 & 0\\ & L^2 & 0 & 0\\ & \text{对称} & 12 & 0\\ & & & L^2\end{bmatrix}$ $\Delta t_{cr}^{(m)} = \sqrt{\frac{A}{48I}}\frac{L^2}{c}$
4 节点方形平面应力单元 (见例 4.6)	$\mathbf{K}^{(m)} = \frac{Et}{1-\nu^2}\begin{bmatrix}\frac{3-\nu}{6} & \text{元素是 } \nu \text{ 的函数} & \\ & \ddots & \\ & \text{对称} & \frac{3-\nu}{6}\end{bmatrix}$ $\mathbf{M}^{(m)} = \frac{\rho L^2 t}{4}\begin{bmatrix}1 & & & \\ & 1 & & \\ & & \ddots & \\ & & & 1\end{bmatrix}$ $\Delta t_{cr}^{(m)} = \frac{L}{c}\sqrt{1-\nu}$ 其中, E=杨氏模量, ν=泊松比, L=单元长度 (边长), A=单元横截面积, ρ=质量密度, I=弯曲惯性矩, t=平面应力单元的厚度, c=一维波的传播速度=$\sqrt{E/\rho}$

[818] 我们在第 9.5 节讨论有关非线性分析中的其他问题. 现在说明以上建模特征的例子.

例 9.14: 考虑如图 E9.14.1 所示的杆, 刚开始静止, 一端受到集中载荷作用. 求 0.01 s 时杆的响应.

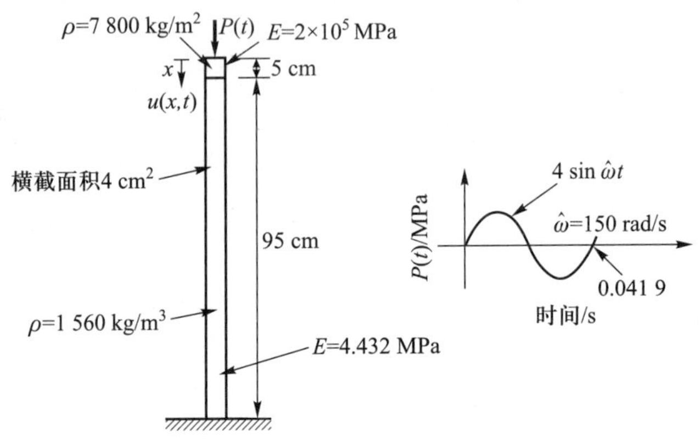

图 E9.14.1　问题描述

使用 2 节点的桁架单元求解这个问题.

(1) 使用模态叠加法;

(2) 用梯形法和中心差分法进行直接积分.

我们注意到杆是由两种材料组成的 (一端硬, 另一端软), 选择桁架单元建模杆意味着使用一维数学模型 (见例 3.17). 当然, 在实践中, 实际问题和解要复杂得多, 使用这个简化的问题和数学模型只是为了说明上面所讨论的模型和求解方法.

为了求解这个问题, 需要选择一个离散化、能够精确表示足够的频率数及其模态振形. 使用集中和一致质量矩阵, 表 E9.14 中所列的频率是用 20 至 40 个等长的单元所计算的. 在该分析中, 注意到集中质量模型的频率总是要低于一致质量模型的频率. 由于刚度较大的短段在杆的顶端, 在 20 个单元模型上的第 20 个频率比第 19 个频率要高很多 (40 个单元模型的第 39 和 40 个频率远高于第 38 个频率).

[819] 作用载荷的频率在模型的第一阶和第二阶频率之间. 使用 $4\times\hat{\omega}$ 作为截止频率, 注意到, 在模态叠加法中计入 4 个振型的响应是足够的, 即在式 (9.49) 中使用 $p=4$. 但为了说明的目的, 考虑对应 $p=1,2,\cdots,5$ 的响应. 同时注意到 20 个单元模型预测的这些主要激励频率是十分精确的 (我们比较 20 个单元模型和 40 个模型频率), 我们使用这些模型求解响应.

对于模态叠加解, 使用一致质量矩阵得到图 E9.14.2 和图 E9.14.3 在时刻 0.01 s 的结果.

表 **E9.14** 预测的频率 单位: rad/s

频率数	集中质量矩阵假设		一致质量矩阵假设	
	20 单元模型	40 单元模型	20 单元模型	40 单元模型
1	7.02516E+01	7.02648E+01	7.02770E+01	7.02712E+01
2	2.19037E+02	2.19393E+02	2.19812E+02	2.19587E+02
3	3.78880E+02	3.80576E+02	3.82932E+02	3.81591E+02
4	5.43097E+02	5.47936E+02	5.55239E+02	5.50977E+02
5	7.06967E+02	7.17610E+02	7.34395E+02	7.24482E+02
6	8.67764E+02	8.87724E+02	9.20054E+02	9.00834E+02
⋮	⋮	⋮	⋮	⋮
19	2.12481E+03	2.89023E+03	3.65556E+03	3.47009E+03
20	1.93925E+05	3.01715E+03	3.25207E+05	3.69646E+03
⋮		⋮		⋮
38		4.26046E+03		7.36679E+03
39		2.73219E+05		3.36596E+05
40		3.97280E+05		6.76577E+05

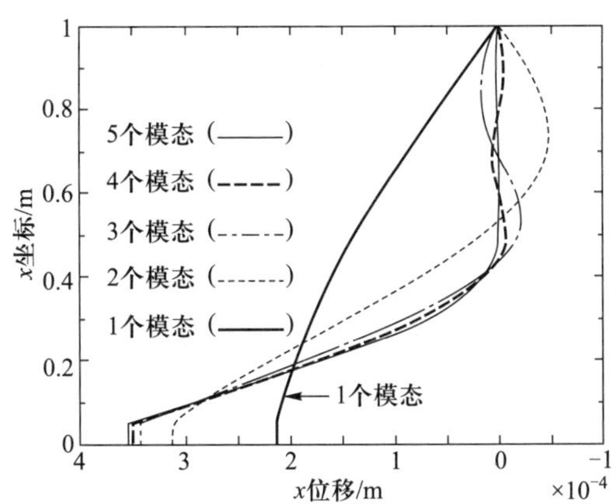

图 E9.14.2 没有稳态校正情况下使用模态叠加法求解

图 E9.14.2 和图 E9.14.3 说明了当增加计入响应预测的模态的数目时, 预测的响应是如何收敛的. 使用 4 个模态的预测响应几乎与使用 5 个模态的一样. 但当在模态叠加中只使用 1 个、2 个或 3 个模态时, 还注意到稳态校正 (即使用式 (9.52)) 显著地改进响应预测. 模态解是通过使用时间步长 $\Delta t = 0.000\,4$ (大约为 $T_5/20$), 对解耦方程 (9.46) 采用数值积分得到的.

[820]

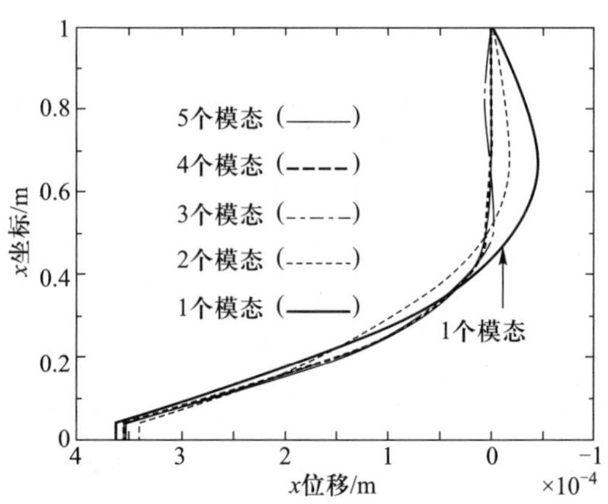

图 E9.14.3 稳态校正情况下使用模态叠加法求解

对使用梯形法的直接积分, 使用模态叠加解中同样的 20 个单元的一致质量模型和同样的时间步长. 该时间步长保证了模态 $\boldsymbol{\varphi}_1$ 至模态 $\boldsymbol{\varphi}_5$ 的响应是精确积分的. 图 E9.14.4 说明了计算的响应, 并与模态叠加解做了极好的比较.

对中心差分法的解, 使用 20 个单元的集中质量矩阵. 时间步长需要足够小以满足稳定性. 如果使用模型中的最高频率, 得到 $\Delta t_{cr} = 2/\omega_{20} = 1.03 \times 10^{-5}$ s, 如果使用在表 9.5 中给出的公式, 得到 $\Delta t_{cr} \geqslant \min_{m=1,\cdots,20} \Delta t_{cr}^{(m)} = 0.98 \times 10^{-5}$ s. 因此, 实际上使用 $\Delta t = 0.98 \times 10^{-5}$ s, 但这里可以使用 $\Delta t = 1.0 \times 10^{-5}$ s. 注意到使用梯形法, 我们只需要 25 个时间步长 (故 CFL 数 ≈ 40), 但在中心差分法中需要 1 000 个时间步数. 当然, 这是由于杆的顶端比较刚硬. 使用中心差分法得到的解与使用模态叠加法和隐式直接积分 (通过梯形法) 得到的解符合得比较好, 如图 E9.14.4 所示.

[821]

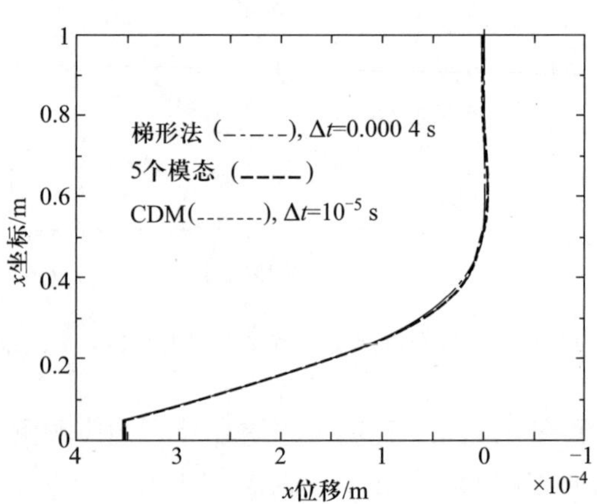

图 E9.14.4 通过模态叠加法和直接积分法所得解的比较

最后, 如果使用时间积分的梯形法, 则我们通过增加时间步长大小研究解的精度. 如果考虑第三个频率 $\omega_3 = 382.93\,\mathrm{rad/s}$, 有 $\widehat{\omega}/\omega_3 = 0.39$. 图 9.3 说明对该频率及其以上的频率, 比稳态响应高出的部分小于 50%. 但模态 $\boldsymbol{\varphi}_i$ 稳态响应随着因子 $1/\omega_i^2$ 按比例减小, 且总是包含在直接时间积分中. 如果使用 $\Delta t = 0.002\,\mathrm{s}$, 我们积分得到的第三个模态动态响应的精度仍在 5% 内 (见图 9.6)(当然第一个和第二个模态响应更加精确). 因此, 选择时间步长为 $\Delta t = 0.002$ 显然是合理的 (CFL 数大约为 200).

图 E9.14.5 确实说明了使用时间步长 $\Delta t = 0.002\,\mathrm{s}$ 时刻的解与更小的时间步长的解相差不大. 这个结果也对应图 E9.14.3 给出的结果, 可以看出只要引入稳态校正的话, 使用 3 个模态的模态叠加解已经相当准确了. 因此, 选择并使用更小的时间步长 $\Delta t = 0.000\,4\,\mathrm{s}$ 对梯形法积分来说有些保守.

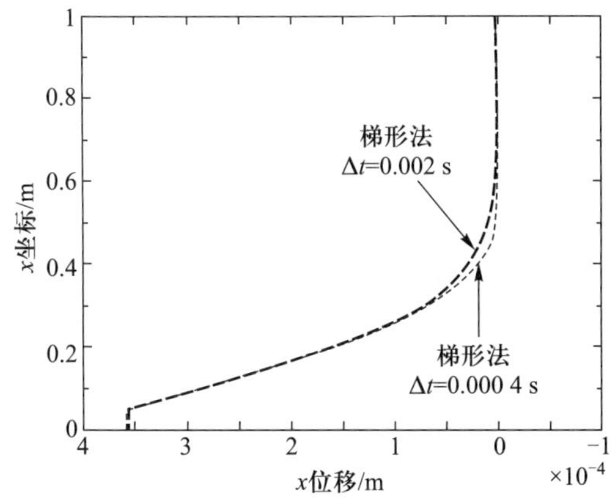

图 E9.14.5 使用梯形法的直接积分得到的解做比较

9.4.5 习题 [822]

9.13 考虑 Bathe 法在第 1 个亚步长使用 $(2-\sqrt{2})\Delta t$, 第 2 个亚步长使用 $(\sqrt{2}-1)\Delta t$ 大小. 显式证明使用这些亚步长 Bathe 法的振幅衰减最大, 而周期扩大最小, 假设实际阻尼 $\xi = 0$.

9.14 假设中心差分法用于求解计入比例阻尼的动态平衡方程 (即在式 (9.62) 中有 $\xi > 0$). 证明仍然由 $2/\omega_n$ 给出临界时间步长.

9.15 考虑对应 Houbolt 法、Newmark 法 $\left(\delta = \dfrac{1}{2}, \alpha = \dfrac{1}{4}\right)$ 和 Bathe 法的谱半径. 证明在对 $\Delta t/T = 10\,000$, 图 9.4 中给出的值是正确的.

9.16 计算对应式 (9.99) 的初值问题当 $\Delta t/T = 0.10$ 时 Houbolt 法、Newmark 法 $\left(\delta = \dfrac{1}{2}, \alpha = \dfrac{1}{4}\right)$ 和 Bathe 法的周期扩大和振幅衰减的百分比. 因此, 证明表 9.6 中给出的值都是正确的.

9.17 使用计算机程序求解如图 Ex.9.17 所示悬臂梁的最小 6 个频率. 考虑 3 个不同的数学模型: Hermite 梁模型、平面应力模型和完全三维模型. 在

[823] 上述问题中，选择适当的有限元离散化模型和假设考虑集中与一致质量矩阵. 验证得到了精确的结果.

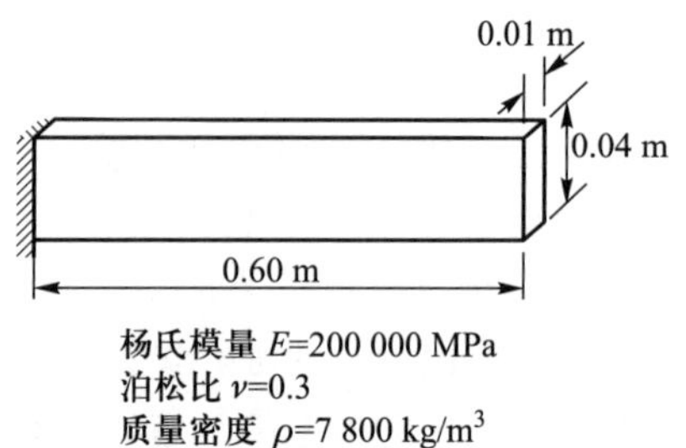

图 Ex.9.17

9.18 使用计算机程序求解如图 Ex.9.18 所示弯曲悬臂梁的最小 6 个频率. 使用 2 节点、3 节点或 4 节点等参混合插值梁单元并使用集中或一致质量矩阵，验证得到了精确的结果.

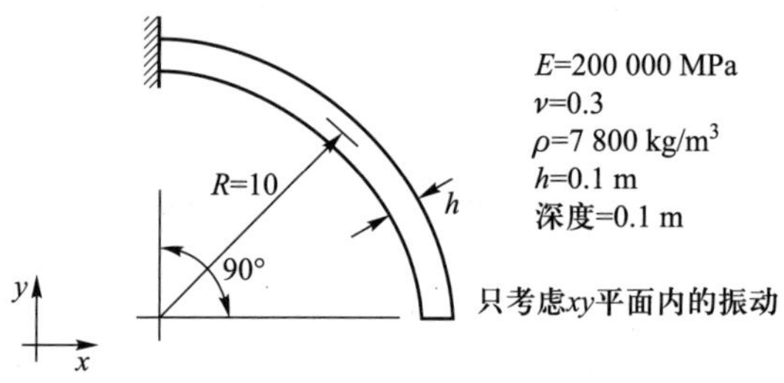

图 Ex.9.18

9.19 考虑集中载荷 P 经过如图 Ex.9.19 所示简支梁上的问题. 使用计算机程序对不同速度的 v 求解该问题.

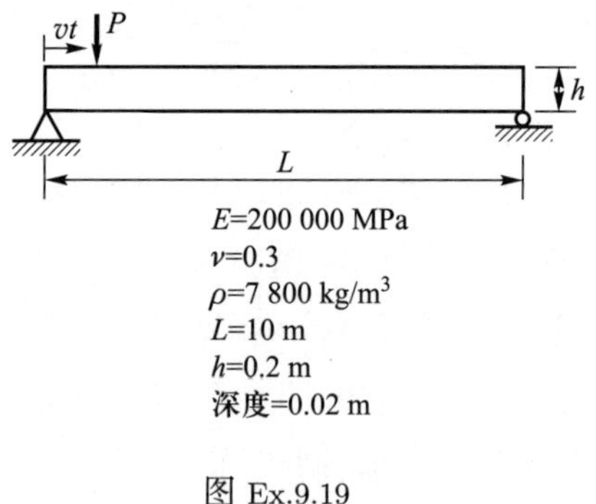

图 Ex.9.19

[824] 9.20 11 层锥形塔受到如图 Ex.9.20 所示的风吹作用. 使用计算机程序求解塔的响应.

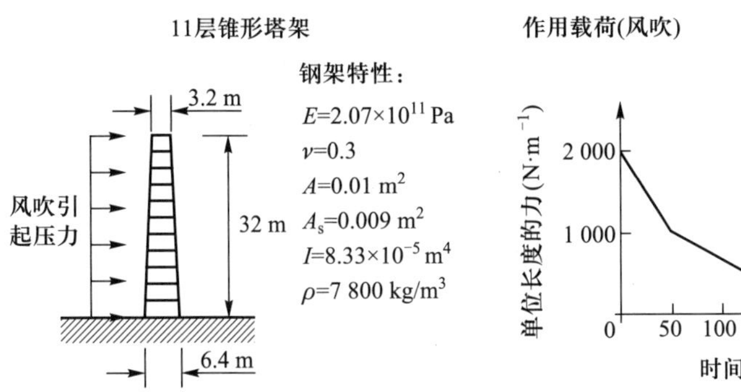

图 Ex.9.20

9.5 在动态分析中非线性方程的求解

实际上, 使用已讨论过的方法可以得到有限元系统中的非线性动态响应解: 在第 6 章中介绍的增量格式, 在第 8.4 节中讨论的迭代求解方法, 以及在本章中介绍的时间积分算法. 因此, 用于非线性动态响应求解的主要基本方法已经介绍过了, 下面我们只需简要总结在非线性动态分析中如何综合运用这些方法.

9.5.1 显式积分

在非线性动态分析中最常用的显式时间积分算子是中心差分算子. 如在线性分析中 (见第 9.2 节) 一样, 在时刻 t 考虑有限元系统的平衡以计算在时刻 $t+\Delta t$ 的位移. 忽略阻尼矩阵的影响, 对每一个离散时间步长, 对方程进行求解

$$\mathbf{M}^t\ddot{\mathbf{U}} = {}^t\mathbf{R} - {}^t\mathbf{F} \tag{9.103}$$

其中, 节点力向量 ${}^t\mathbf{F}$ 按第 6.3 节所讨论的方法计算. 在时刻 $t+\Delta t$ 的节点位移解通过中心差分近似得到加速度 (式 (9.3) 给出) 代入式 (9.103) 中的 ${}^t\ddot{\mathbf{U}}$ 而得到. 因此, 正如在线性分析中一样, 如果我们知道 ${}^{t-\Delta t}\mathbf{U}$ 和 ${}^t\mathbf{U}$, 利用式 (9.3) 和式 (9.103) 计算 ${}^{t+\Delta t}\mathbf{U}$. 因此这个解直接对应时间前向步进. 该方法的主要优点是对对角矩阵 $\mathbf{M}$ 和 ${}^{t+\Delta t}\mathbf{U}$ 的解不涉及系数矩阵的三角分解.

使用中心差分法的缺点在于对时间步长的严格限制: 为了稳定性, 时间步长的大小 Δt 应小于临界时间步长 Δt_{cr}, 即等于 T_n/π, 其中, T_n 是有限元系 [825]
统的最小周期. 这个时间步长的限制是在考虑线性系统时得到的 (见例 9.12), 但这个结果同样适用于非线性系统, 因为对每一个时间步长, 非线性响应计算可以 (近似) 看做线性分析. 尽管在线性分析中刚度性质保持不变, 而在非

线性系统中这些刚度性质在响应计算时会发生改变. 正如在第 6 章所讨论的, 这些材料的性质或几何条件在计算力向量 ${}^t\mathbf{F}$ 时发生变化. 由于在计算响应时 T_n 的值是变化的, 如果系统刚度变大时, 则时间步长 Δt 需要减小, 而该时间步长应以一种保守的方式进行调整使得在所有时刻, 确保 $\Delta t \leqslant T_n/\pi$ 条件得到满足.

为了突出这一点, 考虑这样一个分析: 对一些连续求解步骤, 时间步长总是小于临界时间步长, 而对其他一些求解步骤, 时间步长 Δt 只是比临界时间步长稍大一点. 在这种情况下, 分析结果没有出现一个 "明显" 的不稳定解, 对于时间步长大于稳定 [性] 临界值, 在求解步骤中积累较大的误差. 这个情况与在线性分析中观察到的很不相同, 在线性分析中如果时间步长比稳定临界值大时, 解会很快 "溢出". 这种现象在图 9.8 只有一个自由度的弹簧质量系统中一定程度上得到说明. 在求解时, 对弹簧的刚性区域, 时间步长 Δt 比稳定临界时间步长稍微大些. 对弹簧的小位移, 由于时间步长对应稳定的时间步长, 因而计算的响应有稳定和不稳定分量. 在图 9.8 中显示了计算的响应, 看出尽管预测的位移误差很大, 但解并没有溢出. 因此, 如果这个单自由度系统在大型有限元模型中对应一个高频分量, 则在不引起解的明显溢出下出现相当大的误差积累.

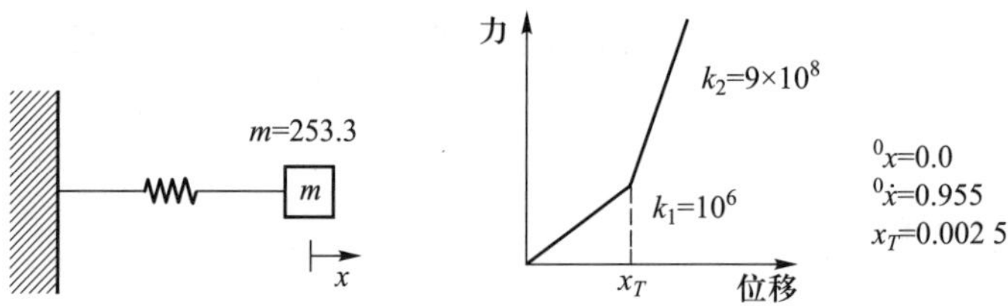

(a) 拉伸与压缩时的力-位移关系

[826]

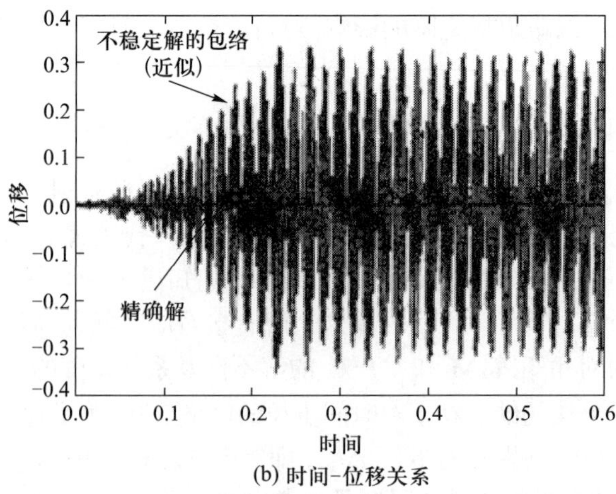

(b) 时间-位移关系

图 9.8　使用中心差分法预测的双线性弹性系统响应

因此选择合适的时间步长 Δt 是很重要的因素. 第 9.4.4 节给出了选择 Δt 的建议. 图 9.8 中,

$$\Delta t_{cr} = 0.001\,061\,027$$

当 $\Delta t = 0.000\,106\,103$ 时计算了远小于 0.1 的位移的精确响应; 当 $\Delta t = 0.001\,061\,03$ 时, 计算得到 "不稳定" 响应.

9.5.2 隐式积分

在非线性动态响应计算中可以应用所有上述线性动态分析的隐式积分法. 尽管梯形法在某些分析中不稳定 (见 K. J. Bathe [F]), 它仍然是一个常用的方法, 我们使用该方法说明涉及非线性分析的其他基本考虑.

正如在线性分析中一样, 使用隐式时间积分, 我们考虑在时刻 $t+\Delta t$ 系统的平衡. 在非线性分析中这要求进行迭代运算, 在实际中, 完全 Newton-Raphson 迭代法通常是最佳的 (第 8.4 节), 但为说明方便起见, 我们这里考虑改进的 Newton-Raphson 迭代法 (忽略阻尼的影响)

$$\mathbf{M}^{t+\Delta t}\ddot{\mathbf{U}}^{(k)} + {}^{t}\mathbf{K}\Delta\mathbf{U}^{(k)} = {}^{t+\Delta t}\mathbf{R} - {}^{t+\Delta t}\mathbf{F}^{(k-1)} \tag{9.104}$$

$$^{t+\Delta t}\mathbf{U}^{(k)} = {}^{t+\Delta t}\mathbf{U}^{(k-1)} + \Delta\mathbf{U}^{(k)} \tag{9.105}$$

使用时间积分的梯形法 ($\delta = \dfrac{1}{2}, \alpha = \dfrac{1}{4}$ 的 Newmark 法), 假设

$$^{t+\Delta t}\mathbf{U} = {}^{t}\mathbf{U} + \frac{\Delta t}{2}({}^{t}\dot{\mathbf{U}} + {}^{t+\Delta t}\dot{\mathbf{U}}) \tag{9.106}$$

$$^{t+\Delta t}\dot{\mathbf{U}} = {}^{t}\dot{\mathbf{U}} + \frac{\Delta t}{2}({}^{t}\ddot{\mathbf{U}} + {}^{t+\Delta t}\ddot{\mathbf{U}}) \tag{9.107}$$

使用式 (9.105) 至式 (9.107), 因此得到

$$^{t+\Delta t}\ddot{\mathbf{U}}^{(k)} = \frac{4}{\Delta t^2}({}^{t+\Delta t}\mathbf{U}^{(k-1)} - {}^{t}\mathbf{U} + \Delta\mathbf{U}^{(k)}) - \frac{4}{\Delta t}{}^{t}\dot{\mathbf{U}} - {}^{t}\ddot{\mathbf{U}} \tag{9.108}$$

代入式 (9.104), 有

$$^{t}\widehat{\mathbf{K}}\Delta\mathbf{U}^{(k)} = {}^{t+\Delta t}\mathbf{R} - {}^{t+\Delta t}\mathbf{F}^{(k-1)} - \mathbf{M}\left(\frac{4}{\Delta t^2}({}^{t+\Delta t}\mathbf{U}^{(k-1)} - {}^{t}\mathbf{U}) - \frac{4}{\Delta t}{}^{t}\dot{\mathbf{U}} - {}^{t}\ddot{\mathbf{U}}\right) \tag{9.109}$$

其中, [827]

$$^{t}\widehat{\mathbf{K}} = {}^{t}\mathbf{K} + \frac{4}{\Delta t^2}\mathbf{M} \tag{9.110}$$

现在注意到在非线性动态分析中使用隐式时间积分的迭代方程和在非线性稳态分析中所使用的方程, 除了系数矩阵和节点力向量包含系统惯性的贡献外, 其形式是相同的. 因此, 可以直接得出结论, 第 8.4 节中所讨论的稳态分析的迭代求解方法对求解式 (9.109) 同样适用. 由于系统惯性, 通常使得动态响应比稳态响应 "更加平滑", 迭代的收敛一般比稳态分析更快, 收敛性质

也会随着 Δt 的减少而改善. 在动态分析中, 随着 Δt 的减少有更好收敛性质数值的原因在于, 质量矩阵对系数矩阵的贡献. 随着时间步长的减少, 这种贡献逐渐增加, 最终成为主要因素 (见第 8.4.1 节).

有意思的是注意到, 在非线性有限元动态响应开始的解中, 平衡迭代式并不按逐步增量分析的方法进行, 即式 (9.109) 对 $k=1$ 简单地求解, 增量位移 $\Delta\mathbf{U}^{(1)}$ 作为对时刻 t 到 $(t+\Delta t)$ 实际增量位移的精确逼近. 然而, 随后认识到该迭代过程实际上是特别重要的 (见 K. J. Bathe 和 E. L. Wilson[B]). 由于在特定时刻, 增量求解的误差与轨迹相关方式直接影响后继时刻的解. 的确, 由于非线性动态响应是与轨迹高度相关的, 故非线性动态问题的分析在迭代时对每一时间步长要求比稳态分析更加严格.

图 9.9 中给出了对该事实的简单说明. 该图说明一个单摆的分析结果, 该单摆理想化为一个桁架单元, 在自由端有一个集中质量. 单摆从水平位置释放, 计算大约一个振动周期的响应. 在分析中, 使用了第 8.4.4 节已讨论过了收敛允许值, 但计入了惯性的影响, 即当下面的条件满足时便收敛.

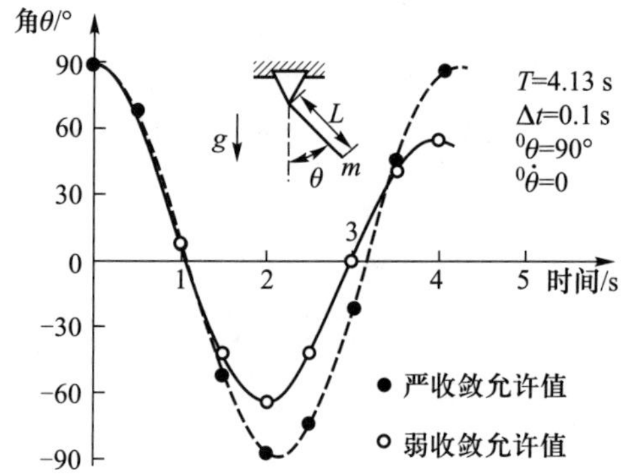

图 9.9 使用梯形法分析单摆, RNORM/mg

$$\frac{\left\|{}^{t+\Delta t}\mathbf{R}-{}^{t+\Delta t}\mathbf{F}^{(i-1)}-\mathbf{M}\,{}^{t+\Delta t}\ddot{\mathbf{U}}^{(i-1)}\right\|_2}{\text{RNORM}}\leqslant \text{RTOL} \tag{9.111}$$

和

[828]

$$\frac{\Delta\mathbf{U}^{(i)\mathrm{T}}\left({}^{t+\Delta t}\mathbf{R}-{}^{t+\Delta t}\mathbf{F}^{(i-1)}-\mathbf{M}\,{}^{t+\Delta t}\ddot{\mathbf{U}}^{(i-1)}\right)}{\Delta\mathbf{U}^{(1)\mathrm{T}}\left({}^{t+\Delta t}\mathbf{R}-{}^{t}\mathbf{F}-\mathbf{M}\,{}^{t}\ddot{\mathbf{U}}\right)}\leqslant \text{ETOL} \tag{9.112}$$

其中, RTOL 是力收敛允许值, ETOL 是能量收敛允许值. 图 9.9 说明了迭代和用足够严格的收敛允许值进行迭代的重要性. 在这个分析中, 如果收敛允许值不够严格, 则能量会散失, 但依赖于所考虑的问题. 如果不使用迭代, 则预测的响应还会溢出. 我们在本例中使用 Newmark 梯形法, 得到了良好的结果. 但众所周知, 该方法在非线性计算中实际上变得不稳定 (即使采用很严格的收敛允许值的迭代法). 对这些分析, 正如第 9.4.3 节所讨论的原因, Bathe

法很有效. 因为 Bathe 法无须设置参数, 只需选择合理的时间步长, 像直接积分法一样, 见 K. J. Bathe [F], Z. Kazanci 和 K. J. Bathe [A].

9.5.3 使用模态叠加求解

考虑线性分析, 在第 9.3 节我们讨论到模态叠加的实质是从单元节点自由度变换到振动模态振形的广义自由度上. 由于基于模态振形向量的动态平衡方程是解耦的 (假设为比例阻尼), 如果载荷只激励出若干振动模态, 则模态叠加分析在线性分析时将很有效. 同样的基本原理在非线性分析中也适用; 但模态振形和频率改变了, 以及把式 (9.109) 中的系数矩阵变换为对角形式, 在时刻 t 的系统中自由振动模态振形需要用于该变换中. 当这些量在上一时刻已经算出时, 可以使用子空间迭代法用很小的代价计算时刻 t 的振动模态振形和频率 (见第 11.6 节). 但非线性动态响应的整个模态叠加分析只有当求解时可以不必太过频繁地更新刚度矩阵时才普遍有效. 此时, 用于求解时刻 $t+\Delta t$ 响应的有限元平衡控制方程是

$$\mathbf{M}^{t+\Delta t}\ddot{\mathbf{U}}^{(k)} + {}^{\tau}\mathbf{K}\Delta\mathbf{U}^{(k)} = {}^{t+\Delta t}\mathbf{R} - {}^{t+\Delta t}\mathbf{F}^{(k-1)} \quad k=1,2,\cdots \tag{9.113}$$

其中, ${}^{\tau}\mathbf{K}$ 是对应上一时刻 τ 位形的刚度矩阵. 在模态叠加分析中使用

$${}^{t+\Delta t}\mathbf{U} = \sum_{i=r}^{s} \boldsymbol{\varphi}_i {}^{t+\Delta t}x_i \tag{9.114}$$

其中, ${}^{t+\Delta t}x_i$ 是在时刻 $t+\Delta t$ 的第 i 个广义模态位移和

$${}^{\tau}\mathbf{K}\boldsymbol{\varphi}_i = \omega_i^2\mathbf{M}\boldsymbol{\varphi}_i; \quad i=r,\cdots,s \tag{9.115}$$

其中, ω_i、$\boldsymbol{\varphi}_i$ 是时刻 τ 系统的自由振动频率 (rad/s) 和模态振形向量. 按通常 [829]
的方法应用式 (9.114) 和方程 (9.113) 变换为

$${}^{t+\Delta t}\ddot{\mathbf{X}}^{(k)} + \boldsymbol{\Omega}^2\Delta\mathbf{X}^{(k)} = \boldsymbol{\Phi}^{\mathrm{T}}\left({}^{t+\Delta t}\mathbf{R} - {}^{t+\Delta t}\mathbf{F}^{(k-1)}\right) \quad k=1,2,\cdots \tag{9.116}$$

其中,

$$\boldsymbol{\Omega}^2 = \begin{bmatrix} \omega_r^2 & & \\ & \ddots & \\ & & \omega_s^2 \end{bmatrix}; \quad \boldsymbol{\Phi} = [\boldsymbol{\varphi}_r, \cdots, \boldsymbol{\varphi}_s]; \quad {}^{t+\Delta t}\mathbf{X} = \begin{bmatrix} {}^{t+\Delta t}x_r \\ \vdots \\ {}^{t+\Delta t}x_s \end{bmatrix} \tag{9.117}$$

式 (9.116) 是时刻 $t+\Delta t$ 的平衡方程且按时刻 τ 的广义模态位移表示; 对应的质量矩阵是单位矩阵, 刚度矩阵是 $\boldsymbol{\Omega}^2$, 外部载荷向量是 $\boldsymbol{\Phi}^{\mathrm{T}t+\Delta t}\mathbf{R}$, 对应在迭代式末尾 $(k-1)$ 单元应力的力向量是 $\boldsymbol{\Phi}^{\mathrm{T}t+\Delta t}\mathbf{F}^{(k-1)}$. 式 (9.116) 可以通过使用如时间积分的梯形法求解 (见第 9.5.2 节).

一般来说, 在非线性动态分析中, 如果只需要考虑比较少的模态振形, 则使用模态叠加法是很有效的. 例如在地震响应和振动激励的分析中, 经常遇到这种情况, 在该领域已经应用了该方法.

9.5.4 习题

9.21 考虑如图 Ex.9.21 所示单摆理想化. 使用有限元程序求解系统 100 个周期的响应 (见图 9.9).

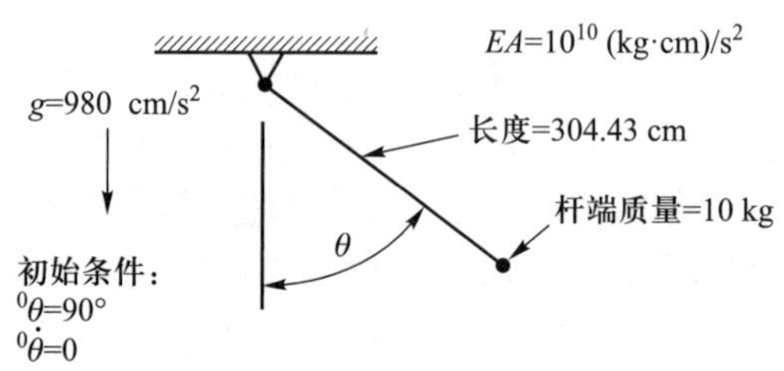

图 Ex.9.21

9.22 考虑如图 Ex.9.22 所示悬臂梁. 梁开始为静止状态, 梁端突然作用载荷 p. 考虑到大位移的影响, 使用有限元程序求解梁的动态响应. 使用梯形法、中心差分法和如有可能使用模态叠加法求响应.

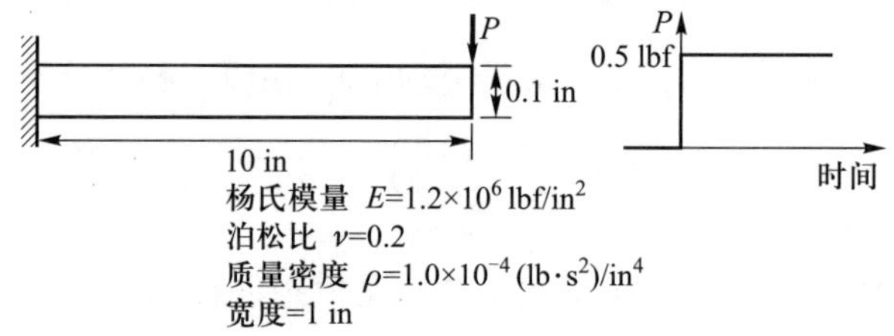

图 Ex.9.22

[830] 9.23 使用计算机程序求解如图 6.23 所示拱的动态屈曲载荷.

9.24 使用计算机程序分析如图 Ex.9.24 所示管道振荡的问题①. 可以使

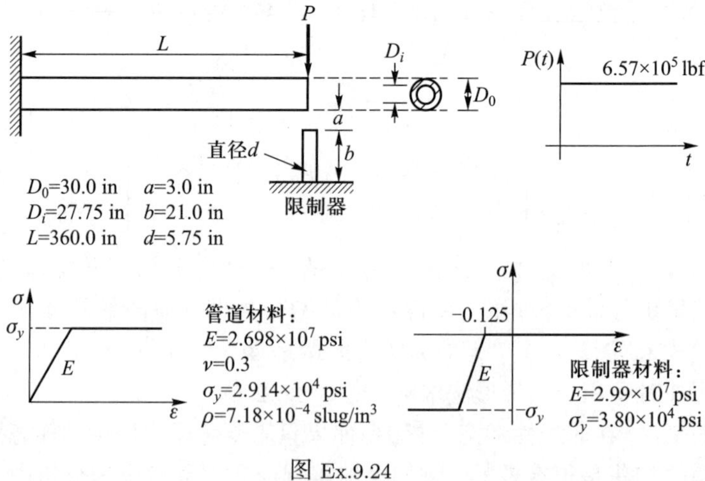

图 Ex.9.24

① 1 psi=6.895 kpa, 1 slug=14.593 9 kg, 1 in^3=16.387 064$\times10^{-6}$ m^3. —— 译者注

用直接积分法或模态叠加法 (这类问题在可能的事故工况分析中是很重要的, 见例 S. M. Ma 和 K. J. Bathe [A]).

9.6 非结构问题的求解: 传热和流体流动

尽管前几节我们考虑的是结构和固体的动态响应解, 但应认识到, 所讨论的许多基本概念同样适用于分析其他类型的问题. 即对非结构问题的求解中, 选择使用显式时间积分还是隐式时间积分, 需要考虑模态叠加分析, 并且对于整个单元组合体的不同区域 (见第 9.2.5 节) 使用不同的时间积分法是有利的. 所用时间积分法的稳定性和精度性质基本上按结构分析类似的方式进行, 并且涉及非线性结构中所得到的重要的方法同样适用于非线性非结构问题的分析.

9.6.1 时间积分的 α 法

我们所考虑的非结构问题指传热、场问题和流体流动 (见第 7 章). 这些问题控制方程的时间积分与结构分析相比, 主要的不同是只需处理对时间的一阶导数. 因此, 时间积分算子与前几节使用的不同.

基于第 9.4 节的讨论, 通过考虑典型的单自由度平衡方程, 我们介绍一种用于传热和流体流动分析的时间积分法 [831]

$$\dot{\eta} + \lambda\eta = r; \quad \eta|_{t=0} = {}^{0}\eta \tag{9.118}$$

例如考虑传热问题, 其中, η 是未知的温度, λ 是扩散率, 而 r 是输入系统的热量. 时间积分的 α 法可以有效地用于式 (9.118) 的求解, 假设如下

$$\begin{aligned} {}^{t+\alpha\Delta t}\dot{\eta} &= ({}^{t+\Delta t}\eta - {}^{t}\eta)/\Delta t \\ {}^{t+\alpha\Delta t}\eta &= (1-\alpha){}^{t}\eta + \alpha{}^{t+\Delta t}\eta \end{aligned} \tag{9.119}$$

其中, α 是一个选取的用于得到最佳稳定性和精度性质的常数. 为了求解 ${}^{t+\Delta t}\eta$, 采用第 9.2 节中描述的方法处理. 即如果 ${}^{t}\eta$ 是已知的, 则可以使用时刻 $t+\Delta t$ 的式 (9.118) 和式 (9.119) 求解 ${}^{t+\Delta t}\eta$, 以此类推. 这种 α 法已经被用于第 6.6.3 节求解有限元系统的非弹性响应.

积分法的性质依赖于所采用的 α 值. 下面是经常使用的方法 (见例 L. Collatz [A]):

$\alpha = 0$, 显式 Euler 前向法, 只要 $\Delta t \leqslant 2/\lambda$ 就稳定, Δt 的一阶精度;

$\alpha = \dfrac{1}{2}$, 隐式梯形法, 无条件稳定, Δt 的二阶精度;

$\alpha = 1$, 隐式 Euler 后向法, 无条件稳定, Δt 的一阶精度.

为了对这些稳定性进行评估, 我们按第 9.4.2 节的方法进行类似处理. 现使用式 (9.118), 其中, $r=0$ 和 λ 为常数, 在时刻 $t+\Delta t$ 代替式 (9.119), 根据所有已知量求解在时刻 $t+\Delta t$ 的变量 η

$$^{t+\Delta t}\eta=\frac{1-(1-\alpha)\lambda\Delta t}{1+\alpha\lambda\Delta t}{}^{t}\eta \tag{9.120}$$

因此, 对稳定性, 需要

$$\left|\frac{1-(1-\alpha)\lambda\Delta t}{1+\alpha\lambda\Delta t}\right|\leqslant 1 \tag{9.121}$$

表明如果 $\alpha\geqslant\frac{1}{2}$, α 法是无条件稳定的. 在 $\alpha<\frac{1}{2}$ 时, 该方法只是稳定的, 只要

$$\Delta t\leqslant\frac{2}{(1-2\alpha)\lambda} \tag{9.122}$$

对情况 $\alpha=0,\frac{1}{2},1$, 这些结果已经用于上面给出的总结中.

为了估算精度性质, 按照第 9.4.3 节类似的方法处理. 但现在考虑初值问题

$$\dot{\eta}+\lambda\eta=0;\quad {}^{0}\eta=1 \tag{9.123}$$

[832] 假设对时间周期 $1/\lambda$ 进行数值求解式 (9.123), 且时间步长大小为 $1/n\lambda$, 其中, n 是用于计算时间周期 $1/\lambda$ 的时间步数. 则我们可以定义在时刻 $1/\lambda$ 的数值解与精确解之间绝对差的百分比为误差度量, 图 9.10 说明了 Euler 前向法和 Euler 后向法以及梯形法的误差度量.

如果有限元网格中 λ 的最大值是已知的, 且网格的响应可以精确积分, 则图 9.10 中的数据对于直接积分法是有用的. 即式 (9.118) 可以被认为是对应值 λ 模态振形的时域微分控制方程 (见第 9.3.2 节和第 9.4.4 节的讨论).

在实际分析中, 我们需要选择有限元离散化、时间积分法和时间步长 Δt. 下面的考虑是有用的.

如图 9.11 所示, 考虑连续介质中的一维传热状态. 初始均匀温度是 θ_i, 在 $x=0$ 处自由表面突然受到温度 θ_0 的作用. 该问题的平衡微分控制方程在例 3.16 中已导出.

数学模型的精确解给出了图 9.11(b) 中所示的温度分布. 该图给出了侵彻 (穿透) 深度 γ 的定义为

$$\gamma=4\sqrt{at} \tag{9.124}$$

其中, a 是热扩散率①, $a=k/\rho c$. 此时

$$\frac{\theta(\gamma)-\theta_i}{\theta_0-\theta_i}<0.01 \tag{9.125}$$

① 在这里我们使用符号 a 表示扩散率 (而不是第 7.4 节的 α), 因为这里 α 被用于表示时间积分参数.

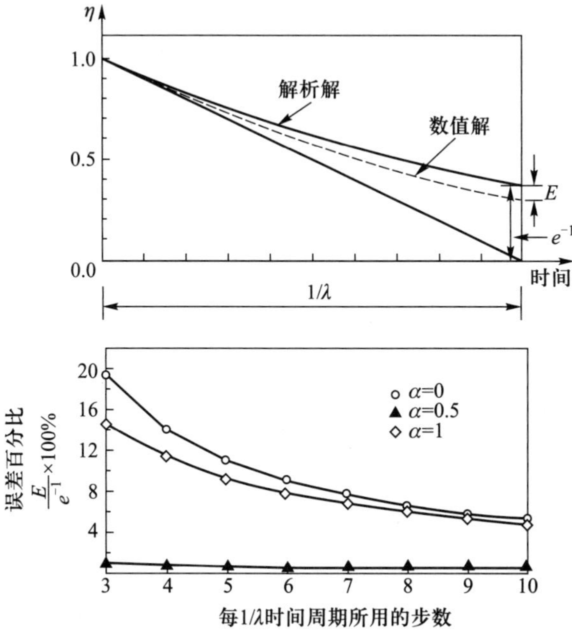

图 9.10　使用 α 法时式 (9.123) 的数值解误差

[833]

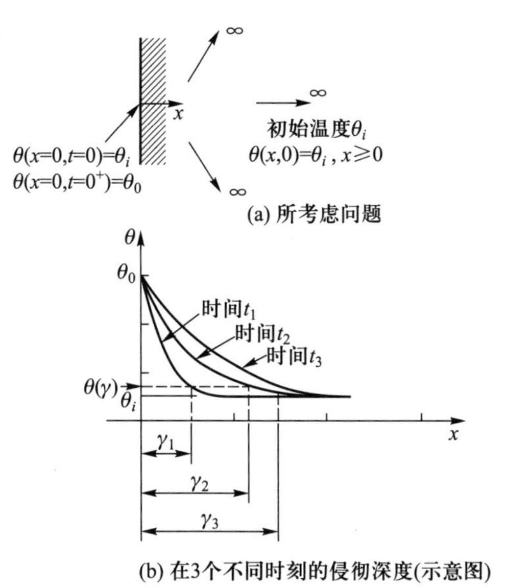

图 9.11　连续介质分析

该侵彻深度还可以用于当不是施加温度而是突然施加一个热通量的问题. 此时有

$$\frac{\theta(\gamma)-\theta_i}{\theta^s-\theta_i}<0.01 \tag{9.126}$$

其中, θ^s 是时刻 t 的表面温度.

[834] 通过使用 γ 选择有限元离散化. 假设 $t_{\min}$ 是要求的温度的最小时间. 如果 N 是需要离散化侵彻深度的单元数量, 则我们使用

$$\Delta x=\frac{4}{N}\sqrt{at_{\min}} \tag{9.127}$$

典型的, 对 2 节点单元, 使用 $N=6$ 至 10, 在整个网格都会用到该单元大小.

接着, 应选择时间积分法的时间步长 Δt. 假设我们使用 2 节点单元和集中热容矩阵. 如果使用 Euler 前向法, 则稳定性约束条件要求时间步长为 (见习题 9.27)

$$\Delta t\leqslant\frac{(\Delta x)^2}{2a} \tag{9.128}$$

而当用梯形法或者 Euler 向后法, 可使用

$$\Delta t=\frac{(\Delta x)^2}{a} \tag{9.129}$$

或者更大的时间步长.

当使用隐式方法, $\alpha=1$ 或者 $\dfrac{1}{2}$ 时, 由于可以得到更好的精度, 使用高阶 (二次) 单元和一致热容矩阵常常更有效. 此时 Δx 是两个相邻节点的距离.

这些结论在二维和三维分析中也是可以直接适用的. 在这些情况中, 我们采用带低阶单元 (在二维分析中采用 4 节点四边形单元和在三维分析中采用 8 节点砖体单元) 和集中热容矩阵以及尽可能接近均匀网格的 Euler 前向法. 时间步长由式 (9.128) 给出, 其中, Δx 是任意两节点间最小的距离. 另一方面, 使用梯形法或者 Euler 向后法, 我们一般使用二次单元 (在二维分析中使用 9 节点单元和在三维分析中使用 27 节点单元), 一致热容矩阵和式 (9.129) 中的时间步长, 其中, Δx 也是任意两节点间最小的距离.

最后, 我们在两个例子中说明时间积分 α 法的应用.

例 9.15: 在非线性瞬态传热分析中, 使用 Euler 后向法和完全 Newton-Raphson 法建立待求解的方程.

在非线性传热分析中使用的隐式时间积分法的控制方程是 (见第 7.2.3 节)

$$ {}^{t+\Delta t}\mathbf{C}^{(i)}\,{}^{t+\Delta t}\dot{\boldsymbol{\theta}}^{(i)}+{}^{t+\Delta t}\mathbf{K}^{(i-1)}\Delta\boldsymbol{\theta}^{(i)}={}^{t+\Delta t}\widetilde{\mathbf{Q}}^{(i-1)} \tag{a}$$

其中, ${}^{t+\Delta t}\widetilde{\mathbf{Q}}^{(i-1)}$ 对应时刻 $t+\Delta t$ 和 $(i-1)$ 次迭代的节点热流率向量. 使用 Euler 后向法, 有

$$ {}^{t+\Delta t}\dot{\boldsymbol{\theta}}^{(i)}=\frac{{}^{t+\Delta t}\boldsymbol{\theta}^{(i-1)}+\Delta\boldsymbol{\theta}^{(i)}-{}^{t}\boldsymbol{\theta}}{\Delta t}$$

因此式 (a) 化为

$$\left({}^{t+\Delta t}\mathbf{K}^{(i-1)}+\frac{1}{\Delta t}\,{}^{t+\Delta t}\mathbf{C}^{(i)}\right)\Delta\boldsymbol{\theta}^{(i)}={}^{t+\Delta t}\widetilde{\mathbf{Q}}^{(i-1)}-{}^{t+\Delta t}\mathbf{C}^{(i)}\,{}^{t+\Delta t}\dot{\boldsymbol{\theta}}^{(i-1)} \tag{b}$$

其中, [835]

$$^{t+\Delta t}\dot{\boldsymbol{\theta}}^{(i-1)} \approx \frac{^{t+\Delta t}\boldsymbol{\theta}^{(i-1)} - {}^{t}\boldsymbol{\theta}}{\Delta t}$$

为求解, 式 (b) 要进一步线性化 (对应完全 Newton-Raphson 迭代), 使用

$$\left({}^{t+\Delta t}\mathbf{K}^{(i-1)} + \frac{1}{\Delta t}{}^{t+\Delta t}\mathbf{C}^{(i-1)} \right) \Delta\boldsymbol{\theta}^{(i)} = {}^{t+\Delta t}\widetilde{\mathbf{Q}}^{(i-1)} - {}^{t+\Delta t}\mathbf{C}^{(i-1)}\,{}^{t+\Delta t}\dot{\boldsymbol{\theta}}^{(i-1)}$$

例 9.16: 参考例 9.15, 使用 Euler 后向法, 建立不可压缩流体在没有传热条件下的要求的方程.

式 (7.74) 和式 (7.75) 中给出流体流动的有限元控制方程, 可以改写为

$$\begin{bmatrix} \mathbf{M} & \mathbf{0} \\ \mathbf{0} & \mathbf{0} \end{bmatrix} \begin{bmatrix} \dot{\mathbf{V}} \\ \dot{\mathbf{P}} \end{bmatrix} + \begin{bmatrix} \mathbf{K} & \mathbf{K}_p \\ \mathbf{K}_p^{\mathrm{T}} & \mathbf{0} \end{bmatrix} \begin{bmatrix} \mathbf{V} \\ \mathbf{P} \end{bmatrix} = \begin{bmatrix} \mathbf{R} \\ \mathbf{0} \end{bmatrix} \tag{a}$$

其中, 向量 $\mathbf{V}$ 指所有速度自由度, $\mathbf{P}$ 为所有压力自由度.

我们注意到完全不可压缩流体条件产生对应压力自由度的零对角元素. 因此, 需要隐式时间积分. 在 Euler 后向法中, 使用 (现在显示的上标指时间和迭代数)

$$\begin{aligned} &\left(\left.\begin{bmatrix} \mathbf{K} & \mathbf{K}_p \\ \mathbf{K}_p^{\mathrm{T}} & \mathbf{0} \end{bmatrix}\right|_{\substack{\text{在 } {}^{t+\Delta t}\mathbf{V}^{(i-1)}, \\ {}^{t+\Delta t}\mathbf{P}^{(i-1)} \text{ 处计算}}} + \frac{1}{\Delta t}\begin{bmatrix} \mathbf{M} & \mathbf{0} \\ \mathbf{0} & \mathbf{0} \end{bmatrix} \right) \begin{bmatrix} \Delta\mathbf{V}^{(i)} \\ \Delta\mathbf{P}^{(i)} \end{bmatrix} \\ &= \begin{bmatrix} {}^{t+\Delta t}\mathbf{R} \\ \mathbf{0} \end{bmatrix} - \left(\begin{bmatrix} \mathbf{M} & \mathbf{0} \\ \mathbf{0} & \mathbf{0} \end{bmatrix} \begin{bmatrix} {}^{t+\Delta t}\dot{\mathbf{V}}^{(i-1)} \\ {}^{t+\Delta t}\dot{\mathbf{P}}^{(i-1)} \end{bmatrix} + \right. \\ &\quad \left. \left.\begin{bmatrix} \mathbf{K} & \mathbf{K}_p \\ \mathbf{K}_p^{\mathrm{T}} & \mathbf{0} \end{bmatrix}\right|_{\substack{\text{在 } {}^{t+\Delta t}\mathbf{V}^{(i-1)}, \\ {}^{t+\Delta t}\mathbf{P}^{(i-1)} \text{ 处计算}}} \begin{bmatrix} {}^{t+\Delta t}\mathbf{V}^{(i-1)} \\ {}^{t+\Delta t}\mathbf{P}^{(i-1)} \end{bmatrix} \right) \end{aligned} \tag{b}$$

因为系数矩阵不是切线矩阵, 方程 (b) 通过依次代入直接地对应一个解. 可以导出如第 6.3.1 节和第 8.4.1 节所描述的 Newton-Raphson 类型的迭代.

实际上, 式 (b) 中直接迭代通常很有效, 特别是如果时间步长 Δt 足够小时. 但是, 右手侧向量应通过最小化实际要求的乘法运算数以实现高效计算.

在上述例子求解中, 考虑了用隐式时间积分求解的非线性系统. 因此, 正如在第 9.5.2 节中所指出的, 迭代求解是重要的. 在传热分析中, 也可以使用显式 Euler 前向法, 不需要迭代, 但时间步长 Δt 应小于 $2/\lambda_n$, 其中, λ_n 是 $\mathbf{K}\boldsymbol{\varphi} = \lambda\mathbf{C}\boldsymbol{\varphi}$ 问题的最大特征值, 在非线性分析中 $\mathbf{K}$ 和 $\mathbf{C}$ 是变化的 (见习题 9.25). 该时间步长可以从式 (9.128) 中或者单个有限单元的矩阵中 (见例 9.13 和习题 9.27) 计算. 此外, 在不可压缩流体流动求解中, 对压力方程应使用无条件稳定的隐式时间积分法, 而对速度和温度方程, 则可以用隐式或显式积分法 (见第 9.2.5 节组合积分法的例子和习题 9.28).

[836]

9.6.2 习题

9.25 一般线性有限元系统的传热方程是

$$\begin{aligned}\mathbf{C}\dot{\boldsymbol{\theta}} + \mathbf{K}\boldsymbol{\theta} &= \mathbf{Q} \\ \boldsymbol{\theta}|_{\text{时刻 } 0} &= {}^{0}\boldsymbol{\theta}\end{aligned} \tag{a}$$

(Ⅰ) 考虑 $\mathbf{Q} = \mathbf{0}$ 的自由系统, 假设 $\boldsymbol{\theta} = \boldsymbol{\varphi}\mathrm{e}^{-\lambda t}$, 推导特征问题

$$\mathbf{K}\boldsymbol{\varphi} = \lambda\mathbf{C}\boldsymbol{\varphi} \tag{b}$$

(Ⅱ) 使用式 (b) 的特征解并说明如何通过模态叠加法求解方程 (a);

(Ⅲ) 现在假设具体情况为

$$\mathbf{C} = \begin{bmatrix} \frac{1}{2} & 0 \\ 0 & 1 \end{bmatrix}; \quad \mathbf{K} = \begin{bmatrix} 2 & -1 \\ -1 & 1 \end{bmatrix}$$

$$\mathbf{Q} = \begin{bmatrix} 1 \\ 0 \end{bmatrix}$$

使用第 (Ⅱ) 部分提出的模态叠加法求解.

9.26 假设对于习题 9.25 中一般系统, 只有对应 p 个最小特征值的模态 (即只使用对应 $\lambda_1, \lambda_2, \cdots, \lambda_p$ 的方程) 进行模态叠加求解. 说明有限元控制方程解的误差是如何计算的, 并且推导与结构系统的动态分析时所使用的稳态校正类似的校正方法.

9.27 假设 Euler 前向法用于求解传热方程 $\mathbf{C}\dot{\boldsymbol{\theta}} + \mathbf{K}\boldsymbol{\theta} = \mathbf{Q}$. 说明如何从单个单元矩阵中计算临界时间步长. 提示: 见例 9.1.3. 将结果用于计算如图 Ex.9.27 所示的有限元模型的一维传热问题, 并将结果与式 (9.128) 给出的值做比较.

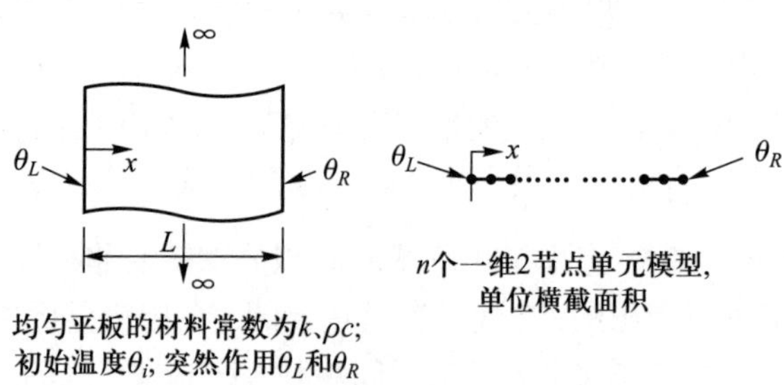

图 Ex.9.27

9.28 考虑不可压缩瞬态流体流动式 (7.74) 至式 (7.76) 的有限元方程. 提出压力方程是隐式积分的, 而速度和温度方程是显式积分的时间积分法 (见第 9.2.5 节).

9.29 使用有限元程序求解习题 9.27 中如图 Ex.9.27 所示数学模型的瞬态响应. 选择合理的有限元离散化、时间积分法和适当的时间步长. 说明结果是相当精确的. 在该分析中, $k = 0.10, \rho c = 0.01, \theta_i = 70, \theta_R = 70, \theta_L = 400, L = 10$. [837]

9.30 处理过程如习题 9.29 一样, 但对拐角的二维数学模型, 如图 Ex.9.30 所示, 在时刻 0^+ 拐角处突然施加表面温度 θ^S.

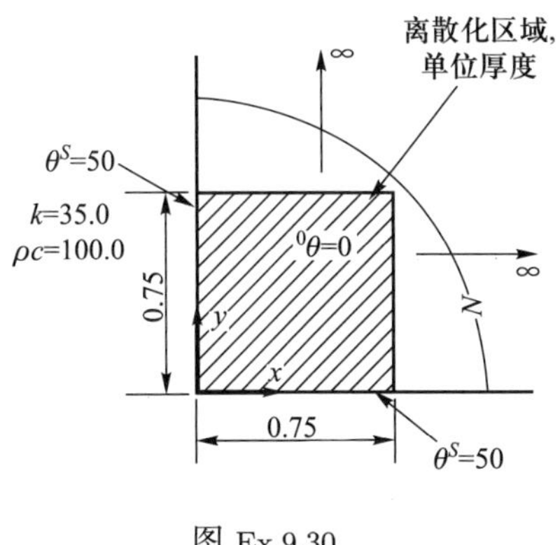

图 Ex.9.30

9.31 使用有限元程序求解两个旋转圆柱间流体的瞬态响应. 使用习题 7.28 中同样的几何和材料特性. 假设圆柱体刚开始是静止的, 从时间区间 0 到 1, 旋转速度充分建立. 将得到的解与解析计算的稳态解进行比较 (见例 F. M. White [A]).

9.32 使用计算机程序求解两个平板间流体的瞬态响应; 要使用的数据如图 Ex.9.32 所示. 下面的平板是静止的, 上面的平板从静止开始, 线性增加到稳态速度 V, 流体受到压力梯度作用. 将得到的解与解析计算得到的稳态解进行比较 (见例 H. Schlichting [A]).

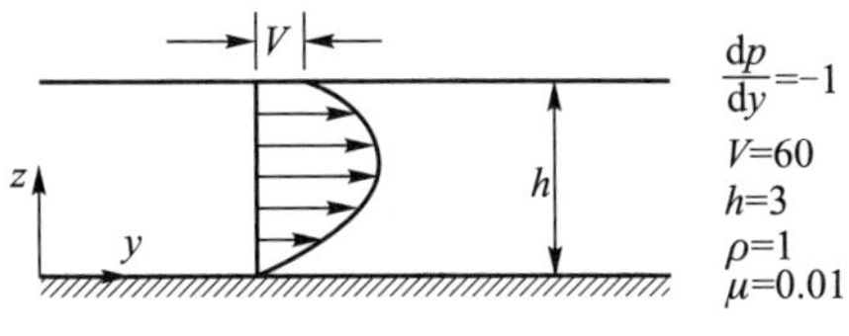

图 Ex.9.32

第 10 章 [838]

特征问题的求解基础

10.1 引言

在前几章节, 我们涉及了特征问题及其求解. 当时并没有讨论如何求得所需的特征值和特征向量, 本章和下一章的目的就是介绍实际求解特征问题的方法. 在介绍算法之前, 本章将讨论求解特征问题的基本思路.

简要总结一下我们要求解的特征问题. 首先是最简单问题的标准特征问题

$$\mathbf{K}\boldsymbol{\varphi} = \lambda\boldsymbol{\varphi} \tag{10.1}$$

其中, $\mathbf{K}$ 是有限元组合体或单个有限单元的刚度矩阵. 我们注意到 $\mathbf{K}$ 是 n 阶的, 对有限元组合体, 其半带宽是 m_{K} (即全带宽是 $2m_{\mathrm{K}}+1$), $\mathbf{K}$ 是半正定或正定的. 有 n 个特征值及相应的特征向量满足式 (10.1). 第 i 个特征对表示为 $(\lambda_i, \boldsymbol{\varphi}_i)$, 这里特征值按从小到大进行排序

$$0 \leqslant \lambda_1 \leqslant \lambda_2 \cdots \leqslant \lambda_{n-1} \leqslant \lambda_n \tag{10.2}$$

p 个特征对的解可以写为

$$\mathbf{K}\boldsymbol{\Phi} = \boldsymbol{\Phi}\boldsymbol{\Lambda} \tag{10.3}$$

其中, $\boldsymbol{\Phi}$ 是一个 $n \times p$ 矩阵, 它的列与对应的 p 个特征向量相等, 并且 $\boldsymbol{\Lambda}$ 是一个列出了相应的特征值的 $p \times p$ 对角矩阵. 作为一个例子, 式 (10.3) 可以表示 $\mathbf{K}$ 最小的 p 个特征值及相应的特征向量解, 此时, $\boldsymbol{\Phi} = [\boldsymbol{\varphi}_1, \cdots, \boldsymbol{\varphi}_p]$, $\boldsymbol{\Lambda} = \mathrm{diag}(\lambda_i), i = 1, \cdots, p$. 还注意到, 当 $\mathbf{K}$ 是正定的, 则 $\lambda_i > 0, i = 1, \cdots, n$; 如果 $\mathbf{K}$ 是半正定, $\lambda_i \geqslant 0, i = 1, \cdots, n$, 其中零特征值的个数等于系统中的刚体模式的个数. [839]

例如, 在单元刚度矩阵计算中或结构刚度矩阵条件数的计算中需要求出式 (10.1) 特征问题解. 我们在第 4.3.2 节讨论了单元刚度矩阵以其标准形式 (即以特征向量为基础) 表达出来是用于评估单元的有效性. 在这种情况下, 必须计算 $\mathbf{K}$ 的所有特征值和特征向量. 此外, 要计算刚度矩阵的条件数, 只需最小和最大特征值 (见第 8.2.6 节).

在介绍广义特征问题之前应该指出, 可能还需要求解其他标准的特征问题. 例如, 可能要求出质量矩阵 $\mathbf{M}$ 的特征值, 在这种情况下, $\mathbf{M}$ 代替式 (10.1) 中的 $\mathbf{K}$. 同样, 在热流分析中 (见第 7.2 节), 可能要求解导热系数矩阵或热容矩阵的特征问题.

另一个应用广泛的特征问题是在振动模态叠加分析中要求解的特征问题 (见第 9.3 节). 考虑广义的特征问题

$$\mathbf{K}\boldsymbol{\varphi} = \lambda\mathbf{M}\boldsymbol{\varphi} \tag{10.4}$$

其中, $\mathbf{K}$ 和 $\mathbf{M}$ 分别是有限元组合体的刚度矩阵和质量矩阵. 特征值 λ_i 和特征向量 $\boldsymbol{\varphi}_i$ 分别是自由振动频率 (rad/s) 的平方 ω_i^2 及其相应的振形向量. 上文已讨论了 $\mathbf{K}$ 的性质. 质量矩阵也可为带状的, 此时其半带宽 m_{M} 等于 m_{K}, 或 $\mathbf{M}$ 可能是对角的且 $m_{ii} \geqslant 0$, 即一些对角元素可能是零. 从一致质量分析得到的带状质量矩阵总是正定的, 而只有当所有的对角元素大于零时, 集中质量矩阵才是正定的. 在通常情况下, 对角质量矩阵是半正定的.

与式 (10.3) 类似, 式 (10.4) 中的 p 个特征值及其特征向量的解可以写为

$$\mathbf{K}\boldsymbol{\Phi} = \mathbf{M}\boldsymbol{\Phi}\boldsymbol{\Lambda} \tag{10.5}$$

其中, $\boldsymbol{\Phi}$ 的列向量是特征向量, 并且 $\boldsymbol{\Lambda}$ 是列出相应特征值的对角矩阵.

当然, 如果 $\mathbf{M}$ 是单位矩阵, 则广义特征问题式 (10.4) 可转换为标准特征问题式 (10.1). 换句话说, 当每个自由度指定单位质量时, 式 (10.3) 中的特征值和特征向量可认为是系统频率的平方和振动模态振形. 对应式 (10.1) 解中可能的特征值, 式 (10.4) 中的广义特征问题具有特征值 $\lambda_i \geqslant 0, i = 1, \cdots, n$, 其中零特征值的个数等于系统中刚体模式的个数.

应简要地提到其他两个广义特征问题. 第二个特征问题是求解线性屈曲分析, 此时考虑 (参见第 6.8.2 节)

$${}^{t}\mathbf{K}\boldsymbol{\varphi} = \lambda^{t-\Delta t}\mathbf{K}\boldsymbol{\varphi} \tag{10.6}$$

[840] 其中, 其中 ${}^{t-\Delta t}\mathbf{K}$ 和 ${}^{t}\mathbf{K}$ 分别是对应于时刻 (即载荷大小) $t - \Delta t$ 和 t 的刚度矩阵.

第三个广义特征问题是在传热分析中遇到的问题, 考虑

$$\mathbf{K}\boldsymbol{\varphi} = \lambda\mathbf{C}\boldsymbol{\varphi} \tag{10.7}$$

其中, $\mathbf{K}$ 是热传导系数矩阵, $\mathbf{C}$ 是热容矩阵. 特征值和特征向量分别是热特征值和热模态形状. 传热分析中, 式 (10.7) 的解要求使用模态叠加法 (见习题 9.25). 式 (10.7) 中的矩阵 $\mathbf{K}$ 和 $\mathbf{C}$ 是正定或半正定的, 所以式 (10.7) 的特征值 $\lambda_i > 0, i = 1, \cdots, n$.

在本章和第 11 章, 我们讨论式中 (10.1) $\mathbf{K}\boldsymbol{\varphi} = \lambda\boldsymbol{\varphi}$ 和式 (10.4) 中 $\mathbf{K}\boldsymbol{\varphi} = \lambda\mathbf{M}\boldsymbol{\varphi}$ 的特征问题. 这些特征问题在实践中经常遇到. 但应注意, 介绍的所有算法, 也适用于其他特征问题的求解, 只要它们具有相同的形式, 且矩阵满足适当的条件, 如正定性、半正定性等. 例如, 为求解问题式 (10.7), 质量矩阵 $\mathbf{M}$ 只需被热容矩阵 $\mathbf{C}$ 替代且矩阵 $\mathbf{K}$ 是导热系数矩阵.

应指出, 考虑所求特征问题的实际计算机解法时, 在稳态分析的方程求解方法的引言中 (见第 8.1 节), 我们看出使用有效计算程序的重要性. 对特征系统的计算来说, 这点尤为重要, 因为在一般情况下, 求解特征值及其特征向量比稳态平衡方程需要更多的计算量. 一个特别重要的考虑是, 为得到特征解, 该求解算法必须是稳定的, 但这尤其困难.

在文献中提出和报道了大量特征系统的求解方法 (如见 I. H. Wilkinson [A]). 大多数方法针对相当一般的矩阵而提出的. 而在有限元分析中, 涉及的是上文归纳的具体特征问题的求解, 其中矩阵具有某些特殊性质, 例如带状和正定等. 特征系统求解算法应该充分利用这些性质以使得求解开销小.

本章的目的是为透彻理解有效的特征问题求解方法打好基础. 首先讨论矩阵的性质、感兴趣问题的特征值和特征向量, 然后介绍一些近似求解方法. 推荐使用的实际求解方法将在第 11 章介绍.

10.2 求解特征系统所用的基本性质

在开始研究特征系统求解方法之前, 需要深入了解所考虑矩阵、特征值和特征向量的各种性质. 特别地, 我们会发现所有的求解方法, 从本质上讲都是基于这些基本性质的. 因此, 尽管一些内容已经在本书的其他部分介绍过, [841]
我们仍然在本节总结矩阵及其特征系统的重要性质. 正如第 10.1 节中所指出的, 考虑特征问题 $\mathbf{K}\boldsymbol{\varphi} = \lambda\mathbf{M}\boldsymbol{\varphi}$, 当 $\mathbf{M} = \mathbf{I}$ 时, 化为 $\mathbf{K}\boldsymbol{\varphi} = \lambda\boldsymbol{\varphi}$, 但提出的方法也适用于其他感兴趣的特征问题.

10.2.1 特征向量的性质

已经指出, 求解广义特征问题 $\mathbf{K}\boldsymbol{\varphi} = \lambda\mathbf{M}\boldsymbol{\varphi}$, 得到 n 个特征值 $\lambda_1, \cdots, \lambda_n$, 按式 (10.2) 中的顺序排列, 同时得到相应的特征向量 $\boldsymbol{\varphi}_1, \cdots, \boldsymbol{\varphi}_n$. 每个特征对 $(\lambda_i, \boldsymbol{\varphi}_i)$ 满足式 (10.4), 即

$$\mathbf{K}\boldsymbol{\varphi}_i = \lambda_i\mathbf{M}\boldsymbol{\varphi}_i; \quad i = 1, \cdots, n \tag{10.8}$$

应充分理解式 (10.8) 的意义. 该方程表明, 如果建立一个向量 $\lambda_i\mathbf{M}\boldsymbol{\varphi}_i$, 并把它当做 $\mathbf{KU} = \mathbf{R}$ 方程中的载荷向量 $\mathbf{R}$, 则 $\mathbf{U} = \boldsymbol{\varphi}_i$. 该想法也许立刻建议

使用稳态求解算法来计算特征向量. 后面将看到 $\mathbf{LDL}^{\mathrm{T}}$ 分解算法确实是特征解法的重要组成部分.

方程 (10.8) 还表明特征向量在它本身及其常数倍上都有定义, 即有

$$\mathbf{K}(\alpha\, \boldsymbol{\varphi}_i) = \lambda_i \mathbf{M}(\alpha\, \boldsymbol{\varphi}_i) \tag{10.9}$$

其中, α 是非零常数. 因而, 如果 $\boldsymbol{\varphi}_i$ 是特征向量, 则 $\alpha\boldsymbol{\varphi}_i$ 也是特征向量, 并且特征向量只由所考虑的 n 维空间中的方向定义. 但在讨论中, 特征向量 $\boldsymbol{\varphi}_i$ 满足式 (10.8), 也满足关系 $\boldsymbol{\varphi}_i^{\mathrm{T}}\mathbf{M}\boldsymbol{\varphi}_i = 1$, 它固定了特征向量长度, 即每个特征向量中元素的绝对值. 但应指出, 特征向量仅乘以 -1 仍是特征向量.

特征向量满足的一个重要条件是 $\mathbf{M}$ 正交性, 即

$$\boldsymbol{\varphi}_i^{\mathrm{T}}\mathbf{M}\boldsymbol{\varphi}_j = \delta_{ij} \tag{10.10}$$

其中, δ_{ij} 是 Kronecker delta. 该关系满足标准特征问题特征向量的正交性 (见第 2.5 节), 在第 10.2.5 节中将进一步讨论. 用 $\boldsymbol{\varphi}_j$ 的转置左乘式 (10.8), 并使用式 (10.10) 中的条件, 得

$$\boldsymbol{\varphi}_i^{\mathrm{T}}\mathbf{K}\boldsymbol{\varphi}_j = \lambda_i \delta_{ij} \tag{10.11}$$

该式说明特征向量也是 $\mathbf{K}$ 正交的. 当使用式 (10.10) 和式 (10.11) 时, 应注意 $\mathbf{M}$ 和 $\mathbf{K}$ 正交性来自式 (10.8), 并且式 (10.8) 是要满足的基本方程. 换句话说, 如果有一对特征向量和特征值, 则应把它们代入式 (10.8) 进行检验 (见例 10.3).

迄今为止, 还没有涉及多重特征值及相应的特征向量. 重要的是要认识到, 此种情况下特征向量不是唯一的, 但总是可选择一组 $\mathbf{M}$ 正交的特征向量, 张成对应多重特征值的子空间 (见第 2.5 节). 换句话说, 假如 λ_i 是 m 重特征
[842] 根 (即, $\lambda_i = \lambda_{i+1} = \cdots = \lambda_{i+m-1}$), 则可选择 m 个特征向量 $\boldsymbol{\varphi}_i, \cdots, \boldsymbol{\varphi}_{i+m-1}$, 张成对应特征值 λ_i 的 m 维子空间, 并满足正交条件式 (10.10) 和式 (10.11). 但特征向量不是唯一的, 而对应 λ_i 的特征空间是唯一的. 我们通过一些例子说明这些结果.

例 10.1: 2 自由度系统的刚度矩阵和质量矩阵是

$$\mathbf{K} = \begin{bmatrix} 5 & -2 \\ -2 & 2 \end{bmatrix}; \quad \mathbf{M} = \begin{bmatrix} \frac{5}{4} & 0 \\ 0 & \frac{1}{5} \end{bmatrix}$$

$\mathbf{K}\boldsymbol{\varphi} = \lambda\boldsymbol{\varphi}$ 特征问题的两个特征对是

$$(d_1, \mathbf{v}_1) = \left(1, \begin{bmatrix} \frac{1}{\sqrt{5}} \\ \frac{2}{\sqrt{5}} \end{bmatrix}\right); \quad (d_2, \mathbf{v}_2) = \left(6, \begin{bmatrix} \frac{2}{\sqrt{5}} \\ -\frac{1}{\sqrt{5}} \end{bmatrix}\right) \tag{a}$$

$\mathbf{K}\boldsymbol{\varphi} = \lambda\mathbf{M}\boldsymbol{\varphi}$ 特征问题的两个特征对是

$$(g_1, \mathbf{w}_1) = \left(2, \begin{bmatrix} \frac{4}{5} \\ 1 \end{bmatrix}\right); \quad (g_2, \mathbf{w}_2) = \left(12, \begin{bmatrix} \frac{2}{5} \\ -2 \end{bmatrix}\right) \tag{b}$$

验证式 (a) 和式 (b) 分别是 $\mathbf{K}\boldsymbol{\varphi} = \lambda\boldsymbol{\varphi}$ 和 $\mathbf{K}\boldsymbol{\varphi} = \lambda\mathbf{M}\boldsymbol{\varphi}$ 的特征解.

首先考虑问题 $\mathbf{K}\boldsymbol{\varphi} = \lambda\boldsymbol{\varphi}$. 当 $\mathbf{M} = \mathbf{I}$ 时, 式 (a) 所给出的值如果满足式 (10.8), 并为固定向量的长度, 当 $\mathbf{M} = \mathbf{I}$ 时满足正交性关系式 (10.10), 则它们确实是特征解. 代入式 (10.3), 式 (10.3) 表示了式 (10.8) 中所有特征对的关系, 则有

$$\begin{bmatrix} 5 & -2 \\ -2 & 2 \end{bmatrix} \begin{bmatrix} \frac{1}{\sqrt{5}} & \frac{2}{\sqrt{5}} \\ \frac{2}{\sqrt{5}} & -\frac{1}{\sqrt{5}} \end{bmatrix} = \begin{bmatrix} \frac{1}{\sqrt{5}} & \frac{2}{\sqrt{5}} \\ \frac{2}{\sqrt{5}} & -\frac{1}{\sqrt{5}} \end{bmatrix} \begin{bmatrix} 1 & 0 \\ 0 & 6 \end{bmatrix}$$

即

$$\begin{bmatrix} \frac{1}{\sqrt{5}} & \frac{12}{\sqrt{5}} \\ \frac{2}{\sqrt{5}} & -\frac{6}{\sqrt{5}} \end{bmatrix} = \begin{bmatrix} \frac{1}{\sqrt{5}} & \frac{12}{\sqrt{5}} \\ \frac{2}{\sqrt{5}} & -\frac{6}{\sqrt{5}} \end{bmatrix}$$

计算式 (10.10), 得到

$$\mathbf{v}_1^{\mathrm{T}}\mathbf{v}_1 = \begin{bmatrix} \frac{1}{\sqrt{5}} & \frac{2}{\sqrt{5}} \end{bmatrix} \begin{bmatrix} \frac{1}{\sqrt{5}} \\ \frac{2}{\sqrt{5}} \end{bmatrix} = 1$$

$$\mathbf{v}_2^{\mathrm{T}}\mathbf{v}_1 = \begin{bmatrix} \frac{2}{\sqrt{5}} & -\frac{1}{\sqrt{5}} \end{bmatrix} \begin{bmatrix} \frac{1}{\sqrt{5}} \\ \frac{2}{\sqrt{5}} \end{bmatrix} = 0$$

[843]

$$\mathbf{v}_2^{\mathrm{T}}\mathbf{v}_2 = \begin{bmatrix} \frac{2}{\sqrt{5}} & -\frac{1}{\sqrt{5}} \end{bmatrix} \begin{bmatrix} \frac{2}{\sqrt{5}} \\ -\frac{1}{\sqrt{5}} \end{bmatrix} = 1$$

$$\mathbf{v}_1^{\mathrm{T}}\mathbf{v}_2 = \mathbf{v}_2^{\mathrm{T}}\mathbf{v}_1 = 0$$

因此, 式 (10.3) 和式 (10.10) 中的关系是满足的, 有 $\lambda_1 = d_1, \lambda_2 = d_2$, $\boldsymbol{\varphi}_1 = \mathbf{v}_1$ 和 $\boldsymbol{\varphi}_2 = \mathbf{v}_2$.

为了检验式 (b) 是否是 $\mathbf{K}\boldsymbol{\varphi} = \lambda\mathbf{M}\boldsymbol{\varphi}$ 的特征解, 采用类似的方法. 代入式 (10.5), 有

$$\begin{bmatrix} 5 & -2 \\ -2 & 2 \end{bmatrix} \begin{bmatrix} \frac{4}{5} & \frac{2}{5} \\ 1 & -2 \end{bmatrix} = \begin{bmatrix} \frac{5}{4} & 0 \\ 0 & \frac{1}{5} \end{bmatrix} \begin{bmatrix} \frac{4}{5} & \frac{2}{5} \\ 1 & -2 \end{bmatrix} \begin{bmatrix} 2 & 0 \\ 0 & 12 \end{bmatrix}$$

即

$$\begin{bmatrix} 2 & 6 \\ \frac{2}{5} & -\frac{24}{5} \end{bmatrix} = \begin{bmatrix} 2 & 6 \\ \frac{2}{5} & -\frac{24}{5} \end{bmatrix}$$

代入式 (10.10), 得到

$$\mathbf{w}_1^{\mathrm{T}}\mathbf{M}\mathbf{w}_1 = \begin{bmatrix} \frac{4}{5} & 1 \end{bmatrix} \begin{bmatrix} \frac{5}{4} & 0 \\ 0 & \frac{1}{5} \end{bmatrix} \begin{bmatrix} \frac{4}{5} \\ 1 \end{bmatrix} = 1$$

$$\mathbf{w}_2^{\mathrm{T}}\mathbf{M}\mathbf{w}_1 = \begin{bmatrix} \frac{2}{5} & -2 \end{bmatrix} \begin{bmatrix} \frac{5}{4} & 0 \\ 0 & \frac{1}{5} \end{bmatrix} \begin{bmatrix} \frac{4}{5} \\ 1 \end{bmatrix} = 0$$

$$\mathbf{w}_2^{\mathrm{T}}\mathbf{M}\mathbf{w}_2 = \begin{bmatrix} \frac{2}{5} & -2 \end{bmatrix} \begin{bmatrix} \frac{5}{4} & 0 \\ 0 & \frac{1}{5} \end{bmatrix} \begin{bmatrix} \frac{2}{5} \\ -2 \end{bmatrix} = 1$$

$$\mathbf{w}_1^{\mathrm{T}}\mathbf{M}\mathbf{w}_2 = \mathbf{w}_2^{\mathrm{T}}\mathbf{M}\mathbf{w}_1 = 0$$

因此, 式 (10.5) 和式 (10.10) 中的关系是满足的, 有 $\lambda_1 = \mathrm{g}_1$; $\lambda_2 = \mathrm{g}_2$; $\boldsymbol{\varphi}_1 = \mathbf{w}_1$; $\boldsymbol{\varphi}_2 = \mathbf{w}_2$.

例 10.2: 考虑特征问题

$$\mathbf{K}\boldsymbol{\varphi} = \lambda\boldsymbol{\varphi}; \quad 其中\ \mathbf{K} = \begin{bmatrix} 2 & & \\ & 2 & \\ & & 3 \end{bmatrix}$$

证明对应多重特征值的特征向量是不唯一的.

$\mathbf{K}$ 的特征值为 $\lambda_1 = 2, \lambda_2 = 2, \lambda_3 = 3$, 一组特征向量为

$$\boldsymbol{\varphi}_1 = \begin{bmatrix} 1 \\ 0 \\ 0 \end{bmatrix}; \quad \boldsymbol{\varphi}_2 = \begin{bmatrix} 0 \\ 1 \\ 0 \end{bmatrix}; \quad \boldsymbol{\varphi}_3 = \begin{bmatrix} 0 \\ 0 \\ 1 \end{bmatrix} \tag{a}$$

[844] 其中, $\boldsymbol{\varphi}_3$ 是唯一的. 可以采用例 10.1 的方法检验这些值. 而式 (a) 中 $\boldsymbol{\varphi}_1$ 和 $\boldsymbol{\varphi}_2$ 的任何线性组合, 当 $\mathbf{M} = \mathbf{I}$ 时, 满足式 (10.10) 中的正交性条件, 也是特征向量. 例如, 可以用

$$\boldsymbol{\varphi}_1 = \begin{bmatrix} \frac{1}{\sqrt{2}} \\ \frac{1}{\sqrt{2}} \\ 0 \end{bmatrix} \quad 和\ \boldsymbol{\varphi}_2 = \begin{bmatrix} \frac{1}{\sqrt{2}} \\ -\frac{1}{\sqrt{2}} \\ 0 \end{bmatrix} \tag{b}$$

这些确是对应 $\lambda_1 = \lambda_2 = 2$ 的特征向量, 可以如例 10.1 一样再次检验. 应当指出, 特征向量 $\boldsymbol{\varphi}_1$ 和 $\boldsymbol{\varphi}_2$ 提供对应特征值 λ_1 和 λ_2 的唯一二维空间的基.

对所有 p 个所求的特征值及相应的特征向量, 式 (10.4) 的解可按式 (10.5) 确定. 使用式 (10.10) 和式 (10.11), 现写为

$$\mathbf{\Phi}^{\mathrm{T}}\mathbf{K}\mathbf{\Phi}=\mathbf{\Lambda} \tag{10.12}$$

和

$$\mathbf{\Phi}^{\mathrm{T}}\mathbf{M}\mathbf{\Phi}=\mathbf{I} \tag{10.13}$$

其中, $\mathbf{\Phi}$ 的 p 个列向量是特征向量. 注意, 下面两点是非常重要的, 式 (10.12) 和式 (10.13) 是特征向量必须满足的条件, 但如果满足 $\mathbf{M}$ 正交性和 $\mathbf{K}$ 正交性, 则 p 个向量不一定是特征向量, 除非 $p=n$. 换句话说, 假设 $\mathbf{X}$ 存储 p 个向量, $p<n$, 并且 $\mathbf{X}^{\mathrm{T}}\mathbf{K}\mathbf{X}=\mathbf{D}$ 和 $\mathbf{X}^{\mathrm{T}}\mathbf{M}\mathbf{X}=\mathbf{I}$; 则 $\mathbf{X}$ 中的向量和 $\mathbf{D}$ 中的对角元素可能是或不是式 (10.4) 的特征向量和特征值. 但如果 $p=n$, 则 $\mathbf{X}=\mathbf{\Phi}$, $\mathbf{D}=\mathbf{\Lambda}$, 因为只有特征向量张成整个 n 维空间, 才能使矩阵 $\mathbf{K}$ 和 $\mathbf{M}$ 对角化. 为强调这一事实, 我们介绍下例.

例 10.3: 考虑特征问题 $\mathbf{K}\boldsymbol{\varphi}=\lambda\mathbf{M}\boldsymbol{\varphi}$,

$$\mathbf{K}=\begin{bmatrix}2&-1&0\\-1&4&-1\\0&-1&2\end{bmatrix};\mathbf{M}=\begin{bmatrix}\frac{1}{2}&0&0\\0&1&0\\0&0&\frac{1}{2}\end{bmatrix}$$

以及两个向量

$$\mathbf{v}_1=\begin{bmatrix}1\\\frac{1}{\sqrt{2}}\\0\end{bmatrix};\mathbf{v}_2=\begin{bmatrix}1\\-\frac{1}{\sqrt{2}}\\0\end{bmatrix}$$

证明向量 $\mathbf{v}_1$ 和 $\mathbf{v}_2$ 满足式 (10.12) 和式 (10.13) 中的正交性条件 (即式 (10.11) 和式 (10.10)), 但它们不是特征向量.

为了进行检验, 令 $\mathbf{v}_1$ 和 $\mathbf{v}_2$ 是 $\mathbf{\Phi}$ 的列向量, 计算式 (10.12) 和式 (10.13). 因此, 可得

$$\begin{bmatrix}1&\frac{1}{\sqrt{2}}&0\\1&-\frac{1}{\sqrt{2}}&0\end{bmatrix}\begin{bmatrix}2&-1&0\\-1&4&-1\\0&-1&2\end{bmatrix}\begin{bmatrix}1&1\\\frac{1}{\sqrt{2}}&-\frac{1}{\sqrt{2}}\\0&0\end{bmatrix}=\begin{bmatrix}(4-\sqrt{2})&0\\0&(4+\sqrt{2})\end{bmatrix} \tag{a}$$

和 [845]

$$\begin{bmatrix}1&\frac{1}{\sqrt{2}}&0\\1&-\frac{1}{\sqrt{2}}&0\end{bmatrix}\begin{bmatrix}\frac{1}{2}&&\\&1&\\&&\frac{1}{2}\end{bmatrix}\begin{bmatrix}1&1\\\frac{1}{\sqrt{2}}&-\frac{1}{\sqrt{2}}\\0&0\end{bmatrix}=\begin{bmatrix}1&0\\0&1\end{bmatrix}$$

因此, 满足正交性条件. 要证明 $\mathbf{v}_1$ 和 $\mathbf{v}_2$ 不是特征向量, 可利用式 (10.8). 例如,

$$\mathbf{K}\mathbf{v}_1=\begin{bmatrix}2-\dfrac{1}{\sqrt{2}}\\-1+\dfrac{4}{\sqrt{2}}\\-\dfrac{1}{\sqrt{2}}\end{bmatrix};\quad \mathbf{M}\mathbf{v}_1=\begin{bmatrix}\dfrac{1}{2}\\\dfrac{1}{\sqrt{2}}\\0\end{bmatrix}$$

但向量 $\mathbf{K}\mathbf{v}_1$ 不能等于向量 $\alpha\mathbf{M}\mathbf{v}_1$. 其中, α 是一个标量, 即 $\mathbf{K}\mathbf{v}_1$ 不平行 $\mathbf{M}\mathbf{v}_1$, 因此, $\mathbf{v}_1$ 不是一个特征向量. 类似地, $\mathbf{v}_2$ 不是特征向量, 按式 (a) 所计算的值 $(4-\sqrt{2})$ 和 $(4+\sqrt{2})$ 也不是特征值. 实际的特征值及其特征向量已经在例 10.4 给出.

在上述介绍中, 我们考虑 $\mathbf{K}\boldsymbol{\varphi}=\lambda\mathbf{M}\boldsymbol{\varphi}$ 问题的特征向量性质, 现应简要地说明其他感兴趣的特征问题求解中计算的特征向量性质. 简要地讲: 这里讨论的正交性条件对屈曲分析与传热分析中遇到问题的特征向量也成立. 即在屈曲分析中, 使用式 (10.6) 中的符号, 有

$$\left.\begin{aligned}&\boldsymbol{\varphi}_i^{\mathrm{T}\,t-\Delta t}\mathbf{K}\boldsymbol{\varphi}_j=\delta_{ij};\quad \boldsymbol{\varphi}_i^{\mathrm{T}\,t}\mathbf{K}\boldsymbol{\varphi}_j=\lambda_i\delta_{ij}\\&\boldsymbol{\Phi}^{\mathrm{T}\,t-\Delta t}\mathbf{K}\boldsymbol{\Phi}=\mathbf{I};\qquad \boldsymbol{\Phi}^{\mathrm{T}\,t}\mathbf{K}\boldsymbol{\Phi}=\boldsymbol{\Lambda}\end{aligned}\right\}\tag{10.14}$$

在传热分析中, 使用式 (10.7) 符号, 有

$$\left.\begin{aligned}&\boldsymbol{\varphi}_i^{\mathrm{T}}\mathbf{C}\boldsymbol{\varphi}_j=\delta_{ij};\quad \boldsymbol{\varphi}_i^{\mathrm{T}}\mathbf{K}\boldsymbol{\varphi}_j=\lambda_i\delta_{ij}\\&\boldsymbol{\Phi}^{\mathrm{T}}\mathbf{C}\boldsymbol{\Phi}=\mathbf{I};\qquad \boldsymbol{\Phi}^{\mathrm{T}}\mathbf{K}\boldsymbol{\Phi}=\boldsymbol{\Lambda}\end{aligned}\right\}\tag{10.15}$$

至于特征问题 $\mathbf{K}\boldsymbol{\varphi}=\lambda\mathbf{M}\boldsymbol{\varphi}$, 式 (10.14) 和式 (10.15) 可由广义特征问题可以转化为一个标准型而得到证明. 在第 10.2.5 节进一步讨论这个问题.

10.2.2 特征问题 $\mathbf{K}\boldsymbol{\varphi}=\lambda\mathbf{M}\boldsymbol{\varphi}$ 及其相伴约束问题的特征多项式

一个关于特征问题 $\mathbf{K}\boldsymbol{\varphi}=\lambda\mathbf{M}\boldsymbol{\varphi}$ 的重要性质为特征值是特征多项式的根

$$p(\lambda)=\det(\mathbf{K}-\lambda\mathbf{M})\tag{10.16}$$

[846] 可以证明, 这个性质来自式 (10.8) 中的基本关系. 以下列形式重写式 (10.8)

$$(\mathbf{K}-\lambda_i\mathbf{M})\boldsymbol{\varphi}_i=\mathbf{0}\tag{10.17}$$

注意到只要矩阵 $\mathbf{K}-\lambda_i\mathbf{M}$ 是奇异的, 则只有非平凡的 $\boldsymbol{\varphi}_i$ (即 $\boldsymbol{\varphi}_i$ 不是一个零向量) 满足式 (10.8). 这意味着, 如果用 Gauss 消元法把 $\mathbf{K}-\lambda_i\mathbf{M}$ 分解成一个单位下三角矩阵 $\mathbf{L}$ 和上三角矩阵 $\mathbf{S}$, 就有 $s_{nn}=0$, 然而, 由于

$$p(\lambda_i)=\det\mathbf{LS}=\prod_{i=1}^{n}s_{ii}\tag{10.18}$$

它满足 $p(\lambda_i) = 0$. 此外, 如果 λ_i 具有 m 重根, 则有 $s_{n-1,n-1} = \cdots = s_{n-m+1,n-m+1} = 0$. 应指出, 在 $\mathbf{K} - \lambda_i\mathbf{M}$ 分解中, 可能需要互换行和列, 这种情况下, 得到了互换 $\mathbf{K} - \lambda_i\mathbf{M}$ 的行和也可能是列的因式分解 (应考虑在行列式中每行和每列的互换都会引入一次符号变化, 见第 2.2 节). 如果不进行互换, 或进行行和相应的列互换, 这些在实际中几乎总是可能出现的 (但例 10.4 给出一个不可能的情况), 则系数矩阵保持对称. 此时可把式 (10.18) 写为

$$p(\lambda_i) = \det \mathbf{LDL}^{\mathrm{T}} = \prod_{i=1}^{n} d_{ii} \tag{10.19}$$

其中, $\mathbf{LDL}^{\mathrm{T}}$ 是矩阵 $\mathbf{K} - \lambda_i\mathbf{M}$ 的分解或是通过互换行和相应的列导出的矩阵的分解, 即对系统自由度使用不同的排序 (见第 8.2.5 节). 条件 $s_{nn} = 0$ 现在是 $d_{nn} = 0$, 当 λ_i 有 m 重根时, $\mathbf{D}$ 中的最后 m 个元素为零.

在第 8.2.5 节中, 我们讨论了 $\mathbf{K}\boldsymbol{\varphi} = \lambda\boldsymbol{\varphi}$ 问题的相伴约束问题的特征多项式的 Sturm 序列性质. 在讨论中得到的性质同样适用于 $\mathbf{K}\boldsymbol{\varphi} = \lambda\mathbf{M}\boldsymbol{\varphi}$ 问题的相伴约束问题的特征多项式. 这个证明来自于广义特征问题 $\mathbf{K}\boldsymbol{\varphi} = \lambda\mathbf{M}\boldsymbol{\varphi}$ 可以转换成一个标准的特征问题, 而该问题的特征多项式的 Sturm 序列性质成立. 见第 10.2.5 节例 10.11 的证明, 我们总结该重要结果.

与 $\mathbf{K}\boldsymbol{\varphi} = \lambda\mathbf{M}\boldsymbol{\varphi}$ 对应的第 r 个相伴约束问题的特征问题由式 (10.20) 给出

$$\mathbf{K}^{(r)}\boldsymbol{\varphi}^{(r)} = \lambda^{(r)}\mathbf{M}^{(r)}\boldsymbol{\varphi}^{(r)} \tag{10.20}$$

所有矩阵都是 $(n-r)$ 阶, $\mathbf{K}^{(r)}$ 和 $\mathbf{M}^{(r)}$ 通过删除 $\mathbf{K}$ 和 $\mathbf{M}$ 的最后 r 行和 r 列得到的. 第 r 个相伴约束问题的特征多项式是

$$p^{(r)}(\lambda^{(r)}) = \det(\mathbf{K}^{(r)} - \lambda^{(r)}\mathbf{M}^{(r)}) \tag{10.21}$$

对特例 $\mathbf{M} = \mathbf{I}$, 第 $(r+1)$ 个约束问题的特征值分离了第 r 个约束问题的特征值. 即按式 (8.38) 中那样, 有

$$\lambda_1^{(r)} \leqslant \lambda_1^{(r+1)} \leqslant \lambda_2^{(r)} \leqslant \lambda_2^{(r+1)} \leqslant \cdots \leqslant \lambda_{n-r-1}^{(r)} \leqslant \lambda_{n-r-1}^{(r+1)} \leqslant \lambda_{n-r}^{(r)} \tag{10.22}$$

考虑下面这个例子.

例 10.4: 考虑 $\mathbf{K}\boldsymbol{\varphi} = \lambda\mathbf{M}\boldsymbol{\varphi}$ 的特征问题, 其中 [847]

$$\mathbf{K} = \begin{bmatrix} 2 & -1 & 0 \\ -1 & 4 & -1 \\ 0 & -1 & 2 \end{bmatrix}; \quad \mathbf{M} = \begin{bmatrix} \frac{1}{2} & & \\ & 1 & \\ & & \frac{1}{2} \end{bmatrix}$$

(a) 利用式 (10.16) 中所定义的特征多项式计算特征值;

(b) 通过使用式 (10.17) 以及特征向量的 $\mathbf{M}$ 正交性条件求解特征向量 $\boldsymbol{\varphi}_i, i = 1, 2, 3$;

(c) 计算相伴约束问题的特征值并证明式 (10.22) 中的特征值分离性质成立.

使用式 (10.16), 获得特征多项式

$$p(\lambda)=\left(2-\frac{1}{2}\lambda\right)(4-\lambda)\left(2-\frac{1}{2}\lambda\right)-(-1)(-1)\left(2-\frac{1}{2}\lambda\right)-(-1)(-1)\left(2-\frac{1}{2}\lambda\right)$$

因此

$$p(\lambda)=-\frac{1}{4}\lambda^3+3\lambda^2-11\lambda+12$$

故有

$$\lambda_1=2;\quad \lambda_2=4;\quad \lambda_3=6$$

要获得对应的特征向量, 使用式 (10.17), 对 λ_1 有

$$\begin{bmatrix}1 & -1 & 0\\ -1 & 2 & -1\\ 0 & -1 & 0\end{bmatrix}\boldsymbol{\varphi}_1=\mathbf{0} \tag{a}$$

系数矩阵 $\mathbf{K}-\lambda_1\mathbf{M}$ 不用交换可以分解成 $\mathbf{LDL}^{\mathrm{T}}$. 使用第 8.2.2 节中描述的方法, 得

$$\begin{bmatrix}1 & & \\ -1 & 1 & \\ 0 & -1 & 1\end{bmatrix}\begin{bmatrix}1 & & \\ & 1 & \\ & & 0\end{bmatrix}\begin{bmatrix}1 & -1 & 0\\ & 1 & -1\\ & & 1\end{bmatrix}\boldsymbol{\varphi}_1=\mathbf{0} \tag{b}$$

注意到 $d_{33}=0.0$. 为计算 $\boldsymbol{\varphi}_1$, 从式 (b) 得到

$$\begin{bmatrix}1 & -1 & 0\\ & 1 & -1\\ & & 1\end{bmatrix}\boldsymbol{\varphi}_1=\mathbf{0}$$

还使用 $\boldsymbol{\varphi}_1^{\mathrm{T}}\mathbf{M}\boldsymbol{\varphi}_1=1$, 有

$$\boldsymbol{\varphi}_1^{\mathrm{T}}=\begin{bmatrix}\dfrac{1}{\sqrt{2}} & \dfrac{1}{\sqrt{2}} & \dfrac{1}{\sqrt{2}}\end{bmatrix}$$

同理, 可以得到 $\boldsymbol{\varphi}_2$ 和 $\boldsymbol{\varphi}_3$. 计算矩阵 $\mathbf{K}-\lambda_2\mathbf{M}$, 从式 (10.17) 得到

$$\begin{bmatrix}0 & -1 & 0\\ -1 & 0 & -1\\ 0 & -1 & 0\end{bmatrix}\boldsymbol{\varphi}_2=\mathbf{0}$$

[848] 在这种情况下, 在保持对称性时不能分解系数矩阵, 即只需互换第一和第二行 (而不是相应的列). 交换此行, 得到式

$$\begin{bmatrix}-1 & 0 & -1\\ 0 & -1 & 0\\ 0 & -1 & 0\end{bmatrix}\boldsymbol{\varphi}_2=\mathbf{0}$$

分解系数矩阵为单位下三角形矩阵 $\mathbf{L}$ 和上三角矩阵 $\mathbf{S}$, 得

$$\begin{bmatrix} 1 & & \\ 0 & 1 & \\ 0 & 1 & 1 \end{bmatrix} \begin{bmatrix} -1 & 0 & -1 \\ & -1 & 0 \\ & & 0 \end{bmatrix} \boldsymbol{\varphi}_2 = \mathbf{0}$$

因此, s_{33}=0. 为了计算 $\boldsymbol{\varphi}_2$, 利用

$$\begin{bmatrix} -1 & 0 & -1 \\ & -1 & 0 \\ & & 0 \end{bmatrix} \boldsymbol{\varphi}_2 = \mathbf{0}$$

和 $\boldsymbol{\varphi}_2^{\mathrm{T}} \mathbf{M} \boldsymbol{\varphi}_2 = 1$, 得

$$\boldsymbol{\varphi}_2^{\mathrm{T}} = \begin{bmatrix} -1 & 0 & 1 \end{bmatrix}$$

为求 $\boldsymbol{\varphi}_3$, 计算 $\mathbf{K} - \lambda_3 \mathbf{M}$

$$\begin{bmatrix} -1 & -1 & 0 \\ -1 & -2 & -1 \\ 0 & -1 & -1 \end{bmatrix} \boldsymbol{\varphi}_3 = \mathbf{0}$$

系数矩阵不用交换可以分解成 $\mathbf{LDL}^{\mathrm{T}}$. 即有

$$\begin{bmatrix} 1 & & \\ 1 & 1 & \\ 0 & 1 & 1 \end{bmatrix} \begin{bmatrix} -1 & & \\ & -1 & \\ & & 0 \end{bmatrix} \begin{bmatrix} 1 & 1 & 0 \\ & 1 & 1 \\ & & 1 \end{bmatrix} \boldsymbol{\varphi}_3 = \mathbf{0}$$

注意到 $d_{33} = 0$. 为了计算 $\boldsymbol{\varphi}_3$, 使用

$$\begin{bmatrix} -1 & -1 & 0 \\ & -1 & -1 \\ & & 0 \end{bmatrix} \boldsymbol{\varphi}_3 = \mathbf{0}$$

和 $\boldsymbol{\varphi}_3^{\mathrm{T}} \mathbf{M} \boldsymbol{\varphi}_3 = 1$, 因此

$$\boldsymbol{\varphi}_3^{\mathrm{T}} = \begin{bmatrix} \frac{1}{\sqrt{2}} & -\frac{1}{\sqrt{2}} & \frac{1}{\sqrt{2}} \end{bmatrix}$$

从下面的解中得到第一个相伴约束问题的特征值

$$\begin{bmatrix} 2 & -1 \\ -1 & 4 \end{bmatrix} \boldsymbol{\varphi}^{(1)} = \lambda^{(1)} \begin{bmatrix} \frac{1}{2} & 0 \\ 0 & 1 \end{bmatrix} \boldsymbol{\varphi}^{(1)}$$

因此

$$p^{(1)}(\lambda^{(1)}) = \frac{1}{2}\lambda(1)^2 - 4\lambda^{(1)} + 7$$
$$\lambda_1^{(1)} = 4 - \sqrt{2}; \quad \lambda_2^{(1)} = 4 + \sqrt{2}$$

[849] 还有 $\lambda_1^{(2)} = 4$, 此时式 (10.22) 中给出的特征值分离性质是:

① 对第一和第二个相关约束问题的特征值

$$4 - \sqrt{2} < 4 < 4 + \sqrt{2}$$

② 对 $\mathbf{K\varphi} = \lambda\mathbf{M\varphi}$ 的特征值和第一个相伴约束问题

$$2 < (4 - \sqrt{2}) < 4 < (4 + \sqrt{2}) < 6$$

式 (10.22) 所述的特征值分离性质得到的重要事实如下. 假设把矩阵 $\mathbf{K} - \mu\mathbf{M}$ 分解成 $\mathbf{LDL}^{\mathrm{T}}$, 即所有相伴约束问题没有零特征值. 为简化讨论, 先假设所有的特征值是不同的, 即没有重特征值. 一个重要事实是, 在 $\mathbf{K} - \mu\mathbf{M}$ 分解中, $\mathbf{D}$ 的负元素个数与小于 μ 的特征值个数相同. 反之, 如果 $\lambda_i < \mu < \lambda_{i+1}$, 则 $\mathbf{D}$ 正好有 i 个负的对角元素. 用式 (10.22) 的分离性质得到证明, 可通过下列说明简单解释一下. 如图 10.1 所示, 假设在特征多项式的简图中, 用直线连接所有特征值 $\lambda_1^{(r)}, r = 0, 1, \cdots$, 且 $\lambda_1^{(0)} = \lambda_1$, 称生成的曲线 C_1. 类似地, 建立曲线 $C_2, C_3, \cdots$. 现考虑 $\lambda_i < \mu < \lambda_{i+1}$, 在特征多项式的简图中画一条对应 μ 的垂直线, 即这条线建立相关约束问题的特征值与 μ 的联系. 注意到, 对应 μ 的线须跨越曲线 $C_1, \cdots, C_i$, 由于特征值分离性质, 不能跨越曲线 $C_{i+1}, \cdots, C_n$.

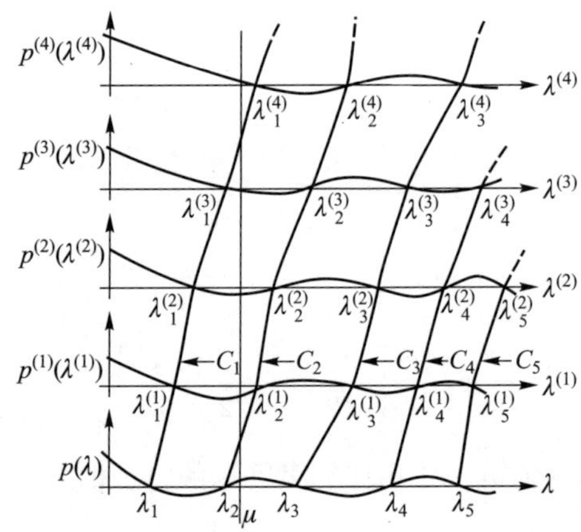

图 10.1 $\mathbf{K\varphi} = \lambda\mathbf{M\varphi}$ 问题及相伴约束问题的特征多项式曲线 C_i 的构造

[850] 但由于

$$p^{(r)}(\mu) = \prod_{i}^{n-r} d_{ii} \tag{10.23}$$

以及由于每次 μ 与 C_k 的相交对应 $\mathbf{D}$ 中的一个负元素, 在 $\mathbf{D}$ 中正好有 i 个负元素.

这些性质对多重特征值的情况也成立, 即在图 10.1 中我们只是发现有一些特征值是相等的, 但不会改变上面给出的结果.

$\mathbf{D}$ 的负元素个数与小于 μ 的特征值个数相同的性质可直接用于特征值的求解中 (见第 11.4.3 节). 即通过假设一个平移 μ, 检验 μ 是小于还是大于所求的特征值, 可以逐渐减小特征值所处的区间. 下例说明该求解方法.

例 10.5: 利用 $\mathbf{D}$ ($\mathbf{D}$ 满足 $\mathbf{LDL}^{\mathrm{T}} = \mathbf{K} - \mu\mathbf{M}$) 负元素的个数与小于 μ 的特征值个数相等的性质, 求解 $\mathbf{K}\boldsymbol{\varphi} = \lambda\mathbf{M}\boldsymbol{\varphi}$ 的特征值 λ_2, 其中

$$\mathbf{K} = \begin{bmatrix} 2 & -1 & 0 \\ -1 & 4 & -1 \\ 0 & -1 & 2 \end{bmatrix}; \quad \mathbf{M} = \begin{bmatrix} \frac{1}{2} & & \\ & 1 & \\ & & \frac{1}{2} \end{bmatrix}$$

在例 10.4 已算出该问题的三个特征值. 将按下面系统化步骤进行求解.

(Ⅰ) 假设 $\mu = 1$, 计算 $\mathbf{K} - \mu\mathbf{M}$ 的 $\mathbf{LDL}^{\mathrm{T}}$

$$\mathbf{K} - \mu\mathbf{M} = \begin{bmatrix} \frac{3}{2} & -1 & 0 \\ -1 & 3 & -1 \\ 0 & -1 & \frac{3}{2} \end{bmatrix}$$

因此,

$$\mathbf{LDL}^{\mathrm{T}} = \begin{bmatrix} 1 & & \\ -\frac{2}{3} & 1 & \\ 0 & -\frac{3}{7} & 1 \end{bmatrix} \begin{bmatrix} \frac{3}{2} & & \\ & \frac{7}{3} & \\ & & \frac{15}{14} \end{bmatrix} \begin{bmatrix} 1 & -\frac{2}{3} & 0 \\ & 1 & -\frac{3}{7} \\ & & 1 \end{bmatrix}$$

由于 $\mathbf{D}$ 中所有元素都大于 0, 所以有 $\lambda_1 > 1$.

(Ⅱ) 现试取 $\mu = 8$

$$\mathbf{K} - \mu\mathbf{M} = \begin{bmatrix} -2 & -1 & 0 \\ -1 & -4 & -1 \\ 0 & -1 & -2 \end{bmatrix}$$

$$\mathbf{LDL}^{\mathrm{T}} = \begin{bmatrix} 1 & & \\ \frac{1}{2} & 1 & \\ 0 & \frac{2}{7} & 1 \end{bmatrix} \begin{bmatrix} -2 & & \\ & -\frac{7}{2} & \\ & & -\frac{12}{7} \end{bmatrix} \begin{bmatrix} 1 & \frac{1}{2} & 0 \\ & 1 & \frac{2}{7} \\ & & 1 \end{bmatrix}$$

由于三个对角元素的值都小于 0, 说明 $\lambda_3 < 8$.

(Ⅲ) 下一个估计值 μ 理应在 $1 \sim 8$ 之间, 选择 $\mu = 5$

$$\mathbf{K} - \mu\mathbf{M} = \begin{bmatrix} -\frac{1}{2} & -1 & 0 \\ -1 & -1 & -1 \\ 0 & -1 & -\frac{1}{2} \end{bmatrix}$$

[851]

$$\mathbf{LDL}^{\mathrm{T}} = \begin{bmatrix} 1 & & \\ 2 & 1 & \\ 0 & -1 & 1 \end{bmatrix} \begin{bmatrix} -\frac{1}{2} & & \\ & 1 & \\ & & -\frac{3}{2} \end{bmatrix} \begin{bmatrix} 1 & 2 & 0 \\ & 1 & -1 \\ & & 1 \end{bmatrix}$$

由于 $\mathbf{D}$ 有两个元素小于 0, 所以有 $\lambda_2 < 5$

(Ⅳ) 下一个估计值应在 $1 \sim 5$ 之间, 选择 $\mu = 3$

$$\mathbf{K} - \mu\mathbf{M} = \begin{bmatrix} \frac{1}{2} & -1 & 0 \\ -1 & 1 & -1 \\ 0 & -1 & \frac{1}{2} \end{bmatrix}$$

$$\mathbf{LDL}^{\mathrm{T}} = \begin{bmatrix} 1 & & \\ -2 & 1 & \\ 0 & 1 & 1 \end{bmatrix} \begin{bmatrix} \frac{1}{2} & & \\ & -1 & \\ & & \frac{3}{2} \end{bmatrix} \begin{bmatrix} 1 & -2 & 0 \\ & 1 & 1 \\ & & 1 \end{bmatrix}$$

由于 $\mathbf{D}$ 中只有一个负元素, 因此 $\lambda_2 > 3$.

现在已经建立了求解过程的模式, 可知 $3 < \lambda_2 < 5$. 为了得到更接近 λ_2 的估计, 需要在 $3 \sim 5$ 之间继续选择平移 μ 值, 并判断新的值是小于还是大于 λ_2. 通过不断地选择一个新的适当的值, 所求的特征值可以被精确估算 (见第 11.4.3 节). 应指出, 我们不必用到上述的 $\mathbf{K} - \mu\mathbf{M}$ 分解的互换.

10.2.3 平移

一个广泛用于特征值和特征向量求解的重要方法就是平移. 平移的目的是加速所求特征系统的计算. 在 $\mathbf{K}\boldsymbol{\varphi} = \lambda\mathbf{M}\boldsymbol{\varphi}$ 的求解中, 通过计算下面的矩阵对 $\mathbf{K}$ 进行平移 ρ

$$\widehat{\mathbf{K}} = \mathbf{K} - \rho\mathbf{M} \tag{10.24}$$

接着考虑特征问题

$$\widehat{\mathbf{K}}\boldsymbol{\psi} = \mu\mathbf{M}\boldsymbol{\psi} \tag{10.25}$$

为了确定 $\mathbf{K}\boldsymbol{\varphi} = \lambda\mathbf{M}\boldsymbol{\varphi}$ 的特征值和特征向量与 $\hat{\mathbf{K}}\boldsymbol{\psi} = \mu\mathbf{M}\boldsymbol{\psi}$ 之间的关系, 我们把式 (10.25) 重写成下面的形式

$$\mathbf{K}\boldsymbol{\psi} = \gamma\mathbf{M}\boldsymbol{\psi} \tag{10.26}$$

其中, $\gamma = \rho + \mu$. 但是, 式 (10.26) 实际上是 $\mathbf{K}\boldsymbol{\varphi} = \lambda\mathbf{M}\boldsymbol{\varphi}$ 的特征问题, 由于这个问题的解是唯一的

$$\lambda_i = \rho + \mu_i; \quad \boldsymbol{\varphi}_i = \boldsymbol{\psi}_i \tag{10.27}$$

换句话说, $\hat{\mathbf{K}}\boldsymbol{\psi} = \mu\mathbf{M}\boldsymbol{\psi}$ 的特征向量与 $\mathbf{K}\boldsymbol{\varphi} = \lambda\mathbf{M}\boldsymbol{\varphi}$ 的相同, 不过特征值减小了 ρ. 当一个算法不是显式用于计算零特征值的场合时, 则在刚体模式的计算中常常用到平移. 我们通过下例说明该应用.

例 10.6: 考虑特征问题

$$\begin{bmatrix} 3 & -3 \\ -3 & 3 \end{bmatrix} \boldsymbol{\varphi} = \lambda \begin{bmatrix} 2 & 1 \\ 1 & 2 \end{bmatrix} \boldsymbol{\varphi} \tag{a}$$ [852]

计算特征值和特征向量. 然后施加 $\rho = -2$ 的平移, 再次求解特征值及其特征向量.

为了计算特征值, 用到特征多项式

$$p(\lambda) = \det(\mathbf{K} - \lambda\mathbf{M}) = 3\lambda^2 - 18\lambda$$

得到 $\lambda_1 = 0$, $\lambda_2 = 6$. 为了计算 $\boldsymbol{\varphi}_1$ 和 $\boldsymbol{\varphi}_2$, 使用式 (10.17) 及质量矩阵正交条件 $\boldsymbol{\varphi}_i^{\mathrm{T}}\mathbf{M}\boldsymbol{\varphi}_i = 1$, 有

$$\begin{bmatrix} 3 & -3 \\ -3 & 3 \end{bmatrix} \boldsymbol{\varphi}_1 = \mathbf{0}; \text{ 因此,} \quad \boldsymbol{\varphi}_1 = \begin{bmatrix} \dfrac{1}{\sqrt{6}} \\ \dfrac{1}{\sqrt{6}} \end{bmatrix} \tag{b}$$

$$\begin{bmatrix} -9 & -9 \\ -9 & -9 \end{bmatrix} \boldsymbol{\varphi}_2 = \mathbf{0}; \text{ 因此,} \quad \boldsymbol{\varphi}_2 = \begin{bmatrix} \dfrac{1}{\sqrt{2}} \\ -\dfrac{1}{\sqrt{2}} \end{bmatrix} \tag{c}$$

施加平移值 $\rho = -2$, 得到

$$\begin{bmatrix} 7 & -1 \\ -1 & 7 \end{bmatrix} \boldsymbol{\varphi} = \lambda \begin{bmatrix} 2 & 1 \\ 1 & 2 \end{bmatrix} \boldsymbol{\varphi} \tag{d}$$

和前面处理类似, 有

$$p(\lambda) = \lambda^2 - 10\lambda + 16$$

得到根 $\lambda_1 = 2$; $\lambda_2 = 8$. 因此特征值增加了 2, 即它们下降了 ρ.

使用式 (10.17) 算出特征向量. 但我们注意到, 该关系再次得出式 (b) 和式 (c), 因此式 (d) 中问题的特征向量就是式 (a) 中问题的特征向量.

从上述讨论得到的一个重要事实是, 当所有特征值都大于零时, 原则上, 只需求解算法计算问题 $\mathbf{K}\boldsymbol{\varphi} = \lambda\mathbf{M}\boldsymbol{\varphi}$ 的特征值及其特征向量. 这是可行的, 因为如果出现刚体模式, 我们总是可以对平移的刚度矩阵进行运算, 使得所有特征值都为正.

第 11 章将给出平移的广泛应用, 其中讨论了各种特征系统求解算法.

10.2.4 零质量的影响

当使用集中质量矩阵时, $\mathbf{M}$ 在对角线上是正的, 可能还存在一些零元素的对角矩阵. 如果所有的元素 m_{ii} 均大于零, 不用第 11 章中描述的特征值求
[853] 解算法, 则常常无法得到特征值 λ_i. 但如果 $\mathbf{M}$ 对角线上有一些零元素, 如 $\mathbf{M}$ 中有 r 个对角线元素是 0, 则我们立即可以说, $\mathbf{K}\boldsymbol{\varphi} = \lambda\mathbf{M}\boldsymbol{\varphi}$ 有 $\lambda_n = \lambda_{n-1} = \cdots = \lambda_{n-r+1} = \infty$ 的特征值, 通过检查, 也可以构造相应的特征向量.

若要获取上述结果, 我们回顾特征求解的基本目标. 很重要的是我们应注意所求向量 $\boldsymbol{\varphi}$ 和标量 λ 满足方程

$$\mathbf{K}\boldsymbol{\varphi} = \lambda\mathbf{M}\boldsymbol{\varphi} \tag{10.4}$$

其中, $\boldsymbol{\varphi}$ 是非零向量, 即 $\boldsymbol{\varphi}$ 至少有一个元素非零的向量. 换句话说, 如果我们有一个向量 $\boldsymbol{\varphi}$ 和标量 λ 满足方程式 (10.4), 则 λ 和 $\boldsymbol{\varphi}$ 分别是一个特征值 λ_i 和特征向量 $\boldsymbol{\varphi}_i$, 但应指出, 如何得到 λ 和 $\boldsymbol{\varphi}$ 并不重要. 例如, 我们可以猜测 $\boldsymbol{\varphi}$ 和 λ, 再利用之. 当结构单元组合体中出现刚体模式时, 就可能是这种情况. 因此, 如果我们知道单元组合体经历刚体模式, 则有 $\lambda_1 = 0$, 需要求得 $\boldsymbol{\varphi}_1$ 满足方程 $\mathbf{K}\boldsymbol{\varphi}_1 = 0$. 在一般情况下,$\boldsymbol{\varphi}_1$ 的解必须通过使用方程求解器得到, 但在简单的有限单元组合体中, 我们也许能通过检查确定 $\boldsymbol{\varphi}_1$.

在对角质量矩阵 $\mathbf{M}$ 有 r 个零对角元素的情况下, 我们可以总是立刻确定 r 个特征值及其特征向量. 把式 (10.4) 中的特征问题重写成

$$\mathbf{M}\boldsymbol{\varphi} = \mu\mathbf{K}\boldsymbol{\varphi} \tag{10.28}$$

其中, $\mu = \lambda^{-1}$, 发现如果 $m_{kk} = 0$, 则可以得到特征对 $(\mu_i, \boldsymbol{\varphi}_i) = (0, \mathbf{e}_k)$, 即

$$\boldsymbol{\varphi}_i^{\mathrm{T}} = [0\ \ 0\ \ \cdots\ \ 0\ \ 1\ \ 0\ \ \cdots\ \ 0]; \qquad \mu_i = 0 \tag{10.29}$$

↑
第 k 个元素

式 (10.29) 中的 $\boldsymbol{\varphi}_i$ 和 μ_i 确实是式 (10.28) 特征向量和特征值, 通过直接代入式 (10.28) 得到验证, 并注意到 $(\mu_i, \boldsymbol{\varphi}_i)$ 是非零解. 因为 $\mu = \lambda^{-1}$, 故可从

$\mathbf{K}\boldsymbol{\varphi}=\lambda\mathbf{M}\boldsymbol{\varphi}$ 找到特征对 $(\lambda_i,\boldsymbol{\varphi}_i)=(\infty,\mathbf{e}_k)$. 考虑 $\mathbf{M}$ 中有 r 个零对角元素的情况, 表明有 r 个无限大的特征值, 对应的特征向量可以是一个单位向量, 其中每个单位向量在对应 $\mathbf{M}$ 中零质量元素的位置上为 1. 由于 λ_n 是 r 重特征值, 则相应的特征向量不唯一 (见第 10.2.1 节). 此外, 我注意到, 使用 $\mathbf{M}$ 正交条件不能固定特征向量的长度. 下面通过一个简例说明如何确定特征值和特征向量.

例 10.7: 考虑特征问题

$$\begin{bmatrix} 2 & -1 & & \\ -1 & 2 & -1 & \\ & -1 & 2 & -1 \\ & & -1 & 1 \end{bmatrix}\boldsymbol{\varphi}=\lambda\begin{bmatrix} 0 & & & \\ & 2 & & \\ & & 0 & \\ & & & 1 \end{bmatrix}\boldsymbol{\varphi}$$

确立 λ_3、λ_4 和 $\boldsymbol{\varphi}_3$、$\boldsymbol{\varphi}_4$.

$\mathbf{M}$ 对角元素上有两个 0, 因此 $\lambda_3=\infty,\lambda_4=\infty$. 对相应的特征向量, 可以用 [854]

$$\boldsymbol{\varphi}_3=\begin{bmatrix}1\\0\\0\\0\end{bmatrix};\quad \boldsymbol{\varphi}_4=\begin{bmatrix}0\\0\\1\\0\end{bmatrix} \tag{a}$$

另外, $\boldsymbol{\varphi}_3$、$\boldsymbol{\varphi}_4$ 任何线性组合都表示一个特征向量. 应指出当 $i=3,4$ 时 $\boldsymbol{\varphi}_i^{\mathrm{T}}\mathbf{M}\boldsymbol{\varphi}_i=0$, 因此, 不能使用 $\mathbf{M}$ 正交条件固定 $\boldsymbol{\varphi}_i$ 中元素的大小.

10.2.5 将 $\mathbf{K}\boldsymbol{\varphi}=\lambda\mathbf{M}\boldsymbol{\varphi}$ 的广义特征问题转换为标准形式

在一般科学分析中, 最常见的特征问题是标准特征问题, 且大多数其他的特征问题可转化为标准形式. 为此, 标准的特征问题求解在数值分析方面引起了极大的关注, 人们提出了许多求解算法. 本节的主要目的就是说明如何将 $\mathbf{K}\boldsymbol{\varphi}=\lambda\mathbf{M}\boldsymbol{\varphi}$ 转化为标准形式. 变换的意义是双重的. 第一, 由于变换是可能的, 故可以采用标准特征问题的各种现有解法. 我们将看到, 特征问题方法的有效性很大程度上取决于是否变换为标准的形式. 第二, 如果广义特征问题可以写成标准形式, 特征值、特征向量和特征多项式的性质可以从标准特征问题的各对应量的性质中推断. 应认识到, 评估标准特征问题的性质更容易一些的原因, 很大程度上是由于第二个意义, 所以, 研究标准特征问题的变换是很重要的. 事实上, 在介绍变换方法后, 我们将说明问题 $\mathbf{K}\boldsymbol{\varphi}=\lambda\mathbf{M}\boldsymbol{\varphi}$ 特征向量的性质 (见第 10.2.1 节) 及特征多项式的性质 (见第 10.2.2 节) 是如何从标准特征问题各对应量的性质中导出的.

在下面, 我们假设 $\mathbf{M}$ 是正定的. 当 $\mathbf{M}$ 是对角的, $m_{ii}>0$, $i=1,\cdots,n$, 或如在一致质量分析中, $\mathbf{M}$ 是带状的, 就是这种情况 ($\mathbf{M}$ 正定). 如果 $\mathbf{M}$ 是

对角线上有一些零元素的对角矩阵, 则首先要对如第 10.3.1 节中所描述的无质量自由度进行静态凝聚. 假设 $\mathbf{M}$ 是正定的, 可以把式 (10.4) 中给定的广义特征问题 $\mathbf{K}\boldsymbol{\varphi} = \lambda\mathbf{M}\boldsymbol{\varphi}$ 通过使用 $\mathbf{M}$ 分解进行转换

$$\mathbf{M} = \mathbf{S}\mathbf{S}^{\mathrm{T}} \tag{10.30}$$

其中, $\mathbf{S}$ 是任意的非奇异矩阵. 把 $\mathbf{M}$ 代入式 (10.4), 有

$$\mathbf{K}\boldsymbol{\varphi} = \lambda\mathbf{S}\mathbf{S}^{\mathrm{T}}\boldsymbol{\varphi} \tag{10.31}$$

式 (10.31) 两边都左乘 $\mathbf{S}^{-1}$, 定义一个向量

$$\widetilde{\boldsymbol{\varphi}} = \mathbf{S}^{\mathrm{T}}\boldsymbol{\varphi} \tag{10.32}$$

得到标准特征问题

[855]

$$\widetilde{\mathbf{K}}\widetilde{\boldsymbol{\varphi}} = \lambda\widetilde{\boldsymbol{\varphi}} \tag{10.33}$$

其中

$$\widetilde{\mathbf{K}} = \mathbf{S}^{-1}\mathbf{K}\mathbf{S}^{-\mathrm{T}} \tag{10.34}$$

用于分解 $\mathbf{M}$ 的方法一般有: $\mathbf{M}$ 的 Cholesky 分解法或谱分解法. $\mathbf{M}$ 的 Cholesky 分解在第 8.2.4 节介绍中已经得到, 为 $\mathbf{M} = \widetilde{\mathbf{L}}_{\mathrm{M}}\widetilde{\mathbf{L}}_{\mathrm{M}}^{\mathrm{T}}$. 根据式 (10.33) 和式 (10.34), 有

$$\mathbf{S} = \widetilde{\mathbf{L}}_{\mathrm{M}} \tag{10.35}$$

矩阵 $\mathbf{M}$ 的谱分解法需要解出 $\mathbf{M}$ 的整个特征系统. 用 $\mathbf{R}$ 表示正交特征向量的矩阵, 用 $\mathbf{D}^2$ 表示特征值的对角矩阵, 有

$$\mathbf{M} = \mathbf{R}\mathbf{D}^2\mathbf{R}^{\mathrm{T}} \tag{10.36}$$

代入式 (10.30) 至式 (10.34) 中, 有

$$\mathbf{S} = \mathbf{R}\mathbf{D} \tag{10.37}$$

应指出, 当 $\mathbf{M}$ 为对角矩阵时, 矩阵 $\mathbf{S}$ 在式 (10.35) 和式 (10.37) 中是同样的, 但当 $\mathbf{M}$ 为带状时, $\mathbf{S}$ 在上述式子中是不同的.

关于式 (10.33) 的所求特征值和特征向量解的有效性, 最重要的一点就是当 $\mathbf{M}$ 为对角矩阵时, $\widetilde{\mathbf{K}}$ 与 $\mathbf{K}$ 的带宽相同. 但当 $\mathbf{M}$ 为带状矩阵时, 式 (10.33) 中的 $\widetilde{\mathbf{K}}$ 一般是满秩矩阵, 使得几乎所有大型有限元分析中的变换效率不高. 这个问题在第 11 章中讨论各种特征系统解法时将变得更为明显.

比较矩阵 $\mathbf{M}$ 的 Cholesky 分解和谱分解, 可以看出 Cholesky 分解总体来说在计算上比谱分解法更高效, 因为计算 $\widetilde{\mathbf{L}}_{\mathrm{M}}$ 的运算量比 $\mathbf{R}$ 和 $\mathbf{D}$ 要少. 但是, $\mathbf{M}$ 的谱分解可以得到对于 $\mathbf{K}\boldsymbol{\varphi} = \lambda\mathbf{M}\boldsymbol{\varphi}$ 更精确的解. 如果 $\mathbf{M}$ 对求逆是病态的, 则到标准特征问题的变换过程也是病态的, 此时采用更稳定的变换方

法是很重要的. 使用不选主元的 $\mathbf{M}$ Cholesky 分解, 由于 $\mathbf{M}$ 和 $\widetilde{\mathbf{L}}_{\mathbf{M}}^{-1}$ 的耦合作用, 我们看出 $\widetilde{\mathbf{L}}_{\mathbf{M}}^{-1}$ 在很多位置上有大的元素. 因此, $\widetilde{\mathbf{K}}$ 的计算精度不高, 所确定的最小特征值及其特征向量也是不精确的.

另外, 使用 $\mathbf{M}$ 的谱分解, 可以得到具有较好精度的 $\mathbf{R}$ 和 $\mathbf{D}^2$ 元素, 尽管 $\mathbf{D}^2$ 中的有些元素与其他元素相比较小. 矩阵 $\mathbf{M}$ 的病态问题只集中在 $\mathbf{D}^2$ 中的小元素上; 考虑 $\widetilde{\mathbf{K}}$, 只有那些与 $\mathbf{D}$ 中小元素相对应的 $\widetilde{\mathbf{K}}$ 的行和列含有大的元素, 且常规大小的特征值更能保持精度.

考虑将广义特征问题 $\mathbf{K}\boldsymbol{\varphi} = \lambda\mathbf{M}\boldsymbol{\varphi}$ 化为标准形式的例子.

例 10.8: 考虑问题 $\mathbf{K}\boldsymbol{\varphi} = \lambda\mathbf{M}\boldsymbol{\varphi}$, 其中 [856]

$$\mathbf{K} = \begin{bmatrix} 3 & -1 & 0 \\ -1 & 2 & -1 \\ 0 & -1 & 1 \end{bmatrix}; \quad \mathbf{M} = \begin{bmatrix} 2 & 1 & 0 \\ 1 & 3 & 1 \\ 0 & 1 & 2 \end{bmatrix}$$

用 $\mathbf{M}$ 的 Cholesky 分解法计算与其相对应的标准特征问题中的矩阵 $\widetilde{\mathbf{K}}$.

首先, 计算 $\mathbf{M}$ 的 $\mathbf{LDL}^{\mathrm{T}}$ 分解,

$$\mathbf{M} = \begin{bmatrix} 1 & & \\ \frac{1}{2} & 1 & \\ 0 & \frac{2}{5} & 1 \end{bmatrix} \begin{bmatrix} 2 & & \\ & \frac{5}{2} & \\ & & \frac{8}{5} \end{bmatrix} \begin{bmatrix} 1 & \frac{1}{2} & 0 \\ & 1 & \frac{2}{5} \\ & & 1 \end{bmatrix}$$

因此, $\mathbf{M}$ 的 Cholesky 分解因子为 (详见第 8.2.4 节)

$$\widetilde{\mathbf{L}}_{\mathrm{M}} = \begin{bmatrix} \sqrt{2} & & \\ \frac{1}{\sqrt{2}} & \sqrt{\frac{5}{2}} & \\ 0 & \sqrt{\frac{2}{5}} & \sqrt{\frac{8}{5}} \end{bmatrix}$$

和

$$\widetilde{\mathbf{L}}_{\mathrm{M}}^{-1} = \begin{bmatrix} \frac{1}{\sqrt{2}} & & \\ -\frac{1}{\sqrt{10}} & \sqrt{\frac{2}{5}} & \\ \frac{1}{\sqrt{40}} & -\frac{1}{\sqrt{10}} & \sqrt{\frac{5}{8}} \end{bmatrix}$$

在这种情况下, 标准特征问题 $\widetilde{\mathbf{K}} = \widetilde{\mathbf{L}}_{\mathrm{M}}^{-1}\mathbf{K}\widetilde{\mathbf{L}}_{\mathrm{M}}^{-\mathrm{T}}$ 中的矩阵 $\widetilde{\mathbf{K}}$ 为

$$\widetilde{\mathbf{K}} = \begin{bmatrix} \frac{3}{2} & -\frac{\sqrt{5}}{2} & \frac{\sqrt{5}}{4} \\ -\frac{\sqrt{5}}{2} & \frac{3}{2} & -\frac{5}{4} \\ \frac{\sqrt{5}}{4} & -\frac{5}{4} & \frac{3}{2} \end{bmatrix}$$

例 10.9: 考虑例 10.8 中的广义矩阵问题, 用谱分解法计算与其相对应的标准特征问题中的矩阵 $\widetilde{\mathbf{K}}$.

在例 10.4 中, 计算了问题 $\mathbf{K}\boldsymbol{\varphi} = \lambda\boldsymbol{\varphi}$ 的特征值及其特征向量, 得到 $\lambda_1 = 1, \lambda_2 = 2, \lambda_3 = 4$

$$\boldsymbol{\varphi}_1 = \begin{bmatrix} \dfrac{1}{\sqrt{3}} \\ -\dfrac{1}{\sqrt{3}} \\ \dfrac{1}{\sqrt{3}} \end{bmatrix}; \quad \boldsymbol{\varphi}_2 = \begin{bmatrix} \dfrac{1}{\sqrt{2}} \\ 0 \\ -\dfrac{1}{\sqrt{2}} \end{bmatrix}; \quad \boldsymbol{\varphi}_3 = \begin{bmatrix} \dfrac{1}{\sqrt{6}} \\ \dfrac{2}{\sqrt{6}} \\ \dfrac{1}{\sqrt{6}} \end{bmatrix}$$

[857] 因此, $\mathbf{M} = \mathbf{R}\mathbf{D}^2\mathbf{R}^{\mathrm{T}}$ 的分解为

$$\mathbf{M} = \begin{bmatrix} \dfrac{1}{\sqrt{3}} & \dfrac{1}{\sqrt{2}} & \dfrac{1}{\sqrt{6}} \\ -\dfrac{1}{\sqrt{3}} & 0 & \dfrac{2}{\sqrt{6}} \\ \dfrac{1}{\sqrt{3}} & -\dfrac{1}{\sqrt{2}} & \dfrac{1}{\sqrt{6}} \end{bmatrix} \begin{bmatrix} 1 & & \\ & 2 & \\ & & 4 \end{bmatrix} \begin{bmatrix} \dfrac{1}{\sqrt{3}} & -\dfrac{1}{\sqrt{3}} & \dfrac{1}{\sqrt{3}} \\ \dfrac{1}{\sqrt{2}} & 0 & -\dfrac{1}{\sqrt{2}} \\ \dfrac{1}{\sqrt{6}} & \dfrac{2}{\sqrt{6}} & \dfrac{1}{\sqrt{6}} \end{bmatrix}$$

注意到 $\mathbf{S} = \mathbf{R}\mathbf{D}$ 且 $\mathbf{S}^{-1} = \mathbf{D}^{-1}\mathbf{R}^{\mathrm{T}}$ (因为 $\mathbf{R}\mathbf{R}^{\mathrm{T}} = \mathbf{I}$), 有

$$\mathbf{S}^{-1} = \begin{bmatrix} \dfrac{1}{\sqrt{3}} & -\dfrac{1}{\sqrt{3}} & \dfrac{1}{\sqrt{3}} \\ \dfrac{1}{2} & 0 & -\dfrac{1}{2} \\ \dfrac{1}{2\sqrt{6}} & \dfrac{1}{\sqrt{6}} & \dfrac{1}{2\sqrt{6}} \end{bmatrix}$$

标准特征问题 $\widetilde{\mathbf{K}} = \mathbf{S}^{-1}\mathbf{K}\mathbf{S}^{-\mathrm{T}}$ 中的矩阵是 $\widetilde{\mathbf{K}}$, 即

$$\widetilde{\mathbf{K}} = \begin{bmatrix} \dfrac{10}{3} & \dfrac{1}{\sqrt{3}} & -\dfrac{1}{3\sqrt{2}} \\ \dfrac{1}{\sqrt{3}} & 1 & \dfrac{1}{2\sqrt{6}} \\ -\dfrac{1}{3\sqrt{2}} & \dfrac{1}{2\sqrt{6}} & \dfrac{1}{6} \end{bmatrix}$$

应指出, 这里得到的 $\widetilde{\mathbf{K}}$ 与例 10.8 中导出的 $\widetilde{\mathbf{K}}$ 是不同的.

在以上分析中, 仅考虑了 $\mathbf{M}$ 的分解 $\mathbf{M} = \mathbf{S}\mathbf{S}^{\mathrm{T}}$ 问题, 以及将 $\mathbf{K}\boldsymbol{\varphi} = \lambda\mathbf{M}\boldsymbol{\varphi}$ 变换成式 (10.33) 所给形式. 应指出如果 $\mathbf{M}$ 是病态的, 该变换可能得出不精确的结果. 在这样的情况下, 避免对矩阵 $\mathbf{M}$ 进行分解, 而对矩阵 $\mathbf{K}$ 进行分解是很自然的选择. 重新将 $\mathbf{K}\boldsymbol{\varphi} = \lambda\mathbf{M}\boldsymbol{\varphi}$ 写成 $\mathbf{M}\boldsymbol{\varphi} = (1/\lambda)\mathbf{K}\boldsymbol{\varphi}$ 的形式, 可以采用类似的方法求解特征问题

$$\widetilde{\mathbf{M}}\widetilde{\boldsymbol{\varphi}} = \frac{1}{\lambda}\widetilde{\boldsymbol{\varphi}} \tag{10.38}$$

其中

$$\widetilde{\mathbf{M}} = \mathbf{S}^{-1}\mathbf{M}\mathbf{S}^{-\mathrm{T}} \tag{10.39}$$

$$\mathbf{K} = \mathbf{S}\mathbf{S}^{\mathrm{T}} \tag{10.40}$$

$$\widetilde{\boldsymbol{\varphi}} = \mathbf{S}^{\mathrm{T}}\boldsymbol{\varphi} \tag{10.41}$$

且矩阵 $\mathbf{S}$ 是根据矩阵 $\mathbf{K}$ 的 Cholesky 分解或者谱分解计算得到的. 如果矩阵 $\mathbf{K}$ 是良态的, 则该变换也是良态的. 但由于 $\mathbf{K}$ 总是带状的, $\widetilde{\mathbf{M}}$ 总是满秩矩阵, 所以 $\mathbf{K}\boldsymbol{\varphi} = \lambda\mathbf{M}\boldsymbol{\varphi}$ 的变换过程通常效率不高.

如前所述, 通过首先将广义特征问题转化成标准形式以实际求解该问题的可能性, 是我们为什么要讨论上述各种变换的一个原因. 第二个原因是, 广义特征问题特征解的特性可以通过其相应的标准特征解法的特性推导出来. 特别地, 可以从式 (10.10) 和式 (10.11) 中的特征向量导出正交特性, 和导出式 (10.22) 中给出的特征问题 $\mathbf{K}\boldsymbol{\varphi} = \lambda\mathbf{M}\boldsymbol{\varphi}$ 的特征多项式及其相伴约束问题的 Sturm 序列特性. 在这两种情况下, 无需证明新的基本概念; 使用标准特征问题的相应性质, 而这些性质是从广义特征问题中得到的. 在例 10.10 中给出证明, 该例是广义特征问题向标准问题变换的一个应用. [858]

例 10.10: 证明问题 $\mathbf{K}\boldsymbol{\varphi} = \lambda\mathbf{M}\boldsymbol{\varphi}$ 的特征向量是 $\mathbf{M}$ 正交的和 $\mathbf{K}$ 正交的, 并讨论在式 (10.6) 和式 (10.7) 中分别给出的问题 ${}^{t}\mathbf{K}\boldsymbol{\varphi} = \lambda^{t-\Delta t}\mathbf{K}\boldsymbol{\varphi}$ 和 $\mathbf{K}\boldsymbol{\varphi} = \lambda\mathbf{C}\boldsymbol{\varphi}$ 中特征向量的正交性.

特征向量的正交性通过将广义特征问题转化为标准形式, 且使用具有对称矩阵的标准特征问题的特征向量是正交的事实进行证明. 首先考虑问题 $\mathbf{K}\boldsymbol{\varphi} = \lambda\mathbf{M}\boldsymbol{\varphi}$, 并假设 $\mathbf{M}$ 是正定的, 然后可以使用式 (10.30) 至式 (10.34) 的变换得到等价特征问题

$$\widetilde{\mathbf{K}}\widetilde{\boldsymbol{\varphi}} = \lambda\widetilde{\boldsymbol{\varphi}}$$

其中,

$$\mathbf{M} = \mathbf{S}\mathbf{S}^{\mathrm{T}}; \quad \widetilde{\mathbf{K}} = \mathbf{S}^{-1}\mathbf{K}\mathbf{S}^{-\mathrm{T}}; \quad \widetilde{\boldsymbol{\varphi}} = \mathbf{S}^{\mathrm{T}}\boldsymbol{\varphi}$$

但由于问题 $\widetilde{\mathbf{K}}\widetilde{\boldsymbol{\varphi}} = \lambda\widetilde{\boldsymbol{\varphi}}$ 中的特征向量 $\widetilde{\boldsymbol{\varphi}}_i$ 有如下性质 (见第 2.7 节)

$$\widetilde{\boldsymbol{\varphi}}_i^{\mathrm{T}}\widetilde{\boldsymbol{\varphi}}_j = \delta_{ij}; \quad \widetilde{\boldsymbol{\varphi}}_i^{\mathrm{T}}\widetilde{\mathbf{K}}\widetilde{\boldsymbol{\varphi}}_j = \lambda_i\delta_{ij}$$

代入 $\widetilde{\boldsymbol{\varphi}}_i = \mathbf{S}^{\mathrm{T}}\boldsymbol{\varphi}_i, \widetilde{\boldsymbol{\varphi}}_j = \mathbf{S}^{\mathrm{T}}\boldsymbol{\varphi}_j$ 有

$$\boldsymbol{\varphi}_i^{\mathrm{T}}\mathbf{M}\boldsymbol{\varphi}_j = \delta_{ij}; \quad \boldsymbol{\varphi}_i^{\mathrm{T}}\mathbf{K}\boldsymbol{\varphi}_j = \lambda_i\delta_{ij} \tag{a}$$

如果 $\mathbf{M}$ 是非正定的, 则考虑问题 $\mathbf{M}\boldsymbol{\varphi} = (1/\lambda)\mathbf{K}\boldsymbol{\varphi}$ ($\mathbf{K}$ 为正定阵, 或应施加一个平移; 见第 10.2.3 节). 使用变换

$$\widetilde{\mathbf{M}}\widetilde{\boldsymbol{\varphi}} = \left(\frac{1}{\lambda}\right)\widetilde{\boldsymbol{\varphi}}$$

其中,

$$\mathbf{K}=\mathbf{S}\mathbf{S}^{\mathrm{T}};\quad \widetilde{\mathbf{M}}=\mathbf{S}^{-1}\mathbf{M}\mathbf{S}^{-\mathrm{T}};\quad \widetilde{\boldsymbol{\varphi}}=\mathbf{S}^{\mathrm{T}}\boldsymbol{\varphi}$$

且有性质

$$\widetilde{\boldsymbol{\varphi}}_i^{\mathrm{T}}\widetilde{\boldsymbol{\varphi}}_j=\delta_{ij};\quad \widetilde{\boldsymbol{\varphi}}_i^{\mathrm{T}}\widetilde{\mathbf{M}}\widetilde{\boldsymbol{\varphi}}_j=\left(\frac{1}{\lambda_i}\right)\delta_{ij}$$

把 $\widetilde{\boldsymbol{\varphi}}_i$ 和 $\widetilde{\boldsymbol{\varphi}}_j$ 代入, 有

$$\boldsymbol{\varphi}_i^{\mathrm{T}}\mathbf{K}\boldsymbol{\varphi}_j=\delta_{ij};\quad \boldsymbol{\varphi}_i^{\mathrm{T}}\mathbf{M}\boldsymbol{\varphi}_j=\left(\frac{1}{\lambda_i}\right)\delta_{ij} \tag{b}$$

[859] 且特征向量为 $\mathbf{K}$ 正交化的, 由于考虑的问题是 $\mathbf{M}\boldsymbol{\varphi}=(1/\lambda)\mathbf{K}\boldsymbol{\varphi}$. 为得到问题 $\mathbf{K}\boldsymbol{\varphi}=\lambda\mathbf{M}\boldsymbol{\varphi}$ 中同样的向量, 需要给 $\mathbf{M}\boldsymbol{\varphi}=(1/\lambda)\mathbf{K}\boldsymbol{\varphi}$ 的特征向量 $\boldsymbol{\varphi}_i$ 乘以因子 $\sqrt{\lambda_i}, i=1,\cdots,n$.

考虑这些证明时, 注意到将特征值与矩阵相对应的方式整理特征问题, 即特征问题右边的矩阵是正定的. 能够实现从广义特征问题向标准形式的变换是必要的, 因此可以导出特征向量正交性质式 (a) 和式 (b). 考虑式 (10.6) 和式 (10.7) 中给出的问题 ${}^{t}\mathbf{K}\boldsymbol{\varphi}=\lambda^{t-\Delta t}\mathbf{K}\boldsymbol{\varphi}$ 和 $\mathbf{K}\boldsymbol{\varphi}=\lambda\mathbf{C}\boldsymbol{\varphi}$ 时, 可按类似方式处理. 这些结果就是式 (10.14) 和式 (10.15) 中给出的特征向量的正交特性.

例 10.11: 证明问题 $\mathbf{K}\boldsymbol{\varphi}=\lambda\mathbf{M}\boldsymbol{\varphi}$ 及其相伴约束问题的特征多项式的 Sturm 序列性质. 用以下矩阵证明

$$\mathbf{K}=\begin{bmatrix}3&-1&\\-1&2&-1\\&-1&1\end{bmatrix};\quad \mathbf{M}=\begin{bmatrix}4&4&\\4&8&4\\&4&8\end{bmatrix} \tag{a}$$

此处讨论的证明是基于特征问题 $\mathbf{K}\boldsymbol{\varphi}=\lambda\mathbf{M}\boldsymbol{\varphi}$ 和 $\mathbf{K}^{(r)}\boldsymbol{\varphi}^{(r)}=\lambda^{(r)}\mathbf{M}^{(r)}\boldsymbol{\varphi}^{(r)}$ 向标准问题的变换, 而该标准特征问题的特征多项式是 Sturm 序列 (见第 2.6 节和第 8.2.5 节).

在例 10.10 中, 假设 $\mathbf{M}$ 是正定的, 此时可以将问题 $\mathbf{K}\boldsymbol{\varphi}=\lambda\mathbf{M}\boldsymbol{\varphi}$ 转化为如下形式

$$\widetilde{\mathbf{K}}\widetilde{\boldsymbol{\varphi}}=\lambda\widetilde{\boldsymbol{\varphi}}$$

其中,

$$\widetilde{\mathbf{K}}=\widetilde{\mathbf{L}}_{\mathrm{M}}^{-1}\mathbf{K}\widetilde{\mathbf{L}}_{\mathrm{M}}^{-\mathrm{T}};\quad \mathbf{M}=\widetilde{\mathbf{L}}_{\mathrm{M}}\widetilde{\mathbf{L}}_{\mathrm{M}}^{\mathrm{T}};\quad \widetilde{\boldsymbol{\varphi}}=\widetilde{\mathbf{L}}_{\mathrm{M}}^{\mathrm{T}}\boldsymbol{\varphi}$$

并且 $\widetilde{\mathbf{L}}_{\mathrm{M}}$ 是 $\mathbf{M}$ 的 Cholesky 因子.

考虑特征问题 $\widetilde{\mathbf{K}}\widetilde{\boldsymbol{\varphi}}=\lambda\widetilde{\boldsymbol{\varphi}}$ 和 $\widetilde{\mathbf{K}}^{(r)}\widetilde{\boldsymbol{\varphi}}^{(r)}=\lambda^{(r)}\widetilde{\boldsymbol{\varphi}}^{(r)}, r=1,\cdots,n-1$ (见式 (8.37)), 我们知道它的特征多项式可形成 Sturm 序列. 另一方面, 如果考虑特征问题 $\mathbf{K}\boldsymbol{\varphi}=\lambda\mathbf{M}\boldsymbol{\varphi}$ 和相伴约束问题, 即 $\mathbf{K}^{(r)}\boldsymbol{\varphi}^{(r)}=\lambda^{(r)}\mathbf{M}^{(r)}\boldsymbol{\varphi}^{(r)}$ (见式 (10.20)), 可看出 $\widetilde{\mathbf{K}}^{(r)}\widetilde{\boldsymbol{\varphi}}^{(r)}=\lambda^{(r)}\widetilde{\boldsymbol{\varphi}}^{(r)}$ 与 $\mathbf{K}^{(r)}\boldsymbol{\varphi}^{(r)}=\lambda^{(r)}\mathbf{M}^{(r)}\boldsymbol{\varphi}^{(r)}$ 有相同特征值. 即, $\widetilde{\mathbf{K}}^{(r)}\widetilde{\boldsymbol{\varphi}}^{(r)}=\lambda^{(r)}\widetilde{\boldsymbol{\varphi}}^{(r)}$ 是对应 $\mathbf{K}^{(r)}\boldsymbol{\varphi}^{(r)}=\lambda^{(r)}\mathbf{M}^{(r)}\boldsymbol{\varphi}^{(r)}$ 的标准特征问题;

也可以按如下方式计算 $\widetilde{\mathbf{K}}^{(r)}$, 而不是 (为了得到 $\widetilde{\mathbf{K}}^{(r)}$) 消去 $\widetilde{\mathbf{K}}$ 中的 r 行和 r 列

$$\widetilde{\mathbf{K}}^{(r)}=\widetilde{\mathbf{L}}_{\mathrm{M}}^{(r)-1}\mathbf{K}^{(r)}\widetilde{\mathbf{L}}_{\mathrm{M}}^{(r)-\mathrm{T}};\quad \mathbf{M}^{(r)}=\widetilde{\mathbf{L}}_{\mathrm{M}}^{(r)}\widetilde{\mathbf{L}}_{\mathrm{M}}^{(r)\mathrm{T}};\quad \widetilde{\boldsymbol{\varphi}}^{(r)}=\widetilde{\mathbf{L}}_{\mathrm{M}}^{(r)\mathrm{T}}\boldsymbol{\varphi}^{(r)} \tag{b}$$

注意到可直接分别由 $\widetilde{\mathbf{L}}_{\mathrm{M}}$ 和 $\widetilde{\mathbf{L}}_{\mathrm{M}}^{-1}$ 去掉最后的 r 行和 r 列得到 $\widetilde{\mathbf{L}}_{\mathrm{M}}^{(r)}$ 和 $\widetilde{\mathbf{L}}_{\mathrm{M}}^{(r)-1}$.

故对 $\mathbf{K}\boldsymbol{\varphi}=\lambda\mathbf{M}\boldsymbol{\varphi}$ 及其相关约束问题的特征多项式, Sturm 序列性质仍然成立.

考虑上述例子, 有

$$\widetilde{\mathbf{L}}_{\mathrm{M}}=\begin{bmatrix}2&0&0\\2&2&0\\0&2&2\end{bmatrix} \tag{c}$$

因此, 有

$$\widetilde{\mathbf{K}}=\begin{bmatrix}\frac{1}{2}&0&0\\-\frac{1}{2}&\frac{1}{2}&0\\\frac{1}{2}&-\frac{1}{2}&\frac{1}{2}\end{bmatrix}\begin{bmatrix}3&-1&0\\-1&2&-1\\0&-1&1\end{bmatrix}\begin{bmatrix}\frac{1}{2}&-\frac{1}{2}&\frac{1}{2}\\0&\frac{1}{2}&-\frac{1}{2}\\0&0&\frac{1}{2}\end{bmatrix}=\begin{bmatrix}\frac{3}{4}&-1&1\\-1&\frac{7}{4}&-2\\1&-2&\frac{5}{2}\end{bmatrix} \tag{d}$$

用式 (d) 中的 $\widetilde{\mathbf{K}}$ 计算 $\widetilde{\mathbf{K}}^{(1)}$ 和 $\widetilde{\mathbf{K}}^{(2)}$, 得

$$\widetilde{\mathbf{K}}^{(1)}=\begin{bmatrix}\frac{3}{4}&-1\\-1&\frac{7}{4}\end{bmatrix};\quad \widetilde{\mathbf{K}}^{(2)}=\begin{bmatrix}\frac{3}{4}\end{bmatrix}$$

另外, 也可以用式 (b) 求出同样的矩阵 $\widetilde{\mathbf{K}}^{(1)}$ 和 $\widetilde{\mathbf{K}}^{(2)}$ [860]

$$\widetilde{\mathbf{K}}^{(1)}=\widetilde{\mathbf{L}}_{\mathrm{M}}^{(1)-1}\mathbf{K}^{(1)}\widetilde{\mathbf{L}}_{\mathrm{M}}^{(1)-\mathrm{T}};\quad \widetilde{\mathbf{K}}^{(2)}=\widetilde{\mathbf{L}}_{\mathrm{M}}^{(2)-1}\mathbf{K}^{(2)}\widetilde{\mathbf{L}}_{\mathrm{M}}^{(2)-\mathrm{T}}$$

其中, $\mathbf{K}^{(r)}$ 和 $\mathbf{M}^{(r)}$ (用于计算 $\widetilde{\mathbf{L}}_{M}^{(r)}$) 由式 (a) 中的 $\mathbf{K}$ 和 $\mathbf{M}$ 得到.

在上述讨论中, 假设矩阵 $\mathbf{M}$ 是正定的. 如果 $\mathbf{M}$ 为半正定的, 则可转而考虑问题 $\mathbf{M}\boldsymbol{\varphi}=(1/\lambda)\mathbf{K}\boldsymbol{\varphi}$, 其中 $\mathbf{K}$ 是正定的 (这意味着必须施加一个平移, 见第 10.2.3 节), 因此证明 Sturm 序列性质仍然是成立的.

应指出, 从该讨论得知, 式 (10.6) 和式 (10.7) 中给出的特征问题 ${}^{t}\mathbf{K}\boldsymbol{\varphi}=\lambda^{t-\Delta t}\mathbf{K}\boldsymbol{\varphi}$ 和 $\mathbf{K}\boldsymbol{\varphi}=\lambda\mathbf{C}\boldsymbol{\varphi}$ 及其相伴约束的特征多项式也能形成 Sturm 序列.

10.2.6 习题

10.1 考虑广义特征问题

$$\begin{bmatrix}6&-1&0\\-1&4&-1\\0&-1&2\end{bmatrix}\boldsymbol{\varphi}=\lambda\begin{bmatrix}2&0&0\\0&2&1\\0&1&1\end{bmatrix}\boldsymbol{\varphi}$$

(a) 计算特征值和特征向量, 显式证明特征向量是 $\mathbf{M}$ 正交的;

(b) 找出两个向量是 $\mathbf{M}$ 正交的但不是特征向量.

10.2 计算习题 10.1 中特征问题的特征向量及其相伴约束问题. 证明特征值满足分离性质式 (10.22).

10.3 考虑特征值问题

$$\begin{bmatrix} 2 & -1 & 0 \\ -1 & 2 & 0 \\ 0 & 0 & 3 \end{bmatrix} \boldsymbol{\varphi} = \lambda \begin{bmatrix} 1 & & \\ & 2 & \\ & & \frac{3}{2} \end{bmatrix} \boldsymbol{\varphi}$$

(a) 计算问题的特征值和特征向量, 并计算相伴约束问题的特征值 (见式 (10.20));

(b) 找出两个 $\mathbf{M}$ 正交但不是特征向量的向量.

10.4 计算问题

$$\begin{bmatrix} 6 & -1 \\ -1 & 4 \end{bmatrix} \boldsymbol{\varphi} = \lambda \begin{bmatrix} 2 & 0 \\ 0 & 0 \end{bmatrix} \boldsymbol{\varphi}$$

的特征值和特征向量. 然后对 $\mathbf{K}$ 施加平移 $\rho = 3$, 并计算新的特征值和特征向量.

10.5 将习题 10.1 中的广义特征问题转化为标准形式.

10.6 (a) 问题 $\mathbf{K}\boldsymbol{\varphi} = \lambda\boldsymbol{\varphi}$ 的特征值和特征向量为

$$\lambda_1 = 1; \quad \boldsymbol{\varphi}_1 = \frac{1}{\sqrt{2}} \begin{bmatrix} 1 \\ 1 \end{bmatrix}$$

$$\lambda_2 = 4; \quad \boldsymbol{\varphi}_2 = \frac{1}{\sqrt{2}} \begin{bmatrix} 1 \\ -1 \end{bmatrix}$$

计算矩阵 $\mathbf{K}$.

[861] (b) 问题 $\mathbf{K}\boldsymbol{\varphi} = \lambda\mathbf{M}\boldsymbol{\varphi}$ 的特征值和特征向量为

$$\lambda_1 = 1; \quad \boldsymbol{\varphi}_1 = \frac{1}{\sqrt{3}} \begin{bmatrix} 1 \\ 1 \end{bmatrix}$$

$$\lambda_2 = 4; \quad \boldsymbol{\varphi}_2 = \sqrt{\frac{2}{3}} \begin{bmatrix} -\frac{1}{2} \\ 1 \end{bmatrix}$$

计算矩阵 $\mathbf{K}$ 和 $\mathbf{M}$. 问题 (a) 和问题 (b) 中的矩阵 $\mathbf{K}$ 和 $\mathbf{M}$ 是唯一的吗?

10.3 近似求解方法

从动态问题性质来看, 显然动态响应计算量比稳态的大得多. 稳态分析的解可一步求得, 而动态分析需要在所考虑的时间段里的许多时间离散点上求解. 我们的确发现在逐步直接积分求解中计入惯性和阻尼影响的稳态方程是在每一个时间步长的离散点上考虑的 (见第 9.2 节). 至于模态叠加分析, 它的计算量主要用于计算所求的频率和模态振形上, 这比稳态分析需要更多的计算量. 因此, 自然应把更多的注意放在有效的算法上以计算问题 $\mathbf{K}\boldsymbol{\varphi} = \lambda\mathbf{M}\boldsymbol{\varphi}$ 中要求的特征系统. 实际上, 当系统的阶数很大并且使用 “常规” 技术时, 求解特征值及其相应特征向量的 “精确” 算法计算量太大而不可行, 所以, 提出了许多近似解法. 本节的目的就是介绍已提出的和目前仍在使用的一些主要近似求解方法.

最初提出的近似求解方法是为了计算当系统的阶很大时, 问题 $\mathbf{K}\boldsymbol{\varphi} = \lambda\mathbf{M}\boldsymbol{\varphi}$ 的若干最小特征值及其特征向量. 在分析低阶系统时, 大多数程序使用精确求解方法, 而计算较高阶系统的几个最小特征对的问题是非常重要的, 并且这些问题几乎在结构工程的所有分支, 特别是地震响应分析中遇到. 在以下几节, 将介绍三种主要的方法. *介绍的目的不是着重说明这些方法的实现细节, 而是阐述它们的实际应用、局限性, 以及所采用的假设. 此外, 介绍了近似方法之间的关系, 在第 11.6 节中将会发现, 事实上这里考虑的近似方法可以被看为是在子空间迭代算法中的第一次迭代.*

10.3.1 静态凝聚

在稳态平衡方程求解中已遇到过静态凝聚方法, 其中我们说明静态凝聚实际上是 Gauss 消元法 (见第 8.2.4 节) 的一个应用. 在静态凝聚中, 消去那些不需要出现在全局有限元组合体中的自由度. 例如, 一个有限元内部节点的位移自由度可以被静态凝聚掉, 因为它们不参与施加单元间的连续性. 我们 [862]
在第 8.2.4 节提到的术语 “静态凝聚” 实际上是在动态分析中创造出来的.

*在频率和模态振形计算中的静态凝聚的基本假设是: 结构的质量可以集中在一些特定的自由度上, 且对感兴趣的频率和振形的精度不会有太大的影*响. 在具有零对角元素的集中质量矩阵情况下, 已经进行了质量集中了. 但一般还需要额外的质量集中. 通常情况下, 质量自由度比总自由度的之比介于 1/2 和 1/10 之间. 质量集中得越多, 在求解过程中所需的计算量就越少; 但所求频率和振形预测值不精确的可能性也越大. 对此, 我们后面将有更多的讨论.

假设已进行了质量集中, 通过矩阵分块, 我们可以将特征问题写成如下形式

$$\begin{bmatrix} \mathbf{K}_{aa} & \mathbf{K}_{ac} \\ \mathbf{K}_{ca} & \mathbf{K}_{cc} \end{bmatrix} \begin{bmatrix} \boldsymbol{\varphi}_a \\ \boldsymbol{\varphi}_c \end{bmatrix} = \lambda \begin{bmatrix} \mathbf{M}_a & \mathbf{0} \\ \mathbf{0} & \mathbf{0} \end{bmatrix} \begin{bmatrix} \boldsymbol{\varphi}_a \\ \boldsymbol{\varphi}_c \end{bmatrix} \tag{10.42}$$

其中, $\boldsymbol{\varphi}_a$ 和 $\boldsymbol{\varphi}_c$ 分别是有质量和无质量自由度处的位移, $\mathbf{M}_a$ 是对角质量矩阵. 式 (10.42) 给出条件

$$\mathbf{K}_{ca}\boldsymbol{\varphi}_a + \mathbf{K}_{cc}\boldsymbol{\varphi}_c = \mathbf{0} \tag{10.43}$$

该式可用于消去 $\boldsymbol{\varphi}_c$. 从式 (10.43) 可得

$$\boldsymbol{\varphi}_c = -\mathbf{K}_{cc}^{-1}\mathbf{K}_{ca}\boldsymbol{\varphi}_a \tag{10.44}$$

代入式 (10.42), 得到简化的特征问题

$$\mathbf{K}_a\boldsymbol{\varphi}_a = \lambda\mathbf{M}_a\boldsymbol{\varphi}_a \tag{10.45}$$

其中,

$$\mathbf{K}_a = \mathbf{K}_{aa} - \mathbf{K}_{ac}\mathbf{K}_{cc}^{-1}\mathbf{K}_{ca} \tag{10.46}$$

式 (10.45) 中广义矩阵问题的求解办法大多是先将其转化为标准形式, 如第 10.2.5 节所述. 由于 $\mathbf{M}_a$ 是对角质量矩阵且它所有的对角元素可能不是小正值, 所以该变换一般是良态的.

应指出与稳态分析中所用的静态凝聚类似, 式 (10.42) 的右端项可以看做载荷向量 $\mathbf{R}$, 即

$$\mathbf{R} = \begin{bmatrix} \lambda\mathbf{M}_a\boldsymbol{\varphi}_a \\ \mathbf{0} \end{bmatrix} \tag{10.47}$$

我们可以对无质量的自由度应用 Gauss 消元法, 如同用 Gauss 消元法消去一个单元或子结构 (见 8.2.4 节) 内部节点对应的自由度一样.

当在比较式 (10.42) 至式 (10.46) 中无质量自由度的静态凝聚方法与稳态分析的 Gauss 消元或静态凝聚时, 要注意一个重要的事实. 考虑式 (10.47), 我们看出: 在自由度 $\boldsymbol{\varphi}_a$ 处的载荷取决于特征值 (自由振动频率的平方) 和特征
[863] 向量 (振形位移). 这意味着在式 (10.45) 中进一步减小自由度是不可能的. 这是静态凝聚应用于稳态分析中的一个基本区别, 其中明确给出了载荷, 它们可以影响其余的自由度.

例 10.12: 采用静态凝聚法计算 $\mathbf{K}\boldsymbol{\varphi} = \lambda\mathbf{M}\boldsymbol{\varphi}$ 的特征值和特征向量, 其中

$$\mathbf{K} = \begin{bmatrix} 2 & -1 & 0 & 0 \\ -1 & 2 & -1 & 0 \\ 0 & -1 & 2 & -1 \\ 0 & 0 & -1 & 1 \end{bmatrix};\quad \mathbf{M} = \begin{bmatrix} 0 & & & \\ & 2 & & \\ & & 0 & \\ & & & 1 \end{bmatrix}$$

首先重新排列各行和列, 得到式 (10.42) 所示形式, 即

$$\begin{bmatrix} 2 & 0 & -1 & -1 \\ 0 & 1 & 0 & -1 \\ -1 & 0 & 2 & 0 \\ -1 & -1 & 0 & 2 \end{bmatrix} \begin{bmatrix} \boldsymbol{\varphi}_a \\ \boldsymbol{\varphi}_c \end{bmatrix} = \lambda \begin{bmatrix} 2 & & & \\ & 1 & & \\ & & 0 & \\ & & & 0 \end{bmatrix} \begin{bmatrix} \boldsymbol{\varphi}_a \\ \boldsymbol{\varphi}_c \end{bmatrix}$$

因此, 式 (10.46) 所给的 $\mathbf{K}_a$ 为

$$\mathbf{K}_a = \begin{bmatrix} 2 & 0 \\ 0 & 1 \end{bmatrix} - \begin{bmatrix} -1 & -1 \\ 0 & -1 \end{bmatrix} \begin{bmatrix} \frac{1}{2} & 0 \\ 0 & \frac{1}{2} \end{bmatrix} \begin{bmatrix} -1 & 0 \\ -1 & -1 \end{bmatrix} = \begin{bmatrix} 1 & -\frac{1}{2} \\ -\frac{1}{2} & \frac{1}{2} \end{bmatrix}$$

因而特征问题 $\mathbf{K}_a\boldsymbol{\varphi}_a=\lambda\mathbf{M}_a\boldsymbol{\varphi}_a$ 可表示为

$$\begin{bmatrix}1 & -\dfrac{1}{2}\\ -\dfrac{1}{2} & \dfrac{1}{2}\end{bmatrix}\boldsymbol{\varphi}_a=\lambda\begin{bmatrix}2 & \\ & 1\end{bmatrix}\boldsymbol{\varphi}_a$$

有

$$\det(\mathbf{K}_a-\lambda\mathbf{M}_a)=2\lambda^2-2\lambda+\frac{1}{4}$$

所以,

$$\lambda_1=\frac{1}{2}-\frac{\sqrt{2}}{4};\quad \lambda_2=\frac{1}{2}+\frac{\sqrt{2}}{4}$$

相应的特征向量可用如下式子计算

$$(\mathbf{K}_a-\lambda_i\mathbf{M}_a)\boldsymbol{\varphi}_{a_i}=\mathbf{0};\quad \boldsymbol{\varphi}_{a_i}^{\mathrm{T}}\mathbf{M}_a\boldsymbol{\varphi}_{a_i}=1$$

因此

$$\boldsymbol{\varphi}_{a_1}=\begin{bmatrix}\dfrac{1}{2}\\ \dfrac{\sqrt{2}}{2}\end{bmatrix};\quad \boldsymbol{\varphi}_{a_2}=\begin{bmatrix}-\dfrac{1}{2}\\ \dfrac{\sqrt{2}}{2}\end{bmatrix}$$

应用式 (10.44), 得

$$\boldsymbol{\varphi}_{c_1}=-\begin{bmatrix}\dfrac{1}{2} & 0\\ 0 & \dfrac{1}{2}\end{bmatrix}\begin{bmatrix}-1 & 0\\ -1 & -1\end{bmatrix}\begin{bmatrix}\dfrac{1}{2}\\ \dfrac{\sqrt{2}}{2}\end{bmatrix}=\begin{bmatrix}\dfrac{1}{4}\\ \dfrac{1+\sqrt{2}}{4}\end{bmatrix}$$

$$\boldsymbol{\varphi}_{c_2}=-\begin{bmatrix}\dfrac{1}{2} & 0\\ 0 & \dfrac{1}{2}\end{bmatrix}\begin{bmatrix}-1 & 0\\ -1 & -1\end{bmatrix}\begin{bmatrix}-\dfrac{1}{2}\\ \dfrac{\sqrt{2}}{2}\end{bmatrix}=\begin{bmatrix}-\dfrac{1}{4}\\ \dfrac{-1+\sqrt{2}}{4}\end{bmatrix}$$

因此, 特征问题 $\mathbf{K}\boldsymbol{\varphi}=\lambda\mathbf{M}\boldsymbol{\varphi}$ 的解为 [864]

$$\lambda_1=\frac{1}{2}-\frac{\sqrt{2}}{4};\quad \boldsymbol{\varphi}_1=\begin{bmatrix}\dfrac{1}{4}\\ \dfrac{1}{2}\\ \dfrac{1+\sqrt{2}}{4}\\ \dfrac{\sqrt{2}}{2}\end{bmatrix}$$

$$\lambda_2=\frac{1}{2}+\frac{\sqrt{2}}{4};\quad \boldsymbol{\varphi}_2=\begin{bmatrix}-\dfrac{1}{4}\\ -\dfrac{1}{2}\\ \dfrac{-1+\sqrt{2}}{4}\\ \dfrac{\sqrt{2}}{2}\end{bmatrix}$$

$$\lambda_3 = \infty; \quad \boldsymbol{\varphi}_3 = \begin{bmatrix} 1 \\ 0 \\ 0 \\ 0 \end{bmatrix}$$

$$\lambda_4 = \infty; \quad \boldsymbol{\varphi}_4 = \begin{bmatrix} 0 \\ 0 \\ 1 \\ 0 \end{bmatrix}$$

在上述讨论中, 我们对常规矩阵方程进行静态凝聚. 计算的主要工作量在于计算式 (10.46) 中的矩阵 $\mathbf{K}_a$, 其中应注意在实际运算中不求 $\mathbf{K}_{cc}$ 的逆矩阵. 而 $\mathbf{K}_a$ 可以从 $\mathbf{K}_{cc}$ 的 Cholesky 因式 $\widetilde{\mathbf{L}}_{cc}$ 方便地得到. 如果将 $\mathbf{K}_{cc}$ 分解为

$$\mathbf{K}_{cc} = \widetilde{\mathbf{L}}_c \widetilde{\mathbf{L}}_c^{\mathrm{T}} \tag{10.48}$$

可以按如下方式计算 $\mathbf{K}_a$

$$\mathbf{K}_a = \mathbf{K}_{aa} - \mathbf{Y}^{\mathrm{T}} \mathbf{Y} \tag{10.49}$$

其中, $\mathbf{Y}$ 可从下式解出

$$\widetilde{\mathbf{L}}_c \mathbf{Y} = \mathbf{K}_{ca} \tag{10.50}$$

正如前面所指出的, 该方法实际上是无质量自由度的 Gauss 消元法, 即消去那些没有外力 (质量影响的) 作用的自由度. 因此, 求解式 (10.42) 至式 (10.50) 所给问题的另一个方法是直接使用 Gauss 消元法消去那些没有将矩阵 $\mathbf{K}$ 分区为子矩阵 $\mathbf{K}_{aa}$、$\mathbf{K}_{cc}$、$\mathbf{K}_{ac}$ 和 $\mathbf{K}_{ca}$ 的自由度 $\boldsymbol{\varphi}_c$, 因为 Gauss 消元法消去可以适用于任意阶的矩阵 (见例 8.1, 第 8.2.1 节). 但在消去过程中, 刚度矩阵的带宽通常会增加, 故应考虑存储的问题.

[865] 在求解特征问题 $\mathbf{K}_a \boldsymbol{\varphi}_a = \lambda \mathbf{M}_a \boldsymbol{\varphi}_a$ 时, 要特别注意 $\mathbf{K}_a$ 一般是满秩矩阵, 除非矩阵阶数小, 否则求解计算量较大.

为了避免计算 $\mathbf{K}_a$, 可以计算柔度矩阵 $\mathbf{F}_a = \mathbf{K}_a^{-1}$, 可由下式计算得到

$$\begin{bmatrix} \mathbf{K}_{aa} & \mathbf{K}_{ac} \\ \mathbf{K}_{ca} & \mathbf{K}_{cc} \end{bmatrix} \begin{bmatrix} \mathbf{F}_a \\ \mathbf{F}_c \end{bmatrix} = \begin{bmatrix} \mathbf{I} \\ \mathbf{0} \end{bmatrix} \tag{10.51}$$

其中, $\mathbf{I}$ 是与 $\mathbf{K}_{aa}$ 同阶的单位矩阵. 因此, 在式 (10.51) 中, 我们求解当单位载荷依次作用于有质量自由度时结构的位移. 尽管式 (10.51) 中的自由度已经分块, 但它在该分析中是没有必要的 (见例 10.13). 求解出 $\mathbf{F}_a$ 后, 现考虑替代式 (10.45) 的特征问题

$$\left(\frac{1}{\lambda}\right) \boldsymbol{\varphi}_a = \mathbf{F}_a \mathbf{M}_a \boldsymbol{\varphi}_a \tag{10.52}$$

尽管该特征问题与广义特征问题 $\mathbf{K\varphi} = \lambda\mathbf{M\varphi}$ 稍有不同, 但向标准问题变换的方式还是相当类似的 (见第 10.2.5 节). 对变换, 定义

$$\widetilde{\boldsymbol{\varphi}}_a = \mathbf{M}_a^{1/2}\boldsymbol{\varphi}_a \tag{10.53}$$

其中, $\mathbf{M}_a^{1/2}$ 是对角矩阵且它的第 i 个对角元素值等于 $\mathbf{M}_a$ 中第 i 个元素值的平方根. 将式 (10.52) 两边各自左乘 $\mathbf{M}_a^{1/2}$ 并代入式 (10.53), 得

$$\widetilde{\mathbf{F}}_a\widetilde{\boldsymbol{\varphi}}_a = \left(\frac{1}{\lambda}\right)\widetilde{\boldsymbol{\varphi}}_a \tag{10.54}$$

$$\widetilde{\mathbf{F}}_a = \mathbf{M}_a^{1/2}\mathbf{F}_a\mathbf{M}_a^{1/2} \tag{10.55}$$

只要算出 $\boldsymbol{\varphi}_a$, 利用

$$\begin{bmatrix} \boldsymbol{\varphi}_a \\ \boldsymbol{\varphi}_c \end{bmatrix} = \begin{bmatrix} \mathbf{I} \\ \mathbf{F}_c\mathbf{K}_a \end{bmatrix} \boldsymbol{\varphi}_a \tag{10.56}$$

就可求出整个的位移向量, 其中 $\mathbf{F}_c$ 由式 (10.51) 算得. 通过实现: 作用在质量自由度上以施加位移 $\boldsymbol{\varphi}_a$ 的力为 $\mathbf{K}_a\boldsymbol{\varphi}_a$, 就可得出式 (10.56). 利用式 (10.51), 所有自由度对应的位移均由式 (10.56) 给出.

例 10.13: 用式 (10.51) 至式 (10.56) 给出的方法计算例 10.12 中 $\mathbf{K\varphi} = \lambda\mathbf{M\varphi}$ 的特征值和特征向量.

第一步, 求解方程

$$\begin{bmatrix} 2 & -1 & 0 & 0 \\ -1 & 2 & -1 & 0 \\ 0 & -1 & 2 & -1 \\ 0 & 0 & -1 & 1 \end{bmatrix} [\mathbf{v}_1 \quad \mathbf{v}_2] = \begin{bmatrix} 0 & 0 \\ 1 & 0 \\ 0 & 0 \\ 0 & 1 \end{bmatrix} \tag{a}$$

其中, 为了得到式 (10.51), 没有交换 $\mathbf{K}$ 中的行和列.

为了求解方程 (a), 采用 $\mathbf{K}$ 的分解式 $\mathbf{LDL}^{\mathrm{T}}$, 其中

[866]

$$\mathbf{L} = \begin{bmatrix} 1 & & & \\ -\frac{1}{2} & 1 & & \\ 0 & -\frac{2}{3} & 1 & \\ 0 & 0 & -\frac{3}{4} & 1 \end{bmatrix}; \quad \mathbf{D} = \begin{bmatrix} 2 & & & \\ & \frac{3}{2} & & \\ & & \frac{4}{3} & \\ & & & \frac{1}{4} \end{bmatrix}$$

得

$$\mathbf{v}_1^{\mathrm{T}} = [1 \quad 2 \quad 2 \quad 2]; \quad \mathbf{v}_2^{\mathrm{T}} = [1 \quad 2 \quad 3 \quad 4]$$

因此,

$$\mathbf{F}_a = \begin{bmatrix} 2 & 2 \\ 2 & 4 \end{bmatrix}; \quad \mathbf{F}_c = \begin{bmatrix} 1 & 1 \\ 2 & 3 \end{bmatrix}$$

$$\widetilde{\mathbf{F}}_a = \begin{bmatrix} \sqrt{2} & 0 \\ 0 & 1 \end{bmatrix} \begin{bmatrix} 2 & 2 \\ 2 & 4 \end{bmatrix} \begin{bmatrix} \sqrt{2} & 0 \\ 0 & 1 \end{bmatrix} = \begin{bmatrix} 4 & 2\sqrt{2} \\ 2\sqrt{2} & 4 \end{bmatrix}$$

第二步, 求特征问题 $\widetilde{\mathbf{F}}_a \widetilde{\boldsymbol{\varphi}}_a = \mu\, \widetilde{\boldsymbol{\varphi}}_a$ 的解. 给出

$$\begin{aligned} \mu_1 = 4 - 2\sqrt{2}; \quad \widetilde{\boldsymbol{\varphi}}_{a_1} &= \begin{bmatrix} -\dfrac{1}{\sqrt{2}} \\ \dfrac{1}{\sqrt{2}} \end{bmatrix} \\ \mu_2 = 4 + 2\sqrt{2}; \quad \widetilde{\boldsymbol{\varphi}}_{a_2} &= \begin{bmatrix} \dfrac{1}{\sqrt{2}} \\ \dfrac{1}{\sqrt{2}} \end{bmatrix} \end{aligned} \tag{b}$$

由于 $\boldsymbol{\varphi}_a = \mathbf{M}_a^{-1/2} \widetilde{\boldsymbol{\varphi}}_a$, 有

$$\boldsymbol{\varphi}_{a_1} = \begin{bmatrix} \dfrac{1}{\sqrt{2}} & 0 \\ 0 & 1 \end{bmatrix} \begin{bmatrix} -\dfrac{1}{\sqrt{2}} \\ \dfrac{1}{\sqrt{2}} \end{bmatrix} = \begin{bmatrix} -\dfrac{1}{2} \\ \dfrac{1}{\sqrt{2}} \end{bmatrix}; \quad \boldsymbol{\varphi}_{a_2} = \begin{bmatrix} \dfrac{1}{2} \\ \dfrac{1}{\sqrt{2}} \end{bmatrix} \tag{c}$$

向量 $\boldsymbol{\varphi}_{c_1}$ 和 $\boldsymbol{\varphi}_{c_2}$ 使用式 (10.56) 计算. 因此,

$$\boldsymbol{\varphi}_{c_1} = \begin{bmatrix} -\dfrac{1}{4} \\ \dfrac{-1+\sqrt{2}}{4} \end{bmatrix}; \quad \boldsymbol{\varphi}_{c_2} = \begin{bmatrix} \dfrac{1}{4} \\ \dfrac{1+\sqrt{2}}{4} \end{bmatrix} \tag{d}$$

由于 $\mu = 1/\lambda$, 故从式 (b) 至式 (d) 中看出, 得到了与例 10.12 同样的解.

对于消去无质量自由度, 无论采用哪种方法, 即无论建立 $\mathbf{K}_a$ 或建立 $\mathbf{F}_a$, 或者无论求解特征问题式 (10.45) 或式 (10.52), 特征系统的分析结果都是同样的. 分析的基本假设来自质量集中. 正如我们在第 10.2.4 节所讨论的, 系统中的每个零质量对应一个无限大频率. 因此, 通过方程 (10.42) 逼近原系统方
[867] 程 $\mathbf{K}\boldsymbol{\varphi} = \lambda\mathbf{M}\boldsymbol{\varphi}$ 时, 实际上采用无限大频率来代替 $\mathbf{K}\boldsymbol{\varphi} = \lambda\mathbf{M}\boldsymbol{\varphi}$ 的频率, 并且假设从任一方程解得的最低频率没有太大差异. $\mathbf{K}\boldsymbol{\varphi} = \lambda\mathbf{M}\boldsymbol{\varphi}$ 的最低频率是通过求解 $\mathbf{K}_a\boldsymbol{\varphi}_a = \lambda\mathbf{M}_a\boldsymbol{\varphi}_a$ 近似得到的, 其精度取决于质量集中的具体选择, 精度可能足够或不足. 一般来说, 包含的质量自由度越多, 精度越好. 但要认识到由静态凝聚得到的 $\mathbf{K}_a$ 比 $\mathbf{K}$ (当然 $\mathbf{F}_a$ 满秩) 有更大的带宽, 在求解降阶的特征问题时, 计算的工作量随 $\mathbf{K}_a$ 的阶数变大而迅速增加 (见第 11.3 节). 另一方面, 如果选取满足求解精度的有足够多的质量自由度, 则可以不需再计算

$\mathbf{K}_a\boldsymbol{\varphi}_a = \lambda\mathbf{M}_a\boldsymbol{\varphi}_a$ 的整个特征系统, 而只需计算最小的几个特征值及其特征向量. 但我们不妨考虑一下没有质量集中的问题 $\mathbf{K}\boldsymbol{\varphi} = \lambda\mathbf{M}\boldsymbol{\varphi}$, 且使用第 11 章所描述的一种算法直接解出感兴趣的特征值和特征向量.

总之, 按照静态凝聚进行质量集中方法的主要缺点是: 解的精度在很大程度上取决于分析人员适当分配质量的经验, 所以解法的精度事实上是不易评估的. 我们考虑下例说明通常能得到的近似解.

例 10.14: 在例 10.4 中计算了问题 $\mathbf{K}\boldsymbol{\varphi} = \lambda\mathbf{M}\boldsymbol{\varphi}$ 的特征系统, 其中给出了矩阵 $\mathbf{K}$ 和 $\mathbf{M}$. 为了计算最小特征值及其特征向量的近似值, 考虑如下特征问题, 其中质量是集中的

$$\begin{bmatrix} 2 & -1 & 0 \\ -1 & 4 & -1 \\ 0 & -1 & 2 \end{bmatrix} \boldsymbol{\varphi} = \lambda \begin{bmatrix} 0 & & \\ & 2 & \\ & & 0 \end{bmatrix} \boldsymbol{\varphi} \tag{a}$$

使用式 (10.51) 至式 (10.56) 中的方法, 得到

$$\mathbf{F}_a = \begin{bmatrix} \frac{1}{3} \end{bmatrix}; \quad \mathbf{F}_c = \begin{bmatrix} \frac{1}{6} \\ \frac{1}{6} \end{bmatrix}$$

因此,

$$\lambda_1 = \frac{3}{2}, \quad \boldsymbol{\varphi}_{a_1} = \begin{bmatrix} 1/\sqrt{2} \end{bmatrix}, \text{ 且 } \boldsymbol{\varphi}_{c_1} = \begin{bmatrix} \frac{1}{2\sqrt{2}} \\ \frac{1}{2\sqrt{2}} \end{bmatrix}$$

因此求得的特征问题 (a) 中最小特征值及其特征向量为

$$\lambda_1 = \frac{3}{2}; \quad \boldsymbol{\varphi}_1 = \begin{bmatrix} \frac{1}{2\sqrt{2}} \\ \frac{1}{\sqrt{2}} \\ \frac{1}{2\sqrt{2}} \end{bmatrix}$$

而原问题 (见例 10.4) 的解为 [868]

$$\lambda_1 = 2; \quad \boldsymbol{\varphi}_1 = \begin{bmatrix} \frac{1}{\sqrt{2}} \\ \frac{1}{\sqrt{2}} \\ \frac{1}{\sqrt{2}} \end{bmatrix}$$

应指出使用集中质量法求得的特征值会变小, 正如该例所示, 或者比原系统的特征值大.

10.3.2 Rayleigh-Ritz 分析

一个最常见的求解问题 $\mathbf{K}\boldsymbol{\varphi} = \lambda\mathbf{M}\boldsymbol{\varphi}$ 最小特征值及其特征向量的近似方法是 Rayleigh-Ritz 分析法. 在第 10.3.1 节中讨论的静态凝聚法, 在第 10.3.3 节中将要讨论的部件模态综合法, 以及几种其他方法都可以被认为 Ritz 分析. 我们将会看到, 这些方法只是在分析中所假设的 Ritz 基选取上有所不同. 下面首先介绍 Rayleigh-Ritz 分析方法, 然后介绍与之相关的其他方法.

所考虑的特征问题为

$$\mathbf{K}\boldsymbol{\varphi} = \lambda\mathbf{M}\boldsymbol{\varphi} \tag{10.4}$$

其中, 为介绍清晰起见, 先假设矩阵 $\mathbf{K}$ 和 $\mathbf{M}$ 都是正定的, 确保所有的特征值都是正数, 即 $\lambda_1 > 0$. 第 10.2.3 节指出 $\mathbf{K}$ 可以设为正定矩阵, 因为总可以引入一个平移得到平移的刚度矩阵满足该条件. 至于质量矩阵, 现在假设 $\mathbf{M}$ 是一致质量矩阵或集中质量矩阵且没有零对角元素, 该条件在后面将取消.

首先, 考虑 Rayleigh 最小化原则

$$\lambda_1 = \min \rho(\boldsymbol{\varphi}) \tag{10.57}$$

其中, 该最小化是对所有可能的向量 $\boldsymbol{\varphi}$ 而言的, 且 $\rho(\boldsymbol{\varphi})$ 是 Rayleigh 商

$$\rho(\boldsymbol{\varphi}) = \frac{\boldsymbol{\varphi}^{\mathrm{T}}\mathbf{K}\boldsymbol{\varphi}}{\boldsymbol{\varphi}^{\mathrm{T}}\mathbf{M}\boldsymbol{\varphi}} \tag{10.58}$$

Rayleigh 商是由标准特征问题 $\widetilde{\mathbf{K}}\widetilde{\boldsymbol{\varphi}} = \lambda\widetilde{\boldsymbol{\varphi}}$ (见第 2.6 节和第 10.2.5 节) 的 Rayleigh 商得到的. 因为 $\mathbf{K}$ 和 $\mathbf{M}$ 都是正定的, 故 $\rho(\boldsymbol{\varphi})$ 对所有向量 $\boldsymbol{\varphi}$ 有正的特征值. 参考第 2.6 节, Rayleigh 商满足约束

$$0 < \lambda_1 \leqslant \rho(\boldsymbol{\varphi}) \leqslant \lambda_n < \infty \tag{10.59}$$

在 Ritz 分析中, 考虑向量组 $\overline{\boldsymbol{\varphi}}$, 它是 Ritz 基向量 $\boldsymbol{\psi}_i, i = 1, \cdots, q$ 的线性组合, 即典型的向量形式是

$$\overline{\boldsymbol{\varphi}} = \sum_{i=1}^{q} x_i \boldsymbol{\psi}_i \tag{10.60}$$

[869] 其中, x_i 是 Ritz 坐标. 因为 $\overline{\boldsymbol{\varphi}}$ 是 Ritz 基向量的线性组合, 所以它不可能是任意向量, 而是由 Ritz 基向量张成的子空间中的一个元素, 称该子空间为 $\mathbf{V}_q$ (见第 2.3 节和第 11.6 节). 应指出, 向量 $\boldsymbol{\psi}_i, i = 1, \cdots, q$ 必须是线性无关的; 因此, 子空间 V_q 的维数为 q. 同样地, 用 V_n 表示定义矩阵 $\mathbf{K}$ 和 $\mathbf{M}$ 的 n 维空间, 得出 V_q 属于 V_n 的.

在 Rayleigh-Ritz 分析中, 我们的目的是确定具体的向量 $\overline{\boldsymbol{\varphi}}_i, i = 1, \cdots, q$, 且受到由 Ritz 基向量张成的子空间的约束,"最优" 逼近所求特征向量的. 为此目标, 采取 Rayleigh 最小化原则, 确定在何种意义上解能 "最优" 逼近所求的特征向量, 这是我们介绍求解方法时应指出的一个问题.

对 $\overline{\boldsymbol{\varphi}}$ 采取 Rayleigh 最小原则, 首先应计算 Rayleigh 商

$$\rho(\overline{\boldsymbol{\varphi}})=\frac{\displaystyle\sum_{j=1}^{q}\sum_{i=1}^{q}x_ix_j\widetilde{k}_{ij}}{\displaystyle\sum_{j=1}^{q}\sum_{i=1}^{q}x_ix_j\widetilde{m}_{ij}}=\frac{\widetilde{k}}{\widetilde{m}} \tag{10.61}$$

其中

$$\widetilde{k}_{ij}=\boldsymbol{\psi}_i^{\mathrm{T}}\mathbf{K}\boldsymbol{\psi}_j \tag{10.62}$$

$$\widetilde{m}_{ij}=\boldsymbol{\psi}_i^{\mathrm{T}}\mathbf{M}\boldsymbol{\psi}_j \tag{10.63}$$

式 (10.61) 给出的 $\rho(\overline{\boldsymbol{\varphi}})$ 有最小值的必要条件是 $\partial\rho(\overline{\boldsymbol{\varphi}})/\partial x_i=0,\ i=1,\cdots,q$, 因为 x_i 是唯一的变量. 而

$$\frac{\partial\rho(\overline{\boldsymbol{\varphi}})}{\partial x_i}=\frac{2\widetilde{m}\displaystyle\sum_{j=1}^{q}x_j\widetilde{k}_{ij}-2\widetilde{k}\sum_{j=1}^{q}x_j\widetilde{m}_{ij}}{\widetilde{m}^2} \tag{10.64}$$

令 $\rho=\widetilde{k}/\widetilde{m}$, 则 $\rho(\overline{\boldsymbol{\varphi}})$ 有最小值的条件为

$$\sum_{j=1}^{q}(\widetilde{k}_{ij}-\rho\widetilde{m}_{ij})x_j=0;\quad i=1,\cdots,q \tag{10.65}$$

在实际分析中, 将 q 个方程式 (10.65) 写成矩阵形式, 从而获得特征问题

$$\widetilde{\mathbf{K}}\mathbf{x}=\rho\widetilde{\mathbf{M}}\mathbf{x} \tag{10.66}$$

其中, $\widetilde{\mathbf{K}}$ 和 $\widetilde{\mathbf{M}}$ 分别为按式 (10.62) 和式 (10.63) 定义的典型元素所构成的 $q\times q$ 矩阵, $\mathbf{x}$ 是所求的 Ritz 坐标向量

$$\mathbf{x}^{\mathrm{T}}=[x_1\quad x_2\quad\cdot\quad\cdot\quad\cdot\quad x_q] \tag{10.67}$$

在解式 (10.66) 时会得出 q 个特征值 $\rho_1,\cdots,\rho_q$, 是特征值 $\lambda_1,\cdots,\lambda_q$ 的近似值, 及 q 个特征向量

$$\begin{aligned}\mathbf{x}_1^{\mathrm{T}}&=[x_1^1\quad x_2^1\quad\cdot\quad\cdot\quad\cdot\quad x_q^1]\\ \mathbf{x}_2^{\mathrm{T}}&=[x_1^2\quad x_2^2\quad\cdot\quad\cdot\quad\cdot\quad x_q^2]\\ &\cdots\cdots\cdots\cdots\\ \mathbf{x}_q^{\mathrm{T}}&=[x_1^q\quad x_2^q\quad\cdot\quad\cdot\quad\cdot\quad x_q^q]\end{aligned} \tag{10.68}$$

特征向量 $\mathbf{x}_i$ 用于计算向量 $\overline{\boldsymbol{\varphi}}_1,\cdots,\overline{\boldsymbol{\varphi}}_q$, 是特征向量 $\boldsymbol{\varphi}_1,\cdots,\boldsymbol{\varphi}_q$ 的近似 [870]
值. 根据式 (10.68) 和式 (10.60), 有

$$\overline{\boldsymbol{\varphi}}_i=\sum_{j=1}^{q}x_j^i\boldsymbol{\psi}_j;\quad i=1,\cdots,q \tag{10.69}$$

在分析中计算的近似特征值的一个重要特征在于它们是感兴趣的特征值的上限; 即

$$\lambda_1 \leqslant \rho_1; \quad \lambda_2 \leqslant \rho_2; \quad \lambda_3 \leqslant \rho_3; \quad \cdots; \quad \lambda_q \leqslant \rho_q \leqslant \lambda_n \tag{10.70}$$

这意味着, 由于 $\mathbf{K}$ 和 $\mathbf{M}$ 均被假设为正定矩阵, 则 $\widetilde{\mathbf{K}}$ 和 $\widetilde{\mathbf{M}}$ 也是正定矩阵.

不等式 (10.70) 的证明说明了求取特征值的近似值 ρ_i 的实用方法. 为了计算 ρ_1, 搜索 $\rho(\boldsymbol{\varphi})$ 的最小值, 通过把所有可得到的 Ritz 基向量进行线性组合得到. 因为 V_q 属于 n 维空间 V_n, 而矩阵 $\mathbf{K}$ 和 $\mathbf{M}$ 定义于 V_n 中, 按照式 (10.57) 的 Rayleigh 最小值原则, 故有不等式 $\lambda_1 \leqslant \rho_1$.

用于求解 ρ_2 的方法是计算大特征值的近似值的典型方法. 首先, 考察特征问题 $\mathbf{K}\boldsymbol{\varphi} = \lambda\mathbf{M}\boldsymbol{\varphi}$, 有

$$\lambda_2 = \min \rho(\boldsymbol{\varphi}) \tag{10.71}$$

其中, 最小值是 V_n 中的所有可能的向量 $\boldsymbol{\varphi}$ 中找到的, 满足正交条件 (见第 2.6 节)

$$\boldsymbol{\varphi}^{\mathrm{T}}\mathbf{M}\boldsymbol{\varphi}_1 = 0 \tag{10.72}$$

考虑 Rayleigh-Ritz 分析中得到的近似特征向量 $\overline{\boldsymbol{\varphi}}_i$, 看出

$$\overline{\boldsymbol{\varphi}}_i^{\mathrm{T}}\mathbf{M}\overline{\boldsymbol{\varphi}}_j = \delta_{ij} \tag{10.73}$$

其中, δ_{ij} 是 Kronecker delta, 因此, 通过计算式 (10.74) 得到上述 Rayleigh-Ritz 分析中的 ρ_2

$$\rho_2 = \min \rho(\overline{\boldsymbol{\varphi}}) \tag{10.74}$$

其中, 最小值是 V_q 中所有可能的向量 $\overline{\boldsymbol{\varphi}}$ 中找出的, 满足正交条件

$$\overline{\boldsymbol{\varphi}}^{\mathrm{T}}\mathbf{M}\overline{\boldsymbol{\varphi}}_1 = 0 \tag{10.75}$$

为了证明 $\lambda_2 \leqslant \rho_2$, 考虑一个辅助问题, 即假设计算下式

$$\widetilde{\rho}_2 = \min \rho(\overline{\boldsymbol{\varphi}}) \tag{10.76}$$

其中, 最小值是从所有向量 $\overline{\boldsymbol{\varphi}}$ 中找出的, 满足条件

$$\overline{\boldsymbol{\varphi}}^{\mathrm{T}}\mathbf{M}\boldsymbol{\varphi}_1 = 0 \tag{10.77}$$

式 (10.76) 和式 (10.77) 中定义的问题与式 (10.71) 和式 (10.72) 中的几乎一样, 除了后者的最小值取自所有的向量 $\boldsymbol{\varphi}$, 而在式 (10.76) 和式 (10.77) 的问题中考虑的是 V_q 中的所有向量 $\overline{\boldsymbol{\varphi}}$. 又由于 V_q 属于 V_n, 故有 $\lambda_2 \leqslant \widetilde{\rho}_2$. 在
[871] 另一方面, 由于式 (10.77) 中 $\overline{\boldsymbol{\varphi}}$ 最严格的约束是 $\overline{\boldsymbol{\varphi}}_1$, 故 $\widetilde{\rho}_2 \leqslant \rho_2$. 因此, 有

$$\lambda_2 \leqslant \widetilde{\rho}_2 \leqslant \rho_2 \tag{10.78}$$

计算 $\overline{\boldsymbol{\varphi}}_2$ 和 ρ_2 的基础在于, $\rho(\overline{\boldsymbol{\varphi}})$ 的最小值是利用 $\overline{\boldsymbol{\varphi}}_1$ 的正交条件式 (10.75) 求出的. 类似地, 为计算 ρ_i 和 $\overline{\boldsymbol{\varphi}}_i$, 实际上是利用正交条件 $\overline{\boldsymbol{\varphi}}^{\mathrm{T}}\mathbf{M}\overline{\boldsymbol{\varphi}}_j = 0(j=1,\cdots,i-1)$ 最小化 $\rho(\overline{\boldsymbol{\varphi}})$. 相应地, 式 (10.70) 中关于 ρ_i 的不等式可以按对 ρ_2 类似的方式进行证明, 但需满足所有 $(i-1)$ 个约束条件.

在计算 ρ_i 时需满足 $(i-1)$ 个约束条件的事实还表明, 大特征值的近似值比小特征值的近似值的精度要低, 是因为施加于小特征值的约束条件较少. 这在实际分析中通常也可看到的.

关于实际动态分析方法, 可从稳态解中计算得到 Ritz 基函数, 其中, q 个载荷模式由 $\mathbf{R}$ 表示, 即考虑

$$\mathbf{K}\boldsymbol{\psi} = \mathbf{R} \tag{10.79}$$

其中, $\boldsymbol{\psi}$ 是表示 Ritz 基向量的 $n \times q$ 矩阵, 即 $\boldsymbol{\psi} = [\boldsymbol{\psi}_1, \cdots, \boldsymbol{\psi}_q]$. 通过计算矩阵 $\mathbf{K}$ 和 $\mathbf{M}$ 对由向量 $\boldsymbol{\psi}_i, i=1,\cdots,q$ 张成的子空间 V_q 上的投影, 分析得以连续进行. 因此, 计算

$$\widetilde{\mathbf{K}} = \boldsymbol{\psi}^{\mathrm{T}}\mathbf{K}\boldsymbol{\psi} \tag{10.80}$$

和

$$\widetilde{\mathbf{M}} = \boldsymbol{\psi}^{\mathrm{T}}\mathbf{M}\boldsymbol{\psi} \tag{10.81}$$

又由式 (10.79), 有

$$\widetilde{\mathbf{K}} = \boldsymbol{\psi}^{\mathrm{T}}\mathbf{R} \tag{10.82}$$

然后, 求解特征问题 $\widetilde{\mathbf{K}}\mathbf{x} = \rho\widetilde{\mathbf{M}}\mathbf{x}$, 其解可以写成

$$\widetilde{\mathbf{K}}\mathbf{X} = \widetilde{\mathbf{M}}\mathbf{X}\boldsymbol{\rho} \tag{10.83}$$

其中, $\boldsymbol{\rho}$ 是列出近似特征值 ρ_i 的对角矩阵, $\boldsymbol{\rho} = \mathrm{diag}(\rho_i)$, $\mathbf{X}$ 是一个含有 $\widetilde{\mathbf{M}}$ 正交向量 $\mathbf{x}_1, \cdots, \mathbf{x}_q$ 的矩阵. 从而 $\mathbf{K}\boldsymbol{\varphi} = \lambda\mathbf{M}\boldsymbol{\varphi}$ 的近似特征向量为

$$\overline{\boldsymbol{\Phi}} = \boldsymbol{\Psi}\mathbf{X} \tag{10.84}$$

至此, 已假设有限元系统的质量矩阵是正定的; 即 $\mathbf{M}$ 不是具有零对角元素的对角质量矩阵. 该假设的原因是为了避免在计算 Rayleigh 商时出现 $\overline{\boldsymbol{\varphi}}^{\mathrm{T}}\mathbf{M}\overline{\boldsymbol{\varphi}} = 0$ 情况, 此时 $\rho(\overline{\boldsymbol{\varphi}})$ 给出无限大的特征值. 但当 $\mathbf{M}$ 是具有一些零对角元素的对角矩阵时, 只要选择对应有限大的特征值的子空间中 Ritz 基向量, 则可按上述方式进行 Rayleigh-Ritz 分析. 此外, 当只考虑质量自由度以得到正定矩阵 $\widetilde{\mathbf{M}}$ 时, Ritz 基向量必须是线性独立的. 在实践中实现它的一个方式就是式 (10.79) 中 $\mathbf{R}$ 的每个载荷向量激励不同的质量自由度 (见第 11.6.3 节和例 10.6).

我们特别感兴趣的是可以期望得到的求解误差. 尽管已证明由 Ritz 分析计算得到的特征值是系统相应精确特征值的上界, 但没有建立该特征值的

[872] 实际误差. 该误差取决于所用的 Ritz 基向量, 因为向量 $\overline{\boldsymbol{\varphi}}$ 是 Ritz 基向量 $\boldsymbol{\Psi}_i, i=1,\cdots,q$ 的线性组合. 只要向量 $\boldsymbol{\Psi}_i$ 张成的子空间 V_q 接近由 $\boldsymbol{\varphi}_1,\cdots,\boldsymbol{\varphi}_q$ 张成 $\mathbf{K}$ 和 $\mathbf{M}$ 的最小主子空间, 就能得到好的结果. 应指出, 这并不意味着每个 Ritz 基向量应接近于所求特征向量, 而 Ritz 基向量的线性组合可以得到 $\mathbf{K}\boldsymbol{\varphi}=\lambda\mathbf{M}\boldsymbol{\varphi}$ 良好的近似特征值. 第 11.6 节的分析中介绍子空间迭代法, 因为该方法使用了 Ritz 分析法, 我们将进一步讨论好的 Ritz 基向量的选择问题和有关逼近方法.

为说明 Rayleigh-Ritz 分析法, 考虑例 10.15.

例 10.15: 计算例 10.4 中特征问题 $\mathbf{K}\boldsymbol{\varphi}=\lambda\mathbf{M}\boldsymbol{\varphi}$ 的近似解, 其中

$$\mathbf{K}=\begin{bmatrix}2&-1&0\\-1&4&-1\\0&-1&2\end{bmatrix};\mathbf{M}=\begin{bmatrix}\frac{1}{2}&&\\&1&\\&&\frac{1}{2}\end{bmatrix}$$

其精确特征值是 $\lambda_1=2$, $\lambda_2=4$, $\lambda_3=6$.

(Ⅰ) 使用下面的载荷向量生成 Ritz 基向量

$$\mathbf{R}=\begin{bmatrix}1&0\\0&0\\0&1\end{bmatrix}$$

(Ⅱ) 然后使用一组不同的载荷向量生成 Ritz 基向量

$$\mathbf{R}=\begin{bmatrix}1&0\\1&1\\1&0\end{bmatrix}$$

在 Ritz 分析中, 利用式 (10.79) 至式 (10.84), 对情况 Ⅰ

$$\begin{bmatrix}2&-1&0\\-1&4&-1\\0&-1&2\end{bmatrix}\boldsymbol{\psi}=\begin{bmatrix}1&0\\0&0\\0&1\end{bmatrix}$$

因此,

$$\boldsymbol{\psi}=\begin{bmatrix}\frac{7}{12}&\frac{1}{12}\\\frac{1}{6}&\frac{1}{6}\\\frac{1}{12}&\frac{7}{12}\end{bmatrix}$$

和

$$\widetilde{\mathbf{K}}=\frac{1}{12}\begin{bmatrix}7&1\\1&7\end{bmatrix};\quad\widetilde{\mathbf{M}}=\frac{1}{144}\begin{bmatrix}29&11\\11&29\end{bmatrix}$$

特征问题 $\widetilde{\mathbf{K}}\mathbf{x} = \rho\widetilde{\mathbf{M}}\mathbf{x}$ 的解

$$(\rho_1, \mathbf{x}_1) = \left(2.400\,4, \begin{bmatrix} 1.341\,8 \\ 1.341\,8 \end{bmatrix}\right); \quad (\rho_2, \mathbf{x}_2) = \left(4.003\,2, \begin{bmatrix} 2.000\,8 \\ -2.000\,8 \end{bmatrix}\right)$$

因此, 得到特征值的近似值为 $\rho_1 = 2.40$, $\rho_2 = 4.00$, 有 [873]

$$\overline{\boldsymbol{\varphi}} = \begin{bmatrix} \frac{7}{12} & \frac{1}{12} \\ \frac{1}{6} & \frac{1}{6} \\ \frac{1}{12} & \frac{7}{12} \end{bmatrix} \begin{bmatrix} 1.341\,8 & 2.000\,8 \\ 1.341\,8 & -2.000\,8 \end{bmatrix} = \begin{bmatrix} 0.895 & 1.00 \\ 0.447 & 0.00 \\ 0.895 & -1.00 \end{bmatrix}$$

可以得到

$$\overline{\boldsymbol{\varphi}}_1 = \begin{bmatrix} 0.895 \\ 0.447 \\ 0.895 \end{bmatrix}; \quad \overline{\boldsymbol{\varphi}}_2 = \begin{bmatrix} 1.00 \\ 0.00 \\ -1.00 \end{bmatrix}$$

接着利用情况 II 的载荷向量, 求解

$$\begin{bmatrix} 2 & -1 & 0 \\ -1 & 4 & -1 \\ 0 & -1 & 2 \end{bmatrix} \boldsymbol{\psi} = \begin{bmatrix} 1 & 0 \\ 1 & 1 \\ 1 & 0 \end{bmatrix}$$

可得

$$\boldsymbol{\psi} = \begin{bmatrix} \frac{5}{6} & \frac{1}{6} \\ \frac{2}{3} & \frac{1}{3} \\ \frac{5}{6} & \frac{1}{6} \end{bmatrix}$$

$$\widetilde{\mathbf{K}} = \begin{bmatrix} \frac{7}{3} & \frac{2}{3} \\ \frac{2}{3} & \frac{1}{3} \end{bmatrix}; \quad \widetilde{\mathbf{M}} = \frac{1}{36} \begin{bmatrix} 41 & 13 \\ 13 & 5 \end{bmatrix}$$

特征问题 $\widetilde{\mathbf{K}}\mathbf{x} = \rho\widetilde{\mathbf{M}}\mathbf{x}$ 的解

$$(\rho_1, \mathbf{x}_1) = \left(2.000, \begin{bmatrix} 0.707\,11 \\ 0.707\,11 \end{bmatrix}\right); \; (\rho_2, \mathbf{x}_2) = \left(6.000\,0, \begin{bmatrix} -2.121\,3 \\ 6.364\,0 \end{bmatrix}\right)$$

因此, 得到近似特征值 $\rho_1 = 2.00$, $\rho_2 = 6.00$, 计算:

$$\overline{\boldsymbol{\varphi}} = \begin{bmatrix} \frac{5}{6} & \frac{1}{6} \\ \frac{2}{3} & \frac{1}{3} \\ \frac{5}{6} & \frac{1}{6} \end{bmatrix} \begin{bmatrix} 0.707\,11 & -2.121\,3 \\ 0.707\,11 & 6.364\,0 \end{bmatrix} = \begin{bmatrix} 0.707\,11 & -0.707\,08 \\ 0.707\,11 & 0.707\,13 \\ 0.707\,11 & -0.707\,08 \end{bmatrix}$$

可得

$$\overline{\boldsymbol{\varphi}}_1 = \begin{bmatrix} 0.707\,11 \\ 0.707\,11 \\ 0.707\,11 \end{bmatrix}; \quad \overline{\boldsymbol{\varphi}}_2 = \begin{bmatrix} -0.707\,08 \\ 0.707\,13 \\ -0.707\,08 \end{bmatrix}$$

将以上结果与精确解进行比较, 有趣的是, 情况 Ⅰ 时, $\rho_1 > \lambda_1$, $\rho_2 = \lambda_2$, 而在情况 Ⅱ 时 $\rho_1 = \lambda_1$, $\rho_2 = \lambda_3$. 在两种情况下, 都没得到两个最小特征值的好的近似, 这清楚地表明, 结果完全取决于所选择的初始 Ritz 基向量.

例 10.16: 使用 Rayleigh-Ritz 分析计算例 10.12 中所考虑特征问题的特征值 λ_1 和特征向量 $\boldsymbol{\varphi}_1$ 的近似值.

注意到, 在这种情况下, $\mathbf{M}$ 是半正定的. 因此, 为进行 Ritz 分析, 需要在 $\mathbf{R}$ 中选择一个载荷向量, 至少激励一个质量自由度. 假设使用

$$\mathbf{R}^{\mathrm{T}} = \begin{bmatrix} 0 & 1 & 0 & 0 \end{bmatrix}$$

则式 (10.79) 的解为 (见例 10.13)

$$\boldsymbol{\psi}^{\mathrm{T}} = \begin{bmatrix} 1 & 2 & 2 & 2 \end{bmatrix}$$

因此,

[874]

$$\widetilde{\mathbf{K}} = [2]; \quad \widetilde{\mathbf{M}} = [12]$$
$$\rho_1 = \frac{1}{6}; \quad \mathbf{x}_1 = \begin{bmatrix} \dfrac{1}{2\sqrt{3}} \end{bmatrix}$$
$$\overline{\boldsymbol{\varphi}}_1^{\mathrm{T}} = \begin{bmatrix} \dfrac{1}{2\sqrt{3}} & \dfrac{1}{\sqrt{3}} & \dfrac{1}{\sqrt{3}} & \dfrac{1}{\sqrt{3}} \end{bmatrix}$$

我们得到了期望的结果: $\rho_1 > \lambda_1$.

上面所介绍的 Ritz 分析过程是一个非常通用的工具, 正如前面所说的, 各种不同名字的分析方法实际上都可以看做是 Ritz 分析. 在第 10.3.3 节所介绍的部件模态综合法也是 Ritz 分析. 下面将简要说明第 10.3.1 节中所描述的静态凝聚方法其实也是一种 Ritz 分析.

在静态凝聚分析中, 假设所有质量可以集中在 q 个自由度上, 因此, 作为特征问题 $\mathbf{K}\boldsymbol{\varphi} = \lambda\mathbf{M}\boldsymbol{\varphi}$ 的近似, 得到下列问题

$$\begin{bmatrix} \mathbf{K}_{aa} & \mathbf{K}_{ac} \\ \mathbf{K}_{ca} & \mathbf{K}_{cc} \end{bmatrix} \begin{bmatrix} \boldsymbol{\varphi}_a \\ \boldsymbol{\varphi}_c \end{bmatrix} = \lambda \begin{bmatrix} \mathbf{M}_a & \mathbf{0} \\ \mathbf{0} & \mathbf{0} \end{bmatrix} \begin{bmatrix} \boldsymbol{\varphi}_a \\ \boldsymbol{\varphi}_c \end{bmatrix} \tag{10.42}$$

具有 q 个有限大和对应无质量自由度 $(n-q)$ 个无限大的特征值 (见第 10.2.4 节). 为了求出有限大的特征值, 对无质量自由度应用静态凝聚, 得到下面特征问题

$$\mathbf{K}_a\boldsymbol{\varphi}_a = \lambda\mathbf{M}_a\boldsymbol{\varphi}_a \tag{10.45}$$

其中, 已在式 (10.46) 中定义 $\mathbf{K}_a$. 而这种方法实际上是式 (10.42) 所考虑的集中质量模型的 Ritz 分析法. 当释放自由度 $\boldsymbol{\varphi}_c$ 时, Ritz 基向量是与自由度 $\boldsymbol{\varphi}_a$ 相关联的位移模式. 解方程

$$\begin{bmatrix} \mathbf{K}_{aa} & \mathbf{K}_{ac} \\ \mathbf{K}_{ca} & \mathbf{K}_{cc} \end{bmatrix} \begin{bmatrix} \mathbf{F}_a \\ \mathbf{F}_c \end{bmatrix} = \begin{bmatrix} \mathbf{I} \\ \mathbf{0} \end{bmatrix} \tag{10.51}$$

其中, $\mathbf{F}_a = \mathbf{K}_a^{-1}$, 发现用于式 (10.80)、式 (10.81) 和式 (10.84) 中 Ritz 基向量是

$$\boldsymbol{\psi} = \begin{bmatrix} \mathbf{I} \\ \mathbf{F}_c\mathbf{K}_a \end{bmatrix} \tag{10.85}$$

为了验证具有式 (10.85) 中基向量的 Ritz 分析得出式 (10.45), 计算式 (10.80) 和式 (10.81). 把 $\boldsymbol{\Psi}$ 和 $\mathbf{K}$ 代入式 (10.80), 得到

$$\widetilde{\mathbf{K}} = [\mathbf{I} \quad (\mathbf{F}_c\mathbf{K}_a)^{\mathrm{T}}] \begin{bmatrix} \mathbf{K}_{aa} & \mathbf{K}_{ac} \\ \mathbf{K}_{ca} & \mathbf{K}_{cc} \end{bmatrix} \begin{bmatrix} \mathbf{I} \\ \mathbf{F}_c\mathbf{K}_a \end{bmatrix} \tag{10.86}$$

利用式 (10.51) 转化为

$$\widetilde{\mathbf{K}} = \mathbf{K}_a \tag{10.87}$$

类似地, 把 $\boldsymbol{\Psi}$ 和 $\mathbf{M}$ 代入式 (10.81), 得到

$$\widetilde{\mathbf{M}} = [\mathbf{I} \quad (\mathbf{F}_c\mathbf{K}_a)^{\mathrm{T}}] \begin{bmatrix} \mathbf{M}_a & \mathbf{0} \\ \mathbf{0} & \mathbf{0} \end{bmatrix} \begin{bmatrix} \mathbf{I} \\ \mathbf{F}_c\mathbf{K}_a \end{bmatrix} \tag{10.88}$$

或

$$\widetilde{\mathbf{M}} = \mathbf{M}_a \tag{10.89}$$ [875]

因此, 静态凝聚实际上就是集中质量模型的 Ritz 分析. 应指出由于 Ritz 基向量张成与有限大的特征值相对应的 q 维子空间, 故在分析中精确计算 q 个有限大的特征值. 在实际中, 式 (10.85) 中向量 $\boldsymbol{\Psi}$ 的计算是不必要的 (计算量也大), 而使用式

$$\boldsymbol{\psi} = \begin{bmatrix} \mathbf{F}_a \\ \mathbf{F}_c \end{bmatrix} \tag{10.90}$$

可更好地进行 Ritz 分析.

由于式 (10.90) 中向量可以与式 (10.85) 中向量一样张成相同的子空间, 故可采用任一组基向量计算相同特征值和特征向量. 具体来说, 使用式 (10.90), 在 Ritz 分析中得到了降阶的特征问题

$$\mathbf{F}_a\mathbf{x} = \lambda\mathbf{F}_a\mathbf{M}_a\mathbf{F}_a\mathbf{x} \tag{10.91}$$

为了证明此特征问题实际上等价于式 (10.45) 中的问题, 先在式 (10.91) 两边左乘 $\mathbf{K}_a$, 使用变换 $\mathbf{x} = \mathbf{K}_a\widetilde{\mathbf{x}}$, 给出 $\mathbf{K}_a\widetilde{\mathbf{x}} = \lambda\mathbf{M}_a\widetilde{\mathbf{x}}$ 后, 即为问题式 (10.45).

例 10.17: 例 10.12 所考虑的问题 $\mathbf{K}\boldsymbol{\varphi} = \lambda\mathbf{M}\boldsymbol{\varphi}$ 中使用 Ritz 分析法对无质量自由度进行静态凝聚.

需要计算式 (10.90) 中 Ritz 基向量. 在例 10.13 中已经解出, 结果如下

$$\mathbf{F}_a = \begin{bmatrix} 2 & 2 \\ 2 & 4 \end{bmatrix}; \quad \mathbf{F}_c = \begin{bmatrix} 1 & 1 \\ 2 & 3 \end{bmatrix}$$

式 (10.91) 中经过 Ritz 简化后, 得到特征问题

$$\begin{bmatrix} 2 & 2 \\ 2 & 4 \end{bmatrix} \mathbf{x} = \lambda \begin{bmatrix} 12 & 16 \\ 16 & 24 \end{bmatrix} \mathbf{x}$$

最后应指出, 式 (10.85) (或式 (10.90)) 中 Ritz 基向量的使用又称为 Guyan 归约 (也称谷杨化简) (见 R. J. Guyan [A]). 在 Guyan 方法中, Ritz 向量用于计算像式 (10.88) 中对角元素都为 0 的集中质量矩阵或通常为满秩的集中或一致质量矩阵. 在该简化过程中, 自由度 $\boldsymbol{\varphi}_a$ 常被称为动态自由度.

10.3.3 部件模态综合法

如同静态凝聚法一样, 部件模态综合法实际上就是 Ritz 分析, 作为一个具体的应用, 该方法在第 10.3.2 节已经介绍了. 但如我们一再指出的, 在 Ritz 分析中, 最重要的问题是选择适当的 Ritz 基向量, 因为 Ritz 分析结果只能达到 Ritz 基向量所容许的程度. 我们对部件模态综合所使用的具体方法特别感兴趣, 这也是要给出单独一节进行讨论的原因.

在分析大型复杂的结构时, 部件模态综合法已经很大程度上发展成为实
[876] 践所遵循的分析方法的一个自然结果. 一般实用步骤是, 不同的模块分析结构的不同部件. 例如, 在分析某个管网时, 一个模块可分析主管道, 而另一个模块分析连接主管道的支管系统. 在做初步分析时, 两个模块独立工作, 近似建模其他部件对特定部件的影响. 例如, 在对上面所提到的两管道系统的分析中, 分析支管的模块可以假设在与主管道的交点处充分固定, 而分析主管道的模块可引入集中的弹簧和集中的质量以考虑支管. 分开考虑结构部件的主要优点是节省时间, 即不同模块可以在同一时间对部件进行分析和设计. 主要由于这个原因, 在大型结构系统的分析和设计中, 部件模态综合法具有非常大的吸引力.

假设已进行了部件的初步分析, 现在应对整个结构进行分析. 在这个阶段, 很自然地利用部件模态综合法. 即在每个部件模态振形特征已知的情况下, 很自然使用该信息计算整个结构的频率和模态振形. 具体的过程可能会有所不同 (见 R. R. Craig, Jr.[A]), 但在本质上, 部件的模态振形用于 Rayleigh-Ritz 分析中以近似计算整个结构的模态振形和频率.

为说明起见, 通过固定所有的边界自由度得到每个部件, 并用 $\mathbf{K}_{\mathrm{I}}, \mathbf{K}_{\mathrm{II}}, \cdots$, $\mathbf{K}_M$ 表示部件的刚度矩阵 (见例 10.18). 假设只有部件 $L-1$ 与部件 L 相连, $L=2,\cdots,M$; 我们可写出部件的整个刚度矩阵

$$
\mathbf{K}=\begin{bmatrix}
\mathbf{K}_{\mathrm{I}} & \cdot & & & & \\
 & \cdots & & & & \\
 & \cdot & \mathbf{K}_{\mathrm{II}} & \cdot & & \\
 & & & \cdots & & \\
 & & & \cdot & \ddots & \\
 & & & & & \mathbf{K}_M
\end{bmatrix} \tag{10.92}
$$

对质量矩阵, 使用类似的符号, 有

$$
\mathbf{M}=\begin{bmatrix}
\mathbf{M}_{\mathrm{I}} & \cdot & & & & \\
 & \cdots & & & & \\
 & \cdot & \mathbf{M}_{\mathrm{II}} & \cdot & & \\
 & & & \cdots & & \\
 & & & \cdot & \ddots & \\
 & & & & & \mathbf{M}_M
\end{bmatrix} \tag{10.93}
$$

假设已算出各部件的最小特征值及其特征向量, 即对于每个部件 [877]

$$
\begin{aligned}
\mathbf{K}_{\mathrm{I}}\boldsymbol{\Phi}_{\mathrm{I}} &= \mathbf{M}_{\mathrm{I}}\boldsymbol{\Phi}_{\mathrm{I}}\boldsymbol{\Lambda}_{\mathrm{I}} \\
\mathbf{K}_{\mathrm{II}}\boldsymbol{\Phi}_{\mathrm{II}} &= \mathbf{M}_{\mathrm{II}}\boldsymbol{\Phi}_{\mathrm{II}}\boldsymbol{\Lambda}_{\mathrm{II}} \\
&\cdots\cdots\cdots \\
\mathbf{K}_M\boldsymbol{\Phi}_M &= \mathbf{M}_M\boldsymbol{\Phi}_M\boldsymbol{\Lambda}_M
\end{aligned} \tag{10.94}
$$

其中, $\boldsymbol{\Phi}_L$ 和 $\boldsymbol{\Lambda}_L$ 为第 L 个部件的计算的特征值和特征向量的矩阵.

在部件模态综合法中, 假设下面载荷作用于式 (10.79) 的右手端, 进行 Rayleigh-Ritz 分析可得到近似模态振形和频率

$$
\mathbf{R}=\begin{bmatrix}
\boldsymbol{\Phi}_{\mathrm{I}} & \mathbf{0} & \mathbf{0} & \cdots \\
\mathbf{0} & \mathbf{I}_{\mathrm{I},\mathrm{II}} & \mathbf{0} & \\
\boldsymbol{\Phi}_{\mathrm{II}} & \mathbf{0} & \mathbf{0} & \cdots \\
\mathbf{0} & \mathbf{0} & \mathbf{I}_{\mathrm{II},\mathrm{III}} & \\
\vdots & \vdots & \vdots & \cdots \\
\boldsymbol{\Phi}_M & \mathbf{0} & &
\end{bmatrix} \tag{10.95}
$$

其中, $\mathbf{I}_{L-1,L}$ 是单位矩阵, 其阶数与结构部件 $L-1$ 和 L 之间的连接自由度相等. 单位矩阵对应作用在结构部件的连接自由度上的载荷. 由于在式 (10.95) 中使用的模态振形矩阵的推导中, 结构部件都被分别固定在它们各自的边界

上, 单位载荷具有释放这些连接自由度的作用. 此外, 如果在结构部件分析中包含连接自由度, 则我们可以在 $\mathbf{R}$ 中省去单位矩阵.

重要的是, 上述部件模态综合法所能达到的精度. 由于进行的是 Ritz 分析, 故可直接适用于第 10.3.2 节中所有关于精度的讨论; 即分析结果得到问题 $\mathbf{K}\boldsymbol{\varphi} = \lambda\mathbf{M}\boldsymbol{\varphi}$ 的精确特征值的上界. 尽管解的实际精度可以计算, 如第 10.4 节中所介绍的方法, 但它是未知的. 解的精度高度依赖 $\mathbf{R}$ 所使用的向量 (即 Ritz 基向量), 这也是所有 Ritz 分析方法的通病. 然而, 在实际应用过程中, 由于结构部件最小的特征值相对应的特征向量用于 $\mathbf{R}$ 中, 故通常可获得合理的精度. 我们将在下例说明分析过程.

例 10.18: 考虑特征问题 $\mathbf{K}\boldsymbol{\varphi} = \lambda\mathbf{M}\boldsymbol{\varphi}$, 其中

$$\mathbf{K} = \begin{bmatrix} 2 & -1 & & & \\ -1 & 2 & -1 & & \\ & -1 & 2 & -1 & \\ & & -1 & 2 & -1 \\ & & & -1 & 1 \end{bmatrix}; \quad \mathbf{M} = \begin{bmatrix} 1 & & & & \\ & 1 & & & \\ & & 1 & & \\ & & & 1 & \\ & & & & \frac{1}{2} \end{bmatrix}$$

[878] 在部件模态综合分析中, 使用 $\mathbf{K}$ 和 $\mathbf{M}$ 中的虚线所指明的子结构特征问题, 建立式 (10.95) 所给出的载荷矩阵. 然后计算近似特征值和特征向量.

这里对结构 Ⅰ, 有

$$\mathbf{K}_{\text{I}} = \begin{bmatrix} 2 & -1 \\ -1 & 2 \end{bmatrix}; \mathbf{M}_{\text{I}} = \begin{bmatrix} 1 & 0 \\ 0 & 1 \end{bmatrix}$$

所得到的特征值和特征向量为

$$\lambda_1 = 1, \lambda_2 = 3; \boldsymbol{\varphi}_1 = \begin{bmatrix} \frac{\sqrt{2}}{2} \\ \frac{\sqrt{2}}{2} \end{bmatrix}, \quad \boldsymbol{\varphi}_2 = \begin{bmatrix} -\frac{\sqrt{2}}{2} \\ \frac{\sqrt{2}}{2} \end{bmatrix}$$

结构 Ⅱ 中

$$\mathbf{K}_{\text{II}} = \begin{bmatrix} 2 & -1 \\ -1 & 1 \end{bmatrix}; \mathbf{M}_{\text{II}} = \begin{bmatrix} 1 & 0 \\ 0 & \frac{1}{2} \end{bmatrix}$$

所得到的特征解为

$$\lambda_1 = 2 - \sqrt{2}, \lambda_2 = 2 + \sqrt{2}; \boldsymbol{\varphi}_1 = \begin{bmatrix} \frac{\sqrt{2}}{2} \\ 1 \end{bmatrix}, \quad \boldsymbol{\varphi}_2 = \begin{bmatrix} -\frac{\sqrt{2}}{2} \\ 1 \end{bmatrix}$$

因此, 对式 (10.95) 中矩阵 $\mathbf{R}$, 有

$$\mathbf{R}=\begin{bmatrix}\frac{\sqrt{2}}{2} & -\frac{\sqrt{2}}{2} & 0\\ \frac{\sqrt{2}}{2} & \frac{\sqrt{2}}{2} & 0\\ 0 & 0 & 1\\ \frac{\sqrt{2}}{2} & -\frac{\sqrt{2}}{2} & 0\\ 1 & 1 & 0\end{bmatrix}$$

按式 (10.79) 至式 (10.84) 所给进行 Ritz 分析, 可得到

$$\widetilde{\mathbf{K}}=\begin{bmatrix}22.40 & 5.328 & 7.243\\ 5.328 & 2.257 & 1.586\\ 7.243 & 1.586 & 3\end{bmatrix};\quad \widetilde{\mathbf{M}}=\begin{bmatrix}222.4 & 50.69 & 77.69\\ 50.69 & 11.94 & 17.59\\ 77.69 & 17.59 & 27.5\end{bmatrix}$$

因此,

$$\boldsymbol{\rho}=\begin{bmatrix}0.098 & & \\ & 2.83 & \\ & & 1.82\end{bmatrix}$$

$$\overline{\boldsymbol{\Phi}}=\begin{bmatrix}0.207 & -0.773 & 0.006\,90\\ 0.181 & 0.098\,4 & -0.065\,5\\ 0.509 & 1.47 & 0.443\\ 0.594 & -0.385 & -0.166\\ 0.655 & 0.574 & -0.978\end{bmatrix}$$

精确特征值为

$$\lambda_1=0.097\,89;\quad \lambda_2=0.824;\quad \lambda_3=2.00;\quad \lambda_4=3.18;\quad \lambda_5=3.90$$ [879]

注意到 ρ_1 是对 λ_1 的一个很好的逼近, 但 ρ_2 和 ρ_3 却不是.

10.3.4 习题

10.7 考虑特征问题

$$\begin{bmatrix}6 & -1 & 0\\ -1 & 4 & -1\\ 0 & -1 & 2\end{bmatrix}\boldsymbol{\varphi}=\lambda\begin{bmatrix}0 & 0 & 0\\ 0 & 2 & 1\\ 0 & 1 & 1\end{bmatrix}\boldsymbol{\varphi}$$

如通常情况一样, 进行静态凝聚分析 (见式 (10.46)), 然后进行 Rayleigh-Ritz 分析 (见式 (10.51)).

10.8 考虑习题 10.1 中的特征问题. 用下面两个向量进行 Rayleigh-Ritz 分析, 计算近似的最小特征值及其特征向量

$$\boldsymbol{\psi}_1 = \begin{bmatrix} 1 \\ 1 \\ 1 \end{bmatrix}; \quad \boldsymbol{\psi}_2 = \begin{bmatrix} 1 \\ -1 \\ 1 \end{bmatrix}$$

10.9 在特征问题 $\mathbf{K}\boldsymbol{\varphi} = \lambda\mathbf{M}\boldsymbol{\varphi}$ 中, 如果 Ritz 向量为

$$\boldsymbol{\psi}_1 = \boldsymbol{\varphi}_1 + 2\boldsymbol{\varphi}_2$$
$$\boldsymbol{\psi}_2 = 3\boldsymbol{\varphi}_1 - \boldsymbol{\varphi}_2$$

其中, $\boldsymbol{\varphi}_1$ 和 $\boldsymbol{\varphi}_2$ 分别是对应 λ_1 和 λ_2 的特征向量, 则 Rayleigh-Ritz 分析将给出精确的特征值 λ_1 和 λ_2 及其特征向量 $\boldsymbol{\varphi}_1$ 和 $\boldsymbol{\varphi}_2$. 显式证明确实可以得到该结果.

10.10 考虑如图 Ex.10.10 所示的弹簧系统.

(a) 计算系统精确的最小频率;

(b) 使用第 10.3.3 节中的部件模态综合法计算最小频率的近似值. 只使用系统中每个部件的最小频率的特征向量.

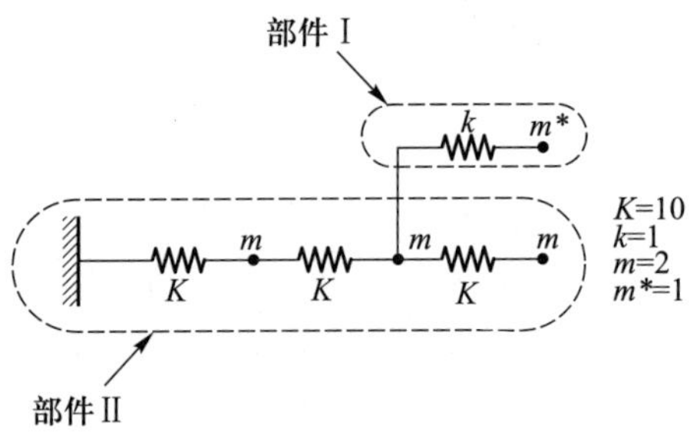

图 Ex.10.10

[880] # 10.4 求解误差

特征值和特征向量求解的一个重要方面是估计已算出的特征系统的求解精度. 由于迭代求解特征系统, 故当给出实际精度的预先确定的允许值范围内收敛时, 应立即停止求解. 当使用第 10.3 节中归纳的近似求解方法时, 估计实际得到的解的精度也是重要的.

10.4.1 误差界

为了确定已得到的特征解精度, 要求的方程是

$$\mathbf{K}\boldsymbol{\varphi} = \lambda\mathbf{M}\boldsymbol{\varphi} \tag{10.96}$$

首先, 假设使用任何一个求解方法而得到一特征对的近似值为 $\overline{\lambda}$ 和 $\overline{\boldsymbol{\varphi}}$. 然后, 可以不考虑这些值是如何得到的, 而通过计算残差向量提供关于近似特征对逼近 $\overline{\lambda}$ 和 $\overline{\boldsymbol{\varphi}}$ 精度的重要信息. 式 (10.101) 至式 (10.104) 给出了这些结果. 接着我们基于逆迭代和简单的误差度量, 介绍在求解中有用的计算误差界的方法.

1. 标准特征问题

考虑 $\mathbf{M} = \mathbf{I}$, 有如下公式

$$\mathbf{r} = \mathbf{K}\overline{\boldsymbol{\varphi}} - \overline{\lambda}\overline{\boldsymbol{\varphi}} \tag{10.97}$$

利用式 (10.12) 和式 (10.13), 有

$$\mathbf{r} = \boldsymbol{\Phi}(\boldsymbol{\Lambda} - \overline{\lambda}\mathbf{I})\boldsymbol{\Phi}^{\mathrm{T}}\overline{\boldsymbol{\varphi}} \tag{10.98}$$

或由于 $\overline{\lambda}$ 不等于但接近一个特征值, 有

$$\overline{\boldsymbol{\varphi}} = \boldsymbol{\Phi}(\boldsymbol{\Lambda} - \overline{\lambda}\mathbf{I})^{-1}\boldsymbol{\Phi}^{\mathrm{T}}\mathbf{r} \tag{10.99}$$

又由于 $\|\overline{\boldsymbol{\varphi}}\|_2 = 1$, 取模, 得

$$1 \leqslant \|(\boldsymbol{\Lambda} - \overline{\lambda}\mathbf{I})^{-1}\|_2\|\mathbf{r}\|_2 \tag{10.100}$$

但由于

$$\|(\boldsymbol{\Lambda} - \overline{\lambda}\mathbf{I})^{-1}\|_2 = \max_i \frac{1}{|\lambda_i - \overline{\lambda}|}$$

可得到

$$\min_i |\lambda_i - \overline{\lambda}| \leqslant \|\mathbf{r}\|_2 \tag{10.101}$$

因此, 通过计算式 (10.101) 中表示的 $\|\mathbf{r}\|_2$, 就能对 $\overline{\lambda}$ 逼近特征值 λ_i 的精度作出结论. 这与在稳态平衡方程中利用计算残差向量 $\mathbf{r}$ 得到的信息完全不同.

尽管式 (10.101) 确立只要 $\|\mathbf{r}\|_2$ 很小, $\overline{\lambda}$ 就接近于一个特征值, 但应该认识到, 该式并没有说明 $\overline{\lambda}$ 与哪个特征值接近. 事实上, 为确定 $\overline{\lambda}$ 与哪个特征值接近, 有必要使用 Sturm 序列性质 (见第 10.2.2 节和例 10.19).

例 10.19: 考虑特征问题 $\mathbf{K}\boldsymbol{\varphi} = \lambda\mathbf{M}\boldsymbol{\varphi}$, 其中 [881]

$$\mathbf{K} = \begin{bmatrix} 3 & -1 & 0 \\ -1 & 2 & -1 \\ 0 & -1 & 3 \end{bmatrix}$$

其特征解是 $\lambda_1 = 1, \lambda_2 = 3, \lambda_3 = 4$ 和

$$\boldsymbol{\varphi}_1 = \frac{1}{\sqrt{6}}\begin{bmatrix} 1 \\ 2 \\ 1 \end{bmatrix}; \quad \boldsymbol{\varphi}_2 = \frac{1}{\sqrt{2}}\begin{bmatrix} 1 \\ 0 \\ -1 \end{bmatrix}; \quad \boldsymbol{\varphi}_3 = \frac{1}{\sqrt{3}}\begin{bmatrix} 1 \\ -1 \\ 1 \end{bmatrix}$$

假设已算得

$$\overline{\lambda} = 3.1; \quad \overline{\boldsymbol{\varphi}} = \begin{bmatrix} 0.7 \\ 0.141\,4 \\ -0.7 \end{bmatrix}$$

结果近似 λ_2 和 $\boldsymbol{\varphi}_2$. 应用误差界式 (10.101) 可得到

$$\mathbf{r} = \begin{bmatrix} 3 & -1 & 0 \\ -1 & 2 & -1 \\ 0 & -1 & 3 \end{bmatrix} \begin{bmatrix} 0.7 \\ 0.141\,4 \\ -0.7 \end{bmatrix} - 3.1 \begin{bmatrix} 1 & & \\ & 1 & \\ & & 1 \end{bmatrix} \begin{bmatrix} 0.7 \\ 0.141\,4 \\ -0.7 \end{bmatrix}$$

因此,

$$\mathbf{r} = \begin{bmatrix} -0.211\,4 \\ -0.155\,5 \\ -0.211\,4 \end{bmatrix}; \quad \|\mathbf{r}\|_2 = 0.337\,0$$

式 (10.101) 给出

$$\left|\lambda_2 - \overline{\lambda}\right| \leqslant 0.337\,0$$

因为 $\overline{\lambda} - \lambda_2 = 0.1$, 故结果确实正确.

现在假设已算出 $\overline{\lambda}$ 和 $\overline{\boldsymbol{\varphi}}$, 但不知道它们接近于哪个特征值和特征向量. 此时可以使用式 (10.101) 建立对未知精确特征值的界限以应用 Sturm 序列检验 (见第 10.2.2 节).

这里对所考虑的例子, 有

$$2.763\,0 \leqslant \lambda_i \leqslant 3.437\,0$$

使用下限 2.7 和上限 3.5. 对 $\mathbf{K} - \mu\mathbf{I}$ 进行 $\mathbf{LDL}^{\mathrm{T}}$ 三角分解, 当 $\mu = 2.7$ 时, 得到

$$\begin{aligned} &\begin{bmatrix} 0.3 & -1 & 0 \\ -1 & -0.7 & -1 \\ 0 & -1 & 0.3 \end{bmatrix} \\ =& \begin{bmatrix} 1 & & \\ -3.333 & 1 & \\ 0 & 0.247\,9 & 1 \end{bmatrix} \begin{bmatrix} 0.3 & & \\ & -4.033 & \\ & & 0.324\,8 \end{bmatrix} \begin{bmatrix} 1 & -3.333 & 0 \\ & 1 & 0.247\,9 \\ & & 1 \end{bmatrix} \end{aligned} \tag{a}$$

在 $\mu = 3.5$ 时, 有

$$\begin{bmatrix} -0.5 & -1 & 0 \\ -1 & -1.5 & -1 \\ 0 & -1 & -0.5 \end{bmatrix} = \begin{bmatrix} 1 & & \\ 2 & 1 & \\ 0 & -2 & 1 \end{bmatrix} \begin{bmatrix} -0.5 & & \\ & 0.5 & \\ & & -2.5 \end{bmatrix} \begin{bmatrix} 1 & 2 & 0 \\ & 1 & -2 \\ & & 1 \end{bmatrix} \tag{b}$$

但在式 (a) 中 $\mathbf{D}$ 有一个负元素, 而式 (b) 中 $\mathbf{D}$ 有两个负元素, 因此可得到 $2.7 < \lambda_2 < 3.5$ 的结论. 此外, 也可知 $\overline{\lambda}$ 和 $\overline{\boldsymbol{\varphi}}$ 接近于 λ_2 和 $\boldsymbol{\varphi}_2$. [882]

现在考虑 $\overline{\boldsymbol{\varphi}}$ 逼近特征向量的精度, 一种与之等价的分析不仅需要计算 $\|\mathbf{r}\|_2$, 而且还需要各个特征值之间的间隔. 在实际分析中, 只知道近似的间隔, 因为这些特征值只被计算到特定的精度.

假设算出 $\overline{\lambda}$ 和 $\overline{\boldsymbol{\varphi}}$, 其中 $\|\overline{\boldsymbol{\varphi}}\|_2 = 1, \overline{\lambda}$ 接近特征值 $\lambda_i, i = p, \cdots, q$. 在误差分析中, 同样假设所有 i (但 $i \neq p, \cdots, q$) 的特征值 λ_i 是已知的 (尽管这里需要使用已算出的特征值). 精度分析的最后结果是, 如果对 $i = p, \cdots, q, |\lambda_i - \overline{\lambda}| \leqslant \|\mathbf{r}\|_2$ 和对于所有 i 但 $i \neq p, \cdots, q$ 时 $|\lambda_i - \overline{\lambda}| \geqslant s$, 则存在向量 $\widetilde{\boldsymbol{\varphi}} = \alpha_p \boldsymbol{\varphi}_p + \cdots + \alpha_q \boldsymbol{\varphi}_q$, 使得 $\|\overline{\boldsymbol{\varphi}} - \widetilde{\boldsymbol{\varphi}}\|_2 \leqslant \|\mathbf{r}\|_2 / s$ (见例 10.20). 因此, 如果 $\overline{\lambda}$ 是单个特征值 λ_i 的近似值, 则相应的向量 $\overline{\boldsymbol{\varphi}}$ 是 $\boldsymbol{\varphi}_i$ 的近似值, 其中

$$\|\overline{\boldsymbol{\varphi}} - \alpha_i \boldsymbol{\varphi}_i\|_2 = \frac{\|\mathbf{r}\|_2}{s}; \quad s = \min_{\substack{\text{所有} j \\ j \neq i}} |\lambda_j - \overline{\lambda}| \tag{10.102}$$

但如果 $\overline{\lambda}$ 接近许多特征值 $\lambda_p, \cdots, \lambda_q$, 则分析结果只表明相应的向量 $\overline{\boldsymbol{\varphi}}$ 接近位于对应 $\boldsymbol{\varphi}_p, \cdots, \boldsymbol{\varphi}_q$ 子空间的向量. 在实际分析中 (即在动态响应计算中的模态叠加法), 这很有可能是必要的, 因为接近的特征值几乎可以作为相等的特征值, 算出的特征向量也不会是唯一的, 但会位于相等特征值所对应的子空间中. 下面首先证明向量 $\overline{\boldsymbol{\varphi}}$ 逼近特征向量的精度, 然后通过实例说明其结果.

例 10.20: 假设我们已算出 $\overline{\lambda}$ 和 $\overline{\boldsymbol{\varphi}}$ 且 $\|\overline{\boldsymbol{\varphi}}\|_2 = 1$, 作为近似的特征值和特征向量, 且 $\mathbf{K}\overline{\boldsymbol{\varphi}} - \overline{\lambda}\overline{\boldsymbol{\varphi}} = \mathbf{r}$. 考虑当 $i = 1, \cdots, q$ 时 $\left\|\lambda_i - \overline{\lambda}\right\|_2 \leqslant \|\mathbf{r}\|_2$ 及 $i = q+1, \cdots, n$ 时 $|\lambda_i - \overline{\lambda}| \geqslant s$ 的情况. 证明 $\|\overline{\boldsymbol{\varphi}} - \widetilde{\boldsymbol{\varphi}}\|_2 \leqslant \|\mathbf{r}\|_2 / s$, 其中, $\widetilde{\boldsymbol{\varphi}}$ 是对应 $\boldsymbol{\varphi}_1, \cdots, \boldsymbol{\varphi}_q$ 子空间中的向量.

算得的近似特征向量 $\overline{\boldsymbol{\varphi}}$ 可以写成

$$\overline{\boldsymbol{\varphi}} = \sum_{i=1}^{n} \alpha_i \boldsymbol{\varphi}_i$$

使用 $\widetilde{\boldsymbol{\varphi}} = \sum\limits_{i=1}^{q} \alpha_i \boldsymbol{\varphi}_i$, 可得到

$$\|\overline{\boldsymbol{\varphi}} - \widetilde{\boldsymbol{\varphi}}\|_2 \leqslant \left\| \sum_{i=q+1}^{n} \alpha_i \boldsymbol{\varphi}_i \right\|_2$$

或者, 由于 $\boldsymbol{\varphi}_i^{\mathrm{T}} \boldsymbol{\varphi}_j = \delta_{ij}$, 有

$$\|\overline{\boldsymbol{\varphi}} - \widetilde{\boldsymbol{\varphi}}\|_2 = \left(\sum_{i=q+1}^{n} \alpha_i^2 \right)^{1/2} \tag{a}$$

但

$$\|\mathbf{r}\|_2 = \left\|\mathbf{K}\overline{\boldsymbol{\varphi}} - \overline{\lambda}\overline{\boldsymbol{\varphi}}\right\|_2 = \left\|\sum_{i=1}^{n} \alpha_i(\lambda_i - \overline{\lambda})\boldsymbol{\varphi}_i\right\|_2$$

或者

$$\|\mathbf{r}\|_2 = \left(\sum_{i=1}^{n} \alpha_i^2(\lambda_i - \overline{\lambda})^2\right)^{1/2}$$

故可得到

[883]

$$\|\mathbf{r}\|_2 \geqslant s\left(\sum_{i=q+1}^{n} \alpha_i^2\right)^{1/2} \tag{b}$$

因此, 结合式 (a) 和式 (b), 可得到

$$\|\overline{\boldsymbol{\varphi}} - \widetilde{\boldsymbol{\varphi}}\|_2 \leqslant \|\mathbf{r}\|_2 / s$$

例 10.21: 考虑例 10.19 中的特征问题. 假设 λ_1 和 λ_3 已知 (即 $\lambda_1 = 1, \lambda_3 = 4$), 也已算出例 10.19 中给出的 $\overline{\lambda}$ 和 $\overline{\boldsymbol{\varphi}}$ (在实际分析中, 只有 λ_1 和 λ_3 的近似值, 所有误差界计算都是近似的). 估计 $\overline{\boldsymbol{\varphi}}$ 近似于 $\boldsymbol{\varphi}_2$ 的精度.

为估算, 使用式 (10.102), 可得到

$$\|\overline{\boldsymbol{\varphi}} - \alpha_2\boldsymbol{\varphi}_2\|_2 \leqslant \frac{0.337\,0}{s} \text{ 且 } s = \min_{i=1,3} |\lambda_i - \overline{\lambda}|$$

因此, 由于 $\overline{\lambda} = 3.1$ 时, 有 $s = 0.9$ 和 $\|\overline{\boldsymbol{\varphi}} - \alpha_2\boldsymbol{\varphi}_2\|_2 \leqslant 0.374\,4$.

精确计算 $\|\overline{\boldsymbol{\varphi}} - \boldsymbol{\varphi}_2\|_2$, 有

$$\|\overline{\boldsymbol{\varphi}} - \boldsymbol{\varphi}_2\|_2 = \left[\left(0.7 - \frac{1}{\sqrt{2}}\right)^2 + (0.141\,4 - 0)^2 + \left(-0.7 + \frac{1}{\sqrt{2}}\right)^2\right]^{1/2} = 0.141\,8$$

例 10.22: 考虑特征问题 $\mathbf{K}\boldsymbol{\varphi} = \lambda\boldsymbol{\varphi}$, 其中

$$\mathbf{K} = \begin{bmatrix} 100 & -1 \\ -1 & 100 \end{bmatrix}$$

方程的特征值及其特征向量分别为

$$\lambda_1 = 99, \quad \boldsymbol{\varphi}_1 = \frac{1}{\sqrt{2}}\begin{bmatrix} 1 \\ 1 \end{bmatrix}; \quad \lambda_2 = 101, \quad \boldsymbol{\varphi}_2 = \frac{1}{\sqrt{2}}\begin{bmatrix} 1 \\ -1 \end{bmatrix}$$

假设已算得近似特征值和特征向量为 $\overline{\lambda} = 100, \overline{\boldsymbol{\varphi}} = \begin{bmatrix} 1 \\ 0 \end{bmatrix}$.

计算 $\mathbf{r}$ 并且建立式 (10.101) 和式 (10.102) 给出的关系.

计算式 (10.97) 中的 $\mathbf{r}$

$$\mathbf{r} = \begin{bmatrix} 100 & -1 \\ -1 & 100 \end{bmatrix} \begin{bmatrix} 1 \\ 0 \end{bmatrix} - 100 \begin{bmatrix} 1 \\ 0 \end{bmatrix} = \begin{bmatrix} 0 \\ -1 \end{bmatrix}$$

因此, $\|\mathbf{r}\|_2 = 1$, 式 (10.101) 得

$$\min_i |\lambda_i - \overline{\lambda}| \leqslant 1 \tag{a}$$

因而, 可以得出结论, 近似特征值大约有 1%或者更少误差. 由于知道 λ_1 和 λ_2, 比较 $\overline{\lambda}$ 与 λ_1 或 λ_2, 就会发现式 (a) 的确是成立的.

现在考虑近似特征向量 $\overline{\boldsymbol{\varphi}}$, 注意到 $\overline{\boldsymbol{\varphi}}$ 既不与 $\boldsymbol{\varphi}_1$ 也不与 $\boldsymbol{\varphi}_2$ 近似. 这可以通过计算式 (10.102) 得到说明. 假设 $\overline{\boldsymbol{\varphi}}$ 近似于 $\boldsymbol{\varphi}_1$, 给出 s=1, 有

$$\|\overline{\boldsymbol{\varphi}} - \alpha_1 \boldsymbol{\varphi}_1\|_2 \leqslant 1 \tag{b}$$

类似地, 假设 $\overline{\boldsymbol{\varphi}}$ 接近于 $\boldsymbol{\varphi}_2$, 可得 $\|\overline{\boldsymbol{\varphi}} - \alpha_2 \boldsymbol{\varphi}_2\|_2 \leqslant 1$. [884]

两种情况下所得界限都很大 (注意 $\|\boldsymbol{\varphi}_1\|_2 = 1$ 及 $\|\boldsymbol{\varphi}_2\|_2 = 1$), 说明 $\overline{\boldsymbol{\varphi}}$ 不是特征向量的近似值.

2. 广义特征问题

估计在广义特征问题 $\mathbf{K}\boldsymbol{\varphi} = \lambda \mathbf{M}\boldsymbol{\varphi}$ 求解中所得的精度. 假设计算得到 λ_i 和 $\boldsymbol{\varphi}_i$ 的近似值 $\overline{\lambda}$ 和 $\overline{\boldsymbol{\varphi}}$, 则根据上面所介绍的步骤, 可算出误差向量 $\mathbf{r}_{\mathrm{M}}$

$$\mathbf{r}_{\mathrm{M}} = \mathbf{K}\overline{\boldsymbol{\varphi}} - \overline{\lambda}\mathbf{M}\overline{\boldsymbol{\varphi}} \tag{10.103}$$

为了把式 (10.103) 的误差向量与标准特征问题的误差向量建立联系, 引入 $\mathbf{M} = \mathbf{S}\mathbf{S}^{\mathrm{T}}$, 有

$$\mathbf{r} = \widetilde{\mathbf{K}}\widetilde{\boldsymbol{\varphi}} - \overline{\lambda}\widetilde{\boldsymbol{\varphi}} \tag{10.104}$$

其中, $\mathbf{r} = \mathbf{S}^{-1}\mathbf{r}_{\mathrm{M}}$, $\widetilde{\boldsymbol{\varphi}} = \mathbf{S}^{\mathrm{T}}\overline{\boldsymbol{\varphi}}$, $\widetilde{\mathbf{K}} = \mathbf{S}^{-1}\mathbf{K}\mathbf{S}^{-\mathrm{T}}$ (见第 10.2.5 节). 因此, 需要用到向量 $\mathbf{S}^{-1}\mathbf{r}_{\mathrm{M}}$ 计算式 (10.101) 中的误差界. 这些误差界计算需要将 $\mathbf{M}$ 分解成 $\mathbf{S}\mathbf{S}^{\mathrm{T}}$, 其中假设 $\mathbf{M}$ 是正定的.①

3. 计算过程

在实际计算中, 通常使用逆迭代方法 (见第 11.2 节和第 11.6 节), 然后可根据以下公式得到有效误差界 (见 H. Matthies [A] 和习题 10.11). 令

$$\mathbf{K}\overline{\boldsymbol{\varphi}} = \mathbf{M}\widehat{\boldsymbol{\varphi}} \tag{10.105}$$

则有

$$\min_i |\lambda_i - \rho(\overline{\boldsymbol{\varphi}})| \leqslant \left\{ \left(\frac{\widehat{\boldsymbol{\varphi}}^{\mathrm{T}}\mathbf{M}\widehat{\boldsymbol{\varphi}}}{\overline{\boldsymbol{\varphi}}^{\mathrm{T}}\mathbf{M}\overline{\boldsymbol{\varphi}}} \right) - [\rho(\overline{\boldsymbol{\varphi}})]^2 \right\}^{1/2} \tag{10.106}$$

---

① 为避免对 $\mathbf{M}$ 进行分解, 如果已得到 $\mathbf{K}$ 的分解, 我们可以转而考虑问题 $\mathbf{M}\boldsymbol{\varphi} = \lambda^{-1}\mathbf{K}\boldsymbol{\varphi}$, 则对 λ^{-1} 建立误差界.

和

$$\min_{\substack{i \\ \lambda_i \neq 0}} \left| \frac{\lambda_i - \rho(\overline{\boldsymbol{\varphi}})}{\lambda_i} \right| \leqslant \left\{ 1 - \frac{(\rho(\overline{\boldsymbol{\varphi}}))^2}{\widehat{\boldsymbol{\varphi}}^{\mathrm{T}} \mathbf{M} \widehat{\boldsymbol{\varphi}} / \overline{\boldsymbol{\varphi}}^{\mathrm{T}} \mathbf{M} \overline{\boldsymbol{\varphi}}} \right\}^{\frac{1}{2}} \tag{10.107}$$

$\rho(\overline{\boldsymbol{\varphi}})$ 是 Rayleigh 商

$$\rho(\overline{\boldsymbol{\varphi}}) = \frac{\overline{\boldsymbol{\varphi}}^{\mathrm{T}} \mathbf{K} \overline{\boldsymbol{\varphi}}}{\overline{\boldsymbol{\varphi}}^{\mathrm{T}} \mathbf{M} \overline{\boldsymbol{\varphi}}}$$

我们将看到式 (10.105) 是逆迭代、Lanczos 迭代和子空间迭代法中的典型步骤, 由于 Rayleigh 商对特征值有良好的近似性质, 故在实际中几乎总是可算出 $\rho(\overline{\boldsymbol{\varphi}})$. 还应指出, 在迭代过程中, 项 $\hat{\boldsymbol{\varphi}}^{\mathrm{T}} \mathbf{M} \widehat{\boldsymbol{\varphi}} / \overline{\boldsymbol{\varphi}}^{\mathrm{T}} \mathbf{M} \overline{\boldsymbol{\varphi}}$ 包含两个容易计算的数.

尽管上述计算的误差界是很有效的, 但在最后也可考虑使用下面简单的误差度量

$$\varepsilon = \frac{\left\| \mathbf{K} \overline{\boldsymbol{\varphi}} - \overline{\lambda} \mathbf{M} \overline{\boldsymbol{\varphi}} \right\|_2}{\left\| \mathbf{K} \overline{\boldsymbol{\varphi}} \right\|_2} \tag{10.108}$$

[885] 由于有限元组合体按模态 $\overline{\boldsymbol{\varphi}}$ 振动时, 物理上, $\mathbf{K}\overline{\boldsymbol{\varphi}}$ 表示节点弹性力, $\overline{\lambda}\mathbf{M}\overline{\boldsymbol{\varphi}}$ 表示节点惯性力, 故在式 (10.108) 中, 用不平衡的节点力范数除以节点弹性力范数. 如果 $\overline{\lambda}$ 和 $\overline{\boldsymbol{\varphi}}$ 是特征对的精确解, 则该量应该很小.

应指出, 如果 $\mathbf{M} = \mathbf{I}$, 则可写为

$$\overline{\lambda} \varepsilon = \|\mathbf{r}\|_2 \tag{10.109}$$

因此

$$\varepsilon \geqslant \min_i \frac{|\lambda_i - \overline{\lambda}|}{\overline{\lambda}} \tag{10.110}$$

例 10.23: 考虑特征问题 $\mathbf{K}\boldsymbol{\varphi} = \lambda \mathbf{M} \boldsymbol{\varphi}$, 其中

$$\mathbf{K} = \begin{bmatrix} 10 & -10 \\ -10 & 100 \end{bmatrix}; \quad \mathbf{M} = \begin{bmatrix} 2 & 1 \\ 1 & 4 \end{bmatrix}$$

精确特征值和特征向量精确到小数点后 12 位为

$$\lambda_1 = 3.863\,385\,512\,876; \quad \boldsymbol{\varphi}_1 = \begin{bmatrix} 0.640\,776\,011\,246 \\ 0.105\,070\,337\,503 \end{bmatrix}$$

$$\lambda_2 = 33.279\,471\,629\,982; \quad \boldsymbol{\varphi}_2 = \begin{bmatrix} -0.401\,041\,986\,380 \\ 0.524\,093\,989\,558 \end{bmatrix}$$

假设 $\overline{\boldsymbol{\varphi}} = (\boldsymbol{\varphi}_1 + \delta \boldsymbol{\varphi}_2)c$, 其中选择 c 使得 $\overline{\boldsymbol{\varphi}}^{\mathrm{T}} \mathbf{M} \overline{\boldsymbol{\varphi}} = 1$ 且 $\delta = 10^{-1}$, 10^{-3} 和 10^{-6}. 对于每个 δ, 计算 $\overline{\lambda}$ 作为 $\overline{\boldsymbol{\varphi}}$ 的 Rayleigh 商, 并根据式 (10.104) 和式 (10.106) 算出误差界, 也算出式 (10.108) 给出的误差度量 ε.

表 E10.23 总结了所得结果. 式 (10.103) 至式 (10.108) 给出了用于计算这些量的方程. 表中的结果表明, 对于每一个 δ, 误差界都满足要求, 且误差 ε 相对精确解也很小.

表 E10.23

参数	结果 1	结果 2	结果 3
δ	10^{-1}	10^{-3}	10^{-6}
$\overline{\boldsymbol{\varphi}}$	0.597 690 792 656 0.156 698 194 481	0.640 374 649 073 0.105 594 378 695	0.640 775 610 204 0.105 070 861 597
$\overline{\boldsymbol{\varphi}}^{\mathrm{T}}\mathbf{K}\overline{\boldsymbol{\varphi}}$	4.154 633 890 275	3.863 414 928 932	3.863 385 512 905
$\overline{\lambda}$	4.154 633 890 275	3.863 414 928 932	3.863 385 512 905
$\mathbf{r}_{\mathrm{M}}$	−1.207 470 493 734 4.605 630 581 124	−0.008 218 153 965 0.049 838 803 226	−0.000 008 177 422 0.000 049 870 085
$\mathbf{r}$	1.634 419 466 242 1.411 679 295 681	0.021 106 743 617 0.015 042 545 327	0.000 021 152 364 0.000 015 049 775
$\left\|\lambda_1-\overline{\lambda}\right\|$	0.291 248 377 399	0.000 029 416 056	0.000 000 000 029
误差界式 (10.101/10.104)	2.159 667 897 036	0.025 918 580 132	0.000 025 959 936
误差界式 (10.106)	2.912 483 773 983	0.029 416 056 744	0.000 029 433 139
误差度量式 (10.108)	0.447 113 235 813	0.007 458 208 660	0.000 007 491 764

10.4.2 习题 [886]

10.11 下面误差界由 J. Stoer 和 R. Bulirsch [A] 得出. 令 $\mathbf{A}$ 为对称矩阵, λ_i 是 $\mathbf{A}$ 的特征值; 则对于任意 $\mathbf{x}\neq\mathbf{0}$, 有

$$\min_i\left|\lambda_i-\frac{\mathbf{x}^{\mathrm{T}}\mathbf{A}\mathbf{x}}{\mathbf{x}^{\mathrm{T}}\mathbf{x}}\right|\leqslant\sqrt{\frac{\mathbf{x}^{\mathrm{T}}\mathbf{A}\mathbf{A}\mathbf{x}}{\mathbf{x}^{\mathrm{T}}\mathbf{x}}-\left(\frac{\mathbf{x}^{\mathrm{T}}\mathbf{A}\mathbf{x}}{\mathbf{x}^{\mathrm{T}}\mathbf{x}}\right)^2}$$

证明式 (10.105) 至式 (10.107) 满足上式.

10.12 考虑习题 10.1 中的特征问题, 令

$$\widehat{\boldsymbol{\varphi}}=\begin{bmatrix}1\\1\\1\end{bmatrix}$$

使用式 (10.105) 和 $\rho(\overline{\boldsymbol{\varphi}})$ 计算 $\overline{\boldsymbol{\varphi}}$. 现在 $\rho(\overline{\boldsymbol{\varphi}})$ 和 $\overline{\boldsymbol{\varphi}}$ 是对特征值和特征向量最好的近似.

确定误差界式 (10.101) (使用式 (10.103)) 和误差界式 (10.106). 并且计算误差度量式 (10.108).

第 11 章 [887]

特征问题的解法

11.1 引言

在第 10 章中, 我们讨论了用于特征值和特征向量计算的基本原理和所求特征系统的近似计算方法. 本章的目的是介绍有效的特征问题求解法. 这里考虑的方法是基于第 10 章所讨论的基本内容. 因此, 为了透彻理解本章中所介绍的求解法, 应当熟悉第 10 章中的内容. 此外, 我们采用第 10 章中定义的符号.

与前面一样, 我们重点求解特征问题

$$\mathbf{K}\boldsymbol{\varphi} = \lambda\mathbf{M}\boldsymbol{\varphi} \tag{11.1}$$

特别是最小特征值 $\lambda_1, \cdots, \lambda_p$ 及其特征向量 $\boldsymbol{\varphi}_1, \cdots, \boldsymbol{\varphi}_p$ 的计算. 我们首先要考虑的求解法 (见第 11.2 ~ 11.4 节) 可分为四类, 对应用于求解算法基础的基本性质 (如见 J. H. Wilkinson[A]).

第一类为向量迭代法, 使用的基本性质是

$$\mathbf{K}\boldsymbol{\varphi}_i = \lambda_i\mathbf{M}\boldsymbol{\varphi}_i \tag{11.2}$$

第二类为变换法, 利用

$$\boldsymbol{\Phi}^{\mathrm{T}}\mathbf{K}\boldsymbol{\Phi} = \boldsymbol{\Lambda} \tag{11.3}$$

和

$$\boldsymbol{\Phi}^{\mathrm{T}}\mathbf{M}\boldsymbol{\Phi} = \mathbf{I} \tag{11.4}$$

其中, $\boldsymbol{\Phi} = [\boldsymbol{\varphi}_1, \cdots, \boldsymbol{\varphi}_n]$ 和 $\boldsymbol{\Lambda} = \mathrm{diag}(\lambda_i), i = 1, \cdots, n$.

第三类是多项式迭代法, 并利用基本性质 [888]

$$p(\lambda_i) = 0 \tag{11.5}$$

其中,

$$p(\lambda) = \det(\mathbf{K} - \lambda\mathbf{M}) \tag{11.6}$$

第四类求解法采用下列特征多项式的 Sturm 序列性质

$$p(\lambda) = \det(\mathbf{K} - \lambda\mathbf{M}) \tag{11.7}$$

$$p^{(r)}(\lambda^{(r)}) = \det(\mathbf{K}^{(r)} - \lambda^{(r)}\mathbf{M}^{(r)}); \quad r = 1, \cdots, n-1 \tag{11.8}$$

其中, $p^{(r)}(\lambda^{(r)})$ 是对应 $\mathbf{K}\boldsymbol{\varphi} = \lambda\mathbf{M}\boldsymbol{\varphi}$ 的第 r 个相伴约束问题的特征多项式.

在四类求解法中, 每一类都提出了许多算法. 但为计算所求的特征系统 $\mathbf{K}\boldsymbol{\varphi} = \lambda\mathbf{M}\boldsymbol{\varphi}$, 我们只考虑少数几种有效的方法, 在后面几节里我们将介绍这些有限元分析的重要方法. 向量的迭代法和变换法分别独立地在第 11.2 节和第 11.3 节中介绍. 而多项式和 Sturm 序列迭代法将在第 11.4 节中介绍, 因为这两种方法都使用特征多项式, 可直接应用于同一种求解法中. 除了这些可以归类为四类中的方法外, 在第 11.5 节和第 11.6 节中我们讨论了 Lanczos 方法和子空间迭代法, 两者都使用式 (11.2) 至式 (11.8) 给出的基本性质.

在介绍相关的求解法之前, 还应指出几个要点. 重要的是要认识到, 求解法应具有迭代性质, 因为求解特征问题 $\mathbf{K}\boldsymbol{\varphi} = \lambda\mathbf{M}\boldsymbol{\varphi}$ 就等价于计算多项式 $p(\lambda)$ 的根, 它的阶等于 $\mathbf{K}$ 和 $\mathbf{M}$ 的阶. 由于在一般情况下, 当 p 的阶大于 4 时, 没有显式公式求解 $p(\lambda)$ 的根, 所以应使用迭代求解法. 但在开始迭代之前, 我们可以选择把矩阵 $\mathbf{K}$ 和 $\mathbf{M}$ 变换到这样的一个形式, 使得特征系统的求解更为经济 (见第 11.3.3 节).

虽然需要迭代法求解特征对 $(\lambda_i, \boldsymbol{\varphi}_i)$, 但应指出, 一旦算出特征对中的一个量, 我们可以不需继续进行迭代而得到另外的一个量. 假设通过迭代已算出 λ_i, 则我们可以利用式 (11.2) 得到 $\boldsymbol{\varphi}_i$; 即通过求解下式得到 $\boldsymbol{\varphi}_i$

$$(\mathbf{K} - \lambda_i\mathbf{M})\boldsymbol{\varphi}_i = \mathbf{0} \tag{11.9}$$

另外, 如果我们已经利用迭代算出 $\boldsymbol{\varphi}_i$, 则可通过 Rayleigh 商得到所求的特征值, 即利用式 (11.3) 和式 (11.4), 有

$$\lambda_i = \boldsymbol{\varphi}_i^{\mathrm{T}}\mathbf{K}\boldsymbol{\varphi}_i; \quad \boldsymbol{\varphi}_i^{\mathrm{T}}\mathbf{M}\boldsymbol{\varphi}_i = 1 \tag{11.10}$$

因此, 当考虑设计有效求解法时, 其基本问题是否应该首先求解特征值 λ_i, 然后计算特征向量 $\boldsymbol{\varphi}_i$, 还是同时求解 λ_i 和 $\boldsymbol{\varphi}_i$ 是最经济的. 该问题的答案取决于求解要求, 以及矩阵 $\mathbf{K}$ 和 $\mathbf{M}$ 的性质, 即所需特征对的数目、$\mathbf{K}$ 和 $\mathbf{M}$ 的阶、$\mathbf{K}$ 的带宽、$\mathbf{M}$ 是否是带状等因素.

[889] 求解法的有效性通常取决于两个因素: 第一, 方法的可靠性; 第二, 求解的工作量, 求解工作量主要是由高速存储器运算量和外部备份存储器的高效利用所决定的. 其中, 使用可靠的求解法是最重要的. 这意味着, 对于良态的刚度矩阵和质量矩阵, 总能得到所需的求解精度, 而不会求解失败. 在实际中, 如果问题是病态的, 则求解会中止; 例如, 由于数据输入误差, 刚度矩阵和质

量矩阵可能是病态的. 在计算过程中出现很大计算代价之前, 该病态求解越早中止越好. 我们研究下面的算法时, 应考虑这些因素.

11.2 向量迭代法

正如已经指出的, 在求解一个特征向量或一个特征值时, 我们需要使用迭代法. 在第 11.1 节中, 我们根据运算的基本关系分类了求解法. 向量迭代法所考虑的基本关系是

$$\mathbf{K}\boldsymbol{\varphi} = \lambda\mathbf{M}\boldsymbol{\varphi} \tag{11.1}$$

目的是通过对其直接运算满足式 (11.1). 假设 $\boldsymbol{\varphi}$ 的一个向量为 $\mathbf{x}_1$, 对 λ 设定一个值, 令 $\lambda = 1$. 于是, 可以计算式 (11.1) 的右手边, 即可以计算

$$\mathbf{R}_1 = (1)\mathbf{M}\mathbf{x}_1 \tag{11.11}$$

由于 $\mathbf{x}_1$ 是任意假设的向量, 一般不满足 $\mathbf{K}\mathbf{x}_1 = \mathbf{R}_1$. 如果 $\mathbf{K}\mathbf{x}_1$ 和 $\mathbf{R}_1$ 相等, 则 $\mathbf{x}_1$ 应该是特征向量, 除了变量为零的解外, 该假设成立完全是偶然的. 而利用稳态分析 (见第 8.2 节) 中遇到的一个平衡方程, 可写为

$$\mathbf{K}\mathbf{x}_2 = \mathbf{R}_1; \quad \mathbf{x}_2 \neq \mathbf{x}_1 \tag{11.12}$$

其中, $\mathbf{x}_2$ 是位移解, 对应作用力 $\mathbf{R}_1$. 由于前提是使用迭代法求解特征向量, 因此我们现在可以直观地认为, $\mathbf{x}_2$ 可能是一个比 $\mathbf{x}_1$ 更好的近似特征向量. 事实的确如此, 通过重复该迭代, 得到越来越好的近似特征向量.

该方法是逆迭代法的基础. 我们将看到, 其他向量迭代法以类似的方式进行. 具体地说, 在正迭代法中, 迭代过程是反向的, 即在第一步中, 计算 $\mathbf{R}_1 = \mathbf{K}\mathbf{x}_1$, 然后通过求解 $\mathbf{M}\mathbf{x}_2 = \mathbf{R}_1$, 得到改进的近似特征向量 $\mathbf{x}_2$.

可以直观地给出向量迭代法和我们后面将要介绍的其他求解法的基本步骤. 即需要满足第 11.1 节中总结的某一基本关系式, 并进行一些迭代循环求解. 不过, 使用某一方法的真正理由是由于该方法的确有效且计算工作量小.

11.2.1 逆迭代法 [890]

逆迭代法用于计算特征向量是非常有效的, 还可算出相应的特征值. 逆迭代法应用于各种重要的迭代法中, 包括第 11.6 节中描述的子空间迭代法. 因此详细讨论该方法是必要的.

在本节中, 我们假设 $\mathbf{K}$ 是正定的, 而 $\mathbf{M}$ 可以是对角质量矩阵, 其对角元素为零或不为零, 也可以是一个带状的质量矩阵. 如果 $\mathbf{K}$ 仅是半正定的, 则在迭代之前应进行平移 (见第 11.2.3 节).

下面, 我们首先考虑逆迭代法中所用的基本方程, 然后介绍该方法的一种更有效的形式. 在求解中, 假设初始迭代向量为 $\mathbf{x}_1$, 在每个迭代步骤 $k = 1, 2, \cdots$ 时, 计算

$$\mathbf{K}\overline{\mathbf{x}}_{k+1} = \mathbf{M}\mathbf{x}_k \tag{11.13}$$

$$\mathbf{x}_{k+1} = \frac{\overline{\mathbf{x}}_{k+1}}{(\overline{\mathbf{x}}_{k+1}^{\mathrm{T}}\mathbf{M}\overline{\mathbf{x}}_{k+1})^{1/2}} \tag{11.14}$$

其中, 只要 $\mathbf{x}_1$ 与 $\boldsymbol{\varphi}_1$ 不与 $\mathbf{M}$ 正交, 即 $\mathbf{x}_1^{\mathrm{T}}\mathbf{M}\boldsymbol{\varphi}_1 \neq 0$, 就有

$$\text{当 } k \to \infty, \quad \mathbf{x}_{k+1} \to \boldsymbol{\varphi}_1$$

迭代法的基本步骤是求解方程 (11.13), 其中我们计算比前一次迭代向量 $\mathbf{x}_k$ 更接近于特征向量的向量 $\mathbf{x}_{k+1}$. 式 (11.14) 的计算只是确保新的迭代向量 $\mathbf{x}_{k+1}$ 的 $\mathbf{M}$ 加权长度是 1, 即令 $\mathbf{x}_{k+1}$ 满足质量矩阵正交条件

$$\mathbf{x}_{k+1}^{\mathrm{T}}\mathbf{M}\mathbf{x}_{k+1} = 1 \tag{11.15}$$

将式 (11.14) 中的 $\mathbf{x}_{k+1}$ 代入式 (11.15), 我们发现, 式 (11.15) 确实是满足的. 如果在迭代中没有考虑尺度化式 (11.14), 则在每个步骤中, 迭代向量的元素都增大 (或减小), 因而迭代向量不收敛于 $\boldsymbol{\varphi}_1$ 而收敛于它的倍数. 我们通过例 11.1 说明该过程.

例 11.1: 考虑特征问题 $\mathbf{K}\boldsymbol{\varphi} = \lambda\mathbf{M}\boldsymbol{\varphi}$, 其中

$$\mathbf{K} = \begin{bmatrix} 2 & -1 & 0 & 0 \\ -1 & 2 & -1 & 0 \\ 0 & -1 & 2 & -1 \\ 0 & 0 & -1 & 1 \end{bmatrix}; \quad \mathbf{M} = \begin{bmatrix} 0 & & & \\ & 2 & & \\ & & 0 & \\ & & & 1 \end{bmatrix}$$

该问题的特征值及其特征向量已经在例 10.12 和例 10.13 中得出. 利用逆迭代法的两个步骤计算 $\boldsymbol{\varphi}_1$ 的近似值.

为求解方程 (11.13), 第一步是把 $\mathbf{K}$ 分解为 $\mathbf{LDL}^{\mathrm{T}}$. 在例 10.13 中已得到 $\mathbf{K}$ 的三角因式.

我们需要一个不与 $\boldsymbol{\varphi}_1$ 正交的初始迭代向量. 由于不知道 $\boldsymbol{\varphi}_1$, 所以不能确定 $\boldsymbol{\varphi}_1^{\mathrm{T}}\mathbf{M}\mathbf{x}_1 \neq 0$, 但我们要选择一个向量, 其不可能与 $\boldsymbol{\varphi}_1$ 正交. 经验表明, 好的初始向量在很多情况下是单位满阶 (分量全是 1 的) 向量 (但在例 11.6 中, 单位满阶向量并不是好的选择). 在该例中, 利用

[891] $$\mathbf{x}_1^{\mathrm{T}} = [1 \ \ 1 \ \ 1 \ \ 1]$$

则对 $k = 1$, 得到

$$\begin{bmatrix} 2 & -1 & 0 & 0 \\ -1 & 2 & -1 & 0 \\ 0 & -1 & 2 & -1 \\ 0 & 0 & -1 & 1 \end{bmatrix} \overline{\mathbf{x}}_2 = \begin{bmatrix} 0 & & & \\ & 2 & & \\ & & 0 & \\ & & & 1 \end{bmatrix} \begin{bmatrix} 1 \\ 1 \\ 1 \\ 1 \end{bmatrix}$$

因此

$$\overline{\mathbf{x}}_2 = \begin{bmatrix} 3 \\ 6 \\ 7 \\ 8 \end{bmatrix}; \quad \overline{\mathbf{x}}_2^{\mathrm{T}} \mathbf{M} \overline{\mathbf{x}}_2 = 136$$

和

$$\mathbf{x}_2 = \frac{1}{\sqrt{136}} \begin{bmatrix} 3 \\ 6 \\ 7 \\ 8 \end{bmatrix}$$

注意到 $\mathbf{M}$ 的零对角元素不会造成求解困难. 进入下一次迭代, $k=2$, 有

$$\begin{bmatrix} 2 & -1 & 0 & 0 \\ -1 & 2 & -1 & 0 \\ 0 & -1 & 2 & -1 \\ 0 & 0 & -1 & 1 \end{bmatrix} \overline{\mathbf{x}}_3 = \begin{bmatrix} 0 & & & \\ & 2 & & \\ & & 0 & \\ & & & 1 \end{bmatrix} \begin{bmatrix} \frac{3}{\sqrt{136}} \\ \frac{6}{\sqrt{136}} \\ \frac{7}{\sqrt{136}} \\ \frac{8}{\sqrt{136}} \end{bmatrix}$$

$$\overline{\mathbf{x}}_3 = \frac{1}{\sqrt{136}} \begin{bmatrix} 20 \\ 40 \\ 48 \\ 56 \end{bmatrix}; \quad \overline{\mathbf{x}}_3^{\mathrm{T}} \mathbf{M} \overline{\mathbf{x}}_3 = \frac{6\,336}{136}$$

$$\mathbf{x}_3 = \frac{1}{\sqrt{6\,336}} \begin{bmatrix} 20 \\ 40 \\ 48 \\ 56 \end{bmatrix}$$

将 $\mathbf{x}_3$ 与精确解 (见例 10.12) 比较, 有

$$\mathbf{x}_3 = \begin{bmatrix} 0.251 \\ 0.503 \\ 0.603 \\ 0.704 \end{bmatrix} \text{ 和 } \boldsymbol{\varphi}_1 = \begin{bmatrix} 0.250 \\ 0.500 \\ 0.602 \\ 0.707 \end{bmatrix}$$

因此, 只用了两步迭代, 就得到 $\boldsymbol{\varphi}_1$ 的好的近似解.

式 (11.13) 和式 (11.14) 是基本的逆迭代算法. 但在实际计算机实现中, [892]
以下方法更加有效. 假设 $\mathbf{y}_1 = \mathbf{M}\mathbf{x}_1$, 计算 $k = 1, 2, \cdots$

$$\mathbf{K}\overline{\mathbf{x}}_{k+1} = \mathbf{y}_k \tag{11.16}$$

$$\overline{\mathbf{y}}_{k+1} = \mathbf{M}\overline{\mathbf{x}}_{k+1} \tag{11.17}$$

$$\rho(\overline{\mathbf{x}}_{k+1}) = \frac{\overline{\mathbf{x}}_{k+1}^{\mathrm{T}} \mathbf{y}_k}{\overline{\mathbf{x}}_{k+1}^{\mathrm{T}} \overline{\mathbf{y}}_{k+1}} \tag{11.18}$$

$$\mathbf{y}_{k+1}=\frac{\overline{\mathbf{y}}_{k+1}}{\left(\overline{\mathbf{x}}_{k+1}^{\mathrm{T}}\overline{\mathbf{y}}_{k+1}\right)^{1/2}} \tag{11.19}$$

其中, 只要 $\mathbf{y}_1^{\mathrm{T}}\boldsymbol{\varphi}_1\neq 0$

$$\text{当 } k\rightarrow\infty \text{ 时, } \mathbf{y}_{k+1}\rightarrow\mathbf{M}\boldsymbol{\varphi}_1 \text{ 和 } \rho(\overline{\mathbf{x}}_{k+1})\rightarrow\lambda_1$$

应指出, 在式 (11.16) 至式 (11.19) 中实际上通过对 $\mathbf{y}_k$ 而不是对 $\mathbf{x}_k$ 进行迭代, 因此避免了计算矩阵乘积 $\mathbf{M}\mathbf{x}_k$ 式 (11.13). 但是, 可由其中任一步骤算出 $\overline{\mathbf{y}}_{k+1}$ 的值, 即由式 (11.14) 或式 (11.17) 计算 $\overline{\mathbf{y}}_{k+1}$. 使用第二个迭代法, 我们从式 (11.18) 通过 Rayleigh 商 $\rho(\overline{\mathbf{x}}_{k+1})$ 得到 λ_1 的近似值. λ_1 的近似值可方便地被用于估计迭代中的收敛率. 当前的 λ_1 的近似值用 $\lambda_1^{(k+1)}$ 表示, 即 $\lambda_1^{(k+1)}=\rho(\overline{\mathbf{x}}_{k+1})$, 用式 (11.20) 估计收敛率

$$\frac{|\lambda_1^{(k+1)}-\lambda_1^{(k)}|}{\lambda_1^{(k+1)}}\leqslant \mathrm{tol} \tag{11.20}$$

或式 (10.107) 用于式 (11.20) 的左手端, 其中, 当特征值 λ_1 需要 $2s$ 位精度时, tol 应该是 10^{-2s} 或者更小. 利用式 (10.107) 的右手端是更合适的, 但需要更多的计算量; 只有在满足式 (11.20) 后, 一般来说, 计算式 (10.107) 误差界是足够的; 如果误差过大, 则重新开始进行迭代.

特征向量将会精确到 s 位及以上有效数字 (见式 (11.33) 后的内容). 令 l 为最后一次迭代, 则有

$$\lambda_1\doteq\rho(\overline{\mathbf{x}}_{l+1}) \tag{11.21}$$

$$\boldsymbol{\varphi}_1\doteq\frac{\overline{\mathbf{x}}_{l+1}}{\left(\overline{\mathbf{x}}_{l+1}^{\mathrm{T}}\overline{\mathbf{y}}_{l+1}\right)^{1/2}} \tag{11.22}$$

例 11.2: 利用式 (11.16) 至式 (11.19) 中的逆迭代法, 计算例 11.1 所示的特征问题 $\mathbf{K}\boldsymbol{\varphi}=\lambda\mathbf{M}\boldsymbol{\varphi}$ 中 λ_1 和 $\boldsymbol{\varphi}_1$ 的近似值. 为估计收敛率, 利用式 (11.20) 中 $\mathrm{tol}=10^{-6}$ (即 $s=3$).

如例 11.1, 用下式开始迭代

$$\mathbf{x}_1=\begin{bmatrix}1\\1\\1\\1\end{bmatrix}$$

[893] 按式 (11.16) 至式 (11.19) 进行操作, 当 $k=1$, 有

$$\mathbf{y}_1=\begin{bmatrix}0\\2\\0\\1\end{bmatrix};\quad \overline{\mathbf{x}}_2=\begin{bmatrix}3\\6\\7\\8\end{bmatrix};\quad \overline{\mathbf{y}}_2=\begin{bmatrix}0\\12\\0\\8\end{bmatrix};\quad \rho(\overline{\mathbf{x}}_2)=\frac{\overline{\mathbf{x}}_2^{\mathrm{T}}\mathbf{y}_1}{\overline{\mathbf{x}}_2^{\mathrm{T}}\overline{\mathbf{y}}_2}=0.147\,058\,8$$

且

$$\mathbf{y}_2 = \begin{bmatrix} 0.0 \\ 1.028\,99 \\ 0.0 \\ 0.685\,99 \end{bmatrix}$$

以类似方式进行下一次迭代. 有关结果总结见表 E11.2. 可以看出在 5 次迭代之后, 就已经达到收敛要求. 应指出 Rayleigh 商 $\rho(\overline{\mathbf{x}}_{k+1})$ 比向量 $\overline{\mathbf{x}}_{k+1}$ 收敛快得多 (见例 11.3), 从上端收敛于 λ_1. 利用式 (11.21) 和式 (11.22), 有

$$\lambda_1 \doteq 0.146\,447; \quad \boldsymbol{\varphi}_1 \doteq \begin{bmatrix} 0.250\,01 \\ 0.500\,01 \\ 0.603\,55 \\ 0.707\,09 \end{bmatrix}$$

另外, 在第 5 次迭代后, 我们有 $|\lambda_1^{精确} - \rho(\overline{\mathbf{x}}_6)|/\lambda_1^{精确} = 3.14 \times 10^{-9}$, 式 (10.107) 右手端是 1.23×10^{-4}. 注意到此时式 (10.107) 明显高估了误差.

表 E11.2

k	$\overline{\mathbf{x}}_{k+1}$	$\overline{\mathbf{y}}_{k+1}$	$\rho(\overline{\mathbf{x}}_{k+1})$	$\frac{\lvert\lambda_1^{k+1}-\lambda_1^{(k)}\rvert}{\lambda_1^{k+1}}$	$\mathbf{y}_k$
1	3	0	0.147 058 8	—	0
	6	12			1.028 99
	7	0			0
	8	8			0.685 99
2	1.714 99	0	0.146 464 6	0.004 056 795 132	0
	3.429 97	6.859 94			1.005 04
	4.115 97	0			0
	4.801 96	4.801 96			0.703 53
3	1.708 56	0	0.146 447 1	0.000 119 538 580	0
	3.417 13	6.834 26			1.000 87
	4.120 66	0			0
	4.824 18	4.824 18			0.706 49
4	1.707 36	0	0.146 446 6	0.000 003 518 989	0
	3.414 72	6.829 44			1.000 15
	4.121 21	0			0
	4.827 71	4.827 71			0.707 00
5	1.707 15	0	0.146 446 6	0.000 000 103 589	0
	3.414 30	6.828 60			1.000 03
	4.121 30	0			0
	4.828 30	4.828 30			0.707 09

[894] 在上面的讨论中, 我们只阐述了迭代法及其收敛性. 我们将该方法应用于两个例子, 但没有正式证明收敛性. 下面将推导收敛性, 我们认为这个证明是有启发性的.

证明收敛性和收敛率的第一个步骤类似于直接积分法中使用的分析方法 (见第 9.4 节). 逆迭代法中使用的基本方程是式 (11.13). 忽略迭代向量中元素的尺度因子, 对 $k=1,2,\cdots$, 主要使用

$$\mathbf{K}\mathbf{x}_{k+1}=\mathbf{M}\mathbf{x}_k \tag{11.23}$$

其中, 我们指出 $\mathbf{x}_{k+1}$ 将收敛于 $\boldsymbol{\varphi}_1$ 的倍量. 为了证明收敛性, 可很方便地 (如直接积分法的分析中) 将有限元坐标基变换为特征向量的基, 即可以将任何迭代向量 $\mathbf{x}_k$ 写为

$$\mathbf{x}_k=\boldsymbol{\Phi}\mathbf{z}_k \tag{11.24}$$

其中, $\boldsymbol{\Phi}$ 是特征向量矩阵 $\boldsymbol{\Phi}=[\boldsymbol{\varphi}_1,\cdots,\boldsymbol{\varphi}_n]$. 应该认识到, 由于 $\boldsymbol{\Phi}$ 是非奇异的, 故对于任意向量 $\mathbf{x}_k$, 有唯一的向量 $\mathbf{z}_k$ 与之对应. 将式 (11.24) 的 $\mathbf{x}_k$ 和 $\mathbf{x}_{k+1}$ 代入式 (11.23), 左乘 $\boldsymbol{\Phi}^{\mathrm{T}}$, 使用正交条件 $\boldsymbol{\Phi}^{\mathrm{T}}\mathbf{K}\boldsymbol{\Phi}=\boldsymbol{\Lambda}$ 和 $\boldsymbol{\Phi}^{\mathrm{T}}\mathbf{M}\boldsymbol{\Phi}=\mathbf{I}$, 可得

$$\boldsymbol{\Lambda}\mathbf{z}_{k+1}=\mathbf{z}_k \tag{11.25}$$

其中, $\boldsymbol{\Lambda}=\operatorname{diag}(\lambda_i)$. 比较式 (11.25) 和式 (11.23), 可看出 $\mathbf{K}=\boldsymbol{\Lambda}$ 和 $\mathbf{M}=\mathbf{I}$ 的迭代形式是相同的. 由于 $\boldsymbol{\Phi}$ 是未知的, 因此可能会问为什么要用变换式 (11.24). 我们应该认识到, 该变换只是为了研究逆迭代法的收敛性, 即因为理论上式 (11.25) 与式 (11.23) 等价, 所以式 (11.25) 的收敛性就是式 (11.23) 的收敛性. 而式 (11.25) 的收敛性比较容易进行研究, 因为特征值是 $\boldsymbol{\Lambda}$ 的对角元素, 特征向量是单位向量 $\mathbf{e}_i$, 其中

$$\mathbf{e}_i^{\mathrm{T}}=[0\quad\cdots\quad 0\quad \underset{\text{第 } i \text{ 个位置}}{1}\quad 0\quad\cdots\quad 0] \tag{11.26}$$

在介绍式 (11.13)、式 (11.14)、式 (11.16) 至式 (11.22) 中的逆迭代算法中, 我们已经指出初始迭代向量 $\mathbf{x}_1$ 应不能与 $\boldsymbol{\varphi}_1$ 是 $\mathbf{M}$ 正交的. 同样地, 式 (11.25) 的迭代向量 $\mathbf{z}_1$ 也不应与 $\mathbf{e}_1$ 正交. 假设采用

$$\mathbf{z}_1^{\mathrm{T}}=[1\quad 1\quad 1\quad\cdots\quad 1] \tag{11.27}$$

我们将在第 11.2.6 节讨论该假设的影响. 然后对 $k=1,\cdots,l$, 利用式 (11.25), 得

$$\mathbf{z}_{l+1}^{\mathrm{T}}=\left[\left(\frac{1}{\lambda_1}\right)^l\left(\frac{1}{\lambda_2}\right)^l\cdots\left(\frac{1}{\lambda_n}\right)^l\right] \tag{11.28}$$

假设 $\lambda_1 < \lambda_2$. 为证明当 $l \to \infty$ 时, $\mathbf{z}_{l+1}$ 收敛于 $\mathbf{e}_1$ 的倍量, 将式 (11.28) 中的 $\mathbf{z}_{l+1}$ 乘以 $(\lambda_1)^l$, 得 [895]

$$\overline{\mathbf{z}}_{l+1} = \begin{bmatrix} 1 \\ (\lambda_1/\lambda_2)^l \\ \vdots \\ (\lambda_1/\lambda_n)^l \end{bmatrix} \tag{11.29}$$

可以看出 $l \to \infty$ 时, $\overline{\mathbf{z}}_{l+1}$ 收敛于 $\mathbf{e}_1$. 因此, 当 $l \to \infty$ 时, $\mathbf{z}_{l+1}$ 收敛于 $\mathbf{e}_1$ 的倍量.

为估算收敛阶和收敛率, 使用第 2.7 节中给出的收敛定义, 对所考虑的迭代法, 得到

$$\lim_{l\to\infty} \frac{\|\overline{\mathbf{z}}_{l+1} - \mathbf{e}_1\|_2}{\|\overline{\mathbf{z}}_l - \mathbf{e}_1\|_2} = \frac{\lambda_1}{\lambda_2} \tag{11.30}$$

因此收敛是线性的, 收敛率是 λ_1/λ_2. 式 (11.29) 中的迭代向量 $\overline{\mathbf{z}}_{k+1}$ 也说明了该收敛率的大小; 即这些迭代向量中的元素在每进行一次迭代后, 将以至少 λ_1/λ_2 的速率趋于零. 因此, 如果 $\lambda_2 > \lambda_1$, 则 λ_1 和 λ_2 的相对大小决定迭代向量收敛于特征向量 $\boldsymbol{\varphi}_1$ 的收敛率.

在讨论中, 假设 $\lambda_1 < \lambda_2$. 现在我们考虑多重特征值的情况, 即 $\lambda_1 = \lambda_2 = \cdots = \lambda_m$. 则

由式 (11.29) 有

$$\overline{\mathbf{z}}_{l+1}^{\mathrm{T}} = \begin{bmatrix} 1 & 1 & \cdots & 1 & \left(\dfrac{\lambda_1}{\lambda_{m+1}}\right)^l & \cdots & \left(\dfrac{\lambda_1}{\lambda_n}\right)^l \end{bmatrix} \tag{11.31}$$

且迭代向量的收敛率是 λ_1/λ_{m+1}. 因此, 一般来说, 在逆迭代中, 迭代向量的收敛率是 λ_1 与下一个不同特征值的比值所给定.

在式 (11.16) 至式 (11.22) 的迭代中, 通过 Rayleigh 商得到特征值 λ_1 的近似值. 对应式 (11.18), 按式 (11.25) 迭代中计算的 Rayleigh 商是

$$\rho(\mathbf{z}_{k+1}) = \frac{\mathbf{z}_{k+1}^{\mathrm{T}}\mathbf{z}_k}{\mathbf{z}_{k+1}^{\mathrm{T}}\mathbf{z}_{k+1}} \tag{11.32}$$

假设考虑的最后一次迭代是 $k = l$. 将式 (11.28) 的 $\mathbf{z}_l$ 和 $\mathbf{z}_{l+1}$ 代入式 (11.32), 得到

$$\rho(\mathbf{z}_{l+1}) = \frac{\lambda_1 \displaystyle\sum_{i=1}^{n} (\lambda_1/\lambda_i)^{2l-1}}{\displaystyle\sum_{i=1}^{n} (\lambda_1/\lambda_i)^{2l}} \tag{11.33}$$

因此, 对于 λ_1 是单个或多重特征值, 有

$$\text{当 } l \to \infty \text{ 时, } \rho(\mathbf{z}_{l+1}) \to \lambda_1$$

另外, 收敛是线性的, 收敛率为 $(\lambda_1/\lambda_{m+1})^2$, 其中 λ_{m+1} 由式 (11.31) 定义. 该收敛率证实了如下观察, 即如果一个特征向量及其误差 ε 是已知的, 则 Rayleigh 商产生一个对应的近似特征值, 误差为 ε^2 (见第 2.6 节).

[896] 在通过简例说明该结果之前, 应该指出的是, 我们在上面的分析中假设式 (11.27) 给出满阶单位初始迭代向量, 导出的收敛性对不与有关的特征向量正交的任何初始迭代向量都成立. 但在许多实际的分析中, 只有迭代次数变得很大时, 才可以观察到该收敛率. 同样的情况也适用于其他收敛分析, 如以下几节所介绍的. 我们在第 11.2.6 节讨论这个事实与其他重要的实际问题.

例 11.3: 考虑例 11.2 的问题, 计算迭代向量和 Rayleigh 商的最终收敛率. 对最终收敛率与例 11.2 中逆迭代的实际观察到的收敛率进行比较.

为计算理论收敛率, 需要 λ_1 和 λ_2. 在例 10.12 中计算了这些特征值, 得到

$$\lambda_1 = \frac{1}{2} - \frac{\sqrt{2}}{4}$$
$$\lambda_2 = \frac{1}{2} + \frac{\sqrt{2}}{4}$$

因此, 迭代向量的最终收敛率为

$$\frac{\lambda_1}{\lambda_2} = 0.17$$

Rayleigh 商的最终收敛率为

$$\left(\frac{\lambda_1}{\lambda_2}\right)^2 = 0.029$$

实际向量收敛是通过计算 $r_{k+1}, k = 1, 2, \cdots$, 得到的, 其中

$$r_{k+1} = \frac{\|\mathbf{x}_{k+1} - \boldsymbol{\varphi}_1\|_2}{\|\mathbf{x}_k - \boldsymbol{\varphi}_1\|_2}$$

并假设 $\boldsymbol{\varphi}_1$ 是最后一次迭代中得到的 (见式 (11.22)).

由例 11.2 中的迭代, 得到

$$r_2 = 0.026\,083; \quad r_3 = 0.170\,559; \quad r_4 = 0.167\,134; \quad r_5 = 0.144\,251$$

因为迭代刚刚开始, 忽略 r_2, 我们看到理论和实际收敛率吻合得很好.

类似地, 例 11.2 中算出的 Rayleigh 商的实际收敛率可通过计算下式得到

$$\varepsilon_{k+1} = \frac{|\rho(\overline{\mathbf{x}}_{k+1}) - \lambda_1|}{|\rho(\mathbf{x}_k) - \lambda_1|}$$

其中, 利用了 λ_1 的 Rayleigh 商的收敛值. 例 11.2 的迭代中, 有

$$\varepsilon_3 = 0.028\,768; \quad \varepsilon_4 = 0.027\,778; \quad \varepsilon_5 = 0$$

因此, 我们看到理论和实际收敛率也吻合得很好.

11.2.2 正迭代法

[897]

正迭代法是逆迭代法的补充, 该方法得到对应最大特征值的特征向量. 我们假设在逆迭代中 $\mathbf{K}$ 是正定的, 而在本节中, 假设 $\mathbf{M}$ 是正定的; 否则应使用平移 (见第 11.2.3 节). 在选择了初始迭代向量 $\mathbf{x}_1$ 后, 对 $k=1,2,\cdots$, 在正迭代中计算

$$\mathbf{M}\overline{\mathbf{x}}_{k+1}=\mathbf{K}\mathbf{x}_k \tag{11.34}$$

$$\mathbf{x}_{k+1}=\frac{\overline{\mathbf{x}}_{k+1}}{\left(\overline{\mathbf{x}}_{k+1}^{\mathrm{T}}\mathbf{M}\overline{\mathbf{x}}_{k+1}\right)^{1/2}} \tag{11.35}$$

其中, 只要 $\mathbf{x}_1$ 不与 $\boldsymbol{\varphi}_n$ 是 $\mathbf{M}$ 正交的, 有

$$\text{当 } k\to\infty \text{ 时, } \mathbf{x}_{k+1}\to\boldsymbol{\varphi}_n$$

应指出与逆迭代的相似性; 唯一的区别是, 我们求解式 (11.34) 而不是式 (11.13), 以得到改进的特征向量. 这意味着, 在实际逆迭代中我们需要三角分解矩阵 $\mathbf{K}$, 而在正迭代中分解 $\mathbf{M}$.

一个比式 (11.34) 至式 (11.35) 更有效的正迭代法是通过使用类似方程式 (11.16) 至式 (11.22) 所得的. 假设, $\mathbf{y}_1=\mathbf{K}\mathbf{x}_1$, 当 $k=1,2,\cdots$, 计算

$$\mathbf{M}\overline{\mathbf{x}}_{k+1}=\mathbf{y}_k \tag{11.36}$$

$$\overline{\mathbf{y}}_{k+1}=\mathbf{K}\overline{\mathbf{x}}_{k+1} \tag{11.37}$$

$$\rho(\overline{\mathbf{x}}_{k+1})=\frac{\overline{\mathbf{x}}_{k+1}^{\mathrm{T}}\overline{\mathbf{y}}_{k+1}}{\overline{\mathbf{x}}_{k+1}^{\mathrm{T}}\mathbf{y}_k} \tag{11.38}$$

$$\mathbf{y}_{k+1}=\frac{\overline{\mathbf{y}}_{k+1}}{\left(\overline{\mathbf{x}}_{k+1}^{\mathrm{T}}\mathbf{y}_k\right)^{1/2}} \tag{11.39}$$

其中, 只要 $\boldsymbol{\varphi}_n^{\mathrm{T}}\mathbf{y}_1\neq 0$,

$$\text{当 } k\to\infty \text{ 时, } \mathbf{y}_{k+1}\to\mathbf{K}\boldsymbol{\varphi}_n \text{ 和 } \rho(\overline{\mathbf{x}}_{k+1})\to\lambda_n$$

迭代的收敛率同样可以用式 (11.20) 估算, 用 l 表示最后一次迭代, 有

$$\lambda_n\doteq\rho(\overline{\mathbf{x}}_{l+1}) \tag{11.40}$$

$$\boldsymbol{\varphi}_n\doteq\frac{\overline{\mathbf{x}}_{l+1}}{\left(\overline{\mathbf{x}}_{l+1}^{\mathrm{T}}\mathbf{y}_l\right)^{1/2}} \tag{11.41}$$

考虑迭代向量收敛于 $\boldsymbol{\varphi}_n$ 的分析, 可以用逆迭代的收敛性计算中使用的相同方法实现, 或还可以使用已得到的逆迭代分析的结果. 即, 假设按 $\mathbf{M}\boldsymbol{\varphi}=\lambda^{-1}\mathbf{K}\boldsymbol{\varphi}$ 的形式写出特征问题 $\mathbf{K}\boldsymbol{\varphi}=\lambda\mathbf{M}\boldsymbol{\varphi}$; 则使用逆迭代求解特征向量及其特征值相当于进行 $\mathbf{K}\boldsymbol{\varphi}=\lambda\mathbf{M}\boldsymbol{\varphi}$ 问题的正迭代. 但是, 由于式 (11.16) 至式

[898] (11.22) 的逆迭代收敛于最小特征值及其特征向量, 又由于对 $\mathbf{M}\boldsymbol{\varphi}=\lambda^{-1}\mathbf{K}\boldsymbol{\varphi}$ 问题, 该特征值是 λ_n^{-1}, 其中 λ_n 是 $\mathbf{K}\boldsymbol{\varphi}=\lambda\mathbf{M}\boldsymbol{\varphi}$ 的最大特征值, 式 (11.36) 至式 (11.41) 的正迭代收敛于 λ_n 和 $\boldsymbol{\varphi}_n$, 迭代向量的收敛率是 λ_{n-1}/λ_n. 应指出, 式 (11.38) 中计算的 Rayleigh 商是 $\overline{\mathbf{x}}_{k+1}^{\mathrm{T}}\mathbf{K}\overline{\mathbf{x}}_{k+1}/\overline{\mathbf{x}}_{k+1}^{\mathrm{T}}\mathbf{M}\overline{\mathbf{x}}_{k+1}$, 即问题 $\mathbf{M}\boldsymbol{\varphi}=\lambda^{-1}\mathbf{K}\boldsymbol{\varphi}$ 中计算 λ_n^{-1} 近似值的 Rayleigh 商的逆.

在下例中, 我们说明了迭代过程和收敛率.

例 11.4: 使用式 (11.36) 至式 (11.41) 所给出的正迭代, 计算特征问题 $\mathbf{K}\boldsymbol{\varphi}=\lambda\mathbf{M}\boldsymbol{\varphi}$ 的 λ_4 和 $\boldsymbol{\varphi}_4$, 且使用式 (11.20) 中 $\mathrm{tol}=10^{-6}$, 其中

$$\mathbf{K}=\begin{bmatrix}5&-4&1&0\\-4&6&-4&1\\1&-4&6&-4\\0&1&-4&5\end{bmatrix};\quad \mathbf{M}=\begin{bmatrix}2&&&\\&2&&\\&&1&\\&&&1\end{bmatrix}$$

在该例中所考虑的物理问题是简支梁的自由振动响应, 如图 8.1 所示, 质量矩阵如上式.

从

$$\mathbf{x}_1=\begin{bmatrix}1\\1\\1\\1\end{bmatrix}$$

开始迭代, 进行逆迭代计算, 结果见表 E11.4.

表 E11.4

k	$\overline{\mathbf{x}}_{k+1}$	$\overline{\mathbf{y}}_{k+1}$	$\rho(\overline{\mathbf{x}}_{k+1})$	$\mathbf{y}_{k+1}$	$\frac{\lvert\lambda_4^{(k+1)}-\lambda_4^{(k)}\rvert}{\lambda_4^{(k+1)}}$
1	1	6	5.933 33	2.190 9	—
	−0.5	−1		−0.365 1	
	−1	−11		−4.016 6	
	2	13.5		4.929 5	
2	1.095 4	2.190 9	8.578 87	0.334 5	0.308 4
	−0.182 6	15.518 8		2.369 4	
	−4.016 6	−41.992 1		−6.411 2	
	4.929 5	40.531 5		6.188 2	
3	0.167 2	−10.313 7	10.159 66	−1.137 2	0.155 6
	1.184 7	38.272 0		4.219 8	
	−6.411 2	−67.791 4		−7.474 5	
	6.188 2	57.770 4		6.369 6	

续表

k	$\overline{\mathbf{x}}_{k+1}$	$\overline{\mathbf{y}}_{k+1}$	$\rho(\overline{\mathbf{x}}_{k+1})$	$\mathbf{y}_{k+1}$	$\frac{\lvert\lambda_4^{(k+1)}-\lambda_4^{(k)}\rvert}{\lambda_4^{(k+1)}}$
8	−1.128 5	−24.208 3	10.638 38	−2.275 6	0.000 033 04
	2.704 4	57.729 8		5.426 7	
	−7.748 1	−82.422 2		−7.747 8	
	5.996 9	63.681 1		5.986 1	
9	−1.137 8	−24.290 2	10.638 44	−2.283 3	0.000 005 584
	2.713 3	57.808 6		5.434 0	
	−7.747 8	−82.422 4		−7.747 6	
	5.968 1	63.635 1		5.981 6	
10	−1.141 6	−24.323 7	10.638 45	−2.286 4	0.000 000 943 7
	2.717 0	57.840 5		5.436 9	
	−7.747 6	−82.421 9		−7.747 6	
	5.981 6	63.615 7		5.979 8	

因此, 在式 (11.20) 中, 需要 10 次迭代才能实现收敛容许值 10^{-6}, 则利用式 (11.40) 和式 (11.41), 得到

$$\lambda_4 \doteq 10.638\,45; \quad \boldsymbol{\varphi}_4 \doteq \begin{bmatrix} -0.107\,31 \\ 0.255\,39 \\ -0.728\,27 \\ 0.562\,27 \end{bmatrix}$$

将迭代 10 次后的 λ_4 预测值与精确值进行比较, 有

$$\frac{\left|\lambda_4^{\text{精确}} - \rho(\overline{\mathbf{x}}_{11})\right|}{\lambda_4^{\text{精确}}} = 1.92 \times 10^{-7}$$

另外, 式 (10.107) 右手侧为 5.24×10^{-4}.

11.2.3 向量迭代法中的平移

第 11.2.1 节中对逆迭代收敛性的分析表明, 假设 $\lambda_1 < \lambda_2$, 则迭代向量以 λ_1/λ_2 的收敛率收敛于特征向量 $\boldsymbol{\varphi}_1$. 由于取决于 λ_1 和 λ_2 的大小, 因此收敛率可以任意低, 如 $\lambda_1/\lambda_2 = 0.999\,99$, 也可以是非常高的, 如 $\lambda_1/\lambda_2 = 0.01$. 类似地, 在正迭代中, 收敛率可以高或低. 故此, 自然而然地想到在向量迭代法中如何提高收敛率的问题. 我们在本节中说明收敛率可以通过平移得到极大的改善. 此外, 平移可用于得到收敛的一个特征对, 而不是分别在逆迭代和正迭代中的 $(\lambda_1, \boldsymbol{\varphi}_1)$ 和 $(\lambda_n, \boldsymbol{\varphi}_n)$, 当 $\mathbf{K}$ 是半正定时, 平移在逆迭代中是有效

的, 当 $\mathbf{M}$ 是对角阵且一些对角元素为零时, 平移在正迭代中也是有效的 (见例 11.6).

假设应用第 10.2.3 节中所介绍的平移 μ, 考虑特征问题

$$(\mathbf{K}-\mu\mathbf{M})\boldsymbol{\varphi}=\eta\mathbf{M}\boldsymbol{\varphi} \tag{11.42}$$

[900] 其中, 原问题 $\mathbf{K}\boldsymbol{\varphi}=\lambda\mathbf{M}\boldsymbol{\varphi}$ 的特征值与式 (11.42) 中问题的特征值关系为 $\eta_i=\lambda_i-\mu, i=1,\cdots,n$. 当问题式 (11.42) 应用平移时, 为了分析逆迭代法和正迭代法的收敛特性, 应用第 11.2.1 节中的所有步骤. 第一步是考虑特征向量 $\boldsymbol{\Phi}$ 的基问题. 利用变换

$$\boldsymbol{\varphi}=\boldsymbol{\Phi}\boldsymbol{\psi} \tag{11.43}$$

我们得到收敛性分析的等效特征问题

$$(\boldsymbol{\Lambda}-\mu\mathbf{I})\boldsymbol{\psi}=\eta\boldsymbol{\psi} \tag{11.44}$$

首先考虑逆迭代法, 并假设所有的特征值是不同的. 此时, 利用第 11.2.1 节中使用的符号, 有

$$\mathbf{z}_{l+1}^{\mathrm{T}}=\left[\frac{1}{(\lambda_1-\mu)^l}\,\frac{1}{(\lambda_2-\mu)^l}\ \cdots\ \frac{1}{(\lambda_n-\mu)^l}\right] \tag{11.45}$$

其中, 假设所有 $\lambda_i-\mu$ 非零, 可能是正数或负数. 假设, 当 $i=j$ 时, $\lambda_i-\mu$ 为最小绝对值; 再将 $(\lambda_i-\mu)^l$ 乘以 $\mathbf{z}_{l+1}$, 得到

$$\overline{\mathbf{z}}_{l+1}=\begin{bmatrix}\left(\dfrac{\lambda_j-\mu}{\lambda_1-\mu}\right)^l\\ \vdots\\ \left(\dfrac{\lambda_j-\mu}{\lambda_{j-1}-\mu}\right)^l\\ 1\\ \left(\dfrac{\lambda_j-\mu}{\lambda_{j+1}-\mu}\right)^l\\ \vdots\\ \left(\dfrac{\lambda_j-\mu}{\lambda_n-\mu}\right)^l\end{bmatrix} \tag{11.46}$$

其中, 对于所有 $p\neq j$, 有 $|(\lambda_j-\mu)/(\lambda_p-\mu)|<1$. 因此, 在迭代中, 有 $\overline{\mathbf{z}}_{l+1}\to\mathbf{e}_j$, 这意味着在逆迭代法求解式 (11.42) 中, 迭代向量收敛于 $\boldsymbol{\varphi}_j$. 此外, 我们得到 $\lambda_j=\eta_j+\mu$. 迭代的收敛率是由元素 $(\lambda_j-\mu)/(\lambda_p-\mu)$ 确定, 是最大绝对值, $p\neq j$; 即, 收敛率 r 为

$$r=\max_{p\neq j}\left|\frac{\lambda_j-\mu}{\lambda_p-\mu}\right| \tag{11.47}$$

由于 λ_j 最接近 μ, 式 (11.42) 中迭代向量收敛于特征向量 $\boldsymbol{\varphi}_j$ 的收敛率是

$$\left|\frac{\lambda_j-\mu}{\lambda_{j-1}-\mu}\right| \text{ 或 } \left|\frac{\lambda_j-\mu}{\lambda_{j+1}-\mu}\right|$$

中较大的一个. 典型情况的收敛率如图 11.1 所示.

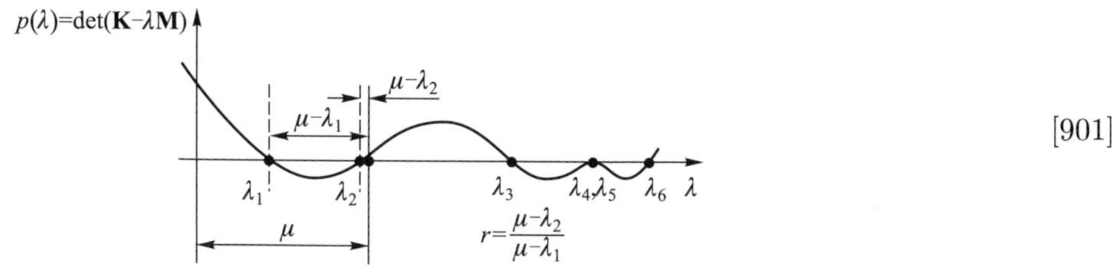

图 11.1　逆迭代法中向量收敛率的例子

[901]

其次利用上面没有平移的收敛性分析和逆迭代分析的结果 (见第 11.2.1 节), 得到另外两个结论.

第一, 我们看出, 当 μ 很接近 λ_j, 并收敛于 $\lambda_j-\mu$ 时, Rayleigh 商的收敛率是

$$\left|\frac{\lambda_j-\mu}{\lambda_{j-1}-\mu}\right|^2 \text{ 或 } \left|\frac{\lambda_j-\mu}{\lambda_{j+1}-\mu}\right|^2$$

中较大者.

第二, 涉及 λ_j 为多重特征值的情况. 第 11.2.1 节中的分析和上面的结论表明, 如果 $\lambda_j=\lambda_{j+1}=\cdots=\lambda_{j+m-1}$, 迭代向量的收敛率是

$$\max_{p\neq j,j+1,\cdots,j+m-1}\left|\frac{\lambda_j-\mu}{\lambda_p-\mu}\right|$$

并且收敛于对应 λ_j 的子空间中的一个向量.

使用平移逆迭代法中最重要的一点是, 通过选择充分接近于有关的特定特征值的平移, 我们可以在理论上得到比所求要高的收敛率, 即我们只需要使得 $|\lambda_j-\mu|$ 相对于上面定义的 $|\lambda_p-\mu|$ 足够小. 但在实际求解时, 困难在于找到适当的 μ, 对此在以下几节里, 将考虑几种方法.

例 11.5: 利用如式 (11.16) 至式 (11.22) 所示的逆迭代法, 计算问题 $\mathbf{K}\boldsymbol{\varphi}=\lambda\mathbf{M}\boldsymbol{\varphi}$ 的 $(\lambda_1,\boldsymbol{\varphi}_1)$, 其中在例 11.4 中给出 $\mathbf{K}$ 和 $\mathbf{M}$. 则施加平移 $\mu=10$, 证明在逆迭代法中收敛于 λ_4 和 $\boldsymbol{\varphi}_4$.

对例 11.2 中的问题 $\mathbf{K}\boldsymbol{\varphi}=\lambda\mathbf{M}\boldsymbol{\varphi}$ 使用逆迭代法, 迭代 3 次后收敛, 容许值为 10^{-6},

$$\lambda_1 \doteq 0.096\,54;\quad \boldsymbol{\varphi}_1 \doteq \begin{bmatrix}0.312\,6\\0.495\,5\\0.479\,1\\0.289\,8\end{bmatrix}$$

现在施加平移 $\mu = 10$, 得到

$$\mathbf{K} - \mu\mathbf{M} = \begin{bmatrix} -15 & -4 & 1 & 0 \\ -4 & -14 & -4 & 1 \\ 1 & -4 & -4 & -4 \\ 0 & 1 & -4 & -5 \end{bmatrix}$$

[902] 在问题 $(\mathbf{K} - \mu\mathbf{M})\boldsymbol{\varphi} = \eta\mathbf{M}\boldsymbol{\varphi}$ 中利用逆迭代法, 在 6 次迭代后达到收敛

$$\rho(\overline{\mathbf{x}}_7) = 0.638\,5; \quad \mathbf{x}_7 = \begin{bmatrix} -0.107\,6 \\ 0.255\,6 \\ -0.728\,3 \\ 0.562\,0 \end{bmatrix}$$

由于我们施加了平移, 故知道 $\mu + \rho(\overline{\mathbf{x}}_7)$ 是近似特征值, $\mathbf{x}_7$ 是对应的近似特征向量. 但不知道是哪一对近似的特征对. 通过将 $\mathbf{x}_7$ 与例 11.4 中的结果比较, 求得

$$\lambda_4 \doteq \mu + \rho(\mathbf{x}_7) \doteq 10.638\,5; \quad \boldsymbol{\varphi}_4 \doteq \mathbf{x}_7$$

例 11.6: 考虑无支撑的梁单元, 见图 E8.13. 证明使用通常的计算 λ_1 和 $\boldsymbol{\varphi}_1$ 的逆迭代算法行不通, 但施加平移后, 就能够应用标准算法.

在式 (11.16) 中定义的逆迭代法的第一个步骤是, 当 $\mathbf{M} = \mathbf{I}$ 且 $\mathbf{x}_1$ 是全阶单位向量时,

$$\begin{bmatrix} 12 & -6 & -12 & -6 \\ -6 & 4 & 6 & 2 \\ -12 & 6 & 12 & 6 \\ -6 & 2 & 6 & 4 \end{bmatrix} \overline{\mathbf{x}}_2 = \begin{bmatrix} 1 \\ 1 \\ 1 \\ 1 \end{bmatrix} \tag{a}$$

利用 Gauss 消元法求解方程组, 得

$$\begin{bmatrix} 12 & -6 & -12 & -6 \\ & 1 & 0 & -1 \\ & & 0 & 0 \\ & & & 0 \end{bmatrix} \overline{\mathbf{x}}_2 = \begin{bmatrix} 1 \\ \frac{3}{2} \\ 2 \\ \frac{7}{2} \end{bmatrix}$$

因此方程式 (a) 无解. 只有方程右侧 (即式 (11.16)) 中的 $\mathbf{x}_1$ 是零向量时, 才有解. 当遇到奇异的系数矩阵时, 修改求解过程不会有任何困难, 且优势是只进行一次迭代就可算出特征向量. 另一方面, 如果施加一个平移, 则可以使用标准迭代法, 在计算其他特征值和特征向量时还可避免稳定性问题. 假设取 $\mu = -6$, 使得所有的 λ_i 是正数. 则有

$$
\mathbf{K}-\mu\mathbf{I}=\begin{bmatrix}18 & -6 & -12 & -6\\ -6 & 10 & 6 & 2\\ -12 & 6 & 18 & 6\\ -6 & 2 & 6 & 10\end{bmatrix}
$$

使用一个满阶单位初始迭代向量按标准方式进行逆迭代. 在 5 次迭代后实现收敛, 容许值为 10^{-6}, 有

$$
\rho(\overline{\mathbf{x}}_6)=6.000\,000;\quad \mathbf{x}_6=\begin{bmatrix}0.737\,84\\ 0.421\,65\\ 0.316\,25\\ 0.421\,65\end{bmatrix}
$$

因此, 考虑平移后, 有 [903]

$$
\lambda_1 \doteq 0.0;\quad \boldsymbol{\varphi}_1 \doteq \mathbf{x}_6
$$

我们前面已经说明了通过施加平移后大大增加逆迭代法的收敛率. 现在要问, 正迭代法是否能采用类似的方式提升收敛率. 与施加平移的逆迭代法的收敛性证明类似, 我们可以推广到当施加 μ 的正迭代法的收敛分析. 最终的结果是, 迭代向量收敛于特征向量 $\boldsymbol{\varphi}_j$, 其对应于式 (11.42) 问题中的最大特征值 $|\lambda_j-\mu|$. 其中

$$
|\lambda_j-\mu|=\max_{\text{所有 } i}|\lambda_i-\mu| \tag{11.48}
$$

迭代向量的收敛率如下

$$
r=\max_{p\neq j}\left|\frac{\lambda_p-\mu}{\lambda_j-\mu}\right| \tag{11.49}
$$

事实上, 式 (11.49) 为问题 $(\mathbf{K}-\mu\mathbf{M})\boldsymbol{\varphi}=\eta\mathbf{M}\boldsymbol{\varphi}$ 的第二大特征值与最大特征值 (都按绝对值度量) 的比值. 当 λ_j 为多重特征值时, 即 $\lambda_j=\lambda_{j+1}=\cdots=\lambda_{j+m-1}$, 迭代向量收敛于与 λ_j 对应的子空间中的一个向量, 其收敛率为

$$
\max_{p\neq j,j+1,\cdots,j+m-1}\left|\frac{\lambda_p-\mu}{\lambda_j-\mu}\right|
$$

式 (11.47) 和式 (11.49) 的收敛率之间的主要差别为, 式 (11.47) 的 λ_p 在分母中而式 (11.49) 的 λ_p 在分子中. 这限制了正迭代法的收敛率, 通过平移也只能收敛于特征对 $(\lambda_n,\boldsymbol{\varphi}_n)$ 或特征对 $(\lambda_1,\boldsymbol{\varphi}_1)$. 为分别得到对 $\boldsymbol{\varphi}_n$ 和 $\boldsymbol{\varphi}_1$ 的最高收敛率, 我们需要分别选择 $\mu=(\lambda_1+\lambda_{n-1})/2$ 和 $\mu=(\lambda_2+\lambda_n)/2$, 因此, 有相应的收敛率

$$
\left|\frac{\lambda_{n-1}-\dfrac{\lambda_1+\lambda_{n-1}}{2}}{\lambda_n-\dfrac{\lambda_1+\lambda_{n-1}}{2}}\right| \text{ 和 } \left|\frac{\lambda_2-\dfrac{\lambda_2+\lambda_n}{2}}{\lambda_1-\dfrac{\lambda_2+\lambda_n}{2}}\right|
$$

如图 11.2 所示, 通过在逆迭代法中施加平移可以得到比正迭代法更高的收敛率. 由于这个原因, 以及可以选择平移以收敛于任何特征对, 故在实际分析中逆迭代显得很重要. 在后面所介绍的算法中, 当需要进行向量迭代时, 我们通常使用逆迭代.

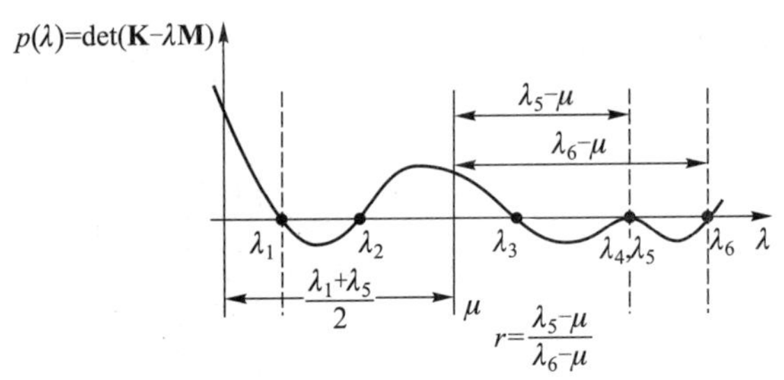

图 11.2　对 λ_6 (λ_6 为最大特征值) 进行正迭代时施加平移以得到最好的收敛率 r

[904] 11.2.4　Rayleigh 商迭代

第 11.2.3 节中我们讨论了通过施加平移, 可以极大地改善逆迭代法的收敛率. 在实践中, 困难之处在于如何选择适当的平移. 一种可能是使用式 (11.18) 所计算的 Rayleigh 商作为平移值, 该 Rayleigh 商是所求特征值的近似值. 如果每次迭代中使用式 (11.18) 计算新的平移, 则得到 Rayleigh 商迭代法 (见 A. M. Ostrowski [A]). 在此过程中, 假设初始的迭代向量为 $\mathbf{x}_1$, 因此 $\mathbf{y}_1 = \mathbf{M}\mathbf{x}_1$, 初始平移 $\rho(\overline{\mathbf{x}}_1)$, 通常是零, 则对 $k = 1, 2, \cdots$, 计算

$$[\mathbf{K} - \rho(\overline{\mathbf{x}}_k)\mathbf{M}]\overline{\mathbf{x}}_{k+1} = \mathbf{y}_k \tag{11.50}$$

$$\overline{\mathbf{y}}_{k+1} = \mathbf{M}\overline{\mathbf{x}}_{k+1} \tag{11.51}$$

$$\rho(\overline{\mathbf{x}}_{k+1}) = \frac{\overline{\mathbf{x}}_{k+1}^{\mathrm{T}}\mathbf{y}_k}{\overline{\mathbf{x}}_{k+1}^{\mathrm{T}}\overline{\mathbf{y}}_{k+1}} + \rho(\overline{\mathbf{x}}_k) \tag{11.52}$$

$$\mathbf{y}_{k+1} = \frac{\overline{\mathbf{y}}_{k+1}}{\left(\overline{\mathbf{x}}_{k+1}^{\mathrm{T}}\overline{\mathbf{y}}_{k+1}\right)^{1/2}} \tag{11.53}$$

其中, 当 $k \to \infty$ 时, $\mathbf{y}_{k+1} \to \mathbf{M}\boldsymbol{\varphi}_i$, $\rho(\overline{\mathbf{x}}_{k+1}) \to \lambda_i$.

迭代收敛于特征值 λ_i 及其特征向量 $\boldsymbol{\varphi}_i$ 取决于初始迭代向量 $\mathbf{x}_1$ 和初始平移 $\rho(\overline{\mathbf{x}}_1)$. 如果 $\mathbf{x}_1$ 具有特征向量如 $\boldsymbol{\varphi}_k$ 的主分量, 且 $\rho(\overline{\mathbf{x}}_2)$ 提供了充分靠近相应特征值 λ_k 的平移, 则迭代收敛于特征对 $(\lambda_k, \boldsymbol{\varphi}_k)$, λ_k 和 $\boldsymbol{\varphi}_k$ 的最大收敛阶为 3 阶. 因此, 在实践中我们需要确保 $\mathbf{x}_1$ 足够接近感兴趣的特征向量, 则收敛率将总是 3 阶的. 这种良好的收敛性质是很重要的结果. 我们可以直观地解释它, 即在逆迭代法中向量是线性收敛的, 向量具有误差 ε 时, Rayleigh 商预测特征值的误差为 ε^2. 由于用于平移的近似特征值对所求的近似特征向量有直接的影响, 反之亦然, 因此在 Rayleigh 商迭代中, 特征值及其特征向量收敛为 3 阶是十分可能的.

为了分析 Rayleigh 商迭代的收敛性质, 可以按逆迭代法相同的方式进行, 即把特征向量作为基向量考虑迭代. 在这种情况下, 使用变换式 (11.24), 分别按下列形式写出 Rayleigh 商迭代的两个基本方程 (即式 (11.50) 和式 (11.52))

$$[\mathbf{\Lambda}-\rho(\mathbf{z}_k)\mathrm{I}]\mathbf{z}_{k+1}=\mathbf{z}_k \tag{11.54}$$

$$\rho(\mathbf{z}_{k+1})=\frac{\mathbf{z}_{k+1}^{\mathrm{T}}\mathbf{z}_k}{\mathbf{z}_{k+1}^{\mathrm{T}}\mathbf{z}_{k+1}}+\rho(\mathbf{z}_k) \tag{11.55}$$

其中, 省去了迭代向量长度的归一化.

为考虑迭代向量的收敛性质, 我们进行近似的收敛性分析, 以深刻理解该算法的工作原理. 假设当前迭代向量 $\mathbf{z}_l$ 已经接近于特征向量 $\mathbf{e}_1$, 即有 [905]

$$\mathbf{z}_l^{\mathrm{T}}=[1\ \ o(\varepsilon)\ \ o(\varepsilon)\ \ \cdots\ \ o(\varepsilon)] \tag{11.56}$$

其中, $o(\varepsilon)$ 表示 “ε 阶” 和 $\varepsilon \ll 1$. 则有

$$\rho(\mathbf{z}_l)=\lambda_1+o(\varepsilon^2) \tag{11.57}$$

从式 (11.54) 求解 $\mathbf{z}_{l+1}$, 有

$$\mathbf{z}_{l+1}^{\mathrm{T}}=\left[\frac{1}{o(\varepsilon^2)}\ \ \frac{o(\varepsilon)}{\lambda_2-\lambda_1}\ \ \cdots\ \ \frac{o(\varepsilon)}{\lambda_n-\lambda_1}\right] \tag{11.58}$$

为估算迭代向量的收敛率, 将 $\mathbf{z}_{l+1}$ 的第一分量归一化, 得

$$\overline{\mathbf{z}}_{l+1}^{\mathrm{T}}=[1\ \ o(\varepsilon^3)\ \ o(\varepsilon^3)\ \ \cdots\ \ o(\varepsilon^3)] \tag{11.59}$$

因此, $\overline{\mathbf{z}}_l$ 中原阶为 ε 的元素现在阶为 ε^3, 即 3 阶收敛.

考虑用下例证明 Rayleigh 商迭代的特性.

例 11.7: 对问题 $\mathbf{\Lambda}\boldsymbol{\varphi}=\lambda\boldsymbol{\varphi}$, 利用 Rayleigh 商迭代, 其中

$$\mathbf{\Lambda}=\begin{bmatrix}2 & 0\\ 0 & 6\end{bmatrix}$$

初始迭代向量 $\mathbf{x}_1$ 为

$$(\mathrm{I})\qquad \mathbf{x}_1=\begin{bmatrix}1\\ 1\end{bmatrix};\quad (\mathrm{II})\qquad \mathbf{x}_1=\begin{bmatrix}1\\ 0.1\end{bmatrix}$$

利用式 (11.50) 至式 (11.53) $[\rho(\overline{\mathbf{x}}_1)=0.0]$ 给出的关系, 对情况 Ⅰ

$$\overline{\mathbf{x}}_2=\begin{bmatrix}0.500\\0.166\,667\end{bmatrix};\quad \rho(\overline{\mathbf{x}}_2)=2.40$$

$$\mathbf{y}_2=\begin{bmatrix}0.948\,68\\0.316\,23\end{bmatrix}$$

$$\overline{\mathbf{x}}_3=\begin{bmatrix}-2.371\,71\\0.087\,84\end{bmatrix};\quad \rho(\overline{\mathbf{x}}_3)=2.005\,48$$

$$\mathbf{y}_3=\begin{bmatrix}-0.999\,31\\0.037\,01\end{bmatrix}$$

$$\overline{\mathbf{x}}_4=\begin{bmatrix}182.374\,96\\0.009\,27\end{bmatrix};\quad \rho(\overline{\mathbf{x}}_4)=2.000\,00$$

$$\mathbf{y}_4=\begin{bmatrix}1.000\,0\\0.000\,05\end{bmatrix}$$

因此, 可看到 3 次迭代之后, 得到好的所求特征值和特征向量的近似值.

[906] 对情况 Ⅱ, 有

$$\overline{\mathbf{x}}_2=\begin{bmatrix}0.500\,00\\0.016\,666\,7\end{bmatrix};\quad \rho(\overline{\mathbf{x}}_2)=2.004\,44$$

$$\mathbf{y}_2=\begin{bmatrix}0.999\,44\\0.033\,315\end{bmatrix}$$

然后

$$\overline{\mathbf{x}}_3=\begin{bmatrix}-225.125\\0.008\,34\end{bmatrix};\quad \rho(\overline{\mathbf{x}}_3)=2.000\,001$$

$$\mathbf{y}_3=\begin{bmatrix}-1.000\,00\\0.000\,037\end{bmatrix}$$

我们看出在这种情况下, 两步迭代足以得到好的所求特征值和特征向量的近似值, 因为初始迭代向量已接近于所求特征向量.

正如在前面讨论所指出的, Rayleigh 商迭代在原则上可以收敛于任何特征对. 因此, 如果感兴趣的是最小的 p 个特征值及其特征向量, 我们需要其他方法改进 Rayleigh 商迭代以确保收敛于所求的特征对. 例如, 要计算最小特征值及其特征向量, 我们可以先用式 (11.16) 和式 (11.19) 中不使用平移的逆迭代法求出迭代向量, 是 $\boldsymbol{\varphi}_1$ 的很好的近似值, 则只进行 Rayleigh 商迭代. 但困难在于需要估计进行多少次逆迭代才开始启动 Rayleigh 商平移, 且实现了收敛于 $\boldsymbol{\varphi}_1$ 和 λ_1. 遗憾的是, 该问题一般不能得到求解, 有必要使用 Sturm 序列的性质, 以确保算出所要求的特征值及其特征向量 (见第 11.4 节).

11.2.5 矩阵收缩与 Gram-Schmidt 正交化

在第 11.2.1 节至第 11.2.4 节中, 讨论了如何使用向量迭代计算特征值及其特征向量. 基本逆迭代法收敛于 λ_1 和 $\boldsymbol{\varphi}_1$ (见第 11.2.1 节), 基本正迭代法可用于计算 λ_n 和 $\boldsymbol{\varphi}_n$ (见第 11.2.2 节), 但是这些方法也可以施加平移计算其他的特征值及其特征向量 (见第 11.2.3 节). 现在假定已经使用任一种方法算出一个具体的特征对, 如 $(\lambda_k, \boldsymbol{\varphi}_k)$, 要求解另一特征对. 为了确保不再收敛于 λ_k 和 $\boldsymbol{\varphi}_k$, 需要收缩矩阵或迭代向量.

矩阵收缩已被广泛应用于标准特征问题的求解. 问题可能是 $\mathbf{K}\boldsymbol{\varphi} = \lambda\boldsymbol{\varphi}$, 即当 $\mathbf{K}\boldsymbol{\varphi} = \lambda\mathbf{M}\boldsymbol{\varphi}$ 中的 $\mathbf{M}$ 为单位矩阵时, 或者 $\widetilde{\mathbf{K}}\widetilde{\boldsymbol{\varphi}} = \lambda\widetilde{\boldsymbol{\varphi}}$, 这是通过将广义特征问题化成标准形式 (见第 10.2.5 节) 得到的结果. 应注意, 当 $\mathbf{M}$ 是对角矩阵且所有对角元素都大于零时, 该变换才有效, 因为此时 $\widetilde{\mathbf{K}}$ 与 $\mathbf{K}$ 有相同的带宽.

现考虑 $\mathbf{K}\boldsymbol{\varphi} = \lambda\boldsymbol{\varphi}$ 的收缩, 类似地可得到 $\widetilde{\mathbf{K}}\widetilde{\boldsymbol{\varphi}} = \lambda\widetilde{\boldsymbol{\varphi}}$ 的收缩. 一个稳定的矩阵收缩可以通过找到一个正交矩阵 $\mathbf{P}$ 而实现, 其第一列由算出的特征向量 $\boldsymbol{\varphi}_k$ 组成.

将 $\mathbf{P}$ 写为 [907]

$$\mathbf{P} = [\boldsymbol{\varphi}_k, \mathbf{p}_2, \cdots, \mathbf{p}_n] \tag{11.60}$$

对 $i = 2, \cdots, n$, 需满足 $\boldsymbol{\varphi}_k^{\mathrm{T}}\mathbf{p}_i = 0$. 有

$$\mathbf{P}^{\mathrm{T}}\mathbf{K}\mathbf{P} = \begin{bmatrix} \lambda_k & \mathbf{0} \\ \mathbf{0} & \mathbf{K}_1 \end{bmatrix} \tag{11.61}$$

因为 $\boldsymbol{\varphi}_k^{\mathrm{T}}\boldsymbol{\varphi}_k = 1$. 很重要的一点是, $\mathbf{P}^{\mathrm{T}}\mathbf{K}\mathbf{P}$ 与 $\mathbf{K}$ 有相同的特征值, 因此, $\mathbf{K}_1$ 一定有 $\mathbf{K}$ 中除 λ_k 外的所有其他特征值. 另外, 用 $\overline{\boldsymbol{\varphi}}_i$ 表示 $\mathbf{P}^{\mathrm{T}}\mathbf{K}\mathbf{P}$ 的特征向量, 有

$$\boldsymbol{\varphi}_i = \mathbf{P}\overline{\boldsymbol{\varphi}}_i \tag{11.62}$$

应着重指出的是, 矩阵 $\mathbf{P}$ 不是唯一的, 因而可以使用各种方法构建一个适当的变换矩阵. 由于 $\mathbf{K}$ 是带状的, 故希望该变换不破坏其带状结构 (如见 H. Rutishauser [A]).

从该讨论中得知, 一旦使用 $\mathbf{K}_1$ 算出第二个所求特征对后, 就可以对 $\mathbf{K}_1$ 而不是对 $\mathbf{K}$ 重复该收缩过程. 因此, 我们可以不断地进行收缩, 直到算出所有要求的特征值和特征向量. 矩阵收缩的缺点是, 特征值必须都算得很准确, 以避免在矩阵收缩过程中产生累积误差.

为得到收敛于不同于 $(\lambda_k, \boldsymbol{\varphi}_k)$ 的特征对, 我们可以不收缩矩阵而收缩迭代向量. 向量收缩的基础是, 正迭代法或逆迭代法中, 为了使迭代向量收敛于所求的特征向量, 该迭代向量不应与特征向量正交. 反之, 如果迭代向量与算出的特征向量是正交的, 则要消除迭代向量收敛于其中任何一个特征向量的可能性, 正如我们将看到的, 迭代向量收敛于另一个特征向量.

Gram-Schmidt 方法是一个被广泛应用的特殊的向量正交化方法. 该方法可以用于求解广义特征问题 $\mathbf{K}\boldsymbol{\varphi} = \lambda\mathbf{M}\boldsymbol{\varphi}$, 其中, $\mathbf{M}$ 具有不同的形式, 我们在有限元分析中经常遇到.

为考虑一般情况, 假设利用逆迭代法已算出特征向量 $\boldsymbol{\varphi}_1, \boldsymbol{\varphi}_2, \cdots, \boldsymbol{\varphi}_m$, 我们希望 $\mathbf{x}_1$ 与这些特征向量 $\mathbf{M}$ 正交化. 在 Gram-Schmidt 正交化中, 向量 $\widetilde{\mathbf{x}}_1$ 与特征向量 $\boldsymbol{\varphi}_i, i = 1, \cdots, m$, 是 $\mathbf{M}$ 正交化的, 计算

$$\widetilde{\mathbf{x}}_1 = \mathbf{x}_1 - \sum_{i=1}^{m} \alpha_i \boldsymbol{\varphi}_i \tag{11.63}$$

其中, 系数 α_i 使用条件 $\boldsymbol{\varphi}_i^{\mathrm{T}}\mathbf{M}\widetilde{\mathbf{x}}_1 = 0, i = 1, \cdots, m$, 且 $\boldsymbol{\varphi}_i^{\mathrm{T}}\mathbf{M}\boldsymbol{\varphi}_j = \delta_{ij}$ 得到. 式 (11.63) 两侧左乘 $\boldsymbol{\varphi}_i^{\mathrm{T}}\mathbf{M}$, 得

$$\alpha_i = \boldsymbol{\varphi}_i^{\mathrm{T}}\mathbf{M}\mathbf{x}_1; \quad i = 1, \cdots, m \tag{11.64}$$

在逆迭代法中, 我们现在将使用 $\widetilde{\mathbf{x}}_1$ 而非 $\mathbf{x}_1$ 作为初始迭代向量, 只要 $\mathbf{x}_1^{\mathrm{T}}\mathbf{M}\boldsymbol{\varphi}_{m+1} \neq 0$ 就收敛于 (至少在理论上, 见第 11.2.6 节) $\boldsymbol{\varphi}_{m+1}$ 和 λ_{m+1}.

[908] 为证明上面所给的收敛性, 仍用上述以特征向量为基的迭代法, 即当考虑 Gram-Schmidt 正交化时, 分析式 (11.25) 中所给出的迭代. 此时最小特征值对应的特征向量是 $\mathbf{e}_i, i = 1, \cdots, m$. 对式 (11.27) 中的初始向量 $\mathbf{z}_1$ 进行收缩, 有

$$\widetilde{\mathbf{z}}_1 = \mathbf{z}_1 - \sum_{i=1}^{m} \alpha_i \mathbf{e}_i \tag{11.65}$$

其中,

$$\alpha_i = \mathbf{e}_i^{\mathrm{T}}\mathbf{z}_1 = 1; \quad i = 1, \cdots, m \tag{11.66}$$

因此

$$\widetilde{\mathbf{z}}_1^{\mathrm{T}} = [0 \quad \cdots \quad 0 \quad \overset{\downarrow\text{ 单元 } m+1}{1} \quad \cdots \quad 1] \tag{11.67}$$

现将 $\widetilde{\mathbf{z}}_1$ 作为初始迭代向量, 正如第 11.2.1 节中所讨论的那样进行收敛分析, 我们发现如果 $\lambda_{m+2} > \lambda_{m+1}$ 时, 有 $\widetilde{\mathbf{z}}_{l+1} \to \mathbf{e}_{m+1}$, 这个还有待证明. 还发现, 特征向量的收敛率是 $\lambda_{m+1}/\lambda_{m+2}$, 且当 λ_{m+1} 是多重特征值时, 收敛率为 λ_{m+1} 与下一个不同特征值之比.

虽然迄今为止, 我们已经讨论了 Gram-Schmidt 正交化与向量逆迭代的联系, 应该指出的是, 该正交化过程也可以用于其他向量迭代法中. 如果考虑收敛于已算出的特征向量是不可能的, 则当引入 Gram-Schmidt 正交化时, 在逆迭代、正迭代和 Rayleigh 商迭代中介绍的所有收敛条件都同样适用.

例 11.8: 使用 Gram-Schmidt 正交化方法, 为求解问题 $\mathbf{K}\boldsymbol{\varphi} = \lambda\mathbf{M}\boldsymbol{\varphi}$, 计算一个适当的初始迭代向量, 其中在例 11.4 中给出 $\mathbf{K}$ 和 $\mathbf{M}$. 假设在例 11.5 中已得到特征对 $(\lambda_1, \boldsymbol{\varphi}_1)$ 和 $(\lambda_4, \boldsymbol{\varphi}_4)$, 现要求收敛于另一特征对.

要确定一个适当的初始迭代向量, 我们需要从单位全阶向量 (所有元素为 1) 收缩掉 $\boldsymbol{\varphi}_1$ 和 $\boldsymbol{\varphi}_4$, 即式 (11.63) 为

$$\widetilde{\mathbf{x}}_1 = \begin{bmatrix} 1 \\ 1 \\ 1 \\ 1 \end{bmatrix} - \alpha_1 \boldsymbol{\varphi}_1 - \alpha_4 \boldsymbol{\varphi}_4$$

其中, α_1 和 α_4 是利用式 (11.64) 得到的

$$\alpha_1 = \boldsymbol{\varphi}_1^{\mathrm{T}} \mathbf{M} \mathbf{x}_1; \quad \alpha_4 = \boldsymbol{\varphi}_4^{\mathrm{T}} \mathbf{M} \mathbf{x}_1$$

将 $\mathbf{M}$、$\boldsymbol{\varphi}_1$ 和 $\boldsymbol{\varphi}_4$ 代入, 得到

$$\alpha_1 = 2.385; \quad \alpha_4 = 0.129\,9$$

则取几位数字精度, 有

$$\widetilde{\mathbf{x}}_1 = \begin{bmatrix} 0.268\,3 \\ -0.214\,9 \\ -0.048\,12 \\ 0.235\,8 \end{bmatrix}$$

11.2.6 关于向量迭代法的一些实际考虑 [909]

迄今为止, 我们已经讨论了用于向量迭代法的理论. 对这些方法适当的计算机实现来说, 重要的是要解释理论结果, 并将它们与实际联系起来. 无论应用哪种方法, 特别重要的是实际的收敛性和稳定性.

最重要的一点是, 迭代法的实际收敛率可能与理论上的收敛率不符, 即假设式 (11.27) 的初始迭代向量 $\mathbf{z}_1$ 是一个单位全阶向量 (其分量全是 1), 对应向量 $\mathbf{x}_1 = \sum_{i=1}^{n} \boldsymbol{\varphi}_i$. 这意味着初始迭代向量在每个特征向量 $\boldsymbol{\varphi}_i$ 强度相等. 我们选择容易确定理论收敛率的初始迭代向量, 而迭代向量是以该收敛率趋近于所要求的特征向量. 然而, 在实践中几乎不可能选出 $\mathbf{x}_1 = \sum_{i=1}^{n} \boldsymbol{\varphi}_i$ 作为初始迭代向量, 而代之以

$$\mathbf{x}_1 = \sum_{i=1}^{n} \alpha_i \boldsymbol{\varphi}_i \tag{11.68}$$

其中, α_i 是任意常数. 向量 $\mathbf{x}_1$ 对应下面以特征向量为基的向量

$$\mathbf{z}_1 = \begin{bmatrix} \alpha_1 \\ \vdots \\ \alpha_n \end{bmatrix} \tag{11.69}$$

为确定常数 α_i 的影响, 作为例子, 考虑没有平移的逆迭代法的收敛分析, 其中使用初始向量式 (11.68), 且 $\lambda_2 > \lambda_1$. 得到的结果同样适用于其他迭代法. 如前所述, 考虑基为特征向量 $\boldsymbol{\varphi}$ 的迭代, 为使 $\mathbf{x}_1^{\mathrm{T}}\mathbf{M}\boldsymbol{\varphi}_1 \neq 0$, 需令 $\alpha_1 \neq 0$. l 次逆迭代后, 现在得到替代式 (11.29) 的式子

$$\widetilde{\mathbf{z}}_{l+1} = \begin{bmatrix} 1 \\ \beta_2 \left(\lambda_1/\lambda_2\right)^l \\ \vdots \\ \beta_n \left(\lambda_1/\lambda_n\right)^l \end{bmatrix} \tag{11.70}$$

其中,

$$\beta_i = \frac{\alpha_i}{\alpha_1}; \quad i = 2, \cdots, n \tag{11.71}$$

因此, 所获得的迭代向量在其最后的第 $(n-1)$ 个分量有乘子 β_i. 在迭代过程中的第 i 个分量仍然如在式 (11.29) 随每次迭代减小 $\lambda_1/\lambda_i, i = 2, \cdots, n$, 收敛率是已经在第 11.2.1 节导出的 λ_1/λ_2. 在实际分析中, 未知系数 β_i 可产生一种结果, 即在许多次迭代中, 没有观察到理论收敛率. 因此, 在实践中, 不
[910] 仅收敛阶数和收敛率, 而且初始迭代向量的 “质量” 同样重要, 它们决定着收敛所需的迭代次数. 此外, 重要的是要使用足够高的收敛容许值, 以防止过早接受不合要求的迭代向量成为特征向量的近似值.

与向量迭代同时, 可以用矩阵收缩法或 Gram-Schmidt 向量正交化以收敛于还没有算出的特征对 (见第 11.2.5 节). 我们已经提到对矩阵收缩, 为保持算法稳定, 应以相当高的精度进行特征向量的计算. 而 Gram-Schmidt 正交化方法, 对于舍入误差是敏感的, 应小心使用. 如果在没有平移的逆迭代法或正迭代法中应用该方法, 则为使 Gram-Schmidt 正交化正常进行, 需要对特征向量进行高精度计算. 此外, 迭代向量应该在每一次迭代中与计算出的特征向量正交.

现在, 我们得出一个重要结论, 此结论早在介绍向量迭代法时就指出, 确保收敛于特定的 (任意选取的) 特征值及其特征向量是很难的 (的确理论已证明是不可能的). 本节中对实际问题的讨论也证实了这些观点, 故可以得出结论, 如果要求一个特定的特征值及其特征向量, 则应谨慎采用向量迭代法和 Gram-Schmidt 正交化过程. 但在第 11.5 节和第 11.6 节将看到, 实际上, 这两种方法应用得最好, 与其他求解法结合也是非常有效的.

11.2.7 习题

11.1 考虑广义特征问题

$$\begin{bmatrix} 6 & -1 & 0 \\ -1 & 4 & -1 \\ 0 & -1 & 2 \end{bmatrix} \boldsymbol{\varphi} = \lambda \begin{bmatrix} 2 & 0 & 0 \\ 0 & 2 & 1 \\ 0 & 1 & 1 \end{bmatrix} \boldsymbol{\varphi}$$

且初始迭代向量为

$$\mathbf{x}_1^{\mathrm{T}} = [1 \quad 1 \quad 1]$$

(a) 进行两次逆迭代, 再使用 Rayleigh 商计算 λ_1 的近似值;

(b) 进行两次正迭代, 再使用 Rayleigh 商计算 λ_3 的近似值.

11.2 按照习题 11.1 所做的, 对以下特征问题进行计算

$$\begin{bmatrix} 2 & -1 & 0 \\ -1 & 6 & -1 \\ 0 & -1 & 8 \end{bmatrix} \boldsymbol{\varphi} = \lambda \begin{bmatrix} 1 & & \\ & \dfrac{1}{2} & \\ & & 2 \end{bmatrix} \boldsymbol{\varphi}$$

11.3 对应下面问题

$$\begin{bmatrix} 2 & 1 & 0 \\ 1 & 3 & 1 \\ 0 & 1 & 2 \end{bmatrix} \boldsymbol{\varphi} = \lambda \boldsymbol{\varphi}$$

的两个最小特征值 λ_1 和 λ_2 的特征向量是

$$\boldsymbol{\varphi}_1 = \frac{1}{\sqrt{3}} \begin{bmatrix} 1 \\ -1 \\ 1 \end{bmatrix}; \quad \boldsymbol{\varphi}_2 = \frac{1}{\sqrt{2}} \begin{bmatrix} 1 \\ 0 \\ -1 \end{bmatrix}$$ [911]

令

$$\mathbf{x}_1 = \begin{bmatrix} 1 \\ 1 \\ 1 \end{bmatrix}$$

使用 Gram-Schmidt 正交化程序以从 $\mathbf{x}_1$ 中提取与 $\boldsymbol{\varphi}_1$ 和 $\boldsymbol{\varphi}_2$ 正交的向量. 显式证明该向量是第三个特征向量 $\boldsymbol{\varphi}_3$, 并计算 λ_3.

11.4 考虑特征问题

$$\begin{bmatrix} 2 & -1 & 0 \\ -1 & 4 & -1 \\ 0 & -1 & 2 \end{bmatrix} \boldsymbol{\varphi} = \lambda \begin{bmatrix} \dfrac{1}{2} & & \\ & 1 & \\ & & \dfrac{1}{2} \end{bmatrix} \boldsymbol{\varphi}$$

对该问题

$$\boldsymbol{\varphi}_1 = \frac{1}{\sqrt{2}} \begin{bmatrix} 1 \\ 1 \\ 1 \end{bmatrix}; \quad \boldsymbol{\varphi}_3 = \frac{1}{\sqrt{2}} \begin{bmatrix} 1 \\ -1 \\ 1 \end{bmatrix}$$

使用 Gram-Schmidt 正交化计算 $\boldsymbol{\varphi}_2$, 并计算所有特征值.

11.3　变换方法

我们在第 11.1 节中指出, 变换方法是由一组特征系统的求解过程组成, 并利用矩阵 $\mathbf{\Phi}$ 特征向量的基本性质

$$\mathbf{\Phi}^{\mathrm{T}}\mathbf{K}\mathbf{\Phi} = \mathbf{\Lambda} \tag{11.3}$$

$$\mathbf{\Phi}^{\mathrm{T}}\mathbf{M}\mathbf{\Phi} = \mathbf{I} \tag{11.4}$$

由于矩阵 $\mathbf{\Phi}$ 为 $n \times n$ 阶, 而按式 (11.3) 和式 (11.4) 中的方式对角化 $\mathbf{K}$ 和 $\mathbf{M}$ 是唯一的, 我们可以尝试通过迭代构造它. 基本做法是依次分别左乘和右乘矩阵 $\mathbf{P}_k^{\mathrm{T}}$ 和 $\mathbf{P}_k$, 把 $\mathbf{K}$ 和 $\mathbf{M}$ 化为对角矩阵, 其中 $k = 1, 2, \cdots$, 具体地, 如果定义 $\mathbf{K}_1 = \mathbf{K}, \mathbf{M}_1 = \mathbf{M}$, 形成

$$\left.\begin{aligned} \mathbf{K}_2 &= \mathbf{P}_1^{\mathrm{T}}\mathbf{K}_1\mathbf{P}_1 \\ \mathbf{K}_3 &= \mathbf{P}_2^{\mathrm{T}}\mathbf{K}_2\mathbf{P}_2 \\ &\vdots \\ \mathbf{K}_{k+1} &= \mathbf{P}_k^{\mathrm{T}}\mathbf{K}_k\mathbf{P}_k \\ &\vdots \end{aligned}\right\} \tag{11.72}$$

类似地

$$\left.\begin{aligned} \mathbf{M}_2 &= \mathbf{P}_1^{\mathrm{T}}\mathbf{M}_1\mathbf{P}_1 \\ \mathbf{M}_3 &= \mathbf{P}_2^{\mathrm{T}}\mathbf{M}_2\mathbf{P}_2 \\ &\vdots \\ \mathbf{M}_{k+1} &= \mathbf{P}_k^{\mathrm{T}}\mathbf{M}_k\mathbf{P}_k \\ &\vdots \end{aligned}\right\} \tag{11.73}$$

[912] 其中, 选择矩阵 $\mathbf{P}_k$ 以使 $\mathbf{K}_k$ 和 $\mathbf{M}_k$ 接近对角形式. 则对于适当的方法, 显然应有

$$\text{当 } k \to \infty, \quad \mathbf{K}_{k+1} \to \mathbf{\Lambda} \text{ 和 } \mathbf{M}_{k+1} \to \mathbf{I}$$

此时, l 为最后一次迭代, 有

$$\mathbf{\Phi} = \mathbf{P}_1\mathbf{P}_2\cdots\mathbf{P}_l \tag{11.74}$$

在实际中, $\mathbf{M}_{k+1}$ 不一定收敛于 $\mathbf{I}$, $\mathbf{K}_{k+1}$ 不一定收敛于 Λ, 但只需要它们收敛于对角形式. 即, 如果

$$\text{当 } k \to \infty, \quad \mathbf{K}_{k+1} \to \operatorname{diag}(K_r) \text{ 和 } \mathbf{M}_{k+1} \to \operatorname{diag}(M_r)$$

则用 l 表示最后一次迭代, 且忽略特征值和特征向量可能不是通常顺序时, 有

$$\mathbf{\Lambda} = \mathrm{diag}\left(\frac{K_r^{(l+1)}}{M_r^{(l+1)}}\right) \tag{11.75}$$

和

$$\mathbf{\Phi} = \mathbf{P}_1\mathbf{P}_2\cdots\mathbf{P}_l\mathrm{diag}\left(\frac{1}{\sqrt{M_r^{(l+1)}}}\right) \tag{11.76}$$

根据上述基本思想, 提出了一些不同的迭代法. 在下面几节中将只讨论在有限元分析中被认为是最有效的 Jacobi 法和 Householder-QR 法. 但是, 在介绍方法细节之前, 我们应指出一个重要问题. 在上面的介绍中, 提到迭代以分别左乘和右乘 $\mathbf{P}_1^{\mathrm{T}}$ 与 $\mathbf{P}_1$ 开始, 这就是 Jacobi 求解法. 但也有其他方法, 即第一个目标是把特征问题 $\mathbf{K}\boldsymbol{\varphi} = \lambda\mathbf{M}\boldsymbol{\varphi}$ 变换到在迭代中使用更经济的形式. 特别是当 $\mathbf{M} = \mathbf{I}$ 时, 不用迭代而用式 (11.72) 开始 m 个变换把 $\mathbf{K}$ 归约为三对角形式, 然后利用 $\mathbf{P}_i, i = m+1, \cdots, l$, 按迭代方式把 $\mathbf{K}_{m+1}$ 归约为对角形式. 在这样的情况下, 开始几个矩阵 $\mathbf{P}_1, \cdots, \mathbf{P}_m$ 可能与矩阵 $\mathbf{P}_{m+1}, \cdots, \mathbf{P}_l$ 有不同的形式, 该方法的一个应用是 Householder-QR 法, 其中, 首先使用 Householder 矩阵将 $\mathbf{K}$ 转换为三对角形式, 然后在 QR 转换中使用旋转矩阵. 相同的求解法还可应用于求解广义特征问题 $\mathbf{K}\boldsymbol{\varphi} = \lambda\mathbf{M}\boldsymbol{\varphi}, \mathbf{M} \neq \mathbf{I}$, 只是首先要把该问题变换为标准形式.

11.3.1 Jacobi 法

基本的 Jacobi 法为求解标准特征问题 ($\mathbf{M}$ 为单位矩阵) 而发展起来的, 我们在本节考虑该方法. 该方法是 19 世纪提出的 (见 C. G. J. Jacobi [A]), 并已得到广泛使用. 该方法的主要优点在于它的简单性和稳定性. 由于式 (11.3) 和式 (11.4) 的特征向量的性质 ($\mathbf{M} = \mathbf{I}$) 是适用于所有对称矩阵 $\mathbf{K}$, 且对特征值没有限制, 故 Jacobi 法可以用于计算负、零或正的特征值.

考虑标准特征问题 $\mathbf{K}\boldsymbol{\varphi} = \lambda\mathbf{M}\boldsymbol{\varphi}$, 式 (11.77) 所定义的第 k 次迭代化为 [913]

$$\mathbf{K}_{k+1} = \mathbf{P}_k^{\mathrm{T}}\mathbf{K}_k\mathbf{P}_k \tag{11.77}$$

其中, $\mathbf{P}_k$ 是正交矩阵; 即由式 (11.73) 给出

$$\mathbf{P}_k^{\mathrm{T}}\mathbf{P}_k = \mathbf{I} \tag{11.78}$$

在 Jacobi 求解中, 矩阵 $\mathbf{P}_k$ 是一个旋转矩阵, 如此选择使得 $\mathbf{K}_k$ 的非对角线上的元素是零. 如果元素 (i, j) 归约为零, 则对应的正交矩阵 $\mathbf{P}_k$ 为

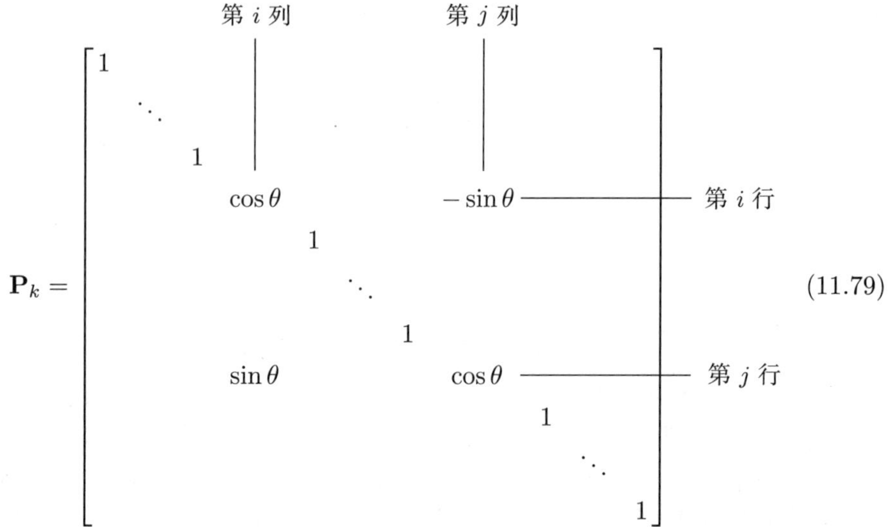

其中, θ 根据 $\mathbf{K}_{k+1}$ 的元素 (i, j) 为零的条件选出. 记 $\mathbf{K}_k$ 的元素 (i, j) 为 $k_{ij}^{(k)}$, 使用

$$\text{当 } k_{ii}^{(k)} \neq k_{jj}^{(k)}, \quad \tan 2\theta = \frac{2k_{ij}^{(k)}}{k_{ii}^{(k)} - k_{jj}^{(k)}} \tag{11.80}$$

和

$$\text{当 } k_{ii}^{(k)} = k_{jj}^{(k)}, \quad \theta = \frac{\pi}{4} \tag{11.81}$$

应该指出式 (11.77) 中 $\mathbf{K}_{k+1}$ 的数值计算仅需要两行和两列的线性组合. 此外, 事实上对于所有 k, 应利用 $\mathbf{K}_k$ 对称的特点, 即我们只考虑矩阵的上 (或下) 三角部分, 包括对角元素.

要强调的一点是, 虽然式 (11.77) 中的变换将 $\mathbf{K}_k$ 的非对角元素置为零, 在变换中该元素后来又成为非零. 因此, 对于实际的算法设计, 我们应确定哪些元素归约为零. 一种选择是将 $\mathbf{K}_k$ 的最大非对角元素置为零. 但搜索最大元素是耗时的, 而系统逐行或逐列进行 Jacobi 变换也许是可取的, 称之为*循环 Jacobi 法*. 对所有非对角线元素运算一次就是一次扫描. 该方法的缺点是无论其大小, 非对角线上的元素总是被置为零, 即该元素可能已经接近于零, 但仍然采用旋转矩阵.

[914] 一种已得到有效应用的方法是阈值 Jacobi 迭代法, 其中非对角元素按顺序即逐行 (或逐列) 检验, 只有当该元素大于阈值时才进行旋转变换. 为定义适当的阈值, 我们注意到, 在把 $\mathbf{K}$ 对角化的过程中, 需要降低自由度 i 和 j 之间的耦合度. 该耦合度由 $(k_{ij}^2/k_{ii}k_{jj})^{1/2}$ 给出, 该因子可以有效地用于决定是否进行旋转变换. 除了有一个实际的阈值容许值外, 还需要度量收敛性. 如上所述, 当 $k \to \infty$ 时, $\mathbf{K}_{k+1} \to \boldsymbol{\Lambda}$, 但在数值计算中, 我们只寻求足够逼近特征值及其特征向量的近似值. 令 l 为最后一次迭代, 即我们得到所需精度, 应有

$$\mathbf{K}_{l+1} \doteq \boldsymbol{\Lambda} \tag{11.82}$$

则可以说已经实现了收敛于允许值 s, 只要

$$\left|\frac{k_{ii}^{(l+1)}-k_{ii}^{(l)}}{k_{ii}^{(l+1)}}\right| \leqslant 10^{-s}, \quad i=1,\cdots,n \tag{11.83}$$

和

$$\left[\frac{(k_{ij}^{(l+1)})^2}{k_{ii}^{(l+1)}k_{jj}^{(l+1)}}\right]^{1/2} \leqslant 10^{-s}, \quad \text{所有 } i,j;\ i<j \tag{11.84}$$

由于元素 $k_{ii}^{(l+1)}$ 是特征值的当前近似值, 所以式 (11.83) 已得到满足, 同时该式表明特征值的当前和最后近似值的前 s 位保持不变. 该收敛性度量本质上与式 (11.20) 中向量迭代所使用的相同. 式 (11.84) 可确保非对角元素确实很小.

我们已经讨论了迭代法的主要方面, 现可以总结实际的求解过程. 下面的步骤已被用于阈值 Jacobi 迭代法.

① 初始化扫描阈值. 通常情况下, 用于扫描 m 的阈值可以是 10^{-2m}.

② 对于所有的 i,j, 其中 $i<j$, 计算耦合因子 $[(k_{ij}^{(k)})^2/k_{ii}^{(k)}k_{jj}^{(k)}]^{1/2}$, 如果系数大于当前阈值则使用旋转变换.

③ 利用式 (11.83) 检验收敛性. 如果没有满足式 (11.83), 则继续下一次扫描, 即转到步骤 ①. 如果满足式 (11.83), 检查是否还满足式 (11.84), 如果 "是", 则迭代收敛; 如果 "否", 继续进行下一次扫描.

迄今为止, 我们已经介绍了该算法, 但并没有证明收敛性确是存在的. 收敛性的证明已在其他文献给出 (见 J. H. Wilkinson [A]), 由于这对深入理解求解法的原理没有太大帮助, 这里不再赘述. 但是, 需要强调指出的是, 一旦非对角元素很小时, 收敛是二阶的. 由于当非对角元素很小时就快速收敛, 所以当已经得到近似解时, 几乎不需要额外的工作量就可以高精度求解特征系统. 在实际求解中, 使用 $m=2$ 和 $s=12$, 扫描约 6 次就得到特征系统的高精度解. 在第 11.3.2 节, 讨论广义特征问题 $\mathbf{K}\boldsymbol{\varphi}=\lambda\mathbf{M}\boldsymbol{\varphi}$ 的求解时将给出所使用的程序.

例 11.9: 计算矩阵 $\mathbf{K}$ 的特征系统, 其中 [915]

$$\mathbf{K}=\begin{bmatrix}5 & -4 & 1 & 0\\ -4 & 6 & -4 & 1\\ 1 & -4 & 6 & -4\\ 0 & 1 & -4 & 5\end{bmatrix}$$

使用上述阈值 Jacobi 迭代法.

为了说明该求解算法, 将详细介绍一次扫描, 然后得到下一次扫描的结果.

对于扫描 1, 有阈值 10^{-2}. 因此得到下面的结果. 当 $i=1,\ j=2$ 时

$$\cos\theta=0.749\,7;\quad \sin\theta=0.661\,8$$

因此

$$\mathbf{P}_1=\begin{bmatrix}0.749\,7 & -0.661\,8 & 0 & 0\\ 0.661\,8 & 0.749\,7 & 0 & 0\\ 0 & 0 & 1 & 0\\ 0 & 0 & 0 & 1\end{bmatrix}$$

$$\mathbf{P}_1^{\mathrm{T}}\mathbf{K}\mathbf{P}_1=\begin{bmatrix}1.469 & 0 & -1.898 & 0.661\,8\\ 0 & 9.531 & -3.661 & 0.749\,7\\ -1.898 & -3.661 & 6 & -4\\ 0.661\,8 & 0.749\,7 & -4 & 5\end{bmatrix}$$

当 $i=1, j=3$ 时

$$\cos\theta=0.939\,8;\quad \sin\theta=0.341\,6$$

$$\mathbf{P}_2=\begin{bmatrix}0.939\,8 & 0 & -0.341\,6 & 0\\ 0 & 1 & 0 & 0\\ 0.341\,6 & 0 & 0.939\,8 & 0\\ 0 & 0 & 0 & 1\end{bmatrix}$$

$$\mathbf{P}_2^{\mathrm{T}}\mathbf{P}_1^{\mathrm{T}}\mathbf{K}\mathbf{P}_1\mathbf{P}_2=\begin{bmatrix}0.779\,2 & -1.250 & 0 & -0.744\,4\\ -1.250 & 9.531 & -3.440 & 0.749\,7\\ 0 & -3.440 & 6.690 & -3.986\\ -0.744\,4 & 0.749\,7 & -3.986 & 5\end{bmatrix}$$

$$\mathbf{P}_1\mathbf{P}_2=\begin{bmatrix}0.704\,6 & -0.661\,8 & -0.256\,1 & 0\\ 0.622\,0 & 0.749\,7 & -0.226\,1 & 0\\ 0.341\,6 & 0 & 0.939\,8 & 0\\ 0 & 0 & 0 & 1\end{bmatrix}$$

当 $i=1, j=4$ 时

$$\cos\theta=0.985\,7;\quad \sin\theta=0.168\,7$$

$$\mathbf{P}_3=\begin{bmatrix}0.985\,7 & 0 & 0 & -0.168\,7\\ 0 & 1 & 0 & 0\\ 0 & 0 & 1 & 0\\ 0.168\,7 & 0 & 0 & 0.985\,7\end{bmatrix}$$

[916]

$$\mathbf{P}_3^{\mathrm{T}}\mathbf{P}_2^{\mathrm{T}}\mathbf{P}_1^{\mathrm{T}}\mathbf{K}\mathbf{P}_1\mathbf{P}_2\mathbf{P}_3=\begin{bmatrix}0.651\,8 & -1.106 & -0.672\,5 & 0\\ -1.106 & 9.531 & -3.440 & 0.949\,9\\ -0.672\,5 & -3.440 & 6.690 & -3.928\\ 0 & 0.949\,9 & -3.928 & 5.127\end{bmatrix}$$

$$\mathbf{P}_1\mathbf{P}_2\mathbf{P}_3=\begin{bmatrix}0.694\,5 & -0.661\,8 & -0.256\,1 & -0.118\,9\\ 0.613\,1 & 0.749\,7 & -0.226\,1 & -0.105\,0\\ 0.336\,7 & 0 & 0.939\,8 & -0.057\,6\\ 0.168\,7 & 0 & 0 & 0.985\,7\end{bmatrix}$$

当 $i=2, j=3$ 时

$$\cos\theta=0.831\,2;\quad \sin\theta=-0.556\,0$$

$$\mathbf{P}_4=\begin{bmatrix}1 & 0 & 0 & 0\\ 0 & 0.831\,2 & 0.556\,0 & 0\\ 0 & -0.556\,0 & 0.831\,2 & 0\\ 0 & 0 & 0 & 1\end{bmatrix}$$

$$\mathbf{P}_4^{\mathrm{T}}\mathbf{P}_3^{\mathrm{T}}\mathbf{P}_2^{\mathrm{T}}\mathbf{P}_1^{\mathrm{T}}\mathbf{K}\mathbf{P}_1\mathbf{P}_2\mathbf{P}_3\mathbf{P}_4=\begin{bmatrix}0.651\,8 & 0.545\,3 & -1.174 & 0\\ -0.545\,3 & 11.83 & 0 & 2.974\\ -1.174 & 0 & 4.388 & -2.737\\ 0 & 2.974 & -2.737 & 5.127\end{bmatrix}$$

$$\mathbf{P}_1\mathbf{P}_2\mathbf{P}_3\mathbf{P}_4=\begin{bmatrix}0.694\,5 & -0.407\,7 & -0.580\,8 & -0.118\,9\\ 0.613\,1 & 0.748\,8 & 0.228\,9 & -0.105\,0\\ 0.336\,7 & -0.522\,6 & 0.781\,2 & -0.057\,6\\ 0.168\,2 & 0 & 0 & 0.985\,7\end{bmatrix}$$

当 $i=2, j=4$ 时

$$\cos\theta=0.934\,9;\quad \sin\theta=0.354\,9$$

$$\mathbf{P}_5=\begin{bmatrix}1 & 0 & 0 & 0\\ 0 & 0.934\,9 & 0 & -0.354\,9\\ 0 & 0 & 1 & 0\\ 0 & 0.354\,9 & 0 & 0.934\,9\end{bmatrix}$$

$$\mathbf{P}_5^{\mathrm{T}}\mathbf{P}_4^{\mathrm{T}}\mathbf{P}_3^{\mathrm{T}}\mathbf{P}_2^{\mathrm{T}}\mathbf{P}_1^{\mathrm{T}}\mathbf{K}\mathbf{P}_1\mathbf{P}_2\mathbf{P}_3\mathbf{P}_4\mathbf{P}_5=\begin{bmatrix}0.651\,8 & 0.509\,8 & -1.174 & 0.193\,5\\ -0.509\,8 & 12.96 & 0.971\,3 & 0\\ -1.174 & -0.971\,3 & 4.388 & -2.559\\ 0.193\,5 & 0 & -2.559 & 3.999\end{bmatrix}$$

$$\mathbf{P}_1\mathbf{P}_2\mathbf{P}_3\mathbf{P}_4\mathbf{P}_5=\begin{bmatrix}0.694\,5 & -0.423\,3 & -0.580\,8 & 0.033\,5\\ 0.613\,1 & 0.662\,8 & 0.228\,9 & -0.363\,9\\ 0.336\,7 & 0.509\,0 & 0.781\,2 & 0.131\,6\\ 0.168\,7 & 0.349\,8 & 0 & 0.921\,3\end{bmatrix}$$

[917] 为完成该扫描, 将元素 (3,4) 置为零, 利用

$$\cos\theta = 0.733\,5; \qquad \sin\theta = -0.679\,7$$

$$\mathbf{P}_6 = \begin{bmatrix} 1 & 0 & 0 & 0 \\ 0 & 1 & 0 & 0 \\ 0 & 0 & 0.733\,5 & 0.679\,7 \\ 0 & 0 & -0.679\,7 & 0.733\,5 \end{bmatrix}$$

因此, $\mathbf{\Lambda}$ 和 $\mathbf{\Phi}$ 的近似值为

$$\mathbf{\Lambda} \doteq \mathbf{P}_6^{\mathrm{T}} \cdots \mathbf{P}_1^{\mathrm{T}} \mathbf{K} \mathbf{P}_1 \cdots \mathbf{P}_6$$

即

$$\mathbf{\Lambda} \doteq \begin{bmatrix} 0.651\,8 & -0.509\,8 & -0.992\,6 & -0.656\,0 \\ -0.509\,8 & 12.96 & -0.712\,4 & -0.660\,2 \\ -0.992\,6 & -0.712\,4 & 6.759\,6 & 0 \\ -0.656\,0 & -0.660\,2 & 0 & 1.627\,2 \end{bmatrix}$$

和

$$\mathbf{\Phi} \doteq \mathbf{P}_1 \cdots \mathbf{P}_6$$

即

$$\mathbf{\Phi} \doteq \begin{bmatrix} 0.694\,5 & -0.423\,3 & -0.448\,8 & -0.370\,2 \\ 0.613\,1 & 0.662\,8 & 0.415\,2 & -0.111\,3 \\ 0.336\,7 & -0.509\,0 & 0.483\,5 & 0.627\,5 \\ 0.168\,7 & 0.349\,8 & -0.626\,4 & 0.675\,9 \end{bmatrix}$$

第二次扫描之后, 有

$$\mathbf{\Lambda} \doteq \begin{bmatrix} 0.156\,3 & -0.363\,5 & 0.006\,3 & -0.017\,6 \\ -0.363\,5 & 13.08 & -0.002\,0 & 0 \\ 0.006\,3 & -0.002\,0 & 6.845 & 0 \\ -0.017\,6 & 0 & 0 & 1.910 \end{bmatrix}$$

$$\mathbf{\Phi} \doteq \begin{bmatrix} 0.387\,5 & -0.361\,2 & -0.601\,7 & -0.597\,8 \\ 0.588\,4 & 0.618\,4 & 0.371\,0 & -0.365\,7 \\ 0.614\,8 & -0.584\,3 & 0.371\,4 & 0.377\,7 \\ 0.354\,6 & 0.381\,6 & -0.602\,0 & 0.605\,2 \end{bmatrix}$$

第三次扫描之后, 有

$$\mathbf{\Lambda} \doteq \begin{bmatrix} 0.145\,9 & & & \\ & 13.09 & & \\ & & 6.854 & \\ & & & 1.910 \end{bmatrix}$$

$$\mathbf{\Phi} \doteq \begin{bmatrix} 0.371\,7 & -0.371\,7 & -0.601\,5 & -0.601\,5 \\ 0.601\,5 & 0.601\,5 & 0.371\,7 & -0.371\,7 \\ 0.601\,5 & -0.601\,5 & 0.371\,7 & 0.371\,7 \\ 0.371\,7 & 0.371\,7 & -0.601\,5 & 0.601\,5 \end{bmatrix}$$

$\mathbf{\Lambda}$ 的对角元素近似到给定精度, 我们可以使用 [918]

$$\lambda_1 \doteq 0.145\,9; \quad \boldsymbol{\varphi}_1 \doteq \begin{bmatrix} 0.371\,7 \\ 0.601\,5 \\ 0.601\,5 \\ 0.371\,7 \end{bmatrix}$$

$$\lambda_2 \doteq 1.910; \quad \boldsymbol{\varphi}_2 \doteq \begin{bmatrix} -0.601\,5 \\ -0.371\,7 \\ 0.371\,7 \\ 0.601\,5 \end{bmatrix}$$

$$\lambda_3 \doteq 6.854; \quad \boldsymbol{\varphi}_3 \doteq \begin{bmatrix} -0.601\,5 \\ 0.371\,7 \\ 0.371\,7 \\ -0.601\,5 \end{bmatrix}$$

$$\lambda_4 \doteq 13.09; \quad \boldsymbol{\varphi}_4 \doteq \begin{bmatrix} -0.371\,7 \\ 0.601\,5 \\ -0.601\,5 \\ 0.371\,7 \end{bmatrix}$$

应指出, 这些特征值及其特征向量并没有按通常的顺序出现在近似的 $\mathbf{\Lambda}$ 和 $\mathbf{\Phi}$ 中.

在例 (11.10) 我们说明当非对角元素很小时的 2 阶收敛性 (见 J. H. Wilkinson[B]).

例 11.10: 考虑特征问题 $\mathbf{K}\boldsymbol{\varphi} = \lambda \mathbf{M}\boldsymbol{\varphi}$ 的 Jacobi 法求解, 其中

$$\mathbf{K} = \begin{bmatrix} k_{11} & o(\varepsilon) & o(\varepsilon) \\ o(\varepsilon) & k_{22} & o(\varepsilon) \\ o(\varepsilon) & o(\varepsilon) & k_{33} \end{bmatrix}$$

符号 $o(\varepsilon)$ 表示 "ε 阶的", 其中 $\varepsilon \ll k_{ii}$, $i = 1, 2, 3$. 证明经过一次完整的扫描后, 所有的非对角元素都是 ε^2 阶, 表明收敛性是 2 阶的.

由于作用的转角比较小, 假设 $\sin\theta = \theta, \cos\theta = 1$, 因此, 式 (11.80) 为

$$\theta = \frac{k_{ij}^{(k)}}{k_{ii}^{(k)} - k_{jj}^{(k)}}$$

在一次扫描中, 需要逐个将所有非对角元素置为零. 使用 $\mathbf{K}_1 = \mathbf{K}$, 通过把 $\mathbf{K}_1$ 中元素 $(1,2)$ 置零, 得到 $\mathbf{K}_2$

$$\mathbf{K}_2 = \mathbf{P}_1^{\mathrm{T}} \mathbf{K}_1 \mathbf{P}_1$$

其中,

$$\mathbf{P}_1 = \begin{bmatrix} 1 & \dfrac{-o(\varepsilon)}{k_{11} - k_{22}} & 0 \\ \dfrac{o(\varepsilon)}{k_{11} - k_{22}} & 1 & 0 \\ 0 & 0 & 1 \end{bmatrix}$$

[919] 因此

$$\mathbf{K}_2 = \begin{bmatrix} k_{11} + o(\varepsilon^2) & 0 & o(\varepsilon) \\ 0 & k_{22} + o(\varepsilon^2) & o(\varepsilon) \\ o(\varepsilon) & o(\varepsilon) & k_{33} \end{bmatrix}$$

类似地, 我们把 $\mathbf{K}_2$ 中元素 $(1,3)$ 置零, 得到 $\mathbf{K}_3$

$$\mathbf{K}_3 = \begin{bmatrix} k_{11} + o(\varepsilon^2) & o(\varepsilon^2) & 0 \\ o(\varepsilon^2) & k_{22} + o(\varepsilon^2) & o(\varepsilon) \\ 0 & o(\varepsilon) & k_{33} + o(\varepsilon^2) \end{bmatrix}$$

最后, 把 $\mathbf{K}_3$ 中元素 $(2,3)$ 置零, 得

$$\mathbf{K}_4 = \begin{bmatrix} k_{11} + o(\varepsilon^2) & o(\varepsilon^2) & o(\varepsilon^2) \\ o(\varepsilon^2) & k_{22} + o(\varepsilon^2) & 0 \\ o(\varepsilon^2) & 0 & k_{33} + o(\varepsilon^2) \end{bmatrix}$$

且所有非对角元素阶至少为 ε^2.

11.3.2 广义 Jacobi 法

在上一节中, 我们讨论了标准特征问题 $\mathbf{K}\boldsymbol{\varphi} = \lambda\boldsymbol{\varphi}$ 的求解法, 即采用传统的 Jacobi 旋转矩阵, 把矩阵 $\mathbf{K}$ 归约为对角形式. 为使用标准 Jacobi 法求解广义特征问题 $\mathbf{K}\boldsymbol{\varphi} = \lambda\mathbf{M}\boldsymbol{\varphi}$, $\mathbf{M} \neq \mathbf{I}$, 有必要首先将问题变换为标准形式. 但通过使用直接对 $\mathbf{K}$ 和 $\mathbf{M}$ 进行运算的广义 Jacobi 求解法, 可省去这种变换 (见 S. Falk 和 P. Langemeyer[A], K. J. Bathe[A]). 式 (11.72) 至式 (11.76) 归纳了该算法, 是标准 Jacobi 求解法的一个自然扩展, 即当 $\mathbf{M}$ 是一个单位矩阵时, 广义法转换为前面所介绍的问题 $\mathbf{K}\boldsymbol{\varphi} = \lambda\boldsymbol{\varphi}$.

参见第 11.3.1 节的讨论, 广义 Jacobi 法中, 我们用下面的矩阵 $\mathbf{P}_k$

$$
\mathbf{P}_k = \begin{array}{@{}c@{}l@{}}
\begin{array}{ccccccc} & & \text{第 } i \text{ 列} & & \text{第 } j \text{ 列} & & \end{array} & \\
\left[\begin{array}{ccccccc}
1 & & & & & & \\
 & \ddots & & & & & \\
 & & 1 & & \alpha & & \\
 & & & \ddots & & & \\
 & & \gamma & & 1 & & \\
 & & & & & \ddots & \\
 & & & & & & 1
\end{array}\right] &
\begin{array}{l}
\\ \\ \text{— 第 } i \text{ 行} \\ \\ \text{— 第 } j \text{ 行} \\ \\ \\
\end{array}
\end{array}
\tag{11.85}
$$

其中, 常数 α 和 γ 是同时把 $\mathbf{K}_k$ 和 $\mathbf{M}_k$ 中元素 (i,j) 归约为零的条件选出的. 因此, α 和 γ 的值是元素 $k_{ij}^{(k)}$、$k_{ii}^{(k)}$、$k_{jj}^{(k)}$、$m_{ij}^{(k)}$、$m_{ii}^{(k)}$ 和 $m_{jj}^{(k)}$ 的函数. 其中, 上标 (k) 表示第 k 次迭代. 进行乘法 $\mathbf{P}_k^{\mathrm{T}}\mathbf{K}_k\mathbf{P}_k$ 和 $\mathbf{P}_k^{\mathrm{T}}\mathbf{M}_k\mathbf{P}_k$, 使用 $k_{ij}^{(k+1)}$ 和 $m_{ij}^{(k+1)}$ 为零的条件, 得到下面两个关于 α 和 γ 的方程 [920]

$$\alpha k_{ii}^{(k)} + (1+\alpha\gamma)k_{ij}^{(k)} + \gamma k_{jj}^{(k)} = 0 \tag{11.86}$$

$$\alpha m_{ii}^{(k)} + (1+\alpha\gamma)m_{ij}^{(k)} + \gamma m_{jj}^{(k)} = 0 \tag{11.87}$$

如果

$$\frac{k_{ii}^{(k)}}{m_{ii}^{(k)}} = \frac{k_{jj}^{(k)}}{m_{jj}^{(k)}} = \frac{k_{ij}^{(k)}}{m_{ij}^{(k)}}$$

(即所考虑的子矩阵是标量倍数, 可视为是一种简单情况) 使用 $\alpha = 0$ 和 $\gamma = -k_{ij}^{(k)}/k_{jj}^{(k)}$. 一般来说, 为从式 (11.86) 和式 (11.87) 中求解 α 和 γ, 定义

$$\left.\begin{aligned}
\overline{k}_{ii}^{(k)} &= k_{ii}^{(k)}m_{ij}^{(k)} - m_{ii}^{(k)}k_{ij}^{(k)} \\
\overline{k}_{jj}^{(k)} &= k_{jj}^{(k)}m_{ij}^{(k)} - m_{jj}^{(k)}k_{ij}^{(k)} \\
\overline{k}^{(k)} &= k_{ii}^{(k)}m_{jj}^{(k)} - k_{jj}^{(k)}m_{ii}^{(k)}
\end{aligned}\right\} \tag{11.88}$$

$$\gamma = -\frac{\overline{k}_{ii}^{(k)}}{x}; \quad \alpha = \frac{\overline{k}_{jj}^{(k)}}{x} \tag{11.89}$$

为得到 α 和 γ, 需要利用式 (11.90) 确定 x 的值

$$x = \frac{\overline{k}^{(k)}}{2} + \operatorname{sign}(\overline{k}^{(k)})\sqrt{\left(\frac{\overline{k}^{(k)}}{2}\right)^2 + \overline{k}_{ii}^{(k)}\overline{k}_{jj}^{(k)}} \tag{11.90}$$

α 和 γ 的关系式用于 $\mathbf{M}$ 是正定的满带或带状质量矩阵的情况, 也主要

是为该情况而提出的. 此时 (事实上, 条件还可更弱), 有

$$\left(\frac{\overline{k}^{(k)}}{2}\right)^2 + \overline{k}_{ii}^{(k)}\overline{k}_{jj}^{(k)} > 0$$

因此 x 总是非零值. 此外, $\det \mathbf{P}_k \neq 0$, 这是算法有效的必要条件.

广义 Jacobi 法在子空间迭代法中 (见第 11.6 节) 和当采用一致质量模型时得到广泛应用. 但也可能出现其他情况. 假设 $\mathbf{M}$ 是对角质量矩阵, $\mathbf{M} \neq \mathbf{I}$ 且 $m_{ii} > 0$, 此时在式 (11.88) 中利用

$$\overline{k}_{ii}^{(k)} = -m_{ii}^{(k)}k_{ij}^{(k)}; \quad \overline{k}_{jj}^{(k)} = -m_{jj}^{(k)}k_{ij}^{(k)} \tag{11.91}$$

同时, 式 (11.85) 至式 (11.90) 与以前用法一致. 但如果 $\mathbf{M} = \mathbf{I}$, 则由式 (11.87) 可得 $\alpha = -\gamma$, 我们注意到, 式 (11.85) 中的 $\mathbf{P}_k$ 是式 (11.79) 中定义的旋转矩阵的常数倍 (见例 11.11). 此外, 应指出, 当 $\mathbf{M}$ 是对角线上一些元素为零的对角矩阵时, 该方法也适用于求解问题 $\mathbf{K}\boldsymbol{\varphi} = \lambda\mathbf{M}\boldsymbol{\varphi}$.

整个求解过程与第 11.3.1 节介绍的求解问题 $\mathbf{K}\boldsymbol{\varphi} = \lambda\boldsymbol{\varphi}$ 的 Jacobi 法是相似的. 区别在于, 除非 $\mathbf{M}$ 是对角的, 否则还应计算质量耦合因子 $[(m_{ij}^{(k)})^2/m_{ii}^{(k)}m_{jj}^{(k)}]^{1/2}$, 以及要对 $\mathbf{K}_k$ 和 $\mathbf{M}_k$ 进行变换. 通过比较两个相继特征值的近似值并检验所有的非对角元素是否是足够小, 度量收敛性, 令 l 是最后一次迭代, 如果满足以下条件, 则收敛

$$\frac{|\lambda_i^{(l+1)} - \lambda_i^{(l)}|}{\lambda_i^{(l+1)}} \leqslant 10^{-s}; \quad i = 1, \cdots, n \tag{11.92}$$

[921] 其中,

$$\lambda_i^{(l)} = \frac{k_{ii}^{(l)}}{m_{ii}^{(l)}}; \quad \lambda_i^{(l+1)} = \frac{k_{ii}^{(l+1)}}{m_{ii}^{(l+1)}} \tag{11.93}$$

和

$$\left[\frac{(k_{ij}^{(l+1)})^2}{k_{ii}^{(l+1)}k_{jj}^{(l+1)}}\right]^{1/2} \leqslant 10^{-s}; \quad \left[\frac{(m_{ij}^{(l+1)})^2}{m_{ii}^{(l+1)}m_{jj}^{(l+1)}}\right]^{1/2} \leqslant 10^{-s}; \ \text{对所有}\ i, j; i < j \tag{11.94}$$

其中, 10^{-s} 是收敛容许值.

表 11.1 总结了 $\mathbf{M}$ 为满带 (或带状) 且正定情况下的求解法. 表 11.1 中的关系式直接用于本节末尾列出的子程序 JACOBI 中. 表 11.1 给出了求解过程的运算次数和存储要求. 表中给出的一次扫描的运算总数是一个上限, 因为它假设两个矩阵是满带的, 所有非对角元素为零, 即绝不会超过阈值容许值. 至于求解所需的扫描次数, 与标准的特征问题求解结果类似, 即在迭代中, 取 $m = 2$, $s = 12$, 约需 6 次扫描 (见第 11.3.1 节), 就可以很精确地得到特征系统的解.

表 11.1　广义 Jacobi 求解

运算	计算	运算次数	存储大小
耦合因子的计算	$\dfrac{(k_{ij}^{(k)})^2}{k_{ii}^{(k)}k_{jj}^{(k)}};\ \dfrac{(m_{ij}^{(k)})^2}{m_{ii}^{(k)}m_{jj}^{(k)}}$	6	
把元素 (i,j) 转换为零	$\overline{k}_{ii}^{(k)}=k_{ii}^{(k)}m_{ij}^{(k)}-m_{ii}^{(k)}k_{ij}^{(k)}$ $\overline{k}_{jj}^{(k)}=k_{jj}^{(k)}m_{ij}^{(k)}-m_{jj}^{(k)}k_{ij}^{(k)}$ $\overline{k}^{(k)}=k_{ii}^{(k)}m_{jj}^{(k)}-k_{jj}^{(k)}m_{ii}^{(k)}$ $x=\dfrac{\overline{k}^{(k)}}{2}+\operatorname{sign}(\overline{k}^{(k)})\sqrt{\left(\dfrac{\overline{k}^{(k)}}{2}\right)^2+\overline{k}_{ii}^{(k)}\overline{k}_{jj}^{(k)}}$ $\gamma=-\dfrac{\overline{k}_{ii}^{(k)}}{x};\ \alpha=\dfrac{\overline{k}_{jj}^{(k)}}{x}$	$4n+12$	使用对称矩阵 $n(n+2)$
特征向量的计算	$\mathbf{K}_{k+1}=\mathbf{P}_k^{\mathrm{T}}\mathbf{K}_k\mathbf{P}_k$, $\mathbf{M}_{k+1}=\mathbf{P}_k^{\mathrm{T}}\mathbf{M}_k\mathbf{P}_k$ $(\mathbf{P}_1\cdots\mathbf{P}_{k-1})\mathbf{P}_k$	$2n$	n^2
一次扫描总数		$3n^3+6n^2$	$2n^2+2n$

下例说明广义 Jacobi 求解算法的一些特性.

例 11.11: 证明当 $\mathbf{M}=\mathbf{I}$ 时, 广义 Jacobi 法归约为标准方法.

为了证明, 我们只需要考虑把非对角元素置为零的变换矩阵的计算. 应指出通过标准 Jacobi 法和广义 Jacobi 法得到的变换矩阵彼此是倍数关系; 即在这种情况下, 我们可以通过适当的比例, 从广义方法中求得标准方法结果. 由 [922]
于每个迭代步骤由施加在第 (i,j) 个平面的旋转组成, 不失一般性, 我们可以考虑问题的解

$$\begin{bmatrix} k_{11} & k_{12} \\ k_{12} & k_{22} \end{bmatrix}\boldsymbol{\varphi}=\lambda\boldsymbol{\varphi}$$

由式 (11.88) 至式 (11.90), 得到

$$\alpha=-\gamma;\quad \mathbf{P}_1=\begin{bmatrix} 1 & -\gamma \\ \gamma & 1 \end{bmatrix} \tag{a}$$

及

$$\gamma=\frac{-k_{11}+k_{22}\pm\sqrt{(k_{11}-k_{22})^2+4k_{12}^2}}{2k_{12}}$$

另一方面, 在标准 Jacobi 求解中, 使用

$$\mathbf{P}_1=\begin{bmatrix} \cos\theta & -\sin\theta \\ \sin\theta & \cos\theta \end{bmatrix}$$

可以写为

$$\mathbf{P}_1 = \cos\theta \begin{bmatrix} 1 & -\tan\theta \\ \tan\theta & 1 \end{bmatrix} \tag{b}$$

因此, 如果 $\tan\theta = \gamma$, 则式 (b) 中的 $\mathbf{P}_1$ 将是式 (a) 中 $\mathbf{P}_1$ 的常数倍. 在标准 Jacobi 法中, 利用式 (11.80), 得到 $\tan 2\theta$. 此时有

$$\tan 2\theta = \frac{2k_{12}}{k_{11} - k_{22}} \tag{c}$$

由简单的三角公式, 得

$$\tan 2\theta = \frac{2\tan\theta}{1 - \tan^2\theta} \tag{d}$$

使用式 (c) 和式 (d), 可以解得式 (b) 中使用的 $\tan\theta$, 得

$$\tan\theta = \frac{-k_{11} + k_{22} \pm \sqrt{(k_{11} - k_{22})^2 + 4k_{12}^2}}{2k_{12}}$$

因此, $\gamma = \tan\theta$, 并且当 $\mathbf{M} = \mathbf{I}$ 时, 广义 Jacobi 迭代法与标准法等价.

例 11.12: 使用广义 Jacobi 法求解问题 $\mathbf{K}\boldsymbol{\varphi} = \lambda\mathbf{M}\boldsymbol{\varphi}$ 的特征系统.

(Ⅰ) 首先令

$$\mathbf{K} = \begin{bmatrix} 1 & -1 \\ -1 & 1 \end{bmatrix}; \quad \mathbf{M} = \begin{bmatrix} 2 & 1 \\ 1 & 2 \end{bmatrix}$$

注意到 $\mathbf{K}$ 是奇异的, 因此有零特征值.

(Ⅱ) 然后令

$$\mathbf{K} = \begin{bmatrix} 2 & 1 \\ 1 & 2 \end{bmatrix}; \quad \mathbf{M} = \begin{bmatrix} 2 & 0 \\ 0 & 0 \end{bmatrix}$$

此时有一个无穷大特征值.

[923] 我们利用式 (11.85) 至式 (11.90) 求解. 考虑情况 I, 得

$$\bar{k}_{11}^{(1)} = 3; \quad \bar{k}_{22}^{(1)} = 3; \quad \bar{k}^{(1)} = 0$$
$$x = 3; \quad \gamma = -1; \quad \alpha = 1$$

$$\mathbf{P}_1 = \begin{bmatrix} 1 & 1 \\ -1 & 1 \end{bmatrix}$$

因此

$$\mathbf{P}_1^{\mathrm{T}}\mathbf{K}\mathbf{P}_1 = \begin{bmatrix} 4 & 0 \\ 0 & 0 \end{bmatrix}; \quad \mathbf{P}_1^{\mathrm{T}}\mathbf{M}\mathbf{P}_1 = \begin{bmatrix} 2 & 0 \\ 0 & 6 \end{bmatrix}$$

为得到 $\mathbf{\Lambda}$ 和 $\mathbf{\Phi}$, 利用式 (11.75) 至式 (11.76), 将矩阵中的列以适当的顺序排列. 则

$$\mathbf{\Lambda} = \begin{bmatrix} 0 & \\ & 2 \end{bmatrix}; \quad \mathbf{\Phi} = \begin{bmatrix} \frac{1}{\sqrt{6}} & \frac{1}{\sqrt{2}} \\ \frac{1}{\sqrt{6}} & -\frac{1}{\sqrt{2}} \end{bmatrix}$$

现在考虑情况Ⅱ. 有

$$\overline{k}_{11}^{(1)} = -2; \quad \overline{k}_{22}^{(1)} = 0; \quad \overline{k}^{(1)} = -4$$

$$x = -4; \qquad \alpha = 0; \qquad \gamma = -\frac{1}{2}$$

$$\mathbf{P}_1 = \begin{bmatrix} 1 & 0 \\ -\frac{1}{2} & 1 \end{bmatrix}$$

因此

$$\mathbf{P}_1^{\mathrm{T}}\mathbf{K}\mathbf{P}_1 = \begin{bmatrix} \frac{3}{2} & 0 \\ 0 & 2 \end{bmatrix}; \quad \mathbf{P}_1^{\mathrm{T}}\mathbf{M}\mathbf{P}_1 = \begin{bmatrix} 2 & 0 \\ 0 & 0 \end{bmatrix}$$

$$\mathbf{\Lambda} = \begin{bmatrix} \frac{3}{4} & \\ & \infty \end{bmatrix}; \quad \boldsymbol{\varphi}_1 = \begin{bmatrix} \frac{1}{\sqrt{2}} \\ -\frac{1}{2\sqrt{2}} \end{bmatrix}$$

上述广义 Jacobi 法的讨论一定程度上说明了该解法的一些优点. 首先, 避免了广义特征问题到标准形式的变换. 这在 ① 当矩阵是病态时; ② 当 $\mathbf{K}$ 和 $\mathbf{M}$ 中非对角元素本来就很小时, 或者等效地当只有少数非零的非对角元素时是特别有利的. 在第一种情况下, $\mathbf{K}\boldsymbol{\varphi} = \lambda\mathbf{M}\boldsymbol{\varphi}$ 的直接求解避免了求解矩阵中含有非常大或非常小元素的标准特征问题 (见第 10.2.5 节). 在第二种情况下, 已基本解出特征问题, 因为 $\mathbf{K}$ 和 $\mathbf{M}$ 中较小元素或只有几个非对角元素置为零, 将不会引起矩阵对角元素较大的改变, 其比率即为特征值. 此外, 当非对角元素较小时, 将会快速收敛 (见第 11.3.1 节). 我们将看到, 在第 11.6 节介绍的子空间迭代法中将出现这种快速收敛情况, 这就是广义 Jacobi 法为什么能有效地用于子空间迭代法的一个原因.

应指出, Jacobi 法可以同时求解所有特征值及其特征向量. 但在有限元 [924]
分析中, 多数情况下只要求某些特征对, 因此 Jacobi 法是非常低效的, 尤其是当 $\mathbf{K}$ 和 $\mathbf{M}$ 的阶数比较大时. 在这样的情况下, 需要采用更加有效的求解法, 即只求解实际需要的特定特征值和特征向量. 而本节所介绍的广义 Jacobi 法可以非常有效地用于这些求解策略 (见第 11.6 节). 当矩阵 $\mathbf{K}$ 和 $\mathbf{M}$ 的阶比较小时, 求解特征问题不是很耗时, 而且由于短小简练, 因此 Jacobi 法也是有吸引力的.

JACOBI 子程序用于计算广义特征问题 $\mathbf{K}\boldsymbol{\varphi} = \lambda\mathbf{M}\boldsymbol{\varphi}$ 的所有特征值及其特征向量. 该子程序的变量定义和使用见注释行说明.

子程序 JACOBI

```
      SUBROUTINE JACOBI (A,B,X,EIGV,D,N,RTOL,NSMAX,IFPR,IOUT)            JAC00001
C  . . . . . . . . . . . . . . . . . . . . . . . . . . . . . . . . . . . JAC00002
C.                                                                     . JAC00003
C .    P R O G R A M .                                                   JAC00004
```

```
C .          TO SOLVE THE GENERALIZED EIGENPROBLEM USING THE            .
C .          GENERALIZED JACOBI ITERATION                               .
C .                                                                     .
C . - - INPUT VARIABLES  - -                                            .
C .     A(N,N)      = STIFFNESS MATRIX (ASSUMED POSITIVE DEFINITE)      .
C .     B(N,N)      = MASS MATRIX (ASSUMED POSITIVE DEFINITE)           .
C .     X(N,N)      = STORAGE FOR EIGENVECTORS                          .
C .     EIGV(N)     = STORAGE FOR EIGENVALUES                           .
C .     D(N)        = WORKING VECTOR                                    .
C .     N           = ORDER OF MATRICES A AND B                         .
C .     RTOL        = CONVERGENCE TOLERANCE (USUALLY SET TO 10.**-12)   .
C .     NSMAX       = MAXIMUM NUMBER OF SWEEPS ALLOWED                  .
C .                              (USUALLY SET TO 15)                    .
C .     IFPR        = FLAG FOR PRINTING DURING ITERATION                .
C .         EQ.0        NO PRINTING                                     .
C .        EQ.1        INTERMEDIATE RESULTS ARE PRINTED                 .
C .     IOUT        = UNIT NUMBER USED FOR OUTPUT                       .
C.                                                                      .
C . - - OUTPUT - -                                                      .
C .        A(N,N)   = DIAGONALIZED STIFFNESS MATRIX                     .
C .        B(N,N)   = DIGONALIZED MASS MATRIX                           .
C .        X(N,N)  = EIGENVECTORS STORED COLUMNWISE                     .
C .        EIGV(N)  = EIGENVALUES                                       .
C.                                                                      .
C .......................................................................
      IMPLICIT DOUBLE PRECISION (A-H,O-Z)
C .......................................................................
C .    THIS PROGRAM IS USED IN SINGLE PRECISION ARITHMETIC ON CRAY      .
C .    EQUIPMENT AND DOUBLE PRECISION ARITHMETIC ON IBM MACHINES,       .
C .    ENGINEERING WORKSTATIONS AND PCS. DEACTIVATE ABOVE LINE FOR      .
C .    SINGLE PRECISION ARITHMETIC.                                     .
C .......................................................................
      DIMENSION A(N,N),B(N,N),X(N,N),EIGV(N),D(N)
C
C     INITIALIZE EIGENVALUE AND EIGENVECTOR MATRICES
C
      DO 10 I=1,N
      IF (A(I,I).GT.0. .AND. B(I,I).GT.0.) GO TO 4
      WRITE (IOUT,2020)
      GO TO 800
    4 D(I)=A(I,I)/B(I,I)
   10 EIGV(I)=D(I)
      DO 30 I=1,N
      DO 20 J=1,N
[925]
   20 X(I,J)=0.
   30 X(I,I)=1.
     IF (N.EQ.1) GO TO 900
```

```
C
C        INITIALIZE SWEEP COUNTER AND BEGIN ITERATION
C
      NSWEEP=0
      NR=N - 1
   40 NSWEEP=NSWEEP + 1
      IF (IFPR.EQ.1) WRITE (IOUT,2000) NSWEEP
C
C      CHECK IF PRESENT OFF-DIAGONAL ELEMENT IS LARGE ENOUGH TO
C      REQUIRE ZEROING
C
      EPS=(.01)**(NSWEEP*2)
      DO 210 J=1,NR
      JJ=J + 1
      DO 210 K=JJ,N
      EPTOLA=(A(J,K)/A(J,J))*(A(J,K)/A(K,K))
      EPTOLB=(B(J,K)/B(J,J))*(B(J,K)/B(K,K))
      IF (EPTOLA.LT.EPS .AND. EPTOLB.LT.EPS) GO TO 210
C
C       IF ZEROING IS REQUIRED, CALCULATE THE ROTATION MATRIX
C       ELEMENTS CA AND CG
C
      AKK=A(K,K)*B(J,K) - B(K,K)*A(J,K)
      AJJ=A(J,J)*B(J,K) - B(J,J)*A(J,K)
      AB=A(J,J)*B(K,K) - A(K,K)*B(J,J)
      SCALE=A(K,K)*B(K,K)
      ABCH=AB/SCALE
      AKKCH=AKK/SCALE
      AJJCH=AJJ/SCALE
      CHECK=(ABCH*ABCH + 4.*AKKCH*AJJCH)/4.
      IF (CHECK) 50,60,60
   50 WRITE (IOUT,2020)
      GO TO 800
   60 SQCH=SCALE*SQRT(CHECK)
      D1=AB/2. + SQCH
      D2=AB/2. - SQCH
      DEN=D1
      IF (ABS(D2).GT.ABS(D1)) DEN=D2
      IF (DEN) 80,70,80
   70 CA=0.
      CG=-A(J,K)/A(K,K)
      GO TO 90
   80 CA=AKK/DEN
      CG=-AJJ/DEN
C
C      PERFORM THE GENERALIZED ROTATION TO ZERO ELEMENTS
C
```

```
   90 IF (N-2) 100,190,100                                          JAC00099
  100 JP1=J + 1                                                     JAC00100
      JM1=J - 1                                                     JAC00101
      KP1=K + 1                                                     JAC00102
      KM1=K - 1                                                     JAC00103
      IF (JM1-1) 130,110,110                                        JAC00104
  110 DO 120 I=1,JM1                                                JAC00105
      AJ=A(I,J)                                                     JAC00106
      BJ=B(I,J)                                                     JAC00107
      AK=A(I,K)                                                     JAC00108
      BK=B(I,K)                                                     JAC00109
      A(I,J)=AJ + CG*AK                                             JAC00110
      B(I,J)=BJ + CG*BK                                             JAC00111
      A(I,K)=AK + CA*AJ                                             JAC00112
  120 B(I,K)=BK + CA*BJ                                             JAC00113
  130 IF (KP1-N) 140,140,160                                        JAC00114
  140 DO 150 I=KP1,N                                                JAC00115
      AJ=A(J,I)                                                     JAC00116
      BJ=B(J,I)                                                     JAC00117
      AK=A(K,I)                                                     JAC00118
[926] BK=B(K,I)                                                     JAC00119
      A(J,I)=AJ + CG*AK                                             JAC00120
      B(J,I)=BJ + CG*BK                                             JAC00121
      A(K,I)=AK + CA*AJ                                             JAC00122
  150 B(K,I)=BK + CA*BJ                                             JAC00123
  160 IF (JP1-KM1) 170,170,190                                      JAC00124
  170 DO 180 I=JP1,KM1                                              JAC00125
      AJ=A(J,I)                                                     JAC00126
      BJ=B(J,I)                                                     JAC00127
      AK=A(I,K)                                                     JAC00128
      BK=B(I,K)                                                     JAC00129
      A(J,I)=AJ + CG*AK                                             JAC00130
      B(J,I)=BJ + CG*BK                                             JAC00131
      A(I,K)=AK + CA*AJ                                             JAC00132
  180 B(I,K)=BK + CA*BJ                                             JAC00133
  190 AK=A(K,K)                                                     JAC00134
      BK=B(K,K)                                                     JAC00135
      A(K,K)=AK + 2.*CA*A(J,K) + CA*CA*A(J,J)                       JAC00136
      B(K,K)=BK + 2.*CA*B(J,K) + CA*CA*B(J,J)                       JAC00137
      A(J,J)=A(J,J) + 2.*CG*A(J,K) + CG*CG*AK                       JAC00138
      B(J,J)=B(J,J) + 2.*CG*B(J,K) + CG*CG*BK                       JAC00139
      A(J,K)=0.                                                     JAC00140
      B(J,K)=0.                                                     JAC00141
C                                                                   JAC00142
C     UPDATE THE EIGENVECTOR MATRIX AFTER EACH ROTATION             JAC00143
C                                                                   JAC00144
      DO 200 I=1,N                                                  JAC00145
      XJ=X(I,J)                                                     JAC00146
```

```
      XK=X(I,K)                                                         JAC00147
      X(I,J)=XJ + CG*XK                                                 JAC00148
  200 X(I,K)=XK + CA*XJ                                                 JAC00149
  210 CONTINUE                                                          JAC00150
C                                                                       JAC00151
C     UPDATE THE EIGENVALUES AFTER EACH SWEEP                           JAC00152
C                                                                       JAC00153
      DO 220 I=1,N                                                      JAC00154
      IF (A(I,I).GT.0. .AND. B(I,I).GT.0.) GO TO 220                    JAC00155
      WRITE (IOUT,2020)                                                 JAC00156
      GO TO 800                                                         JAC00157
  220 EIGV(I)=A(I,I)/B(I,I)                                             JAC00158
      IF (IFPR.EQ.0) GO TO 230                                          JAC00159
      WRITE (IOUT,2030)                                                 JAC00160
      WRITE (IOUT,2010) (EIGV(I),I=1,N)                                 JAC00161
C                                                                       JAC00162
C     CHECK FOR CONVERGENCE                                             JAC00163
C                                                                       JAC00164
  230 DO 240 I=1,N                                                      JAC00165
      TOL=RTOL*D(I)                                                     JAC00166
      DIF=ABS(EIGV(I)-D(I))                                             JAC00167
      IF (DIF.GT.TOL) GO TO 280                                         JAC00168
  240 CONTINUE                                                          JAC00169
C                                                                       JAC00170
C     CHECK OFF-DIAGONAL ELEMENTS TO SEE IF ANOTHER SWEEP IS NEEDED     JAC00171
C                                                                       JAC00172
      EPS=RTOL**2                                                       JAC00173
      DO 250 J=1,NR                                                     JAC00174
      JJ=J + 1                                                          JAC00175
      DO 250 K=JJ,N                                                     JAC00176
      EPSA=(A(J,K)/A(J,J))*(A(J,K)/A(K,K))                              JAC00177
      EPSB=(B(J,K)/B(J,J))*(B(J,K)/B(K,K))                              JAC00178
      IF (EPSA.LT.EPS .AND. EPSB.LT.EPS) GO TO 250                      JAC00179
      GO TO 280                                                         JAC00180
  250 CONTINUE                                                          JAC00181
C                                                                       JAC00182
C     FILL OUT BOTTOM TRIANGLE OF RESULTANT MATRICES, SCALE EIGENVECTORS JAC00183
C                                                                       JAC00184
  255 DO 260 I=1,N                                                      JAC00185
      DO 260 J=I,N                                                      JAC00186
      A(J,I)=A(I,J)                                                     JAC00187
  260 B(J,I)=B(I,J)                                                     JAC00188
      DO 270 J=1,N                                                      JAC00189
      BB=SQRT(B(J,J))                                                   JAC00190      [927]
      DO 270 K=1,N                                                      JAC00191
  270 X(K,J)=X(K,J)/BB                                                  JAC00192
      GO TO 900                                                         JAC00193
C                                                                       JAC00194
```

```
C     UPDATE D MATRIX AND START NEW SWEEP, IF ALLOWED                    JAC00195
C                                                                        JAC00196
  280 DO 290 I=1,N                                                       JAC00197
  290 D(I)=EIGV(I)                                                       JAC00198
      IF (NSWEEP.LT.NSMAX) GO TO 40                                      JAC00199
      GO TO 255                                                          JAC00200
C                                                                        JAC00201
  800 STOP                                                               JAC00202
  900 RETURN                                                             JAC00203
C                                                                        JAC00204
 2000 FORMAT (//,' SWEEP NUMBER IN *JACOBI* =', I8)                      JAC00205
 2010 FORMAT ('',6E20.12)                                                JAC00206
 2020 FORMAT (//,' *** ERROR *** SOLUTION STOP',/,                       JAC00207
     1'MATRICES NOT POSITIVE DEFINITE')                                  JAC00208
 2030 FORMAT (//,'CURRENT EIGENVALUES IN *JACOBI* ARE',/)                JAC00209
      END                                                                JAC00210
```

11.3.3 Householder-QR 逆迭代法

另一个重要的变换求解法是 Householder-QR 逆迭代 (HQRI) 法, 但该方法只能求解标准特征问题 (见 J. G. F. Francis [A],J. H. Wilkinson [B],B. N. Parlett [A,B],R. S. Martin、C. Reinsch 和 J. H. Wilkinson [A]). 因此, 如果所考虑的是广义特征问题 $\mathbf{K}\boldsymbol{\varphi} = \lambda\mathbf{M}\boldsymbol{\varphi}$, 则在利用 HQRI 法求解之前应把它变换成标准型. 正如第 10.2.5 节中指出的, 这种变换只在某些情况下才有效.

在下面的讨论中, 我们考虑问题 $\mathbf{K}\boldsymbol{\varphi} = \lambda\boldsymbol{\varphi}$, 其中, $\mathbf{K}$ 的特征值可以为零 (也可以为负). 因此, 为了只求解正特征值, 在应用 HQRI 算法之前没有必要进行平移 (见第 10.2.3 节). “HQRI 求解法” 的名字表示以下三个求解步骤:

① 应用 Householder 变换将矩阵 $\mathbf{K}$ 归约为三对角形式;

② QR 迭代得出所有特征值;

③ 使用逆迭代法, 算出所需的三对角矩阵的特征向量. 把这些向量进行变换, 得到矩阵 $\mathbf{K}$ 的特征向量.

HQRI 法与 Jacobi 法的基本区别是, 首先不需迭代把矩阵变换成三对角形式. 其次, 该矩阵可以有效地用于 QR 迭代法, 算出所有特征值. 最后, 只计算那些实际要求的特征向量. 我们注意到, 除非需要计算很多的特征向量, 否则将 $\mathbf{K}$ 变换为三对角形式需要大量数值运算. 下面我们将详细讨论进行 HQRI 求解的三个不同步骤.

1. Householder 归约

Householder 归约 (也称化简) 三对角形式, 涉及式 (11.72) 进行 $(n-2)$ 次变换, 即使用 $\mathbf{K}_1 = \mathbf{K}$, 计算

$$\mathbf{K}_{k+1} = \mathbf{P}_k^{\mathrm{T}}\mathbf{K}_k\mathbf{P}_k; \quad k = 1, \cdots, n-2 \tag{11.95}$$

其中, $\mathbf{P}_k$ 是 Householder 变换矩阵 (反射矩阵, 见习题 2.6) [928]

$$\mathbf{P}_k = \mathbf{I} - \theta \mathbf{w}_k \mathbf{w}_k^{\mathrm{T}} \tag{11.96}$$

$$\theta = \frac{2}{\mathbf{w}_k^{\mathrm{T}} \mathbf{w}_k} \tag{11.97}$$

为说明如何计算定义 $\mathbf{P}_k$ 的向量 $\mathbf{w}_k$, 考虑典型情况 $k=1$. 将 $\mathbf{K}_1$、$\mathbf{P}_1$ 和 $\mathbf{w}_1$ 划分为子矩阵块

$$\mathbf{P}_1 = \left[\begin{array}{c:c} 1 & \mathbf{0} \\ \hdashline \mathbf{0} & \overline{\mathbf{P}}_1 \end{array}\right]; \quad \mathbf{w}_1 = \left[\begin{array}{c} 0 \\ \hdashline \overline{\mathbf{w}}_1 \end{array}\right]$$
$$\mathbf{K}_1 = \left[\begin{array}{c:c} k_{11} & \mathbf{k}_1^{\mathrm{T}} \\ \hdashline \mathbf{k}_1 & \mathbf{K}_{11} \end{array}\right] \tag{11.98}$$

其中, $\mathbf{K}_{11}$、$\overline{\mathbf{P}}_1$ 和 $\overline{\mathbf{w}}_1$ 为 $(n-1)$ 阶. 一般在第 k 步时, 有对应的 $(n-k)$ 阶矩阵. 按式 (11.95) 进行相乘, 利用式 (11.98) 中的符号, 有

$$\mathbf{K}_2 = \left[\begin{array}{c:c} k_{11} & \mathbf{k}_1^{\mathrm{T}} \overline{\mathbf{P}}_1 \\ \hdashline \overline{\mathbf{P}}_1^{\mathrm{T}} \mathbf{k}_1 & \overline{\mathbf{P}}_1^{\mathrm{T}} \mathbf{K}_{11} \overline{\mathbf{P}}_1 \end{array}\right] \tag{11.99}$$

现在要求 $\mathbf{K}_2$ 的第一列和第一行应是三对角形式, 即我们想要 $\mathbf{K}_2$ 为如下形式

$$\mathbf{K}_2 = \left[\begin{array}{c:cccc} k_{11} & \times & 0 & \cdots & 0 \\ \hdashline \times & & & & \\ 0 & & & & \\ \vdots & & \overline{\mathbf{K}}_2 & & \\ 0 & & & & \end{array}\right] \tag{11.100}$$

其中, $\times$ 表示非零值, 且

$$\overline{\mathbf{K}}_2 = \overline{\mathbf{P}}_1^{\mathrm{T}} \mathbf{K}_{11} \overline{\mathbf{P}}_1 \tag{11.101}$$

注意到 $\overline{\mathbf{P}}_1$ 是一个反射矩阵, 可得到矩阵 $\mathbf{K}_2$ 的式 (11.100). 因此, 可以使用 $\overline{\mathbf{P}}_1$ 把式 (11.98) 中矩阵 $\mathbf{K}_1$ 的向量 $\mathbf{k}_1$ 映射为一个向量, 该向量的第一个元素非零. 由于新向量的长度应是 $\mathbf{k}_1$ 的长度, 因此由下面条件确定 $\overline{\mathbf{w}}_1$

$$(\mathbf{I} - \theta \overline{\mathbf{w}}_1 \overline{\mathbf{w}}_1^{\mathrm{T}}) \mathbf{k}_1 = \pm \|\mathbf{k}_1\|_2 \, \mathbf{e}_1 \tag{11.102}$$

其中, $\mathbf{e}_1$ 是一个 $(n-1)$ 维的单位向量, 即 $\mathbf{e}_1^{\mathrm{T}} = [1 \;\; 0 \;\; 0 \cdots 0]$, 按得到最优的数值稳定性选择 “+” 号或 “−” 号. 注意到, 只需要求解 $\overline{\mathbf{w}}_1$ 的倍数 (即只有

垂直于反射平面的向量方向是重要的, 见习题 2.6), 从式 (11.102) 得到一个合适的 $\overline{\mathbf{w}}_1$ 值

$$\overline{\mathbf{w}}_1 = \mathbf{k}_1 + \operatorname{sign}(k_{21}) \left\|\mathbf{k}_1\right\|_2 \mathbf{e}_1 \tag{11.103}$$

其中, k_{21} 是矩阵 $\mathbf{K}_1$ 的元素 $(2,1)$.

由于式 (11.103) 中已定义 $\overline{\mathbf{w}}_1$, 因此可以进行式 (11.95) 中 $k=1$ 时第一
[929] 次 Householder 变换. 在下一步中, $k=2$, 我们可以考虑式 (11.100) 中矩阵 $\overline{\mathbf{K}}_2$ 按式 (11.98) 至式 (11.103) 中 $\mathbf{K}_1$ 同样的方式进行, 因为 $\overline{\mathbf{K}}_2$ 的第一列和第一行的化简不影响 $\mathbf{K}_2$ 的第一列和第一行. 因此, 建立了矩阵 $\mathbf{K}$ 变换到三对角形式的一般算法. 我们在例 (11.13) 中说明该算法.

例 11.13: 利用 Householder 变换矩阵把 $\mathbf{K}$ 化为三对角形式, 其中

$$\mathbf{K} = \begin{bmatrix} 5 & -4 & 1 & 0 \\ -4 & 6 & -4 & 1 \\ 1 & -4 & 6 & -4 \\ 0 & 1 & -4 & 5 \end{bmatrix}$$

这里, 利用式 (11.95) 至式 (11.103) 化简第一列, 有

$$\overline{\mathbf{w}}_1 = \begin{bmatrix} -4 \\ 1 \\ 0 \end{bmatrix} - 4.123\,1 \begin{bmatrix} 1 \\ 0 \\ 0 \end{bmatrix} = \begin{bmatrix} -8.123\,1 \\ 1 \\ 0 \end{bmatrix}$$

$$\mathbf{w}_1 = \begin{bmatrix} 0 \\ -8.123\,1 \\ 1 \\ 0 \end{bmatrix}; \quad \theta_1 = 0.029\,857\,5$$

因此,

$$\mathbf{P}_1 = \begin{bmatrix} 1 & 0 & 0 & 0 \\ 0 & -0.970\,1 & 0.242\,5 & 0 \\ 0 & 0.242\,5 & 0.970\,1 & 0 \\ 0 & 0 & 0 & 1 \end{bmatrix}$$

和

$$\mathbf{K}_2 = \begin{bmatrix} 5 & 4.123\,1 & 0 & 0 \\ 4.123\,1 & 7.882\,3 & 3.529\,4 & -1.940\,3 \\ 0 & 3.529\,4 & 4.117\,7 & -3.638\,0 \\ 0 & -1.940\,3 & -3.638\,0 & 5 \end{bmatrix}$$

然后化简第二列

$$\overline{\mathbf{w}}_2 = \begin{bmatrix} 3.529\,4 \\ -1.940\,3 \end{bmatrix} + 4.027\,6 \begin{bmatrix} 1 \\ 0 \end{bmatrix} = \begin{bmatrix} 7.557\,0 \\ -1.940\,3 \end{bmatrix}$$

$$\mathbf{w}_2 = \begin{bmatrix} 0 \\ 0 \\ 7.557\,0 \\ -1.940\,3 \end{bmatrix}; \quad \theta_2 = 0.032\,855\,3$$

$$\mathbf{P}_2 = \begin{bmatrix} 1 & 0 & 0 & 0 \\ 0 & 1 & 0 & 0 \\ 0 & 0 & -0.876\,3 & 0.481\,7 \\ 0 & 0 & 0.481\,7 & 0.876\,3 \end{bmatrix}$$

因此,

$$\mathbf{K}_3 = \begin{bmatrix} 5 & 4.123\,1 & 0 & 0 \\ 4.123\,1 & 7.882\,3 & -4.027\,6 & 0 \\ 0 & -4.027\,6 & 7.394\,1 & 2.321\,9 \\ 0 & 0 & 2.321\,9 & 1.723\,6 \end{bmatrix}$$

应该注意一些重要的数值问题. 首先, 归约后的矩阵 $\mathbf{K}_2, \mathbf{K}_3, \cdots, \mathbf{K}_n$ 是对称的. 这意味着在化简中我们只需存储 $\mathbf{K}$ 的低阶对称部分. 其次, 为了存储 $\overline{\mathbf{w}}_k, k=1,2,\cdots,n-2$, 可以使用当前被化简的矩阵中次对角元素下面的存储位置. [930]

Householder 归约的一个缺点是会增加 $\mathbf{K}_{k+1}$ 中未化简部分的带宽. 因此, 在化简过程中, 该方法在 $\mathbf{K}$ 的带宽上基本上没有优势.

该变换的一个重要问题是计算矩阵乘积 $\overline{\mathbf{P}}_1^{\mathrm{T}}\mathbf{K}_{11}\overline{\mathbf{P}}_1$, 随后需要用到类似的乘积. 在最一般的情况下, n 阶三重矩阵乘积需要 $2n^3$ 次运算, 如果需要太多运算, 则 Householder 归约是很不经济的. 但通过利用矩阵 $\overline{\mathbf{P}}_1$ 的特殊性质, 可以按如下方法计算积 $\overline{\mathbf{P}}_1^{\mathrm{T}}\mathbf{K}_{11}\overline{\mathbf{P}}_1$

$$\left.\begin{aligned} \mathbf{v}_1 &= \mathbf{K}_{11}\overline{\mathbf{w}}_1 \\ \mathbf{p}_1^{\mathrm{T}} &= \theta_1\mathbf{v}_1^{\mathrm{T}} \\ \beta_1 &= \mathbf{p}_1^{\mathrm{T}}\overline{\mathbf{w}}_1 \\ \mathbf{q}_1 &= \mathbf{p}_1 - \theta_1\beta_1\overline{\mathbf{w}}_1 \end{aligned}\right\} \tag{11.104}$$

则

$$\overline{\mathbf{P}}_1^{\mathrm{T}}\mathbf{K}_{11}\overline{\mathbf{P}}_1 = \mathbf{K}_{11} - \overline{\mathbf{w}}_1\mathbf{p}_1^{\mathrm{T}} - \mathbf{q}_1\overline{\mathbf{w}}_1^{\mathrm{T}} \tag{11.105}$$

该方法只需约 $3m^2+3m$ 次运算, 其中 m 是 $\overline{\mathbf{P}}_1$ 和 $\mathbf{K}_{11}$ 的阶 (即此时 $m=n-1$). 因此, 所需乘法运算次数为 m 的平方而不是 m 的三次方, 这是很显著的减少. 我们通过重做例 11.13 说明式 (11.104) 和式 (11.105) 所给出的步骤.

例 11.14: 使用式 (11.104) 和式 (11.105), 将例 11.13 中的矩阵 $\mathbf{K}$ 化简到三对角形式.

这里, 通过使用例 11.13 中算出的 $\overline{\mathbf{w}}_1$ 和 θ_1 得到第 1 列的化简

$$\mathbf{v}_1=\begin{bmatrix}6&-4&1\\-4&6&-4\\1&-4&5\end{bmatrix}\overline{\mathbf{w}}_1=\begin{bmatrix}-52.738\\38.492\,4\\-12.123\,1\end{bmatrix}$$

$$\mathbf{p}_1^{\mathrm{T}}=[-1.574\,6\quad 1.149\,3\quad -0.361\,97];\beta_1=13.940\,3;\mathbf{q}_1=\begin{bmatrix}1.806\,4\\0.733\,1\\-0.362\,0\end{bmatrix}$$

$$\overline{\mathbf{P}}_1^{\mathrm{T}}\mathbf{K}_{11}\overline{\mathbf{P}}_1=\begin{bmatrix}6&-4&1\\-4&6&-4\\1&-4&5\end{bmatrix}-\begin{bmatrix}12.791\,0&-9.335&2.940\,3\\-1.574\,6&1.149\,3&-0.362\,0\\0&0&0\end{bmatrix}$$
$$-\begin{bmatrix}-14.673\,4&1.806\,4&0\\-5.954\,8&0.733\,07&0\\2.940\,3&-0.362\,0&0\end{bmatrix}$$

或

$$\overline{\mathbf{P}}_1^{\mathrm{T}}\mathbf{K}_{11}\overline{\mathbf{P}}_1=\begin{bmatrix}7.882\,3&3.529\,4&-1.940\,3\\3.529\,4&4.117\,7&-3.638\,0\\-1.940\,3&-3.638\,0&5\end{bmatrix}$$

[931] 因此,

$$\mathbf{K}_2=\begin{bmatrix}5&4.123\,1&0&0\\4.123\,1&7.882\,3&3.529\,4&-1.940\,3\\0&3.529\,4&4.117\,7&-3.638\,0\\0&-1.940\,3&-3.638\,0&5\end{bmatrix}$$

接着化简第二列

$$\mathbf{v}_2=\begin{bmatrix}4.117\,7&-3.638\,0\\-3.638\,0&5\end{bmatrix}\overline{\mathbf{w}}_2=\begin{bmatrix}38.175\,9\\-37.194\,1\end{bmatrix}$$

$$\mathbf{p}_2^{\mathrm{T}}=[1.254\,3\quad -1.222\,0];\quad \beta_2=11.849\,7;\quad \mathbf{q}_2=\begin{bmatrix}-1.687\,8\\-0.466\,6\end{bmatrix}$$

$$\overline{\mathbf{P}}_2^{\mathrm{T}}\mathbf{K}_{22}\overline{\mathbf{P}}_2=\begin{bmatrix}4.117\,7&-3.638\,0\\-3.638\,0&5\end{bmatrix}-\begin{bmatrix}9.478\,6&-9.234\,8\\-2.433\,7&2.371\,1\end{bmatrix}$$
$$-\begin{bmatrix}-12.755\,0&3.274\,9\\-3.526\,3&0.905\,38\end{bmatrix}=\begin{bmatrix}7.394\,1&2.321\,9\\2.321\,9&1.723\,6\end{bmatrix}$$

因此,

$$\mathbf{K}_3 = \begin{bmatrix} 5 & 4.1231 & 0 & 0 \\ 4.1231 & 7.9823 & -4.0276 & 0 \\ 0 & -4.0276 & 7.3941 & 2.3219 \\ 0 & 0 & 2.3219 & 1.7236 \end{bmatrix}$$

2. QR 迭代法

在 HQRI 求解过程中, QR 迭代法应用于由 $\mathbf{K}$ 的 Householder 变换得到的三对角矩阵. 但应指出, QR 迭代法也可适用于初始矩阵 $\mathbf{K}$, 而在迭代之前将 $\mathbf{K}$ 变换为三对角形式只是为了提高求解效率. 因此, 下面我们考虑 QR 迭代法是如何应用于一般对称矩阵 $\mathbf{K}$ 的.

"QR 迭代法" 的名称源于算法中所用的符号. 即迭代过程的基本步骤是把 $\mathbf{K}$ 分解为形式

$$\mathbf{K} = \mathbf{QR} \tag{11.106}$$

其中, $\mathbf{Q}$ 是正交的, 且 $\mathbf{R}$ 是上三角矩阵. 接着有

$$\mathbf{RQ} = \mathbf{Q}^{\mathrm{T}}\mathbf{KQ} \tag{11.107}$$

因此, 实际上通过计算 $\mathbf{RQ}$ 对式 (11.72) 进行变换.

通过对 $\mathbf{K}$ 的列进行 Gram-Schmidt 正交化处理, 也可以得到分解式 (11.106). 实际上, 通过 Jacobi 旋转矩阵, 将 $\mathbf{K}$ 归约为上三角形式是更有效的, 即计算

$$\mathbf{P}_{n,n-1}^{\mathrm{T}} \cdots \mathbf{P}_{3,1}^{\mathrm{T}}\mathbf{P}_{2,1}^{\mathrm{T}}\mathbf{K} = \mathbf{R} \tag{11.108}$$

其中, 选择零元素 (j, i) 的旋转矩阵 $\mathbf{P}_{j,i}^{\mathrm{T}}$. 利用式 (11.108), 对应式 (11.106) 有

$$\mathbf{Q} = \mathbf{P}_{2,1}\mathbf{P}_{3,1} \cdots \mathbf{P}_{n,n-1} \tag{11.109}$$

通过重复式 (11.106) 和式 (11.107) 的过程而得到 **QR** 迭代算法. 使用符号 $\mathbf{K}_1 = \mathbf{K}$, 有

$$\mathbf{K}_k = \mathbf{Q}_k\mathbf{R}_k \tag{11.110}$$

则 [932]

$$\mathbf{K}_{k+1} = \mathbf{R}_k\mathbf{Q}_k \tag{11.111}$$

其中, 忽视可能不是通常顺序的特征值和特征向量,

$$\text{当 } k \to \infty, \text{ 则 } \mathbf{K}_{k+1} \to \mathbf{\Lambda} \text{ 且 } \mathbf{Q}_1 \cdots \mathbf{Q}_{k-1}\mathbf{Q}_k \to \mathbf{\Phi}$$

我们通过例 (11.15) 说明该迭代过程.

例 11.15: 使用 QR 迭代法, 且 $\mathbf{Q}$ 由 Jacobi 旋转矩阵的乘积得到, 计算 $\mathbf{K}$ 的特征系统, 其中

$$\mathbf{K}=\begin{bmatrix}5 & -4 & 1 & 0\\ -4 & 6 & -4 & 1\\ 1 & -4 & 6 & -4\\ 0 & 1 & -4 & 5\end{bmatrix}$$

变换到当前矩阵零元素 (j,i) 的 Jacobi 旋转矩阵 $\mathbf{P}_{j,i}^{\mathrm{T}}$ 是

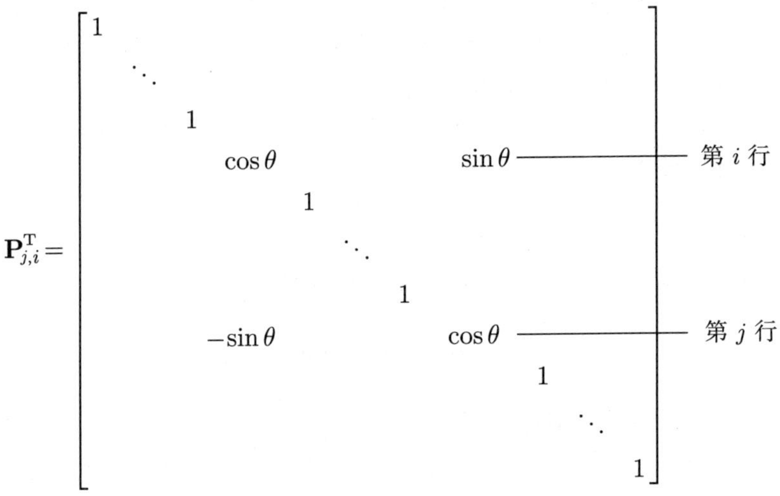

其中,

$$\sin\theta=\frac{\overline{k}_{ji}}{(\overline{k}_{ii}^{2}+\overline{k}_{ji}^{2})^{1/2}};\quad \cos\theta=\frac{\overline{k}_{ii}}{(\overline{k}_{ii}^{2}+\overline{k}_{ji}^{2})^{1/2}}$$

上画线表示使用当前矩阵的元素.

首先按式 (11.108) 进行, 对元素 (2,1) 有

$$\sin\theta=-0.624\,7;\quad \cos\theta=0.780\,9$$

$$\mathbf{P}_{2,1}=\begin{bmatrix}0.780\,9 & 0.624\,7 & 0 & 0\\ -0.624\,7 & 0.780\,9 & 0 & 0\\ 0 & 0 & 1 & 0\\ 0 & 0 & 0 & 1\end{bmatrix}$$

和

$$\mathbf{P}_{2,1}^{\mathrm{T}}\mathbf{K}=\begin{bmatrix}6.403 & -6.872 & 3.280 & -0.624\,7\\ 0 & 2.186 & -2.499 & 0.780\,9\\ 1 & -4 & 6 & -4\\ 0 & 1 & -4 & 5\end{bmatrix}$$

接着, 把元素 (3,1) 置为零

$$\mathbf{P}_{3,1}^{\mathrm{T}}\mathbf{P}_{2,1}^{\mathrm{T}}\mathbf{K} = \begin{bmatrix} 6.481 & -7.407 & 4.166 & -1.234 \\ 0 & 2.186 & -2.499 & 0.780\,9 \\ 0 & -2.892 & 5.422 & -3.856 \\ 0 & 1 & -4 & 5 \end{bmatrix}$$

注意到元素 (4,1) 已经是零, 继续通过把元素 (3,2) 置零进行分解 [933]

$$\mathbf{P}_{3,2}^{\mathrm{T}}\mathbf{P}_{3,1}^{\mathrm{T}}\mathbf{P}_{2,1}^{\mathrm{T}}\mathbf{K} = \begin{bmatrix} 6.481 & -7.407 & 4.166 & -1.234 \\ 0 & 3.625 & -5.832 & 3.546 \\ 0 & 0 & 1.277 & -1.703 \\ 0 & 1 & -4 & 5 \end{bmatrix}$$

以类似方式继续进行, 有

$$\mathbf{P}_{4,2}^{\mathrm{T}}\mathbf{P}_{3,2}^{\mathrm{T}}\mathbf{P}_{3,1}^{\mathrm{T}}\mathbf{P}_{2,1}^{\mathrm{T}}\mathbf{K} = \begin{bmatrix} 6.481 & -7.407 & 4.166 & -1.234 \\ 0 & 3.761 & -6.686 & 4.748 \\ 0 & 0 & 1.277 & -1.703 \\ 0 & 0 & -2.305 & 3.877 \end{bmatrix}$$

最终, 有

$$\mathbf{R}_1 = \mathbf{P}_{4,3}^{\mathrm{T}}\mathbf{P}_{4,2}^{\mathrm{T}}\mathbf{P}_{3,2}^{\mathrm{T}}\mathbf{P}_{3,1}^{\mathrm{T}}\mathbf{P}_{2,1}^{\mathrm{T}}\mathbf{K}$$

$$\mathbf{R}_1 = \begin{bmatrix} 6.481 & -7.407 & 4.166 & -1.234 \\ 0 & 3.761 & -6.686 & 4.748 \\ 0 & 0 & 2.635 & -4.216 \\ 0 & 0 & 0 & 0.389\,2 \end{bmatrix}$$

同时

$$\mathbf{Q}_1 = \mathbf{P}_{2,1}\mathbf{P}_{3,1}\mathbf{P}_{3,2}\mathbf{P}_{4,2}\mathbf{P}_{4,3}$$

$$\mathbf{Q}_1 = \begin{bmatrix} 0.771\,5 & 0.455\,8 & 0.316\,2 & 0.311\,4 \\ -0.617\,2 & 0.379\,9 & 0.421\,6 & 0.544\,9 \\ 0.154\,3 & -0.759\,7 & 0.105\,4 & 0.622\,8 \\ 0 & 0.265\,9 & -0.843\,3 & 0.467\,1 \end{bmatrix}$$

QR 的第一步迭代是计算 $\mathbf{K}_2 = \mathbf{R}_1\mathbf{Q}_1$, 得到

$$\mathbf{K}_2 = \begin{bmatrix} 10.21 & -3.353 & 0.406\,6 & 0 \\ -3.353 & 7.771 & -3.123 & 0.103\,5 \\ 0.406\,6 & -3.123 & 3.833 & -0.328\,2 \\ 0 & 0.103\,5 & -0.328\,2 & 0.181\,8 \end{bmatrix}$$

下面的结果是在 QR 的第二步得到的.

对 $k=2$

$$\mathbf{R}_2=\begin{bmatrix}10.76 & -5.723 & 1.504 & -0.044 6\\ 0 & 6.974 & -4.163 & 0.228 4\\ 0 & 0 & 2.265 & -0.275 2\\ 0 & 0 & 0 & 0.147 1\end{bmatrix}$$

$$\mathbf{Q}_1\mathbf{Q}_2=\begin{bmatrix}0.602 4 & 0.494 3 & 0.508 4 & 0.366 5\\ -0.688 5 & -0.025 7 & 0.409 9 & 0.597 8\\ 0.387 3 & -0.640 9 & -0.271 5 & 0.604 6\\ -0.114 7 & 0.586 7 & 0.707 0 & 0.377 9\end{bmatrix}$$

$$\mathbf{K}_3=\mathbf{R}_2\mathbf{Q}_2=\begin{bmatrix}12.05 & -2.331 & 0.085 6 & 0\\ -2.331 & 7.726 & -0.948 3 & 0.002 2\\ 0.085 6 & -0.948 3 & 2.074 0 & -0.017 3\\ 0 & 0.002 2 & -0.017 3 & 0.146 1\end{bmatrix}$$

[934] 当 $k=3$

$$\mathbf{R}_3=\begin{bmatrix}12.28 & -3.761 & 0.278 5 & -0.000 5\\ 0 & 7.202 & -1.173 & 0.004 4\\ 0 & 0 & 1.938 & -0.018 2\\ 0 & 0 & 0 & 0.145 9\end{bmatrix}$$

$$\mathbf{Q}_1\mathbf{Q}_2\mathbf{Q}_3=\begin{bmatrix}0.501 1 & 0.530 2 & 0.574 3 & 0.371 3\\ -0.668 2 & -0.207 6 & 0.386 0 & 0.601 2\\ 0.500 0 & -0.515 7 & -0.349 2 & 0.601 8\\ -0.229 0 & 0.640 1 & -0.631 9 & 0.372 2\end{bmatrix}$$

$$\mathbf{K}_4=\mathbf{R}_3\mathbf{Q}_3=\begin{bmatrix}12.77 & -1.375 & 0.013 5 & 0\\ -1.375 & 7.162 & -0.248 1 & 0\\ 0.0135 & -0.248 1 & 1.922 & -0.001 3\\ 0 & 0 & -0.001 3 & 0.145 9\end{bmatrix}$$

9 次迭代之后, 有

$$\mathbf{R}_9=\begin{bmatrix}13.09 & -0.086 9 & 0 & 0\\ 0 & 6.854 & -0.000 5 & 0\\ 0 & 0 & 1.910 & 0\\ 0 & 0 & 0 & 0.145 9\end{bmatrix}$$

$$\mathbf{Q}_1\mathbf{Q}_2\mathbf{Q}_3\mathbf{Q}_4\mathbf{Q}_5\mathbf{Q}_6\mathbf{Q}_7\mathbf{Q}_8\mathbf{Q}_9=\begin{bmatrix}0.374 6 & 0.599 7 & 0.601 5 & 0.371 7\\ -0.603 3 & -0.368 9 & 0.371 8 & 0.601 5\\ 0.599 7 & -0.374 6 & -0.371 7 & 0.601 5\\ -0.368 9 & 0.603 3 & -0.601 5 & 0.371 8\end{bmatrix}$$

$$
\mathbf{K}_{10}=\begin{bmatrix}13.09 & -0.029\,8 & 0 & 0\\ -0.029\,8 & 6.854\,2 & -0.000\,1 & 0\\ 0 & -0.000\,1 & 1.910 & 0\\ 0 & 0 & 0 & 0.145\,9\end{bmatrix}
$$

因此, QR 迭代进行 9 步之后, 有

$$
\lambda_1 \doteq 0.145\,9;\quad \boldsymbol{\varphi}_1 \doteq \begin{bmatrix}0.371\,7\\ 0.601\,5\\ 0.601\,5\\ 0.371\,8\end{bmatrix}
$$

$$
\lambda_2 \doteq 1.910;\quad \boldsymbol{\varphi}_2 \doteq \begin{bmatrix}0.601\,5\\ 0.371\,8\\ -0.371\,7\\ -0.601\,5\end{bmatrix}
$$

$$
\lambda_3 \doteq 6.854;\quad \boldsymbol{\varphi}_3 \doteq \begin{bmatrix}0.599\,7\\ -0.368\,9\\ -0.374\,6\\ 0.603\,3\end{bmatrix}
$$

$$
\lambda_4 \doteq 13.09;\quad \boldsymbol{\varphi}_4 \doteq \begin{bmatrix}0.374\,6\\ -0.603\,3\\ 0.599\,7\\ -0.368\,9\end{bmatrix}
$$

[935]

这些结果与例 11.9 中使用 Jacobi 法得到的结果一致. 注意到, 在上述求解中, λ_1 和 $\boldsymbol{\varphi}_1$ 首先收敛, 并且只在 3 次 QR 迭代后就得到十分准确的值. 这是因为 QR 迭代与逆迭代法有密切关系 (见例 11.16), 在逆迭代法中最小特征值及其特征向量最先收敛.

尽管 QR 迭代可能类似于 Jacobi 求解过程, 但是这两种方法其实是完全不同的. 可以通过研究 QR 求解法的收敛性看出这种不同, 因为其后发现 QR 方法与逆迭代法关系紧密. 在例 11.16 中, 我们比较 QR 和逆迭代法, 其中, 假设矩阵 $\mathbf{K}$ 是非奇异的. 正如以前所介绍的, 这种假设对逆迭代法是必要的, 且总能通过平移得到满足 (见第 10.2.3 节).

例 11.16: 证明 QR 法和逆迭代法之间的理论关系.

在 QR 方法中, 在 l 步迭代后, 有

$$
\mathbf{K}_{l+1}=\mathbf{Q}_l^{\mathrm{T}}\mathbf{Q}_{l-1}^{\mathrm{T}}\cdots\mathbf{Q}_1^{\mathrm{T}}\mathbf{K}_1\mathbf{Q}_1\cdots\mathbf{Q}_{l-1}\mathbf{Q}_l
$$

或

$$
\mathbf{K}_{l+1}=\mathbf{P}_l^{\mathrm{T}}\mathbf{K}_l\mathbf{P}_l;\quad \mathbf{P}_l=\mathbf{Q}_1\cdots\mathbf{Q}_l
$$

定义

$$\mathbf{S}_l = \mathbf{R}_l \cdots \mathbf{R}_1$$

则有

$$\begin{aligned}\mathbf{P}_l\mathbf{S}_l &= \mathbf{P}_{l-1}\mathbf{Q}_l\mathbf{R}_l\mathbf{S}_{l-1} \\ &= \mathbf{P}_{l-1}\mathbf{K}_l\mathbf{S}_{l-1}\end{aligned}$$

如果注意到

$$\mathbf{K}_1\mathbf{P}_{l-1} = \mathbf{P}_{l-1}\mathbf{K}_l$$

有

$$\mathbf{P}_l\mathbf{S}_l = \mathbf{K}_1\mathbf{P}_{l-1}\mathbf{S}_{l-1}$$

按类似方式得到 $\mathbf{P}_{l-1}\mathbf{S}_{l-1} = \mathbf{K}_1\mathbf{P}_{l-2}\mathbf{S}_{l-2}$ 等, 从而得出结论

$$\mathbf{P}_l\mathbf{S}_l = \mathbf{K}^l \tag{a}$$

假设 $\mathbf{K}$ 是非奇异的, 由式 (a) 得到

$$\mathbf{P}_l = \mathbf{K}^{-l}\mathbf{S}_l^{\mathrm{T}}$$

或者等式两边的列相等

$$\mathbf{P}_l\mathbf{E} = \mathbf{K}^{-l}\mathbf{S}_l^{\mathrm{T}}\mathbf{E} \tag{b}$$

其中, $\mathbf{E}$ 由 $\mathbf{I}$ 的最后 p 列组成.

现考虑 p 个向量的逆迭代. 这个迭代过程可以写成

$$\mathbf{K}\mathbf{X}_k = \mathbf{X}_{k-1}\mathbf{L}_k; \quad k = 1, 2, \cdots$$

其中, 选择 $\mathbf{L}_k$ 为下三角矩阵, 使得 $\mathbf{X}_k^{\mathrm{T}}\mathbf{X}_k = \mathbf{I}$. 矩阵 $\mathbf{L}_k$ 可以通过在迭代向量上使用 Gram-Schmidt 过程加以确定. 因此, 在 l 步之后, 有

$$\mathbf{X}_l = \mathbf{K}^{-1}\mathbf{X}_0\overline{\mathbf{L}}_l; \quad \overline{\mathbf{L}}_l = \mathbf{L}_1 \cdots \mathbf{L}_l \tag{c}$$

[936] 另一方面, 式 (b) 可以写为

$$\mathbf{P}_l\mathbf{E} = \mathbf{K}^{-l}\mathbf{E}\overline{\mathbf{S}}_l \tag{d}$$

其中, $\overline{\mathbf{S}}_l$ 由 $\mathbf{S}_l^{\mathrm{T}}$ 的最后 p 列和 p 行组成. 使用 $\mathbf{X}_l^{\mathrm{T}}\mathbf{X}_l = \mathbf{I}$ 和 $(\mathbf{P}_l\mathbf{E})^{\mathrm{T}}(\mathbf{P}_l\mathbf{E}) = \mathbf{I}$, 从式 (c) 和式 (d) 分别得到

$$\overline{\mathbf{L}}_l^{-\mathrm{T}}\overline{\mathbf{L}}_l^{-1} = \mathbf{X}_0^{\mathrm{T}}\mathbf{K}^{-2l}\mathbf{X}_0 \tag{e}$$

$$\overline{\mathbf{S}}_l^{-\mathrm{T}}\overline{\mathbf{S}}_l^{-1} = \mathbf{E}^{\mathrm{T}}\mathbf{K}^{-2l}\mathbf{E} \tag{f}$$

式 (e) 和式 (f) 可以用于证明逆迭代法和 QR 解法之间的关系. 即如果选择 $\mathbf{X}_0 = \mathbf{E}$, 则从式 (e) 和式 (f) 中发现 $\overline{\mathbf{L}}_l = \overline{\mathbf{S}}_l$, 因为这些矩阵是同一正定矩阵的 Cholesky 因式. 而参照式 (c) 和式 (d) 可以得出结论, 即逆迭代得出的向量 $\mathbf{X}_l$ 是 QR 分解的 $\mathbf{P}_l$ 中的最后 p 列.

QR 法与简单的逆迭代法之间的关系表明, 式 (11.110) 和式 (11.111) 描述的 QR 迭代中的加速收敛是可能的. 事实确是如此, 在实践中, QR 迭代使用平移; 即不用式 (11.110) 和式 (11.111), 而采用下面的分解

$$\mathbf{K}_k - \mu_k \mathbf{I} = \mathbf{Q}_k \mathbf{R}_k \tag{11.112}$$

$$\mathbf{K}_{k+1} = \mathbf{R}_k \mathbf{Q}_k + \mu_k \mathbf{I} \tag{11.113}$$

然后, 和前面一样

$$\text{当 } k \to \infty \text{ 时, } \mathbf{K}_{k+1} \to \mathbf{\Lambda} \text{ 和 } \mathbf{Q}_1 \cdots \mathbf{Q}_{k-1} \mathbf{Q}_k \to \mathbf{\Phi}$$

但如果 μ_k 是 $\mathbf{K}_k$ 的元素 (n, n), 则 QR 迭代对应 Rayleigh 商迭代, 最终是 3 阶收敛.

正如前面所指出的, 在实践中, 采用 Householder 变换把矩阵 $\mathbf{K}$ 归约为三对角形式之后, 再应用 QR 迭代; 即 QR 求解法应用于式 (11.95) 中矩阵 $\mathbf{K}_{n-1}$, 我们现在称之为 $\mathbf{T}_1$. 当矩阵是三对角形式时, QR 法是非常有效的; 即根据经验, 求解所有的特征值大约需要 $9n^2$ 次运算. 没有必要详细讨论上面提及的和例 11.15 介绍的方法; 但可以使用直观的公式把 $\mathbf{T}_{k+1}$ 与 $\mathbf{T}_k, k = 1, 2, \cdots$, 中的元素联系起来 (见 J. H. Wilkinson [A]).

3. 计算特征向量

特征值的计算一般充分达到计算机的精度, 因为在利用位移的 QR 迭代中收敛很迅速. 一旦准确地算出特征值, 则只需要利用具有平移的简单逆迭代法计算所需三对角矩阵 $\mathbf{T}_1$ 的特征向量, 其中平移等于对应的特征值. 逆迭代法的初始向量为满阶单位向量, 只需两步就足够了. 而 $\mathbf{T}_1$ 的特征向量需要用 Householder 归约进行转换以得到 $\mathbf{K}$ 的特征向量, 即将 $\mathbf{T}_1$ 的第 i 个特征向量用 $\boldsymbol{\psi}_i$ 表示, 使用式 (11.95) 中的变换矩阵 $\mathbf{P}_k$, 有

$$\boldsymbol{\varphi}_i = \mathbf{P}_1 \mathbf{P}_2 \cdots \mathbf{P}_{n-2} \boldsymbol{\psi}_i \tag{11.114}$$

根据上述的 HQRI 求解法的三个基本步骤, 表 11.2 总结了整个过程, 并介绍了所需的高速存储空间和运算次数. 应注意的是, 所用的大部分运算量用于 Householder 变换式 (11.95), 如果需要计算大量的特征向量, 则也用于特征向量的变换式 (11.114). 因此, 可以看出, 计算 $\mathbf{T}_1$ 特征值的工作量不是很大, 而将 $\mathbf{K}$ 变换为能够进行有效迭代所需的形式耗费了大部分数值计算量.

[937] **表 11.2** Householder-QR 逆迭代法

运算	计算	运算量	所需的存储量
Householder 归约	$\mathbf{K}_{k+1}=\mathbf{P}_k^{\mathrm{T}}\mathbf{K}_k\mathbf{P}_k;\ k=1,2,\cdots,n-2;$ $\mathbf{K}_1=\mathbf{K}$	$\dfrac{2}{3}n^3+\dfrac{3}{2}n^2$	
QR 迭代	$\mathbf{T}_{k+1}=\mathbf{Q}_k^{\mathrm{T}}\mathbf{T}_k\mathbf{Q}_k;\ k=1,2,\cdots;$ $\mathbf{T}_1=\mathbf{K}_{n-1}$	$9n^2$	使用对称矩阵
p 个特征向量的计算	$(\mathbf{K}_{n-1}-\lambda_i\mathbf{I})\mathbf{x}_i^{(k+1)}=\mathbf{x}_i^{(k)};$ $k=1,2;\ i=1,2,\cdots,p$	$10pn$	$\dfrac{n}{2}(n+1)+6n$
特征向量的变换	$\boldsymbol{\varphi}_i=\mathbf{P}_1\cdots\mathbf{P}_{n-2}\mathbf{x}_i^{(3)};\ i=1,2,\cdots,p$	$pn(n-1)$	
所有特征值和 p 个特征向量的总量		$\frac{2}{3}n^3+\frac{21}{2}n^2+pn^2+9pn$	

应指出, 表 11.2 没有计入将广义特征问题转化成标准形式所需的运算量. 如果进行这种变换, 则表 11.2 中所计算的特征向量也应变换为第 10.2.5 节中所讨论的广义特征问题的特征向量.

11.3.4 习题

11.5 利用 Jacobi 法计算下面问题的特征值和特征向量

$$\begin{bmatrix} 1 & -1 \\ -1 & 1 \end{bmatrix}\boldsymbol{\varphi}=\lambda\begin{bmatrix} 1 & 0 \\ 0 & 1 \end{bmatrix}\boldsymbol{\varphi}$$

和

$$\begin{bmatrix} 2 & -1 \\ -1 & 1 \end{bmatrix}\boldsymbol{\varphi}=\lambda\begin{bmatrix} 1 & 0 \\ 0 & 2 \end{bmatrix}\boldsymbol{\varphi}$$

11.6 使用 Jacobi 法计算习题 10.3 中特征问题的特征值和特征向量.

11.7 详细推导式 (11.89) 中给出的 α 和 γ 的值.

11.8 对下面特征问题进行 QR 迭代

$$\begin{bmatrix} 2 & -1 \\ -1 & 1 \end{bmatrix}\boldsymbol{\varphi}=\lambda\begin{bmatrix} 1 & 0 \\ 0 & 2 \end{bmatrix}\boldsymbol{\varphi}$$

提示: 这里首先需要将特征问题转换成标准形式.

[938]
11.4 多项式迭代和 Sturm 序列方法

计算多项式的根与特征值之间的密切关系已经在第 10.2.2 节中进行了讨论. 即定义特征多项式 $p(\lambda)$, 其中

$$p(\lambda)=\det(\mathbf{K}-\lambda\mathbf{M}) \tag{11.6}$$

$p(\lambda)$ 的根就是特征问题 $\mathbf{K}\boldsymbol{\varphi}=\lambda\mathbf{M}\boldsymbol{\varphi}$ 的特征值. 为了计算特征值, 我们可以对 $p(\lambda)$ 进行运算得到多项式的根, 主要有显式和隐式两种计算法, 两种方法可使用相同的基本迭代格式.

在多项式迭代格式的讨论中, 我们假设求解是直接使用有限元组合体的 $\mathbf{K}$ 和 $\mathbf{M}$ 进行的, 即没有将该问题转化为不同的形式. 例如, 如果 $\mathbf{M}$ 是单位矩阵, 则可以首先将 $\mathbf{K}$ 变换到三对角形式, 如 HQRI 法中所示 (见第 11.3.3 节). 如果 $\mathbf{M}\neq\mathbf{I}$, 则在用 Householder 法将矩阵化简到三对角矩阵之前, 需把广义特征问题转换成标准特征问题形式 (见第 10.2.5 节). 无论我们最终考虑什么问题, 迭代求解所需特征值的思路是不会改变的. 但如果只需计算少量特征值, 则使用 $\mathbf{K}$ 和 $\mathbf{M}$ 的直接求解法通常总是最有效的.

与多项式迭代法相结合, 这是很自然的, 并可以有效使用第 10.2.2 节中讨论的 Sturm 序列性质. 我们在本节说明如何使用此性质.

应指出, 使用多项式迭代法或 Sturm 序列法, 只能算出特征值. 而可以通过使用平移的逆迭代法有效得到相应的特征向量, 即通过平移的逆迭代法得到每个所求的特征向量, 该平移大小等于相应的特征值.

这些隐式多项式迭代法、Sturm 序列检验和向量迭代法, 已集成于行列式搜索算法, 对小带宽系统很有效 (见 K. J. Bathe [A],K. J. Bathe 和 E. L. Wilson [C]).

11.4.1 显式多项式迭代法

在显式多项式迭代法中, 第一步是把 $p(\lambda)$ 写为如下形式

$$p(\lambda)=a_0+a_1\lambda+a_2\lambda^2+\cdots+a_n\lambda^n \tag{11.115}$$

计算多项式系数 $a_0,a_1,\cdots,a_n$; 第二步是计算多项式的根. 我们通过一个例子说明该过程.

例 11.17: 确定问题 $\mathbf{K}\boldsymbol{\varphi}=\lambda\mathbf{M}\boldsymbol{\varphi}$ 的特征多项式系数, 其中 $\mathbf{K}$ 和 $\mathbf{M}$ 是在例 11.4 中所用的矩阵. 该问题是计算表达式

$$p(\lambda)=\det\begin{bmatrix}5-2\lambda & -4 & 1 & 0\\ -4 & 6-2\lambda & -4 & 1\\ 1 & -4 & 6-\lambda & -4\\ 0 & 1 & -4 & 5-\lambda\end{bmatrix}$$

根据第 2.2 节中给出的计算行列式的规则, 得到 [939]

$$p(\lambda)=(5-2\lambda)\det\begin{bmatrix}6-2\lambda & -4 & 1\\ -4 & 6-\lambda & -4\\ 1 & -4 & 5-\lambda\end{bmatrix}+$$

$$(4)\det\begin{bmatrix}-4 & -4 & 1\\ 1 & 6-\lambda & -4\\ 0 & -4 & 5-\lambda\end{bmatrix}+(1)\det\begin{bmatrix}-4 & 6-2\lambda & 1\\ 1 & -4 & -4\\ 0 & 1 & 5-\lambda\end{bmatrix}$$

因此,

$$\begin{aligned}p(\lambda)=&(5-2\lambda)\{(6-2\lambda)[(6-\lambda)(5-\lambda)-16]+\\&4[-4(5-\lambda)+4]+16-(6-\lambda)\}+\\&4\{-4[(6-\lambda)(5-\lambda)-16]+4(5-\lambda)-4\}+\\&\{-4[(-4)(5-\lambda)+4]-(6-2\lambda)(5-\lambda)+1\}\end{aligned}$$

该式最后化为

$$p(\lambda)=4\lambda^4-66\lambda^3+276\lambda^2-285\lambda+25$$

当 n 很大时, 我们通常不像上例那样容易计算多项式系数. 行列式的展开需要大约 $n!$ 次运算量, 过多的运算量使该方法难以实用. 目前, 已经发展了其他方法, 如可使用 Newton 恒等式 (见 C. E. Fröberg[A]). 一旦算出了系数, 就需要采用标准多项式求根法, 例如, 利用 Newton 迭代法或者割线迭代法, 以计算要求的特征值.

虽然使用该方法看似很自然, 但由于它的缺陷, 人们几乎放弃该方法求解特征问题. 该方法的一个基本缺陷是, 系数 $a_0, a_1, \cdots, a_n$ 的较小误差会在多项式求根时产生很大的误差. 由于计算机中存在舍入误差, 该误差几乎是不可避免的. 因此, 由 **K** 和 **M** 显式计算系数 $a_0, a_1, \cdots, a_n$, 接着求解所需的特征值, 这在一般分析中并不是有效的方法.

11.4.2 隐式多项式迭代法

在隐式多项式迭代求解法中, 我们直接计算 $p(\lambda)$ 的值, 而不是首先计算式 (11.115) 中的系数 $a_0, a_1, \cdots, a_n$. $p(\lambda)$ 的值可以通过将 $\mathbf{K}-\lambda\mathbf{M}$ 分解为单位下三角矩阵 **L** 和单位上三角矩阵 **S** 而高效求出. 即有

$$\mathbf{K}-\lambda\mathbf{M}=\mathbf{LS} \tag{11.116}$$

则

$$\det(\mathbf{K}-\lambda\mathbf{M})=\prod_{i=1}^{n}s_{ii} \tag{11.117}$$

第 8.2 节已讨论了 $\mathbf{K}-\lambda\mathbf{M}$ 的分解, 但如在第 8.2.5 节中所指出的, 当 $\lambda>\lambda_1$ 时, 可能需要互换. 当行和相应的列进行互换后, 系数矩阵仍然是对称的, 事实上, 只是重新排列自由度编号. 换言之, 一方面有限元系统实际所

用的刚度和质量矩阵对应原先指定的一个不同的自由度编号. 另一方面, 如果仅采用行互换, 则将得到非对称的系数矩阵. 但是, 需要着重指出, 在上述任何一种情况下, 所要求的行和列互换应在 Gauss 消元法之前进行, 以得到 "有效的" 系数矩阵 $\mathbf{K}-\lambda\mathbf{M}$, 如式 (11.116) 中所考虑的, 之后就不需要进行任何互换. 每次的行或列互换只是引起行列式符号变化. 实际中, 我们不知道实际所需的行和列互换情况, 但应在分解之前进行所有的互换, 表明只要允许 "有效" 的初始系数矩阵是非对称的, 总可以使用式 (8.10) 至式 (8.14) 给出的 Gauss 消元法. 请看下例. [940]

例 11.18: 应用 Gauss 消元法计算 $p(\lambda)=\det(\mathbf{K}-\lambda\mathbf{M})$, 其中

$$\mathbf{K}=\begin{bmatrix}2 & -1 & 0\\ -1 & 4 & -1\\ 0 & -1 & 2\end{bmatrix};\quad \mathbf{M}=\begin{bmatrix}1 & & \\ & 1 & \\ & & \frac{1}{2}\end{bmatrix};\quad \lambda=2$$

此时有

$$\mathbf{K}-\lambda\mathbf{M}=\begin{bmatrix}0 & -1 & 0\\ -1 & 2 & -1\\ 0 & -1 & 1\end{bmatrix}$$

由于第一个对角元素是零, 需要进行互换. 假设将第一和第二行 (而不是对应的列) 互换, 则可有效地分解 $\overline{\mathbf{K}}-\lambda\overline{\mathbf{M}}$, 其中

$$\overline{\mathbf{K}}=\begin{bmatrix}-1 & 4 & -1\\ 2 & -1 & 0\\ 0 & -1 & 2\end{bmatrix};\quad \overline{\mathbf{M}}=\begin{bmatrix}0 & 1 & 0\\ 1 & 0 & 0\\ 0 & 0 & \frac{1}{2}\end{bmatrix}$$

按通常方式得到 $\overline{\mathbf{K}}-\lambda\overline{\mathbf{M}}$ 的分解 (见例 10.4 和例 10.5)

$$\overline{\mathbf{K}}-\lambda\overline{\mathbf{M}}=\begin{bmatrix}1 & & \\ 0 & 1 & \\ 0 & 1 & 1\end{bmatrix}\begin{bmatrix}-1 & 2 & -1\\ & -1 & 0\\ & & 1\end{bmatrix}$$

因此

$$\det(\overline{\mathbf{K}}-\lambda\overline{\mathbf{M}})=(-1)(-1)(1)=1$$

考虑到行互换已经改变了行列式的符号 (见第 2.2 节), 有

$$\det(\mathbf{K}-\lambda\mathbf{M})=-1$$

如上文所指出的, 如果在 Gauss 消元之前没有进行互换或者每一次行交换都伴随着相应的列交换, 则式 (11.116) 的系数矩阵 $\mathbf{K}-\lambda\mathbf{M}$ 是对称的. 此

时有 $\mathbf{S}=\mathbf{D}\mathbf{L}^{\mathrm{T}}$, 如第 8.2.2 节所示, 因此

$$\det(\mathbf{K}-\lambda\mathbf{M})=\prod_{i=1}^{n}d_{ii} \tag{11.118}$$

在行列式搜索法中 (见 K. J. Bathe [A], K. J. Bathe 和 E. L. Wilson [C]), 当没有互换就实现分解, 则仅使用一次分解, 因此总是采用式 (11.118). 此时
[941] 求解一个多项式大约需要 $\frac{1}{2}nm_{\mathrm{K}}^2$ 次运算, 其中, n 是 $\mathbf{K}$ 和 $\mathbf{M}$ 的阶数, m_{K} 是 $\mathbf{K}$ 的半带宽.

由于已有 $p(\lambda)$ 的计算方法, 我们现在可以采用一些迭代格式以计算多项式的根. 一个常用的简单方法是割线方法, 采用线性插值, 即令 $\mu_{k-1}<\mu_k$, 则使用式 (11.119) 进行迭代

$$\mu_{k+1}=\mu_k-\frac{p(\mu_k)}{p(\mu_k)-p(\mu_{k-1})}(\mu_k-\mu_{k-1}) \tag{11.119}$$

其中, μ_k 是第 k 次迭代, 如图 11.3 所示. 注意到, 割线迭代式 (11.119) 是 Newton 迭代式 (11.120) 的近似

$$\mu_{k+1}=\mu_k-\frac{p(\mu_k)}{p'(\mu_k)} \tag{11.120}$$

其中, $p'(\mu_k)$ 近似表示为

$$p'(\mu_k)\doteq\frac{p(\mu_k)-p(\mu_{k-1})}{\mu_k-\mu_{k-1}} \tag{11.121}$$

我们曾尝试精确计算 $p'(\mu_k)$ 的一个实际格式, 但效果不好 (见 K. J. Bathe [A]).

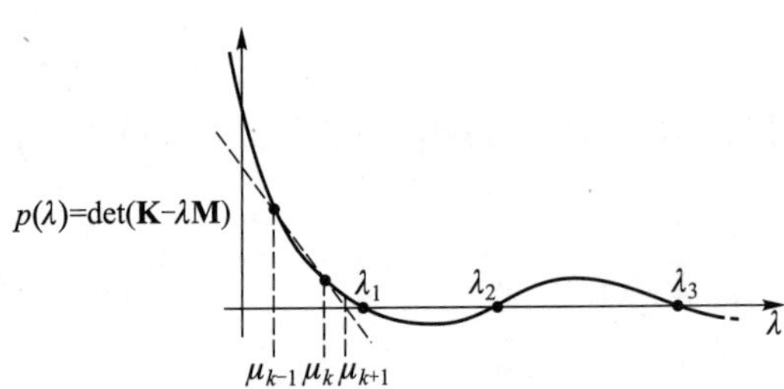

图 11.3 计算 λ_1 的割线迭代法

还有一种用于求解复杂特征问题的方法是 Muller 法, 该方法采用二次插值. Muller 法求解 $\mathbf{K}\boldsymbol{\varphi}=\lambda\mathbf{M}\boldsymbol{\varphi}$ 的缺点是, 即使初值 μ_k、μ_{k-1} 和 μ_{k-2} 是实数, 但算出的 μ_{k+1} 可能是复数.

应该指出, 迄今为止, 我们还没有讨论任何一种迭代法收敛于哪一个特征值. 这取决于迭代初始值. 若使用都小于 λ_1 的 μ_{k-1} 和 μ_k, 则 Newton 迭代法和割线迭代法将单调收敛于 λ_1. 如图 11.3 所示, 而最终的收敛阶分别是二次和线性的. 实际上, 因为当 $\lambda<\lambda_1$, 对任何秩和带宽的 $\mathbf{K}$ 和 $\mathbf{M}$, 总有

$p''(\lambda) > 0$, 故迭代是收敛的. 但对于任意初始值 μ_{k-1} 和 μ_k, 则不能保证收敛性. [942]

在实际的求解法中, 可行的方法是先算出 λ_1, 然后重复进行消去 λ_1 因式的特征多项式算法. 这种方法可以用于逐次计算从 λ_1 到所求值 λ_p 的最小特征值 (见 K. J. Bathe [A], K. J. Bathe 和 E. L. Wilson [C], 以及习题 11.9).

请看下面割线迭代法的例子.

例 11.19: 使用割线迭代法计算 $\mathbf{K}\boldsymbol{\varphi} = \lambda\mathbf{M}\boldsymbol{\varphi}$ 的特征值 λ_1, 其中

$$\mathbf{K} = \begin{bmatrix} 2 & -1 & 0 \\ -1 & 4 & -1 \\ 0 & -1 & 2 \end{bmatrix}; \quad \mathbf{M} = \begin{bmatrix} \frac{1}{2} & & \\ & 1 & \\ & & \frac{1}{2} \end{bmatrix}$$

对于割线迭代法, 需要两个初始值 μ_1 和 μ_2 都是 λ_1 的下界. 令 $\mu_1 = -1$, $\mu_2 = 0$. 则有

$$\begin{aligned} p(-1) &= \det \begin{bmatrix} \frac{5}{2} & -1 & 0 \\ -1 & 5 & -1 \\ 0 & -1 & \frac{5}{2} \end{bmatrix} \\ &= \det \begin{bmatrix} 1 & & \\ -\frac{2}{5} & 1 & \\ 0 & -\frac{5}{23} & 1 \end{bmatrix} \begin{bmatrix} \frac{5}{2} & & \\ & \frac{23}{5} & \\ & & \frac{105}{46} \end{bmatrix} \begin{bmatrix} 1 & -\frac{2}{5} & 0 \\ & 1 & -\frac{5}{23} \\ & & 1 \end{bmatrix} \end{aligned}$$

因此,

$$p(-1) = \left(\frac{5}{2}\right)\left(\frac{23}{5}\right)\left(\frac{105}{46}\right) = 26.25$$

类似地,

$$p(0) = \det \begin{bmatrix} 2 & -1 & 0 \\ -1 & 4 & -1 \\ 0 & -1 & 2 \end{bmatrix} = 12$$

现使用式 (11.119), 可得下一个平移值

$$\mu_3 = 0 - \frac{12}{12 - 26.25}[0 - (-1)]$$

因此,

$$\mu_3 = 0.842\,1$$

以类似方式继续进行, 有

$$p(0.842\,1) = 4.715\,0$$

$$\mu_4 = 1.387\,1$$

$$p(1.387\,1) = 1.846\,7$$

$$\mu_5 = 1.738\,0$$

$$p(1.738\,0) = 0.631\,36$$

$$\mu_6 = 1.920\,3$$

$$p(1.920\,3) = 0.168\,99$$

$$\mu_7 = 1.987\,0$$

$$p(1.987\,0) = 0.026\,347$$

[943] $$\mu_8 = 1.999\,3$$

因此, 在 6 次迭代后, 得到 λ_1 的近似值, 即 $\lambda_1 \doteq 1.999\,3$.

11.4.3 基于 Sturm 序列性质的迭代法

在第 10.2.2 节中, 我们讨论了问题 $\mathbf{K}\boldsymbol{\varphi} = \lambda\mathbf{M}\boldsymbol{\varphi}$ 及其相伴约束问题特征多项式的 Sturm 序列性质. 主要结果如下. 假设平移为 μ_k, 则可得 $\mathbf{K} - \mu_k\mathbf{M}$ 的 Gauss 分解为 $\mathbf{LDL}^{\mathrm{T}}$, 且 $\mathbf{D}$ 中负元素的个数等于小于 μ_k 特征值的个数. 该结果可以直接用于构造计算特征值及其特征向量的算法. 如在多项式迭代法中所讨论的, 我们下面假设直接使用 $\mathbf{K}$ 和 $\mathbf{M}$ 进行求解, 而将广义特征问题转化为一个不同形式之后也可以使用相同的方法. 此外, 正如在第 11.4.2 节提到的, 该求解法只能求解特征值, 相应特征向量的计算将采用带平移的逆迭代法 (见第 11.2.3 节).

我们考虑求解 λ_l 和 λ_u 之间的所有特征值, 其中, λ_l 和 λ_u 分别是上限和下限. 例如, 可能有如图 11.4 所示的情形, 或 λ_l 可能是零, 此时需要求解直到 λ_u 的所有特征值. 求解法的基础是 $\mathbf{K} - \mu_k\mathbf{M}$ 的三角分解, 其中, 按照分解式对角元素的正、负符号, 得出关于未知和要求的特征值的有用信息确定 μ_k. 可以使用下面的求解法, 称为 "二分法" (见图 11.4 介绍的一个典型的例子):

① 因式分解 $\mathbf{K} - \lambda_l\mathbf{M}$, 从而找到有多少个特征值如 q_l, 小于 λ_l;

② 对 $\mathbf{K} - \lambda_u\mathbf{M}$ 进行 Sturm 序列检验, 找到有多少个特征值如 q_u, 小于 λ_u, 因此在 λ_u 和 λ_l 之间有 $q_u - q_l$ 个特征值;

③ 使用简单二分法, 确定单个特征值所处的区间. 在这个过程中, 对已知有不止一个的特征值所处的区间逐次进行二分, 再进行 Sturm 序列检验, 直到分离所有的特征值为止;

④ 按所要求的精度计算特征值, 然后通过逆迭代法得到相应的特征向量.

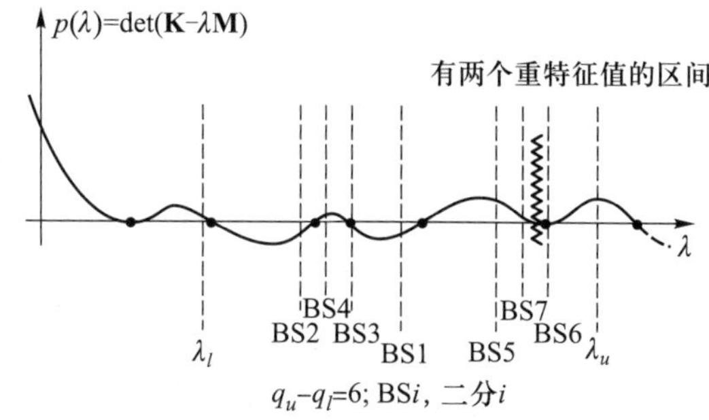

图 11.4　使用 Sturm 序列性质分离特征值

为在步骤 ④ 中得到精确的特征值, 通常不用二分法, 而使用一种更加有效的方法. 例如, 一旦分离了特征值, 则可以使用第 11.4.2 节中介绍的割线迭代法 (见例 11.20).

上述用于计算所求特征值的方法是直接的. 但该方法是相当低效的, 因 [944]
为需要多次迭代, 而每次迭代中步骤 ③ 都需要三角分解. 当需要计算多重特征值 (见图 11.4) 或密集特征值时, 需要使用其他策略加速计算过程. 一般地, 如果只需要少量的分解就可确定各个特征值区间, 以及所求的最小特征值远远大于 λ_1, 则该方法才是有效的.

例 11.20: 使用二分法和割线迭代法计算问题 $\mathbf{K}\boldsymbol{\varphi} = \lambda\mathbf{M}\boldsymbol{\varphi}$ 中的 λ_2, 其中

$$\mathbf{K} = \begin{bmatrix} 2 & -1 & 0 \\ -1 & 4 & -1 \\ 0 & -1 & 2 \end{bmatrix}; \quad \mathbf{M} = \begin{bmatrix} \frac{1}{2} & & \\ & 1 & \\ & & \frac{1}{2} \end{bmatrix}$$

我们在例 10.5 中考虑过该问题, 那时利用二分法分离了特征值. 特别地, 得出

$$\lambda_1 < 3 < \lambda_2 < 5 < \lambda_3$$

因此, 可采用 $\mu_1 = 3$, $\mu_2 = 5$ 作为初始值, 利用下面例 10.5 的结果, 进行割线迭代

$$p(\mu_1) = -\frac{3}{4}; \quad p(\mu_2) = \frac{3}{4}$$

使用式 (11.119), 有

$$\mu_3 = 5 - \frac{\frac{3}{4}}{\left(\frac{3}{4}\right) - \left(-\frac{3}{4}\right)}(5-3)$$

或者

$$\mu_3 = 4$$

接着需要计算

$$p(\mu_3) = \det(\mathbf{K} - \mu_3\mathbf{M})$$

我们有 $p(\mu_3) = 0.0$ 和 $\lambda_2 = \mu_3 = 4$, 因此, 此时只需一步割线迭代就可计算 λ_2. 但注意到, 通过 $\mathbf{K} - \mu_3\mathbf{M}$ 的 Gauss 分解计算 $p(\mu_3)$, 只需要进行一次行交换 (见例 10.4).

应着重指出, 我们假设在上面的介绍中将 $\mathbf{K} - \mu_k\mathbf{M}$ 分解为 $\mathbf{LDL}^{\mathrm{T}}$ 是可以实现的. 但第 8.2.5 节和第 11.4.2 节已讨论了, 如果 $\mu_k > \lambda_1$, 则需要互换.
[945] 如果需要互换, 则这几节中所提到的同样的考虑都是适用的, 并且必须适当考
虑每次行互换对 Sturm 序列性质的影响.

二分法有两个主要缺点: ① 它应尽可能高精度地进行 $\mathbf{K} - \mu_k\mathbf{M}$ 的分解, 即使系数矩阵可能是病态的 (事实上, 甚至进行了行互换也可能是病态的), ② 当要求解密集特征值时, 收敛可能会很慢. 但可以把 Sturm 序列性质与其他求法进行结合应用, 在这种情况下, 该性质是非常有用的. 特别地, Sturm 序列性质用于行列式搜索算法 (见 K. J. Bathe 和 E. L. Wilson [C]), 其中只要不出现不稳定, 则可实现不进行互换的 $\mathbf{K} - \mu_k\mathbf{M}$ 的分解. 如果证明该分解是不稳定的, 则要选择一个不同的 μ_k. 这是可能的, 因为计算的特征值和特征向量的最终精度不依赖于求解中具体使用的平移值 μ_k.

11.4.4 习题

11.9 对习题 11.1 中的特征问题进行隐式割线多项式迭代, 计算 λ_1. 然后不用 $p(\lambda)$, 而让特征多项式消去 λ_1 因式, 如下

$$p'(\lambda) = \frac{p(\lambda)}{\lambda - \lambda_1}$$

其中, $p(\lambda) = \det(\mathbf{K} - \lambda\mathbf{M})$, 计算 λ_2.

画出 $p(\lambda)$ 和 $p^{(1)}(\lambda)$ 图形, 并在这些图形中标明已进行的迭代步骤.

11.10 考虑习题 11.1 中的特征问题, 推导迭代法求解 λ_1 的二次插值函数.

11.11 使用 Sturm 序列性质计算习题 11.8 中特征问题的 λ_1 和 λ_2.

11.12 使用 Sturm 序列性质计算习题 11.1 中特征问题的 λ_1 (如果遇到零主元, 请使用行和列互换).

11.5 Lanczos 迭代法

为求解有限元方程的 p 个特征值和特征向量, 已经提出了基于兰乔斯 (Lanczos) 变换迭代非常有效的求解法.

C. Lanczos[A] 在他的开创性工作中, 提出了一种对矩阵三对角化的变换. 但如 Lanczos 所指出的那样, 三对角化过程有一个主要的缺点, 所构造的向量在理论上是正交的, 但由于舍入误差的存在, 在实际中变成不正交了. 一个补救方法是使用格拉姆–施密特 (Gram-Schmidt) 正交化, 但该方法对舍入误差也很敏感, 使得整个矩阵的三对角化过程变得效率低下. 而其他方法, 如 Householde 法 (见第 11.3.3 节) 则有效得多.

而另一方面, 如果目标是计算问题 $\mathbf{K}\boldsymbol{\varphi} = \lambda\mathbf{M}\boldsymbol{\varphi}$ 的少量特征值及其特征向量, 则基于 Lanczos 变换的迭代法是非常高效的 (见 C. C. Paige [A, B], T. Ericsson 和 A. Ruhe[A]).

在下面几节, 首先提出 Lanczos 基本变换及其重要性质, 然后讨论该变换 [946]
在迭代求解 $\mathbf{K}\boldsymbol{\varphi} = \lambda\mathbf{M}\boldsymbol{\varphi}$ 问题的 p 个特征值和特征向量时的使用方法, 其中 $p \ll n$, n 为矩阵的阶数.

11.5.1 Lanczos 变换

在理论上, Lanczos 法的基本步骤是把广义特征问题 $\mathbf{K}\boldsymbol{\varphi} = \lambda\mathbf{M}\boldsymbol{\varphi}$ 变换为标准的三对角系数矩阵形式. 我们总结该变换的具体步骤如下.

选择一个初始向量 $\mathbf{x}$, 并计算

$$\mathbf{x}_1 = \frac{\mathbf{x}}{\gamma}; \quad \gamma = (\mathbf{x}^{\mathrm{T}}\mathbf{M}\mathbf{x})^{1/2} \tag{11.122}$$

令 $\beta_0 = 0$; 对于 $i = 1, \cdots, n$, 计算

$$\mathbf{K}\overline{\mathbf{x}}_i = \mathbf{M}\mathbf{x}_i \tag{11.123}$$

$$\alpha_i = \overline{\mathbf{x}}_i^{\mathrm{T}}\mathbf{M}\mathbf{x}_i \tag{11.124}$$

如果 $i \neq n$,

$$\widetilde{\mathbf{x}}_i = \overline{\mathbf{x}}_i - \alpha_i\mathbf{x}_i - \beta_{i-1}\mathbf{x}_{i-1} \tag{11.125}$$

$$\beta_i = (\widetilde{\mathbf{x}}_i^{\mathrm{T}}\mathbf{M}\widetilde{\mathbf{x}}_i)^{1/2} \tag{11.126}$$

且

$$\mathbf{x}_{i+1} = \frac{\widetilde{\mathbf{x}}_i}{\beta_i} \tag{11.127}$$

理论上, 利用式 (11.122) 至式 (11.127) 得出的向量 $\mathbf{x}_i, i = 1, \cdots, n$, 是 $\mathbf{M}$ 规范正交的

$$\mathbf{x}_i^{\mathrm{T}}\mathbf{M}\mathbf{x}_j = \delta_{ij} \tag{11.128}$$

同时矩阵

$$\mathbf{X}_n = [\mathbf{x}_1, \cdots, \mathbf{x}_n] \tag{11.129}$$

满足关系式

$$\mathbf{X}_n^{\mathrm{T}}(\mathbf{MK}^{-1}\mathbf{M})\mathbf{X}_n = \mathbf{T}_n \tag{11.130}$$

其中,

$$\mathbf{T}_n = \begin{bmatrix} \alpha_1 & \beta_1 & & & \\ \beta_1 & \alpha_2 & \beta_2 & & \\ & & \ddots & & \\ & & & \alpha_{n-1} & \beta_{n-1} \\ & & & \beta_{n-1} & \alpha_n \end{bmatrix} \tag{11.131}$$

现在可将 $\mathbf{T}_n$ 的特征值和特征向量与 $\mathbf{K}\boldsymbol{\varphi} = \lambda\mathbf{M}\boldsymbol{\varphi}$ 建立起联系, 写为如下形式

$$\mathbf{MK}^{-1}\mathbf{M}\boldsymbol{\varphi} = \frac{1}{\lambda}\mathbf{M}\boldsymbol{\varphi} \tag{11.132}$$

使用变换, 得

$$\boldsymbol{\varphi} = \mathbf{X}_n\widetilde{\boldsymbol{\varphi}} \tag{11.133}$$

并且使用式 (11.128) 及式 (11.130), 由式 (11.132), 得

$$\mathbf{T}_n\widetilde{\boldsymbol{\varphi}} = \frac{1}{\lambda}\widetilde{\boldsymbol{\varphi}} \tag{11.134}$$

[947] 因此, $\mathbf{T}_n$ 的特征值是 $\mathbf{K}\boldsymbol{\varphi} = \lambda\mathbf{M}\boldsymbol{\varphi}$ 特征值的倒数, 这两个问题的特征向量的关系如式 (11.133) 所示.

正如后面进一步讨论的, 假设上述的变换步骤都是可以完成的. 我们将在习题 11.13 中证明向量 $\mathbf{x}_i$ 是 $\mathbf{M}$ 正交规范的, 但在下例中证明式 (11.130) 成立.

例 11.21: 式 (11.131) 中的 $\mathbf{T}_n$ 是通过式 (11.130) 变换得到的. 利用式 (11.123), 有

$$\overline{\mathbf{x}}_i = \mathbf{K}^{-1}\mathbf{M}\mathbf{x}_i$$

代入式 (11.124) 和式 (11.127), 有

$$\mathbf{K}^{-1}\mathbf{M}\mathbf{x}_i = \beta_{i-1}\mathbf{x}_{i-1} + \alpha_i\mathbf{x}_i + \beta_i\mathbf{x}_{i+1}$$

使用该式, 对 $i = 1, \cdots, j$, 有

$$\mathbf{K}^{-1}\mathbf{M}[\mathbf{x}_1, \cdots, \mathbf{x}_j] = [\mathbf{x}_1, \cdots, \mathbf{x}_j] \begin{bmatrix} \alpha_1 & \beta_1 & & & \\ \beta_1 & \alpha_2 & \beta_2 & & \\ & & \ddots & & \\ & & & \alpha_{j-1} & \beta_{j-1} \\ & & & \beta_{j-1} & \alpha_j \end{bmatrix} + [\mathbf{0}, \cdots, \mathbf{0}, \beta_j\mathbf{x}_{j+1}]$$

因此,

$$\mathbf{K}^{-1}\mathbf{M}\mathbf{X}_j=\mathbf{X}_j\mathbf{T}_j+\beta_j\mathbf{x}_{j+1}\mathbf{e}_j^{\mathrm{T}} \tag{a}$$

其中, $\mathbf{e}_j$ 是长度 j 的向量

$$\mathbf{e}_j^{\mathrm{T}}=[0\ \ \cdots\ \ 0\ \ 1]$$

用 $\mathbf{X}_j^{\mathrm{T}}\mathbf{M}$ 左乘式 (a), 利用向量 $\mathbf{x}_i$ 的 $\mathbf{M}$ 正交性, 有

$$\mathbf{T}_j=\mathbf{X}_j^{\mathrm{T}}\mathbf{M}\mathbf{K}^{-1}\mathbf{M}\mathbf{X}_j \tag{b}$$

当 $j=n$ 时, 证明了所求结果.

注意, 由于 $\mathbf{X}_n$ 张成该完备空间且没有向量与 $\mathbf{X}_n$ 中所有向量 $\mathbf{M}$ 正交, 故当 $j=n$, 式 (11.125) 中有 $\widetilde{\mathbf{x}}_n=\mathbf{0}$.

当只需要计算少量特征值及其特征向量时, 我们使用式 (b) 进行 Lanczos 迭代. 另外, 式 (a) 给出了已算出的近似特征值的误差界.

正如我们已经提到的, 因为存在舍入误差, 式 (11.122) 至式 (11.127) 中的三对角化方法实际上不能得出所求的 $\mathbf{M}$ 正交向量. 如果再进行额外的 Gram-Schmidt 正交化, 则整个矩阵的三角化方法效率是很低的.

而式 (11.122) 至式 (11.127) 中的一些重要变换性质 (当 $i=1,\cdots,q$, 且 $q\ll n$) 为有效的迭代算法提供所需的基础. 如果我们按截断形式进行 Lanczos 变换, 对 $i=1,\cdots,q$, 计算

$$\mathbf{X}_q=[\mathbf{x}_1,\cdots,\mathbf{x}_q] \tag{11.135}$$

$\mathbf{T}_q$ 矩阵的元素为 [948]

$$\mathbf{T}_q=\begin{bmatrix}\alpha_1 & \beta_1 & & & \\ \beta_1 & \alpha_2 & \beta_2 & & \\ & & \ddots & & \\ & & & \alpha_{q-1} & \beta_{q-1} \\ & & & \beta_{q-1} & \alpha_q\end{bmatrix} \tag{11.136}$$

矩阵 $\mathbf{T}_q$ 实际上是特征问题式 (11.132) 中 Rayleigh-Ritz 变换的结果. 即把

$$\overline{\boldsymbol{\varphi}}=\mathbf{X}_q\mathbf{s} \tag{11.137}$$

用于问题式 (11.132) 的 Rayleigh-Ritz 转换中 (见第 10.3.2 节), 相当于 $\mathbf{K}\boldsymbol{\varphi}=\lambda\mathbf{M}\boldsymbol{\varphi}$, 得到特征问题

$$\mathbf{T}_q\mathbf{s}=\nu\mathbf{s} \tag{11.138}$$

因此, 使用式 (11.132) 至式 (11.134) 的变换, 通过求解式 (11.134), 算出所有关于问题 $\mathbf{K}\boldsymbol{\varphi}=\lambda\mathbf{M}\boldsymbol{\varphi}$ 的精确特征值 λ_i 和特征向量 $\boldsymbol{\varphi}_i$, 而使用式 (11.137) 和式 (11.138) 只能算出近似的特征值和特征向量.

但我们也认识到, 在式 (11.123) 中进行了逆迭代, 因此, $\mathbf{X}_q$ 中的 Ritz 向量应该主要对应一个空间, 该空间接近 $\mathbf{K}\boldsymbol{\varphi}=\lambda\mathbf{M}\boldsymbol{\varphi}$ 的最小主子空间 (即对应最小特征值的子空间). 出于这个原因, 式 (11.138) 的解可得到良好的最小特征值及其特征向量的近似值.

当然, 在算法中不计算矩阵 $\mathbf{M}\mathbf{K}^{-1}\mathbf{M}$, 而直接使用式 (11.124) 和式 (11.126) 所得的 α_i、β_i 值构造 $\mathbf{T}_q$. 我们也注意到, 由于在精确的算术中, 精确特征值的逆是当 $q=n$ 时计算的, 一般情况下, 随着 q 的增大, 将得到更好的最小特征值倒数的近似值.

在计算式 (11.138) 中特征值 ν_i 的过程中, 也可直接得出关于这些值精度的误差界. 这些误差界推导如下.

使用分解 $\mathbf{M}=\mathbf{S}\mathbf{S}^{\mathrm{T}}$ (见第 10.2.5 节), 可将问题式 (11.132) 化为

$$\mathbf{S}^{\mathrm{T}}\mathbf{K}^{-1}\mathbf{S}\boldsymbol{\psi}=\frac{1}{\lambda}\boldsymbol{\psi} \tag{11.139}$$

其中

$$\boldsymbol{\psi}=\mathbf{S}^{\mathrm{T}}\boldsymbol{\varphi} \tag{11.140}$$

现可直接使用误差界式 (10.101). 假设 (ν_i, s_i) 是式 (11.138) 的特征对, $\overline{\boldsymbol{\varphi}}_i$ 是使用式 (11.137) 所得到的对应的向量. 则由式 (11.140), 有

$$\overline{\boldsymbol{\psi}}_i=\mathbf{S}^{\mathrm{T}}\overline{\boldsymbol{\varphi}}_i \tag{11.141}$$

因此,

$$\begin{aligned}\|\mathbf{r}_i\|&=\|\mathbf{S}^{\mathrm{T}}\mathbf{K}^{-1}\mathbf{S}\overline{\boldsymbol{\psi}}_i-\nu_i\overline{\boldsymbol{\psi}}_i\|\\&=\|\mathbf{S}^{\mathrm{T}}\mathbf{K}^{-1}\mathbf{S}\mathbf{S}^{\mathrm{T}}\mathbf{X}_q\mathbf{s}_i-\nu_i\mathbf{S}^{\mathrm{T}}\mathbf{X}_q\mathbf{s}_i\|\\&=\|\mathbf{S}^{\mathrm{T}}(\mathbf{K}^{-1}\mathbf{M}\mathbf{X}_q-\mathbf{X}_q\mathbf{T}_q)\mathbf{s}_i\|\\&=\|\mathbf{S}^{\mathrm{T}}(\beta_q\mathbf{x}_{q+1}\mathbf{e}_q^{\mathrm{T}})\mathbf{s}_i\|\end{aligned} \tag{11.142}$$

[949] 其中, 使用了例 11.21 中的结果式 (a). 由于 $\|\mathbf{S}^{\mathrm{T}}\mathbf{x}_{q+1}\|=1$, 故有

$$\|\mathbf{r}_i\|\leqslant|\beta_q s_{qi}| \tag{11.143}$$

其中, s_{qi} 是第 q 个元素, 即式 (11.138) 中特征向量 $\mathbf{s}_i$ 的最后一个元素.

使用式 (10.101), 对某些 k 值, 有

$$|\lambda_k^{-1}-\nu_i|\leqslant|\beta_q s_{qi}| \tag{11.144}$$

该值只需计算用于所有的 ν_i 值的 β_q. 在实际求解中, 为了确定已经近似得到的是哪个特征值, 还需要通过 Sturm 序列检验或其他方式确定 k.

下例将说明近似特征值的截断 Lanczos 变换和求解过程.

例 11.22: 使用 Lanczos 变换近似计算例 10.18 中特征问题 $\mathbf{K}\boldsymbol{\varphi}=\lambda\mathbf{M}\boldsymbol{\varphi}$ 的两个最小特征值.

使用式 (11.122) 至式 (11.127) 中的算法且 $\mathbf{x}$ 为满阶单位向量, 有

$$\gamma = 2.121; \quad \mathbf{x}_1 = 0.471\,4 \begin{bmatrix} 1 \\ 1 \\ 1 \\ 1 \\ 1 \end{bmatrix}$$

对 $i = 1$

$$\overline{\mathbf{x}}_1 = \begin{bmatrix} 2.121 \\ 3.771 \\ 4.950 \\ 5.657 \\ 5.893 \end{bmatrix}; \quad \alpha_1 = 9.167; \quad \widetilde{\mathbf{x}}_1 = \begin{bmatrix} -2.200 \\ -0.550\,0 \\ 0.628\,5 \\ 1.336 \\ 1.571 \end{bmatrix};$$

$$\beta_1 = 2.925; \quad \mathbf{x}_2 = \begin{bmatrix} -0.752\,1 \\ -0.188\,0 \\ 0.214\,9 \\ 0.456\,6 \\ 0.537\,2 \end{bmatrix}$$

对 $i = 2$

$$\overline{\mathbf{x}}_2 = \begin{bmatrix} 0.000 \\ 0.752\,1 \\ 1.692 \\ 2.417 \\ 2.686 \end{bmatrix}; \quad \alpha_2 = 2.048$$

因此, 有

$$\mathbf{T}_2 = \begin{bmatrix} 9.167 & 2.925 \\ 2.925 & 2.048 \end{bmatrix}$$

通过求解下式得到 $\mathbf{K}\boldsymbol{\varphi} = \lambda\mathbf{M}\boldsymbol{\varphi}$ 特征值的近似值

$$\mathbf{T}_2\mathbf{s} = \frac{1}{\rho}\mathbf{s}; \quad \nu_1 = \frac{1}{\rho_2}, \quad \nu_2 = \frac{1}{\rho_1}$$

得 [950]

$$\rho_1 = 0.097\,90; \quad \rho_2 = 1.000$$

将这些值与 $\mathbf{K}\boldsymbol{\varphi}=\lambda\mathbf{M}\boldsymbol{\varphi}$ 的精确特征值进行对比 (见例 10.18), 可得出 ρ_1 是 λ_1 的很好的近似值, 而 ρ_2 与 λ_2 并不十分近似. 当然, $\rho_i \geqslant \lambda_i, i=1,2$. 在该求解中, 最小的特征值结果好, 这是因为初始向量 $\mathbf{x}$ 比较接近于 $\boldsymbol{\varphi}_1$. 式 (11.144) 给出的计算误差界为

$$|\lambda_1^{-1}-\nu_2| = 0.001\,6 \leqslant 0.123$$

$$|\lambda_2^{-1}-\nu_1| = 0.213 \leqslant 0.343$$

11.5.2 Lanczos 变换迭代法

正如第 11.5.1 节中所讨论的, 截断 Lanczos 变换是 Rayleigh-Ritz 分析, 因此, 算出的特征值和特征向量可能是也可能不是所求的近似值. 有必要进一步发展基于 Lanczos 变换的算法, 该算法迭代求出所需精度的特征值和特征向量.

作为一个例子, 考虑下面简单迭代算法的思路. 假设要求问题 $\mathbf{K}\boldsymbol{\varphi}=\lambda\mathbf{M}\boldsymbol{\varphi}$ 的 p 个最小特征值及其特征向量, 其中 n 是方程的个数, $n \gg p$.

令 $q=2p$, 进行 Lanczos 变换, 求解 $\mathbf{T}_{2p}$ 的 p 个最大特征值 (注意, 要求式 (11.134) 中 λ 的最小值).

然后令 $q=3p$, 进行 Lanczos 变换, 求解 $\mathbf{T}_{3p}$ 的 p 个最大特征值.

重复此过程为: $q=rp, r=4,5,\cdots$, 直至 p 个最大特征值满足精度条件 $|\beta_q s_{qi}|<tol,\ i=1,\cdots,p$ 为止 (见式 (11.144), 其中 tol 是选定的容许值). 当然, 不必在每个阶段增加 p 个向量, 但根据所考虑的具体问题, 也可使用增加比 p 少一些的向量数.

这个简单的方法是非常有吸引力的; 但由于有限的数字算术精度, 实际算出的向量 $\mathbf{x}_i$ 损失了 $\mathbf{M}$ 正交性, 因此它是不稳定的. 当这种正交性损失出现时, 从求解中得到的一些值不是实际特征值的近似值. 换言之, 例如, 一个特征值可能有几个近似值. 这样的结果当然是不可接受的, 我们不得不挑选出哪些计算值是实际特征值的近似值, 以及是否遗失实际特征值. 为此目的, 可以进行 Sturm 序列检验, 但太多这样的检验将会降低求解效率.

防止出现虚假特征值的方法是对 Lanczos 向量进行 Gram-Schmidt 正交化. 在某些情况下, 有选择的二次正交化可能是足够的 (见 B. N. Parlett 和 D. S. Scott [A]). 但 Gram-Schmidt 过程也对舍入误差很敏感 (见第 11.2.6 节), 它实际上需要对所有以前建立的向量进行一次完全正交化, 也可能是两次, 如 H. Matthies[B] 所述.

对于 Lanczos 迭代法的精确算法, 我们还注意到, 把 $\mathbf{x}_1$ 作为初始向量算
[951] 出一些向量之后, 向量 $\tilde{\mathbf{x}}_i$ 可能是零向量. 当 $\mathbf{x}_1$ 只包含 q 个特征向量的分量, 即 $\mathbf{x}_1$ 位于矩阵 $\mathbf{K}$ 和 $\mathbf{M}$ 所对应的整个 n 维空间的 q 维子空间中时, 这种现

象才出现 (即 $\widetilde{\mathbf{x}}_q = \mathbf{0}$). 我们用以下简例说明该现象, 以及当多重特征值出现时会发生什么.

例 11.23: 使用 Lanczos 法求解特征问题 $\mathbf{K}\boldsymbol{\varphi} = \lambda\mathbf{M}\boldsymbol{\varphi}$, 其中

$$\mathbf{K} = \begin{bmatrix} \lambda_1 & & & & \\ & \lambda_2 & & & \\ & & \lambda_3 & & \\ & & & \lambda_4 & \\ & & & & \lambda_5 \end{bmatrix}; \quad \mathbf{M} = \begin{bmatrix} 1 & & & & \\ & 1 & & & \\ & & 1 & & \\ & & & 1 & \\ & & & & 1 \end{bmatrix} \tag{a}$$

且 $\lambda_1 = \lambda_2 < \lambda_3 < \lambda_4 < \lambda_5$.

(Ⅰ) 令 $\mathbf{x}_1 = \dfrac{1}{\sqrt{2}}\begin{bmatrix} 1 \\ 1 \\ 0 \\ 0 \\ 0 \end{bmatrix}$, 计算 Lanczos 向量;

(Ⅱ) 令 $\mathbf{x}_1 = \dfrac{1}{\sqrt{2}}\begin{bmatrix} 0 \\ 0 \\ 1 \\ 1 \\ 0 \end{bmatrix}$, 计算 Lanczos 向量.

虽然这里使用的是特殊的对角矩阵形式, 但该例的结论是一般性的. 即我们可认为把更一般的矩阵变换为它们的特征向量基而得到矩阵式 (a), 但这里该变换只是为更好地说明求解算法的基本构成 (按类似方式进行向量迭代法分析, 见第 11.2.1 节).

对情况Ⅰ, 使用式 (11.123) 至式 (11.125), 得

$$\widetilde{\mathbf{x}}_1 = \mathbf{0} \tag{b}$$

对情况Ⅱ, 有

$$\mathbf{x}_2 = \begin{bmatrix} 0 \\ 0 \\ \dfrac{1}{\sqrt{2}} \\ -\dfrac{1}{\sqrt{2}} \\ 0 \end{bmatrix} \tag{c}$$

和

$$\widetilde{\mathbf{x}}_2 = \mathbf{0}$$

因此, 式 (b) 说明由于 $\mathbf{x}_1$ 是特征向量, 故不能继续该过程, 式 (c) 说明由于 $\mathbf{x}_1$ 位于对应 λ_3 和 λ_4 的子空间, 故无法找到两个以上包括 $\mathbf{x}_1$ 的 Lanczos 向量.

[952] 在实践中, 由于舍入误差, 因此求解法通常不会像上面介绍的那样失效. 但上面的讨论表明在 Lanczos 迭代法中有两个特征很重要, 即 Gram-Schmidt 正交化, 以及如果需要的话, 利用新的 Lanczos 向量 $\mathbf{x}$ 重新启动该算法.

为介绍一般的解法, 需要定义 Lanczos 步骤、Lanczos 阶段和 Lanczos 重启.

Lanczos 步骤是式 (11.123) 至式 (11.127), 其中包含二次正交化.

Lanczos 阶段包括 q 个 Lanczos 步骤和 $\mathbf{T}_q\mathbf{s} = \nu\mathbf{s}$ 的特征值和特征向量的计算. 如果满足下列条件之一, 则算出 $\mathbf{T}_q\mathbf{s} = \nu\mathbf{s}$ 的特征值和特征向量, 则此阶段完成.

① 达到预先指定的 Lanczos 步骤的最大步数 $q_{\max}$.

② 检测到 Lanczos 向量内部或 Lanczos 向量与收敛的特征向量之间的正交性损失.

在情况 ①, $q = q_{\max}$; 而在情况 ②, q 是失去正交性之前完成的 Lanczos 步数.

在每个 Lanczos 阶段的结尾, 检验是否已算出所有要求的特征值和特征向量. 如果尚未得到所求的特征对, 则使用式 (11.122) 中新的向量 $\mathbf{x}$, 重启新的 Lanczos 阶段. 重启之前, 可以有效地引入平移 μ, 则式 (11.123) 中的逆迭代步骤可利用 $\mathbf{K} - \mu\mathbf{M}$ 进行 (见第 11.2.3 节).

因而不需给出所有的细节, 完整的求解法就可以总结如下.

启动一个新的 Lanczos 阶段: 选择一个初始向量 $\mathbf{x}$, 使其与所有先前算出的特征向量的近似值正交, 并计算

$$\mathbf{x}_1 = \frac{\mathbf{x}}{\gamma}; \quad \gamma = (\mathbf{x}^{\mathrm{T}}\mathbf{M}\mathbf{x})^{1/2} \tag{11.122}$$

选择平移 μ (通常第一个 Lanczos 阶段 $\mu = 0$).

进行 Lanczos 步骤, 利用 $i = 1, 2, \cdots; \beta_0 = 0$

$$\begin{aligned}
(\mathbf{K} - \mu\mathbf{M})\overline{\mathbf{x}}_i &= \mathbf{M}\mathbf{x}_i \\
\alpha_i &= \overline{\mathbf{x}}_i^{\mathrm{T}}\mathbf{M}\mathbf{x}_i \\
\widetilde{\mathbf{x}}_i' &= \overline{\mathbf{x}}_i - \alpha_i\mathbf{x}_i - \beta_{i-1}\mathbf{x}_{i-1} \\
\widetilde{\mathbf{x}}_i &= \widetilde{\mathbf{x}}_i' - \sum_{k=1}^{i}(\widetilde{\mathbf{x}}_i'^{\mathrm{T}}\mathbf{M}\mathbf{x}_k)\mathbf{x}_k - \sum_{j=1}^{n_c}(\widetilde{\mathbf{x}}_i'^{\mathrm{T}}\mathbf{M}\boldsymbol{\varphi}_j)\boldsymbol{\varphi}_j \\
\beta_i &= (\widetilde{\mathbf{x}}_i^{\mathrm{T}}\mathbf{M}\widetilde{\mathbf{x}}_i)^{1/2} \\
\mathbf{x}_{i+1} &= \frac{\widetilde{\mathbf{x}}_i}{\beta_i}
\end{aligned} \tag{11.145}$$

其中, n_c 是前面阶段收敛特征值的个数. 尽管进行了 Gram-Schmidt 正交化, 还要检验向量 $\mathbf{x}_{i+1}$ 是否满足正交性条件, 如果发现不满足正交性条件, 则 Lanczos 阶段终止, $q=i$; 否则进行最大步数 $q_{\max}$, 设置 $q=q_{\max}$.

可以通过求解式 (11.138) 计算 r 个其他的收敛特征值 $\lambda_{nc+1},\cdots,\lambda_{nc+r}$ [953]
及其特征向量 $\boldsymbol{\varphi}_{nc+1},\cdots,\boldsymbol{\varphi}_{nc+r}$ (如使用 QR 逆迭代法, 见第 11.3.3 节)

$$\mathbf{T}_q\mathbf{s}=\nu\mathbf{s} \tag{11.138}$$

收敛性是指需满足准则式 (11.144). 将 nc 设为新值. 如果尚未得到所求特征值和特征向量, 则重新启动下一个 Lanczos 阶段.

继续进行, 直到算出所有要求的特征值和特征向量或直至达到已设定的 Lanczos 步骤的最大数.

这些求解过程给出了 Lanczos 迭代算法的一般步骤 (包括一个简单的、单次全面的二次正交化). 正如前面介绍过的, 实际实现的细节 (这里没有给出) 对该方法的有效性和可靠性是非常重要的. 实际 Lanczos 迭代法的一些重要且微妙的问题是选择要进行的实际二次正交化, 以及有效和可靠地确定正交性满足情况, 然后用新的有效的向量 $\mathbf{x}$ 重启算法, 以确保收敛于真正的特征值, 而不是虚假的重复特征值, 当这比继续当前阶段更有效时, 重启一个新阶段, 为 $q_{\max}$ 选择适当的值, 并使用有效的平移策略. 此外, 需要进行 Sturm 序列检验以确保算出所求的特征值 (见第 11.6.4 节对该检验方法有更多介绍). 当然, 特征值的收敛速度取决于所用的实际算法.

最后应指出, 已发展的 Lanczos 算法对向量组也有效 (而非只对单个向量有效)(如见 G. H. Golub 和 R. Underwood [A], H. Matthies [B]).

11.5.3 习题

11.13 证明 Lanczos 变换所产生的向量 $\mathbf{x}_i$ 是 (精确算术) $\mathbf{M}$ 正交的. 提示: 证明 $\mathbf{x}_1$、$\mathbf{x}_2$ 和 $\mathbf{x}_3$ 为 $\mathbf{M}$ 正交的, 然后使用归纳法.

11.14 假设 Lanczos 变换向量的正交性缺失情况只是向量减法步骤式 (11.125) 造成的. 则证明正交性缺失情况可以用下式预测

$$\left|\mathbf{x}_i^{\mathrm{T}}\mathbf{M}\mathbf{x}_{j+1}\right|\lesssim\frac{f_{ij}}{\beta_j}\varepsilon$$

其中, 符号 $\lesssim$ 表示 “大约小于” 且

$$j=\text{Lanczos 步骤个数};\ 1\leqslant i\leqslant j$$

$$\left|\mathbf{x}_i^{\mathrm{T}}\mathbf{M}\mathbf{x}_k\right|\leqslant\varepsilon\quad(1\leqslant i,k\leqslant j;k\neq i)$$

$$f_{ij}=\begin{cases}|\alpha_i-\alpha_j|+\beta_{j-1}+\beta_{i-1}+\beta_i; & i\leqslant j-2\\ |\alpha_i-\alpha_j|+\beta_{j-2}; & i=j-1\\ \beta_{j-1}; & i=j\end{cases}$$

[954] 11.15 设计一个 Lanczos 迭代法, 求解如下问题的最小特征值及其特征向量

$$\begin{bmatrix} 4 & -1 & 0 & 0 \\ -1 & 4 & -1 & 0 \\ 0 & -1 & 2 & -1 \\ 0 & 0 & -1 & 1 \end{bmatrix} \boldsymbol{\varphi} = \lambda \begin{bmatrix} 2 & & & \\ & 1 & & \\ & & 1 & \\ & & & 1 \end{bmatrix} \boldsymbol{\varphi}$$

11.16 设计一个 Lanczos 迭代法, 求解如下问题的两个最小特征值及其特征向量

$$\begin{bmatrix} 2 & -1 & & \\ -1 & 1 & -\frac{1}{4} & \\ & -\frac{1}{4} & 1 & -1 \\ & & -1 & 2 \end{bmatrix} \boldsymbol{\varphi} = \lambda \begin{bmatrix} 1 & & & \\ & \frac{1}{2} & & \\ & & \frac{1}{2} & \\ & & & 1 \end{bmatrix} \boldsymbol{\varphi}$$

11.17 编写 Lanczos 迭代法的计算机程序. 使用该程序计算如下问题的 p 个最小特征值及其特征向量

$$\begin{bmatrix} 101 & -10 & & & & \\ -10 & 102 & -10 & & & \\ & -10 & 103 & & & \\ & & & \ddots & & \\ & & & & & -10 \\ & & & & -10 & 100+n \end{bmatrix} \boldsymbol{\varphi} = \lambda \begin{bmatrix} 1 & & & & \\ & 2 & & & \\ & & 3 & & \\ & & & \ddots & \\ & & & & n \end{bmatrix} \boldsymbol{\varphi}$$

使用

$$\begin{aligned} p &= 4; \quad n = 40 \\ p &= 8; \quad n = 80 \\ p &= 16; \quad n = 80 \end{aligned}$$

使用式 (10.106) 的误差界确定已算出的特征值精度, 并确保没有漏掉的特征值或者没有虚假的重复特征值.

11.6 子空间迭代法

子空间迭代法是一种有效的方法, 在工程实践中广泛用于求解有限元方程的特征值及其特征向量. 该方法尤其适合大型有限元系统中少量特征值及其特征向量的计算.

子空间迭代法由 K. J. Bathe[A] 发展和命名, 包括如下三个步骤.

① 建立 q 个初始迭代向量, $q > p$, 其中, p 是要求的特征值和特征向量的个数;

② 同时使用 q 个向量的逆迭代法和 Ritz 分析, 以从 q 个迭代向量中计算出特征值和特征向量的 "最好的" 近似值;

③ 迭代收敛后, 使用 Sturm 序列检验, 以验证所求的特征值及其特征向量.

该求解法被命名为子空间迭代法, 是因为该迭代法等价于在 q 维子空间中迭代, 不应被视为用 q 个单独向量同步迭代. 具体来说, 应注意在迭代过程中, 步骤 ① 中的初始迭代向量选择以及在步骤 ③ 中的向量 Sturm 序列检验是非常重要的部分. 总而言之, 子空间迭代法基本上是建立在以前已经使用的方法之上的, 即同步向量迭代 (见 F. L. Bauer [A], A. Jennings [A])、Sturm 序列检验 (见第 10.2.2 节) 和 Rayleigh-Ritz 分析 (见第 10.3.2 节), 而方法的主旨思想源于 H. Rutishauser [B] 的工作. [955]

子空间迭代法的一些优点是, 比较容易理解相关理论, 是鲁棒的, 可以方便地进行编程 (见 K. J. Bathe [A],K. J. Bathe 和 E. L. Wi1son [D]).

在下面几节, 首先描述子空间迭代法的基本理论和迭代步骤, 然后给出该基本算法的一个完整程序. 这里我们唯一的目的是讨论基本的子空间迭代法, 并通过计算机程序加强理解. 在实际的工程实践中, 设计良好的 Lanczos 法 (见第 11.5 节) 或带平移的加速子空间迭代法的子程序会更加有效.

11.6.1 基本考虑因素

子空间迭代法的基本目标是求解 p 个最小特征值及其特征向量, 满足

$$\mathbf{K}\boldsymbol{\Phi} = \mathbf{M}\boldsymbol{\Phi}\boldsymbol{\Lambda} \tag{11.146}$$

其中, $\boldsymbol{\Lambda} = \mathrm{diag}(\lambda_i)$, $\boldsymbol{\Phi} = [\boldsymbol{\varphi}_1, \cdots, \boldsymbol{\varphi}_p]$.

除了式 (11.146) 外, 特征向量还需要满足正交性条件

$$\boldsymbol{\Phi}^{\mathrm{T}}\mathbf{K}\boldsymbol{\Phi} = \boldsymbol{\Lambda}; \quad \boldsymbol{\Phi}^{\mathrm{T}}\mathbf{M}\boldsymbol{\Phi} = \mathbf{I} \tag{11.147}$$

其中, $\mathbf{I}$ 是 p 阶单位矩阵, 因为 $\boldsymbol{\Phi}$ 只包含 p 个特征向量. 应着重指出: 式 (11.146) 是 $\boldsymbol{\Phi}$ 中向量为特征向量的充分必要条件, 但式 (11.147) 中的特征向量正交条件是必要的但是不充分的. 换句话说, 如果有 p 个向量满足式 (11.147), $p < n$, 则这些向量不一定是特征向量. 但如果 p 个向量满足式 (11.146), 则它们肯定是特征向量, 尽管仍然需要确定它们是否是要求的 p 个特征向量 (见第 10.2.1 节).

子空间迭代法的基本思想利用了这样的事实, 即式 (11.146) 中特征向量形成了 $\mathbf{K}$ 和 $\mathbf{M}$ 矩阵的 p 维最小主子空间的 $\mathbf{M}$ 正交基, 该子空间称之为 E_∞

(见第 2.3 节). 在求解中, 具有 p 个线性无关向量的迭代可看做是子空间迭代. 初始迭代向量张成 E_1, 迭代不断进行直至达到足够的精度为止, 则张成 E_∞. 使用子空间进行迭代有一些重要的结果. 所需迭代次数的总数取决于 E_1 与
[956] E_∞ 的接近程度, 而不是每一次迭代向量与特征向量的接近程度. 因此, 该算法的有效性在于, 相对于找到 p 个与所求特征向量足够接近的向量而言, 更容易建立一个接近 E_∞ 的 p 维初始子空间. 用于建立初始迭代向量的具体算法将会在后面阐述. 另外, 由于用子空间进行迭代, 故要求整个子空间收敛于特征向量, 而不是各个迭代向量收敛于特征向量. 换言之, 如果迭代向量是所求特征向量的线性组合, 则求解算法只需一步就收敛.

为说明该基本想法, 考虑同时对 p 个向量进行逆迭代. 令 $\mathbf{X}_1$ 储存 p 个初始迭代向量, 张成初始子空间 E_1. p 个向量的同步逆迭代可写为

$$\mathbf{K}\mathbf{X}_{k+1} = \mathbf{M}\mathbf{X}_k; \quad k = 1, 2, \cdots \tag{11.148}$$

其中, 注意到只要初始向量与 E_∞ 不正交, 则 $\mathbf{X}_{k+1}$ 中的 p 个迭代向量张成 p 维子空间 E_{k+1}, 所生成的子空间序列收敛于 E_∞. 这似乎与下面事实相矛盾, 即在迭代中 $\mathbf{X}_{k+1}$ 的每列都已知收敛于最小主特征向量, 除非该列缺失 $\boldsymbol{\varphi}_1$, 即除非该列是不含特征向量 $\boldsymbol{\varphi}_1$ 的线性组合向量 (见第 11.2.1 节). 实际并不矛盾. 尽管在精确算术中 $\mathbf{X}_{k+1}$ 向量张成 E_{k+1}, 但它们越来越平行, 因此是 E_{k+1} 越来越差的基. 一种保持数值稳定性的方法是在子空间 E_{k+1} 中使用 Gram-Schmidt 方法生成正交基 (见第 11.2.5 节). 此时, 对 $k = 1, 2, \cdots$, 迭代如下

$$\mathbf{K}\overline{\mathbf{X}}_{k+1} = \mathbf{M}\mathbf{X}_k \tag{11.149}$$

$$\mathbf{X}_{k+1} = \overline{\mathbf{X}}_{k+1}\mathbf{R}_{k+1} \tag{11.150}$$

其中, 选择上三角矩阵 $\mathbf{R}_{k+1}$, 使得 $\mathbf{X}_{k+1}^{\mathrm{T}}\mathbf{M}\mathbf{X}_{k+1} = \mathbf{I}$. 则只要 $\mathbf{X}_1$ 的初始向量不缺失特征向量 $\boldsymbol{\varphi}_1, \boldsymbol{\varphi}_2, \cdots, \boldsymbol{\varphi}_p$, 有

$$\mathbf{X}_{k+1} \to \boldsymbol{\Phi}; \quad \mathbf{R}_{k+1} \to \boldsymbol{\Lambda}$$

着重指出, 式(11.148) 中的迭代与式 (11.149) 和式 (11.150) 中的迭代产生相同的子空间序列. 但式 (11.150) 中 $\mathbf{X}_{k+1}$ 的第 i 列线性收敛于 $\boldsymbol{\varphi}_i$, 且收敛率为 $\max\{\lambda_{i-1}/\lambda_i;\ \lambda_i/\lambda_{i+1}\}$.

为说明求解法, 考虑下面的例子。

例 11.24: 考虑特征问题 $\mathbf{K}\boldsymbol{\varphi} = \lambda\mathbf{M}\boldsymbol{\varphi}$, 其中

$$\mathbf{K} = \begin{bmatrix} 2 & -1 & 0 \\ -1 & 4 & -1 \\ 0 & -1 & 2 \end{bmatrix}; \quad \mathbf{M} = \begin{bmatrix} \frac{1}{2} & & \\ & 1 & \\ & & \frac{1}{2} \end{bmatrix}$$

两个最小特征值及其特征向量为 (见例 10.4)

$$\lambda_1 = 2; \quad \boldsymbol{\varphi}_1 = \begin{bmatrix} \dfrac{1}{\sqrt{2}} \\ \dfrac{1}{\sqrt{2}} \\ \dfrac{1}{\sqrt{2}} \end{bmatrix}; \quad \lambda_2 = 4; \boldsymbol{\varphi}_2 = \begin{bmatrix} -1 \\ 0 \\ 1 \end{bmatrix}$$

为计算 λ_1、$\boldsymbol{\varphi}_1$ 和 λ_2、$\boldsymbol{\varphi}_2$, 使用式 (11.149) 和式 (11.150) 中给出的 Gram-Schrnidt 正交化同时进行向量迭代, 且初始向量为 [957]

$$\mathbf{X}_1 = \begin{bmatrix} 0 & 2 \\ 1 & 1 \\ 2 & 0 \end{bmatrix}$$

由式 $\mathbf{K}\overline{\mathbf{X}}_2 = \mathbf{M}\mathbf{X}_1$ 得

$$\overline{\mathbf{X}}_2 = \begin{bmatrix} 0.25 & 0.75 \\ 0.50 & 0.50 \\ 0.75 & 0.25 \end{bmatrix}$$

$\mathbf{M}$ 正交化 $\overline{\mathbf{X}}_2$ 得

$$\mathbf{X}_2 = \begin{bmatrix} 0.333\,3 & 1.179 \\ 0.666\,7 & 0.235\,7 \\ 1.000 & -0.707\,1 \end{bmatrix}; \quad \mathbf{R}_2 = \begin{bmatrix} 1.333 & -1.650 \\ 0 & 2.121 \end{bmatrix}$$

类似地, 得到下面的结果

$$\mathbf{X}_3 = \begin{bmatrix} 0.522\,2 & 1.108 \\ 0.696\,3 & 0.123\,1 \\ 0.870\,4 & -0.861\,4 \end{bmatrix}; \quad \mathbf{R}_3 = \begin{bmatrix} 2.089 & -0.984\,7 \\ 0 & 3.830 \end{bmatrix}$$

$$\mathbf{X}_4 = \begin{bmatrix} 0.616\,3 & 1.058 \\ 0.704\,4 & 0.062\,2 \\ 0.792\,4 & -0.933\,9 \end{bmatrix}; \quad \mathbf{R}_4 = \begin{bmatrix} 2.023 & -0.520\,2 \\ 0 & 3.954 \end{bmatrix}$$

$$\mathbf{X}_5 = \begin{bmatrix} 0.662\,3 & 1.030 \\ 0.706\,4 & 0.031\,2 \\ 0.750\,6 & -0.967\,8 \end{bmatrix}; \quad \mathbf{R}_5 = \begin{bmatrix} 2.006 & -0.263\,9 \\ 0 & 3.988 \end{bmatrix}$$

$$\mathbf{X}_6 = \begin{bmatrix} 0.684\,8 & 1.015 \\ 0.706\,9 & 0.015\,6 \\ 0.729\,0 & -0.984\,1 \end{bmatrix}; \quad \mathbf{R}_6 = \begin{bmatrix} 2.001 & -0.132\,4 \\ 0 & 3.997 \end{bmatrix}$$

$$\mathbf{X}_7 = \begin{bmatrix} 0.696\,0 & 1.008 \\ 0.707\,1 & 0.007\,8 \\ 0.718\,1 & -0.992\,1 \end{bmatrix}; \quad \mathbf{R}_7 = \begin{bmatrix} 2.000 & -0.066\,3 \\ 0 & 3.999 \end{bmatrix}$$

$$\mathbf{X}_8 = \begin{bmatrix} 0.701\,6 & 1.004 \\ 0.707\,1 & 0.003\,9 \\ 0.7126 & -0.996\,1 \end{bmatrix}; \quad \mathbf{R}_8 = \begin{bmatrix} 2.000 & -0.033\,1 \\ 0 & 4.000 \end{bmatrix}$$

$$\mathbf{X}_9 = \begin{bmatrix} 0.704\,3 & 1.002 \\ 0.707\,1 & 0.002\,0 \\ 0.709\,9 & -0.998\,0 \end{bmatrix}; \quad \mathbf{R}_9 = \begin{bmatrix} 2.000 & -0.016\,6 \\ 0 & 4.000 \end{bmatrix}$$

$$\mathbf{X}_{10} = \begin{bmatrix} 0.705\,7 & 1.001 \\ 0.707\,1 & 0.001\,0 \\ 0.708\,5 & -0.999\,0 \end{bmatrix}; \quad \mathbf{R}_{10} = \begin{bmatrix} 2.000 & -0.008\,3 \\ 0 & 4.000 \end{bmatrix}$$

[958] 9 次迭代之后, 有

$$\boldsymbol{\varphi}_1 \doteq \begin{bmatrix} 0.705\,7 \\ 0.707\,1 \\ 0.708\,5 \end{bmatrix}; \quad \lambda_1 \doteq 2.000$$

$$\boldsymbol{\varphi}_2 \doteq \begin{bmatrix} 1.001 \\ 0.001\,0 \\ -0.999\,0 \end{bmatrix}; \quad \lambda_2 \doteq 4.000$$

应指出, 虽然 $\mathbf{X}_1$ 中的向量已经张成 $\boldsymbol{\varphi}_1$ 和 $\boldsymbol{\varphi}_2$ 的空间, 但仍需要进行多次迭代才能收敛.

在前面例子中的求解说明了式 (11.149) 和式 (11.150) 的迭代过程, 也说明了该方法的主要不足. 即, 通过将第 i 个迭代向量与已经正交化的第 $(i-1)$ 个迭代向量正交化, 而没有代之以更有效的迭代向量线性组合, 使得每个迭代向量收敛于不同的特征向量. 在例子中, 该迭代以两个迭代向量开始, 该迭代向量为所求特征向量的线性组合, 该方法不具有任何优势. 通常, 如果 $\mathbf{X}_{k+1}$ 中的迭代向量张成 E_∞, 但不是特征向量 (即, $\mathbf{X}_{k+1}$ 中的向量是特征向量 $\boldsymbol{\varphi}_1, \cdots, \boldsymbol{\varphi}_p$ 的线性组合), 则虽然子空间 $\mathbf{X}_{k+1}$ 已经收敛了, 但为了将迭代向量的正交基变换为特征向量基, 所以还需要更多的迭代.

11.6.2 子空间迭代

下面的算法 (称之为子空间迭代法) 找出 E_{k+1} 中向量的正交基, 从而保持式 (11.148) 中迭代的数值稳定性, 并且当 E_{k+1} 收敛于 E_∞ 时, 一步迭代就算出了所求的特征向量. 该算法用于子空间迭代法的迭代, 即整个求解过程的第二步.

对 $k=1,2,\cdots$, 从 E_k 到 E_{k+1} 进行迭代

$$\mathbf{K}\overline{\mathbf{X}}_{k+1}=\mathbf{M}\mathbf{X}_k \tag{11.151}$$

找到矩阵 $\mathbf{K}$ 和 $\mathbf{M}$ 在 E_{k+1} 上的投影

$$\mathbf{K}_{k+1}=\overline{\mathbf{X}}_{k+1}^{\mathrm{T}}\mathbf{K}\overline{\mathbf{X}}_{k+1} \tag{11.152}$$

$$\mathbf{M}_{k+1}=\overline{\mathbf{X}}_{k+1}^{\mathrm{T}}\mathbf{M}\overline{\mathbf{X}}_{k+1} \tag{11.153}$$

求解投影矩阵的特征系统

$$\mathbf{K}_{k+1}\mathbf{Q}_{k+1}=\mathbf{M}_{k+1}\mathbf{Q}_{k+1}\mathbf{\Lambda}_{k+1} \tag{11.154}$$

找到特征向量的修正近似值

$$\mathbf{X}_{k+1}=\overline{\mathbf{X}}_{k+1}\mathbf{Q}_{k+1} \tag{11.155}$$

则只要向量 $\mathbf{X}_1$ 是含一个所求特征向量中的线性组合, 就有 [959]

$$当\ k\to\infty\ 时,\ \mathbf{\Lambda}_{k+1}\to\mathbf{\Lambda}\ 和\ \mathbf{X}_{k+1}\to\mathbf{\Phi}$$

在子空间迭代法中, 隐含了迭代向量应以适当方式排序, 即收敛于 $\boldsymbol{\varphi}_1$, $\boldsymbol{\varphi}_2,\cdots$, 的迭代向量储存在 $\mathbf{X}_{k+1}$ 的第一列、第二列 …… 中. 通过计算求解例 11.24 中的问题说明迭代步骤.

例 11.25: 使用子空间迭代法求解例 11.24 中所考虑的问题.

使用式 (11.151) 至式 (11.155) 和例 11.24 中的 $\mathbf{K}$、$\mathbf{M}$ 和 $\mathbf{X}_1$, 得

$$\overline{\mathbf{X}}_2=\frac{1}{4}\begin{bmatrix}1&3\\2&2\\3&1\end{bmatrix}$$

$$\mathbf{K}_2=\frac{1}{4}\begin{bmatrix}5&3\\3&5\end{bmatrix};\quad \mathbf{M}_2=\frac{1}{16}\begin{bmatrix}9&7\\7&9\end{bmatrix}$$

因此,

$$\mathbf{\Lambda}_2=\begin{bmatrix}2&0\\0&4\end{bmatrix};\quad \mathbf{Q}_2=\begin{bmatrix}\dfrac{1}{\sqrt{2}}&2\\\dfrac{1}{\sqrt{2}}&-2\end{bmatrix}$$

$$\mathbf{X}_2=\begin{bmatrix}\dfrac{1}{\sqrt{2}}&-1\\\dfrac{1}{\sqrt{2}}&0\\\dfrac{1}{\sqrt{2}}&1\end{bmatrix}$$

比较例 11.24 中所得结果, 可看出第一次子空间迭代中就算出了精确的特征值和特征向量. 之所以如此, 是因为初始迭代向量 $\mathbf{X}_1$ 张成 $\boldsymbol{\varphi}_1$ 和 $\boldsymbol{\varphi}_2$ 定义的子空间.

考虑子空间迭代法, 第一个结论是式 (11.152) 中的 $\mathbf{K}_{k+1}$ 和式 (11.153) 中的 $\mathbf{M}_{k+1}$, 随着迭代次数的增加, 分别趋近对角形式, 即当 $\mathbf{X}_{k+1}$ 中的列向量是特征向量的数倍时, 则 $\mathbf{K}_{k+1}$ 和 $\mathbf{M}_{k+1}$ 是对角矩阵. 因此, 按照第 11.3.2 节中的讨论, 广义 Jacobi 法有效用于特征问题式 (11.154) 的求解中.

一个重要问题是该方法的收敛性. 假设在迭代中 $\mathbf{X}_{k+1}$ 的向量按如下形式排序, 即 $\boldsymbol{\Lambda}_{k+1}$ 中第 i 个对角元素比第 $(i-1)$ 个元素大, $i = 2, \cdots, p$, 则 $\mathbf{X}_{k+1}$ 的第 i 列向量线性收敛于 $\boldsymbol{\varphi}_i$, 收敛率为 λ_i/λ_{p+1} (见 K. J. Bathe[B]). 尽管这是一个渐近收敛率, 但它表明最小特征值收敛最快. 另外, 可通过使用 q 个迭代向量得到更高的收敛率, 其中 $q > p$. 但对一次迭代来说, 使用更多的迭代向量将增加计算工作量. 在实践中, $q = \min\{2p, p+8\}$ 通常是有效的, 故
[960] 采用这个值, 见 K.J. Bathe [J]. 关于收敛率, 应指出, 只要 $\lambda_{q+1} > \lambda_p$, 多重特征值并不降低收敛率.

至于前面介绍的迭代法, 只有当迭代向量比较接近特征向量时, 才可以在实践中观察到理论收敛特性. 但在实践中, 我们非常有兴趣想了解当 E_{k+1} 不 "接近" E_∞ 时, 前几次迭代将会出现怎样的情况. 的确该算法的有效性主要在于前几次迭代就可给出所求特征对的良好近似值, 原因在于式 (11.151) 至式 (11.155) 中给出的一次子空间迭代实际上是一种 Ritz 分析, 如第 10.3.2 节中所述. 因此, 子空间迭代法具有所有 Ritz 分析所拥有的特征, 即最小特征值在迭代过程中近似效果最好, 所有近似特征值是所求实际特征值的上界. 因此, 可认为子空间迭代法是反复应用第 10.3.2 节中的 Ritz 分析法, 其中, 上一次迭代中算出的近似特征向量用于形成当前迭代中右手端的载荷向量.

应强调指出, 无论使用式 (11.148) 至式 (11.150) 或式 (11.151) 至式 (11.155) 中的哪一种迭代法, 迭代向量张成相同的子空间 E_{k+1}. 因此, 没有必要总是按式 (11.151) 至式 (11.152) 进行迭代, 可先进行简单的逆迭代式 (11.148) 或带 Gram-Schmidt 正交化的逆迭代式 (11.149) 至式 (11.150), 最后使用子空间迭代法式 (11.151) 至式 (11.155). 当只使用子空间迭代法时, 计算所得的结果将会与理论上的一致. 但是, 困难在于确定在什么阶段使用式 (11.152) 至式 (11.155) 对迭代向量进行正交化, 因为式 (11.151) 迭代产生的向量越来越平行. 此外, Gram-Schmidt 正交化在数值上不是很稳定. 如果因为要么初始假设的迭代向量几乎平行, 要么通过没有使用正交化的迭代, 使得迭代向量相互之间很近似, 则有可能由于计算机的有限计算精度而不能够把这些向量正交化. 遗憾的是, 考虑大型有限元系统, 初始迭代向量在某些情况下是几乎平行的, 尽管它们张成的子空间很接近 E_∞, 所以最好将 $\mathbf{K}$ 和 $\mathbf{M}$ 投影于 E_2, 从而立即把迭代向量正交化. 另外, 使用子空间迭代, 在每次迭代中得到所求特

征值和特征向量的“最好的”近似值, 并且可以估算每次迭代的收敛性.

11.6.3 初始迭代向量

子空间迭代法的第一步是选择 $\mathbf{X}_1$ 中的初始迭代向量 (见式 (11.151)). 正如前面所指出的, 如果初始向量张成最小主子空间, 则迭代进行一步就收敛. 例如, 当对角质量矩阵只有 p 个非零元素, 且初始向量是单位向量 $\mathbf{e}_i$, 其中元素 +1 对应于质量自由度, 就是这种情况. 因此, 子空间迭代法实际上是静态凝聚分析或 Guyan 归约. 这正是第 10.3.2 节所讨论的结果, 因为子空间迭代体现了 Ritz 分析. 请看下面的例子.

例 11.26: 使用子空间迭代法计算问题 $\mathbf{K}\boldsymbol{\varphi} = \lambda\mathbf{M}\boldsymbol{\varphi}$ 的特征对 $(\lambda_1, \boldsymbol{\varphi}_1)$ [961]
和 $(\lambda_2, \boldsymbol{\varphi}_2)$, 其中

$$\mathbf{K} = \begin{bmatrix} 2 & -1 & 0 & 0 \\ -1 & 2 & -1 & 0 \\ 0 & -1 & 2 & -1 \\ 0 & 0 & -1 & 1 \end{bmatrix}; \quad \mathbf{M} = \begin{bmatrix} 0 & & & \\ & 2 & & \\ & & 0 & \\ & & & 1 \end{bmatrix}$$

如上所述, 把单位向量 $\mathbf{e}_2$ 和 $\mathbf{e}_4$ 作为初始向量. 由式 (11.151) 至式 (11.155), 有

$$\begin{bmatrix} 2 & -1 & 0 & 0 \\ -1 & 2 & -1 & 0 \\ 0 & -1 & 2 & -1 \\ 0 & 0 & -1 & 1 \end{bmatrix} \overline{\mathbf{X}}_2 = \begin{bmatrix} 0 & 0 \\ 2 & 0 \\ 0 & 0 \\ 0 & 1 \end{bmatrix}$$

$$\overline{\mathbf{X}}_2 = \begin{bmatrix} 2 & 1 \\ 4 & 2 \\ 4 & 3 \\ 4 & 4 \end{bmatrix}$$

$$\mathbf{K}_2 = 4 \begin{bmatrix} 2 & 1 \\ 1 & 1 \end{bmatrix}; \quad \mathbf{M}_2 = 8 \begin{bmatrix} 6 & 4 \\ 4 & 3 \end{bmatrix}$$

因此,

$$\boldsymbol{\Lambda}_2 = \begin{bmatrix} \left(\dfrac{1}{2} - \dfrac{\sqrt{2}}{4}\right) & 0 \\ 0 & \left(\dfrac{1}{2} + \dfrac{\sqrt{2}}{4}\right) \end{bmatrix}; \quad \mathbf{Q}_2 = \begin{bmatrix} \dfrac{1}{8 + 4\sqrt{2}} & \dfrac{1}{4\sqrt{2} - 8} \\ \dfrac{1}{4 + 4\sqrt{2}} & \dfrac{1}{4\sqrt{2} - 4} \end{bmatrix}$$

和

$$\mathbf{X}_2 = \begin{bmatrix} \frac{1}{4} & -\frac{1}{4} \\ \frac{1}{2} & -\frac{1}{2} \\ \frac{1+\sqrt{2}}{4} & \frac{-1+\sqrt{2}}{4} \\ \frac{\sqrt{2}}{2} & \frac{\sqrt{2}}{2} \end{bmatrix}$$

将计算结果与例 10.12 所计算的结果比较, 看出使用一次子空间迭代就得到了精确解.

子空间迭代能够一步收敛出现的第二种情况是当 $\mathbf{K}$ 和 $\mathbf{M}$ 都是对角矩阵时. 这是一个比较简单的情况, 当分析中涉及一般矩阵时, 考虑它用于发展选择初始迭代向量的有效方法. 当 $\mathbf{K}$ 和 $\mathbf{M}$ 是对角矩阵时, 迭代向量应是单位向量, 且元素 $+1$ 对应有最小比 k_{ii}/m_{ii} 的自由度. 这些向量是对应最小特征值的特征向量, 这就是为什么能够一步就实现收敛. 我们在例 11.27 中说明该方法.

[962] **例 11.27**: 考虑问题 $\mathbf{K}\boldsymbol{\varphi} = \lambda\mathbf{M}\boldsymbol{\varphi}$, 通过子空间迭代法构造两个最小特征值求解的初始迭代向量, 其中

$$\mathbf{K} = \begin{bmatrix} 3 & & & \\ & 2 & & \\ & & 4 & \\ & & & 8 \end{bmatrix}; \quad \mathbf{M} = \begin{bmatrix} 2 & & & \\ & 0 & & \\ & & 4 & \\ & & & 1 \end{bmatrix}$$

k_{ii}/m_{ii} 比为 $3/2$、∞、1 和 8, 其中, $i = 1, \cdots, 4$, 这些都是该问题的特征值. 因而用到的初始向量是

$$\mathbf{X}_1 = \left[\begin{array}{c:c} 0 & 1 \\ 0 & 0 \\ 1 & 0 \\ 0 & 0 \end{array}\right]$$

向量 $\mathbf{X}_1$ 是所求特征向量的数倍, 因此第一步迭代就收敛.

以上处理的两种情况涉及比较特殊的矩阵, 即第一种情况下可以进行静态凝聚, 而在第二种情况下, 矩阵 $\mathbf{K}$ 和 $\mathbf{M}$ 是对角阵. 在这两种情况下都用到了单位向量 $\mathbf{e}_i$, 其中 $i = r_1, r_2, \cdots, r_p$, 以及 $r_j, j = 1, 2, \cdots, p$, 对所有的 i, 对应 k_{ii}/m_{ii} 的 p 个最小值. 使用该符号, 我们对例 11.26 中有 $r_1 = 2$ 和 $r_2 = 4$, 对例 11.27 有 $r_1 = 3, r_2 = 1$.

尽管在一般实际分析中很难遇到这些特殊矩阵, 但是构造初始迭代向量的结果表明, 在一般分析中如何选择有效的初始迭代向量. 一般的观点是, 由

于质量和刚度特性已充分集中, 在上面情况下, 我们可以选择张成最小主子空间 E_∞ 的初始向量. 这样的集中通常是不可能的, 或者会得到实际结构的不精确刚度和质量. 虽然矩阵 $\mathbf{K}$ 和 $\mathbf{M}$ 与上面所使用的不是完全相同的形式, 但讨论表明应构造初始迭代向量以激励那些大质量和小刚度对应的自由度. 基于这一观点, 在实际中, 下面的算法已被有效地用于选择初始迭代向量. $\mathbf{MX}_1$ 的第一列是 $\mathbf{M}$ 矩阵的对角元素. 这确保激励所有的质量自由度. 除了最后一列, $\mathbf{MX}_1$ 的其他列是单位向量 $\mathbf{e}_i$, 在具有最小 k_{ii}/m_{ii} 比的自由度处, $\mathbf{e}_i$ 元素为 +1, 而 $\mathbf{MX}_1$ 中的最后一列是一个随机向量 (在大型系统中的分析中, 初始向量中单位元素之间适当的间隔也是很重要的, 需要加以考虑; 见子程序 SSPACE).

上述介绍的初始子空间通常只是所求实际子空间的近似值, 将其表示为 E_∞, 矩阵 $\mathbf{K}$ 和 $\mathbf{M}$ 越接近例 11.26 和例 11.27 中所用的矩阵形式, 则初始子空间就会 "越好", 即少数几次迭代就会收敛. 在实践中, 收敛所需的迭代次数依赖于矩阵 $\mathbf{K}$ 和 $\mathbf{M}$、要求的特征值个数、所用迭代向量的个数, 以及特征值和特征向量所需的精度, 在子空间迭代发展的早期 (见 K. J. Bathe [A]), 只能求解 10 至 20 个频率和模态振形; 而现在可计算数百个特征对. 一个十分有效地选择迭代向量数目的公式是 $q=\max\{2p,p+8\}$, 且 $p \ll n$, 见 K. J. Bathe [J]. [963]

上述的初始子空间迭代法已得到广泛应用, 结构分析和随机特征问题求解见 H. J. Pradlwarter、G. I. Schuëller 和 G. S. Szekely [A], 蛋白质简正模态分析见 R. S. Sedeh、M. Bathe 和 K. J. Bathe [A], 以及部件模态综合求解见 K. J. Bathe 和 J. Dong [A]. 这种方法在求解微小变化的有限元模型的特征对时特别有效.

由于基本的子空间迭代法得到广泛应用, 对其进行改进也引起研究者的较大兴趣, 见 K. J. Bathe 和 S. Ramasway [A], Q. C. Zhao、P. Chen、W. B. Peng、Y. C. Gong 和 M. W. Yuan [A], 以及 K. T. Kim 和 K. J. Bathe [A]. 在 K. T. Kim 和 K. J. Bathe [A] 中的基本思想是, 由于在子空间迭代中, 迭代向量连续地靠近所求特征向量, 因此在先前迭代得到的靠近量可用于加速当前迭代. 这种改进的子空间迭代法的求解方法, 也可以高效地采用共享和分布内存进行并行处理, 见 K. J. Bathe [J].

11.6.4 收敛性

在子空间迭代法中, 有必要估计收敛性. 假设 k 步迭代已算出近似特征值为 $\lambda_i^{(k+1)}, i=1,\cdots,p, k \geqslant 2$, 则使用式 (10.107) 按如下形式估算收敛性

$$\left[1-\frac{(\lambda_i^{(k+1)})^2}{(\mathbf{q}_i^{(k+1)})^{\mathrm{T}}\mathbf{q}_i^{(k+1)}}\right]^{1/2} \leqslant tol; \quad i=1,\cdots,p \tag{11.156}$$

其中, $\mathbf{q}_i^{(k+1)}$ 是矩阵 $\mathbf{Q}_{k+1}$ 中对应 $\lambda_i^{(k+1)}$ 的向量 (见习题 11.20), 当特征值精确到 $2s$ 位数字时, $\text{tol} = 10^{-2s}$. 例如, 如果进行迭代, 直到式 (11.156) 中所有的 p 个界都小于 10^{-6} 时, 则得出 λ_p 已至少近似到 6 位数字, 且越小的特征值通常会计算得越准确. 由于使用 Rayleigh 商计算近似特征值, 故近似特征向量只精确到 s (或更多) 位数字. 应指出, 使用 $q(q > p)$ 个向量进行迭代时, 只对其中得到的 p 个最小特征值的近似值进行收敛性估计.

当应用子空间迭代法时, 另外重要的一点是, 由于任何特征对满足式 (11.146) 和式 (11.147), 需要验证实际已算出的特征值和特征向量. 该验证过程是子空间迭代法的第三个重要阶段. 正如所指出的, 只要 $\mathbf{X}_1$ 的初始向量与其他任何一个所求特征向量都不是 M 正交的, 式 (11.151) 至式 (11.155) 的迭代按极限收敛于特征向量 $\boldsymbol{\varphi}_1, \boldsymbol{\varphi}_2, \cdots, \boldsymbol{\varphi}_p$. 尽管没有正式数学证明该收敛总会出现, 但经验表明, 上述的初始子空间是非常令人满意的. 一旦满足式 (11.156) 收敛界, 且 s 至少等于 3, 则可以认为确实算出最小特征值及其特征向量. 为检验, 利用问题 $\mathbf{K}\boldsymbol{\varphi} = \lambda\mathbf{M}\boldsymbol{\varphi}$ 及 $\mathbf{K}^{(r)}\boldsymbol{\varphi}^{(r)} = \lambda^{(r)}\mathbf{M}^{(r)}\boldsymbol{\varphi}^{(r)}$ 在平移 μ
[964] 处特征多项式的 Sturm 序列性质, 其中, μ 正好在已算出的 λ_p 的右侧, 如图 11.5 所示. 在 $\mathbf{K} - \mu\mathbf{M}$ Gauss 分解为 $\mathbf{LDL}^{\mathrm{T}}$ 时, Sturm 序列性质得出 $\mathbf{D}$ 中负元素个数等于小于 μ 的特征值个数. 因此, 在所考虑的情况中, $\mathbf{D}$ 中应该有 p 个负元素. 但为应用 Sturm 序列检验, 考虑到只是得到问题 $\mathbf{K}\boldsymbol{\varphi} = \lambda\mathbf{M}\boldsymbol{\varphi}$ 的精确特征值的近似值的事实, 因此应使用一个合理的 μ. 令 l 是最后一次迭代, 设算出的特征值是 $\lambda_1^{(l+1)}, \lambda_2^{(l+1)}, \cdots, \lambda_p^{(l+1)}$. 由于满足式 (11.156), 可以使用

$$0.99\lambda_i^{(l+1)} \leqslant \lambda_i < 1.01\lambda_i^{(l+1)} \tag{11.157}$$

或者基于式 (11.156) 中可达的实际精度的更严格容许值. 则式 (11.157) 用于对所有精确特征值的容许值, 故可采用切实可行的 Sturm 序列检验.

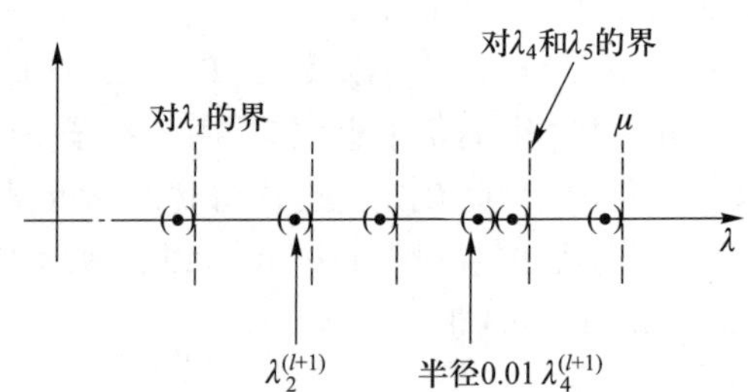

图 11.5　Sturm 序列检验的特征值界, $p = 6$

11.6.5　子空间迭代法的实现

子空间迭代法方程如式 (11.151) 至式 (11.155) 所示. 但是, 在实际进行时, 可按表 11.3 中所概述的那样进行求解更有效, 表中当 p 较小值时, 还给

出了相应的所需运算量.

在计算机程序 SSPACE 中, 以一种紧凑形式给出了该求解过程. 该子程序只给出了上述子空间迭代法基本步骤的实现, 没有包括在实践中很重要的加速方法. 该方法的一个重要方面是与其他求解法相比更简单, 这种简易性也体现在子程序 SSPACE 中.

表 11.3 子空间迭代法的小结, $p \leqslant 20$ [965]

运算	计算	运算量		所需存储量
		$m = m_{\mathrm{K}} = m_{\mathrm{M}}$	$m = m_{\mathrm{K}}, m_{\mathrm{M}} = 0$	
K 的分解	$\mathbf{K} = \mathbf{LDL}^{\mathrm{T}}$	$\frac{1}{2}nm^2 + \frac{3}{2}nm$	$\frac{1}{2}nm^2 + \frac{3}{2}nm$	算法可作为
子空间迭代	$\mathbf{K}\overline{\mathbf{X}}_{k+1} = \mathbf{Y}_k$	$nq(2m+1)$	$nq(2m+1)$	外存求解器
	$\mathbf{K}_{k+1} = \overline{\mathbf{X}}_{k+1}^{\mathrm{T}}\mathbf{Y}_k$	$\frac{1}{2}nq(q+1)$	$\frac{1}{2}nq(q+1)$	有效地实现
	$\overline{\mathbf{Y}}_{k+1} = \mathbf{M}\overline{\mathbf{X}}_{k+1}$	$nq(2m+1)$	nq	
	$\mathbf{M}_{k+1} = \overline{\mathbf{X}}_{k+1}^{\mathrm{T}}\overline{\mathbf{Y}}_{k+1}$	$\frac{1}{2}nq(q+1)$	$\frac{1}{2}nq(q+1)$	
	$\mathbf{K}_{k+1}\mathbf{Q}_{k+1} = \mathbf{M}_{k+1}\mathbf{Q}_{k+1}\mathbf{\Lambda}_{k+1}$	$o(q^3)$ 可忽略	$o(q^3)$ 可忽略	
	$\mathbf{Y}_{k+1} = \overline{\mathbf{Y}}_{k+1}\mathbf{Q}_{k+1}$	nq^2	nq^2	
Sturm 序列检验	$\overline{\mathbf{K}} = \mathbf{K} - \mu\mathbf{M}$	$n(m+1)$	n	
	$\overline{\mathbf{K}} = \mathbf{LDL}^{\mathrm{T}}$	$\frac{1}{2}nm^2 + \frac{3}{2}nm$	$\frac{1}{2}nm^2 + \frac{3}{2}nm$	
误差度量*	$\dfrac{\Vert\mathbf{K}\boldsymbol{\varphi}_i^{(l+1)} - \lambda_i^{(l+1)}\mathbf{M}\boldsymbol{\varphi}_i^{(l+1)}\Vert_2}{\Vert\mathbf{K}\boldsymbol{\varphi}_i^{(l+1)}\Vert_2}$	$4nm + 5n$	$2nm + 5n$	
求解 p 个最小特征值及其特征向量的总运算量, 假设需要 10 次迭代, $q = \max\{2p, p+8\}$		$nm^2+nm(4+4p)+5np+20nq\left(2m+q+\frac{3}{2}\right)$	$nm^2+nm(3+2p)+5np+20nq\left(m+q+\frac{3}{2}\right)$	

*误差度量不是必要的, 但可能有一定意义.

子程序 SSPACE 是上述子空间迭代法的实现, 该方法用于求解广义特征 [966]
问题 $\mathbf{K}\boldsymbol{\varphi} = \lambda\mathbf{M}\boldsymbol{\varphi}$ 的最小特征值及其特征向量. 子程序的参数变量和使用在程序中利用注释行进行了定义.

```
      SUBROUTINE SSPACE (A,B,MAXA,R,EIGV,TT,W,AR,BR,VEC,D,RTOLV,BUP,BLO, SSP00001
     1 BUPC,NN,NNM,NWK,NWM,NROOT,RTOL,NC,NNC,NITEM,IFSS,IFPR,NSTIF,IOUT) SSP00002
C . . . . . . . . . . . . . . . . . . . . . . . . . . . . . . . . . . . SSP00003
C . .                                                                   SSP00004
C .   P R O G R A M                                                   . SSP00005
C .        TO SOLVE FOR THE SMALLEST EIGENVALUES-- ASSUMED .GT. 0 --  . SSP00006
C .        AND CORRESPONDING EIGENVECTORS IN THE GENERALIZED          . SSP00007
C .        EIGENPROBLEM USING THE SUBSPACE ITERATION METHOD           . SSP00008
C .                                                                   . SSP00009
```

```
C .  - -INPUT VARIABLES - -                                             . SSP00010
C .     A(NWK)    = STIFFNESS MATRIX IN COMPACTED FORM (ASSUMED         . SSP00011
C .               POSITIVE DEFINITE)                                    . SSP00012
C .     B(NWM)    = MASS MATRIX IN COMPACTED FORM                       . SSP00013
C .     MAXA(NNM) = VECTOR CONTAINING ADDRESSES OF DIAGONAL             . SSP00014
C .               ELEMENTS OF STIFFNESS MATRIX A                        . SSP00015
C .     R(NN,NC) = STORAGE FOR EIGENVECTORS                             . SSP00016
C .     EIGV(NC) = STORAGE FOR EIGENVALUES                              . SSP00017
C .     TT(NN)   = WORKING VECTOR                                       . SSP00018
C .     W(NN)    = WORKING VECTOR                                       . SSP00019
C .     AR(NNC)  = WORKING MATRIX STORING PROJECTION OF K               . SSP00020
C .     BR(NNC)  = WORKING MATRIX STORING PROJECTION OF M               . SSP00021
C .     VEC(NC,NC)= WORKING MATRIX                                      . SSP00022
C .     D(NC)     = WORKING VECTOR                                      . SSP00023
C .     RTOLV(NC) = WORKING VECTOR                                      . SSP00024
C .     BUP(NC)   = WORKING VECTOR                                      . SSP00025
C .     BLO(NC)   = WORKING VECTOR                                      . SSP00026
C .     BUPC(NC)  = WORKING VECTOR                                      . SSP00027
C .     NN       = ORDER OF STIFFNESS AND MASS MATRICES                 . SSP00028
C .      NNM       = NN + 1                                             . SSP00029
C .     NWK      = NUMBER OF ELEMENTS BELOW SKYLINE OF                  . SSP00030
C .                  STIFFNESS MATRIX                                   . SSP00031
C .     NWM      = N UMBER OF ELEMENTS BELOW SKYLINE OF                 . SSP00032
C .                 MASS MATRIX                                         . SSP00033
C .                  I. E. NWM=NWK FOR CONSISTENT MASS MATRIX           . SSP00034
C .                        NWM=NN FOR LUMPED MASS MATRIX                . SSP00035
C .     NROOT    = NUMBER OF REQUIRED EIGENVALUES AND EIGENVECTORS      . SSP00036
C .     RTOL     = CONVERGENCE TOLERANCE ON EIGENVALUES                 . SSP00037
C .                 ( 1.E-06 OR SMALLER )                               . SSP00038
C .     NC       = NUMBER OF ITERATION VECTORS USED                     . SSP00039
C .                (USUALLY SET TO MAX(2*NROOT, NROOT+8), BUT NC        . SSP00040
C .                CANNOT BE LARGER THAN THE NUMBER OF MASS             . SSP00041
C .                 DEGREES OF FREEDOM)                                 . SSP00042
C .    NNC       = NC*(NC+1)/2 DIMENSION OF STORAGE VECTORS AR,BR       . SSP00043
C .    NITEM    = MAXIMUM NUMBER OF SUBSPACE ITERATIONS PERMITTED       . SSP00044
C .                (USUALLY SET TO 16)                                  . SSP00045
C .                THE PARAMETERS NC AND/OR NITEM MUST BE               . SSP00046
C .                INCREASED IF A SOLUTION HAS NOT CONVERGED            . SSP00047
C .   IFSS      = FLAG FOR STURM SEQUENCE CHECK                         . SSP00048
C .                  EQ.0 NO CHECK                                      . SSP00049
C .                  EQ.1 CHECK                                         . SSP00050
C .   IFPR      = FLAG FOR PRINTING DURING ITERATION                    . SSP00051
C .                  EQ.0 NO PRINTING                                   . SSP00052
C .                  EQ.1 PRINT                                         . SSP00053
C .   NSTIF     = SCRATCH FILE                                          . SSP00054
C .   IOUT      = UNIT USED FOR OUTPUT                                  . SSP00055
C .                                                                     . SSP00056
```

```
C . - - OUTPUT - -                                                    .
C .      EIGV(NROOT) = EIGENVALUES                                    .
C .      R(NN,NROOT) = EIGENVECTORS                                   .
C .                                                                   .
C . . . . . . . . . . . . . . . . . . . . . . . . . . . . . . . . . .
      IMPLICIT DOUBLE PRECISION (A-H,O-Z)
C . . . . . . . . . . . . . . . . . . . . . . . . . . . . . . . . . .
C . THIS PROGRAM IS USED IN SINGLE PRECISION ARITHMETIC ON CRAY       .
C . EQUIPMENT AND DOUBLE PRECISION ARITHMETIC ON IBM MACHINES,        .
C . ENGINEERING WORKSTATIONS AND PCS. DEACTIVATE ABOVE LINE FOR       .
C . SINGLE PRECISION ARITHMETIC.                                      .
C . . . . . . . . . . . . . . . . . . . . . . . . . . . . . . . . . .
      INTEGER MAXA(NNM)
      DIMENSION A(NWK),B(NWM),R(NN,NC),TT(NN),W(NN),EIGV(NC),
     1 D(NC),VEC(NC,NC),AR(NNC),BR(NNC),RTOLV(NC),BUP(NC),
     2 BLO(NC),BUPC(NC)
C
C     SET TOLERANCE FOR JACOBI ITERATION
      TOLJ=1.0D-12
C
C     INITIALIZATION
C
      ICONV=0
      NSCH=0
      NSMAX=12
      N1=NC + 1
      NC1=NC - 1
      REWIND NSTIF
      WRITE (NSTIF) A
      DO 2 I=1,NC
    2 D(I)=0.
C
C      ESTABLISH STARTING ITERATION VECTORS
C
      ND=NN/NC
      IF (NWM.GT.NN) GO TO 4
      J=0
      DO 6 I=1,NN
      II=MAXA(I)
      R(I,1)=B(I)
      IF (B(I).GT.0) J=J + 1
    6 W(I)=B(I)/A(II)
      IF (NC.LE.J) GO TO 16
      WRITE (IOUT,1007)
      GO TO 800
    4 DO 10 I=1,NN
      II=MAXA(I)
      R(I,1)=B(II)
```

[967]

```
 10 W(I)=B(II)/A(II)
 16 DO 20 J=2,NC
    DO 20 I=1,NN
 20 R(I,J)=0.
C
    L=NN - ND
    DO 30 J=2,NC
    RT=0.
    DO 40 I=1,L
    IF (W(I).LT.RT) GO TO 40
    RT=W(I)
    IJ=I
 40 CONTINUE
    DO 50 I=L,NN
    IF (W(I).LE.RT) GO TO 50
    RT=W(I)
    IJ=I
 50 CONTINUE
    TT(J)=FLOAT(IJ)
    W(IJ)=0.
    L=L - ND
 30 R(IJ,J)=1.
C
    WRITE (IOUT,1008)
    WRITE (IOUT,1002) (TT(J),J=2,NC)
C
C   A RANDOM VECTOR IS ADDED TO THE LAST VECTOR
C
    PI=3.141592654D0
    XX=0.5D0
    DO 60 K=1,NN
    XX=(PI + XX)**5
    IX=INT(XX)
    XX=XX - FLOAT(IX)
 60 R(K,NC)=R(K,NC) + XX
C
[968] C    FACTORIZE MATRIX A INTO (L)*(D)*(L(T))
C
    ISH=0
    CALL DECOMP (A,MAXA,NN,ISH,IOUT)
C
C - - - START OF ITERATI ON LOOP
C
     NITE=0
     TOLJ2=1.0D-24
 100 NITE=NITE + 1
     IF (IFPR.EQ.0) GO TO 90
     WRITE (IOUT,1010) NITE
```

```
C
C     CALCULATE THE PROJECTIONS OF A AND B
C
   90 IJ=0
      DO 110 J=1,NC
      DO 120 K=1,NN
  120 TT(K)=R(K,J)
      CALL REDBAK (A,TT,MAXA,NN)
      DO 130 I=J,NC
      ART=0.
      DO 140 K=1,NN
  140 ART=ART + R(K,I)*TT(K)
      IJ=IJ + 1
  130 AR(IJ)=ART
      DO 150 K=1,NN
  150 R(K,J)=TT(K)
  110 CONTINUE
      IJ=0
      DO 160 J=1,NC
      CALL MULT (TT,B,R(1,J),MAXA,NN,NWM)
      DO 180 I=J,NC
      BRT=0.
      DO 190 K=1,NN
  190 BRT=BRT + R(K,I)*TT(K)
      IJ=IJ + 1
  180 BR(IJ)=BRT
      IF (ICONV.GT.0) GO TO 160
      DO 200 K=1,NN
  200 R(K,J)=TT(K)
  160 CONTINUE
C
C      SOLVE FOR EIGENSYSTEM OF SUBSPACE OPERATORS
C
       IF (IFPR.EQ.0) GO TO 320
       IND=1
  210 WRITE (IOUT,1020)
      II=1
      DO 300 I=1,NC
      ITEMP=II + NC - I
      WRITE (IOUT,1005) (AR(J),J=II,ITEMP)
  300 II=II + N1 - I
      WRITE (IOUT,1030)
      II=1
      DO 310 I=1,NC
      ITEMP=II + NC - I
      WRITE (IOUT,1005) (BR(J),J=II,ITEMP)
  310 II=II + N1 - I
```

```
      IF (IND.EQ.2) GO TO 350
C
  320 CALL JACOBI (AR,BR,VEC,EIGV,W,NC,NNC,TOLJ,NSMAX,IFPR,IOUT)
C
      IF (IFPR.EQ.0) GO TO 350
      WRITE (IOUT,1040)
      IND=2
      GO TO 210
C
C   ARRANGE EIGENVALUES IN ASCENDING ORDER
C
[969]
  350 IS=0
      II=1
      DO 360 I=1,NC1
      ITEMP=II + N1 - I
      IF (EIGV(I+1).GE.EIGV(I)) GO TO 360
      IS=IS + 1
      EIGVT=EIGV(I+1)
      EIGV(I+1)=EIGV(I)
      EIGV(I)=EIGVT
      BT=BR(ITEMP)
      BR(ITEMP)=BR(II)
      BR(II)=BT
      DO 370 K=1,NC
      RT=VEC(K,I+1)
      VEC(K,I+1)=VEC(K,I)
  370 VEC(K,I)=RT
  360 II=ITEMP
      IF (IS.GT.0) GO TO 350
      IF (IFPR.EQ.0) GO TO 375
      WRITE (IOUT,1035)
      WRITE (IOUT,1006) (EIGV(I),I=1,NC)
C
C   CALCULATE B TIMES APPROXIMATE EIGENVECTORS (ICONV.EQ.0)
C      OR FINAL EIGENVECTOR APPROXIMATIONS (ICONV.GT.0)
C
  375 DO 420 I=1,NN
      DO 422 J=1,NC
  422 TT(J)=R(I,J)
      DO 424 K=1,NC
      RT=0.
      DO 430 L=1,NC
  430 RT=RT + TT(L)*VEC(L,K)
  424 R(I,K)=RT
  420 CONTINUE
C
C   CALCULATE ERROR BOUNDS AND CHECK FOR CONVERGENCE OF EIGENVALUES
C
```

```
      DO 380 I=1,NC
      VDOT=0.
      DO 382 J=1,NC
  382 VDOT=VDOT + VEC(J,I)*VEC(J,I)
      EIGV2=EIGV(I)*EIGV(I)
      DIF=VDOT - EIGV2
      RDIF=MAX(DIF,TOLJ2*EIGV2)/VDOT
      RDIF=SQRT(RDIF)
      RTOLV(I)=RDIF
  380 CONTINUE
      IF (IFPR.EQ.0 .AND. ICONV.EQ.0) GO TO 385
      WRITE (IOUT,1050)
      WRITE (IOUT,1005) (RTOLV(I),I=1,NC)
  385 IF (ICONV.GT.0) GO TO 500
C
      DO 390 I=1,NROOT
      IF (RTOLV(I).GT.RTOL) GO TO 400
  390 CONTINUE
      WRITE (IOUT,1060) RTOL
      ICONV=1
      GO TO 100
  400 IF (NITE.LT.NITEM) GO TO 100
      WRITE (IOUT,1070)
      ICONV=2
      IFSS=0
      GO TO 100
C
C - - - END OF ITERATION LOOP
C
  500 WRITE (IOUT,1100)
      WRITE (IOUT,1006) (EIGV(I),I=1,NROOT)
      WRITE (IOUT,1110)
      DO 530 J=1,NROOT
  530 WRITE (IOUT,1005) (R(K,J),K=1,NN)
C                                                       [970]
C     CALCULATE AND PRINT ERROR MEASURES
C
      REWIND NSTIF
      READ (NSTIF) A
C
      DO 580 L=1,NROOT
      RT=EIGV(L)
      CALL MULT(TT,A,R(1,L),MAXA,NN,NWK)
      VNORM=0.
      DO 590 I=1,NN
  590 VNORM=VNORM + TT(I)*TT(I)
      CALL MULT(W,B,R(1,L),MAXA,NN,NWM)
      WNORM=0.
```

```
      DO 600 I=1,NN
      TT(I)=TT(I) - RT*W(I)
  600 WNORM=WNORM + TT(I)*TT(I)
      VNORM=SQRT(VNORM)
      WNORM=SQRT(WNORM)
      D(L)=WNORM/VNORM
  580 CONTINUE
      WRITE (IOUT,1115)
      WRITE (IOUT,1005) (D(I),I=1,NROOT)
C
C     APPLY STURM SEQUENCE CHECK
C
      IF (IFSS.EQ.0) GO TO 900
      CALL SCHECK (EIGV,RTOLV,BUP,BLO,BUPC,D,NC,NEI,RTOL,SHIFT,IOUT)
C
      WRITE (IOUT,1120) SHIFT
C
C     SHIFT MATRIX A
C
      REWIND NSTIF
      READ (NSTIF) A
      IF (NWM.GT.NN) GO TO 645
      DO 640 I=1,NN
      II=MAXA(I)
  640 A(II)=A(II) - B(I)*SHIFT
      GO TO 660
  645 DO 650 I=1,NWK
  650 A(I)=A(I) - B(I)*SHIFT
C
C FACTORIZE SHIFTED MATRIX
C
  660 ISH=1
      CALL DECOMP (A,MAXA,NN,ISH,IOUT)
C
C      COUNT NUMBER OF NEGATIVE DIAGONAL ELEMENTS
C
      NSCH=0
      DO 664 I=1,NN
      II=MAXA(I)
      IF (A(II).LT.0.) NSCH=NSCH + 1
  664 CONTINUE
      IF (NSCH.EQ.NEI) GO TO 670
      NMIS=NSCH - NEI
      WRITE (IOUT,1130) NMIS
      GO TO 900
  670 WRITE (IOUT,1140) NSCH
      GO TO 900
```

```
C                                                                       SSP00343
  800 STOP                                                              SSP00344
  900 RETURN                                                            SSP00345
C                                                                       SSP00346
 1002 FORMAT (' ',10F10.0)                                              SSP00347
 1005 FORMAT (' ',12E11.4)                                              SSP00348
 1006 FORMAT (' ',6E22.14)                                              SSP00349
 1007 FORMAT (///,' STOP, NC IS LARGER THAN THE NUMBER OF MASS ',       SSP00350
     1        'DEGREES OF FREEDOM')                                     SSP00351
 1008 FORMAT (///,' DEGREES OF FREEDOM EXCITED BY UNIT STARTING ',      SSP00352
     1        'ITERATION VECTORS')                                      SSP00353 [971]
 1010 FORMAT (//,' I T E R A T I O N NU M B E R',I8)                    SSP00354
 1020 FORMAT (/,' PROJECTION OF A (MATRIX AR)')                         SSP00355
 1030 FORMAT (/,' PROJECTION OF B (MATRIX BR)')                         SSP00356
 1035 FORMAT (/,' EIGENVALUES OF AR-LAMBDA*BR')                         SSP00357
 1040 FORMAT (//,' AR AND BR AFTER JACOBI DIAGONALIZATION')             SSP00358
 1050 FORMAT (/,' ERROR BOUNDS REACHED ON EIGENVALUES')                 SSP00359
 1060 FORMAT (///,'CONVERGENCE REACHED FOR RTOL ',E10.4)                SSP00360
 1070 FORMAT (' *** NO CONVERGENCE IN MAXIMUM NUMBER OF ITERATIONS',    SSP00361
     1        ' PERMITTED',/,                                           SSP00362
     2        ' WE ACCEPT CURRENT ITERATION VALUES',/,                  SSP00363
     3        ' THE STURM SEQUENCE CHECK IS NOT PERFORMED')             SSP00364
 1100 FORMAT (///,' THE CALCULATED EIGENVALUES ARE')                    SSP00365
 1115 FORMAT (//,' ERROR MEASURES ON THE EIGENVALUES')                  SSP00366
 1110 FORMAT (//,' THE CALCULATED EIGENVECTORS ARE',/)                  SSP00367
 1120 FORMAT (///,' CHECK APPLIED AT SHIFT ',E22.14)                    SSP00368
 1130 FORMAT (//,' THERE ARE ',I8,' EIGENVALUES MISSING')               SSP00369
 1140 FORMAT (//,' WE FOUND THE LOWEST ',I8,' EIGENVALUES')             SSP00370
C                                                                       SSP00371
      END                                                               SSP00372
      SUBROUTINE DECOMP (A,MAXA,NN,ISH,IOUT)                            SSP00373
C . . . . . . . . . . . . . . . . . . . . . . . . . . . . . . . . . . . SSP00374
C .                                                                   . SSP00375
C .   P R O G R A M                                                   . SSP00376
C .        TO CALCULATE (L)*(D)*(L)(T) FACTORIZATION OF               . SSP00377
C .        STIFFNESS MATRIX                                           . SSP00378
C .                                                                   . SSP00379
C . . . . . . . . . . . . . . . . . . . . . . . . . . . . . . . . . . . SSP00380
C                                                                       SSP00381
      IMPLICIT DOUBLE PRECISION (A-H,O-Z)                               SSP00382
      DIMENSION A(1),MAXA(1)                                            SSP00383
      IF (NN.EQ.1) GO TO 900                                            SSP00384
C                                                                       SSP00385
      DO 200 N=1,NN                                                     SSP00386
      KN=MAXA(N)                                                        SSP00387
      KL=KN + 1                                                         SSP00388
      KU=MAXA(N+1) - 1                                                  SSP00389
      KH=KU - KL                                                        SSP00390
      IF (KH) 304,240,210                                               SSP00391
  210 K=N - KH                                                          SSP00392
```

```
      IC=0
      KLT=KU
      DO 260 J=1,KH
      IC=IC + 1
      KLT=KLT - 1
      KI=MAXA(K)
      ND=MAXA(K+1) - KI - 1
      IF (ND) 260,260,270
  270 KK=MIN0(IC,ND)
      C=0.
      DO 280 L=1,KK
  280 C=C + A(KI+L)*A(KLT+L)
      A(KLT)=A(KLT) - C
  260 K=K + 1
  240 K=N
      B=0.
      DO 300 KK=KL,KU
      K=K - 1
      KI=MAXA(K)
      C=A(KK)/A(KI)
      IF (ABS(C).LT.1.E07) GO TO 290
      WRITE (IOUT,2010) N,C
      GO TO 800
  290 B=B + C*A(KK)
  300 A(KK)=C
      A(KN)=A(KN) - B
  304 IF (A(KN)) 310,310,200
  310 IF (ISH.EQ.0) GO TO 320
[972] IF (A(KN).EQ.0.) A(KN)=-1.E-16
      GO TO 200
  320 WRITE (IOUT,2000) N,A(KN)
      GO TO 800
  200 CONTINUE
      GO TO 900
C
  800 STOP
  900 RETURN
C
 2000 FORMAT (//' STOP - STIFFNESS MATRIX NOT POSITIVE DEFINITE',//,
     1        ' NONPOSITIVE PIVOT FOR EQUATION ',I8,//,
     2        ' PIVOT =',E20.12)
 2010 FORMAT (//' STOP - STURM SEQUENCE CHECK FAILED BECAUSE OF',
     1        ' MULTIPLIER GROWTH FOR COLUMN NUMBER ',I8,//,
     2        ' MULTIPLIER =',E20.8)
      END
      SUBROUTINE REDBAK (A,V,MAXA,NN)
C . . . . . . . . . . . . . . . . . . . . . . . . . . . . . . . . . . .
C .                                                                   .
```

```
C . P R O G R A M                                                      .
C .      TO REDUCE AND BACK-SUBSTITUTE ITERATION VECTORS               .
C .                                                                    .
C . . . . . . . . . . . . . . . . . . . . . . . . . . . . . . . . . . .
C
      IMPLICIT DOUBLE PRECISION (A-H,O-Z)
      DIMENSION A(1),V(1),MAXA(1)
C
      DO 400 N=1,NN
      KL=MAXA(N) + 1
      KU=MAXA(N+1) - 1
      IF (KU-KL) 400,410,410
  410 K=N
      C=0.
      DO 420 KK=KL,KU
      K=K - 1
  420 C=C + A(KK)*V(K)
      V(N)=V(N) - C
  400 CONTINUE
C
      DO 480 N=1,NN
      K=MAXA(N)
  480 V(N)=V(N)/A(K)
      IF (NN.EQ.1) GO TO 900
      N=NN
      DO 500 L=2,NN
      KL=MAXA(N) + 1
      KU=MAXA(N+1) - 1
      IF (KU-KL) 500,510,510
  510 K=N
      DO 520 KK=KL,KU
      K=K - 1
  520 V(K)=V(K) - A(KK)*V(N)
  500 N=N - 1
C
  900 RETURN
      END
      SUBROUTINE MULT (TT,B,RR,MAXA,NN,NWM)
C . . . . . . . . . . . . . . . . . . . . . . . . . . . . . . . . . . .
C .                                                                    .
C .  P R O G R A M                                                     .
C .      TO EVALUATE PRODUCT OF B TIMES RR AND STORE RESULT IN TT      .
C .                                                                    .
C . . . . . . . . . . . . . . . . . . . . . . . . . . . . . . . . . . .
C
      IMPLICIT DOUBLE PRECISION (A-H,O-Z)
      DIMENSION TT(1),B(1),RR(1),MAXA(1)
```

```
C
   IF (NWM.GT.NN) GO TO 20
   DO 10 I=1,NN
[973]
 10 TT(I)=B(I)*RR(I)
   GO TO 900
C
 20 DO 40 I=1,NN
 40 TT(I)=0.
   DO 100 I=1,NN
   KL=MAXA(I)
   KU=MAXA(I+1) - 1
   II=I + 1
   CC=RR(I)
   DO 100 KK=KL,KU
   II=II - 1
 100 TT(II)=TT(II) + B(KK)*CC
    IF (NN.EQ.1) GO TO 900
    DO 200 I=2,NN
    KL=MAXA(I) + 1
    KU=MAXA(I+1) - 1
    IF (KU-KL) 200,210,210
 210 II=I
    AA=0.
    DO 220 KK=KL,KU
    II=II - 1
 220 AA=AA + B(KK)*RR(II)
    TT(I)=TT(I) + AA
 200 CONTINUE
C
 900 RETURN
    END
    SUBROUTINE SCHECK (EIGV,RTOLV,BUP,BLO,BUPC,NEIV,NC,NEI,RTOL,
  1                  SHIFT,IOUT)
C . . . . . . . . . . . . . . . . . . . . . . . . . . . . . . . . . . .
C .                                                                   .
C . P R O G R A M                                                     .
C .      TO EVALUATE SHIFT FOR STURM SEQUENCE CHECK                   .
C .                                                                   .
C . . . . . . . . . . . . . . . . . . . . . . . . . . . . . . . . . . .
C
   IMPLICIT DOUBLE PRECISION (A-H,O-Z)
   DIMENSION EIGV(NC),RTOLV(NC),BUP(NC),BLO(NC),BUPC(NC),NEIV(NC)
C
   FTOL=0.01
C
   DO 100 I=1,NC
   BUP(I)=EIGV(I)*(1.+FTOL)
 100 BLO(I)=EIGV(I)*(1.-FTOL)
```

```
      NROOT=0
      DO 120 I=1,NC
  120 IF (RTOLV(I).LT.RTOL) NROOT=NROOT + 1
      IF (NROOT.GE.1) GO TO 200
      WRITE (IOUT,1010)
      GO TO 800
C
C     FIND UPPER BOUNDS ON EIGENVALUE CLUSTERS
C
  200 DO 240 I=1,NROOT
  240 NEIV(I)=1
      IF (NROOT.NE.1) GO TO 260
      BUPC(1)=BUP(1)
      LM=1
      L=1
      I=2
      GO TO 295
  260 L=1
      I=2
  270 IF (BUP(I-1).LE.BLO(I)) GO TO 280
      NEIV(L)=NEIV(L) + 1
      I=I + 1
      IF (I.LE.NROOT) GO TO 270
  280 BUPC(L)=BUP(I-1)
      IF (I.GT.NROOT) GO TO 290                                [974]
      L=L + 1
      I=I + 1
      IF (I.LE.NROOT) GO TO 270
      BUPC(L)=BUP(I-1)
  290 LM=L
      IF (NROOT.EQ.NC) GO TO 300
  295 IF (BUP(I-1).LE.BLO(I)) GO TO 300
      IF (RTOLV(I).GT.RTOL) GO TO 300
      BUPC(L)=BUP(I)
      NEIV(L)=NEIV(L) + 1
      NROOT=NROOT + 1
      IF (NROOT.EQ.NC) GO TO 300
      I=I + 1
      GO TO 295
C
C     FIND SHIFT
C
  300 WRITE (IOUT,1020)
      WRITE (IOUT,1005) (BUPC(I),I=1,LM)
      WRITE (IOUT,1030)
      WRITE (IOUT,1006) (NEIV(I),I=1,LM)
      LL=LM - 1
      IF (LM.EQ.1) GO TO 310
```

```
  330 DO 320 I=1,LL
  320 NEIV(L)=NEIV(L) + NEIV(I)
      L=L - 1
      LL=LL - 1
      IF (L.NE.1) GO TO 330
  310 WRITE (IOUT,1040)
      WRITE (IOUT,1006) (NEIV(I),I=1,LM)
      L=0
      DO 340 I=1,LM
      L=L + 1
      IF (NEIV(I).GE.NROOT) GO TO 350
  340 CONTINUE
  350 SHIFT=BUPC(L)
      NEI=NEIV(L)
      GO TO 900
C
  800 STOP
  900 RETURN
C
 1005 FORMAT ('',6E22.14)
 1006 FORMAT ('',6I22)
 1010 FORMAT (' *** ERROR *** SOLUTION STOP IN *SCHECK*',/,
     1       ' NO EIGENVALUES FOUND',/)
 1020 FORMAT (///,' UPPER BOUNDS ON EIGENVALUE CLUSTERS')
 1030 FORMAT (//,' NO. OF EIGENVALUES IN EACH CLUSTER')
 1040 FORMAT (' NO. OF EIGENVALUES LESS THAN UPPER BOUNDS')
       END
       SUBROUTINE JACOBI (A,B,X,EIGV,D,N,NWA,RTOL,NSMAX,IFPR,IOUT)
C ..........................................................................
C .                                                                        .
C .   P R O G R A M .
C .        TO SOLVE THE GENERALIZED EIGENPROBLEM USING THE                 .
C .        GENERALIZED JACOBI ITERATION                                    .
C ..........................................................................
      IMPLICIT DOUBLE PRECISION (A-H,O-Z)
      DIMENSION A(NWA),B(NWA),X(N,N),EIGV(N),D(N)
C
C     INITIALIZE EIGENVALUE AND EIGENVECTOR MATRICES
C
      N1=N + 1
      II=1
      DO 10 I=1,N
      IF (A(II).GT.0. .AND. B(II).GT.0.) GO TO 4
      WRITE (IOUT,2020) II,A(II),B(II)
      GO TO 800
    4 D(I)=A(II)/B(II)
      EIGV(I)=D(I)
```

```
 10 II=II + N1 - I                                                      SSP00631
    DO 30 I=1,N                                                         SSP00632   [975]
    DO 20 J=1,N                                                         SSP00633
 20 X(I,J)=0.                                                           SSP00634
 30 X(I,I)=1.                                                           SSP00635
    IF (N.EQ.1) GO TO 900                                               SSP00636
C                                                                       SSP00637
C   INITIALIZE SWEEP COUNTER AND BEGIN ITERATION                        SSP00638
C                                                                       SSP00639
    NSWEEP=0                                                            SSP00640
    NR=N - 1                                                            SSP00641
 40 NSWEEP=NSWEEP + 1                                                   SSP00642
    IF (IFPR.EQ.1) WRITE (IOUT,2000) NSWEEP                             SSP00643
C                                                                       SSP00644
C   CHECK IF PRESENT OFF-DIAGONAL ELEMENT IS LARGE ENOUGH TO REQUIRE    SSP00645
C   ZEROING                                                             SSP00646
C                                                                       SSP00647
    EPS=(.01)**(NSWEEP*2)                                               SSP00648
    DO 210 J=1,NR                                                       SSP00649
    JP1=J + 1                                                           SSP00650
    JM1=J - 1                                                           SSP00651
    LJK=JM1*N - JM1*J/2                                                 SSP00652
    JJ=LJK + J                                                          SSP00653
    DO 210 K=JP1,N                                                      SSP00654
    KP1=K + 1                                                           SSP00655
    KM1=K - 1                                                           SSP00656
    JK=LJK + K                                                          SSP00657
    KK=KM1*N - KM1*K/2 + K                                              SSP00658
    EPTOLA=(A(JK)/A(JJ))*(A(JK)/A(KK))                                  SSP00659
    EPTOLB=(B(JK)/B(JJ))*(B(JK)/B(KK))                                  SSP00660
    IF (EPTOLA.LT.EPS .AND. EPTOLB.LT.EPS) GO TO 210                    SSP00661
C                                                                       SSP00662
C   IF ZEROING IS REQUIRED, CALCULATE THE ROTATION MATRIX ELEMENTS CA   SSP00663
C   AND CG                                                              SSP00664
C                                                                       SSP00665
    AKK=A(KK)*B(JK) - B(KK)*A(JK)                                       SSP00666
    AJJ=A(JJ)*B(JK) - B(JJ)*A(JK)                                       SSP00667
    AB=A(JJ)*B(KK) - A(KK)*B(JJ)                                        SSP00668
    SCALE=A(KK)*B(KK)                                                   SSP00669
    ABCH=AB/SCALE                                                       SSP00670
    AKKCH=AKK/SCALE                                                     SSP00671
    AJJCH=AJJ/SCALE                                                     SSP00672
    CHECK=(ABCH*ABCH+4.0*AKKCH*AJJCH)/4.0                               SSP00673
    IF (CHECK) 50,60,60                                                 SSP00674
 50 WRITE (IOUT,2020) JJ,A(JJ),B(JJ)                                    SSP00675
    GO TO 800                                                           SSP00676
 60 SQCH=SCALE*SQRT(CHECK)                                              SSP00677
```

```
      D1=AB/2. + SQCH
      D2=AB/2. - SQCH
      DEN=D1
      IF (ABS(D2).GT.ABS(D1))DEN=D2
      IF (DEN) 80,70,80
   70 CA=0.
      CG=-A(JK)/A(KK)
      GO TO 90
   80 CA=AKK/DEN
      CG=-AJJ/DEN
C
C     PERFORM THE GENERALIZED ROTATION TO ZERO THE PRESENT OFF-DIAGONAL
C     ELEMENT
C
   90 IF (N-2) 100,190,100
  100 IF (JM1-1) 130,110,110
  110 DO 120 I=1,JM1
      IM1=I - 1
      IJ=IM1*N - IM1*I/2 + J
      IK=IM1*N - IM1*I/2 + K
      AJ=A(IJ)
      BJ=B(IJ)
      AK=A(IK)
[976] BK=B(IK)
      A(IJ)=AJ + CG*AK
      B(IJ)=BJ + CG*BK
      A(IK)=AK + CA*AJ
  120 B(IK)=BK + CA*BJ
  130 IF (KP1-N) 140,140,160
  140 LJI=JM1*N - JM1*J/2
      LKI=KM1*N - KM1*K/2
      DO 150 I=KP1,N
      JI=LJI + I
      KI=LKI + I
      AJ=A(JI)
      BJ=B(JI)
      AK=A(KI)
      BK=B(KI)
      A(JI)=AJ + CG*AK
      B(JI)=BJ + CG*BK
      A(KI)=AK + CA*AJ
  150 B(KI)=BK + CA*BJ
  160 IF (JP1-KM1) 170,170,190
  170 LJI=JM1*N - JM1*J/2
      DO 180 I=JP1,KM1
      JI=LJI + I
      IM1=I - 1
```

```
      IK=IM1*N - IM1*I/2 + K
      AJ=A(JI)
      BJ=B(JI)
      AK=A(IK)
      BK=B(IK)
      A(JI)=AJ + CG*AK
      B(JI)=BJ + CG*BK
      A(IK)=AK + CA*AJ
  180 B(IK)=BK + CA*BJ
  190 AK=A(KK)
      BK=B(KK)
      A(KK)=AK + 2.*CA*A(JK) + CA*CA*A(JJ)
      B(KK)=BK + 2.*CA*B(JK) + CA*CA*B(JJ)
      A(JJ)=A(JJ) + 2.*CG*A(JK) + CG*CG*AK
      B(JJ)=B(JJ) + 2.*CG*B(JK) + CG*CG*BK
      A(JK)=0.
      B(JK)=0.
C
C     UPDATE THE EIGENVECTOR MATRIX AFTER EACH ROTATION
C
      DO 200 I=1,N
      XJ=X(I,J)
      XK=X(I,K)
      X(I,J)=XJ + CG*XK
  200 X(I,K)=XK + CA*XJ
  210 CONTINUE
C
C      UPDATE THE EIGENVALUES AFTER EACH SWEEP
C
      II=1
      DO 220 I=1,N
      IF (A(II).GT.0. .AND. B(II).GT.0.) GO TO 215
      WRITE (IOUT,2020) II,A(II),B(II)
      GO TO 800
  215 EIGV(I)=A(II)/B(II)
  220 II=II + N1 - I
      IF (IFPR.EQ.0) GO TO 230
      WRITE (IOUT,2030)
      WRITE (IOUT,2010) (EIGV(I),I=1,N)
C
C     CHECK FOR CONVERGENCE
C
  230 DO 240 I=1,N
      TOL=RTOL*D(I)
      DIF=ABS(EIGV(I)-D(I))
      IF (DIF.GT.TOL) GO TO 280
```

[977]

```
  240 CONTINUE
C
C     CHECK ALL OFF-DIAGONAL ELEMENTS TO SEE IF ANOTHER SWEEP IS
C     REQUIRED
C
      EPS=RTOL**2
      DO 250 J=1,NR
      JM1=J - 1
      JP1=J + 1
      LJK=JM1*N - JM1*J/2
      JJ=LJK + J
      DO 250 K=JP1,N
      KM1=K - 1
      JK=LJK + K
      KK=KM1*N - KM1*K/2 + K
      EPSA=(A(JK)/A(JJ))*(A(JK)/A(KK))
      EPSB=(B(JK)/B(JJ))*(B(JK)/B(KK))
      IF (EPSA.LT.EPS .AND. EPSB.LT.EPS) GO TO 250
      GO TO 280
  250 CONTINUE
C
C     SCALE EIGENVECTORS
C
  255 II=1
     DO 275 I=1,N
     BB=SQRT(B(II))
     DO 270 K=1,N
  270 X(K,I)=X(K,I)/BB
  275 II=II + N1 - I
     GO TO 900
C
C    UPDATE D MATRIX AND START NEW SWEEP, IF ALLOWED
C
  280 DO 290 I=1,N
  290 D(I)=EIGV(I)
     IF (NSWEEP.LT.NSMAX) GO TO 40
     GO TO 255
C
  800 STOP
  900 RETURN
C
 2000 FORMAT (//,' SWEEP NUMBER IN *JACOBI* = ',I8)
 2010 FORMAT (' ',6E20.12)
 2020 FORMAT (' *** ERROR *** SOLUTION STOP',/,
     1        ' MATRICES NOT POSITIVE DEFINITE',/,
     2        ' II = ',I8,' A(II) =',E20.12,' B(II) = ',E20.12)
 2030 FORMAT (/,' CURRENT EIGENVALUES IN *JACOBI* ARE',/)
      END
```

这里介绍的子空间迭代法是为了求解若干最小的特征值及其特征向量, 其中, 假设 p 为较小值 (如 $p \leqslant 20$). 考虑大量特征对问题的求解, 应利用公式 $q = \max\{2p, p+8\}$, 见 K. J. Bathe [J].

当然实践中, 特别是要计算大量特征对时, 在子程序 SSPACE 中加速基 [978] 本子空间迭代法是很需要的. 已经提出了基本子空间迭代法的加速方法, 如见 K. J. Bathe 和 S. Ramaswamy [A], F. A. Dul 和 K. Arczewski [A], Q. C. Zhao、P. Chen、W. B. Peng、Y. C. Gong 和 M. W. Yuan [A], 以及 K. J. Bathe 和 J. Dong [A].

11.6.6 习题

11.18 显式证明子空间迭代中迭代向量 $\mathbf{X}_{k+1}$ 是 $\mathbf{K}$ 正交的和 $\mathbf{M}$ 正交的.

11.19 在子空间迭代法中使用两个迭代向量求解习题 11.1 所考虑问题的最小两个特征值及其特征向量.

11.20 证明在子空间迭代法中使用式 (10.107), 在 $(k-1)$ 次迭代后得

$$\left[1 - \frac{(\lambda_i^{(k)})^2}{(\mathbf{q}_i^{(k)})^{\mathrm{T}}\mathbf{q}_i^{(k)}}\right]^{1/2} \leqslant \mathrm{tol}$$

其中, $\lambda_i^{(k)}$ 是计算的近似特征值, $\mathbf{q}_i^{(k)}$ 是相应的 $\mathbf{Q}_k$ 中的特征向量.

11.21 以增加内存的代价, 可减少子程序 SSPACE 中所用的数值运算量. 收敛后不进行额外的迭代. 重新编程 SSPACE 以达到减少所用的数值运算量的目的.

11.22 使用 C 语言 (而非 Fortran) 开发类似 SSPACE 的程序, 比较两种实现的效率.

第 12 章 [979]

有限元法的实现

12.1 引言

本书中, 我们已经介绍了有限元分析的构造、一般理论及其计算方法. 最后一章主要讨论有限元法实现程序方面的重要计算问题. 尽管已经讨论过基于位移的有限元分析的实现方法, 但应指出, 其中所介绍的大多数概念, 也可以适用于混合格式的有限元分析. 特别值得注意的是, 在二维和三维连续单元的 u/p 混合插值格式 (见第 4.4.3 节、第 5.3.5 节和第 6.4 节), 以及梁单元、板单元和壳单元的混合插值函数 (见第 5.4 节和第 6.5 节) 中, 最后都只把节点位移和转角作为单元自由度, 因此单元组装和方程组求解过程与基于纯位移的格式一样.

有限元法与其他分析方法相比的主要优势在于它良好的通用性. 通常情况下, 如前文所说, 这种方法是可行的, 利用许多单元实际逼近任何具有复杂边界条件和载荷条件的连续介质, 可以达到比较精确分析的程度. 但在实践中, 存在着明显的工程限制, 最重要的一个问题是分析成本. 该成本包括购买或租赁的硬件和软件费用, 分析人员准备分析输入数据所需的精力与时间, 计算机程序执行时间, 以及分析结果所用的时间. 当然, 正如第 1.2 节所讨论的, 可能需要运行很多的程序. 同时, 采用的计算机和程序具有局限性, 可能导致不能进行足够好的离散化以得到精确的结果. 因此, 显然希望使用高效的有限元程序.

程序的效率基本上取决于以下几个因素:

第一, 使用高效的有限元分析.

第二, 需要高效的编程方法, 以及熟练掌握可用的计算机硬件和软件. [980] 尽管程序开发这方面是与具体的计算机有关的, 但使用标准的 FORTRAN 77 或 C 语言, 以高速和低速存储的方式, 仍可以开发非常有效的独立于系统的计算机程序. 如果这样一个程序长久地安装在某个具体的计算机上, 则通过充分利用可供选择的硬、软件资源, 花费较少的精力, 其效率通常会明显地提高. 因此, 在下文中, 我们讨论采用独立于具体计算机的有限元程序设计方法.

第三, 有限元程序开发非常重要的一点就是要使用适当的数值方法. 例如,在动态分析中采用不适当的方法求解系统的固有频率,所花的成本将会是用有效求解方法的数倍;而且,如果采用不稳定的算法,则有可能根本得不出相应的解.为了将有限元法应用于实践,需要使用数字计算机.但即使有一个相对大容量的计算机可用,问题求解的可行性和分析的有效性仍然直接依赖于所用的数值方法.

假设实际的结构已经被理想化为许多有限单元的组合体,则应力分析过程基本上可认为是由以下三个阶段组成:

① 系统矩阵 $\mathbf{K}$、$\mathbf{M}$、$\mathbf{C}$ 和 $\mathbf{R}$ (如可能) 的计算;

② 平衡方程的求解;

③ 单元应力的计算.

在传热、场和流体力学等问题的分析中,这些步骤都是相同的,只要采用相应的矩阵和求解变量.

本章的目的是描述程序第一和第三阶段的实现过程以及介绍具有所有重要特征的通用代码小程序.尽管总体求解过程可细分为以上三个阶段,但应指出,一个阶段的具体实现对另一阶段的效率有显著的影响;实际上在有些程序中前两个阶段可同时进行 (如当使用波前法时,见第 8.2.4 节).

不难想象,对系统矩阵的计算,没有唯一的最佳程序结构;但尽管程序设计可能看起来完全不同,但实际上都遵循一些基本原则.出于这个原因,详细讨论基于传统方法的实现过程中所有的重要特征是非常有益的.首先讨论所用的算法,然后再介绍示例小程序.该程序的实现是在单处理器上进行的,但也同样适用于多个处理器和并行计算.

12.2 计算系统矩阵的计算机程序结构

本阶段的最终结果是得到求解系统平衡方程所需的结构矩阵.在静态分析中,计算机程序需要计算结构刚度矩阵和载荷向量;在动态分析中,程序还应建立系统的质量矩阵和阻尼矩阵.在要介绍的程序实现中,结构矩阵的计算如下:

[981] ① 节点和单元信息的读取或生成;

② 单元刚度矩阵、质量矩阵、阻尼矩阵和等效节点载荷的计算;

③ 结构矩阵 $\mathbf{K}$、$\mathbf{M}$、$\mathbf{C}$ 和 $\mathbf{R}$(当适用时) 的组装.

12.2.1 节点和单元信息的读入

考虑对应各节点的数据.假设程序被设置为在每个节点最多允许有 6 个自由度,即 3 个平动自由度和 3 个转动自由度,如图 12.1 所示.对应每个节点, 先应确定有哪些自由度将实际用于分析过程中, 即这 6 个节点自由度中有哪几个可能对应有限单元组合体的自由度. 可以通过定义一个维数为 6*NUMNP 的标识数组 ID 实现, 其中 NUMNP 等于系统中节点的数量. ID 数组元素 (i,j) 对应节点 j 的第 i 自由度. 如果 $ID(I,J)=0$, 则相应的自由度在全局系统有定义; 如果 $ID(I,J)=1$, 则该自由度在全局系统没有定义. 应指出, 使用同样的方法, 对每个节点多于 (或少于) 6 个自由度也可以建立相应的 ID 数组, 每个节点的自由度数可以是一个变量. 考虑下面一个简单的例子.

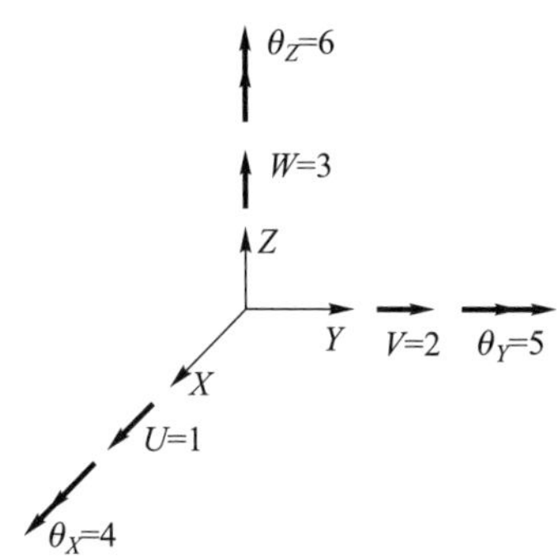

图 12.1　节点可能的自由度

例 12.1: 确立如图 E12.1 所示悬臂梁理想平面应力单元的 ID 数组, 以便定义激活自由度和非激活自由度. [982]

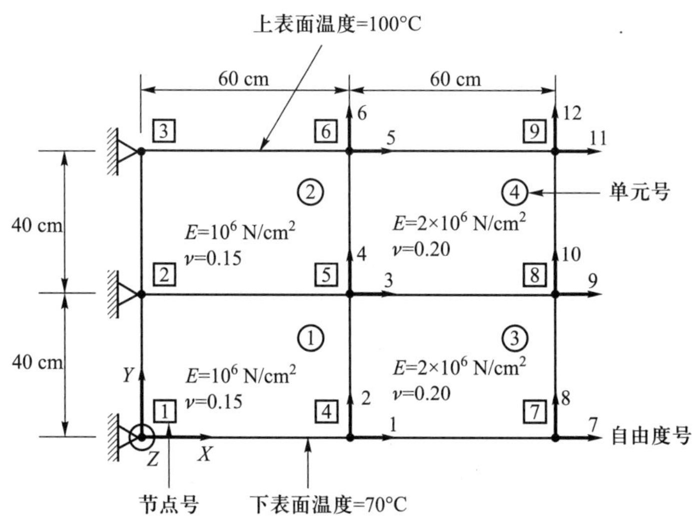

图 E12.1　悬臂梁有限元模型

激活自由度通过 $ID(I,J)=0$ 定义, 而非激活自由度通过 $ID(I,J)=1$ 定义. 由于悬臂梁处在 XY 平面内且平面应力单元用于理想化, 因而只有 X、Y 方向上的平动自由度是激活的. 通过观察可知, ID 数组为

$$ID = \begin{bmatrix} 1 & 1 & 1 & 0 & 0 & 0 & 0 & 0 & 0 \\ 1 & 1 & 1 & 0 & 0 & 0 & 0 & 0 & 0 \\ 1 & 1 & 1 & 1 & 1 & 1 & 1 & 1 & 1 \\ 1 & 1 & 1 & 1 & 1 & 1 & 1 & 1 & 1 \\ 1 & 1 & 1 & 1 & 1 & 1 & 1 & 1 & 1 \\ 1 & 1 & 1 & 1 & 1 & 1 & 1 & 1 & 1 \end{bmatrix}$$

一旦通过 ID 数组中的零元素将所有的激活自由度定义后, 则对应各个自由度的方程编号也就确定了. 这个过程就是简单的一列列地扫描 ID 数组, 然后将其中的每个零元素用方程编号替换, 从 1 开始一直到方程总个数. 同时, 将对应非激活自由度的其他元素设置为零.

例 12.2: 分析如图 E12.1 所示悬臂梁, 修改例 12.1 得到的 ID 数组, 以得到定义对应激活自由度的方程编号的 ID 数组.

按照以上说明, 逐列用连续的方程编号取代 ID 数组中的零元素, 得到

$$ID = \begin{bmatrix} 0 & 0 & 0 & 1 & 3 & 5 & 7 & 9 & 11 \\ 0 & 0 & 0 & 2 & 4 & 6 & 8 & 10 & 12 \\ 0 & 0 & 0 & 0 & 0 & 0 & 0 & 0 & 0 \\ 0 & 0 & 0 & 0 & 0 & 0 & 0 & 0 & 0 \\ 0 & 0 & 0 & 0 & 0 & 0 & 0 & 0 & 0 \\ 0 & 0 & 0 & 0 & 0 & 0 & 0 & 0 & 0 \end{bmatrix}$$

除了定义所有的激活自由度之外, 还要读取总体坐标 X、Y、Z, 如果需要的话, 还要读取对应每个节点的温度值. 对图 E12.1 中的悬臂梁, 其 X、Y、Z 坐标数组及其各节点温度数组 T 如下

$$\begin{aligned} X &= [\ 0.0 \quad 0.0 \quad 0.0 \quad 60.0 \quad 60.0 \quad 60.0 \quad 120.0 \quad 120.0 \quad 120.0] \\ Y &= [\ 0.0 \quad 40.0 \quad 80.0 \quad 0.0 \quad 40.0 \quad 80.0 \quad 0.0 \quad 40.0 \quad 80.0] \\ Z &= [\ 0.0 \quad 0.0 \quad 0.0 \quad 0.0 \quad 0.0 \quad 0.0 \quad 0.0 \quad 0.0 \quad 0.0] \\ T &= [70.0 \quad 85.0 \quad 100.0 \quad 70.0 \quad 85.0 \quad 100.0 \quad 70.0 \quad 85.0 \quad 100.0] \end{aligned} \tag{12.1}$$

此阶段, 得到所有已知节点数据后, 程序就可以读取并生成单元信息. 依
[983] 次考虑每个单元类型较方便. 例如, 在分析容器结构时, 所有梁单元、平面应力单元、壳单元信息都是一起读取和生成的. 这是一种高效的方式, 因为如果将同一类型的单元列在一起, 则该类型的每个单元所需要的具体信息在一定程度上可重复生成出来. 此外, 对于每个单元类型, 读取单元数据和计算单元矩阵的单元程序仅需调用一次.

每个单元所需的数据取决于具体的单元类型. 一般来说, 每个单元所需的信息就是对应整个单元组合体节点号的单元节点号、单元材料属性、施加在单元上的面力和体力. 由于对许多单元来说, 材料属性和载荷条件是相同的, 所以为提高效率, 对同一种单元类型可以定义材料属性集和载荷属性集. 这些属性集将会在每组单元数据的开头详细说明. 因此, 在读取单元节点号的同时, 材料属性集和单元载荷集都赋给了该单元.

例 12.3: 考虑图 E12.1 中分析的悬臂梁以及图 5.4 中定义的局部节点编号方式. 对于每个单元, 给定与整个单元组合体节点号相对应的节点号, 并且指定使用材料属性集.

在这个分析过程中, 定义了两个材料属性集: 材料属性集 1, $E=10^6\ \mathrm{N/cm^2}$, $\nu=0.15$; 材料属性集 2, $E=2\times10^6\ \mathrm{N/cm^2}, \nu=0.20$. 然后对每个单元, 得到以下节点编号和材料属性集:

单元 1　　节点号: 5, 2, 1, 4; 材料属性集: 1

单元 2　　节点号: 6, 3, 2, 5; 材料属性集: 1

单元 3　　节点号: 8, 5, 4, 7; 材料属性集: 2

单元 4　　节点号: 9, 6, 5, 8; 材料属性集: 2

12.2.2　单元刚度、单元质量和单元等效节点力的计算

在第 4、5 章已经讨论过计算单元矩阵的一般步骤, 并且在第 5.6 节介绍了相应计算机程序的实现. 这一阶段的程序结构主要是为每个单元调用适当的单元子程序. 在单元矩阵计算过程中, 在前一阶段 (见第 12.2.1 节) 读取和存储的单元坐标、材料属性集和载荷属性集都要用到. 计算后, 单元矩阵或者保存在备份存储器中, 因为稍后要进行结构矩阵的组装, 或者立即添加到适当的结构矩阵中.

12.2.3　矩阵组装

获得结构刚度矩阵 $\mathbf{K}$ 的组装过程可以形式上写为

$$\mathbf{K}=\sum_i \mathbf{K}^{(i)} \tag{12.2}$$

其中, 矩阵 $\mathbf{K}^{(i)}$ 表示第 i 个单元的刚度矩阵, 求和包括组合体中的所有单元. [984]
按类似方式, 单元质量矩阵和单元载荷向量分别组装到结构质量矩阵和结构载荷向量. 除了单元刚度矩阵、单元质量矩阵和单元载荷向量, 还可以添加对应特定自由度的集中刚度、集中质量和集中载荷.

应指出, 式 (12.2) 中单元刚度矩阵 $\mathbf{K}^{(i)}$ 与结构刚度矩阵 $\mathbf{K}$ 有相同的排列顺序. 但考虑到矩阵 $\mathbf{K}^{(i)}$ 的内部结构, 只有对应单元自由度所在的行和列是非零元素 (见第 4.2 节). 因此, 在实际中, 只需要存储压缩的单元刚度矩阵 (它的阶等于单元自由度数), 以及把对应组合体自由度与每个单元自由度关联起来的数组. 该数组是一个方便的连接数组 LM, 其中元素 i 给出了对应单元自由度 i 的方程编号.

例 12.4: 利用图 5.4 中对单元自由度的约定, 建立定义图 E12.1 中组合体中单元的组合体自由度的连接数组.

考虑图 E12.1 中的单元 1. 对于这个单元, 单元组合体中的节点 5、2、1 和 4, 分别对应单元节点 (图 5.4 中) 1、2、3 和 4. 利用 ID 数组, 可得到单元

组合体中对应节点 5、2、1 和 4 的方程编号. 因此, 紧致的或局部的单元刚度矩阵的列 (行) 号与全局刚度矩阵之间的关系见表 E12.4.

表 E12.4

	相应的列号和行号							
紧致矩阵	1	2	3	4	5	6	7	8
$\mathbf{K}^{(1)}$	3	4	0	0	0	0	1	2

由此得到, 存储这个单元组合体自由度的数组 LM 为

$$LM = [3 \quad 4 \quad 0 \quad 0 \quad 0 \quad 0 \quad 1 \quad 2]$$

其中, 零表示可以忽略紧致单元刚度矩阵的相应列与行, 不用放入全局结构刚度矩阵.

类似地, 可以得到单元 2、单元 3 和单元 4 的 LM 数组. 有

对单元 2: $LM = [5 \quad 6 \quad 0 \quad 0 \quad 0 \quad 0 \quad 3 \quad 4]$

对单元 3: $LM = [9 \quad 10 \quad 3 \quad 4 \quad 1 \quad 2 \quad 7 \quad 8]$

对单元 4: $LM = [11 \quad 12 \quad 5 \quad 6 \quad 3 \quad 4 \quad 9 \quad 10]$

如例 12.4 所示, 单元的连接数组是由与单元相连的节点及其分配给这些
[985] 节点的方程编号所决定的. 数组 LM 一旦定义好, 相应的单元刚度矩阵以紧致的形式添加到结构刚度矩阵 $\mathbf{K}$ 中, 但这个过程应充分考虑 $\mathbf{K}$ 所用的特定存储格式. 在第 2.2 节已经指出, 结构刚度矩阵的有效存储格式就是以一维数组 A 只存储矩阵 $\mathbf{K}$ 中特征顶线下的元素 (即 $\mathbf{K}$ 的激活列). 但有了激活列存储格式后, 当数据按照第 2.2 节所示的格式存储时, 还需要 A 中矩阵 $\mathbf{K}$ 的元素的具体寻址方式. 因此, 在进行单元刚度矩阵组装前, 应建立刚度矩阵元素在一维数组 A 中的地址.

图 12.2 为一个典型刚度矩阵的元素模式. 先将存储格式和要用的寻址方式导出, 它们将与第 8.2.3 节中讨论的激活列求解器一起使用. 由于矩阵是对称阵, 选择包括对角线在内的上三角部分进行存储和计算. 但除此之外, 看到当 $j > i + m_{\mathrm{K}}$ 时, 矩阵 $\mathbf{K}$ (即 k_{ij}) 的元素 (i, j) 都为零.

[986] 值 m_{K} 称为矩阵半带宽. 将第 i 列 (如图 12.2) 的首个非零元素的行号定义为 m_i, 则变量 $m_i, i = 1, \cdots, n$ 确定矩阵的特征顶线; 变量 $i - m_i$ 是列高. 刚度矩阵的半带宽 m_{K} 为 $\max\{i - m_i\}, i = 1, \cdots, n$; 即 m_{K} 等于有限元网格中单元所有自由度的全局自由度编号的最大差值. 在许多有限元分析中, 列高随着 i 变化, 保证特征顶线外所有的零元素不包含在方程求解中是非常重要的 (见第 8.2.3 节).

列高由单元的连接数组 LM 决定, 即通过求出 m_i, 也可得到列高 $i - m_i$. 例如, 假设要求图 E12.1 中对应单元组合体刚度矩阵的 m_{10} 值. 例 12.4 中给出这 4 个单元的 LM 数组. 注意到, 只有单元 3 和单元 4 有共同的自由度 10, 并且这些单元的 LM 数组中自由度的最小编号为 1. 因此, $m_{10} = 1$, 第 10 列的列高为 9.

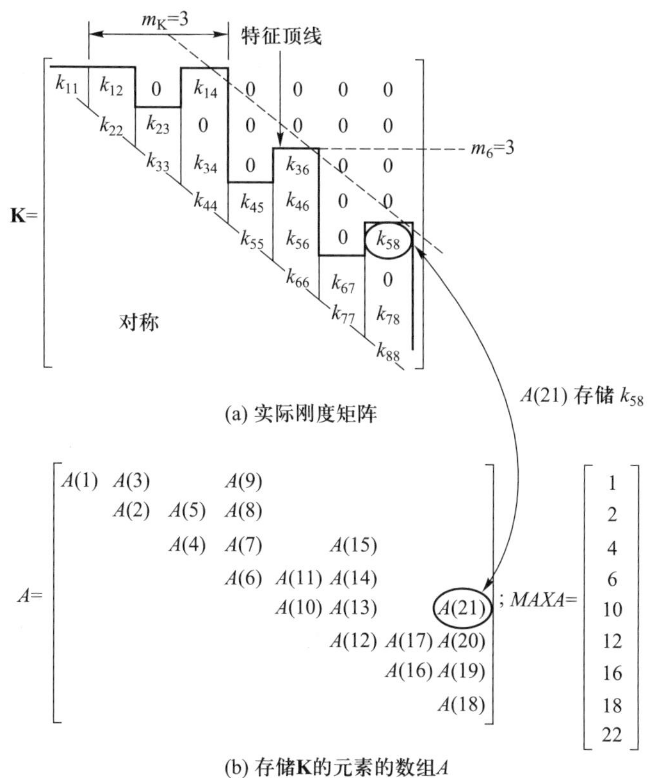

图 12.2　用于典型刚度矩阵的存储格式

定义刚度矩阵的列高后, 可将位于矩阵 $\mathbf{K}$ 的特征顶线以下所有元素都存储在一维数组 A 中, 即矩阵 $\mathbf{K}$ 的激活列包括对角元素都一个接一个地存储在 A 中. 如图 12.2 所示的矩阵 $\mathbf{K}$ 的元素在 A 中所占的存储位置. 除了数组 A 以外, 我们还定义了数组 $MAXA$, 用于储存数组 A 中矩阵 $\mathbf{K}$ 的对角元素的地址, 即矩阵 $\mathbf{K}$ 的第 i 个对角元素 k_{ii} 在数组 A 中的地址为 $MAXA(I)$. 如图 12.2 所示, 可知 $MAXA(I)$ 等于直到第 $(i-1)$ 列的各列高总和加上 I. 因此, 矩阵 $\mathbf{K}$ 第 i 列的非零元素数量等于 $MAXA(I+1)-MAXA(I)$, 且元素地址为 $MAXA(I), MAXA(I)+1, MAXA(I)+2, \cdots, MAXA(I+1)-1$. 由此可见, 使用这种在数组 A 中存储矩阵 $\mathbf{K}$ 中元素的格式和地址数组 $MAXA$, 可以轻易地寻址 A 中 $\mathbf{K}$ 的每个元素.

该存储格式用于第 12.4 节介绍的计算机程序 STAP 以及第 8.2.3 节和第 11.6.5 节中的方程与特征值求解子程序中. 由于在特征顶线外的元素不用存储, 也不参与到计算中, 所以这个格式非常高效.

在对方程 $\mathbf{KU}=\mathbf{R}$ (式中 $\mathbf{K}$、$\mathbf{U}$ 和 $\mathbf{R}$ 分别表示单元组合体的刚度矩阵、位移向量和载荷向量) 的求解算法讨论中, 我们指出, 激活列和其他的求解过程大概需要进行 $\dfrac{1}{2}nm_{\mathrm{K}}^2$ 次运算, 其中 n 为刚度矩阵的阶数, m_{K} 为半带宽; 并假设列高为常值, 即对几乎所有的 i, 都有 $i-m_i=m_{\mathrm{K}}$ 成立. 因此, 从存储需求和运算次数来看, m_K 取极小值很重要. 若列高是变化的, 则 m_K 取平均值或 "有效" 值 (见第 8.2.3 节). 实际上, 通过观察和分析, 通常可以确定合理的节点编号方式. 但这种节点编号方式可能在应用时并不是特别容易生成, 目前有几种用于减小带宽的自动化方式, 见第 8.2.3 节. 图 12.3 显示了典型的良好和不好的节点编号方式.

[987]

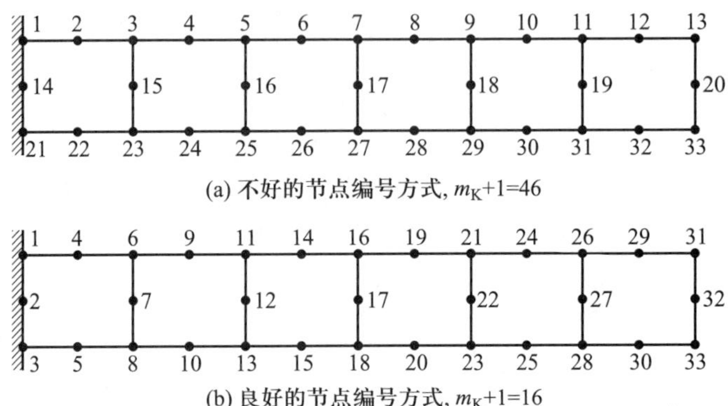

(a) 不好的节点编号方式, $m_K+1=46$

(b) 良好的节点编号方式, $m_K+1=16$

图 12.3　有限元组合体的节点编号方式

值得指出的是, 在以上存储方式的讨论中, 隐含了假设整个数组 A (即矩阵 $\mathbf{K}$ 所有激活列的总和) 可以存入所用计算机的高速存储空间中. 尽管实际上大型系统是分块储存矩阵进行求解的, 出于说明目的, 在内存中进行的求解方法是最合适的. 考虑外存求解方法时, 原则上, 同样的存储方式与内存求解方法一样有效. 另外一个主要的问题是程序的有效组织, 即矩阵的各个分块应储存在备份存储器中, 以有效方式在高速存储空间中调用. 应着重指出, 在组合体中要尽量减少所需的读、写磁盘数量. 一旦学习了有效的内存有限元求解方法, 再理解外存实现方法时就不会遇到很大困难了.

12.3　单元应力的计算

在前一节, 介绍了将单个有限单元矩阵组装成结构全局矩阵的过程. 下一步将是利用第 8、9 章讨论的程序进行节点位移的计算. 一旦得到了节点位移, 则在分析的最后阶段就可算出单元应力.

用于单元应力计算的方程为式 (4.11) 和式 (4.12). 但如同在结构矩阵组装时一样, 计算紧致的有限元矩阵仍然是有效的, 即仅需处理式 (4.11) 中矩阵 $\mathbf{B}^{(m)}$ 的非零列元素. 运用第 12.2 节中描述的实现过程, 可算出单元的紧致应变–位移变换矩阵, 然后利用单元的 LM 数组, 从全局位移向量中提取单元节点位移. 该过程将在下面描述的 STAP 程序中实现. 当然, 在线性分析中, 通过直接建立单元中所考虑点的应变–位移变换矩阵, 就可计算出要求的任何位置的有限元应力. 在等参有限元分析中, 将利用第 5 章给出的方法.

12.4 示例程序 STAP [988]

熟悉有限元分析的实现过程的最好方式或许就是学习实际的计算机程序，尽管 STAP 程序在许多方面作了简化，但仍说明了通用代码的所有重要特征. 下面的 STAP 程序 (静态分析程序) 是用于静态线弹性有限元分析的简单计算机程序.

介绍该程序的主要目的是为了说明典型的有限元分析程序的整个流程，基于这个原因，在 STAP 程序中只有桁架单元可用. 但该代码可用于一维、二维和三维分析中，可容易地添加其他的单元①.

图 12.4 为 STAP 程序的流程图，图 12.5 给出了不同程序阶段使用的存储空间分配. 应指出，所有单元都按单元组进行处理. 当在并行处理计算机上执行该程序时，该方法是有价值的. 下面给出了描述程序输入数据的相关说明. [989]

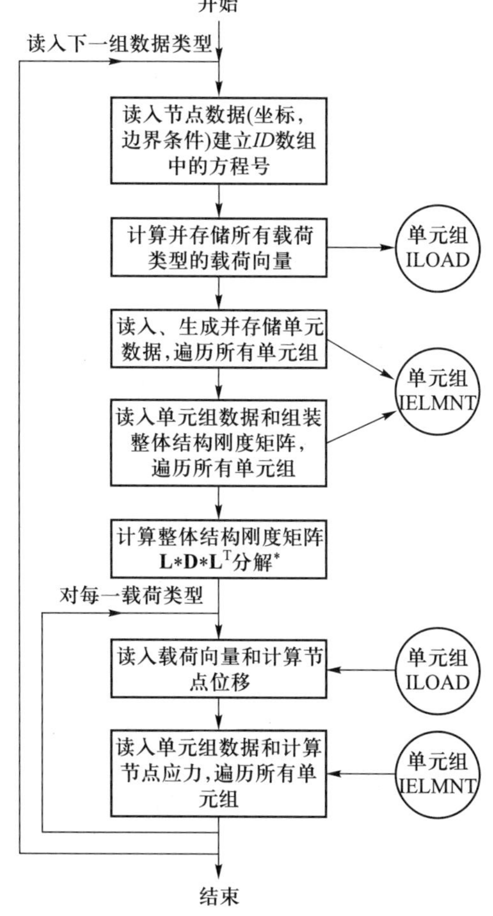

图 12.4 STAP 程序的流程图

*所用方程求解器是第 8.2.3 节描述的 COLSOL 程序.

① 该程序已经在 Cray、各种工程工作站、个人计算机上得到检验.

[990]

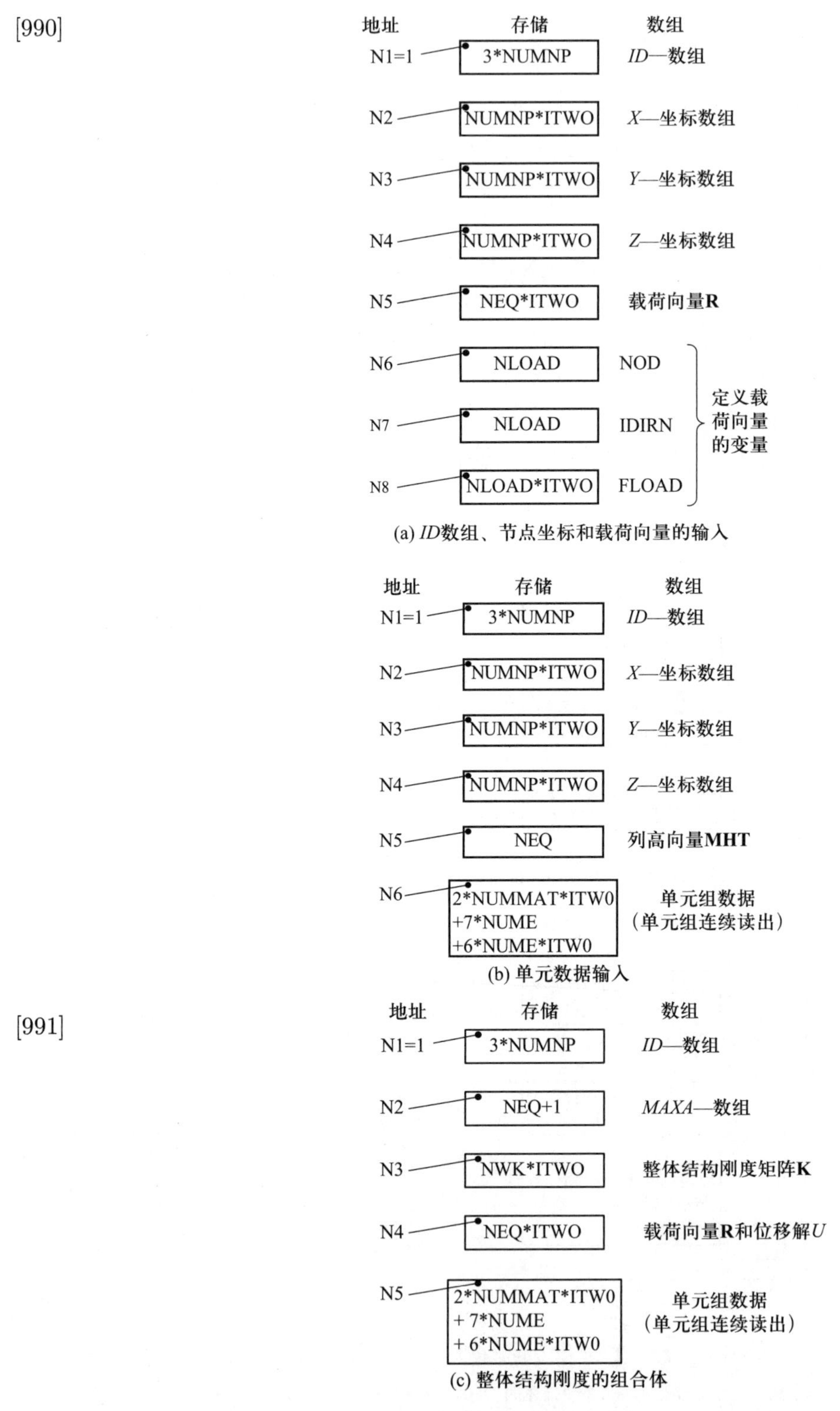

[991]

图 12.5　STAP 程序中高速存储空间分配 (ITWO=1, 单精度计算; ITWO=2, 双精度计算)

12.4.1 计算机程序 STAP 的数据输入

Ⅰ. 标题行 (20A4)[①]

注释	列	变量	内容
①	1 ~ 80	HED(20)	输入用于输出标题的主标题信息

注释 ① 每一个新的数据组开头要有一个标题行, 并且在数据组末尾要空两行.

Ⅱ. 控制行 (4I5)

注释	列	变量	内容
①	1 ~ 5	NUMNP	节点总数; EQ.0, 程序终止
②	6 ~ 10	NUMEG	单元组总数, GT.0
③	11 ~ 15	NLCASE	载荷组数, GT.0
④	16 ~ 20	MODEX	说明求解方式的标志;
			EQ.0, 只进行数据校核
			EQ.1, 执行求解计算

注释 ① 节点总数 (NUMNP) 控制第Ⅲ部分要读取的数据量. 如果 NUMNP.EQ.0, 则程序停止运行.

注释 ② 按单元组处理所有单元. 单元组由适当的单元组成, 每个单元组按第 V 部分给出的格式输入. 每个单元组中至少要有一个单元, 且至少要有一个单元组.

注释 ③ 载荷组数 (NLCASE) 给出了载荷向量的个数, 通过它们可以求出位移和应力.

注释 ④ 参数 MODEX 确定程序是在没有执行分析 (即 MODEX.EQ.0) 时校核数据还是在执行分析 (MODEX.EQ.1) 时求解问题. 在仅校核数据模式下, 程序仅读取和打印所有数据.

Ⅲ. 节点数据行 (4I5, 3F10.0, I5)

注释	列	变量	内容
①	1 ~ 5	N	节点 (连接点) 总数;
			GE.1 和 LE.NUMNP
②	6 ~ 10	ID(1, N)	X 平移边界代码
	11 ~ 15	ID(2, N)	Y 平移边界代码
	16 ~ 20	ID(3, N)	Z 平移边界代码
③	21 ~ 30	X(N)	X 坐标
	31 ~ 40	Y(N)	Y 坐标
	41 ~ 50	Z(N)	Z 坐标
④	51 ~ 55	KN	节点数据生成的节点号增量;
			EQ.0, 不生成

① 本节内容为 STAP 程序, 变量、数组等均用程序中所示的正体. —— 译者注

[992] 注释 ① 对所有 (NUMNP) 节点, 节点数据应有定义. 节点数据可以直接输入 (即每个节点占单独一行); 如果适用, 则也可以利用生成选项 (见下面的注释 ④). 容许的节点编号从 1 到节点总数 (NUMNP) 变化, 输入的最后一个节点号应为 NUMNP.

注释 ② 边界条件代码仅能赋为以下值 $(\mathrm{M}=1,2,3)$

$$\mathrm{ID}(\mathrm{M},\mathrm{N})=0;\quad \text{未指定 (自由) 位移}$$
$$\mathrm{ID}(\mathrm{M},\mathrm{N})=1;\quad \text{删去的 (固定) 位移}$$

如求解所确定的, 未指定的 $[\mathrm{ID}(\mathrm{M},\mathrm{N}=0)]$ 自由度能够自由平动. 集中力可能施加该自由度上.

对模型中每个未指定的自由度上建立系统平衡方程. 平衡方程总数为 NEQ, 总是小于系统节点总数的三倍.

删去的 $[\mathrm{ID}(\mathrm{M},\mathrm{N}=1)]$ 自由度将从最后的平衡方程组中删除. 固定的自由度用于定义固定点 (外部支反力点), 任何施加在这些自由度上的载荷由程序去掉.

注释 ③ 每个节点几何位置通过 X、Y、Z 坐标指定.

注释 ④ 节点行不必按照节点顺序输入; 但最终在集合 [1, NUMNP] 中的所有节点都应有定义. 对于一系列节点

$$[\mathrm{N}_1,\mathrm{N}_1+1*\mathrm{KN}_1,\ \mathrm{N}_1+2*\mathrm{KN}_1,\cdots,\mathrm{N}_2]$$

一序列的节点数据可以从下面两行逐个给出的数据中生成

$$\mathrm{LINE\ 1}-\mathrm{N}_1,\ \mathrm{ID}(1,\mathrm{N}_1),\cdots,\mathrm{X}(\mathrm{N}_1),\cdots,\mathrm{KN}_1$$
$$\mathrm{LINE\ 2}-\mathrm{N}_2,\ \mathrm{ID}(1,\mathrm{N}_2),\cdots,\mathrm{X}(\mathrm{N}_2),\cdots,\mathrm{KN}_2$$

KN_1 为该序列第一行给出的节点生成参数. 第一个生成节点为 $\mathrm{N}_1+1*\mathrm{KN}_1$; 第二个生成节点为 $\mathrm{N}_1+2*\mathrm{KN}_1$ 等, 生成直到第 $(\mathrm{N}_2-\mathrm{KN}_1)$ 点. 注意节点号差 $(\mathrm{N}_2-\mathrm{N}_1)$ 应能被 KN_1 整除.

在节点生成过程中, 生成节点的边界条件代码 [ID(I, J) 值] 被设为等于节点 N_1 的边界条件代码值. 通过线性插值得到生成节点的坐标值.

Ⅳ. 载荷数据行

每个载荷组需要下列设置行. 载荷组的总数由控制行定义 (见第II部分).

行 1 (2I5)

注释	列	变量	内容
①	1 ∼ 5	LL	输入载荷组号
②	6 ∼ 10	NLOAD	输入作用在该载荷组的集中载荷的个数

[993] 注释 ① 载荷组应从编号 1 开始以升序的形式输入.

注释 ② 变量 NLOAD 定义了这个载荷组接下来要读取的行数.

下面各行 (2I5, F10.0)

注释	列	变量	内容
①	1 ~ 5	NOD	输入该载荷作用的节点号
			GE.1 和 LE.NUMNP
②	6 ~ 10	IDIRN	该载荷分量的自由度号
			EQ.1, X 方向
			EQ.2, Y 方向
		FLOAD	EQ.3, Z 方向
	11 ~ 20		载荷大小

注释 ① 对于施加在这个载荷组的每个集中载荷, 应占一行.

注释 ② 所有载荷应作用在 X、Y、Z 三个全局坐标方向上.

Ⅴ. 桁架单元

TRUSS 单元是在总体坐标系统中能够任意取向的 2 节点构件. 桁架只传递轴力, 一般来说, 它是 6 个自由度的单元 (即在构件的每端都有 3 个全局平动自由度). 对于每个单元组, 输入下面的序列行. 单元组的总数 (NUMEG) 由控制行定义 (见第Ⅱ部分).

Ⅴ.1 单元组控制行 (3I5)

注释	列	变量	内容
①	1 ~ 5	NPAR(1)	输入号 1
	6 ~ 10	NPAR(2)	该组中桁架单元的个数
			NPAR(2) = NUME
			GE. 1
②	11 ~ 15	NPAR(3)	不同材料/横截面属性组的个数;
			NPAR(3) = NUMMAT
			GE. 1
			EQ.0, 置缺省值为 1

注释 ① 桁架单元编号从 1 开始, 至该组中单元总数 NPAR(2) 结束. 单
元数据在第Ⅴ.3 部分中输入. [994]

注释 ② 变量 NPAR(3) 定义了在第Ⅴ.2 部分要读取的材料/横截面属性集的个数.

Ⅴ.2 材料/横截面属性行 (15,2F10.0)

NUMMAT 行在这部分读取.

注释	列	变量	内容
①	1 ~ 5	N	属性组号
	6 ~ 15	E(N)	杨氏模量
	16 ~ 25	AREA(N)	截面积

注释 ① 材料属性组按升序方式输入, 编号从 1 开始, 一直到 NUMMAT 结束. 下面输入的每个桁架单元的杨氏模量和横截面积通过这里输入的属性组定义.

V.3 单元数据行 (5I5)

NUME 个单元应在这部分从编号 1 开始以升序进行输入或生成.

注释	列	变量	输入
	1 ~ 5	M	桁架单元号
			GE.1 和 LE.NUME
	6 ~ 10	II	在一端的节点号
	11 ~ 15	JJ	在另一端的节点号
			GE.1 和 LE.NUMP
①	16 ~ 20	MTYP	材料属性组;
			GE.1 和 LE.NUMMAT
②	21 ~ 25	KG	用于计算缺省单元节点号的节点生成增量;
			EQ.0, 置缺省值为 1

注释 ① 材料/横截面属性组在第Ⅱ部分已经定义.

注释 ② 单元应以单元号升序进行输入. 如果省略单元 [M+1, M+2, ···, M+J] 的行, 则这 J 个缺失的单元可以通过单元 M 的 MTYP 值和逐个单元增加 KG 个节点生成. 其中, KG 值取自单元生成序列的第一行 (即从第 M 单元行开始). 另外, 最后一个单元 (NUME) 一定要输入.

[995]

12.4.2 STAP 源代码

```
C . . . . . . . . . . . . . . . . . . . . . . . . . . . . . . . . . . . . .
C .                                                                       .
C .                               S T A P                                 .
C .                                                                       .
C .           AN IN-CORE SOLUTION STATIC ANALYSIS PROGRAM                 .
C .                                                                       .
C . . . . . . . . . . . . . . . . . . . . . . . . . . . . . . . . . . . .
    COMMON /SOL/ NUMNP,NEQ,NWK,NUMEST,MIDEST,MAXEST,MK
    COMMON /DIM/ N1,N2,N3,N4,N5,N6,N7,N8,N9,N10,N11,N12,N13,N14,N15
    COMMON /EL/ IND,NPAR(10),NUMEG,MTOT,NFIRST,NLAST,ITWO
    COMMON /VAR/ NG,MODEX
    COMMON /TAPES/ IELMNT,ILOAD,IIN,IOUT
C
    DIMENSION TIM(5), HED(20)
    DIMENSION IA(1)
    EQUIVALENCE (A(1),IA(1))
C . . . . . . . . . . . . . . . . . . . . . . . . . . . . . . . . . . . . .
C . THE FOLLOWING TWO LINES ARE USED TO DETERMINE THE MAXIMUM HIGH        .
C . SPEED STORAGE THAT CAN BE USED FOR SOLUTION. TO CHANGE THE HIGH       .
C . SPEED STORAGE AVAILABLE FOR EXECUTION, CHANGE THE VALUE OF MTOT       .
C . AND CORRESPONDINGLY COMMON A(MTOT).                                   .
C . . . . . . . . . . . . . . . . . . . . . . . . . . . . . . . . . . . . .
```

```
      COMMON A(10000)                                                   STA00023
      MTOT=10000                                                        STA00024
C . . . . . . . . . . . . . . . . . . . . . . . . . . . . . . . . . . . STA00025
C . DOUBLE PRECISION LINE                                             . STA00026
C .  ITWO = 1S INGLE PRECISION ARITHMETIC                             . STA00027
C .  ITWO = 2D OUBLE PRECISION ARITHMETIC                             . STA00028
C . . . . . . . . . . . . . . . . . . . . . . . . . . . . . . . . . . . STA00029
     ITWO=2                                                             STA00030
C                                                                       STA00031
C    THE FOLLOWING SCRATCH FILES ARE USED                               STA00032
C       IELMNT = UNIT STORING ELEMENT DATA                              STA00033
C       ILOAD = UNIT STORING LOAD VECTORS                               STA00034
C       IIN = UNIT USED FOR INPUT                                       STA00035
C       IOUT = UNIT USED FOR OUTPUT                                     STA00036
C                                                                       STA00037
C    ON SOME MACHINES THESE FILES MUST BE EXPLICITLY OPENED             STA00038
C                                                                       STA00039
     IELMNT = 1                                                         STA00040
     ILOAD = 2                                                          STA00041
     IIN = 5                                                            STA00042
     IOUT = 6                                                           STA00043
C                                                                       STA00044
  200 NUMEST=0                                                          STA00045
      MAXEST=0                                                          STA00046
C     * * * * * * * * * * * * * * * * * * * * * *                       STA00047
C                                                                       STA00048
C     * * * I N P U T   PH A S E * * *                                  STA00049
C                                                                       STA00050
C     * * * * * * * * * * * * * * * * * * * * * *                       STA00051
      CALL SECOND (TIM(1))                                              STA00052
C                                                                       STA00053
C                                                                       STA00054
C     R E A D   C O N T R O L   I N F O R M A T I O N                   STA00055
C                                                                       STA00056
C                                                                       STA00057
      READ (IIN,1000) HED,NUMNP,NUMEG,NLCASE,MODEX                      STA00058
      IF (NUMNP.EQ.0) GO TO 800                                         STA00059
      WRITE (IOUT,2000) HED,NUMNP,NUMEG,NLCASE,MODEX                    STA00060
C                                                                       STA00061
C                                                                       STA00062
C     R E A D   N O D A L   P O I N T   D A T A                         STA00063
C                                                                       STA00064
C                                                                       STA00065
      N1= 1                                                             STA00066        [996]
      N2=N1 + 3*NUMNP                                                   STA00067
      N2=(N2/2)*2 + 1                                                   STA00068
      N3=N2 + NUMNP*ITWO                                                STA00069
      N4=N3 + NUMNP*ITWO                                                STA00070
```

```
      N5=N4 + NUMNP*ITWO
      IF (N5.GT.MTOT) CALL ERROR (N5-MTOT,1)
C
      CALL INPUT (A(N1),A(N2),A(N3),A(N4),NUMNP,NEQ)
C
      NEQ1=NEQ + 1
C
C
C     C A L C U L A T E   A N D   S T O R E   L O A D   V E C T O R S
C
C
     N6=N5 + NEQ*ITWO
     WRITE (IOUT,2005)
C
     REWIND ILOAD
C
     DO 300 L=1,NLCASE
C
     READ (IIN,1010) LL,NLOAD
C
     WRITE (IOUT,2010) LL,NLOAD
     IF (LL.EQ.L) GO TO 310
     WRITE (IOUT,2020)
     GO TO 800
  310 CONTINUE
C
      N7=N6 + NLOAD
      N8=N7 + NLOAD
      N9=N8 + NLOAD*ITWO
C
      IF (N9.GT.MTOT) CALL ERROR (N9-MTOT,2)
C
      CALL LOADS (A(N5),A(N6),A(N7),A(N8),A(N1),NLOAD,NEQ)
C
  300 CONTINUE
C
C
C      R E A D , G E N E R A T E   A N D   S T O R E
C      E L E M E N T   D A T A
C
C      CLEAR STORAGE
C
       N6=N5 + NEQ
       N6=(N6/2)*2 + 1
       DO 10 I=N5,N6
  10 IA(I)=0
      IND=1
```

```
C
      CALL ELCAL
C
      CALL SECOND (TIM(2))
C     * * * * * * * * * * * * * * * * * * * * * * *
C
C     * * * S O L U T I O N   P H A S E * * *
C
C     * * * * * * * * * * * * * * * * * * * * * * *
C
C     A S S E M B L E   S T I F F N E S S   M A T R I X
C
C
      CALL ADDRES (A(N2),A(N5))
C
      MM=NWK/NEQ
      N3=N2 +N EQ + 1
      N3=(N3/2)*2 + 1
      N4=N3 + NWK*ITWO                                    [997]
      N5=N4 + NEQ*ITWO
      N6=N5 + MAXEST
      IF (N6.GT.MTOT) CALL ERROR (N6-MTOT,4)
C
C    WRITE TOTAL SYSTEM DATA
C
      WRITE (IOUT,2025) NEQ,NWK,MK,MM
C
C    IN DATA CHECK ONLY MODE WE SKIP ALL FURTHER CALCULATIONS
C
      IF (MODEX.GT.0) GO TO 100
      CALL SECOND (TIM(3))
      CALL SECOND (TIM(4))
      CALL SECOND (TIM(5))
      GO TO 120
C
C    CLEAR STORAGE
C
  100 NNL=NWK + NEQ
      CALL CLEAR (A(N3),NNL)
C
      IND=2
C
      CALL ASSEM (A(N5))
C
      CALL SECOND (TIM(3))
C
C
C     TRIANGULARIZE STIFFNESS MATRIX
```

```
C
C
      KTR=1
      CALL COLSOL (A(N3),A(N4),A(N2),NEQ,NWK,NEQ1,KTR)
C
   35 CALL SECOND (TIM(4))
C
      KTR=2
      IND=3
C
      REWIND ILOAD
      DO 400 L=1,NLCASE
C
      CALL LOADV (A(N4),NEQ)
C
C
C   CALCULATION OF DISPLACEMENTS
C
C
      CALL COLSOL (A(N3),A(N4),A(N2),NEQ,NWK,NEQ1,KTR)
C
      WRITE (IOUT,2015) L
      CALL WRITED (A(N4),A(N1),NEQ,NUMNP)
C
C
C   CALCULATION OF STRESSES
C
C
      CALL STRESS (A(N5))
C
  400 CONTINUE
C
      CALL SECOND (TIM(5))
C
C      PRINT SOLUTION TIMES
C
  120 TT=0.
      DO 500 I=1,4
      TIM(I)=TIM(I+1) - TIM(I)
  500 TT=TT + TIM(I)
      WRITE (IOUT,2030) HED,(TIM(I),I=1,4),TT
C
C   READ NEXT ANALYSIS CASE
C
      GO TO 200
C
  800 STOP
C
```

[998]

```
 1000 FORMAT (20A4,/,4I5)                                              STA00214
 1010 FORMAT (2I5)                                                     STA00215
C                                                                      STA00216
 2000 FORMAT (///,' ',20A4,///,                                        STA00217
     1  'C O N T R O L   I N F O R M A T I O N',//,                    STA00218
     2  '     NUMBER OF NODAL POINTS',10('.'),'(NUMNP) = ',I5,//,      STA00219
     3  '     NUMBER OF ELEMENT GROUPS',9('.'),'(NUMEG) = ',I5,//,     STA00220
     4  '     NUMBER OF LOAD CASES',11('.'),'(NLCASE) = ',I5,//,       STA00221
     5  '     SOLUTION MODE ',14('.'),'(MODEX) = ',I5,/,               STA00222
     6  '     EQ.0, DATA CHECK',/,                                     STA00223
     7  '     EQ.1, EXECUTION')                                        STA00224
 2005 FORMAT (//,'L O A D   C A S E   D A T A')                        STA00225
 2010 FORMAT (////,'LOAD CASE NUMBER',7('.'),'= ',I5,//,               STA00226
     1  '     NUMBER OF CONCENTRATED LOADS . = ',I5)                   STA00227
 2015 FORMAT (//,'LOAD CASE ',I3)                                      STA00228
 2020 FORMAT ('*** ERROR *** LOAD CASES ARE NOT IN ORDER')             STA00229
 2025 FORMAT (//,'TOTAL SYSTEM DATA',///,                              STA00230
     1   '     NUMBER OF EQUATIONS',14('.'),'(NEQ) = ',I5,//,          STA00231
     2   '     NUMBER OF MATRIX ELEMENTS',11('.'),'(NWK) = ',I5,//,    STA00232
     3   '     MAXIMUM HALF BANDWIDTH ',12('.'),'(MK ) = ',I5,//,      STA00233
     4   '     MEAN HALF BANDWIDTH',14('.'),'(MM ) = ',I5)             STA00234
 2030 FORMAT (//,'S O L U T I O N T I M E L O G I N S E C',//,         STA00235
     1'        FOR PROBLEM',//,' ',20A4,///,                           STA00236
     2'    TIME FOR INPUT PHASE ',14('.'),'=',F12.2,//,                STA00237
     3'   TIME FOR CALCULATION OF STIFFNESS MATRIX . . . . =' ,F12.2,  STA00238
     4 //,                                                             STA00239
     5'   TIME FOR FACTORIZATION OF STIFFNESS MATRIX . . . =',F12.2,   STA00240
     6 //,                                                             STA00241
     7'   TIME FOR LOAD CASE SOLUTIONS ',10('.'),'=',F12.2,///,        STA00242
     8'    T O T A L   S O L U T I O N   T I M E . . . . . =',F12.2)   STA00243
C                                                                      STA00244
      END                                                              STA00245
      SUBROUTINE ERROR (N,I)                                           STA00246
C . . . . . . . . . . . . . . . . . . . . . . . . . . . . . . . . . .  STA00247
C .                                                                 .  STA00248
C . P R O G R A M                                                   .  STA00249
C .     TO PRINT MESSAGES WHEN HIGH-SPEED STORAGE IS EXCEEDED       .  STA00250
C .                                                                 .  STA00251
C . . . . . . . . . . . . . . . . . . . . . . . . . . . . . . . . . .  STA00252
      COMMON /TAPES/ IELMNT,ILOAD,IIN,IOUT                             STA00253
C                                                                      STA00254
      GO TO (1,2,3,4),I                                                STA00255
C                                                                      STA00256
    1 WRITE (IOUT,2000)                                                STA00257
      GO TO 6                                                          STA00258
    2 WRITE (IOUT,2010)                                                STA00259
      GO TO 6                                                          STA00260
    3 WRITE (IOUT,2020)                                                STA00261
```

```
      GO TO 6
    4 WRITE (IOUT,2030)
C
    6 WRITE (IOUT,2050) N
      STOP
C
 2000 FORMAT (//,' NOT ENOUGH STORAGE FOR ID ARRAY AND NODAL POINT ',
     1        ' COORDINATES')
 2010 FORMAT (//,' NOT ENOUGH STORAGE FOR DEFINITION OF LOAD VECTORS')
 2020 FORMAT (//,' NOT ENOUGH STORAGE FOR ELEMENT DATA INPUT')
 2030 FORMAT (//,' NOT ENOUGH STORAGE FOR ASSEMBLAGE OF GLOBAL ',
     1 ' STRUCTURE STIFFNESS, AND DISPLACEMENT AND STRESS SOLUTION PHASE')
 2050 FORMAT (//,' *** ERROR *** STORAGE EXCEEDED BY ', I9)
[999] C
      END
      SUBROUTINE INPUT (ID,X,Y,Z,NUMNP,NEQ)
C . . . . . . . . . . . . . . . . . . . . . . . . . . . . . . . . . . .
C .                                                                   .
C . P R O G R A M                                                     .
C .   .TO READ, GENERATE, AND PRINT NODAL POINT INPUT DATA            .
C .  .TO CALCULATE EQUATION NUMBERS AND STORE THEM IN ID ARRRAY       .
C .                                                                   .
C .       N=ELEMENT NUMBER                                            .
C .       ID=BOUNDARY CONDITION CODES (0=FREE,1=DELETED)              .
C .       X,Y,Z= COORDINATES                                          .
C .       KN= GENERATION CODE                                         .
C .               I.E. INCREMENT ON NODAL POINT NUMBER                .
C .                                                                   .
C . . . . . . . . . . . . . . . . . . . . . . . . . . . . . . . . . . .
      IMPLICIT DOUBLE PRECISION (A-H,O-Z)
C . . . . . . . . . . . . . . . . . . . . . . . . . . . . . . . . . . .
C . THE PROGRAM STAP IS USED IN SINGLE PRECISION ARITHMETIC ON CRAY   .
C . EQUIPMENT AND DOUBLE PRECISION ARITHMETIC ON IBM MACHINES,        .
C . ENGINEERING WORKSTATIONS AND PCS. DEACTIVATE ABOVE LINE (ALSO     .
C . OCCURRING IN OTHER SUBROUTINES) FOR SINGLE PRECISION ARITHMETIC.  .
C . . . . . . . . . . . . . . . . . . . . . . . . . . . . . . . . . . .
      COMMON /TAPES/ IELMNT,ILOAD,IIN,IOUT
      DIMENSION X(1),Y(1),Z(1),ID(3,NUMNP)
C
C     READ AND GENERATE NODAL POINT DATA
C
      WRITE (IOUT,2000)
      WRITE (IOUT,2010)
      WRITE (IOUT,2020)
      KNOLD=0
      NOLD=0
C
   10 READ (IIN,1000) N,(ID(I,N),I=1,3),X(N),Y(N),Z(N),KN
```

```
   WRITE (IOUT,2030) N,(ID(I,N),I=1,3),X(N),Y(N),Z(N),KN
   IF (KNOLD.EQ.0) GO TO 50
   NUM=(N-NOLD)/KNOLD
   NUMN=NUM - 1
   IF (NUMN.LT.1) GO TO 50
   XNUM=NUM
   DX=(X(N)-X(NOLD))/XNUM
   DY=(Y(N)-Y(NOLD))/XNUM
   DZ=(Z(N)-Z(NOLD))/XNUM
   K=NOLD
   DO 30 J=1,NUMN
   KK=K
   K=K + KNOLD
   X(K)=X(KK) + DX
   Y(K)=Y(KK) + DY
   Z(K)=Z(KK) + DZ
   DO 30 I=1,3
   ID(I,K)=ID(I,KK)
 30 CONTINUE
C
 50 NOLD=N
   KNOLD=KN
   IF (N.NE.NUMNP) GO TO 10
C
C   WRITE COMPLETE NODAL DATA
C
    WRITE (IOUT,2015)
    WRITE (IOUT,2020)
    DO 200 N=1,NUMNP
 200 WRITE (IOUT,2030) N,(ID(I,N),I=1,3),X(N),Y(N),Z(N),KN
C
C    NUMBER UNKNOWNS
C
     NEQ=0
   DO 100 N=1,NUMNP
   DO 100 I=1,3
   IF (ID(I,N)) 110,120,110                                  [1000]
 120 NEQ=NEQ + 1
    ID(I,N)=NEQ
    GO TO 100
 110 ID(I,N)=0
 100 CONTINUE
C
C    WRITE EQUATION NUMBERS
C
    WRITE (IOUT,2040) (N,(ID(I,N),I=1,3),N=1,NUMNP)
C
    RETURN
```

```
C
 1000 FORMAT (4I5,3F10.0,I5)
 2000 FORMAT(//,' N O D A L   P O I N T   D A T A',/)
 2010 FORMAT(' INPUT NODAL DATA',//)
 2015 FORMAT(//,' GENERATED NODAL DATA',//)
 2020 FORMAT(' NODE',10X,' BOUNDARY',25X,' NODAL POINT',17X,'MESH',/,
     1' NUMBER CONDITION CODES',21X,' COORDINATES',14X,' GENERATING',
     2/,77X,' CODE',/,
     315X,' X Y Z',15X,' X',12X,' Y',12X,' Z',10X,' KN')
 2030 FORMAT (I5,6X,3I5,6X,3F13.3,3X,I6)
 2040 FORMAT(//,' EQUATION NUMBERS',//,'NODE',9X,
     1 ' DEGREES OF FREEDOM',/,' NUMBER',//,
     2 ' N',13X,' X Y Z',/,(1X,I5,9X,3I5))
C
      END
      SUBROUTINE LOADS (R,NOD,IDIRN,FLOAD,ID,NLOAD,NEQ)
C . . . . . . . . . . . . . . . . . . . . . . . . . . . . . . . . . . .
C .                                                                   .
C .   P R O G R A M                                                   .
C .      . TO READ NODAL LOAD DATA                                    .
C .     . TO CALCULATE THE LOAD VECTOR R FOR EACH LOAD CASE AND       .
C .        WRITE ONTO UNIT ILOAD                                      .
C .                                                                   .
C . . . . . . . . . . . . . . . . . . . . . . . . . . . . . . . . . . .
      IMPLICIT DOUBLE PRECISION (A-H,O-Z)
      COMMON /VAR/ NG,MODEX
      COMMON /TAPES/ IELMNT,ILOAD,IIN,IOUT
      DIMENSION R(NEQ),NOD(1),IDIRN(1),FLOAD(1)
      DIMENSION ID(3,1)
C
      WRITE (IOUT,2000)
      READ (IIN,1000) (NOD(I),IDIRN(I),FLOAD(I),I=1,NLOAD)
      WRITE (IOUT,2010) (NOD(I),IDIRN(I),FLOAD(I),I=1,NLOAD)
      IF (MODEX.EQ.0) GO TO 900
C
      DO 210 I=1,NEQ
  210 R(I)=0.
C
      DO 220 L=1,NLOAD
      LN=NOD(L)
      LI=IDIRN(L)
      II=ID(LI,LN)
      IF (II) 220,220,240
  240 R(II)=R(II) + FLOAD(L)
C
  220 CONTINUE
C
      WRITE (ILOAD) R
```

```
C
 200 CONTINUE
C
 900 RETURN
C
 1000 FORMAT (2I5,F10.0)
 2000 FORMAT (//,' NODE DIRECTION LOAD',/,
    1 '              NUMBER',19X,' MAGNITUDE')
 2010 FORMAT (' ',I6,9X,I4,7X,E12.5)
C
      END                                                          [1001]
      SUBROUTINE ELCAL
C . . . . . . . . . . . . . . . . . . . . . . . . . . . . . . . . . . . .
C .                                                                    .
C .   P R O G R A M                                                    .
C .       TO LOOP OVER ALL ELEMENT GROUPS FOR READING,                 .
C .       GENERATING AND STORING THE ELEMENT DATA                      .
C .                                                                    .
C . . . . . . . . . . . . . . . . . . . . . . . . . . . . . . . . . . . .
     COMMON /SOL/ NUMNP,NEQ,NWK,NUMEST,MIDEST,MAXEST,MK
     COMMON /EL/ IND,NPAR(10),NUMEG,MTOT,NFIRST,NLAST,ITWO
     COMMON /TAPES/ IELMNT,ILOAD,IIN,IOUT
     COMMON A(1)
C
     REWIND IELMNT
     WRITE (IOUT,2000)
C
C     LOOP OVER ALL ELEMENT GROUPS
C
     DO 100 N=1,NUMEG
     IF (N.NE.1) WRITE (IOUT,2010)
C
     READ (IIN,1000) NPAR
C
     CALL ELEMNT
C
     IF (MIDEST.GT.MAXEST) MAXEST=MIDEST
C
     WRITE (IELMNT) MIDEST,NPAR,(A(I),I=NFIRST,NLAST)
C
 100 CONTINUE
C
    RETURN
C
 1000 FORMAT (10I5)
 2000 FORMAT (//,' ELEMENT GROUP DATA',//)
 2010 FORMAT (' ')
C
```

```
      END
      SUBROUTINE ELEMNT
C . . . . . . . . . . . . . . . . . . . . . . . . . . . . . . . . . . . .
C .                                                                     .
C .   P R O G R A M                                                     .
C .        TO CALL THE APPROPRIATE ELEMENT SUBROUTINE                   .
C .                                                                     .
C . . . . . . . . . . . . . . . . . . . . . . . . . . . . . . . . . . . .
    COMMON /EL/ IND,NPAR(10),NUMEG,MTOT,NFIRST,NLAST,ITWO
C
    NPAR1=NPAR(1)
C
    GO TO (1,2,3),NPAR1
C
  1 CALL TRUSS
   GO TO 900
C
C   OTHER ELEMENT TYPES WOULD BE CALLED HERE, IDENTIFYING EACH
C   ELEMENT TYPE BY A DIFFERENT NPAR(1) PARAMETER
C
  2 GO TO 900
C
  3 GO TO 900
C
 900 RETURN
    END
    SUBROUTINE COLHT (MHT,ND,LM)
C . . . . . . . . . . . . . . . . . . . . . . . . . . . . . . . . . . . .
C .                                                                     .
C .  P R O G R A M                                                      .
C .       TO CALCULATE COLUMN HEIGHTS                                   .
C .                                                                     .
[1002] C . . . . . . . . . . . . . . . . . . . . . . . . . . . . . . . . . . . .
    COMMON /SOL/ NUMNP,NEQ,NWK,NUMEST,MIDEST,MAXEST,MK
    DIMENSION LM(1),MHT(1)
C
    LS=100000
    DO 100 I=1,ND
    IF (LM(I)) 110,100,110
 110 IF (LM(I)-LS) 120,100,100
 120 LS=LM(I)
 100 CONTINUE
C
     DO 200 I=1,ND
     II=LM(I)
     IF (II.EQ.0) GO TO 200
     ME=II - LS
     IF (ME.GT.MHT(II)) MHT(II)=ME
```

```
 200 CONTINUE
C
     RETURN
     END
     SUBROUTINE ADDRES (MAXA,MHT)
C . . . . . . . . . . . . . . . . . . . . . . . . . . . . . . . . . . . . .
C .                                                                       .
C .   P R O G R A M                                                       .
C .       TO CALCULATE ADDRESSES OF DIAGONAL ELEMENTS IN BANDED           .
C .       MATRIX WHOSE COLUMN HEIGHTS ARE KNOWN                           .
C .                                                                       .
C .       MHT  = ACTIVE COLUMN HEIGHTS                                    .
C .       MAXA = ADDRESSES OF DIAGONAL ELEMENTS                           .
C .                                                                       .
C . . . . . . . . . . . . . . . . . . . . . . . . . . . . . . . . . . . . .
   COMMON /SOL/ NUMNP,NEQ,NWK,NUMEST,MIDEST,MAXEST,MK
   DIMENSION MAXA(*),MHT(*)
C
C  CLEAR ARRAY MAXA
C
   NN=NEQ + 1
   DO 20 I=1,NN
 20 MAXA(I)=0.0
C
   MAXA(1)=1
   MAXA(2)=2
   MK=0
   IF (NEQ.EQ.1) GO TO 100
   DO 10 I=2,NEQ
   IF (MHT(I).GT.MK) MK=MHT(I)
  10 MAXA(I+1)=MAXA(I) + MHT(I) + 1
 100 MK=MK + 1
    NWK=MAXA(NEQ+1) - MAXA(1)
C
    RETURN
    END
    SUBROUTINE CLEAR (A,N)
C . . . . . . . . . . . . . . . . . . . . . . . . . . . . . . . . . . . . .
C .                                                                       .
C . P R O G R A M                                                         .
C .      TO CLEAR ARRAY A                                                 .
C .                                                                       .
C . . . . . . . . . . . . . . . . . . . . . . . . . . . . . . . . . . . . .
    IMPLICIT DOUBLE PRECISION (A-H,O-Z)
    DIMENSION A(1)
    DO 10 I=1,N
 10 A(I)=0.
```

```
      RETURN
      END
      SUBROUTINE ASSEM (AA)
C . . . . . . . . . . . . . . . . . . . . . . . . . . . . . . . . . . . . .
C .                                                                       .
C . P R O G R A M .
C .     TO CALL ELEMENT SUBROUTINES FOR ASSEMBLAGE OF THE                 .
C .     STRUCTURE STIFFNESS MATRIX                                        .
[1003] C .                                                                .
C . . . . . . . . . . . . . . . . . . . . . . . . . . . . . . . . . . . . .
      COMMON /EL/ IND,NPAR(10),NUMEG,MTOT,NFIRST,NLAST,ITWO
      COMMON /TAPES/ IELMNT,ILOAD,IIN,IOUT
      DIMENSION AA(1)
C
      REWIND IELMNT
C
      DO 200 N=1,NUMEG
      READ (IELMNT) NUMEST,NPAR,(AA(I),I=1,NUMEST)
C
      CALL ELEMNT
C
  200 CONTINUE
C
      RETURN
      END
      SUBROUTINE ADDBAN (A,MAXA,S,LM,ND)
C . . . . . . . . . . . . . . . . . . . . . . . . . . . . . . . . . . . . .
C .                                                                       .
C .   P R O G R A M                                                       .
C .       TO ASSEMBLE UPPER TRIANGULAR ELEMENT STIFFNESS INTO             .
C .       COMPACTED GLOBAL STIFFNESS                                      .
C .                                                                       .
C .        A = GLOBAL STIFFNESS                                           .
C .        S = ELEMENT STIFFNESS                                          .
C .        ND = DEGREES OF FREEDOM IN ELEMENT STIFFNESS                    .
C .                                                                       .
C .                   S(1)       S(2)       S(3)       . . .              .
C .        S    =                S(ND+1)    S(ND+2)    . . .              .
C .                                         S(2*ND)    . . .              .
C .                                                    . . .              .
C .                                                                       .
C .                                                                       .
C .                   A(1)       A(3)       A(6)       . . .              .
C .        A    =                A(2)       A(5)       . . .              .
C .                                         A(4)       . . .              .
C .                                                    . . .              .
C .                                                                       .
C .                                                                       .
```

```
C . . . . . . . . . . . . . . . . . . . . . . . . . . . . . . . . . . .
      IMPLICIT DOUBLE PRECISION (A-H,O-Z)
      DIMENSION A(1),MAXA(1),S(1),LM(1)
C
      NDI=0
      DO 200 I=1,ND
      II=LM(I)
      IF (II) 200,200,100
  100 MI=MAXA(II)
      KS=I
      DO 220 J=1,ND
      JJ=LM(J)
      IF (JJ) 220,220,110
  110 IJ=II - JJ
      IF (IJ) 220,210,210
  210 KK=MI + IJ
      KSS=KS
      IF (J.GE.I) KSS=J + NDI
      A(KK)=A(KK) + S(KSS)
  220 KS=KS + ND - J
  200 NDI=NDI + ND - I
C
      RETURN
      END
      SUBROUTINE COLSOL (A,V,MAXA,NN,NWK,NNM,KKK)
C . . . . . . . . . . . . . . . . . . . . . . . . . . . . . . . . . . .
C .                                                                   .
C . P R O G R A M                                                     .
C .     TO SOLVE FINITE ELEMENT STATIC EQUILIBRIUM EQUATIONS IN       .
C .    CORE, USING COMPACTED STORAGE AND COLUMN REDUCTION SCHEME      .   [1004]
C .                                                                   .
C . - - INPUT VARIABLES - -                                           .
C .       A(NWK)    = STIFFNESS MATRIX STORED IN COMPACTED FORM       .
C .       V(NN)     = RIGHT-HAND-SIDE LOAD VECTOR                     .
C .       MAXA(NNM) = VECTOR CONTAINING ADDRESSES OF DIAGONAL         .
C .                   ELEMENTS OF STIFFNESS MATRIX IN A               .
C .       NN        = NUMBER OF EQUATIONS                             .
C .       NWK       = NUMBER OF ELEMENTS BELOW SKYLINE OF MATRIX      .
C .       NNM         = NN + 1                                        .
C .       KKK         = INPUT FLAG                                    .
C .          EQ. 1    TRIANGULARIZATION OF STIFFNESS MATRIX           .
C .          EQ. 2    REDUCTION AND BACK-SUBSTITUTION OF LOAD VECTOR  .
C .       IOUT        = UNIT USED FOR OUTPUT                          .
C .                                                                   .
C . - - OUTPUT - -                                                    .
C .       A(NWK)      = D AND L - FACTORS OF STIFFNESS MATRIX         .
C .       V(NN)        = DISPLACEMENT VECTOR                          .
C .                                                                   .
```

```
C . . . . . . . . . . . . . . . . . . . . . . . . . . . . . . . . . . . .
      IMPLICIT DOUBLE PRECISION (A-H,O-Z)
      COMMON /TAPES/ IELMNT,ILOAD,IIN,IOUT
      DIMENSION A(NWK),V(1),MAXA(1)
C
C     PERFORM L*D*L(T) FACTORIZATION OF STIFFNESS MATRIX
C
      IF (KKK-2) 40,150,150
   40 DO 140 N=1,NN
      KN=MAXA(N)
      KL=KN + 1
      KU=MAXA(N+1) - 1
      KH=KU - KL
      IF (KH) 110,90,50
   50 K=N - KH
      IC=0
      KLT=KU
      DO 80 J=1,KH
      IC=IC + 1
      KLT=KLT - 1
      KI=MAXA(K)
      ND=MAXA(K+1) - KI - 1
      IF (ND) 80,80,60
   60 KK=MIN0(IC,ND)
      C=0.
      DO 70 L=1,KK
   70 C=C + A(KI+L)*A(KLT+L)
      A(KLT)=A(KLT) - C
   80 K=K + 1
   90 K=N
      B=0.
      DO 100 KK=KL,KU
      K=K - 1
      KI=MAXA(K)
      C=A(KK)/A(KI)
      B=B + C*A(KK)
  100 A(KK)=C
      A(KN)=A(KN) - B
  110 IF (A(KN)) 120,120,140
  120 WRITE (IOUT,2000) N,A(KN)
      GO TO 800
  140 CONTINUE
      GO TO 900
C
C     REDUCE RIGHT-HAND-SIDE LOAD VECTOR
C
  150 DO 180 N=1,NN
```

```
      KL=MAXA(N) + 1
      KU=MAXA(N+1) - 1
      IF (KU-KL) 180,160,160
  160 K=N
      C=0.                                                    [1005]
      DO 170 KK=KL,KU
      K=K - 1
  170 C=C + A(KK)*V(K)
      V(N)=V(N) - C
  180 CONTINUE
C
C     BACK-SUBSTITUTE
C
       DO 200 N=1,NN
       K=MAXA(N)
  200 V(N)=V(N)/A(K)
      IF (NN.EQ.1) GO TO 900
      N=NN
      DO 230 L=2,NN
      KL=MAXA(N) + 1
      KU=MAXA(N+1) - 1
      IF (KU-KL) 230,210,210
  210 K=N
      DO 220 KK=KL,KU
      K=K - 1
  220 V(K)=V(K) - A(KK)*V(N)
  230 N=N - 1
      GO TO 900
C
  800 STOP
  900 RETURN
C
 2000 FORMAT (//' STOP - STIFFNESS MATRIX NOT POSITIVE DEFINITE',//,
     1          ' NONPOSITIVE PIVOT FOR EQUATION ',I8,//,
     2          ' PIVOT = ',E20.12 )
C
      END
      SUBROUTINE LOADV (R,NEQ)
C . . . . . . . . . . . . . . . . . . . . . . . . . . . . . . . . . . . .
C .                                                                     .
C . P R O G R A M                                                       .
C .        TO OBTAIN THE LOAD VECTOR                                    .
C . . . . . . . . . . . . . . . . . . . . . . . . . . . . . . . . . . . .
     IMPLICIT DOUBLE PRECISION (A-H,O-Z)
     COMMON /TAPES/ IELMNT,ILOAD,IIN,IOUT
     DIMENSION R(NEQ)
C
     READ (ILOAD) R
```

```
C
      RETURN
      END
      SUBROUTINE WRITED (DISP,ID,NEQ,NUMNP)
C . . . . . . . . . . . . . . . . . . . . . . . . . . . . . . . . . . .
C .                                                                   .
C . P R O G R A M                                                     .
C .    TO PRINT DISPLACEMENTS                                         .
C . . . . . . . . . . . . . . . . . . . . . . . . . . . . . . . . . . .
      IMPLICIT DOUBLE PRECISION (A-H,O-Z)
      COMMON /TAPES/ IELMNT,ILOAD,IIN,IOUT
      DIMENSION DISP(NEQ),ID(3,NUMNP)
      DIMENSION D(3)
C
C  PRINT DISPLACEMENTS
C
      WRITE (IOUT,2000)
      IC=4
C
      DO 100 II=1,NUMNP
      IC=IC + 1
      IF (IC.LT.56) GO TO 105
      WRITE (IOUT,2000)
      IC=4
[1006]
  105 DO 110 I=1,3
  110 D(I)=0.
C
       DO 120 I=1,3
       KK=ID(I,II)
       IL=I
  120 IF (KK.NE.0) D(IL)=DISP(KK)
C
  100 WRITE (IOUT,2010) II,D
C
       RETURN
C
 2000 FORMAT (///,' D I S P L A C E M E N T S',//,' NODE ',10X,
     1        ' X-DISPLACEMENT  Y-DISPLACEMENT  Z-DISPLACEMENT')
 2010 FORMAT (1X,I3,8X,3E18.6)
C
        END
        SUBROUTINE STRESS (AA)
C . . . . . . . . . . . . . . . . . . . . . . . . . . . . . . . . . . .
C .                                                                   .
C .  P R O G R A M                                                    .
C .       TO CALL THE ELEMENT SUBROUTINE FOR THE CALCULATION OF       .
C .        STRESSES                                                   .
C .                                                                   .
```

```
C . . . . . . . . . . . . . . . . . . . . . . . . . . . . . . . . . . .
      COMMON /VAR/ NG,MODEX
      COMMON /EL/ IND,NPAR(10),NUMEG,MTOT,NFIRST,NLAST,ITWO
      COMMON /TAPES/ IELMNT,ILOAD,IIN,IOUT
      DIMENSION AA(1)
C
C     LOOP OVER ALL ELEMENT GROUPS
C
      REWIND IELMNT
C
      DO 100 N=1,NUMEG
      NG=N
C
      READ (IELMNT) NUMEST,NPAR,(AA(I),I=1,NUMEST)
C
      CALL ELEMNT
C
  100 CONTINUE
C
       RETURN
       END
       SUBROUTINE TRUSS
C . . . . . . . . . . . . . . . . . . . . . . . . . . . . . . . . . . .
C .                                                                   .
C .   P R O G R A M                                                   .
C .        TO SET UP STORAGE AND CALL THE TRUSS ELEMENT SUBROUTINE    .
C .                                                                   .
C . . . . . . . . . . . . . . . . . . . . . . . . . . . . . . . . . . .
       COMMON /SOL/ NUMNP,NEQ,NWK,NUMEST,MIDEST,MAXEST,MK
       COMMON /DIM/ N1,N2,N3,N4,N5,N6,N7,N8,N9,N10,N11,N12,N13,N14,N15
       COMMON /EL/ IND,NPAR(10),NUMEG,MTOT,NFIRST,NLAST,ITWO
       COMMON /TAPES/ IELMNT,ILOAD,IIN,IOUT
       COMMON A(1)
C
       EQUIVALENCE (NPAR(2),NUME),(NPAR(3),NUMMAT)
C
       NFIRST=N6
       IF (IND.GT.1) NFIRST=N5
       N101=NFIRST
       N102=N101 + NUMMAT*ITWO
       N103=N102 + NUMMAT*ITWO
       N104=N103 + 6*NUME
       N105=N104 + 6*NUME*ITWO
       N106=N105 + NUME
       NLAST=N106
C
       IF (IND.GT.1) GO TO 100
```

```
      IF (NLAST.GT.MTOT) CALL ERROR (NLAST-MTOT,3)
      GO TO 200
[1007]
  100 IF (NLAST.GT.MTOT) CALL ERROR (NLAST-MTOT,4)
C
  200 MIDEST=NLAST - NFIRST
C
      CALL RUSS (A(N1),A(N2),A(N3),A(N4),A(N4),A(N5),A(N101),A(N102),
     1A(N103),A(N104),A(N105))
C
      RETURN
C
      END
      SUBROUTINE RUSS (ID,X,Y,Z,U,MHT,E,AREA,LM,XYZ,MATP)
C . . . . . . . . . . . . . . . . . . . . . . . . . . . . . . . . . . .
C .                                                                   .
C .       TRUSS ELEMENT SUBROUTINE                                    .
C .                                                                   .
C . . . . . . . . . . . . . . . . . . . . . . . . . . . . . . . . . . .
      IMPLICIT DOUBLE PRECISION (A-H,O-Z)
      REAL A
      COMMON /SOL/ NUMNP,NEQ,NWK,NUMEST,MIDEST,MAXEST,MK
      COMMON /DIM/ N1,N2,N3,N4,N5,N6,N7,N8,N9,N10,N11,N12,N13,N14,N15
      COMMON /EL/ IND,NPAR(10),NUMEG,MTOT,NFIRST,NLAST,ITWO
      COMMON /VAR/ NG,MODEX
      COMMON /TAPES/ IELMNT,ILOAD,IIN,IOUT
      COMMON A(1)
C
      DIMENSION X(1),Y(1),Z(1),ID(3,1),E(1),AREA(1),LM(6,1),
     1          XYZ(6,1),MATP(1),U(1),MHT(1)
      DIMENSION S(21),ST(6),D(3)
C
      EQUIVALENCE (NPAR(1),NPAR1),(NPAR(2),NUME),(NPAR(3),NUMMAT)
      ND=6
C
      GO TO (300,610,800),IND
C
C
C R E A D   A N D   G E N E R A T E E   L E M E N T
C I N F O R M A T I O N
C
C READ MATERIAL INFORMATION
C
  300 WRITE (IOUT,2000) NPAR1,NUME
      IF (NUMMAT.EQ.0) NUMMAT=1
      WRITE (IOUT,2010) NUMMAT
C
      WRITE (IOUT,2020)
      DO 10 I=1,NUMMAT
```

```
   READ (IIN,1000) N,E(N),AREA(N)
10 WRITE (IOUT,2030) N,E(N),AREA(N)
C
C    READ ELEMENT INFORMATION
C
   WRITE (IOUT,2040)
   N=1
100 READ (IIN,1020) M,II,JJ,MTYP,KG
   IF (KG.EQ.0) KG=1
120 IF (M.NE.N) GO TO 200
   I=II
   J=JJ
   MTYPE=MTYP
   KKK=KG
C
C    SAVE ELEMENT INFORMATION
C
200 XYZ(1,N)=X(I)
   XYZ(2,N)=Y(I)
   XYZ(3,N)=Z(I)
C
   XYZ(4,N)=X(J)
   XYZ(5,N)=Y(J)
   XYZ(6,N)=Z(J)
C
   MATP(N)=MTYPE
C
   DO 390 L=1,6
390 LM(L,N)=0
   DO 400 L=1,3
   LM(L,N)=ID(L,I)
400 LM(L+3,N)=ID(L,J)
C
C     UPDATE COLUMN HEIGHTS AND BANDWIDTH
C
    CALL COLHT (MHT,ND,LM(1,N))
C
    WRITE (IOUT,2050) N,I,J,MTYPE
    IF (N.EQ.NUME) GO TO 900
    N=N + 1
    I=I + KKK
    J=J + KKK
    IF (N.GT.M) GO TO 100
    GO TO 120
C
C
C     A S S E M B L E  S T U C T U R E  S T I F F N E S S  M A T R I X
C
```

[1008]

```
C
 610 DO 500 N=1,NUME
     MTYPE=MATP(N)
     XL2=0.
     DO 505 L=1,3
     D(L)=XYZ(L,N) - XYZ(L+3,N)
 505 XL2=XL2 + D(L)*D(L)
     XL=SQRT(XL2)
     XX=E(MTYPE)*AREA(MTYPE)*XL
     DO 510 L=1,3
     ST(L)=D(L)/XL2
 510 ST(L+3)=-ST(L)
C
     KL=0
     DO 600 L=1,6
     YY=ST(L)*XX
     DO 600 K=L,6
     KL=KL + 1
 600 S(KL)=ST(K)*YY
     CALL ADDBAN (A(N3),A(N2),S,LM(1,N),ND)
 500 CONTINUE
     GO TO 900
C
C
C     S T R E S S   C A L C U L A T I O N S
C
C
 800 IPRINT=0
     DO 830 N=1,NUME
     IPRINT=IPRINT + 1
     IF (IPRINT.GT.50) IPRINT=1
     IF (IPRINT.EQ.1) WRITE (IOUT,2060) NG
     MTYPE=MATP(N)
     XL2=0.
     DO 820 L=1,3
     D(L) = XYZ(L,N) - XYZ(L+3,N)
 820 XL2=XL2 + D(L)*D(L)
     DO 814 L=1,3
     ST(L)=(D(L)/XL2)*E(MTYPE)
 814 ST(L+3)=-ST(L)
     STR=0.0
     DO 806 L=1,3
     I=LM(L,N)
     IF (I.LE.0) GO TO 807
     STR=STR + ST(L)*U(I)
 807 J=LM(L+3,N)
```

```
      IF (J.LE.0) GO TO 806
      STR=STR + ST(L+3)*U(J)
  806 CONTINUE                                                        [1009]
      P=STR*AREA(MTYPE)
      WRITE (IOUT,2070) N,P,STR
  830 CONTINUE
C
  900 RETURN
C
 1000 FORMAT (I5,2F10.0)
 1010 FORMAT (2F10.0)
 1020 FORMAT (5I5)
 2000 FORMAT ('E L E M E N T   D E F I N I T I O N',///,
     1        ' ELEMENT TYPE ',13('.'),'( NPAR(1) ) . . =',I5,/,
     2        ' EQ.1, TRUSS ELEMENTS',/,
     3        ' EQ.2, ELEMENTS CURRENTLY',/,
     4        ' EQ.3, NOT AVAILABLE',//,
     5        ' NUMBER OF ELEMENTS.',10('.'),'( NPAR(2) ) . . =',I5,//)
 2010 FORMAT ('M A T E R I A L   D E F I N I T I O N',///,
     1        ' NUMBER OF DIFFERENT SETS OF MATERIAL',/,
     2        ' AND CROSS-SECTIONAL CONSTANTS ',
     3                                     ' 4('.'),'( NPAR(3) ) . . =',I5,//)
 2020 FORMAT (' SET YOUNG''S CROSS-SECTIONAL',/,
     1        ' NUMBER MODULUS ',10X,' AREA ',/,
     2        ' 15X,' E',14X,'A')
 2030 FORMAT (/,I5,4X,E12.5,2X,E14.6)
 2040 FORMAT (//,'E L E M E N T   I N F O R M A T I O N',///,
     1        ' ELEMENT NODE NODE MATERIAL',/,
     2        ' NUMBER-N I J SET NUMBER',/)
 2050 FORMAT (I5,6X,I5,4X,I5,7X,I5)
 2060 FORMAT (///,'S T R E S S   C A L C U L A T I O N S   F O R',
     1        'E L E M E N T   G R O U P',I4,//,
     2        ' ELEMENT ',13X,' FORCE ',12X,' STRESS ',/,
     3        ' NUMBER ',/)
 2070 FORMAT (1X,I5,11X,E13.6,4X,E13.6)
C
      END
      SUBROUTINE SECOND (TIM)
C
C     SUBROUTINE TO OBTAIN TIME
C     THIS SUBROUTINE HAS BEEN USED ON AN IBM RS/6000 WORKSTATION
C
      TIM=0.01*MCLOCK()
C
      RETURN
      END
```

12.5 习题与项目

12.5.1 习题

12.1 考虑如图 Ex.12.1 所示桁架结构. 利用 STAP 程序求解结构的响应, 并检查答案.

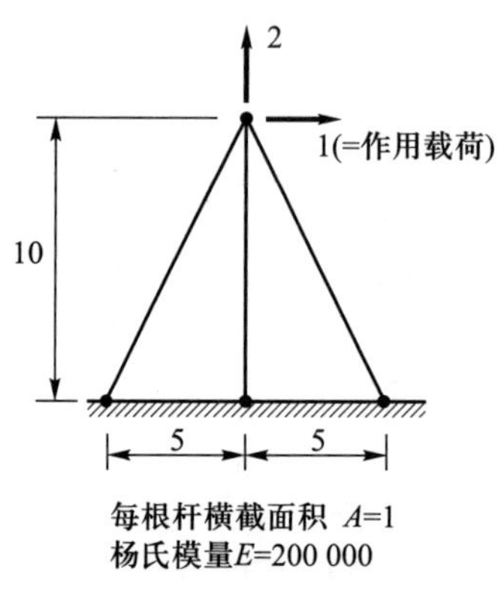

图 Ex.12.1

[1010] 12.2 考虑如图 Ex.12.2 所示桁架结构. 利用 STAP 程序求解结构的响应, 并检查答案.

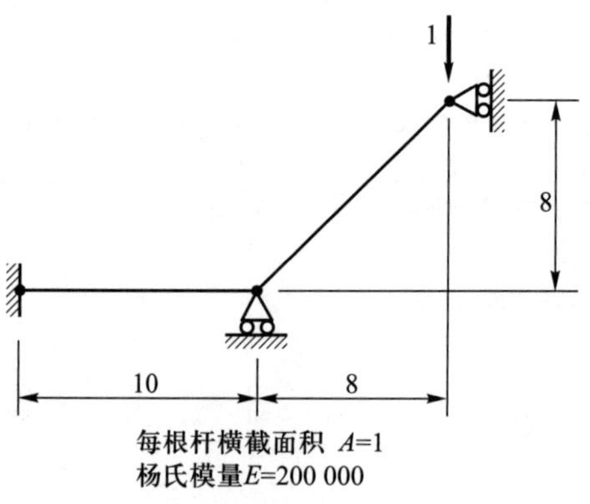

图 Ex.12.2

12.3 考虑如图 Ex.12.3 所示桁架结构. 利用 STAP 程序求解结构的响应, 并检查答案.

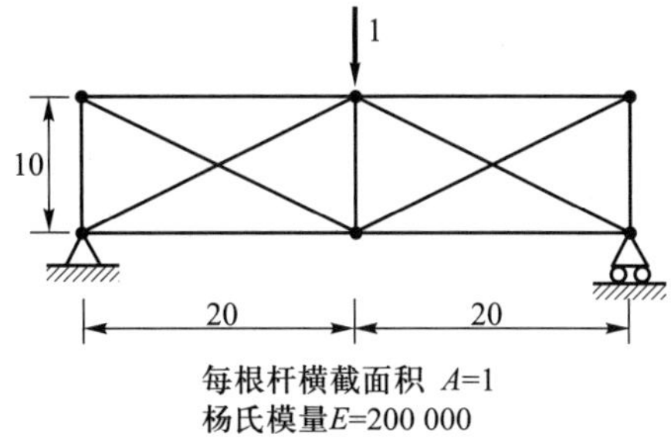

图 Ex.12.3

12.4 考虑如图 Ex.12.4 所示桁架结构. 利用 STAP 程序求解结构的响应, 并检查答案.

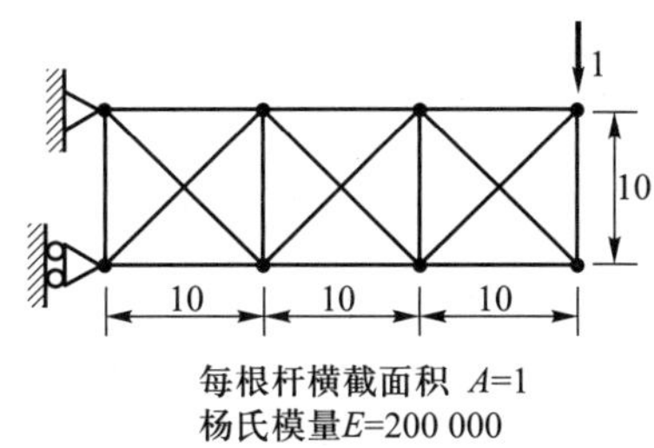

图 Ex.12.4

12.5.2 项目 [1011]

以下给出使用 STAP 程序的一些项目的描述. 当然, 一旦程序已经执行完毕, 各种分析问题也就可以得到解决, 对此, 仅给出一些可能项目, 鼓励读者利用 STAP 解决其他分析问题.

项目 12.1. 扩展 STAP 程序, 使之适用于静态二维平面应力、平面应变和轴对称问题的分析. 为达到该目的, 需要将第 5.6 节中的子程序 QUADS 加入 STAP 中. 通过求解图 4.17 中的分片检验问题和例 4.6 中讨论的悬臂板问题, 验证该程序实现.

项目 12.2. 内容同项目 12.1, 但修改加入的子程序 QUADS, 使之适应于 u/p 格式和 4/1 单元 (见第 4.4.3 节).

项目 12.3. 扩展 STAP 程序, 使之适用于直接逐步积分的动态分析. 考虑选择集中或一致质量矩阵以及采用中心差分法或 Newmark 法.

利用扩展的 STAP 程序求解例 9.14 中考虑的问题.

项目 12.4. 扩展 STAP 程序, 使之适用于模态叠加的动态分析. 考虑选择集中或一致质量矩阵.

调用第 11.3.2 节中介绍的子程序 JACOBI, 计算出频率和振形. 考虑模态叠加中计入从 1 至 p 模态数的情况, 其中, $p \leqslant n$, n 为自由度数.

利用扩展的 STAP 程序求解例 9.14 中考虑的问题.

项目 12.5. 如项目 12.4 一样扩展 STAP 程序, 但考虑选择与使用频率介于 ω_l 和 ω_u 之间的所有模态. 然后求解如图 Pr.12.5 所示问题. 令 $R(t) = \sin\omega_R t, \omega_R = 2000$. 杆初始静止 (即初始位移、速度均为 0). 利用 $4, 8, 40, 60, \cdots$ 的等长桁架单元对杆进行有限元离散化, 并进行分析. 比较得到的响应预测.

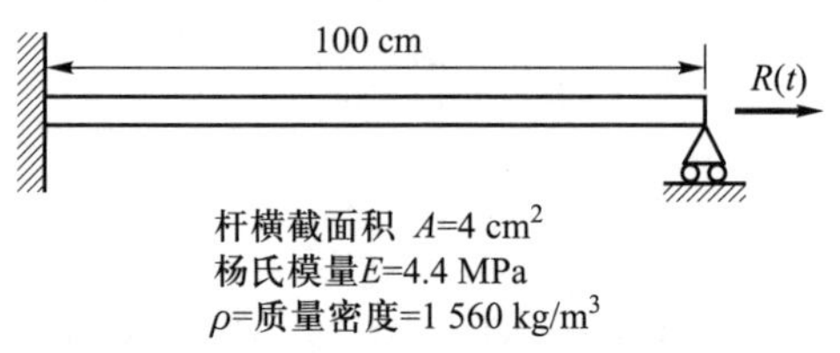

图 Pr.12.5

项目 12.6. 扩展 STAP 程序, 使之适用于大位移 (但小应变) 的桁架结构的分析. 利用例 6.16 中给出的数据, 求解例 6.3 中的分析问题.

项目 12.7. 扩展 STAP 程序, 使之适用于大位移的二维平面应力、平面应变和轴对称问题的分析. 利用第 5.6 节中的 QUADS 程序, 作为单元子程序的基础, 扩展该程序使之适用于第 6.3.4 节中描述的完全 Lagrange 格式. 假设弹性材料的杨氏模量为 E, 泊松比为 ν. 在如图 Pr.12.7 所示简单的分析问题中检验程序并将结果与解析计算所得结果进行比较.

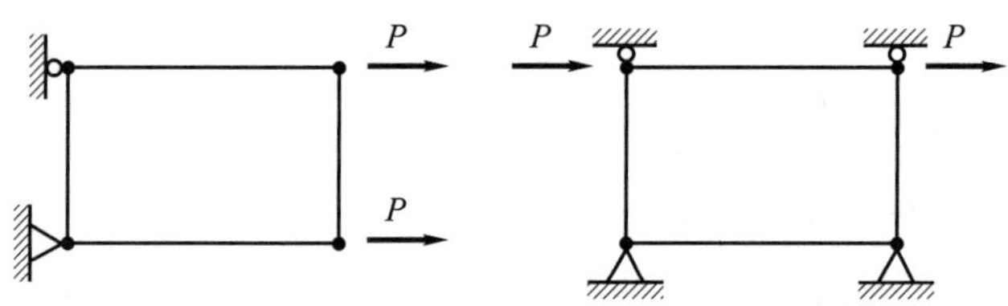

图 Pr.12.7

项目 12.8. 内容同项目 12.7, 但利用 u/p 格式和 4/1 单元进行求解.

项目 12.9. 扩展 STAP 程序, 使之适用于计入线性对流边界条件的一维传热问题的瞬态传导分析. 然后求解图 E7.2 中的问题, 其中 $h = 2$, $L = 20$, $q^S = 2$, $k = 1.0$, $\rho c = 1.0$, 忽略辐射传热. 假设不同的初始温度条件且改变 k 和 ρc 值.

项目 12.10. 扩展 STAP 程序, 使之适用于分析稳态二维平面及轴对称线性传热问题. 利用第 5.6 节介绍的子程序 QUADS 作为基础开发单元程序. 然后求解习题 7.7 中的分析问题.

项目 12.11. 扩展 STAP 程序, 使之适用于分析场问题之一的渗流问题 (见第 7.3.1 章)、不可压缩无黏性流体流动问题 (见第 7.3.2 节)、扭转刚度的求解问题 (见第 7.3.3 节) 以及声流体的分析问题 (见第 7.3.4 节). 在各种情况下, 仅考虑平面条件, 求解一个您选择的分析问题.

项目 12.12. 扩展 STAP 程序, 使之适用于分析非常小的 Reynolds 数 (Stokes 流体) 的黏性不可压缩流体流动问题. 利用 u/p 格式和 4/1 单元, 求解您选择的问题 (如习题 7.28 中的问题).

参考文献

AHMAD S., IRONS B. M., and ZIENKIEWICZ O. C.

[A] "Analysis of Thick and Thin Shell Structures by Curved Finite Elements," *International Journal for Numerical Methods in Engineering*, Vol. 2, pp. 419–451, 1970.

AINSWORTH M., and ODEN J. T.

[A] *A Posteriori Error Estimation in Finite Element Analysis*, John Wiley & Sons, Inc., New York, 2000.

ANAND L.

[A] "On H. Hencky's Approximate Strain Energy Function for Moderate Deformations," *Journal of Applied Mechanics*, Vol. 46, pp. 78–82, 1979.

ARGYRIS J. H.

[A] "Continua and Discontinua," Proceedings, *Conference on Matrix Methods in Structural Mechanics*, Wright-Patterson A.F.B., Ohio, pp. 11–189, Oct. 1965.

[B] "An Excursion into Large Rotations," *Computer Methods in Applied Mechanics and Engineering*, Vol. 32, pp. 85–155, 1982.

ARGYRIS J. H., and KELSEY S.

[A] "Energy Theorems and Structural Analysis," *Aircraft Engineering*, Vols. 26 and 27, Oct. 1954 to May 1955. Part Ⅰ is by J. H. Argyris, and Part Ⅱ is by J. H. Argyris and S. Kelsey.

ARNOLD D. N., and BREZZI F.

[A] "Some New Elements for the Reissner-Mindlin Plate Model" and "Locking Free Finite Elements for Shells," Publicazioni N. 898, Istituto di Analisi Numerica del Consiglio Nazionale delle Ricerche, Pavia, Nov. 1993.

ARNOLD D. N., BREZZI F., COCKBURN B. and MARINI L. D.

[A] "Unified Analysis of Discontinuous Galerkin Methods for Elliptic Problems," *SIAM Journal on Numerical Analysis*, Vol.39, No.5, pp. 1749–1779, 2002.

ARNOLD D. N., BREZZI F., and FORTIN M.

[A] "A Stable Finite Element for the Stokes Equations," *Calcolo*, Vol.21, pp. 337–344, 1984.

ARNOLD D. N., and FALK R. S.

[A] "The Boundary Layer for the Reissner-Mindlin Plate Model," *SIAM Journal on Mathematical Analysis*, Vol. 21, pp. 281–312, 1990.

ASARO R. J.

[A] "Micromechanics of Crystals and Polycrystals," *Advances in Applied Mechanics*, Vol. 23, pp. 1–115, 1983.

ATLURI S. N.

[A] "Alternate Stress and Conjugate Strain Measures, and Mixed Variational Formulations Involving Rigid Rotations, for Computational Analyses of Finitely Deformed Solids, with Application to Plates and Shells-I: Theory," *Computers & Structures*, Vol. 18, pp. 93–116, 1984.

ATLURI S. N., and ZHU T.

[A] "A New Meshless Local Petrov-Galerkin (MLPG) Approach in Computational Mechanics," *Computational Mechanics*,Vol.22, pp. 117–127, 1998.

BABUŠKA I.

[A] "The Finite Element Method with Lagrangian Multipliers," *Numerische Mathematik*, Vol. 20, pp. 179–192, 1973.

BANIJAMLI B., and BATHE K. J.

[A] "The CIP Method Embedded in Finite Element Discretizations of Incompressible Fluid Flows", *International Journal for Numerical Methods in Engineering*, Vol.71, pp.66–80, 2007.

BARLOW J.

[A] "Optimal Stress Locations in Finite Element Models," *International Journal for Numerical Methods in Engineering*, Vol.10, pp. 243–251, 1976.

BARSOUM R. S.

[A] "On the Use of Isoparametric Finite Elements in Linear Fracture Mechanics," *International Journal for Numerical Methods in Engineering*, Vol. 10, pp. 25–37, 1976.

[B] "Triangular Quarter-Point Elements as Elastic and Perfectly-Plastic Crack Tip Elements," *International Journal for Numerical Methods in Engineering*, Vol. 11, pp. 85–98, 1977.

BASSI F., and REBAY S.

[A] "A High-order Accurate Discontinuous Finite Element Method for the Numerical Solution of the Compressible Navier-Stokes Equations," *Journal of Computational Physics*, Vol.131,No.2, pp. 267–279, 1997.

BATHE K. J.

[A] "Solution Methods of Large Generalized Eigenvalue Problems in Structural Engineering," Report UC SESM 71–20, Civil Engineering Department, University of California, Berkeley, 1971.

[B] "Convergence of Subspace Iteration," Proceedings, *Formulations and Numerical Algorithms in Finite Element Analysis*, K. J. Bathe, J. T. Oden, and W. Wunderlich, eds., M.I.T. Press, Cambridge, MA, pp. 575–598, 1977.

[C] "Finite Elements in CAD and ADINA," *Nuclear Engineering and Design*, Vol. 98, No.1, pp. 57–67, 1986.

[D] "Remarks on The Development of Finite Element Methods and Software," *International Journal of Computer Applications in Technology*, Vol.7, No.3–6, pp. 101–107, 1994.

[E] "The Inf-Sup Condition and its Evaluation for Mixed Finite Element Methods", *Computers & Structures*, Vol.79, pp. 243–252, 2001.

[F] "Conserving Energy and Momentum in Nonlinear Dynamics: A Simple Implicit Time Integration Scheme," *Computers & Structures*, Vol 85, pp. 437–445, 2007.

[G] *To Enrich Life*, 2nd ed., Klaus-Jürgen Bathe, 2019.

[H] "The Finite Element Method," in *Encyclopedia of Computer Science and Engineering*, B. Wah (ed.), John. Wiley & Sons Inc., pp. 1253–1264, 2009.

[I] "Advances in the Multiphysics Analysis of Structures," Chapter 1 in *Computational Methods for Engineering Science*, B.H.V. Topping, ed., Saxe-Coburg Publications, Stirlingshire, 2012.

[J] "The Subspace Iteration Method – Revisited," *Computers & Structures*, Vol 126, pp. 177–183, 2012.

[K] "Insights and Advances in the Analysis of Structures", Proceedings, *Fifth International Conference on Structural Engineering, Mechanics and Computation,* University of Cape Town (A. Zingoni, ed.), Taylor&Francis, 2013.

[L] "Frontiers in Finite Element Procedures & Applications", Chapter 1 in *Computational Methods for Engineering Technology,* B.H.V. Topping, ed., Saxe-Coburg Publications, Stirlingshire, 2014.

[M] "The Finite Element Method with 'Overlapping Finite Elements'," Proceedings, *Sixth International Conference on Structural Engineering, Mechanics and Computation*, University of Cape Town (A. Zingoni, ed.), Taylor & Francis, 2016.

BATHE K. J., and ALMEIDA C. A.

[A] "A Simple and Effective Pipe Elbow Element——Linear Analysis," and "A Simple and Effective Pipe Elbow Element——Interaction Effects," *Journal of Applied Mechanics*, Vol. 47, pp. 93–100, 1980, and *Journal of Applied Mechanics*, Vol. 49, pp. 165–171, 1982.

BATHE K. J., and BAIG M. M. I.

[A] "On a Composite Implicit Time Integration Procedure for Nonlinear Dynamics", *Computers & Structures*, Vol.83, pp. 2513–2524, 2005.

BATHE K. J., and BOLOURCHI S.

[A] "Large Displacement Analysis of Three-Dimensional Beam Structures," *International Journal for Numerical Methods in Engineering,* Vol. 14, pp. 961–986, 1979.

[B] "A Geometric and Material Nonlinear Plate and Shell Element," *Computers & Structures*, Vol. 11, pp. 23–48, 1980.

BATHE K. J., and BOUZINOV P. A.

[A] "On the Constraint Function Method for Contact Problems," *Computers & Structures*, Vol.64, pp. 1069–1085, 1997.

BATHE K. J., and BREZZI F.

[A] "On the Convergence of a Four-Node Plate Bending Element Based on Mindlin/Reissner Plate Theory and a Mixed Interpolation," in *The Mathematics of Finite Elements and Applications* V, J. R. Whiteman, ed., Academic Press, New York, pp. 491–503, 1985.

[B] "A Simplified Analysis of Two Plate Bending Elements—The MITC4 and MITC9 Elements," Proceedings, *Numerical Methods in Engineering: Theory and Applications*, University College, Swansea, 1987.

[C] "Stability of Finite Element Mixed Interpolations for Contact Problems", *Rendiconti Linncei Matematica E Applicazioni*, Series 9, Vol.12, pp. 167–183, 2001.

BATHE K. J., BREZZI F., and MARINI L. D.

[A] "The MITC9 Shell Element in Plate Bending: Mathematical Analysis of A Simplified Case," *Computational Mechanics*, Vol. 47, pp. 617–626, 2011.

BATHE K. J., BUCALEM M. L., and BREZZI F.

[A] "Displacement and Stress Convergence of Our MITC Plate Bending Elements," *Engineering Computations*, Vol. 7, pp. 291–302, 1990.

BATHE K. J., CHAPELLE D., and LEE P. S.

[A] "A Shell Problem 'Highly-Sensitive' to *Thickness Changes", International Journal for Numerical Methods in Engineering*, Vol. 57, pp. 1039–1052, 2003.

BATHE K. J., and CHAUDHARY A. B.

[A] "On the Displacement Formulation of Torsion of Shafts with Rectangular Cross-sections," *International Journal for Numerical Methods in Engineering*, Vol. 18, pp. 1565–1580, 1982..

[B] "A Solution Method for Planar and Axisymmetric Contact Problems," *International Journal for Numerical Methods in Engineering*, Vol. 21, pp. 65–88, 1985.

BATHE K. J., CHAUDHARY A. B., DVORKIN E. N., and KOJIĆ M.

[A] "On the Solution of Nonlinear Finite Element Equations," Proceedings, *International Conference on Computer-Aided Analysis and Design of Concrete Structures* I, F. Damjanic et al., eds., pp. 289–299, Pineridge Press, Swansea, 1984.

BATHE K. J., and CIMENTO A. P.

[A] "Some Practical Procedures for the Solution of Nonlinear Finite Element Equations," *Computer Methods in Applied Mechanics and Engineering,* Vol. 22, pp. 59–85, 1980.

BATHE K. J., and DONG J.

[A] "Component Mode Synthesis with Subspace Iterations for Controlled Accuracy of Frequency and Mode Shape Solutions", *Computers & Structures*, Vol.139, pp. 28–32, 2014.

BATHE K. J., and DVORKIN E. N.

[A] "A Four-Node Plate Bending Element Based on Mindlin/Reissner Plate Theory and a Mixed Interpolation," *International Journal for Numerical Methods in Engineering*, Vol. 21, pp. 367–383, 1985.

[B] "A Formulation of General Shell Elements—The Use of Mixed Interpolation of Tensorial Components," *International Journal for Numerical Methods in Engineering*, Vol. 22 pp. 697–722, 1986.

[C] "On the Automatic Solution of Nonlinear Finite Element Equations," *Computers & Structures*, Vol. 17, pp. 871–879, 1983.

BATHE K. J., and GRACEWSKI S.

[A] "On Nonlinear Dynamic Analysis Using Substructuring and Mode Superposition," *Computers & Structures*, Vol. 13, pp. 699–707, 1981.

BATHE K. J., and KHOSHGOFTAAR M. R.

[A] "Finite Element Formulation and Solution of Nonlinear Heat Transfer," *Nuclear Engineering and Design*, Vol. 51, pp. 389–401, 1979.

[B] "Finite Element Free Surface Seepage Analysis Without Mesh Iteration," *International Journal for Numerical and Analytical Methods in Geomechanics*, Vol. 3, pp. 13–22, 1979.

BATHE K. J., and LEDEZMA G.

[A] "Benchmark Problems for Incompressible Fluid Flows with Structural Interactions," *Computers & Structures*, Vol.85, pp. 628–644, 2007.

BATHE K. J., LEE N. S., and BUCALEM M. L.

[A] "On the Use of Hierarchical Models in Engineering Analysis," *Computer Methods in Applied Mechanics and Engineering*, Vol. 82, pp. 5–26, 1990.

BATHE K. J., and LEE P. S.

[A] "Measuring the Convergence Behavior of Shell Analysis Schemes", *Computers & Structures*, Vol.89, pp. 285–301, 2011.

BATHE K. J., LEE P. S., and HILLER J. F.

[A] "Towards Improving the MITC9 Shell Element," *Computers & Structures*, Vol.81, pp. 477–489, 2003.

BATHE K. J., NITIKITPAIBOON C., and WANG X.

[A] "A Mixed Displacement-Based Finite Element Formulation for Acoustic Fluid–Structure Interaction," *Computers & Structures*, Vol.56, pp. 225–237, 1995.

BATHE K. J., and MONTÁNS F. J.

[A] "On Modeling Mixed Hardening in Computational Plasticity", *Computers & Structures*, Vol.82, pp.535–539, 2004.

BATHE K. J., and NOH G.

[A] "Insight into an Implicit Time Integration Scheme for Structural Dynamics", *Computers & Structures*, Vol.98–99, pp. 1–6, 2012.

BATHE K. J., and RAMASWAMY S.

[A] "An Accelerated Subspace Iteration Method," *Computer Methods in Applied Mechanics and Engineering*, Vol. 23, pp. 313–331, 1980.

BATHE K. J., RAMM E., and WILSON E. L.

[A] "Finite Element Formulations for Large Deformation Dynamic Analysis," *International Journal for Numerical Methods in Engineering*, Vol.9, pp. 353–386, 1975.

BATHE K. J., and SONNAD V.

[A] "On Effective Implicit Time Integration in Analysis of Fluid-Structure Problems," *International Journal for Numerical Methods in Engineering*, Vol. 15, pp. 943–948, 1980.

BATHE K. J., WALCZAK J., WELCH A., and MISTRY N.

[A] "Nonlinear Analysis of Concrete Structures," *Computers & Structures*, Vol. 32, pp. 563–590, 1989.

BATHE K. J., WALCZAK J., and ZHANG H.

[A] "Some Recent Advances for Practical Finite Element Analysis," *Computers & Structures*, Vol. 47, pp. 511–521, 1993.

BATHE K. J., and WILSON E. L.

[A] "Stability and Accuracy Analysis of Direct Integration Methods," *International Journal of Earthquake Engineering and Structural Dynamics*, Vol. 1, pp. 283–291, 1973.

[B] "NONSAP—A General Finite Element Program for Nonlinear Dynamic Analysis of Complex Structures," Paper No. M3-1, Proceedings, *Second Conference on Structural Mechanics in Reactor Technology*, Berlin, Sept. 1973.

[C] "Eigensolution of Large Structural Systems with Small Bandwidth," *ASCE Journal of Engineering Mechanics Division*, Vol. 99, pp. 467–479, 1973.

[D] "Large Eigenvalue Problems in Dynamic Analysis," *ASCE Journal of Engineering Mechanics Division*, Vol. 98, pp. 1471–1485, 1972.

BATHE K. J., and ZHANG H.

[A] "A Flow-Condition-Based Interpolation Finite Element Procedure for Incompressible Fluid Flows", *Computers & Structures*, Vol. 80, pp. 1267–1277, 2002.

[B] "Finite Element Developments for General Fluid Flows with Structural Interactions", *International Journal for Numerical Methods in Engineering*, Vol.60, pp.213–232, 2004.

[C] "A Mesh Adaptivity Procedure for CFD & Fluid-Structure Interactions", *Computers & Structures*, Vol.87, pp. 604–617, 2009.

BATHE K. J., and ZHANG L.

[A] "The Finite Element Method with Overlapping Elements: A New Paradigm for CAD Driven Simulations," *Computers & Structures*, Vol.182, pp. 526–539, 2007.

BATHE K. J., ZHANG H., and JI S.

[A] "Finite Element Analysis of Fluid Flows Fully Coupled with Structural Interactions", *Computers & Structures*, Vol. 72, pp.1–16, 1999.

BATHE K. J., ZHANG H., and WANG M. H.

[A] "Finite Element Analysis of Incompressible and Compressible Fluid Flows with Free Surfaces and Structural Interactions," *Computers & Structures*, Vol.56, pp. 193–213, 1995.

BATHE K. J., ZHANG H., and YAN Y.

[A] "The Solution of Maxwell's Equations in Multiphysics", *Computers & Structures*, Vol.132, pp.99–112, 2014.

BATHE M.

[A] "A Finite Element Framework for Computation of Protein Normal Modes and Mechanical Response," *Proteins: Structure, Function and Bioinformatics*, Vol.70, No.4, pp. 1595–1609, 2008.

BATQZ J.-L., BATHE K. J., and HO L. W.

[A] "A Study of Three-Node Triangular Plate Bending Elements," *International Journal for Numerical Methods in Engineering*, Vol. 15, pp. 1771–1812, 1980.

BAUER F. L.

[A] "Das Verfahren der Treppeniteration und Verwandte Verfahren zur Lösung Algebraischer Eigenwertprobleme," *Zeitschrift für Angewandte Mathematik und Physik*, Vol. 8, pp. 214–235, 1957.

BEIRĂO DA VEIGA L., BREZZI F., CANGIANI A., MANZINI G., MARINI L. D., and RUSSO A.

[A] "Basic Principles of Virtual Element Methods," *Mathematical Models Methods Applied Sciences*, Vol. 23, No.1, pp. 199–214, 2013.

BELYTSCHKO T., LU Y. L., and GU L.

[A] "Element-free Galerkin methods," *International Journal for Numerical Methods in Engineering*, Vol. 37, No. 2, pp. 229–256, 1994.

BENÍTEZ J. M., and MONTÁNS F. J.

[A] "The Value of Numerical Amplification Matrices in Time Integration Methods," *Computers & Structures*, Vol.128, pp. 243–250, 2013.

BENZLEY S. E.

[A] "Representation of Singularities with Isoparametric Finite Elements," *International Journal for Numerical Methods in Engineering*, Vol.8, pp.537–545, 1974.

BERTSEKAS D. P.

[A] *Constrained Optimization and Lagrange Multiplier Methods*, Academic Press, New York, 1982.

BIĆANIĆ N., and JOHNSON K. H.

[A] "Who Was '-Raphson'?" *International Journal for Numerical Methods in Engineering*, Vol. 14, pp. 148–152, 1979.

BISCHOFF M., and RAMM E.

[A] "Shear Deformable Shell Elements for Large Strains and Rotations," *International Journal for Numerical Methods in Engineering*, Vol.40, pp. 4427–4449, 1997.

BREZZI F.

[A] "On the Existence, Uniqueness and Approximation of Saddle-Point Problems Arising from Lagrangian Multipliers," *Revue Française d'Automatique Informatique Recherche Opérationnelle, Analyse Numérique*, Vol. 8, pp. 129–151, 1974.

BREZZI F., and BATHE K. J.

[A] "Studies of Finite Element Procedures—The Inf-Sup Condition, Equivalent Forms and Applications," in *Reliability of Methods for Engineering Analysis*, K. J. Bathe and D. R. J. Owen, eds., pp. 197–219, Pineridge Press, Swansea, 1986.

[B] "A Discourse on the Stability Conditions for Mixed Finite Element Formulations," *Computer Methods in Applied Mechanics and Engineering*, Vol. 82, pp. 27–57, 1990.

BREZZI F., BATHE K. J., and FORTIN M.

[A] "Mixed-Interpolated Elements for Reissner-Mindlin Plates," *International Journal for Numerical Methods in Engineering*, Vol. 28, pp. 1787–1801, 1989.

BREZZI F., and FORTIN M.

[A] *Mixed and Hybrid Finite Element Methods*, Springer-Verlag, New York, 1991.

BREZZI F., FORTIN M., and STENBERG R.

[A] "Error Analysis of Mixed-Interpolated Elements for Reissner-Mindlin Plates," *Mathematical Models and Methods in Applied Sciences*, Vol. 1, pp. 125–151, 1991.

BREZZI F., and RUSSO A.

[A] "Choosing Bubbles for Advection-Diffusion Problems," *Mathematical Models and Methods in Applied Sciences*, Vol.4, pp. 571–587, 1994.

BROOKS A. N., and HUGHES T. J. R.

[A] "Streamline Upwind/Petrov-Galerkin Formulations for Convection Dominated Flows with Particular Emphasis on the Incompressible Navier-Stokes Equations," *Computer Methods in Applied Mechanics and Engineering*, Vol. 32, pp. 199–259, 1982.

BUCALEM M. L., and BATHE K. J.

[A] "Higher-Order MITC General Shell Elements," *International Journal for Numerical Methods in Engineering*, Vol. 36, pp. 3729–3754, 1993.

[B] *The Mechanics of Solids and Structures—Hierarchical Modeling and the Finite Element Solution*, Springer, New York, 2011.

BUSHNELL D., ALMROTH B. O., and BROGAN F.

[A] "Finite-Difference Energy Method for Nonlinear Shell Analysis," *Computers & Structures*, Vol. 1, pp. 361–387, 1971.

CAMINERO M. Á., MONTÁNS F. J., and BATHE K. J.

[A] "Modeling Large Strain Anisotropic Elasto-plasticity with Logarithmic Strain and Stress Measures," *Computers & Structures*, Vol.89, pp. 826–843, 2011.

CHAPELLE D., and BATHE K. J.

[A] "The Inf-Sup Test," *Computers & Structures*, Vol. 47, pp. 537–545, 1993.

[B] "Fundamental Considerations for the Finite Element Analysis of Shell Structures," *Computers & Structures*, Vol.66, pp. 19–36, 711–712, 1998.

[C] "The Mathematical Shell Model Underlying General Shell Elements," *International Journal for Numerical Methods in Engineering*, Vol.48, pp. 289–313, 2000.

[D] "On the Ellipticity Condition for Model-Parameter Dependent Mixed Formulations," *Computers & Structures*, Vol.88, pp. 581–587, 2010.

[E] *The Finite Element Analysis of Shells – Fundamentals*, 2nd ed., Springer-Verlag, New York, 2011.

CHAPELLE D., FERENT A., and BATHE K. J.

[A] "3D-Shell Elements and their Underlying Mathematical Model", *Mathematical Models & Methods in Applied Sciences*, Vol.14, pp. 105–142, 2004.

CHEUNG Y. K.

[A] "Finite Strip Method of Analysis of Elastic Slabs," Proceedings, *American Society of Civil Engineers*, Vol. 94, EM6, pp. 1365–1378, 1968.

CHRISTIE I., GRIFFITHS D. F., MITCHELL A. R., and ZIENKIEWICZ O. C.

[A] "Finite Element Methods for Second Order Differential Equations with Significant First Derivatives," *International Journal for Numerical Methods in Engineering*, Vol. 10, pp. 1389–1396, 1976.

CHUNG J., and HULBERT G. H.

[A] "A Time Integration Algorithm for Structural Dynamics with Improved Numerical Dissipation: The Generalized-α Method," *Journal of Applied Mechanics-Transactions of the ASME*, Vol. 60, No. 2, pp. 371–375, 1993.

CIARLET P. G.

[A] *The Finite Element Method for Elliptic Problems*, North Holland, New York, 1978.

CIARLET P. G., and RAVIART P.-A.

[A] "Interpolation Theory over Curved Elements with Applications to Finite Element Methods," *Computer Methods in Applied Mechanics and Engineering*, Vol. 1, pp. 217–249, 1972.

CIRAK F., ORTIZ M., and SCHRÖDER P.

[A] "Subdivision Surfaces: A New Paradigm for Thin-Shell Finite-Element Analysis," *International Journal for Numerical Methods in Engineering*, Vol. 47, No.12, pp. 2039–2072, 2000.

CLOUGH R. W.

[A] "The Finite Element Method in Plane Stress Analysis," Proceedings, *Second ASCE Conference on Electronic Computation*, Pittsburgh, pp. 345–378, Sept. 1960.

CLOUGH R. W., and PENZIEN J.

[A] *Dynamics of Structures*, McGraw-Hill, New York, 1975.

CLOUGH R. W., and WILSON E. L.

[A] "Stress Analysis of a Gravity Dam by the Finite Element Method," Proceedings, *Symposium on the Use of Computers in Civil Engineering*, pp. 29.1–29.22, Laboratorio Nacional de Engenharia Civil, Lisbon, Portugal, Oct. 1962.

COLLATZ L.

[A] *The Numerical Treatment of Differential Equations*, 3rd ed., Springer-Verlag, New York, 1966.

COURANT R.

[A] "Variational Methods for the Solution of Problems of Equilibrium and Vibrations," *Bulletin of the American Mathematical Society*, Vol. 49, pp. 1–23, 1943.

COURANT R., FRIEDRICHS K., and LEWY H.

[A] "Über die Partiellen Differenzengleichungen der Mathematischen Physik," *Mathematische Annalen*, Vol. 100, pp. 32–74, 1928.

COURANT R., and HILBERT D.

[A] *Methods of Mathematical Physics*, John Wiley, New York, 1953.

COURANT R., ISAACSON E., and REES M.

[A] "On the Solution of Nonlinear Hyperbolic Differential Equations by Finite Differences," *Communications on Pure and Applied Mathematics*, Vol.5, pp. 243–255, 1952.

COWPER G. R.

[A] "Gaussian Quadrature Formulas for Triangles," *International Journal for Numerical Methods in Engineering*, Vol. 7, pp. 405–408, 1973.

CRAIG R. R., JR.

[A] *Structural Dynamics*, John Wiley, New York, 1981.

CRANDALL S. H.

[A] *Engineering Analysis*, McGraw-Hill, New York, 1956.

CRANDALL S. H., DAHL N. C., and LARDNER T. J.

[A] *An Introduction to the Mechanics of Solids*, 2nd ed., McGraw-Hill, New York, 1978.

CRISFEELD M. A.

[A] "A Fast Incremental/Iterative Solution Procedure that Handles 'Snap-Through'," *Computers & Structures*, Vol. 13, pp. 55–62, 1981.

CROUZEIX M., and RAVIART P. A.

[A] "Conforming and Non-conforming Finite Element Methods for Solving the Stationary Stokes Equations," Revue Française d'Automatique Informatique Recherche Opérationnelle, *Mathématique*, Vol. 7, pp. 33–75, 1973.

CUTHILL E., and MCKEE J.

[A] "Reducing the Bandwidth of Sparse Symmetric Matrices," Proceedings, *24th National Conference Association for Computing Machinery*, pp. 157–172, 1969.

DANIEL W. J. T., and BELYTSCHKO T.

[A] "Suppression of Spurious Intermediate Frequency Modes in Under-integrated Elements by Combined Stiffness/Viscous Stabilization," *International Journal for Numerical Methods in Engineering*, Vol.64, pp. 335–353, 2005.

DE S., and BATHE K. J.

[A] "The Method of Finite Spheres", *Computational Mechanics*, Vol.25, pp. 329–345, 2000.

[B] "The Method of Finite Spheres with Improved Numerical Integration", *Computers & Structures*, Vol.79, pp. 2183–2196, 2001.

[C] "Displacement/Pressure Mixed Interpolation in the Method of Finite Spheres", *International Journal for Numerical Methods in Engineering*, Vol.51, pp. 275–292, 2001.

DENNIS J. E. Jr.

[A] "A Brief Survey of Convergence Results for Quasi-Newton Methods," Proceedings, *SIAM-AMS* Vol. 9, pp. 185–199, 1976.

DEILMANN C., and BATHE K. J.

[A] "A Holistic Method to Design an Optimized Energy Scenario and Quantitatively Evaluate Promising Technologies for Implementation," *International Journal of Green Energy*, Vol. 6, pp.1–21, 2009.

DESAI C. S.

[A] "Finite Element Residual Schemes for Unconfined Flow," *International Journal for Numerical Methods in Engineering*, Vol. 10, pp. 1415–1418, 1976.

DESAI C. S., and SIRIWARDANE H. J.

[A] *Constitutive Laws for Engineering Materials: with Emphasis on Geologic Materials*, Prentice Hall, Englewood Cliffs, 1984.

DONEA J., GIULIANI S., and HALLEUX J. P.

[A] "An Arbitrary Lagrangian-Eulerian Finite Element Method for Transient Dynamic Fluid-Structure Interactions," *Computer Methods in Applied Mechanics and Engineering*, Vol. 33, pp. 689–723, 1982.

DRUCKER D. C, and PRAGER W.

[A] "Soil Mechanics and Plastic Analysis or Limit Design," *Quarterly of Applied Mathematics*, Vol. 10, No. 2, pp. 157–165, 1952.

DUARTE C. A., BABUŠKA I., and ODEN T. J.

[A] "Generalized Finite Element Methods for Three Dimensional Structural Mechanics Problems," *Computers & Structures*, Vol.77, pp. 215–232, 2000.

DUL F. A., and ARCZEWSKI K.

[A] "The Two-Phase Method for Finding a Great Number of Eigenpairs of the Symmetric or Weakly Non-symmetric Large Eigenvalue Problems," *Journal of Computational Physics*, Vol. 111, pp. 89–109, 1994.

DVORKIN E. N., and BATHE K. J.

[A] "A Continuum Mechanics Based Four-Node Shell Element for General Nonlinear Analysis," *Engineering Computations*, Vol. 1, pp. 77–88, 1984.

DVORKIN E. N., CUITIÑO A. M., and GIOIA G.

[A] "Finite Elements With Displacement-Interpolated Embedded Localization Lines Insensitive to Mesh Size and Distortion," *International Journal of Numerical Methods in Engineering*, Vol. 30, pp. 541–564, 1990.

DVORKIN E. N., and GOLDSCHMIT M. B.

[A] *Nonlinear Continua*, Springer-Verlag, New York, 2006.

El-ABBASI N., and BATHE K. J.

[A] "Stability and Patch Test Performance of Contact Discretizations and a New Solution Algorithm", *Computers & Structures*, Vol. 79, pp. 1473–1486, 2001.

ERICSSON T., and RUHE A.

[A] "The Spectral Transformation Lanczos Method for the Numerical Solution of Large Sparse Generalized Symmetric Eigenvalue Problems," *Mathematics of Computation*, Vol. 35, pp. 1251–1268, 1980.

ETEROVIC A. L., and BATHE K. J.

[A] "A Hyperelastic-Based Large Strain Elasto-Plastic Constitutive Formulation with Combined Isotropic-Kinematic Hardening Using the Logarithmic Stress and Strain Measures," *International Journal for Numerical Methods in Engineering*, Vol. 30, pp. 1099–1114, 1990.

[B] "On Large Strain Elasto-Plastic Analysis with Frictional Contact Conditions," Proceedings, *Conference on Numerical Methods in Applied Science and Industry*, Politecnica di Torino, pp. 81–93, 1990.

[C] "On the Treatment of Inequality Constraints Arising from Contact Conditions in Finite Element Analysis," *Computers & Structures*, Vol. 40, pp. 203–209, 1991.

EVERSTINE G. C.

[A] "A Symmetric Potential Formulation for Fluid-Structure Interaction," *Journal of Sound and Vibration*, Vol. 79, pp. 157–160, 1981.

FALK S., and LANGEMEYER P.

[A] "Das Jacobische Rotationsverfahren für reellsymmetrische Matrizenpaare," *Elektronische Datenverarbeitung*, pp. 30–34, 1960.

FLETCHER R.

[A] "Conjugate Gradient Methods for Indefinite Systems," *Lecture Notes in Mathematics,* Vol. 506, pp. 73–89, Springer-Verlag, New York, 1976.

FORTIN M., and GLOWINSKI R.

[A] *Augmented Lagrangian Methods: Applications to the Numerical Solution of Boundary-Value Problems*, Elsevier Science Publishers, Amsterdam, 1983.

FRANCIS J. G. F.

[A] "The QR Transformation, Parts 1 and 2," *The Computer Journal*, Vol. 4, pp. 265–271, 332–345, 1961, 1962.

FRIEDRICHS K. O., and DRESSLER R. F.

[A] "A Boundary-Layer Theory for Elastic Plates," *Communications on Pure and Applied Mathematics*, Vol. 14, pp. 1–33, 1961.

FRÖBERG C. E.

[A] *Introduction to Numerical Analysis*, Addison-Wesley, Reading, 1969.

FUNG Y. C.

[A] *Foundations of Solid Mechanics*, Prentice-Hall, Englewood Cliffs, 1965.

GALLAGHER R. H.

[A] "Analysis of Plate and Shell Structures," Proceedings, *Symposium on the Application of Finite Element Methods in Civil Engineering*, Vanderbilt University, Nashville, pp. 155–205, 1969.

GAUDENZI P. and BATHE K. J.

[A] "An Iterative Finite Element Procedure for the Analysis of Piezoelectric Continua," *J. of Intelligent Material Systems and Structures*, Vol.6, No.2, pp. 266–273, 1995.

GAUSS C. F,

[A] *Carl Friedrich Gauss Werke*, von der Königlichen Gesellschaft der Wissenschaften zu Göttingen, Vol. 4, 1873.

GEORGE A., GILBERT J. R., and LIU J. W. H. (eds.)

[A] "*Graph Theory and Sparse Matrix Computation*," Institute for Mathematics and Its Applications, Vol. 56, Springer-Verlag, New York, 1993.

GHALI A., and BATHE K. J.

[A] "Analysis of Plates Subjected to In-Plane Forces Using Large Finite Elements," and "Analysis of Plates in Bending Using Large Finite Elements," *International Association for Bridge and Structural Engineering Bulletin*, Vol. 30–Ⅰ, pp. 61–72, Vol. 30–Ⅱ, pp. 29–40, 1970.

GIBBS N. E., POOLE W. G. JR., and STOCKMEYER P. K.

[A] "An Algorithm for Reducing the Bandwidth and Profile of a Sparse Matrix," *SIAM Journal on Numerical Analysis*, Vol. 13, pp. 236–250, 1976.

GOLUB G. H., and UNDERWOOD R.

[A] "The Block Lanczos Method for Computing Eigenvalues," Proceedings, *Mathematical Software III*, J. R. Rice, ed., pp. 361–377, Academic Press, New York, 1977.

GOLUB G. H., and van LOAN C. F.

[A] *Matrix Computations*, Johns Hopkins University Press, Baltimore, 1983.

GRÄTSCH T., and BATHE K. J.

[A] "A Posteriori Error Estimation Techniques in Practical Finite Element Analysis", *Computers & Structures,* Vol.83, pp. 235–265, 2005.

GREEN A. E., and NAGHDI P. M.

[A] "A General Theory of an Elastic-Plastic Continuum," *Archive for Rational Mechanics and Analysis*, Vol. 18, pp. 251–281, 1965.

GREEN A. E., and ZERNA W.

[A] *Theoretical Elasticity*, Clarendon Press, Oxford, 1954.

GRESHO P. M., LEE R. L., CHAN S. T., and LEONE J. M. JR.

[A] "A New Finite Element for Incompressible or Boussinesq Fluids," Proceedings, *Third International Conference on Finite Elements in Flow Problems*, D. H. Norrie, ed., Banff, Alberta, pp. 204–215, 1981.

GUYAN R. J.

[A] "Reduction of Stiffness and Mass Matrices," *AIAA Journal*, Vol. 3, No.2, pp. 380, 1965.

HÄGGBLAD B., and BATHE K. J.

[A] "Specifications of Boundary Conditions for Reissner/Mindlin Plate Bending Finite Elements," *International Journal for Numerical Methods in Engineering*, Vol. 30, pp. 981–1011, 1990.

HAM S., and BATHE K. J.

[A] "A Finite Element Method Enriched for Wave Propagation Problems", *Computers & Structures*, Vol. 94–95, pp. 1–12, 2012.

HAM S., LAI B., and BATHE K. J.

[A] "The Method of Finite Spheres for Wave Propagation Problems", *Computers & Structures*, Vol. 142, pp. 1–14, 2014.

HAMMER P. C., MARLOWE O. J., and STROUD A. H.

[A] "Numerical Integration over Simplexes and Cones," *Mathematical Tables and other Aids to Computation*, Vol. 10, pp. 130–137, The National Research Council, Washington, DC, 1956.

HEARN E. H., BURGMANN R., and REILINGER R. E.

[A] "Dynamics of Izmit Earth quake Postseismic Deformation and Loading of the Duzce Earthquake Hypocenter," *Bulletin of the Seismological Society of America*, Vol. 92, pp. 172–193, Feb. 2002.

HELLINGER E.

[A] "Die allgemeinen Ansätze der Mechanik der Kontinua," Proceedings, *Encyklopädie der Mathematischen Wissenschaften*, F. Klein and C. Müller, eds., Vol. 4, Pt.4, pp. 601–694, Teubner Verlag, Leipzig, 1914.

HENSHELL R. D., and SHAW K. G.

[A] "Crack Tip Finite Elements Are Unnecessary," *International Journal for Numerical Methods in Engineering*, Vol. 9, pp. 495–507, 1975.

HERRMANN L. R.

[A] "Elasticity Equations for Incompressible and Nearly Incompressible Materials by a Variational Theorem," *AIAA Journal*, Vol. 3, pp. 1896–1900, 1965.

HESTENES M. R., and STIEFEL E.

[A] "Methods of Conjugate Gradients for Solving Linear Systems," *Journal of Research of the National Bureau of Standards*, Vol. 49, pp. 409–436, 1952.

HILBER H. M., HUGHES T. J. R., and TAYLOR R. L.

[A] "Improved Numerical Dissipation for Time Integration Algorithms in Structural Mechanics," *International Journal of Earthquake Engineering and Structural Dynamics*, Vol. 5, pp. 283–292, 1977.

HILL R.

[A] "Aspects of Invariance in Solid Mechanics," Proceedings *Advances in Applied Mechanics*, C.-S. Yih, ed., Vol. 18, pp. 1–75, Academic Press, New York, 1978.

[B] *The Mathematical Theory of Plasticity*, Oxford University Press, Oxford, 1983.

HILLER J. F., and BATHE K. J.

[A] "On Higher-Order-Accuracy Points in Isoparametric Finite Element Analysis and Application to Error Assessment", *Computers & Structures*, Vol.79, pp. 1275–1285, 2001.

HINTON E., and CAMPBELL J. S.

[A] "Local and Global Smoothing of Discontinuous Finite Element Functions Using Least Squares Method," *International Journal for Numerical Methods in Engineering*, Vol. 8, pp. 461–480, 1979.

HODGE P. G., BATHE K. J., and DVORKIN E. N.

[A] "Causes and Consequences of Nonuniqueness in an Elastic-Perfectly-Plastic Truss," *Journal of Applied Mechanics*, Vol. 53, pp. 235–241, 1986.

HOLDEN J. T.

[A] "On the Finite Deflections of Thin Beams," *International Journal of Solids and Structures*, Vol. 8, pp. 1051–1055, 1972.

HONG J. W., and BATHE K. J.

[A] "Coupling and Enrichment Schemes for Finite Element and Finite Sphere Discretizations", *Computers & Structures*, Vol. 83, pp. 1386–1395, 2005.

HOOD P., and TAYLOR C.

[A] "Navier-Stokes Equations Using Mixed Interpolation," Proceedings, *Finite Element Methods in Flow Problems*, J. T. Oden, O. C. Zienkiewicz, R. H. Gallagher, and C. Taylor, eds., UAH Press, Huntsville, pp. 121–132, 1974.

HOUBOLT J. C.

[A] "A Recurrence Matrix Solution for the Dynamic Response of Elastic Aircraft," *Journal of the Aeronautical Sciences*, Vol. 17, pp. 540–550, 1950.

HU H. C.

[A] "On Some Variational Principles in the Theory of Elasticity and the Theory of Plasticity," *Scientia Sinica*, Vol. 4, pp. 33–54, 1955.

HUANG H. C, and HINTON E.

[A] "A New Nine Node Degenerated Shell Element with Enhanced Membrane and Shear Interpolation," *International Journal for Numerical Methods in Engineering*, Vol. 22, pp. 73–92, 1986.

HUERTA A., and LIU W. K.

[A] "Viscous Flow with Large Free Surface Motion," *Computer Methods in Applied Mechanics and Engineering*, Vol. 69, pp. 277–324, 1988.

HUGHES T. J. R., COTTRELL J. A., and BAZILEVS Y.

[A] "Isogeometric Analysis: CAD, Finite elements, NURBS,Exact Geometry and Mesh Refinement," *Computer Methods Applied Mechanics Engineering*, Vol.194, No.39-41, pp. 4135–4195, 2005.

HUGHES T. J. R., and TEZDUYAR T. E.

[A] "Finite Elements Based upon Mindlin Plate Theory with Particular Reference to the Four-Node Bilinear Isoparametric Element," *Journal of Applied Mechanics*, Vol. 48, pp. 587–596, 1981.

IOSILEVICH A., BATHE K. J., and BREZZI F.

[A] "On Evaluating the Inf-Sup Condition for Plate Bending Elements", *International Journal for Numerical Methods in Engineering*, Vol.40, pp. 3639–3663, 1997.

IRONS B. M.

[A] "Engineering Application of Numerical Integration in Stiffness Method," *AIAA Journal*, Vol. 4, pp. 2035–2037, 1966.

[B] "Numerical Integration Applied to Finite Element Methods," *Conference on the Use of Digital Computers in Structural Engineering*, University of Newcastle, England, 1966.

[C] "Quadrature Rules for Brick-Based Finite Elements," *International Journal for Numerical Methods in Engineering*, Vol. 3, pp. 293–294, 1971.

[D] "A Frontal Solution Program for Finite Element Analysis," *International Journal for Numerical Methods in Engineering*, Vol. 2, pp. 5–32, 1970.

IRONS B. M., and RAZZAQUE A.

[A] "Experience with the Patch Test for Convergence of Finite Elements," Proceedings, *The Mathematical Foundations of the Finite Element Method with Applications to Partial Differential Equations*, A. K. Aziz, ed., Academic Press, New York, pp. 557–587, 1972.

JACOBI C. G. J.

[A] "Über ein leichtes Verfahren die in der Theorie der Säcularstörungen vorkommenden Gleichungen numerisch aufzulösen," *Crelle's Journal*, Vol. 30, pp. 51–94, 1846.

JANG J., and PINSKY P. M.

[A] "An Assumed Covariant Strain Based 9-Node Shell Element," *International Journal for Numerical Methods in Engineering*, Vol. 24, pp. 2389–2411, 1987.

JENNINGS A.

[A] "A Direct Iteration Method of Obtaining Latent Roots and Vectors of a Symmetric Matrix," Proceedings, *Cambridge Philosophical Society*, Vol.63, pp.755–765, 1967.

JEON H. M, LEE P. S., and BATHE K. J.

[A] "The MITC3 Shell Finite Element Enriched by Interpolation Covers," *Computers & Structures*, Vol. 134, pp. 128–142, 2014.

JOHNSON C NÄVERT U., and PITKÄRANTA J.

[A] "Finite Element Methods for the Linear Hyperbolic Problem," *Computer Methods in Applied Mechanics and Engineering*, Vol. 45, pp. 285–312, 1984.

KAGAN P., FISCHER A., and BAR-YOSEPH P. Z.

[A] "New B-Spline Finite Element Approach for Geometrical Design and Mechanical Analysis," *International Journal for Numerical Methods in Engineering*, Vol.41, pp. 435–458, 1998.

KARDESTUNCER H., and NORRIE D. H. (eds.)

[A] *Finite Element Handbook*, McGraw-Hill, New York, 1987.

KATO K., LEE N. S., and BATHE K. J.

[A] "Adaptive Finite Element Analysis of Large Strain Elastic Response," *Computers & Structures*, Vol. 47, pp. 829–855, 1993.

KAZANCI Z., and BATHE K. J.

[A] "Crushing and Crashing of Tubes with Implicit Time Integration," *Internatinal Journal of Impact Engineering*, Vol. 42, pp. 80–88, 2012.

KEY S. W.

[A] "A Variational Principle for Incompressible and Nearly Incompressible Anisotropic Elasticity," *International Journal of Solids and Structures*, Vol. 5, pp. 951–964, 1969.

KIM D. N., and BATHE K. J.

[A] "A 4-node 3D-Shell Element to Model Shell Surface Tractions and Incompressible Behavior," *Computers & Structures*, Vol. 86, 2027–2041, 2008.

[B] "A Triangular Six-Node Shell Element," *Computers & Structures*, Vol.87, pp. 1451–1460, 2009.

KIM D. N., MONTÁNS F. J., and Bathe K. J.

[A] "Insight into a Model for Large Strain Anisotropic Elasto-Plasticity," *Computational Mechanics*, Vol.44, pp. 651–668, 2009.

KIM J. H., and BATHE K. J.

[A] "The Finite Element Method Enriched by Interpolation Covers," *Computers & Structures*, Vol. 116, pp. 35–49, 2013.

[B] "Towards a Procedure to Automatically Improve Finite Element Solutions by Interpolation Covers," *Computers & Structures*, Vol.131, pp. 81–87, 2014.

KIM K. T., and BATHE K. J.

[A] "The Bathe Subspace Iteration Method Enriched by Turning Vectors," *Computers & Structures*, Vol.186, pp. 11–21, 2017.

KO Y., LEE P. S., and BATHE K. J.

[A] "A New 4-node MITC Element for Analysis of Two- dimensional Solids and its Formulation in a Shell Element" *Computers & Structures*, Vol.192, pp. 34–49, 2017.

KOHNO H., and BATHE K. J.

[A] "Insight into the Flow-Condition-Based Interpolation Finite Element Approach: Solution of Steady-State Advection-Diffusion Problems," *International Journal for Numerical Methods in Engineering*, Vol.63, pp. 197–217, 2005.

[B] "A Flow-Condition-Based Interpolation Finite Element Procedure for Triangular Grids", *International Journal for Numerical Methods in Fluids*, Vol.51, pp. 673–699, 2006.

KOJIĆ M., and BATHE K. J.

[A] "Studies of Finite Element Procedures—Stress Solution of a Closed Elastic Strain Path with Stretching and Shearing Using the Updated Lagrangian Jaumann Formulation," *Computers & Structures*, Vol. 26, pp. 175–179, 1987.

[B] "The 'Effective-Stress-Function' Algorithm for Thermo-Elasto-Plasticity and Creep," *International Journal for Numerical Methods in Engineering*, Vol. 24, pp. 1509–1532, 1987.

[C] *Inelastic Analysis of Solids and Structures*, Springer-Verlag, New York, 2005.

KRÄTZIG W. B., and JUN D.

[A] "On 'Best' Shell Models—Form Classical Shells, Degenerated and Multilayered Concepts to 3D", *Archive of Applied Mechanics*, Vol.73, pp.1–25, 2003.

KRAUS H.

[A] *Creep Analysis*, John Wiley, New York, 1980.

KREYSZIG E.

[A] *Advanced Engineering Mathematics*, 5th ed., John Wiley, New York, 1983.

KRIEG R. D., and KRIEG D. B.

[A] "Accuracies of Numerical Solution Methods for the Elastic-Perfectly Plastic Model," *Journal of Pressure Vessel Technology*, Vol. 99, No. 4, pp. 510–515, 1977.

LANCZOS C.

[A] "An Iteration Method for the Solution of the Eigenvalue Problem of Linear Differential and Integral Operators," *Journal of Research of the National Bureau of Standards*, Vol. 45, pp. 255–282, 1950.

LEE E. H.

[A] "Elastic-Plastic Deformation at Finite Strains," *Journal of Applied Mechanics*, Vol. 36, pp. 1–6, 1969.

LEE N. S., and BATHE K. J.

[A] "Effects of Element Distortions on the Performance of Isoparametric Elements," *International Journal for Numerical Methods in Engineering*, Vol. 36, pp. 3553–3576, 1993.

[B] "Error Indicators and Adaptive Remeshing in Large Deformation Finite Element Analysis," *Finite Elements in Analysis and Design*, Vol. 16, pp. 99–139, 1994.

LEE P. S., and BATHE K. J.

[A] "Development of MITC Isotropic Triangular Shell Finite Elements," *Computers & Structures*, Vol.82, pp. 945–962, 2004.

[B] "Insight into Finite Element Shell Discretizations by Use of the Basic Shell Mathematical Model," *Computers & Structures*, Vol.83, pp. 69–90, 2005.

[C] "The Quadratic MITC Plate and MITC Shell Elements in Plate Bending," *Advances in Engineering Softwar*e, Vol.41, pp. 712–728, 2010.

LEE Y., LEE P. S., and BATHE K. J.

[A] "The MITC3+ Shell Element and its Performance", *Computers & Structures*, Vol.138, pp.12–23, 2014.

LETALLEC P., and RUAS V.

[A] "On the Convergence of the Bilinear Velocity-Constant Pressure Finite Element Method in Viscous Flow," *Computer Methods in Applied Mechanics and Engineering*, Vol. 54, pp. 235–243, 1986.

LIENHARD J. H.

[A] *A Heat Transfer Textbook*, Prentice-Hall, Englewood Cliffs, 1987.

LIU G. R.

[A] *Mesh Free Methods: Moving Beyond the Finite Element Method*, 2nd ed, CRC press, BocaRaton, 2012.

LIU W. K., HU Y. K., and BELYTSCHKO T.

[A] "Multiple Quadrature Underintegrated Finite Elements," *International Journal for Numerical Methods in Engineering*. Vol. 37, pp. 3263–3289, 1994.

LIU W. K., JUN S., and ZHANG Y. F.

[A] "Reproducing Kernel Particle Methods," *International Journal for Numerical Methods in Fluids*, Vol.20, No.8–9, pp. 1081–1106, 1995.

LIGHTFOOT E.

[A] *Moment Distribution: A Rapid Method of Analysis for Rigid-Jointed Structures*, Taylor. & Francis, London, 1961.

LISZKA T. J., DUARTE C. A. M., and TWORZYDLO W. W.

[A] "Hp-Meshless Cloud Method," *Computer Methods in Applied Mechanics and Engineering*, Vol. 139, pp.263–288, 1996.

LOVADINA C.

[A] "Analysis of Strain-Pressure Finite Element Methods for the Stokes Problem," *Numerical Methods for Differential Equations*, Vol.13, pp. 717–730, 1997.

LOWAN A. N., DAVIDS N., and LEVENSON A.

[A] "Table of the Zeros of the Legendre Polynomials of Order 1–16 and the Weight Coefficients for Gauss' Mechanical Quadrature Formula," *Bulletin of the American Mathematical Society*, Vol. 48, pp. 739–743, 1942.

LUBLINER J.

[A] "Normality Rules in Large-Deformation Plasticity," *Mechanics of Materials*, Vol. 5, pp. 29–34, 1986.

MA S. N., and BATHE K. J.

[A] "On Finite Element Analysis of Pipe Whip Problems," *Nuclear Engineering and Design*, Vol. 37, pp. 413–430, 1976.

MA G. W., AN X. W., ZHANG H. H., and LI L. X.

[A] "Modeling Complex Crack Problem Using the Numerical Manifold Method," *International Journal of Fracture*, Vol. 156, pp. 21–35, 2009.

MACNEAL R. H.

[A] "Derivation of Element Stiffness Matrices by Assumed Strain Distributions," *Nuclear Engineering and Design*, Vol. 70, pp. 3–12, 1982.

MALVERN L. E.

[A] *Introduction to the Mechanics of a Continuous Medium*, Prentice-Hall, Englewood Cliffs, 1969.

MANTEUFFEL T. A.

[A] "An Incomplete Factorization Technique for Positive Definite Linear Systems," *Mathematics of Computation*, Vol. 34, pp. 473–497, 1980.

MARTIN R. S., PETERS G., and WILKINSON J. H.

[A] "Symmetric Decomposition of a Positive Definite Matrix," *Numerische Mathematik*, Vol. 7, pp. 362–383, 1965.

MARTIN R. S., REINSCH C., and WILKINSON J. H.

[A] "Householder's Tridiagonalization of a Symmetric Matrix," *Numerische Mathematik*, Vol. 11, pp. 181–195, 1968.

MATTHIES H.

[A] "Computable Error Bounds for the Generalized Symmetric Eigenproblem," *Communications in Applied Numerical Methods*, Vol. 1, pp. 33–38, 1985.

[B] "A Subspace Lanczos Method for the Generalized Symmetric Eigenproblem," *Computers & Structures*, Vol. 21, pp. 319–325, 1985.

MATTHIES H., and STRANG G.

[A] "The Solution of Nonlinear Finite Element Equations," *International Journal for Numerical Methods in Engineering*, Vol. 14, pp. 1613–1626, 1979.

MEIJERINK J. A., and van DER VORST H. A.

[A] "Guidelines for the Usage of Incomplete Decompositions in Solving Sets of Linear Equations as They Occur in Practical Problems," *Journal of Computational Physics*, Vol. 44, pp. 134–155, 1981.

MELENK J. M., and BABUŠKA I.

[A] "The Partition of Unity Finite Element Method: Basic Theory and Applications," *Computer Methods in Applied Mechanics and Engineering*, Vol.139, pp. 289–314, 1996.

MENDELSON A.

[A] *Plasticity: Theory and Application*, Robert E. Krieger, Malabar, 1983.

MIKHLIN S. G.

[A] *Variational Methods in Mathematical Physics*, Pergamon Press, Elmsford, 1964.

MINDLIN R. D.

[A] "Influence of Rotary Inertia and Shear on Flexural Motion of Isotropic Elastic Plates," *Journal of Applied Mechanics*, Vol. 18, pp. 31–38, 1951.

MINKOWYCZ W. J., SPARROW E. M., SCHNEIDER G. E., and PLETCHER R. H.

[A] *Handbook of Numerical Heat Transfer*, John Wiley & Sons Inc., New York, 1988.

MOËS N., DOLBOW J., and BELYTSCHKO T.

[A] "A Finite Element Method for Crack Growth without Remeshing," *International Journal for Numerical Methods in Engineering*, Vol.46, No.1, pp. 131–150, 1999.

MONTÁNS F. J., and BATHE K. J.

[A] "Computational Issues in Large Strain Elasto-Plasticity: An Algorithm for Mixed Hardening and Plastic Spin," *International Journal for Numerical Methods in Engineering*, Vol.63, pp.159–196, 2005.

NEWMARK N. M.

[A] "A Method of Computation for Structural Dynamics," *ASCE Journal of Engineering Mechanics Division*, Vol. 85, pp. 67–94, 1959.

NITIKITPAIBOON C., and BATHE K. J.

[A] "Fluid-Structure Interaction Analysis with a Mixed Displacement-Pressure Formulation," Proceedings, *Mechanical Engineering Department, Report 92-1, Massachusetts Institute of Technology*, Finite Element Research Group, Cambridge, 1992.

[B] "An Arbitrary Lagrangian-Eulerian Velocity Potential Formulation for Fluid-Structure Interaction," *Computers & Structures*, Vol. 47, pp. 871–891, 1993.

NOBLE B.

[A] *Applied Linear Algebra*, Prentice-Hall, Englewood Cliffs, 1969.

NOELS L., and RADOVITZKY R.

[A] "A General Discontinuous Galerkin Method for Finite Hyperelasticity. Formulation and Numerical Applications," *International Journal for Numerical Methods in Engineering*, Vol.68, No.1, pp. 64–97, 2006.

NOH G., and BATHE K. J.

[A] "An Explicit Time Integration Scheme for the Analysis of Wave Propagations", *Computers & Structures*, Vol.129, pp. 178–193, 2013.

NOH G., HAM S., and BATHE K. J.

[A] "Performance of An Implicit Time Integration Scheme in the Analysis of Wave Propagations", *Computers & Structures*, Vol.123, pp. 93–105, 2013.

NOOR A. K.

[A] "Bibliography of Books and Monographs on Finite Element Technology," *Applied Mechanics Reviews*, Vol. 44, No. 6, pp. 307–317, 1991.

ODEN J. T., and BATHE K. J.

[A] "A Commentary on Computational Mechanics," *Applied Mechanics Reviews*, Vol. 31, No. 8, pp. 1053–1058, 1978.

ODEN J. T., DUARTE C. A., and ZIENKIEWICZ O. C.

[A] "A New Cloud-Based hp Finite Element Method," *Computer Methods in Applied Mechanics and Engineering*, Vol. 153, pp.117–126, 1998.

OGDEN R. W.

[A] *Nonlinear Elastic Deformations*, Ellis Horwood, Chichester, 1984.

OLSON L. G., and BATHE K. J.

[A] "Analysis of Fluid- Structure Interactions. A Direct Symmetric Coupled Formulation Based on the Fluid Velocity Potential," *Computers & Structures*, Vol. 21, pp. 21–32, 1985.

OÑATE E., IDELSOHN S., ZIENKIEWICZ O. C., and TAYLOR R. L.

[A] "A Finite Point Method in Computational Mechanics. Applications to Convective Transport and Fluid Flow," *International Journal for Numerical Methods in Engineering*, Vol. 39, No.2, pp.3839–3866, 1996.

ORTIZ M., and POPOV E. P.

[A] "Accuracy and Stability of Integration Algorithms for Elastoplastic Constitutive Relations," *International Journal for Numerical Methods in Engineering*, Vol. 21, pp. 1561–1576, 1985.

OSTROWSKI A. M.

[A] "On the Convergence of the Rayleigh Quotient Iteration for the Computation of the Characteristic Roots and Vectors, Parts I-VI," *Archive for Rational Mechanics and Analysis*, Vols. 1–3, 1957–1959.

PAIGE C. C.

[A] "Computational Variants of the Lanczos Method for the Eigenproblem," *Journal of the Institute of Mathematics and Its Applications*, Vol. 10, pp. 373–381, 1972.

[B] "Accuracy and Effectiveness of the Lanczos Algorithm for the Symmetric Eigenproblem," *Linear Algebra and Its Applications*, Vol. 34, pp. 235–258, 1980.

PANTUSO D., and BATHE K. J.

[A] "A Four-Node Quadrilateral Mixed-Interpolated Element for Solids and Fluids," *Mathematical Models & Methods in Applied Sciences*, Vol.5, No.8, pp. 1113–1128, 1995.

[B] "On the Stability of Mixed Finite Elements in Large Strain Analysis of Incompressible Solids," *Finite Elements in Analysis and Design*, Vol.28, pp. 83–104, 1997.

PANTUSO D., BATHE K. J., and BOUZINOV P. A.

[A] "A Finite Element Procedure for the Analysis of Thermo-Mechanical Solids in Contact," *Computers & Structures*, Vol.75, pp. 551–573, 2000.

PARK K. C, and STANLEY G. M.

[A] "A Curved C^0 Shell Element Based on Assumed Natural-Coordinate Strains," *Journal of Applied Mechanics*, Vol. 53, pp. 278–290, 1986.

PARLETT B. N.

[A] "Global Convergence of the Basic QR Algorithm on Hessenberg Matrices," *Mathematics of Computation*, Vol. 22, pp. 803–817, 1968.

[B] "Convergence of the QR Algorithm," *Numerische Mathematik*, Vol.7, pp.187–193, 1965; Vol. 10, pp. 163–164, 1967.

PARLETT B. N., and SCOTT D. S.

[A] "The Lanczos Algorithm with Selective Orthogonalization," *Mathematics of Computation*, Vol. 33, No. 145, pp. 217–238, 1979.

PATANKAR S. V.

[A] *Numerical Heat Transfer and Fluid Flow*, Hemisphere Publishing, Carlsbad, 1980.

PATERA A. T.

[A] "A Spectral Element Method for Fluid Dynamics: Laminar Flow in a Channel Expansion," *Journal of Computational Physics*, Vol. 54, pp. 468–488, 1984.

PAYEN D. J., and BATHE K. J.

[A] "A Stress Improvement Procedure", *Computers & Structures*, Vol. 112–113, pp. 311–326, 2012.

PERZYNA P.

[A] "Fundamental Problems in Viscoplasticity," *Advances in Applied Mechanics*, Vol. 9, pp. 243–377, 1966.

PIAN T. H. H., and TONG P.

[A] "Basis of Finite Element Methods for Solid Continua," *International Journal for Numerical Methods in Engineering*, Vol. 1, pp. 3–28, 1969.

PRADLWARTER H. J., SCHUËLLER G. I., and SZEKELY G. S.

[A] " Random Eigenvalue Problems for Large Systems," *Computers & Structures*, Vol.80, pp. 2415–2424, 2002.

PRZEMIENIECKI J. S.

[A] "Matrix Structural Analysis of Substructures," *AIAA Journal*, Vol. 1, pp. 138–147, 1963.

RABINOWICZ E.

[A] *Friction and Wear of Materials*, John Wiley, New York, 1965.

RABCZUK T., BELYTSCHKO T., and XIAO S. P.

[A] "Stable Particle Methods Based on Lagrangian Kernels," *Computer Methods in Applied Mechanics and Engineering*, Vol.193, pp. 1035–1063, 2004.

RAMM E.

[A] "Strategies for Tracing Nonlinear Responses Near Limit Points," Proceedings, *Nonlinear Finite Element Analysis in Structural Mechanics*, W. Wunderlich, E. Stein, and K. J. Bathe, eds., pp. 63–89, Springer-Verlag, New York, 1981.

REID J. K.

[A] "On the Method of Conjugate Gradients for the Solution of Large Sparse Systems of Linear Equations," *Conference on Large Sparse Sets of Linear Equations*, St. Catherine's College, Oxford, pp. 231–254, 1970.

REISSNER E.

[A] "On a Variational Theorem in Elasticity," *Journal of Mathematics and Physics*, Vol. 29, pp. 90–95, 1950.

[B] "The Effect of Transverse Shear Deformation on the Bending of Elastic Plates," *Journal of Applied Mechanics*, Vol. 67, pp. A69–A77, 1945.

[C] "On the Theory of Transverse Bending of Elastic Plates," *International Journal of Solids and Structures*, Vol. 12, pp. 545–554, 1976.

RICE J. R.

[A] "Continuum Mechanics and Thermodynamics of Plasticity in Relation to Microscale Deformation Mechanisms," Proceedings, *Constitutive Equations in Plasticity*, A. S. Argon, ed., pp. 23–79, M.I.T. Press, Cambridge, 1975.

RICHTMYER R. D., and MORTON K. W.

[A] *Difference Methods for Initial Value Problems*, 2nd ed., John Wiley, New York, 1967.

RIKS E.

[A] "An Incremental Approach to the Solution of Snapping and Buckling Problems," *International Journal of Solids and Structures*, Vol. 15, pp. 529–551, 1979.

RITCHIE R. O., and BATHE K. J.

[A] "On the Calibration of the Electrical Potential Technique for Monitoring Crack Growth Using Finite Element Methods," *International Journal of Fracture*, Vol. 15, No. 1, pp. 47–55, 1979.

RITZ W.

[A] "Über eine neue Methode zur Lösung gewisser Variationsprobleme der mathematischen Physik," *Zeitschrift für Angewandte Mathematik und Mechanik*, Vol. 135, Heft 1, pp. 1–61, 1908.

RIVLIN R. S.

[A] "Large Elastic Deformations of Isotropic Materials IV. Further Developments of the General Theory," *Philosophical Transactions of the Royal Society of London*, Vol. A 241, pp. 379–397, 1948.

RODI W.

[A] "Turbulence Models and their Application in Hydraulics—A State of the Art Review," *International Association for Hydraulic Research*, Delft, 1984.

ROLPH W. D. III, and BATHE K. J.

[A] "An Efficient Algorithm for Analysis of Nonlinear Heat Transfer with Phase Changes," *International Journal for Numerical Methods in Engineering*, Vol.18, pp.119–134, 1982.

RUBINSTEIN M. F.

[A] "Combined Analysis by Substructures and Recursion," *ASCE Journal of the Structural Division*, Vol. 93, No. ST2, pp. 231–235, 1967.

RUGONYI S., and BATHE K. J.

[A] "On the Finite Element Analysis of Fluid Flows Fully Coupled with Structural Interactions," *Computer Modeling in Engineering & Sciences*, Vol.2, pp. 195–212, 2001.

RUTISHAUSER H.

[A] "Deflation bei Bandmatrizen," *Zeitschrift für Angewandte Mathematik und Physik*, Vol. 10, pp. 314–319, 1959.

[B] "Computational Aspects of F. L. Bauer's Simultaneous Iteration Method," *Numerische Mathematik*, Vol.13, pp. 4–13, 1969.

SAAD Y.

[A] *Iterative Methods for Sparse Linear Systems*, 2nd ed., Society for Industrial and Applied Mathematics, Philadelphia, 2003.

SAAD Y., and SCHULTZ M. H.

[A] "GMRES: A Generalized Minimal Residual Algorithm for Solving Nonsymmetric Linear Systems," *SIAM Journal on Scientific and Statistical Computing*, Vol.7, pp. 856–869, 1986.

SCHLICHTING H.

[A] *Boundary-Layer Theory*, 7th ed., McGraw-Hill, New York, 1979.

SCHREYER H. L., KULAK R. F., and KRAMER J. M.

[A] "Accurate Numerical Solutions for Elastic-Plastic Models," *Journal of Pressure Vessel Technology*, Vol.101, pp. 226–234, 1979.

SCHWEIZERHOF K., and RAMM E.

[A] "Displacement Dependent Pressure Loads in Nonlinear Finite Element Analysis," *Computers & Structures*, Vol.18, pp. 1099–1114, 1984.

SEDEH R. S., BATHE M., and BATHE K. J.

[A] "The Subspace Iteration Method in Protein Normal Mode Analysis," *Journal Computational Chemistry*, Vol.31, pp.66–74, 2010.

SEDEH R. S., YUN G., LEE J. Y., BATHE K. J., and KIM D. N.

[A] "A Framework of Finite Element Procedures for the Analysis of Proteins," *Computers & Structures*, Vol.196, pp. 24–35, 2018.

SEIDEL L.

[A] "Über ein Verfahren die Gleichungen auf welche die Methode der Kleinsten Quadrate führt, sowie lineare Gleichungen überhaupt durch successive Annäherung aufzulösen," *Abhandlungen Bayerische Akademie der Wissenschaften*, Vol.11, pp. 81–108, 1874.

SHI G. H.

[A] "Manifold Method of Material Analysis," Proceedings, *Transaction of the 9th Army Conference on Applied Mathematics and Computing, Report No.*92-1,US Army Research Office, 1991.

SILVESTER P.

[A] "Newton-Cotes Quadrature Formulae for N-dimensional Simplexes," Proceedings, *2nd Canadian Congress on Applied Mechanics*, Waterloo, pp. 361–362, 1969.

SIMO J. C.

[A] "A Framework for Finite Strain Elastoplasticity Based on Maximum Plastic Dissipation and the Multiplicative Decomposition: Part I: Continuum Formulation," *Computer Methods in Applied Mechanics and Engineering*, Vol. 66, pp. 199–219, 1988; "Part II: Computational Aspects," *Computer Methods in Applied Mechanics and Engineering*, Vol. 68, pp. 1–31, 1988.

SIMO J. C, WRIGGERS P., and TAYLOR R. L.

[A] "A Perturbed Lagrangian Formulation for the Finite Element Solution of Contact Problems," *Computer Methods in Applied Mechanics and Engineering*, Vol. 50, pp. 163–180, 1985.

SNYDER M. D., and BATHE K. J.

[A] "A Solution Procedure for Thermo-Elastic-Plastic and Creep Problems," *Nuclear Engineering and Design*, Vol.64, pp. 49–80, 1981.

SPALDING D. B.

[A] "A Novel Finite-Difference Formulation for Differential Expressions Involving Both First and Second Derivatives," *International Journal for Numerical Methods in Engineering*, Vol.4, pp. 551–559, 1972.

SPARROW E. M., and CESS R. D.

[A] *Radiation Heat Transfer* (augmented edition), Hemisphere Publishing, Carlsbad, 1978.

STOER J., and BULIRSCH R.

[A] *Introduction to Numerical Analysis*, 3rd ed., Springer-Verlag, New York, 2002.

STOLARSKI H., and BELYTSCHKO T.

[A] "Shear and Membrane Locking in Curved C^0 Elements," *Computer Methods in Applied Mechanics and Engineering*, Vol. 41, pp. 279–296, 1983.

STRANG G., and FIX G. J.

[A] *An Analysis of the Finite Element Method*, Prentice-Hall, Englewood Cliffs, 1973.

STROUBOULIS T., COPPS K., and BABUŠKA I.

[A] "The Generalized Finite Element Method," *Computer Methods in Applied Mechanics and Engineering*, Vol.190, No.32–33, pp.4081–4193, 2001.

STROUD A. H., and SECREST D.

[A] *Gaussian Quadrature Formulas*, Prentice-Hall, Englewood Cliffs, 1966.

SUKUMAR N., MOËS N., MORAN B., and BELYTSCHKO T.

[A] "Extended Finite Element Method for Three-Dimensional Crack Modelling," *International Journal for Numerical Methods in Engineering*, Vol. 48, No.11, pp. 1549–1570, 2000.

SUSSMAN T., and BATHE K. J.

[A] "Studies of Finite Element Procedures—Stress Band Plots and the Evaluation of Finite Element Meshes," *Engineering Computations*, Vol. 3, pp. 178–191, 1986.

[B] "A Finite Element Formulation for Nonlinear Incompressible Elastic and Inelastic Analysis," *Computers & Structures*, Vol.26, pp. 357–409, 1987.

[C] "A Model of Incompressible Isotropic Hyperelastic Material Behavior using Spline Interpolations of Tension-Compression Test Data," *Communications in Numerical Methods in Engineering*, Vol.25, pp. 53–63, 2009.

[D] "3D-shell Elements for Structures in Large Strains," *Computers & Structures*, Vol.122, pp. 2–12, 2013.

[E] "Spurious Modes in Geometrically Nonlinear Small Displacement Finite Elements with Incompatible Modes," *Computers & Structures*, Vol.140, pp. 14–22, 2014.

SYNGE J. L.

[A] *The Hypercircle in Mathematical Physics*, Cambridge University Press, London, 1957.

SZABÓ B., and BABUŠKA I.

[A] *Introduction to Finite Element Analysis: Formulation, Verification and Validation*, John Wiley, New York, 1991.

TAIG I. C.

[A] *Structural Analysis by the Matrix Displacement Method*, English Electric Aviation Report S017, 1962.

TEDESCO J. W., MCDOUGAL W. G., and ROSS C. A.

[A] *Structural Dynamics, Theory and Applications*, Addison-Wesley, Reading, 1998.

THOMAS G. B., and FINNEY R. L.

[A] *Calculus and Analytical Geometry*, 8th ed., Addison-Wesley, Reading, 1992.

TIAN R., YAGAWA G., and TERASAKA H.

[A] "Linear Dependence Problems of Partition of Unity-Based Generalized FEMs," *Computer Methods in Applied Mechanics and Engineering*, Vol.195, pp. 4768–4782, 2006.

TIMOSHENKO S., and GOODIER J. N.

[A] *Theory of Elasticity*, 3rd ed., McGraw-Hill, New York, 1970.

TIMOSHENKO S., and WOINOWSKY-KRIEGER S.

[A] *Theory of Plates and Shells*, 2nd ed., McGraw-Hill, New York, 1959.

TURNER M. J., CLOUGH R. W., MARTIN H. C, and TOPP L. J.

[A] "Stiffness and Deflection Analysis of Complex Structures," *Journal of the Aeronautical Sciences*, Vol. 23, pp. 805–823, 1956.

VARGA R. S.

[A] *Matrix Iterative Analysis*, Prentice-Hall, Englewood Cliffs, 1962.

VERRUIJT A.

[A] *Theory of Groundwater Flow*, Gordon and Breach, New York, 1970.

WANG X.

[A] *Fundamentals of Fluid-Solid Interactions:Analytical and Computational Approaches*, Oxford University Press, Oxford, 2008.

WANG X., and BATHE K. J.

[A] "On Mixed Finite Elements for Acoustic Fluid-Structure Interactions," *Mathematical Models and Methods in Applied Sciences*, Vol. 7, No.3, pp. 329–343, 1997.

WASHIZU K.

[A] "On the Variational Principles of Elasticity and Plasticity," *Aeroelastic and Structures Research Laboratory Technical Report* No. 25–18, Massachusetts Institute of Technology, Cambridge, 1955.

[B] *Variational Methods in Elasticity and Plasticity*, Pergamon Press, Elmsford, 1975.

WEBER G., and ANAND L.

[A] "Finite Deformation Constitutive Equations and A Time Integrated Procedure for Isotropic Hyperelastic—Viscoplastic Solids," *Computer Methods in Applied Mechanics and Engineering*, Vol.79, No.2, pp. 173–202,1990.

WHITE F. M.

[A] *Fluid Mechanics*, McGraw-Hill, New York, 1986.

WILKINS M. L.

[A] "Calculation of Elastic-Plastic Flow," in B. Alder, S. Fernbach, and M. Rotenberg (eds.), *Methods in Computational Physics*, Vol. 3, pp. 211–263, Academic Press, New York, 1964.

WILKINSON J. H.

[A] *The Algebraic Eigenvalue Problem*, Oxford University Press, New York, 1965.

[B] "The QR Algorithm for Real Symmetric Matrices with Multiple Eigenvalues," *The Computer Journal*, Vol.8, pp. 85–87, 1965.

WILSON E. L.

[A] "Structural Analysis of Axisymmetric Solids," *AIAA Journal*, Vol.3, pp.2269–2274, 1965.

[B] "The Static Condensation Algorithm," *International Journal for Numerical Methods in Engineering*, Vol.8, pp. 199–203, 1974.

WILSON E. L., FARHOOMAND I., and BATHE K. J.

[A] "Nonlinear Dynamic Analysis of Complex Structures," *International Journal of Earthquake Engineering and Structural Dynamics*, Vol.1, pp. 241–252, 1973.

WILSON E. L., and IBRAHIMBEGOVIC A.

[A] "Use of Incompatible Displacement Modes for the Calculation of Element Stiffness and Stresses," *Finite Elements in Analysis and Design*, Vol.7, pp. 229–241, 1990.

WILSON E. L., TAYLOR R. L., DOHERTY W. P., and GHABOUSSI J.

[A] "Incompatible Displacement Models," Proceedings, *Numerical and Computer Methods in Structural Mechanics*, S. J. Fenves, N. Perrone, A. R. Robinson, and W C. Schnobrich, eds., Academic Press, New York, pp. 43–57, 1973.

WRIGGERS P.

[A] *Computational Contact Mechanics*, 2nd ed., Springer-Verlag, New York, 2006.

WRIGGERS P., and REESE S.

[A] "A Note on Enhanced Strain Methods for Large Deformations," *Computer Methods in Applied Mechanics and Engineering*, Vol.135, No.3–4, pp. 201–209, 1996.

WUNDERLICH W.

[A] "Ein verallgemeinertes Variationsverfahren zur vollen oder teilweisen Diskretisierung mehrdimensionaler Elastizitätsprobleme," *Ingenieur-Archiv*, Vol.39, pp. 230–247, 1970.

ZAVARISE G., WRIGGERS P., and SCHREFLER B. A.

[A] "A Method for Solving Contact Problems," *International Journal for Numerical Methods in Engineering*, Vol. 42, pp. 473–498, 1998.

ZHAO Q. C., CHEN P., PENG W. B., GONG Y. C., and YUAN M. W.

[A] "Accelerated Subspace Iteration with Aggressive Shift," *Computers & Structures*, Vol.85, pp. 1562–1578, 2007.

ZHONG W., and QIU C.

[A] "Analysis of Symmetric or Partially Symmetric Structures," *Computer Methods in Applied Mechanics and Engineering*, Vol.38, pp. 1–18, 1983.

ZIENKIEWICZ O. C., and CHEUNG Y. K.

[A] *The Finite Element Method in Structural and Continuum Mechanics*, McGraw-Hill, 1967; 4th ed. by O. C. Zienkiewicz and R. L. Taylor, Vols. 1 and 2, 1989/1990.

ZIENKIEWICZ O. L., and ZHU J. Z.

[A] "The Superconvergent Patch Recovery and a Posteriori Error Estimates. part 1: the Recovery Technique," *International Journal for Numerical Methods in Engineering*, Vol.33, pp. 1331–1364, 1992.

ŻYCZKOWSKI M.

[A] *Combined Loadings in the Theory of Plasticity*, Polish Scientific, Warsaw, 1981.

索引

索引页码为本书页边方括号中的页码, 即对应英文版的页码.

A

accuracy of calculations 计算精度 (也见 “求解过程中的误差”), 277

acoustic fluid 声流体, 666

Almansi strain tensor 阿尔曼西应变张量, 585

Alpha (α) integration method 阿尔法 (α) 积分法:

in heat transfer analysis 用于传热分析, 830

in inelastic analysis 用于非弹性分析, 606

amplitude decay 振幅衰减, 811

analogies 类似性, 82,662

angular distortion 角畸变 (角度扭曲), 381

approximation of geometry 几何近似, 208, 342

approximation operator 近似算子, 803

arbitrary Lagrangian-Eulerian formulation 任意拉格朗日–欧拉格式, 672

aspect-ratio distortion 长宽比失真, 381

assemblage of element matrices 单元矩阵的组装, 78, 149, 165, 185, 983

associated constraint problems 相伴约束问题, 728, 846

augmented Lagrangian method 增广拉格朗日法, 146, 147

axial stress member (See Bar, Truss element) 轴向应力构件 (见 “杆” “桁架单元”)

axisymmetric element 轴对称单元, 199, 202, 209, 356, 552

axisymmetric shell element 轴对称壳单元, 419, 568, 574

B

bandwidth of matrix 矩阵带宽, 20, 714, 985

bar 杆, 108, 120, 124, 126

base vectors 基向量:

contravariant 逆变基向量, 46

covariant 协变基向量, 46

Bathe method 巴特法, 779, 791, 805, 809, 811

beam element 梁元, 150, 199, 200, 397, 568

BFGS method BFGS 法, 759

bilinear form 双线性型, 228

bisection method 对分法 (也称二分法), 943

body force loading [彻] 体力加载, 155, 164, 165, 204, 213

boundary conditions 边界条件:
in analysis 在分析中：
acoustic 声学, 667
displacement and stress 位移和应力, 154
heat transfer 传热, 643, 676
incompressible inviscid flow 不可压缩的无黏性流, 663
seepage 渗流, 662
viscous fluid flow 黏性流体流动, 675
convection 对流, 644
cyclic 循环, 192
displacement 位移, 154, 187
essential 本质的, 110
force 力, 111
geometric 几何的, 110
natural 自然的, 110
phase change 相变, 656
radiation 辐射, 644, 658
skew 斜的, 189
boundary layer 边界层:
in fluid mechanics 在流体力学, 684
in Reissner/Mindlin plates 在赖斯纳/明德林板, 434, 449
boundary value problems 边界值问题, 110
bubble function 气泡函数, 373, 432, 690
buckling analysis 屈曲分析, 90, 114, 630
bulk modulus 体积模量, 277, 297

C

C^{m-1} problem C^{m-1} 问题, 235
cable element 缆线单元, 543
Cauchy stress tensor 柯西应力张量, 499
Cauchy-Green deformation tensor (left and right tensors) 柯西–格林变形张量 (左张量和右张量), 506
Cauchy's formula 柯西公式, 516
Caughey series 考伊序列, 799
Cea's lemma Cea 引理, 242
central difference method 中心差分法, 770, 815, 824
CFL number CFL 数, 816
change of basis 基变换, 43, 49, 60, 189, 786
characteristic polynomial 特征多项式, 52, 888, 938
characteristic roots (See Eigenvalues) 特征根 (见 "特征值")
Cholesky factorization 楚列斯基因数分解, 717
collapse analysis 坍塌分析, 630

column heights 列高, 708, 986
column space of a matrix 矩阵的列空间, 37
compacted column storage 紧列存储, 21, 708, 985
compatibility 协调性:
  of elements/meshes 单元/网格的, 161, 229, 377
  of norms 模的, 70
compatible norm 协调模
complete polynomial 完备多项式, 244
completeness condition 完备性条件:
  of element 单元的, 229
  of element assemblage 单元组合体的, 263
component mode synthesis 部件模态综合法, 875
computer programs for …… 的计算机程序:
  finite element analysis 有限元分析 988
  Gauss elimination equation solution 高斯消元法方程求解, 708
  isoparametric element 等参单元, 480
  Jacobi generalized eigensolution 广义雅可比特征解, 924
  subspace iteration eigensolution 子空间迭代特征解, 964
computer-aided design (CAD) 计算机辅助设计 (CAD), 7, 11
concentrated loads, modeling of 集中载荷, …… 的建模, 10, 228, 239
condensation (static condensation) 凝聚 (静态凝聚), 717
condition number 条件数, 738
conditional stability 条件稳定性, 773
conductivity matrix 热传导矩阵, 651
conforming(compatibility) 协调, 161, 229, 377
conjugate gradient method 共轭梯度法, 749
connectivity array 连接数组, 185, 984
consistent load vector 一致载荷向量, 164, 213, 814
consistent mass matrix 一致质量矩阵, 165, 213
consistent tangent stiffness matrix 一致切线刚度矩阵, 758
consistent tangent stress-strain matrix 一致切线应力–应变矩阵, 583, 602, 758
constant increment of external work criterion 外功准则的常增量, 763
constant strain 常应变:
  one-dimensional (truss) element 一维 (桁架) 单元, 150, 166
  two-dimensional 3-node element 二维 3 节点单元, 205, 364, 373
  three-dimensional 4-node element 三维 4 节点元素, 366, 373
constant-average-acceleration method 常平均加速度法, 780
constitutive equations (stress-strain relations) 本构方程 (见应力–应变关系)
constraint equations 约束方程, 190
constraint function method 约束函数法, 626
contact analysis 接触分析, 622

contactor 接触子, 623
continuity of a bilinear form 双线性型的连续性, 237
contravariant 逆变:
  base vectors 基向量, 46
  basis 基底, 46
convection boundary conditions 对流边界条件, 644
convergence criteria in …… 的收敛准则:
  conjugate gradient method 共轭梯度法, 750
  eigensolutions 特征解, 892, 914, 920, 949, 963
  finite element discretization 有限元离散化, 254
  for iterative processes using norms 使用模的迭代过程, 67
  Gauss-Seidel iteration 高斯–赛德尔迭代, 747
  mode superposition solution 模态叠加解法, 795
  nonlinear analysis 非线性分析, 764
convergence of …… 的收敛:
  conjugate gradient iteration 共轭梯度法, 750
  finite element discretization 有限元离散化, 225, 237
  Gauss-Seidel iteration 高斯–赛德尔迭代, 747
  Jacobi iteration 雅可比迭代, 914, 920
  Lanczos method 兰乔斯法, 949, 953
  mode superposition solution 模态叠加法, 795, 814
  Newton-Raphson iteration 牛顿–拉弗森迭代, 756
  QR iteration QR 迭代, 935
  Rayleigh quotient iteration 瑞利商迭代, 904
  subspace iteration 子空间迭代, 959, 963
  vector forward iteration 向量正迭代, 897
  vector inverse iteration 向量逆迭代, 892
coordinate interpolation 坐标插值, 342
coordinate systems 坐标系:
  area 面积, 371
  Cartesian 笛卡儿坐标, 40
  global 全局, 总体, 154
  local 局部, 154, 161
  natural 自然, 339, 342, 372
  skew 斜, 189
  volume 体积, 373
Coulomb's law of friction 库仑摩擦定律, 624
coupling of different integration operators 不同积分算子的耦合, 782
covariant 协变的:
  base vectors 基向量, 46
  basis 基底, 46

creep 蠕变, 606
critical time step for use of 临界时间步用于:
- α integration method 阿尔法积分法, 831
- central difference method 中心差分法, 772, 808, 817

cyclic symmetry 循环对称, 192

D

d'Alembert's principle 达朗贝尔原理, 134, 165, 402
damping 阻尼, 165, 796
damping ratio 阻尼比, 796, 802
DC network 直流网络, 83
deflation of ······ 的收缩:
- matrix 矩阵, 906
- polynomial 多项式, 942, 945
- vectors 向量, 907

deformation dependent loading 与加载有关的变形, 527
deformation gradient 变形梯度, 502
degree of freedom 自由度, 161, 172, 273, 286, 329, 345, 413, 981
determinant 行列式:
- of associated constraint problems 相伴约束问题的, 729, 850
- calculation of 的计算, 31
- of deformation gradient 变形梯度的, 503
- of Jacobian operator 雅可比算子的, 347, 389

determinant search algorithm 行列式搜索算法, 938
digital computer arithmetic 数字计算机算术, 734
dimension of ······ 的维数:
- space 空间, 36
- subspace 子空间, 37

direct integration in 直接积分法用于:
- dynamic stress analysis 动态应力分析, 769, 824
- fluid flow analysis 流体流动分析, 680, 835
- heat transfer analysis 传热分析, 830

direct stiffness method 直接刚度法, 80, 151, 165
director vectors 方向向量, 409, 438, 570, 576
displacement interpolation 位移插值, 161, 195
displacement method of analysis 位移分析方法, 149
displacement/pressure formulations 位移/压力格式:
- basic considerations 基本考虑, 276
- elements 单元, 292, 329
- u/p formulation u/p 格式, 287
- u/p-c formulation u/p-c 格式, 287

distortion of elements 单元的扭曲 (对收敛的影响), 382, 469

divergence of iterations 迭代的收敛, 758, 761, 764
divergence theorem 散度定理, 158
double precision arithmetic 双精度运算, 739
Drucker-Prager yield condition 德鲁克–普拉格屈服条件, 604
Duhamel integral 杜阿梅尔积分, 789, 796
dyad 并矢, 44
dyadic 并矢量, 44
dynamic buckling 动态屈曲, 636
dynamic load factor 动态载荷因子, 793
dynamic response calculations by 由 …… 计算动态响应:
    mode superposition solution 模态叠加法, 785
    step-by-step integration 逐步积分法, 769

E

effective 有效的:
    creep strain 蠕变应变, 607
    plastic strain 塑性应变, 599
    stress 应力, 599
effective stiffness matrix 有效刚度矩阵, 775, 778, 781
effective-stress-function algorithm 有效应力函数算法, 600, 609, 611, 616
eigenpair 特征对, 52
eigenproblem in 在 …… 中的特征问题:
    buckling analysis 屈曲分析, 92, 632, 939
    heat transfer analysis 传热分析, 105, 836, 840
    vibration mode superposition analysis 振动模态叠加分析, 786, 839
eigenspace 特征空间, 56
eigensystem 特征系统, 52
eigenvalue problem 特征值问题, 51
eigenvalue separation property (Sturm sequence property) 特征值分离特性 (见 “施图姆序列特性”)
eigenvalues and eigenvectors 特征值和特征向量:
    of associated constraint problems 相伴约束问题的, 64
    basic definitions 基本定义, 52
    calculation of 的计算, 52, 887
electric conduction analysis 电传导分析, 83, 662
electro-static field analysis 静电场分析, 662
element matrices, definitions in 单元矩阵定义于:
    displacement-based formulations 基于位移的格式, 164, 347, 540
    displacement/pressure formulations 位移/压力格式, 286, 388, 561
    field problems 场问题, 661
    general mixed formulations 一般混合格式, 272
    heat transfer analysis 传热分析, 651

incompressible fluid flow 不可压缩的流体流动, 677
elliptic equation 椭圆方程, 106
ellipticity condition 椭圆性条件, 304
ellipticity of a bilinear form 双线性型的椭圆性, 237
energy norm 能量模, 237
energy-conjugate (work-conjugate) stresses and strains 能量 (功) 共轭的应力和应变, 515
engineering strain 工程应变, 155, 486
equations of finite elements 有限元方程:
assemblage 组合体, 185, 983
in heat transfer analysis 传热分析, 651
in incompressible fluid flow analysis 不可压缩的流体流动分析, 678
in linear dynamic analysis 线性动态分析, 165
in linear static analysis 线性静态分析, 164
in nonlinear dynamic analysis 非线性动态分析, 540
in nonlinear static analysis 非线性静态分析, 491, 540
equilibrium 平衡:
on differential level 在微元层次上的平衡, 160, 175
on element level 在单元层次上的平衡, 177
equilibrium iteration 平衡迭代, 493, 526, 754
equivalency of norms 模的等价, 67, 238
error bounds in eigenvalue solution 特征值解的误差界, 880, 884, 949
error estimates for 对 …… 误差估计:
MITC plate elements MITC 板单元, 432
displacement-based elements 基于位移的单元, 246, 380, 469
displacement/pressure elements 位移/压力单元, 312
error measures in 在 …… 的误差度量:
eigenvalue solution 特征值解, 884, 892
finite element analysis 有限元分析, 254
mode superposition solution 模态叠加解, 795
errors in solution 解误差, 227
Euclidean vector norm 欧几里得向量模, 67
Euler backward method 欧拉后向法, 602, 831, 834
Euler forward method 欧拉前向法, 831, 834
Euler integration method, use in 欧拉积分法, 用于:
creep, plasticity 蠕变, 塑性, 607
heat transfer 传热, 831
Eulerian formulation 欧拉描述, 498, 672
existence of inverse matrix 逆矩阵的存在性, 27
explicit integration 显式积分, 770
explicit-implicit integration 显–隐式积分, 783

exponential scheme of upwinding 指数迎风格式, 686
F
field problems 场问题, 661
finite difference method 有限差分法:
  approximations 近似, 132
  differential formulation 微分形式, 129
  in dynamic response calculation 在动态响应计算, 769
  energy formulation 能量法, 135
finite elements 有限元:
  elementary examples 基本例子, 79, 124, 149, 166
  history 历史, 1
  an overview of use 应用综述, 2
finite strip method 有限条法, 209
first Piola-Kirchhoff stress tensor 第一皮奥拉–基尔霍夫应力张量, 515
fluid flow analysis 流体流动分析:
  incompressible viscous flow 不可压缩的黏性流体, 671
  irrotational (potential) flow 无旋 (势) 流动, 663
fluid-structure interactions 流固耦合, 668, 672, 690
folded plate structure 折板结构, 208
forced vibration analysis (dynamic response calculations by) 受迫振动分析 (见 "由 ······ 计算动态响应")
forms 形式:
  bilinear 双线性的, 228
  linear 线性的, 228
fracture mechanics elements 断裂力学单元, 369
free vibration conditions 自由振动状态, 95, 786
friction (see Coulomb's law of friction) 摩擦 (见 "库仑摩擦定律")
frontal solution method 波前求解法, 725
full Newton-Raphson iteration 完全牛顿–拉弗森迭代, 756, 834
full numerical integration 完全数值积分, 469
functionals (see also variational indicators) 泛函 (又见 "变分式")
G
Galerkin least squares method 伽辽金最小二乘法, 688
Galerkin method (see also principle of virtual displacements; principle of virtual temperatures; and principle of virtual velocities) 伽辽金法 (又见 "虚位移原理" "虚温度原理" 和 "虚速度原理")
Gauss elimination 高斯消元法:
  computational errors in 在 ···· 的计算误差, 734
  a computer program 计算机程序, 715
  introduction to 的引言, 697
  number of operations 运算次数, 714

physical interpretation 物理解释, 699
Gauss quadrature 高斯求积法, 461
Gauss-Seidel iteration 高斯–赛德尔迭代, 747
generalized coordinate 广义坐标, 171, 195
generalized displacement (see generalized coordinate) 广义位移 (见 “广义坐标”)
generalized eigenproblems (see also eigenproblem in) 广义特征问题 (见 “在 …… 特征问题”):
definition 定义, 53
various problems 各种问题, 839
generalized formulation 广义形式, 125
generalized Jacobi method 广义雅可比法, 919
ghost frequencies (see phantom frequencies) 虚假频率 (见 “幻像频率”)
GMRes (generalized minimal residual) method 广义最小残差法, 752
Gram-Schmidt orthogonalization 格拉姆–施密特正交化, 907, 952, 956
Green-Lagrange strain tensor 格林–拉格朗日应变张量, 50, 512
Guyan reduction Guyan 归约, 875, 960
H
half-bandwidth (see bandwidth of matrix) 半频宽 (见 “矩阵带宽”)
hardening in …… 的强化:
creep 蠕变, 607
plasticity 塑性, 599
viscoplasticity 黏塑性, 610
hat function 帽形函数, 131, 692
heat capacity matrix 热容矩阵, 89, 655
heat conduction equation 热传导方程, 107, 108, 643
heat transfer analysis 传热分析, 80, 89, 642
Hellinger-Reissner functional 赫林格–赖斯纳泛函, 274, 285, 297, 477
Hencky (logarithmic) strain tensor 亨基 (对数) 应变张量, 512, 614
hierarchical functions 级联函数, 252, 260, 692
hierarchy of mathematical models 数学模型的层次, 4
history of finite elements 有限元的历史, 1
h-method of finite element refinement 有限元细化的 h 法, 251
Houbolt method 霍博尔特法, 774, 804, 809, 811
Householder reduction to tridiagonal form 三对角形式的豪斯霍尔德化简, 927
h/p method of finite element refinement 有限元细化的 h/p 法, 253
Hu-Washizu functional 胡 - 鹫津泛函, 270, 297
hydraulic network 液压网络, 82
hyperbolic equation 双曲线方程, 106
hyperelastic 超弹性, 582, 592
hypoelastic 次弹性, 582

I

identity matrix 单位矩阵, 19

identity vector 单位向量, 19

imperfections (on structural model) 不完善性 (结构模型), 634

implicit-explicit integration 隐式–显式积分, 783

incompatible modes 非协调模式, 262

incompressibility 不可压缩性, 276

incremental potential 增量位势, 561

indefinite matrix 非正定矩阵, 60, 731, 939, 944

indicial notation 指标记号:

  definition 定义, 41

  use 使用, 41, 499

infinite eigenvalue 无限大特征值, 853

inf-sup condition for incompressible analysis 不可压缩性分析的 inf-sup 条件:

  derivation 推导, 304, 312

  general remarks 一般评述, 291

inf-sup condition for structural/beam elements 结构/梁单元的 inf-sup 条件, 330

inf-sup test inf-sup 检验, 322

initial calculations in 在 …… 初始计算:

  central difference method 中心差分法, 771

  Houbolt method 霍博尔特法, 775

  Newmark method 纽马克法, 778

  Bathe method 巴特法, 780

initial stress load vector 初始应力载荷向量, 164

initial stress method 初始应力法, 758

initial value problems 初值问题, 110

instability analysis of …… 的不稳定性分析:

  integration methods 积分法, 806

  structural systems 结构系统, 630

integration of …… 的积分:

  dynamic equilibrium equations (see direct integration in) 动态平衡方程 (见 "直接积分法用于")

  finite element matrices (see numerical integration of finite element matrices) 有限元矩阵 (见 "有限元矩阵的数值积分")

  stresses (see stress integration) 应力 (见 "应力积分")

interelement continuity conditions (see compatibility of elements/meshes) 单元间的连续性条件 (见 "单元/网格的协调性")

interpolant of solution 解的插值, 246

interpolation functions 插值函数, 338, 343, 344, 374

inverse of matrix 矩阵的逆, 27

inviscid (acoustic) fluid 无黏性 (声) 流体, 666

inviscid flow 无黏流动, 663
isobands of stresses 应力等值带, 255
isoparametric formulations 等参格式:
computer program implementation 计算机程序实现, 480
definition 定义, 345
interpolations (see interpolation functions) 插值 (见 “插值函数”)
introduction 简介, 338
iteration (see Gauss-Seidel iteration; conjugate gradient method; quasi-Newton methods; eigenvalues and eigenvectors) 迭代 (见 “高斯–赛德尔迭代”“共轭梯度法”“拟牛顿法”“特征值和特征向量”)

J

Jacobi eigensolution method 雅可比特征解法, 912
Jacobian operator 雅可比算子, 346
Jaumann stress rate tensor 乔曼应力率张量, 591, 617
joining unlike elements 连接不同单元, 377
Jordan canonical form 若尔当标准型, 808

K

kernel 核函数:
definition 定义, 39
use in analysis of stability 用于稳定性的分析, 318
kinematic assumptions 运动学假设, 399, 420, 437
Kirchhoff hypothesis 基尔霍夫假设, 420
Kirchhoff stress tensor 基尔霍夫应力张量, 515
Kronecker delta 克罗内克符号, 45, 46

L

L^2 space L^2 向量空间, 236
Lagrange multipliers 拉格朗日乘子, 144, 270, 286, 626, 744
Lagrangian formulations 拉格朗日格式:
linearization 线性化, 523, 538
total Lagrangian (TL) 完全拉格朗日格式, 523, 561, 586
updated Lagrangian (UL) 更新拉格朗日格式, 523, 565, 586
updated Lagrangian Hencky (ULH) 更新拉格朗日–亨基格式, 614
Lagrangian interpolation 拉格朗日插值, 456
Lamé constants 拉梅常数, 298, 584
Lanczos method 兰乔斯法, 945
Laplace equation 拉普拉斯方程, 106, 107
large displacement/strain analysis 大位移或大应变分析, 487, 498
latent heat 潜热, 656
LDL^{T} factorization (see also Gauss elimination) **LDL**^{T} 因式分解 (见 “高斯消元法”)
least squares averaging (smoothing) 最小二乘法平均 (平滑), 256
Legendre polynomials 勒让德多项式, 252

length of vector (see Euclidean vector norm) 向量的长度 (见 “欧几里得向量模”)
linear acceleration method 线性加速度方法, 777, 780
linear dependency 线性相关, 36
linear form 线性形式, 228
Lipschitz continuity 利普希茨连续性, 757
load-displacement-constraint methods 载荷–位移–约束方法, 761
load operator 载荷算子, 803
loads in analysis of 分析中的载荷:
  fluid flows 流体流动, 678
  heat transfer 传热, 652
  structures 结构, 164
locking 闭锁:
  in (almost) incompressible analysis 在 (几乎) 不可压缩分析中, 283, 303, 308, 317
  in structural analysis 结构分析中, 275, 332, 404, 408, 424, 444
logarithmic strain tensor 对数应变张量, 512, 614
loss of orthogonality 正交性的损失, 952
lumped force vectors 集中力向量, 213
lumped mass matrix 集中质量矩阵, 213
M
mass matrix 质量矩阵, 165
mass proportional damping 质量比例阻尼, 798
master-slave solution 主从式求解, 740
materially-nonlinear-only analysis 仅材料非线性分析, 487, 540
mathematical model 数学模型:
  accuracy 精度, 7
  effectiveness 有效性, 4, 6
  reliability 可靠性, 4
  very-comprehensive 非常全面的, 相当综合的, 4
matrix 矩阵:
  addition and subtraction 加法和减法, 21
  bandwidth 带宽, 19, 985
  definition 定义, 18
  determinant 行列式, 31
  identity matrix 单位矩阵, 19
  inverse 逆, 27
  multiplication by scalar 标量乘矩阵, 22
  norms 模, 68
  partitioning 分块, 28
  products 乘法, 22
  storage 存储, 20
  symmetry 对称, 19

trace 迹, 30
matrix deflation 矩阵收缩, 906
matrix shifting 矩阵平移, 851, 899, 943, 964
membrane locking 薄膜闭锁, 408, 444
mesh (from a sequence of meshes) 网格 (从网格序列):
compatible 协调的, 377
regular 规则的, 380
quasi-uniform 准均匀的, 382
uniform 均匀的, 243, 434
metric tensor 度规张量, 47
Mindlin (Reissner/Mindlin) plate theory 明德林 (赖斯纳/明德林) 板理论, 420
minimax characterization of eigenvalues 特征值的极大极小特性, 63
minimization of bandwidth 带宽的极小化, 714, 986
MITC elements MITC 单元:
error estimates 误差估计, 432
plate elements 板元, 425
shell elements 壳元, 445, 577
mixed finite element formulations 混合有限元格式, 268
mixed interpolations 混合插值法:
for continuum elements (see displacement/pressure formulations) 用于连续介质单元 (见 "位移/压力格式")
for structural elements 用于结构单元, 如
beam 梁, 274, 330, 406
plate 板, 424,
shell 壳, 444
mode shape 振形, 786
mode superposition 模态叠加:
with damping included 有阻尼的, 796
with damping neglected 无阻尼的, 789
modeling 建模:
constitutive relations 本构关系, 582
linear/nonlinear conditions 线性/非线性条件, 487
type of problems 问题的类型, 196
modeling in dynamic analysis 动态分析建模, 813
modified Newton-Raphson iteration 改进牛顿–拉弗森迭代, 759
monotonic convergence 单调收敛性, 225, 376
Mooney-Rivlin material model 穆尼–里夫林材料模型, 592
multiple eigenvalues 多重特征值:
convergence to 收敛性, 895, 944, 951, 960
orthogonality of eigenvectors 特征向量的正交性, 55

N

Nanson's formula 南森公式, 516
natural coordinate system 自然坐标系, 339, 342
Navier-Stokes equation 纳维–斯托克斯方程, 676, 680
Newmark method 纽马克法, 780, 806, 809, 811
Newton identities 牛顿恒等式, 939
Newton-Raphson iterations 牛顿–拉弗森迭代, 493, 755
nodal point 节点:
  information 数据, 981
  numbering 编号, 986
nonaxisymmetric loading 非对称载荷, 209
nonconforming elements (see compatibility of elements/meshes; incompatible modes) 非协调单元 (见 "单元/网格的协调性" "非协调模式")
nondimensionalization variables 无量纲化变量, 676
nonlinear analysis 非线性分析:
  classification 分类, 487
  introduction to 引言, 485
  simple examples 简例, 488
nonproportional damping 非比例阻尼, 799
nonsymmetric coefficient matrix 非对称系数矩阵, 528, 628, 678, 696, 744, 752
norms of ······ 的模:
  matrices 矩阵, 68
  vectors 向量, 67
numerical integration of finite element matrices 有限元矩阵的数值积分:
  composite formulas 复合公式, 459
  effect on order of convergence 收敛阶的影响, 469
  Gauss quadrature 高斯求积法, 461
  in multiple dimensions 多维, 464
  Newton-Cotes formulas 牛顿–科茨公式, 457
  for quadrilateral elements 四边形单元, 466
  recommended (full) order 推荐的 (全) 阶, 469
  Simpson rule 辛普森法, 457
  trapezoidal rule 梯形法, 457
  for triangular elements 三角形元, 467

O

Ogden material model 奥格登材料模型, 592, 594
order of convergence of 收敛阶的:
  finite element discretizations 有限元离散化, 247, 312, 432, 469
  Newton-Raphson iteration 牛顿–拉弗森迭代, 757
  polynomial iteration 多项式迭代, 941
  Rayleigh quotient iteration 瑞利商迭代, 904

subspace iteration 子空间迭代, 959
vector iteration 向量迭代, 895, 898
orthogonal matrices 正交矩阵:
definition 定义, 43
use 使用, 44, 73, 189, 913, 927, 931
orthogonal similarity transformation 正交相似变换, 53
orthogonality of …… 的正交性:
eigenspaces 特征空间, 55
eigenvectors 特征向量, 54
orthogonalization 正交化:
by Gram-Schmidt 由格拉姆–施密特, 907, 952, 956
in Lanczos method 在兰乔斯法中的, 946
in subspace iteration 在子空间迭代中的, 958
orthonormality 标准正交化, 55
ovalization 成椭圆化, 413
overrelaxation 超松弛, 747

P

parabolic equation 抛物线方程, 106
partitioning (see matrix) 分块 (见 "矩阵")
Pascal triangle 帕斯卡三角形 (杨辉三角形), 246, 380
patch test 分片检验, 263
Péclet number 佩克莱数, 677
penalty method 罚方法:
connection to Timoshenko beam theory (and Reissner/Mindlin plate theory) 与铁摩辛柯梁理论 (和赖斯纳/明德林板理论) 的联系, 404
elementary concepts 基本概念, 144
to impose boundary conditions 施加边界条件, 190
relation to Lagrange multiplier method 与拉格朗日乘子法的关系, 147
period elongation 周期扩大, 811
Petrov-Galerkin method 彼得罗夫–伽辽金方法, 687
phantom frequencies/modes 幻像频率/模态, 472
phase change 相变, 656
pipe elements 管单元, 413
plane reflection matrix 平面反射矩阵, 73
plane rotation matrix 平面旋转矩阵, 43, 913, 932
plane strain element 平面应变单元, 199, 351
plane stress element 平面应力单元, 170, 199, 351
plasticity 塑性, 597
plate bending 板弯曲, 200, 205, 420
plate/shell boundary conditions 板/壳边界条件, 448
p-method of finite element refinement 有限元细化的 p 法, 251

Poincaré-Friedrichs inequality 庞加莱–弗里德里希斯不等式, 237
polar decomposition 极分解, 508
polynomial displacement fields 多项式位移场, 195, 246, 385
polynomial iteration 多项式迭代:
  explicit iteration 显式迭代, 938
  implicit iteration 隐式迭代, 939
positive definiteness 正定性, 60, 726
positive semidefiniteness 正半定性, 60, 726
postbuckling response (postcollapse) 后屈曲响应 (后坍塌), 630, 762,
potential 位势
  incremental 增量, 561
  total 总, 86, 160, 268
Prandtl number 普朗特数, 677
preconditioning 预处理, 749
pressure modes 压力模式:
  checkerboarding 方格盘状, 319
  physical 物理的, 315
  spurious 伪, 316, 318, 325
principle of virtual displacements (or principle of virtual work) 虚位移原理 (虚功原理):
  basic statement 基本陈述, 125, 156, 499
  derivation 推导, 126, 157
  linearization of continuum mechanics equations 连续介质力学方程的线性化, 523
  linearization with respect to finite element variables 关于有限元变量的线性化, 538
  relation to stationarity of total potential 与总势能的驻值关系, 160
principle of virtual temperatures 虚温度原理:
  basic statement 基本陈述, 644, 678
  derivation 推导, 645
principle of virtual velocities 虚速度原理, 677
products of matrices (see matrix) 矩阵乘积 (见 "矩阵")
projection operator 投影算子, 308
proportional damping 比例阻尼, 796
Q
QR iteration QR 迭代, 931
quadrature (see numerical integration of finite element matrices) 求积法 (见 "有限元矩阵的数值积分")
quarter-point elements 四分之一点单元, 370
quasi-Newton methods 拟牛顿法, 759
quasi-uniform sequence of meshes 拟均匀网格序列, 382, 434
R
radial return method 径向回退法, 598

radiation boundary conditions 辐射边界条件, 644, 658
rank 秩, 39
rate of convergence of finite element discretizations 有限元离散化的收敛速率, 244, 247, 312, 432, 469
rate-of-deformation tensor 变形率张量, 511
Rayleigh damping 瑞利阻尼, 797
Rayleigh quotient 瑞利商, 60, 868, 904
Rayleigh quotient iteration 瑞利商迭代, 904
Rayleigh-Ritz analysis 瑞利–里茨分析法, 868, 960
Rayleigh's minimum principle 瑞利最小值原理, 63
reaction calculations 支反力计算, 188
reduced order numerical integration 数值积分的降阶, 476
reduction of matrix to 矩阵化简:
    diagonal form (see also eigenvalues and eigenvectors) 对角形式 (又见 "特征值和特征向量"), 57
    upper triangular form 上三角形式, 699, 705
reflection matrix (see plane reflection matrix) 反射矩阵 (见 "平面反射矩阵")
regular mesh 规则网格, 380
Reissner plate theory 赖斯纳薄板理论, 420
relative degrees of freedom 相对自由度, 739, 741
reliability 可靠性:
    of finite element methods 有限元法的, 12, 296, 303, 469
    of mathematical model 数学模型的, 4
residual vector 残差向量:
    in eigensolution 特征解中的, 880
    in solution of equations 方程中的, 736
resonance 共振, 793
response history (see dynamic response calculations by) 响应历程 (见 "由 …… 计算动态响应")
Reynolds number 雷诺数, 677
rigid body modes 刚体模式, 230, 232, 704, 726
Ritz analysis 里茨分析, 119, 234
robustness of finite element methods 有限元法的鲁棒性, 12, 296
rotation matrix (see plane rotation matrix) 旋转矩阵 (见 "平面旋转矩阵")
rotation of axes 坐标轴的旋转, 189
rotation of director vectors, consistent/full linearization 方向向量的旋转, 一致/完全线性化:
    beams 梁, 570, 579
    shells 壳, 577, 580
round-off error 舍入误差, 735
row space of a matrix 矩阵的行空间, 39

row-echelon form 行阶形式, 38
rubber elasticity 橡胶弹性, 561, 592
S
Schwarz inequality 施瓦茨不等式, 238
secant iteration 割线迭代, 941
Second Piola-Kirchhoff stress tensor 第二皮奥–基尔霍夫应力张量, 515
seepage 渗流, 662
selective integration 选择积分, 476
shape functions (see interpolation functions) 形函数 (见 “插值函数”)
shear correction factor 剪切校正因子, 399
shear locking 剪切闭锁, 275, 332, 404, 408, 424, 444
shell elements 壳单元, 200, 207, 437, 575
shifting of matrix (see matrix shifting) 矩阵的平移 (见 “矩阵平移”)
similarity transformation 相似变换, 53
simpson's rule 辛普森法, 457
single precision arithmetic 单精度算术运算, 734
singular matrix 奇异矩阵, 27
skew boundary displacement conditions 斜边界位移条件, 189
skyline of matrix 矩阵的特征顶线, 708, 986
snap-through response 跳跃响应, 631
Sobolev norms 索伯列夫模, 237
solution of equations in 在 ······ 方程求解:
  dynamic analysis 动态分析, 768
  static analysis 静态分析, 695
solvability of equations 方程的可解性, 313
spaces 空间:
  L^2, 236
  V, 236
  V_h, 239
span of vectors 向量的张成, 36
sparse solver 稀疏求解器, 714
spatial isotropy 空间各向同性, 368
spectral decomposition 谱分解, 57
spectral norm 谱模, 68
spectral radius 谱半径, 58, 70, 808
spherical constant arc length criterion 常球面弧长准则, 763
spin tensor 旋转张量, 511
spurious modes 伪模式, 472
stability constant of matrix 矩阵的稳定常数, 71
stability of formulation 格式的稳定性, 72, 308, 313
stability of step-by-step 逐步迭代的稳定性:

displacement and stress analysis 位移和应力分析, 806
fluid flow analysis 流体流动分析, 835
heat transfer analysis 传热分析, 831
standard eigenproblems 标准特征问题:
definition 定义, 51
use 使用, 58, 231, 726
STAP (structural analysis program) STAP (结构分析程序), 988
starting iteration vectors 初始迭代向量, 890, 909, 952, 960
static condensation 静态凝聚, 717
static correction 静态校正, 795
step-by-step integration methods (see direct integration in) 逐步积分法 (见 "直接积分法用于")
stiffness matrix 刚度矩阵:
assemblage 组合体, 79, 149, 165, 185, 983
definition 定义, 164
elementary example 基本例子, 166
stiffness proportional damping 刚度比例阻尼, 798
storage of matrices 矩阵的存储, 20, 985
strain hardening (tangent) modulus 应变硬化 (切线) 模量, 582, 607
strain measures 应变量度:
Almansis 阿尔曼西, 585, 586
engineering 工程, 155
Green-Lagrange 格林–拉格朗日, 512
Hencky 亨基, 512, 614
logarithmic 对数, 512, 614
strain-displacement matrix 应变–位移矩阵:
definition 定义, 162
elementary example 基本例子, 168
strain singularity 应变奇异性, 369
stress calculation 应力计算, 162, 170, 179, 254
stress integration 应力积分, 583, 596
stress jumps 应力跳跃, 254
stress measures 应力度量:
Cauchy 柯西, 499
first Piola-Kirchhoff 第一皮奥拉–基尔霍夫定理, 515
Kirchhoff 基尔霍夫, 515
second Piola-Kirchhoff 第二皮奥拉–基尔霍夫定理, 515
stress-strain (constitutive) relations 应力–应变 (本构) 关系, 109, 161, 194, 297, 581
stretch matrix 拉伸矩阵:
left 左, 510
right 右, 508, 510

strong form 强形式, 125
structural dynamics 结构动力学, 813
studying finite element methods 研究有限元法, 14
Sturm sequence check 施图姆序列检验, 953, 964
Sturm sequence property 施图姆序列特性, 63, 728, 846
    application in calculation of eigenvalues 应用于特征值的计算中, 943, 964
    application in solution of equations 应用于方程解, 731
    proof for generalized eigenvalue problem 用于证明广义特征值问题, 859
    proof for standard eigenvalue problem 用于证明标准特征值问题, 64
subdomain method 子域法, 119
subparametric element 亚参单元, 363
subspace 子空间, 37
subspace iteration method 子空间迭代法, 954
substructure analysis 子结构分析, 721
SUPG method SUPG 法, 691
surface load vector 表面载荷向量, 164, 173, 205, 214, 355, 359
symmetry of …… 的对称性:
    bilinear form 双线性型, 228
    matrix 矩阵, 19
    operator 算子, 117

T

tangent stiffness matrix 切线刚度矩阵, 494, 540, 755
tangent stress-strain matrix 切线应力–应变矩阵, 524, 583, 602
target 目标, 623
temperature gradient interpolation matrix 温度梯度插值矩阵, 651
temperature interpolation matrix 温度插值矩阵, 65
tensors 张量, 40
thermal stress 热应力, 359
thermoelastoplasticity and creep 热弹塑性和蠕变, 606
torsional behavior 扭转特性, 664
total Lagrangian formulation 完全拉格朗日格式, 523, 538, 561, 587
total potential (or total potential energy) 总位势 (或总势能), 86, 160, 268
trace of a matrix 矩阵的迹, 30
transformations 变换:
    to different coordinate system 于不同坐标系, 189
    of generalized eigenproblem to standard form 广义特征问题向标准形式的, 854
    in mode superposition 在模态叠加, 789
transient analysis (see dynamic response calculations by) 瞬态分析 (动态响应计算)
transition elements 过渡单元, 415
transpose of a matrix 矩阵的转置, 19
transverse shear strains 横向剪切应变, 424

trapezoidal rule 梯形法:
in displacement and stress dynamic step-by-step solution 用于位移和应力动态逐步求解, 625, 780
in heat transfer transient step-by-step solution 用于传热瞬态逐步求解, 831
Newton-Cotes formula 牛顿–科茨公式, 457
triangle inequality 三角不等式, 67
triangular decomposition 三角 [形] 分解, 705
triangular factorization 三角分解, 705
truncation error 截断误差, 735
truss element 桁架单元, 150, 184, 199, 342, 543
turbulence 湍流, 676, 682
tying 绑定
of in-layer strains 内层应变, 408, 444
of transverse shear strains 横剪切应变, 408, 430, 444
U
unconditional stability 无条件稳定性, 774, 807
uniqueness of linear elasticity solution 线弹性求解的唯一性, 239
unit matrix (see identity matrix) 单位矩阵
unit vector (see identity vector) 单位向量
updated Lagrangian formulation 更新拉格朗日格式, 523, 565, 587, 614
upwinding 迎风, 685
V
Vandermonde matrix 范德蒙德矩阵, 456
variable-number-nodes elements 变节点数单元, 343, 373
variational indicators 变分指标, 110
Hellinger-Reissner, 赫林格–赖斯纳274, 285, 297
Hu-Washizu, 胡–鹫津, 270, 285, 297
incremental potential 增量势能, 561
total potential energy 总势能, 86, 125, 160, 242, 268
vector 向量:
back-substitution 回代, 707, 712
cross product 向量积, 41
definition 定义, 18, 40
deflation (see Gram-Schmidt orthogonalization) 收缩 (见 "格拉姆–施密特正交化")
dot product 点积, 41
forward iteration 正迭代, 889, 897
inverse iteration 逆迭代, 889, 890
norm 模, 67
reduction 化简, 707, 712
space 空间, 36

subspace 子空间, 37
velocity gradient 速度梯度, 511
velocity strain tensor 速度应变张量, 511
vibration analysis (see dynamic response calculations by) 振动分析 (见 "由 …… 计算动态响应")
virtual work principle (see principle of virtual displacements) 虚功原理 (见 "虚位移原理")
viscoplasticity 黏塑性, 609
von Mises yield condition 冯 · 米泽斯屈服条件, 599
vorticity tensor 涡旋张量, 511

W

warping 翘曲, 413
wave equation 波动方程, 106, 108, 114
wave propagation 波传播, 772, 783, 814
wavefront solution method (see frontal solution method) 波前法 (见 "波前求解法")
weak form 弱形式, 125
weighted residuals 加权余量法:
  collocation method 配点法, 119
  Galerkin method (see also principle of virtual displacements; principle of virtual temperatures; and principle of virtual velocities) 伽辽金法 (见 "虚位移原理" "虚温度原理" 和 "虚速度原理"), 118, 126, 688
  least squares method 最小二乘法, 119, 257, 688
  variational formulation, 变分形式, 116

Z

zero mass effects 零质量效应, 772, 852, 862

译者后记

麻省理工学院克劳斯–佑庚 · 巴特 (Klaus-Jürgen Bathe) 教授撰写的《Finite Element Procedures》是有限元法领域一本经典教材. 我在教学和科研工作中利用有限元法进行结构和固体缺陷的数值分析, 也尝试着把《Finite Element Procedures》部分章节译成中文, 供自己学习提高. 2011 年我获得了国家公派留学访问资格, 一年后, 我联系了巴特教授, 并于 2013 年 2 月作为客座科学家, 加入麻省理工学院巴特教授的有限元研究团队. 我在 2013 年 2 月份开始的春季学期跟班学习了巴特教授为研究生开设的有限元课, 以及其他教授开设的研究生相关课程. 同年 9 月份开始的秋季学期, 跟班学习了巴特教授为本科生开设的有限元课, 这些经历让我获益匪浅.

一年访学结束后, 我按时回国, 但《Finite Element Procedures》一书的翻译完善工作一直在持续. 2014 年 10 月《Finite Element Procedures》原著第 2 版正式出版了, 我又经过一年多的努力, 终于完成了这本著作的翻译工作. 巴特教授和我原打算在互联网上免费发布, 后来巴特教授认为应先在著名出版社出版纸版书籍. 我联系了几家著名出版社, 最后选择了高等教育出版社. 以原著第 2 版第 4 次印刷版本为基础翻译的本中文版在 2016 年 8 月出版, 而以原著第 2 版第 5 次印刷版本为基础, 中文版再次经过修改, 在 2017 年 9 月第 2 次印刷出版. 本次的翻译修订是根据原著 2019 年 1 月第 2 版第 6 次印刷的版本.

我感谢巴特教授为我提供了在 MIT 的访问机会, 并授权翻译和出版其著作中文版. 巴特教授亲自参与译著书名的确定, 英文版每一点修改, 都及时提供给我. 巴特教授的学术风范和人格魅力让我折服, 给我力量, 这次学术访问极大地丰富了我的人生. 我感谢巴特教授研究团队的研究人员和学生, 每当我有疑问向他们请教时, 都得到他们耐心的解答. 我感谢 Midwestern State University 教授汪晓东博士和 ADINA R&D 公司计算流体研发总管侯彰博士审阅了全书. 在翻译出版过程中高等教育出版社冯英编辑做了大量工作, 我感谢冯编辑高度的责任感、细致的工作和耐心.

我感谢国家留学基金管理委员会给我提供机会和资金 (2011842386), 全额资助我完成了一次难忘的学术访问. 我感谢国家自然基金委员会给我提供资助 (50675076, 51075161, 51575202) 进行相关研究工作. 我感谢华中科技大学机械科学与工程学院给我提供良好的科研和教学环境. 我感谢杨叔子院士和史铁林教授领导的研究团队对我工作和生活长期的关心和照顾.

感谢我的学生, 他们给我减轻了一部分工作量. 感谢朋友们给我的支持.

最后, 我感谢我的夫人倪春芳和儿子轩昂, 感谢双方的长辈对我工作的支持, 理解我不能花太多时间陪伴他们左右.

我在翻译过程中, 尽管辛苦, 但也享受着快乐, 在不断修改的过程中, 每有所获, 亦感欣喜. 限于我的专业知识和英文翻译水平, 译著中错误和疏漏等不当之处, 敬请读者不吝赐教. 感谢读者批评和指正.

轩建平

反盗版举报电话　（010）58581999　58582371　58582488

反盗版举报传真　（010）82086060

反盗版举报邮箱　dd@hep.com.cn

通信地址　北京市西城区德外大街 4 号

　　　　　高等教育出版社法律事务与版权管理部

邮政编码　100120

图字：01-2016-4808 号

Translation from English Language edition:
Finite Element Procedures, 6th printing of 2nd edition, 2019
by Klaus-Jürgen Bathe
This book was previously published by Pearson Education, Inc.

图书在版编目（C I P）数据

有限元法：理论、格式与求解方法：2019 年版．下 /（德）克劳斯－佑庚·巴特著；轩建平译．-- 北京：高等教育出版社，2020. 9

书名原文：Finite Element Procedures
ISBN 978-7-04-053785-7

Ⅰ．①有… Ⅱ．①克… ②轩… Ⅲ．①有限元法 Ⅳ．① O241.82

中国版本图书馆 CIP 数据核字（2020）第 038589 号

策划编辑	冯　英	责任编辑	冯　英	封面设计	王　洋	版式设计	王艳红
插图绘制	邓　超	责任校对	刘娟娟	责任印制	赵　振		

出版发行	高等教育出版社	网　　址	http://www.hep.edu.cn
社　　址	北京市西城区德外大街 4 号		http://www.hep.com.cn
邮政编码	100120	网上订购	http://www.hepmall.com.cn
印　　刷	北京鑫丰华彩印有限公司		http://www.hepmall.com
开　　本	787mm × 1092mm　1/16		http://www.hepmall.cn
印　　张	39		
字　　数	820 千字	版　　次	2020 年 9 月第 1 版
购书热线	010-58581118	印　　次	2020 年 9 月第 1 次印刷
咨询电话	400-810-0598	定　　价	138.00 元

本书如有缺页、倒页、脱页等质量问题，请到所购图书销售部门联系调换

物 料 号　53785-00